完全学习手册

中文版 Pro/E Wildfire 5.0 完全实战技术手册

设计之门老黄 / 编著

清华大学出版社
北京

内容简介

本书从软件的基本应用及行业知识入手，内容涵盖基础入门、机械设计、产品造型、模具设计、数控加工与钣金设计等。全书以Pro/E Wildfire 5.0 软件模块和插件程序的应用为主线，以实例为引导，按照由浅入深、循序渐进的方式，讲解软件的特性和操作方法，使读者能快速掌握Pro/E Wildfire 5.0 软件的设计技巧。全书包括169个实战案例，并超值赠送长达20.5小时的视频教学文件。

本书既可作为院校机械CAD、模具设计、钣金设计、电气设计、产品设计、数控加工等专业的教材，也可作为对制造行业有兴趣的读者自学的教程。

图书在版编目（CIP）数据

中文版Pro/E Wildfire 5.0完全实战技术手册 / 设计之门老黄编著. — 北京 : 清华大学出版社，2015
（完全学习手册）
ISBN 978-7-302-39615-4

Ⅰ. ①中… Ⅱ. ①设… Ⅲ. ①机械设计－计算机辅助设计－应用软件－技术手册 Ⅳ. ①TH122-62

中国版本图书馆CIP数据核字（2015）第049504号

责任编辑：陈绿春
封面设计：潘国文
责任校对：胡伟民
责任印制：李红英

出版发行：清华大学出版社
网　　址：http://www.tup.com.cn，　http://www.wqbook.com
地　　址：北京清华大学学研大厦A座　　**邮　　编：**100084
社 总 机：010-62770175　　**邮　　购：**010-62786544
投稿与读者服务：010-62776969，c-service@tup.tsinghua.edu.cn
质量反馈：010-62772015，zhiliang@tup.tsinghua.edu.cn

印 刷 者：清华大学印刷厂
装 订 者：三河市溧源装订厂
经　　销：全国新华书店
开　　本：188mm×260mm　　**印　　张：**38.5　　**字　　数：**1140千字
版　　次：2015年10月第1版　　**印　　次：**2015年10月第1次印刷
印　　数：1～3500
定　　价：79.00元

产品编号：062079-01

前言
PRAFACE

Pro/Engineer（简称 Pro/E）是美国 PTC 公司的标志性软件，该软件能将设计至生产的过程集成在一起，让所有的用户同时进行同一产品的设计制造工作，它提出的参数化、基于特征、单一数据库、全相关及工程数据再利用等概念改变了 MDA（Mechanical Design Automation）的传统观念，这种全新的概念已成为当今世界 MDA 领域的新标准。Pro/E 自问世以来，由于其强大的功能，现已逐渐成为当今世界最为流行的 CAD/CAM/CAE 软件之一，被广泛用于电子、通讯、机械、模具、汽车、自行车、航天、家电、玩具等各制造行业的产品设计。

本书内容

本书基于 Pro/E Wildfire 5.0 软件的全功能模块进行全面细致的讲解。全书由浅到深、循序渐进地介绍了 Pro/E5.0 的基本操作及命令的使用，并配合大量的制作实例。

全书分 5 篇共 28 章节。章节内容安排如下：

第一篇 基础篇（第 1~4 章）：主要介绍 Pro/E Wildfire 5.0 的界面、安装、基本操作与设置等内容。这些内容可以帮助用户熟练操作 Pro/E 软件。

第二篇 机械设计篇（第 5~15 章）：内容涉及机械零件及产品相关的功能指令及其应用。所包含的章节从 Pro/E 的草图→特征建模→参数化设计→运动仿真→零件装配→工程图及实体模型的测量和分析，让读者轻松掌握 Pro/E 的强大建模功能。

第三篇 产品造型篇（第 16~19 章）：内容涉及与工业产品造型相关的功能指令。主要介绍了 Pro/E 基本曲面造型、ISDX 曲面造型、模型渲染等。

第四篇 模具设计篇（第 20~26 章）：内容主要跟模具设计相关，包括模具基础、塑料顾问分析、布局与工件设计、分型面设计、成形零部件设计、模架系统设计、模具系统与机构设计等流程。

第五篇 数控加工与钣金设计篇：最后部分的内容主要介绍数控加工应用和钣金设计应用等。

本书特色

本书从软件的基本应用及行业知识入手，以 Pro/E Wildfire 5.0 软件的模块和插件程序的应用为主线，以实例为引导，按照由浅入深、循序渐进的方式，讲解软件的新特性和软件操作方法，使读者能快速掌握 Pro/E Wildfire 5.0 的软件设计技巧。

本书的内容也是按照行业应用进行划分的，基本上囊括了现今热门的设计与制造行业，可读性十分强，让不同专业的读者能学习到相同的知识。

本书以一个指令或相似指令+案例的形式进行讲解，讲解生动而不乏味，动静结合、相得益彰。全书多达上百个实战案例，涵盖各行各业。

本书既可以作为院校机械CAD、模具设计、钣金设计、电气设计、产品设计、数控加工等专业的教材，也可作为对制造行业有兴趣的读者自学的教程。

光盘下载

目前图书市场上，计算机图书中夹带随书光盘销售而导致光盘损坏的情况屡屡出现，有鉴于此，本书特将随书光盘制作成网盘文件。

下载百度云网盘文件的方法如下：

（1）下载并安装百度云管家客户端（如果是手机，请下载安卓版或苹果版；如果是电脑，请下载Windows版）。

（2）新用户请注册一个账号，然后登陆到百度云网盘客户端中。

（3）利用手机扫描本书每一章的章前页或者在封底的华为网盘二维码，可进入光盘文件外链地址中，将光盘文件转存或者下载到自己的百度云网盘中。

（4）本书配套光盘文件在百度云网盘下载地址：

http://pan.baidu.com/s/1sjOdlj3

下载360云盘文件的方法如下：

（1）下载并安装360云盘客户端（如果是手机，请下载手机版；如果是电脑，请下载PC客户端版）。

（2）新用户请注册一个账号，然后登陆到360云盘客户端中。

（3）利用手机扫描本书每一章的章前页或者在封底的360云盘二维码，即可打开光盘文件链接地址并进行下载或者转存到自己的360云盘中。

（4）本书配套光盘文件在360云盘中的下载地址：

http://yunpan.cn/cdmsgzGzCStFx 访问密码32dd；

（5）扫描下方第一个二维码加入手机微信群：设计之门—教育培训。扫描下方第二个二维码加入：设计之门 - 官方群，有好礼相送。

- 加入微信群或 QQ 群便于读者和作者面对面交流，时时解决学习上的问题。
- 我们会在微信群或 QQ 群中放出大量计算机辅助设计教程的降价优惠活动。
- 根据读者的需求，我们会在各大在线学习平台如腾讯课堂、网易云课堂、百度传课等，上传教学视频或在线视频教学。

作者信息

本书在编写过程中得到了设计之门教育培训机构的大力帮助，在此诚表谢意。设计之门教育培训机构是专门从事 CAD/CAM/CAE 技术的研究、开发、咨询及产品设计与制造服务的机构，并提供专业的 SolidWorks，Pro/E，UG，CATIA，Rhino、Alias、3ds Max、Creo 以及 Auto CAD 等软件的培训及技术咨询。

参与本书编写的还有黄成、孙占臣、罗凯、刘金刚、王俊新、董文洋、孙学颖、鞠成伟、杨春兰、刘永玉、金大玮、陈旭、黄晓瑜，田婧、王全景、马萌、高长银、戚彬、张庆余、赵光、刘纪宝、王岩、郝庆波、任军、秦琳晶、李勇等。

感谢您选择了本书，希望我们的努力对您的工作和学习有所帮助，也希望您把对本书的意见和建议告诉我们。

承载您的梦想，开启设计之门！

官方群：159814370

shejizhimen@163.com

目录
CONTENTS

第一篇　基础篇

第二篇 机械设计篇

第三篇 产品造型篇

第四篇 模具设计篇

第五篇 数控加工与钣金设计篇

第 1 章 Pro/ENGINEER Wildfire 5.0 概述

本章主要介绍 Pro/ENGINEER（简称 Pro/E）的发展和行业应用，以及中文版 Pro/ENGINEER Wildfire 5.0 中窗口的种类、菜单栏的功能、文件，以及窗口的基本操作等内容，并讲解了控制三维视角的方法，使读者对 Pro/ENGINEER 有初步的了解。

建议读者在学习本章内容时配合多媒体教学文件的演示进行，这样可以提高学习效率。

资源二维码

百度云盘

360 云盘 访问密码 32dd

知识要点

- 了解 Pro/E Wildfire 5.0
- Pro/E 的行业解决方案
- Pro/E 建模方法
- Pro/E Wildfire 5.0 的安装方法
- 工作界面

1.1 了解 Pro/ENGINEER Wildfire 5.0

首先对 Pro/ENGINEER Wildfire 的发展和功能进行简要的介绍。

1.1.1 Pro/ENGINEER 的发展历程

Pro/E（Pro/ENGINEER 操作软件）是美国参数技术公司（Parametric Technology Corporation，PTC）的重要产品。Pro/ENGINEER 设计系统是由 Parametric Technology Corporation 公司于 1989 年开发成功的，在目前的三维造型软件领域中占有重要地位，并作为当今世界机械 CAD/CAE/CAM 领域的新标准而得到业界的认可和推广，是现今最成功的 CAD/CAM 软件之一。

它最早采用了参数式设计思想。最初的版本采用下拉菜单式工作流程，操作起来比较烦琐。2001 年 6 月，Parametric Technology Corporation 公司推出了 2001 版，该版本提供了改进的面向对象的【窗口化】操作界面，大大减少了用户的操作步骤和时间。后来该公司在 2001 版的基础上又推出更高的 Wildfire 和 Wildfire 3.0 版本，本书要讲解的 Wildfire 5.0 进一步简化了用户操作步骤，界面紧凑合理，更加便于人机交流，并将当今领先的设计思想融入整个设计流程中，极大地提高了工作效率。

1.1.2 Pro/E 5.0 工程设计功能与流程

随着计算机技术的发展，产品的开发设计也进入了计算机时代。目前使用的计算机辅助设计技术称为 CAD（Computer Aided Design）技术。使用 Pro/E 进行工程设计时的一般流程如图 1-1 所示。

CAD 产品设计的过程一般从概念设计、零部件的三维建模到工程图的输出。对于日用电器和高级消费品，对外观要求非常高，如汽车等，在进行了概念设计以后，还需要进行工业外观造型设计。在进行零部件建模过的程中，根据产品的特点和要求，须进行大量的分析和其他操作，以满足产品结构强度、运动、装配等方面的需求。

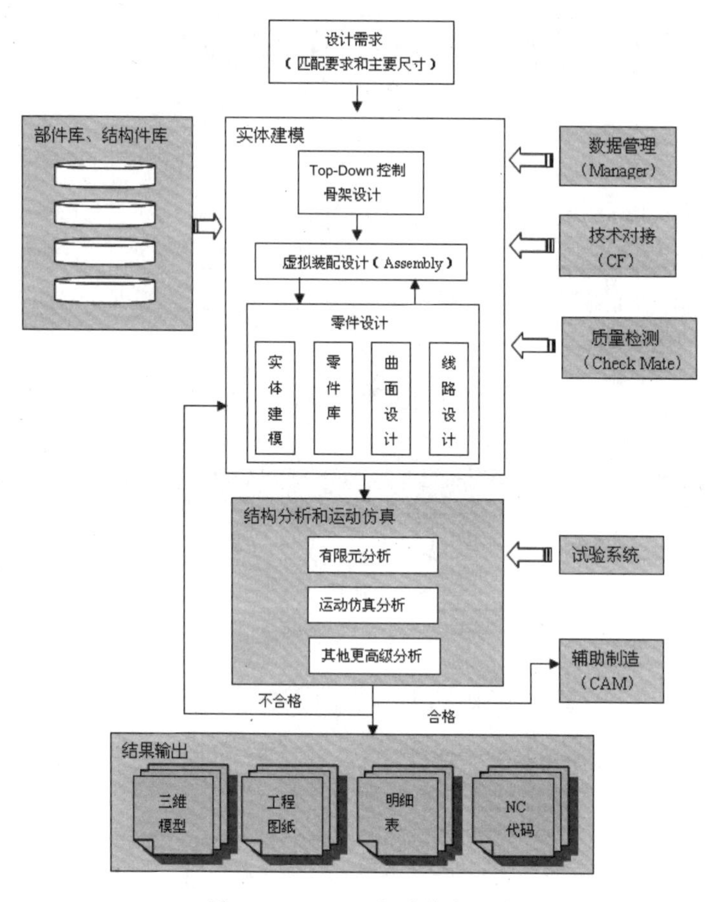

图 1-1 Pro/E 工程设计流程图

产品的设计方法一般可分为两种，即自底向上（Down-top）和自顶向下（Top-down），这两种方法也可同时进行。自底向上就是一种从零件设计开始到子装配，再到总装配的整个设计过程；自顶向下则相反，它是从整体外观开始，然后设计子装配，再到零件设计。随着信息技术的发展，同时面对日益激烈的竞争，采用并行、协同设计将势在必行，只有这样，才能解决开发设计难题。

1.2 Pro/E 的行业解决方案

Pro/E 软件包的产品开发环境支持并行工作，通过一系列完全相关的模块表述产品的外形、装配及其他功能。Pro/E 能够让多个部门同时致力于单一的产品模型，包括对大型项目的装配体管理、功能仿真、制造、数据管理等。

1.2.1 Pro/E 的功能特性

1. 全相关性

Pro/E 所有的模块都有相关性，对某一特征进行修改，相关的特征也会由于存在父子关系而随之修改。并且此修改会扩展到整个设计中，自动地更改所有相关图档，包括装配档、工程图纸、加工图档，以保证设计结果的正确性。

2. 单一数据库

Pro/E 有一个统一的数据库，设计流程中的所有资料都统一存储在统一的数据库中，确保数据的正确性。单一数据库提供了双向关联性功能，这种功能符合现代工业产业中同步设计的思维方式。

3. 参数化设计

由于是单一数据库，所有设计过程都可以用参数来描述，可以为所设计的特征设置参数，并且可以对不满意的参数进行修改，方便设计。采用参数式设计方式，用户可以运用强大的数学运算方式，建立各尺寸参数间的关系式。

4. 以特征为设计单位

Pro/E 的特征设计基于人性化，例如拉伸、孔、倒角等。为单元逐步完成总体设计，便于思路清晰地进行设计。除了充分掌握设计思想之外，还在设计过程中倒入了制造思想，因而可以随时对特征进行合理的修改与编辑。

1.2.2 产品设计功能

CAD 模块是一个高效的三维机械设计工具，它可绘制任意复杂形状的零件。在实际生活中存在大量形状不规则的物体表面，例如摩托车轮毂，这些称为自由曲面。随着人们生活水平的提高，对曲面产品的需求将会大大增加。用 Pro/E 生成曲面仅需 2 ～ 3 步操作。Pro/E 生成曲面的方法有：拉伸、旋转、放样、扫掠、网格、点阵等。

由于生成曲面的方法较多，因此 Pro/E 可以迅速建立任何复杂曲面。它既能作为高性能系统独立使用，又能与其他实体建模模块结合起来使用，它支持 GB、ANSI、ISO 和 JIS 等标准。包括：Pro/Assembly（实体装配）、Pro/Cabling（电路设计）、Pro/Piping（弯管铺设）、Pro/Report（应用数据图形显示）、Pro/Scan-Tools（物理模型数字化）、Pro/Surface（曲面设计）、Pro/Welding（焊接设计）等。如图 1-2 所示为使用 Pro/E 设计的工业产品。

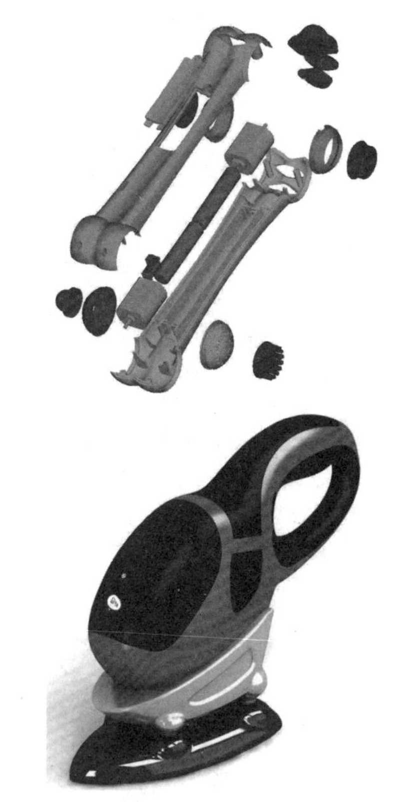

图 1-2 Pro/E 设计的工业产品

1.2.3 分析仿真功能

分析仿真（CAE）模块主要进行有限元分析。模型内在特征很难把握，机械零件的内部变化情况是难以知晓的。有限元仿真使我们有了一双慧眼，能【看到】零件内部的受力状态。利用该功能，在满足零件受力要求的基础上，便可充分优化零件的设计。著名的可口可乐公司，利用有限元仿真，分析其饮料瓶，结果使瓶体质量减轻了近 20%，而其功能丝毫不受影响，仅此一项就取得了极大的经济效益。

功能仿真包括：Pro/Fem-Post（有限元分析）、Pro/Mechanica Customloads（自定义载荷输入）、Pro/Mechanica Equations（第三方仿真程序连接）、Pro/Mechanica Motion（指定环境下的装配体运动分析）、Pro/Mechanica Thermal（热分析）、Pro/

Mechanica Tire model（车轮动力仿真）、Pro/Mechanica Vibration（震动分析）、Pro/Mesh（有限元网格划分）。如图 1-3 为使用 Pro/E 进行分析仿真操作。

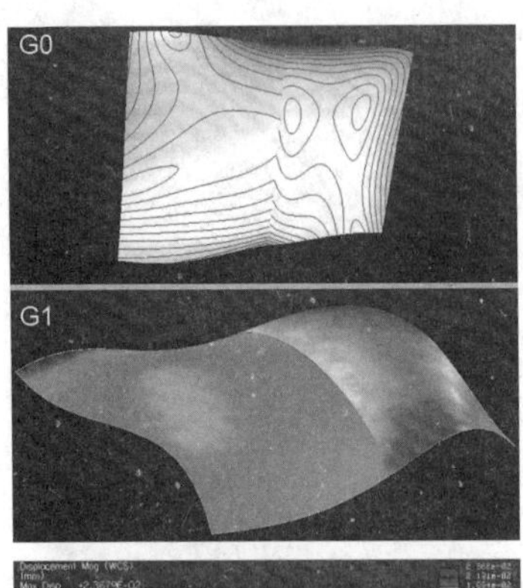

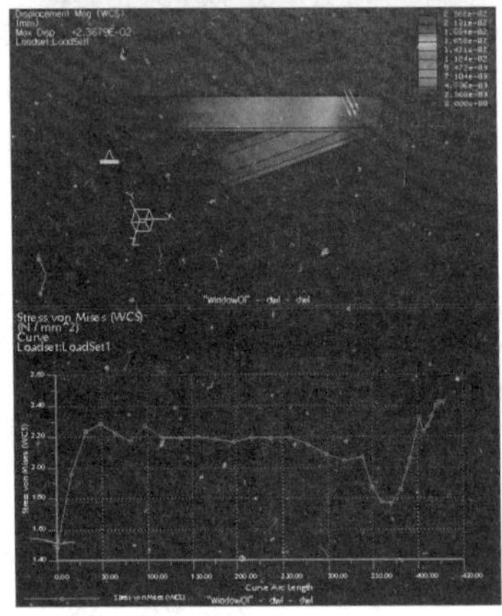

图 1-3　Pro/E 进行分析仿真

1.2.4　加工制造功能

在机械行业中用到的 CAM 制造模块中的功能是 NC Machining（数控加工）。制造模块的刀路轨迹能根据用户需要产生的生产规划做出时间上及价格成本上的估计。它将生产过程、生产规划与设计造型连接起来，所以任何在设计上的改变，软件也能自动地将已做过的生产上的程序和资料重新产生，而无须用户自行修改。它容许用户采用参数化的方法去定义数值控制（NC）工具路径，凭此才可将 Pro/E 生成的模型进行加工。接着对这些信息进行后期处理，产生驱动 NC 器件所需的编码。如图 1-4 所示为使用 Pro/E 进行仿真加工。

图 1-4　Pro/E 进行仿真加工

1.2.5　数据管理功能

Pro/E 的数据管理模块就像一位保健医生，它在计算机上对产品性能进行测试仿真，找出造成产品产生各种故障的原因，帮助你对症下药，排除产品故障，改进产品设计。它就像 Pro/E 家庭的一个大管家，将触角伸到每一个任务模块。并自动跟踪你创建的数据，这些数据包括你存储在模型文件或库中零件的数据。这个管家通过一定的机制，保证了所有数据的安全及存取方便。 它包括：Pro/PDM（数据管理）、Pro/Review（模型图纸评估）。

1.2.6　数据交换功能

在实际应用中还存在一些其他的 CAD 系统，如 UG Ⅱ、EUCLID、CIMATRTON、MDT 等，由于它们门户有别，所以自己的数据都难以被对方所识别。但在实际工作中，往往需要接受这些 CAD 数据。这时几何数据交换模块就会发挥作用。

Pro/E 中几何数据交换模块有好几个，如：Pro/CAT（Pro/E 和 CATIA 的数据交换）、Pro/CDT（二维工程图接口）、Pro/Data For PDGS（Pro/E 和福特汽车设计软件的接口）、Pro/Develop（Pro/E 软件开发）、Pro/Draw（二维数据库数据输入）、Pro/Interface（工业标准数据交换格式扩充）、Pro/Interface For Step（Step/ISO10303 数据和 Pro/E 交换）、Pro/Legacy（线架 / 曲面维护）、Pro/Libraryaccess（Pro/E 模型数据库进入）、Pro/Polt（HPGL/Postscripta 数据输出）。

1.3 Pro/E 建模方法

基本的三维模型是具有尺寸和形状的三维几何体。三维模型中的点，需要由三维坐标系中的 X、Y、Z 三个坐标系来定义。

1.3.1 三维模型的表达方式

用 CAD 软件创建基本三维模型的一般过程如下：

选取或定义一个用于定位三维坐标系或 3 个垂直矢量的空间平面，如图 1-5 所示。

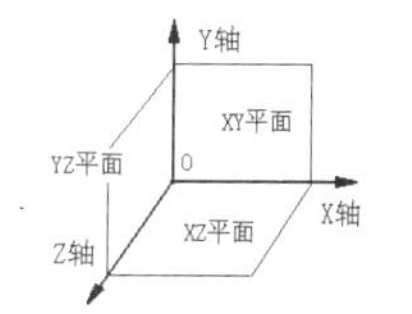

图 1-5　用于定位的空间平面

- 选定一个面（草绘平面），作为二维平面几何图形的绘制平面。
- 在草绘面上创建形成立体图形所需的截面、轨迹线等二维平面几何图形。
- 定义图形的轮廓厚度，形成几何图形。
- 在深入了解 Pro/E 的工作原理前，首先需要了解三维建模的基本方法，从目前的计算机计算来看，主要有 3 种表示方式，如图 1-6 所示。

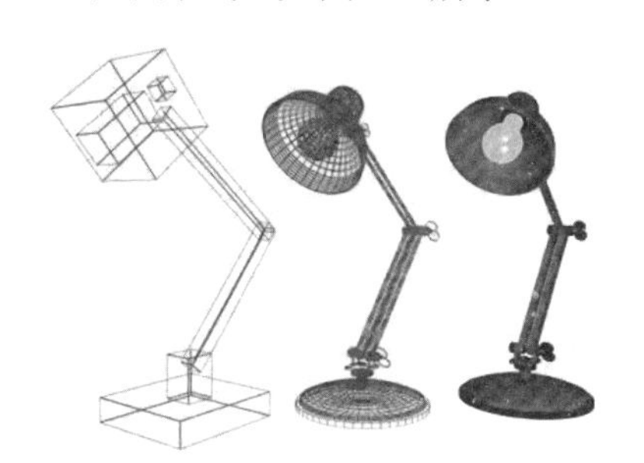

图 1-6　模型的表现形式

1. 线框模型

将三维模型利用线框的形式搭建起来，与透视图相似，但是不能表示任何表面、体积等信息。

2. 三维曲面模型

利用一定的曲面拟合方式建立具有一定轮廓的几何外形，可以进行渲染、消隐等复杂处理，但是它只相当于一个物体表面而已。3d Max 软件采用了这种形式。这种形式没有质量，从外表看，已经具有了三维真实感。

3. 实体模型

在 AutoCAD 等软件中均包括了这种形式。它已经成为真正的几何形体。不但包括外壳，还包含【体】，也就是说，具有质量信息。实体模型完整地定义了三维实体，它的数据信息量大大地超过了其他形式。

如表 1-1 所示对 3 种建模形式进行了比较。

表 1-1　三维建模方式的比较

内容	线框	三维曲面	实体模型
表达方式	点、边	点、边、面	点、线、面、体
工程图能力	好	有限制	好
剖视图	只有交点	只有交线	交线与剖面
消隐操作	否	有限制	可行
渲染能力	否	可行	可行
干涉检查	凭视觉	直接判断	自动判断

1.3.2 基于特征的模型

在目前的三维图形软件中，对模型的定义大多可以通过特征的方法来进行，这是一种更直接、更有效的创建表达方式。

对于特征定义，可参照以下3点内容：

- 特征是表示与制造操作和加工工具相关的形状和技术属性。
- 特征是需要一起引用的成组几何或拓扑实体。
- 特征是用于生成、分析和评估设计的单元。

1.3.3 全参数化建模方式

Pro/E软件是基于特征的全参数化软件，该软件中创建的三维模型是一种全参数化的三维模型。全参数化有3个层面的含义，即特征剖面几何的全参数化、零件模型的全参数化和装配体的全参数化。

1. 剖面的参数化

剖面参数化是指Pro/E软件系统自动给每个特征的二维剖面中的每个尺寸赋予参数并编上序号，通过对参数的调整即可改变几何的形状和大小。如图1-7所示为Pro/E的一个简单的剖面图，从中可以看出剖面参数为全相关的。

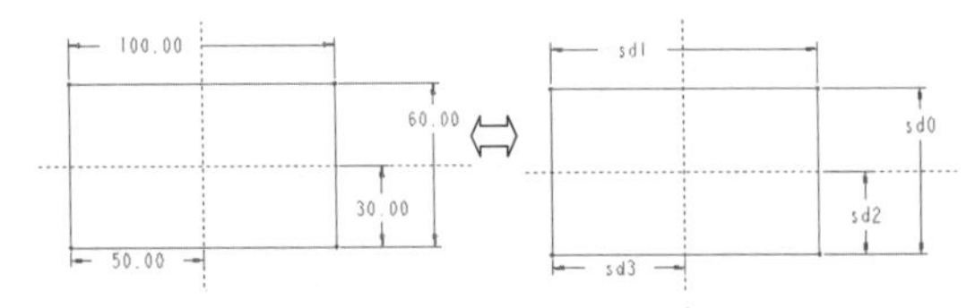

图1-7　Pro/E的剖面图

2. 零件的参数化

零件的参数化是指Pro/E软件系统自动给零件中特征间的相对位置尺寸、形状尺寸赋予参数编号。通过对参数的调整即可改变特征间的相对位置关系，以及特征的形状和大小。如图1-8所示中零件的各个尺寸全部采用参数化的表达方式。

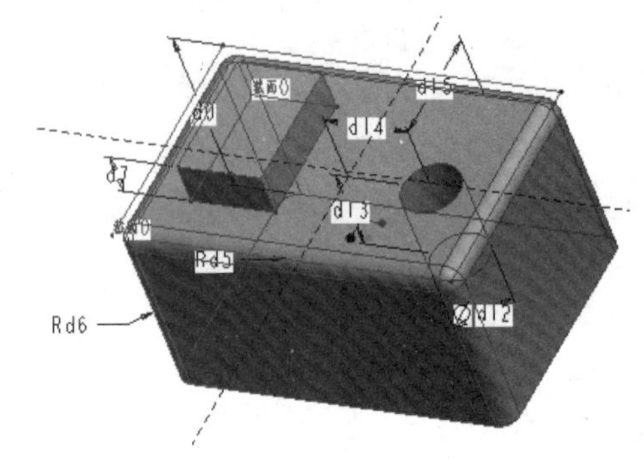

图1-8　零件的参数化表达

3. 参数化的优势

在Pro/E中，零件模型、装配模型、制造模型、工程图之间是全相关的。也就是说，更改工程图尺寸之后，其父零件模型的尺寸也会相应更改；反之，零件、装配或制造模型中的任何改变，也可以在其中相应的工程图中反映出来。

4. 设计准则

在使用Pro/E进行建模时，可以通过掌握一些准则，方便建模操作。

- 确定特征顺序。确认好基本特征，并选择适当的构造特征作为设计中心。
- 简化特征类型。以最简单的特征组合模型，充分考虑尺寸参数的控制。
- 建立特征的父子关系，解决关联问题。
- 适当采用特征复制操作。复制会减少数据量，同时也便于修改。

1.4 学习Pro/E 5.0的安装方法

下面以Pro/E Wildfire 5.0 M060全功能中文正式版为例讲解软件的安装过程。Pro/E Wildfire 5.0在Windows 2000/Windows XP/Windows NT4.0操作系统下均可运行。在Windows平台上要求使用Internet Explore 6.0以上的版本。

计算机的配置要求

为了保证软件的流畅运行，需要保证计算机达到一定的配置水平，建议如下：

- CPU：　建议主频在 2.6GHz 以上。
- 内存：1GB 以上，一般要求达到 512MB。
- 显卡：支持 OPENGL，独立显卡，建议用 32 位以上 256MB 显存的显卡。

动手操作——安装 Pro/ENGINEER Wildfire 5.0

操作步骤

01 安装的初始界面如图 1-9 所示，在左下角会显示主机 ID，单击【下一步】按钮，转到接受许可证协议界面，选中【我接受】单选按钮，如图 1-12 所示。接受协议，然后单击【下一步】按钮。

图 1-9　安装初始界面

技术要点

软件安装包的路径中不能有中文，需要更改路径下的所有文件夹名为英文或数字。

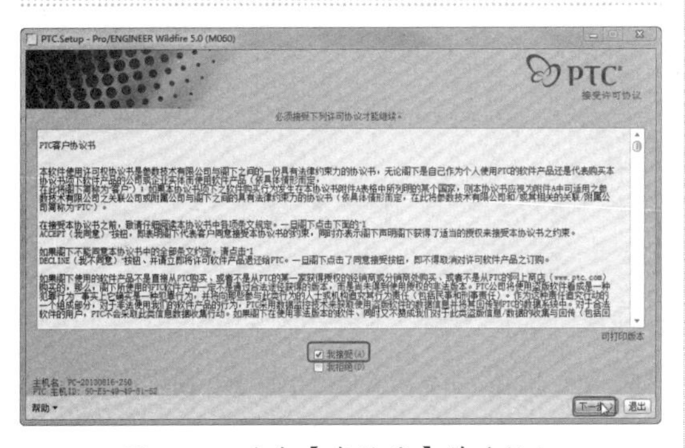

图 1-10　选中【我接受】单选按钮

02 选择 Pro/ENGINEER 产品，如图 1-11 所示，开始安装。

图 1-11　选择产品

03 在【要安装的功能】列表框中选择需要的安装项目，如图 1-12 所示。然后单击【下一步】按钮。

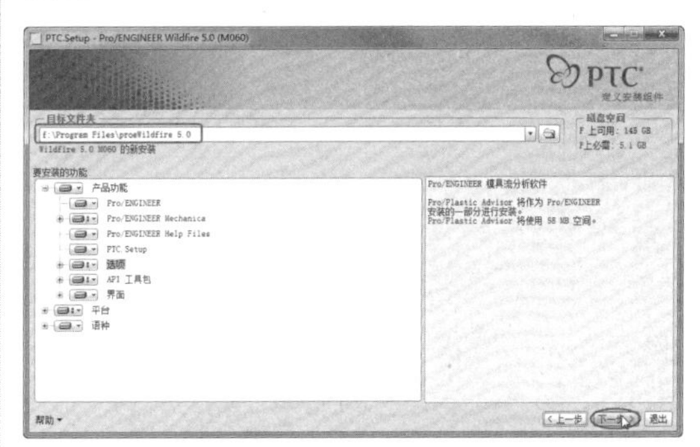

图 1-12　选择安装项目

技术要点

注意，尽量安装所有功能，以免在讲解其他功能模块时无法使用。

04 进入【选择单位】界面，根据需要选中【公制】或【英制】单选按钮，如图 1-13 所示，然后单击【下一步】按钮。

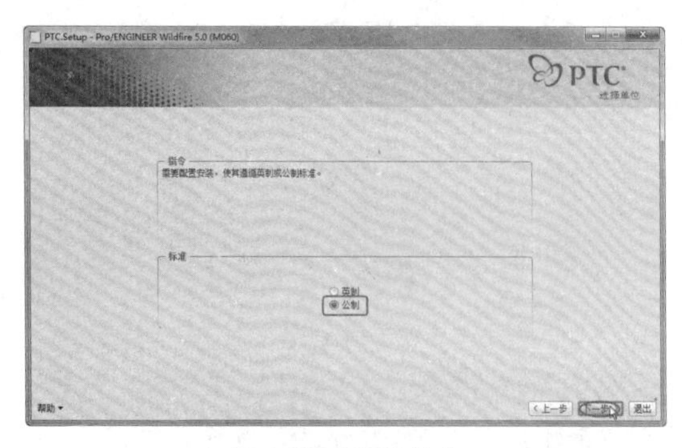

图 1-13　选择标准

05 添加许可证。转到【许可证服务器】界面，单击【添加】按钮，打开【指定许可证服务器】对话框，在其中单击【浏览】按钮，找到许可证所在的位置，如图 1-14 所示。再单击【指定许可证服务器】对话框中的【确定】按钮，然后单击【下一步】按钮。

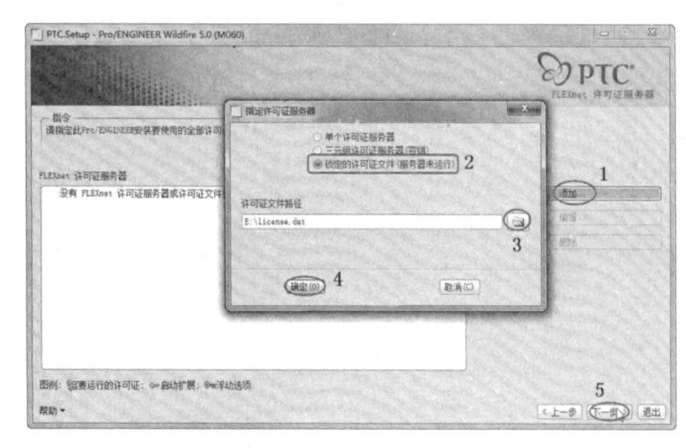

图 1-14　选择许可证文件

06 接下来设置快捷方式位置和启动目录，如图 1-15 所示，然后单击【下一步】按钮。

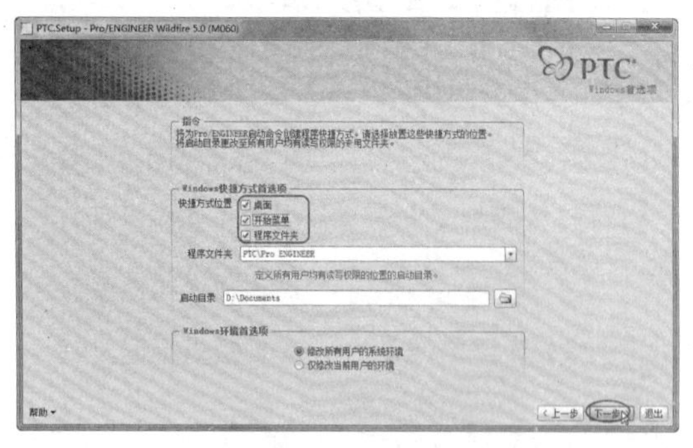

图 1-15　设置快捷方式位置和启动目录

07 在可选配置步骤界面的【安装可选实用工具】和【指令】选项组中进行设置，如图 1-16 所示。单击【下一步】按钮。

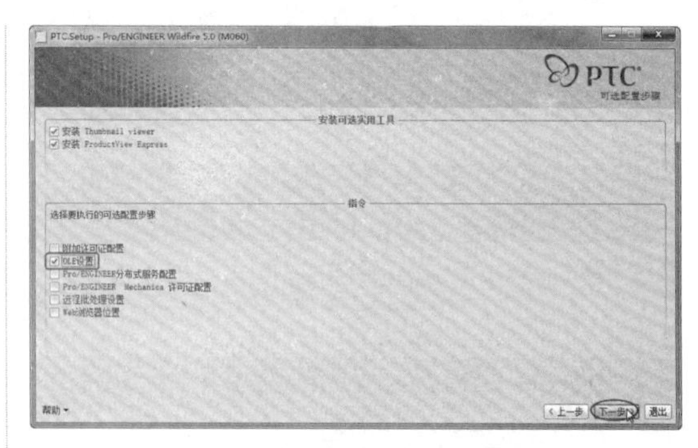

图 1-16　在【安装可选实用工具】和【指令】选项组中进行设置

08 在如图 1-17 所示的对话框中直接单击【下一步】按钮。

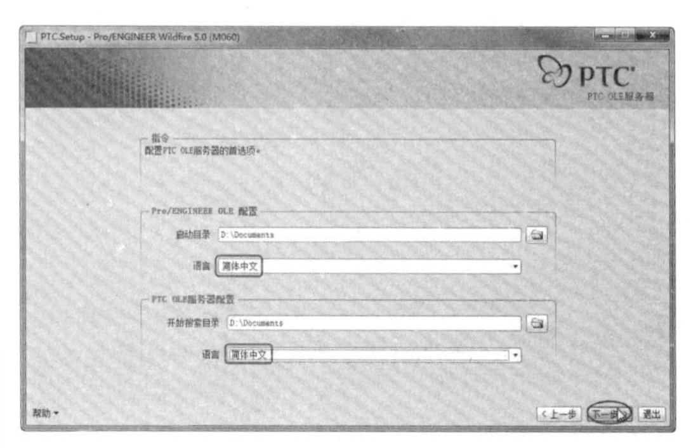

图 1-17　设置其他配置

09 指定 ProductView Express 的安装位置，如图 1-18 所示。

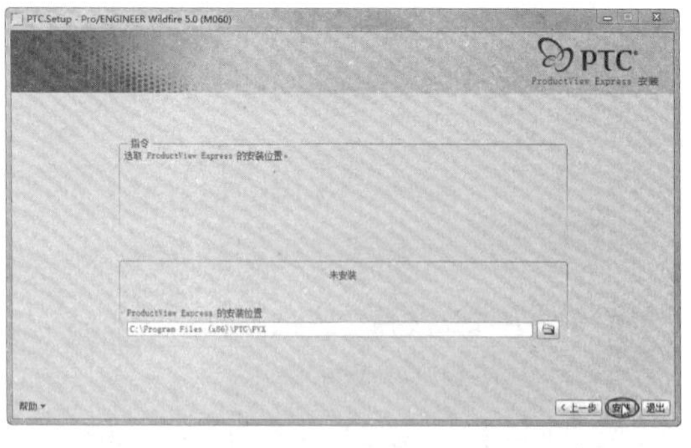

图 1-18　设置 ProductView Express 的安装位置

10 系统开始安装程序，如图 1-19 所示。静候几分钟时间，直至安装完成。

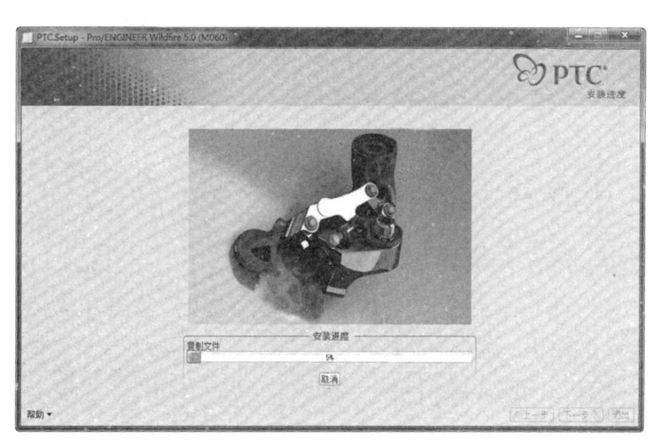

图 1-19　安装程序

1.5 工作界面

下面讲解如何启动软件，并对 Pro/E 工作界面中的各个部分进行详细的介绍，使读者更好地熟悉该软件，利于今后的学习。

1.5.1 启动 Pro/E 5.0

Pro/ENGINEER Wildfire 5.0 的工作界面如图 1-20 所示，主要由菜单栏、工具栏、特征工具栏、导航器、工作窗口等组成，除此之外，对于不同的功能模块还可能出现菜单管理器（如图 1-21 所示）和特征对话框（如图 1-22 所示），本节将详细介绍这些组成部分的功能。

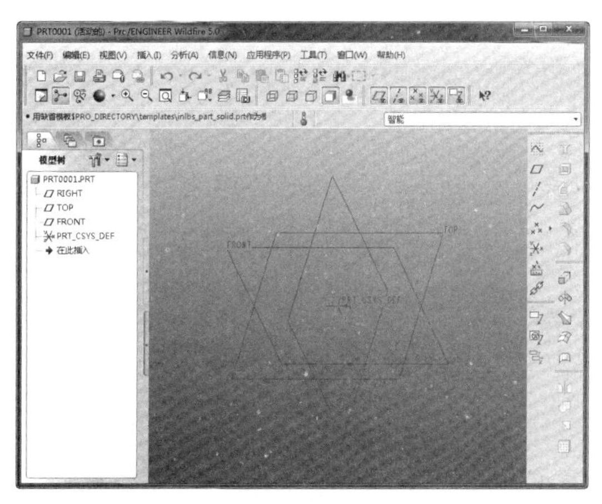

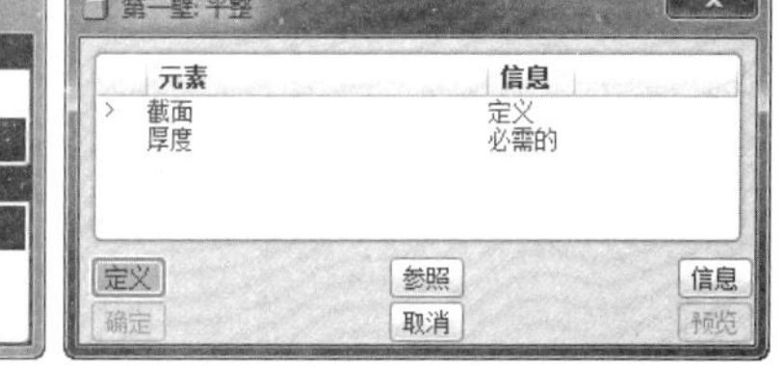

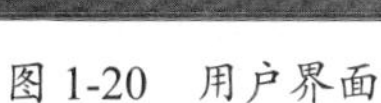

图 1-20　用户界面　　图 1-21　菜单管理器　　图 1-22　特征对话框

1.5.2 熟悉菜单栏

菜单栏中集合了大量的 Pro/ENGINEER 操作命令，如图 1-23 所示，包括文件、编辑、视图、插入、草绘、分析、信息、应用程序、工具、窗口和帮助 11 个菜单。

文件(F)　编辑(E)　视图(V)　插入(I)　草绘(S)　分析(A)　信息(N)　应用程序(P)　工具(T)　窗口(W)　帮助(H)

图 1-23　菜单栏

下面分别对菜单栏进行详细介绍。

1. 【文件】菜单

在菜单栏中单击【文件】菜单，打开的【文件】菜单中包含关于文件操作的命令，如【新建】、【打开】、【保存】和【删除】等，如图1-24所示。

2. 【编辑】菜单

单击菜单栏中的【编辑】菜单，打开的【编辑】菜单如图1-25所示，主要包含编辑特征、隐含或恢复特征、删除特征的相关命令，以及【选取】、【查找】等操作命令，【编辑】菜单中的命令可能因所处的活动模式不同而改变。在后面的章节里将针对不同的模式进行详细介绍。

图1-24 【文件】菜单 图1-25 【编辑】菜单

3. 【视图】菜单

单击菜单栏中的【视图】菜单，【视图】菜单包括关于模型控制的命令，如图1-26所示。

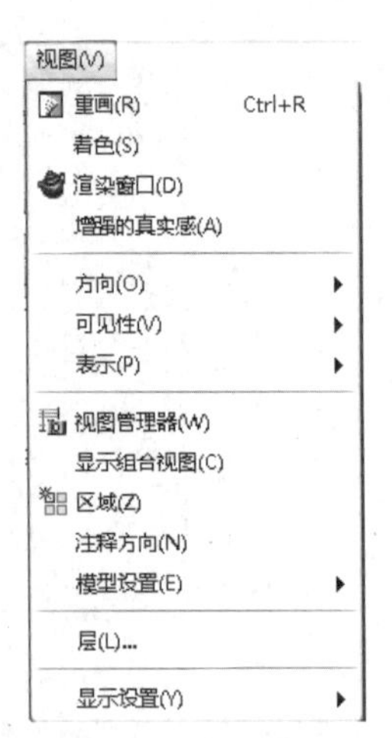

图1-26 【视图】菜单

- 【重画】命令：重新绘制模型以清除残影。
- 【方向】命令：定义视图方向等操作。
- 【显示设置】命令：可以定义基准、模型和系统的显示方式。

展开【方向】子菜单，如图1-27所示，包含的命令如下：

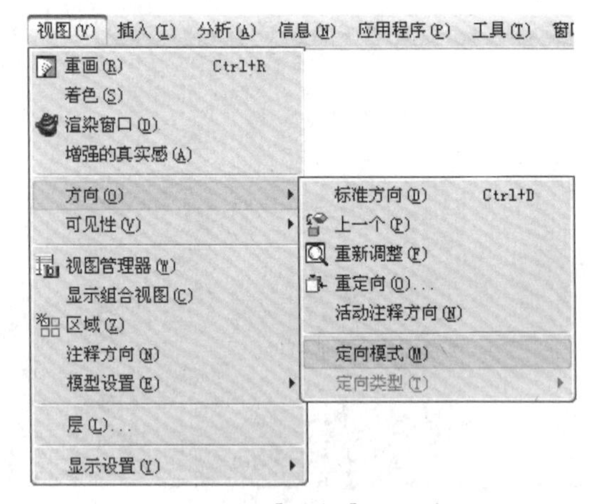

图1-27 【方向】子菜单

- 【标准方向】：以标准方向显示模型。
- 【上一个】：恢复最近的一次视图方向。
- 【重新调整】：重新调整模型放大比例至工作窗口能够完整地显示模型。
- 【重定向】：重新定向视图。
- 【定向模式】：打开定向模式。
- 【定向类型】：定义视图类型。

单击如图 1-28 所示的【视图】工具栏中的【定向模式】按钮，或者选择【视图】|【方向】|【定向模式】菜单命令，切换到定向模式，此时【定向类型】菜单被激活，其子菜单如图 1-29 所示。

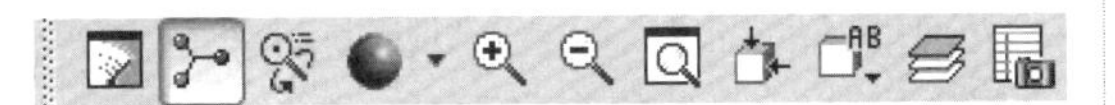

图 1-28　【视图】工具栏

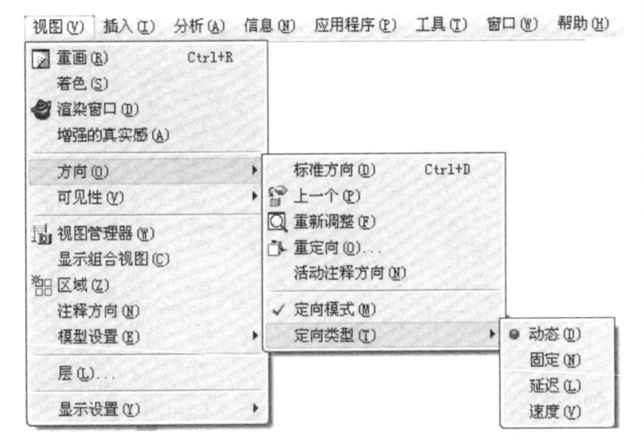

图 1-29　展开【定向类型】子菜单

其中包括【固定】、【动态】、【延迟】和【速度】4 种类型，只有在视图模式下才可用。其中【固定】是指模型的旋转由指针相对于其初始位置移动的方向和距离控制；【动态】是指模型可以绕着视图中心自由地旋转；【延迟】是指模型在指针移动时方向不更新，释放鼠标中键后模型方向才更新；【速度】是指模型在指针移动时方向一直更新，且指针相对于其初始位置的距离和方向决定模型移动的速度和方向。

选择【视图】|【视图管理器】菜单命令，可打开【视图管理器】对话框，定义视图的简化表示和视图定向，其对话框如图 1-30 所示，然后关闭该对话框。

展开【显示设置】子菜单，如图 1-31 所示。

选择【模型显示】命令，其对话框如图 1-32 所示。可在其中定义模型的显示方式。

选择【基准显示】命令，该命令用于定义基准的显示方式，其对话框如图 1-33 所示。

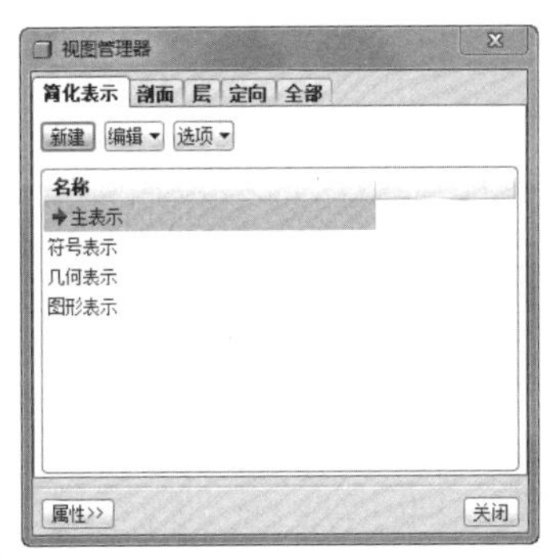

图 1-30　【视图管理器】对话框　　图 1-31　【显示设置】子菜单

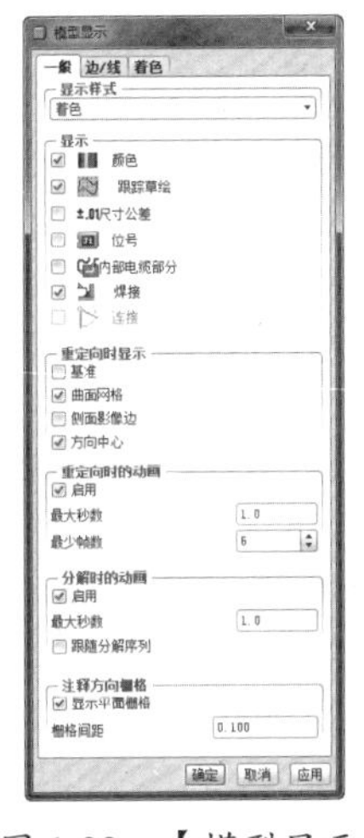

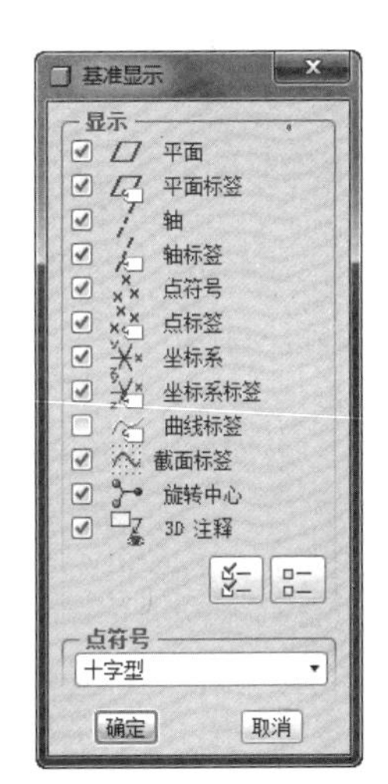

图 1-32　【模型显示】对话框　　图 1-33　【基准显示】对话框

选择【性能】命令，打开【视图性能】对话框，用来定义视图的显示性能，如图 1-34 所示。

选择【可见性】命令，打开【可见性】对话框以定义模型的可见性，其对话框如图 1-35 所示。

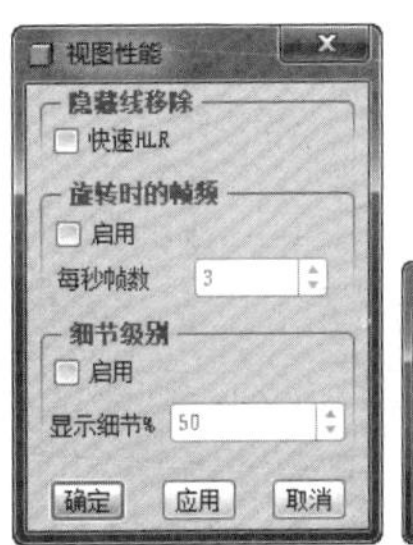

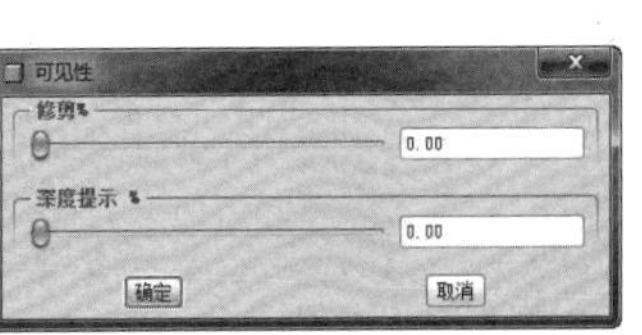

图 1-34　【视图性能】对话框　　图 1-35　【可见性】对话框

选择【系统颜色】命令，以定义系统显示的颜色，其对话框如图1-36所示。

4. 【插入】菜单

在菜单栏中单击【插入】菜单，打开的【插入】菜单如图1-37所示，主要包括【孔】、【壳】、【筋】、【倒角】、【拉伸】、【扫描】、【混合】等特征的创建命令，这些命令也可以通过单击特征工具栏中相应的功能按钮来实现。关于命令的具体操作将在以后章节中陆续介绍，这里不再赘述。

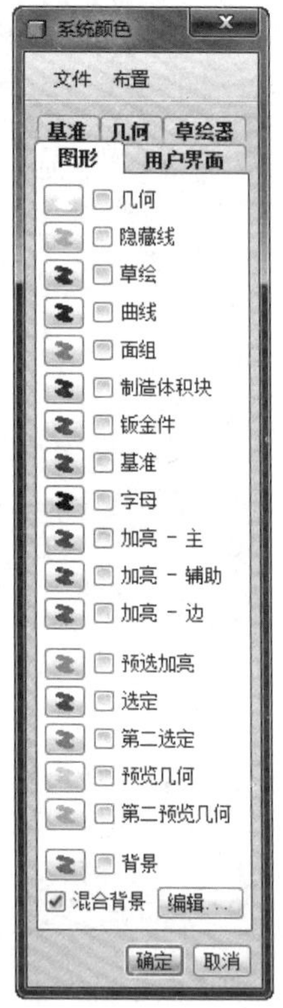

图1-36 【系统颜色】对话框

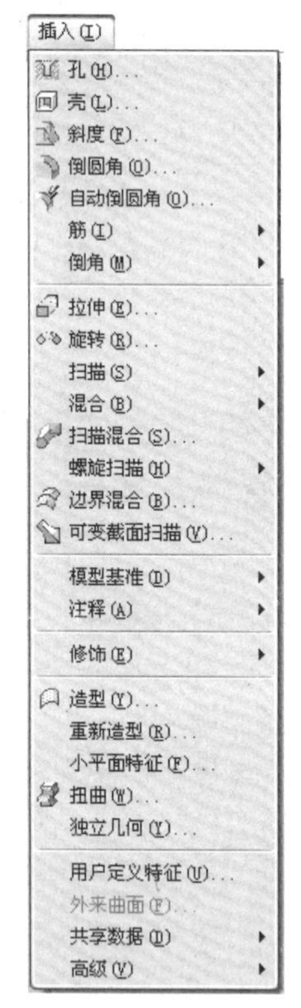

图1-37 【插入】菜单

5. 【分析】菜单

单击菜单栏中的【分析】菜单，【分析】菜单如图1-38所示，其中包括【测量】、【模型】、【几何】、【外部分析】、【Mechanica分析】、【用户定义分析】、【敏感度分析】等命令，因本书涉及分析命令较少，这里不做详细介绍。

6. 【信息】菜单

单击菜单栏中的【信息】菜单，【信息】菜单中包含的各项命令可以查询特征、特征关系、尺寸、模型等详细信息。这些信息会在系统的浏览器中显示。不同的工作模式对应不同的【信息】菜单。如图1-39所示为零件工作模式下的【信息】菜单。

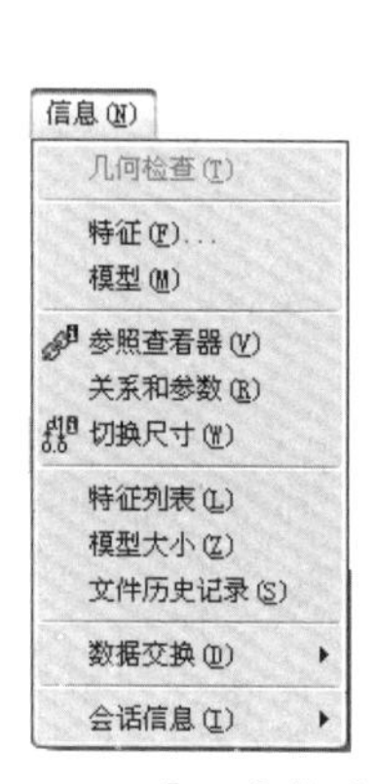

图1-38 【分析】菜单　　图1-39 【信息】菜单

7. 【应用程序】菜单

不同的工作模式对应不同的【应用程序】菜单，零件工作模式下的【应用程序】菜单如图1-40所示，其主要功能是可以切换系统的不同工作模式，例如由标准零件工作模式切换到钣金件工作模式。

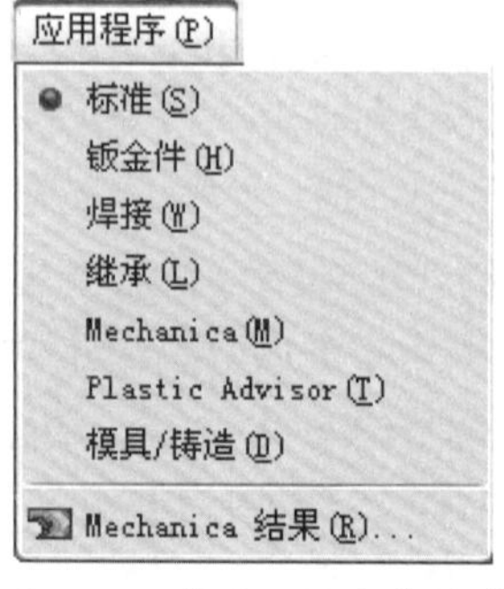

图1-40 【应用程序】菜单

8. 【工具】菜单

在菜单栏中单击【工具】菜单，打开的【工具】菜单如图 1-41 所示，其功能是定义 Pro/ENGINEER 工作环境、设置外部参照控制选项及使用模型播放器查看模型创建历史记录等。

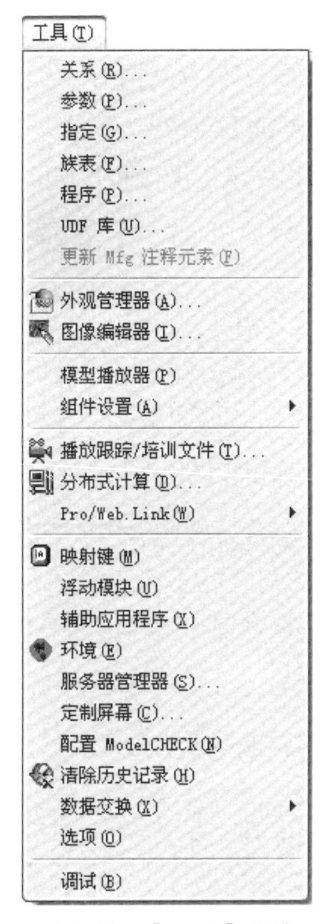

图 1-41　【工具】菜单

该菜单中包含以下几项命令：

- 【关系】：用于模型参数化设置。为尺寸定义添加几何关系式。
- 【参数】：用于模型参数化设计，为系列的标准化零件设计服务。
- 【指定】：用于指定模型中参数的显示。即参数在（Product Data Management，PDM）系统中可见。
- 【族表】：用来定义多个相同特性的零件族。
- 【程序】：利用此菜单中的相关命令，可以创建用于程序化控制的参数化建模。例如，用户可以创建出习惯于自身的菜单命令。
- 【UDF 库】：自定义的零件库。通过相应的菜单命令，可以创建一个常用的图形库。
- 【外观管理器】：用于模型外观的设置。您可以选择任何材质和颜色，也可以对外观的属性进行编辑。
- 【图像编辑器】：利用图形编辑器可以对当前视图所截取的图片更改其视图方向。
- 【模型播放器】：利用模型播放器来查看当前模型的设计过程。
- 【组件设置】：用来定义装配环境下的组件显示与控制。
- 【播放跟踪/培训文件】：运行跟踪或培训文件。
- 【分布式计算】：将本机加入分布计算，或者将其他机器作为分布计算点，协助做分布计算。
- 【Pro/Web.Link】：连接 Pro/Engineer 网站或互联网。
- 【映射键】：用户自定义快捷键。
- 【浮动模块】：使用浮动授权的共享模块。
- 【辅助应用程序】：使用辅助应用程序。
- 【环境】：设置系统的操作环境。
- 【服务器管理器】：向文件夹浏览器中添加服务器，并设置活动工作区域。
- 【定制屏幕】：用户自定义个人菜单、工具栏、特征工具栏等界面。
- 【配置 ModelCHECK】：对 Model CHECK 进行设置。
- 【选项】：编辑或加载系统配置文件。

9. 【窗口】菜单

单击菜单栏中的【窗口】菜单，【窗口】菜单如图 1-42 所示，它包含【激活】、【新建】、【关闭】等命令。

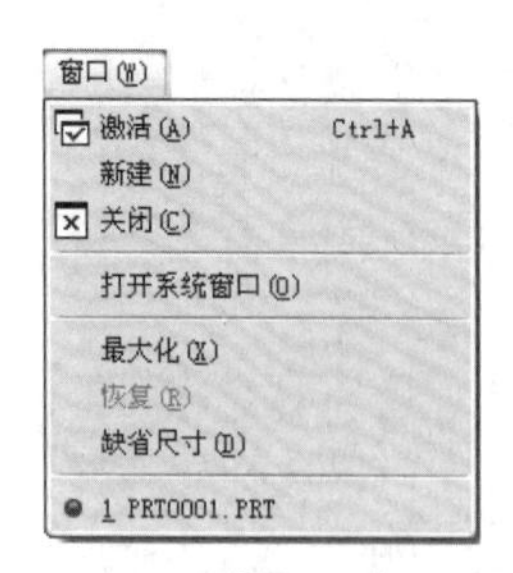

图 1-42 【窗口】菜单

【窗口】菜单中的各项命令功能如下：

- 【激活】命令：激活窗口作为当前活动的窗口。
- 【新建】命令：新创建一个窗口，并将该窗口激活。
- 【关闭】命令：关闭当前窗口，但仍然存放在内存中。
- 【打开系统窗口】命令：打开 MS-DOS 控制台窗口。
- 【最大化】命令：将当前窗口放大到最大状态。
- 【恢复】命令：将当前窗口恢复到正常尺寸。
- 【默认尺寸】命令：将当前窗口放大到系统默认的尺寸。

技术要点

图 1-42 中的【缺省尺寸】应为【默认尺寸】，本书后面设计【缺省】内容均改为【默认】。

10. 【帮助】菜单

在菜单栏中单击【帮助】菜单，【帮助】菜单如图 1-43 所示，它的功能是提供各种信息查询。

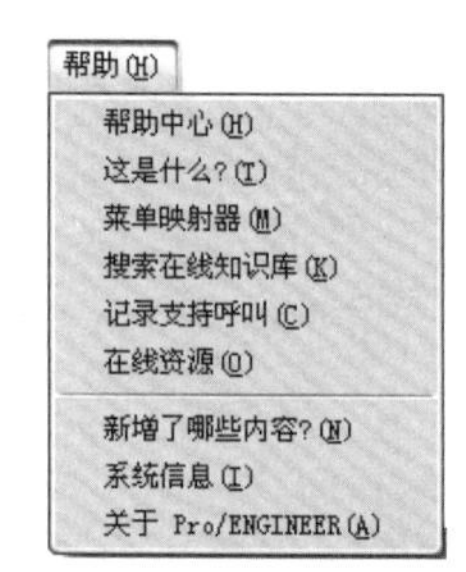

图 1-43 【帮助】菜单

1.5.3 熟悉工具栏

工具栏一般位于菜单栏的下方，如图 1-44 所示。用户也可以根据需要自定义工具栏的位置。

图 1-44 工具栏

工具栏中各按钮的功能与菜单栏中对应的命令功能相同，它包含的按钮与菜单栏的命令对应关系如表 1-2 所示。

表 1-2 工具栏按钮与菜单栏命令的对应关系

按钮	按钮功能	对应菜单命令
	新建文件	【文件】菜单中的【新建】命令
	打开文件	【文件】菜单中的【打开】命令
	保存文件	【文件】菜单中的【保存】命令
	打印文件	【文件】菜单中的【打印】命令
	将文件作为附件发邮件给收件人	【文件】菜单中的【发送至】|【作为附件发给收件人】命令

续表

按钮	按钮功能	对应菜单命令
	将文件作为链接发邮件给收件人	【文件】菜单中的【发送至】|【以链接形式发给收件人】命令
	基准面开 / 关	【视图】菜单中的【显示设置】|【基准显示】命令
	基准轴开 / 关	【视图】菜单中的【显示设置】|【基准显示】命令
	基准点开 / 关	【视图】菜单中的【显示设置】|【基准显示】命令
	坐标系开 / 关	【视图】菜单中的【显示设置】|【基准显示】命令
	重画	【视图】菜单中的【重画】命令
	旋转中心开 / 关	【视图】菜单中的【显示设置】|【基准显示】命令
	定向模式开 / 关	【视图】菜单中的【方向】|【定向模式】命令
	外观库	
	放大模型	
	缩小模型	
	缩放模型到适当比例	【视图】菜单中的【方向】|【重新调整】命令
	重定向视图	【视图】菜单中的【方向】|【重定向】命令
	保存的视图列表	【视图】菜单中的【视图管理器】命令
	设置层状态	
	启动视图管理器	【视图】菜单中的【视图管理器】命令
	显示模型线框	【视图】菜单中的【显示设置】|【模型显示】命令
	显示模型隐藏线	【视图】菜单中的【显示设置】|【模型显示】命令
	不显示模型隐藏线	【视图】菜单中的【显示设置】|【模型显示】命令
	将模型着色	【视图】菜单中的【显示设置】|【模型显示】命令
	查询帮助	【帮助】菜单栏
	搜索工具	【视图】菜单中的【查找】命令
	选取工具	【编辑】菜单中的【选取】命令

选择【工具】|【定制屏幕】菜单命令，打开如图 1-45 所示的【定制】对话框，用户可在其中自行定义工具栏中的按钮。

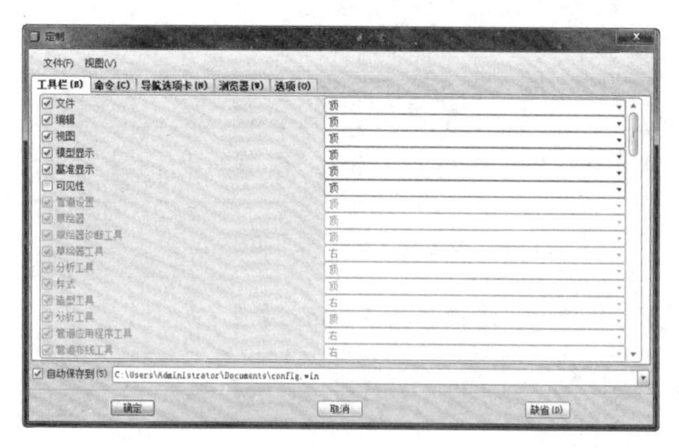

图 1-45 【定制】对话框

1.5.4 熟悉特征工具栏

特征工具栏一般位于界面的右方，系统默认的特征工具栏如图 1-46 所示，特征工具栏中的按钮功能用于创建不同的特征，这些将在后面关于创建特征的章节中进行详细介绍。

用户可以根据需要通过【工具】菜单中的【定制屏幕】命令，打开【定制】对话框，并切换到【工具栏】选项卡自行定义特征工具栏。或者在界面右侧工具栏的空白处右击，在如图 1-47 所示的快捷菜单中选择【工具栏】命令或者其他命令，同样可以自行定义工具栏。

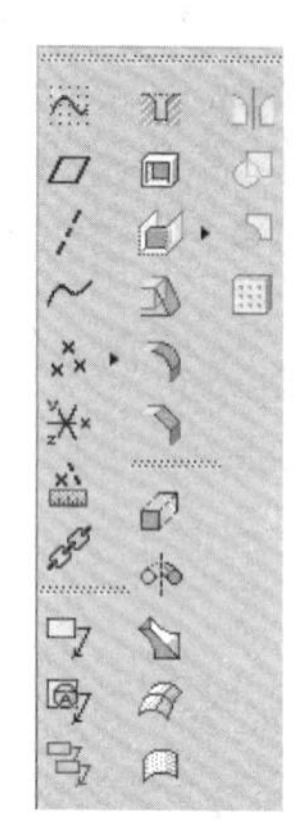

图 1-46 特征工具栏

右工具箱
信息
刀具
分析
可见性
基准
基准显示
基础特征
工具条1
工具条2
工具条3
工程特征
帮助
文件
模型显示
模型细节
注释
渲染
窗口
编辑
编辑特征
视图
命令...
工具栏...

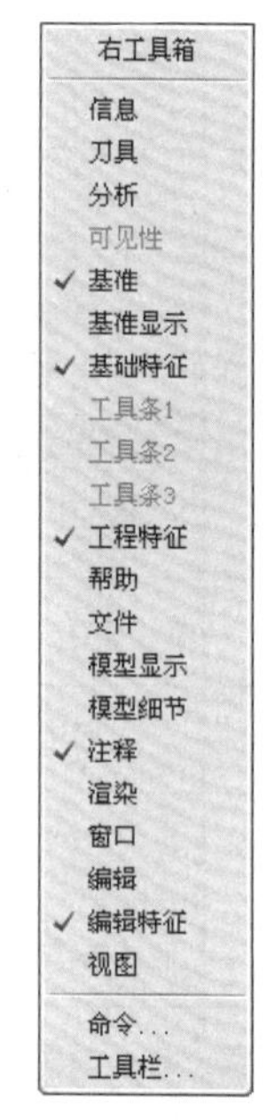

图 1-47 快捷菜单

1.5.5 熟悉命令提示栏

找到位于工作区上方的命令提示栏，如图 1-48 所示，它的主要功能是提示命令执行情况和下步操作的信息。

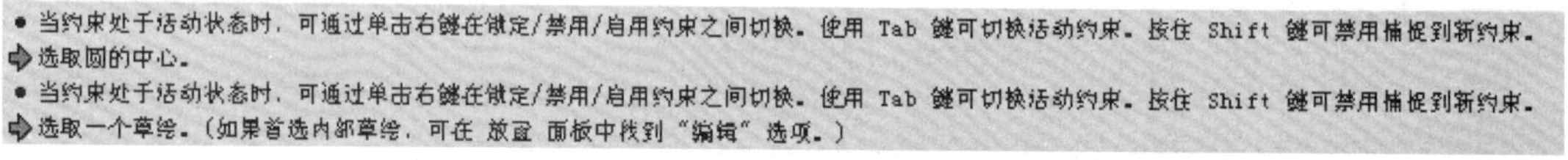

● 当约束处于活动状态时，可通过单击右键在锁定/禁用/启用约束之间切换。使用 Tab 键可切换活动约束。按住 Shift 键可禁用捕捉到新约束。
➡ 选取圆的中心。
● 当约束处于活动状态时，可通过单击右键在锁定/禁用/启用约束之间切换。使用 Tab 键可切换活动约束。按住 Shift 键可禁用捕捉到新约束。
➡ 选取一个草绘。（如果首选内部草绘，可在 放置 面板中找到 "编辑" 选项。）

图 1-48 命令提示栏

1.6 入门案例——椅子设计

◎ **引入文件：无**

◎ **结果文件：实训操作\结果文件\Ch11\yizi.prt**

◎ **视频文件：视频\Ch11\椅子设计.avi**

椅子是常用的家具产品，外形多样。本例讲述其中一种椅子的创建过程，在建模过程中，首先创建椅子曲面的边界曲线，利用所创建的边界曲线通过边界混合的方式创建椅子曲面，最后完成椅子腿的创建。在建模过程中主要涉及截面混合、曲面合并及加厚、实体化、特征镜像等操作，椅子设计的最后结果如图 1-49 所示。

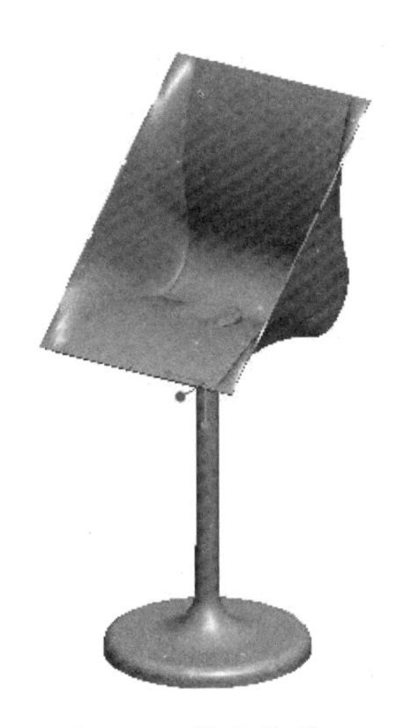

图 1-49　椅子模型

操作步骤：

01 新建零件文件。单击工具栏中的【新建】按钮，建立一个新零件。在【新建】对话框的【类型】选项组中选择【零件】选项，在【子类型】分组框中默认选中【实体】单选按钮，在【名称】文本框中输入文件名 yizi，并取消选中【使用默认模板】复选框。单击确定按钮，在弹出的【新文件选项】对话框中选择模板【mmns_part_solid】，其各项操作如图 1-50 和图 1-51 所示，单击确定按钮后，进入系统的零件模块。

图 1-50　新建文件

图 1-51　新建文件选项

02 创建基准平面。单击右侧工具栏中的【创建基准平面】按钮，打开【基准平面】对话框，选取 TOP 平面作为参照平面，采用平面偏移的方式，偏移值分别为 40、45 和 50，并调整平面的偏移方向，使 3 个基准平面在 TOP 平面的同侧，完成后单击确定按钮，最后生成图 1-52 所示的 DTM1~DTM3 基准平面。

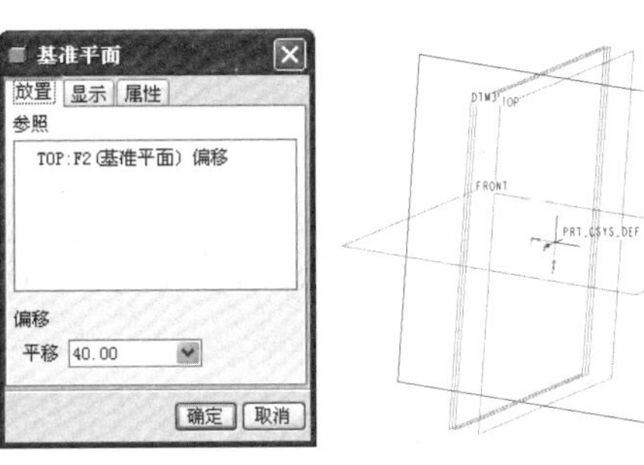

图 1-52　创建基准平面

03 草绘椅子的第一条轮廓线。单击右侧工具栏中的【草绘基准曲线】按钮，进入草绘环境，绘制基准曲线。选择基准平面 DTM1 作为草绘平面，绘制如图 1-53 所示的草绘曲线。

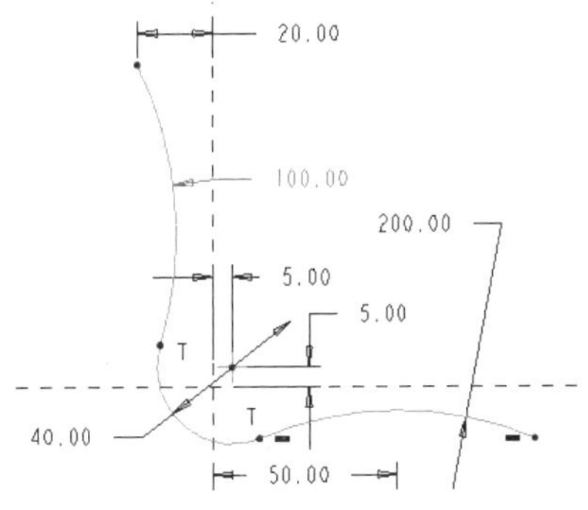

图 1-53　草绘第一条轮廓线

04 草绘椅子第二条轮廓线。单击右侧工具栏中的【草绘基准曲线】按钮，进入草绘环境，绘制基准曲线。选择基准平面 DTM2 作为草绘平面，绘制如图 1-54 所示的草绘曲线。

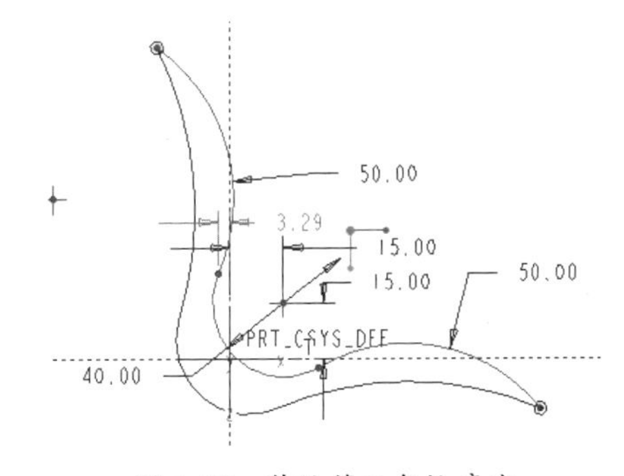

图 1-54　草绘第二条轮廓线

05 草绘椅子第三条轮廓线。单击右侧工具栏中的【草绘基准曲线】按钮，进入草绘环境，绘制基准曲线。选择基准平面 DTM3 作为草绘平面，绘制如图 1-55 所示的草绘曲线。

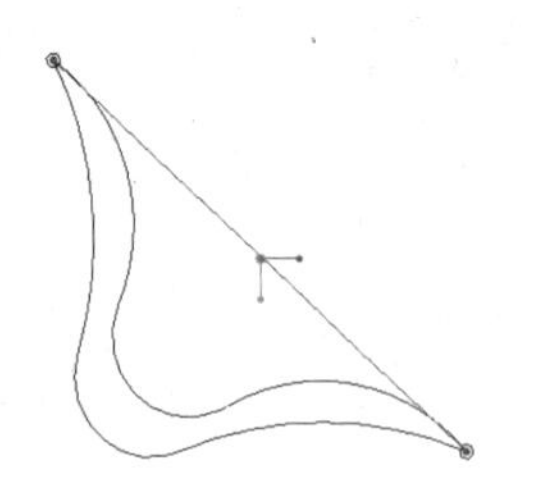

图 1-55　草绘第三条轮廓线

技术要点

在草绘过程中，涉及圆弧绘制时，尽量采用整圆绘制指令，并通过添加各种约束关系来限制图元相互位置关系。在绘制过程中，为了保证后续草图的绘制能够捕捉到正确位置，应该采用设置草绘参照的方式来完成草图绘制（在主菜单中选择【草绘】|【参照】命令，设置相应草绘参照）。

06 镜像椅子轮廓线。按住Ctrl键，在左侧模型树中选取以上绘制的3条轮廓线，单击右侧工具栏中的【镜像】工具按钮，选取TOP平面作为镜像平面，完成轮廓线的镜像如图1-56所示。

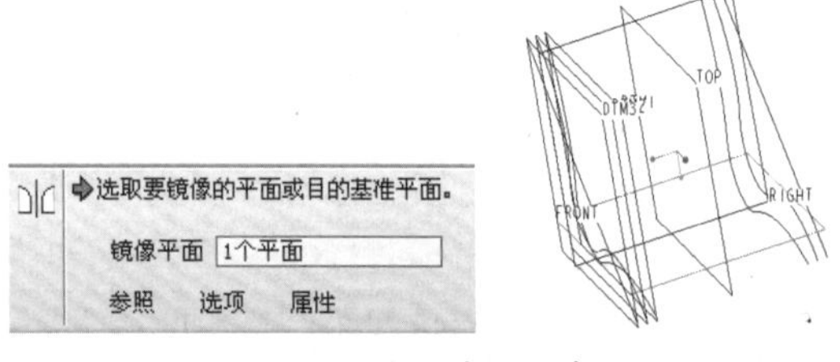

图 1-56　镜像椅子轮廓线

07 创建椅子左侧边界曲面。单击右侧工具栏中的【边界混合】按钮，在弹出的【边界混合】特征操控板中，按住Ctrl键，依次选取如图1-57所示的边界曲线，创建混合曲面，如图1-57所示。

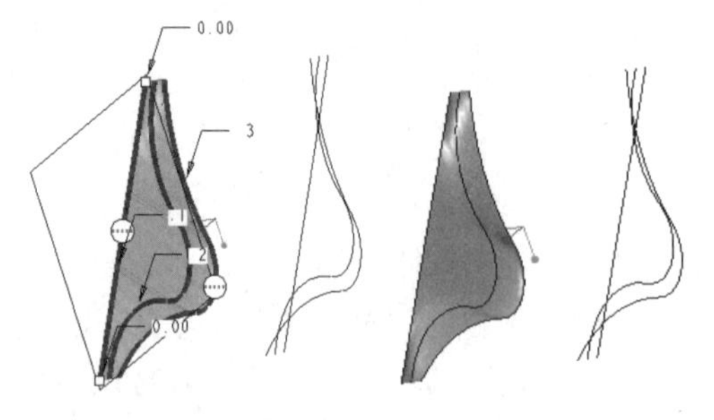

图 1-57　创建椅子左侧边界曲面

08 创建椅子右侧边界曲面。操作步骤与上一步相同，单击右侧工具栏中的【边界混合】按钮，在弹出的【边界混合】特征操控板中，按住Ctrl键，依次选取如图1-58所示的边界曲线，创建混合曲面，如图1-58所示。

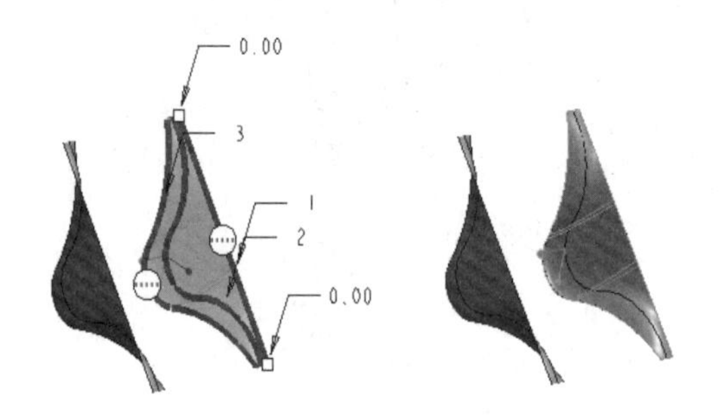

图 1-58　创建椅子右侧边界曲面

09 创建椅子中部边界曲面。操作步骤与上一步相同，单击右侧工具栏中的【边界混合】按钮，在弹出的【边界混合】特征操控板中，按住Ctrl键，依次选取如图1-59所示的边界曲线，创建混合曲面，如图1-59所示。

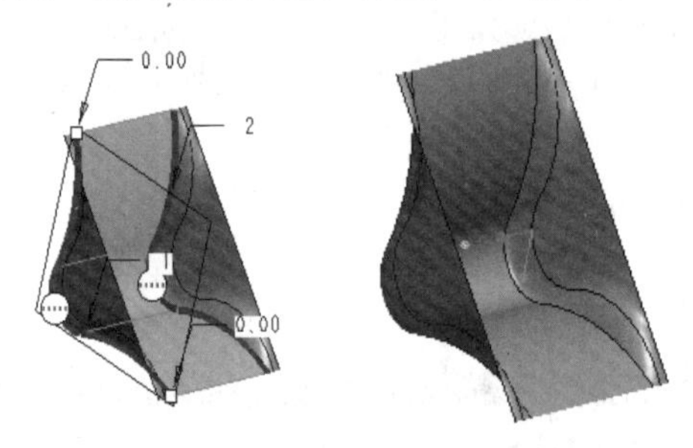

图 1-59　创建椅子中部边界曲面

10 合并边界曲面。按住Ctrl键，选取如图1-60所示的椅子的左侧与中部边界曲面，在右侧工具栏中单击【合并】按钮，完成曲面合并。按同样步骤完成上述合并后曲面与椅子右侧曲面的合并，如图1-61所示。

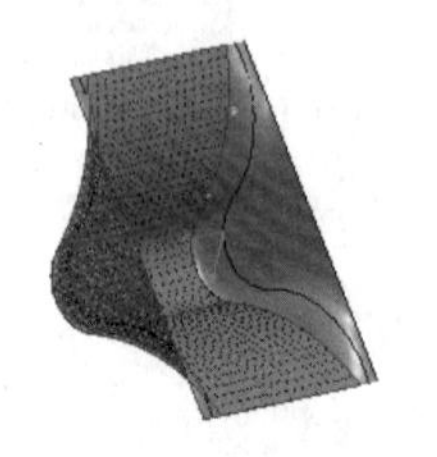

图 1-60　合并椅子左侧与中部曲面

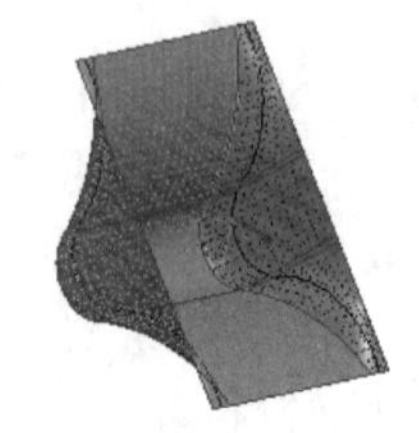

图 1-61　与右侧曲面合并

11 加厚曲面。在左侧模型树中，选取【合并 2】，即上一步所完成的整个合并后的曲面，在主菜单中，选择【编辑】|【加厚】菜单命令，将曲面加厚以实现实体化，如图 1-62 所示。

12 创建椅子腿。利用旋转方式创建椅子腿，在右侧工具栏中单击【旋转】按钮，以 TOP 平面作为草绘平面，绘制草绘截面，最后创建的旋转特征如图 1-63 所示。

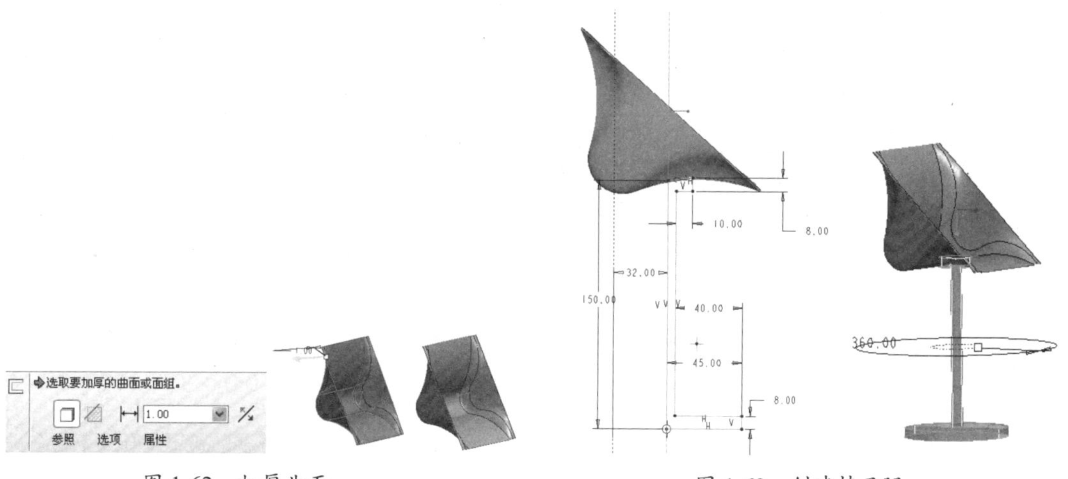

图 1-62　加厚曲面　　　　图 1-63　创建椅子腿

13 创建倒圆角特征。单击右侧工具栏中的按钮，选择如下图所示的边线，并分别输入相应的圆角半径数值 20、20、5，创建相应的倒圆角特征，如图 1-64 所示。

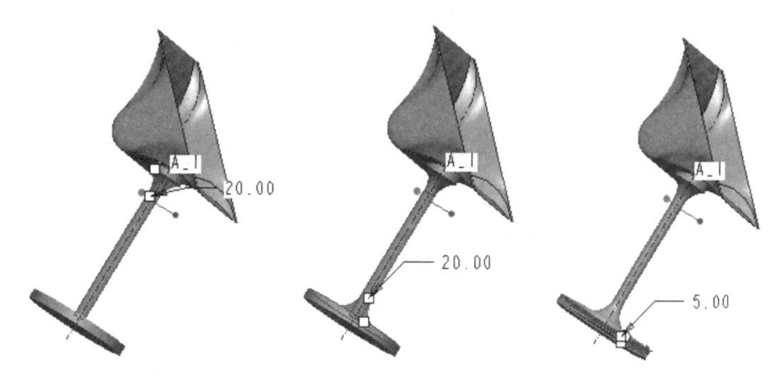

图 1-64　创建倒圆角特征

14 完成椅子模型创建。完成椅子模型创建，单击按钮，保存设计结果，关闭窗口。

1.7　课后习题

1. 问答题

（1）菜单栏中包括哪几个菜单？

（2）试说明工具栏中的按钮与菜单栏中的命令的对应关系。

2. 操作题

安装 Pro/ENGINEER Wildfire 5.0 软件，熟悉其工作界面中的菜单栏、工具栏等。

第2章　踏出 Pro/E 5.0 的第一步

资源二维码

百度云盘

360 云盘 访问密码 32dd

了解 Pro/E 5.0 的建模方法、工作目录的设置、键鼠运用、模型显示设置及参数设置等，是踏出 Pro/E 5.0 关键的第一步。这一步是基础，读者应熟练掌握。

知识要点

- ◆ Pro/E 5.0 的基本设计模式
- ◆ 设置工作目录
- ◆ 管理文件
- ◆ 系统设置

2.1　Pro/E 的基本设计模式

在 Pro/E 中，想要把用户的概念完美地展现在设计成品上的话，需要按如下几个基本设计阶段传达设计信息：

- 创建设计组件。
- 组合各个设计组件。
- 以组件和装配的信息为基本创建机械图纸。

Pro/E 把这些分阶段认定为固有的特性、文件扩展名和与其他模式有关联的模式，在 Pro/E 中构成设计模型的时候，所有的数据信息（尺寸、公差及关系式）都是因模式之间的关联关系而双向传达的，也就是说如果用户在设计模型的时候，对任一模式中的模型进行设计变更的话，会自动在所有的模式中发生变更，不需要用户样样进行变更。

如果用户正确有效地对关联性进行计划使用的话，可以缩短设计及工程变更过程中所需要的时间。而且如果用户恰当地使用已完成设计作品的话，在设计与已完成设计作品相类似的设计作品的时候，将不需要从头开始进行设计，用户只需要对已完成作品进行一些适当的变更就可以设计完成一个新的设计作品。

2.1.1　三维 CAD

运用三维CAD进行的设计过程，可以认定为根据产品开发的必要性而进行的需求的认识、整个系统信息的综合、整体产品的分析和最优化、适合的设计评价、构成要素的图纸及 BOM 的提出等周而复始的反复操作过。至今为止，在这样的操作过程中开发新产品操作时，设计方式主要以三维的图纸为主，并以详细设计图纸形态将其文件化了，如装配、部件、工程图等。

但是三维 CAD 把用户头脑中所想象出来的产品以三维的形式进行建模如同实物一样展现在用户的面前，如果以三维 CAD 为基础的话，可以制造出包括图纸在内的所有组件及成品。

1. 特征建模

在 CAD 中所说的建模是指把用户头脑中所想象出来的产品运用计算机展现在显示器上所做的一连串操作过程，如图 2-1 所示。在三维 CAD 软件系统中特征建模的创建流程如下：

- 创建：点、线、面是三维 CAD 中最基本的图形和要素。

- 编辑：把在三维 CAD 中所创建的基本图形或要素运用缩放、旋转、移动、修改、变换等命令进行必要的调整。
- 操作控制：对创建出来的特征进行移动、复制、编辑、保存等操作控制。

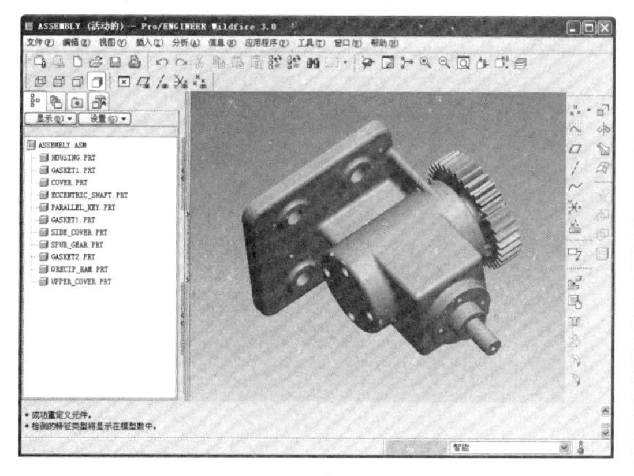

图 2-1　建模实例

在三维 CAD 中通常使用的建模方式有线框建模、自由曲面建模和实体建模等。如果同时使用尺寸和约束条件进行建模，选择实体建模方式比较方便，如果模型有复杂的曲面，选择自由曲面建模方式比较合适，有的时候也可以使用几种方式混合建模，如图 2-2 所示。

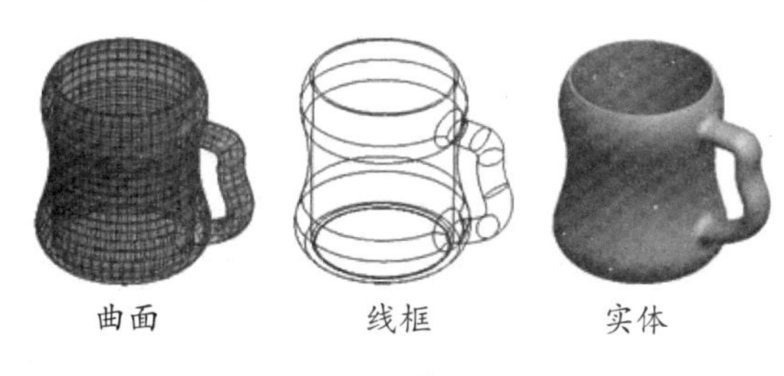

图 2-2　建模方式

- 线框模型：由点、直线、圆弧、自由曲线等基本图形元素构成的线性框架，用线框模型来表示线性立体几何或许还可以，但用来表示曲线几何特征就不够完美了，还必须以直线或圆弧等辅助线来表示，但这样会失去边界感觉，即描述空间实体时所表达的信息不够完整。但它处理速度很快，使其在不能使用高性能计算机的情况下，仍有充分的优越性，若在计算机内建成立体的线框模型，那么，运用图形学的投影法，就很容易得到立体视图。

注意

线框模型可通过绘图来生成，也可通过已生成的曲面造型和实体造型来自动生成。

- 实体模型：实体模型是一个完整的几何模型，它可以对模型进行质量、质心、惯性矩等实际物理量的计算，还可以进行实体与实体间的相交、消隐、明暗、渲染等处理。实体特征是构建实体模型的基本组成单元，具有厚度、体积和质量等物理属性，实体特征在 CAD 建模中占有重要地位，是主要的设计对象。

2. 特征描述

在设计的过程中，需要对模型进行各种形态的描述，以进行有效的几何推理。传统的实体表示方法只是用一些简单几何元素来表达，计算机很难识别和理解这类【粗糙】的模型，因此需要包含更多的工程信息和数据来进行实体特征的描述。由于特征源于设计、分析、制造等生产过程的不同阶段，用户可以通过对三维模型的特征描述来弥补设计的不足，并设计制造出最优化的产品。

3. 设计的评价

三维 CAD 作为视觉设计工具以建模数据为基准，并以此基准输入设计尺寸来减少尺寸误差，同时也以检查的方式来减少各个组件之间相互干涉的现象。与此同时通过解释来进行设计最优化操作。

4. 图纸的制式及加工与组合

运用三维 CAD 软件先制作出三维数据后，再创建出工程图纸。在 Pro/E 中为了能使 3D 模型在图纸上有精确的表示，可以先在三维 CAD 的制图模式中进行图纸的阵列、剖面图的创建和尺寸生成等操作，这样制作出来的图纸更为准确。

在三维CAD中制作出来的数据资料是产品在生产流程中必要的数据依据。同时也用于最终的产品装配和产品的质量检测。

5. 装配模式

在建模环境模式中创建完成模型各组件之后，再将各个组件文件分别保存于硬盘中。然后在Pro/E组件设计环境模式中将各组件按一定的位置和约束关系进行装配。为了更为清楚地表达模型的组合关系，通常将装配模型进行分解，如图2-3所示。

图2-3 装配体的分解图

当用户的水平达到一定程度之后，建模时可选择【组件】类型直接设计实体模型，然后在组件设计模式下创建、编辑各个组件（组件文件）。在用户编辑了组件后，这个组件在整个模型中也自动发生相应的变更，这就是下向式设计的核心。在一般的装配模型里也可以运用装配关系把一个组件连接到另一个组件上。

在装配模式中用户也可以使用模型分析工具测定装配的质量特性和体积，来测定装配体重量、重量中心及惯性。同时还可以在整个装配体里确认组件之间的相互关系。

6. 绘图模式

在Pro/E绘图模式中，它是以3D组件和装配文件记录的尺寸为基础来完成模型特征的精确制图的。与其他模式不一样的是，在绘图模式中不必再修改尺寸，取而代之的是在绘图模式中可以自由选择显示或隐藏输入的三维模型。

在Pro/E里可以把在其他模式中创建的3D模型全部组成特征（尺寸、注释、表面注释、几何公差、横截面）转换输入到绘图模式。当这些特征向绘图模式输入了三维模型之后，其模型组件间的关联性维持不变，因而在绘图模式中进行的特征编辑也应用到三维模型，如图2-4所示。

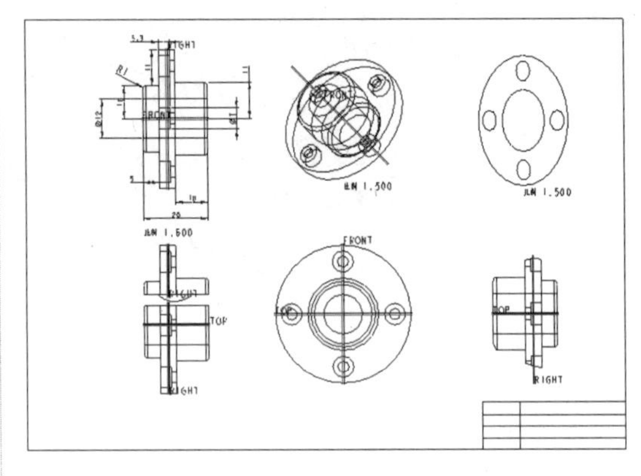

图2-4 绘图视图

2.1.2 Pro/E特征

Pro/E是由美国PTC公司于1988年开发的，是以计算机视窗为基础的集成三维CAD/CAM/CAE功能的3D模型设计软件。它所表现的模型具有厚度和表面积，因而可以在创建的模型当中直接计算出质量特征、断面系数、惯性等，同时也具有干涉检查、机械运动模拟等功能。Pro/E软件主要应用在机械及电子领域的设计与制造中，其发展趋势也会越来越广泛。

在Pro/E中可以使用多种工具和技法来掌握建模意图，同时使用参数的特性对设计进行修改并保存其意图，同时还可以在三维建模环境中把模型开发成实体。

1. 参数化设计

参数化设计是Pro/E提供的最为基本的功能。所谓【参数化设计】就是用户将设计要求、设计原则、设计方法和设计结果以灵活可变的参数来表示，也就是说在设计过程中可以根据实际情况随时对设计加以更改，如图2-5所示。

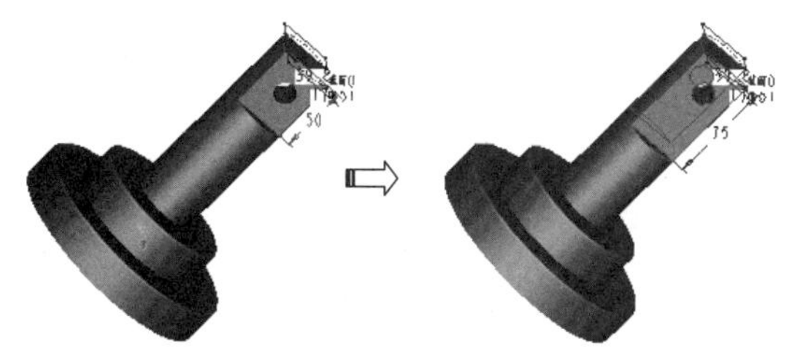

图 2-5　参数变更后的模型特征

在赋予对象设计尺寸的指定变量之后，再运用之间的关系更改其主要数据，然后就可以把模型更改为用户所期望的设计对象了，运用这种方法将使得多样化的对象设计和编辑变得更加容易了。

2．完全关联性

此功能是表示设计模块的相互关联性。Pro/E 是由多个模块构成的，在实体建模环境中创建实体模型后再进入到制图模式来创建图纸，由此对模型进行文件化。此外，还添加了模型制造、有限元分析、机械模拟运用等，如图 2-6 所示。

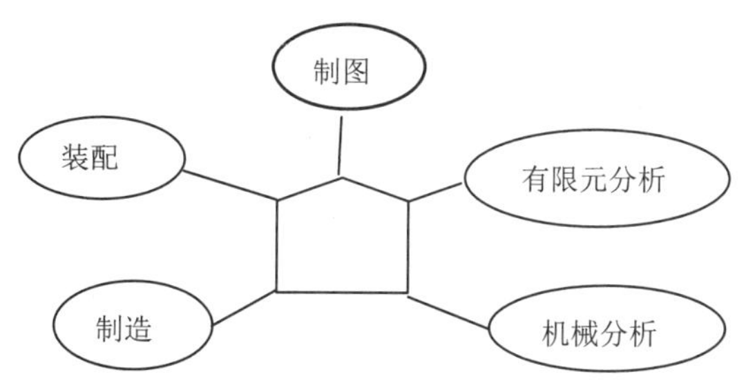

图 2-6　Pro/E 模块及其关联性

3．基于特征的模型

在 Pro/E 中会把特征要素集中在一起作为一个部分，这里所说的特征是指三维物体所能具有的几种特定的形象，可以向用户提供设计产品的可观的设计视图，也就是说把独立的基本单元每使用一次就像砌砖一样增加一个单元或者减少一个特征制作模型，以这种方式设计模型的方法也称为【机械原理】。这是从机械设计制造者在制造工程中对基本的模型逐一累加特征的方法而来的。

2.1.3　特征的种类

在 Pro/E 建模操作中将最小的单位特征有序地集合创建出多个部分，然后再把这些部分组合成一个完整的产品，建模操作也就完成了。下面要介绍最基本的特征类型。

用基准特征来创建基本的特征有两种方式。第一种方式是草绘方式，第二种方式是拾取 / 放置特征方式。例如在草绘模式下，为了创建减材料实体特征需要进行拉伸剖面的绘制；在同样的情况下，拾取 / 放置不需要另外绘制剖面，例如创建孔特征只需要选取放置曲面、轴、点等，再输入孔的参数即可完成，不需要在草绘模式中另外进行孔的剖面绘制过程。

1．草绘特征

在 Pro/E 中创建实体特征时，开始并不需要区分是加材料特征还是减材料特征，只是在进行拉伸剖面绘制之后再对它们的拉伸方向进行设置。值得一提的是，在 Pro/E 的基本概念上如果没有拉伸实体功能，就无法创建出需要使用草绘剖面的形状特征，如果用户想要创建新的拉伸特征，那么这些新绘制的剖面为必要的特征。

（1）加材料。

- 拉伸：这是一种基本的特征。在实际使用时，使用拉伸命令在绘制剖面之后，把绘制的剖面拉伸出来形成新的实体。
- 旋转：这是一种以草绘剖面为基准围绕一根中心轴旋转所创建的旋转特征。
- 扫描：这是一种把草绘截面通过绘制的路径来进行移动，以此来创建实体特征。
- 混合：这是一种由一系列（至少两个）平面剖面组成，并将这些平面剖面的边界用一个转接曲面来连接，以形成一个连续的特征。
- 实体化：这个功能的特点是把封闭的面转换成实体。

- 加厚：这个功能的特点是把平面曲面经过一定的拉伸而转换成实体。
- 高级：这是一个特殊的命令，是把各个不同的命令组合在一起的高级命令。

（2）减材料

减材料特征具有与加材料特征相反的概念。一般常用于需要从基本特征里剪切出材料的时候，其特征创建方法与加材料特征一样，也都是使用拉伸、旋转等工具命令来完成创建的。

2. 拾取和放置特征

拾取和放置特征在建模的时候，不需要草绘也能决定特征的位置，在输入相应的参数后创建出特征。在创建拾取和放置特征之前需要先创建出有基本特征的实体特征，以此作为父本。

- 孔：这个功能用于创建各种形态的特征。与钻孔操作有同样的特性。
- 倒圆：这个功能用于把面与面相交的地方处理成圆弧形的特征。
- 倒角：这个功能用于处理模型角的特征。
- 壳：这个功能是为了把实体的模型面删除，使其拥有输入的厚度，最终创建成内部空虚的特征。
- 筋：这个功能用于给设计的产品增加强度从而创建出特征，需要绘制开放的剖面。
- 拔模：这个功能用于在实体模型上创建出斜面的特征。
- 管道：这个功能用于创建三维管、输送管道、金属线等特征。
- 扭曲：这个功能用于创建斜度、偏移、修补、自由形状特征等高级特征。

3. 曲面特征

这个特征与草绘特征具有相似的操作方法，使用曲面特征创建对象使其实体化特征变成精密、复杂的自由曲面特征，在建模过程时会应用到偏移、复制、修剪等功能。

4. 基准特征

基准特征是应用非几何特征创建对象不可或缺的重要特征，同时这个特征也给予草绘的特征创建必要的支持，有时也起着关键作用。这个特征一般用作草绘特征的草绘参照。这个特征也可以定义为一种特征。

- 基准平面：在三维空间上创建特征时，为了把这些特征进行定位而产生的理论上没有边界的平面称为基准平面。
- 基准轴（轴）：一般用来作创建特征时的参照。尤其是协助基准面和基准点的创建、尺寸标注参照、圆柱、圆孔及旋转中心的创建、阵列复制和旋转复制等操作时用的旋转轴等。
- 基准曲线（弧）：除了输入的几何之外，Pro/E 中所有 3D 几何的建立均起始于 2D 截面。【基准】曲线允许创建 2D 截面，该截面可用于创建许多其他特征，例如拉伸或旋转。此外，基准曲线也可用于创建扫描特征的轨迹。
- 基准点（点）：在几何建模时可将基准点用作构造元素，或用作进行计算和模型分析的已知点。可随时向模型中添加点，即便在创建另一特征的过程中也可执行此操作。
- 基准坐标（坐标系）：坐标系是可以添加到零件和组件中的参照特征。使用这个坐标系可进行分析或者组装元件。

2.1.4 基于Pro/E的特征操作方法

第一次创建的几何特征称为基本特征。此外的所有其他特征都以这个特征为基础而创建，如图 2-7 所示。

拉伸特征是在基本特征中减少特征或者添加特征而创建的，一般在零件中选择体积最大的来作为基本特征，这是用户考虑的机械加工对象。

运用特征建模的操作方法是指有序地将创建的特征添加到基本特征上。在进行三维建模的时候，要预先计划好加工顺序，首先，在基本的特征上添加附加的特征或者删除特征，这与实际制造产品时的制造加工过程相类似。

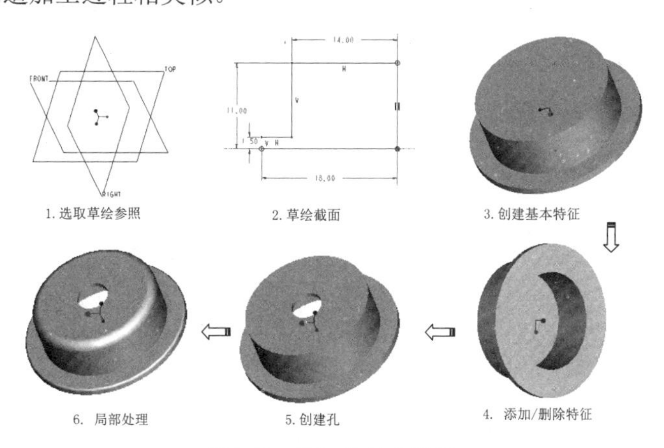

图 2-7　特征的创建过程

2.2 设置工作目录

Pro/E 的工作目录是指存储 Pro/E 文件的空间区域。在通常情况下，Pro/E 的启动目录是默认的工作目录。

动手操作——设置工作目录

操作步骤

01 选择菜单栏中的【文件】|【设置工作目录】命令，系统弹出如图 2-8 所示的【选取工作目录】对话框。

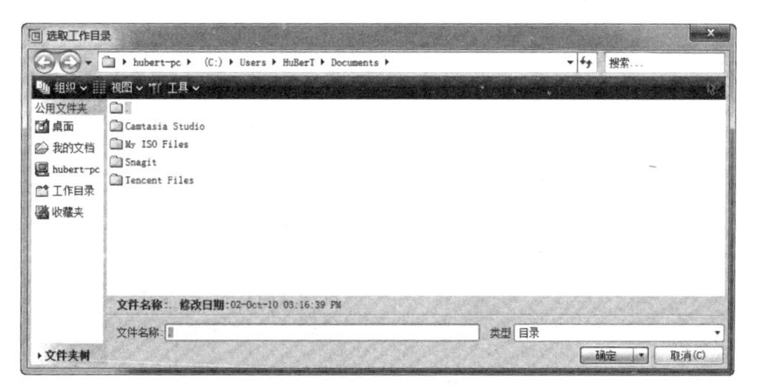

图 2-8　【选取工作目录】对话框

02 打开【选取工作目录】对话框中的【查找范围】下拉列表，选取所需要的工作目录。

03 单击【选取工作目录】对话框中的【确定】按钮，完成工作目录的设置。

技术要点

在进行工程设计的时候，程序会将设计过程中的文字和数据信息自动保存到这个文件夹中。当启动 Pro/E 软件时，程序就指向工作目录文件夹的路径。如果想设定不同的目录文件路径的话，在菜单栏中选择【文件】|【设置工作目录】命令，进行修改即可。

2.3 管理文件

Pro/ENGINEER Wildfire 5.0 中对文件的操作都集中在【文件】菜单下，包括新建、打开、保存、保存副本和备份等操作命令。

1. 文件扩展名

在 Pro/E 中常用的扩展名有 4 种。在保存各个文件的时候，系统会自动赋予文件相应的扩展名：

- *.prt：是由多个特征组成的三维模型的零件文件。
- *.asm：在装配模式中创建的模型组件和具有装配信息的装配文件。
- *.drw：输入了二维尺寸的零件或装配体的制图文件。
- *.sec：在草绘模式中创建的非关联参数的二维草绘文件。

动手操作——新建文件

在 Pro/E Wildfire 5.0 中，新建不同的文件类型，操作上略有不同，下面以最为常用的零件文件的新建过程为例，讲述新建文件的操作步骤。

操作步骤：

01 选择菜单栏中的【文件】|【新建】命令，或者单击【文件】工具栏中的【新建】按钮 ，系统弹出如图 2-9 所示的【新建】对话框。

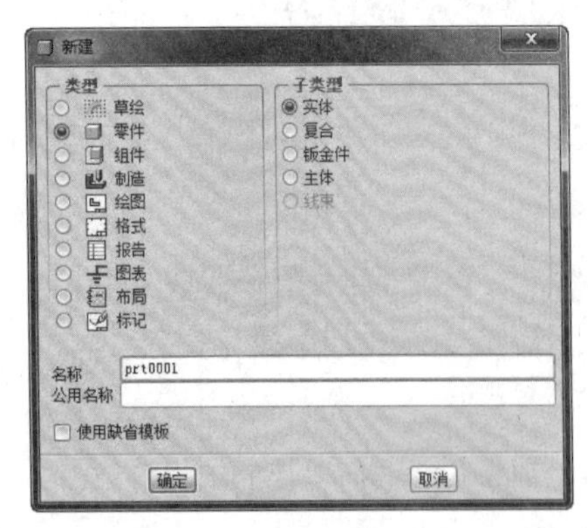

图 2-9 【新建】对话框

02 选中【类型】选项组中的【零件】单选按钮，选中【子类型】选项组中的【实体】单选按钮。

03 在【名称】文本框中输入新建文件的名称，取消选中【使用默认模版】复选框，单击【确定】按钮，系统弹出如图 2-10 所示的【新文件选项】对话框。

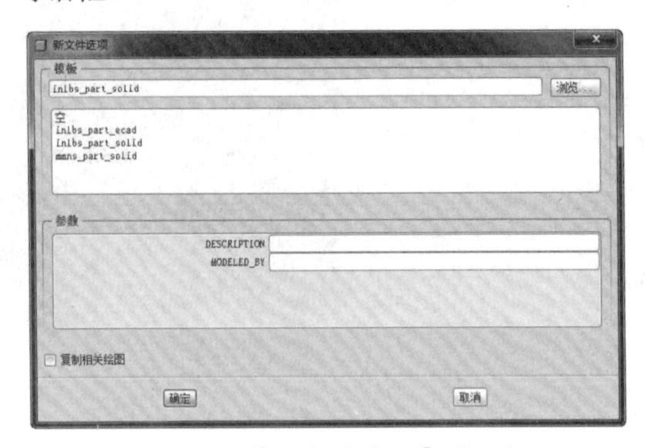

图 2-10 【新文件选项】对话框

04 在【模板】选项组的列表框中选取公制模板【mmns_part_solid】，或者单击【浏览】按钮，选取其他模板，单击【确定】按钮，进入零件设计平台。

2. 打开文件

选择菜单栏中的【文件】|【打开】命令，或者单击【文件】工具栏中的【打开】按钮 ，系统弹出如图 2-11 所示的【文件打开】对话框。

打开【查找范围】下拉列表，选取要打开的文件所在的目录，在列表框中选中要打开的文件。再单击【文件打开】对话框中的【打开】按钮，完成文件的打开。

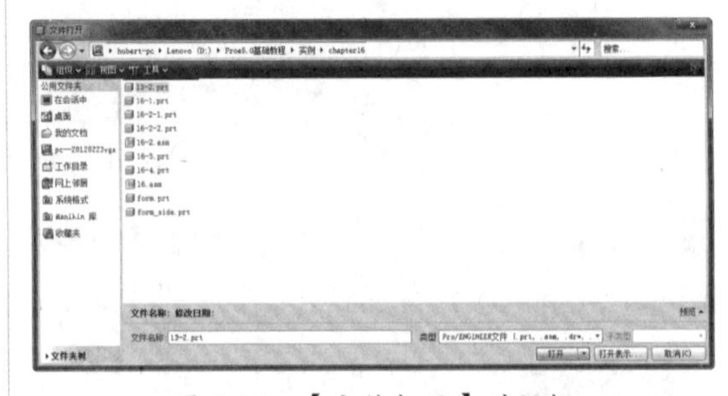

图 2-11 【文件打开】对话框

3. 保存文件

选择菜单栏中的【文件】|【保存】命令，

或者单击【文件】工具栏中的【保存】按钮，系统弹出如图 2-12 所示的【保存对象】对话框。打开【查找范围】下拉列表，选取当前文件的保存目录。单击【确定】按钮，保存文件并关闭对话框。

图 2-12　【保存对象】对话框

4. 镜像文件

选择菜单栏中的【文件】|【打开】命令，或者单击【文件】工具栏中的【打开】按钮，系统弹出【文件打开】对话框。

选中【文件打开】对话框中要镜像的文件，单击【打开】按钮，完成文件的打开。

选择菜单栏中的【文件】|【镜像零件】命令，系统弹出如图 2-13 所示的【镜像零件】对话框。

设置对话框中相应的参数，单击【确定】按钮，打开一个镜像文件，完成镜像文件的创建。

图 2-13　【镜像零件】对话框

- 仅镜像几何：创建原始零件几何的镜像的合并。
- 镜像具有特征的几何：创建原始零件的几何和特征的镜像副本，镜像零件的几何不会从属于源零件的几何。

2.4　Pro/E 5.0 系统设置

Pro/E 允许用户根据自己的习惯和爱好对模型显示、工作环境、工具栏和命令等进行设置。本小节主要讲述模型显示、基准显示、系统颜色和屏幕定制等设置。

2.4.1　设置模型显示

三维实体建模是在空间上完成的，所以必须理解三维空间的基本概念，才能更好地完成设计。

基本上 Pro/E 的实体建模方式是对三维模型进行旋转、移动、放大、缩小等操作。曲面数据不同于实体数据，它无法分清模型的内外。在对曲面进行创建的时候，要解决这个问题就需要对视图的状态进行调整。

模型显示设置是对模型的显示方式、显示内容及模型切换时的过渡方式，以及模型的边线显示质量、显示内容和电缆管道的显示方式等。

动手操作——设置模型显示

操作步骤：

01 选择菜单栏中的【视图】|【显示设置】|【模型显示】命令，系统弹出如图 2-14 所示的【模型显示】对话框。

02 在【一般】选项卡中设置模型的显示样式、显示的内容等。

- 显示样式：用于设置模型的显示样式，分别是着色、线框、隐藏线、消隐。
- 显示：用于设置模型中显示的内容，包括颜色、跟踪草图、尺寸公差、位号、内部电缆部分、焊接、连接。

- 重定向时显示：定义重定向时显示的内容，包括基准、曲面网格、侧面影像边、方向中心。
- 重定向时的动画：设置重定向时动画的显示方式和显示参数。
- 分解时的动画：设置分解时动画的显示方式和显示参数。
- 注释方向栅格：设置是否显示平面栅格和注解方向栅格的间距。

03 单击【边/线】按钮，展开如图 2-15 所示的【边/线】选项卡，可以设置模型边线显示的质量、方式等。

图 2-14 【模型显示】对话框

图 2-15 【边/线】选项卡

- 边质量：用于设置模型边线显示的质量，分别是高、中、低、很高。
- 相切边：用于设置模型相切边的显示方式，分别是实线、不显示、虚线、中心线、灰色。
- 选项：用于设置模型的边线显示方式，分别是侧面影像、平滑线、总是深度提示、总是剪辑。
- 电缆显示：设置电缆的显示方式，分别是粗细、中心线。
- 电缆 HLR：用于设置电缆的显示内容，分别是部分、完整、无。
- 管道显示：设置管道显示的方式，分别是厚管道、厚保温材料。

04 单击【着色】按钮，展开如图 2-16 所示的【着色】选项卡，用于设置模型的着色选项。

- 质量：用于设置模型着色的质量，分别是 1 ～ 10 的数值，数值越大着色效果越好。
- 着色：用于设置着色的内容，包括曲面特征、带基准曲线、带边、小曲面、制造参照模型。
- 启用：用于设置着色方式，包括纹理、透明、加顶修剪。
- 实时渲染：用于设置着色时的渲染，包括环境映射、反射模型、阴影、显示房间透明地板。

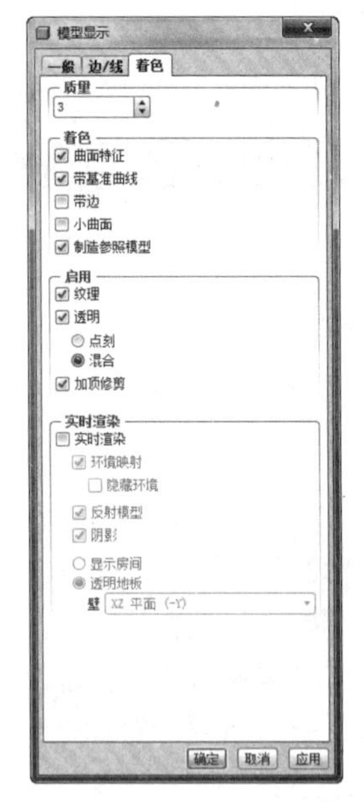

图 2-16 【着色】选项卡

05 单击【模型显示】对话框中的【应用】按钮，设置的显示内容就应用到当前系统中。

2.4.2 设置基准显示

用户可以根据自己的爱好，来调整视图角度、模型基准的显示。模型基准包括基准平面、基准轴、基准点和坐标系。

动手操作——设置基准显示

操作步骤：

01 选择菜单栏中的【视图】|【显示设置】|【基准显示】命令，系统弹出如图 2-17 所示的【基准显示】对话框。

图 2-17　【基准显示】对话框

02 在【显示】选项组中设置绘图区中显示的基准内容，包括平面、轴、点、坐标系、曲线等。

03 在【点符号】选项组中设置绘图区中点的显示方式，包括正方形、十字形、点、圆形、三角形。

04 单击【确定】按钮，基准显示的设置就应用到当前的绘图区中了，最后关闭【基准显示】对话框。

2.4.3　设置系统颜色

用户也可以根据实际需要，对 Pro/E 的系统颜色进行设置。这些颜色设置包括图线、草图、曲线、面组、体积块等。

动手操作——设置系统颜色

操作步骤：

01 选择菜单栏中的【视图】|【显示设置】|【系统颜色】命令，系统弹出如图 2-18 所示的【系统颜色】对话框。

02 单击【系统颜色】对话框中的【布置】按钮，展开图 2-19 所示的菜单，选择相应的命令，切换当前的工作系统颜色。

图 2-18　【系统颜色】对话框

图 2-19　【布置】命令

03 单击【基准】、【几何】、【草绘器】、【图形】、【用户界面】按钮，切换到相应的选项卡。

04 单击各选项前的颜色按钮，在弹出的对话框中定义其颜色。

05 单击【确定】按钮，将当前的设置应用到系统中，并关闭【系统颜色】对话框。

2.4.4　定制屏幕

用户可以通过定制屏幕来控制工具栏在工作界面中的显示和放置位置。

动手操作——定制屏幕

操作步骤：

01 选择菜单栏中的【工具】|【定制屏幕】命令，系统弹出如图 2-20 所示的【定制】对话框。

02 在【命令】选项卡中，可以通过拖动【命令】列表框中的命令到菜单栏或任何工具栏中，也可以从菜单栏或工具栏将命令拖出。

03 单击【工具栏】按钮，展开如图 2-21 所示的【工具栏】选项卡，从右侧下拉列表框中选择工具栏的位置，包括顶、左、右。

图 2-20 【定制】对话框

图 2-21 【工具栏】选项卡

04 单击【导航选项卡】按钮，展开如图 2-22 所示的【导航选项卡】选项卡，可以设置导航栏的位置和大小，以及模型树的位置和大小。

图 2-22 【导航选项卡】选项卡

05 单击【浏览器】按钮，展开如图 2-23 所示的【浏览器】选项卡，可以设置浏览器的宽度、是否进行动画演示和加载 Pro/ENGINEER 时展开浏览器。

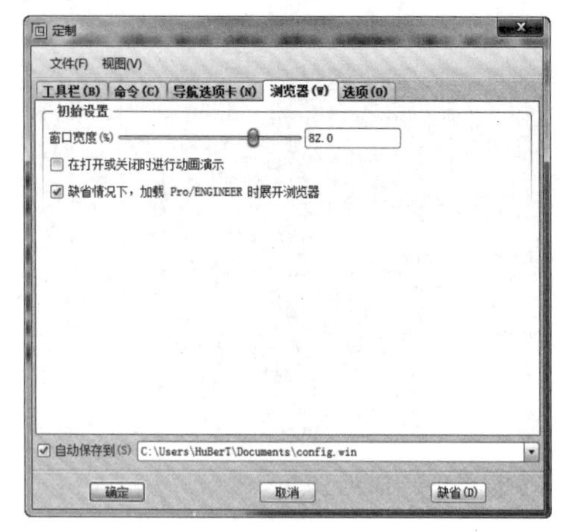

图 2-23 【浏览器】选项卡

06 单击【选项】按钮，展开如图 2-24 所示的【选项】选项卡，设置次窗口的显示方式，以及菜单是否显示图标。

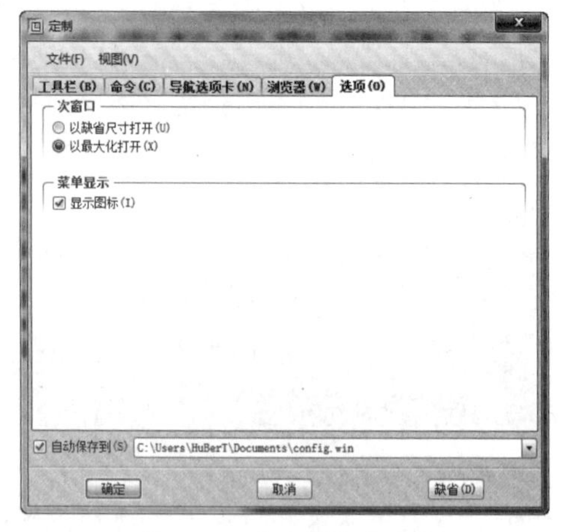

图 2-24 【选项】选项卡

07 单击【确定】按钮，将当前的设置应用到系统中。单击【默认】按钮，将恢复所有的设置到系统默认状态。

2.4.5 配置 config 文件

Pro/ENGINEER Wildfire 5.0 提供了用户配置文件的功能，是用户和软件系统进行交互的一个重要方式。通过配置系统文件，用户可以使 Pro/NGINEERE 变得更加适合自己的需要，在工作中得心应手。在 Pro/ENGINEER 中，配置系统文件的方法如下。

动手操作——配置 config 文件

操作步骤：

01 选择【工具】|【选项】菜单命令，打开如图 2-25 所示的【选项】对话框。

图 2-25　【选项】对话框

02 在【显示】组合框中选择【当前会话】选项，取消选中【仅显示从文件加载的选项】复选框，在列表框中选择【menu_translation】选项，在【值】下拉列表中选择【both】选项，如图 2-26 所示。

03 单击【添加 / 更改】按钮，然后在对话框中单击【确定】按钮，关闭对话框。

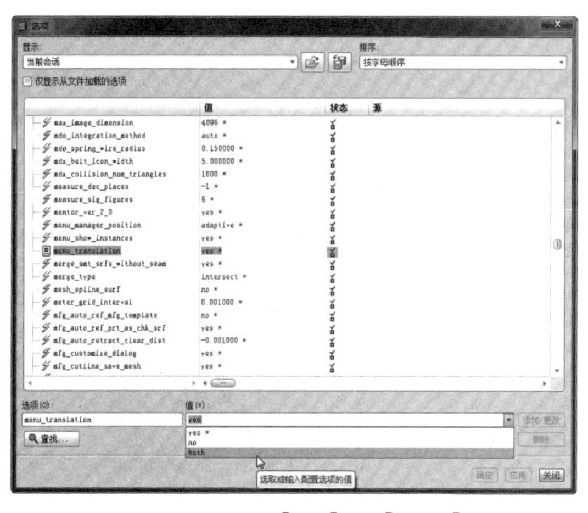

图 2-26　设置【值】为【both】

yes 后面带有 * 号，带有该符号的均为系统默认值。

🛠 ：表示选项设置后要重新运行 Pro/E 后才生效（即关闭 Pro/E 再重新打开）。

🛠 ：表示修改后立即生效。

🛠 ：只对新建的模型、工程图等有效。这点很重要，也就是说，修改的选项不作用于已有的模型，只对新建的模型有效。

04 单击【新建】按钮，打开【新建】对话框，按照如图 2-27 所示设置参数，单击【确定】按钮，打开【新文件选项】对话框。

图 2-27　设置【新建】对话框

05 选择如图 2-28 所示的模板，单击【确定】按钮。

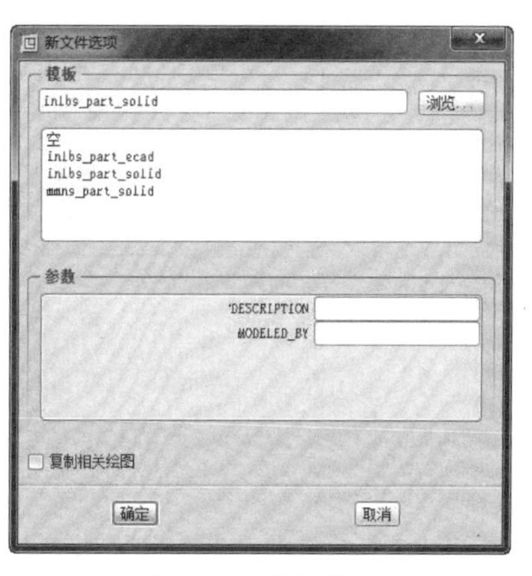

图 2-28　选择模板

06 选择【插入】|【扫描】|【伸出项】菜单命令，弹出如图 2-29 所示的【伸出项：扫描】对话框和【扫描轨迹】菜单管理器，为中英文双语显示。

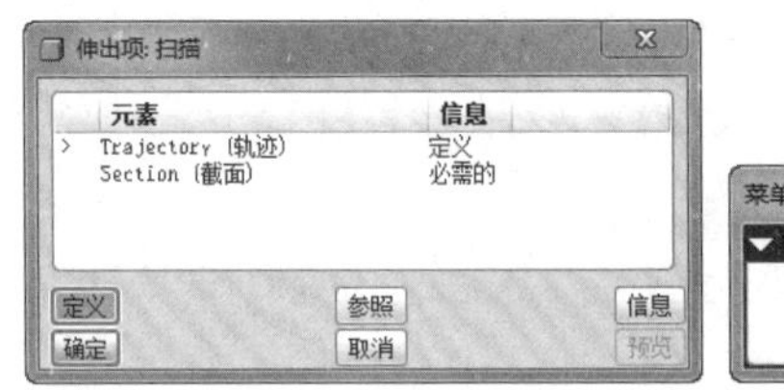

图 2-29 【伸出项：扫描】对话框和【扫描轨迹】菜单管理器

本课程安装的是简体中文版 Pro/E 而非英文版，只有出现菜单管理器时才会有中英文双语显示。如果想还原为原来的中文显示菜单，可以关闭该文件，再重新开启，设置【menu_translation】选项的【值】为【yes】。

07 单击【伸出项：扫描】对话框中的【取消】按钮，按照前面介绍的步骤打开【选项】对话框。

08 在【选项】文本框中输入【web】，单击【查找】按钮 查找...，打开如图 2-30 所示的【查找选项】对话框。

09 选择【web_browser_homepage】选项，在【设置值】组合框中输入【about:blank】，单击【添加 / 更改】按钮，再单击【关闭】按钮。

技术要点

该选项用于设置浏览器主页的位置。

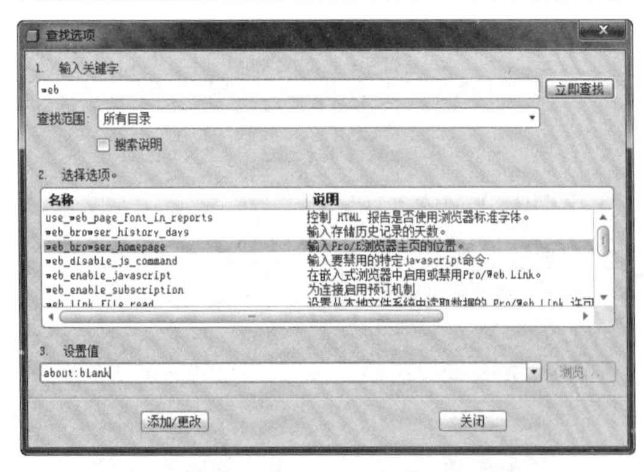

图 2-30 【查找选项】对话框

10 在【选项】对话框中单击【确定】按钮，关闭对话框。

11 展开浏览器，单击【主页】按钮，可以看到其浏览器主页为空白页，如图 2-31 所示。

12 再次进入【查找选项】对话框，选择【web_browser_homepage】选项，在【设置值】组合框中输入【ptc.com】，单击【添加 / 更改】按钮，然后关闭两个对话框。

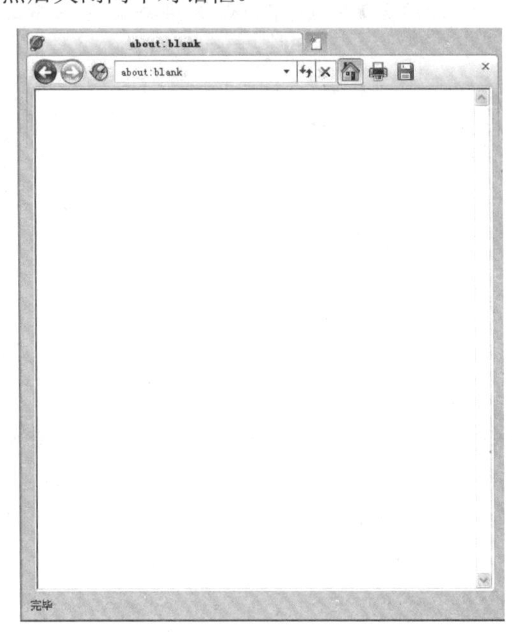

图 2-31 浏览器主页为空白页

13 在展开的浏览器中单击【主页】按钮，可以看到系统已连接到 PTC 的官方网站，如图 2-32 所示。

图 2-32 重新设置后的浏览器主页

2.5 综合实训——支座设计

◎ 引入文件：无

◎ 结果文件：实训操作 \ 结果文件 \Ch02\zhizuo.prt

◎ 视频文件：视频 \Ch02\ 支座设计.avi

本节的练习仍然是一个入门的案例，旨在让大家更深一步了解 Pro/E 5.0 从新建文件到模型设计的完整流程。本例要设计完成的支座零件如图 2-33 所示。

图 2-33　支座零件

操作步骤：

01 在标准工具栏中单击【新建】按钮，打开【新建】对话框，新建名为 zhizuo 的零件文件，使用公制模板，进入建模环境，如图 2-34 所示。

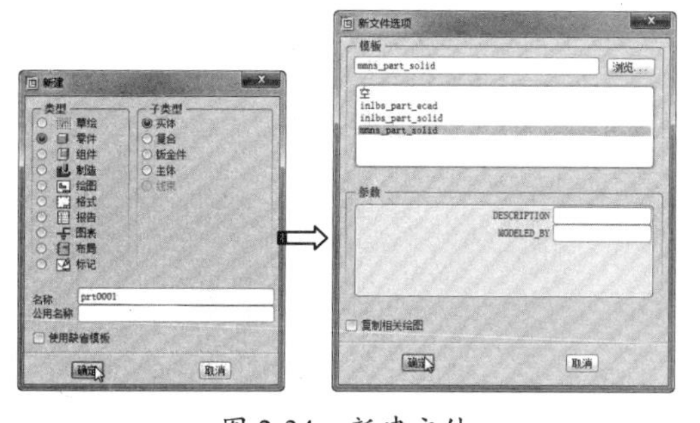

图 2-34　新建文件

02 单击【拉伸】按钮，打开操控板，单击操控板上的【放置】按钮，在弹出的草绘参数面板上单击【定义】按钮，打开【草绘】对话框，选取标准基准平面 FRONT 作为草绘平面，直接单击【草绘】按钮使用程序默认设置参照进入二维草绘模式中，如图 2-35 所示。

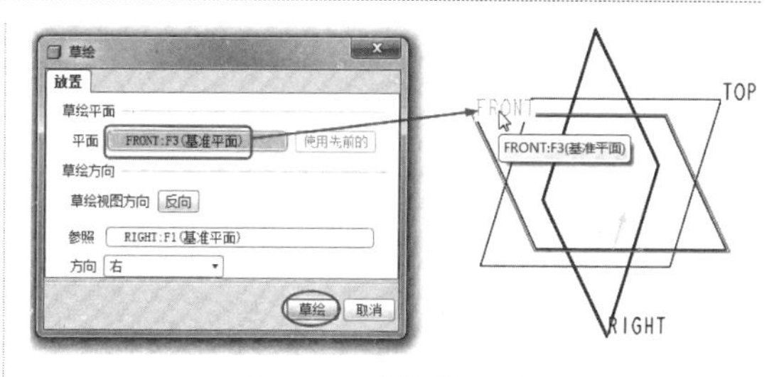

图 2-35　选择草绘平面

03 绘制如图 2-36 所示的草绘剖面轮廓。特征预览确认无误后，单击【确定】按钮返回到【拉伸】操控板中，然后设置拉伸深度类型与深度值，如图 2-36 所示。

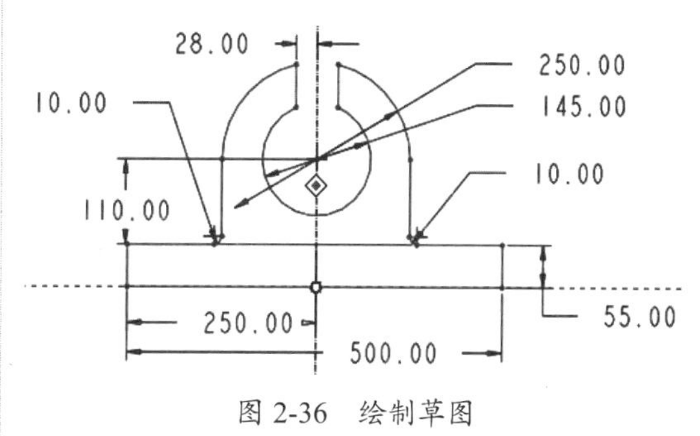

图 2-36　绘制草图

04 单击操控板中的【应用】按钮完成第一个拉伸实体特征的创建，如图 2-37 所示。

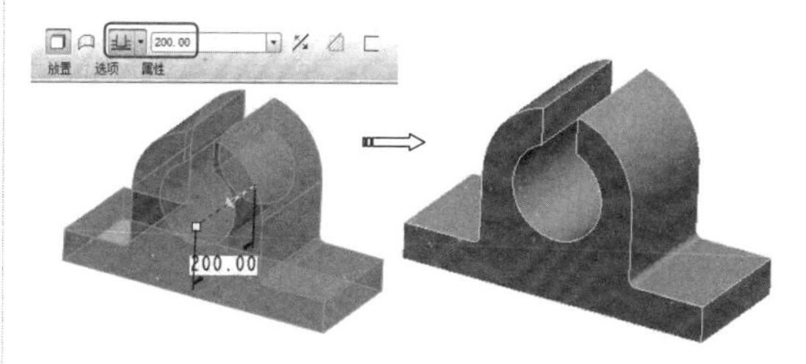

图 2-37　创建拉伸特征 1

05 在右工具栏中单击【平面】按钮，打开【基准平面】对话框，选取 TOP 平面作为参照平面往箭头所指定方向偏移 300，单击【确定】按钮，完成新基准平面的创建，如图 2-38 所示。

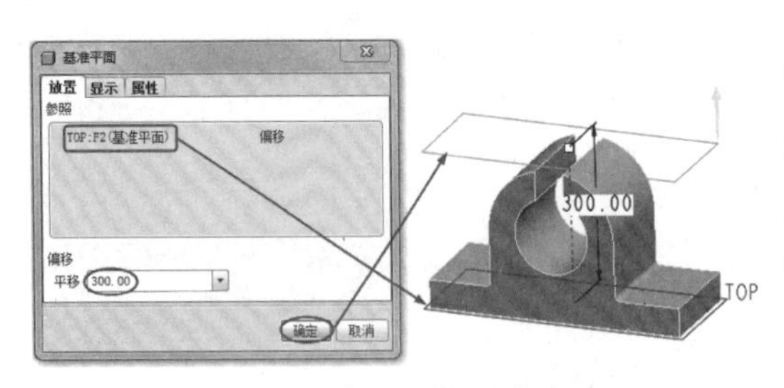

图 2-38　新建的 DTM1 基准平面

06 再次单击【拉伸】按钮，选择新创建的DTM1 作为草绘平面，进入草绘模式中。单击【通过边选取图元】按钮，选取实体特征边线为选取的图元，再绘制如图 2-39 所示的草绘剖面。

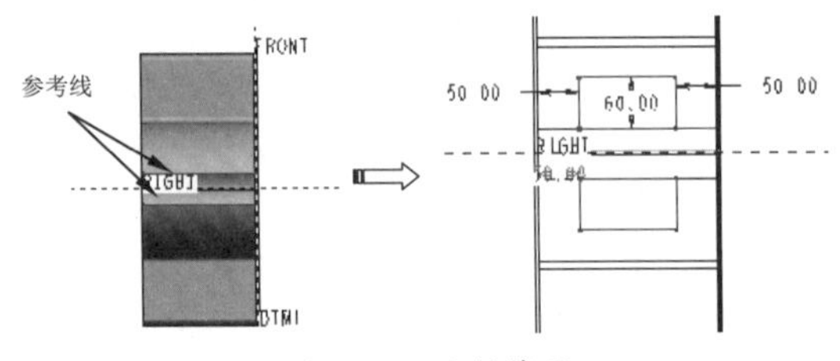

图 2-39　绘制草图

技术要点

选取实体边作为参考，参考完成后必须删除，否则将作为草图的一部分，导致草图不能成功绘制。

07 单击【确定】按钮退出草绘环境，在操控板上的拉伸类型下拉列表中选择【拉伸至与选定曲面相交】选项。选择参考曲面后再单击【反向】按钮，改变拉伸方向，最后单击【确定】按钮完成拉伸实体特征创建，如图 2-40 所示。

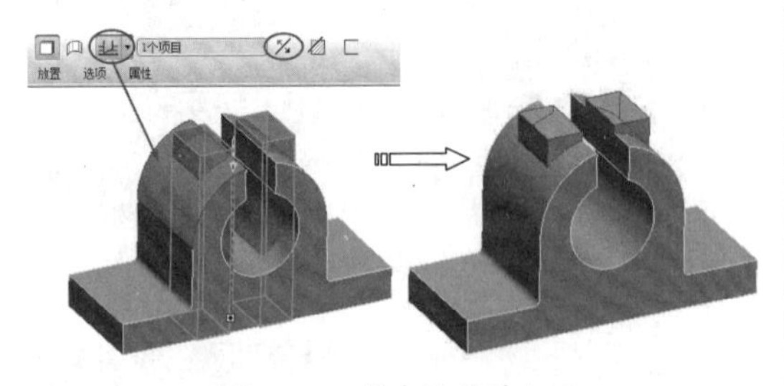

图 2-40　创建拉伸特征 2

08 运用同样的方法创建第 3 个拉伸实体特征，在实体特征上选取草绘平面，采用程序默认设置参照，进入草绘模式，绘制如图 2-41 所示的草图截面。

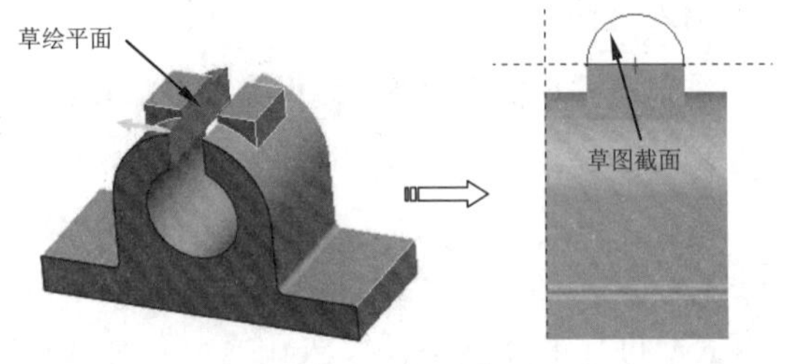

图 2-41　绘制草图

09 在操控板拉伸深度类型下拉列表中单击【拉伸至选定的点、曲线、曲面】按钮，在实体特征上选取一个面作为选定曲面。确认无误后单击【确定】按钮结束拉伸特征 3 的创建，如图 2-42 所示。

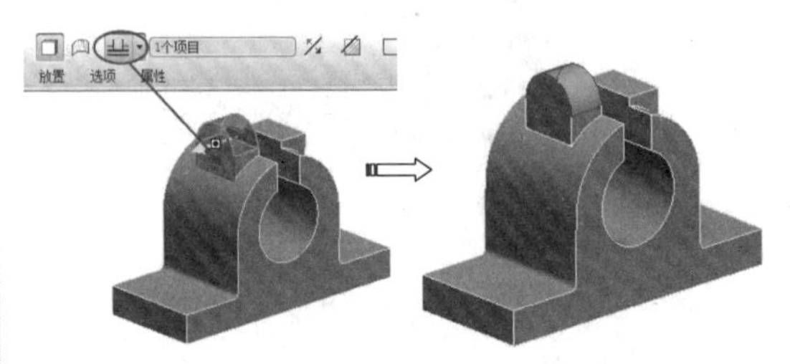

图 2-42　完成拉伸特征 3 的创建

10 在模型树中选中拉伸特征 3，然后在右工具栏中单击【镜像】按钮，打开【镜像】操控板。选择 RIGHT 基准平面作为镜像平面，最后单击【确定】按钮完成镜像，结果如图 2-43 所示。

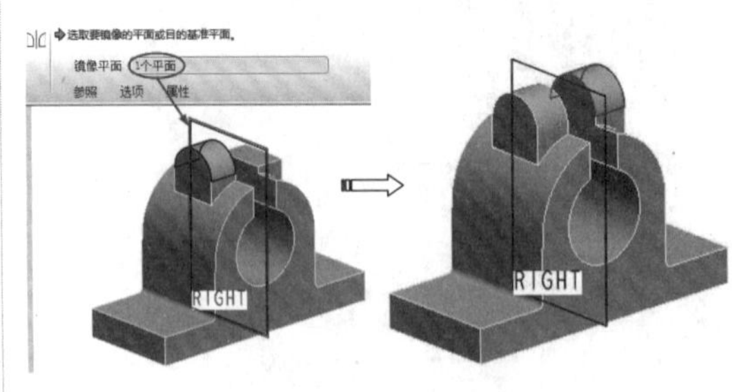

图 2-43　镜像拉伸特征

11 用减材料拉伸实体创建拉伸特征 4。选取 RIGHT 基准平面作为草绘平面进入草绘模式，使用【同心圆】工具绘制如图 2-44 所示的草绘剖面。

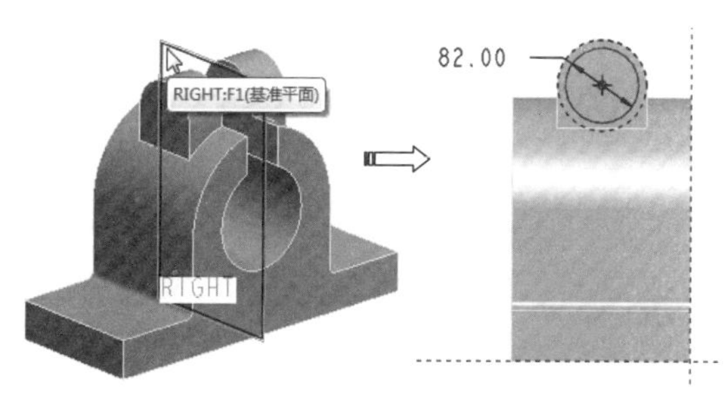

图 2-44　绘制草图

12 退出草绘环境后，在操控板上单击【在各方向上以指定深度值的一半】按钮，输入深度值 200，再单击【移除材料】按钮，预览无误后单击【确定】按钮，结束第 4 个拉伸实体特征的创建，如图 2-45 所示。

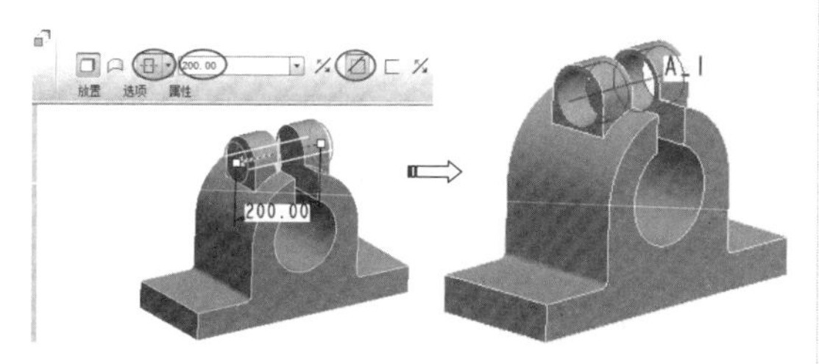

图 2-45　创建拉伸特征 4

13 支座的 4 个固定孔同样用拉伸减材料实体特征的方法来创建。选取底座上的一个平面作为草绘平面，绘制如图 2-46 所示的草绘剖面，在操控板上单击【反向】按钮，最后单击【移除材料】按钮。

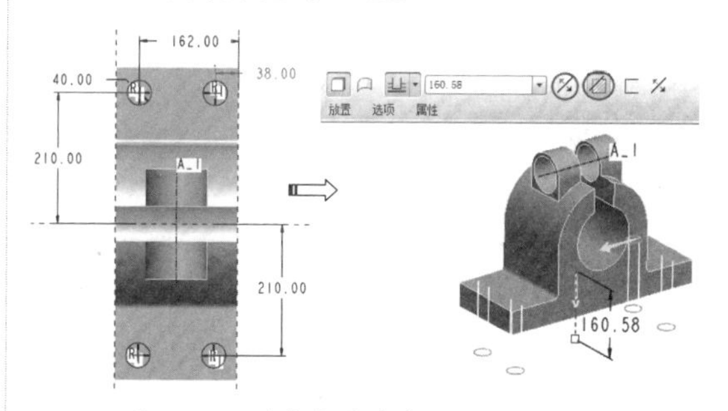

图 2-46　创建支座底部的 4 个固定孔

14 确认无误后，最后单击【拉伸】操控板中的【确定】按钮，完成整个支座零件的创建，如图 2-47 所示。

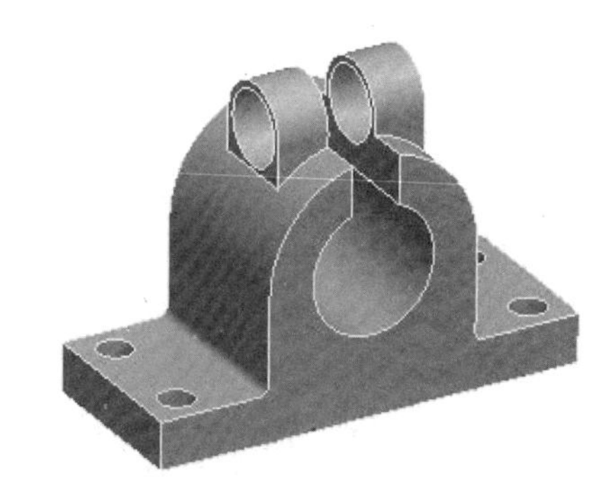

图 2-47　支座零件

2.6　课后习题

尝试利用 Pro/E 建模环境下的建模工具设计如图 2-48 所示的机械零件。

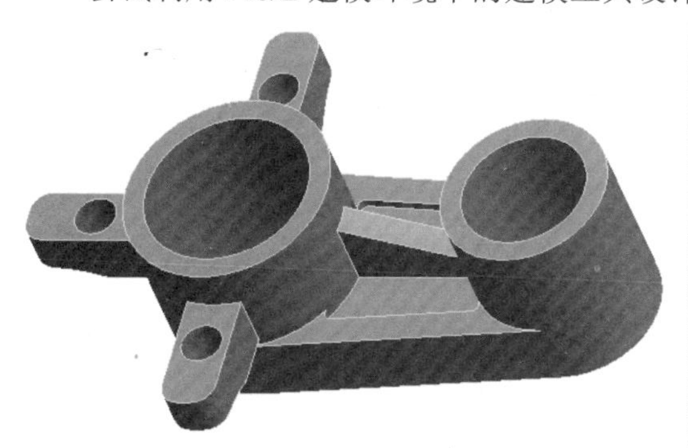

图 2-48　机械零件

练习步骤：

（1）利用【拉伸】工具，创建如图 2-49 所示的拉伸实体。

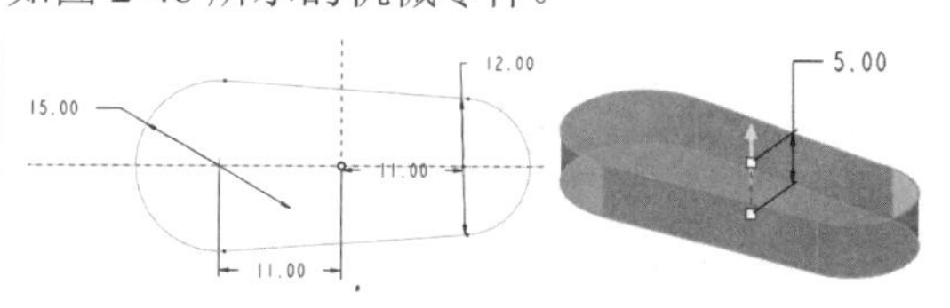

图 2-49　创建拉伸特征

（2）在第一个拉伸特征的基础上再创建拉伸特征 2，草图与结果如图 2-50 所示。

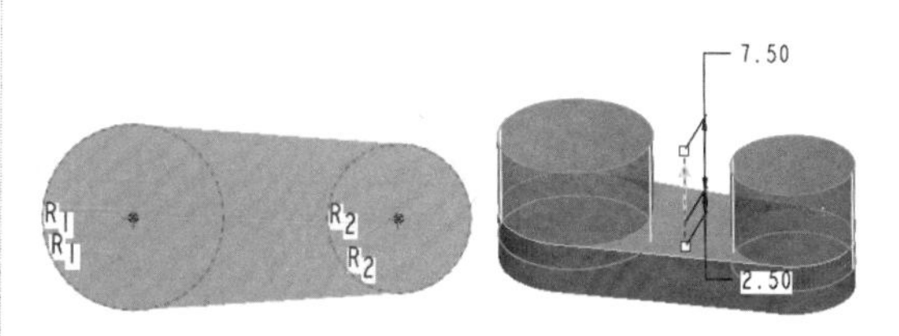

图 2-50　创建拉伸特征 2

（3）利用【孔】工具，创建如图2-51所示的孔。

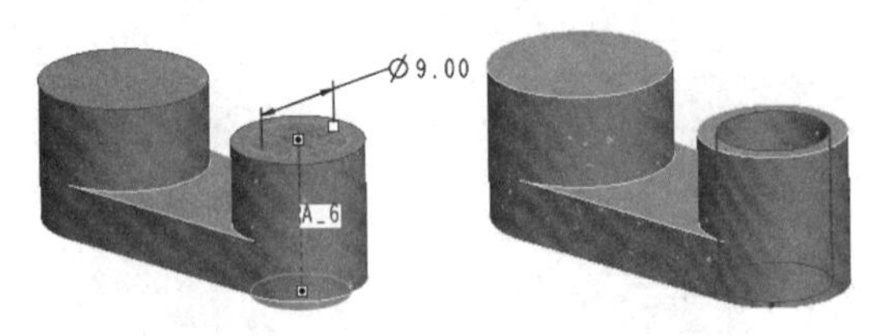

图2-51　创建孔

（4）再创建孔特征，如图2-52所示。

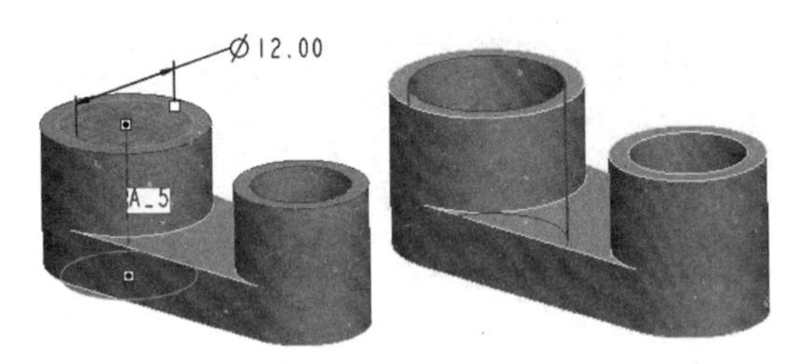

图2-52　创建孔

（5）创建如图2-53所示的减材料拉伸特征3。

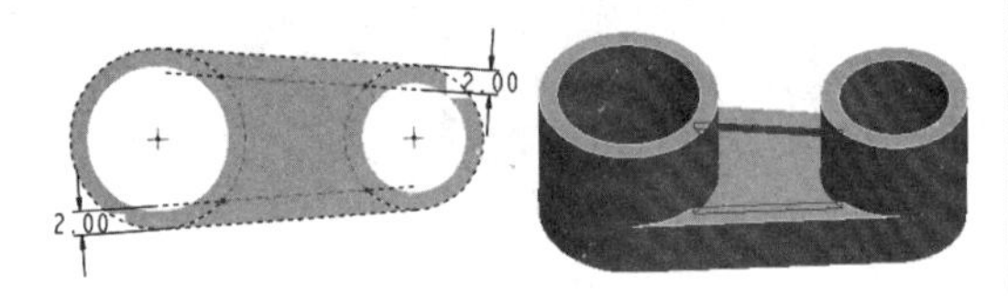

图2-53　创建减材料拉伸特征3

（6）在菜单栏中选择【插入】|【筋】|【轮廓筋】命令，创建轮廓筋，如图2-54所示。

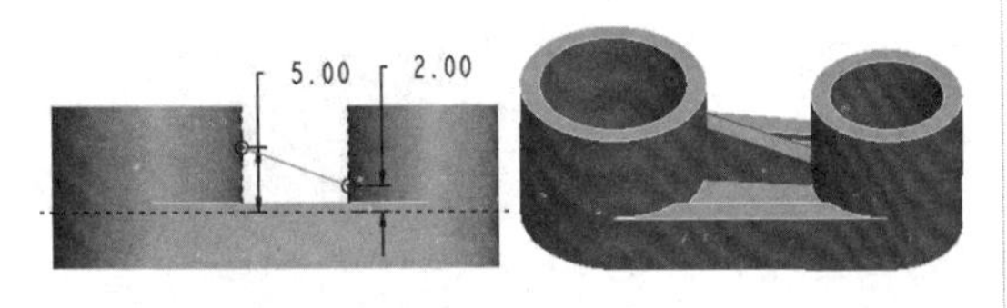

图2-54　创建轮廓筋

（7）创建拉伸特征4，然后进行切剪，如图2-55所示。

图2-55　创建拉伸特征4

（8）在拉伸特征4上创建孔特征，如图2-56所示。

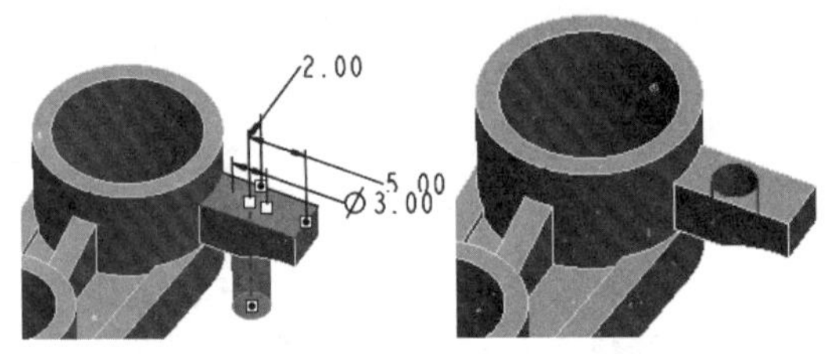

图2-56　创建孔特征

（9）利用【阵列】工具创建阵列，如图2-57所示。

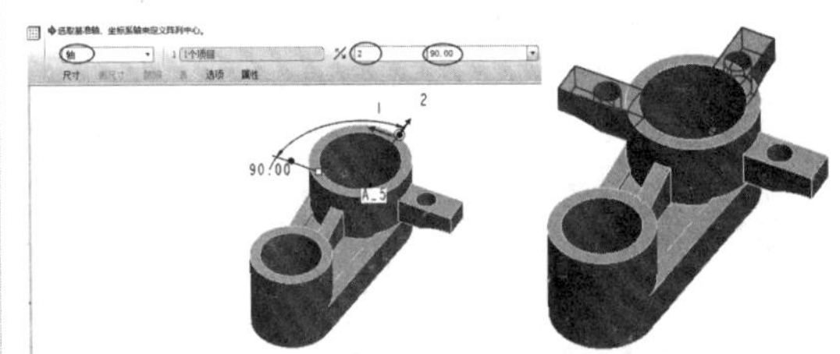

图2-57　创建阵列

读书笔记

第 3 章　踏出 Pro/ E 5.0 的第二步

在踏出 Pro/ E 5.0 第一步基础之上，我们再接再厉，学习如何操控模型和选择对象。熟练操控模型也是快速建模的根本，同样熟练的对象选取操作也是在后期建模时有助于提高效率的。

资源二维码

百度云盘

360 云盘 访问密码 32dd

知识要点

- ◆ 模型的操作
- ◆ 选取对象
- ◆ 旋转座椅设计

3.1 模型的操作

模型操作是熟练操作软件的基础，可以很大程度上实现从观察模型到设计模型的整个流程。下面介绍模型操作的基本要领。

3.1.1 模型的显示

在 Pro/E 中，模型的显示方式有 4 种，可以选择【视图】|【显示设置】|【模型显示】菜单命令，弹出【模型显示】对话框，在【模型显示】对话框中进行设置。也可以单击系统工具栏中单击以下按钮来控制。

- 线：使隐藏线显示为实线，如图 3-1 所示。
- 隐藏：使隐藏线以灰色显示，如图 3-2 所示。
- 无隐藏：不显示隐藏线，如图 3-3 所示。
- 着：模型着色显示，如图 3-4 所示。

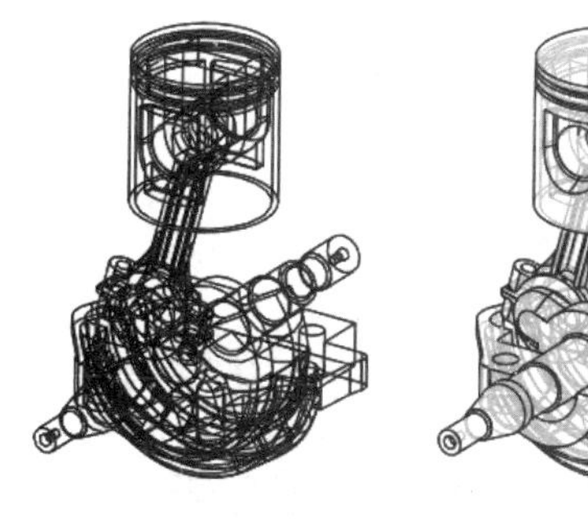

图 3-1　线框

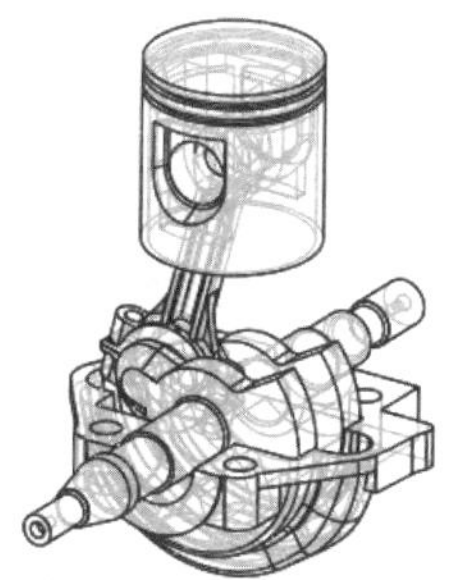

图 3-2　隐藏线

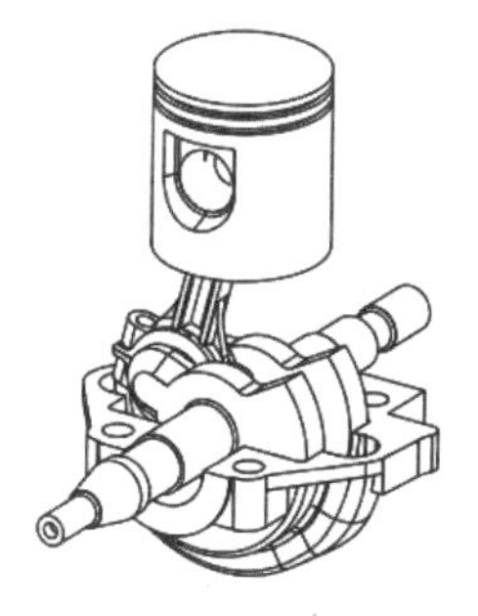

图 3-3　无隐藏线

图 3-4　着色

3.1.2 模型观察

为了从不同角度观察模型局部细节，需要放大、缩小、平移和旋转模型。在 Pro/ENGINEER 中，可以用三键鼠标来完成不同的操作。

- 旋转：按住鼠标中键 + 移动鼠标，如图 3-5 所示。
- 平移：按住鼠标中键 +Shift 键 + 移动鼠标，如图 3-6 所示。

图 3-5 旋转模型

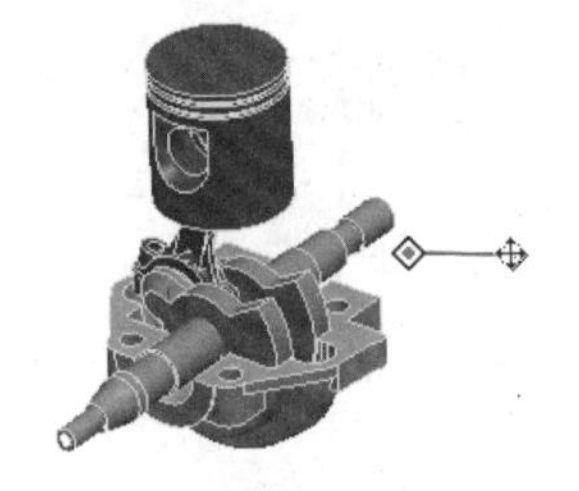

图 3-6 平移模型

- 缩放：按住鼠标中键 +Ctrl 键 + 垂直移动鼠标，如图 3-7 所示。
- 翻转：按住鼠标中键 +Ctrl 键 + 水平移动鼠标，如图 3-8 所示。
- 动态缩放：转动中键滚轮。

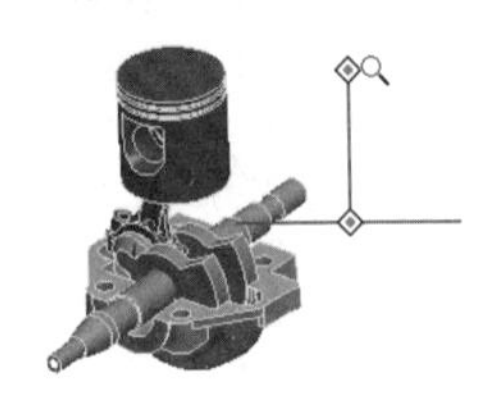

图 3-7 缩放模型

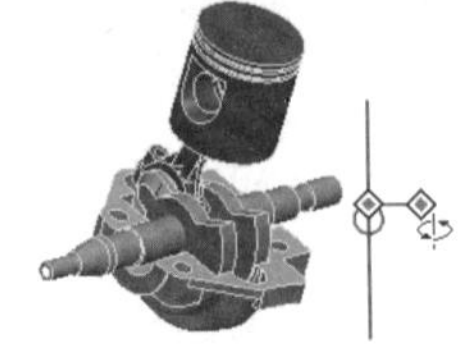

图 3-8 翻转模型

另外，在系统工具栏中还有以下与模型观察相关的按钮，其操作方法非常类似于 AutoCAD 中的相关命令。

- 缩小：缩小模型。
- 放大：窗口放大模型。
- 重新调整：相对屏幕重新调整模型，使其完全显示在绘图窗口。

3.1.3 模型视图

在建模过程中，有时还需要以常用视图显示模型。可以单击上工具栏中的【已命名视图列表】按钮，在其下拉列表中选择默认的视图，如图 3-9 所示。包括：标准方向、默认方向、后视图、俯视图、前视图（主视图）、左视图、右视图和仰视图。

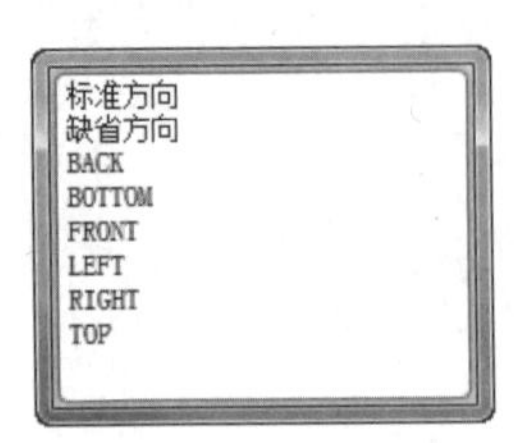

图 3-9 已命名视图列表

默认方向就是默认的【标准方向】，也是正等轴侧视图。6 个基本视图和轴侧视图如图 3-10 所示。

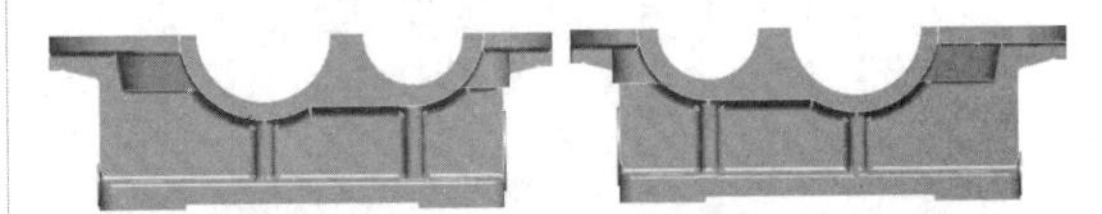

BACK 后视图　　FRONT 前视图

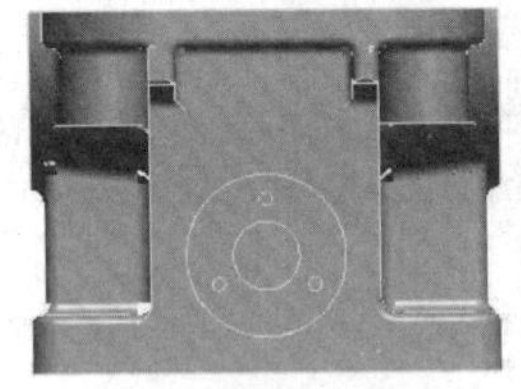

LEFT 左视图

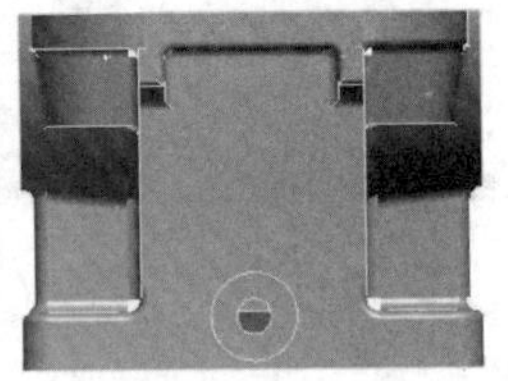

RIGHT 右视图

BOTTOM 俯视图

TOP 仰视图

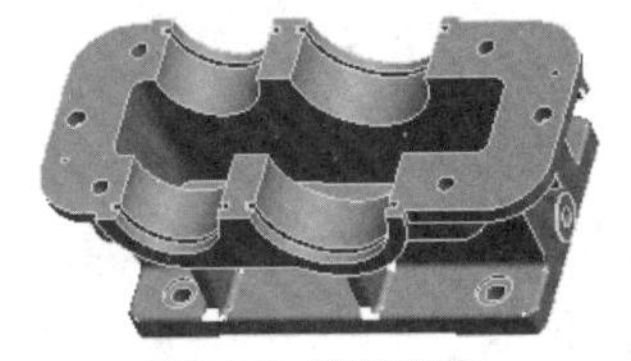

标准方向（轴侧视图）

图 3-10 6 个基本视图和轴侧视图

3.1.4 定向视图

除了选择默认的视图，用户还可以根据需要重定向视图。

动手操作——定向视图

操作步骤：

01 打开本例素材模型 3-1.prt，如图 3-11 所示。

图 3-11 打开的模型

02 单击右工具栏中的【平面】按钮，打开【基准平面】对话框，选择 RIGHT 基准平面和 A_2 基准轴作为参照，创建新的基准平面 DTM1，如图 3-12 所示。

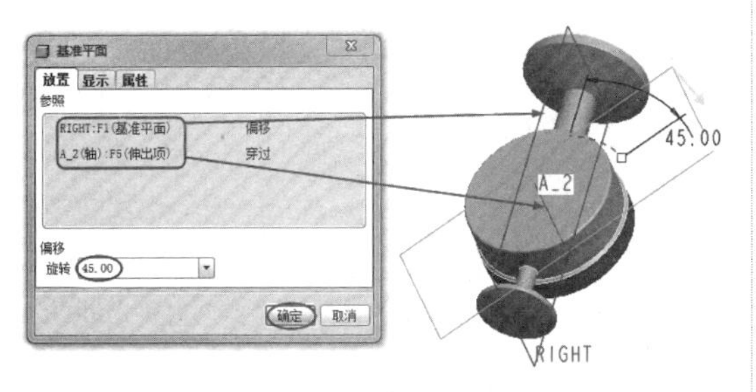

图 3-12　新建基准平面

03 单击上工具栏中的【重定向】按钮，弹出如图 3-13 所示的【方向】对话框和【选取】对话框。

图 3-13　弹出【方向】对话框和【选取】对话框

04 选取 DTM1 基准平面作为参照 1，选取 TOP 基准平面作为参照 2，如图 3-14 所示。

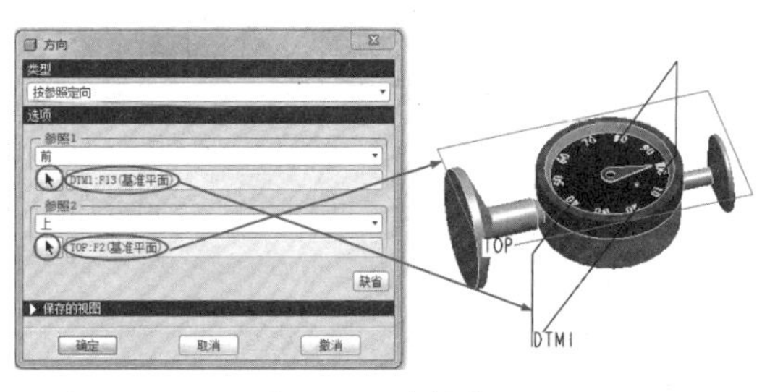

图 3-14　选择参照

05 单击【保存的视图】右三角按钮，在【名称】文本框中输入【自定义】，单击【保存】按钮。最后单击【确定】按钮，模型显示如图 3-15 所示。同时，【自定义】视图保存在视图列表中。

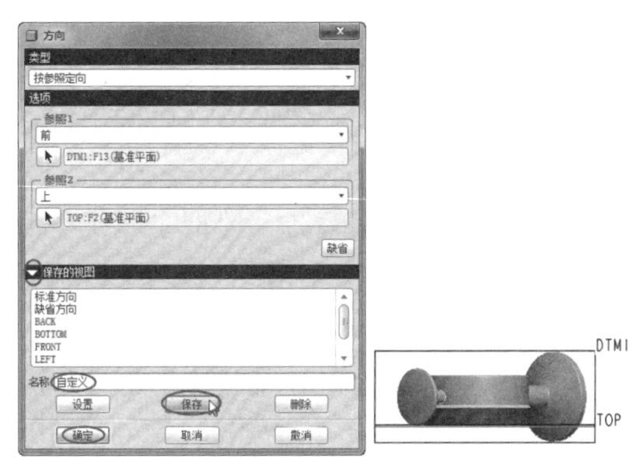

图 3-15　定向视图并保存

3.2　选取对象

选取对象在草绘中经常用到。如选中曲线后可对其进行删除操作，也可对线条进行拖动修改等。

3.2.1　选取首选项

选择菜单栏中的【编辑】|【选取】命令，展开如图 3-16 所示的菜单，从中选择选取的方法。

- 首选项：执行该命令，系统弹出如图 3-17 所示的【选取首选项】对话框，设置是否预选加亮，区域样式。

图 3-16　选取下拉菜单

图 3-17　【选取首选项】对话框

- 依次：每次选取一个图素；按住 Ctrl 键时，则可选取多个图素；按下鼠标左键拖出一个矩形框，这时框内的图素全被选中。
- 链：选取链的首尾，介于之间的曲线一起被选取。
- 所有几何：选取所有几何元素（不包括标注尺寸、约束）。
- 全部：选取所有项目。

单击草绘工具栏中的【依次】按钮，使其处于按下状态，可用鼠标左键选取要编辑的图素。

3.2.2 选取的方式

Pro/E 中常用的对象有：零件、特征、基准、曲面、曲线、点等，多数操作都要进行对象的选取。

选取的方式有两种：一种是在设计绘图区选取，如图 3-18 所示；另一种是在导航栏的模型树中进行特征的选取，如图 3-19 所示。

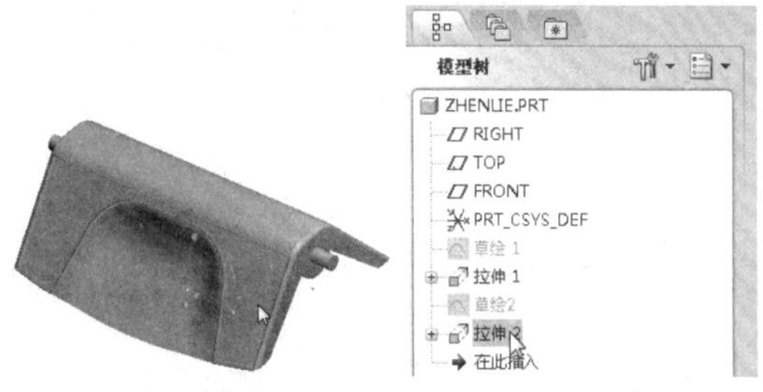

图 3-18 在绘图区选取对象　　图 3-19 在模型树中选取对象

3.2.3 对象的选取

在绘图区选取对象时，可以选取点、线或面。

曲线的选取包括选择依次链、相切链、曲面链、起止链、目的链等。如图 3-20 所示为曲线的选取。

曲面的选取包括环曲面、种子面和实体曲面。如图 3-21 所示为曲面的选取。

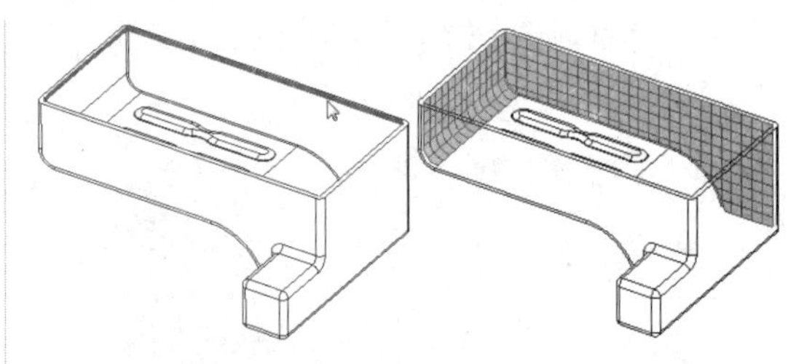

图 3-20 曲线的选取　　图 3-21 曲面的选取

动手操作——对象选择

操作步骤：

01 单击【打开】按钮，打开【3-2.prt】源文件，打开的模型如图 3-22 所示。

图 3-22 打开的文件

02 在右工具栏中单击【倒圆角】按钮，打开【倒圆角】操控板。按住 Ctrl 键，在模型上选取 4 条棱边进行倒圆角，然后设置圆角半径为 10，最后单击【确定】按钮，完成倒圆角操作，如图 3-23 所示。

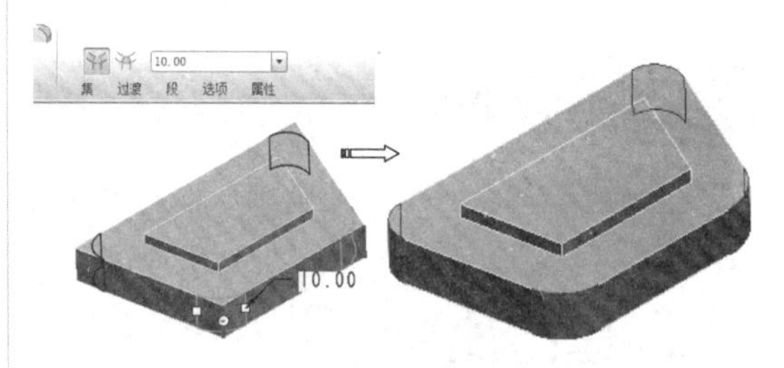

图 3-23 创建圆角

03 使用同样的方法，对凸台上的边倒圆角，倒角半径值为 6.0，如图 3-24 所示。

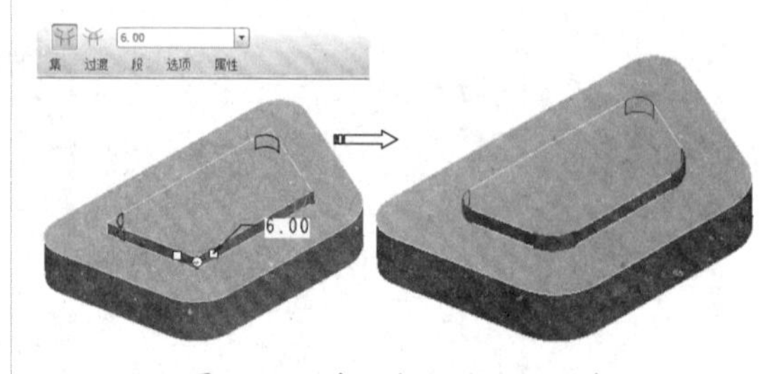

图 3-24 对凸台上的边倒圆角

04 在右工具栏中单击【拔模】按钮，程序弹出【拔模】操控板。单击【参照】按钮，展开【参照】选项卡，激活【拔模曲面】收集器，再按住Ctrl键依次选取模型的外轮廓面作为拔模面。

05 激活【拔模枢轴】收集器，然后选取如图3-25所示的平面作为枢轴面。在操控板上设置拔模角度为5，最后单击【确定】按钮，完成拔模。

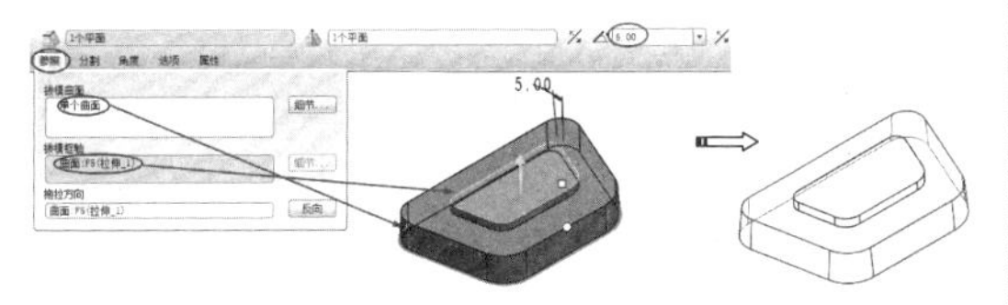

图3-25 选择拔模面和拔模枢轴并完成拔模

06 在右工具栏中单击【倒圆角】按钮，打开【倒圆角】操控板。在模型中选取如图3-26所示的轮廓边链作为倒圆角边，输入圆角半径3，最后单击【确定】按钮，完成倒圆角操作。

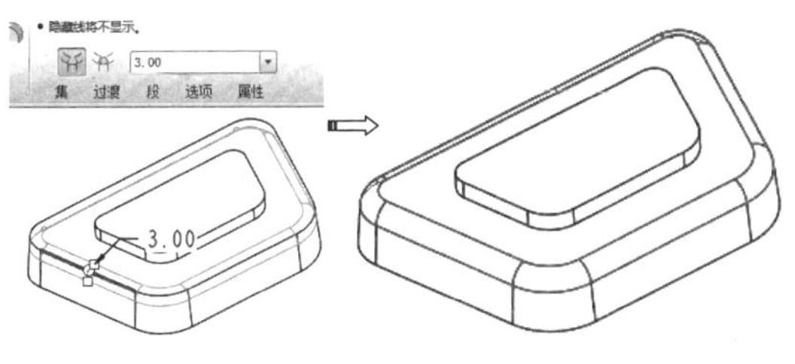

图3-26 倒圆角操作

07 同理，创建凸台上的圆角特征，如图3-27所示。

08 在右工具栏中单击【壳】按钮，将打开【拔模】操控板。直接选取凸台的上表面作为第一个移除面，然后翻转模型按住Ctrl键选取底部的大平面作为第二个移除面，如图3-28所示。

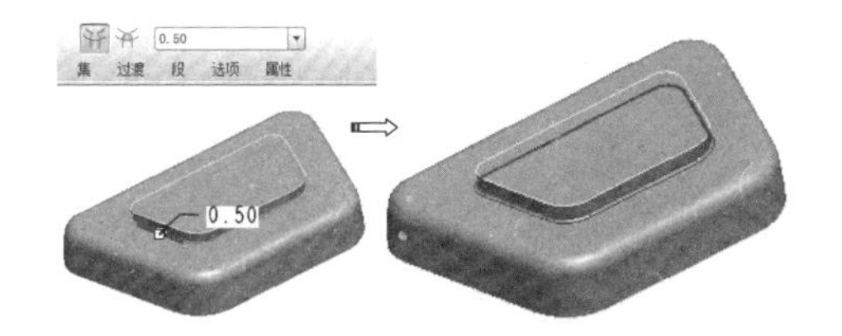

图3-27 创建圆角

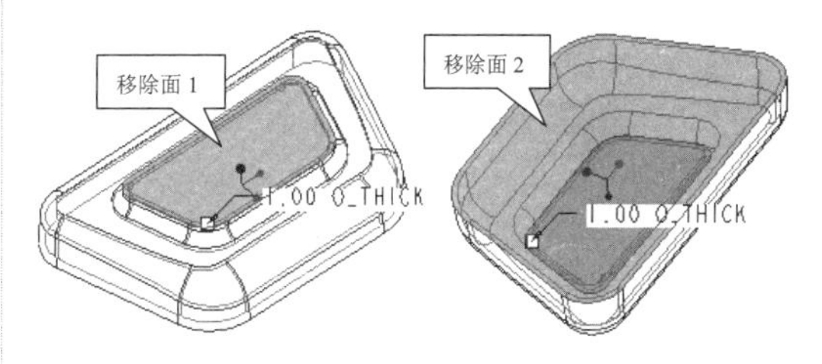

图3-28 选取两个移除面

09 在绘图区中双击薄壳的厚度值，将其修改为1.5，按Enter键确认，最后按鼠标中键，生成薄壳特征，如图3-29所示。

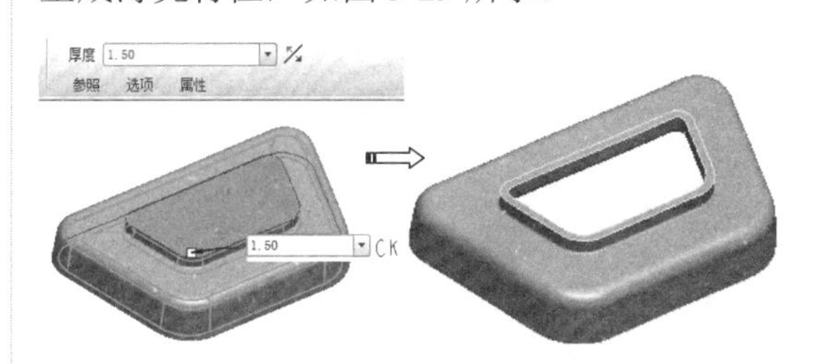

图3-29 修改壳体厚度后完成操作

10 最后保存当前模型。

3.3 综合实训——旋转座椅设计

◎ **引入文件：无**

◎ **结果文件：实训操作\结果文件\Ch03\zuoyi.prt**

◎ **视频文件：视频\Ch03\旋转座椅设计.avi**

本节中，以一个工业产品——小座椅设计实例，来详解实体建模与直接建模相结合的应用技巧。座椅设计造型如图3-30所示。

图 3-30　座椅渲染效果

操作步骤：

01 在主菜单栏选择【文件】|【新建】命令，打开【新建】对话框，新建文件名为 zuoyi，使用公制模板，然后进入三维建模环境中。

02 首先创建的座垫。在【插入】菜单中依次选取【扫描】|【伸出项】命令，程序弹出【扫描轨迹】菜单管理器，选取【草绘轨迹】命令，程序弹出【设置草绘平面】菜单管理器，选择 FRONT 标准基准平面作为草绘平面，在【方向】菜单管理器中选择【确定】命令，以程序默认设置方式放置草绘平面。

03 在二维草绘模式中绘制草绘剖面，绘制完成后在随后弹出的【属性】菜单管理器中选择【添加内表面】选项，然后选择【完成】命令进入草绘模式中绘制扫描截面，如图 3-31 所示。

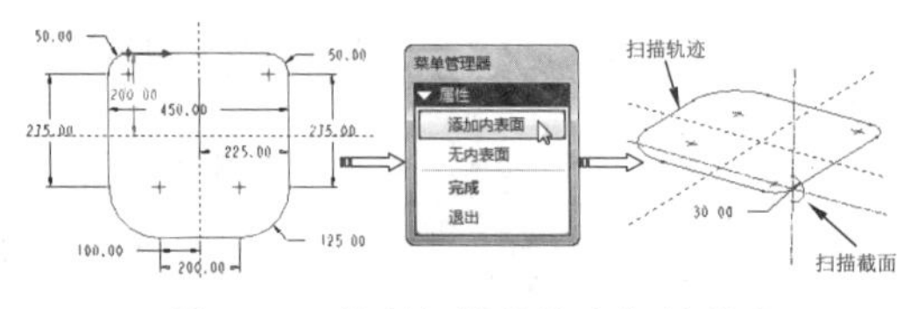

图 3-31　绘制扫描轨迹和扫描截面

04 当所有元素都定义完成后，单击【模型参数】对话框中的【应用】按钮结束坐垫的创建，如图 3-32 所示。

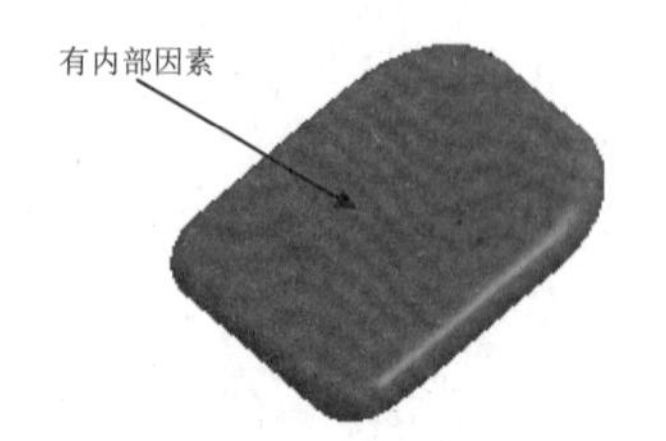

图 3-32　坐垫

05 在菜单栏选择【插入】|【扫描】|【伸出项】命令，弹出【扫描轨迹】菜单管理器。选取【草绘轨迹】命令，程序弹出【设置草绘平面】菜单管理器，选择 RIGHT 标准基准平面作为草绘平面，在【方向】菜单管理器中选择【确定】命令，以程序默认设置方式放置草绘平面，绘制椅靠支架的扫描轨迹，如图 3-33 所示。

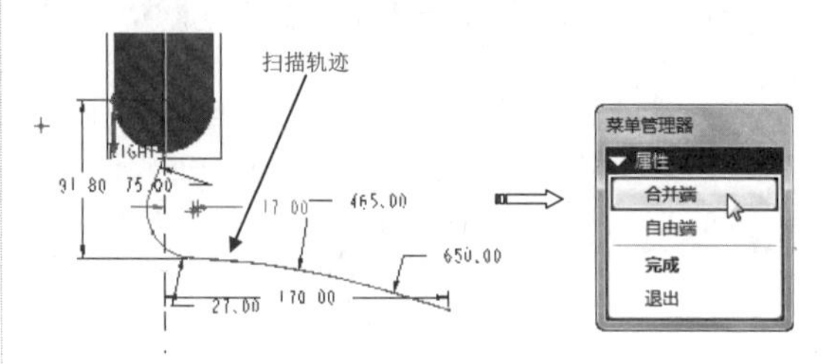

图 3-33　绘制开放的扫描轨迹

06 绘制封闭的扫描截面，然后在对话框中单击【确定】按钮，完成椅靠支架的创建，如图 3-34 所示。

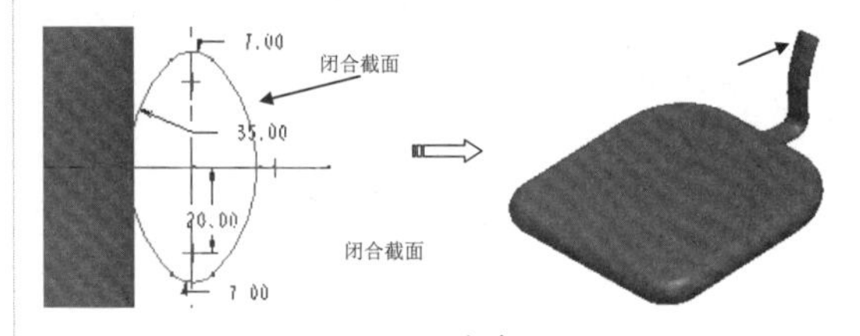

图 3-34　椅靠支架

07 单击【拉伸】工具按钮，在操控板上选择【放置】|【定义】命令，程序弹出【草绘】对话框，选取 RIGHT 标准基准平面作为草绘平面，使用程序默认设置参照和方向设置，单击【草绘】按钮进入二维草绘模式，绘制座椅靠背剖面，如图 3-35 所示。

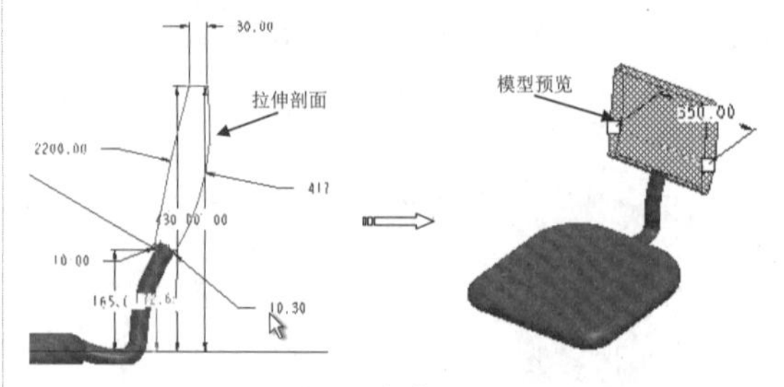

图 3-35　椅靠剖面绘制

08 在操控板【深度设置工具栏】选项卡中单

击【两侧拉伸】按钮，输入拉伸值350，预览无误后单击【应用】按钮，结束椅靠的创建。并对靠背棱角进行倒角，倒角值为100，如图3-36所示。

图3-36 椅靠

09 在【插入】菜单中依次选取【扫描】|【伸出项】命令，程序弹出【扫描轨迹】菜单管理器，选择【草绘轨迹】命令，程序弹出【设置草绘平面】菜单管理器，选择RIGHT标准基准平面为草绘平面，在【方向】菜单管理器中选择【正向】命令，以程序默认设置方式放置草绘平面，进入二维草绘模式绘制如图3-37所示的扫描轨迹。

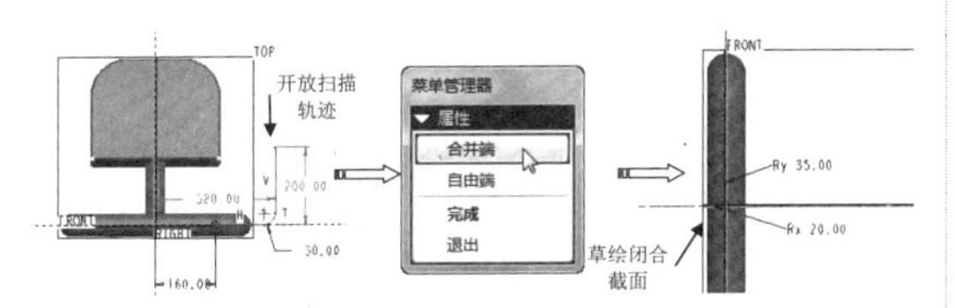

图3-37 绘制座椅扶手扫描截面

10 预览无误后，单击【应用】按钮结束座椅扶手部分构件的创建，如图3-38所示。

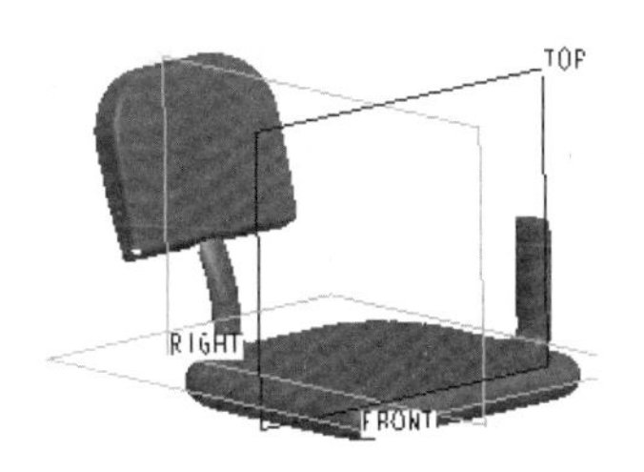

图3-38 创建的扶手部分构件

11 单击工具栏中的【基准平面】按钮，弹出【草绘平面】对话框，在绘图区中直接选取RIGHT为新基准平面的参照，并偏移320。在【草绘平面】对话框中单击【确定】按钮完成新基准平面的创建，如图3-39所示。

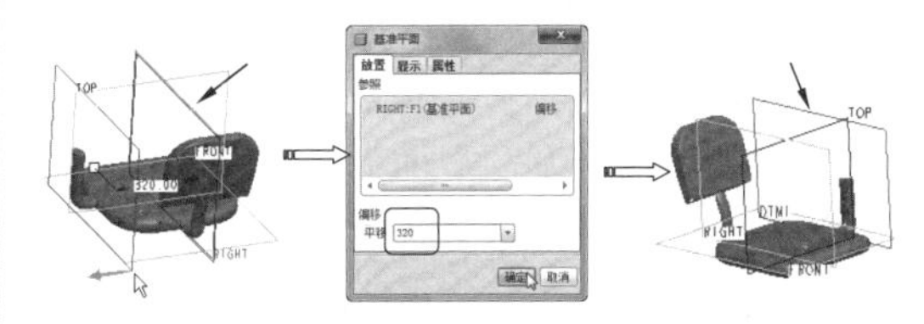

图3-39 新建基准平面DTM1

12 在菜单栏中选择【插入】|【扫描】|【伸出项】命令，程序弹出【扫描轨迹】菜单管理器，选取【草绘轨迹】命令，程序弹出【设置草绘平面】菜单管理器，选择新建基准平面DTM1为草绘平面，在【方向】菜单管理器中选择【确定】命令，以程序默认设置方式放置草绘平面，绘制如图3-40所示的扫描轨迹和扫描截面。

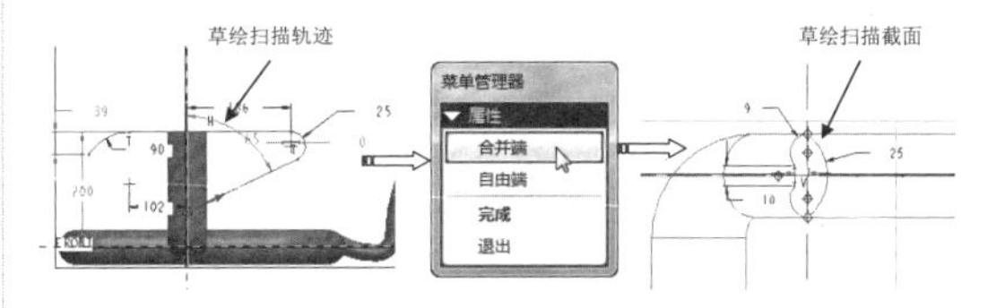

图3-40 绘制的扫描轨迹和扫描截面

13 预览无误后，单击【确定】按钮结束座椅左边扶手的创建，如图3-41所示。

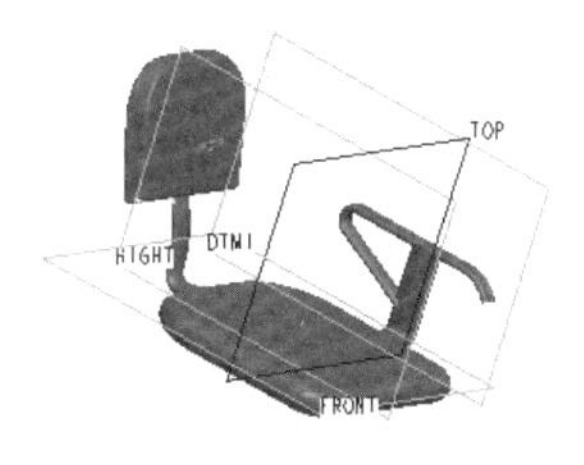

图3-41 创建的左边扶手

14 镜像复制特征，在绘图区中选取整个左边扶手构件，然后在【编辑】菜单中选择【镜像】命令，程序提示要选取镜像参照平面，选择RIGHT作为镜像平面，单击【应用】按钮完成实体特征的镜像创建，如图3-42所示。

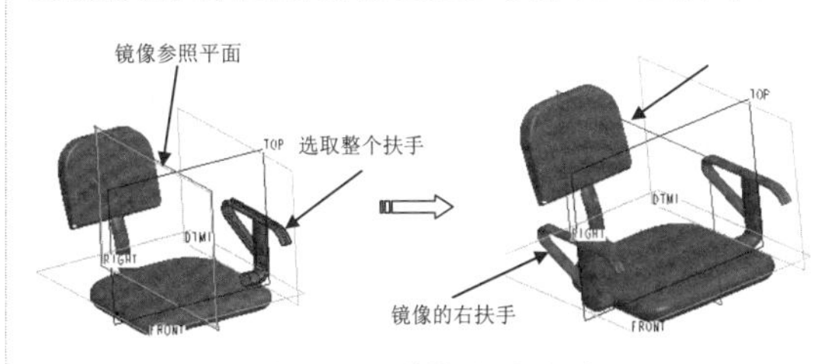

图3-42 镜像右边扶手

15 运用旋转特征命令来创建座椅的底座，单击【旋转】按钮，在操控板上选择【放置】|【定义】命令，程序弹出【草绘】对话框，选取RIGHT标准基准平面为草绘平面，使用程序默认设置，单击【草绘】按钮进入草绘模式，绘制如图3-43所示的旋转剖面。完成后退出草绘模式，在操控板上设置旋转角度为360°，预览无误后单击【应用】按钮，完成最后的设计操作。

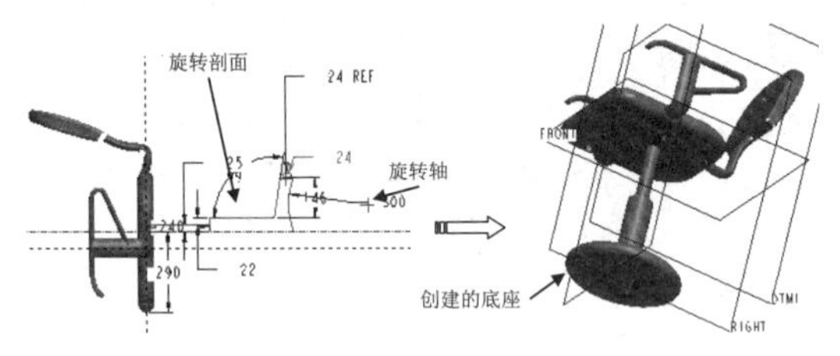

图3-43　座椅底座

16 座椅最终设计完成的效果如图3-44所示。

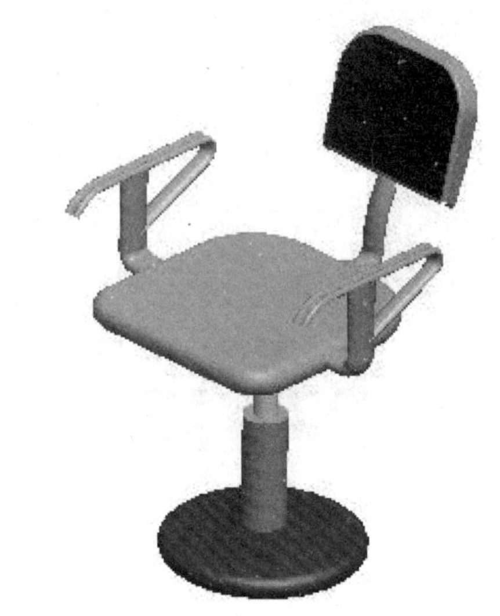

图3-44　座椅渲染效果

3.4 课后习题

1. 设计连接板零件

创建如图3-45所示的连接板零件。

练习内容及步骤如下：

（1）创建拉伸特征。

（2）创建轮廓筋。

（3）创建孔。

图3-45　孔特征创建

2. 设计管路模型

创建如图3-46所示的管路模型。

练习内容及步骤如下：

（1）创建拉伸特征。

（2）创建两个孔特征。

（3）创建基准点。

（4）创建基准平面。

（5）创建管道特征。

图3-46　管道特征创建

◇◇◇◇◇◇◇◇◇◇◇◇◇◇◇◇◇◇ 读书笔记 ◇◇◇◇◇◇◇◇◇◇◇◇◇◇◇◇◇◇◇◇

第 4 章　踏出 Pro/E 5.0 的第三步

踏出 Pro/E 5.0 的第三步就是学习使用 Pro/E 5.0 的基准工具辅助建模。建模离不开基准点、基准平面、基准轴、基准坐标系。本章就详细介绍这些基准工具的使用方法。

资源二维码

百度云盘

360 云盘 访问密码 32dd

知识要点

- 创建基准点
- 创建基准轴
- 创建基准曲线
- 创建基准坐标系
- 创建基准平面

4.1 创建基准点

在几何建模时可将基准点用作构造元素，或用作计算和模型分析的已知点。可随时向模型中添加点，即便在创建另一特征的过程中也可执行此操作。

基准点的创建方法有许多种，下面仅介绍使用【基准点】工具来创建基准点的过程。

动手操作 1——创建基准点

操作步骤：

01 打开源文件【4-1.prt】。

02 单击【基准】工具栏中的【点】按钮，系统弹出如图 4-1 所示的【基准点】对话框。

03 单击模型中欲绘制基准点的图元，如图 4-2 所示，在【基准点】对话框对基准点 PNT0~PNT3 设置合适的比率，拖动基准点的定位点到边线并设置其到边线的距离，单击【基准点】对话框中的【确定】按钮，完成基准点的绘制。

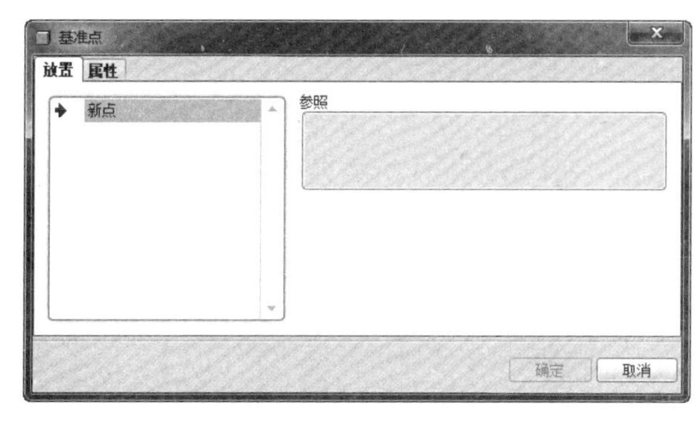

图 4-1　【基准点】对话框

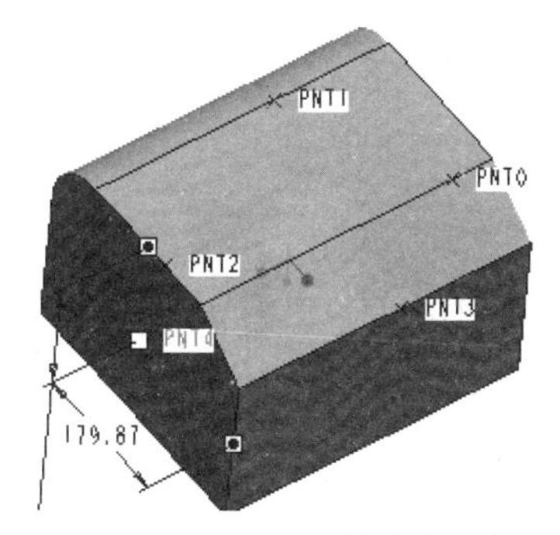

图 4-2　绘制的基准点

技术要点

在线段上定位基准点，只需要在【基准点】对话框中设置比率和实数。比率是指基准点分线段的比例；实数是指基准点到线段的基准端点的距离。

4.1.1　偏移坐标系

在 Pro/E 中还可以通过相对于选定坐标系偏移的方式手动添加基准点到模型中，也可以通过输入一个或多个文件创建点阵列的方法将点手动添加到模型中，或同时使用这两种方法将点手动添加到模型中。下面介绍创建偏移坐标系基准点的操作步骤。

动手操作——创建偏移坐标系

操作步骤：

01 选择菜单栏中的【插入】|【模型基准】|【点】|【偏移坐标系】命令，或者单击【基准】工具栏中的【点】按钮右侧的箭头，单击工具栏中的【偏移坐标系】按钮，系统弹出如图 4-3 所示【偏移坐标系基准点】对话框。

图 4-3　【偏移坐标系基准点】对话框

02 从【类型】下拉列表中选取笛卡儿坐标系类型。然后在图形窗口中，选取用于放置点的坐标系，如图 4-4 所示。

图 4-4　选取参照坐标系

03 开始添加点。单击点表中的单元格。输入每个所需轴的点的坐标。对于笛卡儿坐标系，必须指定 X、Y 和 Z 方向上的距离。新点即出现在图形窗口中，并带有一个拖动控制滑块（以白色矩形标识），如图 4-5 所示。

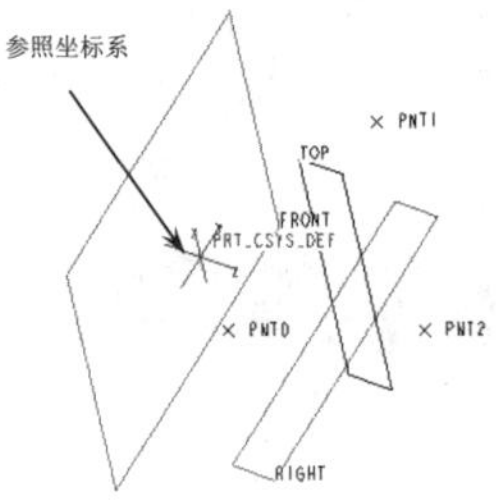

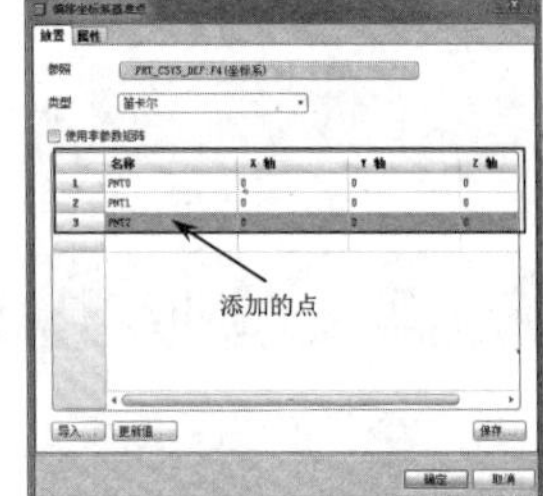

图 4-5　添加点

04 通过沿坐标系的每个轴拖动该点的控制滑块，可手动调整点的位置。要添加其他点，可单击表中的下一行，然后输入该点的坐标。

05 单击【偏移坐标系基准点】对话框中的【确定】按钮，完成偏移坐标系基准点的创建。

4.1.2　创建域点

域点是与分析一起使用的基准点。域点定义了一个从中选定它的域——曲线、边、曲面或面组。由于域点属于整个域，所以它不需要标注。要改变域点的域，必须编辑特征的定义。

动手操作——创建域点

操作步骤：

01 打开源文件【实例 \Ch02\ 素材 4-3.prt】。

02 选择菜单栏中的【插入】|【模型基准】|【点】|【域】命令，或者单击【基准】工具栏中的【点】按钮右侧的箭头，单击工具栏中的【域】按钮，系统弹出如图 4-6 所示的【域基准点】对话框。

03 单击【放置】选项卡中的【参照】文本框，从绘图区中的模型上选取一点作为参照点，域点就添加到模型上，效果如图 4-7 所示。

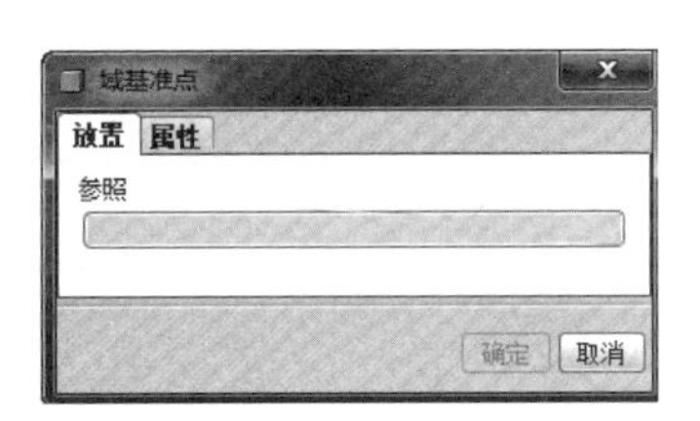

图 4-6　【域基准点】对话框

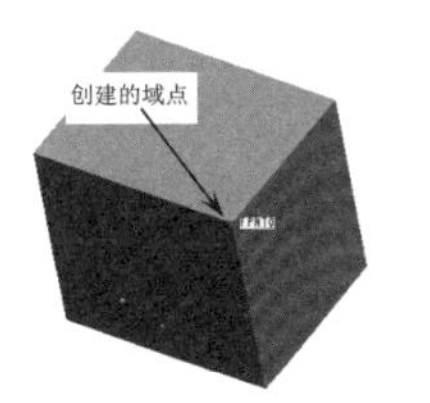

图 4-7　创建的域点

4.2 创建基准轴

基准轴的创建方法有很多，例如：通过相交平面、使用两参照偏移、使用圆曲线或边等方法。

动手操作——通过相交平面创建基准轴

通过相交平面创建基准轴的操作步骤如下：

01 选择菜单栏中的【插入】|【模型基准】|【轴】命令，或者单击【基准】工具栏中的【轴】按钮，系统弹出【基准轴】对话框。

02 按住 Ctrl 键不放，在工作区选取新基准轴的两个放置参照，这里选择 TOP 和 FRONT 基准平面。

03 从【参照】列表框中的约束列表中选取所需的约束选项，这里不用选择。

> **技术要点**
>
> 在选择基准轴参照后，如果参照能够完全约束基准轴，系统自动添加约束，并且不能更改。

04 单击【基准轴】对话框中的【显示】选项卡，选中【调整轮廓】复选框，在【长度】文本框中输入 500。

> **技术要点**
>
> 基准轴的长度不要求精确，可以拖动工作区中轴的两端点调整长度。

05 单击【基准轴】对话框中的【确定】按钮，完成基准轴的创建，效果如图 4-8 所示。

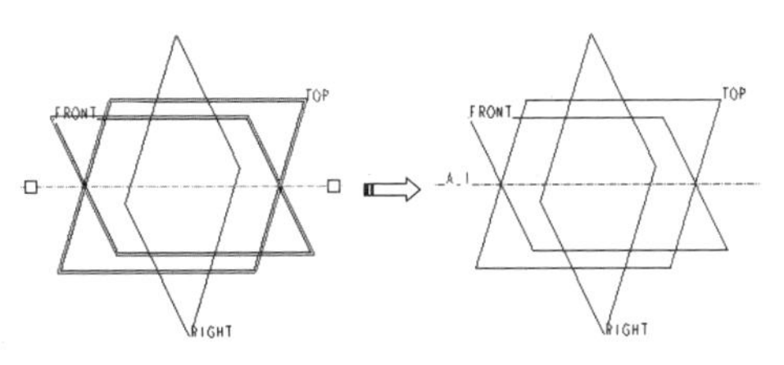

图 4-8　创建基准轴

动手操作——选取圆曲线或边创建基准轴

通过选取圆曲线或边创建基准轴的操作步骤如下：

01 选择菜单栏中的【插入】|【模型基准】|【轴】命令，或者单击【基准】工具栏中的【轴】按钮，系统弹出【基准轴】对话框。

02 选取如图 4-9 所示的边线作为新基准轴的参照。

> **技术要点**
>
> 选取圆边或曲线、基准曲线，或是共面圆柱曲面的边作为基准轴的放置参照。选定参照会在【基准轴】对话框中的【参照】列表框中显示。

03 选定参照的默认约束类型为【穿过】，随即显示基准轴预览。

04 可以选中【显示】选项卡中的【调整轮廓】复选框来调整基准轴轮廓的长度，让它符合指定大小或选定参照。

05 单击【确定】按钮，完成基准轴的创建，如图 4-10 所示。

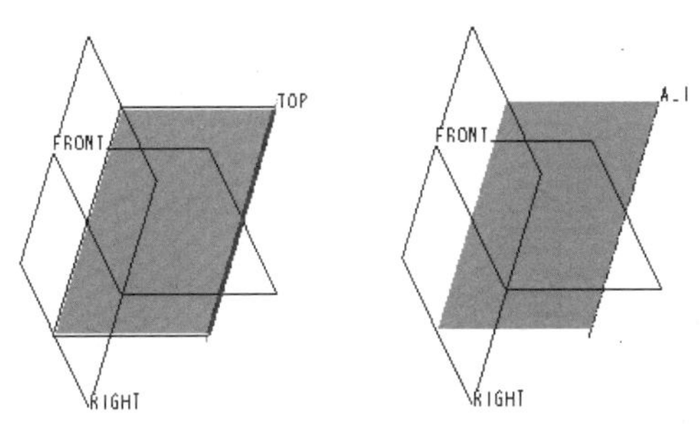

图 4-9　选择的参照　　图 4-10　通过边创建基准轴

技术要点

如果约束类型为【穿过】，则会穿过选定圆边或曲线的中心，以垂直于选定曲线或边所在的平面方向创建基准轴。如果约束类型为【相切】，并指定【穿过】作为另一个参照（顶点或基准点）的约束，则会约束所创建的基准轴和曲线或边相切，同时穿过顶点或基准点。

动手操作——使用两个偏移参照创建基准轴

使用两个偏移参照创基准轴的操作步骤如下：

01 选择菜单栏中的【插入】|【模型基准】|【轴】命令，或者单击【基准】工具栏中的【轴】按钮，系统弹出【基准轴】对话框。

02 在工作区选取TOP基准平面，选定曲面会出现在【参照】列表框中，选择约束类型为【法向】，可预览垂直于选定曲面的基准轴。此时曲面上出现一个控制滑块，同时出现两个偏移参照控制滑块。

03 拖动偏移参照控制滑块到FRONT基准平面和RIGHT基准平面，所选的两个偏移参照出现在【偏移参照】列表框中。

04 单击【基准轴】对话框中的【确定】按钮，完成使用两个偏移参照创建基准轴，效果如图4-11所示。

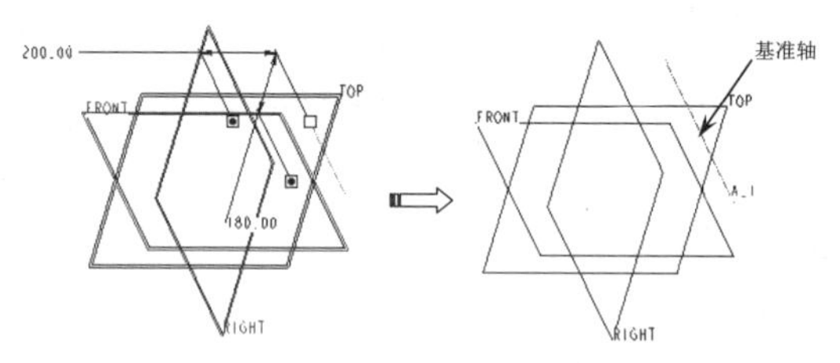

图4-11 使用两个偏移参照创建垂直于曲面的基准轴

4.3 创建基准曲线

除了输入的几何之外，Pro/ENGINEER中所有3D几何的建立均起始于2D截面。基准曲线是有形状和大小的虚拟线条，但是没有方向、体积和质量。基准曲线可以用来创建和修改曲面，也可以作为扫描轨迹线或创建其他特征。

4.3.1 通过点

动手操作——通过点创建基准曲线

操作步骤：

01 选择菜单栏中的【插入】|【模型基准】|【曲线】命令，或者单击【基准】工具栏中的【曲线】按钮，系统弹出如图4-12所示的菜单管理器。

02 选择菜单管理器中的【通过点】|【完成】命令，系统弹出如图4-12所示的【曲线：通过点】对话框，同时菜单管理器更新为如图4-13所示的效果。

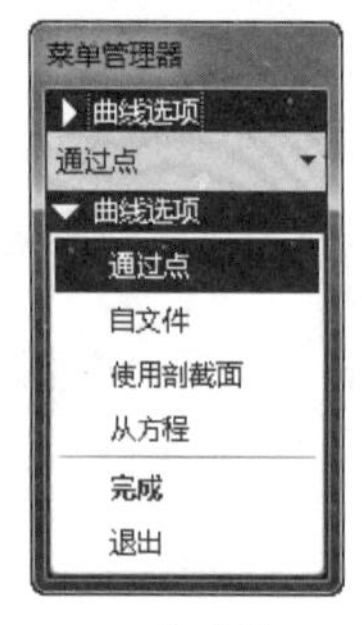

图4-12 菜单管理器

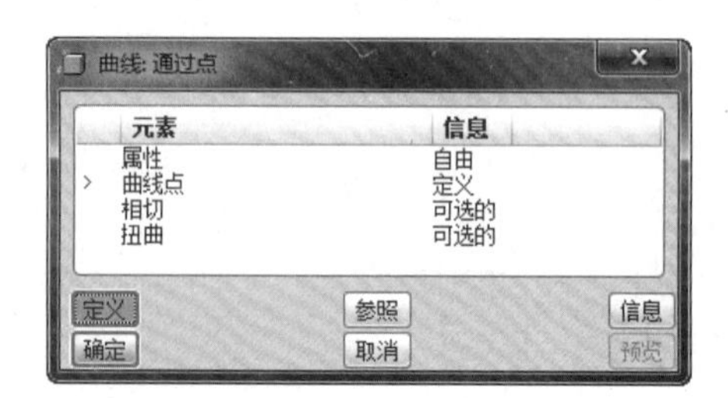

图4-13 【曲线：通过点】对话框

- 属性：指出该曲线是否应该位于选定的曲面上。

- 曲线点：选取要连接的曲线点。
- 相切：（可选）设置曲线的相切条件。

技术要点

曲线至少有一条终止线段是样条时，才能定义【相切】元素。

- 扭曲：（可选）通过使用多面体处理来修改通过两点的曲线形状。

03 从菜单管理器中选择连接类型：样条、单一半径、多重半径、单个点、整个阵列、添加点等。完成工作区中点的选取，选择菜单管理器中【完成】命令，完成曲线点的定义，或选择【退出】命令中止该步骤。

04 要定义相切条件，可选取对话框中的【相切】元素，单击【定义】按钮，系统弹出如图 4-14 所示的菜单管理器。使用【定义相切】菜单中的命令，在曲线端点处定义相切。

图 4-14　菜单管理器【定义相切】菜单

05 通过从【方向】菜单管理器中选择【反向】或【确定】命令，在相切位置指定曲线的方向，系统在曲线的端点处显示一个箭头。

06 如果创建通过两个点的基准曲线，可以在三维空间中【扭曲】该曲线并动态更新其形状。要处理该曲线，选择对话框中的【扭曲】选项，并单击【定义】按钮，系统弹出如图 4-15 所示的【修改曲线】对话框，定义扭曲特征。

07 单击【曲线：通过点】对话框中的【确定】按钮，完成基准曲线的创建，效果如图 4-16 所示。

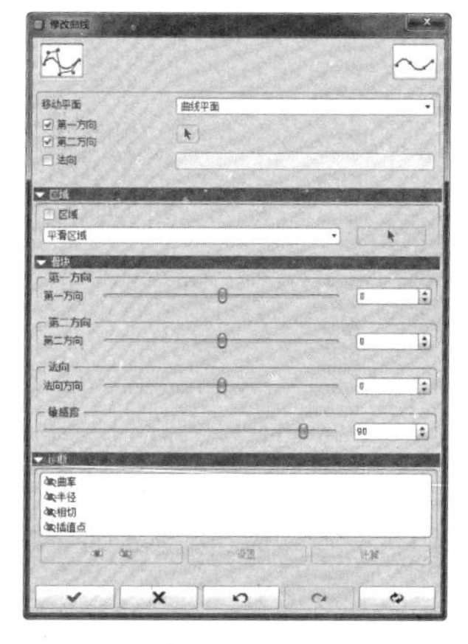

图 4-15　【修改曲线】对话框

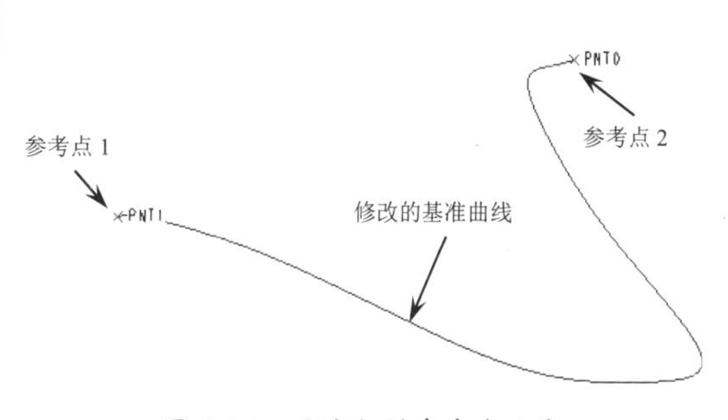

图 4-16　通过点创建基准曲线

4.3.2　自文件

动手操作——自文件创建基准曲线

操作步骤：

01 选择菜单栏中的【插入】|【模型基准】|【曲线】命令，或者单击【基准】工具栏中的【曲线】按钮，系统打开图 4-17 所示的菜单管理器。

02 选择菜单管理器中的【自文件】|【完成】命令。

03 选取模型树中或屏幕上的坐标系，系统弹出【打开】对话框。

04 选取自定义的曲线文件，曲线文件可以是 IGS、IBL 和 VDA 三种线框文件。

05 单击【打开】对话框中的【打开】按钮，完成子文件曲线的创建。

4.3.3 从方程

动手操作——【从方程】创建基准曲线

操作步骤：

01 选择菜单栏中的【插入】|【模型基准】|【曲线】命令，或者单击【基准】工具栏中的【曲线】按钮，系统弹出菜单管理器。

02 选择菜单管理器中的【从方程】|【完成】命令，菜单管理器更新，如图4-17所示，同时系统弹出如图4-18所示的【曲线：从方程】对话框。

图4-17 菜单管理器

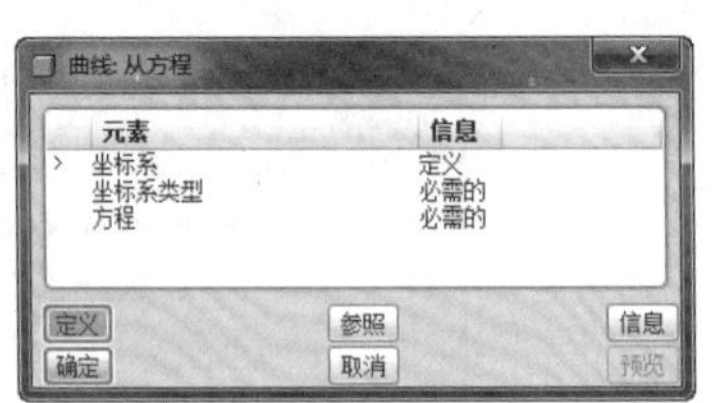

图4-18 【曲线：从方程】对话框

- 坐标系：定义坐标系。
- 坐标系类型：指定坐标系类型。
- 方程：输入方程。

03 选取模型树中或工作区中的坐标系，菜单管理器更新，如图4-19所示。

04 使用【设置坐标系类型】菜单管理器中的命令指定坐标系类型：笛卡儿坐标系、柱坐标系、球坐标系，这里选择球坐标系，系统弹出如图4-20所示的曲线方程输入记事本窗口。

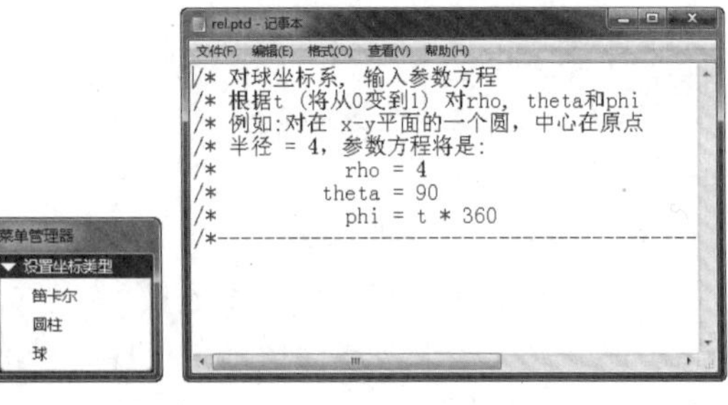

图4-19 菜单管理器　　图4-20 曲线方程输入记事本窗口

05 在记事本窗口中输入曲线方程作为常规特征关系，如图4-21所示。

06 保存编辑器窗口中的内容，单击【曲线：从方程】对话框中的【确定】按钮，完成的效果如图4-22所示。

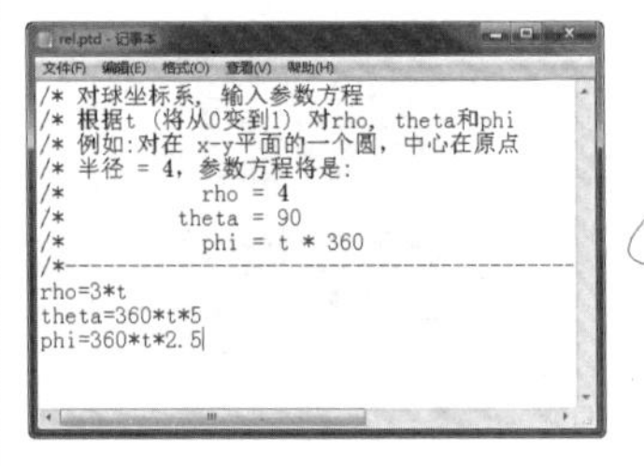

图4-21 输入的方程

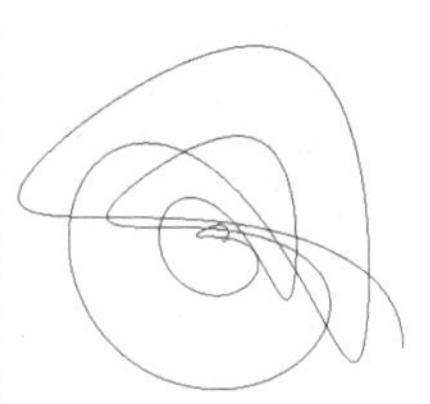

图4-22 从方程创建基准曲线

4.4 创建基准坐标系

基准坐标系分为笛卡儿坐标系、圆柱坐标系和球坐标系3种类型。坐标系是可以添加到零件和组件中的参照特征，一个基准坐标系需要6个参照量，其中3个相对独立的参照量用于原点的定位，另外三个参照量用于坐标系的定向。

动手操作——创建坐标系

操作步骤：

01 选择菜单栏中的【插入】|【模型基准】|【坐标系】命令，或者单击【基准】工具栏中的【坐标系】按钮，系统弹出如图4-23所示【坐标系】对话框。

02 在图形窗口中选取一个坐标系作为参照，这时【偏移类型】下拉列表变为可用状态，如图4-24所示。从下拉列表中选取偏移类型：笛卡儿、圆柱状、球状或者自文件。

图4-23【坐标系】对话框

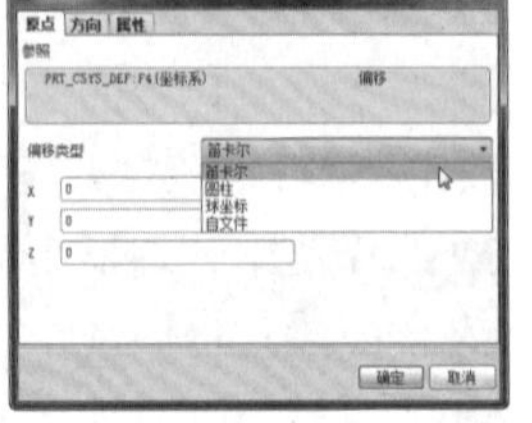

图4-24 【坐标系】对话框

03 在图形窗口中，拖动控制滑块将坐标系手动定位到所需位置。也可以在【X】、【Y】、【Z】文本框中输入一个距离值，或从最近使用值的列表中选取一个值。

技术要点

位于坐标系中心的拖动控制滑块允许沿参照坐标系的任意一个轴拖动坐标系。要改变方向，可将光标悬停在拖动控制滑块上方，然后向着其中的一个轴移动光标。在朝向轴移动光标的同时，拖动控制滑块会改变方向。

04 单击【坐标系】对话框中的【方向】选项卡，展开如图 4-25 所示的【方向】选项卡，在该选项卡中设置坐标系的位置。

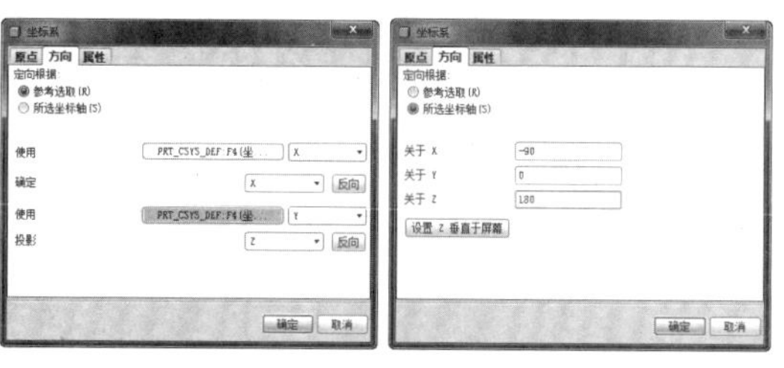

图 4-25　【方向】选项卡

- 选中【参考选取】单选按钮，通过选取坐标系轴中任意两根轴的方向参照定向坐标系。
- 选中【所选坐标轴】单选按钮，在【关于 X】、【关于 Y】、【关于 Z】文本框中输入与参照坐标系之间的相对距离，用于设置定向坐标系。
- 单击【设置 Z 轴垂直于屏幕】按钮，快速定向 Z 轴使其垂直于当前屏幕。

05 单击【坐标系】对话框中的【属性】选项卡，在【名称】文本框修改基准轴的名称，如图 4-26 所示。

06 单击【名称】文本框后面的 按钮，弹出如图 4-27 所示的浏览器，在其中显示了当前基准坐标系特征的信息。

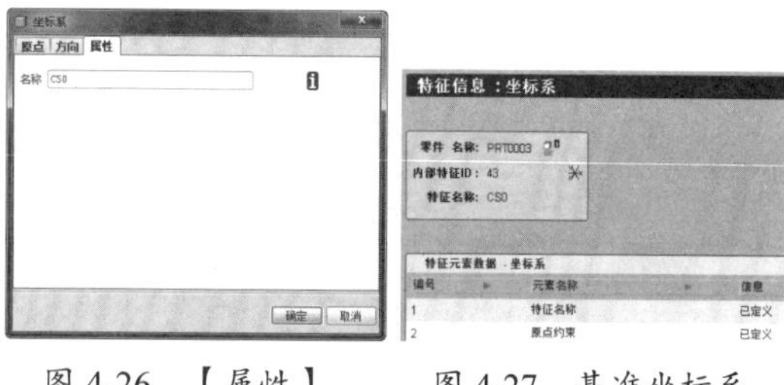

图 4-26　【属性】选项卡　　图 4-27　基准坐标系信息

4.5　创建基准平面

基准平面在实际中虽然不存在，但在零件图和装配图中都具有很重要的作用。基准平面主要用来作为草绘平面或者作为草绘、镜像、阵列等操作的参照，也可以用来作为尺寸标注的基准。

4.5.1　通过空间三点

动手操作——通过空间三点创建基准平面

操作步骤：

01 打开源文件【4-11.prt】

02 单击【基准】工具栏中的【平面】按钮，或者选择菜单栏中的【插入】|【模型基准】|【平面】命令，系统弹出如图 4-28 所示的【基准平面】对话框。

03 按住 Ctrl 键，在绘图区中选择如图 4-29 所示的 3 个点，选中的点被添加到【放置】选项卡中的【参照】列表框中。

图 4-28　【基准平面】对话框

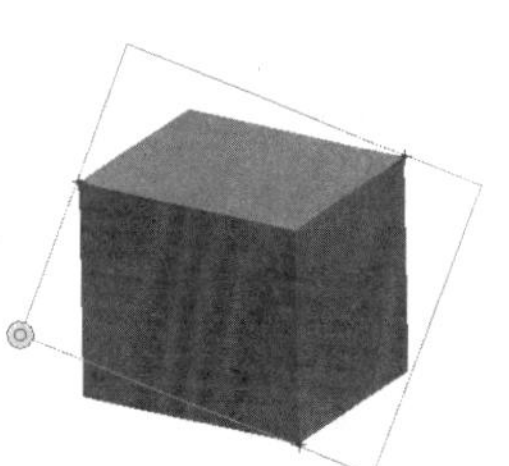

图 4-29　空间中的 3 个点

04 单击【显示】按钮，展开如图 4-30 所示的【显示】选项卡，设置基准平面的方向和大小。

技术要点

平面是无限大的，这里的大小是显示的效果。

05 单击【属性】按钮，展开如图 4-31 所示的【属性】选项卡，设置基准平面的名称和查看基准平面的信息。

图 4-30 【显示】选项卡

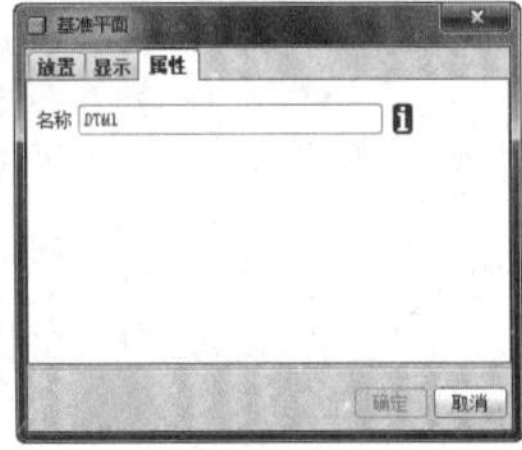

图 4-31 【属性】选项卡

06 单击【基准平面】对话框中的【确定】按钮，完成基准平面的创建，效果如图 4-32 所示。

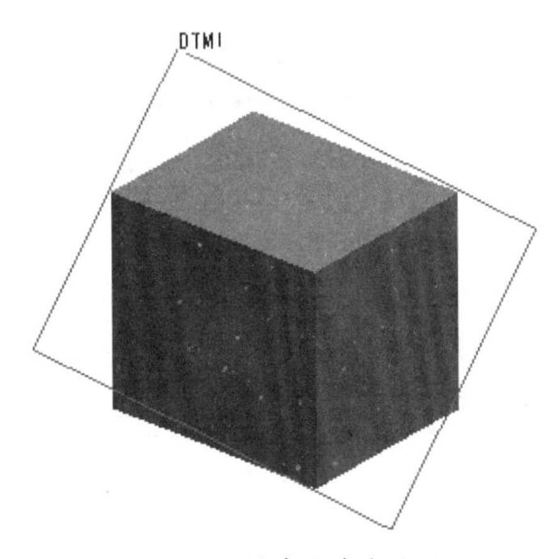

图 4-32 创建的基准平面

4.5.2 通过空间点线

动手操作——通过空间点线创建基准平面

操作步骤：

01 打开源文件【4-12.prt】。

02 单击【基准】工具栏中的【平面】按钮，或者选择菜单栏中的【插入】|【模型基准】|【平面】命令，系统弹出【基准平面】对话框。

03 按住 Ctrl 键，在绘图区中选择如图 4-33 所示的轴线和点，选中的轴线和点被添加到【放置】选项卡中的【参照】列表框中。

04 单击【基准平面】对话框中的【确定】按钮，完成基准平面的创建，效果如图 4-34 所示。

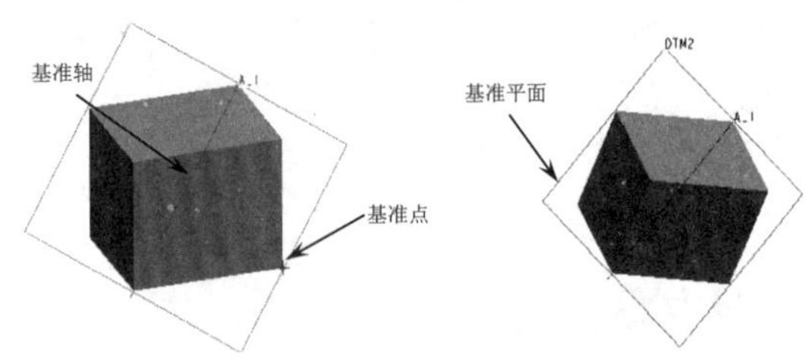

图 4-33 轴线和点　　图 4-34 创建的基准平面

4.5.3 偏移平面

动手操作——偏移平面

操作步骤：

01 打开源文件【实例\Ch02\素材 4-13.prt】。

02 单击【基准】工具栏中的【平面】按钮，或者选择菜单栏中的【插入】|【模型基准】|【平面】命令，系统弹出【基准平面】对话框。

03 选取现有的基准平面或平曲面，所选参照及其约束类型均添加到【放置】选项卡中的【参照】列表框中。

04 从【参照】列表框中的约束下拉列表中选取约束类型，包括偏移、穿过、平行和法向，如图 4-35 所示。

05 这里选择【偏移】约束类型，在【偏移】的【平移】文本框中输入偏移距离，或者拖动控制滑块将基准曲面手动平移到所需距离处，如图 4-36 所示。

图 4-35 【基准平面】对话框

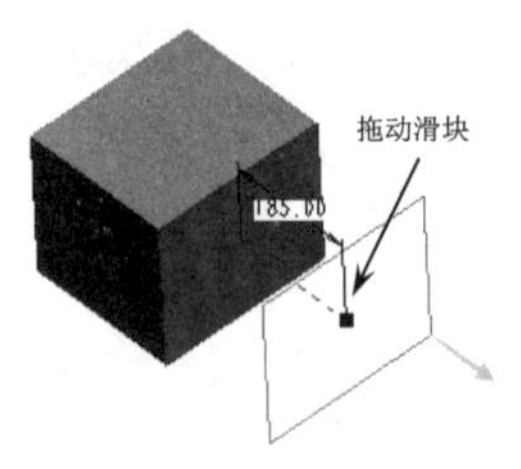

图 4-36 拖动控制滑块

06 单击【基准平面】对话框中的【确定】按钮，完成偏移基准平面的创建，效果如图 4-37 所示。

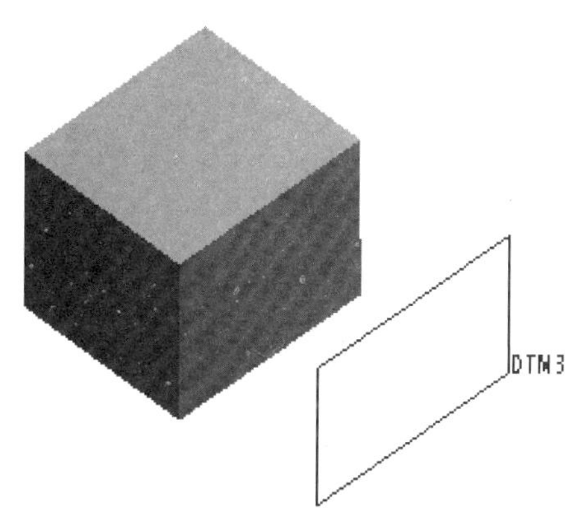

图 4-37　创建的基准平面

4.5.4　创建具有角度偏移的基准平面

动手操作——创建具有角度偏移的基准平面

操作步骤：

01 打开源文件【4-14.prt】。

02 单击【基准】工具栏中的【平面】按钮，或者选择菜单栏中的【插入】|【模型基准】|【平面】命令，系统弹出【基准平面】对话框。

03 首先选取现有基准轴、直边或直曲线，所选取的参照添加到【基准平面】对话框中的【参照】列表框中。

04 从【参照】列表框中的约束下拉列表内选取【穿过】约束方式。

05 按住 Ctrl 键，从绘图区中选取垂直于参照的基准平面，在【偏移旋转】文本框中输入偏移角度，或者拖动控制滑块将基准曲面手动旋转到所需角度处。

06 单击【基准平面】对话框中的【确定】按钮，完成具有角度偏移的基准平面的创建，效果如图 4-38 所示。

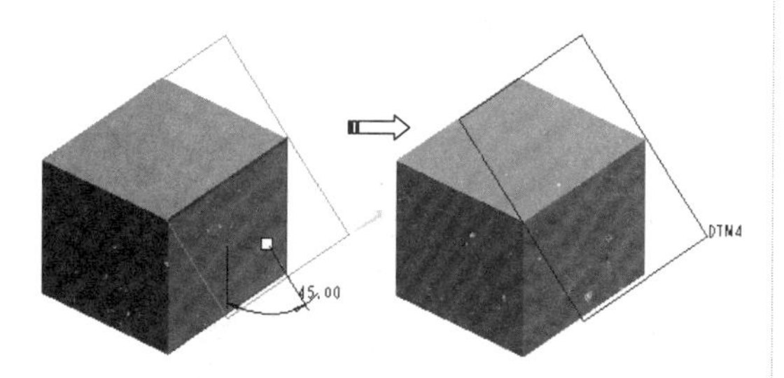

图 4-38　创建的基准平面

4.5.5　通过基准坐标系创建基准平面

动手操作——通过基准坐标系创建基准平面

操作步骤：

01 单击【基准】工具栏中的【平面】按钮，或者选择菜单栏中的【插入】|【模型基准】|【平面】命令，系统弹出【基准平面】对话框。

02 选取一个基准坐标系作为放置参照，选定的基准坐标系添加到【放置】选项卡中的【参照】列表框中。

03 从【参照】列表框中的约束下拉列表中选取约束类型，包括偏移和穿过。

04 如果选择【偏移】约束类型，在【偏移平移】列表框中选择偏移的轴，在其后的文本框中输入偏移距离，拖动控制滑块将基准曲面手动平移到所需距离处；或如果选择穿过，在【穿过平面】列表框中选择穿过平面。

- X 表示将 YZ 基准平面在 X 轴上偏移一定距离创建基准平面。
- Y 表示将 XZ 基准平面在 Y 轴上偏移一定距离创建基准平面。
- Z 表示将 XY 基准平面在 Z 轴上偏移一定距离创建基准平面。
- XY 表示通过 XY 平面创建基准平面。
- YZ 表示通过 YZ 平面创建基准平面。
- ZX 表示通过 XZ 平面创建基准平面。

05 单击【基准平面】对话框中的【确定】按钮，完成基准平面的创建，效果如图 4-39 所示。

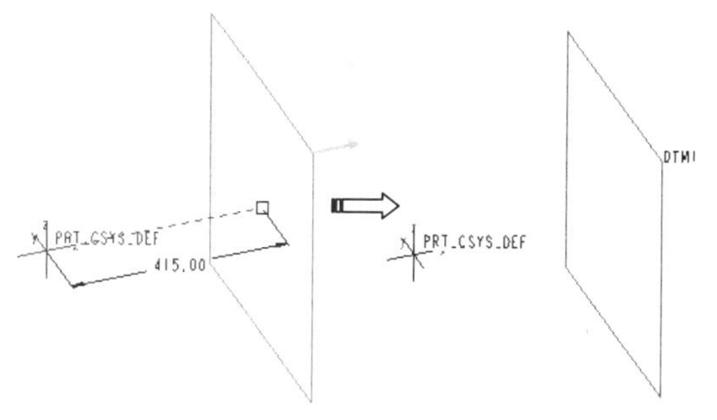

图 4-39　通过基准坐标系创建基准平面

4.6 综合实训——支架零件设计

◎ **引入文件：无**

◎ **结果文件：实训操作\结果文件\Ch04\座椅.prt**

◎ **视频文件：视频\Ch04\旋转座椅设计.avi**

支架通常作为轴类零件的支撑件，并可以作为小型底座使用。在支架模型的创建过程中，首先利用拉伸实体特征创建支架基体、底座部分，然后利用拉伸去除材料的方式创建支撑部分，最后创建筋及孔特征。在建模过程中，主要涉及特征镜像、阵列等操作。最后创建的支架模型如图4-40所示。

图4-40　支架模型

操作步骤：

01 新建零件文件。单击工具栏中的【新建】按钮，建立一个新零件。在【新建】对话框的【名称】文本框中输入文件名【zhijia】，单击确定按钮，进入系统的零件模块。

02 以拉伸方式建立支架支撑孔。单击【拉伸】工具按钮，打开【拉伸】特征操控板，主要操作过程如图4-41所示，注意将拉伸方式设置为对称拉伸。最后生成拉伸实体特征。

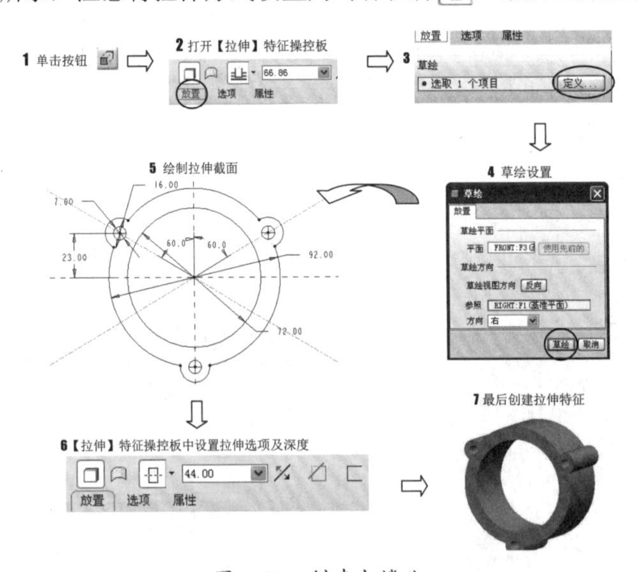

图4-41　创建支撑孔

03 创建基准平面。单击【平面】按钮，打开【基准平面】对话框。选取TOP平面作为作为参照，采用平面偏移的方式，距离为52，按照图4-42所示设置【基准平面】对话框中的参数。完成后单击确定按钮，最后生成DTM1基准平面。

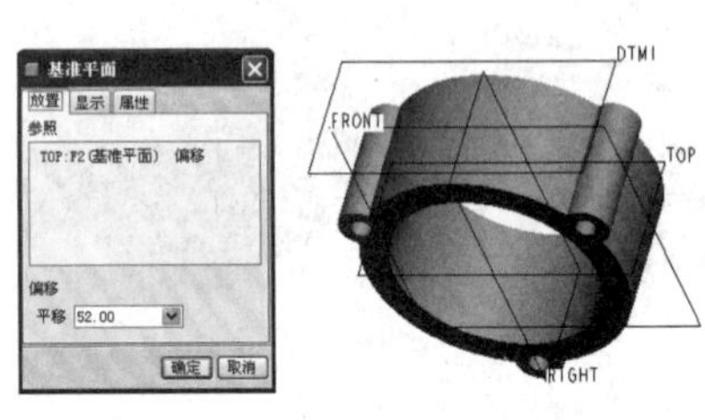

图4-42　创建基准平面DTM1

04 以拉伸方式创建支架顶部凸台。主要操作过程如图 4-43 所示，其中在拉伸草绘过程中，利用上一步创建的基准平面作为草绘平面，拉伸方式采用【拉伸到选定曲面的方式】，最后创建出拉伸凸台。

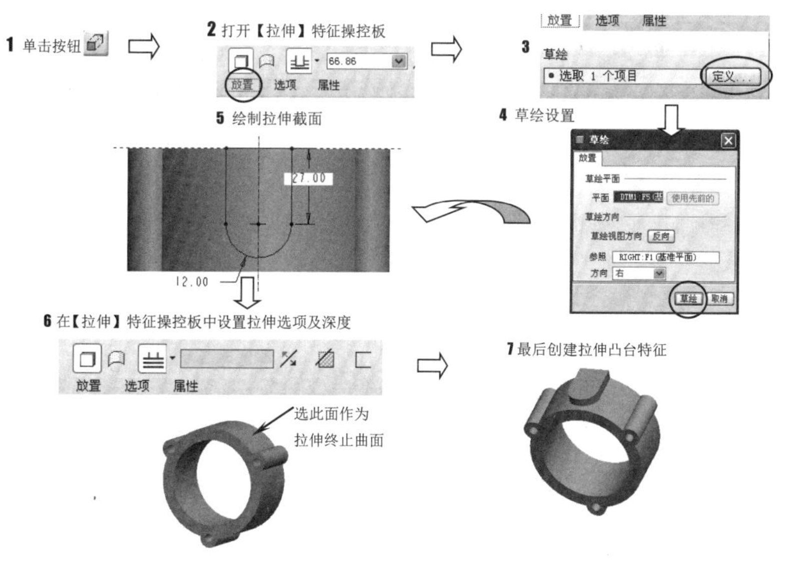

图 4-43　创建顶部凸台

05 创建凸台上的孔特征。单击【孔】按钮，主要操作过程如图 4-44 所示。

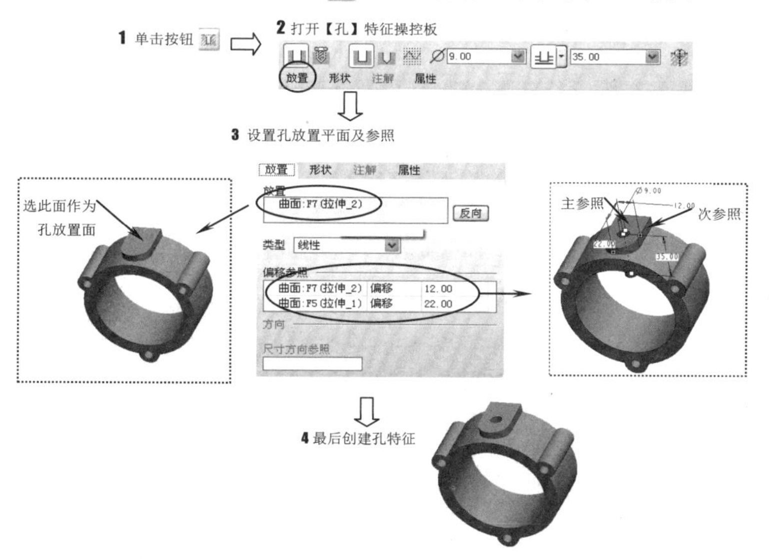

图 4-44　创建孔特征

技术要点

注意在选取放置参照时，按住 Ctrl 键选择两个侧面作为孔的放置参照，完成孔特征的创建。

06 创建基准平面。单击按钮，打开【基准平面】对话框，创建基准平面 DTM2，主要操作过程如图 4-45 所示。

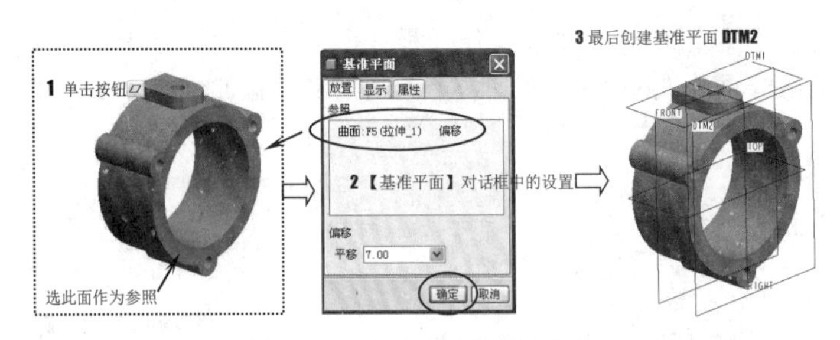

图 4-45 创建基准平面 DTM2

07 以拉伸方式创建底座部分。以上一步所创建的基准平面DTM2作为草绘平面，创建底座特征，如图4-46所示。

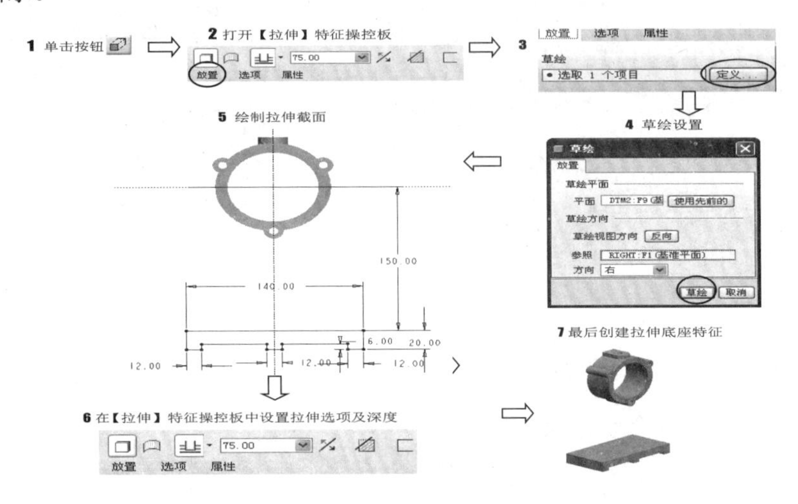

图 4-46 创建底座特征

08 以拉伸去除材料的方式创建底座缺口部分。主要操作过程如图4-47所示。

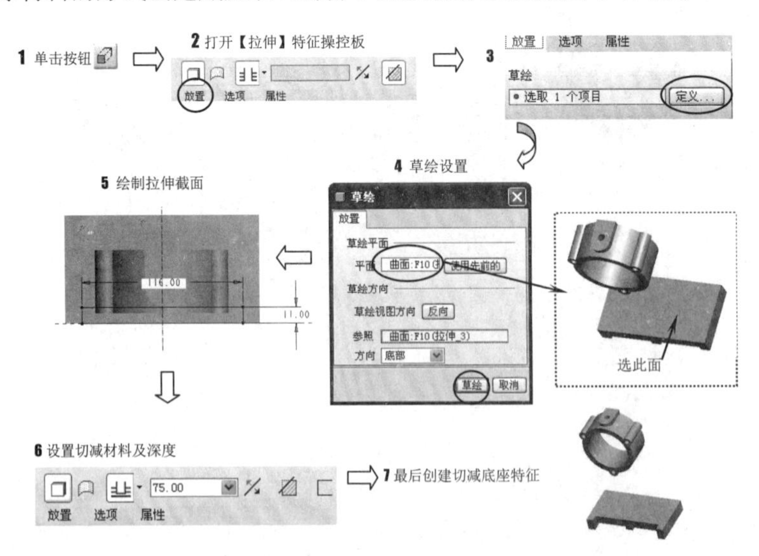

图 4-47 创建底座缺口部分

09 创建中间支撑实体部分，主要操作过程如图 4-48 所示。其中在绘制拉伸截面时，选用 TOP 和 RIGHT 基准面作为草绘参照，并利用【草绘】工具创建上部轮廓部分。

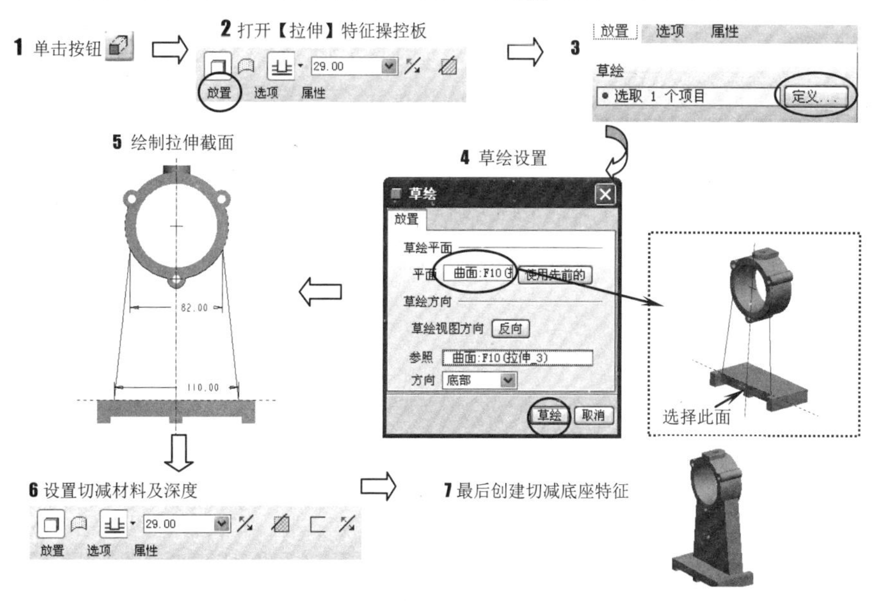

图 4-48　创建中间支撑实体部分

10 创建中间支撑实体切除部分，主要操作过程如图 4-49 所示。在绘制截面时，综合运用【草绘】工具中的与创建拉伸截面。

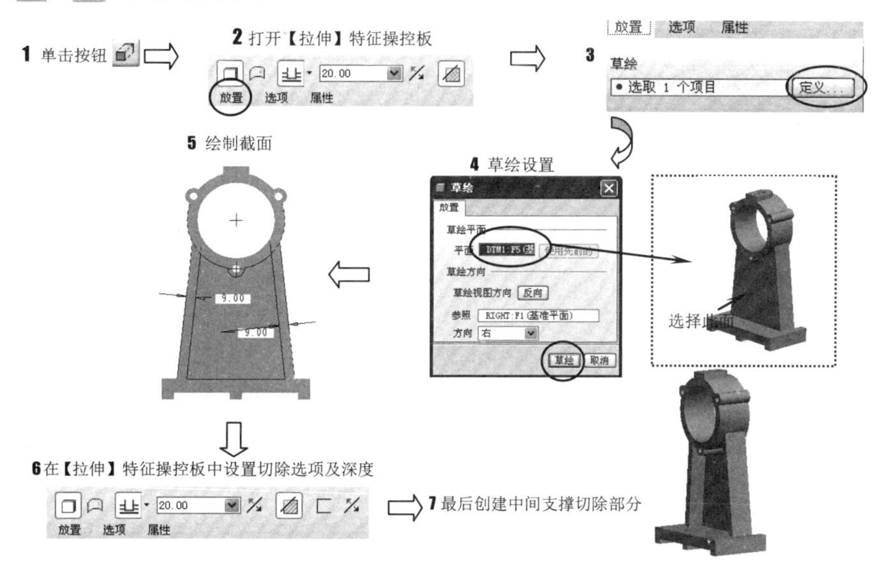

图 4-49　创建中间支撑实体切除部分

11 创建筋部分。单击【壳】按钮，主要操作过程如图 4-50 所示。

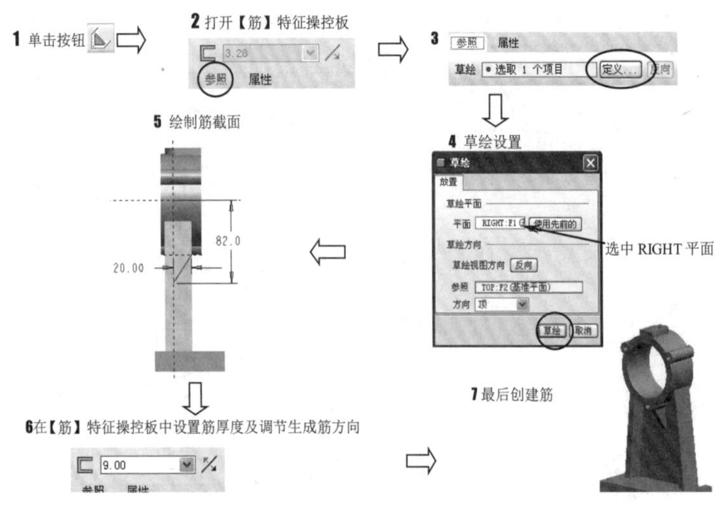

图 4-50 创建筋

12 以拉伸切除方式创建底座安装槽部分。主要操作过程如图 4-51 所示。

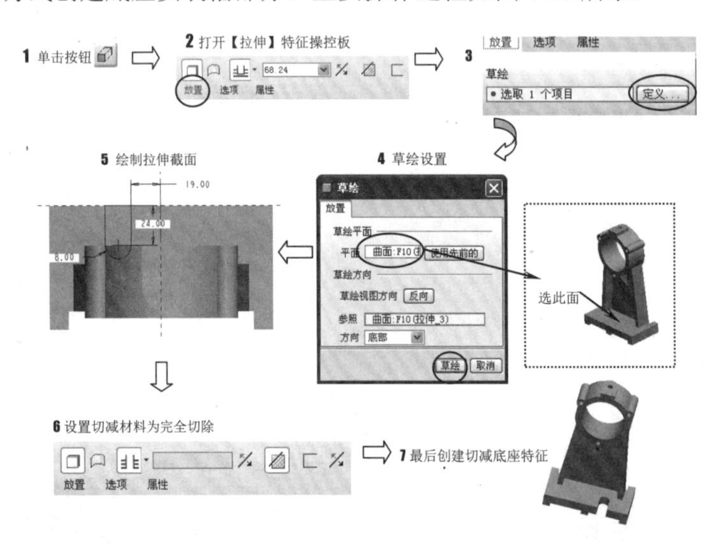

图 4-51 创建底部安装槽

13 镜像生成另一个底座安装槽。选中上一步所创建槽的特征，单击右侧工具栏中的按钮，主要操作过程如图 4-52 所示。

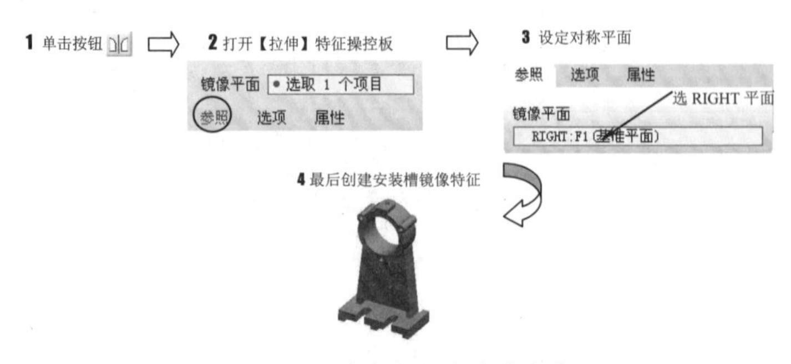

图 4-52 创建底部安装槽镜像特征

14 创建倒圆角特征，完成支架模型的创建。单击右侧工具栏中的【倒圆角】按钮，选择右图所示的边线，并输入圆角半径数值 5。最后创建的支架模型如图 4-53 所示。

15 至此，完成支架模型创建，最后单击【保存】按钮保存设计结果，关闭窗口。

图 4-53　选取倒圆角边线

4.7 课后习题

1．创建基准轴

使用 4 种方法创建基准轴，如图 4-54 所示。

2．利用基准工具辅助设计铣刀

利用基准点、基准曲线、基准轴和基准平面等工具，辅助设计如图 4-55 所示的铣刀模型。

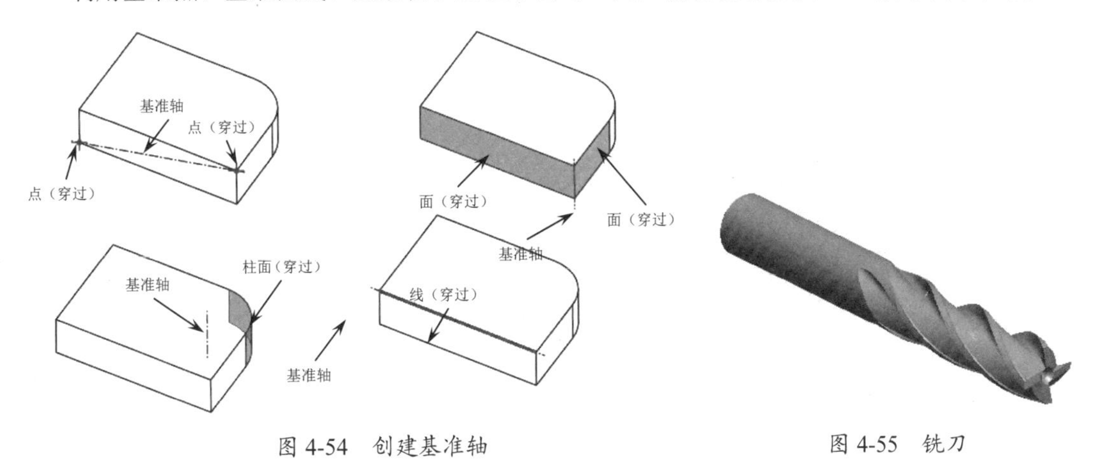

图 4-54　创建基准轴

图 4-55　铣刀

读书笔记

第 5 章 绘制草图指令

资源二维码

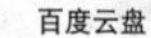

百度云盘

360 云盘 访问密码 32dd

Pro/ENGINEER 的多数特征是通过草绘平面建立的，本章将详细介绍草绘的基本操作。有两种方法可以进入草绘界面：一是在创建零件特征时定义一个草绘平面；二是直接建立草绘。事实上，前者首先在内存中建立草绘，然后把它包含在特征中，而后者直接建立草绘文件，并将它保存在硬盘上，在创建特征时可直接调用该文件。

知识要点

- 草图绘制平台
- 绘制几何图形
- 标注尺寸
- 导入图形

5.1 草图绘制平台

草图绘制平台用于完成草图的绘制、尺寸和约束的创建，以及图形的编辑、尺寸的修改等工作。本小节中将介绍进入草图绘制平台的方法、草图绘制平台界面及所使用的工具。

5.1.1 进入草图绘制平台

在 Pro/ENGINEER 中，可以通过 3 种方法进入草图绘制平台：第一是创建新的草绘截面文件，这种方式建立的草绘截面可以单独保存，并且在创建特征时可以重复利用；第二是从零件环境中进入草图绘制平台；第三是在创建实体特征的过程中，通过绘制截面进入草图绘制平台。

1. 通过创建草绘文件进入草图绘制平台

通过新建一个草绘文件，直接进入草图绘制平台。操作步骤如下：

01 选择菜单栏中的【文件】|【新建】命令，或者单击【文件】工具栏中的【建新】按钮，系统弹出【新建】对话框。

02 在【新建】对话框的【类型】选项组中选中【草绘】单选按钮。

03 单击【新建】对话框中的【确定】按钮，进入如图 5-1 所示的草图绘制平台。

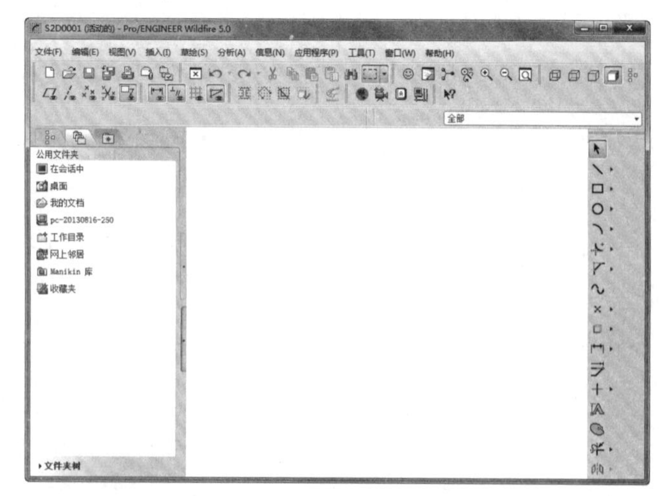

图 5-1 草图绘制平台

2. 在零件环境中进入草图绘制平台

在零件设计环境中，单击【基准】工具栏中的【草绘】按钮，系统弹出【草绘】对话框。在绘图区或者模型树中，选取一个平面作为草绘平面，选取其他参照作为草绘方向，单击【草绘】对话框中的【草绘】按钮，也可进入草图绘制平台。

3. 通过创建某个特征进入草图绘制平台

在零件设计平台中，插入某个特征，打开【草绘】对话框。

5.1.2　草图绘制平台界面介绍

草图绘制平台界面主要由菜单栏、工具栏、绘图区、导航栏、浏览器、消息区、过滤器等几大部分组成，下面介绍其主要作用。

- 菜单栏：主要是在产品设计时，控制 Pro/ENGINEER 的整体环境。菜单栏包含文件、编辑、视图、草绘、分析、信息、应用程序、工具、窗口、帮助等菜单。
- 工具栏：位于窗口顶部、右侧和左侧，主要包括文件、视图、编辑、草绘器工具、草绘器诊断工具等工具栏。
- 绘图区：绘图区位于窗口中部的右侧，是 Pro/ENGINEER 生成和操作 CAD 模型的显示区域。当前活动的 CAD 模型显示在该区域，并可使用鼠标选取对象，对对象进行有关操作。
- 导航栏：是为便于对设计工程或数据管理进行导航、访问和处理而设置的，它包括模型树、文件夹浏览器、收藏夹、连接等选项卡，每个选项卡包含一个特定的导航工具。单击导航栏右侧向左的箭头可以隐藏导航栏，它们之间的相互切换可通过单击上方的选项卡实现。
- 浏览器：是 Pro/ENGINEER 特有的功能，只要计算机能上网，就可以通过这个浏览器查看网上所有的资料信息。
- 消息区：消息区是显示与窗口中工作相关的单行消息，使用消息区的标准滚动条可查看历史消息记录。
- 过滤器：过滤器在可用时，状态栏会显示如下信息：在当前模型中选取的项目数；可用的选取过滤器；模型再生状态——指示必须再生当前模型，指示当前过程已暂停。

5.1.3　工具栏

工具栏是快捷菜单命令的集合。在草图绘制过程中，主要使用【草绘器】、【草绘器工具】、【草绘器工具诊断】3 个工具栏。

- 【草绘器】工具栏，如图 5-2 所示，该工具栏用于定向草绘平面方向和尺寸、网格、约束、顶点的显示开关，包括草绘方向、显示尺寸、显示约束、显示网格和显示顶点等工具。
- 【草绘器诊断工具】工具栏，如图 5-3 所示，该工具栏用于对所绘制的草图进行封闭、开放、重叠及特征要求的分析诊断。

图 5-2　【草绘器】工具栏

图 5-3　【草绘器诊断工具】工具栏

- 【草绘器工具】工具栏，如图 5-4 所示，该工具栏提供了直线、矩形、圆、倒角，以及图元编辑的工具按钮。将在后续章节中详细讲解其使用方法，这里不再赘述。

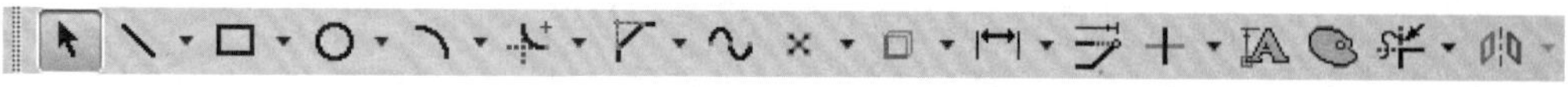

图 5-4 【草绘器工具】工具栏

5.1.4 草绘器环境设置

草绘器环境设置是对绘制草图的操作界面，以及草绘过程中所显示的内容的设置。主要包括栅格、顶点、约束、线造型等草绘特征的显示方式和内容。

动手操作——草绘环境设置

草绘环境设置是进行草图绘制前的准备工作，主要包括草绘界面中显示的内容，以及草绘过程中系统自动创建的项目。

操作步骤：

01 选择菜单栏中的【草绘】|【选项】命令，系统弹出如图 5-5 所示的【草绘器首选项】对话框。

02 在【其他】选项卡中设置栅格、顶点、约束、尺寸、弱尺寸等信息的显示。

03 单击【约束】按钮，展开如图 5-6 所示的【约束】选项卡，设置绘制草图过程中系统自动创建的约束。

04 单击【参数】按钮，展开如图 5-7 所示的【参数】选项卡，设置栅格的显示方式、间距等信息，以及栅格的精度。

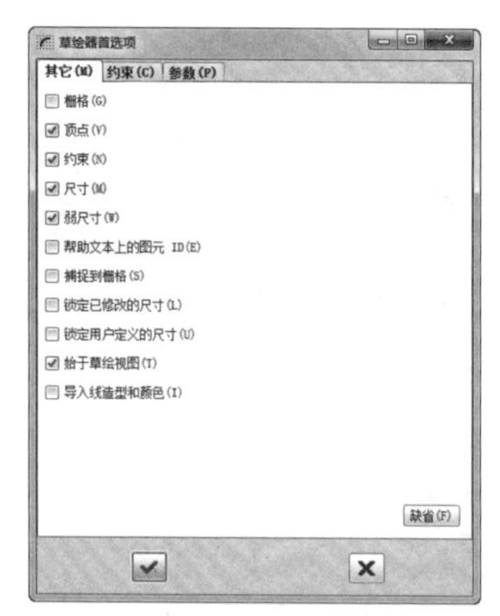

图 5-5 【草绘器首选项】对话框

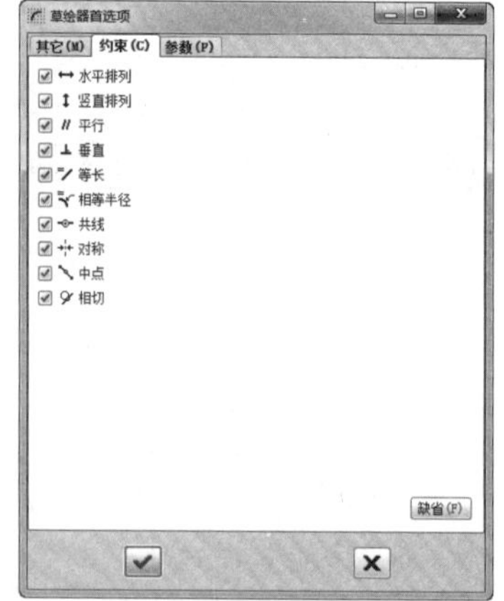

图 5-6 【约束】选项卡

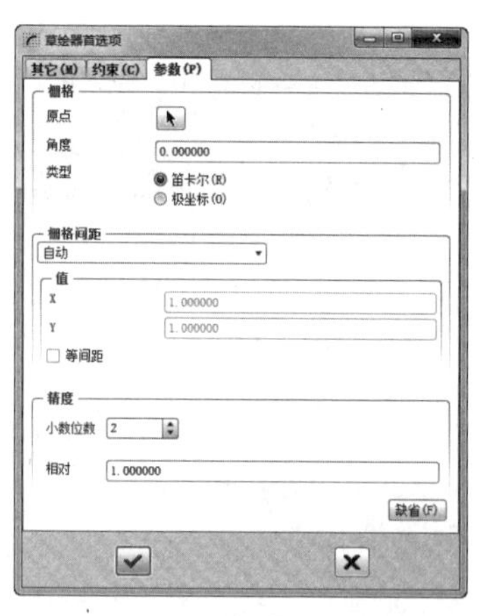

图 5-7 【参数】选项卡

1. 设置线造型

选择菜单栏中的【草绘】|【线造型】|【设置线造型】命令，系统弹出如图 5-8 所示的【线造型】对话框。

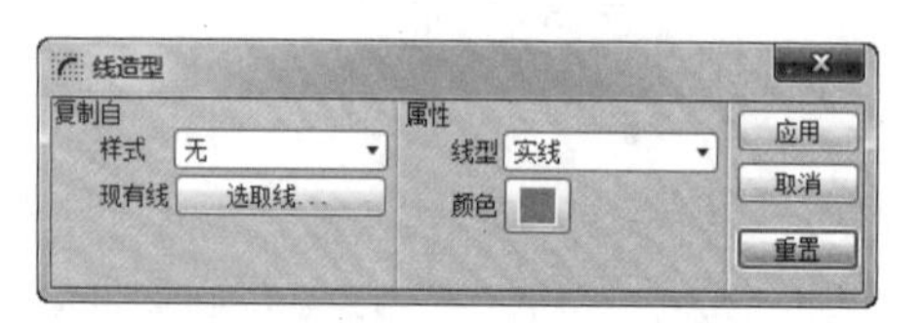

图 5-8 【线造型】对话框

在【线造型】对话框中可以设置线造型，包括系统默认线型、现有线型和自定义线型 3 种。

- 系统默认线型：在【样式】下拉列表中选择系统默认的线样式，包括隐藏、几何、引线、切削平面、虚线、中心线。

- 现有线型：单击【现有线】右侧的【选取线】按钮，从绘制的图形中选择现有的线型作为当前线样式。
- 自定义：在【属性】选项组中的【线型】下拉列表中选择线型，包括实线、点虚线、控制线、双点画线等，单击【颜色】按钮，在系统弹出的如图5-9所示的【颜色】对话框中定义线型颜色。

单击【线造型】对话框中的【应用】按钮，设置的线造型就会应用到当前的绘图环境中。

单击【线造型】对话框中的【重置】按钮，可以清除当前的设置，重新设置线造型。

单击【线造型】对话框中的【关闭】按钮，可以关闭【线造型】对话框。

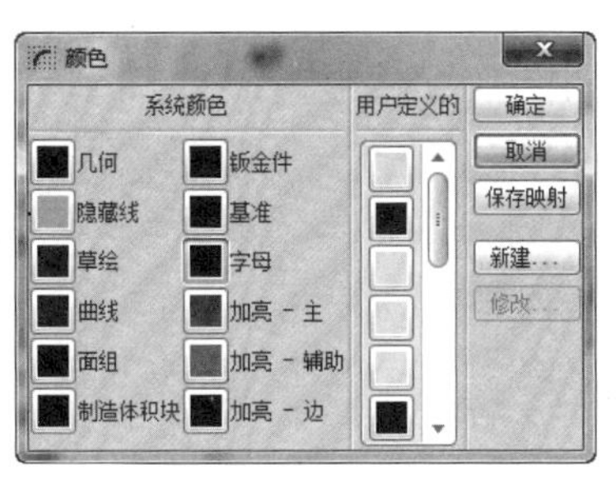

图5-9　【颜色】对话框

2. 清除线造型

选择菜单栏中的【草绘】|【线造型】|【清除线造型】命令，清除环境中设置的所有线造型，恢复系统默认设置。

5.2 绘制几何图形

草绘模式中包括点、线、矩形、圆/圆弧、椭圆、样条曲线、圆角曲线及倒角曲线等图形元素。下面对这些草图元素的绘制功能一一进行详细的介绍。

5.2.1 绘制线段

【直线】工具栏如图5-10所示，该工具栏用于创建直线，也是线/直线工具集合，包括线、直线相切、中心线和几何中心线4种工具。

图5-10　【直线】工具栏

动手操作——创建直线

【线】工具是通过两点创建直线段的工具。创建两点直线的操作步骤如下：

01 单击【草绘器工具】工具栏中的【线】按钮，或者选中菜单栏中【草绘】|【线】|【线】命令。

02 在绘图区单击确定直线的起始点位置，即可出现一条黄色（系统默认）动态拉伸的直线。

03 在绘图区单击确定直线的终止点位置，在两点间创建一条直线，即可出现一条黄色（系统默认）动态拉伸的直线。

04 重复步骤3，创建其他的线。

05 单击鼠标中间键，结束直线创建，效果如图5-11所示。

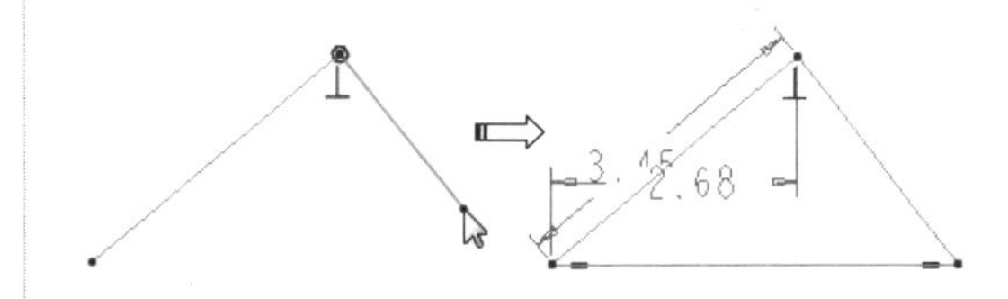

图5-11　创建直线

动手操作——创建相切直线

【直线相切】工具是通过两曲线创建与其相切直线段的工具。创建相切直线的操作步骤如下：

01 单击【直线】工具栏中的【直线相切】按钮，或者选择菜单栏中的【草绘】|【线】|【直线相切】命令。

02 在绘图区的某个图元上单击确定相切直线的起始点位置，即可出现一条黄色（系统默认）动态拉伸的直线。

03 在绘图区的另一个图元上单击确定相切直线的终止点位置，在两点间创建一条相切直线。

04（可选）重复步骤 3，创建其他的相切直线。

05 单击鼠标中键，结束相切直线创建，完成后的效果如图 5-12 所示。

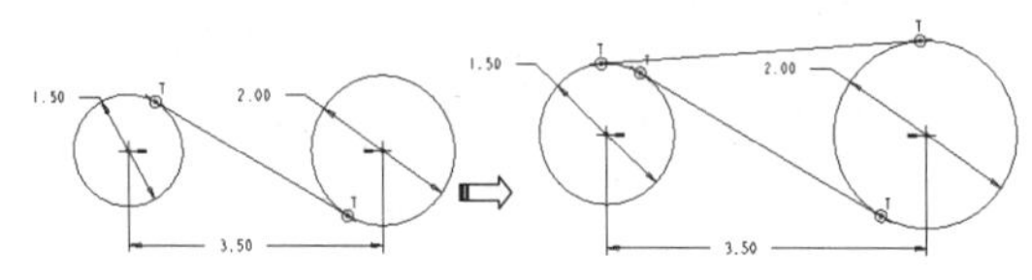

图 5-12 创建相切直线

动手操作——创建中心线

【中心线】工具是通过两点或者两条曲线创建中心线的工具。创建中心线有两种方法：两点中心线和相切中心线。创建中心线的操作步骤如下：

1. 两点中心线

01 单击【直线】工具栏中的【中心线】按钮 ，或者选择菜单栏中的【草绘】|【线】|【中心线】命令。

02 在绘图区单击确定与中心线相交的一点位置，出现一条穿过相交点的中心线附着在光标上。

03 在绘图区单击确定中心线相交的另一点位置，在两点间创建一条中心线。

04（可选）重复步骤 02~03，创建其他中心线。

05 单击鼠标中间键，结束中心线的创建，完成后的效果如图 5-13 所示。

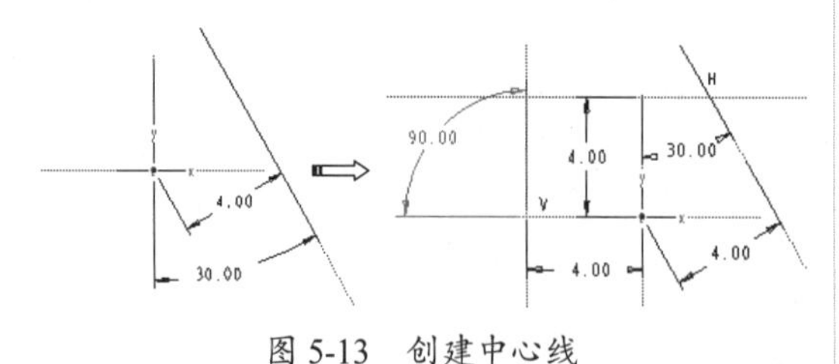

图 5-13 创建中心线

2. 相切中心线

01 利用【圆心和点】和【3 点 / 相切端】命令绘制一个圆和一段圆弧。

02 选择菜单栏中的【草绘】|【线】|【中心线相切】命令。

03 在绘图区单击确定与中心线相交的某一点，一条穿过相交点的中心线即附着在光标上。

04 在绘图区单击确定与中心线相交的另一点位置，在两点间创建一条中心线。

05（可选）重复步骤 03~04，创建其他的相切中心线。

06 单击鼠标中键，结束相切直线的创建，完成后的效果如图 5-14 所示。

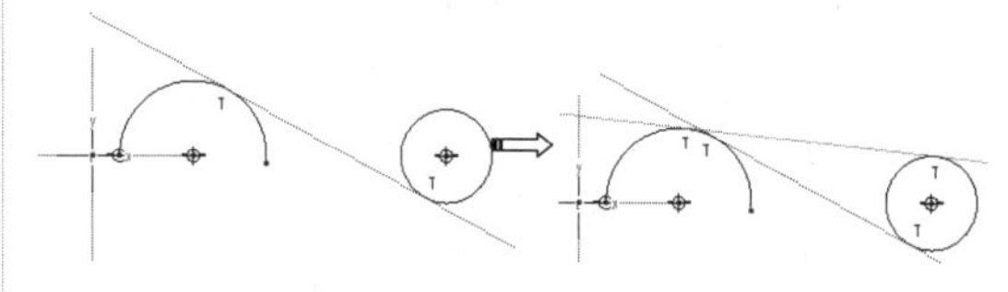

图 5-14 创建相切中心线

动手操作——创建几何中心线

【几何中心线】工具是通过两点或者两条曲线创建几何中心线的工具。创建几何中心线的操作方法如下：

01 单击【直线】工具栏中的【几何中心线】按钮 。

02 在绘图区单击确定与几何中心线相交的一点位置，一条穿过相交点的中心线即附着在光标上。

03 在绘图区单击确定中心线相交的另一点位置，在两点间创建一条中心线。

04（可选）重复步骤 02~03，创建其他中心线。

05 单击鼠标中间键，结束中心线的创建，完成后的效果如图 5-15 所示。

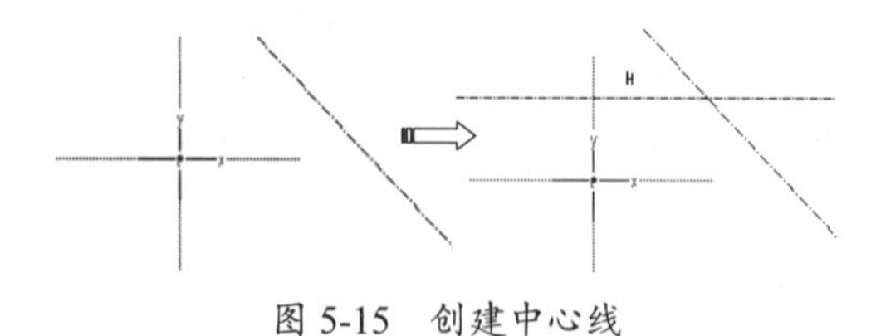

图 5-15 创建中心线

5.2.2 绘制矩形

【矩形】工具栏，如图 5-16 所示，用于绘制矩形、斜矩形和平行四边形，包括矩形、携矩形、平行四边形 3 种工具。

图 5-16　【矩形】工具栏

动手操作——创建矩形

【矩形】工具是通过确定矩形对角线的两点绘制矩形的工具。创建矩形的操作步骤如下：

01 单击【矩形】工具栏中的【矩形】按钮□，或者选择菜单栏中的【草绘】|【矩形】|【矩形】命令。

02 在绘图区单击确定矩形的一个顶点位置，拖动鼠标即在绘图区动态出现一个矩形。

03 在绘图区单击确定矩形的另一顶点位置，在两个顶点间创建一个矩形。

04（可选）重复步骤 02~03，创建其他的矩形。

05 单击鼠标中键，结束矩形的创建，完成后的效果如图 5-17 所示。

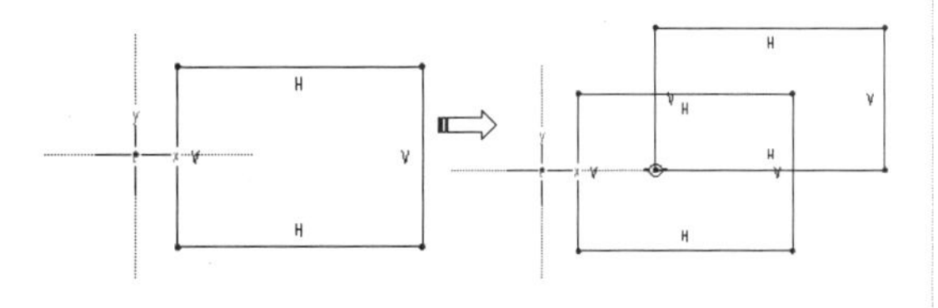

图 5-17　创建的矩形

动手操作——创建斜矩形

【斜矩形】工具是通过确定矩形的一条边和矩形的另一条边的长度绘制矩形的工具。创建斜矩形的操作步骤如下：

01 单击【矩形】工具栏中的【斜矩形】按钮◇，或者选择菜单栏中的【草绘】|【矩形】|【斜矩形】命令。

02 在绘图区单击确定斜矩形的一个顶点位置，拖动鼠标在绘图区动态出现一条直线段。

03 在绘图区单击确定斜矩形边线的另一顶点位置，在两个点间创建一条矩形边线，拖动鼠标即在绘图区动态出现一个矩形。

04 在绘图区单击确定斜矩形的另一条边线位置，在两条边线间创建一个矩形。

05（可选）重复步骤 02~04，创建其他的斜矩形。

06 单击鼠标中键，结束斜矩形的创建，完成后的效果如图 5-18 所示。

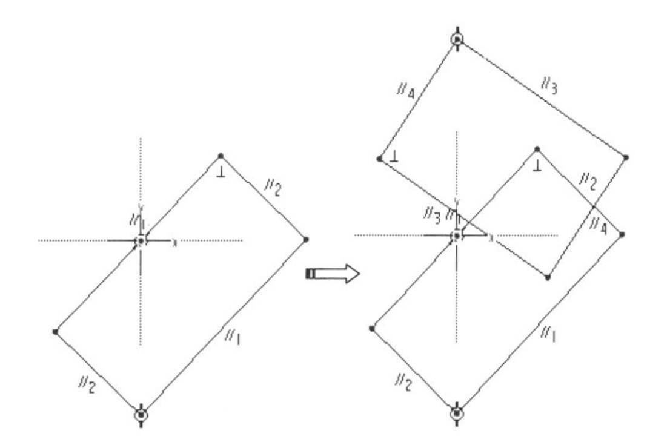

图 5-18　创建矩形

动手操作——创建平行四边形

【平行四边形】工具▱是通过确定平行四边形的 3 个顶点绘制平行四边形的工具。创建平行四边形的操作步骤如下：

01 单击【矩形】工具栏中的【平行四边形】按钮▱，或者选择菜单栏中的【草绘】|【矩形】|【平行四边形】命令。

02 在绘图区单击确定平行四边形的一个顶点位置，拖动鼠标即在绘图区动态出现一条直线段。

03 在绘图区单击确定平行四边形边线的另一顶点位置，在两个点间创建一条矩形边线，拖动鼠标即在绘图区动态出现一个矩形。

04 在绘图区单击确定平行四边形的另一顶点位置，在两条边线间创建一个矩形。

05（可选）重复步骤 2~4，创建其他的平行四边形。

06 单击鼠标中键，结束平行四边形的创建，完成后的效果如图 5-19 所示。

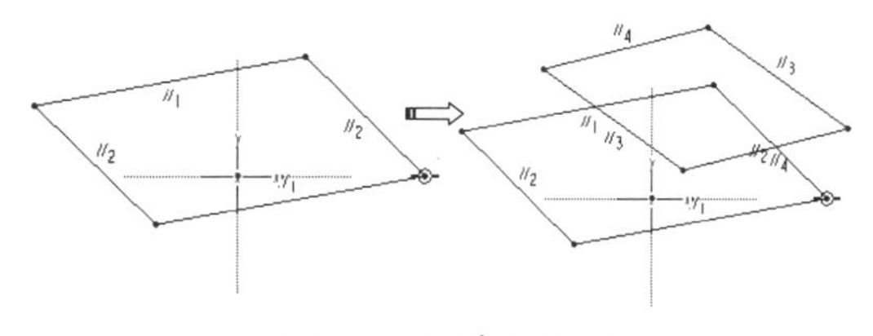

图 5-19　创建的矩形

5.2.3 绘制圆 / 椭圆

【圆】工具栏，如图 5-20 所示，用于绘制圆和椭圆的工具，包括圆心和点、同心、3 点、3 相切、轴端点椭圆、中心和轴椭圆 6 个工具。

图 5-20 【圆】工具栏

动手操作——通过圆心和圆上的点创建圆

【圆心和点】工具是通过确定圆心和圆上任意点绘制圆的工具。通过圆心和圆上一点创建圆的操作步骤如下：

01 单击【圆】工具栏中的【圆心和点】按钮，或者选择菜单栏中的【草绘】|【圆】|【圆心和点】命令。

02 在绘图区选取一点作为圆的圆心，拖动鼠标即在绘图区动态出现一个圆。

03 在绘图区选取一点作为圆上的一点，通过圆心和圆上一点间创建一个圆。

04（可选）重复步骤 02~03，创建其他的圆。

05 单击鼠标中键，结束圆的创建，完成后的效果如图 5-21 所示。

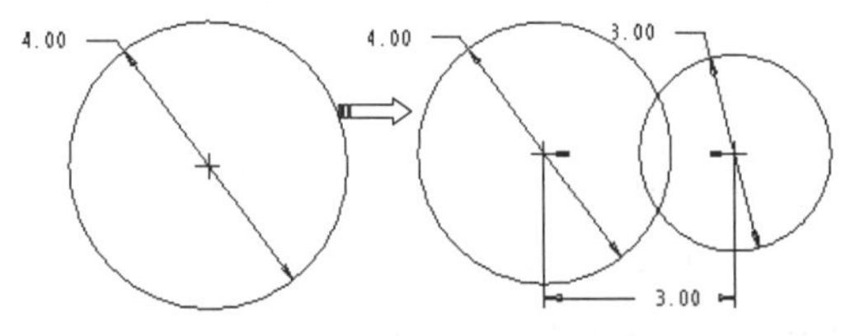

图 5-21 通过圆心和圆上的点创建圆

动手操作——创建同心圆

【同心】工具是通过已有圆或者圆弧的圆心和圆上任意点绘制圆的工具。创建同心圆的操作步骤如下：

01 选择菜单栏中【草绘】|【圆】|【同心】命令，或者单击【草绘器工具】工具栏中的【同心圆】按钮。

02 在绘图区选取一个圆或者一段圆弧，拖动鼠标即在绘图区动态出现一个圆。

03 在绘图区选取一点作为圆上的一点，创建了一个与选取的圆或圆弧同心的圆。

04（可选）重复步骤 03，创建其他的圆。

05 单击鼠标中键，结束同心圆的创建，完成后的效果如图 5-22 所示。

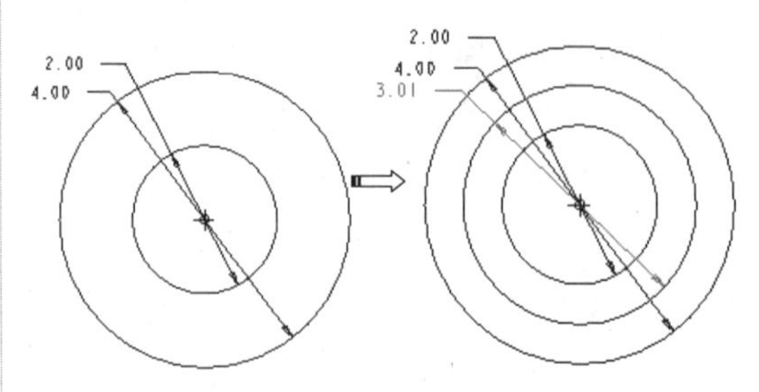

图 5-22 创建同心圆

动手操作——创建三点圆

【3 点】工具是通过确定圆上任意三点绘制圆的工具。通过三点创建圆的操作步骤如下：

01 选择菜单栏中【草绘】|【圆】|【3 点】命令，或者单击【草绘器工具】工具栏中的【3 点】按钮。

02 在绘图区选取一点作为圆上一点。

03 在绘图区选取另一点作为圆上的第二点，拖动鼠标即在绘图区动态出现一个圆。

04 在绘图区选取与前两点不共线的另一点作为圆上的第三点，通过选取的三点创建了一个圆。

05（可选）重复步骤 02~04，创建其他的圆。

06 单击鼠标中键，结束圆的创建，完成后的效果如图 5-23 所示。

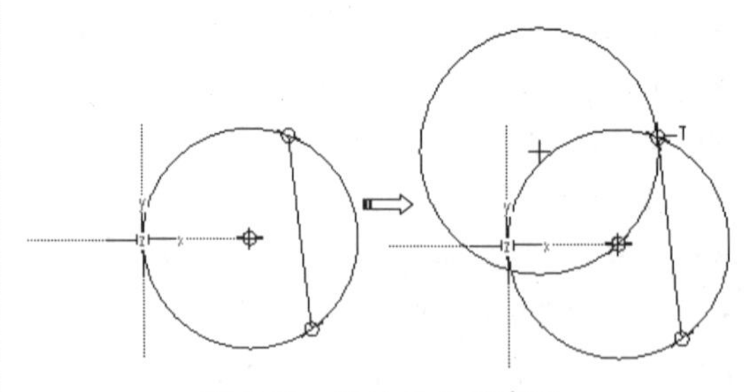

图 5-23 通过三点创建圆

动手操作——创建三切圆

【3 相切】工具是通过确定 3 个与圆相切的元素绘制圆的工具。创建与 3 个图元相切的圆的操作步骤如下：

01 选择菜单栏中的【草绘】|【圆】|【3 相切】命令，或者单击【草绘器工具】工具栏中的【3 相切】按钮。

02 在绘图区单击，选取某个图元上的一点，作为圆的起始位置。

03 在绘图区单击，选取另一图元上的一点，作为结束位置，拖动鼠标即在绘图区动态出现一个圆。

04 在绘图区单击，选取第三个图元上的一点，作为圆上的第三点，通过选取的 3 个图元创建了一个圆。

05（可选）重复步骤 02~04，创建其他的圆。

06 单击鼠标中键，结束圆的创建，完成后的效果如图 5-24 所示。

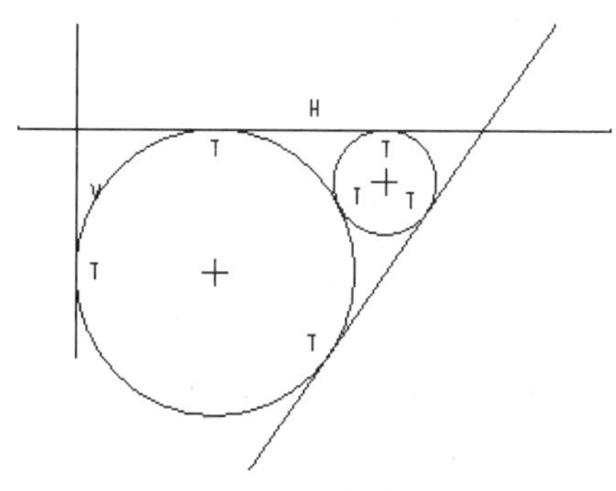

图 5-24　创建的圆

动手操作——通过轴端点创建椭圆

【轴端点椭圆】工具是通过确定椭圆轴线的两端和椭圆上任意点绘制椭圆的工具。创建轴端点椭圆的操作步骤如下：

01 选择菜单栏中的【草绘】|【圆】|【轴端点椭圆】命令，或者单击【草绘器工具】工具栏中的【轴端点椭圆】按钮。

02 在绘图区单击，选取一点作为轴线的一端点，拖动鼠标即在绘图区动态出现一条中心线。

03 在绘图区单击，选取一点作为轴线的另一端点，拖动鼠标在绘图区动态出现一个椭圆。

04 在绘图区单击，选取一点作为椭圆上的一点，通过轴线与点创建了一个椭圆。

05（可选）重复步骤 02~04，创建其他的椭圆。

06 单击鼠标中键，结束椭圆的创建，完成后的效果如图 5-25 所示。

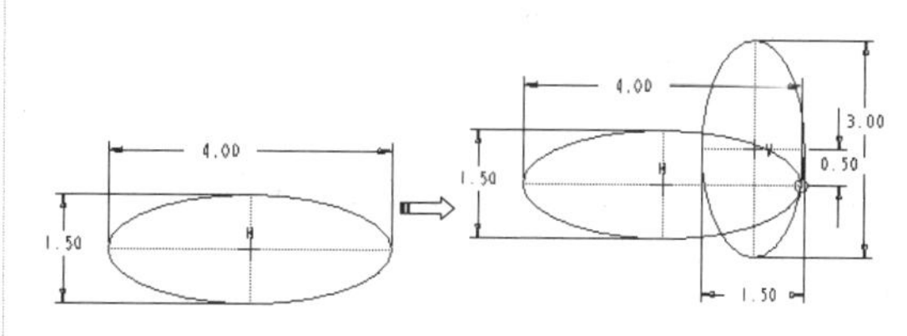

图 5-25　创建的椭圆

动手操作——通过中心和轴创建椭圆

【中心和轴椭圆】工具是通过确定椭圆中心、轴线的端点和椭圆上任意点绘制椭圆的工具。创建中心和轴椭圆的操作步骤如下：

01 选择菜单栏中的【草绘】|【圆】|【中心和轴椭圆】命令，或者单击【草绘器工具】工具栏中的【中心和轴椭圆】按钮。

02 在绘图区单击，选取一点作为椭圆中心，拖动鼠标即在绘图区动态出现一条中心线。

03 在绘图区单击，选取一点作为轴线的一端点，拖动鼠标即在绘图区动态出现一个椭圆。

04 在绘图区单击，选取一点作为椭圆上的一点，通过椭圆中心、轴端点和椭圆上一点创建了一个椭圆。

05（可选）重复步骤 02~04，创建其他的椭圆。

06 单击鼠标中键，结束椭圆的创建，完成后的效果如图 5-26 所示。

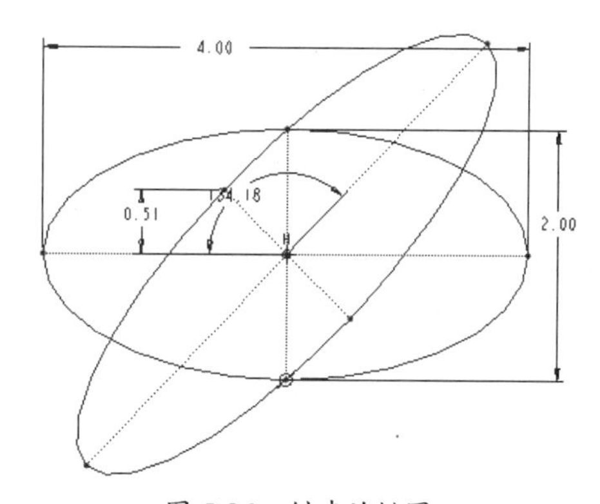

图 5-26　创建的椭圆

5.2.4　绘制圆弧 / 锥弧

【圆弧】工具栏，如图 5-27 所示，是绘制圆弧和圆锥弧工具的集合，包括 3 点 / 相切端、同心、圆心和端点、3相切、圆锥5个工具。

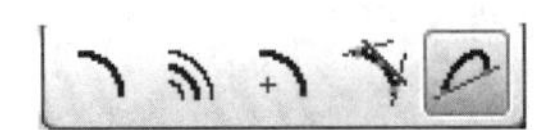

图 5-27 【圆弧】工具栏

动手操作——通过三点或相切创建圆弧

【3点/相切端】工具是通过确定三点、两点和相切元素创建圆弧的工具。

通过三点圆弧或者端点和相切元素创建圆弧的操作步骤如下：

01 选择菜单栏中【草绘】|【弧】|【3点/相切】命令，或者单击【草绘器工具】工具栏中的【3点/相切端】按钮。

02 在绘图区依次单击，选取弧上的两个点作为弧的两个端点，如果创建相切弧，则应单击选中切点作为弧的一个端点，拖动鼠标即在绘图区动态出现一个弧。

03 在绘图区单击，选取一点作为弧的附加点，通过三点创建了一个弧。

04（可选）重复步骤02~03，创建其他的弧。

05 单击鼠标中键，结束弧的创建，完成后的效果如图5-28所示。

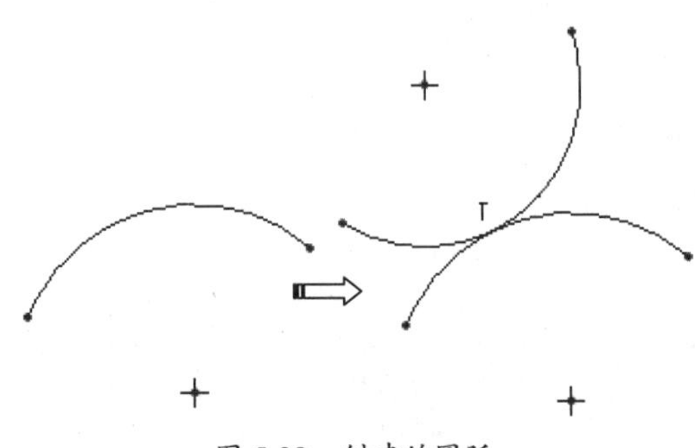

图 5-28 创建的圆弧

动手操作——创建同心圆弧

【同心】工具是通过圆或者圆弧的中心和端点创建圆弧的工具。创建同心弧的操作步骤如下：

01 选择菜单栏中的【草绘】|【弧】|【同心】命令，或者单击【草绘器工具】工具栏中的【同心】按钮。

02 在绘图区单击，选取一个已经创建的弧或者圆。

03 在绘图区单击，选取一点作为弧的起始点，拖动鼠标即在绘图区动态显示了一个弧。

04 在绘图区单击，选取一点作为弧的终止点。

05（可选）重复步骤02~04，创建其他的弧。

06 单击鼠标中键，结束弧的创建，完成后的效果如图5-29所示。

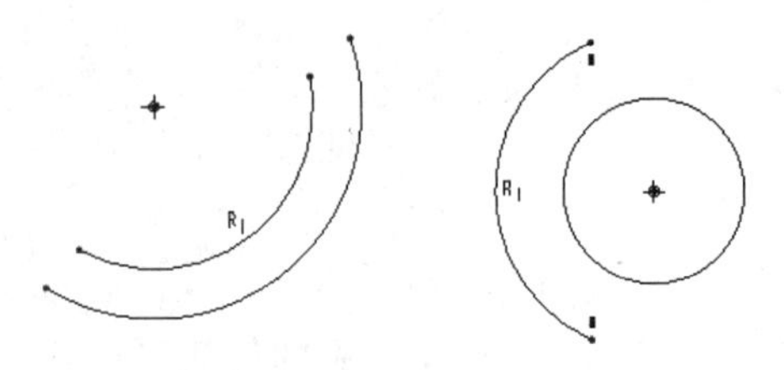

图 5-29 创建的圆弧

动手操作——通过圆心和端点创建圆弧

【圆心和端点】工具是通过圆心和圆弧的端点创建圆弧的工具。通过圆心和端点创建圆弧的操作步骤如下：

01 选择菜单栏中的【草绘】|【弧】|【圆心与端点】命令，或者单击【草绘器工具】工具栏中的【圆心和端点】按钮。

02 在绘图区单击，选取一点作为圆弧的圆心。

03 在绘图区单击选，取另一点作为弧的起始点，拖动鼠标即在绘图区动态显示了一个弧。

04 在绘图区单击，选取一点作为弧的终止点。

05（可选）重复步骤02~04，创建其他的弧。

06 单击鼠标中键，结束弧的创建，完成后的效果如图5-30所示。

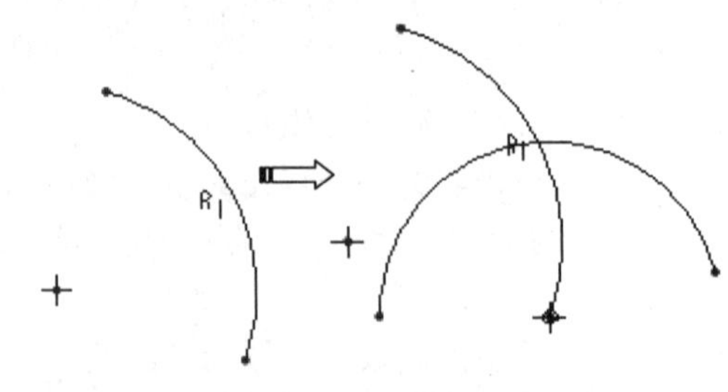

图 5-30 创建的圆弧

动手操作——通过三个相切元素创建圆弧

【3相切】工具是通过3个与圆弧相切的元素创建圆弧的工具。创建三相切弧的操

作步骤如下：

01 选择菜单栏中的【草绘】|【弧】|【3相切】命令，或者单击【草绘器工具】工具栏中的【3相切】按钮。

02 在绘图区单击，选取某个图元上的一点作为弧的起始点。

03 在绘图区单击，选取另一个上的一点作为弧的终止点，拖动鼠标即在绘图区动态显示了一个弧。

04 在绘图区单击，选取第三个图元上的一点作为弧的第三点。

05（可选）重复步骤02~04，创建其他的弧。

06 单击鼠标中键，结束弧的创建，完成后的效果如图5-31所示。

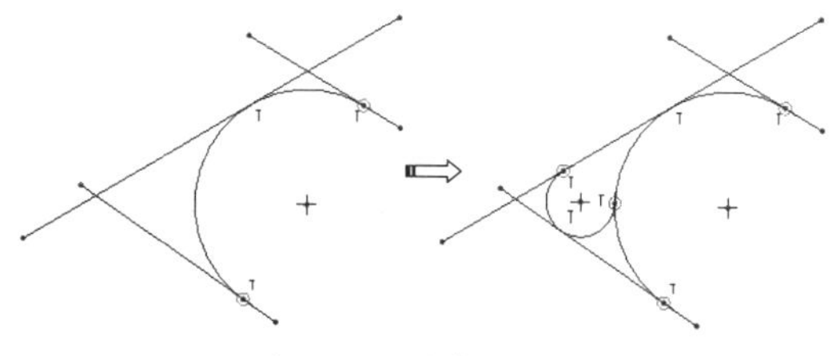

图5-31　创建的圆弧

动手操作——通过端点和圆锥上任意点创建锥形弧

【圆锥】工具是通过两个不在同一图元上的点及第三点创建锥形弧的工具。创建锥形弧的操作步骤如下：

01 选择菜单栏中的【草绘】|【弧】|【圆锥】命令，或者单击【草绘器工具】工具栏中的【圆锥】按钮。

02 在绘图区单击，选取某个图元上一点作为弧的起始点。

03 在绘图区单击，选取另一个图元上的一点作为弧的终止点，拖动鼠标即在绘图区动态显示了一个锥形弧。

04 在绘图区单击，选取第三点，通过三点绘制出一条圆锥弧。

05（可选）重复步骤02~04，创建其他的锥形弧。

06 单击鼠标中键，结束锥形弧的创建，完成后的效果如图5-32所示。

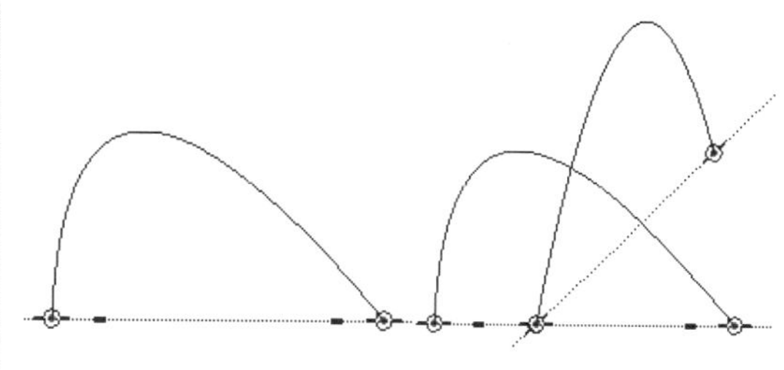

图5-32　创建锥形弧

5.2.5　绘制样条曲线

【样条】工具是采用光滑曲线连接一系列点的工具。通过对样条曲线上的点进行编辑，可以改变样条曲线的形状。

动手操作——创建样条曲线

操作步骤：

01 选择菜单栏中的【草绘】|【样条】命令，或者单击【草绘器工具】工具栏中的【样条】按钮。

02 在绘图区单击，选取一点作为样条点。

03 在绘图区单击，选取另一点作为样条点。

04 在绘图区单击，选取第三点作为样条点，可以选取其他点，即在绘图区创建了一条样条曲线。

05 单击鼠标中键，结束样条曲线的创建，完成后的效果如图5-33所示。

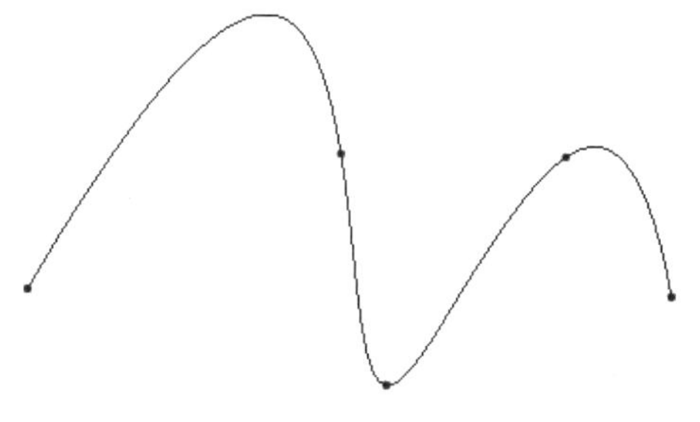

图5-33　创建样条曲线

动手操作——编辑样条曲线

操作步骤：

01 双击需要编辑的样条曲线，系统展开如图5-34所示的【样条曲线编辑】操控板。

图 5-34 【样条曲线编辑】操控板

- 【切换到控制多边形模式】按钮：单击该按钮，样条曲线将显示多边形控制点，使用控制点驱动样条曲线，如图 5-35 所示。
- 【用内插点修改样条曲线】按钮：单击该按钮，将使用内插点修改样条曲线。
- 【用控制点修改样条曲线】按钮：单击该按钮，将使用控制点修改样条曲线。
- 【曲率分析工具】按钮：单击该按钮设置样条曲线的曲率。

02 用鼠标左键按住样条曲线上的内插点或者控制点，拖动鼠标即可实现点的移动。

03 在曲线上想要增加点的位置右击，选择右键快捷菜单中的【增加点】命令，即可在曲线上增加一个点。

04 在曲线的某一点上右击，选择右键快捷菜单中的【删除点】命令，则该点被删除。

05 单击【样条曲线编辑】操控板中的【完成】按钮，完成样条曲线的修改。

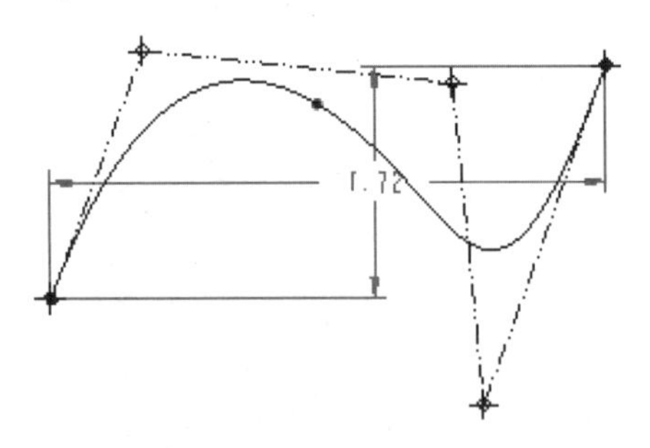

图 5-35 多边形控制点

5.2.6 倒圆角

在 Pro/ENGINEER 草绘器中有两种倒圆角：一种是倒圆角：另一种是椭圆角。

动手操作——创建倒圆角

【圆角】工具按钮，用于在两个图元之间创建一个圆弧过渡。创建圆角的操作步骤如下：

01 先绘制两条交叉曲线。

02 选择菜单栏中的【草绘】|【圆角】|【圆形】命令，或者单击【草绘器工具】工具栏中的【圆角】按钮。

03 使用鼠标左键拾取第一个要相切的图元。

04 使用鼠标左键拾取第二个要相切的图元，通过所选取的两个图元距离交点最近的点创建一个圆角，该圆角与两个图元相切，如图 5-36 所示。

05 单击鼠标中键，完成倒圆角的创建。

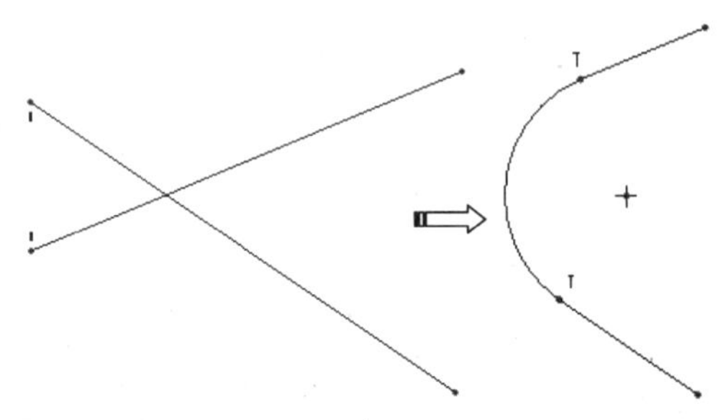

图 5-36 创建的圆角

技术要点

当在两个非直线图元之间插入一个圆角时，系统自动在圆角相切点处分割这两个图元。如果在两条非平行线之间添加圆角，则这两条直线被自动修剪出圆角。

动手操作——创建椭圆角

【椭圆形】工具用于在两图元之间创建椭圆过渡。创建椭圆角的操作步骤如下：

01 先绘制两条交叉直线。

02 选择菜单栏中的【草绘】|【圆角】|【椭圆】命令，或者单击【草绘器工具】工具栏中的【椭圆形】按钮。

03 使用鼠标左键拾取第一个要相切的图元。

04 使用鼠标左键拾取第二个要相切的图元，通过所选取的两个图元距离交点最近的点创建一个椭圆角，该椭圆角与两图元相切，如

图 5-37 所示。

05 单击鼠标中键，完成椭圆角的创建。

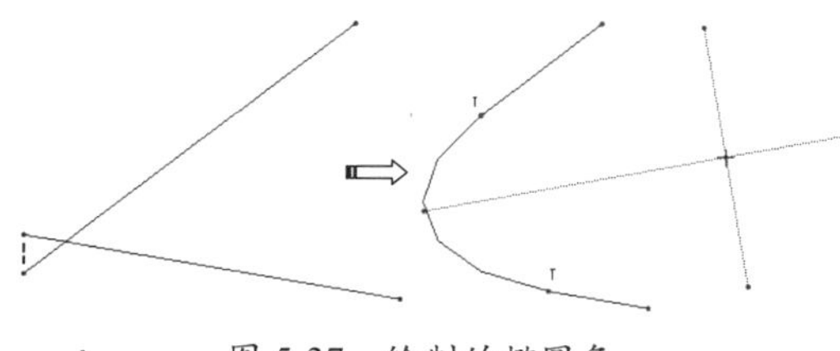

图 5-37　绘制的椭圆角

5.2.7　倒角

在 Pro/ENGINEER 草绘器中提供了两种倒方式：一种是倒角；另一种是倒角修剪。

动手操作——创建倒角

【倒角】工具用于在两图元之间创建直线连接，并将两图元以构造线进行延长相交。

操作步骤：

01 利用【矩形】命令绘制矩形。

02 选择菜单栏中的【草绘】|【倒角】|【倒角】命令，或者单击【草绘器工具】工具栏中的【倒角】按钮。

03 使用鼠标左键拾取第一个图元上的倒角位置点。

04 使用鼠标左键拾取第二个图元上的倒角位置点，在所选取的两图元最近的点之间创建一条连接直线段，如图 5-38 所示。

05 重复步骤 02~03，创建其他倒角。

06 单击鼠标中键，完成倒角的创建。

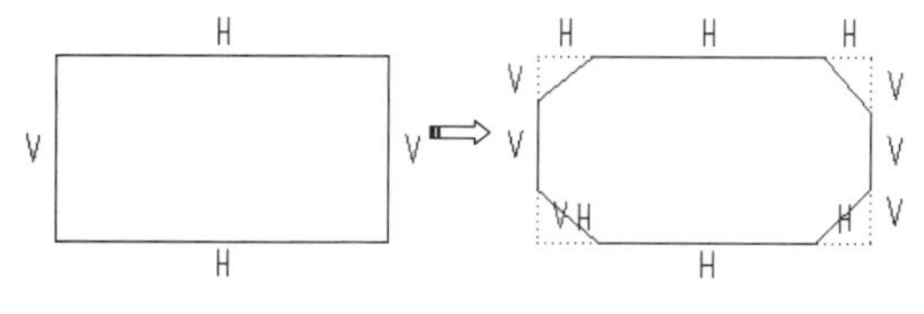

图 5-38　绘制倒角

动手操作——创建倒角修剪

【倒角修剪】工具用于在两图元之间创建直线连接，并将两图元以倒角相交点打断，去除两图元相交部分或者延长相交部分。

操作步骤：

01 选择菜单栏中的【草绘】|【倒角】|【倒角修剪】命令，或者单击【草绘器工具】工具栏中的【倒角修剪】按钮。

02 使用鼠标左键拾取第一个图元上的倒角位置点。

03 使用鼠标左键拾取第二个图元上的倒角位置点，在所选取的两图元最近的点之间创建一条连接直线段，如图 5-39 所示。

04 重复步骤 02~03，创建其他倒角修剪。

05 单击鼠标中键，完成倒角修剪的创建。

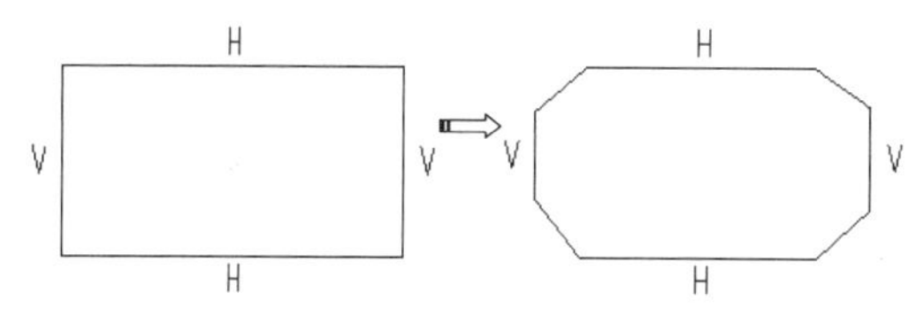

图 5-39　绘制的倒角修剪

5.2.8　创建文本

在草图绘制平台中可以创建文本，文本也可以作为草绘的一部分。创建文本的操作步骤如下：

01 选择菜单栏中的【草绘】|【文本】命令，或者单击【草绘器工具】工具栏中的【文本】按钮。

02 在草绘平面上选取起点及终止点，在两点之间生成一条构建线，构建线的长度决定文本的高度，而该线的角度决定文本的方向。系统会弹出如图 5-40 所示的【文本】对话框。

> **注意**
>
> 起点为文本框的左下角端点，终点为文本框左上角端点。

03 在【文本行】选项组中的文本框中输入文本，最多可以输入 79 个字符的单行文本。如果插入特殊字符，可单击【文本符号】按钮，系统弹出如图 5-41 所示的【文本符号】对话框。选取要插入的符号，符号出现在【文本行】选项组的文本框和图形区域。单击【关闭】按钮关闭该对话框。

图 5-40 【文本】对话框

图 5-41 【文本符号】对话框

04 在【文本】对话框中的【字体】选项组中指定下列内容：

- 【字体】下拉列表框是从 PTC 提供的字体和 TrueType 字体列表中选取一种字体，定义输入文本的字体。

> **注意**
>
> 文本作为草绘在零件模块中的操作，字体的选取是至关重要的，选取的字体必须是文本形成独立的封闭环。

- 【长宽比】文本框用于定义输入文本的长度和宽度比，可以在文本框中输入比例数值，也可以拖动滑动条提高或降低文本的长宽比。
- 【斜角】文本框用于定义输入文本与决定高度的构造线之间的夹角，可以在文本框中输入角度值，也可以拖动滑动条提高或降低文本的斜角。

05 选中【沿曲线放置】复选框，选取要在其上放置文本的曲线，输入的文本会沿该曲线放置。

06 单击【确定】按钮，完成文本的输入并关闭【文本】对话框，如图 5-42 所示为所创建文本。

图 5-42 草绘文本

5.2.9 绘制几何点 / 坐标系

【点】工具栏，如图 5-43 所示，用于创建点和平面坐标系工具的集合，包括点、几何点、坐标系、几何坐标系 4 种工具。

> **注意**
>
> 几何点与几何坐标系可以在其他模块中使用，而点与坐标系只能在草图绘制平台中使用。

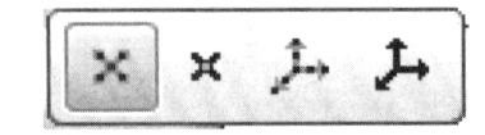

图 5-43 【点】工具栏

操作步骤：

01 单击【草绘器工具】工具栏上的【点】按钮、【几何点】按钮、【坐标系】按钮或者【几何坐标系】按钮。

注意：创建点和坐标系还可以通过选中菜单栏中的【草绘（S）】|【点（P）】/【坐标系（O）】命令创建。

02 在绘图区中单击，选取一点，创建了一个点或者坐标系。

03 重复步骤 02，创建其他的点或坐标系。

04 单击鼠标中键，结束点或者坐标系命令，完成后的效果如图 5-44 所示。

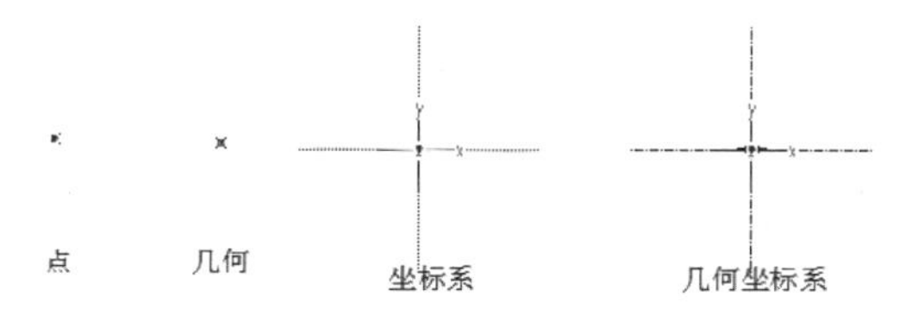

图 5-44　创建的点和坐标系

5.2.10　使用已有图元创建边线

【使用图元】工具栏，如图 5-45 所示，使用已有的三维图形的边、面，二维图形的点、线、面等图元生成其他边线的工具集合，包括使用、偏移、加厚 3 种工具。

图 5-45　【使用图元】工具栏

1. 使用已有图元创建边线

【使用】工具是使用已有的二维或者三维图元的边线创建边线的工具。

选择菜单栏中的【草绘】|【边】|【使用】命令，或者单击【草绘器工具】工具栏中的【使用】按钮，系统弹出如图 5-46 所示的【类型】对话框。

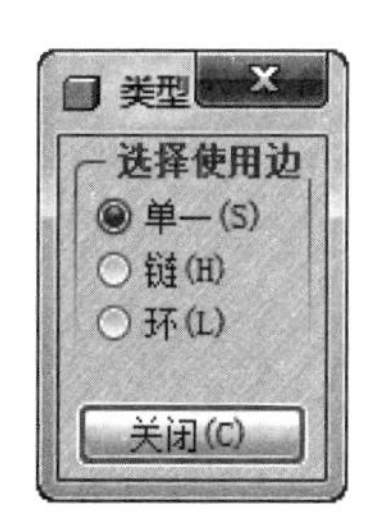

图 5-46　【类型】对话框

从【类型】对话框中选择选取边线的方法，包括单一、链、环。

- 单一：泛指两端点之间的一段线，如一段直线、一段圆弧、一段曲线。
- 链：泛指一起始线段和一结束线段之间所有依次连接的线段。起始点和结束点之间有两种线段，可以通过菜单管理器中【选项】命令下的【下一个】命令选取需要的线段。
- 环：指一个封闭的线框。选中【环】单选按钮后，在绘图区中，将鼠标放置在所需的线框内部右击，可显示出红色线框，当红色线框为所需的线框时，单击鼠标左键即可。

根据选择的选取边线的方法，在绘图区中选择相应的边线。单击【类型】对话框中的【关闭】按钮，完成使用边线的创建。

2. 通过偏移边线创建边线

【偏移】工具是通过偏移现有的二维或者三维图元的边线创建边线的工具。

通过偏移边线创建边线的操作步骤如下：

01 选择菜单栏中的【草绘】|【边】|【偏移】命令，或者单击【草绘器工具】工具栏中的【偏移】按钮，系统弹出【类型】对话框和【选取】对话框。

02 从【类型】对话框中选择选取边线的方法：单一、链、环。

03 根据选择的选取边线的方法，在绘图区中选择相应的边线，系统弹出如图 5-47 所示的输入偏移数值对话框。

图 5-47　输入偏移数值对话框

04 在【输入数值】对话框中输入偏移数值，可以是负值，表示与箭头方向相反。

05 单击【接受值】按钮，完成选择边线的偏移。

06 选取其他边线进行偏移，单击【类型】对话框中的【关闭】按钮，完成偏移边线的创建。

3. 通过加厚边线创建边线

【加厚】工具是通过在两侧偏移现有的二维或者三维图元的边线创建边线的工具。

选择菜单栏中的【草绘】|【边】|【加厚】命令，或者单击【草绘器工具】工具栏中的【加厚】按钮，系统弹出如图 5-48 所示的【类型】对话框。

从【类型】对话框中选择选取边线的方法：

单一、链、环，以及端点的封闭方式：开放、平整、圆形。

- 开放：未创建端封闭。
- 平整：创建垂直于加厚边的端封闭。
- 圆形：创建半圆端封闭。

根据选择的选取边线的方法，在绘图区中选择相应的边线，系统弹出如图 5-49 所示的【输入厚度】对话框。在【输入厚度】对话框中输入偏移厚度值。

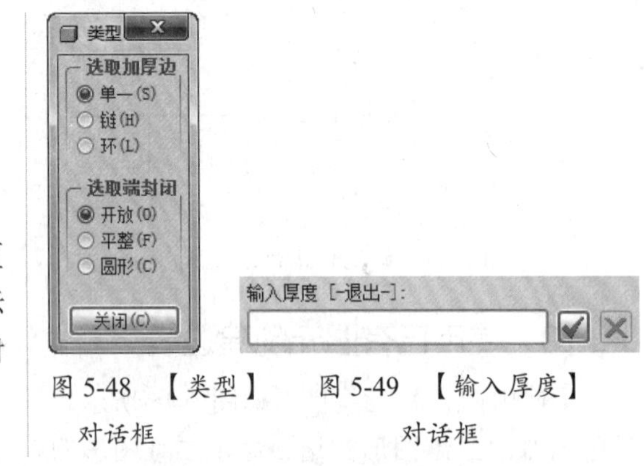

图 5-48 【类型】对话框　　图 5-49 【输入厚度】对话框

5.3 尺寸标注

在二维图形中，尺寸是图形的重要组成部分之一。尺寸驱动的基本原理就是根据尺寸数值的大小来精确确定模型的形状和大小。尺寸驱动简化了设计过程，增加了设计自由度，让设计者在绘图时不必为精确的形状斤斤计较，而只需画出图形的大致轮廓，然后通过尺来再生准确的模型。本节主要介绍在图形上创建各种尺寸标注的方法。

在菜单栏中选择【草绘】|【尺寸】命令或者在工具栏中单击【法向】按钮，都能打开尺寸标注工具，如图 5-50 所示。

在讲述如何标注尺寸之前先了解一下尺寸的组成。如图 5-51 所示，一个完整的尺寸一般包括尺寸数字、尺寸线、尺寸界线和尺寸箭头等部分。

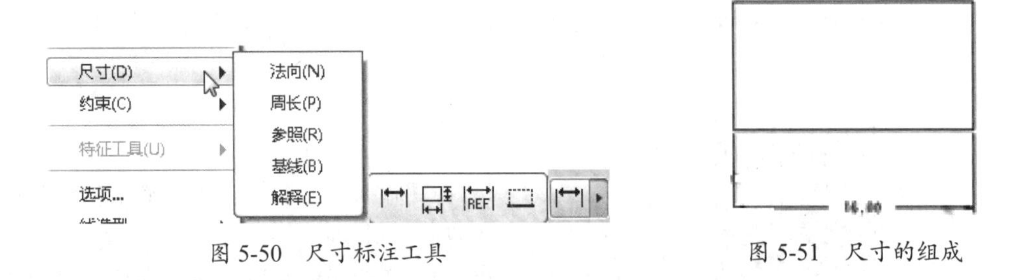

图 5-50 尺寸标注工具　　图 5-51 尺寸的组成

5.3.1 标注长度尺寸

长度尺寸常用于标记线段的长度或图元之间的距离等线性尺寸，其标注方法有 3 种。

1．标注单一线段的长度

首先选中该线段，然后在放置尺寸的线段侧单击鼠标中键，完成该线段的尺寸标注，如图 5-52 所示。

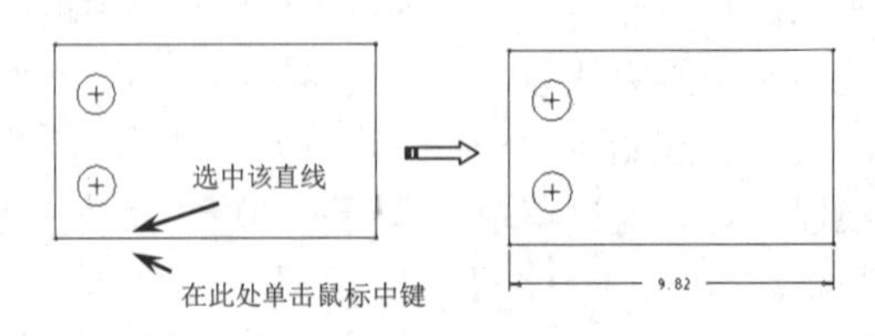

图 5-52 创建单一直线长度尺寸

2. 标注平行线之间的距离

首先单击第一条直线，再单击第二条直线，最后在两条平行线之间的适当位置单击鼠标中键，即可完成尺寸标注，如图 5-53 所示。

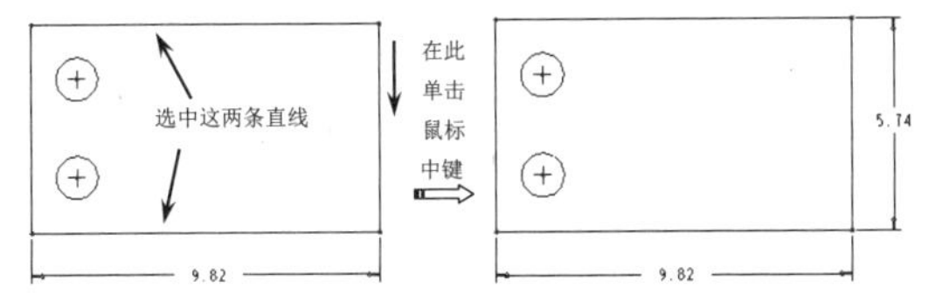

图 5-53　创建平行线间距离尺寸

3. 标注两图元中心距

首先单击第一中心，然后单击第二中心，最后在两中心之间的适当位置单击鼠标中键，即可完成尺寸标注，如图 5-54 所示。

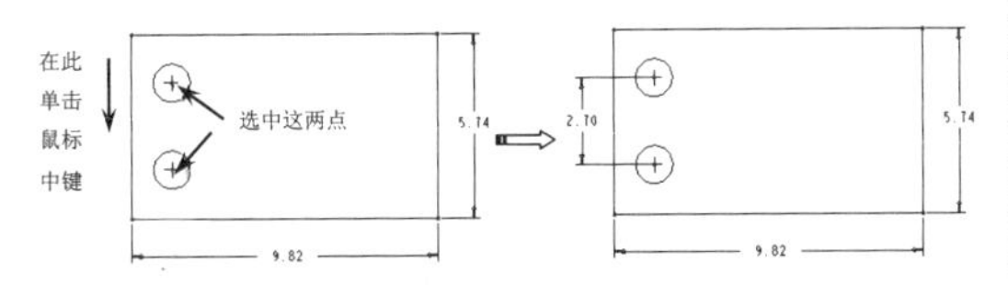

图 5-54　创建中心距离尺寸

5.3.2　标注半径和直径尺寸

下面分别介绍直径和半径的标注方法。

1. 半径的标注

单击选中圆弧，在圆弧外的适当位置单击鼠标中键，即可完成半径尺寸的标注。通常对小于 180° 的圆弧进行半径标注。

2. 直径的标注

直径标注的方法和半径稍有区别，双击圆弧，在圆弧外适当位置单击鼠标中键，即可完成直径尺寸的标注。通常对大于 180° 的圆弧进行直径标注。

两种标注的示例如图 5-55 所示。

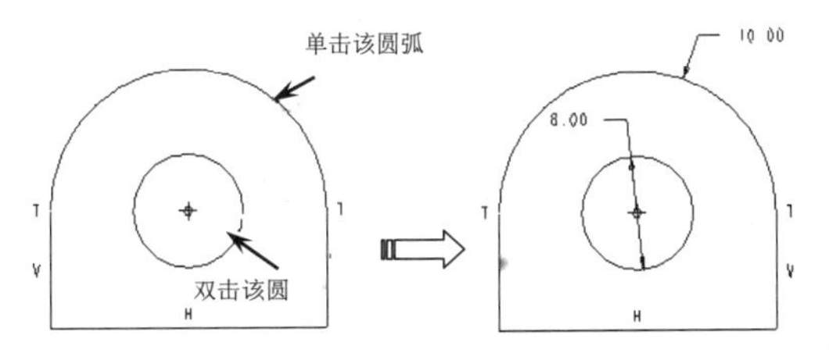

图 5-55　标注圆弧尺寸

5.3.3　标注角度尺寸

标注角度尺寸时，先选中组成角度的两条边其中的一条，然后再单击另一条边，接着根据要标注的角度是锐角还是钝角选择放置角度尺寸的位置，如图 5-56 所示。

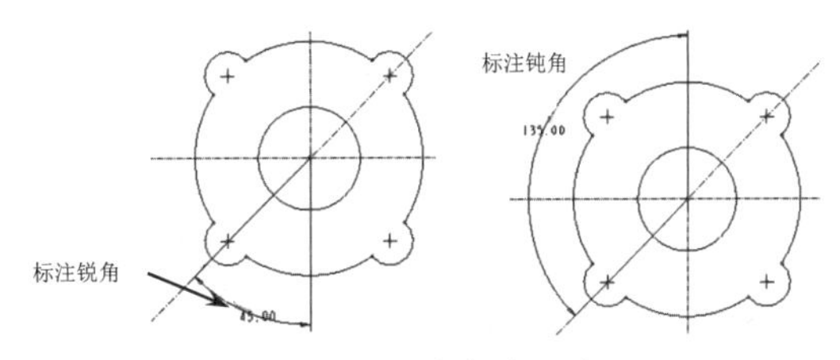

图 5-56　创建角度尺寸

在放置尺寸时可以不必一步到位，可以在创建完所有尺寸后再根据全图对部分尺寸的放置位置进行调整，具体的方法如下：

单击工具栏上的【选择工具】按钮，然后再选中需要调整的尺寸，拖动尺寸数字到合适位置，重新调整视图中各尺寸的布置，使图面更加整洁，如图 5-57 所示。

技术要点

如果不希望显示由系统自动标注的弱尺寸，可以选取【草绘】|【选项】命令，打开【草绘器优先选项】对话框，在【显示】选项卡中关闭【弱尺寸】选项。

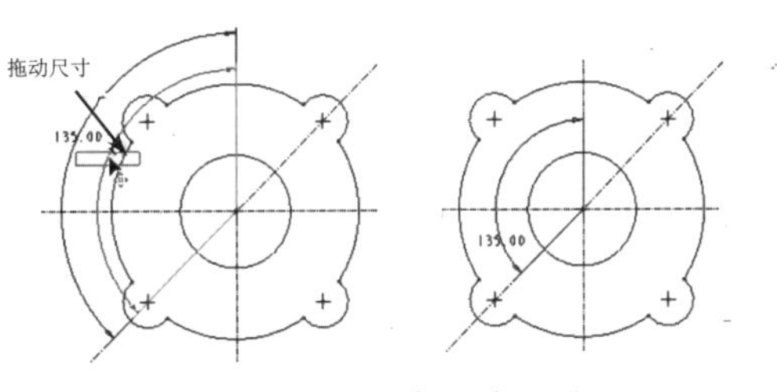

图 5-57　调整尺寸位置

5.3.4　其他尺寸的标注

在菜单栏中选择【草绘】|【尺寸】命令，在其下层菜单中提供了 4 种尺寸标注形式。

1. 法向标注

使用该命令运用前面所介绍的方法创建基本尺寸标注，如图 5-58 所示。

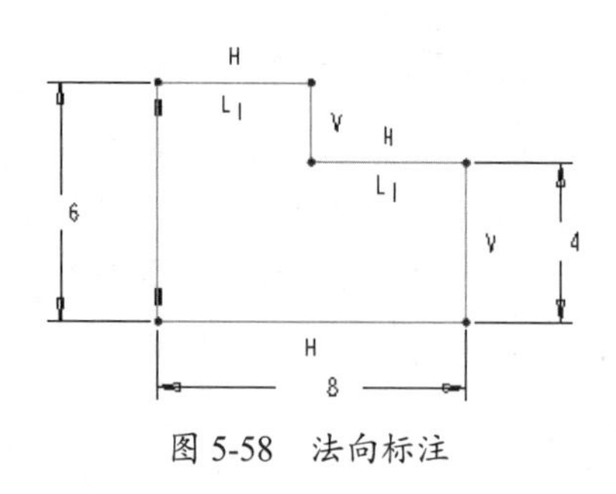

图 5-58　法向标注

2. 【参照】命令

使用该命令可以创建参照尺寸。参照尺寸仅用于显示模型或图元的尺寸信息，而不能像基本尺寸那样用作驱动尺寸，且不能直接修改该尺寸，但在修改模型尺寸后参照尺寸将自动更新。参照尺寸的创建方法与基本尺寸类似，为了同基本尺寸相区别，在参照尺寸后添加了【REF】的符号，如图 5-59 所示。

3. 【基线】命令

基线用来作为一组尺寸标注的公共基准线，一般来说基准线都是水平或竖直的。在直线、圆弧的圆心及线段几何端点处都可以创建基线，方法是选择直线或参考点后，单击鼠标中键，对于水平或竖直的直线，直接创建与之重合的基线；对于参考点，弹出如图 5-60 所示的【尺寸定向】对话框，该对话框用于确定是创建经过该点的水平基线还是竖直基线。基线上有【0.00】标记，如图 5-61 所示是创建基线的示例。

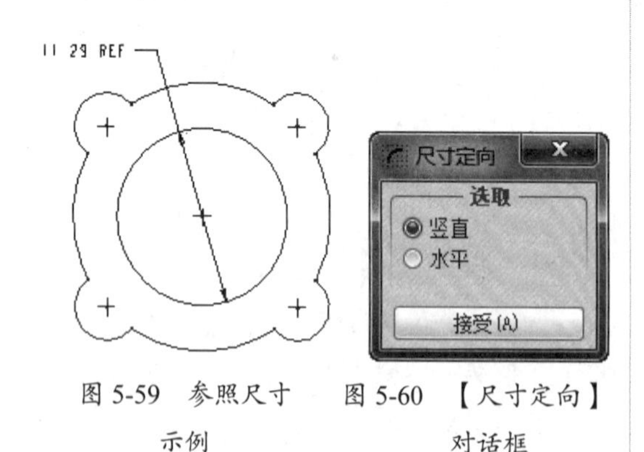

图 5-59　参照尺寸示例　　图 5-60　【尺寸定向】对话框

4. 【解释】命令

单击某一尺寸标注后，在消息区给出关于该尺寸的功能解释。例如单击如图 5-62 所示的直径后，在消息区给出解释：【此尺寸控制加亮图元的直径】。

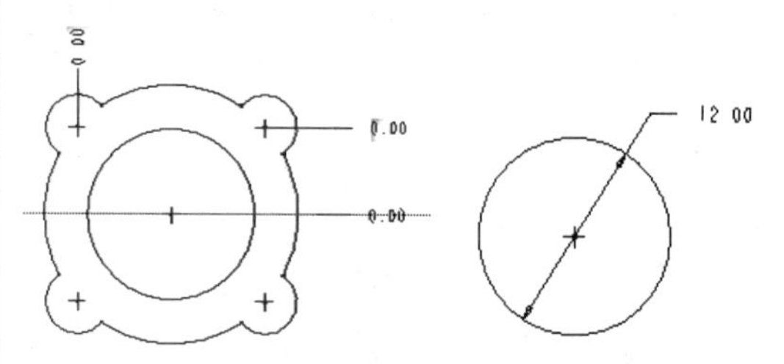

图 5-61　创建基线　　图 5-62　直径尺寸示例

5.3.5　修改标注

参数化设计方法是 Pro/E 的核心设计理念之一，其中最明显的体现就在于当设计者在初步创建图元时可以不用过多地考虑图元的尺寸精确性，而通过对创建好的尺寸的修改完成图元的最终绘制。

下面介绍修改图形尺寸的方法。提供了 4 条修改尺寸的途径。

1. 使用修改工具

在右工具栏中单击【修改工具】按钮，弹出如图 5-63 所示【修改尺寸】对话框，在该对话框中可以同时对多个尺寸进行修改。

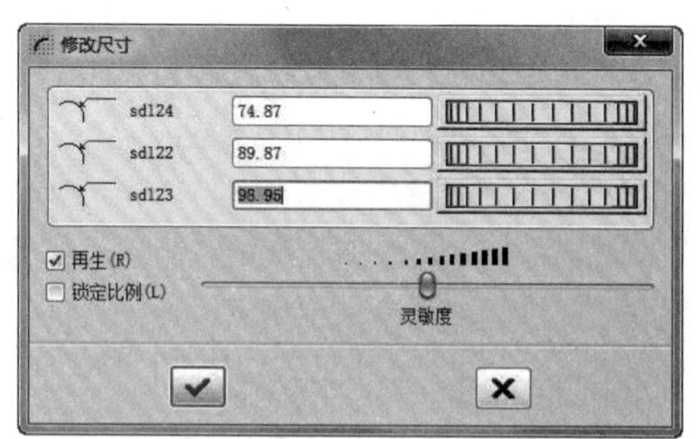

图 5-63　【修改尺寸】对话框

【修改尺寸】对话框中各选项含义如下：

- 修改尺寸数值：通过在尺寸文本框输入新的尺寸值或调节尺寸修改滚轮对尺寸值进行修改。
- 调节灵敏度：通过对灵敏度的调节可以改变滚轮尺寸数值增减量的大小。

- 【再生】：选中该复选框，会在每次修改尺寸标注后立即使用新尺寸动态再生图元，否则将在单击【确定】按钮关闭【修改尺寸】对话框后再生图形。
- 【锁定比例】：选中该复选框后，在调整一个尺寸的大小时，图形上其他同种类型的尺寸同时被自动以同等比例进行调整，从而使整个图形上的同类尺寸被等比例缩放。

技术要点

在实际操作中，动态再生图形既有优点也有不足，优点是修改尺寸后可以立即查看修改效果，但是当一个尺寸修改前后的数值相差太大时，几何图形再生后变形严重，这不便于对图形的进一步操作。

2. 双击修改尺寸

直接在图元上双击尺寸数值，然后在打开的尺寸文本框中输入新的尺寸数值，再按下 Enter 键即可完成尺寸修改，同时立刻对图元进行再生，如图 5-64 所示。

3. 使用右键快捷菜单

在选定的尺寸上右击，然后在如图 5-65 所示的快捷菜单中选中【修改】命令，也可以打开【修改尺寸】对话框。

4. 使用【编辑】菜单中的【修改】命令

在菜单栏中选择【编辑】|【修改】命令，然后再选中要修改的尺寸标注，也将打开【修改尺寸】对话框。

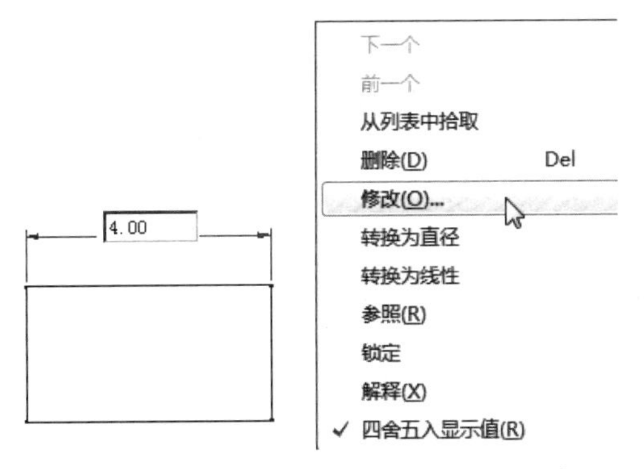

图 5-64　尺寸文本框　　图 5-65　快捷菜单

动手操作——绘制弯钩草图

下面以绘制如图 5-66 所示的弯钩二维图为例来讲述绘制草图的步骤及操作方法，使用户进一步加深理解。

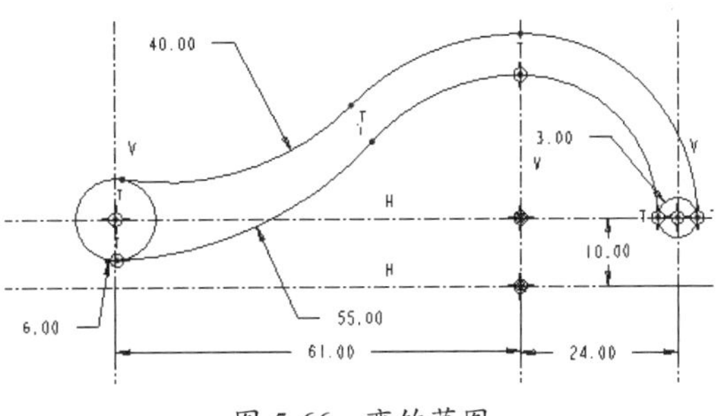

图 5-66　弯钩草图

操作步骤：

01 新建名为【wangou】的草图文件。单击【草绘器工具】工具栏中的【中心线】按钮，绘制如图 5-67 所示的中心线。

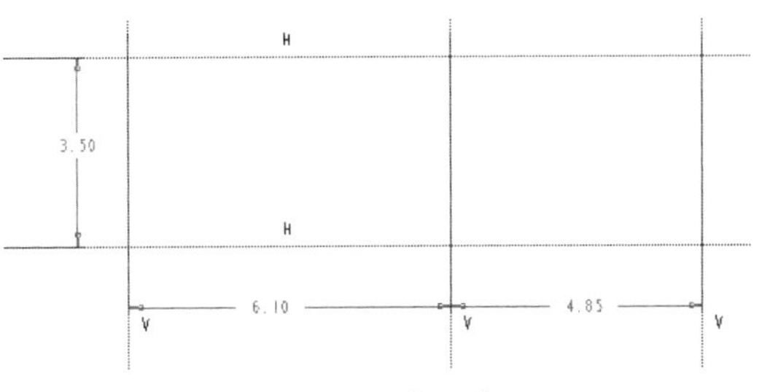

图 5-67　中心线

02 双击图形中的尺寸，并修改为如图 5-68 所示的尺寸。

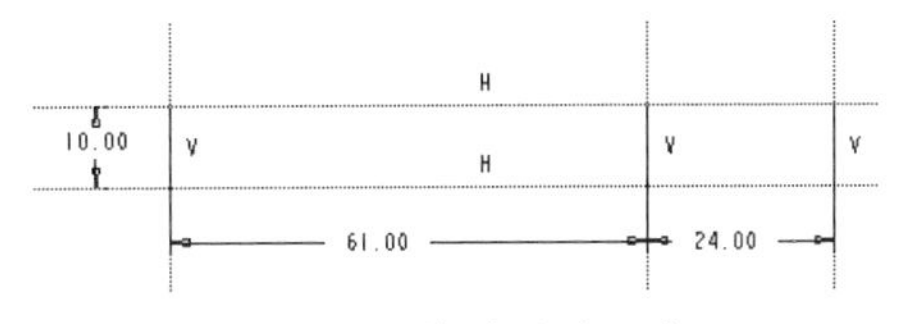

图 5-68　修改后的尺寸

03 单击【草绘器工具】工具栏中的【圆心和点】按钮，绘制如图 5-69 所示的圆。

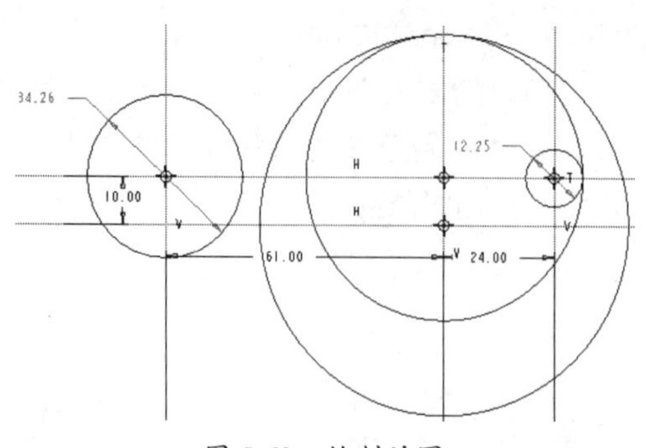

图 5-69　绘制的圆

04 单击【草绘器工具】工具栏中的【删除段】按钮，将图形修剪为如图 5-70 所示的效果。

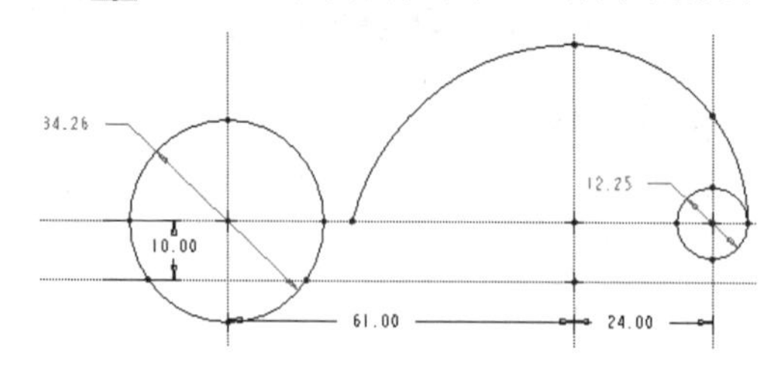

图 5-70　修剪后的图形

05 单击【草绘器工具】工具栏中的【修改】按钮，弹出【修改尺寸】对话框，修改两圆的半径为 6 和 3。

06 单击【草绘器工具】工具栏中的【圆形】按钮，绘制如图 5-71 所示的圆弧并修改半径为 55。

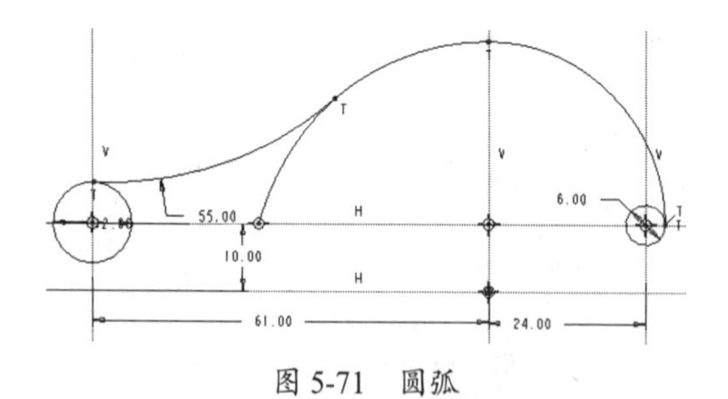

图 5-71　圆弧

07 单击【草绘器工具】工具栏中的【圆心和点】按钮，绘制如图 5-72 所示的中心线。

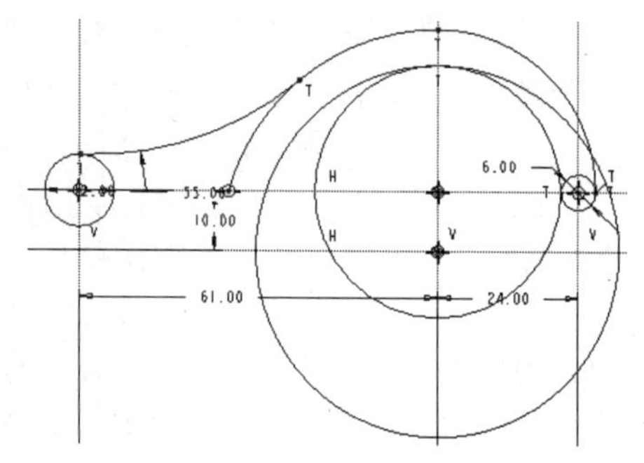

图 5-72　绘制的圆

08 单击【草绘器工具】工具栏中的【删除段】按钮，将图形修剪为如图 5-73 所示的效果。

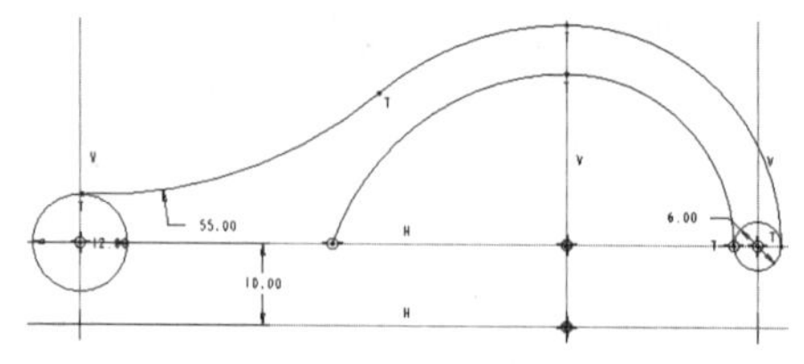

图 5-73　修剪后的图形

09 单击【草绘器工具】工具栏中的【圆形】按钮，绘制如图 5-74 所示的圆弧并修改半径为 50。

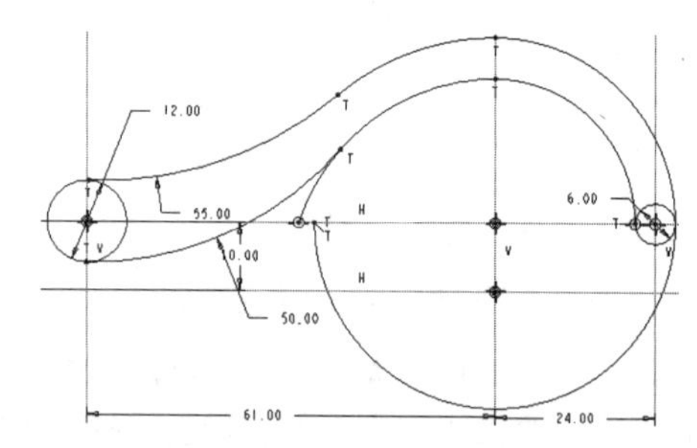

图 5-74　绘制的圆弧

10 单击【草绘器工具】工具栏中的【删除段】按钮，将图形修剪为如图 5-75 所示的效果。

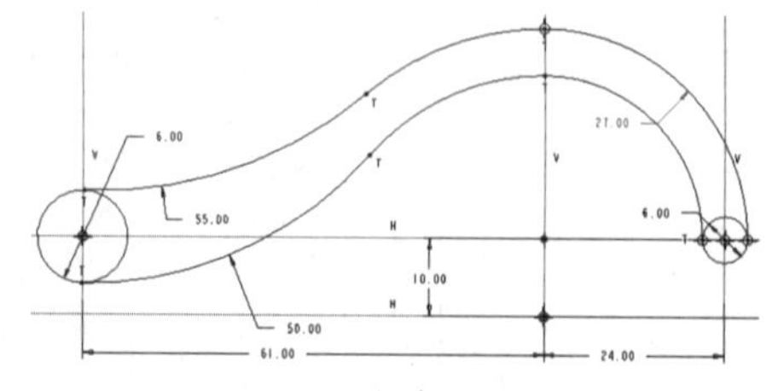

图 5-75　修剪后的图形

11 最后将弯钩草图保存在工作目录中。

5.4 导入图形

导入已有的图形可以减少重复工作，主要包括导入库文件和外部图形。

动手操作——导入图库图形

【调色板】工具用于从图库中插入图形。导入图库图形的操作步骤如下：

01 选择菜单栏中的【草绘】|【数据来自文件】|【调色板】命令，或单击【草绘器工具栏】工具栏中的【调色板】按钮，系统弹出如图 5-76 所示的【草绘器调色板】对话框。

02 在【草绘器调色板】对话框中选择所需形状，双击【圆角矩形】图标，鼠标指针出现 + 图标。

03 在绘图区任意单击一点确定放置位置，系统弹出如图 5-77 所示的【移动和调整大小】对话框。

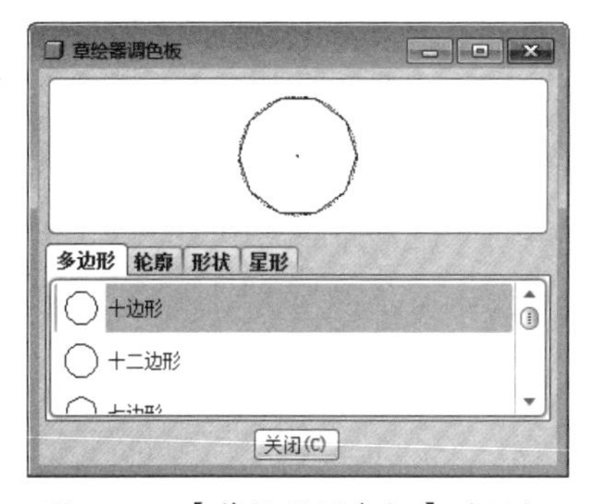

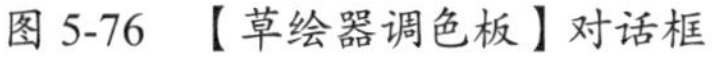

图 5-76 【草绘器调色板】对话框

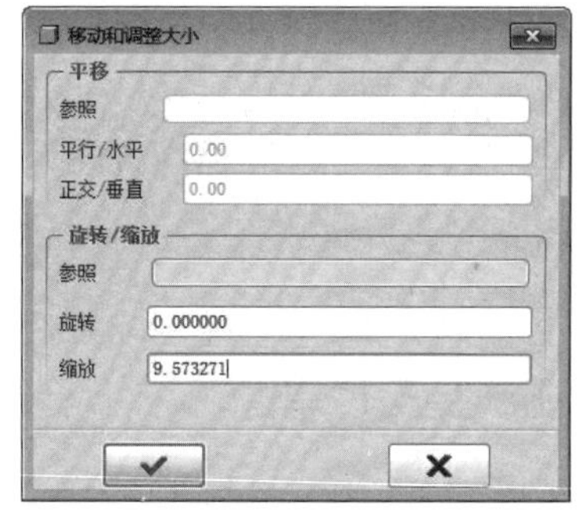

图 5-77 【移动和调整大小】对话框

04 调整【移动和调整大小】对话框中的【平移】和【旋转 / 缩放】参数，单击【接受更改并关闭对话框】按钮，完成圆角矩形的调入，效果如图 5-78 所示。

05 重复步骤 02~04，调入其他图形。

06 单击【草绘器调色板】对话框中的【关闭】按钮，完成图形的调入。

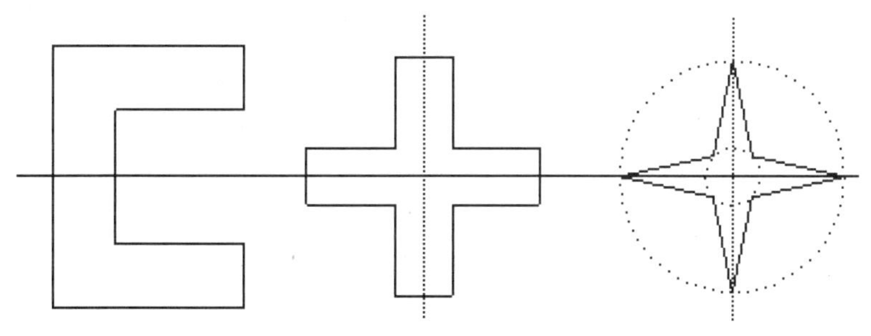

图 5-78 调入的图形

动手操作——导入外部图形

用户也可以从外部环境中导入图形到当前工作区域中。导入外部图形的操作步骤如下：

01 选择菜单栏中的【草绘】|【数据来自文件】|【文件系统】命令，系统弹出【打开】对话框。

02 在【类型】列表框中选择导入图形的类型，包括 DRW、SEC、IGS、DXF、DWG 等文件格式。

03 在【查找范围】下拉列表中选择文件所在目录。

04 在列表框中选择导入的文件，单击【打开】按钮，系统弹出如图 5-80 所示的菜单管理器。

从菜单管理器中选择导入的空间，分别是图纸空间、模型空间，这里选择【图纸空间】命令。在绘图区中单击选取放置位置，系统弹出【移动和调整大小】对话框。

05 在【移动和调整大小】对话框中设置平移、旋转和缩放参数，单击【接受更改并关闭对话框】按钮✔，完成外部图形的导入。

图 5-79　移动和调整大小

5.5 综合实训

本章前面介绍了Pro/E的草图绘制、草图编辑等内容，下面以几个典型的实例来说明Pro/E草图的绘制及操作方法。

5.5.1　绘制调整垫片草图

◎ **引入文件：无**

◎ **结果文件：实训操作\结果文件\Ch05\dianpian.prt**

◎ **视频文件：视频\Ch05\绘制调整垫片草图.avi**

下面以绘制如图5-80所示的调整垫片的二维图为例来讲述草图的绘制步骤及操作方法，使用户进一步加深理解。

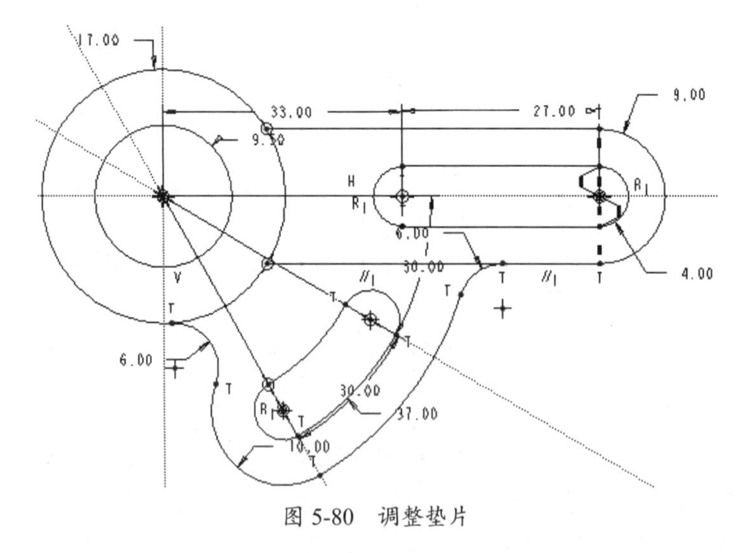

图 5-80　调整垫片

操作步骤：

01 设置工作目录，并进入草绘模式。

02 单击【草绘器工具】工具栏中的【中心线】按钮，绘制如图5-81所示的中心线并修改角度尺寸。

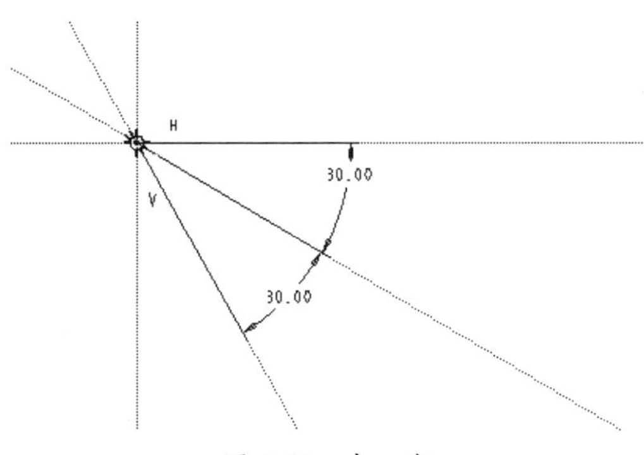

图 5-81　中心线

03 单击【草绘器工具】工具栏中的【圆心和点】按钮，绘制如图 5-82 所示的圆并修改半径尺寸。

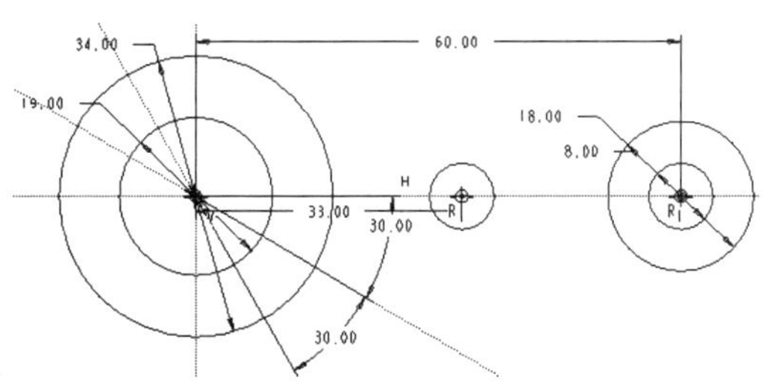

图 5-82　绘制的圆

04 单击【草绘器工具】工具栏中的【线】按钮，绘制如图 5-83 所示的直线段。

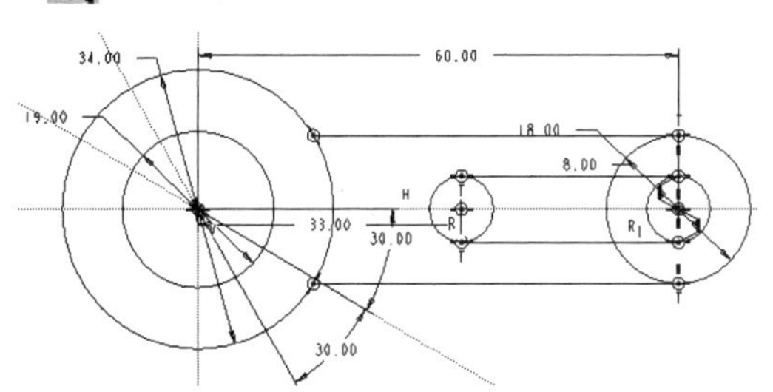

图 5-83　绘制的直线段

05 单击【草绘器工具】工具栏中的【删除段】按钮，将图形修剪为如图 5-84 所示的效果。

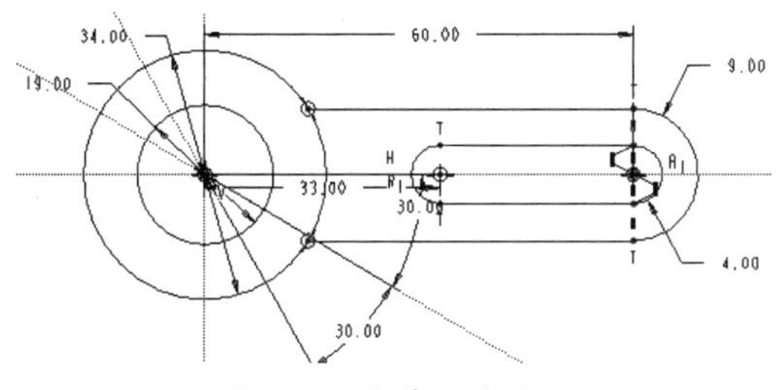

图 5-84　修剪后的图形

06 单击【草绘器工具】工具栏中的【圆心和点】按钮，绘制如图 5-85 所示的圆并修改半径尺寸。

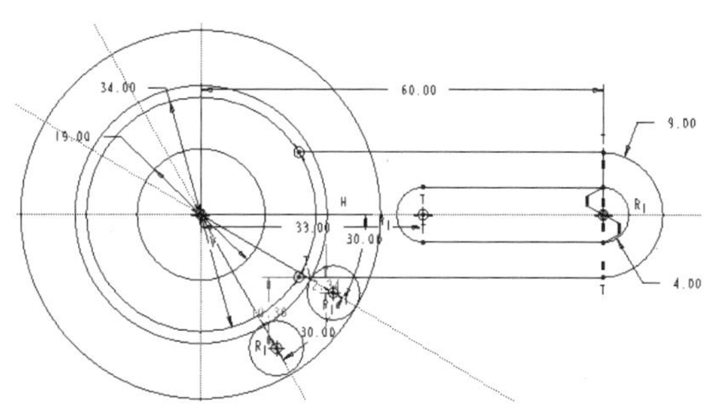

图 5-85　绘制的圆

07 单击【草绘器工具】工具栏中的【相切】按钮，将刚才绘制的圆与已知圆进行相切约束，效果如图 5-86 所示。

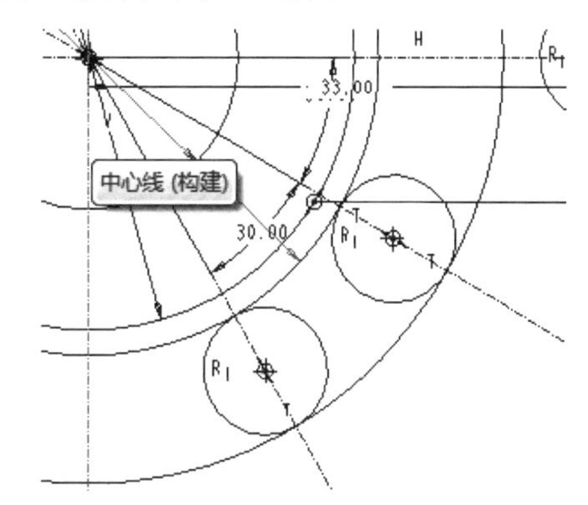

图 5-86　创建的相切约束

08 单击【草绘器工具】工具栏中的【删除段】按钮，将图形修剪为如图 5-87 所示的效果。

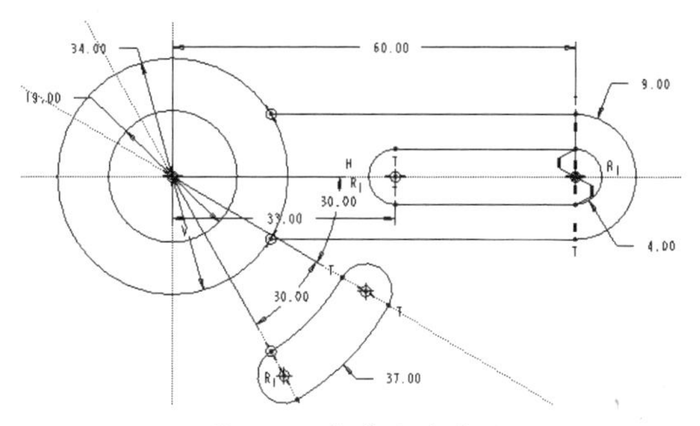

图 5-87　修剪后的图形

09 单击【草绘器工具】工具栏中的【圆心和点】按钮，绘制如图 5-88 所示的圆并修改半径尺寸。

10 单击【草绘器工具】工具栏中的【圆形】按钮，绘制如图 5-89 所示的圆弧。

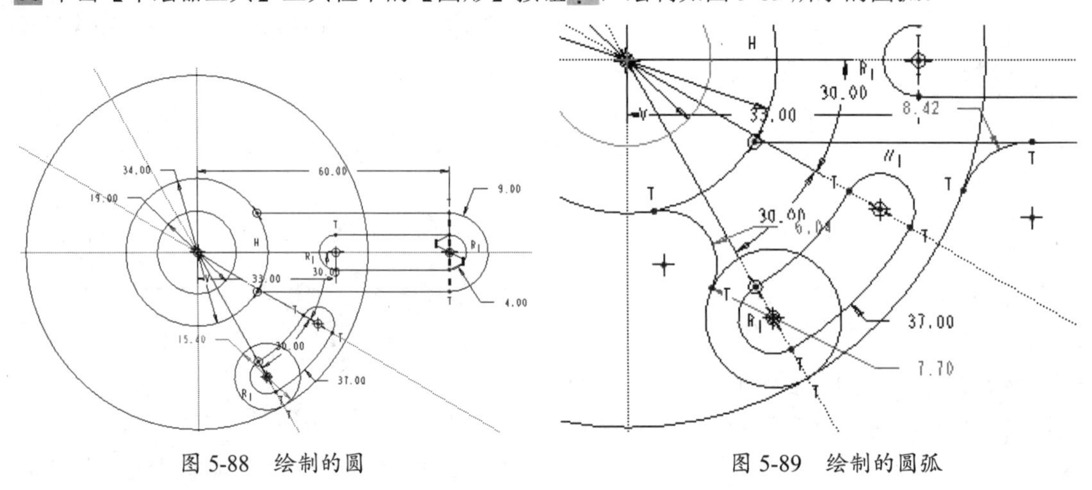

图 5-88　绘制的圆　　　　图 5-89　绘制的圆弧

11 单击【草绘器工具】工具栏中的【删除段】按钮，将多余的线段修剪掉，最终效果如图 5-90 所示。

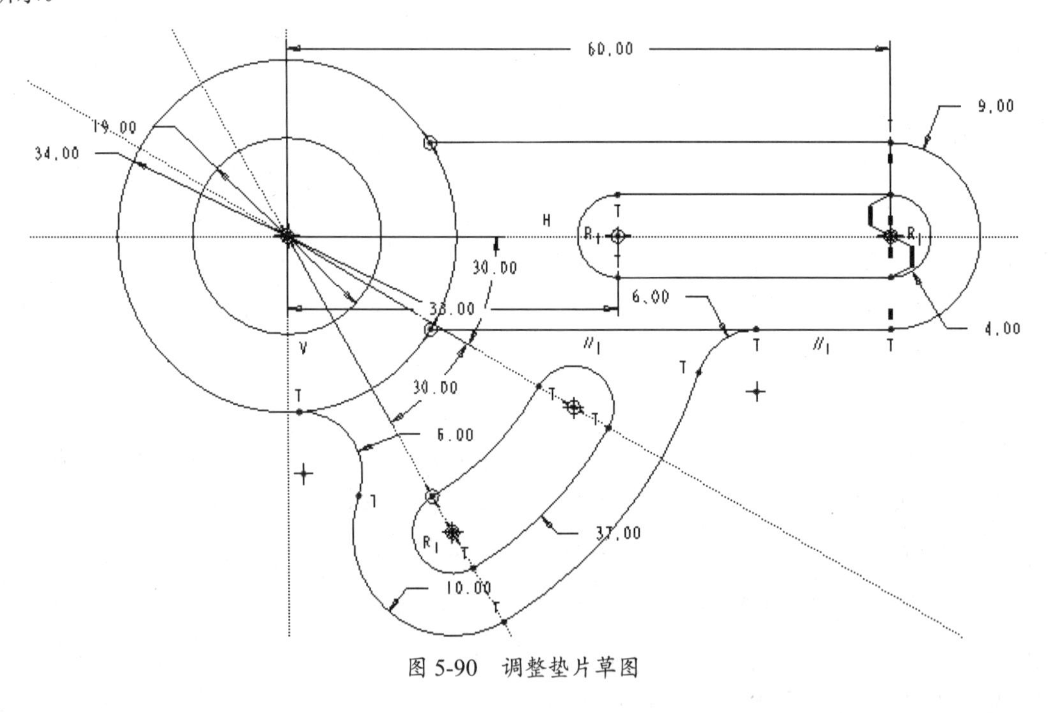

图 5-90　调整垫片草图

5.5.2　绘制螺座草图

◎ **引入文件：无**

◎ **结果文件：实训操作\结果文件\Ch05\luozuo.prt**

◎ **视频文件：视频\Ch05\绘制螺座草图.avi**

下面以绘制如图 5-91 所示的摇柄轮廓图为例来讲述草图的绘制步骤及操作方法，使用户进一步加深理解。

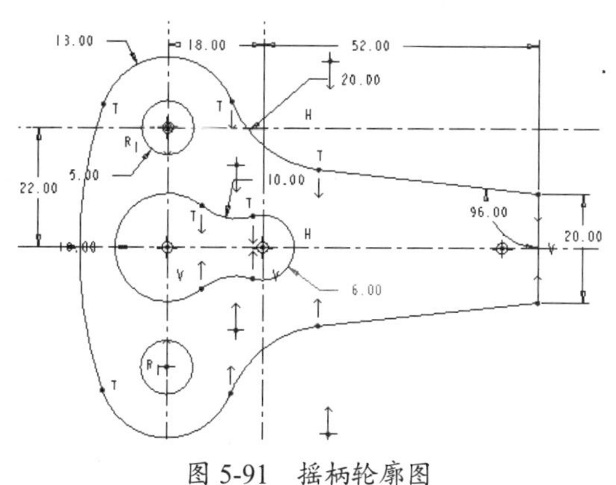

图 5-91　摇柄轮廓图

操作步骤：

01 设置工作目录，并进入草绘模式。

02 单击【草绘器工具】工具栏中的【中心线】按钮，绘制如图 5-92 所示的中心线并修改距离为 22 和 18。

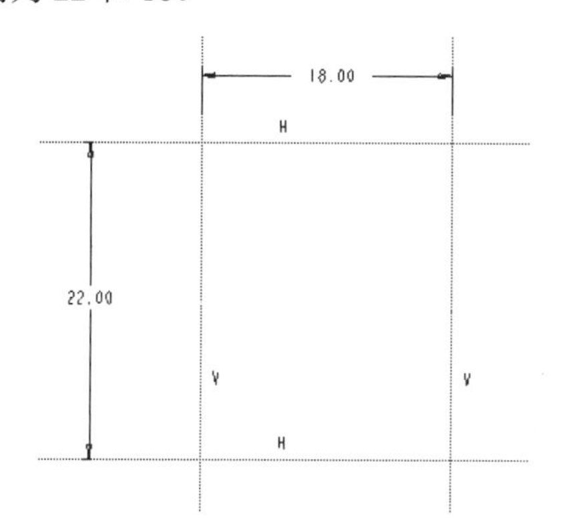

图 5-92　绘制的中心线

03 单击【草绘器工具】工具栏中的【圆心和点】按钮，绘制如图 5-93 所示的圆并修改半径尺寸。

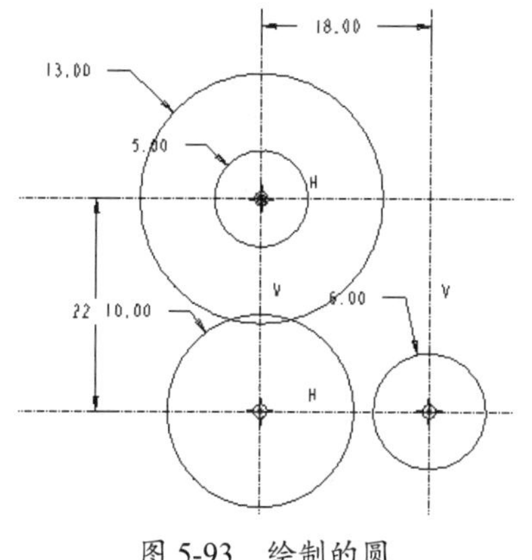

图 5-93　绘制的圆

04 单击【草绘器工具】工具栏中的【线】按钮，绘制如图 5-94 所示的直线段并修改其定位尺寸和长度尺寸。

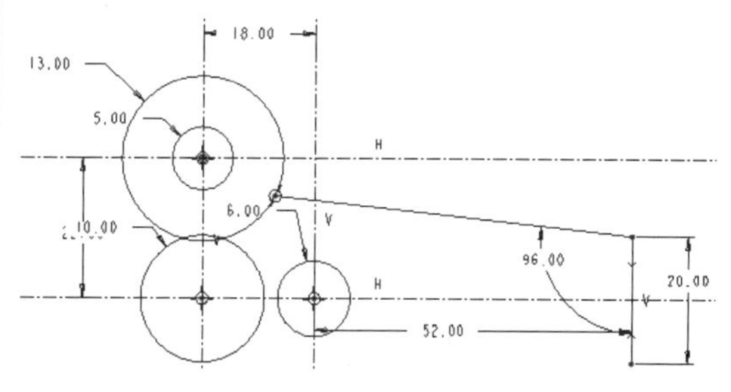

图 5-94　绘制的直线段

05 单击【草绘器工具】工具栏中的【圆形】按钮，绘制如图 5-95 所示的两圆弧并修改其半径为 20 和 10。

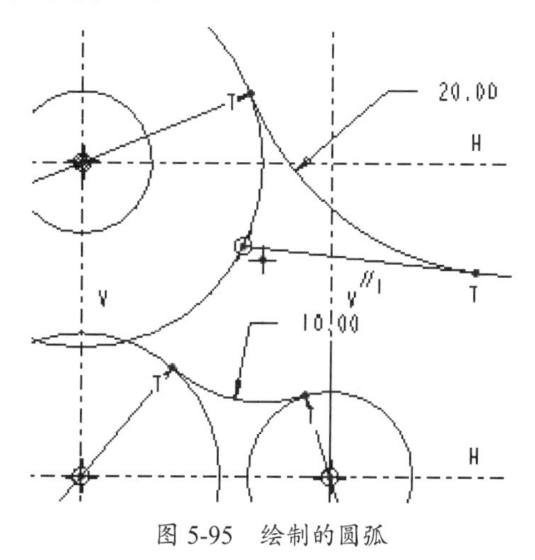

图 5-95　绘制的圆弧

06 单击【草绘器工具】工具栏中的【删除段】按钮，按照如图 5-96 所示修剪图形。

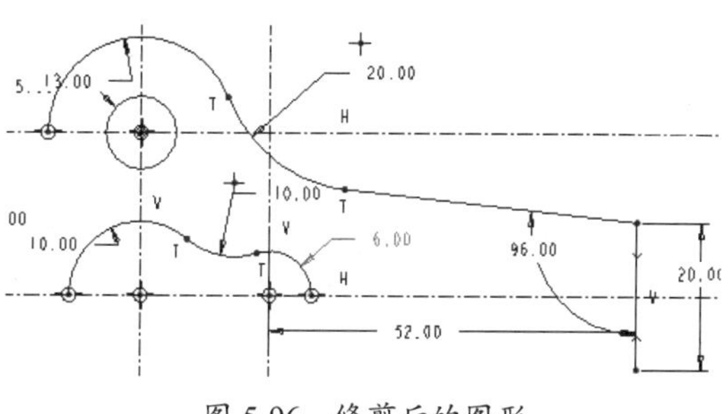

图 5-96　修剪后的图形

07 选择前面绘制的圆弧和直线段，单击【草绘器工具】工具栏中的【镜像】按钮，从绘图区中选择水平轴线作为镜像轴线，完成镜像操作，效果如图 5-97 所示。

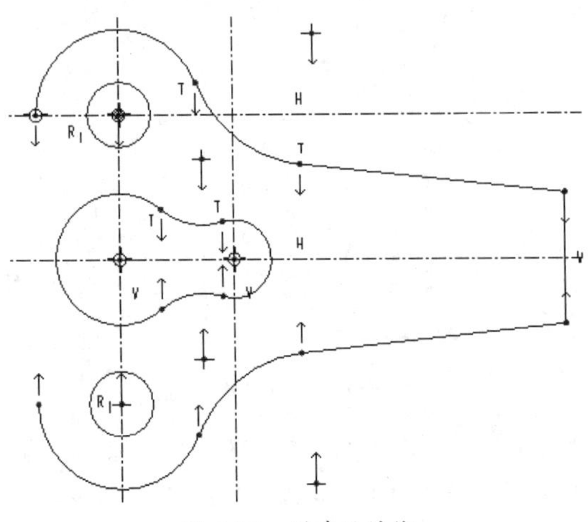

图 5-97 创建的镜像

08 单击【草绘器工具】工具栏中的【圆心和点】按钮，绘制与左上、左下两圆弧相切并修改其半径为 80，效果如图 5-98 所示。

09 单击【草绘器工具】工具栏中的【删除段】按钮，将多余的线段修剪掉，效果如图 5-99 所示。

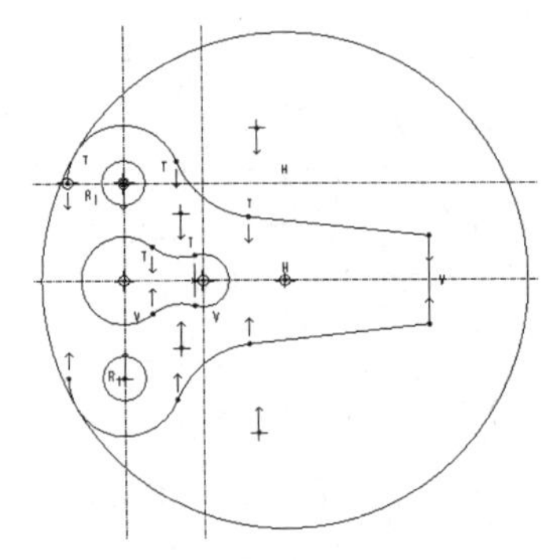

图 5-98 绘制的圆

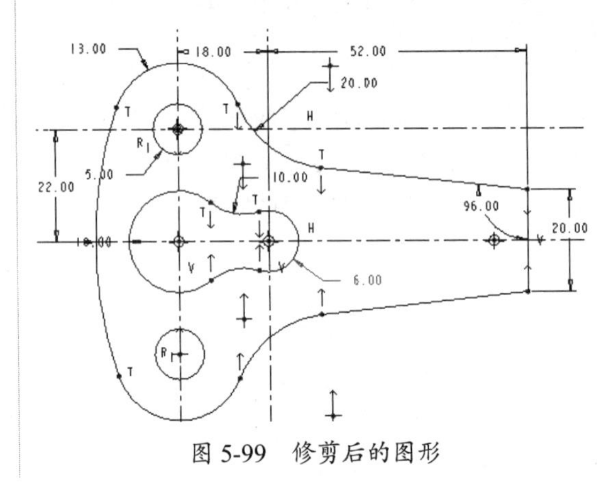

图 5-99 修剪后的图形

5.5.3 绘制吊钩草图

◎ **引入文件：无**

◎ **结果文件：实训操作 \ 结果文件 \Ch05\diaogou.prt**

◎ **视频文件：视频 \Ch05\ 绘制吊钩草图.avi**

在模型设计中，绘制的草图是很简单的，不需要复杂的草图轮廓。本实例通过绘制复杂的草图轮廓，让读者从中掌握草图的绘制步骤和操作方法。

本例的绘制完成的吊钩草图如图 5-100 所示。

操作步骤：

01 选择菜单栏中的【文件】|【设置工作目录】命令，系统弹出如图 5-101 所示的【选取工作目录】对话框。

02 选择【chapter01】文件夹作为当前的工作目录，单击【确定】按钮，完成工作目录的设置。

03 单击【文件】工具栏中的【新建】按钮，系统弹出如图 5-102 所示的【新建】对话框。

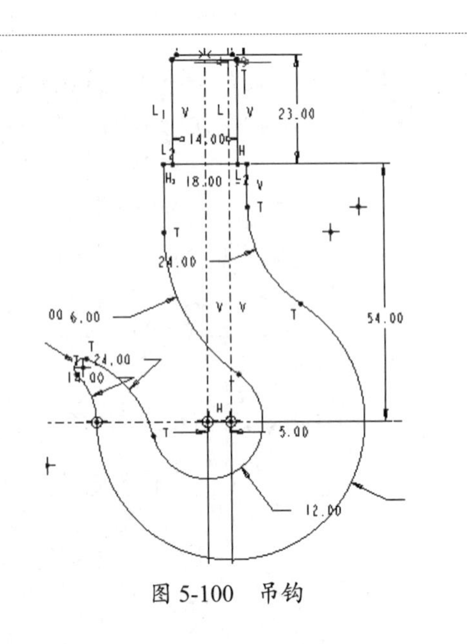

图 5-100 吊钩

04 选择【类型】选项组中的【草绘】单选按钮，在【名称】文本框中输入【3-7】，单击对话框中的【确定】按钮，进入草绘器。

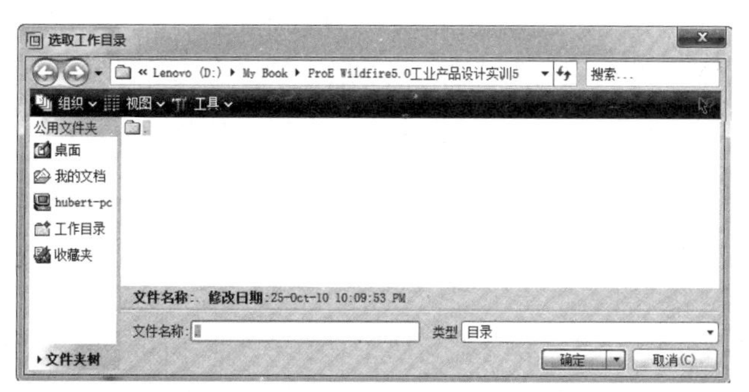

图 5-101 【选取工作目录】对话框

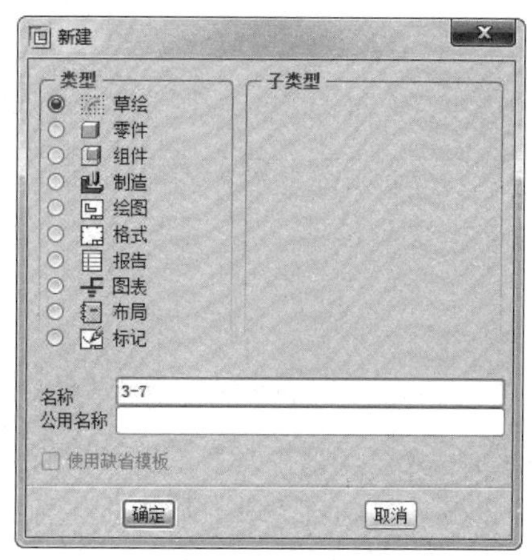

图 5-102 【新建】对话框

05 单击【草绘器工具】工具栏中的【中心线】按钮，绘制如图 5-103 所示的垂直中心线并修改距离为 5。

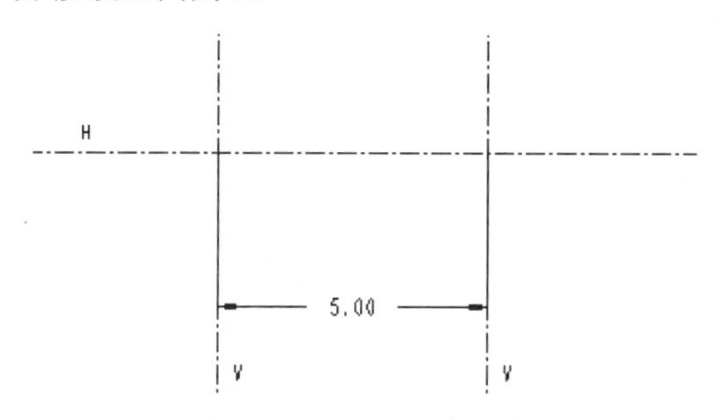

图 5-103 绘制的中心线

06 单击【草绘器工具】工具栏中的【线】按钮，绘制如图 5-104 所示的直线段。

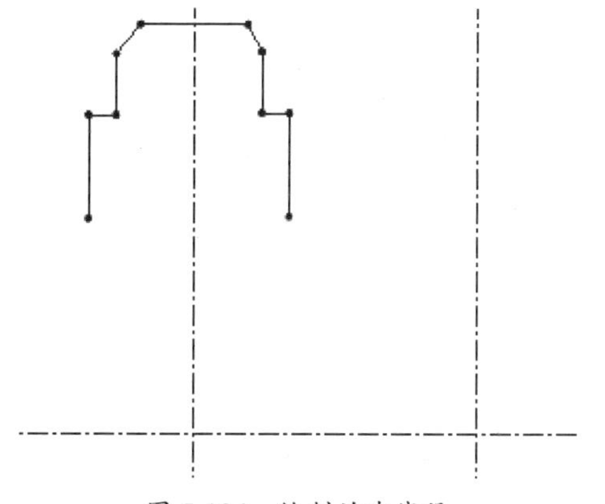

图 5-104 绘制的直线段

07 单击【草绘器工具】工具栏中的【对称】按钮，将垂直中心线两侧的对应点进行对称约束。

08 单击【草绘器工具】工具栏中的【法向】按钮，对图形中的尺寸进行标注并修改，效果如图 5-105 所示。

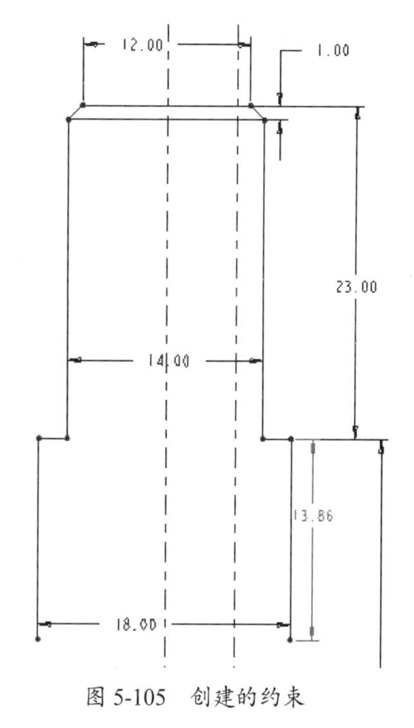

图 5-105 创建的约束

09 单击【草绘器工具】工具栏中的【圆心和点】按钮，以中心线的交点为圆心绘制半径为 12 和 29 的两个圆，效果如图 5-106 所示。

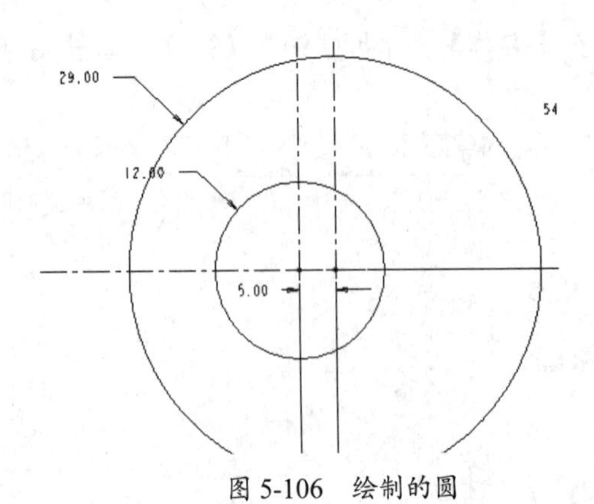

图 5-106　绘制的圆

10 单击【草绘器工具】工具栏中的【圆形】按钮，绘制直线段与圆的过渡圆弧并修改半径，效果如图 5-107 所示。

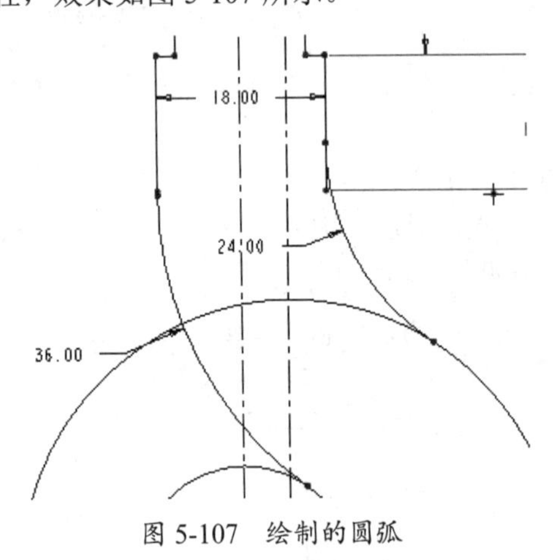

图 5-107　绘制的圆弧

11 单击【草绘器工具】工具栏中的【删除段】按钮，将多余的线段删除，效果如图 5-108 所示。

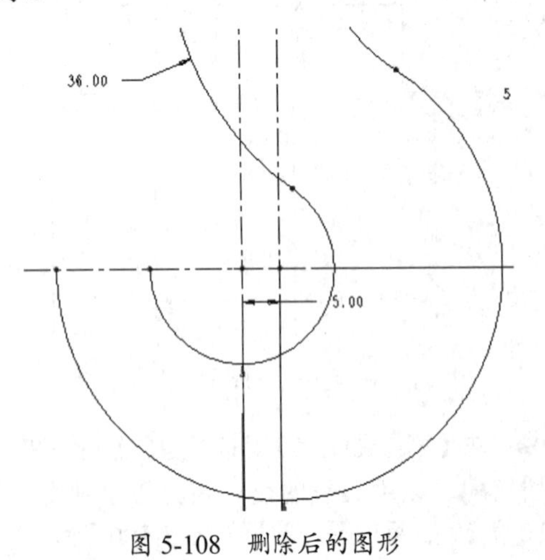

图 5-108　删除后的图形

12 单击【草绘器工具】工具栏中的【圆心和点】按钮，绘制如图 5-109 所示的两个圆，两个圆与已有圆相切，并修改半径为 14 和 24。

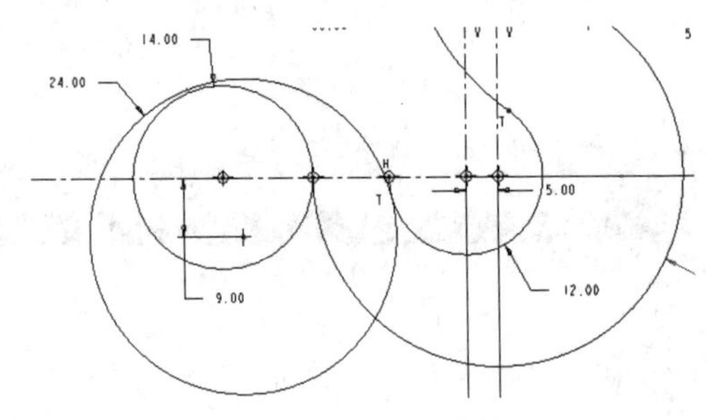

图 5-109　绘制的圆

13 单击【草绘器工具】工具栏中的【删除段】按钮，将多余的线段删除，效果如图 5-110 所示。

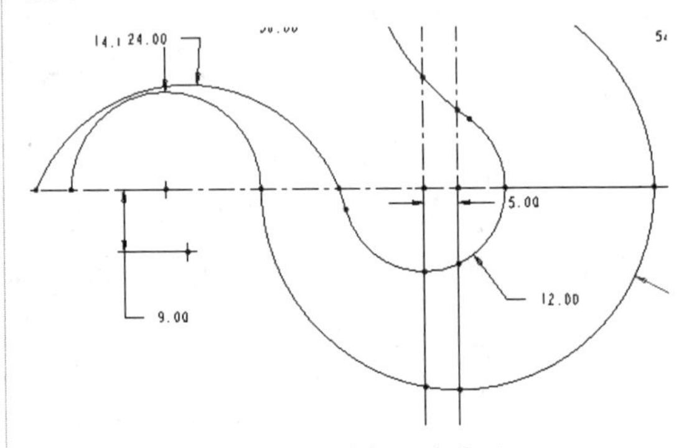

图 5-110　删除后的图形

14 单击【草绘器工具】工具栏中的【圆心和点】按钮，绘制如图 5-111 所示的圆，使其与圆相切并修改其半径为 2。

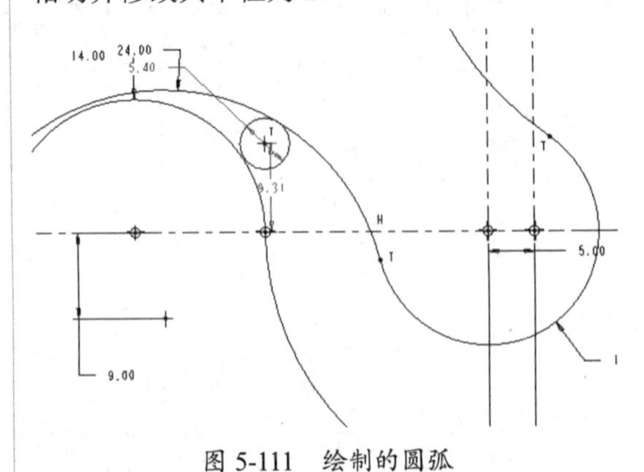

图 5-111　绘制的圆弧

15 单击【草绘器工具】工具栏中的【相切】按钮，创建圆与另一个圆的【相切】约束。

16 单击【草绘器工具】工具栏中的【删除段】按钮，将多余的线段删除，效果如图 5-112 所示。

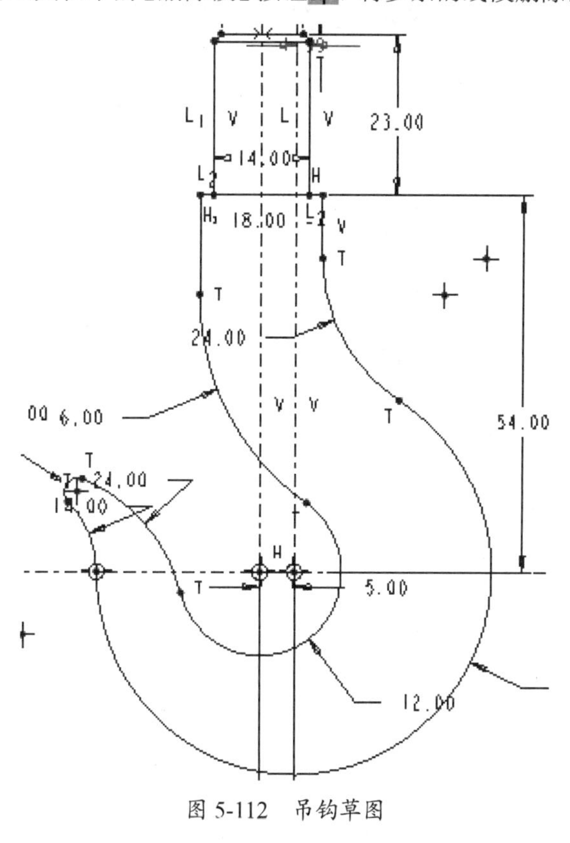

图 5-112　吊钩草图

5.6 课后习题

1. 绘制手轮轮廓图

在草图模式中绘制出如图 5-113 所示的手轮轮廓图。

2. 绘制泵体截面草图

绘制如图 5-114 所示的泵体截面轮廓。

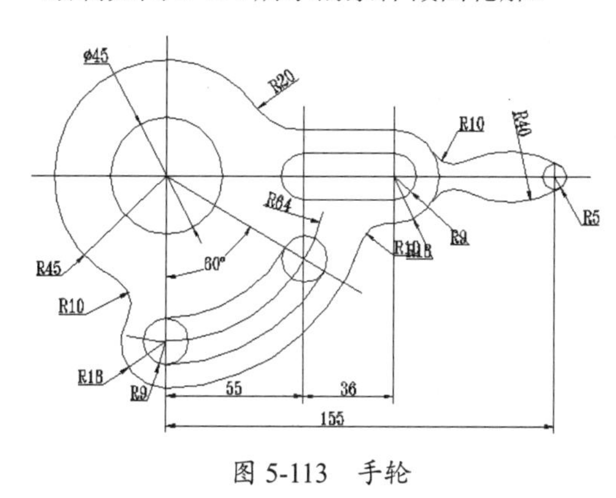

图 5-113　手轮

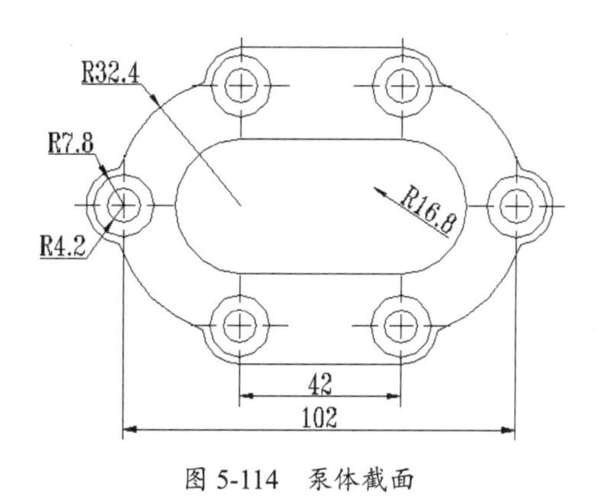

图 5-114　泵体截面

◇◇◇◇◇◇◇◇◇◇◇◇◇◇◇◇◇◇ 读书笔记 ◇◇◇◇◇◇◇◇◇◇◇◇◇◇◇◇◇◇◇◇

第 6 章　编辑草图指令

资源二维码

百度云盘

360 云盘 访问密码 32dd

绘制基本草图曲线后，有时为了绘制更复杂的图形，会经常使用到草图编辑命令，如图形编辑、尺寸修改、草图约束和草图分析等。

知识要点

- 编辑图形
- 修改尺寸
- 图元的约束
- 分析草图

6.1 编辑图形

编辑图形是草图绘制过程中很重要的步骤，对图形的编辑可以减少工作量，使绘制图形更加游刃有余。编辑图形包括对图形中全部或者部分进行镜像、移动、调整大小、分割、删除等操作。

6.1.1 创建镜像特征

【镜像】工具是以中心线为对称轴线，将选择的图元镜像到另一侧的工具。

动手操作——镜像草图

创建镜像特征的操作步骤如下：

01 绘制图形作为镜像素材。

02 首先选择需要镜像的一个或者多个图元，选择多个图元时要按住 Ctrl 键，被选中的图元会以红色加亮显示。

03 选择菜单栏中的【编辑】|【镜像】命令，或者单击【草绘器工具】工具栏中的【镜像】按钮。

04 单击一条中心线作为镜像轴线，即可完成镜像操作，效果如图 6-1 所示。

技术要点

镜像操作之前要保证草绘中包括一条中心线。

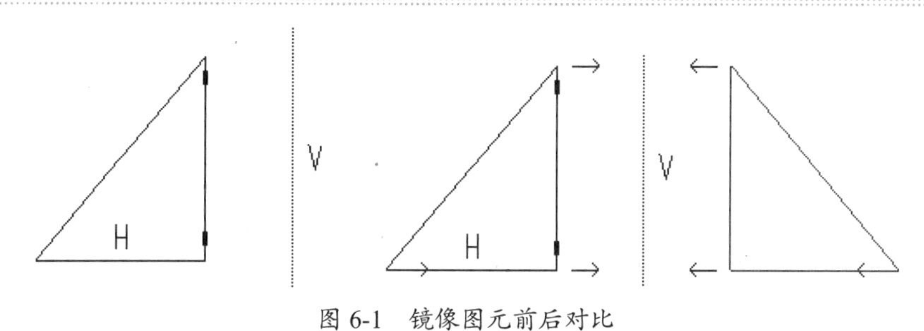

图 6-1　镜像图元前后对比

6.1.2 移动和调整大小

【移动和调整大小】工具是对图元进行移动、旋转、缩放等操作的工具。

动手操作——移动和调整草图

移动和调整草图大小的操作步骤如下：

01 绘制如图 6-2 所示的矩形，然后完全选中矩形。选择菜单栏中的【编辑】|【移动和调整大小】命令，或者单击【草绘器工具】工具栏中的【镜像】按钮右侧的箭头，单击工具栏中的【移动和调整大小】按钮，系统弹出如图 6-3 所示的【移动和调整大小】对话框。

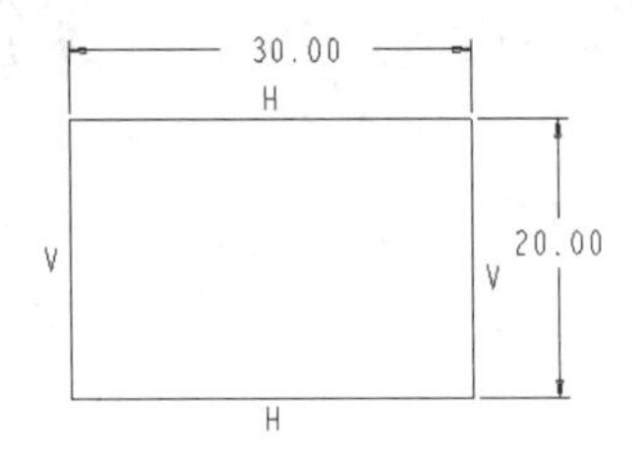

图 6-2 矩形

图 6-3 【移动和调整大小】对话框

02 此时选取的图元以红色加亮显示，在图元上显示出控制旋转中心位置句柄、缩放句柄和旋转句柄，并且打开【缩放旋转】对话框。在对话框中设置适当的参数或者拖动句柄进行选定图元的缩放和旋转操作。

技术要点

如果精确调整图元，可以在【移动和调整大小】对话框中设置移动、旋转和缩放的参数。

03 单击【移动和调整大小】对话框中的【接受更改并关闭对话框】按钮，完成图元的调整操作，效果如图 6-4 所示。

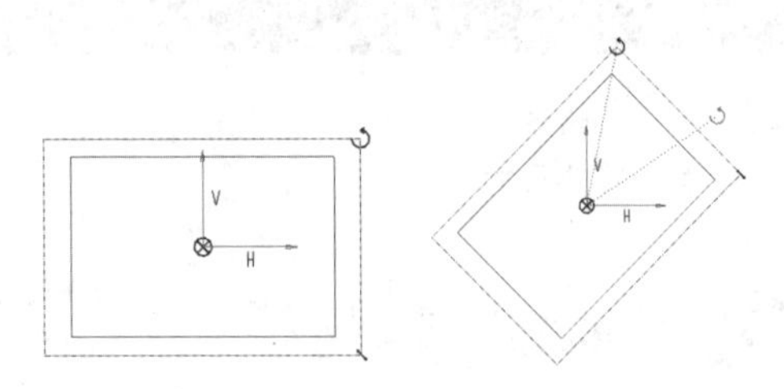

图 6-4 缩放旋转图元前后

6.1.3 分割线段

单击【分割】工具按钮，以选取的点分割图元。

动手操作——分割线段

分割线段的操作步骤如下：

01 利用【圆心和点】命令绘制一个圆。

02 选择菜单栏中的【编辑】|【修剪】|【分割】命令，或者单击【草绘器工具】工具栏中的【分割】按钮。

03 在工作区将鼠标移动到要分割的图元上，此时一个动态的分割点以红色加亮显示，单击鼠标选取一个分割点位置。

04 重复步骤 02，分割其他图元。

05 单击鼠标中键，结束图元的分割操作，完成后的效果如图 6-5 所示。

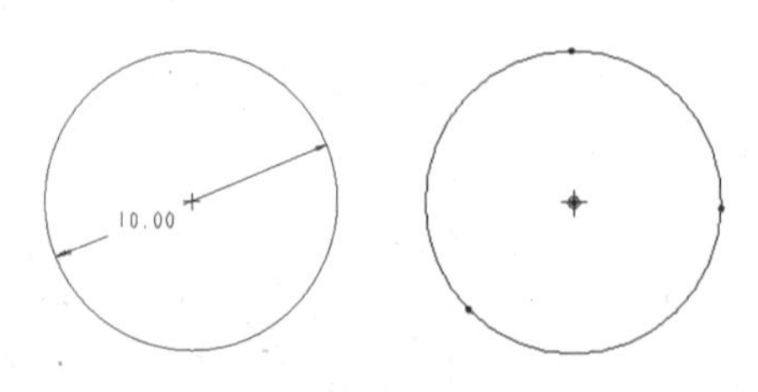

图 6-5 分割图元前后对比

6.1.4　删除线段

单击【删除段】工具按钮，以草图中的图元为边界，将选中的线条部分删除，对于独立图元可以整体删除。

动手操作——删除线段

删除线段的操作步骤如下：

01 选择菜单栏中的【编辑】|【修剪】|【删除段】命令，或者单击【草绘器工具】工具栏中的【删除段】按钮。

02 在工作区将鼠标移动到要删除的图元上，可以删除的图元段以蓝色加亮显示。单击鼠标，加亮的图元段被删除。

技术要点

删除多条线段，按住鼠标左键，在工作区拖动，需要删除的线段红色加亮显示。

03 重复步骤 02，删除其他的图元段。

04 单击鼠标中键，结束图元的删除操作，完成后的效果如图 6-6 所示。

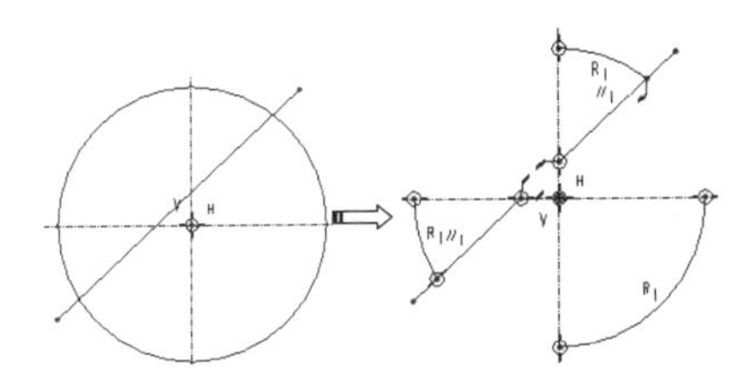

图 6-6　删除图元段前后对比

6.1.5　创建拐角

【拐角】工具是用于对不平行的两条线段进行修剪的工具。

技术要点

1. 【拐角】工具可以对两条相交的线段以交点进行修剪，还可以对不相交的不平行的两线段进行延长相交。

2. 使用该工具修剪线段，以交点为界选中的线段部分被保留。

动手操作——创建拐角

创建拐角的操作步骤如下：

01 绘制两交叉直线。

02 选择菜单栏中的【编辑】|【修剪】|【拐角】命令，或者单击【草绘器工具】工具栏中的【删除段】按钮右侧的箭头，单击工具栏中的【拐角】按钮。

03 在工作窗口中单击选取两个图元，完成修剪操作。保留的部分为鼠标单击的部分。

04 单击鼠标中键，结束图元的相互修剪操作，效果如图 6-7 所示。

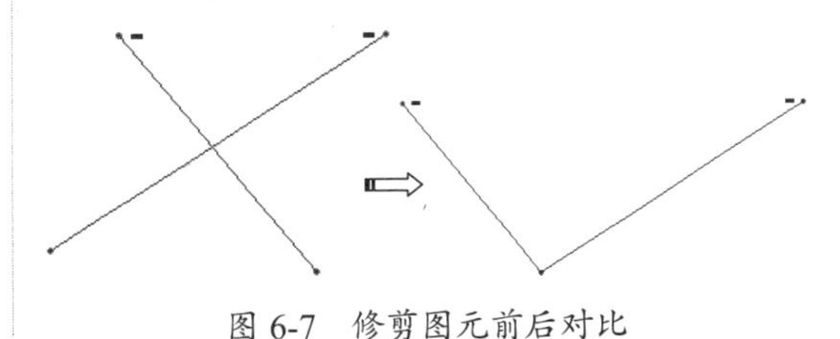

图 6-7　修剪图元前后对比

6.2　修改尺寸

完成图形的绘制后，系统自动添加尺寸约束和几何约束。往往自动创建的约束杂乱无章，需要进行移动尺寸线、修改尺寸数值、加强弱尺寸、替换尺寸、删除尺寸等尺寸修改操作。

6.2.1　移动尺寸线

修改尺寸文本位置是指移动尺寸线和尺寸文本的位置，使之排布更合理、更清晰。

单击【选择】按钮，并选择要移动的尺寸文本，被选中的尺寸显示为红色。

按住鼠标左键，将尺寸文本拖至所需位置并放开鼠标，则尺寸文本就被拖到新位置，如图 6-8 所示。

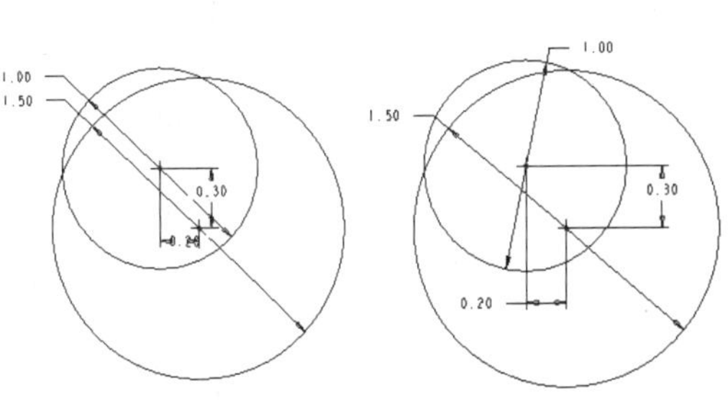

图 6-8　修改尺寸线

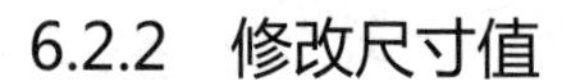

6.2.2 修改尺寸值

修改尺寸值的方法有两种：一种是通过【修改尺寸】对话框修改；另一种是双击需要修改的尺寸值，输入新值。但是通过双击修改尺寸值只能修改单个尺寸，使用对话框可以修改选中的多个尺寸。

动手操作——利用【修改尺寸】对话框修改

使用【修改尺寸】对话框修改尺寸值的操作步骤如下：

01 打开素材源文件6-6.prt。

02 单击【草绘器工具】工具栏上的【选取】按钮。

03 选取希望修改的尺寸值的一个或多个尺寸。

04 选择菜单栏中的【编辑】|【修改】命令，或者单击【草绘器工具】工具栏中的【修改】按钮，系统弹出如图6-9所示的【修改尺寸】对话框，选取的所有尺寸都出现在【修改尺寸】对话框的【尺寸】列表中。

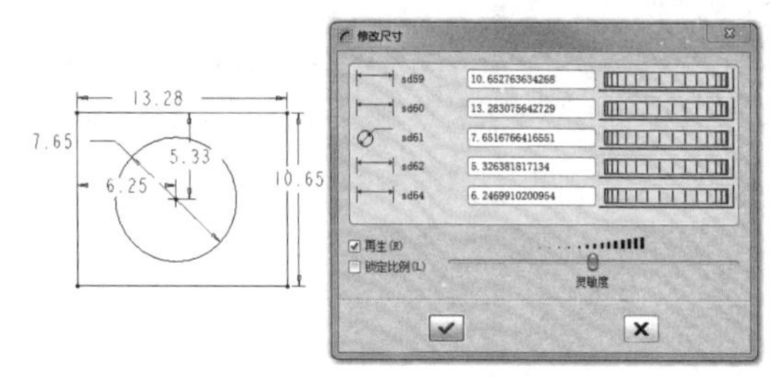

图6-9 【修改尺寸】对话框

05 在【尺寸】列表中，单击需要修改的尺寸值，然后输入一个新值。也可以拖动要修改的尺寸旁边的旋转轮盘。

技术要点

当修改前后尺寸数值变化较大时，不要选中【再生】复选框，因为单个尺寸的自动更新会引起草图截面不符合几何图形的构建要求，因此需要等所有尺寸修改完成后一起更新。

06 重复步骤04，修改列表中的其他尺寸。

07 单击【修改尺寸】对话框中的【再生截面然后关闭对话框】按钮，完成尺寸的修改并关闭对话框，修改尺寸前后的对比效果如图6-10所示。

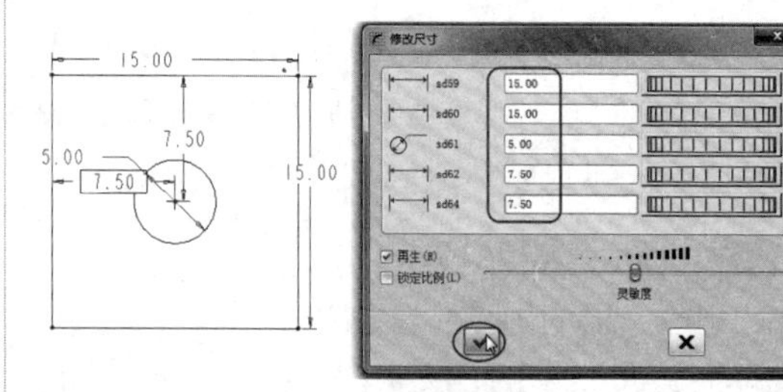

图6-10 修改尺寸

动手操作——直接修改尺寸值

直接修改尺寸值的操作比较简单，但一次只能修改一个尺寸。

直接修改尺寸值的操作步骤如下：

01 打开源文件6-7.prt。

02 将鼠标移动到需要标记的尺寸文本上双击，则会出现一个文本修正框。

03 在该文本框中输入新的尺寸值并按Enter键，即完成尺寸值的修改，如图6-11所示。

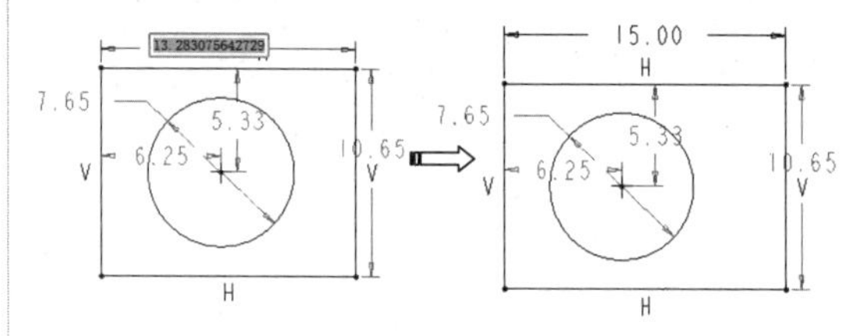

图6-11 直接修改尺寸

04 最后修改完成其他尺寸，结果如图6-12所示。

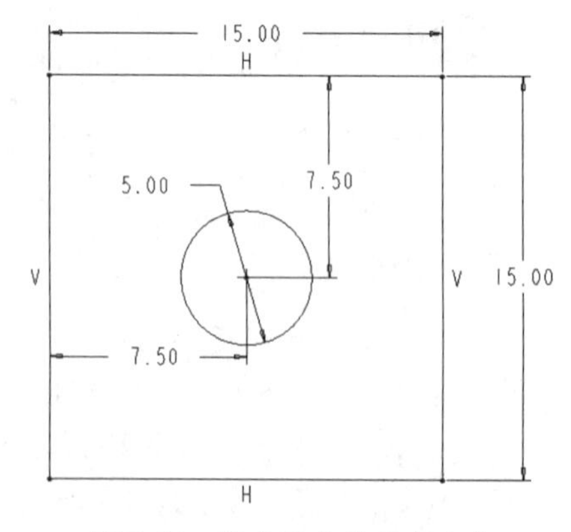

图6-12 修改完成的所有尺寸

6.3 图元的约束

在草绘环境下，程序有自动捕捉一些【约束】的功能，用户还可以人为地控制约束条件来实现草绘意图。这些约束大大地简化了绘图过程，也使绘制的剖面准确而简洁。

建立约束是编辑图形必不可少的一步。选择菜单栏中的【草绘】|【约束】命令或者单击【草绘器工具】工具栏中按钮旁边的右三角按钮，弹出多种约束类型，如图 6-13 所示。下面将分别介绍每种约束的建立方法。

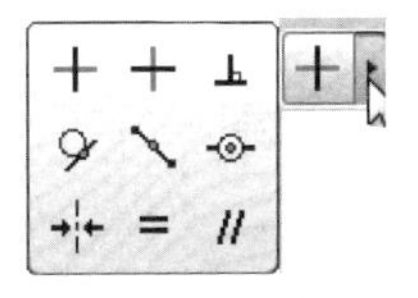

图 6-13　约束的类型

1. 建立竖直约束

单击【竖直】按钮，再选择要设为竖直的线，则被选取的线成为竖直状态，线旁标有【V】标记，如图 6-14 所示。另外，也可以选择两个点，让它们处于竖直状态。

2. 建立水平约束

单击【水平】按钮后，再选择要设为水平的线，则被选取的线成为水平状态，线旁标有【H】标记，如图 6-15 所示。另外，也可以选择两个点，使它们处于水平状态。

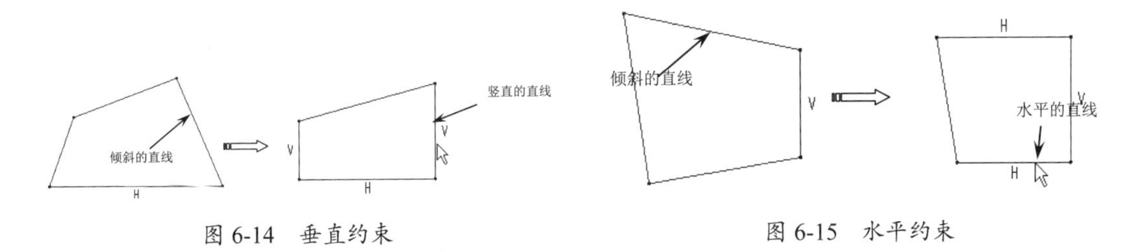

图 6-14　垂直约束　　图 6-15　水平约束

3. 建立垂直约束

单击【垂直】按钮后，再选择要建立垂直约束的两条线，则被选取的两线会相互垂直。交叉垂直的两线旁标有【⊥ 1】标记，以拐角形式垂直则标有【⊥】标记，如图 6-16 所示。

4. 建立相切约束

单击【相切】按钮后，选择要建立相切约束的两个图元，则被选取的两个图元之间即建立相切关系，并在切点旁标有【T】标记，如图 6-17 所示。

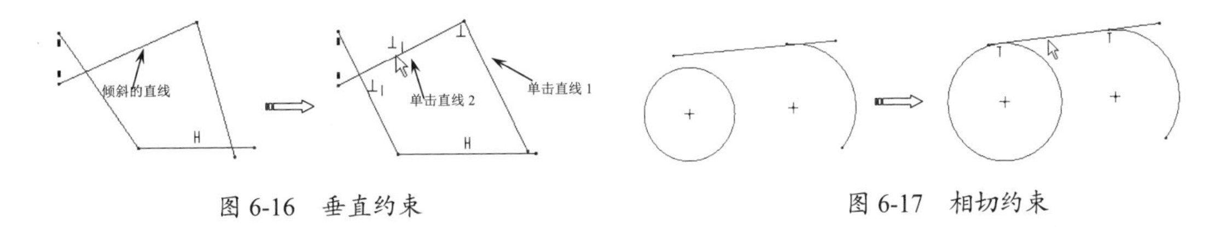

图 6-16　垂直约束　　图 6-17　相切约束

5. 对齐线的中点

单击【中点】按钮后，选择直线和要对齐在此线中点上的图元点，也可以先选择图元点再选取线。这样，所选择的点就对齐在线的中点上了，并在中点旁标有【*】标记，如图 6-18 所示。这里的图元点可以是端点、中心点，也可以是绘制的几何点。

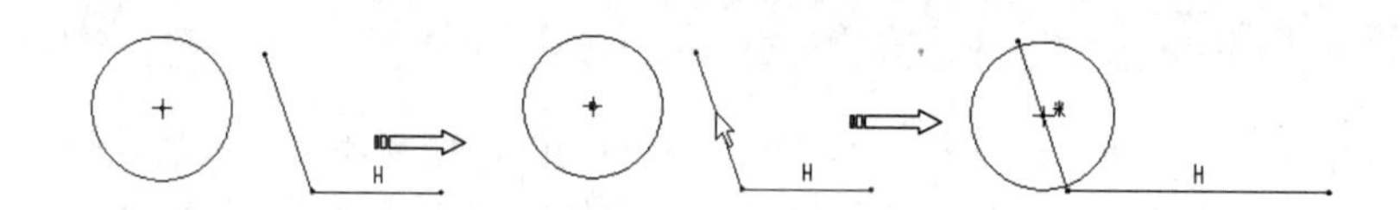

图 6-18　对齐到中点

6．建立重合约束

（1）图元的端点或者中心对齐在图元的边上。

单击【重合】按钮，选择要对齐的点和图元，即建立起对齐关系，并在对齐点上出现【⊙】标记，如图 6-19 所示。

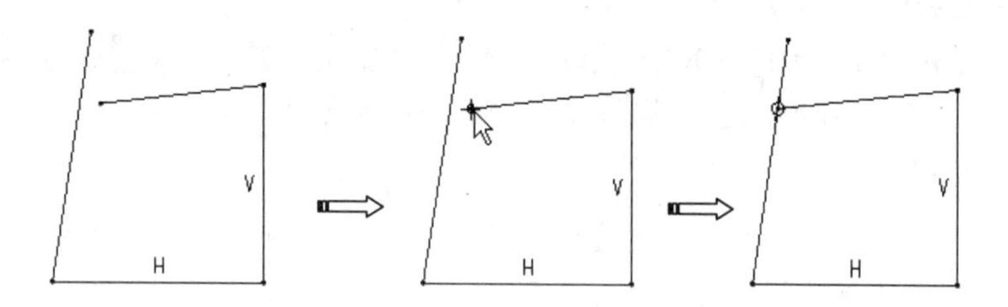

图 6-19　对齐在图元上

（2）对齐在中心点或者端点上。

单击【重合】按钮，选择两个要对齐的点，即建立起对齐关系，如图 6-20 所示。

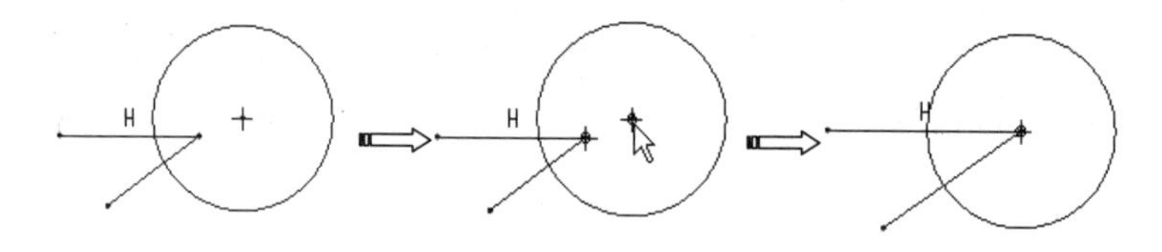

图 6-20　对齐在图元端点上

（3）共线。

单击【重合】按钮，选择要共线的两条线，则所选取的一条线会与另一条线共线，或者与另一条线的延长线共线，如图 6-21 所示。

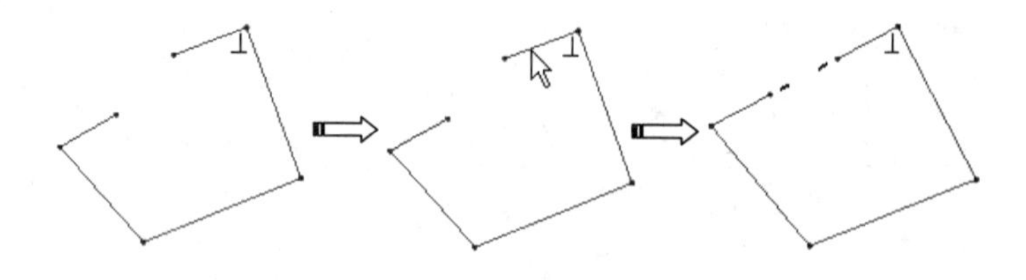

图 6-21　建立共线约束

7．建立对称约束

单击【对称】按钮后，程序会提示选取中心线和两顶点来使它们对称，选择顺序没有要求，选择完毕后被选择的两点即建立起关于中心线的对称关系，对称两点上有【><】标记符号，如图 6-22 所示。

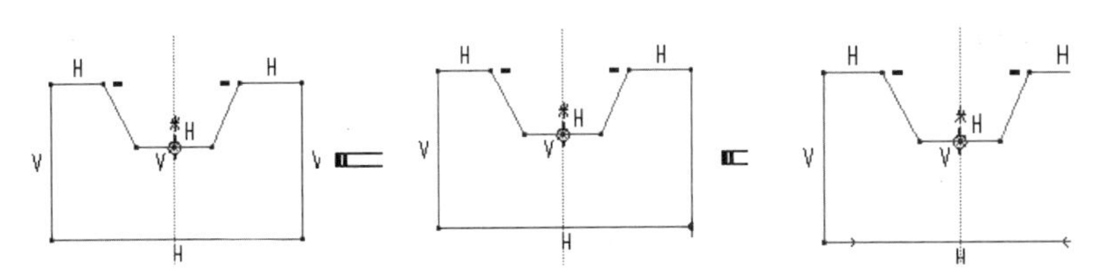

图 6-22 建立对称约束

8. 建立相等约束

单击【相等】按钮后，可以选取两条直线令其长度相等；或选取两个圆弧、圆、椭圆令其半径相等；也可以选取一个样条与一条线或圆弧，令它们曲率相等，如图 6-23 所示。

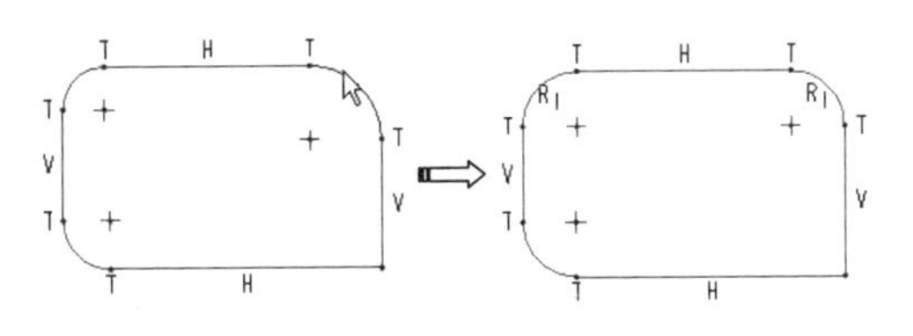

图 6-23 建立相等约束

9. 建立平行约束

单击【使两线平行】按钮后，选取要建立平行约束的两条线，相互平行的两条线旁都有一个相同的【||1】（1 为序数）标记，如图 6-24 所示。

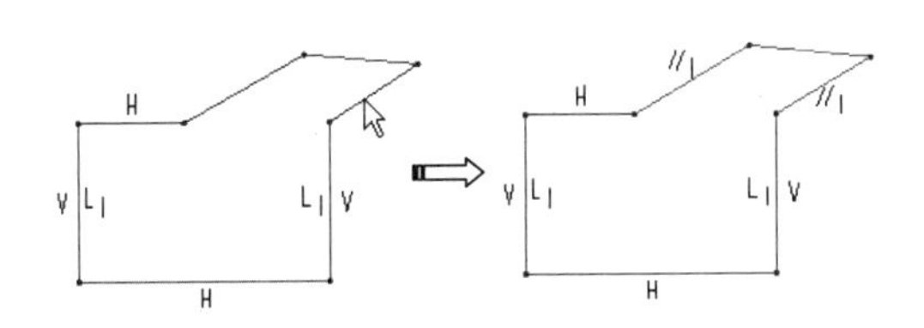

图 6-24 建立平行约束

动手操作——绘制变速箱截面草图

本练习的变速箱截面草图如图6-25 所示。

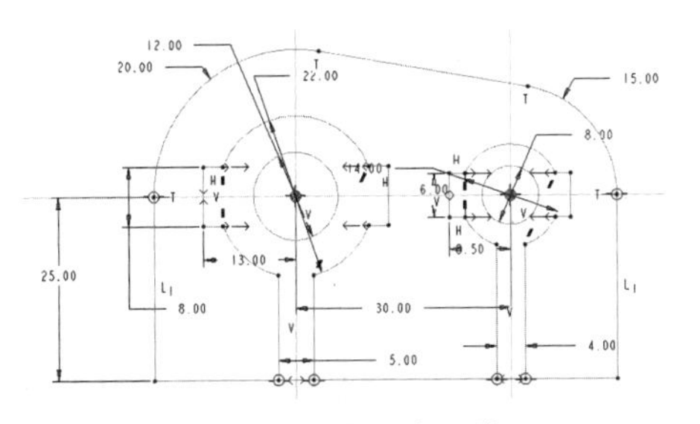

图 6-25 变速箱截面草图

操作步骤：

01 新建命名为【6-8】的草图文件。

02 选择默认的草绘基准平面进入草绘模式中。

03 单击【中心线】按钮，依次绘制一条水平中心线和两条垂直中心线，如图 6-26 所示。此时绘制的垂直中心线之间的距离没有要求。

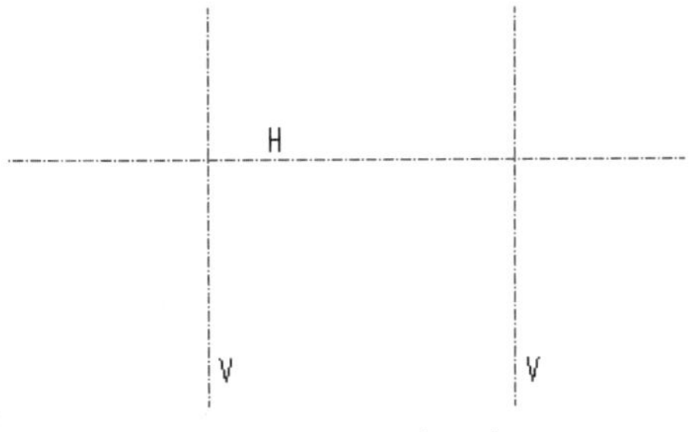

图 6-26 绘制中心线

04 单击【圆心和点】按钮，以中心线的交点作为圆心点，绘制两个圆，如图 6-27 所示。

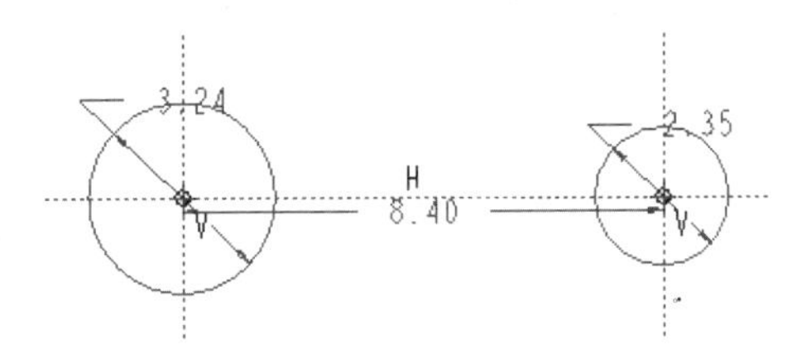

图 6-27 绘制两个轮廓圆

05 双击程序自动标注的尺寸，修改尺寸值，修改完成后程序将自动重新生成图形，结果如图 6-28 所示。

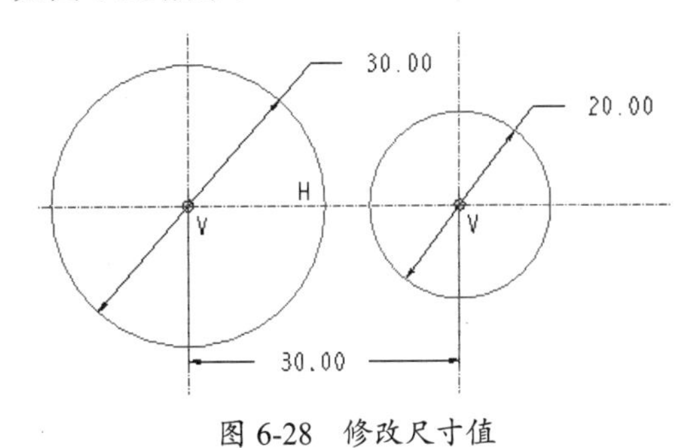

图 6-28 修改尺寸值

06 单击【直线相切】按钮，依次选取两个圆的上半部分，绘制一条相切线，如图6-29所示。

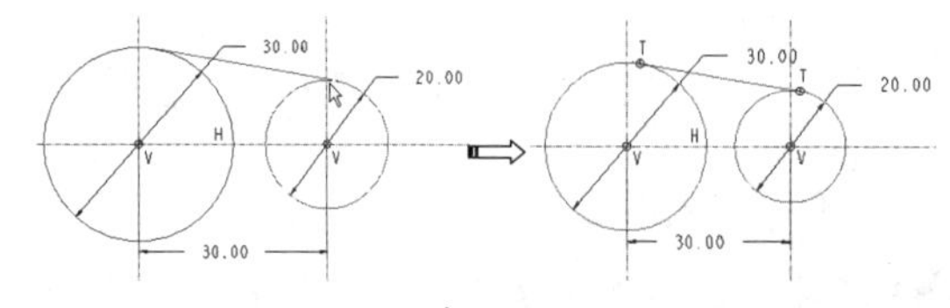

图6-29　绘制相切线

07 在图形的两侧分别绘制两条长度相等的竖直线，起点在圆上，绘制完成后再绘制一条水平直线将其连接起来，如图6-30所示。直线绘制完成后，双击其尺寸值，将其修改为25，修改完成后按Enter键再生图形，如图6-31所示。

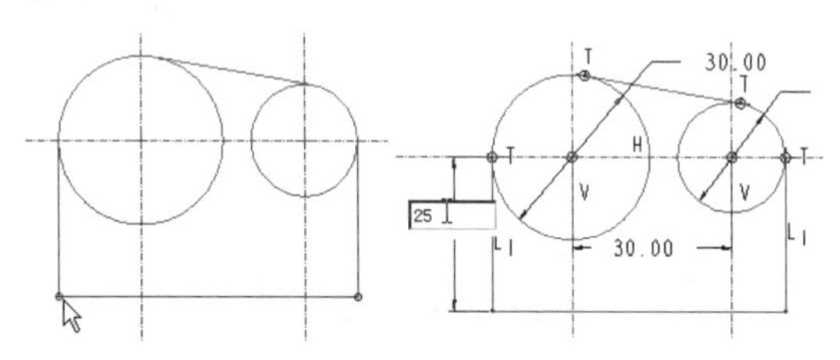

图6-30　绘制直线　　图6-31　修改尺寸值

08 单击【删除段】按钮，按住鼠标左键拖动，在图形外部拖出一条轨迹线，将多余的轨迹线修剪掉，如图6-32所示。

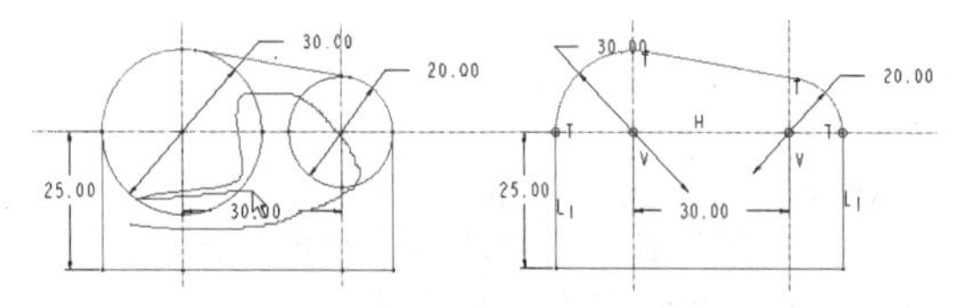

图6-32　修剪多余线段

09 单击【法向】按钮，选取一段圆弧后在合时的位置单击鼠标中键，此时将弹出【解决草绘】对话框，选取其中值为35.00的尺寸，单击【修剪】按钮，修剪该尺寸，如图6-33所示。使用同样的方法标注另一侧的圆弧半径。

10 双击圆弧半径值，修改其尺寸，左侧圆弧半径为20，右侧圆弧半径为15，完成后的结果如图6-34所示。

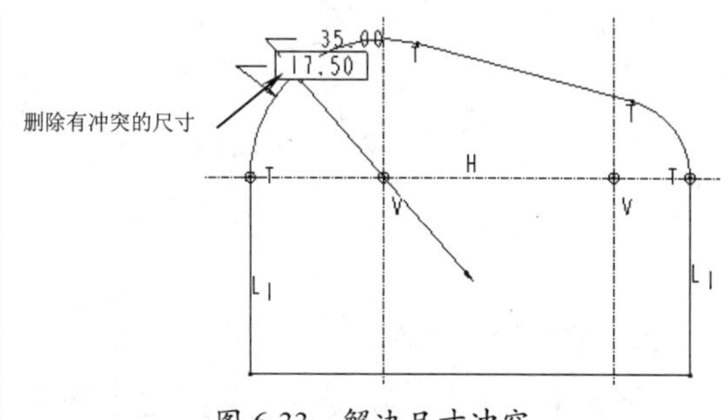

图6-33　解决尺寸冲突

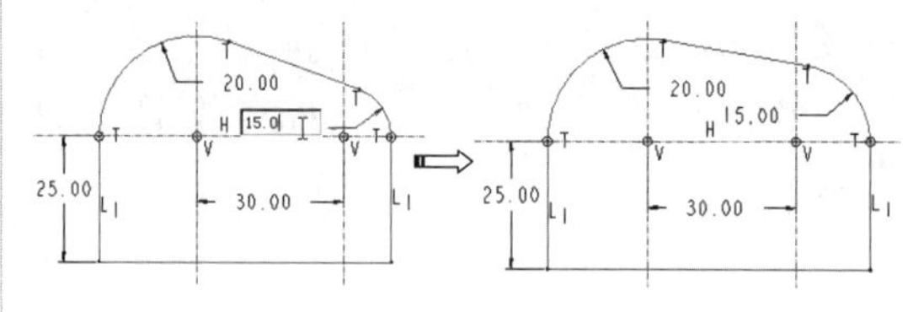

图6-34　修改圆弧半径值

11 单击【同心】按钮，绘制与圆弧同心的4个同心圆，如图6-35所示。

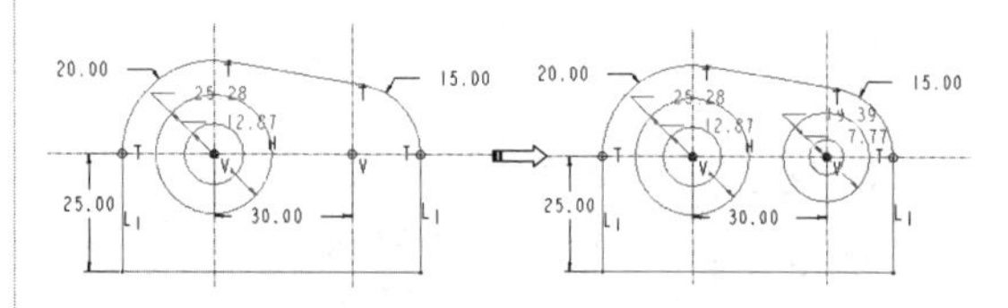

图6-35　绘制4个同心圆

技术要点

在绘制时需要注意的是，拖动光标时不能让程序自动捕捉为等半径约束的方式，否则不便于后面进行的尺寸标注。

12 单击鼠标中键退出绘制同心圆的命令后，依次双击4个圆的尺寸值，修改其尺寸，修改完成后如图6-36所示。

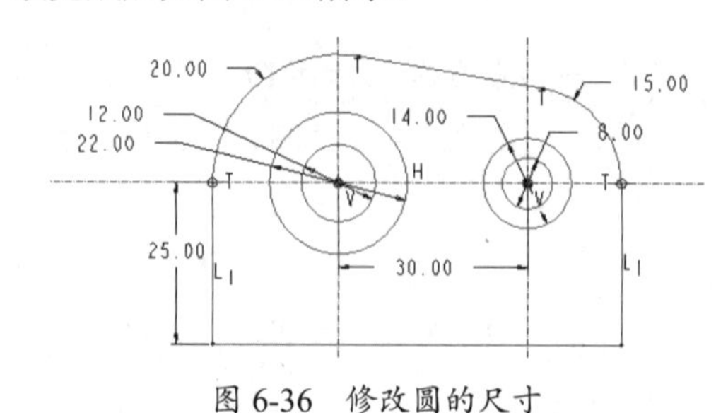

图6-36　修改圆的尺寸

13 使用绘制直线的命令，在结构圆的左侧绘制3条连接的直线，起始点和结束点均在圆上，如图6-37所示。

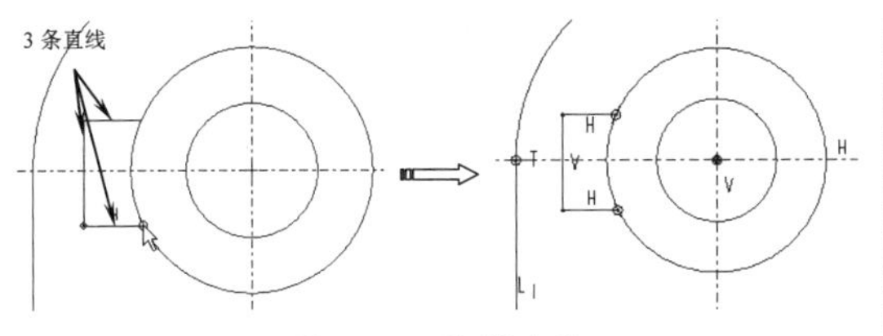

图 6-37　绘制直线

14 在【约束】操控板中使用【对称】约束方式，将绘制的竖直方向的直线沿中心线对称，如图 6-38 所示。

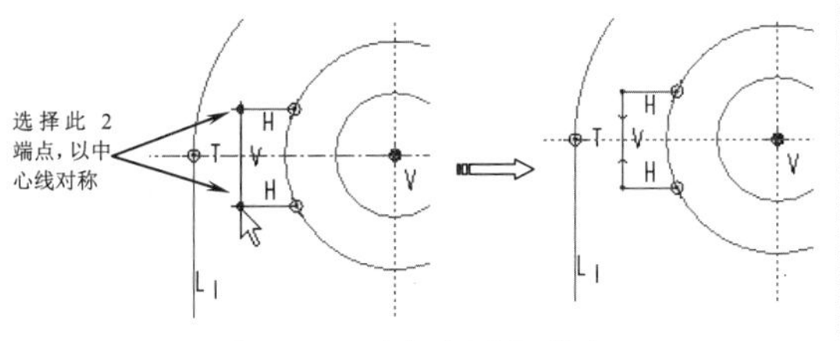

图 6-38　对直线添加约束

15 单击【法向】按钮，对刚才创建的直线重新标注尺寸，如图 6-39 所示。尺寸标注完成后，双击尺寸值，修改尺寸，完成后如图 6-40 所示。

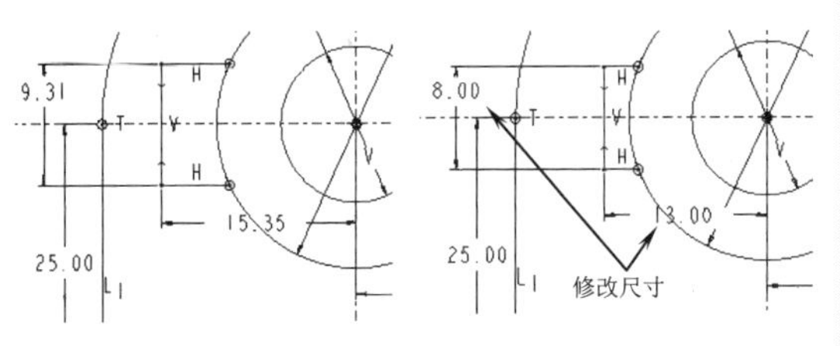

图 6-39　标注新的尺寸　　　图 6-40　修改尺寸值

16 选取刚才绘制的 3 条直线，选取完成后单击【镜像选定的图元】按钮，再单击竖直方向的中心线，随即完成镜像操作，如图 6-41 所示。

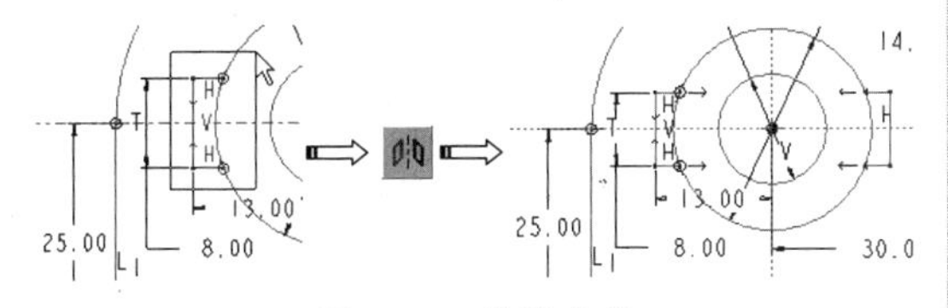

图 6-41　镜像直线

17 使用同样的方法，在右侧的同心圆上绘制相同形状的直线，并将其镜像到另一侧，如图 6-42 所示。

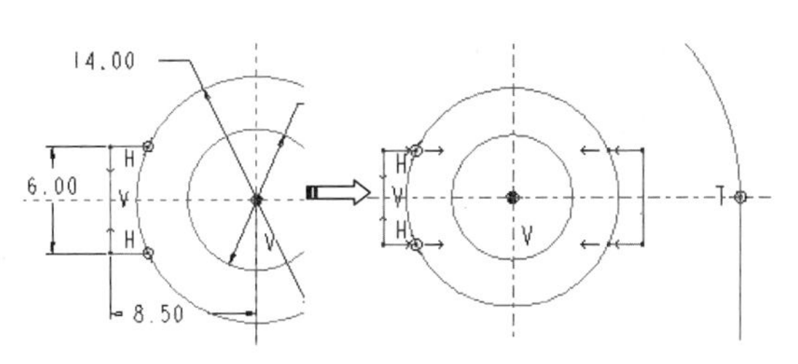

图 6-42　绘制右侧图形

18 使用绘制直线的命令，在同心圆的下方绘制直线，起点在圆上，终点在下方直线上，如图 6-43 所示。

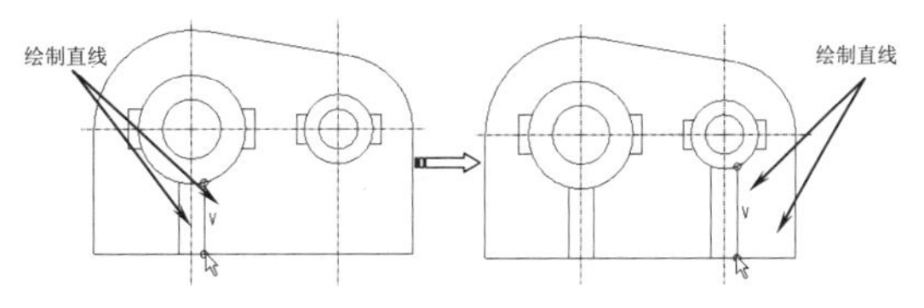

图 6-43　绘制直线

19 将尺寸标注隐藏起来。在【约束】操控板中使用【对称】约束方式，将绘制的竖直方向的直线沿中心线对称，如图 6-44 所示。

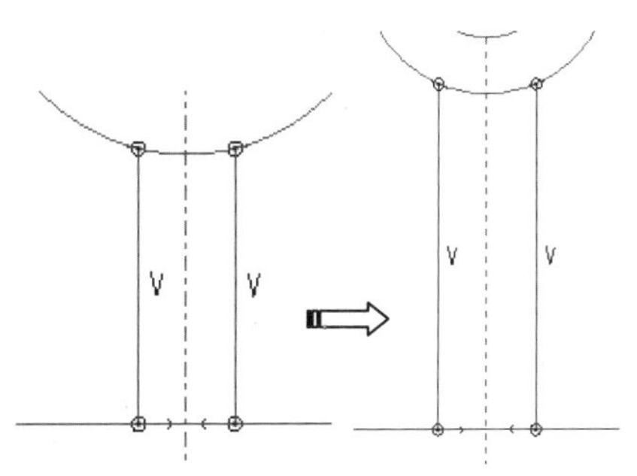

图 6-44　添加对称约束

20 约束添加完成后，双击其尺寸值，修改尺寸，左侧直线间距离为 5.0，右侧直线间距离为 4.0，如图 6-45 所示。

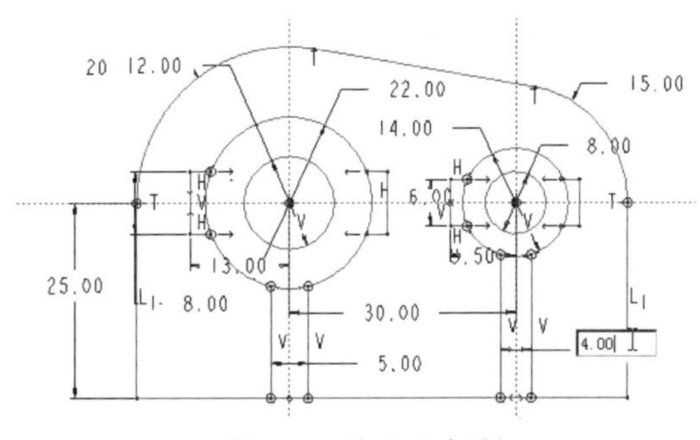

图 6-45　修改尺寸值

21 单击【删除段】按钮，按住左键拖动，在左侧圆拖出一条轨迹线，将多余的轨迹线修剪掉，再在右侧圆拖出一条轨迹线，修剪多余线段，如图6-46所示。

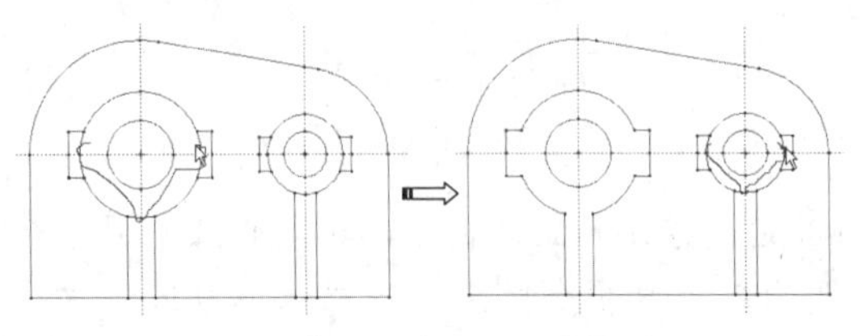

图6-46 修剪多余线段

22 在【草绘器】工具栏中关闭尺寸和约束的显示，完成后的草图如图6-47所示。最后保存文件。

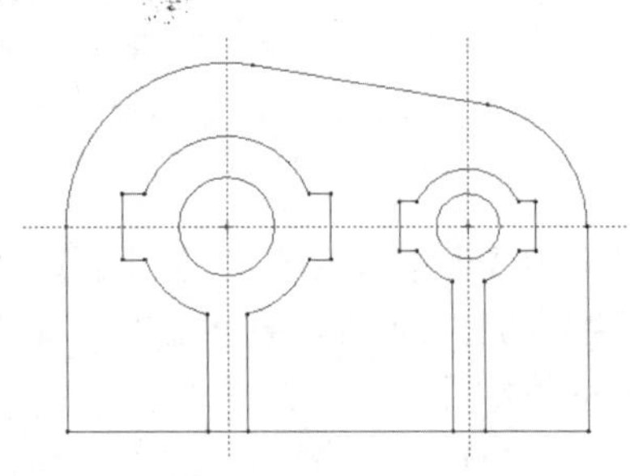

图6-47 绘制完成的草图

6.4 分析草图

在Pro/E中，用户可以通过系统提供的草图分析工具，帮助草图绘制、特征建模、曲面建模工作的顺利完成。下面对这些草图分析工具进行详细介绍。

1. 距离分析

距离分析是对草图中的两点、两条平行线、点到直线之间进行距离测量的命令。

选择菜单栏中的【分析】|【距离】命令，系统弹出【选取】对话框。

在绘图区中选择两个测量元素，在消息区显示测量结果，如图6-48所示。

图6-48 距离分析结果

2. 角度分析

角度分析是对草图中的两条直线的夹角进行测量的命令。

选择菜单栏中的【分析】|【角度】命令，系统弹出【选取】对话框。

在绘图区中选择两条直线，在消息区显示测量结果，如图6-49所示。

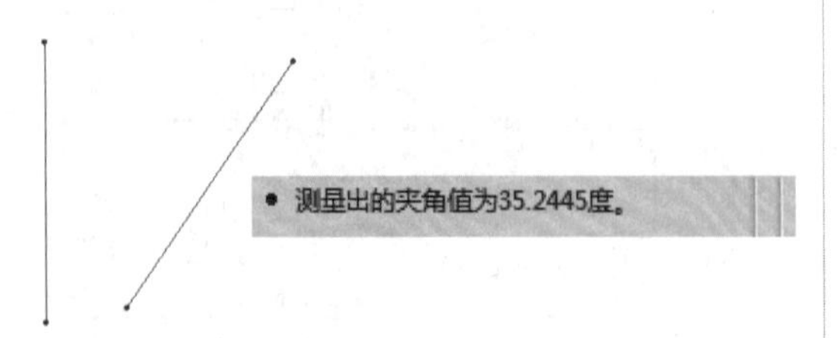

图6-49 角度分析结果

3. 图元信息分析

图元信息分析用于查看草图中的图元信息，包括标识、类型、各种参数。

执行图元信息分析的操作步骤如下：

01 选择菜单栏中的【分析】|【图元】命令，系统弹出【选取】对话框。

02 在绘图区中选择图元，系统弹出如图6-50所示的【信息窗口】，显示图元的各种信息。

03 单击【信息窗口】中的【关闭】按钮，选择其他图元进行分析。

04 单击鼠标中键，结束图元信息分析。

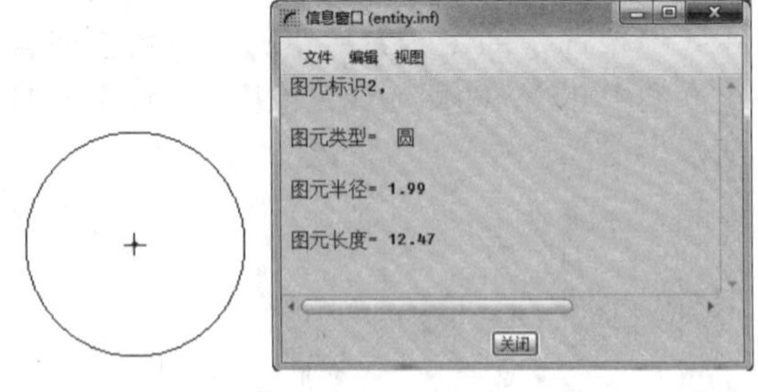

图6-50 信息窗口

4. 交点分析

交点分析是对选取的两个图元进行分析以确定其交点。如果所选的图元实际不相交，则【草绘器】用外推法找到图元交点。如果外推图元不相交（例如，平行线），则 Pro/ENGINEER 显示一条消息。两个图元在交点处的倾斜角度显示在消息窗口中。

执行交点分析的操作步骤如下：

01 选择菜单栏中的【分析】|【交点】命令，系统弹出【选取】对话框。

02 在绘图区中选择两图元，图中显示交点并弹出【信息窗口】，显示图元的倾斜角和曲率信息，效果如图 6-51 所示。

03 单击【信息窗口】中的【关闭】按钮，选择其他图元进行分析。

04 单击鼠标中键，结束草图交点分析。

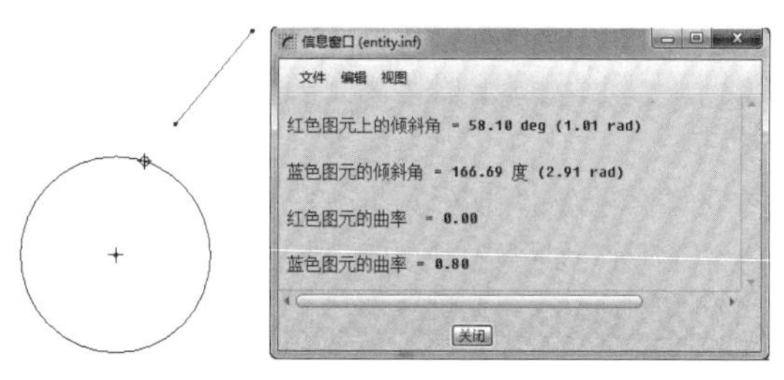

图 6-51　交点分析结果

5. 相切分析

相切分析是对选取的两个图元进行分析以确定它们的斜率在何处相等。Pro/ENGINEER 将显示相切点处的倾斜角度，以及两个切点之间的距离。

技术要点

选取的图元不必互相接触。

执行相切分析的操作步骤如下：

01 选择菜单栏中的【分析】|【相切点】命令，系统弹出【选取】对话框。

02 在绘图区中选择两图元，图中显示相切点并弹出【信息窗口】，显示图元的相切点距离、相切角度、曲率等，效果如图 6-52 所示。

03 单击【信息窗口】中的【关闭】按钮，选择其他图元进行分析。

04 单击鼠标中键，结束草图交点分析。

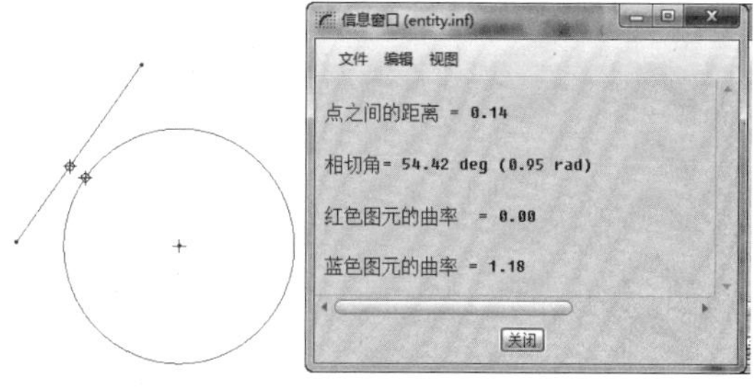

图 6-52　相切分析结果

6. 曲率分析

用户在绘制样条曲线或创建曲面时，经常使用【曲率】工具来分析曲率，使其更加光顺。执行曲率分析的操作步骤如下：

01 选择菜单栏中的【分析】|【曲率】命令，系统弹出如图 6-53 所示的菜单管理器和【选取】对话框。

02 从绘图区中选择要分析的曲线，曲线显示曲率。

03 模型中显示的曲率是很不理想的，需要对曲率和密度进行调整，单击菜单管理器中的【比例】按钮，系统弹出如图 6-54 所示的【输入图形输出的相对比例】对话框。

图 6-53　菜单管理器　　图 6-54　【输入图形输出的相对比例】对话框

04 在【输入图形输出的相对比例】文本框中输入相对比例，单击【接受值】按钮，完成比例的修改。

05 单击菜单管理器中的【密度】按钮，系统弹出如图 6-55 所示的【输入相对平滑度】对话框。

图 6-55　【输入相对平滑度】对话框

06 在【输入相对平滑度】文本框中输入相对密度，单击【接受值】按钮，完成平滑度的修改，效果如图 6-56 所示。

07 单击鼠标中键，结束曲线曲率分析。

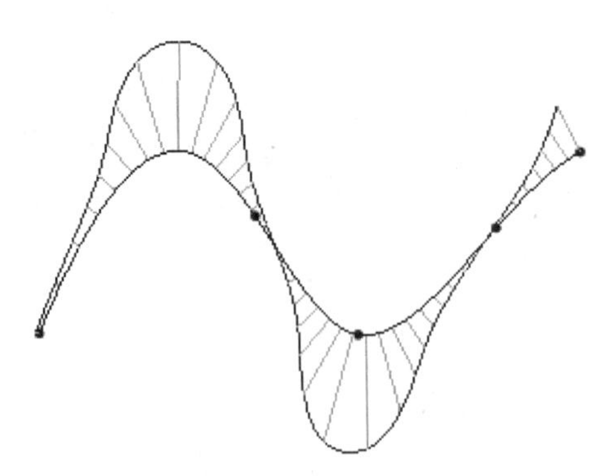

图 6-56　曲率分析结果

7. 着色封闭环

着色封闭环是检测由活动【草绘器几何】工具绘制的图元形成的封闭环。封闭环显示为以默认颜色着色，可通过选择【视图】|【显示设置】|【系统颜色】命令，并在【草绘器】选项卡中选取所需颜色来设置封闭环的颜色。在【着色的封闭环】诊断模式中，所有的现有封闭环均显示为着色。如果用封闭环创建新图元，则封闭环自动着色显示。

技术要点

有效封闭环以可形成截面的图元链标识，可用于创建实体拉伸；如果草绘包含几个彼此包含封闭环，则最外面的环被着色，而内部的环的着色被替换；对于具有多个草绘器组的草绘，识别封闭环的标准可独立适用于各个组。所有草绘器组的封闭环的着色颜色都相同。

着色封闭环的操作步骤如下：

01 单击【草绘器诊断工具】工具栏中的【着色封闭环】开关按钮，或者选择菜单栏中的【草绘】|【诊断】|【着色封闭环】命令，进入【着色封闭环】诊断模式。

02 再次单击【草绘器诊断工具】工具栏中的【着色封闭环】开关按钮，或者选择菜单栏中的【草绘】|【诊断】|【着色封闭环】命令，取消着色封闭环的显示。

8. 加亮开放端点

加亮开放端点是检测并加亮与活动草绘或活动草绘组内任何与其他图元不共点的端点。开放端由属于单个图元顶点顶部的红色圆进行加亮，该单个图元沿着顶点的一小部分也显示为红色。在【加亮开放端点】诊断模式中，所有现有的开放端均加亮显示，如果用开放端创建新图元，则开放端自动着色显示。

加亮开放端点的操作步骤如下：

01 单击【草绘器诊断工具】工具栏中的【加亮开放端点】开关按钮，或者选择菜单栏中的【草绘】|【诊断】|【加亮开放端点】命令，进入【加亮开放端点】诊断模式，加亮草图中的开放端点。

02 再次单击【草绘器诊断工具】工具栏中的【加亮开放端点】开关按钮，或者选择菜单栏中的【草绘】|【诊断】|【加亮开放端点】命令，取消草图开放端点的加亮显示。

9. 分析重叠几何

重叠几何分析是检测并加亮活动草绘或活动草绘组内与任何其他几何重叠的几何。重叠的几何以【加亮 - 边】设置的颜色进行显示。

重叠几何分析的操作步骤如下：

01 单击【草绘器诊断工具】工具栏中的【重叠几何】开关按钮，或者选择菜单栏中的【草绘】|【诊断】|【重叠几何】命令，进入【重叠几何加亮】诊断模式，加亮草图中的重叠几何部分。

02 再次单击【草绘器诊断工具】工具栏中的【重叠几何】开关按钮，或者选择菜单栏中的【草绘】|【诊断】|【重叠几何】命令，取消【重叠几何加亮】诊断模式。

10. 特征要求分析

当完成截面草图的绘制时，需要生成3D模型，并对截面轮廓进行分析。使用【特征要求分析】命令可以完成当前截面是否满足当前特征的要求。

技术要点

在零件设计模式下，对生成三维模型所需的草图进行分析。

单击【草绘器诊断工具】工具栏中的【特征要求】按钮，或者选择菜单栏中的【草绘】|【诊断】|【特征要求】命令，系统弹出如图 6-57 所示的【特征要求】对话框。此对话框显示特征要求是符合的。

如果截面不满足要求，则显示如图 6-58 所示的右图，需要对截面进行修改，再次执行特征要求分析。

【特征要求】对话框中的状态符号的含义如下：

- ✔：满足要求。
- △：满足要求，但不稳定。表示对草绘的简单更改可能无法满足要求。
- ❶：不满足要求。

如果截面满足要求，单击【关闭】按钮，完成特征分析。

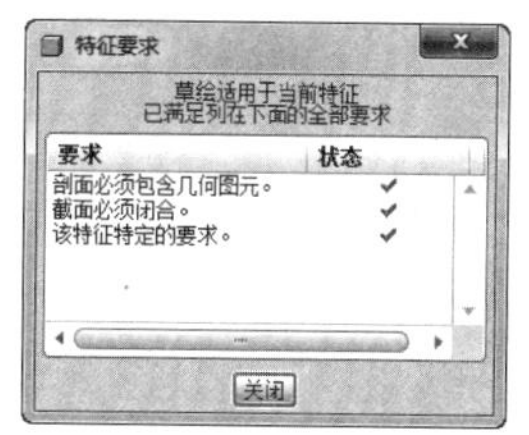

图 6-57　满意的特征要求

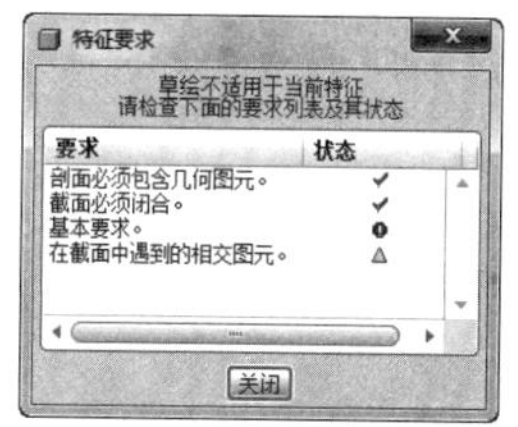

图 6-58　不满意的特征要求

6.5　综合实训

本章前面主要介绍了 Pro/E 的草图编辑功能。本节以两个草图的编辑实例来说明草图轮廓的绘制方法和各种编辑命令的使用方法。

6.5.1　编辑法兰草图

◎ **引入文件：无**

◎ **结果文件：实训操作 \ 结果文件 \Ch06\falan.prt**

◎ **视频文件：视频 \Ch06\ 编辑法兰草图.avi**

绘制、编辑完成的法兰草图如图 6-59 所示。

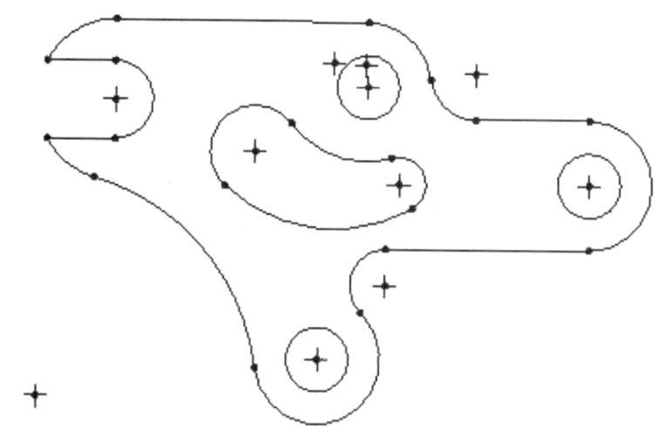
图 6-59　法兰草图

操作步骤：

1. 绘制外轮廓

法兰草图包括外轮廓和内部几何特征。下面介绍外部轮廓的绘制过程。

01 启动 Pro/E，并设置工作目录。

02 选择默认的草绘基准平面，进入草绘模式中。

03 单击【草图器工具栏】工具栏中的【圆心和点】按钮，以中心线的交点为圆心，绘制如图 6-60 所示的圆。

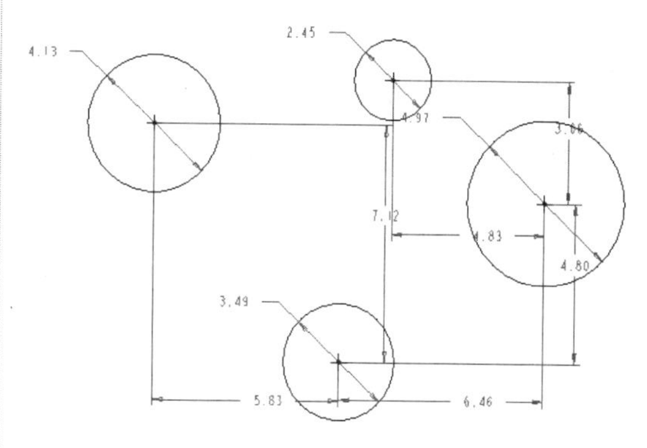

图 6-60　绘制圆

技术要点

用户可以在任意位置绘制圆，在后面将对圆进行几何约束和尺寸约束。

04 单击【草图器工具栏】工具栏中的【修改】按钮，选择图中圆的半径尺寸，在系统弹出的【修改尺寸】对话框中，对各尺寸进行修改，最终效果如图 6-61 所示。

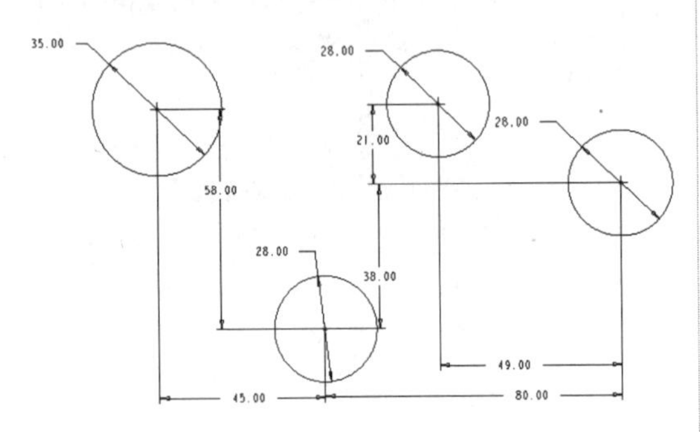

图 6-61　修改尺寸后的圆

05 单击【草绘器工具】工具栏中的【线】按钮右下三角，单击【直线】工具栏中的【直线相切】按钮，绘制如图 6-62 所示的直线段。

06 单击【草绘器工具】工具栏中的【线】按钮，绘制如图 6-63 所示的直线段。

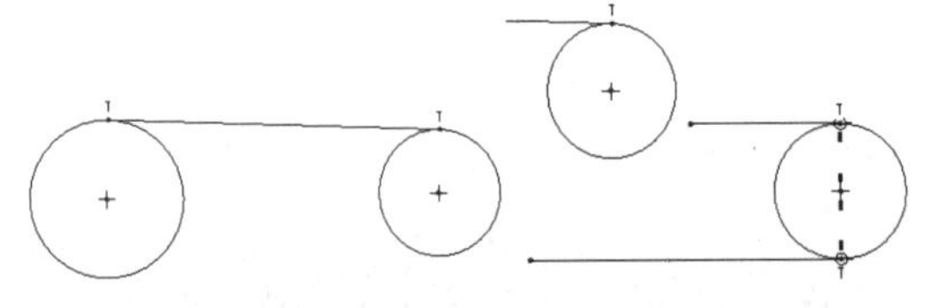

图 6-62　相切直线段　　图 6-63　绘制的直线段

07 单击【草绘器工具栏】工具栏中的【圆形】按钮，绘制如图 6-64 所示的圆弧。

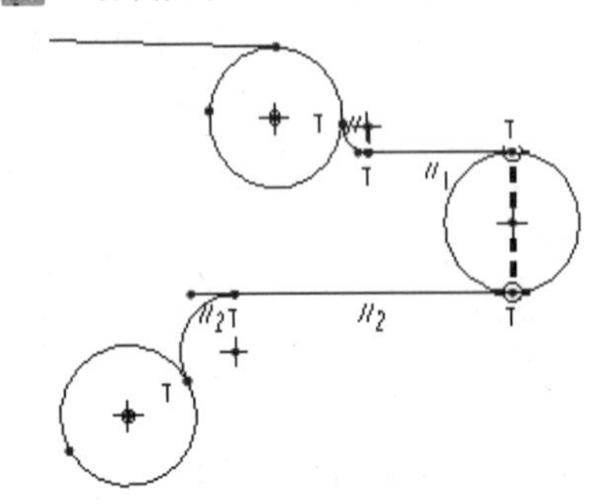

图 6-64　绘制圆弧

08 单击【草图器工具栏】工具栏中的【删除段】按钮，按住左键框选需要删除的线段，单击鼠标中键完成线段的删除，效果如图 6-65 所示。

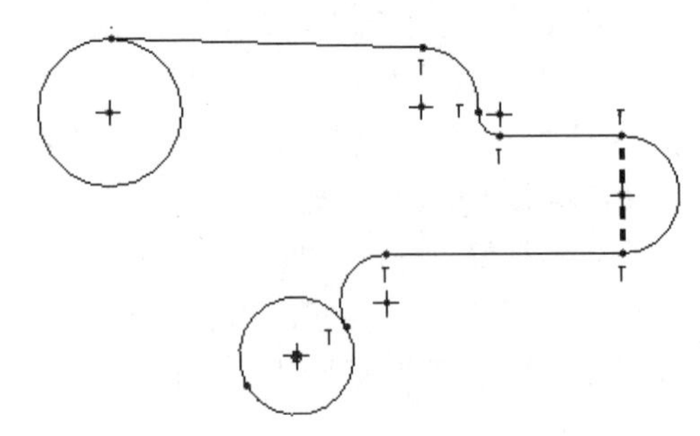

图 6-65　删除后的图形

09 单击【草绘器工具】工具栏中的【3 点 / 相切端】按钮，绘制如图 6-66 所示的圆弧。

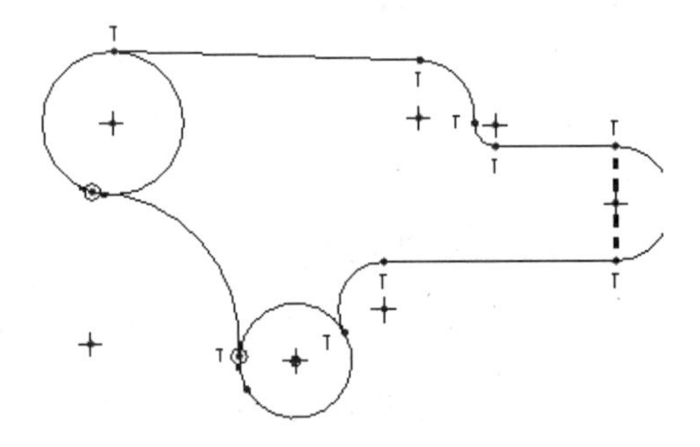

图 6-66　绘制圆弧

10 单击【草图器工具栏】工具栏中的【约束】按钮，系统弹出【约束】对话框。

11 单击【约束】对话框中的【相切】按钮，选择刚才绘制的圆弧和两个相切圆，完成相切约束的创建，效果如图 6-67 所示。

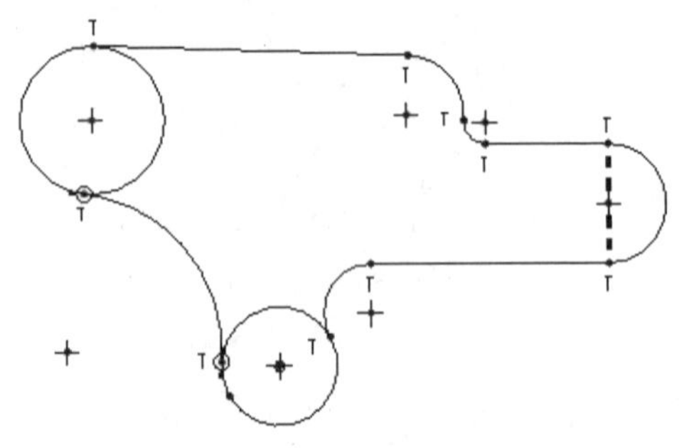

图 6-67　创建的相切约束

12 单击【草图器工具栏】工具栏中的【删除段】按钮，按住左键框选需要删除的线段，单击鼠标中键完成线段的删除，效果如图 6-68 所示。

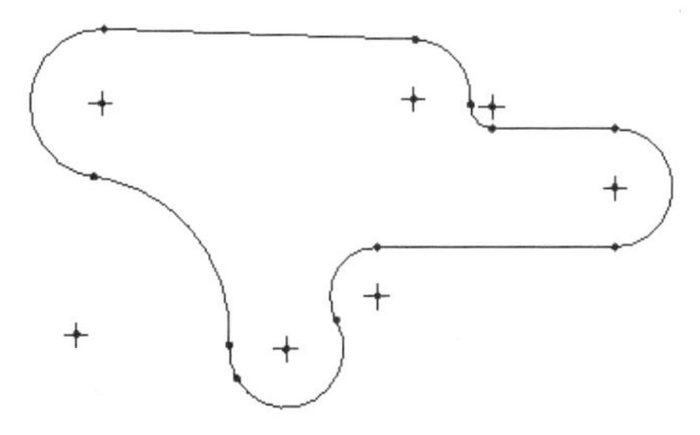

图 6-68　删除后的图形

13 单击【草图器工具栏】工具栏中的【修改】按钮，选择图中圆的半径尺寸，在系统弹出的【修改尺寸】对话框中，对各尺寸进行修改，最终效果如图 6-69 所示。

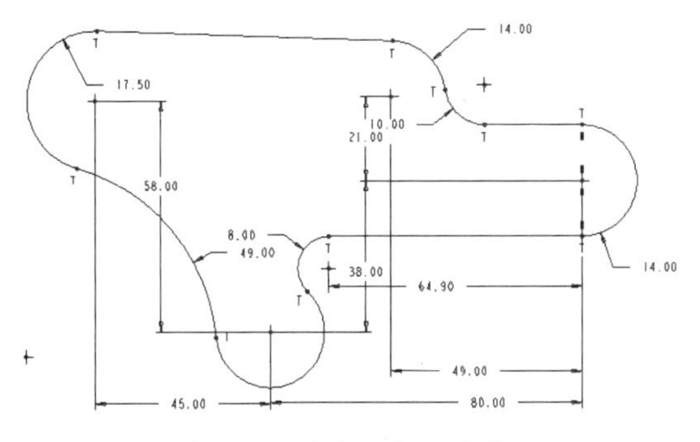

图 6-69　修改尺寸后的图形

2．绘制内部几何特征

外部轮廓曲线绘制完成后，接着绘制内部的几何特征。

01 单击【草图器工具栏】工具栏中的【圆心和点】按钮，以中心线的交点为圆心，绘制如图 6-70 所示的圆。

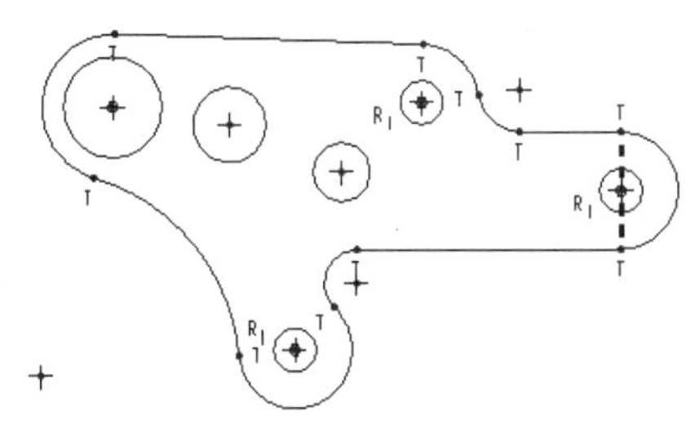

图 6-70　绘制圆

02 单击【草图器工具栏】工具栏中的【修改】按钮，选择图中圆的半径尺寸，在系统弹出的【修改尺寸】对话框中，对各尺寸进行修改，最终效果如图 6-71 所示。

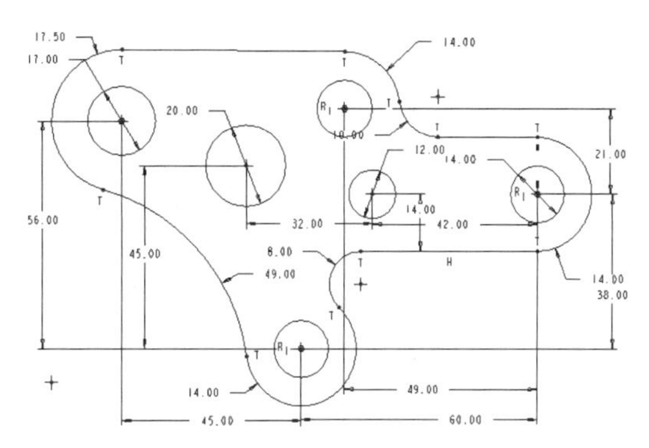

图 6-71　修改尺寸后的图形

03 单击【草绘器工具】工具栏中的【3 点 / 相切端】按钮，绘制如图 6-72 所示的圆弧。

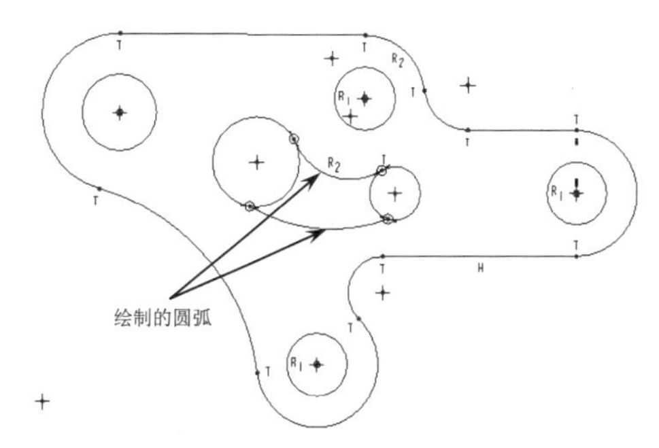

图 6-72　绘制圆弧

04 单击【草图器工具栏】工具栏中的【约束】按钮，系统弹出【约束】对话框。

05 单击【约束】对话框中的【相切】按钮，选择刚才绘制的圆弧和两个相切圆，完成相切约束的创建，效果如图 6-73 所示。

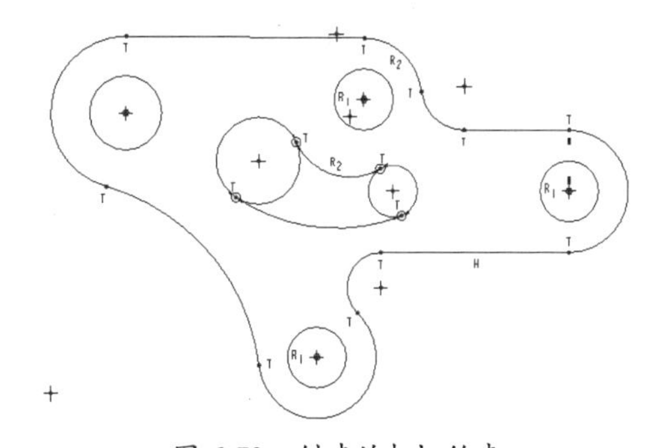

图 6-73　创建的相切约束

06 单击【草图器工具栏】工具栏中的【删除段】

按钮，在绘图区，按住鼠标左键框选需要删除的线段，单击鼠标中键完成线段的删除，效果如图 6-74 所示。

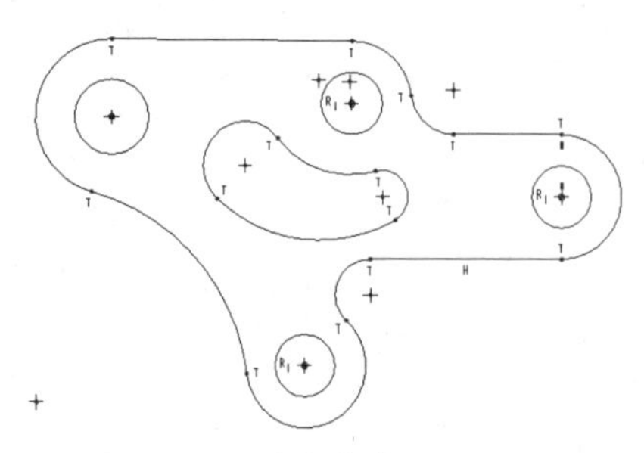

图 6-74 删除多余线段后的图形

07 单击【草图器工具栏】工具栏中的【修改】按钮，选择图中圆的半径尺寸，在系统弹出的【修改尺寸】对话框中，对尺寸进行修改，最终效果如图 6-75 所示。

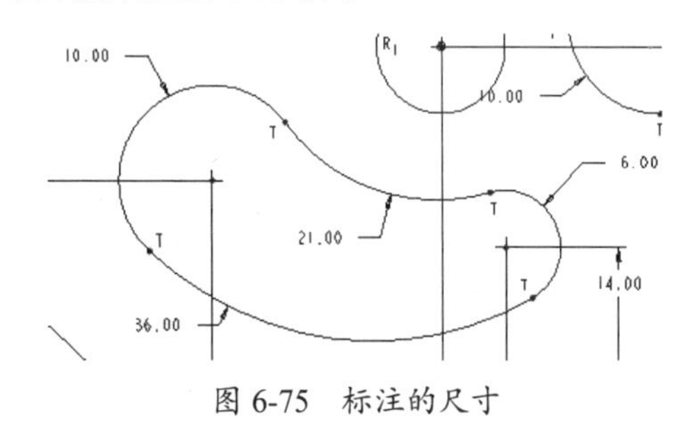

图 6-75 标注的尺寸

08 单击【草图器工具栏】工具栏中的【直线】按钮，绘制如图 6-76 所示的直线段。

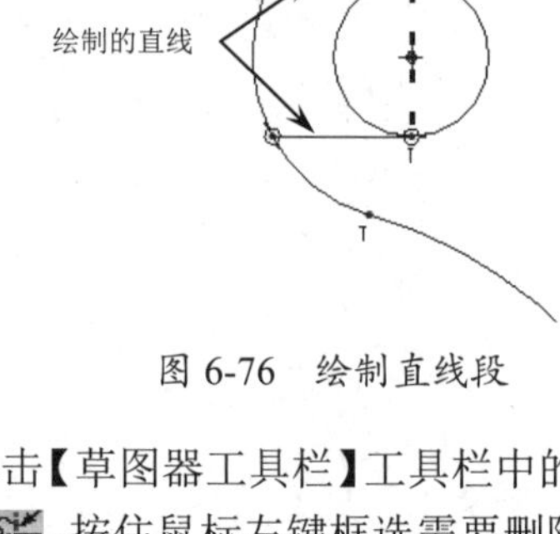

图 6-76 绘制直线段

09 单击【草图器工具栏】工具栏中的【删除段】按钮，按住鼠标左键框选需要删除的线段，单击鼠标中键完成线段的删除，效果如图 6-77 所示。

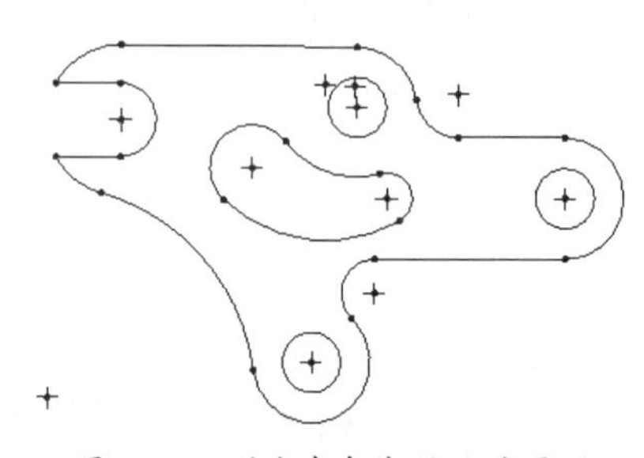

图 6-77 删除多余线段后的图形

10 至此，法兰草图绘制、编辑的操作全部完成。最后将结果保存在工作目录中。

6.5.2 编辑零件草图

◎ **引入文件：无**

◎ **结果文件：实训操作 \ 结果 \Ch06\lingjian.prt**

◎ **视频文件：视频 \Ch06\ 编辑零件草图 .avi**

下面以绘制如图 6-78 所示某零件的草图为例，掌握绘制零件草图的基本方法。

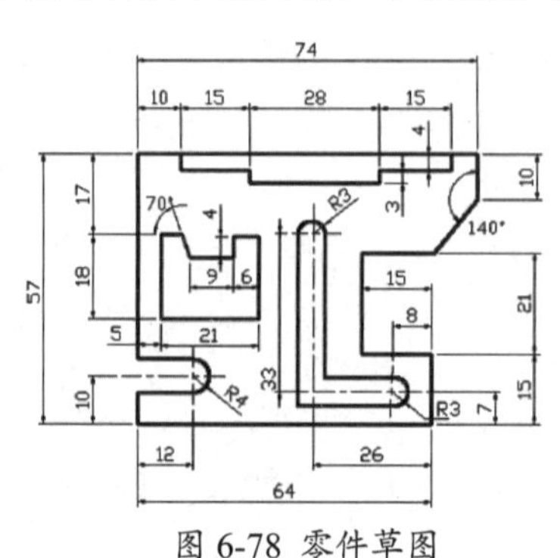

图 6-78 零件草图

操作步骤：

01 绘制外侧轮廓：单击【草绘器工具】工具栏中的【线】按钮，绘制如图 6-79（左）所示的三条竖直线。

02 修改尺寸，双击要修改的尺寸数值，在弹出的文本框中输入正确的值，如图 6-79（中）所示，按下 Enter 键，修改尺寸后的直线如图 6-79（右）所示。

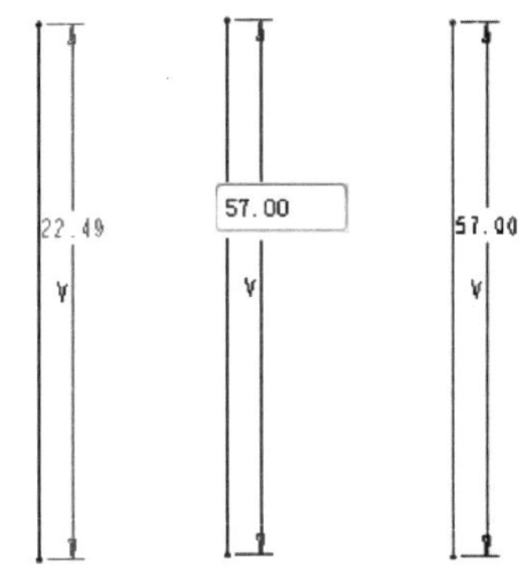

图 6-79 绘制竖直线

03 以竖直线为基准绘制外侧轮廓的曲线，完成的封闭图形如图 6-80 所示。

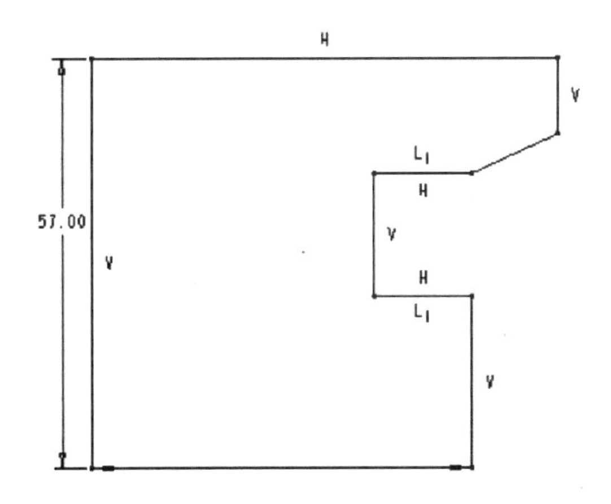

图 6-80 绘制的封闭图形

04 按照步骤（2）的方法修改尺寸值，必要时可先创建某尺寸，再进行修改，修改完成的各项尺寸数值如图 6-81 所示。

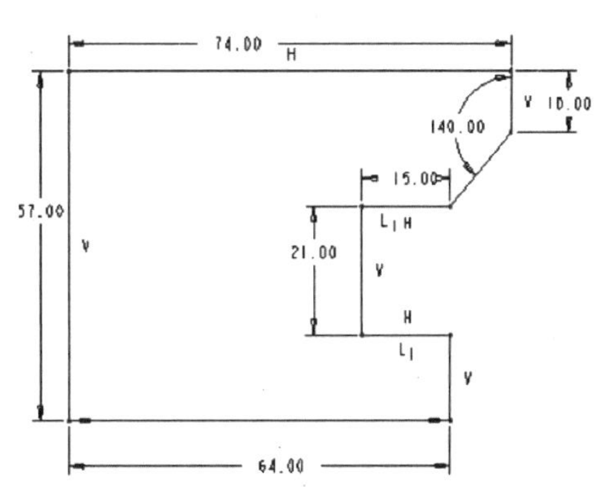

图 6-81 修改尺寸值

技术要点

修改修改尺寸的另一种方法是框选整个图形，使其加亮显示，单击鼠标右键，在如图 6-82 所示的快捷菜单中选择【修改】选项，打开如图 6-83 所示的【修改尺寸】对话框，双击尺寸文本框，对照图 6-81 所示的尺寸进行修改。

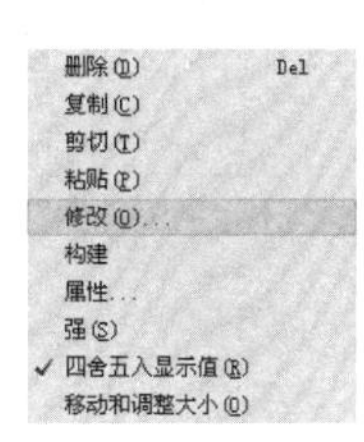

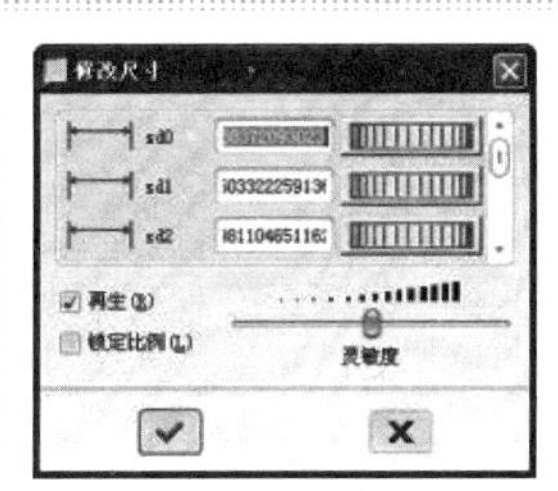

图 6-82 快捷菜单　　图 6-83【修改尺寸】对话框

05 单击【草绘器工具】工具栏中的【矩形】按钮□或选择【草绘】|【矩形】|【矩形】菜单命令，按照与绘制轮廓相同的方法绘制矩形并对其进行定位及修改尺寸，如图 6-84 所示。

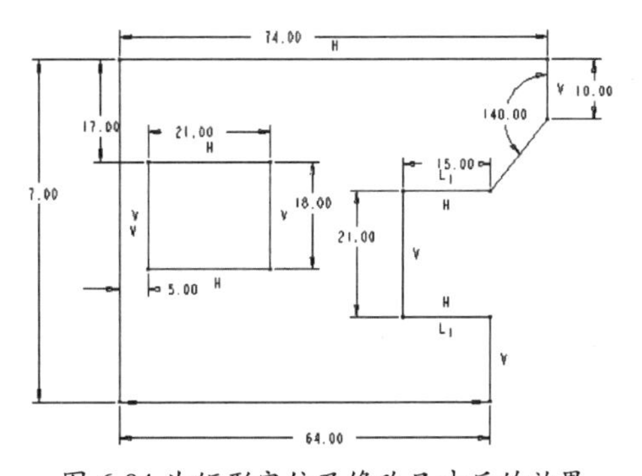

图 6-84 为矩形定位及修改尺寸后的效果

06 选择【草绘】|【线】|【线】菜单命令或者单击【草绘器工具】工具栏中的【线】按钮，绘制如图6-85所示的外部轮廓线及矩形内部的两处曲线，注意图中的各项尺寸值。

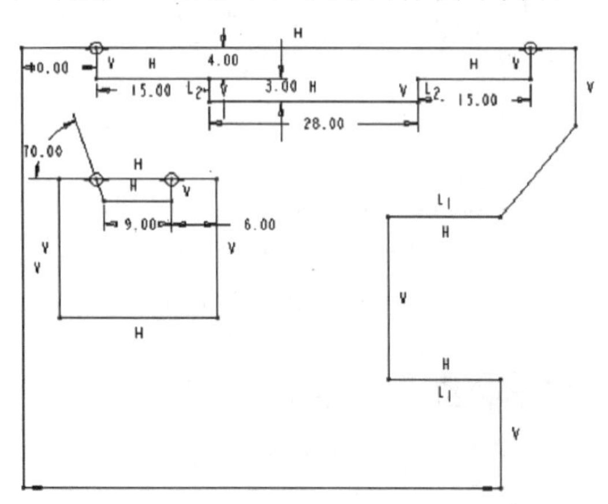

图6-85 绘制图形并修改尺寸

07 绘制定位用的中心线。在【草绘器工具】工具栏中单击【中心线】按钮或者选择【草绘】|【线】|【中心线】菜单命令。绘制如图6-86所示的几条中心线。

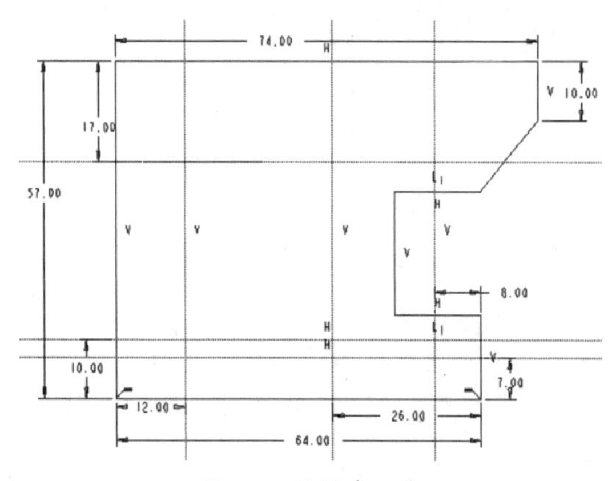

图6-86 绘制中心线

08 单击【圆心和点】按钮，在中心线的三个交点处绘制圆，直径分别为8，6，6，如图6-87所示。

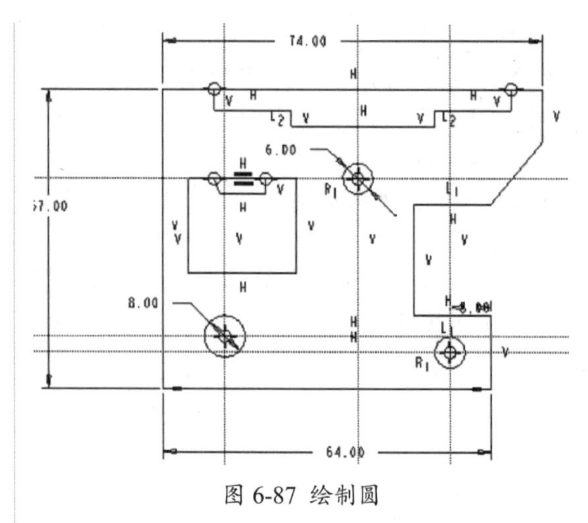

图6-87 绘制圆

09 单击【草绘器工具】工具栏中的【线】按钮，分别由三个圆与中心线两侧的交点处向外引直线，如图6-88所示。

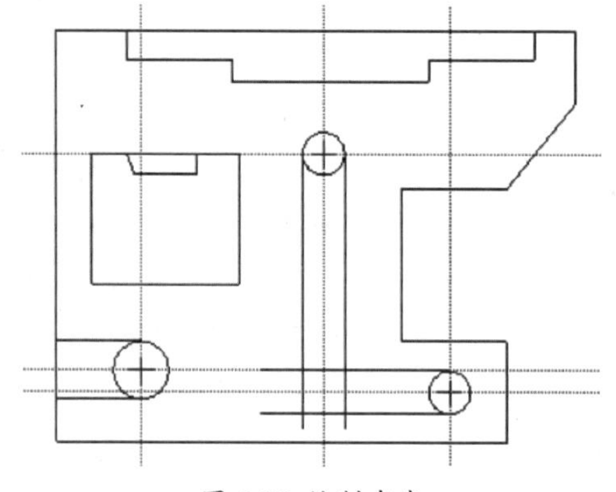

图6-88 绘制直线

10 在【草绘器工具】工具栏中单击【删除段】按钮，删除多余的曲线，最终的效果如图6-89所示。

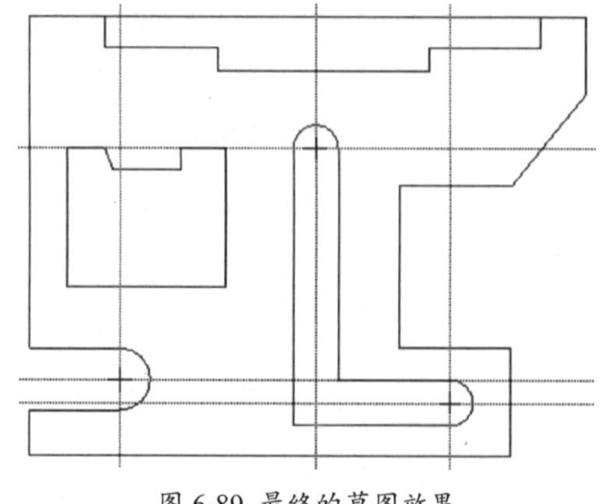

图6-89 最终的草图效果

11 最后将草图保存在工作目录中。

6.6 课后习题

1. 五角星草图编辑

在 Pro/E 的草绘模式中编辑如图 6-90 所示的五角星草图。

2. 阀座草图编辑

在 Pro/E 的草绘模式中编辑如图 6-91 所示的阀座草图。

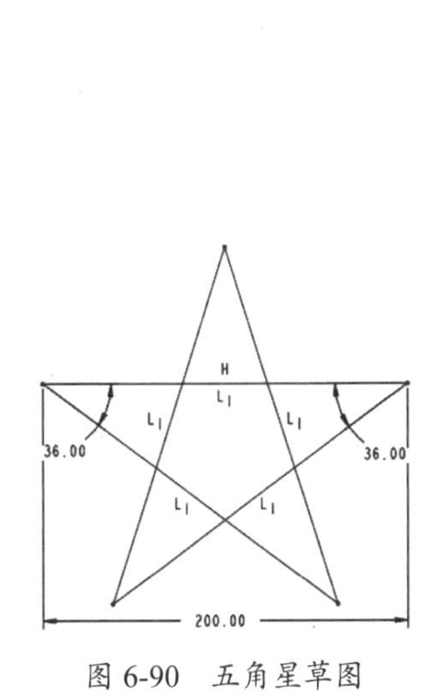

图 6-90 五角星草图

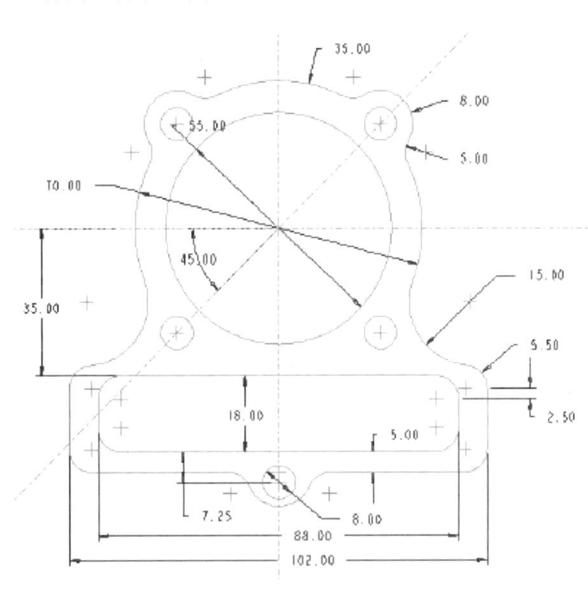

图 6-91 阀座草图

读书笔记

第7章　基础特征命令

基础特征命令是构建模型的基本命令，在国内外流行的三维设计软件中都具有通用的功能。建立一个模型，其基础特征是主要特征，也是父特征，包括常见的拉伸、旋转、扫描等，本章将详解基础特征的含义、用法及实例操作。

资源二维码

百度云盘

360 云盘 访问密码 32dd

知识要点

- 零件设计过程
- 拉伸特征
- 旋转特征
- 扫描特征

7.1　零件的设计过程

其实，使用 Pro/E 创建实体模型的过程和在生产中通过各类加工设备制造产品的过程有许多共同之处，因此可以通过二者的对比来理解三维实体建模的基本原理和建模方法。

7.1.1　构造特征概述

在 Pro/E 中，基础特征是最基本的实体造型特征。基础特征是具有工程含义的实体单元，它包括拉伸、旋转、扫描、混合、扫描混合等命令。

这些特征在工程设计应用中都有一一对应的对象，因而采用特征设计具有直观、工程性强等特点，同时特征的设计也是 Pro/E 操作的基础。

本章将在介绍基本概念的基础上，陆续介绍拉伸特征、旋转特征、扫描特征、混合特征的创建方法。通过本章的学习，可以掌握用基础特征在 Pro/E 中进行零件模型的建模方法和步骤。下面简单概述 4 种建模方法。

1．拉伸实体特征

拉伸实体特征是指沿着与草绘截面垂直的方向添加或去除材料而创建的实体特征。如图 7-1 所示，将草绘截面沿着箭头方向拉伸后即可获得实体模型。

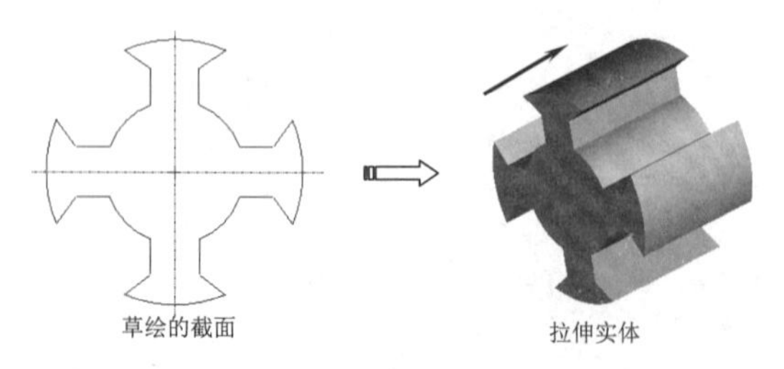

图 7-1　拉伸实体特征

2．旋转实体特征

选择实体特征是指将草绘截面绕指定的轴旋转一定的角度后所创建的实体特征。将截面绕轴线旋转任意角度即可生成三维实体图形，如图 7-2 所示。

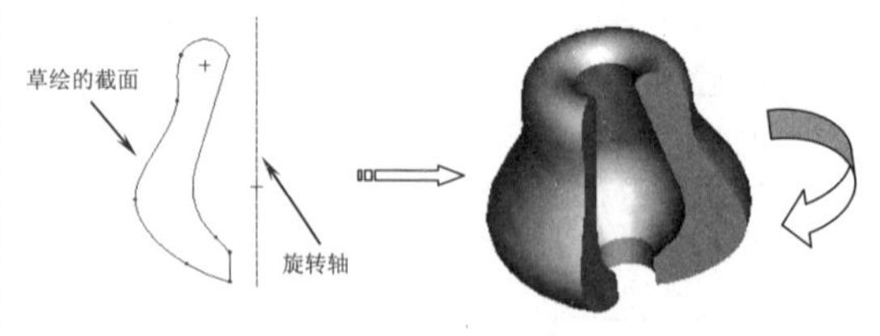

图 7-2　旋转实体特征

3．扫描实体特征

扫描实体特征的创建原理比拉伸和旋转实体特征更具有一般性，它是通过将草绘截面沿着一定的轨迹（导引线）进行扫描处理后，由其轨迹包络线所创建的自由实体特征。

如图 7-3 所示，将绘制的草图轮廓沿着扫描轨迹创建出三维实体特征。

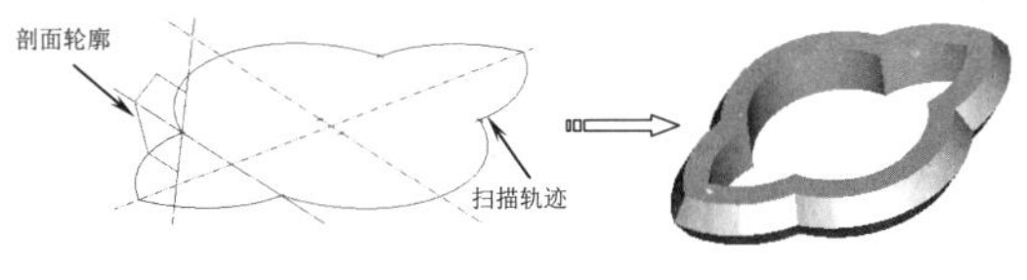

图 7-3　扫描实体特征

4．混合实体特征

混合实体特征就是将一组草绘截面的顶点顺次相连进而创建的三维实体特征。如图 7-4 所示，依次连接截面 1、截面 2、截面 3 的相应顶点即可获得实体模型。在 Pro/E 中，混合特征包含 3 种混合实体建模方法，即平行混合、旋转混合，以及一般的混合特征。

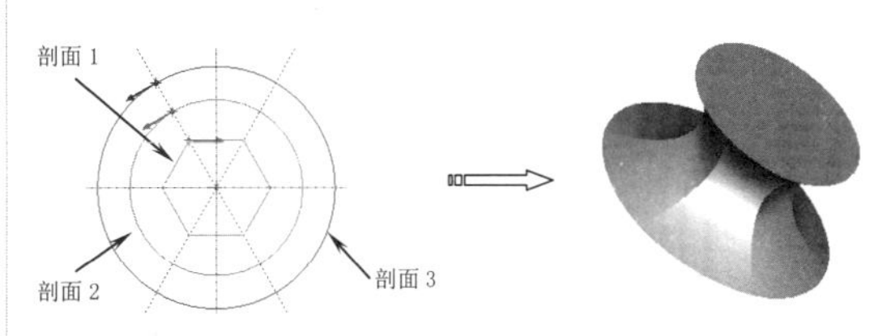

图 7-4　混合实体特征

7.1.2　机械加工与三维建模

技术要点

如果有一段圆柱形的钢材，现要利用这段材料使用最普通的方法和设备加工一个螺母零件，我们应该作哪些工作呢?

下面以螺母的加工过程为例介绍机械加工的基本流程。首先应该在这段材料上打磨出一个平整的平面，然后在这个平整平面上画出螺母的基本轮廓，最后再以画出的轮廓线作为边界，选用适当的工具切除多余的材料获得最后的产品。其基本流程如图 7-5 所示。

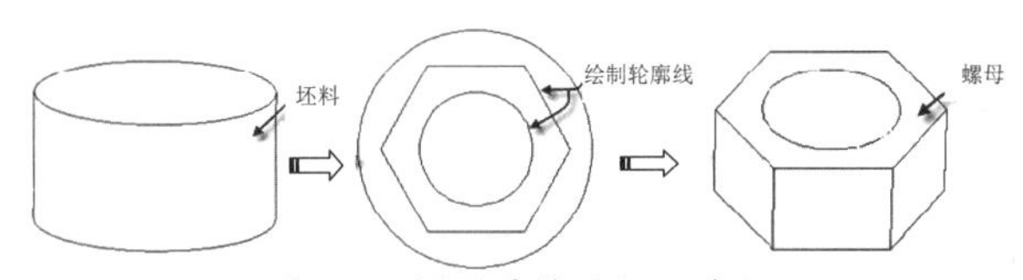

图 7-5　螺母零件的加工过程

使用 Pro/E 创建三维实体模型的过程同机械加工过程具有很大的相似性。

- 首先选取一个适当的平面作为草绘平面，这相当于螺母坯料上的平整平面。
- 然后在草绘平面绘制剖面图，这相当于在螺母坯料的平整平面上绘制加工轮廓线。
- 最后根据剖面图选用适当的方法创建三维实体模型，这相当于最后加工出螺母零件。

二者的对比如表 7-1 所示。

表 7-1　三维实体建模过程与机械制造过程的对比

序号	机械制造过程	Pro/E 实体建模过程
1	在零件毛坯上选出平整平面	指定或创建草绘平面
2	使用画线的方法确定加工时去除材料的轮廓边界线	绘制草绘剖面图
3	根据轮廓边界切除多余材料，获得一定形状的零件	使用草绘剖面生成具有一定形状的特征
4	使用同样的方法，继续加工其他结构	使用同样的方法，继续创建其他实体模型
5	对已经加工完成的零件进行机械装配，得到结构更为复杂并且具有确定功能的单元产品	对依次创建的各零件模型进行装配，最后生成结构、功能更加复杂的组件

技术要点

在机械加工中，主要从是坯料上切除多余材料来创建零件的。而使用 Pro/E 创建三维实体模型时，却像建楼房一样，可以平地而起长出模型来。正因为如此，与机械加工相比，使用 Pro/E 创建实体模型的基本过程更加复杂一些。

7.1.3 三维建模的一般过程

通过前面对机械加工过程和三维建模过程的对比可知，在机械加工中，为了保证加工结果的准确性，首先需要画出精确的加工轮廓线。与之相对应，在创建三维实体特征时，需要绘制二维草绘剖面，通过该剖面来确定特征的形状和位置。在第 1 章中曾经讲过，Pro/E 使用特征作为实体建模的基本单位，如图 7-6 所示说明了三维实体建模的一般过程。

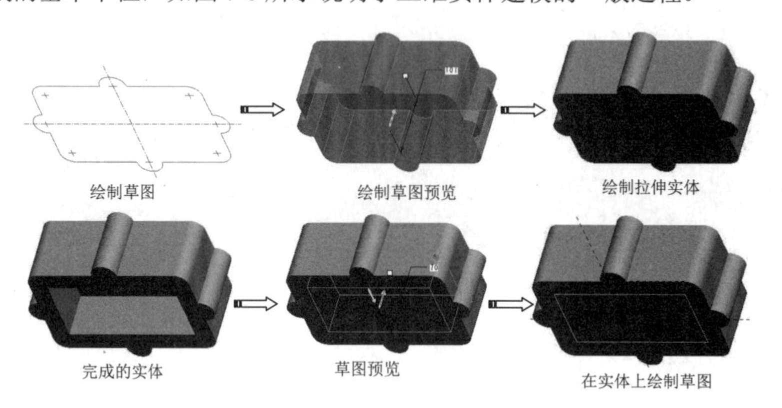

图 7-6　三维实体建模示例

在 Pro/E 中，在草绘平面内绘制的二维图形称为草绘剖面或草绘截面。在完成剖（截）面图的创建工作之后，使用拉伸、旋转、扫描、混合，以及其他高级方法创建基础实体特征，然后在基础实体特征之上创建孔、圆角、拔模，以及壳等放置实体特征。

使用 Pro/E 创建三维实体模型时，实际上是以【搭积木】的方式依次将各种特征添加到已有模型之上的，从而构成具有清晰结构的设计结果。如图 7-7 所示表达了一个【十字接头】零件的创建过程。

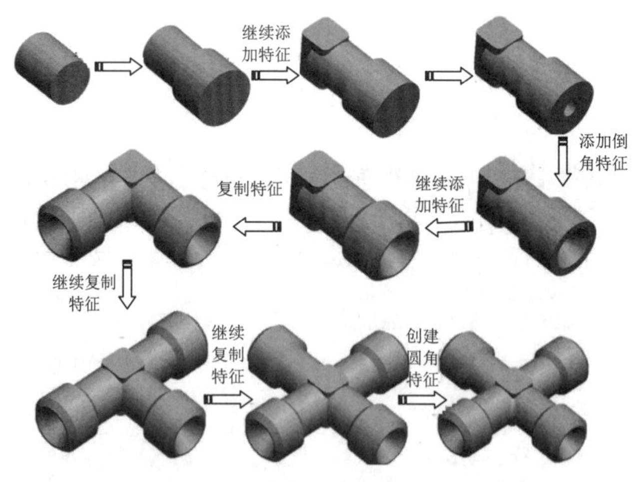

图 7-7　三维实体建模的一般过程

使用 Pro/E 创建零件的过程中实际上也是一个反复修改设计结果的过程。Pro/E 是一个人性化的大型设计软件，其参数化的设计方法为设计者轻松修改设计意图打开了方便之门，使用软件丰富的特征修改工具可以轻松更新设计结果。此外，使用特征复制、特征阵列等工具可以毫不费力地完成特征的【批量加工】。

7.2 拉伸特征

拉伸是定义三维几何的一种方法，通过将二维截面延伸到垂直于草绘平面的指定距离处来实现。

拉伸特征虽然简单，但它是常用的、最基本的创建规则实体的造型方法，工程中的许多实体模型都可看作是多个拉伸特征互相叠加或切除的结果。拉伸特征多用于创建比较规则的实体模型。

使用【拉伸】工具，可创建下列类型的拉伸：

- 伸出项——实体、加厚。
- 切口——实体、加厚。
- 拉伸曲面。
- 曲面修剪——规则、加厚。

7.2.1 【拉伸】操控板

在右工具栏中单击【拉伸】工具按钮，可以打开如图 7-8 所示的操控板，基本实体特征的创建是配合操控板完成的。

【拉伸】操控板中各选项含义如下：

- 拉伸为实体：单击此按钮，可以生成实体特征。
- 拉伸为曲面：单击此按钮，拉伸后的特征为曲面片体。
- 拉伸深度类型下拉列表：下拉列表中列出了几种特征拉伸的方法：从草绘平面以指定的深度值拉伸、在各方向上以指定深度值的一半拉伸，以及拉伸至点、曲线、平面或曲面，等等。
- 深度值组合框：选择一种拉伸深度类型后，在此组合框内输入深度值。如果选择【拉伸至点、曲线、平面或曲面】类型，此框变为收集器。
- 更改拉伸方向：单击此按钮，拉伸方向将与现有方向相反。

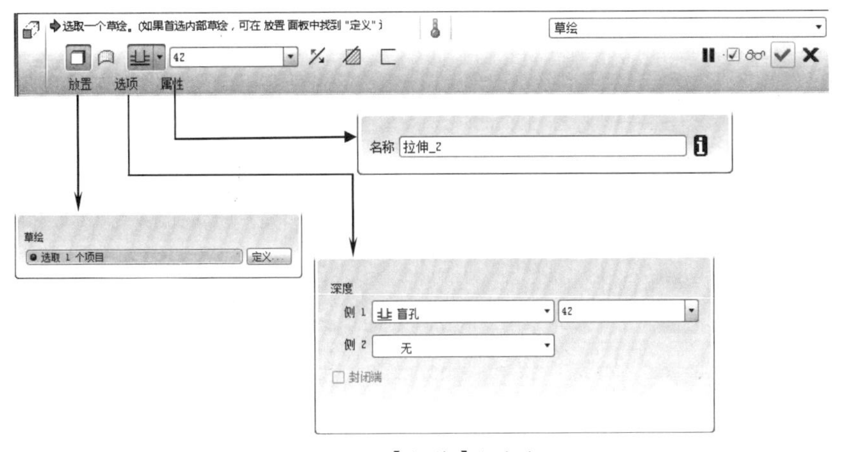

图 7-8　【拉伸】操控板

- 移除材料：单击此按钮，将创建拉伸切除特征，即在实体中减除一部分实体。
- 加厚草绘：单击此按钮，将创建薄壁特征。
- 暂停：暂停当前工具以访问其他对象操作工具。

- 特征预览☑ 👓：单击此按钮，将不预览拉伸。
- 应用☑：单击此按钮，接受操作并完成特征的创建。
- 关闭✖：取消创建的特征，退出当前命令。

1. 【放置】选项卡

【放置】选项卡主要定义特征的草绘平面。在草绘平面收集器被激活的状态下，可直接在图形区中选择基准平面或模型的平面作为草绘平面。也可以单击【定义】按钮，在弹出的【草绘】对话框中编辑、定义草绘平面的方向和参考等，如图 7-9 所示。

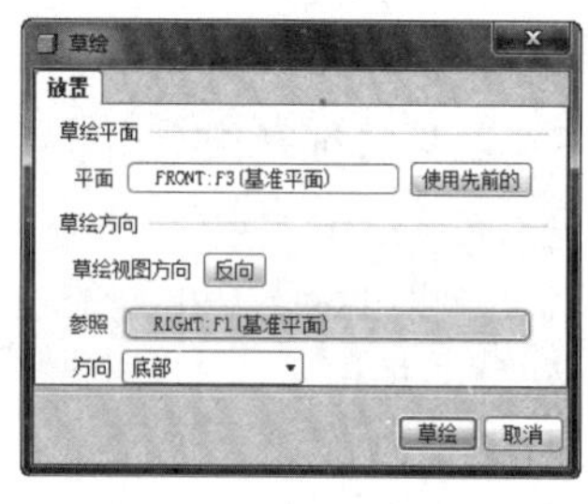

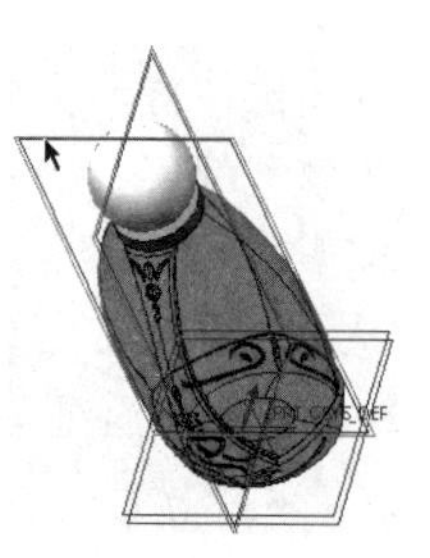

图 7-9　草绘平面的定义

当选取创建第一个实体特征时，一般会使用程序所提供的3个标准的基本平面：RIGHT、FRONT和TOP面的其中之一来作为草绘平面。

在选择草绘平面之前，要保证【草绘】对话框中的草绘平面收集器处于激活状态（文本框背景色为黄色）。然后在绘图区中单击3个标准基本平面中的任意一个平面，程序会自动将信息在【草绘】对话框中显示出来。

技术要点

如果您选择的模型平面可能会因为缺少参考而无法完成草绘时，或者在草绘过程中误操作删除了参考（基准中心线），那么即将退出草图环境时，会显示【参考】对话框，如图 7-10 所示。最好的解决办法是：选择坐标系作为参考。

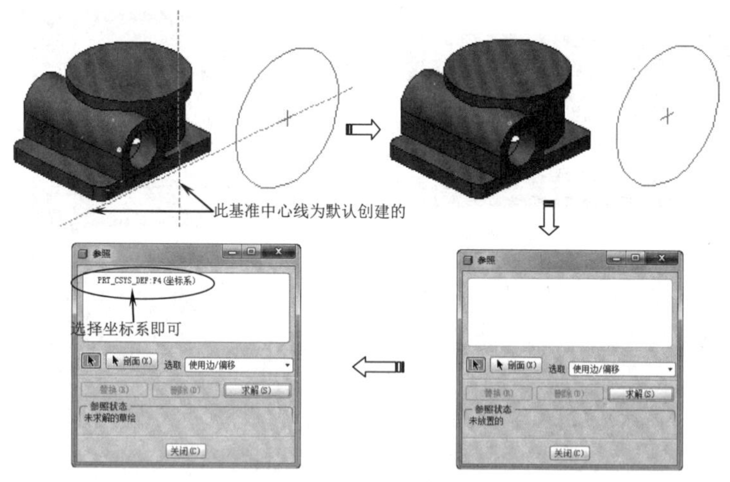

图 7-10　缺少参考的解决办法

2. 【选项】选项卡

此选项卡用来设置拉伸深度类型、单侧或双侧拉伸及拔模等选项，如图 7-10 所示。

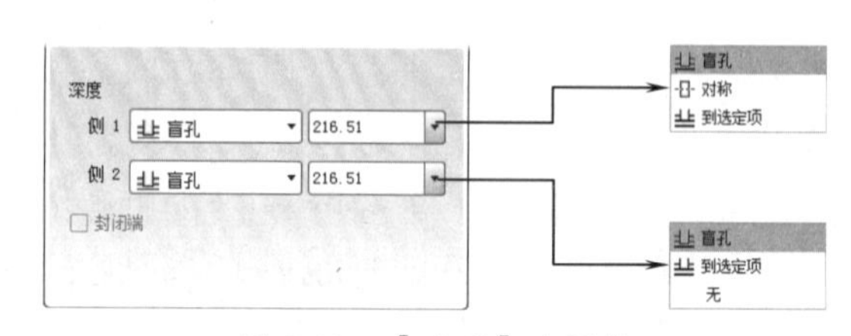

图 7-10　【选项】选项卡

技术要点

【侧 1】和【侧 2】下拉列表中的选项并非固定，这些选项是根据用户选择的创建拉伸特征的形式——是初次创建拉伸还是在已有特征上再创建拉伸特征来显示的。

【封闭端】选项主要是用来在创建拉伸曲面时封闭两端以生成封闭的曲面。选中【封闭端】复选框，可以创建闭合的曲面特征，如图 7-12 所示。

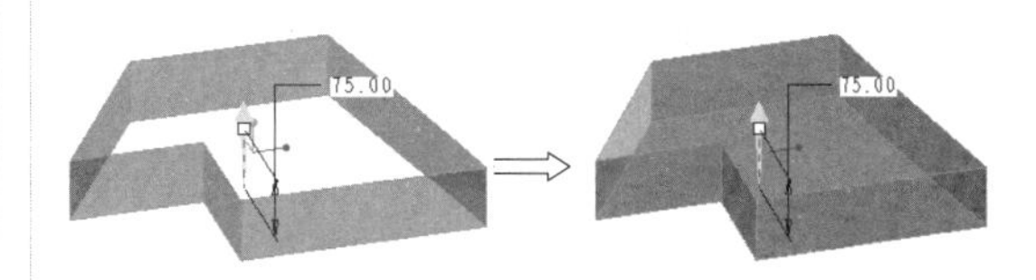

图 7-12　创建闭合的曲面特征

拉伸截面的绘制

拉伸特征的截面要求是闭合的，不可以有多余的图元。截面只有单一的图元链时，可以是不闭合的，但开放端必须对齐在实体边界上。

若所绘截面不满足以上要求，通常不能正常结束草绘进入到下一步骤，如图 6-13 所示，草绘截面区域外出现了多余的图元，此时在所绘截面不合格的情况下若单击【确定】按钮 ✔，程序在信息区会出现错误提示框，此时单击【否】按钮，就可以继续编辑图形，将其修剪后再进行下一步。

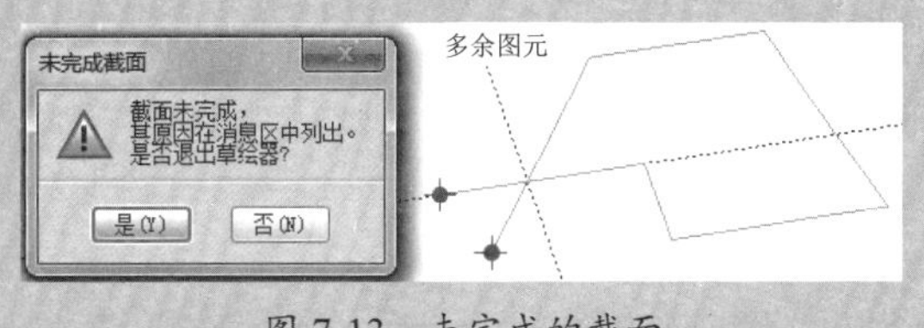

图 7-13　未完成的截面

7.2.2　拉伸深度选项

特征深度是指特征生长长度。在三维实体建模中，确定特征深度的方法主要有 6 种，如图 7-14 所示的是拉伸深度类型。

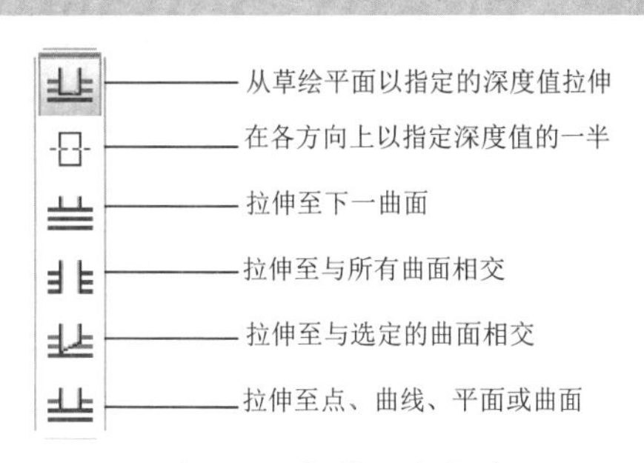

图 7-14　拉伸深度类型

1. 从草绘平面以指定的深度值拉伸

如图 7-15 所示为 3 种不同方法从草绘平面以指定的深度值拉伸。

a 在操控板的组合框中修改值

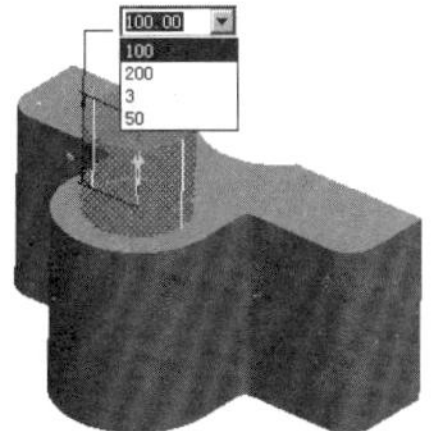

b 双击尺寸直接修改值

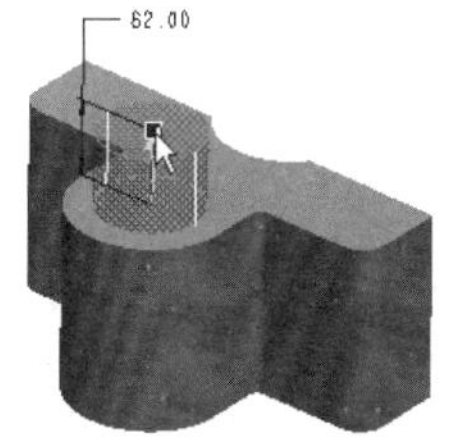

c 拖动句柄修改值

图 7-15　3 种数值输入方法设定拉伸深度

2. 在各方向上以指定深度值的一半拉伸

此类型是在草绘截面两侧分别拉伸实体特征。在深度类型下拉列表中选择【在各方向上以指定深度值的一半拉伸】按钮 ⊟，然后在文本框中输入数值，程序会将草绘截面以草绘基准平面为基准往两侧拉伸，深度各为一半。如图 7-16 所示为单侧拉伸与双侧拉伸。

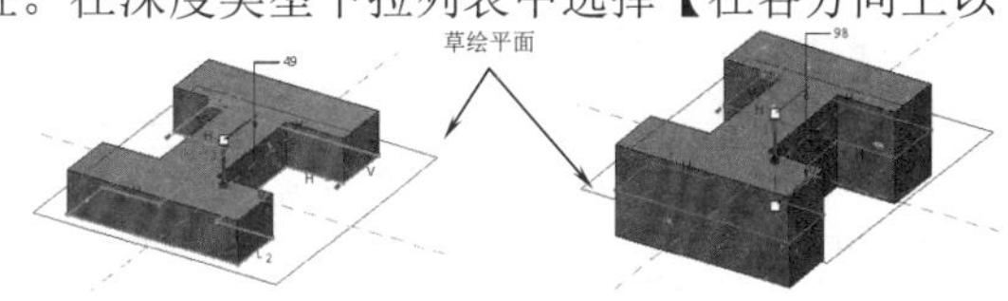

图 7-16　单侧拉伸和双侧拉伸

3. 拉伸至下一曲面

单击【拉伸至下一曲面】按钮后，实体特征拉伸至拉伸方向上的第一个曲面，如图 7-17 所示。

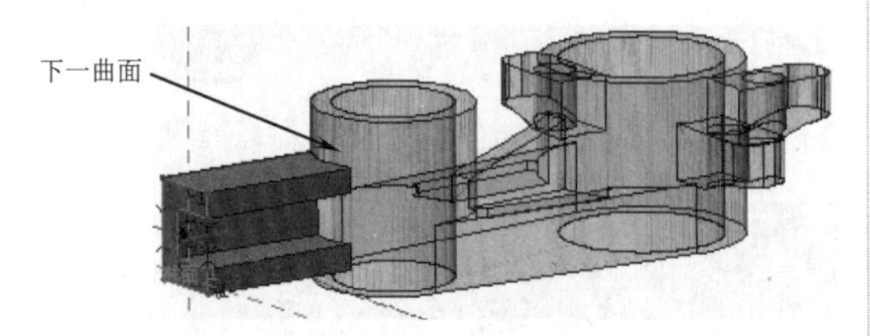

图 7-17 拉伸至下一个曲面

4. 拉伸至与所有曲面相交

单击【拉伸至与所有曲面相交】按钮后，可以创建穿透所有实体的拉伸特征，如图 7-18 所示。

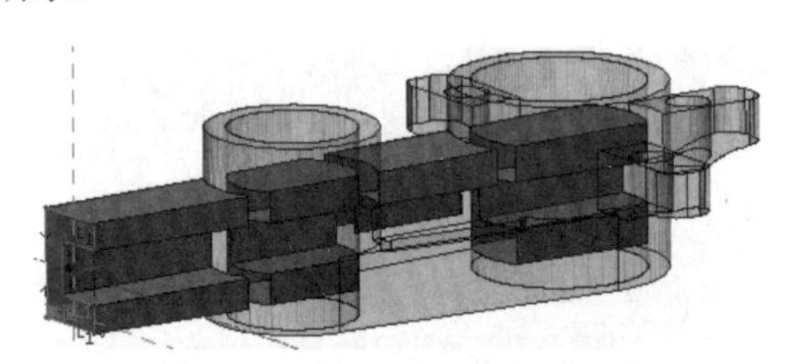

图 7-18 拉伸至与所有曲面相交

5. 拉伸至与选定的曲面相交

如果单击【拉伸至与选定的曲面相交】按钮，根据程序提示选择要相交的曲面，即可创建拉伸实体特征，如图 7-19 所示。

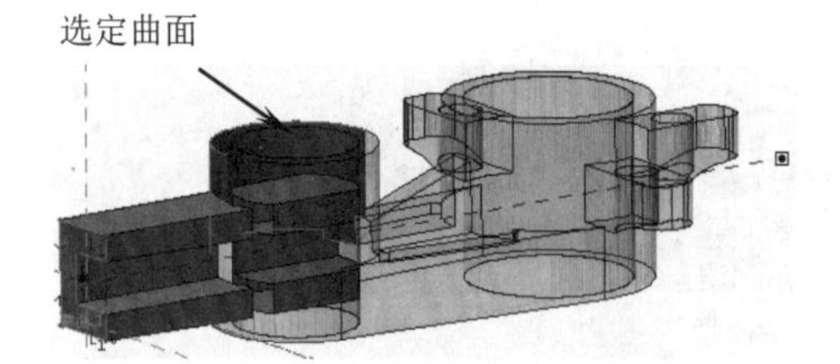

图 7-19 拉伸至与选定的曲面相交

技术要点

此深度选项，只能选择在截面拉伸过程中能相交的曲面，否则不能创建拉伸特征。如图 7-20 所示，选定没有相交的曲面，不能创建拉伸特征的，并且强行创建特征会弹出【故障排除器】对话框。

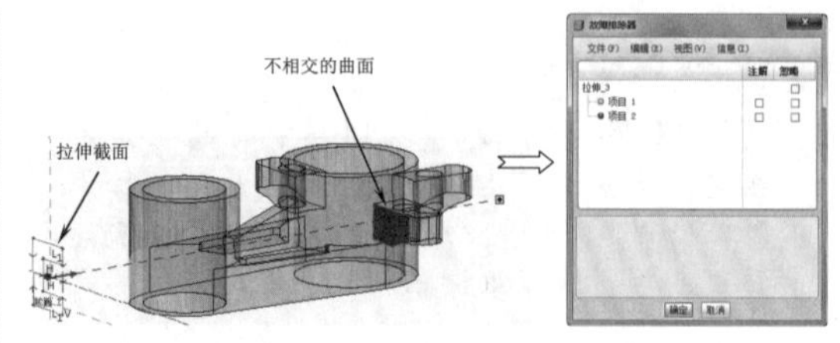

图 7-20 不能创建拉伸特征的情形

6. 拉伸至点、曲线、平面或曲面

单击【拉伸至点、曲线、平面或曲面】按钮，将创建如图 7-21 所示的指定点、线、面为参照的实体模型。

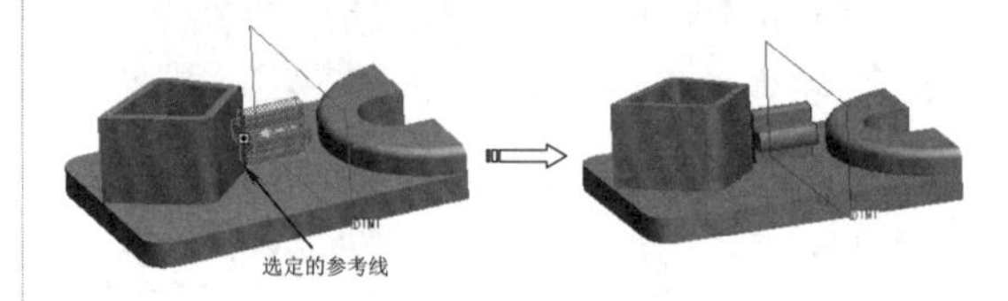

图 7-21 使用边线作为特征参照

技术要点

单击【拉伸至点、曲线、平面或曲面】按钮，当选定的参考是点、曲线或平面时，只能拉伸至与所选参考接触，且拉伸特征端面为平面。若是选定的参考为曲面，那么拉伸的末端形状与曲面参考相同。

7.2.3 【暂停】与【特征预览】功能

【暂停】就是暂停当前的工作。单击【暂停】按钮，即暂停当前正在操作的设计工具，该按钮为二值按钮，单击后转换为【继续使用】按钮，继续单击该按钮可以退出暂停模式，接着进行暂停前的工作。

【特征预览】用于在模型草绘图创建完成后，检验所创建的特征是否满足设计的需要。运用此工具可以提前预览特征设计的效果，如图 7-22 所示。

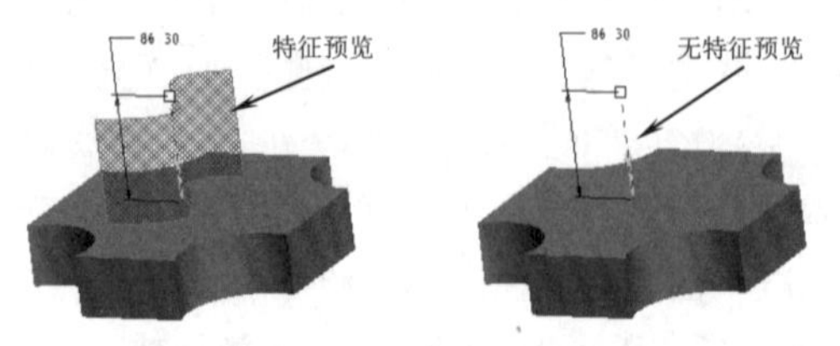

图 7-22 【特征预览】工具运用与否比较

动手操作——支座设计

操作步骤：

01 在标准工具栏中单击【新建】按钮，或选取主菜单栏中的【文件】|【新建】命令，都可打开【新建】对话框，新建名为 zhizuo 的零件文件，使用公制模板 mmns_part_solid 进入三维建模环境。

02 单击【拉伸】工具按钮打开操控板，单击操控板上的【放置】按钮，在弹出的草绘参数面板上单击【定义】按钮打开【草绘】对话框，如图 7-23 所示，选取标准基准平面 FRONT 作为草绘平面，直接单击【草绘】按钮使用程序默认设置参照进入二维草绘模式中。

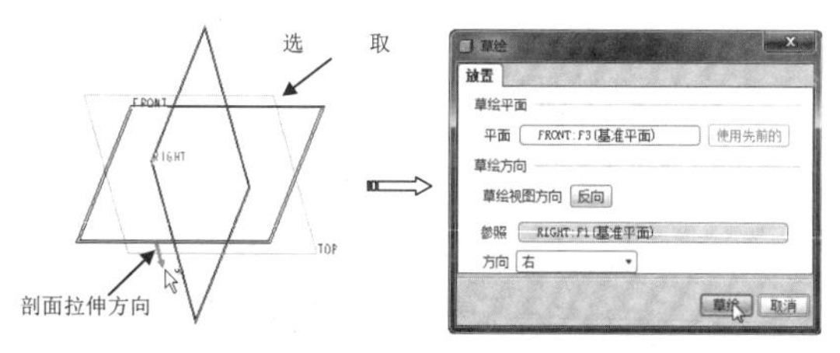

图 7-23　草绘平面的选取

03 绘制如图 7-24 所示的草绘剖面轮廓。特征预览确认无误后，单击【应用】按钮完成第一个拉伸实体特征的创建。

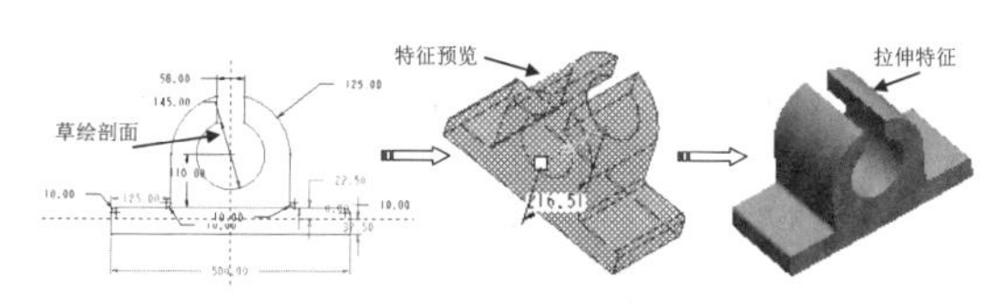

图 7-24　创建支座主体

04 在右工具栏中单击【基准平面】工具按钮，打开【基准平面】对话框，选取 TOP 平面作为参照平面往箭头所指定方向偏移 285，单击【应用】按钮，完成新基准平面的创建，如图 7-25 所示。

图 7-25　新建的 DTM1 基准平面

05 再次单击【拉伸工具】按钮，设置新创建的 DTM1 作为草绘平面，使用程序默认设置参照平面与方向，进入草绘模式中。单击【通过边选取图元】按钮，选取图中所示的实体特征边线作为选取的图元，再绘制草绘剖面，如图 7-26 所示。

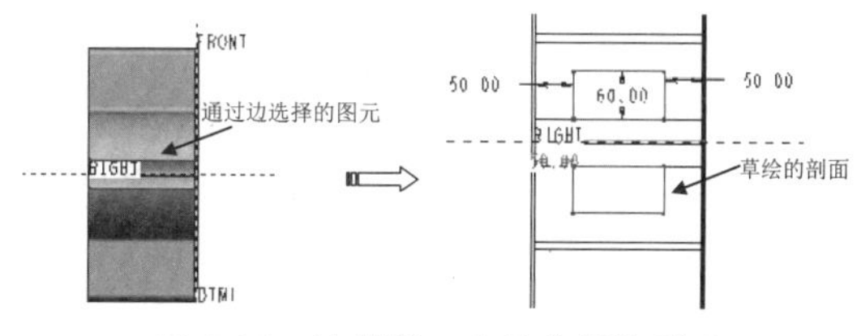

图 7-26　绘制第二次拉伸草绘剖面

06 单击【应用】按钮，在操控板上的拉伸类型下拉列表中单击【拉伸至下一曲面】按钮，并单击【反向】按钮，改变拉伸方向，预览无误后单击【应用】按钮，结束第二次实体特征拉伸创建，如图 7-27 所示。

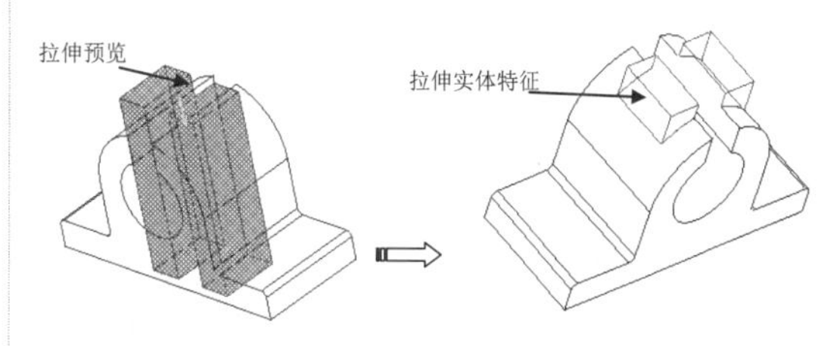

图 7-27　拉伸至支座主体

07 运用同样的方法创建第 3 个拉伸实体特征，在实体特征上选取草绘平面，采用程序默认设置参照，进入草绘模式，绘制如图 7-28 所示的剖面轮廓。

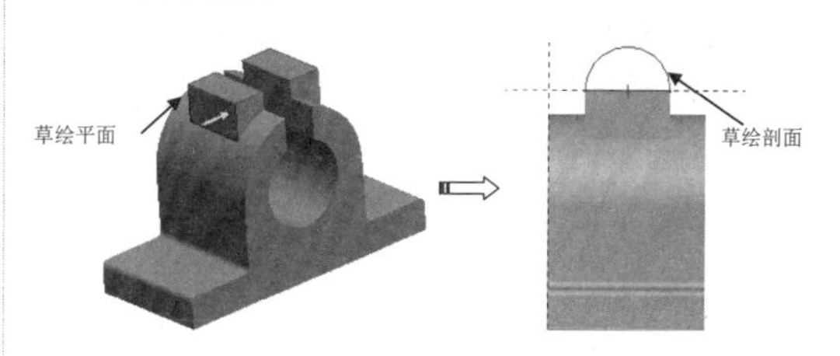

图 7-28　绘制第三次拉伸草绘剖面

08 在操控板的拉伸深度类型下拉列表中单击【拉伸至选定的点、曲线、曲面】按钮，在实体特征上选取一个面作为选定曲面。确认无误后单击【应用】按钮，结束拉伸实体特征的创建，如图 7-29 所示。

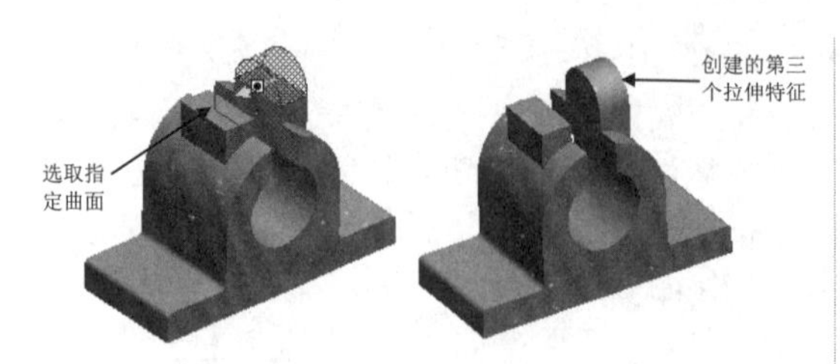

图 7-29　拉伸至指定平面

09 用类似的方法在对称位置创建第 4 个拉伸体，如图 7-30 所示。

图 7-30　创建对称实体特征

10 用减材料拉伸实体创建第 5 个拉伸实体特征，选取实体特征上的一个平面作为草绘平面，使用程序默认设置参照，进入草绘模式，使用【同心圆】工具绘制如图 7-31 所示的草绘剖面。

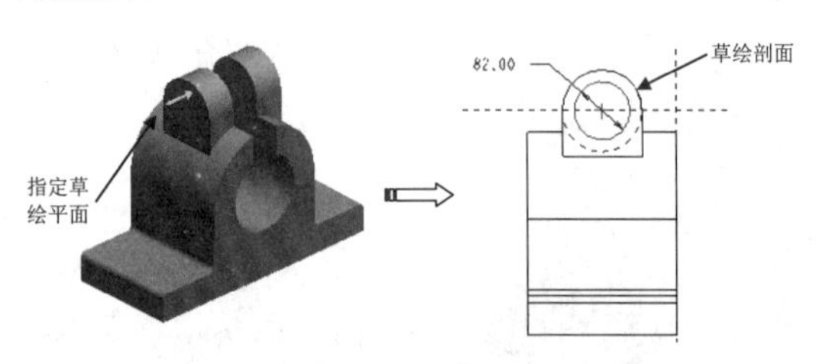

图 7-31　绘制穿孔剖面

11 在操控板上单击【拉伸至与所有曲面相交】按钮，单击【反向】按钮，最后单击【移除材料】按钮，预览无误后单击【应用】按钮，结束第 5 个拉伸实体特征的创建，如图 7-32 所示。

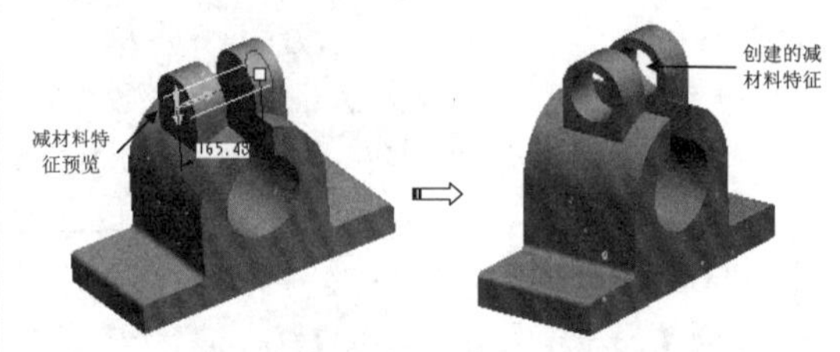

图 7-32　拉伸至与所有曲面相交

12 创建支座的 4 个固定孔，同样用拉伸减材料实体特征的方法来创建。选取底座上的一个平面作为草绘平面，绘制如图 7-33 所示的草绘剖面，在操控板上单击【拉伸至与所有曲面相交】按钮，单击【反向】按钮，最后单击【移除材料】按钮。

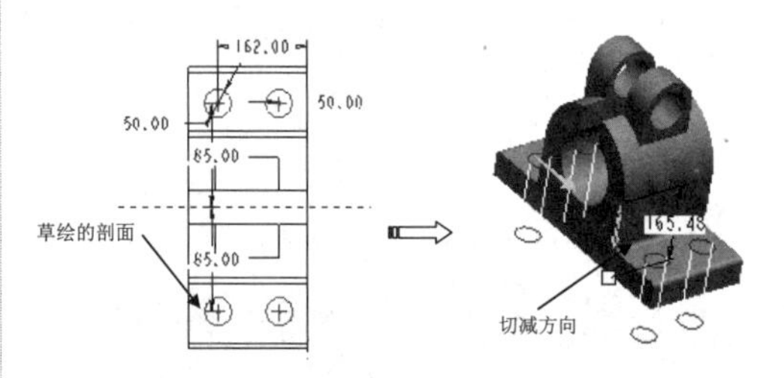

图 7-33　创建支座底部的 4 个固定孔

13 确认无误后，单击【应用】按钮完成整个支座零件的创建，如图 7-34 所示。

图 7-34　支座零件

7.3 旋转特征

旋转实体特征是指将草绘截面绕指定的旋转中心线转一定的角度后所创建的实体特征。利用【旋转】工具可创建不同类型的旋转特征：

- 旋转伸出项—实体、加厚。

- 旋转切口—实体、加厚。
- 旋转曲面。
- 旋转曲面修剪—规则、加厚。

7.3.1　【旋转】操控板

创建旋转实体特征与创建拉伸实体特征的步骤基本相同。在右工具栏中单击【旋转】按钮，弹出如图 7-35 所示的操控板。

图 7-35　【旋转】操控板

与拉伸实体特征类似，在创建旋转体特征时还可以用到以下几种工具：如单击【作为曲面旋转】按钮，可以创建旋转曲面特征；单击【移除材料】按钮，可以创建减材料旋转特征；单击【加厚草绘】按钮，可以创建薄壁特征。由于这些工具的用法与拉伸实体的类似，这里也就不再赘述了。

7.3.2　旋转特征类型

如表 7-2 所示列出了使用【旋转】工具可以创建的各种类型的几何。

表 7-2　旋转类型

旋转实体伸出项	
具有分配厚度的旋转伸出项（使用封闭截面创建）	
具有分配厚度的旋转伸出项（使用开放截面创建）	
旋转切口	
旋转曲面	

在构建旋转特征的草绘截面时应注意以下几点：

- 草绘截面时必须绘制一条旋转中心线，此中心线不能利用基准中心线来创建，只能利用草绘的中心线工具。
- 截面轮廓不能与中心线形成交叉。
- 若创建实体类型，其截面必须是封闭的。
- 若创建薄壁或曲面类型，其截面可以是封闭的，也可以是开放的。

7.3.3 旋转角度类型

在旋转特征的创建过程中，指定旋转角度的方法与拉伸深度的方法类似，旋转角度的方式有 3 种，如图 7-36 所示。

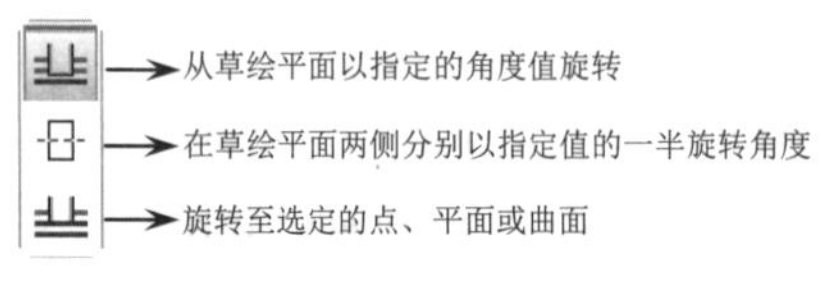

图 7-36 旋转角度的方式

- 设定旋转的方向：单击操控板上的【反向】按钮，也可以用鼠标接近图形上表示方向的箭头，当指针标识改变时单击鼠标左键。
- 设定旋转的角度：在操控板上输入数值，或者双击图形区域中的深度尺寸并在尺寸框中输入新的值进行更改；也可以用鼠标左键拖动此角度控制柄调整数值。

在如图 7-37 所示中，默认设置情况下，特征沿逆时针方向转到指定角度。单击操控板上的【反向】按钮，可以更改特征生成方向，草绘旋转截面完成后，在角度值输入框中输入角度值。

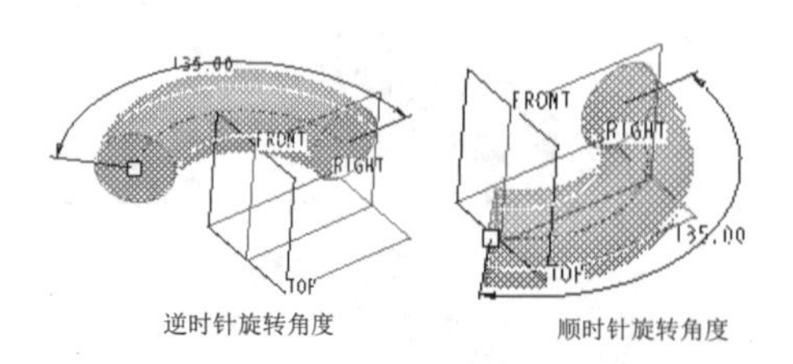

图 7-37 通过改变方向来创建旋转实体特征

如图 7-38 所示是在草绘两侧均产生旋转体，以及使用参照来确定旋转角度的示例，特征旋转到指定平面位置。

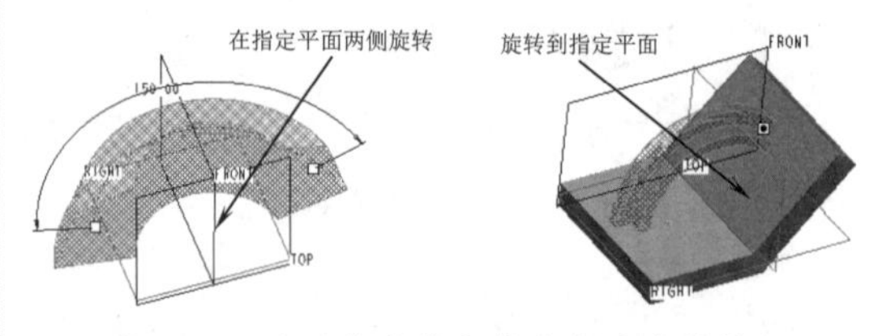

图 7-38 用两种旋转方式生成的旋转特征

动手操作——阀座设计

操作步骤：

01 在主菜单栏中选择【文件】|【新建】命令，打开【新建】对话框，新建文件名为 fazuo，使用公制模板，然后进入三维建模环境中。

02 在右工具栏中单击【旋转工具】按钮，在操控板中首先单击【加厚草绘】按钮，在操控板左上角单击【放置】按钮，在弹出的草绘参数面板上单击【定义】按钮打开【草绘】对话框，选取 RIGHT 标准基准面作为草绘的平面，使用程序默认设置参照和方向，单击【草绘】按钮进入二维草绘模式中，如图 7-39 所示。

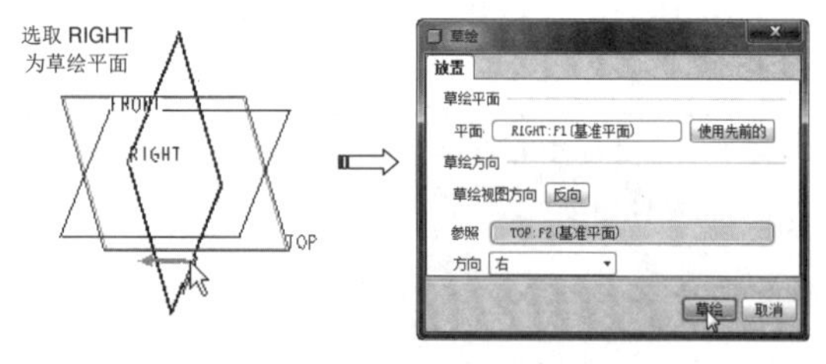

图 7-39 选取草绘平面及参照

03 在草绘区中绘制剖面轮廓，完成后单击【确定】按钮，如图 7-40 所示。

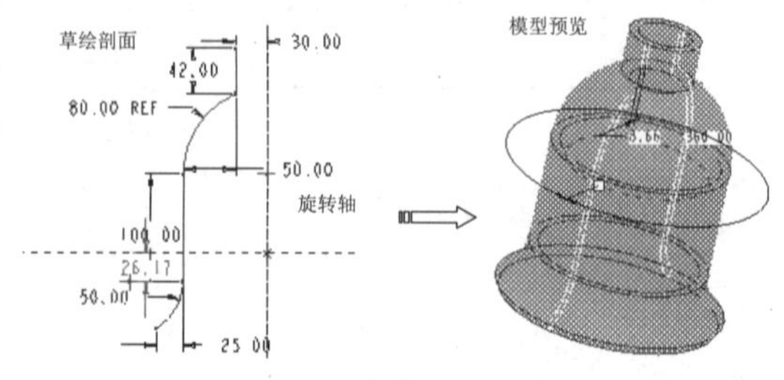

图 7-40 旋转特征剖面的绘制

04 在操控板薄板剖面加厚值输入框中输入厚度值 8.5，然后单击【应用】按钮，结束阀座上体的创建，如图 7-41 所示。

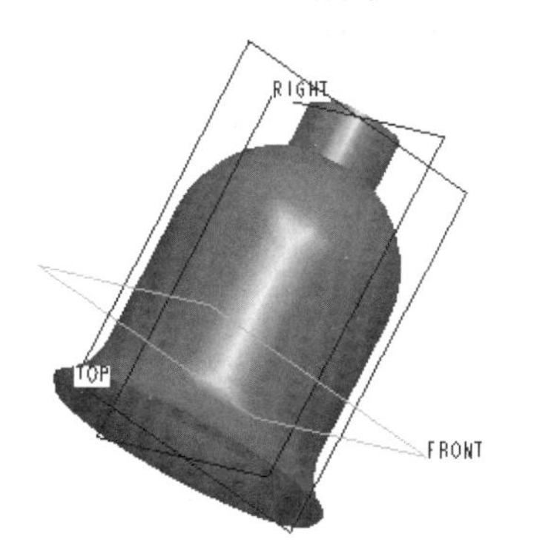

图 7-41　阀座上体

05 单击右工具栏中的【基准平面】按钮，弹出【草绘平面】对话框，在绘图区中直接选取阀座罩下边线作为新基准平面的参照，在【草绘平面】对话框中单击【确定】按钮，完成新基准平面的创建，如图 7-42 所示。

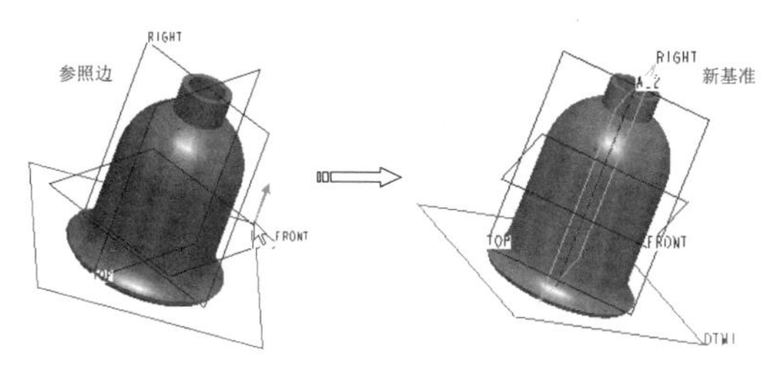

图 7-42　创建新基准

06 创建阀座底座，单击【拉伸】工具按钮，选取新建的 DTM1 基准平面作为草绘平面，绘制如图 7-43 所示的草绘剖面。

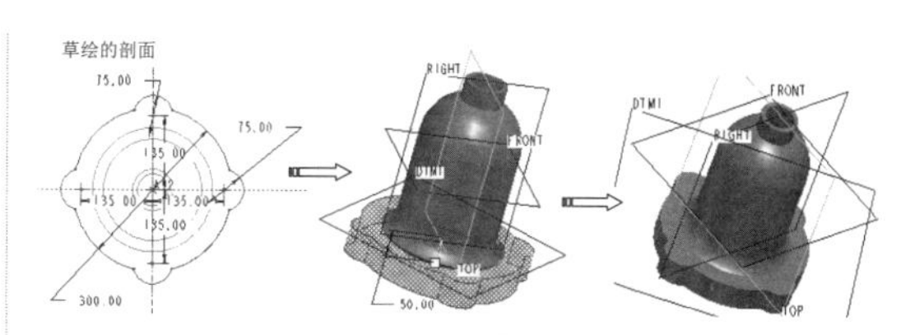

图 7-43　阀座底座

07 单击【拉伸】工具按钮，选取 DTM1 作为草绘平面，使用程序默认设置参照和方向，单击【草绘】按钮进入二维草绘环境中，绘制如图 7-44 所示的草绘剖面，在操控板上单击【拉伸至与所有曲面相交】按钮，单击【反向】按钮，最后单击【移除材料】按钮，预览无误后单击【应用】按钮，完成底座内圈和销钉孔的创建。

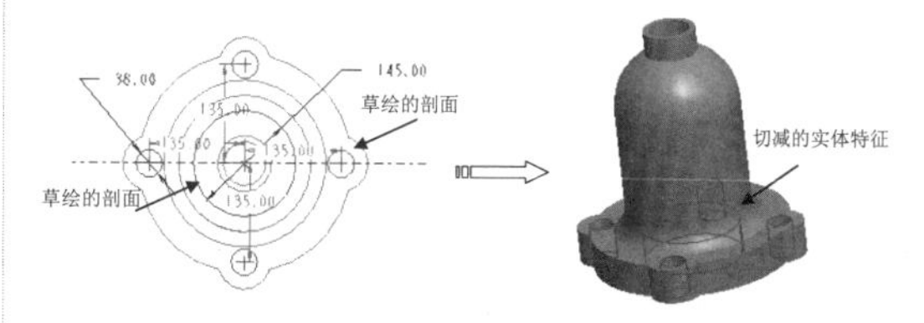

图 7-44　底座内圈和销钉孔

08 阀座主体创建完成，如图 7-45 所示。

图 7-45　阀座零件

7.4　扫描特征

扫描实体特征的创建原理比拉伸和旋转实体特征更具有一般性，它是通过将草绘截面沿着一定的轨迹（导引线）进行扫描处理后，由其轨迹包络线所创建的自由实体特征。

扫描实体特征是将绘制的截面轮廓沿着一定的扫描轨迹线进行扫描后所生成的实体特征。也就是说，要创建扫描特征，需要先创建扫描轨迹线，创建扫描轨迹线的方式有两种：草绘扫描轨迹线和选取扫描轨迹线，如图 7-46 所示。

掌握了扫描实体的创建过程，其他属性类型的扫描实体特征如薄壁特征、切口（移除材料）、薄壁切口、扫描曲面等的创建也就容易了。因各种类型的扫描特征创建过程大致相同，扫描轨迹的设定方法和所遵循的规则也是相同的，在这里也就不再一一介绍了。读者可多加练习，以便能熟练掌握扫描实体特征的创建过程与方法。

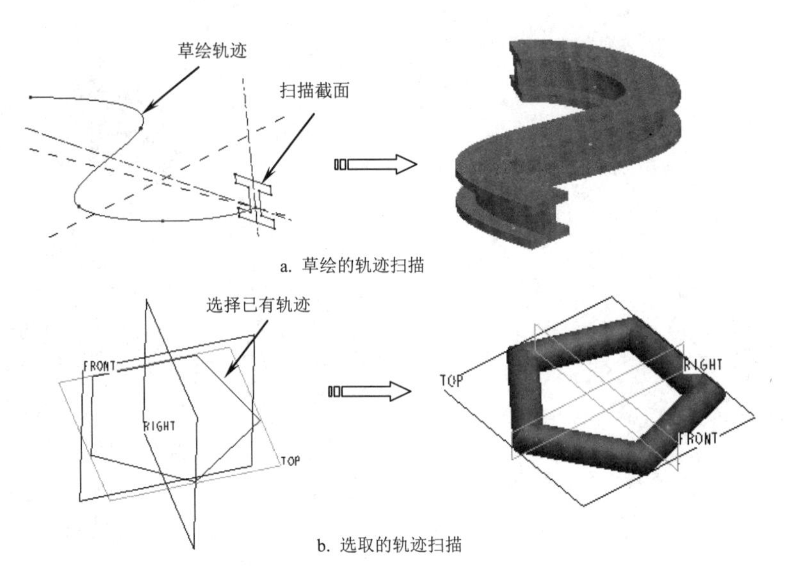

a. 草绘的轨迹扫描

b. 选取的轨迹扫描

图 7-46 扫描实体特征

新建文件后，在菜单栏中选择【插入】|【扫描】命令后，在弹出的子菜单中有多种特征创建工具命令，选择其中一项工具命令即可进行扫描实体特征的创建，如图 7-47 所示。

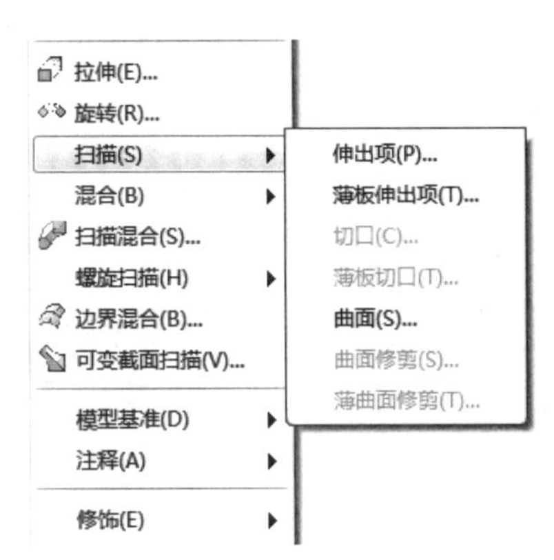

图 7-47 扫描工具选项

用于创建扫描实体特征的轨迹线可以草绘，也可在已创建的实体特征上选取。在菜单栏中选择【插入】【扫描】|【伸出项】命令，程序弹出【伸出项: 扫描】对话框和【扫描轨迹】菜单管理器，如图 7-48 所示。可以看到两种扫描轨迹的定义方式。

1. 草绘轨迹

选取【草绘轨迹】命令，则程序进入草绘平面设置对话框，在绘图区中选择一个基准平面作为草绘轨迹线平面，接着选择【确定】命令，最后选择【默认】命令进入草绘环境中，如图 7-49 所示。

图 7-48 对话框与菜单管理器

图 7-49 选取【草绘轨迹】命令及依次选取的命令

菜单管理器中的【设置平面】子菜单下有 3 个命令：

- 平面：从当前图形区中选择一个平面作为草绘面。

- 产生基准：建立一个基准面作为草绘面。
- 放弃平面：不做定义，放弃草绘平面的指定。

一般情况下，程序把草绘开始的第一点作为扫描的起始点，同时会出现箭头标识。用户可以重新定义起始点，方法是：选择结束点并右击，从快捷菜单中选择【起始点】命令，所选的点被重新指定为起始点，箭头移至此处，如图 7-50 所示。

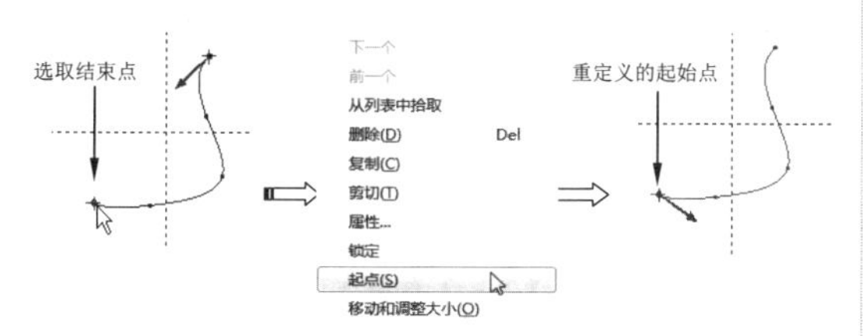

图 7-50　改变扫描轨迹线起始点

2. 选取轨迹

若以【选取轨迹】方式指定扫描轨迹，则选择【选取轨迹】命令，然后在绘图区中选取轨迹线，再选择【完成】命令结束轨迹的选取，进入到草绘环境中，如图 7-51 所示。

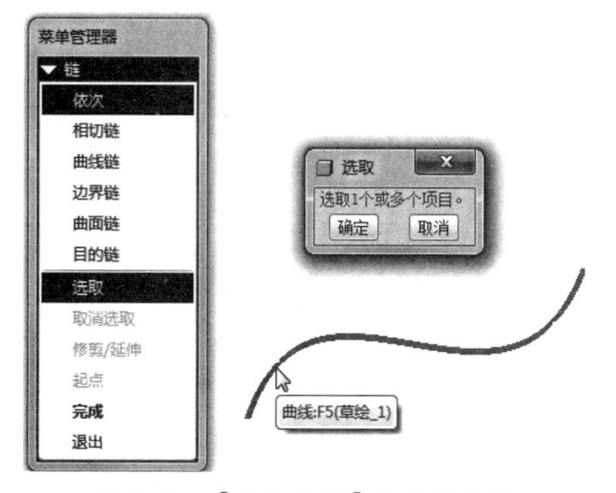

图 7-51　【选取轨迹】的设置方式

使用【链】菜单管理器选择轨迹线的方式如下：

- 依次：逐个选取现有的实体边界或基准曲线作为轨迹线。
- 相切链：选择一条边线，与此线相切的边线同时自动被选取。
- 曲线链：选择基准曲线作为轨迹线。
- 边界链：选取面组并使用其单侧边来定义作为轨迹线。
- 曲面链：选取一个曲面并使用它的边来定义轨迹线。
- 目的链：选取模型中预先定义的边集合来定义轨迹线。
- 选取：用【链】菜单管理器中指定的选择方式来选取一个链作为轨迹线。
- 取消选取：从链的当前选择中去掉曲线或边。
- 修剪 / 延伸：修剪或延伸链端点。
- 起点：选取轨迹的起始点。

技术要点

在创建扫描轨迹线时，相对扫描截面来说，轨迹线的弧或样条半径不能太小，否则截面扫描至此时，创建的特征与自身相交，导致特征创建失败。

3. 绘制扫描截面

当扫描轨迹定义完成时，程序会自动进入到草绘扫描截面的环境。在没有旋转视图的情况下，若看不清楚扫描截面与轨迹的关系，可将视图旋转。草绘截面上相互垂直的截面参照线经过轨迹起始点，并且与此点的切线方向垂直。可以回到与荧幕平行的状态绘制截面，也可在这种经旋转不与荧幕平行的视角状态下进行草绘。

对于开放式的扫描轨迹，绘制的扫描截面必须是闭合的，否则程序出现错误信息提示，如图 7-52 所示。

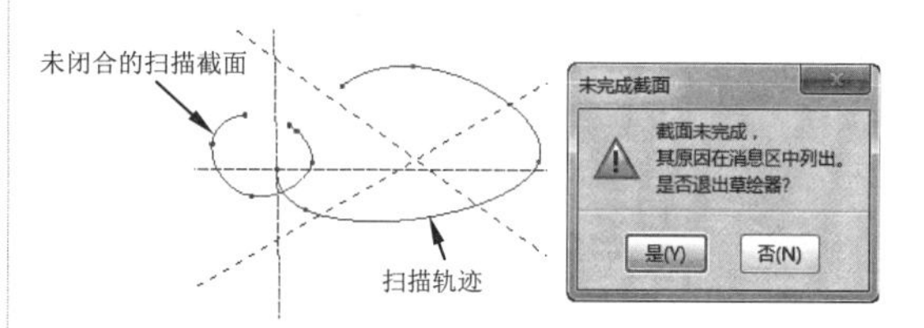

图 7-52　错误的草绘截面

动手操作——茶瓶设计

用选取轨迹的方式创建茶瓶的外壳。茶

瓶的外壳设计将用到前面介绍的创建旋转实体特征方法，并结合本节的扫描实体特征的创建方法共同完成。

操作步骤：

01 新建命名为【ping】的零件文件。

02 选取FRONT基准面作为草绘平面，运用【旋转】特征命令创建如图7-53所示的草绘剖面，旋转生成实体特征。

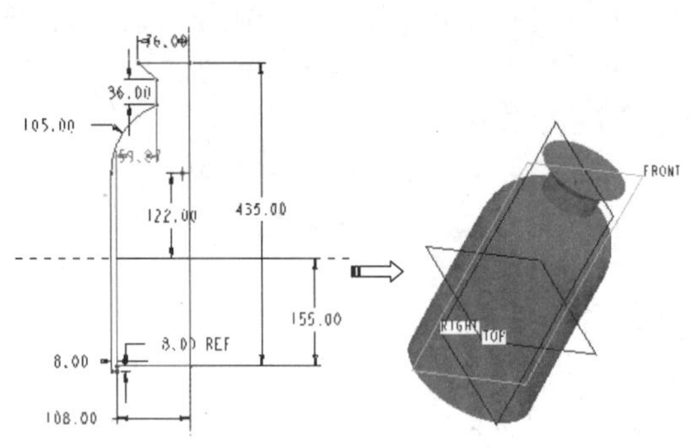

图 7-53 创建茶瓶外形

03 创建旋转减材料实体特征。选择第一次绘制剖面时所选取的草绘平面作为草绘面，绘制如图7-54所示的剖面并创建旋转减材料特征。

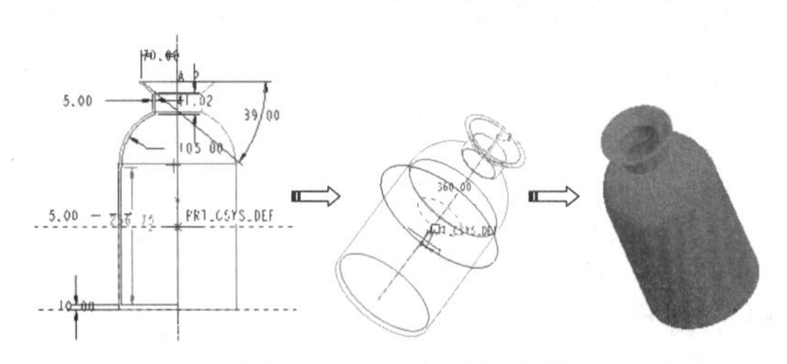

图 7-54 创建茶瓶壳体

04 在草绘区右工具栏中单击【草绘】按钮，弹出【草绘】对话框，选择FRONT基准面作为草绘平面，程序默认设置参照平面为RIGHT，然后进入草绘环境。单击草绘命令工具栏中的【通过边创建图元】按钮，选取旋转特征上的一条边作为参照，绘制如图7-55所示的草绘剖面，草绘剖面完成后删掉选取的参照边，进入下一步操作。

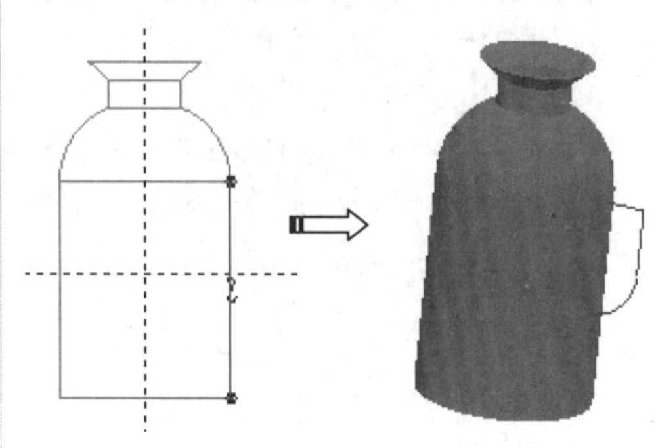

图 7-55 绘制手柄曲线

05 在菜单栏中选择【插入】|【扫描】|【伸出项】命令，在弹出的菜单管理器中选择【选取轨迹】方式，在绘图区中绘制如图7-56所示的扫描剖面轮廓，绘制完成后单击【确定】按钮以继续操作。

06 在【伸出项：扫描】对话框中单击【确定】按钮完成创建茶瓶的手柄，如图7-57所示。

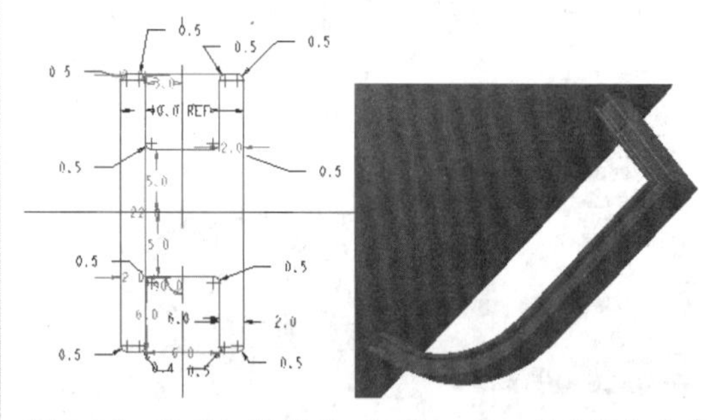

图 7-56 绘制扫描截面　　图 7-57 创建茶瓶外壳

7.5 综合实训

本节再用两个综合应用的案例来详解基础特征指令的应用技巧。

7.5.1 羽毛球设计

◎ **引入文件：无**

◎ **结果文件：实训操作 \ 结果 \Ch07\yumaoqiu.prt**

◎ **视频文件：视频 \Ch07\ 羽毛球设计.avi**

本例以一个羽毛球的造型设计，详解基准工具（包括基准点、基准曲线和基准平面）及其他 Pro/E 基本操作工具的应用技巧。羽毛球模型如图 7-58 所示。

图 7-58　羽毛球

操作步骤：

01 新建命名为【yumaoqiu】的模式文件。

02 在右工具栏中单击【旋转】按钮，弹出【旋转】操控板。然后在操控板的【放置】选项卡中单击【草绘】按钮，弹出【草绘】对话框。选择 TOP 基准平面作为草绘平面，单击【确定】按钮，进入草绘模式中，如图 7-59 所示。

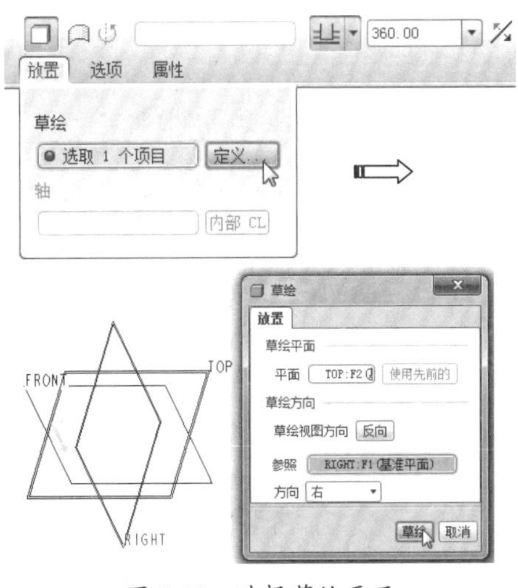

图 7-59　选择草绘平面

03 进入草绘模式后，绘制如图 7-60 所示的草图截面。

04 绘制草图后单击【完成】按钮退出草绘模式，保留操控板上其余选项的默认设置，再单击操控板中的【应用】按钮，完成旋转特征 1 的创建。如图 7-61 所示。

技术要点

旋转特征的草绘中必须要绘制几何中心线，非草绘中心线。这两个中心线将在后面章节详解。

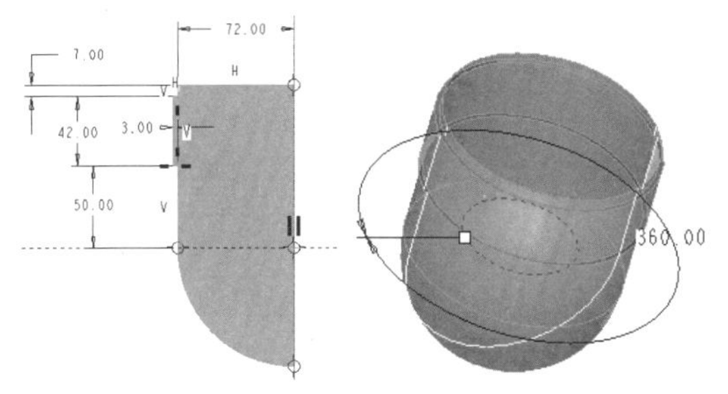

图 7-60　绘制草图　　　　图 7-61　创建旋转特征 1

05 同理，再利用【旋转】工具，在 TOP 基准平面上绘制草图，并创建出如图 7-62 所示的旋转特征 2。

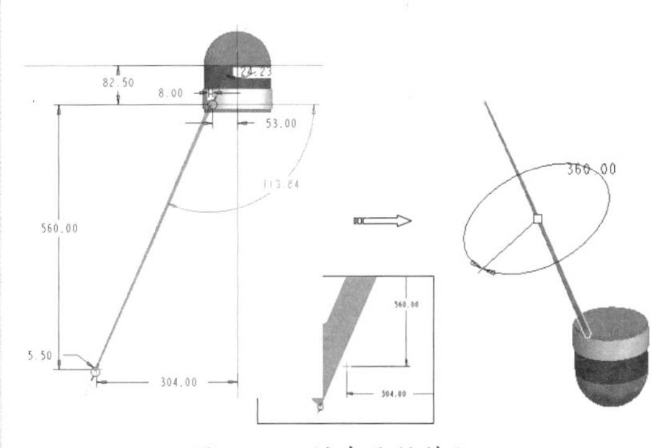

图 7-62　创建旋转特征 2

06 单击【点】按钮，打开【点】对话框。然后按住 Ctrl 键选择轴和旋转特征 2 的顶部曲面作为参考，创建基准点 1，如图 7-63 所示。

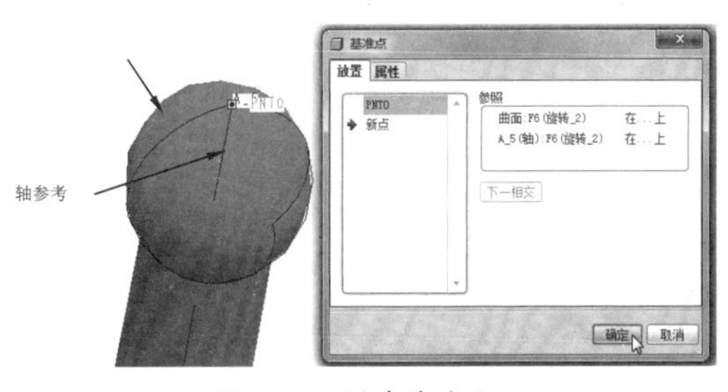

图 7-63　创建基准点 1

07 在【点】对话框没有关闭的情况下，单击【新点】按钮，然后选择旋转特征 2 的底部边作为参考，创建参考点 2，如图 7-64 所示。

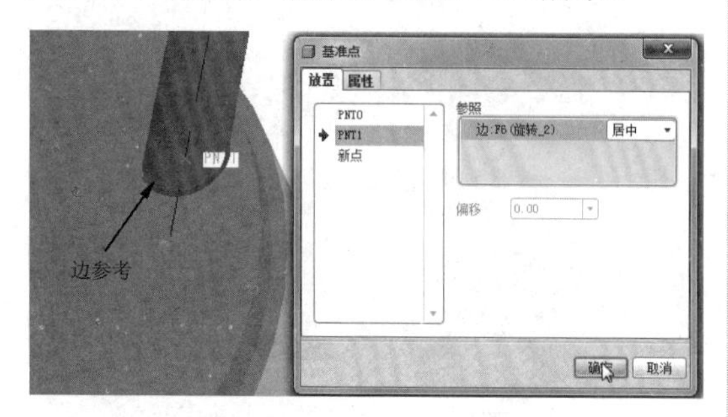

图 7-64　创建基准点 2

08 单击【曲线】按钮，打开【曲线选项】菜单管理器。按如图 7-65 所示的操作步骤，创建基准曲线。

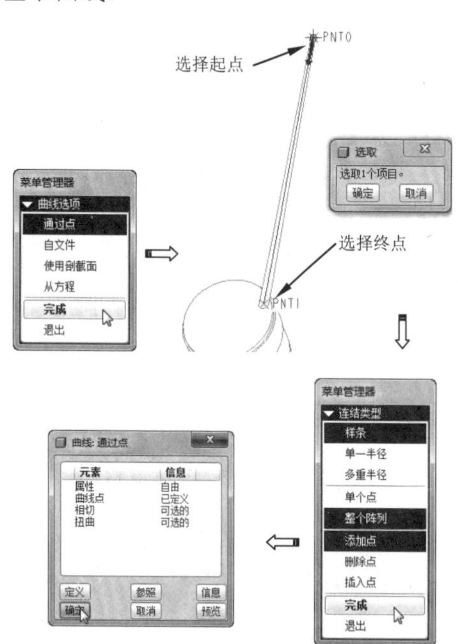

图 7-65　创建基准曲线

09 单击【平面】按钮，弹出【基准平面】对话框。按住 Ctrl 键选择旋转特征 2 的旋转轴和 TOP 基准平面作为参考，创建新参考平面 DTM1，如图 7-66 所示。

10 同理，再利用【平面】工具，选择 TOP 基准平面和旋转特征 2 的旋转轴作为参考，创建 DTM2 基准平面，如图 7-67 所示。

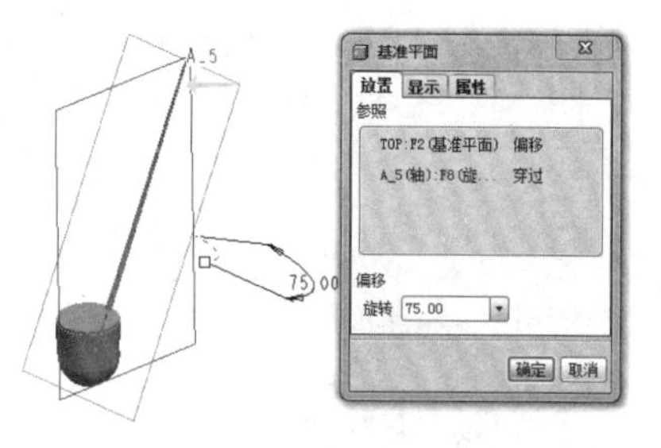

图 7-66　创建 DTM1 基准平面

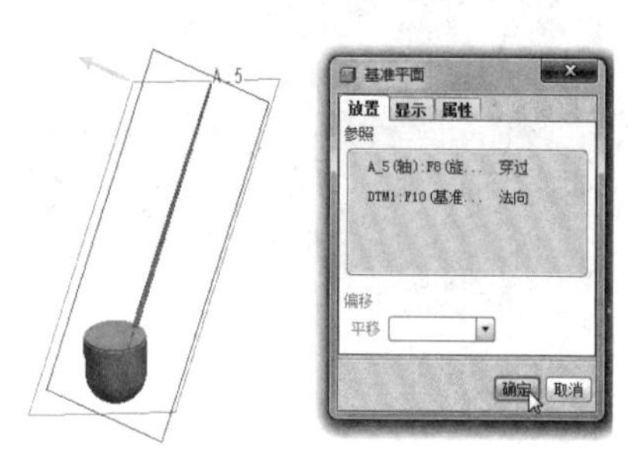

图 7-67　创建 DTM2 基准平面

11 单击【拉伸】按钮，然后在 DTM1 上绘制拉伸截面，并完成拉伸特征的创建，结果如图 7-68 所示。

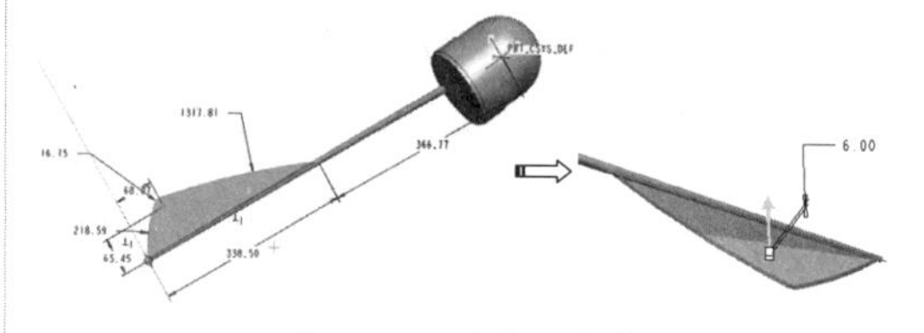

图 7-68　创建拉伸特征

12 单击【拔模】按钮，弹出操控板。选择拔模曲面、拔模枢轴，设置拔模值为 2，最后单击【应用】按钮完成拔模，如图 7-69 所示。

13 同理，对另一侧也创建拔模，如图 7-70 所示。

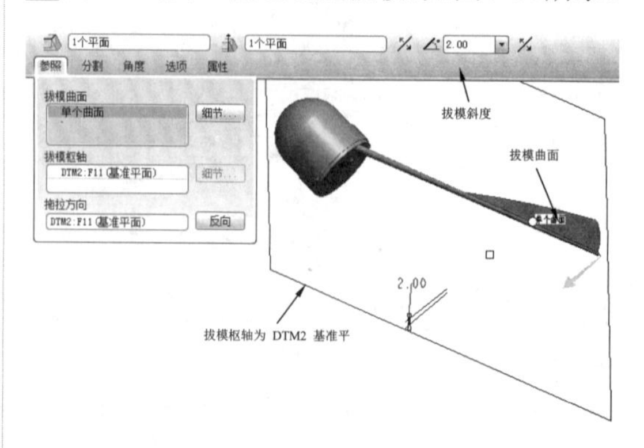

图 7-69　创建拔模特征

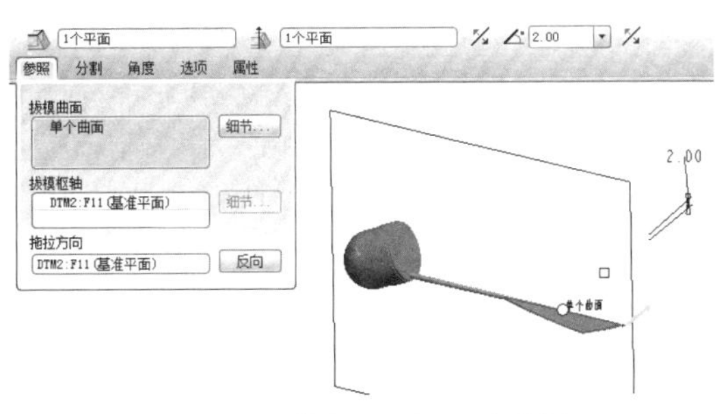

图 7-70　创建另一侧面的拔模

14 在模型树中按住 Ctrl 键选中拉伸特征和两个拔模特征，然后单击【镜像】按钮，打开操控板。选择 DTM2 基准平面作为镜像平面，单击【应用】按钮完成镜像，结果如图 7-71 所示。

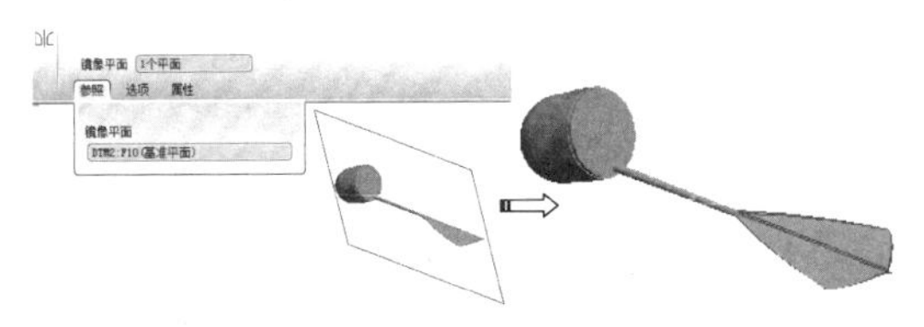

图 7-71　创建镜像特征

15 将前面除第一个旋转特征外的其他特征创建成组，如图 7-72 所示。

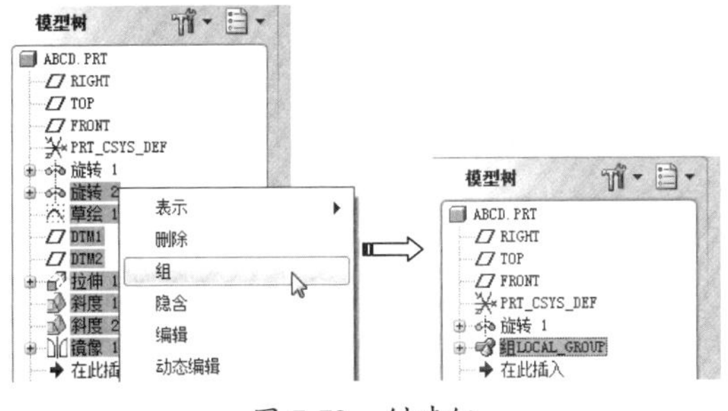

图 7-72　创建组

16 在模型树选中创建的组，然后单击【阵列】按钮，打开阵列操控板。选择阵列方式为【轴】，选取旋转特征 1 的旋转轴作为参考，然后设置阵列参数，最后单击【应用】按钮完成阵列，结果如图 7-73 所示。

17 单击【平面】按钮，然后以 FRONT 基准平面作为偏移参考，创建 DTM33 基准平面，如图 7-74 所示。

18 单击【点】按钮，选择 DTM33 和曲线 1 作为参考，创建基准点，如图 7-75 所示。

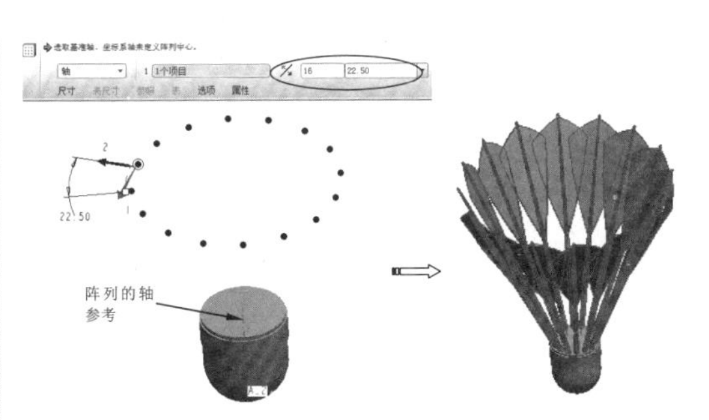

图 7-73　创建的阵列特征

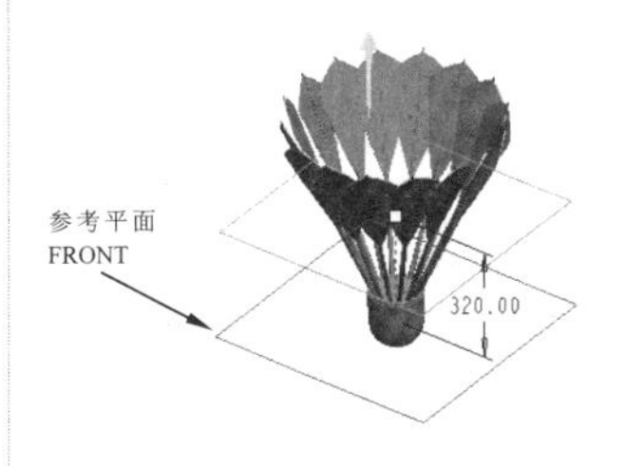

图 7-74　创建 DTM33 基准平面

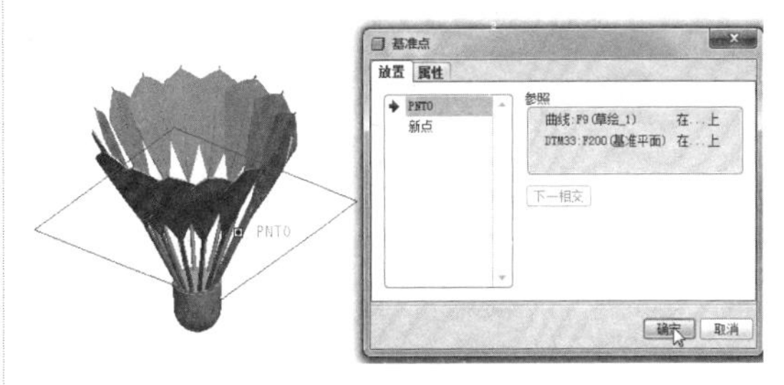

图 7-75　创建基准点

19 单击【草绘】按钮，打开【草绘】对话框。选择 DTM33 作为草绘平面，创建如图 7-76 所示的曲线。

20 单击【可变截面扫描】按钮，打开操控板。单击【扫描为实体】按钮，然后选择上步骤创建的曲线作为扫描轨迹，如图 7-77 所示。

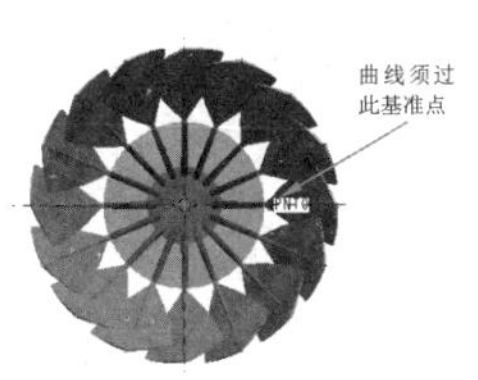

图 7-76　草绘曲线

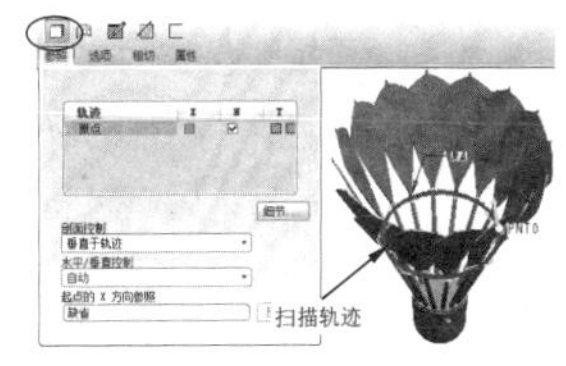

图 7-77　选择扫描轨迹

21 在操控板中单击【创建或编辑扫描剖面】按钮，进入草绘模式，绘制如图 7-78 所示的截面。

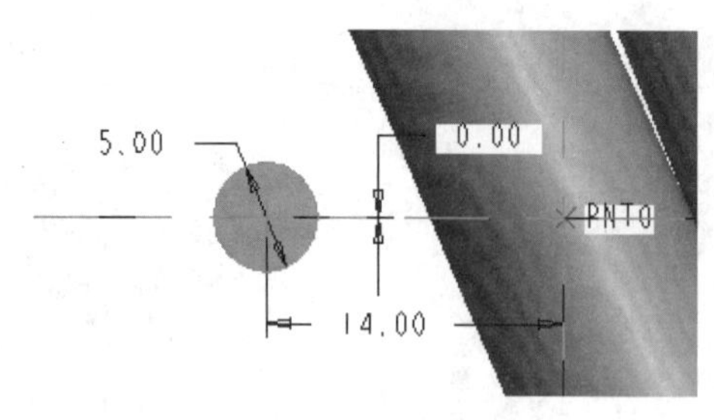

图 7-78 绘制截面

22 在草绘模式中，选择菜单栏中的【工具】|【关系】命令，打开【关系】对话框。然后输入两个尺寸的驱动关系式，如图 7-79 所示。

技术要点

【关系】的用法详见本书【零件参数化设计】一章中的描述。

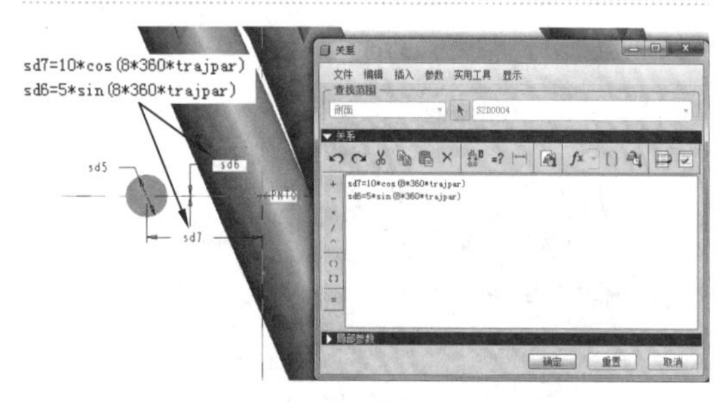

图 7-79 添加关系式设置驱动尺寸

23 退出草绘模式后，保留默认设置，单击【应用】按钮，完成可变截面扫描特征的创建。如图 7-80 所示。

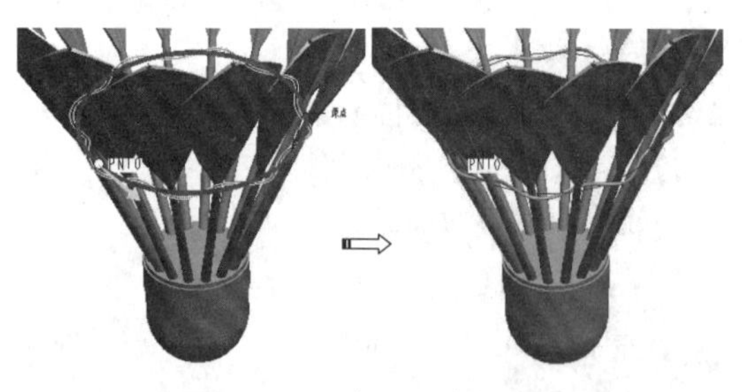

图 7-80 创建可变截面扫描

24 在模型树选中上步创建的可变截面扫描特征，然后在上工具栏中单击【复制】按钮和【选择性粘贴】按钮，打开【选择性粘贴】对话框，然后选中【对副本应用移动 / 旋转变换】复选框，再单击【确定】按钮，如图 7-81 所示。

25 随后弹出复制操控板。单击【相对选定参照旋转特征】按钮，然后选择旋转特征 1 的旋转轴作为阵列参考轴，输入旋转角度后，单击【应用】按钮完成特征的复制。结果如图 7-82 所示。

图 7-81 选择性粘贴　　图 7-82 创建复制特征

26 利用【平面】工具，以 FRONT 平面为参考，创建如图 7-83 所示的参考平面 DTM64。

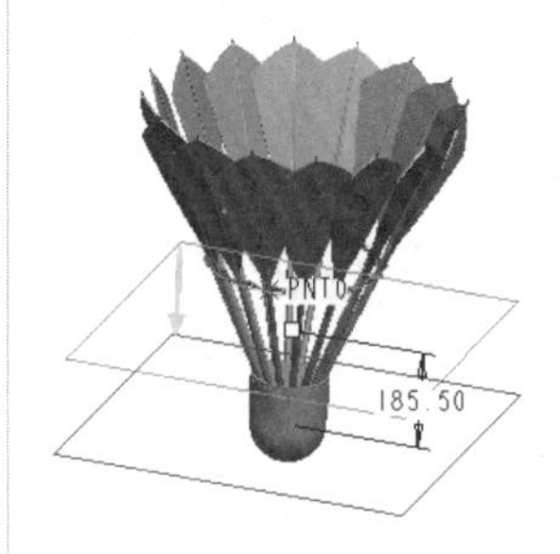

图 7-83 创建参考平面 DTM64

27 利用【点】工具，选择曲线 1 与 DTM64 平面作为参考，创建新的基准点，如图 7-84 所示。

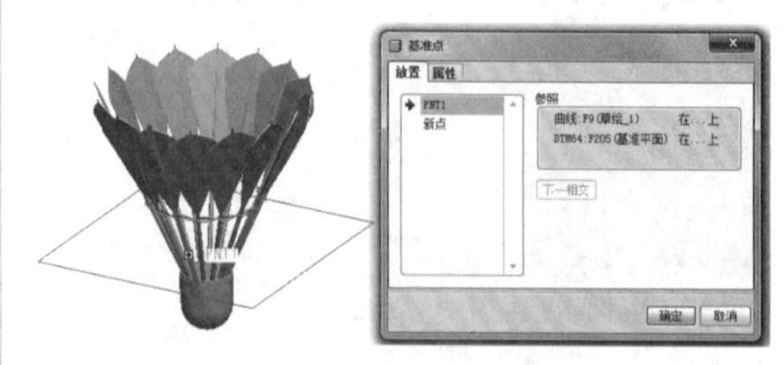

图 7-84 创建新基准点

28 利用【草绘】工具，在 DTM64 基准平面上，草绘如图 7-85 所示的曲线，曲线须过上步创建的点。

29 利用【可变截面扫描】工具，打开操控板。

选择扫描轨迹，如图 7-86 所示。

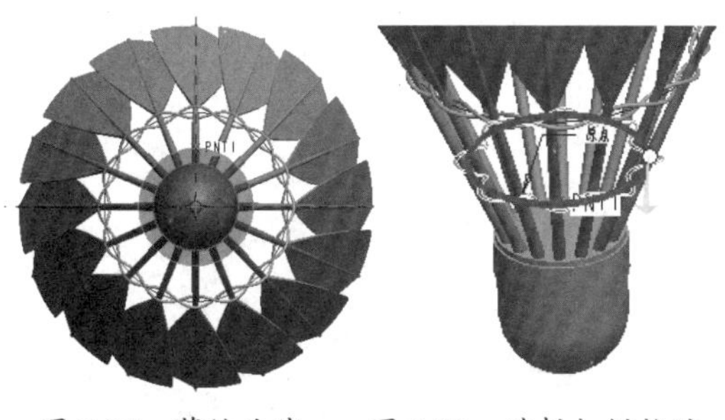
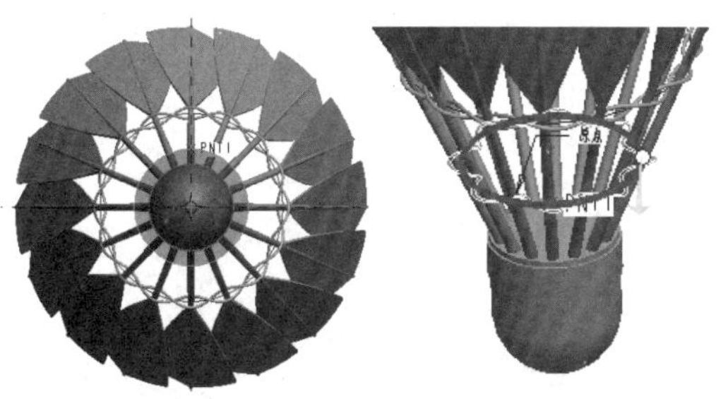

图 7-85　草绘曲线　　图 7-86　选择扫描轨迹

30 进入草绘模式，绘制如图 7-87 所示的截面。然后为相关尺寸添加关系式，如图 7-88 所示。

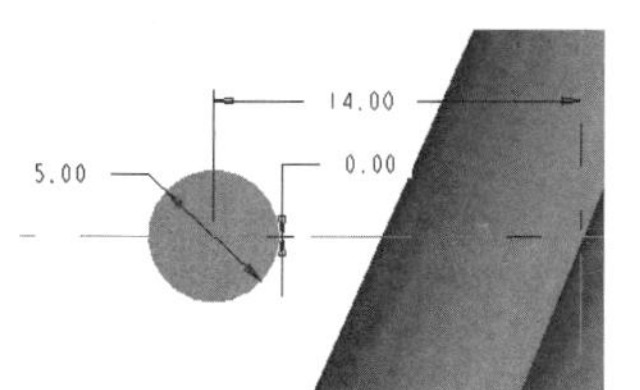
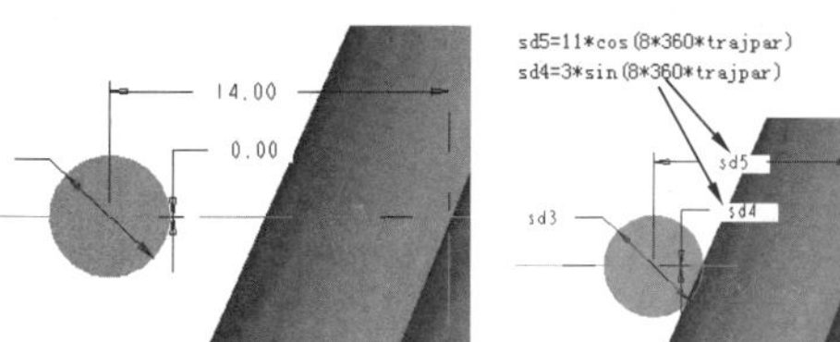

图 7-87　绘制扫描截面　　图 7-88　添加关系式

31 退出草绘模式后，单击操控板中的【应用】按钮完成可变截面扫描特征的创建，如图 7-89 所示。

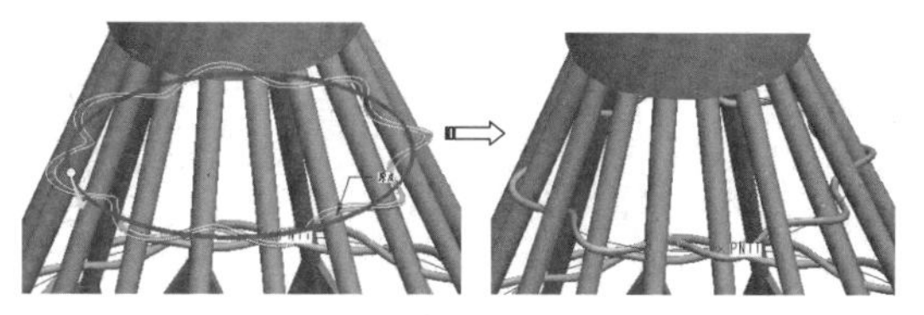

图 7-89　创建可变截面扫描特征

32 同理，按步骤 24、25 的复制、选择性粘贴方法，对上所创建的可变截面扫描特征进行旋转复制，结果如图 7-90 所示。

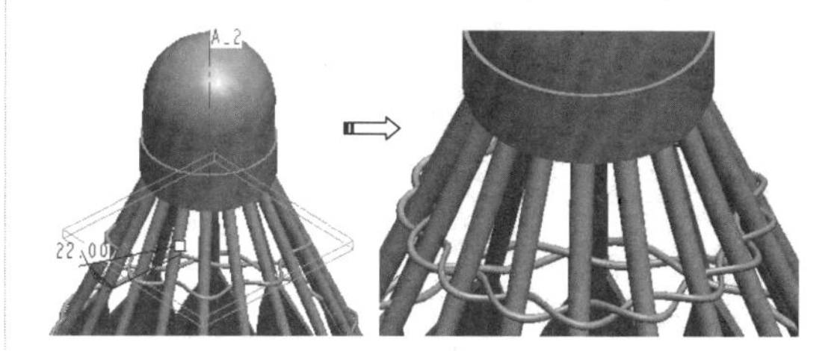

图 7-90　创建旋转复制特征

33 至此，完成了羽毛球的造型设计。

7.5.2　减速器上箱体设计

◎ **引入文件：无**

◎ **结果文件：实训操作 \ 结果文件 \Ch07\ jsq-up.prt**

◎ **视频文件：视频 \Ch07\ 减速器上箱体 .avi**

减速器的上箱体模型如图 7-91 所示。就减速器上箱体模型来看，模型中最大的特征就是中间带有大圆弧的拉伸实体，其余小特征（包括小拉伸实体、孔等）皆附于其上。也就是说，建模就从最大的主要特征开始。

图 7-91　减速器的上箱体模型

操作步骤

01 启动 Pro/E 5.0，并设置工作目录。然后新建命名为【jsq-up】的零件文件，如图 7-92 所示。

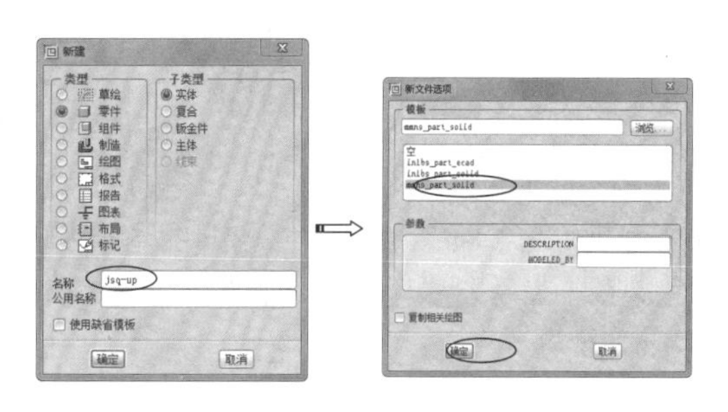

图 7-92　新建零件文件

02 在【模型】选项卡的【形状】组中单击【拉伸】按钮，打开操控板。然后在图形区中选取标准基准平面 FRONT 作为草绘平面，如

图 7-93 所示，进入二维草绘环境中，绘制如图 7-94 所示的拉伸截面。

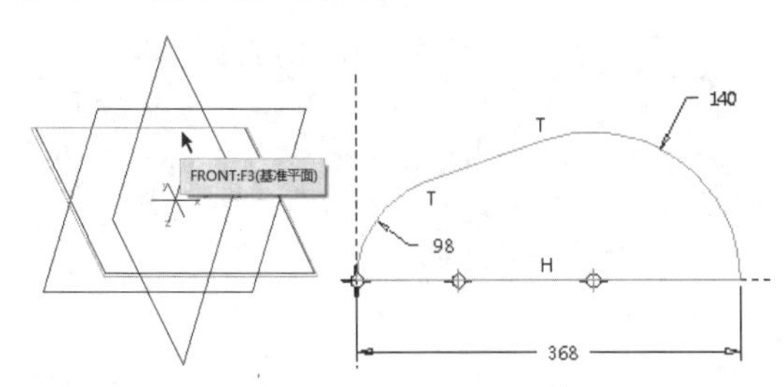

图 7-93　选取草绘平面　　　　图 7-94　绘制截面

03 绘制完成后退出草绘环境，然后预览模型。在操控板中选择【在各方向上以指定深度值的一半】深度类型，并在深度值文本框中输入 102，预览无误后单击【确定】按钮完成第一个拉伸实体特征的创建，如图 7-95 所示。

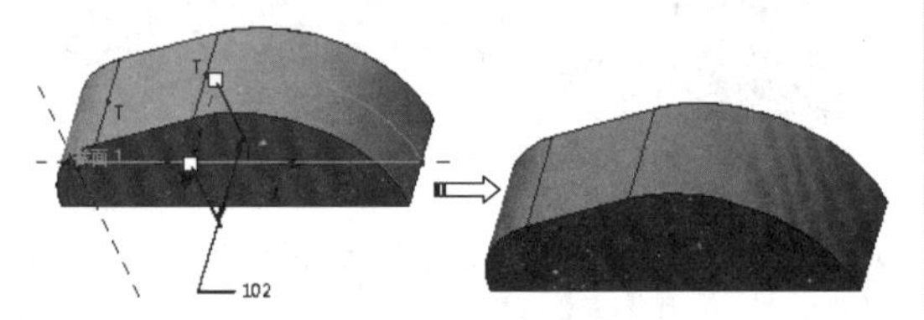

图 7-95　创建箱体主体

04 使用【壳】工具，对主体进行抽壳，壳厚度为 4。如图 7-96 所示。

图 7-96　创建壳特征

05 再执行【拉伸】命令，以相同的草绘平面为参考进入草图环境，绘制如图 7-97 所示的拉伸截面。

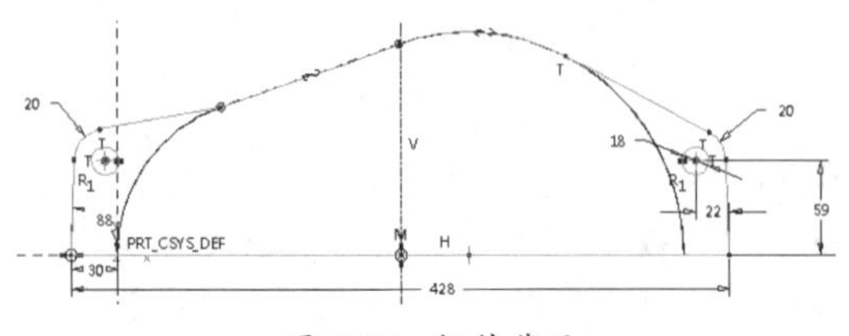

图 7-97　拉伸截面

06 在操控板中选择【在各方向上以指定深度值的一半】深度类型，并在深度值文本框中输入 13，最后单击【应用】按钮完成拉伸实体的创建。如图 7-98 所示。

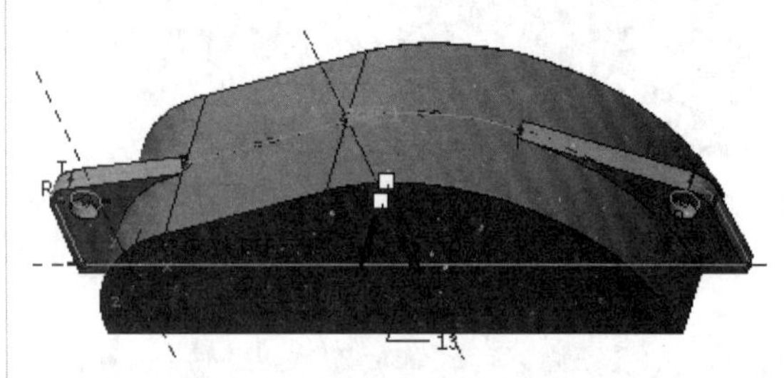

图 7-98　创建第二个拉伸实体

07 利用【拉伸】命令，以 TOP 基准平面为草绘平面，创建如图 7-99 所示的厚度为 12 的底板实体。

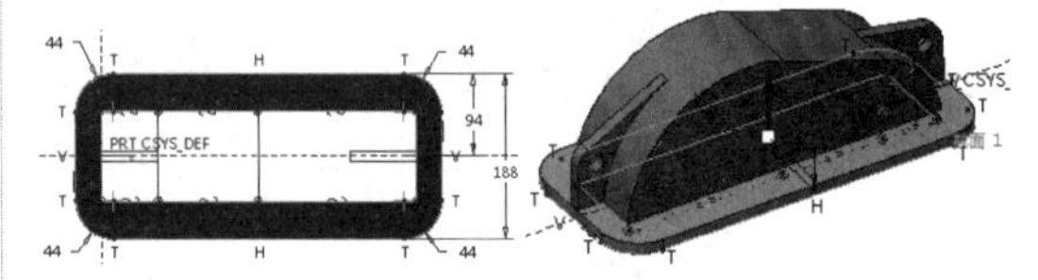

图 7-99　创建底板实体

08 利用【拉伸】命令，以底板上表面为草绘平面，创建如图 7-100 所示的厚度为 25 的底板实体。

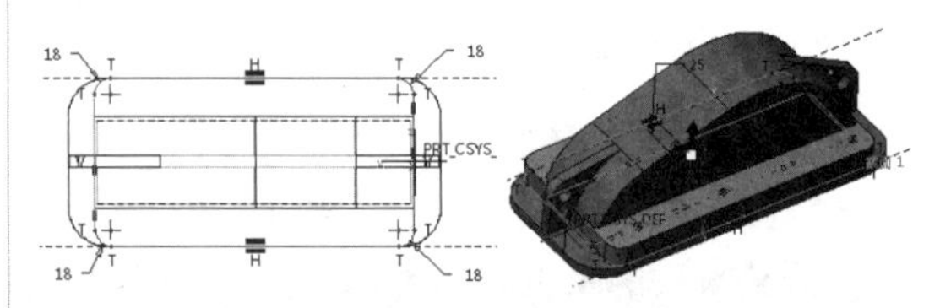

图 7-100　创建厚度为 25 的实体

09 利用【拉伸】命令，以 FRONT 为草绘平面，创建如图 7-101 所示的向两边拉伸厚度为 196 的实体。

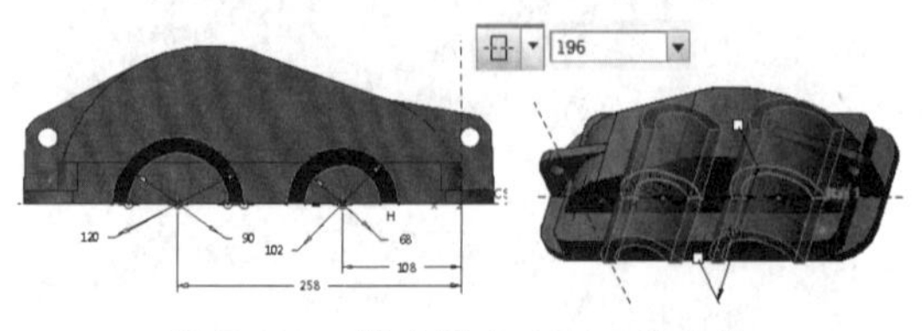

图 7-101　创建厚度为 196 的实体

10 利用【拉伸】命令，以 FRONT 为草绘平面，创建如图 7-102 所示的减材料特征。

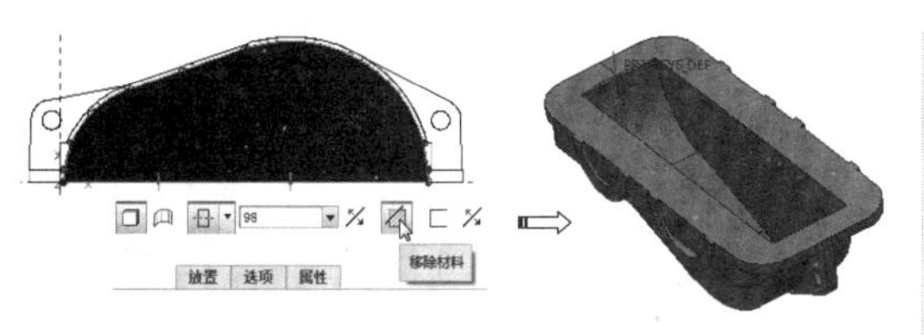

图 7-102　创建减材料特征

11 同理，在 FRONT 基准平面中再绘制草图，创建如图 7-103 所示的减材料特征。

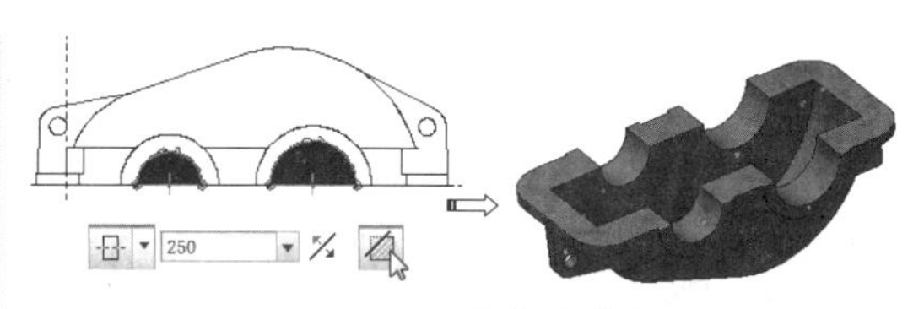

图 7-103　创建减材料特征

12 利用【拉伸】命令，在如图 7-104 所示的平面上创建拉伸实体。

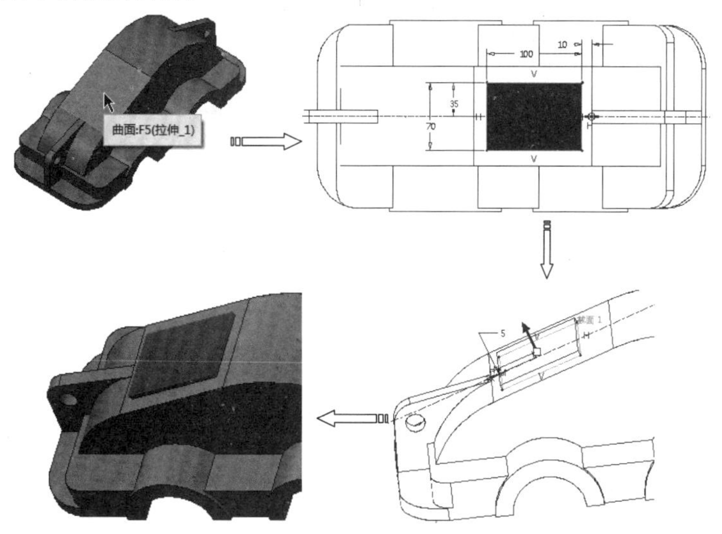

图 7-104　拉伸至指定平面

13 然后在实体上再创建减材料特征，如图 7-105 所示。

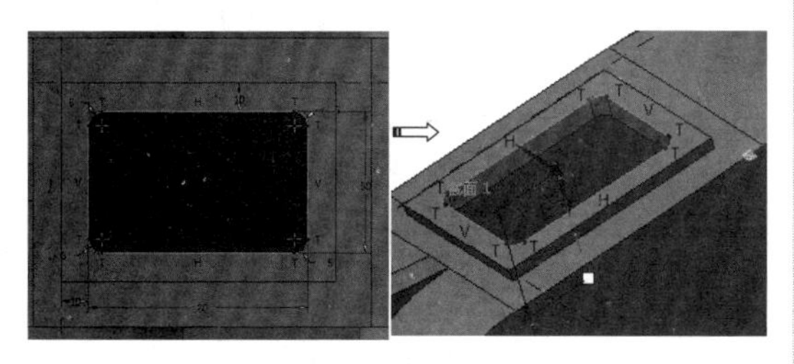

图 7-105　创建减材料特征

14 将视图设为 TOP。在【工程】组中单击【孔】按钮，打开【孔】操控板。在操控板中设置如图 7-106 所示的选项及参数，然后在模型中选择放置面。

15 在【放置】选项卡中激活【偏移参考】收集器，然后选取如图 7-107 所示的两条边作为偏移参考，并输入偏移值。最后单击【应用】按钮完成沉头孔的创建。

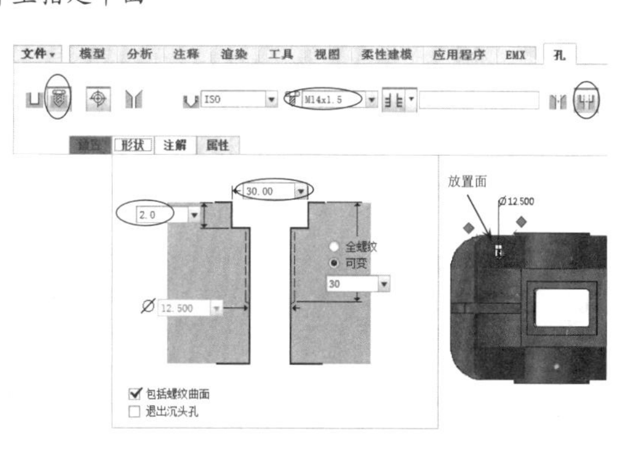

图 7-106　绘制拉伸截面

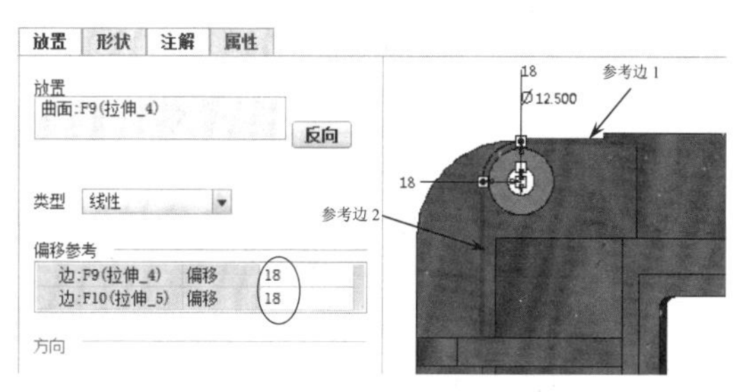

图 7-107　设置偏移参考并完成孔的创建

16 同理，再以相同的参数及步骤，创建出其余 5 个沉头孔。如图 7-108 所示。

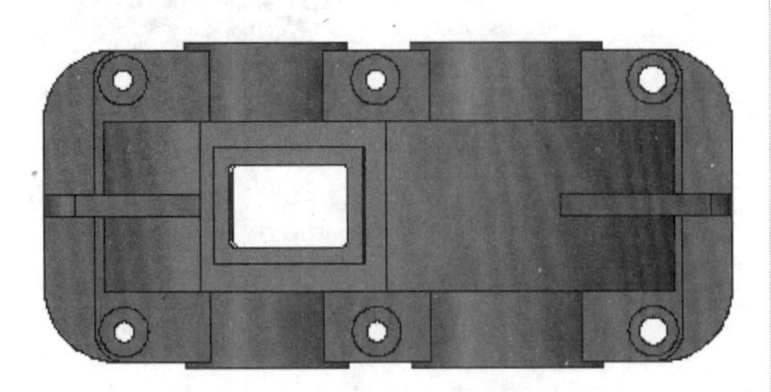

图 7-108　创建其余沉头孔

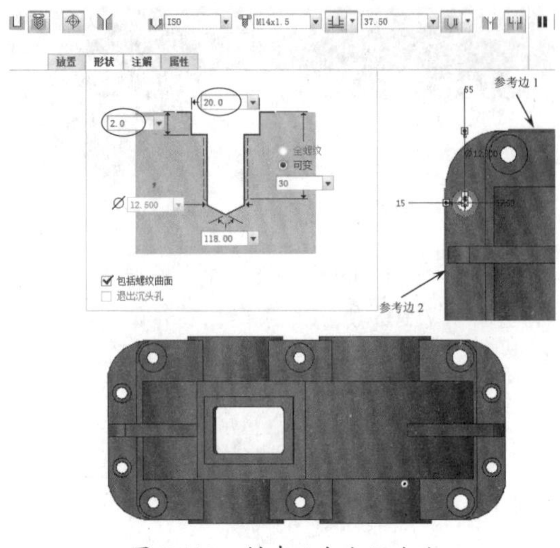

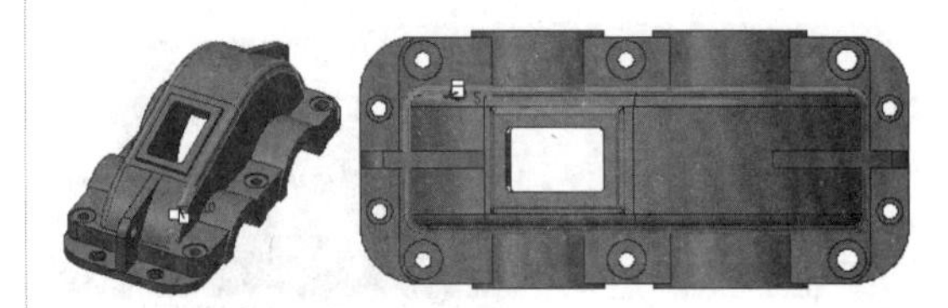

图 7-109　创建 4 个小沉头孔

17 再使用【孔】工具，创建出如图 7-109 所示的 4 个小沉头孔。

18 利用【倒圆角】命令，对上箱体零件的边倒圆，半径分别为 10 和 5，如图 7-120 所示。

19 至此，减速器上箱体设计完成，最后将结果保存在工作目录中。

图 7-110　倒圆角处理

7.6 课后习题

1. 零件一

利用【拉伸】命令设计如图 7-111 所示的零件。打开本练习结果文件，查看设计步骤。

图 7-111　零件一

2. 零件二

利用【拉伸】、【旋转】等命令，设计如图 7-112 所示的零件。

3. 零件三

利用【拉伸】、【孔】、【阵列】和【镜像】等命令，设计如图 7-113 所示的零件。

图 7-112　零件二

图 7-113　零件三

第8章 高级特征命令

资源二维码

百度云盘

360 云盘 访问密码 32dd

高级特征命令是可以设计出复杂零件结构的功能命令，包括可变截面扫描、混合和扫描混合命令等。本章将详解高级特征的含义、用法及实例操作。

知识要点

- ◆ 可变截面扫描特征
- ◆ 混合特征
- ◆ 扫描混合特征

8.1 可变截面扫描

【可变截面扫描】命令沿轨迹创建可变或恒定截面的扫描特征。

8.1.1 【可变截面扫描】特征操控板

在右工具栏中单击【可变截面扫描】按钮，弹出【可变截面扫描】操控板，如图 8-1 所示。

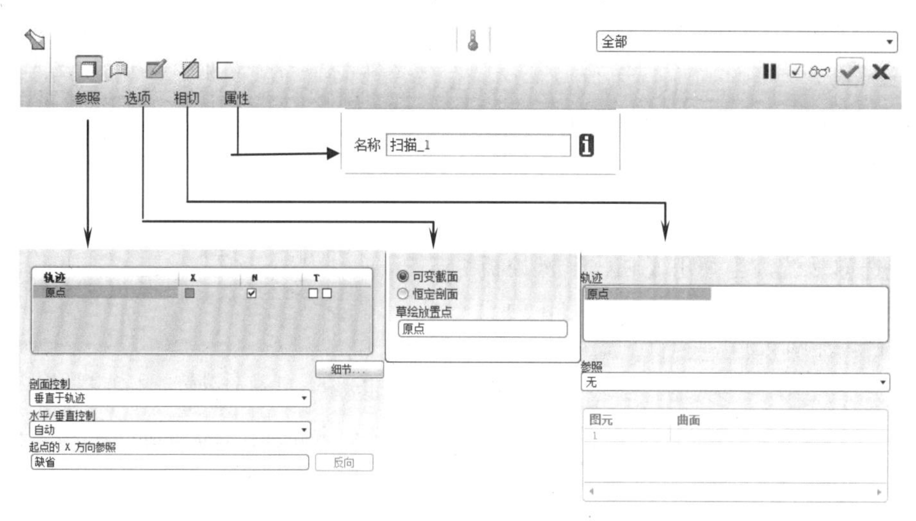

图 8-1 【可变截面扫描】操控板

8.1.2 定义扫描轨迹

创建扫描实体特征的轨迹线可以草绘，也可在已创建实体特征上选取。仅当创建了扫描轨迹后，操控板中的【创建扫描截面】、【加厚草绘】、【移除材料】等命令才被激活。

1. 草绘轨迹

Pro/E 提供了独特的草绘轨迹的命令方式，单击操控板中的【暂停】按钮，然后在右工具栏中单击【草绘】按钮，弹出【草绘】对话框，在图形区选择基准平面或者模型上的平面作为草绘平面后，即可进入草绘环境中绘制扫描轨迹，如图 8-2 所示。

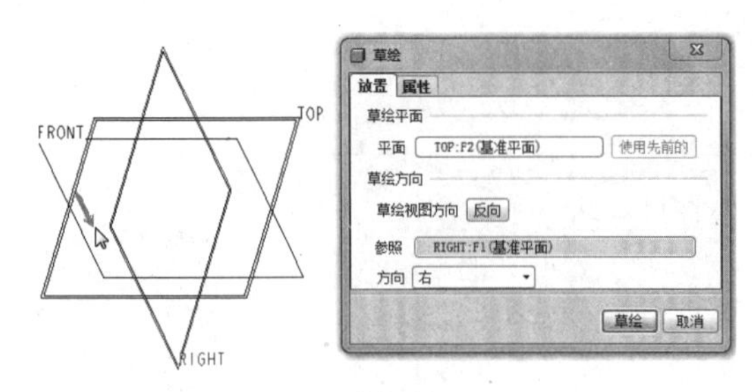

图 8-2 选择草绘平面

绘制了扫描轨迹后退出草绘环境，随后在操控板上单击【退出暂停模式】按钮，返回到【扫描】操控板激活状态，然后继续操作。如图 8-3 所示。

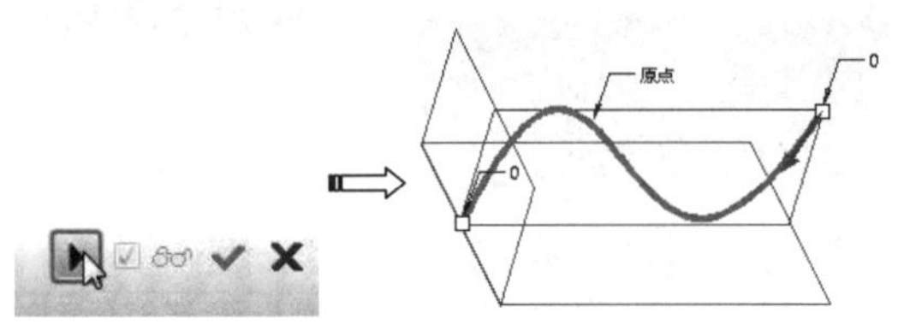

图 8-3 完成扫描轨迹的创建

技术要点

在创建扫描轨迹线时，相对扫描截面来说，轨迹线的弧或样条半径不能太小，否则截面扫描至此时，创建的特征与自身相交，导致特征创建失败。

若要选取轨迹，当弹出【扫描】操控板时即可选取已有的曲线或者模型的边作为扫描轨迹即可，如图 8-4 所示。

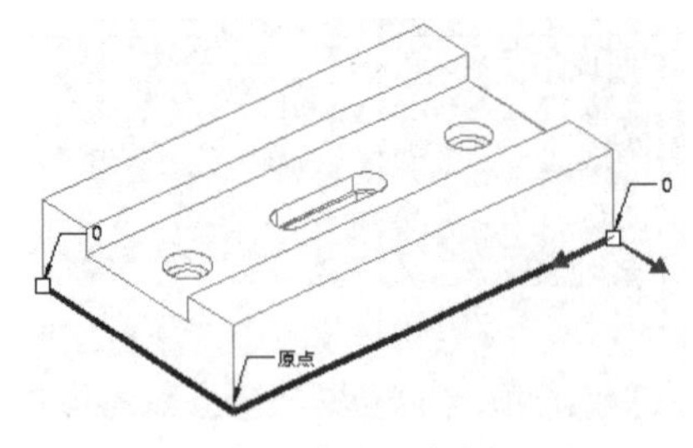

图 8-4 选取模型边作为扫描轨迹

技术要点

要选取模型边作为轨迹，不能间断选取。而且连续选取多条边时，必须按住 Shift 键。

8.1.3 扫描截面

当扫描轨迹定义完成时，单击操控板上的【创建或编辑扫描剖】按钮，程序会自动确定草绘平面在轨迹起点，并且草绘平面与扫描轨迹垂直。

进入到草绘扫描截面的环境后，在没有旋转视图的情况下，看不清楚扫描截面与轨迹的关系，可将视图旋转，如图 8-5 所示。

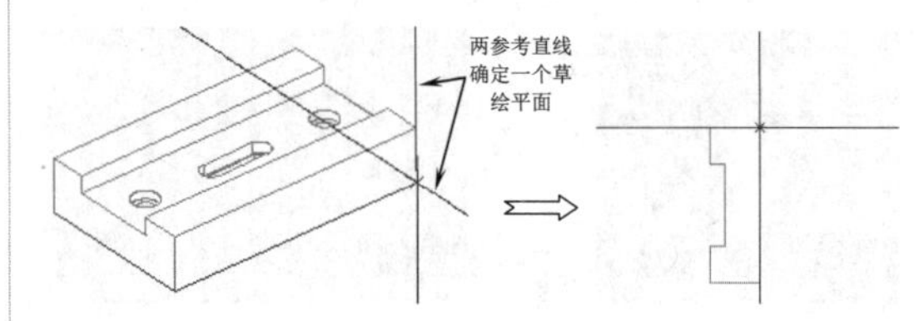

图 8-5 设置草绘视图

技术要点

扫描的截面可以是封闭的，也可以是开放的。创建扫描曲面或薄壁时，截面可以闭合也可以开放。但是当创建扫描实体时，截面必须是闭合的，否则不能创建特征，会弹出【故障排除器】对话框，如图 8-6 所示。

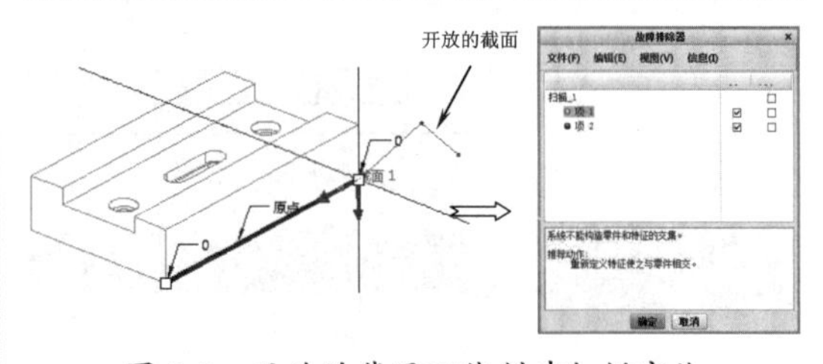

图 8-6 开放的截面不能创建扫描实体

截面有两种：恒定截面和可变截面。

1. 恒定截面

【恒定截面】在沿轨迹扫描的过程中草绘的形状不变，仅截面所在框架的方向发生变化。如图 8-7 所示为创建恒定截面的扫描特征范例。

2. 可变截面扫描

在【扫描】特征操控板中单击按钮，创建可变截面扫描会将草绘图元约束到其他轨迹（中心平面或现有几何），可使草绘可变。草绘所约束到的参考可更改截面形状。草绘在轨迹点处重新生成，并相应更新其形状。

如图 8-8 所示为创建可变截面的扫描特征范例。

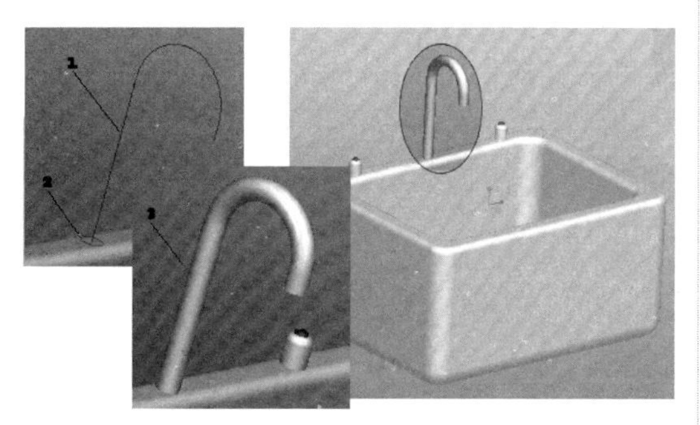

图 8-7　创建基于恒定截面的扫描特征

1——轨迹；2——截面；　3——扫描特征

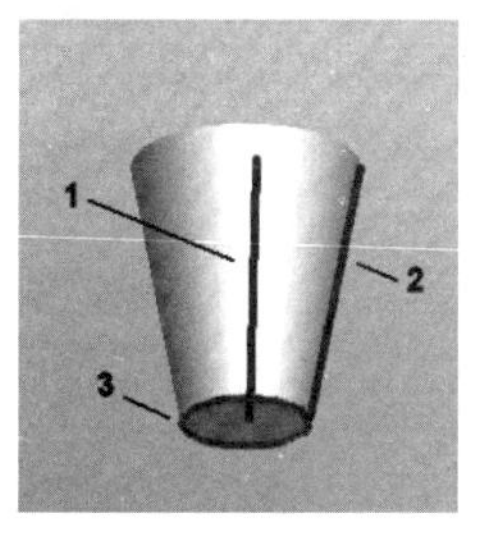

图 8-8　创建基于可变截面的扫描特征

1——原点轨迹；　2——轨迹；

3——扫描起点的截面；　4——扫描特征

动手操作——创建圆轨迹的可变截面扫描特征

操作步骤：

01 新建一个命名为【kebianjiemsaomiao】的新零件文件。

02 在右工具栏中单击【可变截面扫描】按钮，打开【可变截面扫描】操控板。

03 首先在【选项】选项卡中选中【可变截面】单选按钮。而后单击右工具栏的【草绘】按钮，选择 TOP 基准平面进入草绘环境中，如图 8-9 所示。

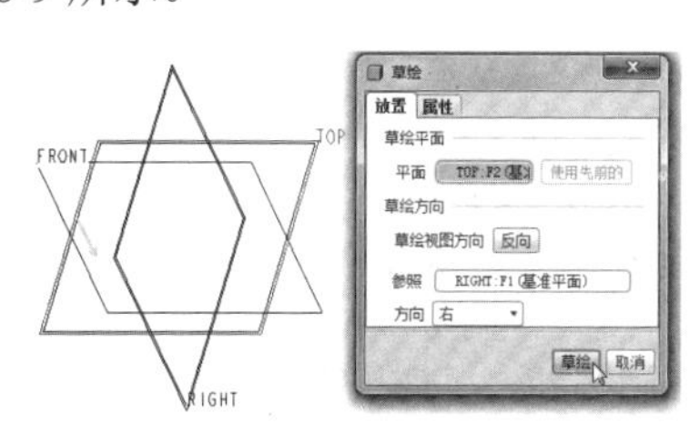

图 8-9　选择草绘平面

04 绘制原点轨迹。利用【圆】命令绘制如图 8-10 所示的不规则封闭曲线，完成后推出草绘环境。

05 绘制轨迹链。再次利用【草绘】命令，以相同的草绘平面进入草绘环境下，绘制如图 8-11 所示的封闭样条曲线。完成后退出草绘环境。

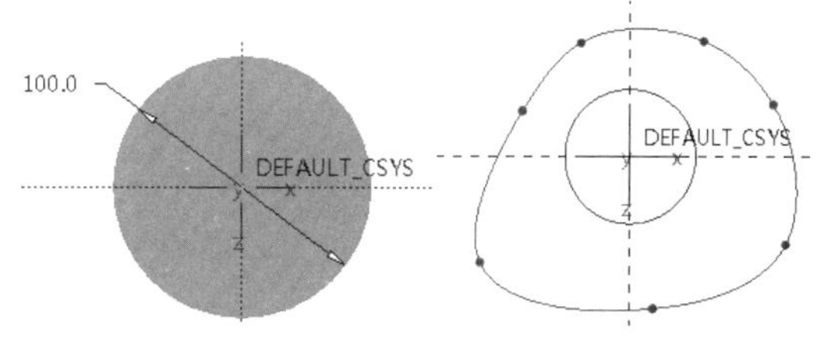

图 8-10　绘制原点轨迹　图 8-11　绘制封闭的轨迹链

06 创建曲面顶点的投影点。利用基准工具栏中的【点】命令，在坐标系原点创建一个参考点，如图 8-12 所示。

> **技术要点**
>
> 这里说说为什么要创建参考点。这个参考点是可变截面扫描成功的关键，也就是绘制截面后，如果去选择基准平面作为参考，沿着轨迹扫描到一定的角度后，此基准平面不再与截面垂直，自然也就不会有参考存在了，所以会失败。

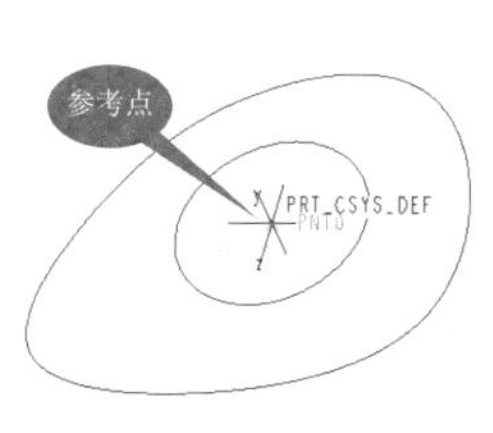

图 8-12　创建参考点

07 在操控板中单击【创建或编辑扫描截面】按钮，然后进入草绘环境中。在菜单栏中选择【草绘】|【参照】命令，打开【参照】对话框，然后添加上步创建的参考点作为新参考，如图 8-13 所示。

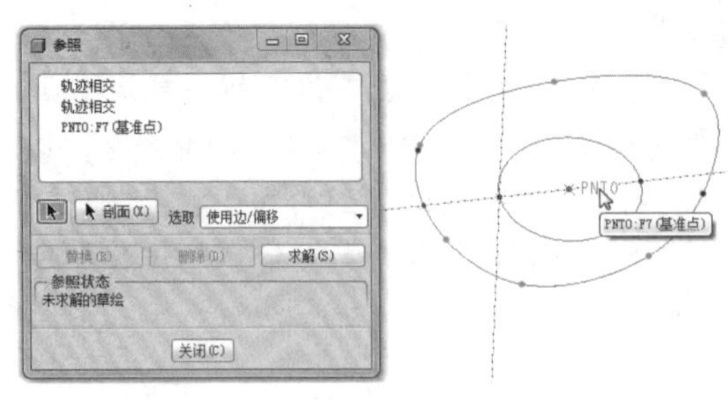

图 8-13　添加参考

08 使用【中心线】工具，在参考点上绘制竖直的中心线，如图 8-14 所示。

09 接下来是创建截面，根据所要创建的弧面的不同，用户可以选择圆弧、圆锥曲线或样条曲线作为截面的图元，但不管用什么图元，都要注意绘制方法。利用【样条】命令绘制如图 8-15 所示的曲线。

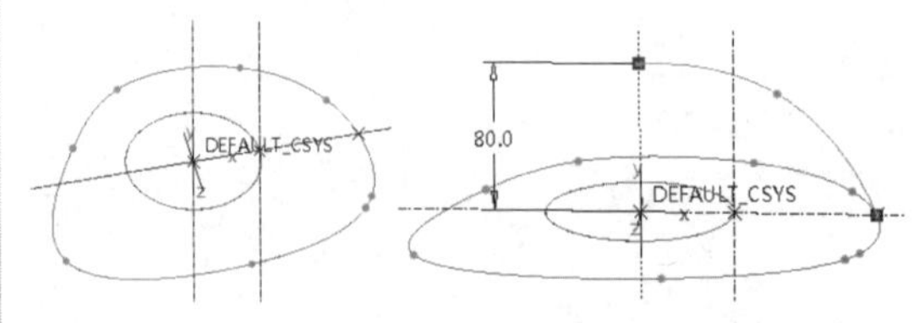

图 8-14　绘制竖直中心线　图 8-15　绘制样条曲线

技术要点

在一般情况下，圆轨迹只是用来辅助确定截面的法向，以保证扫描过程中草绘平面始终通过中心轴，因此圆轨迹的参考点一般是不会参与截面的约束的，如果用户不小心被自动捕捉上了，就要想清楚是否确实需要。其次，截面图元的最高点必须在中心轴上，并且图元要法向于中心轴，这样才能保证将来的可变扫描结果在最高点是光滑的，而不是出现尖点或窝点。最后也是最容易出错的，必须要固定草绘截面在中心轴上最高点的高度，而最妥当的方法当然是直接标注这一点的高度。有的用户在使用圆弧作为截面的时候，往往不注意这一点，虽然注意到了圆弧的中心要在中心轴上，但直接保留了默认的圆弧半径标注，从而导致将来可变扫描结果曲面在最高点处不重合，形成一个螺旋形状，因此就不难明白轮廓轨迹交点到中心轴的交点距离并不是不变的原因了。

10 退出草绘环境，Pro/E 自动生成扫描预览。最后单击【应用】按钮，完成可变截面的扫描特征的创建，如图 8-16 所示。

11 最后将结果保存。

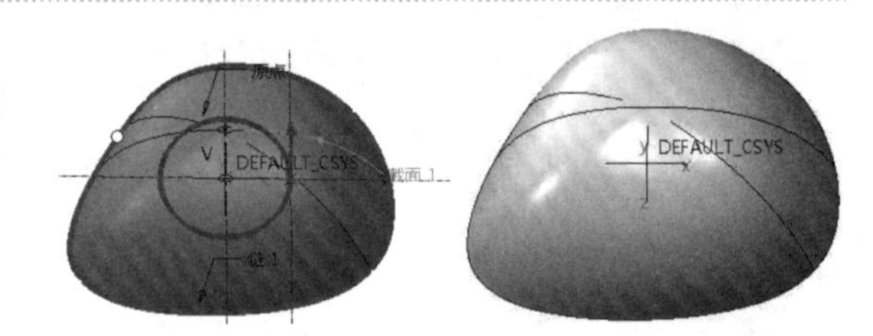

图 8-16　完成扫描特征的创建

8.2 混合特征

混合实体特征就是将一组草绘截面的顶点顺次相连，进而创建的三维实体特征。如图 8-17 所示，依次连接截面 1、截面 2、截面 3 的相应顶点即可获得实体模型。在 Pro/E 中，混合特征包括一般混合、平行混合与旋转混合 3 种。

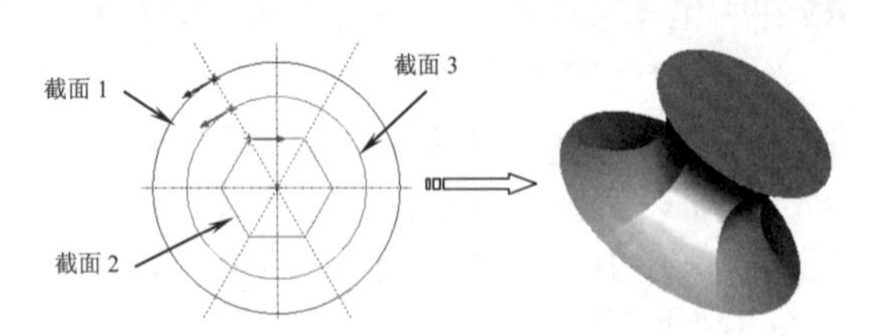

图 8-17　混合实体特征

技术要点

对不同形状的物体进行进一步的抽象理解不难发现：任意一个物体总可以看成是由多个不同形状和大小的截面按照一定顺序连接而成的（这个过程在 Pro/E 中称为混合）。使用一组适当数量的截面来构建一个混合实体特征，既能够最大限度地准确表达模型的结构，又尽可能简化建模过程。

8.2.1　混合概述

混合实体特征的创建方法多种多样且灵活多变。是设计非规则形状物体的有效工具。在创建混合实体特征时，首先根据模型特点选择合适的造型方法，然后设置截面参数构建一组截面图，程序将这组截面的顶点依次连接生成混合实体特征。

在菜单栏中选择【插入】|【混合】命令，可以创建混合实体、混合曲面、混合薄板等特征。当用户创建了混合特征与混合曲面后，菜单中的其余灰显命令变为可用。

在菜单栏中选择【插入】|【混合】|【伸出项】命令，弹出如图 8-18 所示的【混合选项】菜单管理器。

下面解释【混合】子菜单中的命令征：

- 伸出项：创建实体特征。
- 薄板伸出项：创建薄壁的实体特征。
- 切口：创建减材料实体特征。
- 薄板切口：：创建减材料的薄壁特征。
- 曲面：创建混合曲面特征。
- 曲面修剪：创建混合曲面来修剪其他实体或曲面。
- 薄曲面修剪：创建一定厚度的混合特征来修剪曲面。

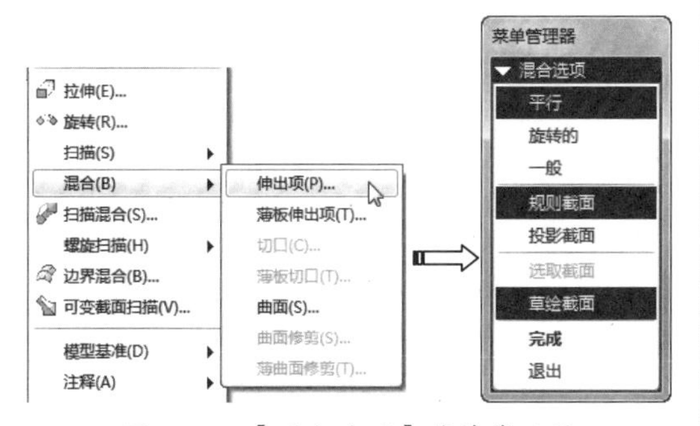

图 8-18　【混合选项】菜单管理器

根据建模时各截面之间的相互位置关系不同，将混合实体特征划分为 3 种类型。如图 8-19 所示。

- 平行：所有混合截面都相互平行，在一个截面草绘中绘制完成。
- 旋转的：混合截面绕 Y 轴旋转，最大角度可达 120°。每个截面都单独草绘，并用截面坐标系对齐。
- 一般：一般混合截面可以绕 X 轴、Y 轴和 Z 轴旋转，也可以沿这 3 个轴平移。每个截面都单独草绘，并用截面坐标系对齐。

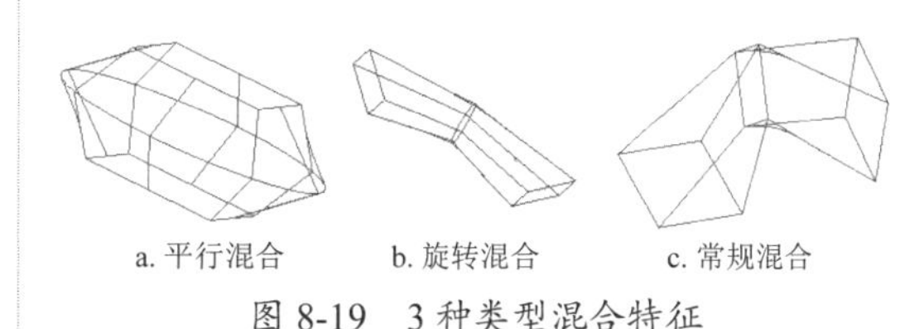

图 8-19　3 种类型混合特征

1. 生成截面的方式

在【混合选项】菜单管理器中可以看见，生成截面的选项有以下两种：

- 规则截面：特征使用草绘平面获得混合的截面。
- 投影截面：特征使用选定曲面上的截面投影。该选项只用于平行混合。

技术要点

需要说明的是，【投影截面】选项只有在用户创建平行混合特征时才可用。当创建旋转混合和常规混合特征时，此选项不可用，而用户只能创建【规则截面】。

如果以平行的方式混合，采用规则的截面并以草绘方式生成截面，即打开图 8-20 所示的菜单管理器，选择【完成】命令，打开【伸出项：混合，平行，规则截面】对话框和【属性】菜单管理器。

图 8-20　创建平行混合特征执行的命令

2. 指定截面属性

在如图 8-87 所示的【属性】管理器中可以看到有两种截面过渡方式：

- 直：各混合截面之间采用直线连接。当前程序默认设置为【直】选项。
- 光滑：各混合截面之间采用曲线光滑连接。

3. 设置草绘平面

完成属性设置后，再进行草绘平面的设置，选取标准基准平面中的一个平面作为草绘平面，在【方向】菜单管理器中选择【正向】命令，在【草绘视图】菜单管理器中选择【默认设置】命令，一般情况下使用默认设置方式放置草绘平面。依次选取的菜单命令如图 8-21 所示。

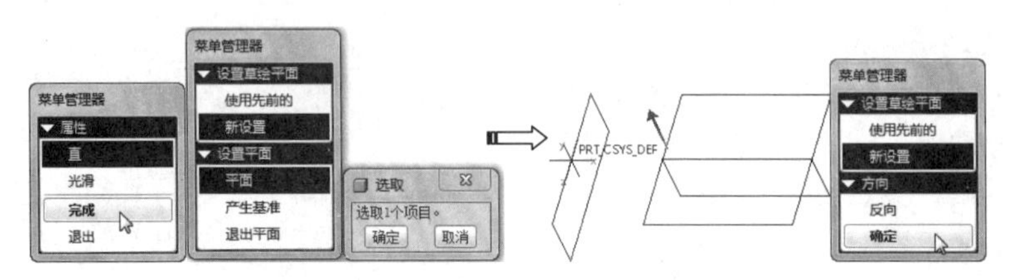

图 8-21　设置草绘平面依次选择的命令

8.2.2　创建混合特征需要注意的事项

混合截面的绘制是创建混合特征的重要步骤，是混合特征创建成败的关键，有以下几点需要注意：

（1）各截面的起点要一致，且箭头指示的方向也要相同（同为顺时针或逆时针）。

（2）程序是依据起始点各箭头方向判断各截面上相应的点逼近的。若起始点的设置不同，得到的特征也会不同，比如使用如图 8-22 所示的混合截面上起始点的设置，将得到一个扭曲的特征。

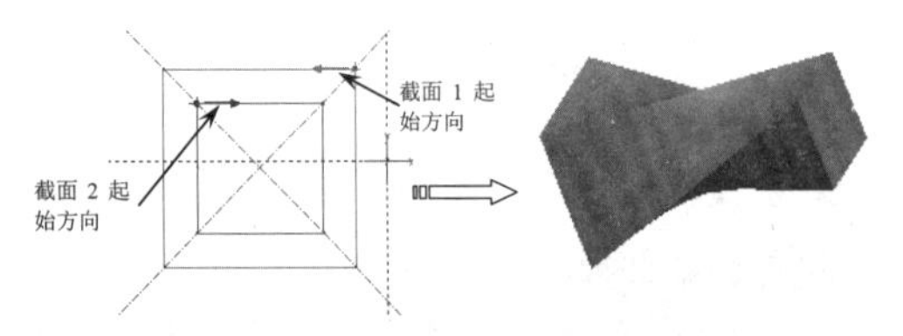

图 8-22　起始点设置不同导致扭曲

（3）各截面上图元数量要相同。

有相同的顶点数，各截面才能找到对应逼近的点。如果截面是圆或者椭圆，需要将其分割，使它与其他截面的图元数相同，如图 8-23 所示，将图形中的圆分割为 4 段。

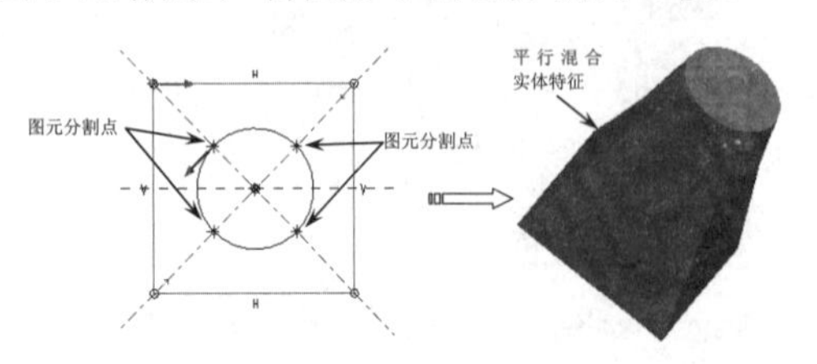

图 8-23　图元数相同

技术要点

单独的一个点可以作为混合的一个截面，可以把点看作是具有任意图元数的几何。但是单独的一个点不可以作为混合的中间截面，只能作为第一个或者是最后一个截面。

动手操作——利用【混合】命令创建苹果造型

下面利用【混合】工具来设计一个苹果造型，如图 8-24 所示。

图 8-24　苹果造型

操作步骤：

01 按 Ctrl+N 组合键弹出【新建】对话框。新建命名为【pingguo】的零件文件，并进入建模环境。

02 在菜单栏中选择【插入】|【混合】|【伸出

项】命令，打开【混合选项】菜单管理器。然后依次选择菜单管理器中的命令，进入草绘模式，如图 8-25 所示。

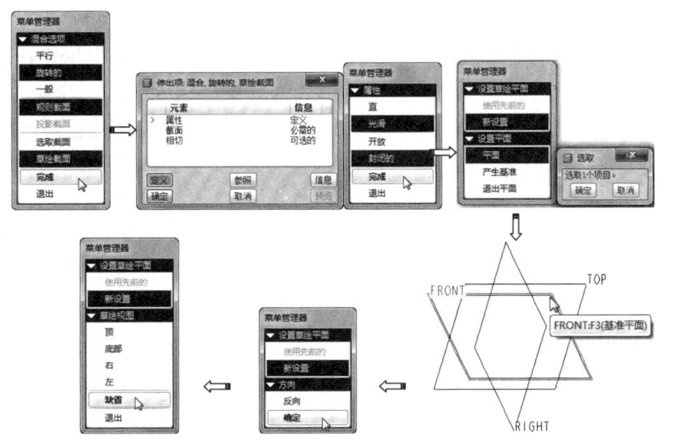

图 8-25　选择菜单命令进入草绘模式

03 进入草绘环境，绘制如图 8-26 所示的截面（由直线和样条曲线构成）。

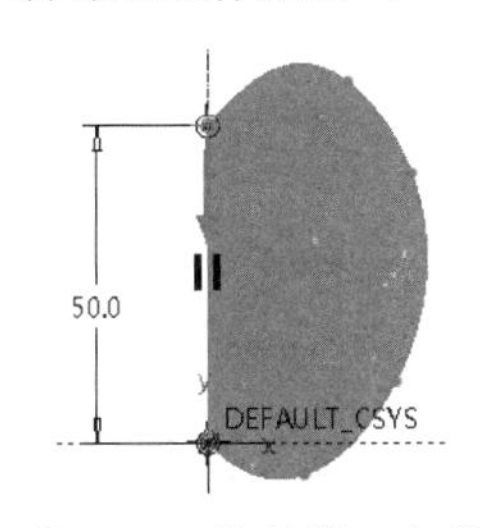

图 8-26　绘制第一个截面

技术要点

进入草绘模式后，首先要创建基准坐标系作为截面的参考。当然，在创建截面 2、截面 3 时也应在草绘模式中创建各自的基准坐标系。

04 退出草绘环境后，在【截面】选项卡单击【插入】按钮，并输入 90 作为旋转角度，然后单击【草绘】按钮进入草绘环境，绘制第二个截面，如图 8-27 所示。

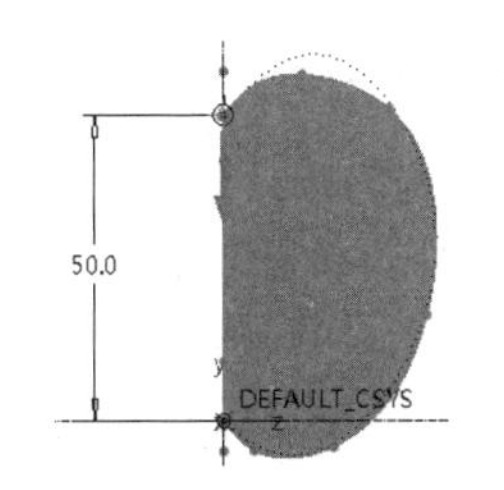

图 8-27　绘制第二个截面

技术要点

在绘制第二个截面时，直线一定要与第一个截面中的直线相等并重合。此外，在绘制第二个截面的样条曲线时，可参照虚线表示的截面 1 来绘制和编辑。当然，苹果的每个截面不应该是相等的，所以这里的旋转截面尽量不要一致，使创建的特征更具有真实性。

05 绘制完成二个截面后，程序会提示是否继续下一截面吗，单击【确定】按钮，并输入截面 3 的旋转角度 90，再进入草绘环境，绘制如图 8-28 所示的第三个截面。

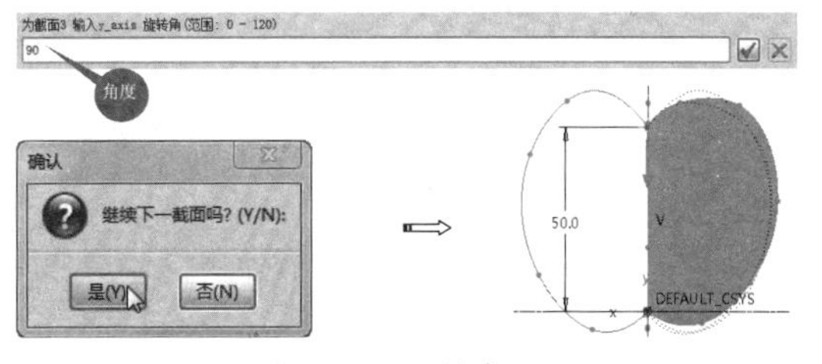

图 8-28　绘制截面 3

技术要点

在 3 个截面草图中，注意截面轮廓的起始方向要一致，否则会使混合特征扭曲。另外，每个截面中的旋转轴是默认统一的。

06 退出草绘环境。可以查看预览，如果有预览说明截面正确，如果没有，需要更改截面。

在【伸出项：混合，旋转的，草绘截面】对话框中单击【确定】按钮，完成旋转混合特征的创建，如图 8-29 所示。

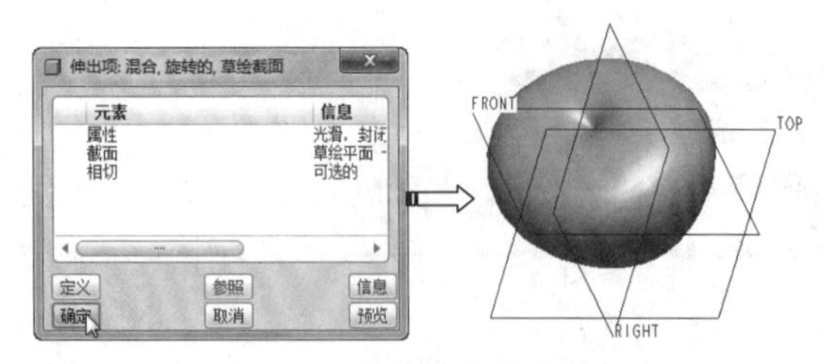

图 8-29　创建旋转混合特征

07 在菜单栏中选择【插入】|【扫描混合】命令，打开【扫描混合】操控板。利用基准工具栏中的【草绘】命令，选择 RIGHT 基准平面作为草绘平面，如图 8-30 所示。

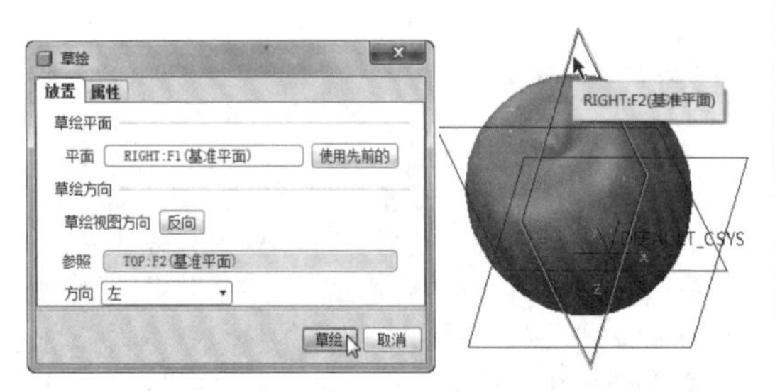

图 8-30　选择草绘平面

08 进入草绘环境后，绘制如图 8-31 所示的样条曲线，完成后退出草绘环境。

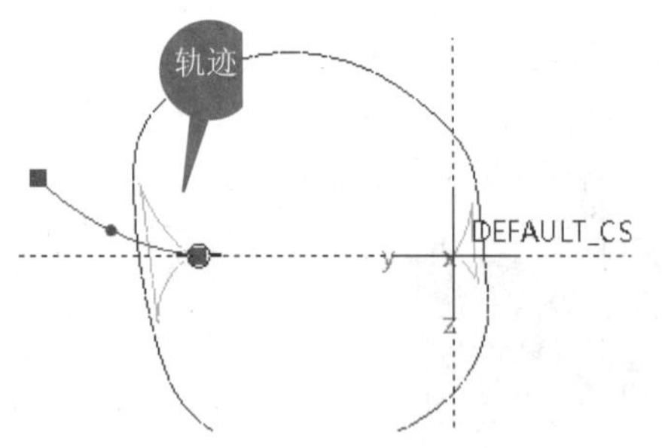

图 8-31　绘制扫描轨迹曲线

09 在操控板的【截面】选项卡中单击【草绘】按钮，进入草绘环境，绘制如图 8-32 所示的半径为 5 的截面草图。

图 8-32　绘制扫描截面草图

10 退出草图后在【截面】选项卡中单击【插入】按钮，再单击【草绘】按钮进入草绘环境绘制第二个截面，此截面为半径为 2 的小圆，如图 8-33 所示。

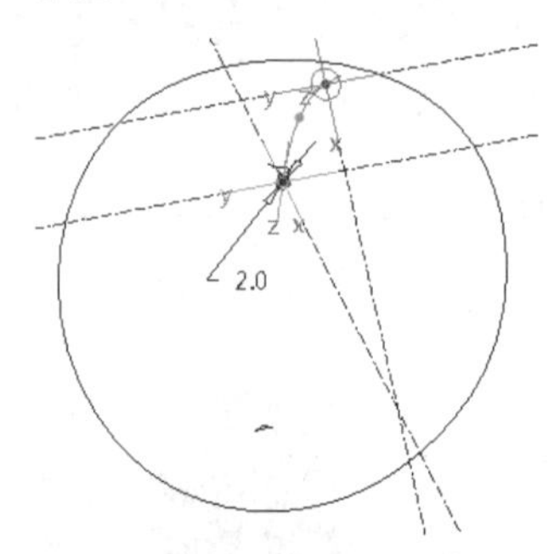

图 8-33　绘制第二个截面草图

11 退出草绘环境后单击操控板上的【应用】按钮，完成扫描混合特征的创建，结果如图 8-34 所示。

图 8-34　完成扫描混合特征的创建

12 至此，苹果的造型设计工作结束。最后将结果保存在工作目录中。

8.3　扫描混合

扫描混合特征同时具备扫描和混合两种特征。在建立扫描混合特征时，需要有一条轨迹线和多个特征剖面，这条轨迹线可通过草绘曲线或选择相连的基准曲线或边来实现。

不难发现，扫描混合命令与扫描命令的共同之处：都是扫描截面沿着扫描轨迹创建出扫描特征。它们的不同之处在于，扫描命令仅仅扫描一个截面，即扫描特征的每个横截面都是相等的；而扫描混合可以扫描多个不同形状的截面，如图 8-35 所示。

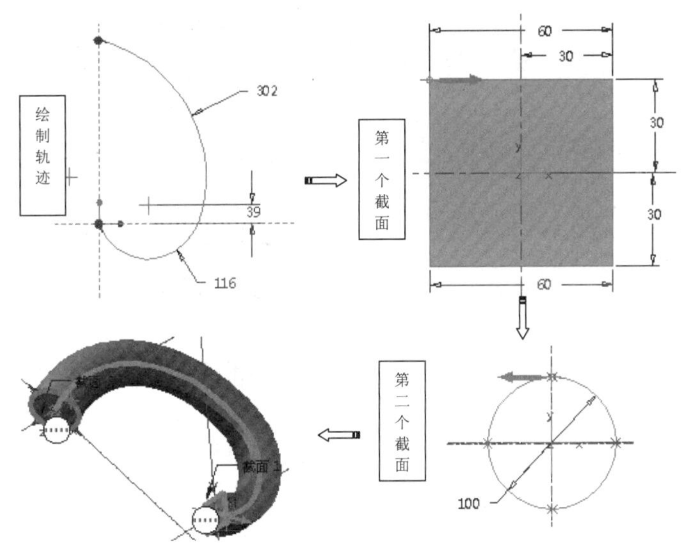

图 8-35　扫描混合

8.3.1　【扫描混合】操控板

在【插入】菜单栏中选择【扫描混合】命令，弹出【扫描混合】操控板，如图 8-36 所示。

操控板中主要的按钮与其他操控板是相同的。操控板上有 5 个选项卡：参考、截面、相切、选项和属性。下面重点介绍【扫描混合】操控板中主要的 4 个选项卡。

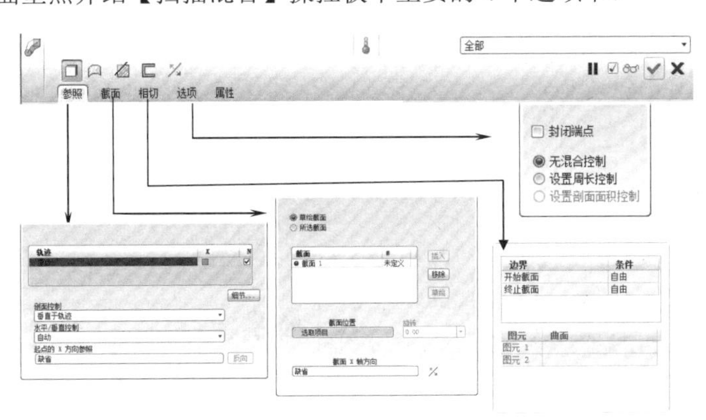

图 8-36　【扫描混合】操控板

8.3.2　【参照】选项卡

1. 轨迹

打开【扫描混合】操控板时，默认情况下【参照】选项卡中的【轨迹】收集器处于激活状态，您可以选择已有的曲线或模型边作为扫描轨迹，也可以在基准工具栏中展开下拉列表选择【草绘】命令来草绘轨迹。

单击【细节】按钮，弹出【链】对话框，如图 8-37 所示。通过此对话框来完成轨迹线链的添加。对话框中的【参照】选项卡用于链选取规则的确定：【标准】和【基于规则】。【选项】选项卡用来设置轨迹的长度、添加链或删除链，如图 8-38 所示。

图 8-37 【链】对话框　图 8-38 【选项】选项卡

2. 剖面控制

在【剖面控制】下拉列表中包含 3 种方法：垂直于轨迹、垂直于投影和恒定法向。

- 垂直于投影：截面垂直于轨迹投影的平面，如图 8-39 所示。

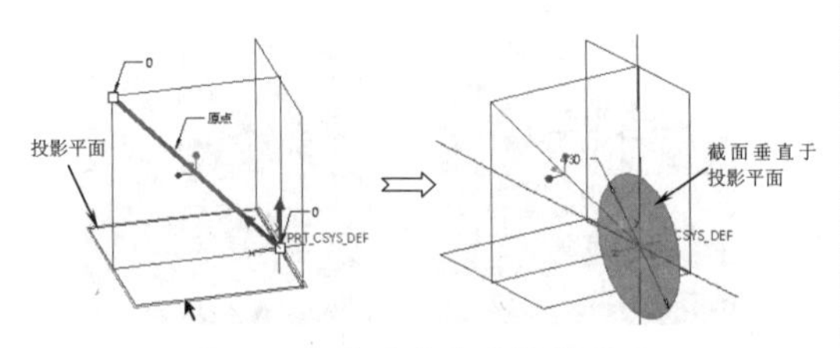

图 8-39 截面垂直于投影平面

- 恒定法向：选定一个参考平面，截面则穿过此平面，如图 8-40 所示。
- 垂直于轨迹：截面始终垂直于轨迹，如图 8-41 所示。

3. 水平 / 垂直控制

此选项用于控制垂直或法向的方向参考，一般为默认。即自动选择水平或竖直的平面参考。

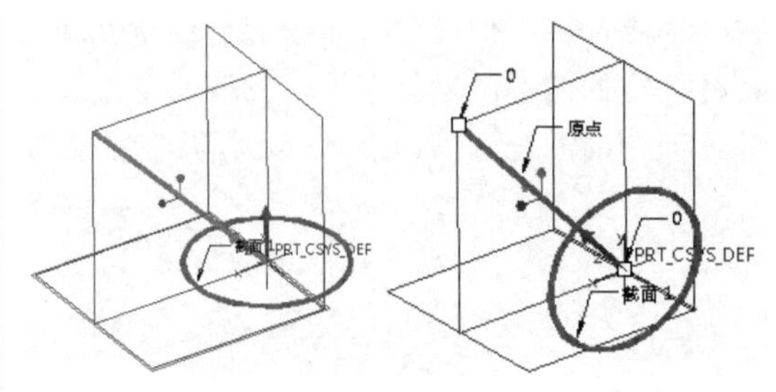

图 8-40 恒定法向　图 8-41 垂直于轨迹

8.3.3 【截面】选项卡

【截面】选项卡中有两种定义截面的方式：草绘截面和所选截面。要草绘截面，可以在基准工具栏选中择【草绘】命令进入草绘环境绘制截面。

如果已经创建了曲线或者模型，选取曲线或模型边也可以作为截面来使用。要创建扫描混合的实体，截面必须是封闭的。如果是创建扫描混合曲面或扫描薄壁特征，截面可以是开放的。

在【截面】选项卡中选中【草绘截面】单选按钮，然后激活【截面位置】收集器，并选择轨迹线的端点作为参照，此时【草绘】按钮才变为可用。单击【草绘】按钮并选择草绘平面，即可绘制截面，如图 8-42 所示。

扫描混合特征至少需要两个截面或更多截面。如果要绘制 3 个截面或更多，则需要在基准工具栏中通过【域】命令在轨迹上创建多个点。因此，添加截面位置参考点的工作必须在绘制截面之前完成。

技术要点

第二个截面及后面的截面，其截面图形的段数必须相等。也就是说，若第一个截面是矩形，自动分 4 段，第二个截面是圆形，那么圆形必须用【分割】命令分割成 4 段（3 段或 5 段都不行），如图 8-43 所示。否则不能创建出扫描混合特征。

同理，若第一截面是圆形，第二截面是矩形或其他形状，则必须返回第一个截面中将圆形打断。

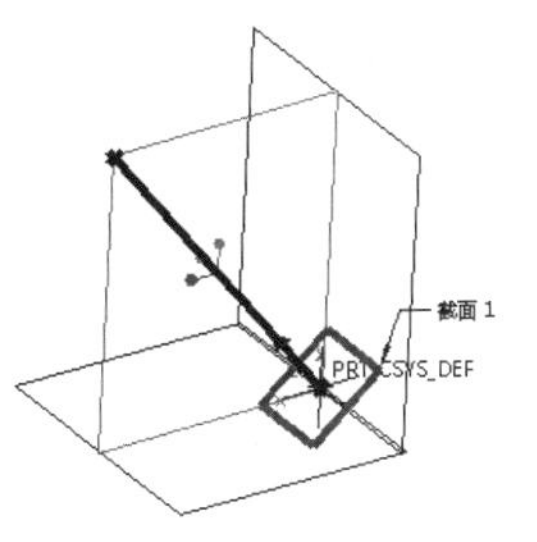

图 8-42　绘制第一个截面

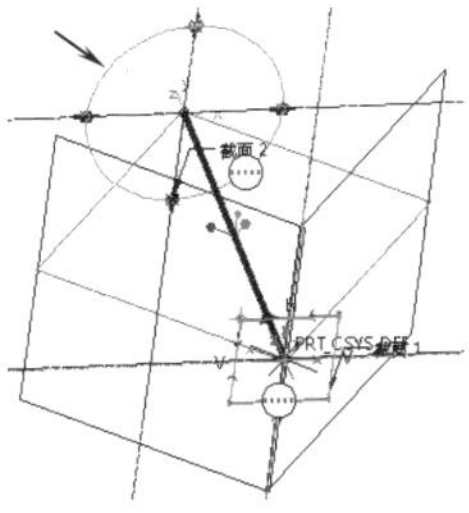

图 8-43　将第二个截面分段

要绘制第二个截面，在【截面】选项卡中单击【插入】按钮，再单击【草绘】按钮即可，如图 8-44 所示。再绘制截面亦是如此。

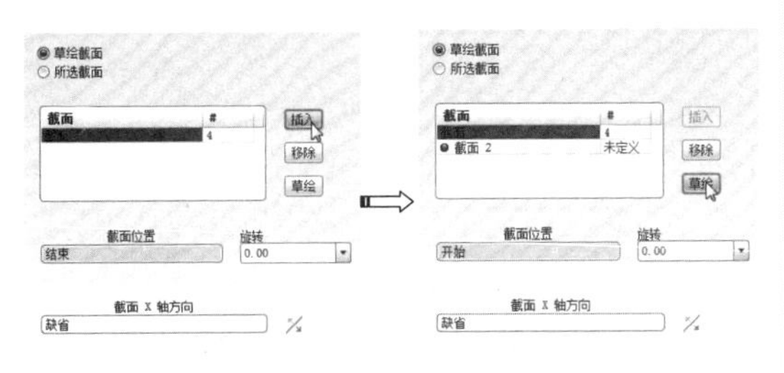

图 8-44　要绘制第二个截面所执行的命令

在实体造型工作中，我们时常用【扫描混合】工具来创建锥体特征，比例棱锥、圆锥或者是圆台、棱台等。这就需要对第二个截面进行设定。

- 若第一个截面为圆形、第二个截面为点，则创建圆锥如图 8-45 所示。
- 若第一个截面为圆形、第二个截面也是圆形，则创建圆台如图 8-46 所示。

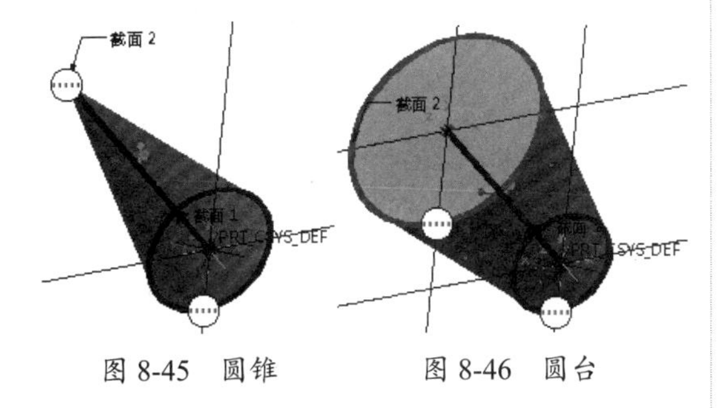

图 8-45　圆锥　　图 8-46　圆台

技术支持

对于同样是圆形的多个截面，无须打断分段。

- 若第一个截面为多边形、第二个截面为点，则创建多棱锥如图 8-47 所示。
- 若第一个截面为三角形（多边形）、第二个截面也是三角形（多边形），则创建棱台如图 8-48 所示。

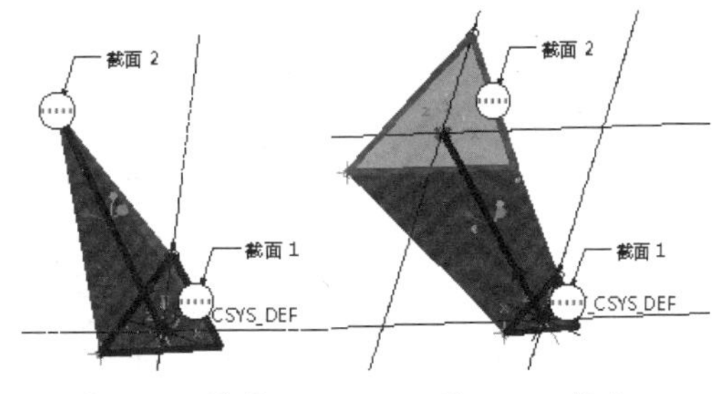

图 8-47　棱锥　　图 8-48　棱台

绘制了截面后，可以在【截面】选项卡中选择截面来更改旋转角度，使扫描混合特征产生扭曲。

8.3.4 【相切】选项卡

仅当完成了扫描轨迹和扫描截面的绘制后，【相切】选项卡才被激活可用。主要用来控制截面与轨迹的相切状态，如图 8-49 所示。

3 种状态的含义如下：

- 自由：自由状态是根据截面的形状来控制的，是 G 连续状态。例如多个截面为相同，则轮廓形状一定是 G1 连续的，如图 8-50 所示。
- 相切：仅轨迹与截面之间的夹角较小时，可以将截面与轨迹设置相切。
- 垂直：选择此选项，截面与轨迹线呈垂直，可以从轮廓来判断。

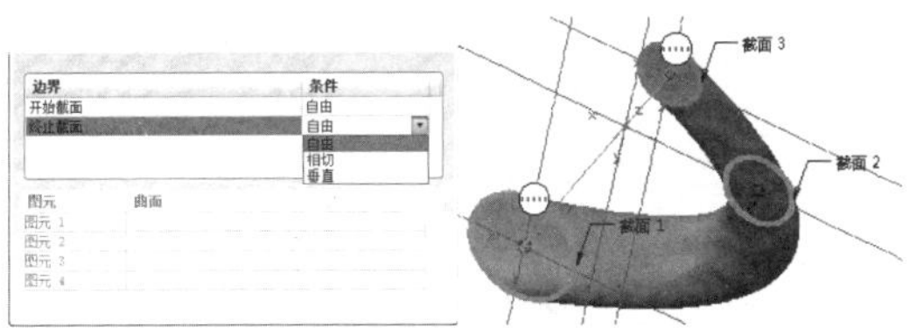

图 8-49　【相切】选项卡　图 8-50　截面自由状态

8.3.5 【选项】选项卡

此选项卡用来控制截面的形态。选项卡中各选项含义如下：

- 封闭端点：选中此复选框，创建扫描

混合曲面时将创建两端的封闭曲面。

- 无混合状态：表示扫描混合特征是随着截面的形状而改变的，不产生扭曲。
- 设置周长控制：通过在图形区中拖动截面曲线来改变周长，如图 8-51 所示。
- 设置横截面面积控制：此选项与【设置周长控制】类似，也是通过拖动截面来改变截面面积的。

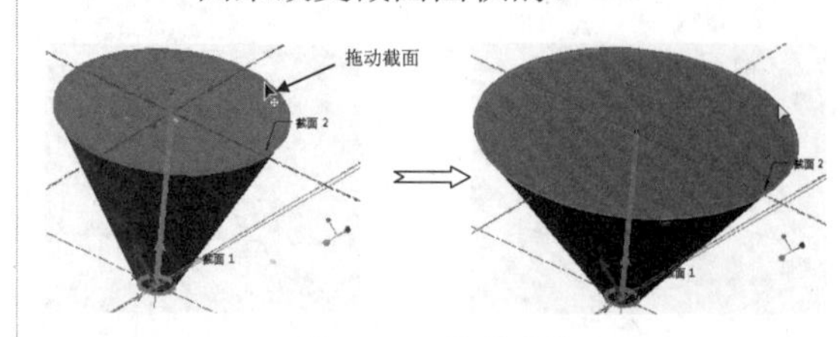

图 8-51　控制周长

8.4 综合实训——螺丝刀设计

◎ **引入文件：无**

◎ **结果文件：实训操作 \ 结果文件 \Ch08\luosidao.asm**

◎ **视频文件：视频 \Ch08\ 螺丝刀 .avi**

【螺丝刀】是一种用来拧转螺丝钉以迫使其就位的工具，通常有一个薄楔形头，可插入螺丝钉头的槽缝或凹口内——亦称【改锥】。本例要设计的螺丝刀造型包括刀体部分和刀柄部分，如图 8-52 所示。

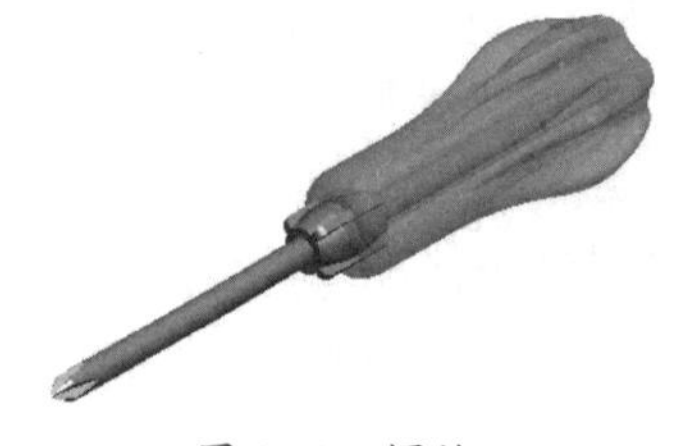

图 8-52　螺丝刀

1．设计刀体

操作步骤：

01 新建名为【luosidao.asm】的组件文件。然后设置工作目录。

02 在右工具栏中单击【新建】按钮，然后创建命名为【daoti】的元件文件，如图 8-53 所示。

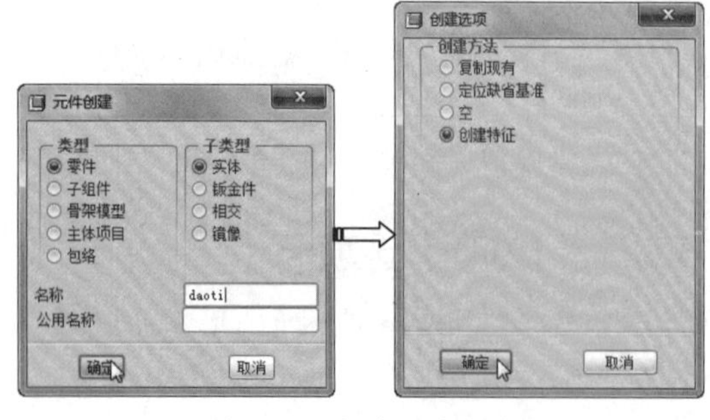

图 8-53　新建元件文件

03 单击【旋转】按钮，打开【旋转】操控板。然后选择 FRONT 基准平面进入草绘模式中，绘制如图 8-54 所示的旋转截面和旋转中心线（几何中心线）。

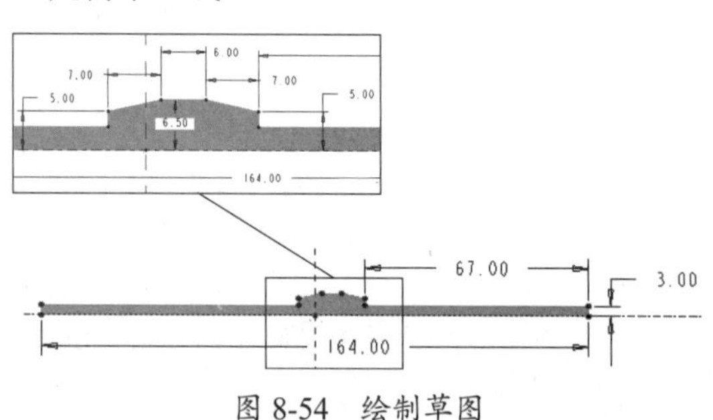

图 8-54　绘制草图

04 退出草绘模式后保留操控板中的默认设置，单击【应用】按钮完成旋转特征的创建，如图 8-55 所示。

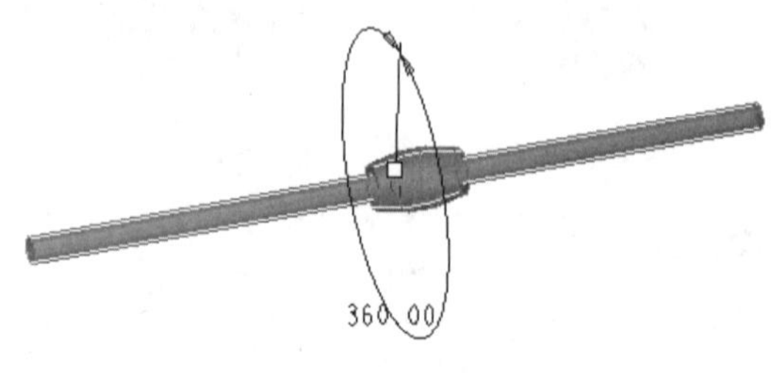

图 8-55　创建旋转特征

05 使用【拉伸】工具，选择如图 8-56 所示的面作为草图平面，然后进入草绘模式绘制拉伸截面。

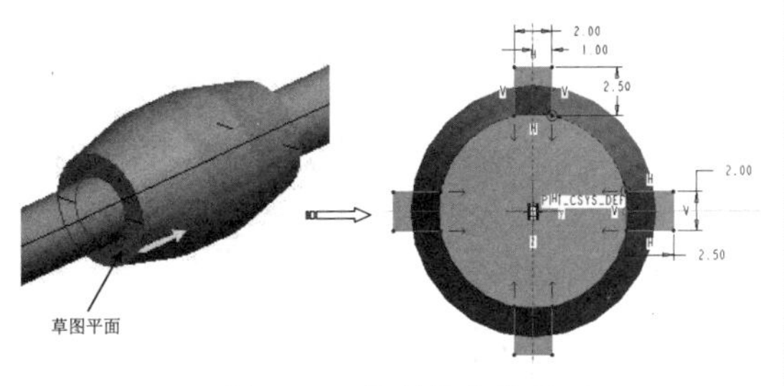

图 8-56　绘制拉伸截面

06 退出草绘模式后设置拉伸类型及深度，如图 8-57 所示。单击【应用】按钮完成拉伸特征的创建。

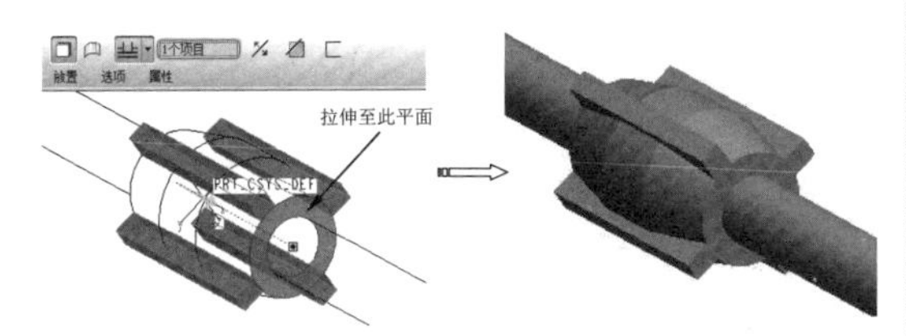

图 8-57　完成拉伸特征的创建

07 在整个旋转特征的长端设计十字改锥特征。首先使用【边倒角】工具创建倒角特征，如图 8-58 所示。

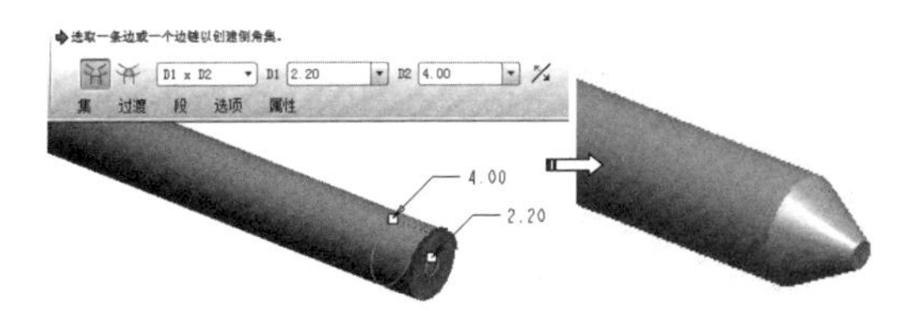

图 8-58　创建倒角特征

08 使用【拉伸】工具，选择如图 8-59 所示的平面作为草图平面，进入草绘模式后绘制拉伸截面。

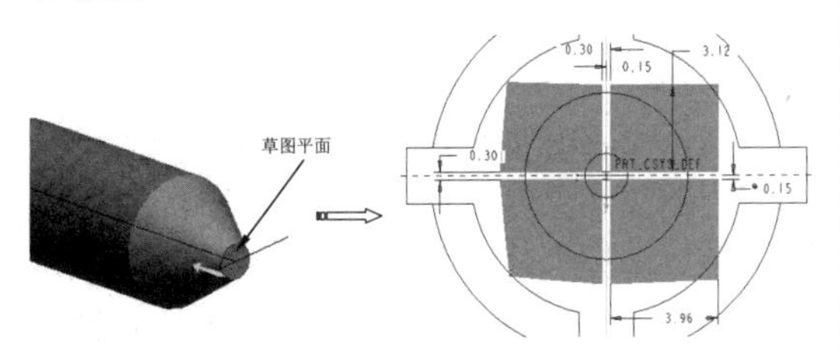

图 8-59　绘制拉伸截面

09 退出草绘模式，在【拉伸】操控板上设置拉伸深度为 17，并单击【移除材料】按钮，完成拉伸切除材料特征的创建，如图 8-60 所示。

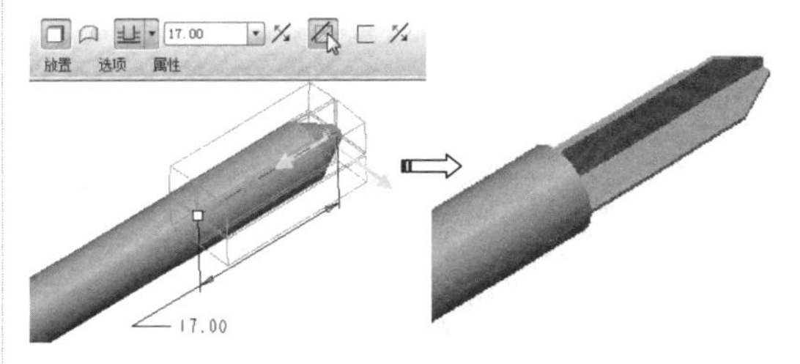

图 8-60　创建拉伸切除材料特征

10 单击【拔模】按钮，打开【拔模】操控板。然后选择拔模曲面和拔模枢轴，如图 8-61 所示。

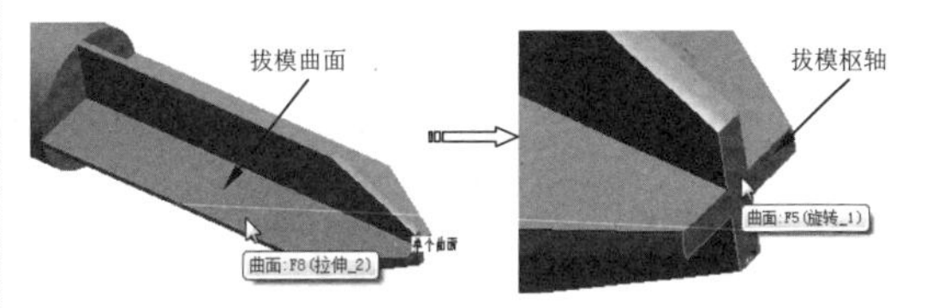

图 8-61　选择拔模曲面和拔模枢轴

11 更改拖拉方向，设置拔模斜度为 10，最后单击【应用】按钮完成拔模。结果如图 8-62 所示。

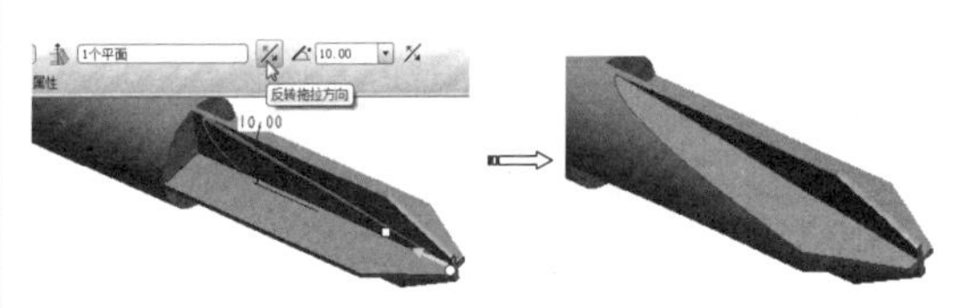

图 8-62　创建拔模

12 同理，在其余 7 个曲面上也创建相同拔模斜度的特征，最终结果如图 8-63 所示。

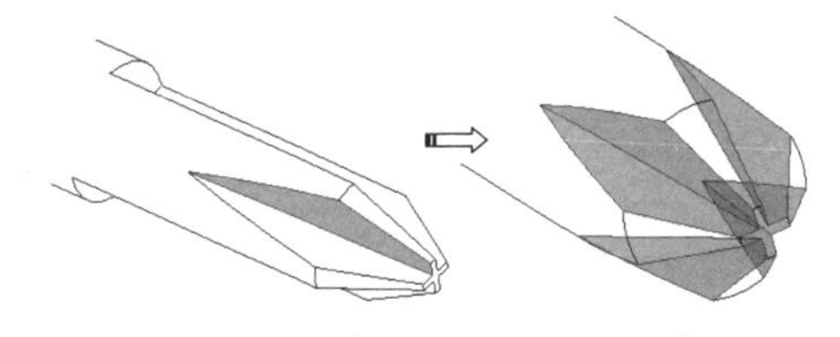

图 8-63　创建其余曲面的拔模特征

技术要点

您可以一次性按住 Ctrl 键选择两个相邻曲面来创建两个曲面的拔模，如图 8-64 所示。

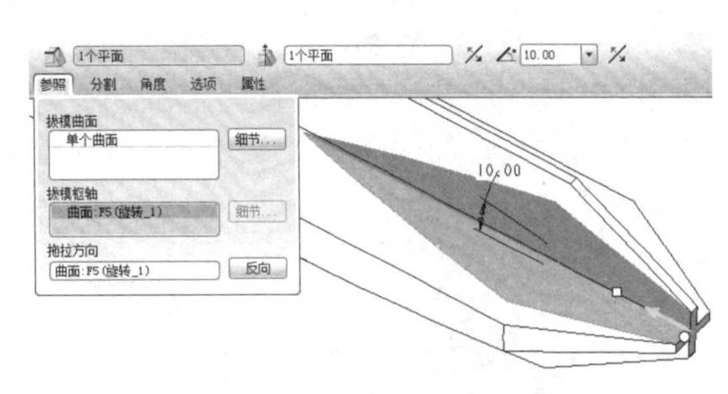

图 8-64　一次创建两个曲面的拔模

13 再次将8个拔模后的曲面进行拔模，其中一个曲面的拔模操作如图8-65所示。然后按此方法创建其余曲面的拔模特征。

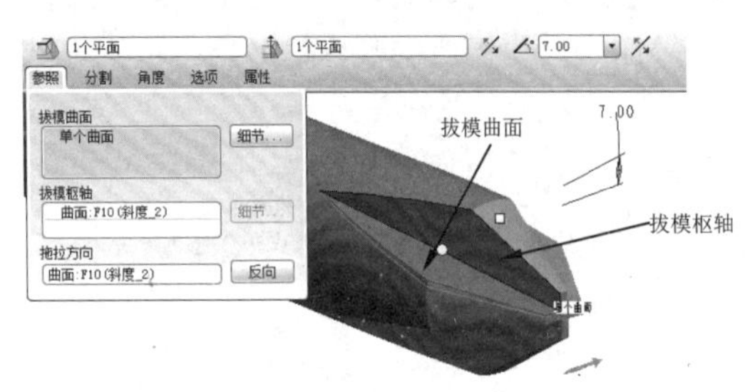

图 8-65　创建拔模特征

技术要点

在创建第二个拔模特征时，如果是以第一个拔模特征的曲面作为拔模枢轴，那么拔模斜度将是14，而不是上图中的7。如图8-66所示。以此类推，其余拔模特征也是如此。

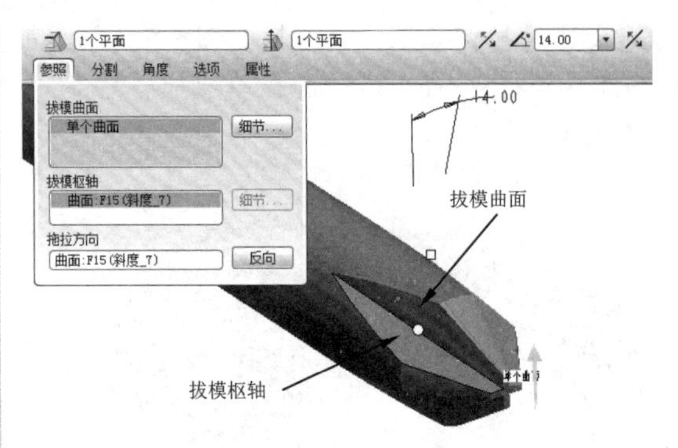

图 8-66　创建第二个拔模特征的拔模斜度

14 下面设计【一】字形改锥特征。在另一端新建一个基准平面，如图8-67所示。

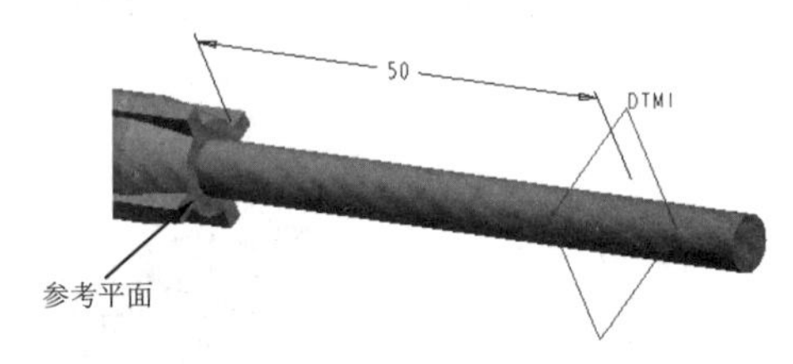

图 8-67　创建参考平面

15 在菜单栏中选择【插入】|【混合】|【伸出项】命令，打开【混合选项】菜单管理器。选择如图8-68所示的命令及草图平面，进入草绘模式中绘制两个截面。

16 绘制一个截面后，右击，选择【切换截面】命令，再绘制第二个截面，如图8-69所示。

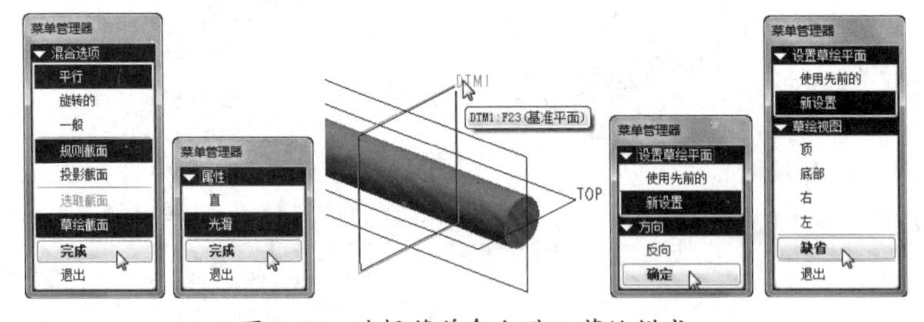

图 8-68　选择菜单命令进入草绘模式

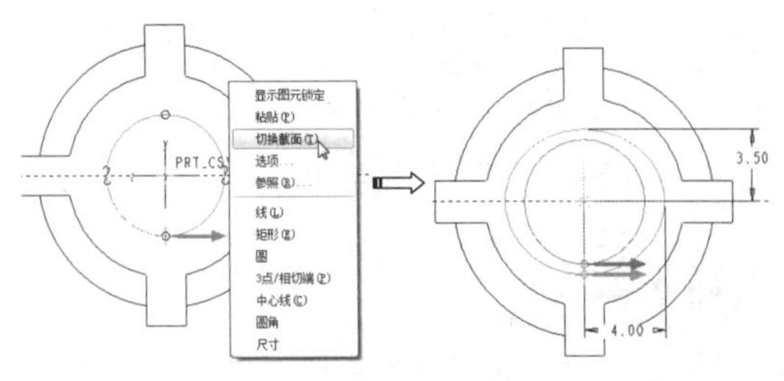

图 8-69　绘制两个截面

技术要点

第二个截面必须打断，而且段数及起点方向与第一个截面相同，否则会生成扭曲的实体。

17 退出草绘模式后，设置深度为【盲孔】，并输入深度值20，最终完成混合特征的创建，如图8-70所示。

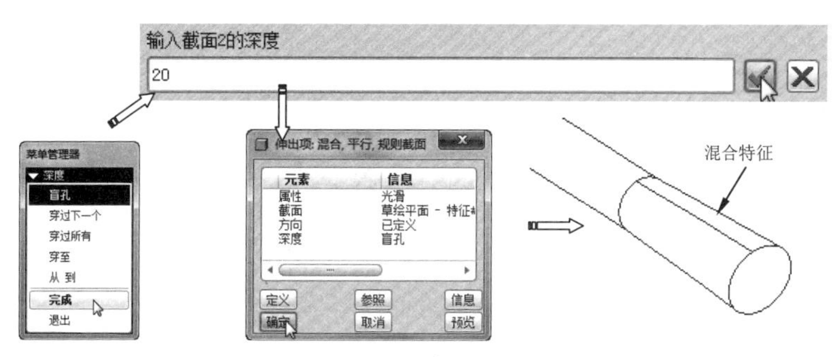

图 8-70　创建混合特征

18 利用【圆角】命令，在混合特征上创建圆角，如图 8-71 所示。

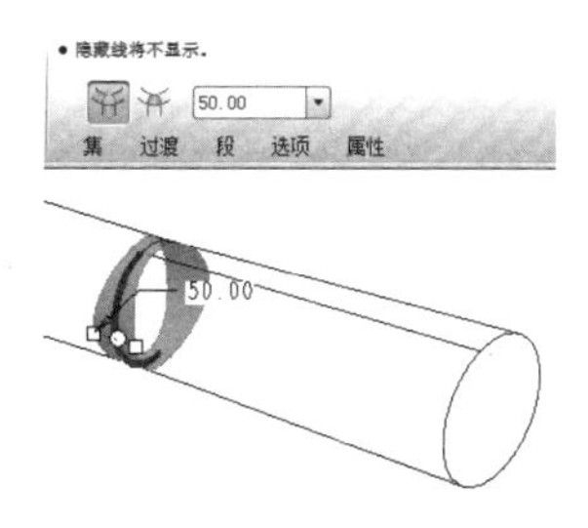

图 8-71　创建圆角特征

19 使用【拉伸】命令，选择 FRONT 基准平面作为草图平面，进入草绘模式中，绘制如图 8-72 所示的草图截面。

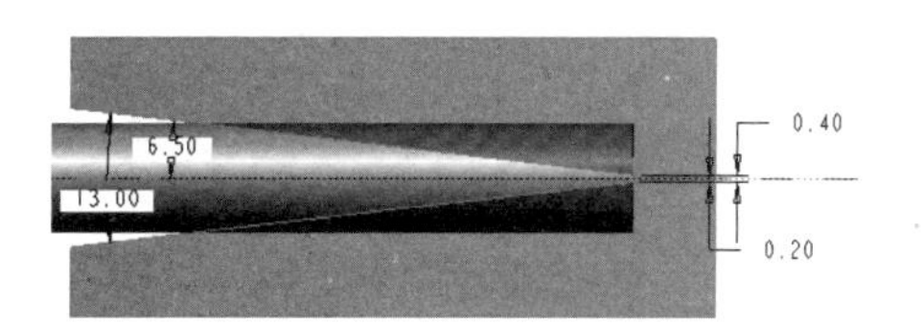

图 8-72　绘制拉伸截面

20 退出草绘模式后，在【拉伸】操控板中设置如图 8-73 所示的参数后，单击【应用】按钮完成拉伸切除材料特征。

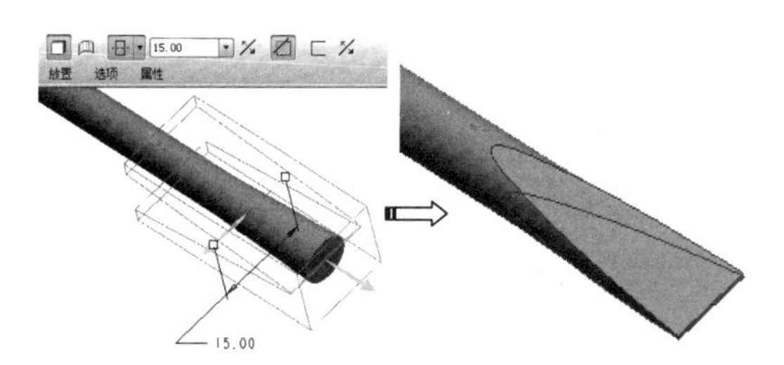

图 8-73　创建拉伸切除材料特征

21 使用【拉伸】工具，在 TOP 基准平面上绘制草图，并完成拉伸切除材料特征的创建。结果如图 8-74 所示。

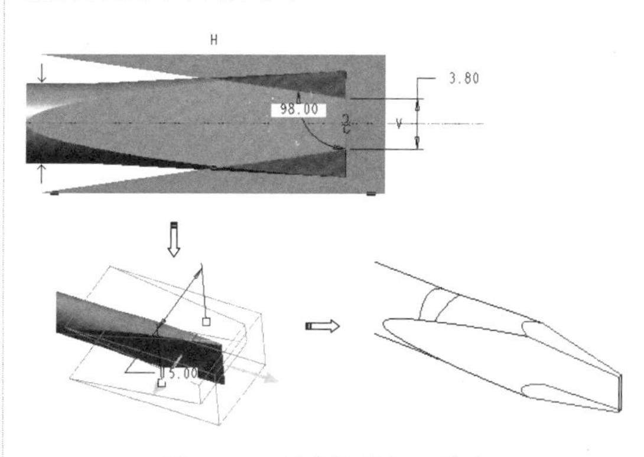

图 8-74　创建拉伸切除特征

22 利用【倒圆角】命令在刀体中间部位创建圆角特征，如图 8-75 所示。

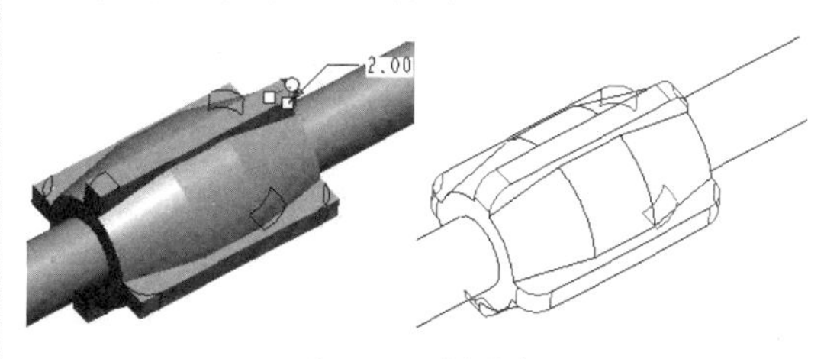

图 8-75　倒圆角

23 最终设计完成的刀体如图 8-76 所示。

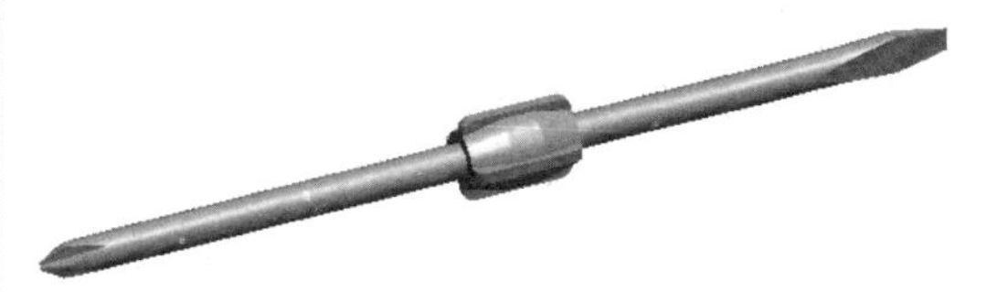

图 8-76　设计完成的刀体

2. 设计刀柄

操作步骤：

01 新建名为【shoubing】的元件文件，并进入到该元件的编辑模式。

02 使用【旋转】命令，选择 FRONT 基准平面作为草图平面，并绘制如图 8-77 所示的草图截面和几何中心线。

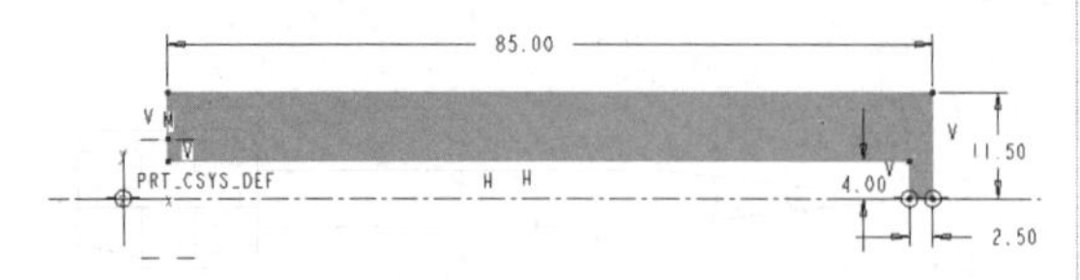

图 8-77　绘制草图

03 退出草图模式后按操控板中默认的设置，单击【应用】按钮完成旋转特征的创建。如图 8-78 所示。

04 利用【倒圆角】命令，创建半径为 5 的圆角特征，如图 8-79 所示。

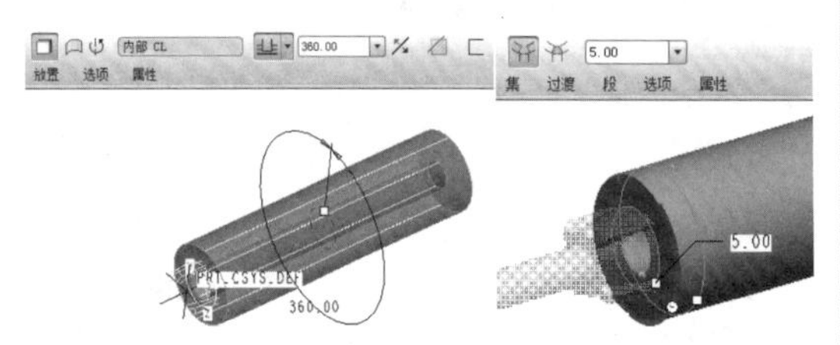

图 8-78　创建旋转特征　　图 8-79　创建圆角

05 使用【拉伸】命令，选择 FRONT 基准平面作为草图平面，进入草绘模式绘制如图 8-80 所示的截面。

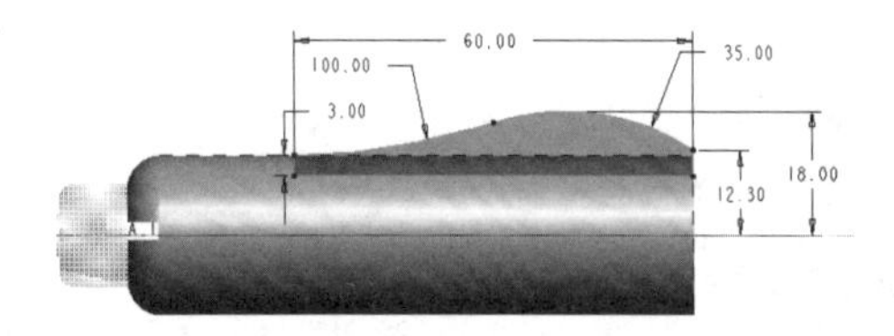

图 8-80　绘制截面

06 退出草图模式后，设置拉伸深度类型及深度值，单击【应用】按钮完成拉伸曲面特征的创建。如图 8-81 所示。

07 再利用【拉伸】命令，在 TOP 基准平面上绘制草图，并创建出如图 8-82 所示的拉伸曲面特征。

技术要点

如果是绘制开放的草绘轮廓，必须先在拉伸操控板中单击【拉伸为曲面】按钮，才能创建拉伸曲面。

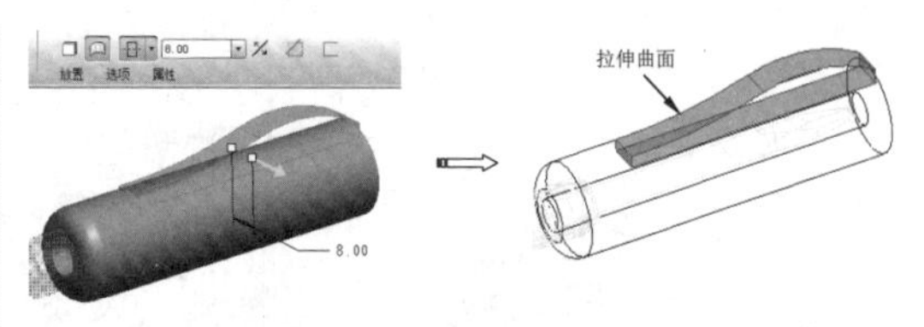

图 8-81　创建拉伸曲面 1

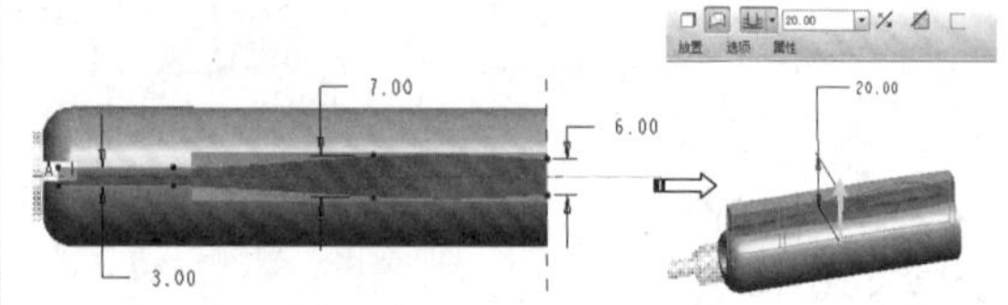

图 8-82　创建拉伸曲面 2

08 选中两个拉伸曲面，然后在菜单栏中选择【编辑】|【合并】命令，打开【合并】操控板。设置合并的方向后，单击【应用】按钮完成曲面的合并，如图 8-83 所示。

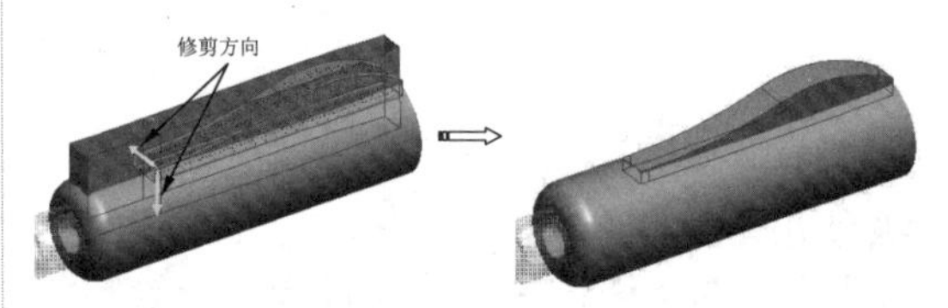

图 8-83　修剪曲面

09 将合并的曲面实体化。在菜单栏中选择【插入】|【扫描】|【切口】命令，然后选择如图 8-84 所示的菜单命令并绘制轨迹。

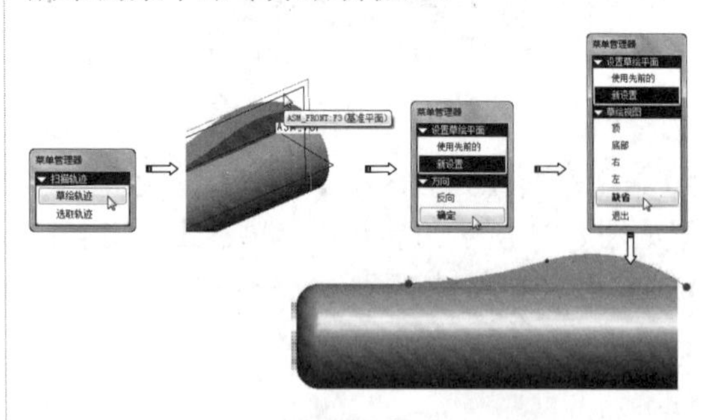

图 8-84　选择菜单命令并绘制轨迹

10 随后再次进入草绘模式，绘制如图 8-85 所示的扫描截面。完成后退出草绘模式。最后单击【剪切扫描】对话框中的【确定】按钮，完成扫描切口特征的创建。

11 同理，在对称的另一侧也创建相同的扫描切口特征。

12 利用【倒圆角】命令创建如图 8-86 所示的圆角特征。

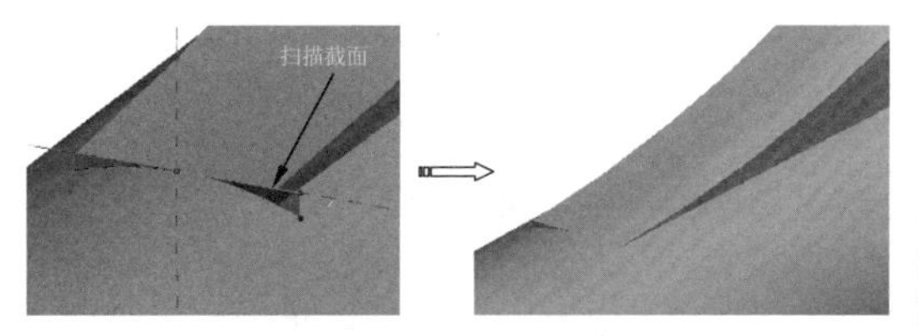

图 8-85　创建扫描切口特征

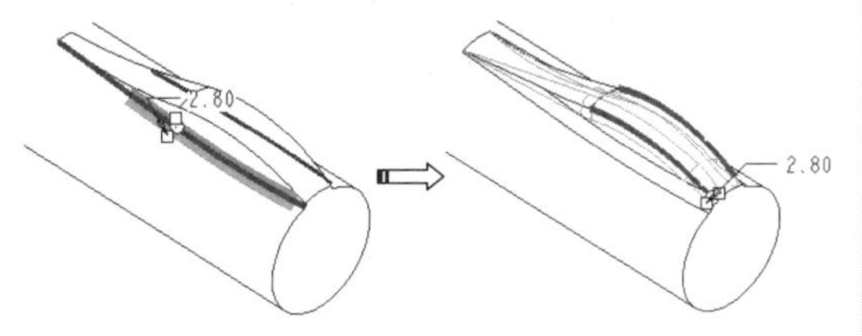

图 8-86　创建圆角

13 在模型树中选择 4 个特征创建组，如图 8-87 所示。

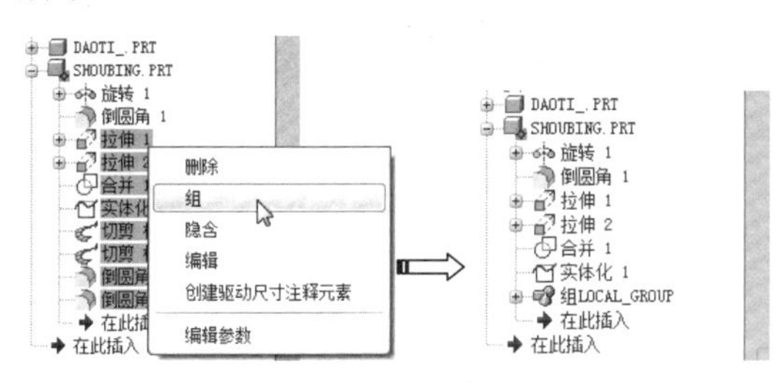

图 8-87　创建组

14 选中创建的组，然后单击【阵列】按钮 ，打开【阵列】操控板。以【轴】阵列方式，选择旋转特征的轴，然后设置阵列个数和角度，最后单击【应用】按钮完成阵列，如图 8-88 所示。

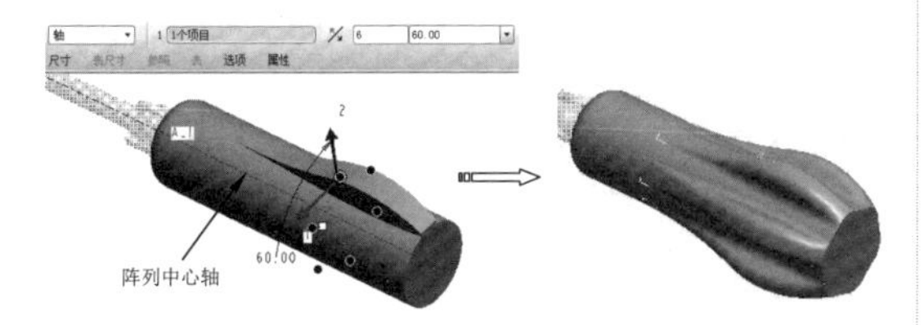

图 8-88　创建阵列特征

15 再使用【倒圆角】命令，对刀柄尾部进行圆角处理，如图 8-89 所示。

16 选择如图 8-90 所示的刀体曲面进行复制、粘贴。在打开的【复制】操控板的【选项】选项卡中，选中【排除曲面并填充孔】单选按钮，然后选择孔轮廓，最后单击【应用】按钮完成曲面的复制。

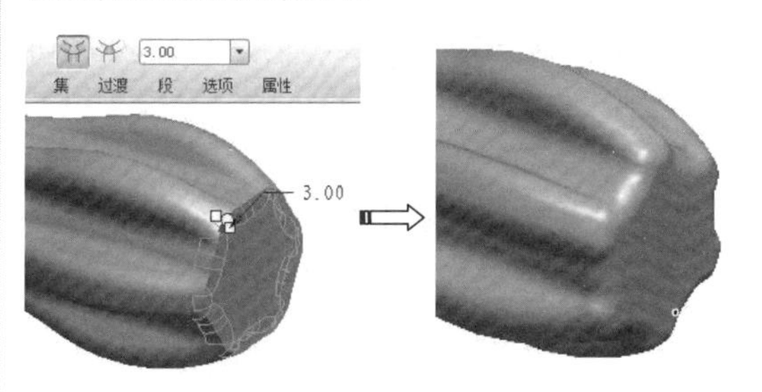

图 8-89　创建圆角

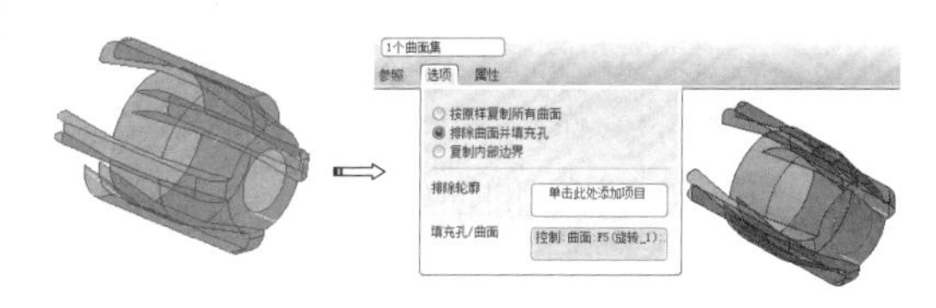

图 8-90　复制曲面

17 选中复制的曲面，然后在菜单栏中选择【编辑】|【实体化】命令，在操控板中单击【修剪】按钮，再单击【应用】按钮，完成实体化修剪。结果如图 8-91 所示。

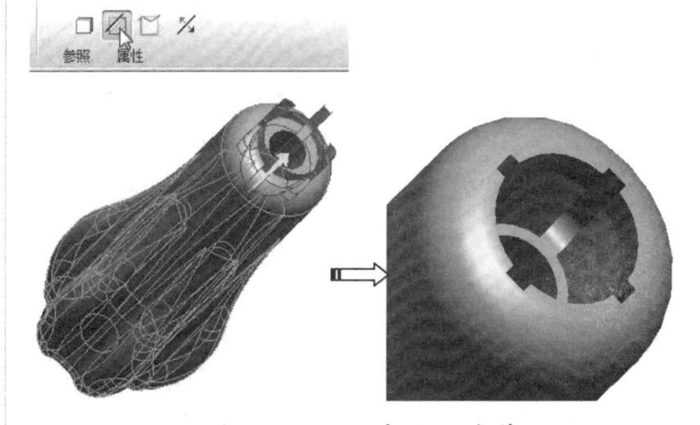

图 8-91　曲面实体化修剪

18 至此，完成了整个螺丝刀的组件装配设计，如图 8-92 所示。最后将结果保存。

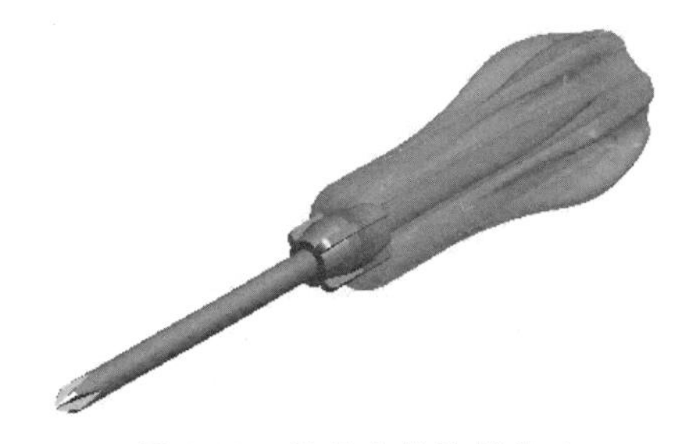

图 8-92　设计完成的螺丝刀

8.5 课后习题

1. 习题一

通过多次扫描与混合，创建如图 8-93 所示的模型。

图 8-93 习题一

练习内容及步骤如下：

（1）创建可变截面扫描特征。

（2）创建扫描特征。

（3）创建基准平面和基准轴。

（4）草绘的操作。

（5）关系的运用。

（6）阵列、镜像、偏移、实体化、合并、壳和倒圆角的操作。

（7）混合特征的创建。

2. 习题二

利用混合特征创建如图 8-94 所示的五角星模型。

图 8-94 习题二

练习内容及步骤如下。

（1）创建混合特征。

（2）创建基准平面和基准轴。

（3）草绘的操作。

（4）混合特征的创建。

◇◇◇◇◇◇◇◇◇◇◇◇◇◇◇◇◇◇ 读书笔记 ◇◇◇◇◇◇◇◇◇◇◇◇◇◇◇◇◇◇◇◇

第9章　构造特征设计

工程构造特征是Pro/E帮助用户建立复杂零件模型的高级工具。常见的工程特征、构造特征及扭曲特征统称为高级特征。高级特征常用来进行零件结构设计和产品造型。Pro/E提供了丰富的特征编辑方法，设计的时候可以使用移动、镜像等方法快速创建与模型中已有特征相似的新特征，也可以使用阵列的方法大量复制已经存在的特征。

资源二维码

百度云盘

360云盘 访问密码 32dd

知识要点

- 工程特征
- 构造特征
- 折弯特征

9.1　工程特征

Pro/E的工程特征主要是基于父特征而创建的实体造型。例如孔、筋、槽、拔模、抽壳等。下面对各工程特征的创建工具一一讲解。

9.1.1　孔特征

利用【孔】工具可向模型中添加简单孔、自定义孔和工业标准孔。利用Pro/E的【孔】工具可以通过定义放置参考、设置偏移参考及定义孔的具体特性来添加孔。

单击右工具栏中的【孔】按钮，打开【孔】操控板，如图9-1所示。

图9-1　【孔】特征操控板

在【孔】操控板中常用选项功能如下：

- 按钮：创建简单孔。
- 按钮：创建标准孔。
- 按钮：定义标准孔轮廓。
- 按钮：创建草绘孔。
- 140.0 下拉列表：显示或修改孔的直径尺寸。
- 按钮：选择孔的深度定义形式。
- 295.8 下拉列表：显示或修改孔的深度尺寸。

1．孔的放置方法

【放置】选项卡用来设置孔的放置方法、类型，以及放置参考等选项，如图9-2所示。

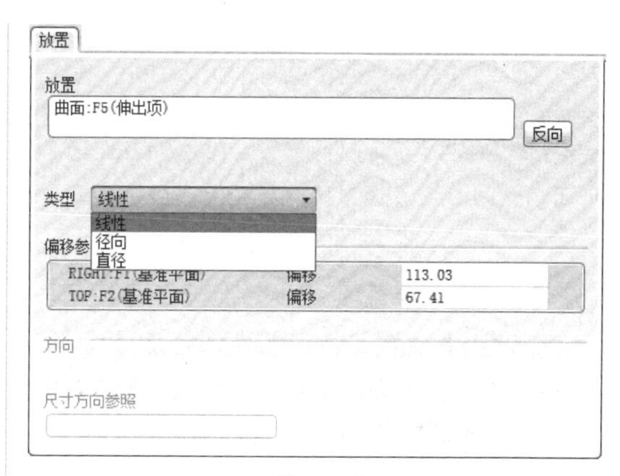

图9-2　【放置】选项卡

孔放置类型有6种，分别是：同轴、线性、线性参考轴、径向、直径、在点上。

选择放置参考后，可定义孔放置类型。孔放置类型允许定义孔放置的方式。如表 9-1 所示列出了 5 种孔的放置方法。

表 9-1　孔的放置类型

孔放置类型	说明	示例
线性	使用两个线性尺寸在曲面上放置孔。 如果您选择平面、圆柱体或圆锥实体曲面，或是基准平面作为主放置参考，可使用此类型。 如果选择曲面或基准平面作为主放置参考，Pro/E Parametric 默认选择此类型	
线性参考轴	通过参考基准轴或位于同一曲面上的另一个孔的轴来放置孔。轴应垂直于新创建的孔的主放置参考	1 正交尺寸 2 新创建的孔 3 选择作为次参考的轴
径向	使用一个线性尺寸和一个角度尺寸放置孔。如果您选择平面、圆柱体或圆锥实体曲面，或是基准平面作为主放置参考，可使用此类型	
直径	通过绕直径参考旋转孔来放置孔。此放置类型除了使用线性和角度尺寸之外还将使用轴。如果选择平面实体曲面或基准平面作为主放置参考，可使用此类型	
同轴	将孔放置在轴与曲面的交点处。注意，曲面必须与轴垂直。此放置类型使用线性和轴参考。如果选择曲面、基准平面或轴作为主放置参考，可使用此类型	
在点上	将孔与位于曲面上的或偏移曲面的基准点对齐。此放置类型只有在选择基准点作为主放置参考时才可用。如果主放置参考是一个基准点，则仅可用该放置类型	

技术要点

因所选的放置参考不同，会显示不同的放置类型。

2. 孔的放置参考

在设计中放置孔特征要求选择放置参考，并选择偏移参考来约束孔相对于选定参考的位置。【放置】选项卡中有两种参考：放置参考和偏移参考。

（1）方法一：放置参考。

利用放置参考，可在模型上放置孔。可通过在孔预览几何中拖动放置控制滑块，或将控制滑块捕捉到某个参考上来重定位孔。也可单击控制滑块，然后选择主放置参考。孔预览几何便会进行重定位，如图 9-3 所示。

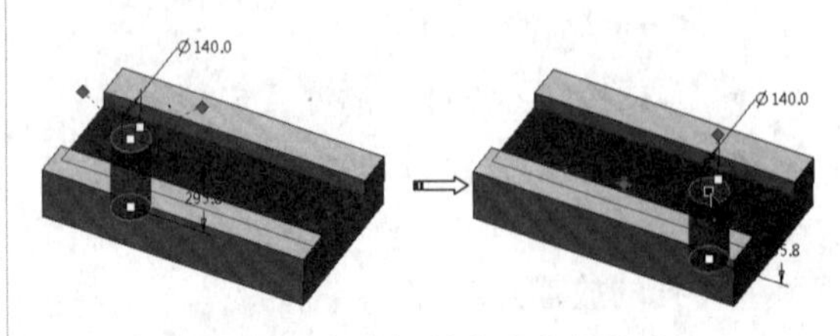

图 9-3　拖动控制滑块重定位孔

单击【反向】按钮，可改变孔的放置方向。放置参考也是孔放置的主参考，而偏移参考是次参考。

（2）方法二：偏移参考。

偏移参考可利用附加参考来约束孔相对于选定的边、基准平面、轴、点或曲面的位置。可通过将次放置控制滑块捕捉到参考来定义偏移参考，如图 9-4 所示。

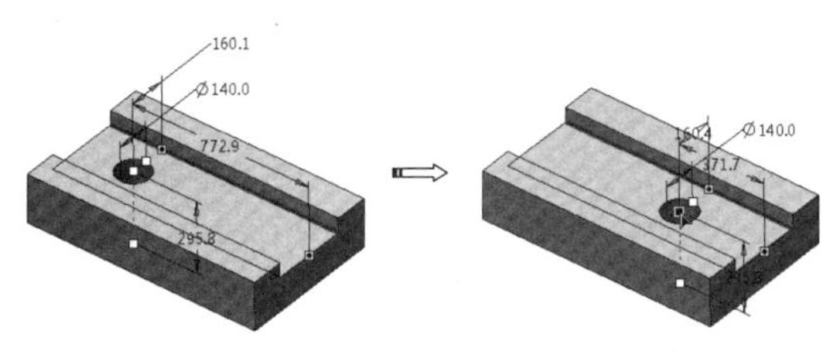

图 9-4　拖动次参考的控制滑块来定义偏移参考

技术要点

不能选择与放置参考垂直的边作为偏移参考。偏移参考必须是两个，可以是曲线、边、基准平面或者模型的边。

3. 孔的形状设置方法

在【形状】选项卡中可以设置孔的形状参数，如图 9-5 所示。单击该选项卡中的孔深度文本框，即可从打开的深度下拉列表的 6 个选项中选取所需选项（如图 9-6 所示），进行孔深度、直径及锥角等参数的设置，从而确定孔的形状。

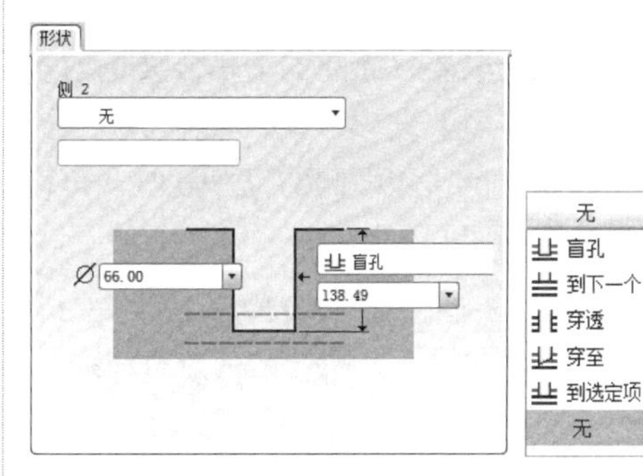

图 9-5　【形状】选项卡　图 9-6　6 个孔深度选项

这 6 个选项与拉伸特征的深度选项是相同的。孔也是拉伸特征的一种特例，是移除材料的拉伸特征。

4. 孔类型

在 Pro/E 中可创建的孔类型有简单孔、草绘孔和标准孔，如表 9-2 所示。

表 9-2　孔类型

简单孔	草绘孔	标准孔
由带矩形剖面的旋转切口组成。可使用预定义矩形或标准孔轮廓作为孔轮廓，也可以为创建的孔指定埋头孔、扩孔和角度	使用草绘器创建不规则截面的孔	创建符合工业标准的螺纹孔。对于标准孔，会自动创建螺纹注释

技术要点

在草绘孔时，旋转轴只能是基准中心线，不能是草图曲线中的中心线。否则不能创建孔特征。

9.1.2 壳特征

壳特征就是将实体内部掏空，变成指定壁厚的实体，主要用于塑料和铸造零件的设计。单击右工具栏中的【壳】按钮，打开【壳】操控板，如图 9-7 所示。

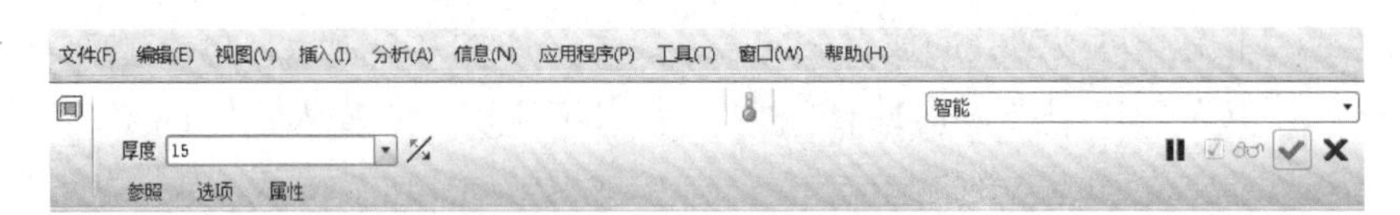

图 9-7 【壳】特征操控板

1. 选择实体上要移除的表面

在模型上选取要移除的曲面，当要选取多个移除曲面时需按住 Ctrl 键。选取的曲面将显示在操控板的【参照】选项卡中。

当要改变某个移除面侧的壳厚度时，可以在【非默认厚度】收集器中选取该移除面，然后修改厚度值，如图 9-8 所示。

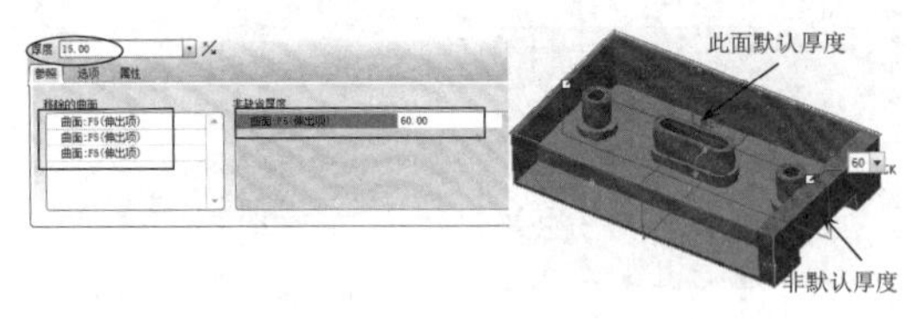

图 9-8 选取要移除的曲面

技术要点

要改变某移除面的厚度，也可以选择右键快捷菜单中的【非默认厚度】命令。在模型上选择该曲面，如图 9-9 所示。曲面上会出现一个控制厚度的控制柄和表示厚度的尺寸数值，双击图形上的尺寸数值，更改其厚度值即可。

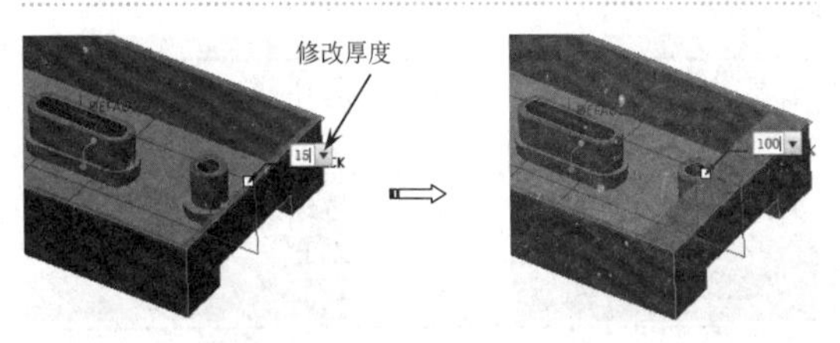

图 9-9 选择右键菜单中的命令来修改壳厚度

2. 其他设置方法

在【壳】操控板中还可以将厚度侧设为反向，也就是将壳的厚度加在模型的外侧。方法是厚度数值设为负数，或者单击操控板上的【更改厚度方向】按钮。

如图 9-10 所示，深色线为实体的外轮廓线，左图为薄壳的生成侧在内侧，右图为薄壳的生成侧在外侧。

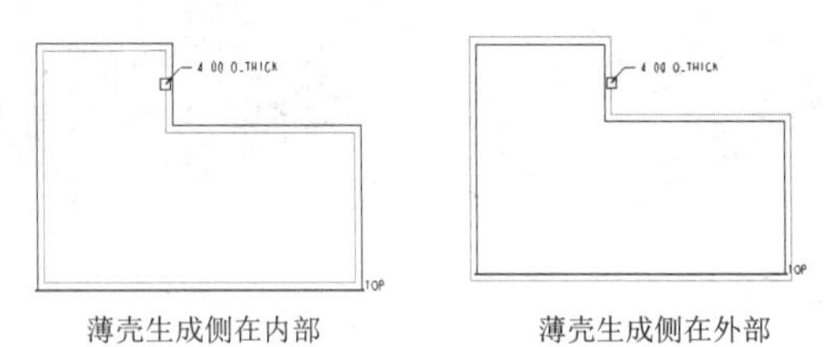

图 9-10 不同的薄壳生成侧

薄壳特征创建过程中应注意的事项：

- 当模型上某处的材料厚度小于指定的壳体厚度时，不能建立薄壳特征。
- 建立壳特征时，选取要移除的曲面不可以与邻接的曲面相切。
- 建立壳特征时，选取要移除的曲面不可以有一个顶点是由 3 个曲面相交所形成的交点。
- 若实体有一顶点是由 4 个以上的实体表面所形成的交点，壳特征可能无法建立，因为 4 个相交于一点的曲面在偏移一定距离后不一定会再相交于一点。
- 所有相切的曲面都必须有相同的厚度值。

9.1.3 筋特征

筋在零件中起到增加刚度的作用。在 Pro/E 可以创建两种形式的筋特征：直筋和旋转筋，当相邻的两个面均为平面时，生成的筋称为直筋，即筋的表面是一个平面；相邻的两个面中有一个为回转面时，草绘筋的平面必须通过回转面的中心轴，生成的筋为旋转筋，其表面为回转面。

筋特征从草绘平面的两个方向上进行拉伸，筋特征的截面草图不封闭，筋的截面只是一条链，而且链的两端必须与接触面对齐。草绘直筋特征时，只要线端点连接到曲面上，形成一个要填充的区域即可；而对于旋转筋，必须在通过旋转曲面的旋转轴的平面上创建草绘，并且其线端点必须连接到曲面，以形成一个要填充的区域。

Pro/E 提供了两种筋的创建工具：轨迹筋和轮廓筋。

1．轨迹筋

轨迹筋是沿着草绘轨迹，并且可以创建拔模、圆角的实体特征。单击右工具栏中的【轨迹筋】按钮，打开【轨迹筋】特征操控板，如图 9-11 所示。

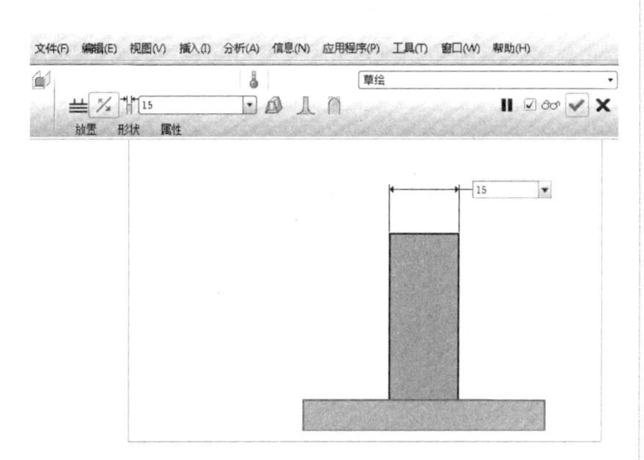

图 9-11　【轨迹筋】操控板

操控板上各选项作用如下：

- 添加拔模：单击此按钮，可以创建带有拔模角度的筋。拔模角度可以在图形区中双击尺寸进行修改，如图 9-12a 所示。
- 在内部边上添加倒圆角：单击此按钮，在筋与实体相交的边上创建圆角。圆角半径可以在图形区中双击尺寸进行修改，如图 9-12b 所示。
- 在暴露边上添加倒圆角：单击此按钮，在轨迹线上添加圆角，如图 9-12c 所示。
- 【参照】选项卡：用于指定筋的放置平面，并进入草绘环境进行截面绘制。
- 按钮：改变筋特征的生成方向，可以更改筋的两侧面相对于放置平面之间的厚度。在指定筋的厚度后，连续单击按钮，可在对称、正向和反向 3 种厚度效果之间切换。
- 5.06 文本框：设置筋特征的厚度。
- 【属性】选项卡：在【属性】选项卡中，可以通过单击按钮预览筋特征的草绘平面、参照、厚度，以及方向等参数信息，并且能够对筋特征进行重命名。

技术要点

有效的筋特征草绘必须满足如下规则：单一的开放环；连续的非相交草绘图元；草绘端点必须与形成封闭区域的连接曲面对齐。

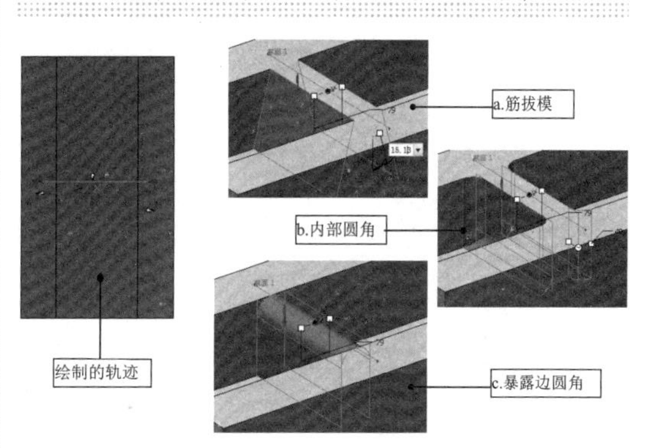

图 9-12　筋的附加特征

2．轮廓筋

轮廓筋与轨迹筋不同的是，轮廓筋是通过草绘筋的形状轮廓来创建的；轨迹筋则是通过草绘轨迹来创建的扫描筋。

单击右工具栏中的【轮廓筋】特征按钮，打开【轮廓筋】特征操控板，如图 9-13 所示。

图 9-13　【轮廓筋】操控板

定义筋特征时，可在进入筋工具后草绘

筋，也可在进入筋工具之前预先草绘筋。在任一情况下，【参考】收集器一次将只接受一个有效的筋草绘。

有效的筋特征草绘必须满足以下标准：

- 单一的开放环。
- 连续的非相交草绘图元。
- 草绘端点必须与形成封闭区域的连接曲面对齐。

虽然对于直的筋特征和旋转筋特征而言操作步骤都是一样的，但是每种筋类型都具有特殊的草绘要求。如表 9-3 所示列出了直的筋与旋转筋的草绘要求。

表 9-3　直的筋与旋转筋的草绘要求

筋类型	直的	旋转
草绘要求	可以在任意点上创建草绘，只要其线端点连接到曲面，从而形成一个要填充的区域即可。	必须在通过旋转曲面的旋转轴的平面上创建草绘。其线端点必须连接到曲面，从而形成一个要填充的区域
有效草绘实例	25.00	

技术要点

无论是创建内部草绘，还是用外部草绘生成筋特征，用户均可轻松地修改筋特征草绘，因为它在筋特征的内部。对原始种子草绘所做的任何修改（包括删除）都不会影响到筋特征，因为草绘的独立副本被存储在特征中。为了修改筋草绘几何，必须修改内部草绘特征，在模型树中，它是筋特征的一个子节点。

9.1.4　拔模特征

在塑料拉伸件、金属铸造件和锻造件中，为了便于加工脱模，通常会在成品与模具型腔之间引入一定的倾斜角，称为【拔模角】。

拔模特征就是为了解决此类问题，在单独曲面或一系列曲面中添加一个介于－30°和+30°的拔模角度。可以选择的拔模曲面有平面或圆柱面，并且当曲面为圆柱面或平面时，才能进行拔模操作。曲面边的边界周围有圆角时不能拔模，但可以先拔模，再对边进行圆角操作。

Pro/E 的中拔模特征有 4 种创建方法：基本拔模、可变拔模、可变拖拉方向拔模和分割拔模。

1．基本拔模

基本拔模就是创建一般的拔模特征。

在右工具栏中单击【拔模】按钮，打开【拔模】操控板，如图 9-14 所示。

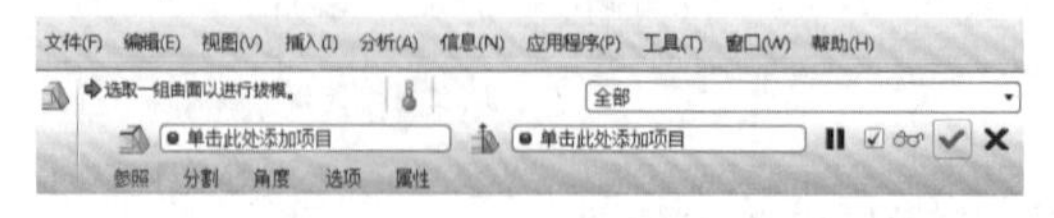

图 9-14　【拔模】操控板

要使用拔模特征，需先了解拔模的几个术语。如图 9-15 所示为拔模特征的图解。图中所涉及的拔模概念解释如下：

- 拔模曲面：要拔模的模型的曲面。可以拔模的曲面有平面和圆柱面。
- 拔模枢轴：曲面围绕其旋转的拔模曲面上的线或曲线（也称为中立曲线）。可通过选取平面（在此情况下拔模曲面围绕它们与此平面的交线旋转）或选取拔模曲面上的单个曲线链来定义拔模枢轴。
- 拖动方向（拔模方向）：用于测量拔模角度的方向，通常为模具开模的方向。可通过选取平面（在这种情况下拖动方向垂直于此平面）、直边、基准轴或坐标系的轴来定义它。
- 拔模角度：用于设置拔模方向与生成的拔模曲面之间的角度。如果拔模曲面被分割，则可为拔模曲面的每侧定义两个独立的角度。拔模角度必须在 − 30 ～ +30° 范围内。

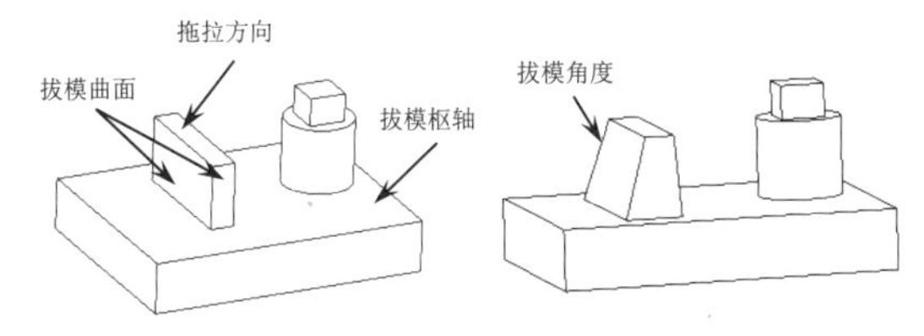

图 9-15　拔模特征的图解

下面介绍两种基本拔模的特殊处理方法。

（1）方法一：排除曲面环。

如图 9-16 所示的模型。所选的拔模面其实是单个曲面，非两个曲面组合，因为它们是由一个拉伸切口得到的。但此处仅拔模其中一个凸起的面，那么就需要在【拔模】操控板的【选项】选项卡中激活【排除面】收集器，并选择要排除的面，如图 9-17 所示。

选择要排除的面后，只能对其中一个面进行拔模，如图 9-18 所示。

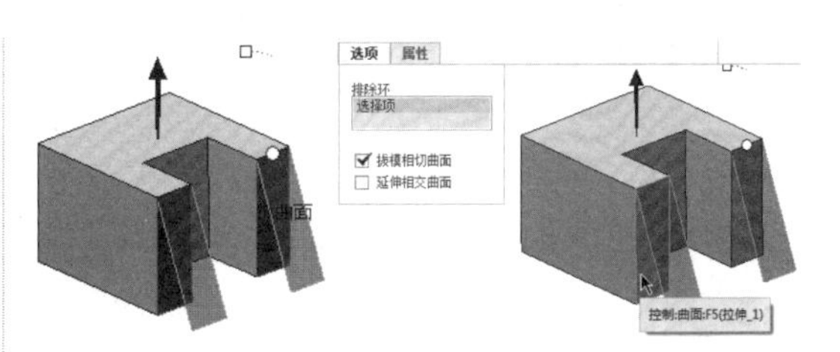

图 9-16　要拔模的面　图 9-17　选择要排除的曲面

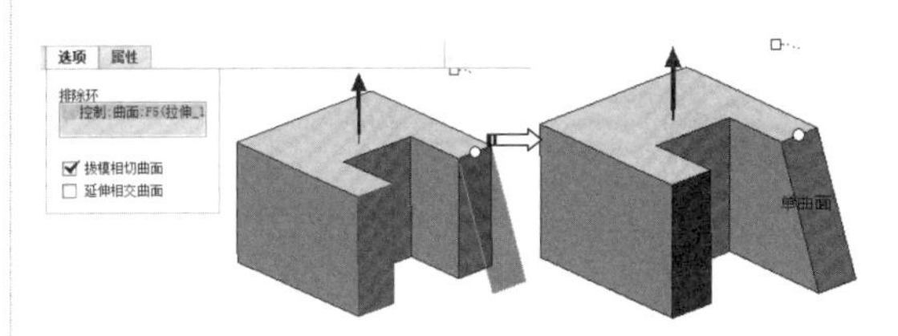

图 9-18　拔模单个曲面

技术要点

按住 Ctrl 键连续选择的多个曲面是不能使用【排除曲面环】方法的。因为程序只能识别单个曲面中的环。

（2）方法二：延伸相交曲面。

当要拔模的曲面拔模后与相邻的曲面产生错位时，可以使用【选项】选项卡中的【延伸相交曲面】复选框，使之与模型的相邻曲面相接触。

如图 9-19 所示，需要对图中的圆形凸台进行拔模，但未使用【延伸相交曲面】选项进行拔模。

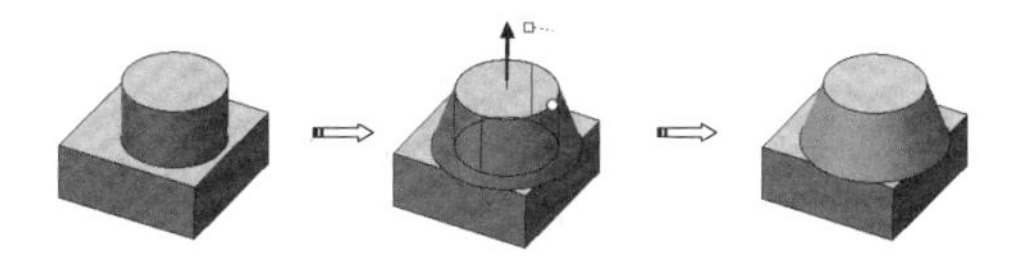

图 9-19　未使用【延伸相交曲面】选项的拔模

如果使用了【延伸相交曲面】选项进行拔模，其结果如图 9-20 所示。

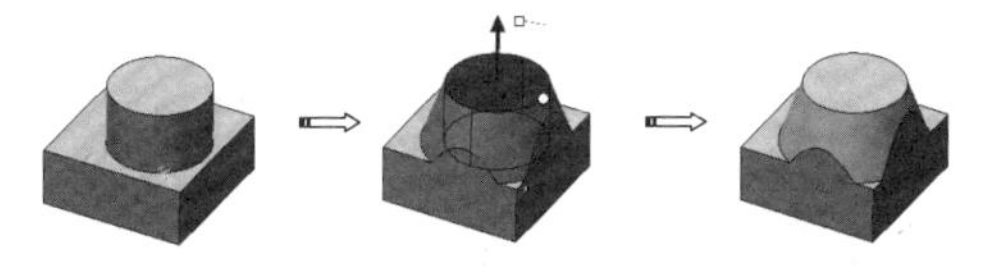

图 9-20　使用【延伸相交曲面】选项的拔模

如图 9-21 所示为对图中的矩形实体进行拔模的情况。包括未使用和使用了【延伸相交曲面】选项的两种情形。

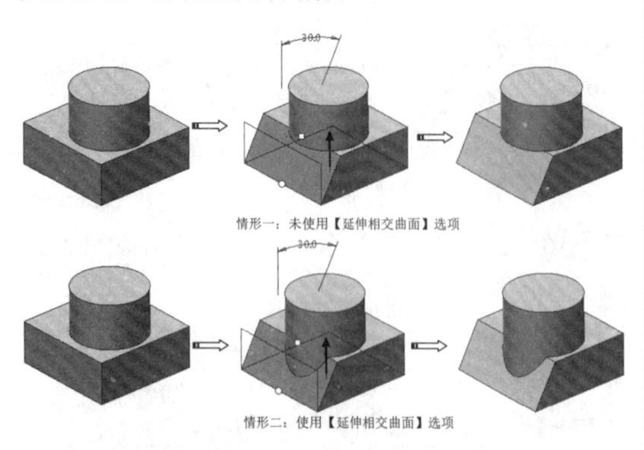

图 9-21　延伸至相交曲面的另一情形

2. 可变拔模

上面介绍的基本拔模属于恒定角度的拔模。但在【可变】拔模中，可沿拔模曲面将可变拔模角应用于各控制点：

- 如果拔模枢轴是曲线，则角度控制点位于拔模枢轴上。
- 如果拔模枢轴是平面或面组，则角度控制点位于拔模曲面的轮廓上。

可变拔模的关键在于角度的控制。例如，当选择了拔模曲面、拔模枢轴及拖拉方向后，通过【拔模】操控板的【角度】选项卡，添加角度来控制拔模的可变性。如图 9-22 所示为恒定拔模与可变拔模的范例。

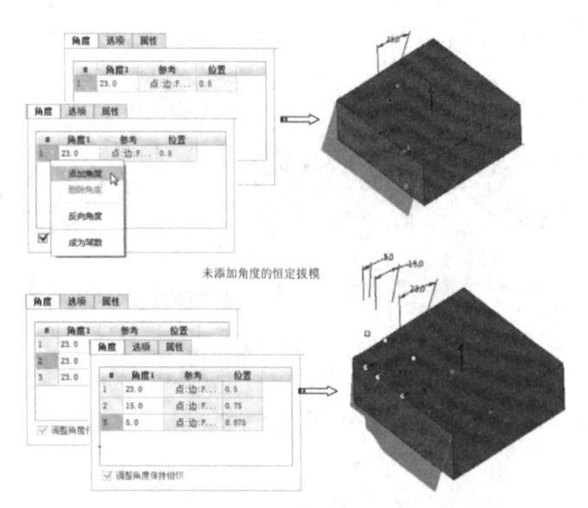

图 9-22　恒定拔模与可变拔模

技术要点

您可以按住 Ctrl 键拖动拔模的圆形滑块，将控制点移至所需位置，如图 9-23 所示。

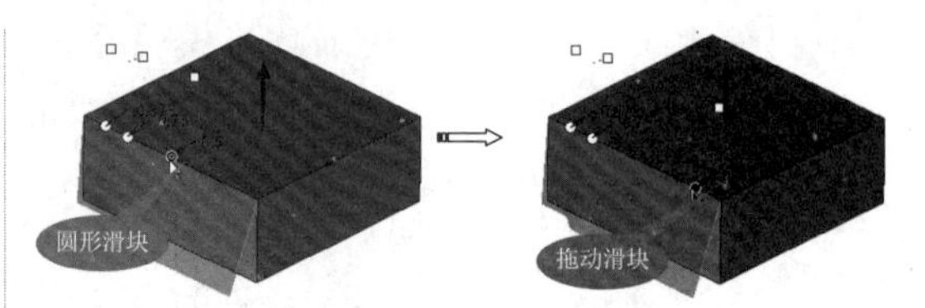

图 9-23　拖动圆形滑块改变控制点

3. 可变拖拉方向拔模

可变拖拉方向拔模与基本拔模、可变拔模所不同的是，拔模曲面不再仅仅是平面，曲面同样可以拔模。此外，拔模曲面不用再选择，而是定义拔模曲面的边，也是拔模枢轴（拔模枢轴是拔模曲面的固定边）。

在菜单栏中选择【插入】|【高级】|【可变拖拉方向拔模】命令，打开【可变拖拉方向拔模】操控板，如图 9-24 所示。

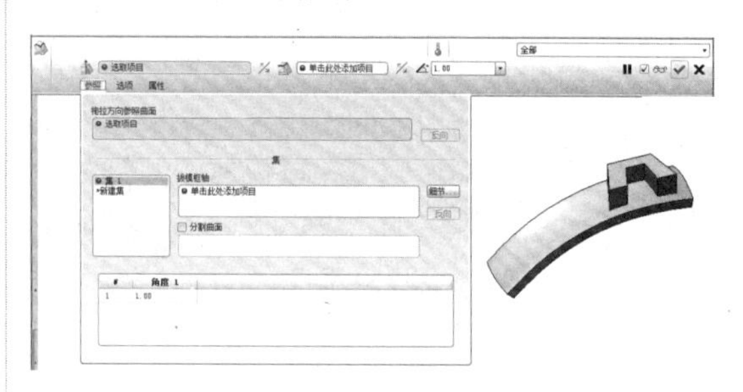

图 9-24　【可变拖拉方向拔模】操控板

下面用一个零件的拔模来说明可变拖拉方向拔模的用法。

（1）方法一：拔模枢轴的选取。

可变拖拉方向拔模的拖拉方向参考曲面也是拖拉方向（有时也称拔模方向）的参考曲面。如图 9-25 所示为选择的拖拉方向参考曲面。

激活拔模枢轴的收集器。然后为拔模选取拔模枢轴（即拔模曲面上固定不变的边），如图 9-26 所示。

图 9-25　选择拖拉方向参考曲面

图 9-26　选择拔模枢轴

技术要点

选取拔模枢轴时，可以按住 Ctrl 键连续选取多个枢轴。当然，也可以在远离拖拉方向参考曲面的单独位置设置拔模枢轴。

选择拔模枢轴后，您可以看见拔模的预览。拖动圆形控制滑块可以手动改变拔模的角度，如果需要精确控制拔模角度，需要在【参照】选项卡最下面的选项组中设置角度，如图 9-27 所示。

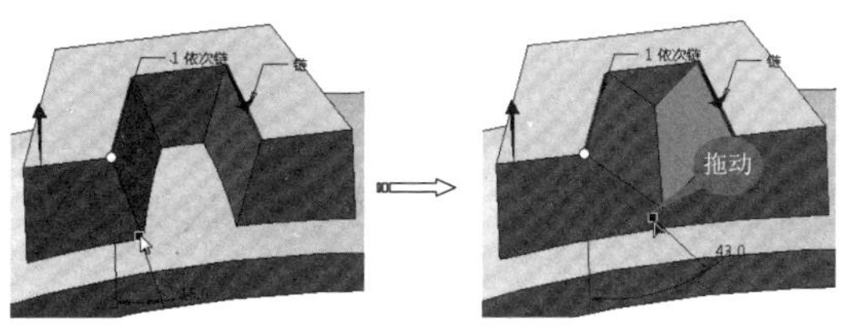

图 9-27　简化表示对象

（2）方法二：使拔模角度成为变量。

在默认情况下，拔模角度是恒定的，可以选择右键快捷菜单中的【成为变量】命令，将拔模角度设为可变。如图 9-28 所示，设为变量后，可以在【参照】选项卡最下方编辑每个控制点的角度，也可以手动拖动方形滑块来改变拔模角度。

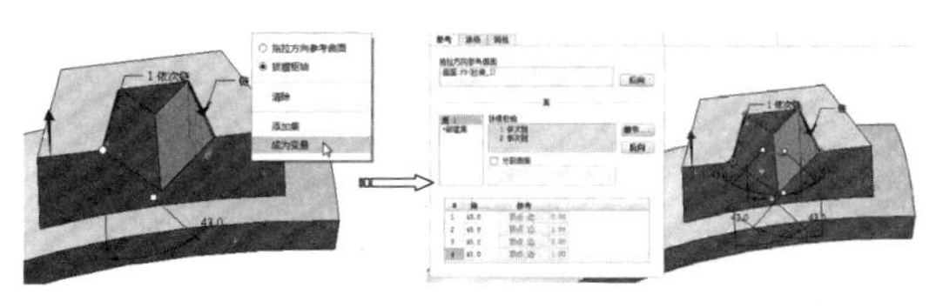

图 9-28　使拔模角度成为变量

技术要点

要恢复为恒定拔模，可右击并选取快捷菜单中的【成为常数】命令，将删除第一个拔模角以外的所有拔模角。

（3）方法三：创建分割拔模。

分割拔模不仅仅在这里可以，其他类型的拔模方式也可以创建分割拔模特征。当选择了拖拉方向参考曲面和拔模枢轴后，在【参照】选项卡中选中【分割曲面】复选框，然后选择分割曲面，此曲面可以是平面、基准平面、曲面，如图 9-29 所示。

如果将图形放大，即可看见预览中有两个拔模控制滑块，其中一个控制滑块是控制整体拔模角度的，另一个滑块控制被曲面分割后的拔模角度，如图 9-30 所示。通过调整两个拔模控制滑块的位置，可以任意改变拔模角度。

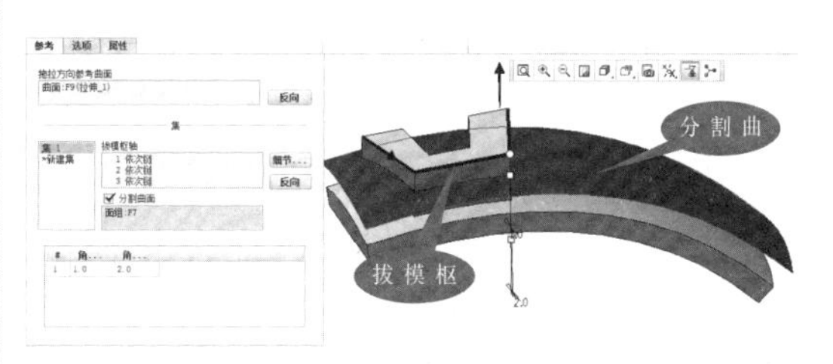

图 9-29　选择分割曲面

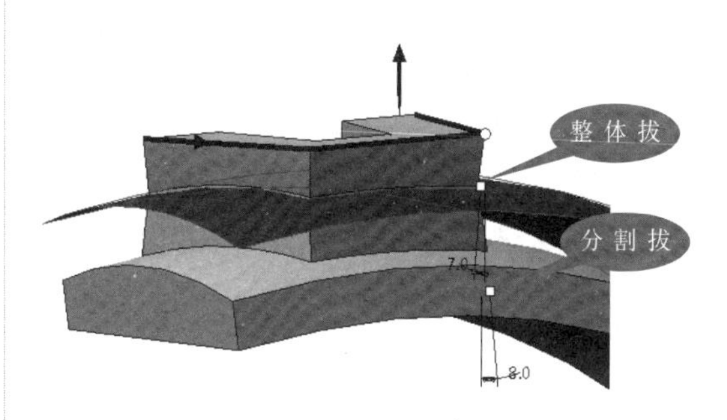

图 9-30　分割曲面后的拔模控制滑块

9.1.5　倒圆角

圆角特征是在一条或多条边、边链或曲面之间添加半径创建的特征。机械零件中圆角用来完成表面之间的过渡，增加零件强度。

单击右工具栏中的【倒圆角】按钮，打开【倒圆角】操控板，如图 9-31 所示。

图 9-31　【倒圆角】操控板

1．倒圆角类型

使用【倒圆角】命令可以创建以下类型的倒圆角：

- 恒定：一条边上倒圆角的半径数值为恒定常数，如图 9-32 所示。
- 可变：一条边的倒圆角半径是变化

的，如图 9-33 所示。

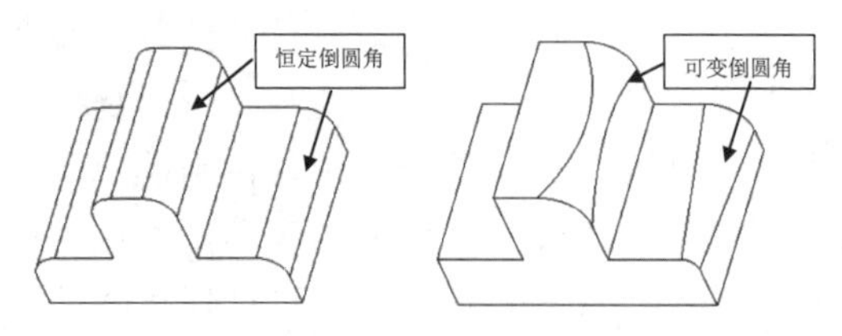

图 9-32　恒定倒圆角　　　图 9-33　可变倒圆角

- 曲线驱动倒圆角：由基准曲线来驱动倒圆角的半径，如图 9-34 所示。

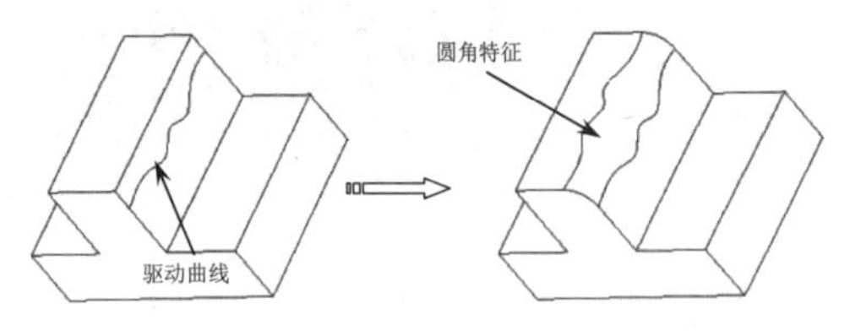

图 9-34　曲线驱动的倒圆角

2. 倒圆角参照的选取方法

（1）方法一：边或者边链的选取。

直接选取倒圆角放置的边或者边链（相切边组成链）。可以按住 Ctrl 键一次性选取多条边，如图 9-35 所示。

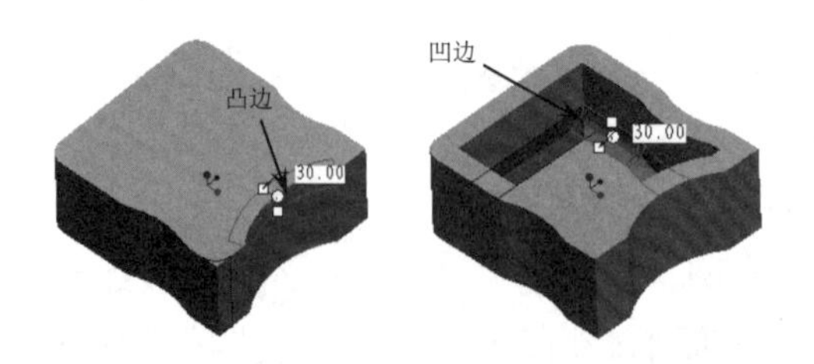

图 9-35　选取单个边

技术要点

如果有多条边相切，在选取其中一条边时，与之相切的边链会同时被全部选中，进行倒圆角，如图 9-36 所示。

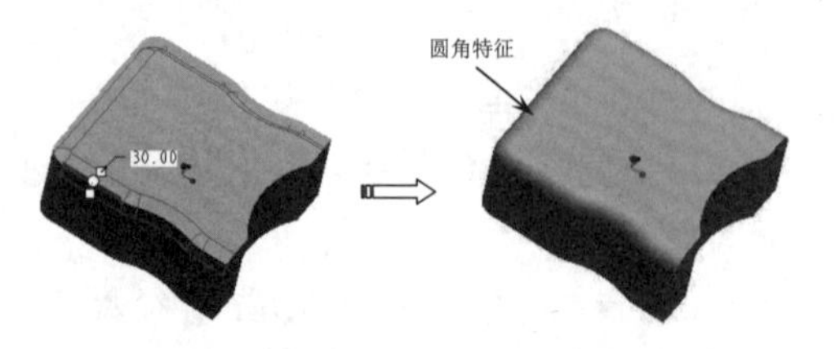

图 9-36　相切边链同时被选取

（2）方法二：曲面到边。

按住 Ctrl 键依次选取一个曲面和一条边来放置倒圆角，创建的倒圆角通过指定的边与所选曲面相切，如图 9-37 所示。

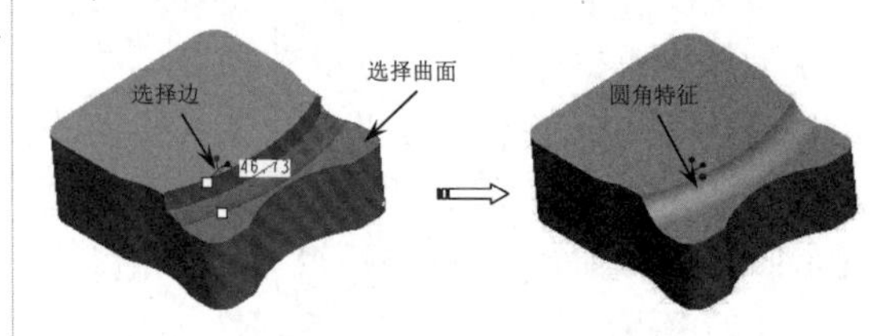

图 9-37　曲面到边的倒圆角

（3）方法三：两个曲面。

按住 Ctrl 键依次选取两个曲面来确定倒圆角的放置，创建的倒圆角与所选取的两个曲面相切，如图 9-38 所示。

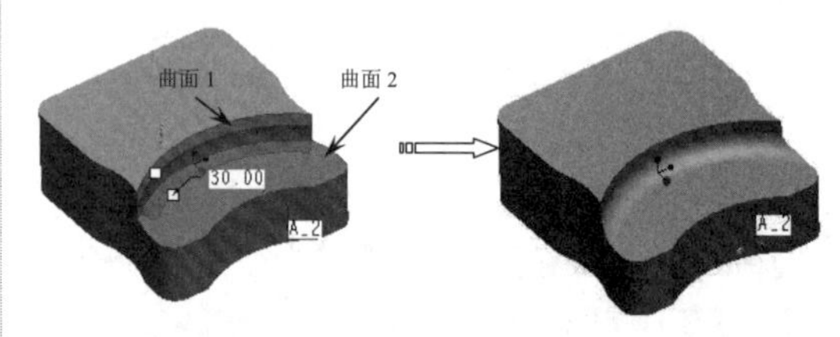

图 9-38　两个曲面的倒圆角放置参照

3. 自动倒圆角

【自动倒圆角】工具是针对图形区中所有实体或曲面进行自动倒圆的工具。当需要对模型统一的尺寸倒圆角时，此工具可以快速地创建圆角特征。在菜单栏中选择【插入】|【自动倒圆角】命令，打开【自动倒圆角】操控板。如图 9-39 所示。

图 9-39　【自动倒圆角】操控板

如图 9-40 所示为对模型中所有凹边进行倒圆角的范例。

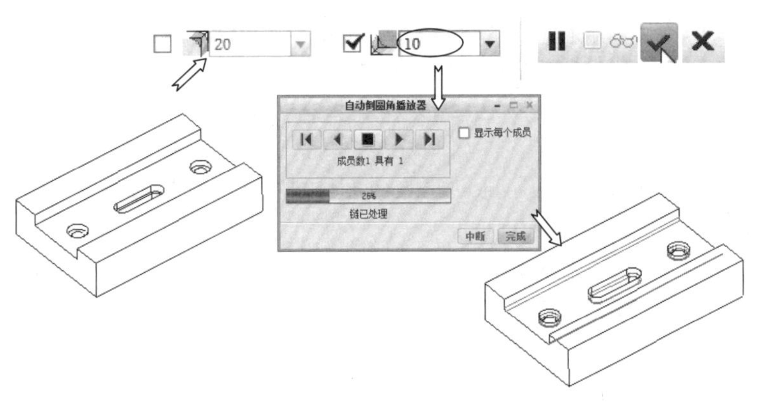

图 9-40　自动倒圆角的操作过程

9.1.6　倒角

倒角是处理模型周围棱角的方法之一，操作方法与倒圆角基本相同。Pro/E 提供了边倒角和拐角倒角两种倒角类型，边倒角沿着所选择边创建斜面，拐角倒角在 3 条边的交点处创建斜面。

单击右工具栏中的【倒角】按钮，打开【边倒角】操控板，如图 9-41 所示。

图 9-41　【边倒角】特征操控

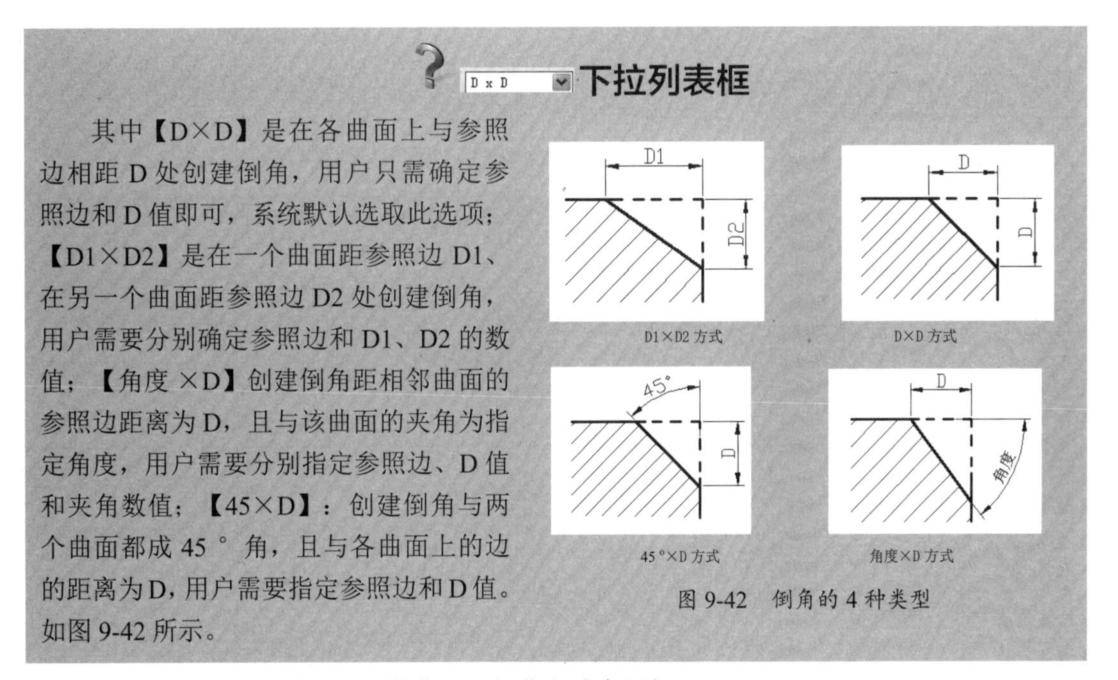

下拉列表框

其中【D×D】是在各曲面上与参照边相距 D 处创建倒角，用户只需确定参照边和 D 值即可，系统默认选取此选项；【D1×D2】是在一个曲面距参照边 D1、在另一个曲面距参照边 D2 处创建倒角，用户需要分别确定参照边和 D1、D2 的数值；【角度 ×D】创建倒角距相邻曲面的参照边距离为 D，且与该曲面的夹角为指定角度，用户需要分别指定参照边、D 值和夹角数值；【45×D】：创建倒角与两个曲面都成 45 ° 角，且与各曲面上的边的距离为 D，用户需要指定参照边和 D 值。如图 9-42 所示。

图 9-42　倒角的 4 种类型

【边倒角】操控板中各选项的作用及操作方法介绍如下：

- 按钮：激活【集】模式，可用来处理倒角集，Pro/E 默认选取此选项。
- 按钮：打开圆角过渡模式。
- 【集】选项卡、【段】选项卡、【过度】菜单及【属性】选项卡内容及使用方法与建立圆角特征的内容相同。

在 Pro/E 中可创建不同的倒角，能创建的倒角类型取决于选择的放置参考类型。如表 9-4 所示说明了倒角类型和使用的放置参考。

表 9-4　倒角类型和使用的放置参考

参考类型	定义	示例	倒角类型
边或边链	边倒角从选定边移除平整部分的材料，以在共有该选定边的两个原曲面之间创建斜角曲面 注意：倒角沿着相切的邻边进行传播，直至在切线中遇到断点。但是，如果使用【依次】链，则倒角不沿着相切的邻边进行传播	两个边 边链	边倒角
一个曲面和一个边	通过先选择曲面，然后选择边来放置倒角。 该倒角与曲面保持相切。边参考不保持相切	曲面和边	曲面到边的倒角
两个曲面	通过选择两个曲面来放置倒角。倒角的边与参考曲面仍保持相切	两个曲面	曲面到曲面的倒角
1 个顶点参考和 3 个沿 3 条边定义顶点的距离值	拐角倒角从零件的拐角处移除材料，以在共有该拐角的 3 个原曲面间创建斜角曲面	三条边	拐角倒角

动手操作——设计机械零件

为了巩固前面学习的工程特征的用法，下面将通过几个典型案例，综合运用这些工具来设计零件。

如图 9-43 所示，此机械零件主要由拉伸实体特征和拔模特征共同组合而成。

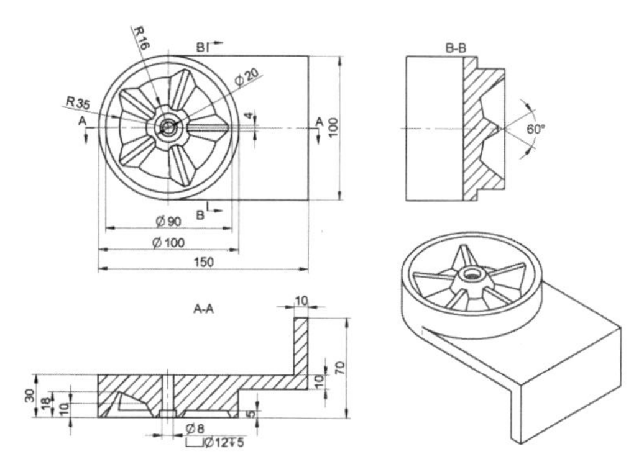

图 9-43　机械零件

操作步骤：

01 按 Ctrl+N 组合键弹出【新建】对话框。新建名为【jixie】的零件文件，并用公制模板进入建模环境。

02 首先使用【拉伸】命令，选择 FRONT 基准平面作为草绘平面并自动进入到草绘环境中，然后绘制如图 9-44 所示的拉伸截面。

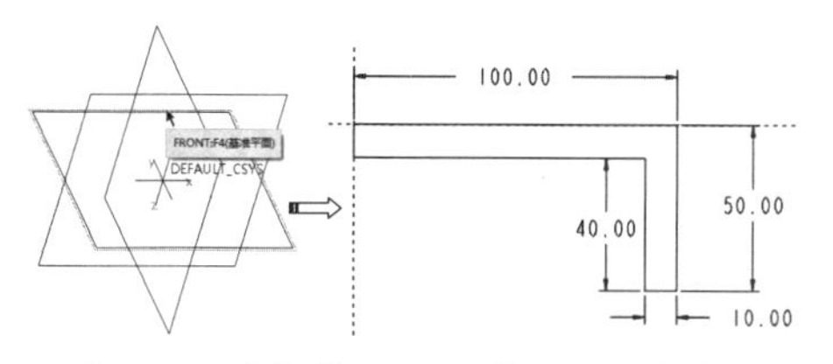

图 9-44　选择草绘平面并绘制拉伸截面

03 退出草绘环境后，在操控板中设置拉伸方法为【在各方向上以指定拉伸值一半拉伸草绘平面的双侧】，并输入拉伸深度值 100，单击【应用】按钮后创建拉伸特征，如图 9-45 所示。

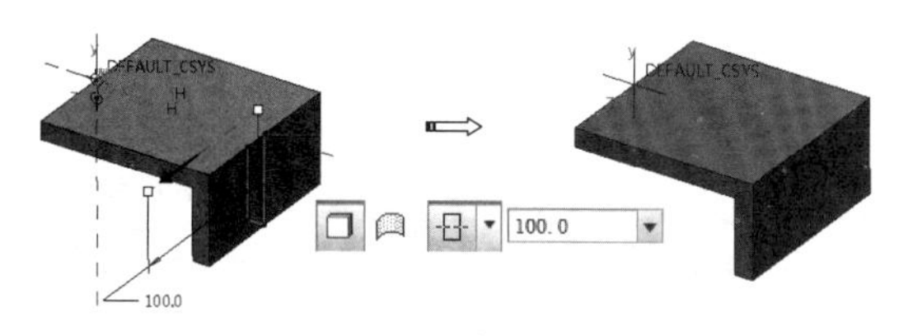

图 9-45　创建拉伸特征

04 继续创建拉伸特征。在如图 9-46 所示的面上绘制第二个拉伸特征的截面。

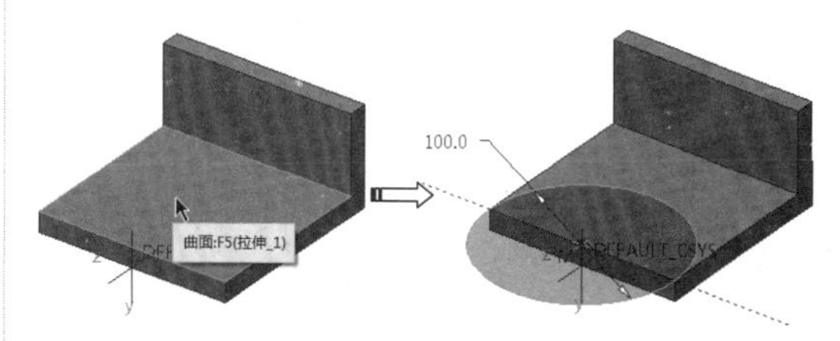

图 9-46　绘制第 2 个拉伸截面

技术要点

在绘制圆时，圆形必须与实体边的中点重合。

05 退出草绘环境后，以默认的【从草绘平面以指定的深度值拉伸】方法创建深度为 30 的拉伸实体，并设置反向拉伸，结果如图 9-47 所示。

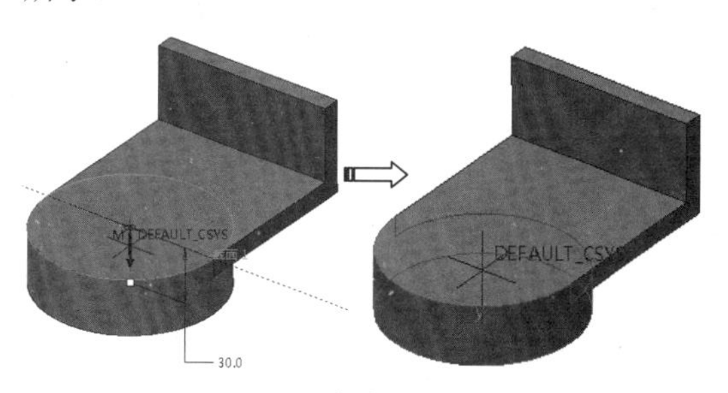

图 9-47　创建第二个拉伸特征

06 接下来创建第三个拉伸特征，此特征是移除材料的拉伸。草绘平面及拉伸的截面如图 9-48 所示。

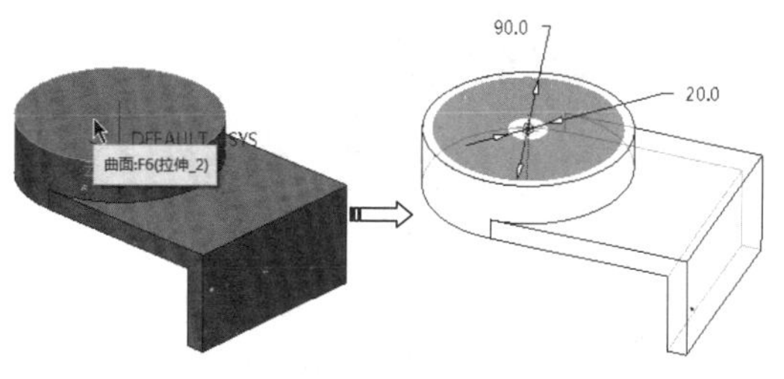

图 9-48　第三个拉伸特征的草绘平面及拉伸截面

07 退出草绘环境，在【拉伸】操控板上以默认拉伸方法，创建出移除材料的拉伸特征，且拉伸深度为 20，如图 9-49 所示。

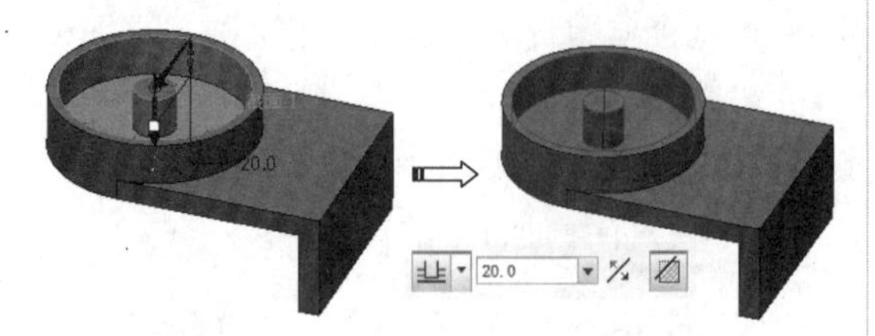

图 9-49　创建第三个拉伸特征

08 继续创建第四个拉伸特征——筋特征。选择的草绘平面及绘制的拉伸截面草图如图 9-50 所示。

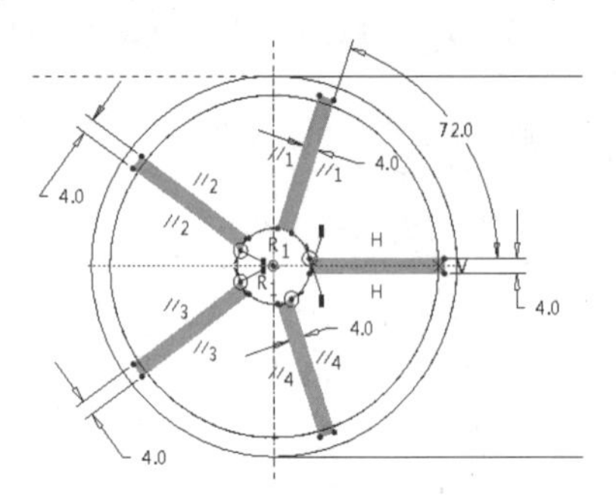

图 9-50　绘制拉伸截面

技术要点

具有筋特性的拉伸截面的绘制方法是，首先绘制其中一个小截面——矩形，然后使用复制、粘贴功能，再使用【旋转调整大小】命令将小截面依次进行旋转，得到整个截面。

09 退出草绘环境，设置拉伸深度为 15，创建的拉伸特征如图 9-51 所示。

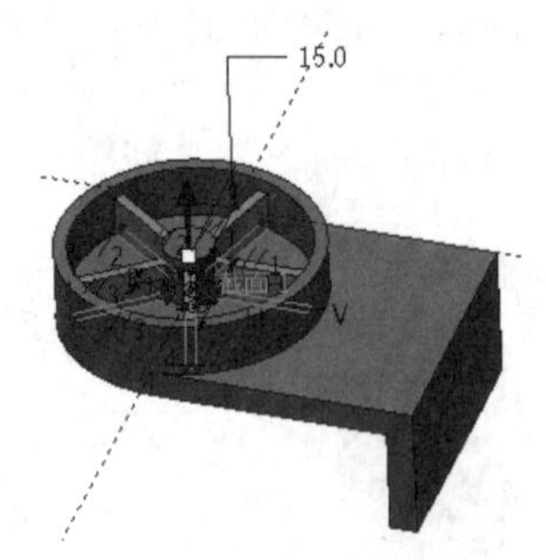

图 9-51　创建第四个拉伸调整

10 接着进行拔模。单击【拔模】按钮，打开【拔模】操控板。依次选择拔模曲面、拔模枢轴，并输入拔模角度 30°，创建的圆柱面拔模特征如图 9-52 所示。

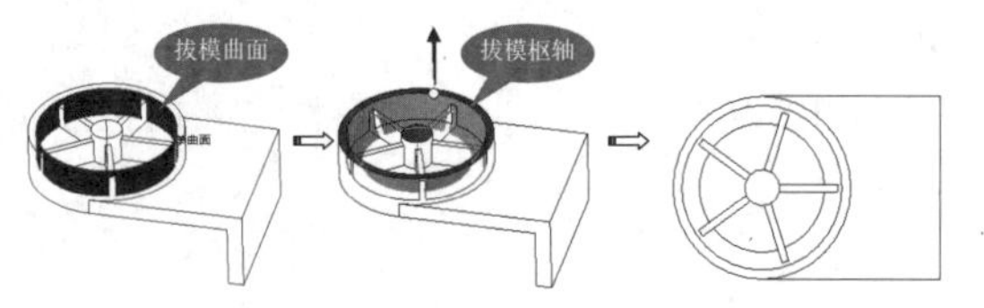

图 9-52　创建拔模特征

11 同理，再依次创建出如图 9-53 所示的一个筋特性的拔模特征，且拔模角度为 30°。

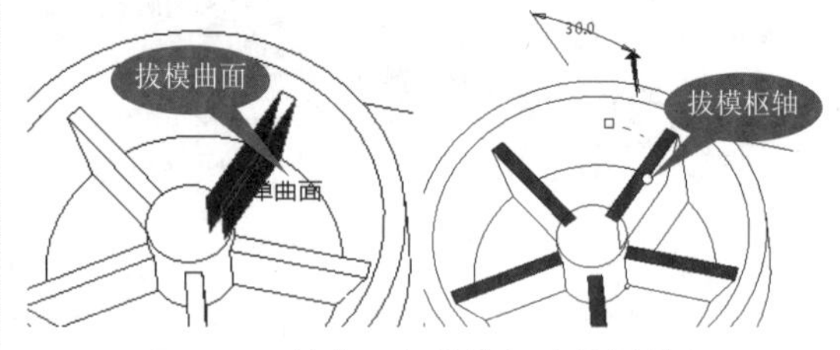

图 9-53　创建一个筋特征的拔模特征

12 同理，一次性创建出其余筋的拔模特征，结果如图 9-54 所示。

技术要点

5 个筋特征的拔模特征不能一次性完成，因为会形成交叉曲面。所以 Pro/E 不能识别拔模曲面。方法是先创建其中一个拔模特征，然后再一次性地创建出 4 个拔模特征。

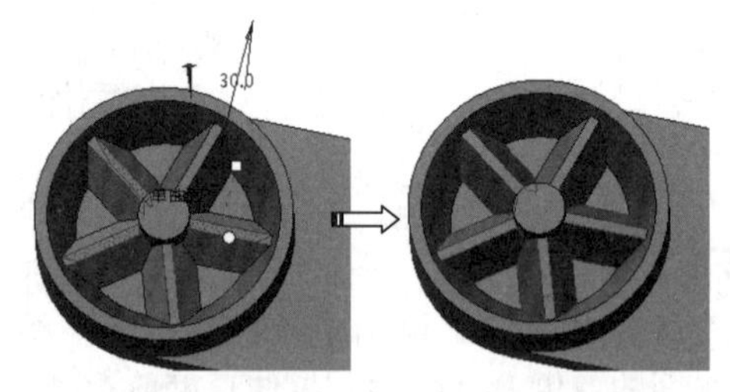

图 9-54　创建完成其余的拔模特征

13 接下来对中间的圆柱进行 30° 角的拔模，如图 9-55 所示。

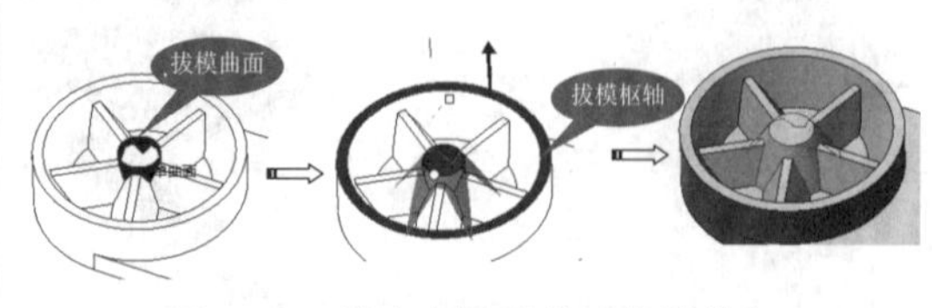

图 9-55　创建中间圆柱的拔模特征

14 使用【旋转】工具，选择 FRONT 基准平面作为草绘平面，进入草绘环境，绘制出如图 9-56 所示的截面。

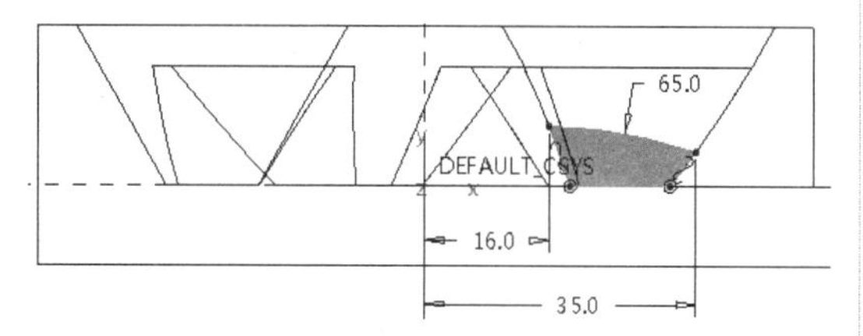

图 9-56　绘制旋转截面

15 绘制截面后退出草绘环境，然后创建出如图 9-57 所示的旋转实体。

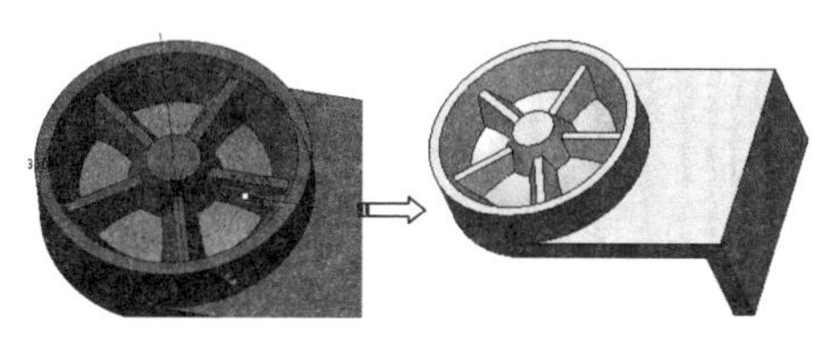

图 9-57　创建旋转特征

16 最后在圆柱上创建沉孔特征。单击【孔】按钮，打开【孔】操控板。单击【创建标准孔】按钮，再单击【添加沉孔】按钮。然后选择圆柱顶部平面来放置孔，再选择 RIGHT 和 FRONT 基准平面作为偏移参考，如图 9-58 所示。

17 在操控板中选择孔规格为【M8×.75】，将孔深度设为【50】，然后在【尺寸】选项卡中设置沉孔深度为 5、直径为 12，取消选中【包括螺纹曲面】复选框，如图 9-59 所示。

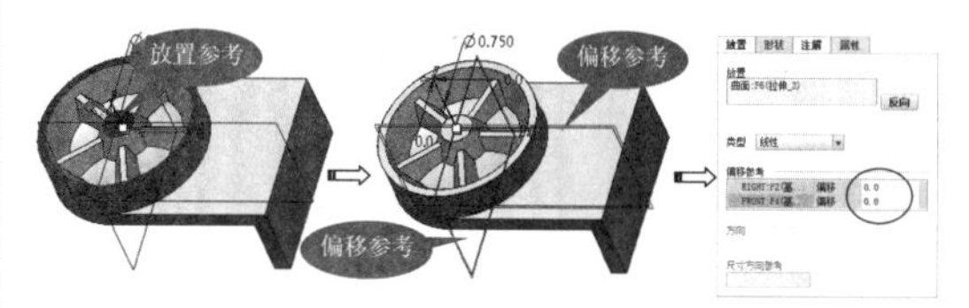

图 9-58　选择孔的放置参考和偏移参考

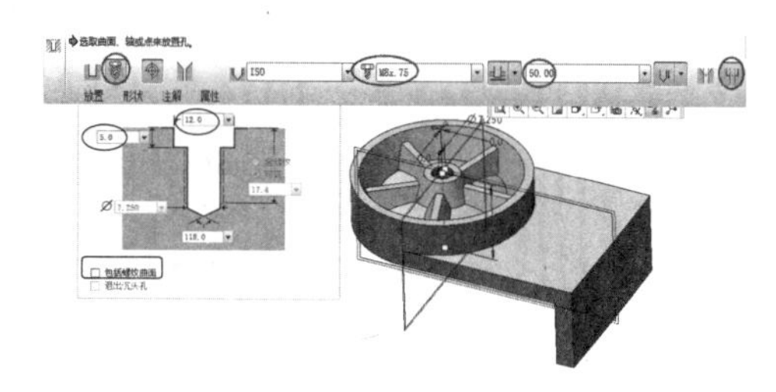

图 9-59　设置沉孔参数

18 再单击【应用】按钮，完成沉孔的创建，结果如图 9-60 所示。

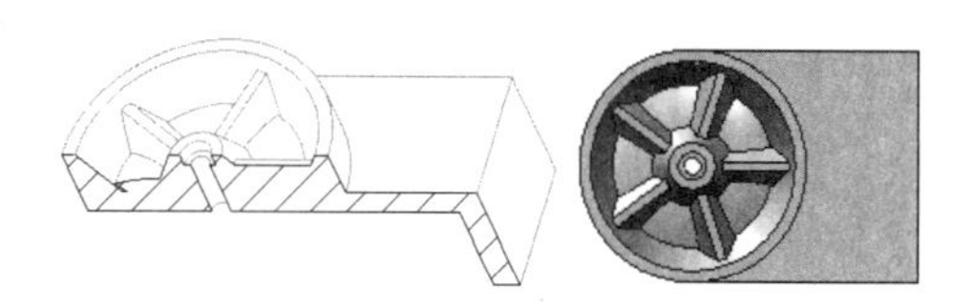

图 9-60　创建完成的机械零件

19 最后将设计结果保存。

9.2 构造特征

在 Pro/E 中，构造特征工具常用来创建一些标准零件的特殊结构，比如退刀槽、槽、法兰、管道特征、修饰特征等，下面逐一介绍。

技术要点

在 Pro/E 中，构造特征并没有显示在功能区的命令选项卡中。需要在选项设置中添加 allow_anatomic_features 选项，并设置值为 yes。设置后需要保存在 current_session.pro 和 config.pro 中，然后重启 Pro/E 即可。

9.2.1 槽特征

槽在机械零件中极为常见，它是装配键、销的配合区域，主要与其他零件起传递扭矩的作用。

槽（及其他构造特征）是一个子特征，不能作为独立的特征存在。在菜单栏中选择【插入】|【高级】|【槽】命令，会弹出【实体选项】菜单管理器，如图 9-61 所示。

从该菜单管理器中可以了解到，槽主要由【拉伸】、【扫描】、【混合】、【高级】等命令来创建移除材料特征，可以是实体移除，也可以是薄板移除。其中【高级】选项中又包括了【可变截面扫描】、【扫描混合】、【螺旋扫描】、【截面至曲面】、【曲面至曲面】、【自文件】等形状特征命令和曲面命令，如图9-62所示。

这说明了槽特征的创建并非由一个特殊的功能来完成的，它是通过前面所介绍的基本实体特征命令就可以创建的。但通过菜单管理器来创建槽，其操作顺序延续了Pro/E的风格，如图9-63所示。

图9-61 【实体选项】菜单管理器

图9-62 【高级特征选项】子菜单

图9-63 创建槽的操作顺序菜单

关于槽特征的介绍不再多述，因为掌握了前面的基本实体设计，也就知道怎样创建槽特征了。

9.2.2 法兰

法兰（Flange）又称法兰盘或凸缘盘。法兰是使管子与管子相互连接的零件，连接于管端。法兰连接或法兰接头是指由法兰、垫片及螺栓三者相互连接作为一组组合密封结构的可拆连接，管道法兰指管道装置中配管用的法兰，用在设备上是指设备的进出口法兰。法兰上有孔眼，螺栓使两法兰紧连。如图9-64所示为机械装配件中的管道法兰。

图9-64 法兰

Pro/E中的法兰与退刀槽类似，不同之处在于它对旋转实体添加材料。在菜单栏中选择【插入】|【高级】|【法兰】命令，弹出【选项】菜单管理器，如图9-65所示。

由该菜单管理器可以看出，法兰就是一般的旋转特征或旋转扫描特征。在【选项】菜单管理器中选择【可变】命令，即可创建旋转扫描特征。若是选择90、180、270、360，则只能创建旋转实体。【单侧】和【双侧】表示是在草绘平面的单侧创建还是双侧都创建旋转实体。

选择所需命令进行设置后，选择【完成】命令，再指定草绘平面、草绘方向及草绘视图，即可进入草绘环境绘制法兰截面，如图9-66所示。

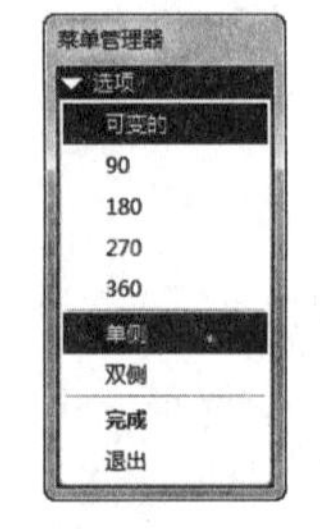

图9-65 【选项】菜单管理器

图9-66 选择相应命令进入草绘环境

技术要点

要创建法兰，有 3 点值得注意。第一，法兰的截面必须是开放的，开口方向在旋转轴端。第二，截面中必须绘制基准中心线。第三，截面旋转后必须与参考实体相交，否则不能创建法兰。如图 9-67 所示。

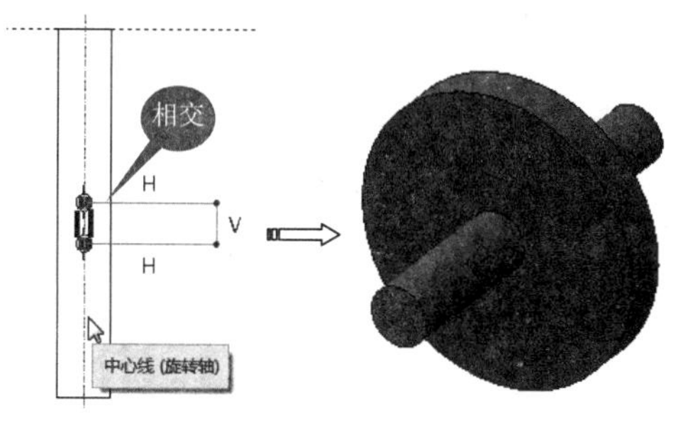

图 9-67　创建法兰的截面要求

9.2.3　环形槽

【环形槽】也就是退刀槽。【环形槽】命令与【法兰】命令的操作是完全相同的，但产生的结果正好相反。法兰是创建凸起，环形槽则是创建凹槽。

创建环形槽的菜单管理器操作顺序如图 9-68 所示。

图 9-68　创建环形槽的菜单顺序

创建环形槽的截面注意事项同样也包括法兰截面的 3 点，但是开放截面的开口方向恰好相反，如图 9-69 所示。

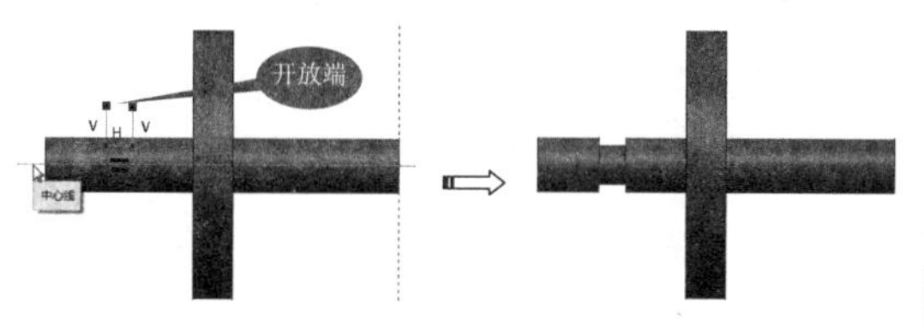

图 9-69　创建环形槽的截面开放端

9.2.4　耳

【耳】特征是钣金件中常用的一种特征创建命令，在建模环境中常用来设计折弯的实体特征。在菜单栏中选择【插入】|【高级】|【耳】命令，弹出【选项】菜单管理器，如图 9-70 所示。

图 9-70　【选项】菜单管理器

选择【可变】命令可以创建任意角度的耳特征，选择【90 度角】命令仅创建与草绘平面呈 90° 角的耳特征。如图 9-71 所示为创建耳特征的过程。

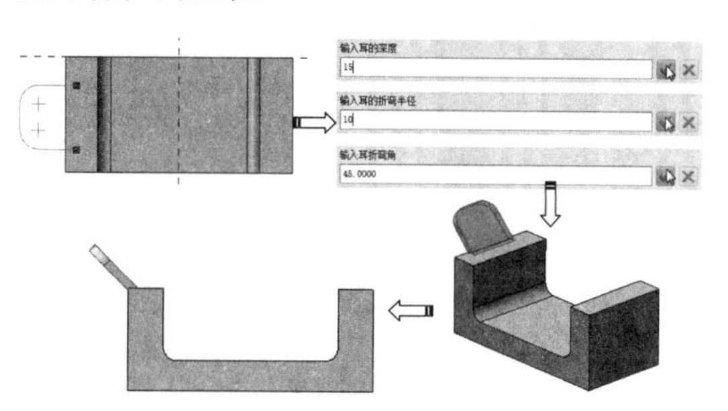

图 9-71　耳特征的创建

草绘耳截面时，请记住下列规则：

- 草绘平面必须垂直于将要连接耳的曲面。
- 耳的截面必须开放且其端点应与将要连接耳的曲面对齐。
- 连接到曲面的图元必须互相平行，且垂直于该曲面，其长度足以容纳折弯。

9.2.5　轴

【轴】特征不仅仅可以创建旋转实体，而且还可以进行精确定位。创建【轴】特征无须草绘平面，也就是说可以将轴定位在空间的任意位置。

在菜单栏中选择【插入】|【高级】|【轴】命令，弹出【位置】菜单管理器，如图 9-72 所示。

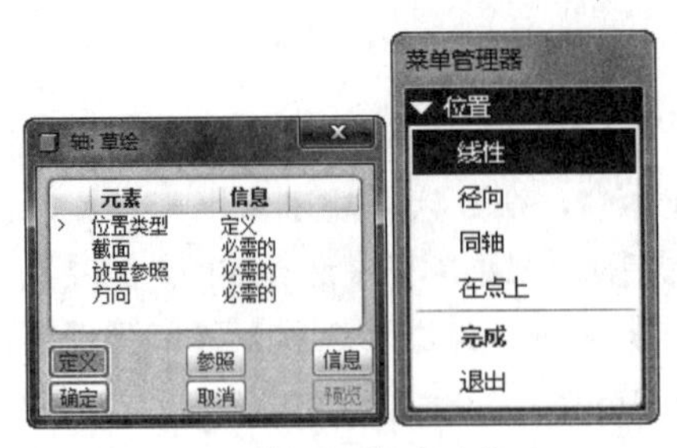

图 9-72 【位置】菜单管理器

从菜单管理器中可以看出，轴的定位方式有 4 种。下面讲讲定位的方法。

（1）方法一：线性定位。

线性定位就是指定轴的水平尺寸和竖直尺寸。创建过程是：先绘制截面，接着指定轴的放置平面，最后再指定线性尺寸参考。如图 9-73 所示，选择菜单管理器中的【完成】命令后，进入草绘环境绘制轴截面。

退出草绘环境，Pro/E 提示用户进行的下一步骤是【选择放置平面】，此处选择如图 9-74 所示的基准平面。

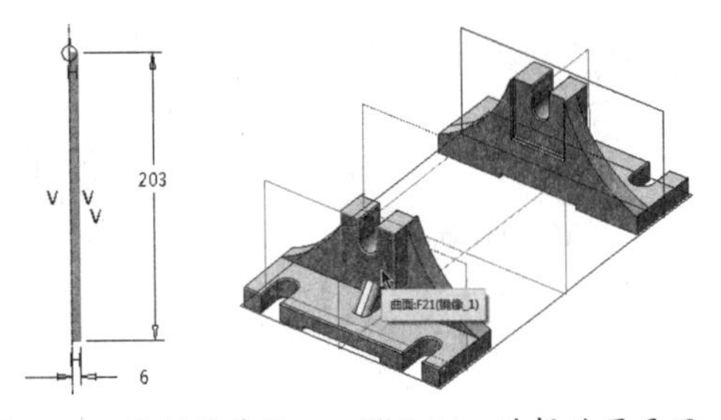

图 9-73 绘制轴截面　　图 9-74 选择放置平面

技术要点

轴的截面绘制需要注意以下几点：

- 截面必须是封闭的。
- 必须绘制旋转中心线——基准中心线。
- 轴的旋转中心线必须竖直，水平的中心线不会创建轴。

然后再选择轴的线性定位尺寸指定参考边、轴、平面或基准平面，这里选择基准平面和平面，如图 9-75 所示。

指定尺寸标注的参考平面后，需要输入定位尺寸。

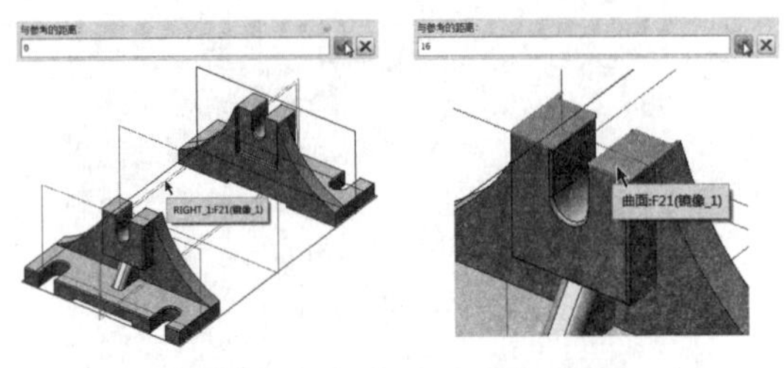

图 9-75 指定定位尺寸参考

技术要点

请注意，指定的两个参考必须是与放置平面两两相互垂直的。不能重复选择同一参考或与放置平面平行的参考。

所有元素都定义完成后，可以先查看预览，如图 9-76 所示。如果轴的方向相反，需要在【轴：草绘】对话框中重新定义【方向】元素。

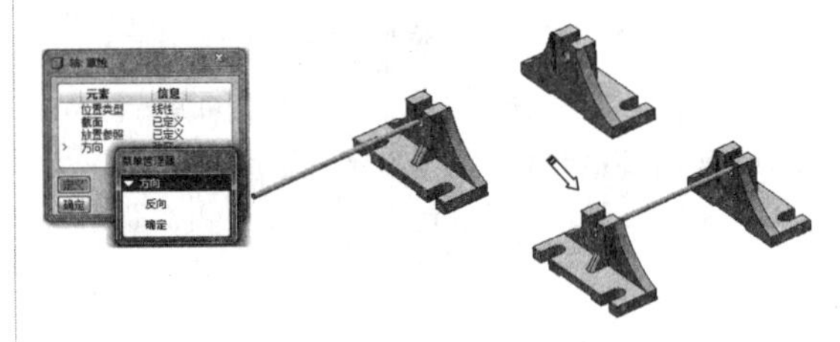

图 9-76 重新定义方向

（2）方法二：径向定位。

径向定位与线性定位的相同之处在于：放置平面、参考轴和径向角度参考平面都是两两相互垂直，如图 9-77 所示。

径向定位还可以定义轴特征与参考轴之间的距离。角度由径向角度的参考平面来决定，放置平面只能是基准平面和平面。

（3）方法三：同轴定位。

同轴定位只需要轴特征放置的平面和参考轴，如图 9-78 所示。

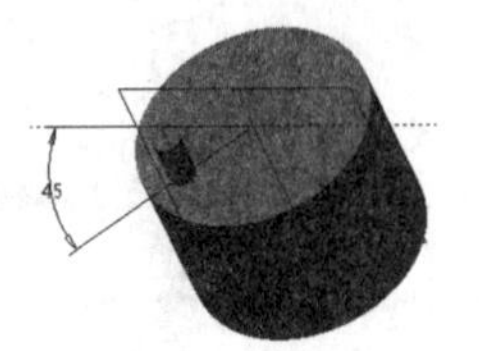

图 9-77 径向定位

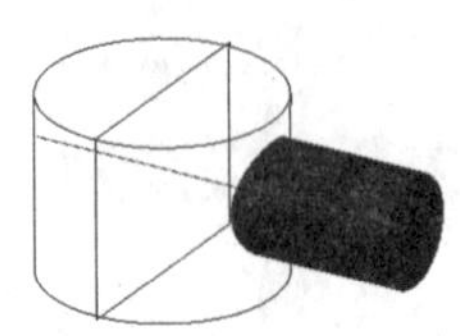

图 9-78 同轴定位

（4）方法四：在点上定位。

在点上定位只有一个参考，那就是基准点。但是基准点必须在父特征的平面或曲面上，轴特征与所在平面或曲面是法向垂直的，如图 9-79 所示。

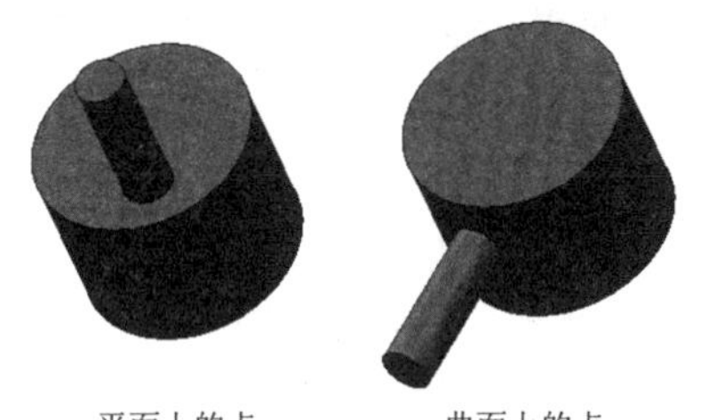

图 9-79　在点上定位

9.2.6　管道

管道是具有一定厚度的圆形实体特征。管道有实心的或空心的。在菜单栏中选择【插入】|【高级】|【管道】命令，弹出【选项】菜单管理器，如图 9-80 所示。

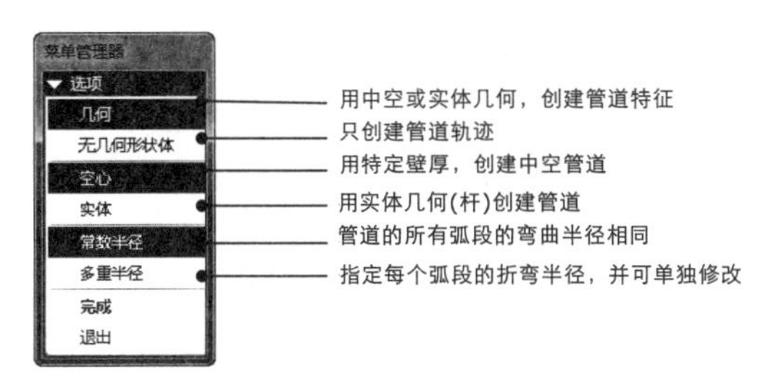

图 9-80　【选项】菜单管理器

如果选择了【空心】命令，则需要设置管外径和壁厚。选择【完成】命令，弹出如图 9-81 所示的【连接类型】子菜单。

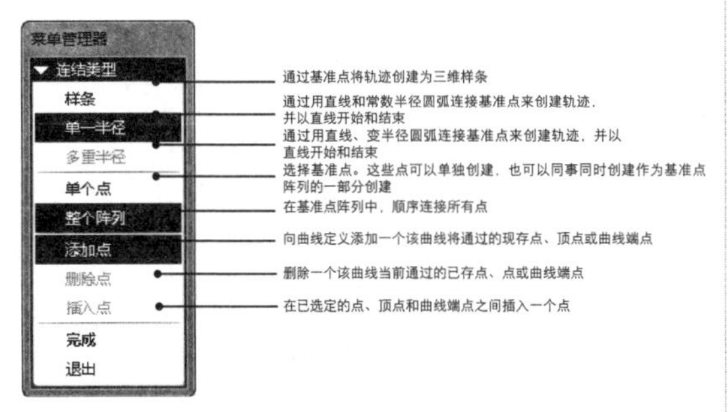

图 9-81　【连接类型】子菜单

管道特征无须父特征，可以单独创建。要创建管道，必须先创建确定管道轨迹的参考点，参考点可以是基准点，也可以是草绘的点，如图 9-82 所示。

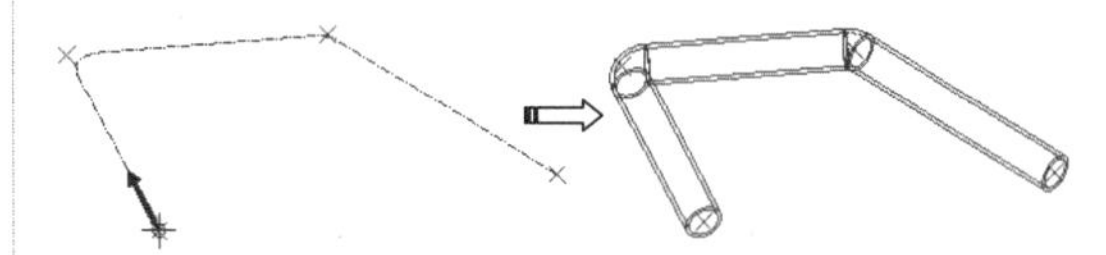

图 9-82　选择参考点创建轨迹并生成管道特征

技术要点

选择了基准点后，系统构造管道段特征。如果某一段无法构造，那么 Pro/E 会忽略最后选择的基准点。

9.2.7　修饰特征

修饰特征是在其他特征上绘制的集合图形，如螺纹示意线、铭牌等。修饰特征以线框来表达实际定义的特征，它没有实际图形。

1．修饰槽

修饰槽是一种投影修饰特征，通过草绘方式绘制图形并将其投影到曲面上，常用于制作铭牌。修饰槽特征的创建过程如下：

在菜单栏中选择【插入】|【修饰】|【凹槽】命令，打开【特征参考】菜单管理器，如图 9-83 所示。其中的【添加】、【移除】、【全部移除】、【替换】命令用于选择、移除和替换修饰槽的投影曲面，确定修饰槽特征的放置曲面。

选择绘制修饰槽形状的绘图平面，并在草图环境下绘制修饰槽的形状图形。

完成修饰槽的绘制，返回零件模式下，同时完成了修饰槽的创建。

创建的修饰槽特征如图 9-84 所示。

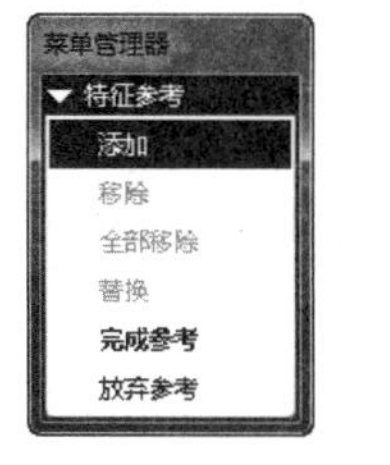

图 9-83　【特征参考】菜单管理器

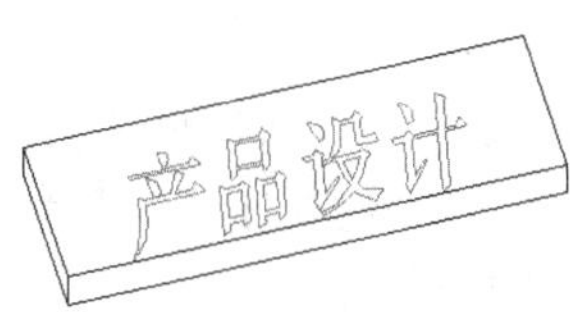

图 9-84　修饰槽特征

2. 指定区域

利用指定区域功能可以在一个曲面上通过封闭的曲线指定一部分特殊的区域，将整个曲面分成不同的部分，可以给不同的区域施以不同的颜色，以示区分和强调。

修饰槽特征的创建过程如下：

（1）在要创建指定区域特征的曲面上通过草绘等方法创建封闭的曲线。

（2）选择【指定区域】命令。

（3）选择所创建的封闭曲线，完成指定区域特征的创建。

创建的指定区域特征如图 9-85 所示。

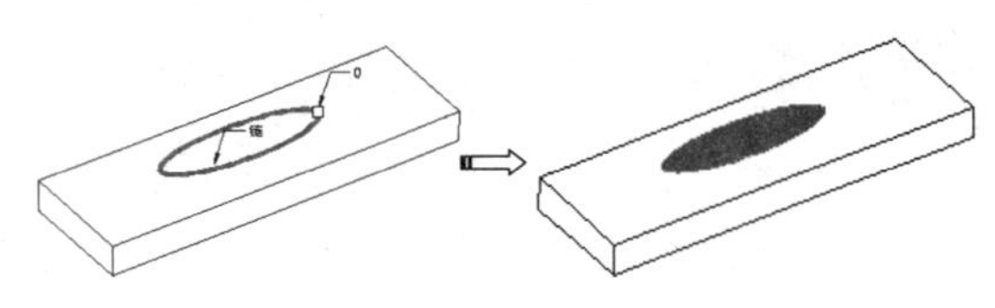

图 9-85　指定区域特征

3. 修饰螺纹

添加的螺纹修饰能够在工程图中显示和打印，避免了使用螺旋扫描方法创建的螺纹特征在生成工程图时显示螺纹牙形，不符合制图标准的问题。

在菜单栏中选择【插入】|【修饰】|【螺纹】命令，打开【修饰：螺纹】对话框和【选取】对话框，如图 9-86 所示。

图 9-86　【螺纹】对话框与【选取】对话框

定义螺纹修饰的主要过程如下：

（1）选择【螺纹】命令，打开【修饰：螺纹】对话框。

（2）选择添加螺纹修饰的曲面。

（3）选择螺纹的起始面，并确定修饰螺纹的生成方向。

（4）定义螺纹长度。

（5）定义螺纹直径。

（6）单击【应用】按钮，完成螺纹修饰的创建。

创建的螺纹修饰特征如图 9-87 所示。

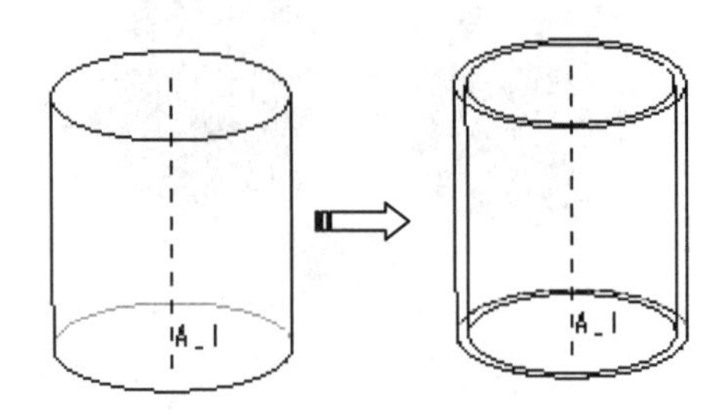

图 9-87　螺纹修饰特征

技术要点

对于内螺纹，默认直径值比孔的直径值大 10%；对于外螺纹，默认直径值比轴的直径值小 10%。

4. 修饰草绘

草绘特征被绘制在零件的表面上，可以为特征表面的不同区域设置不同的线型和颜色属性。在菜单栏中选择【插入】|【修饰】|【草绘】命令，打开【选项】菜单管理器，如图 9-88 所示。

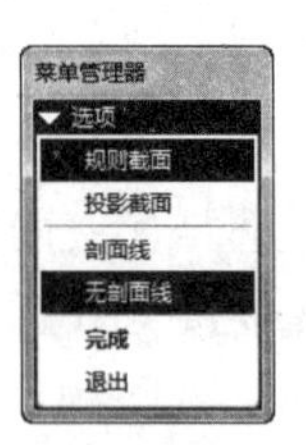

图 9-88　【选项】菜单管理器

选择截面方式、草绘平面及方向后，即可进入草图环境绘制草图，如图 9-89 所示。

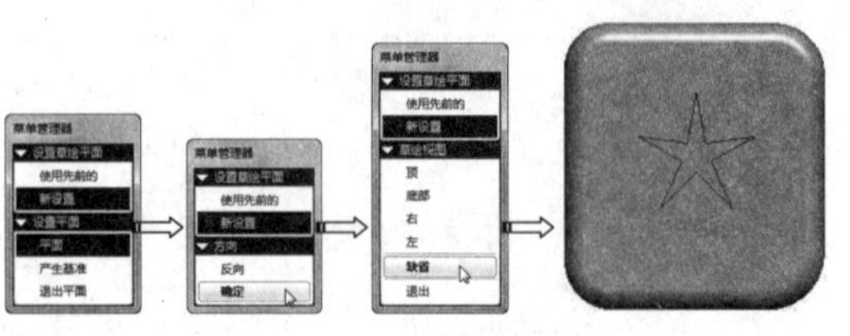

图 9-89　绘制草图

动手操作——设计管件

操作步骤：

01 按 Ctrl+N 组合键弹出【新建】对话框。新建名为【guanjian】的零件文件。

02 单击【拉伸】按钮，然后在 TOP 基准平面绘制拉伸草图，退出草绘环境后设置拉伸深度为 50，最终创建的拉伸特征如图 9-90 所示。

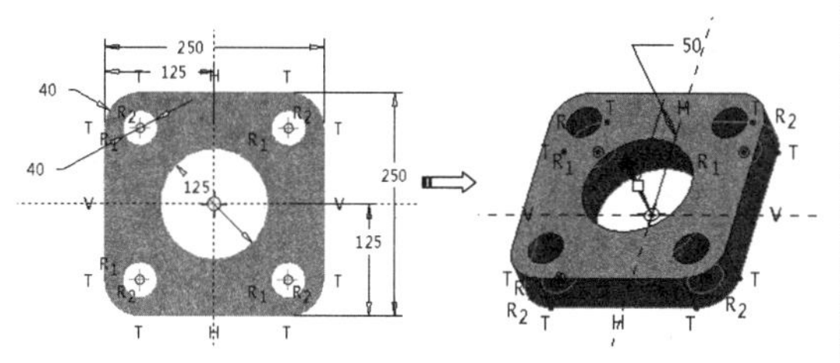

图 9-90　选择草绘平面

03 接下来为创建管道特征设计基准点。如图 9-91 所示，使用【基准】菜单中的【点】工具创建第 1 个参考点。

04 在【基准点】对话框中单击【新点】选项，然后选择 FRONT 基准平面作为放置平面，激活【偏移参考】收集器，按住 Ctrl 键再选择 TOP 和 RIGHT 基准平面作为偏移参考，并输入偏移距离，如图 9-92 所示。

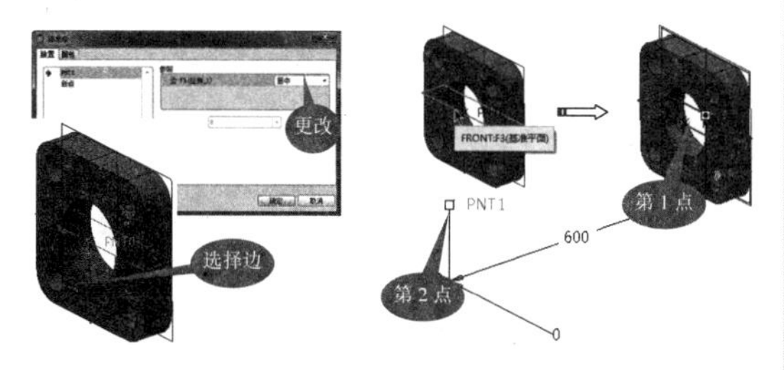

图 9-91　创建第 1 个参考点　　图 9-92　创建第 2 个参考点

05 单击【新点】选项。然后选择 FRONT 基准平面作为放置平面，选择 TOP 和 RIGHT 基准平面作为偏移参考，第 3 个参考点如图 9-93 所示。

06 第 4 个参考点需要在新的基准平面上创建。使用【基准平面】工具，以基准点 3 和 TOP 基准平面作为参考，创建新的基准平面，如图 9-94 所示。

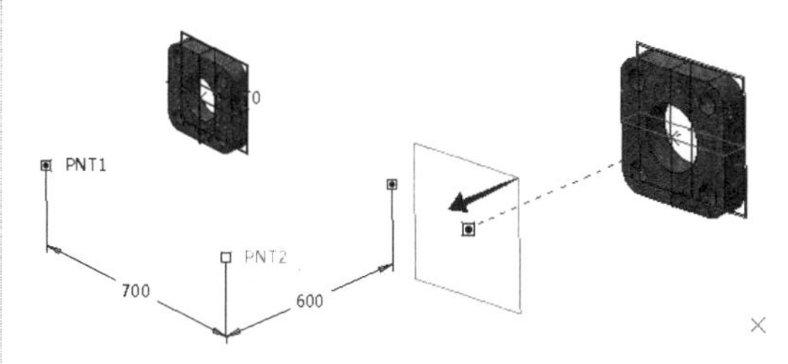

图 9-93　创建第 3 个参考点　　图 9-94　创建新基准平面

07 再使用【点】工具，在新基准平面上绘制第 4 个参考点，如图 9-95 所示。

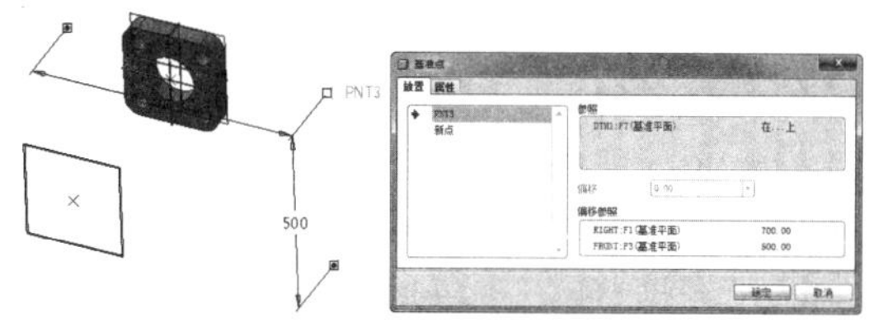

图 9-95　创建第 4 个参考点

08 在菜单栏中选择【插入】|【高级】|【管道】命令，弹出【选项】菜单管理器。然后选择菜单中的命令，依次选择 4 个参考点来创建如图 9-96 所示的管道轨迹。

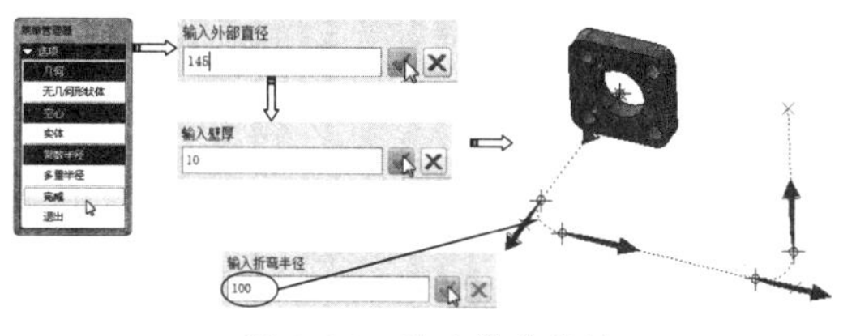

图 9-96　创建管道轨迹

09 选择【连接类型】子菜单中的【完成】命令，创建出管道特征，如图 9-97 所示。

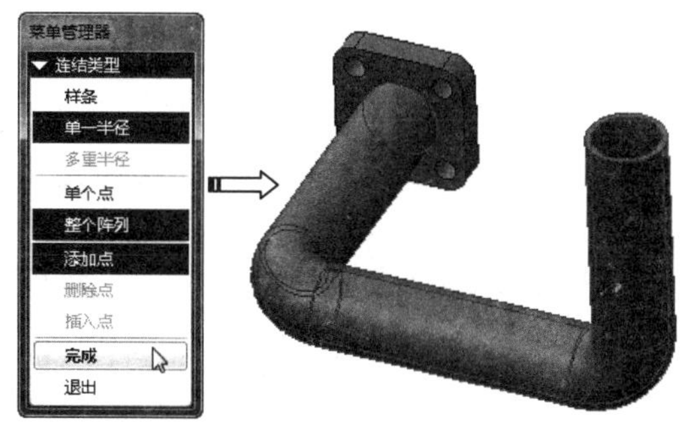

图 9-97　创建管道特征

10 接下来创建管道端部的法兰特征。在菜单栏中选择【插入】|【高级】|【法兰】命令，弹出【选项】菜单管理器。按如图 9-98 所示的操作选择草绘平面。

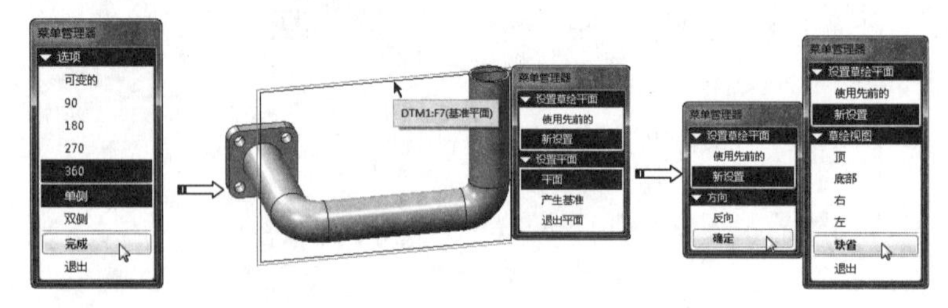

图 9-98　选择草绘平面

11 进入草绘环境中，绘制如图 9-99 所示的法兰截面，退出草绘后 Pro/E 自动创建法兰。

12 在菜单栏中选择【插入】|【高级】|【槽】命令，然后按如图 9-100 所示的操作步骤，选择菜单命令。

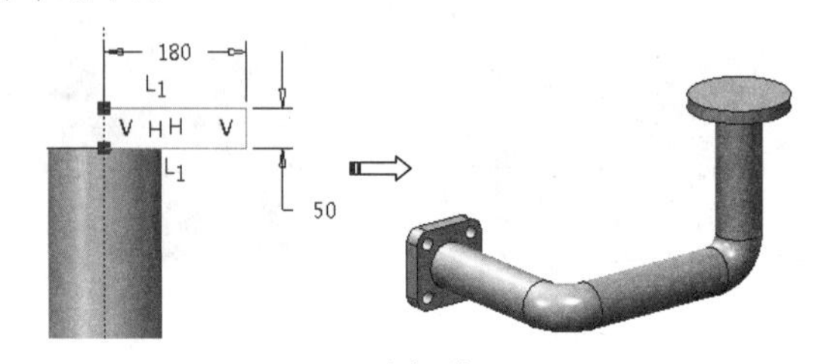

图 9-99　选择草绘平面

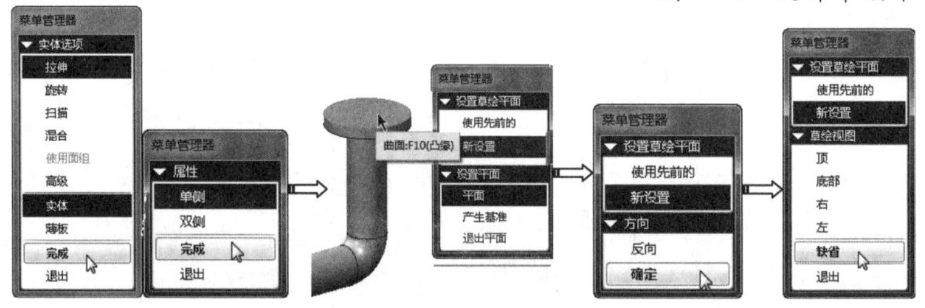

图 9-100　绘制截面前执行的菜单命令

13 进入草绘环境后，由于欠参考，所以选择坐标系作为增加的参考。然后再绘制如图 9-101 所示的截面。

图 9-101　添加参考并绘制截面

14 退出草绘环境后，选择【指定到】子菜单中的【完成】命令，并输入深度值 55，最后单击【开槽：拉伸】对话框中的【确定】按钮，创建出槽特征，如图 9-102 所示。

15 同理，在法兰上创建出 4 个直径为 40 的圆形槽特征，结果如图 9-103 所示。

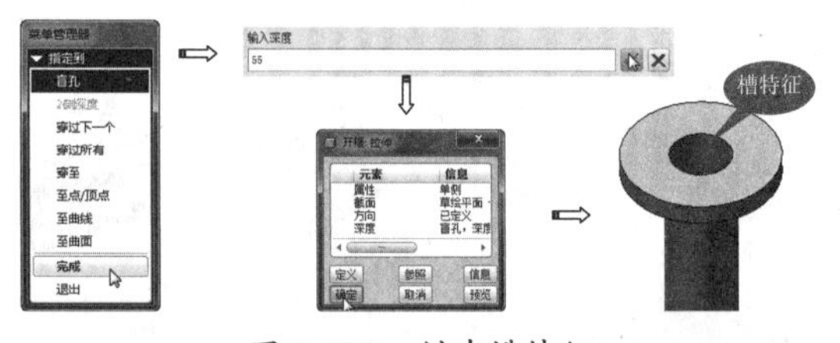

图 9-102　创建槽特征

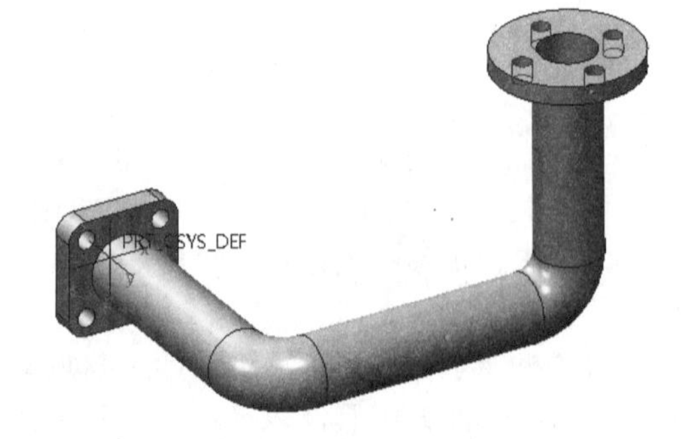

图 9-103　创建 4 个圆形槽特征

16 最后将创建管道零件保存。

9.3 折弯特征

所谓【折弯】就是将实体按指定的形状（草绘截面或轨迹）进行变换，得到新的折弯实体。Pro/E 的折弯特征命令包括环形折弯和骨架折弯。

9.3.1 环形折弯

【环形折弯】操作可将实体、曲面或基准曲线在 0.001°~360° 范围内折弯成环形，可以使用此功能从平整几何创建汽车轮胎、瓶子等，如图 9-104 所示。

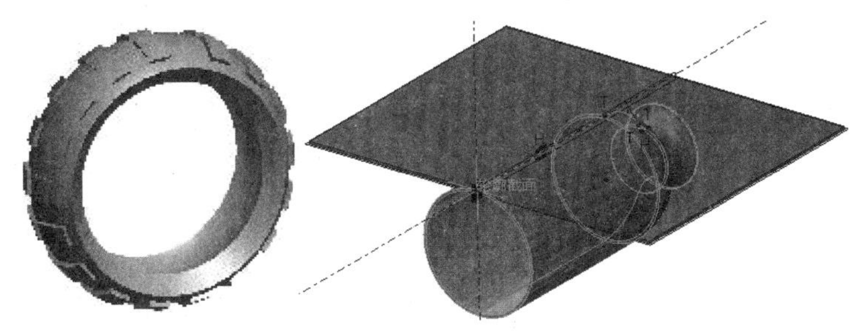

图 9-104　环形折弯的范例

用于定义环形折弯特征的强制参数包括截面轮廓、折弯半径及折弯几何。

在菜单栏中选择【插入】|【高级】|【环形折弯】命令，打开【环形折弯】操控板进行环形折弯操作，如图 9-105 所示。

图 9-105　【环形折弯】操控板

1. 折弯参考

要创建折弯特征，必须满足【参照】选项卡中的选项设置，如图 9-106 所示，如果是折弯实体，必须指定（或草绘）轮廓截面和面组。

面组就是要折弯的实体表面，可以采用复制、粘贴的办法来获取参考面组。

如果要草绘轮廓截面，必须指定草绘平面，并进入草绘环境中绘制截面。绘制截面有以下几点要求：

- 截面可以是一条平直的直线，如图 9-107 所示。

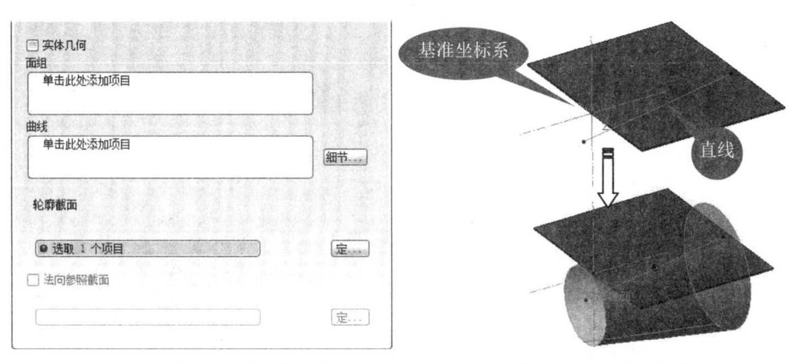

图 9-106　【参照】选项卡　　图 9-107　直线截面

技术要点

在【参考】选项卡中，若选中【实体几何】复选框，将创建折弯的实体特征。若取消选中，则创建折弯的曲面。【曲线】收集器用于收集所有属于折弯几何特征的曲线。

- 截面必须是相切连续的曲线，如图 9-108 所示。

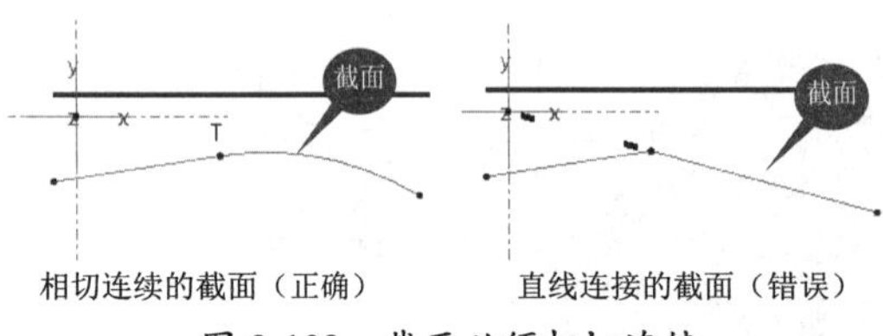

图 9-108 截面必须相切连续

- 截面曲线的起点必须超出要折弯的实体或曲线，否则不能创建折弯，如图 9-109 所示。

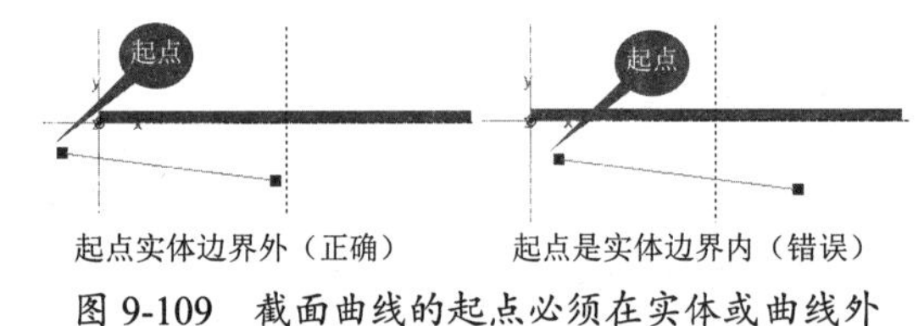

图 9-109 截面曲线的起点必须在实体或曲线外

- 截面草图中必须创建基准坐标系，但【草绘】菜单栏中的【坐标系】命令不可以。
- 截面轮廓的起点决定了折弯的旋转中心轴，所以截面轮廓的起始位置要确定。

2. 曲线折弯

当用于折弯曲线时，操控板的【选项】选项卡中可以设置曲线折弯的多个选项，如图 9-110 所示。

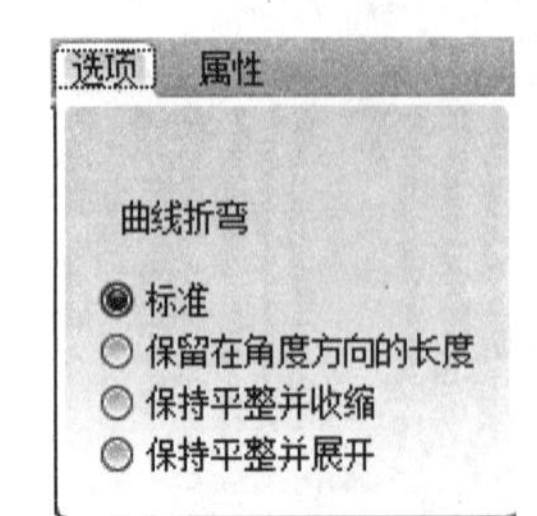

图 9-110 【选项】选项卡

各选项含义如下：

- 标准：根据环形折弯的标准算法对链进行折弯，如图 9-111 所示。

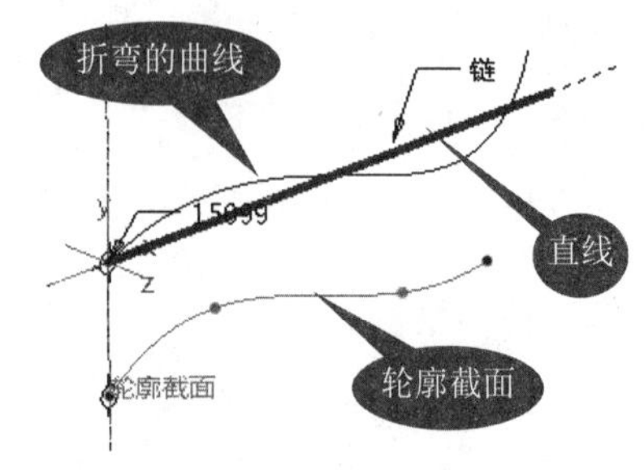

图 9-111 【标准】的折弯

- 保留在角度方向的长度：对曲线链进行折弯，折弯后的曲线与原直线长度相等，如图 9-112 所示。
- 保持平整并收缩：使曲线链保持平整并位于中性平面内，原曲线（链）上的点到轮廓截面平面的距离收缩。此选项主要针对多条直线折弯的情形，如图 9-113 所示，第二条直线才会产生距离收缩现象。

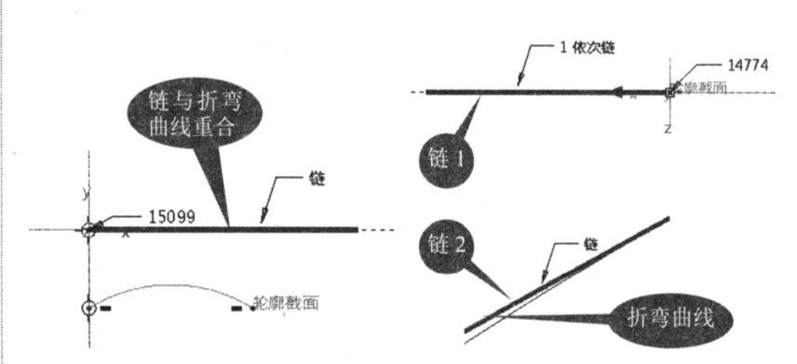

图 9-112 保留在角度方向的长度　图 9-113 保持平整并收缩

- 保持平整并展开：使曲线链保持平整并位于中性平面内。曲线上的点到轮廓截面平面的距离增加。

技术要点

如果使用【标准】选项创建另一个环形折弯，则其结果等效于使用【保留在角度方向的长度】选项创建单个环形折弯。

3. 折弯方法

操控板的折弯方法列表中包含 3 种折弯方法：折弯半径、折弯轴和 360 度折弯。

（1）方法一：折弯半径。

折弯半径是通过设置折弯的半径值来折弯实体或曲面的。默认情况下 Pro/E 给定最大的折弯半径值，用户修改半径值即可，如图 9-114 所示。

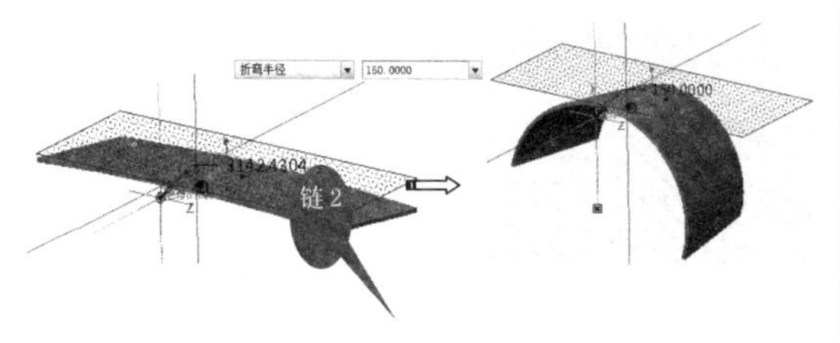

图 9-114　折弯半径方法

技术要点

折弯半径的值最小为 0.0524，最大不超过 1000000。

（2）方法二：折弯轴。

折弯轴方法是指参考选定的轴来折弯曲面。此方法对实体无效。如图 9-115 所示，旋转轴应在曲面一侧，轴必须是基准轴，内部草绘的中心线不可用。

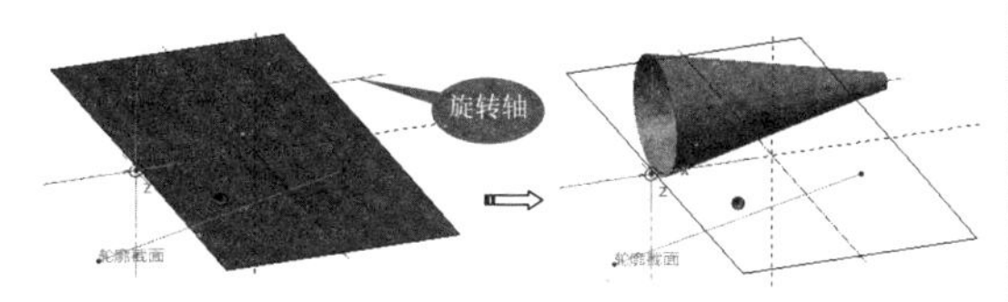

图 9-115　折弯轴方法

技术要点

折弯的旋转轴不能与轮廓截面重合。而且轴不能在曲面上，否则会使折弯变形。

（3）方法三：360 度折弯。

此方法可以折弯实体或曲面。要创建 360 度的折弯特征，除了参考面组、截面轮廓外，还必须指定平面曲面或基准平面来确定折弯特征的长度。

如果是实体，必须指定实体的两个侧面平面，如图 9-116 所示。

如果是创建 360 度折弯实体，则必须指定实体的侧面，如图 9-117 所示。

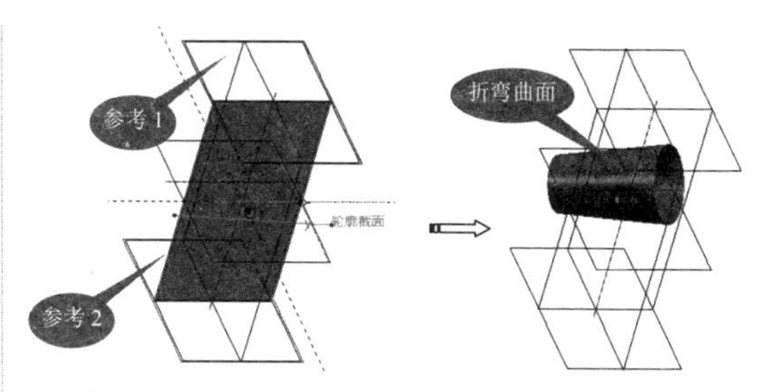

图 9-116　确定曲面折弯长度的两个参考平面

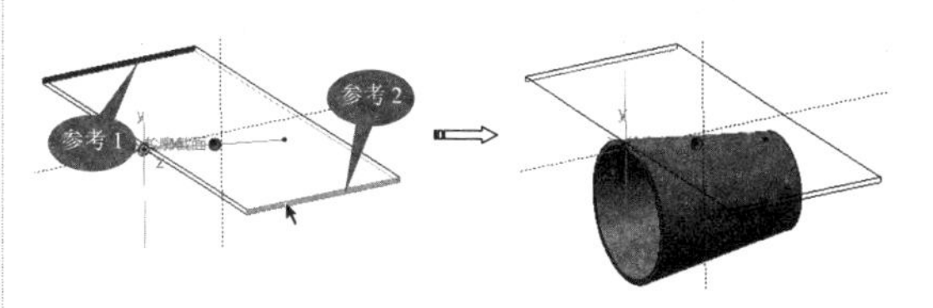

图 9-117　确定实体折弯长度的两个参考平面

技术要点

如果确定长度的参考平面在实体边界内，或者是在边界外，同样可以折弯，但长度发生了变化，如图 9-118 所示。

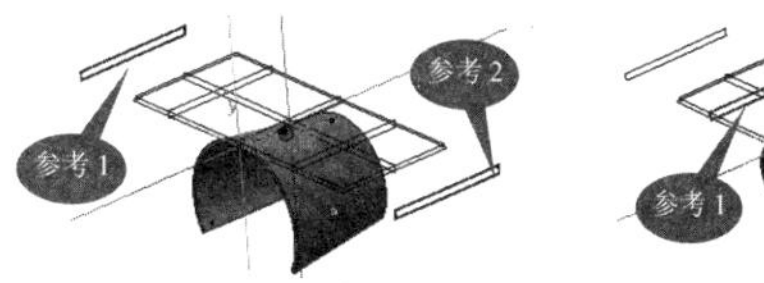

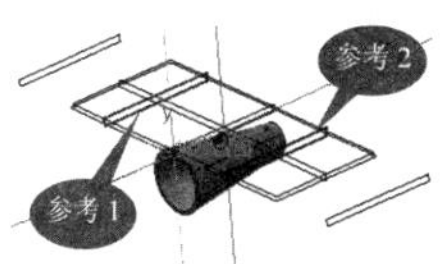

图 9-118　确定长度的参考平面的位置情况

9.3.2　骨架折弯

骨架折弯是以具有一定形状的曲线作为参照的，将创建的实体或曲面沿着曲线进行弯曲，得到所需要的造型。

在菜单栏中选择【插入】|【高级】|【骨架折弯】命令，打开【选项】菜单管理器，如图 9-119 所示。

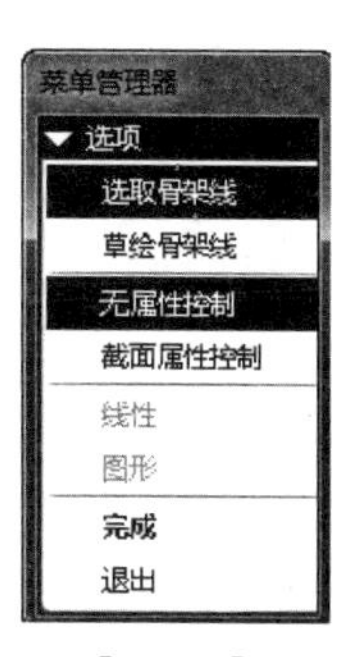

图 9-119　【选项】菜单管理器

骨架折弯是以具有一定形状的曲线作为参照的，将创建的实体或曲面沿着曲线进行弯曲，得到所需要的造型。

【选项】选项卡中的内容含义如下：

- 选取骨架线：选取已有的曲线作为骨架线。
- 草绘骨架线：草绘曲线作为骨架线。
- 无属性控制：弯曲效果不受骨架线控制。
- 截面属性控制：弯曲效果受骨架线控制。
- 线性：配合截面属性控制选项，骨架线线性变化。
- 图形：配合截面属性控制选项，骨架线随图形变化。

骨架线可以选择现有的，也可以进入草绘环境进行绘制。要草绘骨架线，应执行如图9-120所示的选项命令及操作。

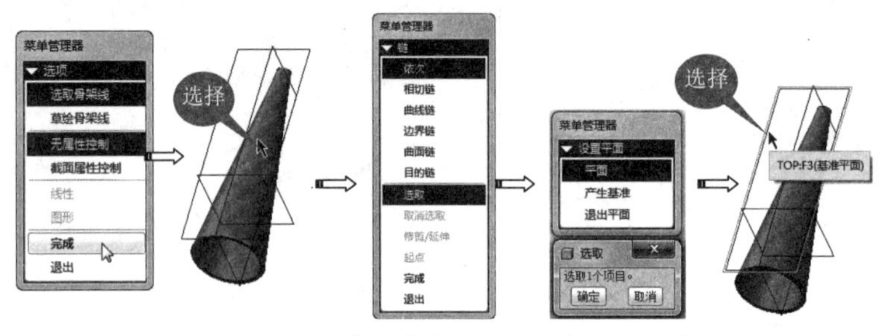

图 9-120 要草绘骨架线执行的命令与操作

技术要点

选择要折弯的实体或面组，都可以将实体或曲面按用户绘制的骨架曲线进行骨架折弯。骨架折弯主要用于各种钣金件设计。

草绘的骨架线必须是开放的，而且还必须注意骨架线的起点。如图9-121所示，同一条骨架曲线因起点方向不同，产生的结果也会有所不同。

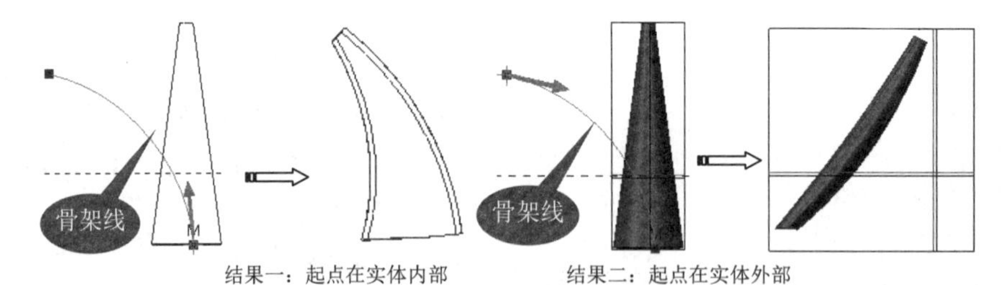

图 9-121 骨架线的起点

技术要点

多段曲线构成的骨架线要求相切连续，否则不能正确创建特征。

草绘骨架线完成后退出草绘环境，会弹出如图9-122所示的【设置平面】菜单管理器。需要为折弯指定一个折弯长度的参考平面。平面可以是模型平面，也可以是基准平面。【平面】选项用来选择现有的平面或基准平面。【产生基准】选项可以通过一系列的方式来创建，选择此选项，弹出如图9-123所示的【基准平面】子菜单。

图 9-122　参考平面的选项

图 9-123　【基准平面】子菜单

子菜单中包括 7 种基准平面的创建方法，这些创建方法也适用于外部环境下的基准平面的创建。通常情况下，应用最多的方法就是【偏移】，因为草绘骨架线退出草绘环境后，Pro/E 会自动在骨架线的起点位置创建一个垂直于骨架线的基准平面，如图 9-124 所示。

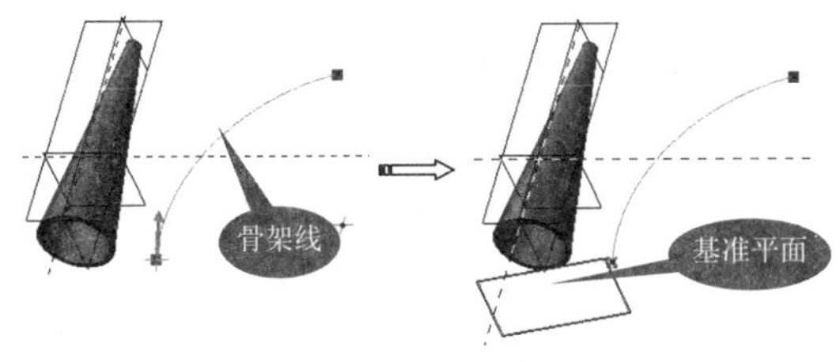

图 9-124　自动在骨架线起点创建基准平面

参考平面与基准平面之间的距离决定了骨架折弯的形状，正常情况下，这个距离必须超出实体的长度，特殊情况例外。

技术要点

参考平面与骨架线的起点平面必须平行，否则不能正确创建骨架折弯特征。

下面以一个折弯实例加以说明，当参考平面距离骨架线起点平面变远时，折弯实体变短，如图 9-125 所示。

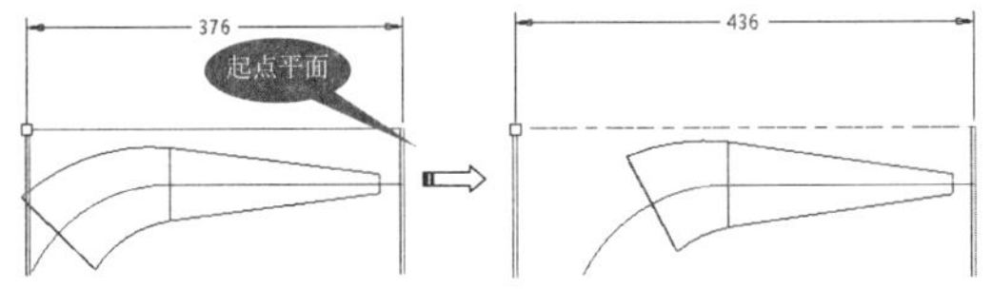

图 9-125　折弯实体变短

当参考平面在折弯弯头近端位置时折弯实体变长，如图 9-126 所示。

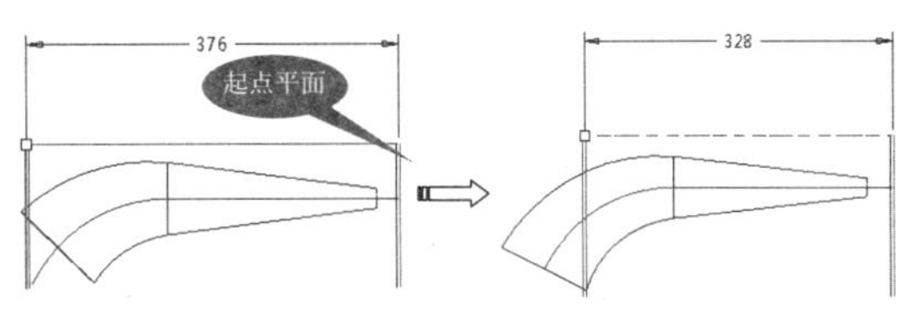

图 9-126　折弯实体变长

当参考平面与起点平面间的距离越来越短时，折弯实体也会越来越细，越来越短，如图 9-127 所示。

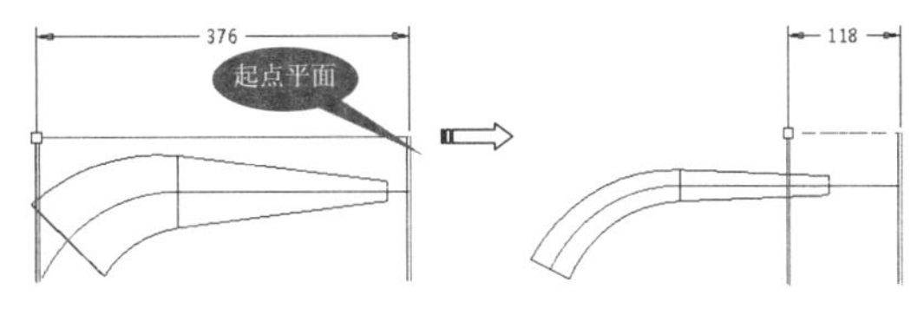

图 9-127　折弯实体变长

动手操作——轮胎设计

本次任务是设计轮胎，主要利用环形折弯功能进行设计，如图 9-128 所示。

图 9-128　轮胎设计

操作步骤：

01 新建一个名为【luntai】的新零件文件。

02 使用【拉伸】工具，选择 FRONT 基准平面作为草绘平面，进入草绘环境中绘制如图 9-129 所示的截面。

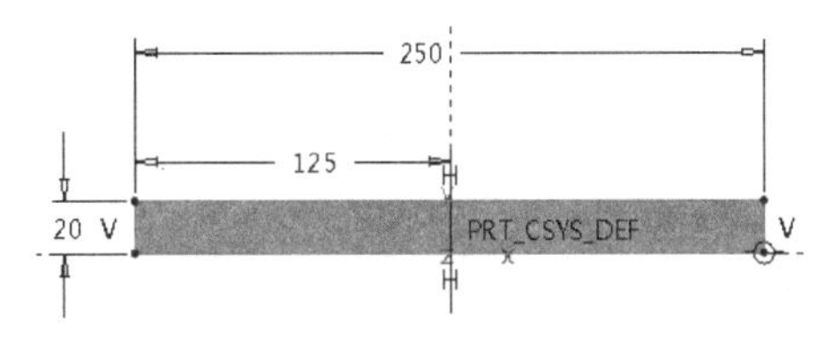

图 9-129　选择草绘平面并绘制截面

03 退出草绘环境，然后创建出拉伸深度为

2200 的拉伸实体，如图 9-130 所示。

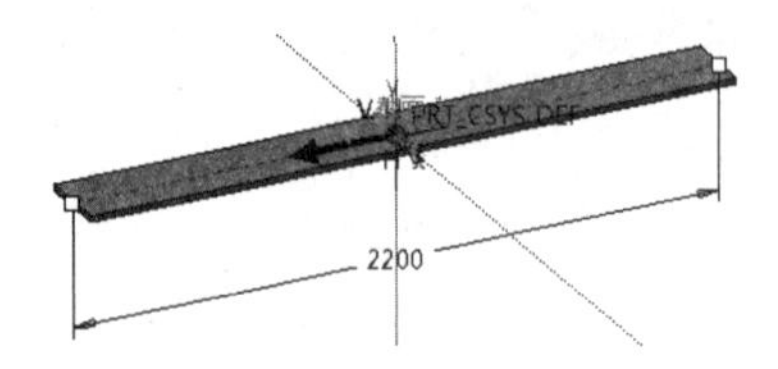

图 9-130　创建拉伸实体

04 再使用【拉伸】工具，在上步创建的拉伸特征表面上，以切除材料的方式，创建如图 9-131 所示的拉伸移除材料特征。

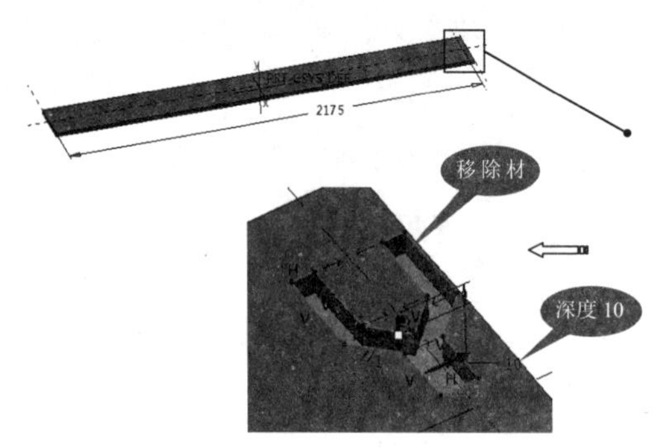

图 9-131　创建拉伸移除材料特征

05 阵列移除材料特征。在右工具栏中单击【阵列】按钮，打开【几何阵列】操控板，然后选择拉伸实体的一条长边作为参考，并输入阵列个数及间距，完成的阵列如图 9-132 所示。

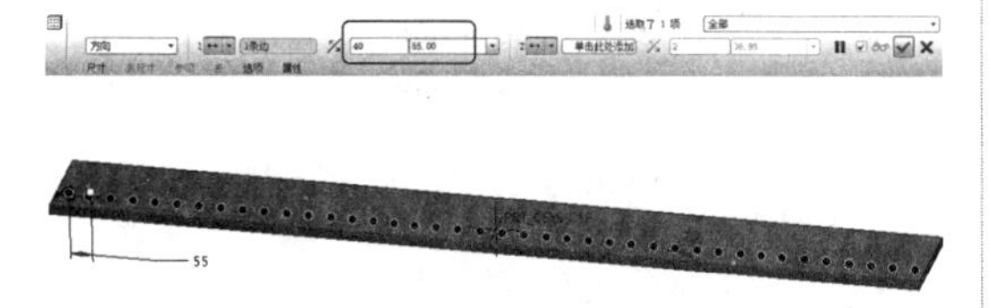

图 9-132　创建阵列特征

06 阵列特征后，单击【镜像】按钮，将所有阵列的特征全部镜像至 RIGHT 基准平面的另一侧。方法是先选择要镜像的所有阵列特征，然后再执行【镜像】命令，最后选择镜像平面——RIGHT 基准平面，即可创建镜像特征，如图 9-133 所示。

技术要点

【阵列】命令和【镜像】命令将在下一章中详细讲解。这里仅仅是调用这两个命令来创建所需的特征。

图 9-133　创建镜像特征

07 在菜单栏中选择【插入】|【高级】|【环形折弯】命令，打开【环形折弯】操控板。在操控板的【参照】选项卡中选中【实体几何】复选框，单击【定义内部草绘】按钮，弹出【草绘】对话框，并选择如图 9-134 所示的拉伸特征端面作为草绘平面。

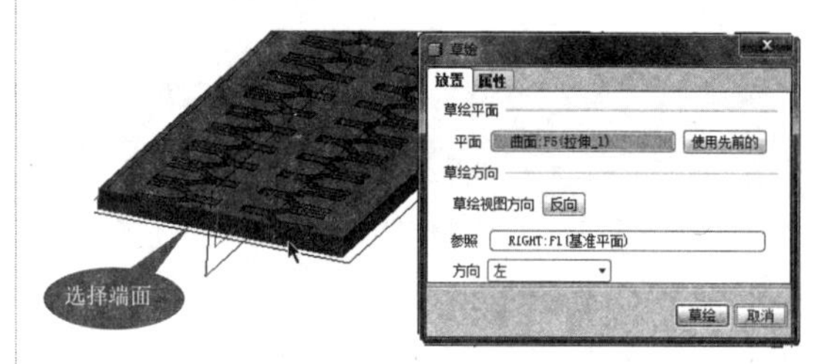

图 9-134　选择草绘平面

08 进入草绘环境中，绘制如图 9-135 所示的轮廓截面。截面中必须绘制基准坐标系，此坐标系不是草图中的坐标系。

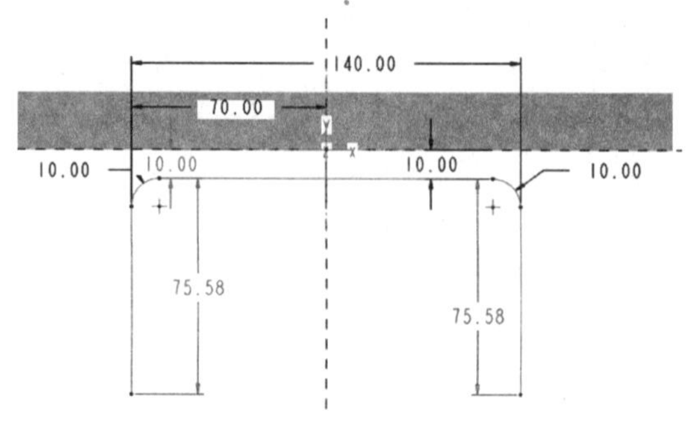

图 9-135　绘制截面轮廓

技术要点

只需保证 140 长度的直线尺寸。竖直方向的长度尺寸只要超出拉伸实体范围即可，无须精确。草图必须在实体下方，否则不能正确地创建折弯。

09 退出草绘环境后，在操控板中选择【360 度折弯】方法，然后选择如图 9-125 所示的拉伸实体的两个端面作为折弯长度参考。

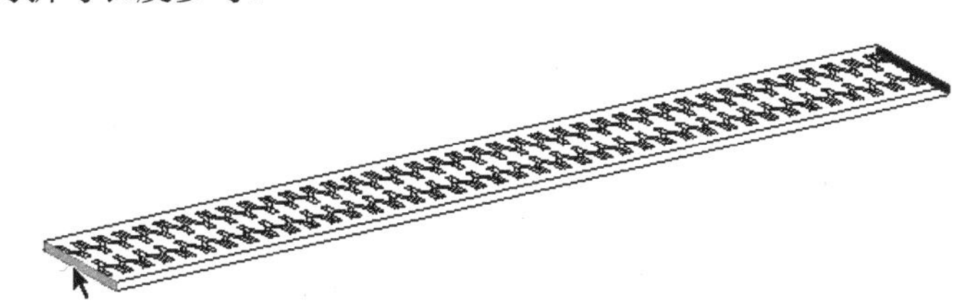

图 9-136　选择折弯参考

10 随后 Pro/E 自动生成环形折弯的预览，最后单击操控板中的【应用】按钮，完成轮胎的设计，如图 9-137 所示。

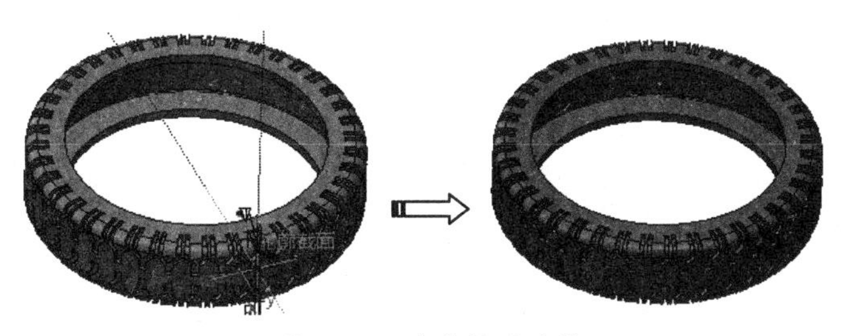

图 9-137　完成轮胎设计

9.4 综合实训

本节中我们用两个案例继续温习前面所掌握的构造特征指令操作。

9.4.1 电机座设计

◎ **引入文件：无**

◎ **结果文件：实训操作 \ 结果文件 \Ch09\dianjizuo.prt**

◎ **视频文件：视频 \Ch09\ 电机座设计 .avi**

电机座是用来固定定子铁心与前后端盖以支撑转子的，并起防护、散热等作用。机座通常为铸铁件，大型异步电动机机座一般用钢板焊成，微型电动机的机座采用铸铝件。封闭式电机的机座外面有散热筋以增加散热面积，防护式电机的机座两端端盖开有通风孔，使电动机内外的空气可直接对流，以利于散热。

设计完成的电机座如图 9-138 所示。

图 9-138　电机座图

操作步骤：

01 打开Pro/E后，创建一个名为【dianjizuo】的实体文件，并选择【mmns_part_solid】公制模板。

02 在右工具栏中单击【拉伸】按钮，弹出【拉伸】操控板，选择FRONT基准面作为草绘平面，创建【拉伸1】，如图9-139所示。

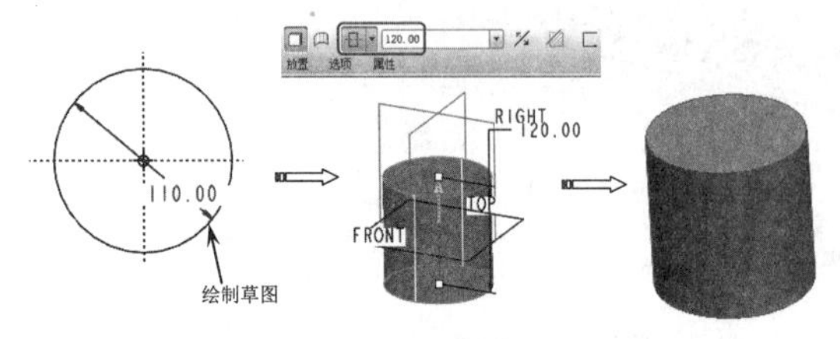

图9-139　创建【拉伸1】

03 在右工具栏中单击【旋转】按钮，弹出【旋转】操控板，选择TOP基准面作为草绘平面，创建【旋转1】，如图9-140所示。

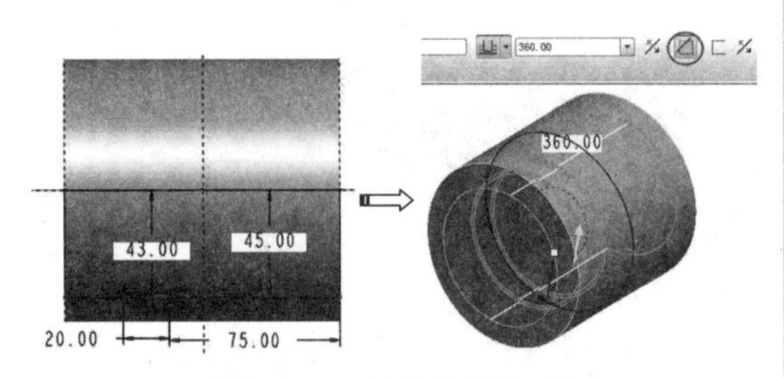

图9-140　创建【旋转1】

04 单击【拉伸】按钮，弹出【拉伸】操控板，在【拉伸1】上选择一个面作为草绘平面，创建【拉伸2】，如图9-141所示。

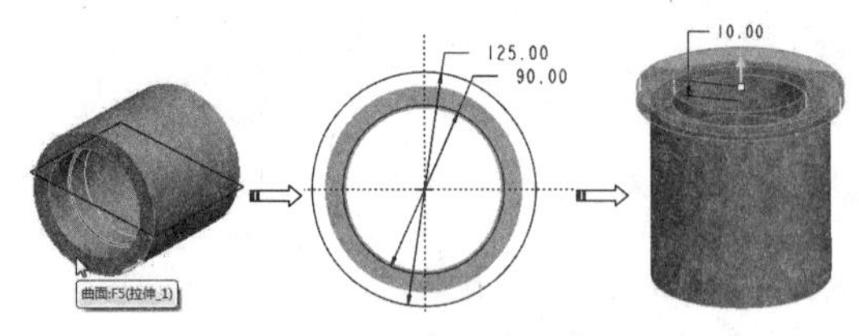

图9-141　创建【拉伸2】

05 在模型树中选择【拉伸2】，在功能区【模型】选项卡的【编辑】组中单击【镜像】按钮，创建【镜像1】，如图9-142所示。

06 单击【拉伸】按钮，弹出【拉伸】操控板，选择FRONT基准面作为草绘平面，创建【拉伸3】，如图9-143所示。

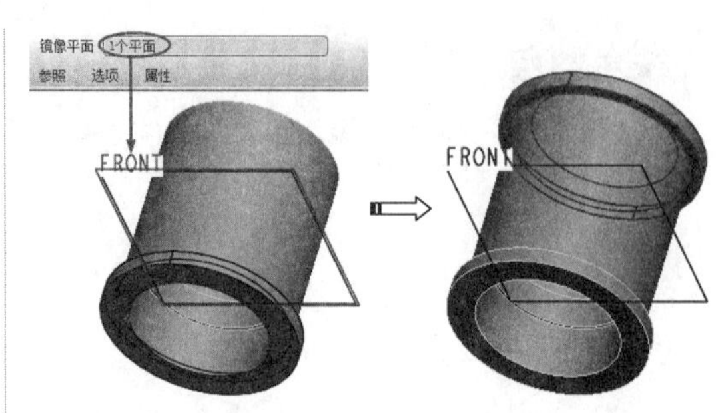

图9-142　创建【镜像1】

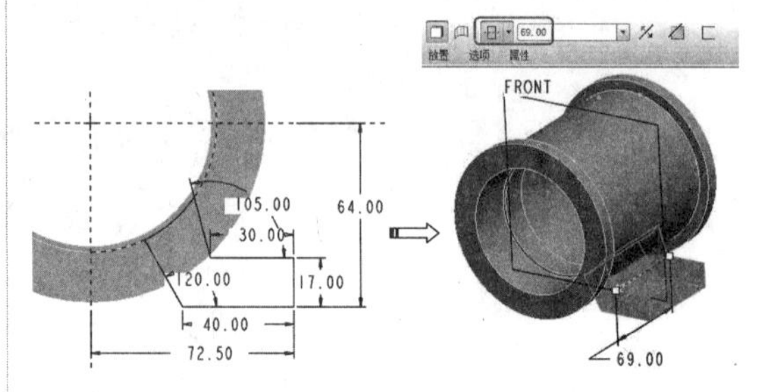

图9-143　创建【拉伸3】

07 在模型树中选择【拉伸3】，在功能区【模型】选项卡的【编辑】组中单击【镜像】按钮，创建【镜像2】，如图9-144所示。

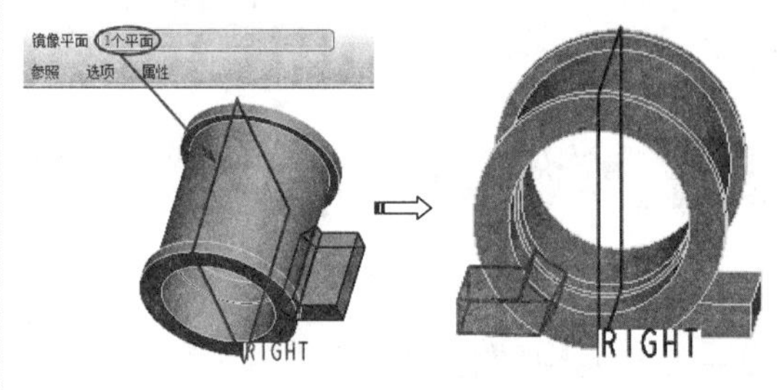

图9-144　创建【镜像2】

08 单击【平面】按钮，弹出【基准平面】对话框，创建DTM1基准平面，如图9-145所示。

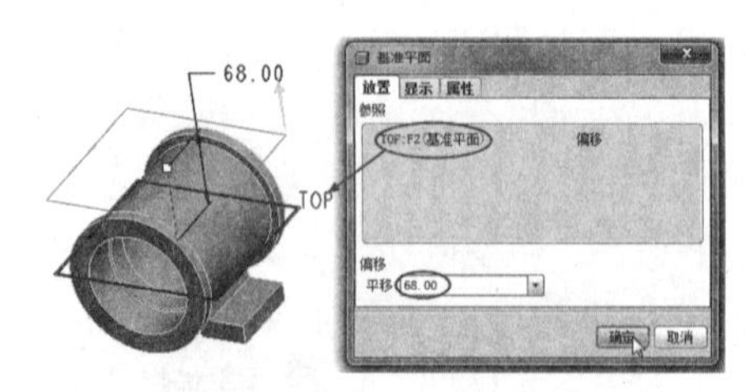

图9-145　创建DTM1基准平面

09 单击【拉伸】按钮，弹出【拉伸】操控板，选择DTM1基准面作为草绘平面，创建【拉伸 4】，如图 9-146 所示。

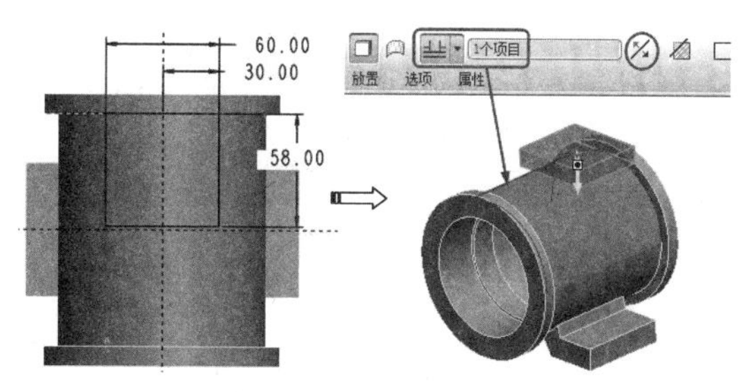

图 9-146　创建【拉伸 4】

10 单击【拉伸】按钮，弹出【拉伸】操控板，选择 DTM1 基准面作为草绘平面，创建【拉伸 5】，如图 9-147 所示。

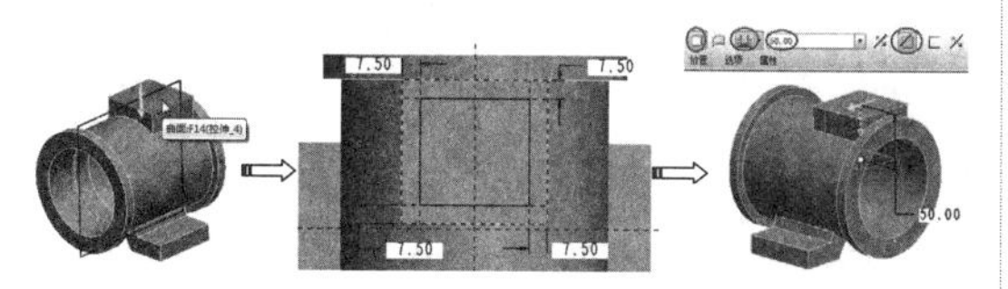

图 9-147　创建拉伸

11 单击【边倒角】按钮，创建【倒角 1】，其操作过程如图 9-148 所示。

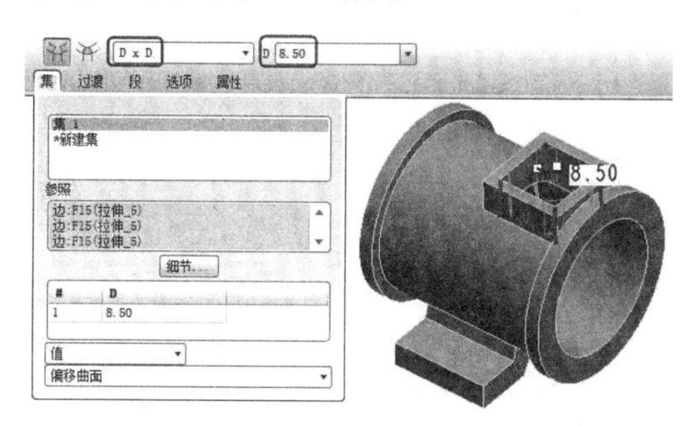

图 9-148　创建【倒角 1】

12 单击【孔】按钮，弹出【孔】操控板，创建【孔 1】，如图 9-149 所示。

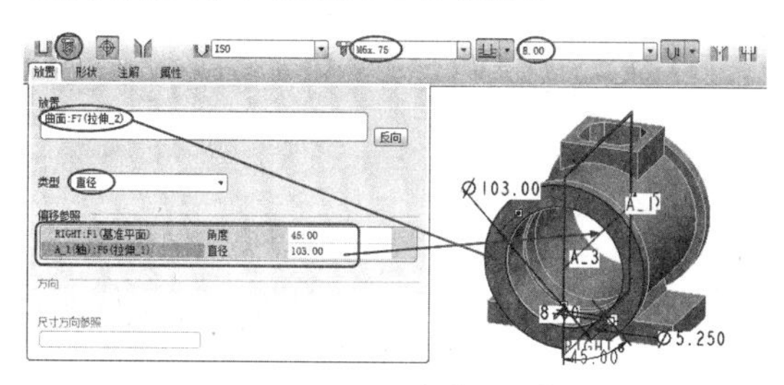

图 9-149　创建【孔 1】

13 在模型树中选择【孔 1】，在功能区【模型】选项卡的【编辑】组中单击【镜像】按钮，创建【镜像 3】，如图 9-150 所示。

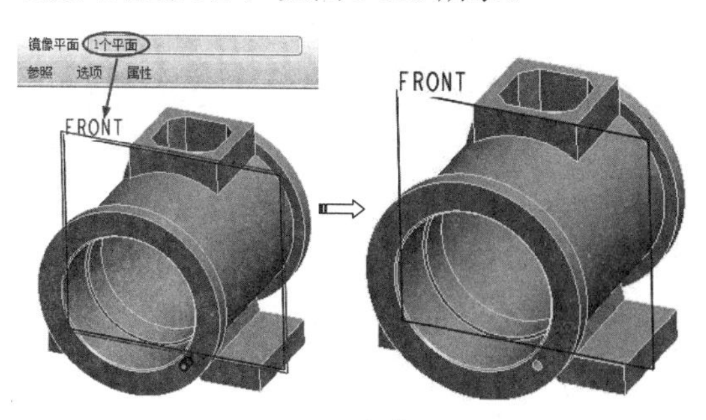

图 9-150　创建【镜像 3】

14 在模型树中选择【孔 1】和【镜像 3】并右击，弹出快捷菜单，在快捷菜单中选【组】命令，组建组，其操作过程如图 9-151 所示。

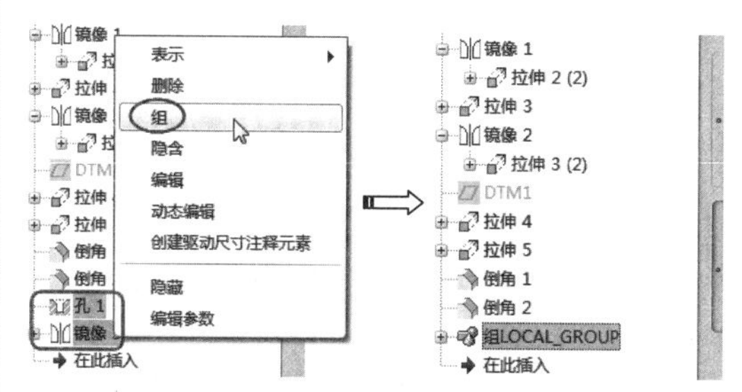

图 9-151　创建组

15 在模型树中选择新建的组，在功能区【模型】选项卡的【编辑】组中单击【阵列】按钮，创建【阵列 1】，其操作过程如图 9-152 所示。

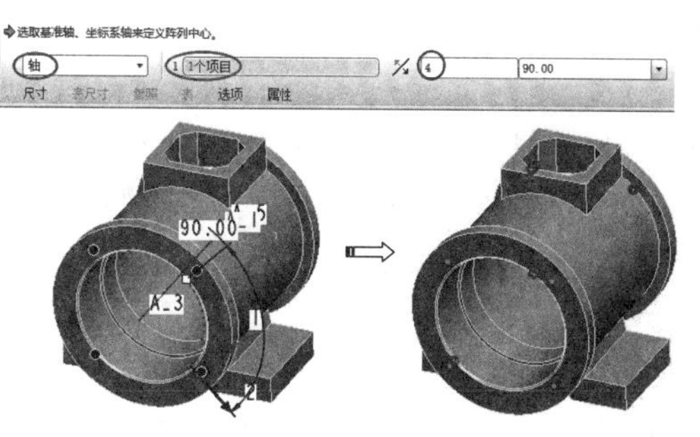

图 9-152　创建【阵列 1】

16 单击【孔】按钮，弹出【孔】操控板，创建【孔 8】，如图 9-153 所示。

17 在模型树中选择【孔 8】，单击【阵列】按钮，创建【阵列 2】，其操作过程如图 9-154 所示。

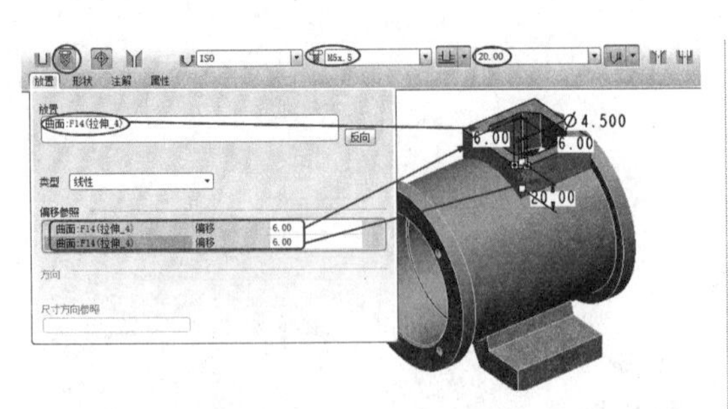

图 9-153　创建【孔 8】

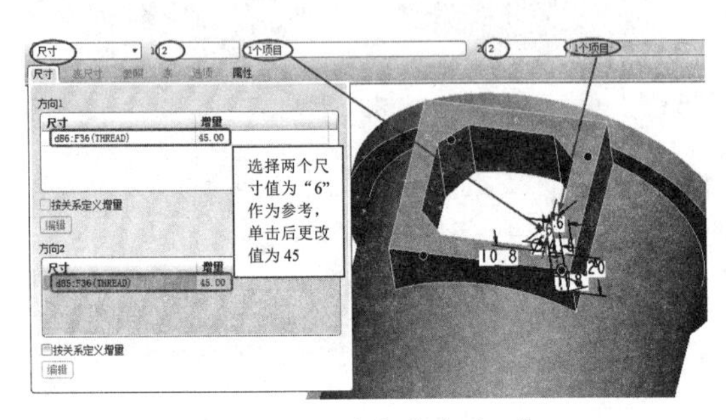

图 9-154　创建【阵列 2】

18 单击【孔】按钮，弹出【孔】操控板，创建【孔 9】，如图 9-155 所示。

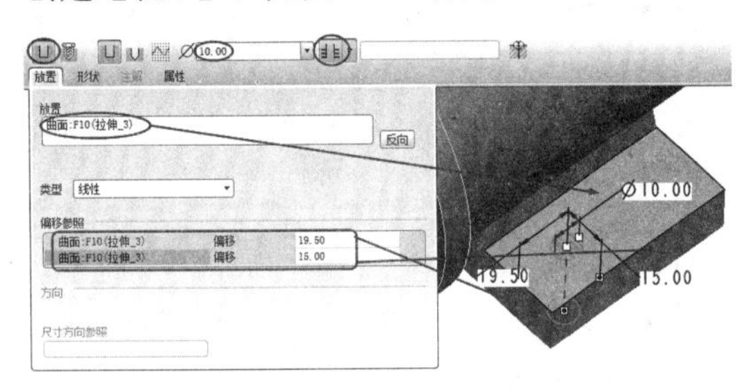

图 9-155　创建【孔 9】

19 在模型树中选择【孔 9】，单击【阵列】按钮，创建【阵列 3】，其操作过程如图 9-156 所示。

20 单击【圆角】按钮，创建【圆角 1】，其操作过程如图 9-157 所示。

21 单击【圆角】按钮，创建【圆角 2】，其操作过程如图 9-158 所示。

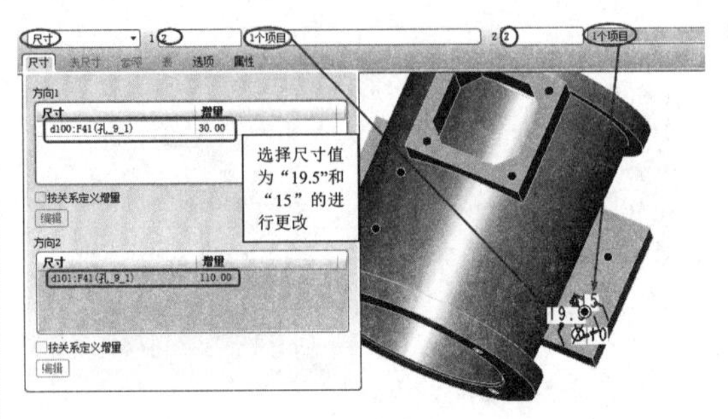

图 9-156　创建【阵列 3】

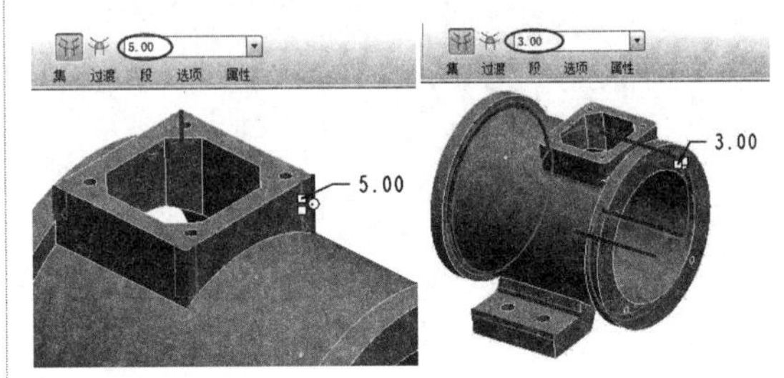

图 9-157　创建【圆角 1】图 9-158　创建【圆角 2】

22 单击【边倒角】按钮，创建【倒角 1】，其操作过程如图 9-159 所示。

23 至此，整个电机座的设计已经完成，单击【保存】按钮，将其保存，其最终效果如图 9-160 所示。

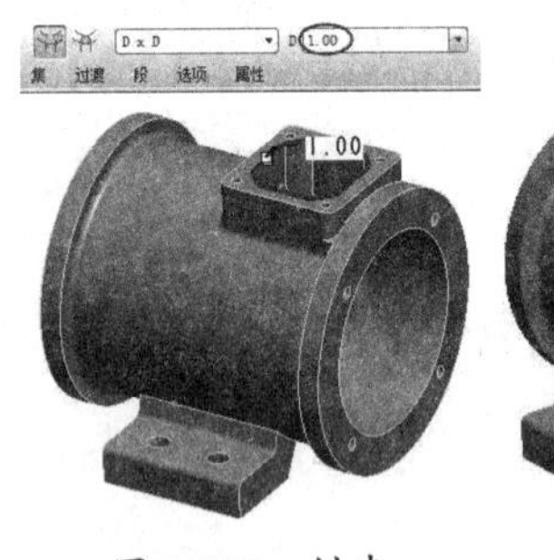

图 9-159　创建【倒角 1】

图 9-160　电机座的效果图

9.4.2　皇冠造型设计

◎ **引入文件：无**

◎ **结果文件：实训操作 \ 结果文件 \Ch09\huangguan.prt**

◎ **视频文件：视频 \Ch09\ 皇冠造型设计 . avi**

在造型设计过程中使用了拉伸、扫描混合、阵列、骨架折弯和环形折弯等造型设计的高级工具。设计完成的皇冠造型如图 9-161 所示。

图 9-161　皇冠造型

下面详解设计过程。

1．设计主体

操作步骤：

01 启动 Pro/E，然后创建工作目录。

02 单击【创建新对象】按钮，弹出【新建】对话框，然后新建名为【huangguan】的模型文件，如图 9-162 所示。

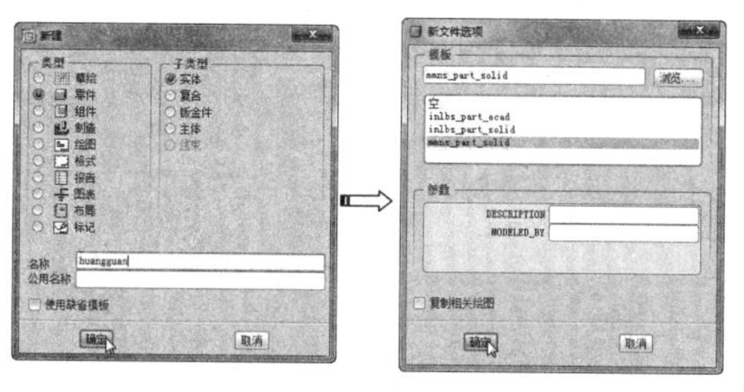

图 9-162　新建模型文件

03 首先利用【拉伸】命令，选择 RIGHT 基准平面作为草图平面，绘制如图 9-163 所示的草图。

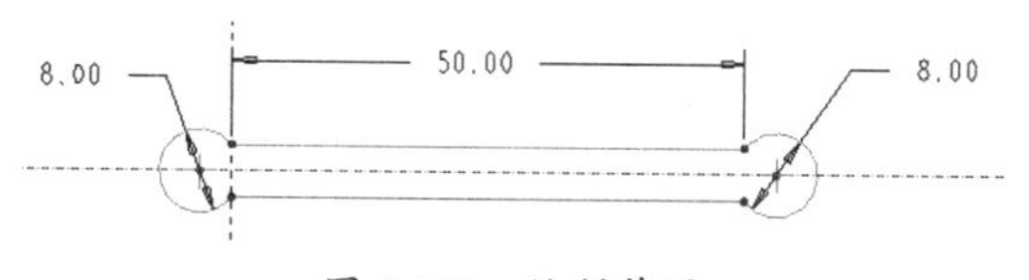

图 9-163　绘制草图

04 退出草绘模式后，设置深度值为 168，再单击【应用】按钮完成拉伸特征的创建。如图 9-164 所示。

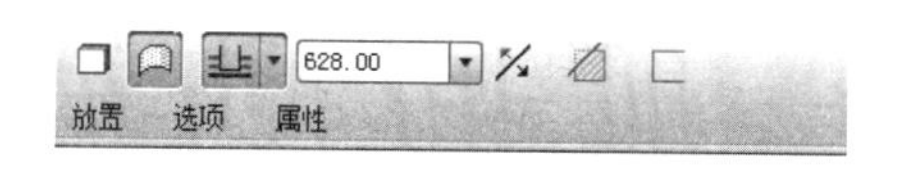

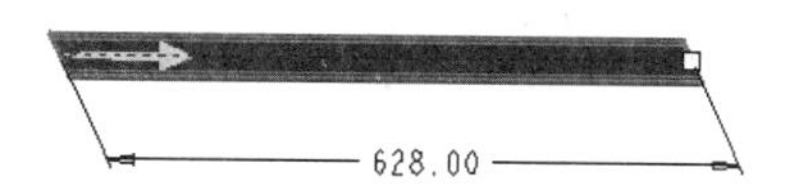

图 9-164　创建拉伸特征

05 利用【草绘】工具，在 FRONT 基准平面上绘制如图 9-165 所示的曲线。

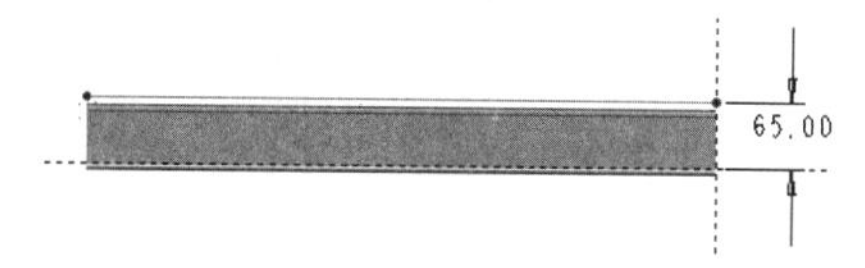

图 9-165　绘制曲线

06 利用【可变截面扫描】工具，打开操控板。选择绘制的曲线作为轨迹，如图 9-166 所示。

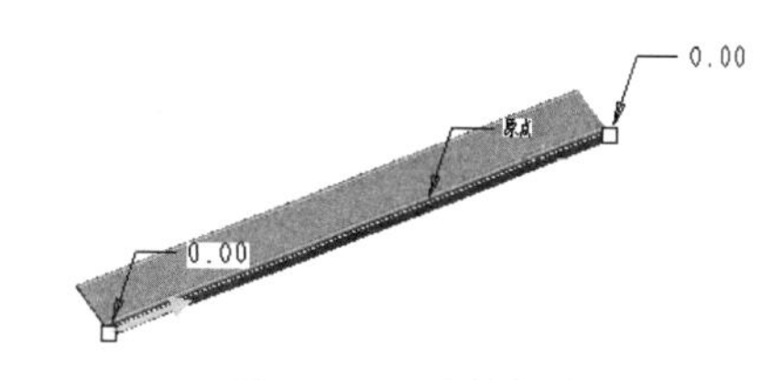

图 9-166　选择轨迹

07 单击【创建或编辑扫描剖面】按钮，进入草绘模式中，绘制如图 9-167 所示的截面。

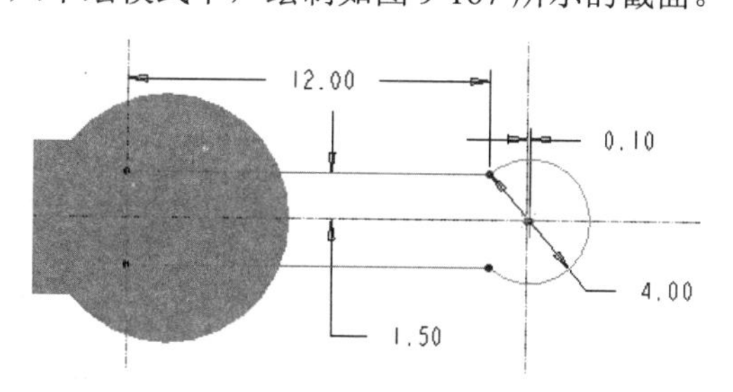

图 9-167　绘制截面

08 将上图中尺寸为 0.10 的标注设为驱动尺寸，添加的关系式如图 9-168 所示。

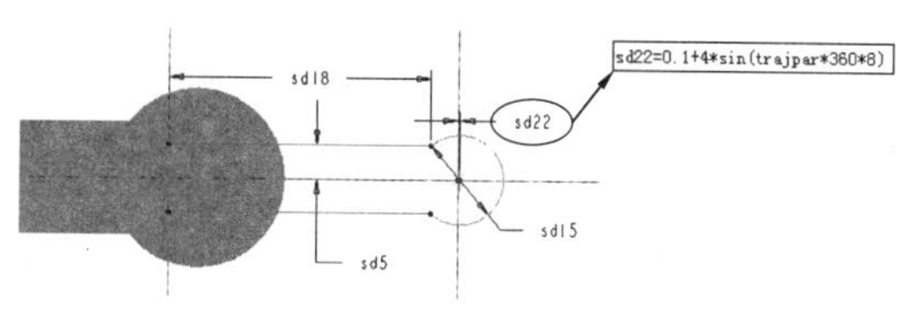

图 9-168　添加关系式

09 退出草绘模式，单击【应用】按钮完成可变扫描截面特征的创建，如图 9-169 所示。

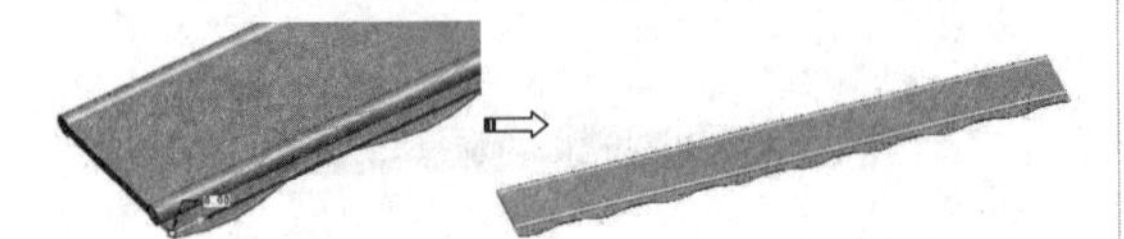

图 9-169　创建可变截面特征

10 利用【平面】工具，选择拉伸特征的侧面作为参考，创建新基准平面 DTM1，如图 9-170 所示。

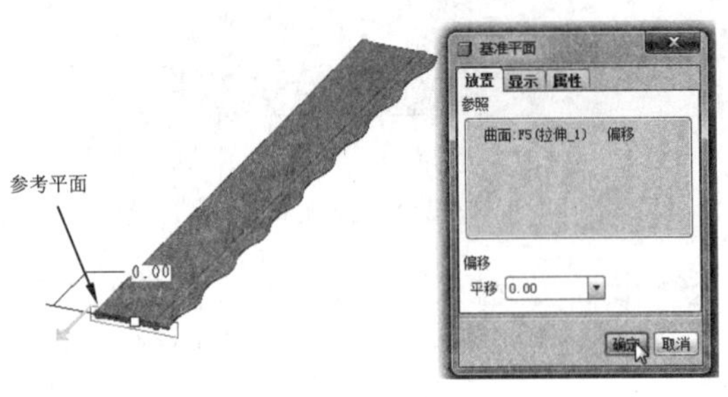

图 9-170　创建基准平面

11 在菜单栏中选择【插入】|【模型基准】|【图形】命令，为图形特征输入【G1】的名称，如图 9-171 所示。

图 9-171　输入图形的名称

12 随后在弹出的草绘窗口中绘制如图 9-172 所示的草图。绘制完成后单击【完成】按钮关闭窗口。

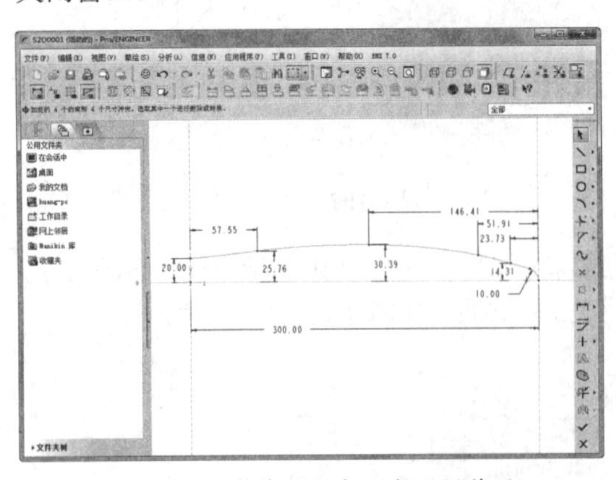

图 9-172　在草绘新窗口中绘制草图

13 利用【草绘】命令在 FRONT 基准平面上绘制如图 9-173 所示的直线。

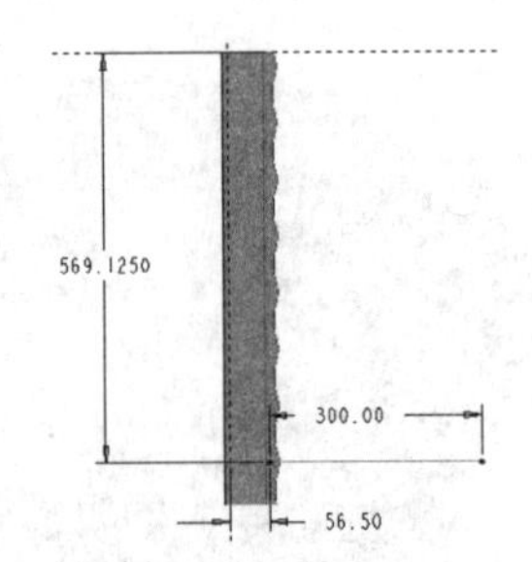

图 9-173　绘制直线

14 利用【可变截面扫描】工具，选择上步创建的直线作为轨迹，然后进入到草绘模式中绘制如图 9-174 所示的截面。

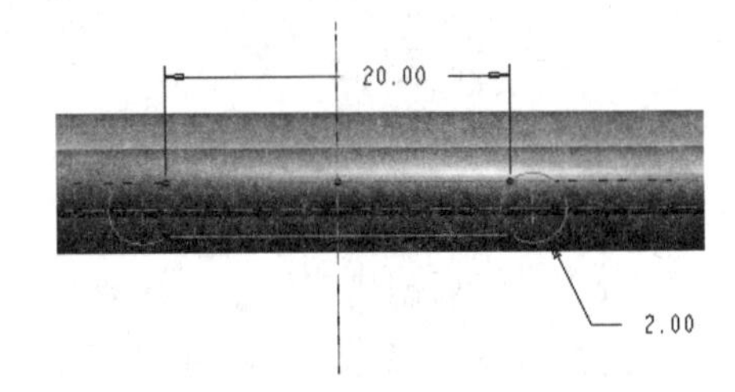

图 9-174　草绘截面

15 将截面中标注为 20 的尺寸添加到关系式，如图 9-175 所示。

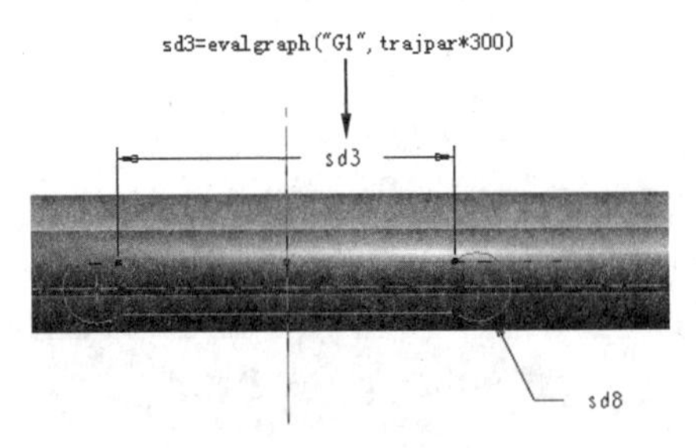

图 9-175　添加关系式

16 退出草绘模式后单击【应用】按钮完成特征的创建，如图 9-176 所示。

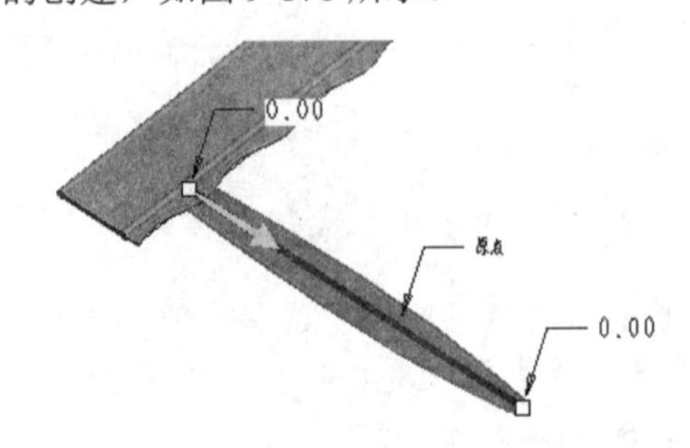

图 9-176　创建可变截面扫描特征

17 选中可变截面扫描特征，然后将其阵列，【阵列】操控板的设置与阵列结果如图 9-177 所示。

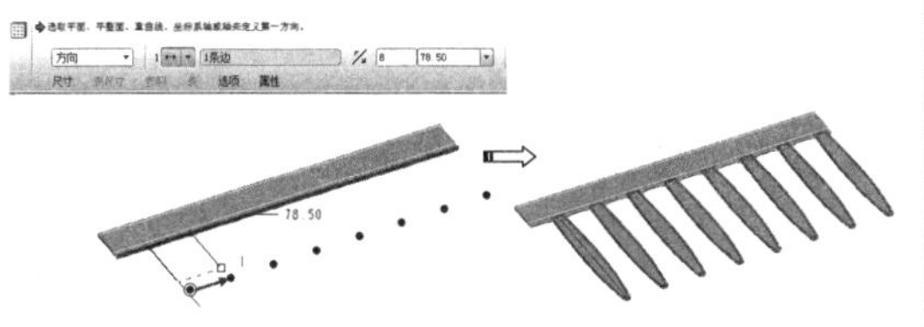

图 9-177　创建阵列特征

18 利用【点】工具，创建如图 9-178 所示的基准点。

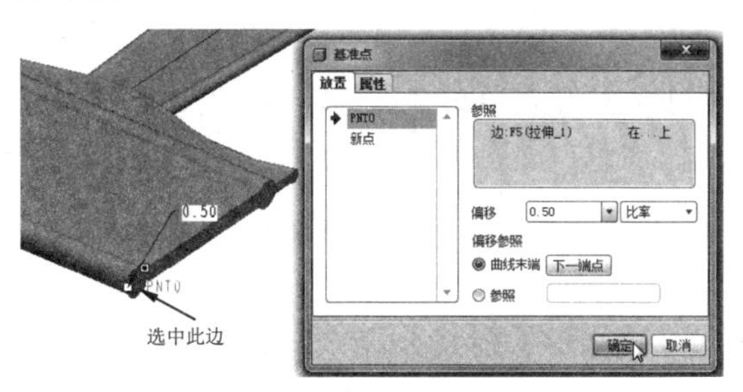

图 9-178　创建基准点

19 利用【平面】工具，选中 TOP 基准平面和基准点作为参考，创建新基准平面 DTM2，如图 9-179 所示。

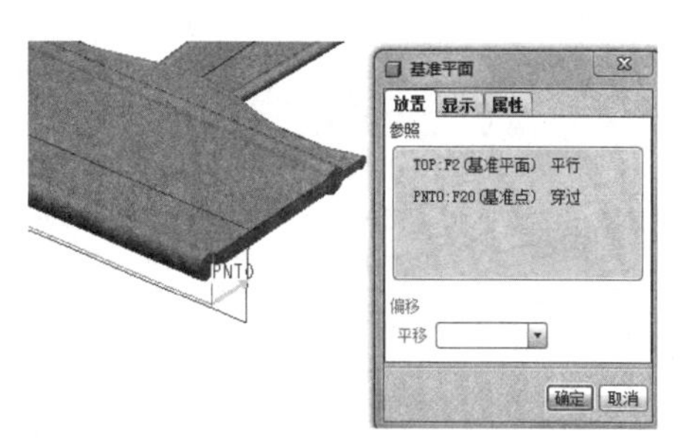

图 9-179　创建基准平面 DTM2

20 随后再创建出如图 9-180 所示的 DTM3 基准平面。

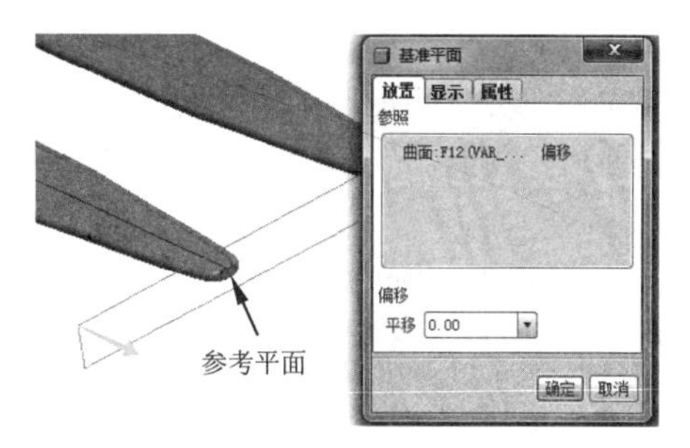

图 9-180　创建基准平面 DTM3

21 在菜单栏中选择【插入】|【混合】|【伸出项】命令，弹出菜单管理器。然后选择如图 9-181 所示的菜单命令，进入草绘模式中绘制第一个草图截面。

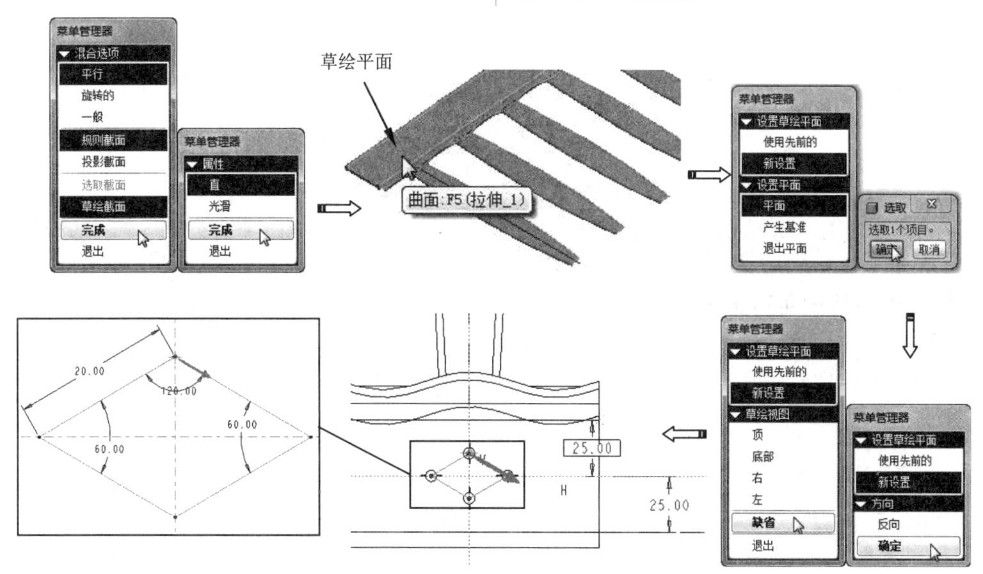

图 9-181　选择混合命令并绘制草图截面 1

22 右击草图截面，选择【切换截面】命令，然后绘制第二个截面，如图 9-182 所示。

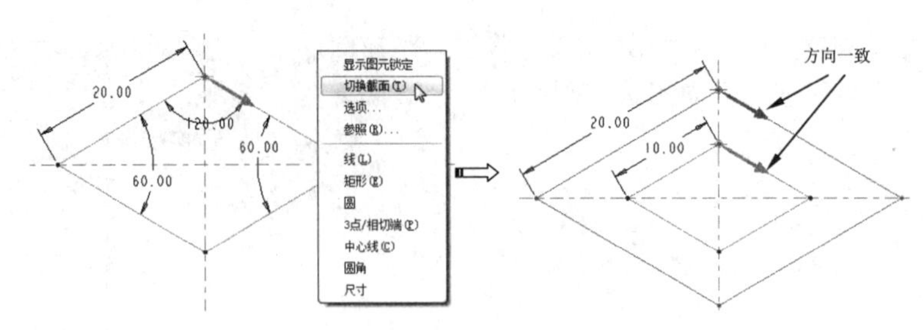

图 9-182　绘制截面 2

技术要点

绘制截面 2 时须注意界面 1 的起始方向，两个截面的方向必须完全一致，否则生成的特征是扭曲的。

23 截面绘制完成后退出草绘模式，输入截面 2 的深度 3，最后单击【伸出项：混合，平行，规则截面】对话框中的【确定】按钮，完成混合特征的创建。如图 9-183 所示。

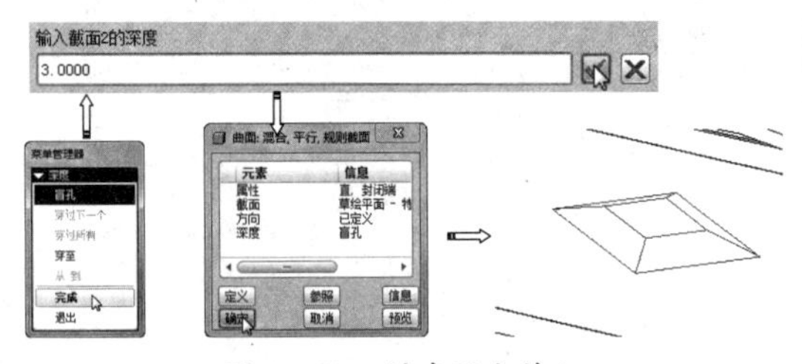

图 9-183　创建混合特征

24 利用【边倒角】命令，在混合实体特征上创建斜角特征，如图 9-184 所示。

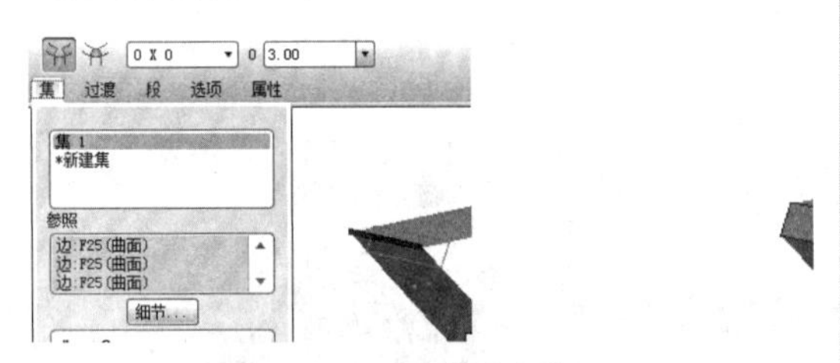

图 9-184　创建斜角特征

25 在模型树中将倒角特征和混合特征创建成组，然后对组进行阵列，阵列的选项设置及阵列结果如图 9-185 所示。

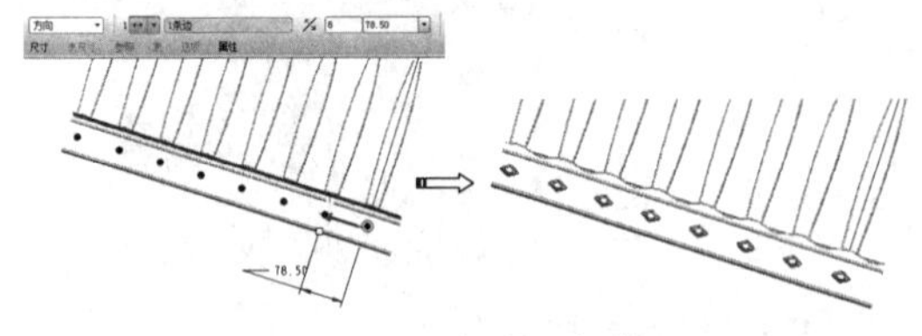

图 9-185　阵列混合特征

26 利用【基准平面】工具，选择 DTM1 和草绘曲线 2 作为参考，创建 DTM5 基准平面。如图 9-186 所示。

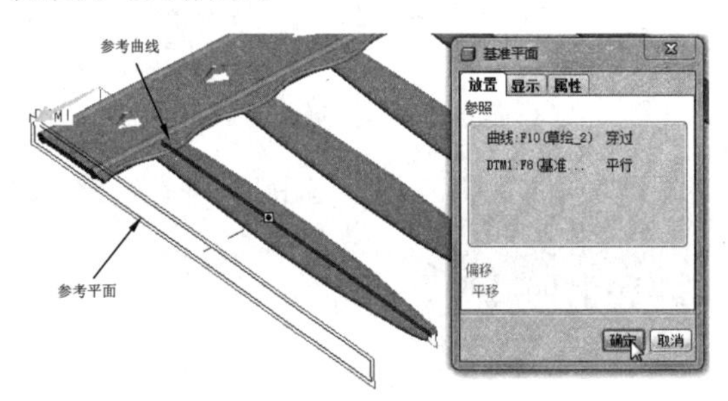

图 9-186　创建 DTM5 基准平面

27 同理，再以 TOP 基准平面作为偏移参考，创建 DTM6 基准平面，如图 9-187 所示。

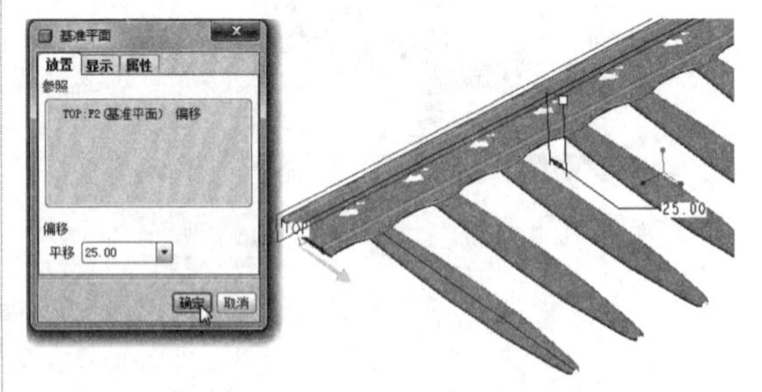

图 9-187　创建 DTM6 基准平面

28 利用【旋转】工具，选择如图 9-188 所示的实体表面作为草图平面，绘制直径为 5 的半圆形草图并完成旋转特征的创建。

29 利用【镜像】工具，选择 DTM6 基准平面作为镜像平面，创建镜像特征，如图 9-189 所示。

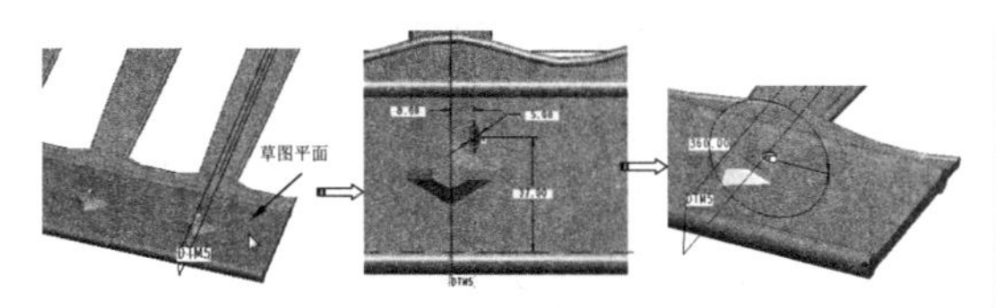

图 9-188　创建旋转特征

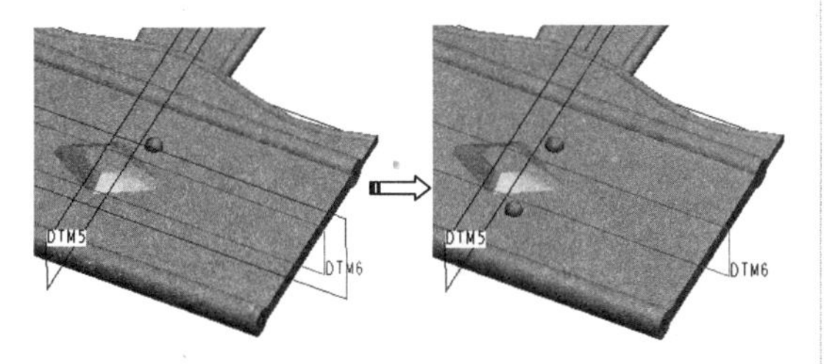

图 9-189　镜像特征

30 选中已有的两个旋转特征，再整体镜像至 DTM5 基准平面的另一侧，结果如图 9-190 所示。

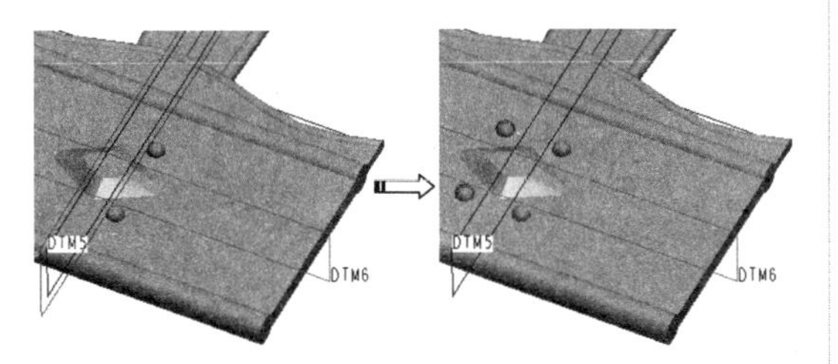

图 9-190　整体镜像

31 将镜像前后共 4 个旋转特征创建成组。选中该组，然后将其阵列，阵列的选项设置与阵列结果如图 9-191 所示。

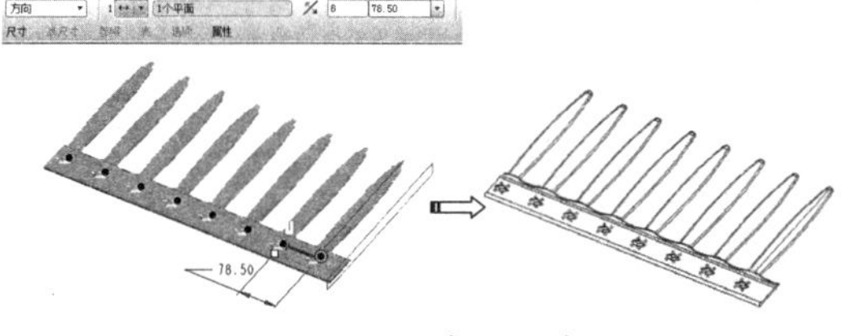

图 9-191　创建阵列特征

32 利用【旋转】命令，创建如图 9-192 所示的旋转特征。

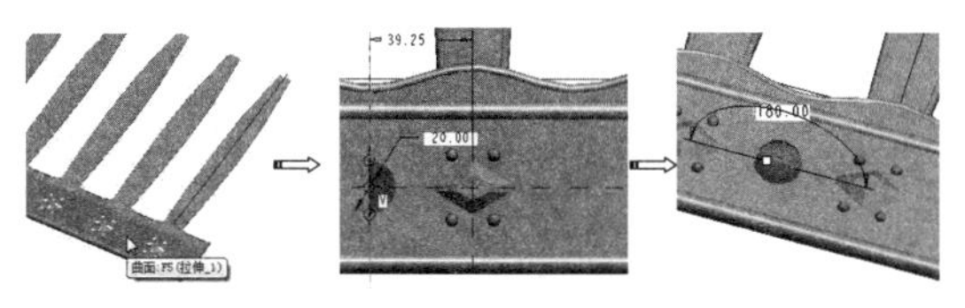

图 9-192　创建旋转特征

33 利用【阵列】工具，将旋转特征进行阵列，结果如图 9-193 所示。

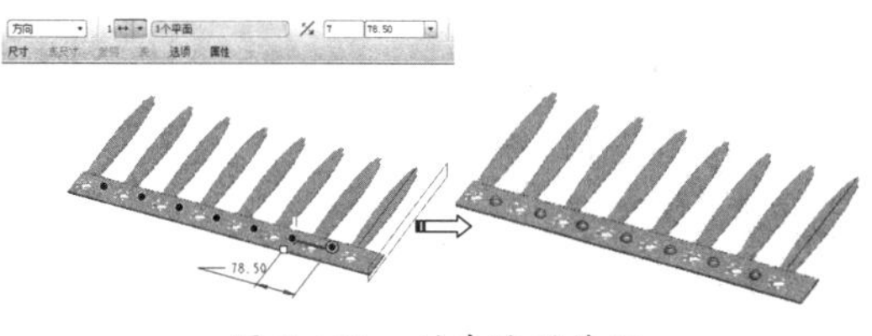

图 9-193　创建阵列特征

34 利用【旋转】工具，在 DTM5 基准平面上绘制草图，然后创建出如图 9-194 所示的旋转特征。

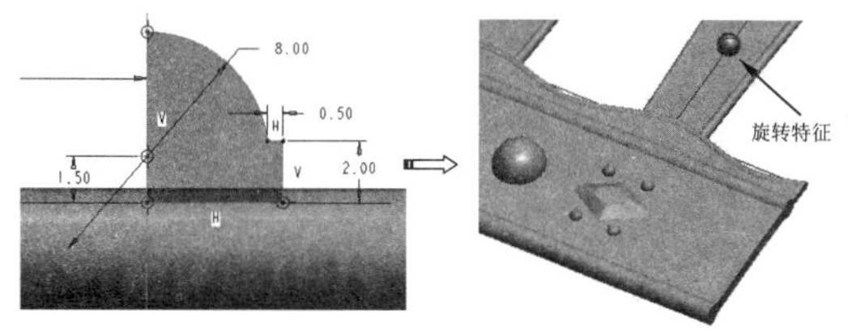

图 9-194　创建旋转特征

35 然后利用【阵列】工具将其进行矩形阵列，结果如图 9-195 所示。

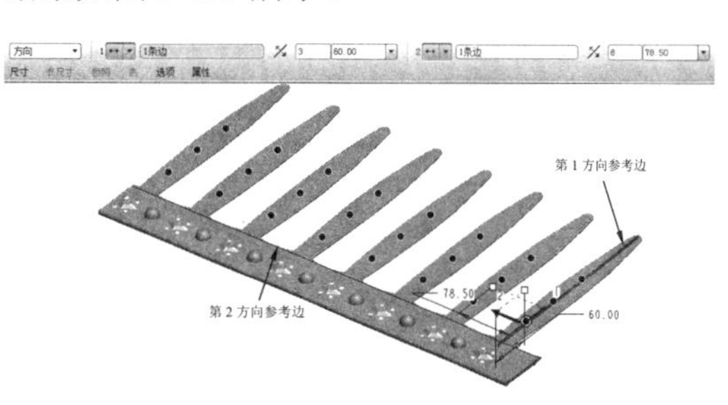

图 9-195　创建矩形阵列

36 利用【草绘】工具，绘制如图 9-196 所示的曲线 3。此曲线用作创建可变截面扫描特征的轨迹。

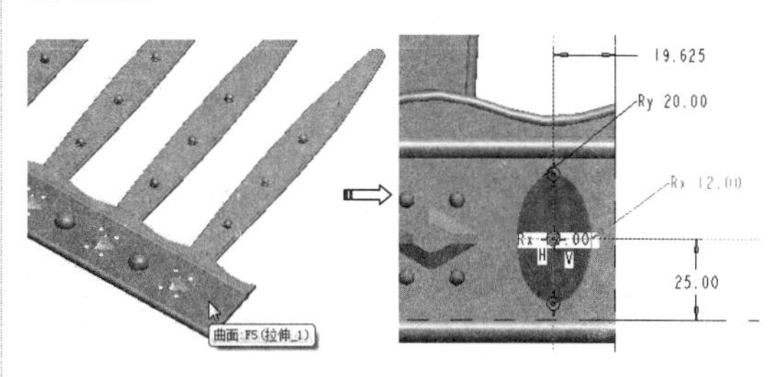

图 9-196　创建草绘曲线 3

37 利用【可变截面扫描】工具，选择曲线 3

作为轨迹，然后进入草绘模式绘制如图 9-197 所示的截面。

38 在菜单栏中选择【插入】|【混合】|【伸出项】命令，弹出菜单管理器。然后选择如图 9-198 所示的菜单命令，进入草绘模式中绘制第一个草图截面。

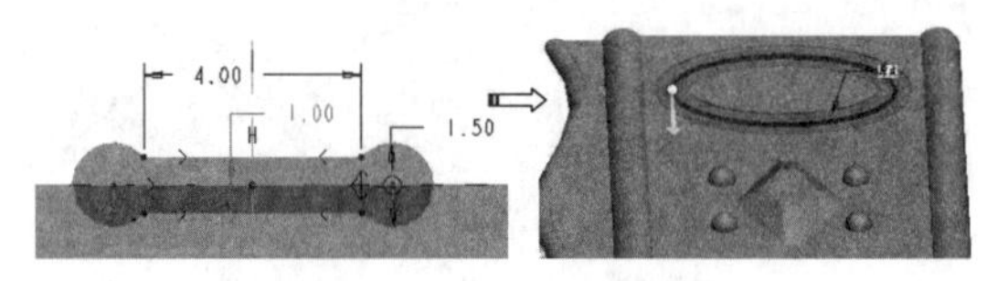

图 9-197　创建可变截面扫描特征

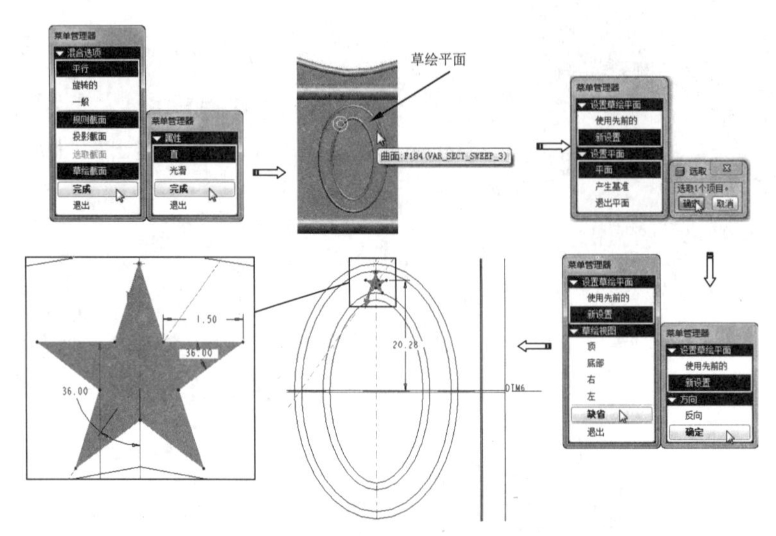

图 9-198　选择混合命令并绘制草图截面 1

39 右击草图截面，选择【切换截面】命令，然后绘制第二个截面(创建草绘点)，如图 9-199 所示。

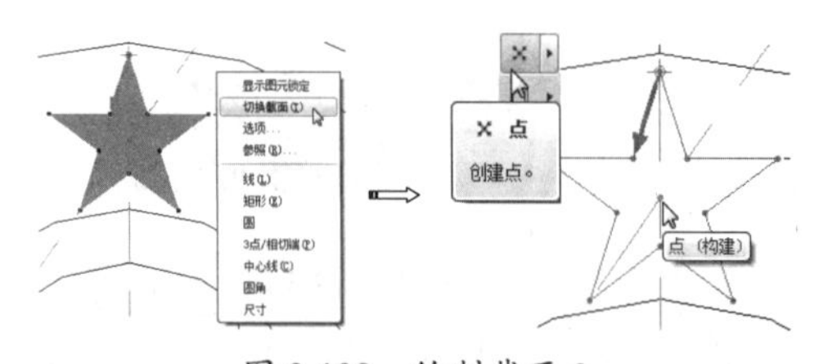

图 9-199　绘制截面 2

40 截面绘制完成后退出草绘模式，输入截面 2 的深度 2，最后单击【伸出项：混合，平行，规则截面】对话框中的【确定】按钮，完成混合特征的创建。如图 9-200 所示。

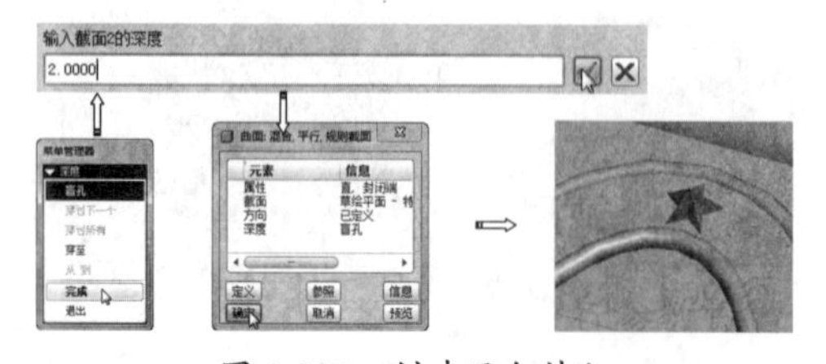

图 9-200　创建混合特征

41 利用【阵列】工具将五角星混合特征阵列，如图 9-201 所示。

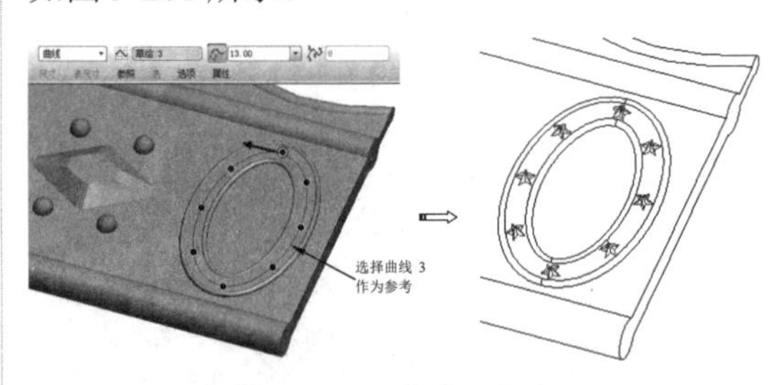

图 9-201　阵列五角星

技术要点

要编辑阵列成员间的间距或数目，需要先在操控板中单击【输入阵列成员间的间距】按钮或【输入阵列成员间的数目】按钮，然后才能输入值。

42 在菜单栏中选择【插入】|【模型基准】|【图形】命令，为图形特征输入【G2】的名称，如图 9-202 所示。

图 9-202　输入图形的名称

43 随后在弹出的草绘窗口中绘制如图 9-203 所示的草图（1/4 椭圆）。绘制完成后单击【完成】按钮关闭窗口。

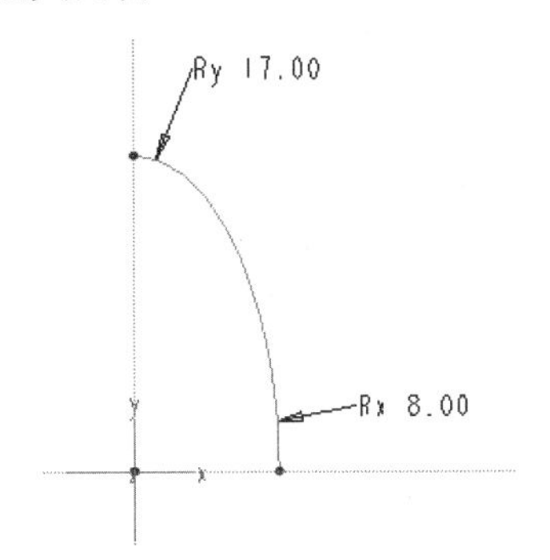

图 9-203　在草绘新窗口中绘制草图

44 利用【草绘】命令在 DTM6 基准平面上绘制如图 9-204 所示的直线。

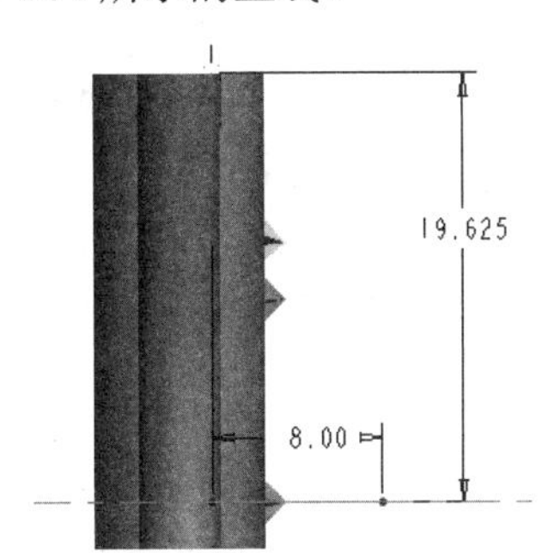

图 9-204　绘制直线

45 利用【可变截面扫描】工具，选择上步创建的直线作为轨迹，然后进入到草绘模式中绘制如图 9-205 所示的椭圆截面。

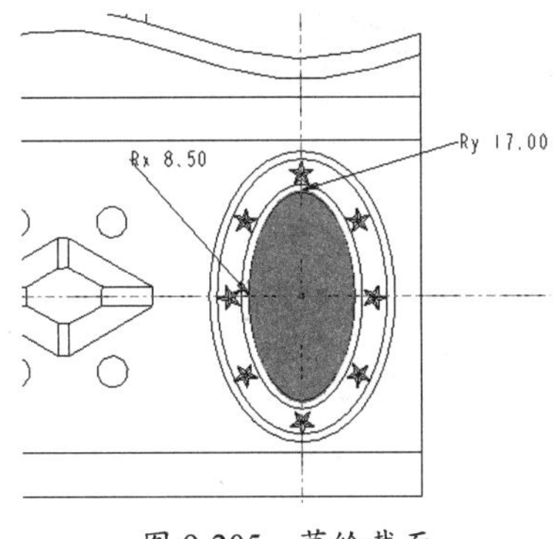

图 9-205　草绘截面

46 将截面中标注为 20 的尺寸添加到关系式，如图 9-206 所示。

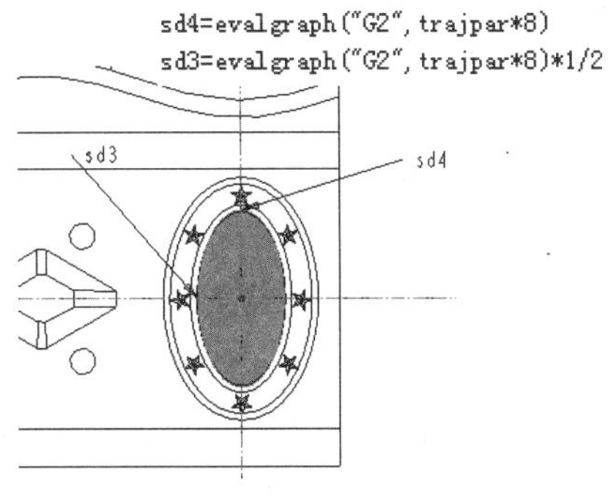

图 9-206　添加关系式

47 退出草绘模式后单击【应用】按钮完成特征的创建，如图 9-207 所示。

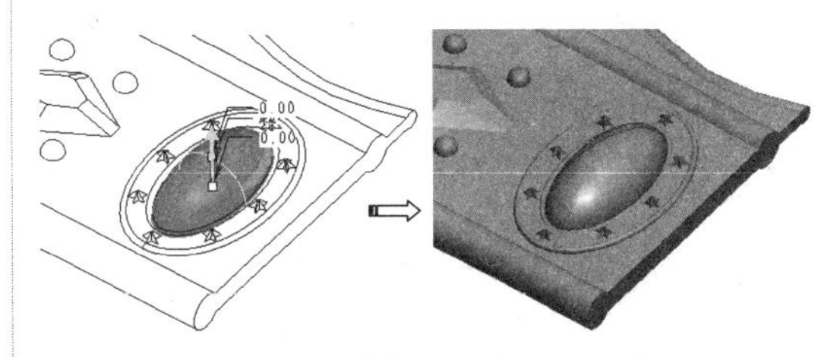

图 9-207　创建可变截面扫描特征

48 利用【拉伸】工具，创建拉伸深度为 4 的拉伸特征，如图 9-208 所示。

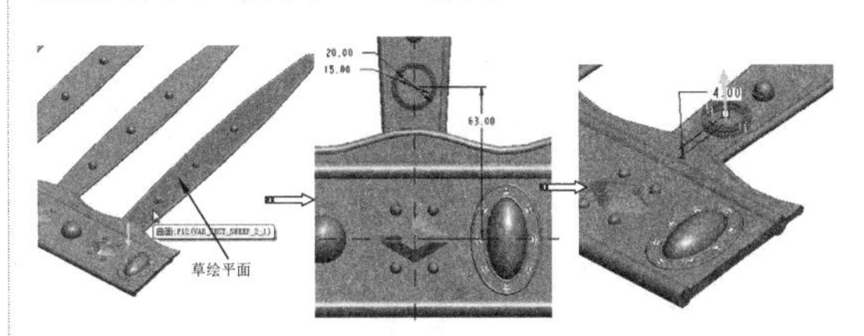

图 9-208　创建拉伸特征

49 再利用【拉伸】工具，在上步创建的拉伸特征上再创建出拉伸深度为 2 的拉伸特征，如图 9-209 所示。

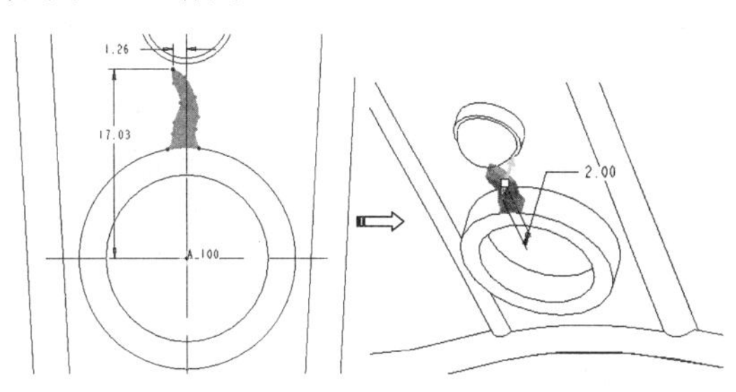

图 9-209　创建拉伸特征

50 利用【阵列】工具，将此拉伸特征进行轴阵列，结果如图 9-210 所示。

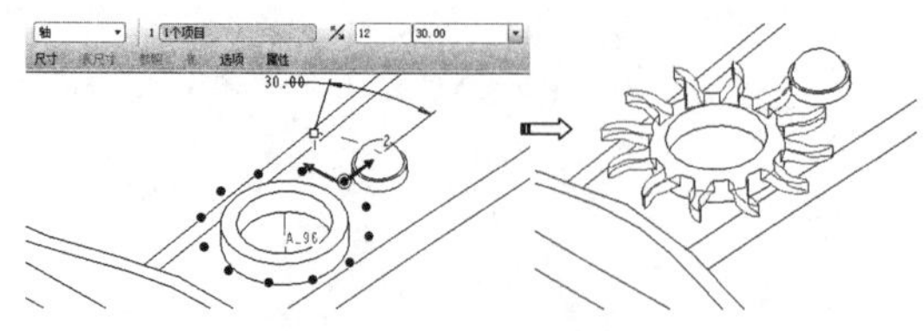

图 9-210　创建轴阵列

51 同理，再利用【阵列】工具，选中前一步骤创建的阵列，然后再进行阵列，结果如图 9-211 所示。

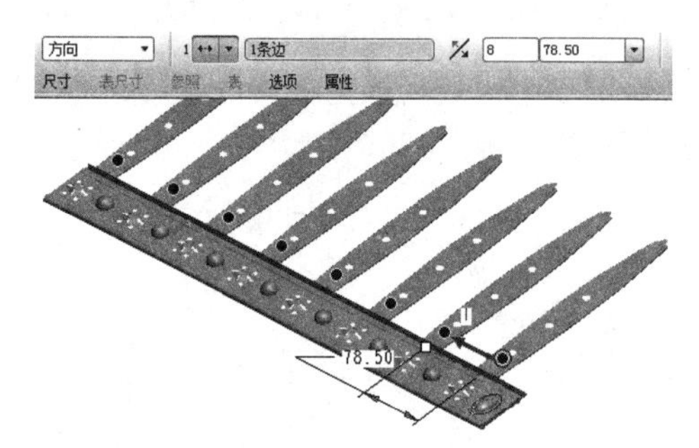

图 9-211　阵列特征

52 利用【旋转】工具，在 DTM5 基准平面上绘制如图 9-212 所示的草图，并完成旋转特征的创建。

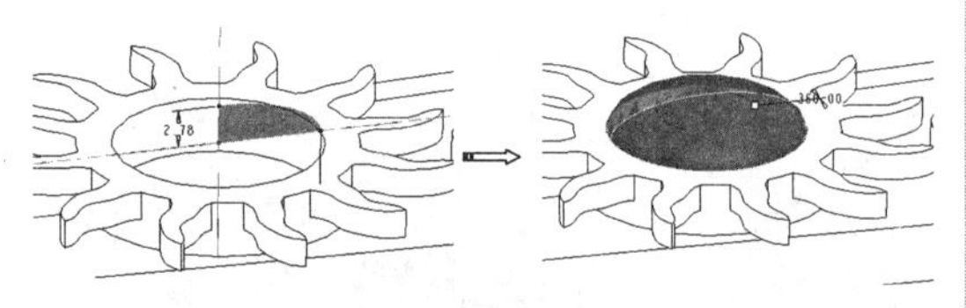

图 9-212　创建旋转特征

53 完成旋转特征的创建后，将旋转特征进行阵列，阵列参数设置与结果如图 9-213 所示。

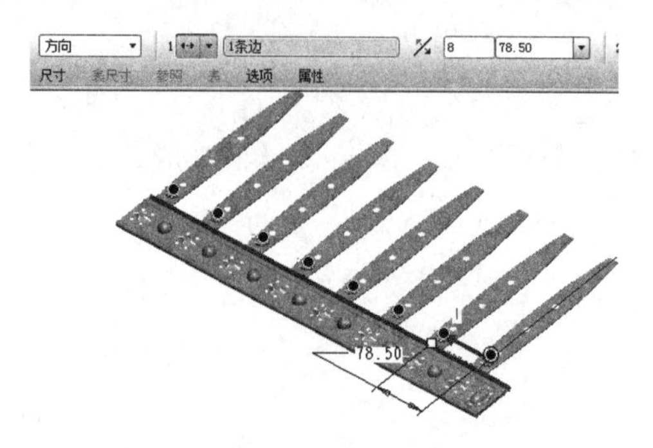

图 9-213　阵列旋转特征

2. 创建折弯特征

完成了主体模型的创建后，接下来对主体模型创建骨架折弯和环形折弯，使其形成皇冠的基本形状。如图 9-214 所示。

图 9-214　主体模型的骨架折弯和环形折弯

操作步骤：

01 在菜单栏中选择【插入】|【高级】|【骨架折弯】命令，弹出【选项】菜单管理器。然后选择如图 9-215 所示的菜单命令，进入草绘模式中。

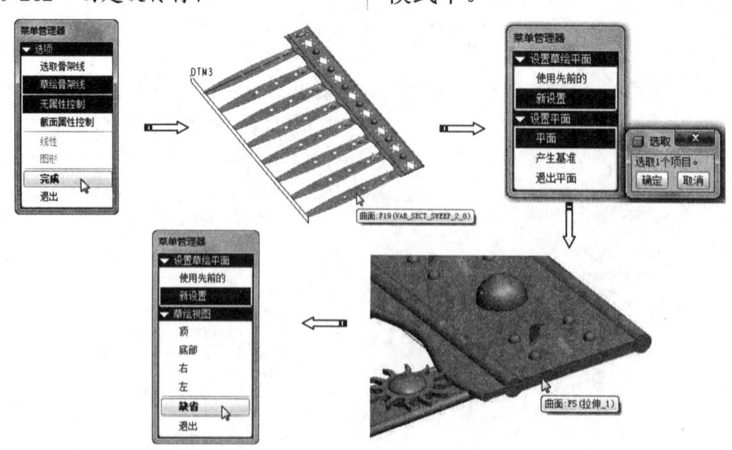

图 9-215　选择菜单命令进入草绘模式

02 进入草绘模式后绘制如图 9-216 所示的草图。

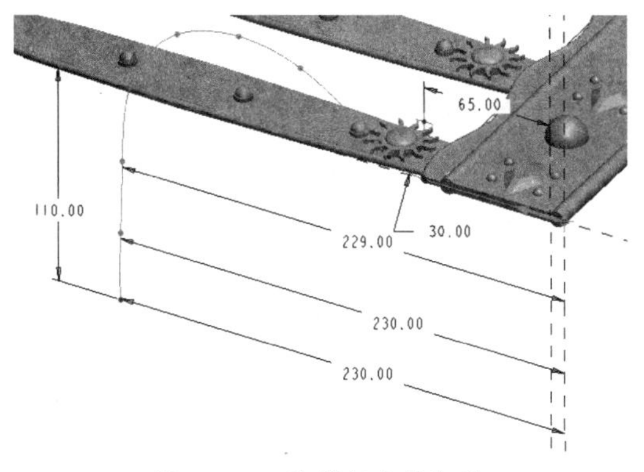

图 9-216　绘制折弯骨架线

技术要点

草图的图元之间必须是相切连续的，否则不能成为折弯骨架线的参考。

03 完成草绘后需要指定折弯量的平面，即整个折弯长度的范围。这里选择 DTM3 基准平面作为参考，如图 9-217 所示。

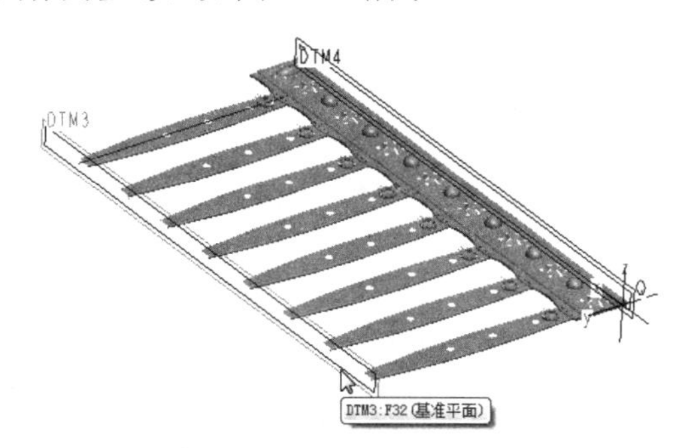

图 9-217　选择定义折弯量的参考平面

04 选择定义折弯量的参考平面后，自动创建骨架折弯特征，结果如图 9-218 所示。

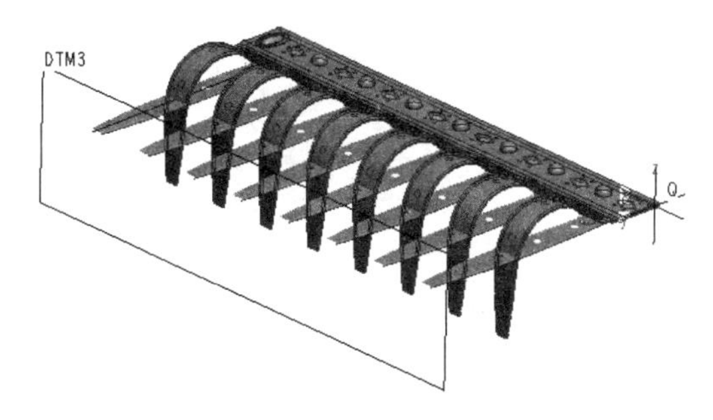

图 9-218　创建骨架折弯特征

05 将原主体模型隐藏。在菜单栏中选择【插入】|【高级】|【环形折弯】命令，打开【环形折弯】操控板。在操控板的【参照】选项卡下单击【编辑内部草绘】按钮，然后选择 DTM1 作为草图平面、DTM2 作为草绘方向参考，如图 9-219 所示。

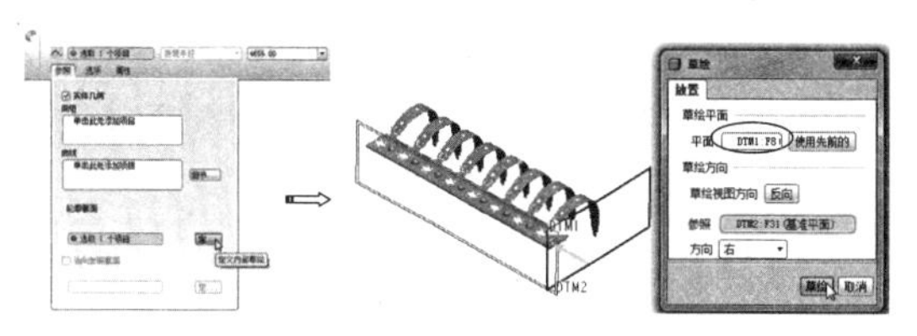

图 9-219　选择草图平面及草绘方向

06 进入草绘模式绘制如图 9-220 所示的曲线。

技术要点

绘制截面轮廓时一定要创建基准坐标系，不是草绘中的坐标系，否则环形折弯时缺失旋转参考。截面起点位置必须在整个模型的边上或者超出边界范围。

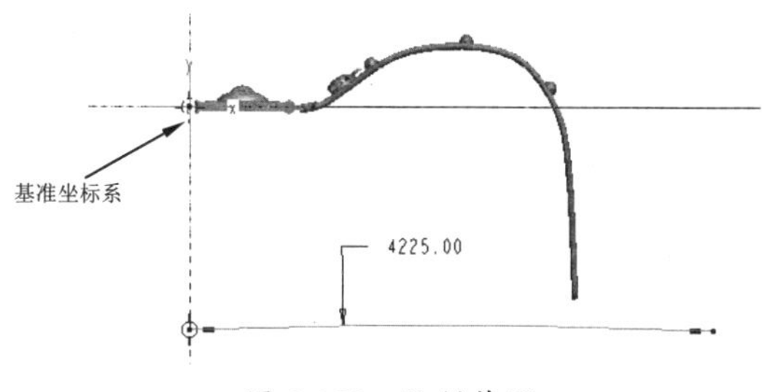

图 9-220　绘制草图

07 退出草绘模式后，设置折弯方式为【360 度折弯】，然后选择骨架折弯模型的两个端面作为环形折弯的范围参考，如图 9-221 所示。

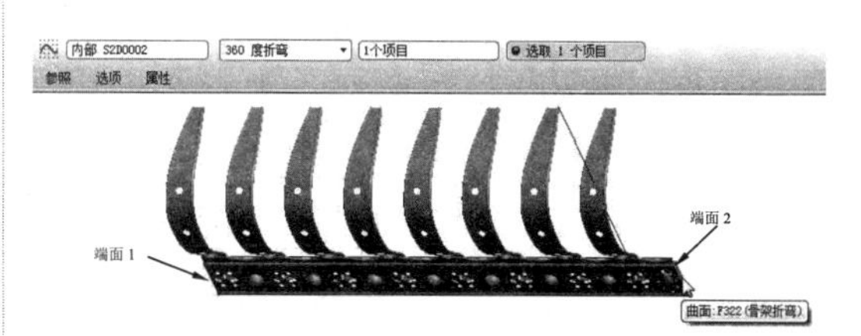

图 9-221　选择环形折弯的折弯范围参考

08 指定折弯范围参考后，显示环形折弯预览，如图 9-222 所示。单击【应用】按钮完成环形折弯操作。

图 9-222　环形折弯预览

09 利用【旋转】工具，在 DTM1 基准平面上绘制如图 9-223 所示的草图。

10 退出草绘模式，按默认选项设置，单击【应用】按钮，完成旋转特征的创建，如图 9-223 所示。

11 最后再利用【旋转】工具，在【旋转】操控板中单击【作为曲面旋转】按钮，然后以 DTM1 基准平面为草图平面，创建出如图 9-224 所示的旋转曲面。

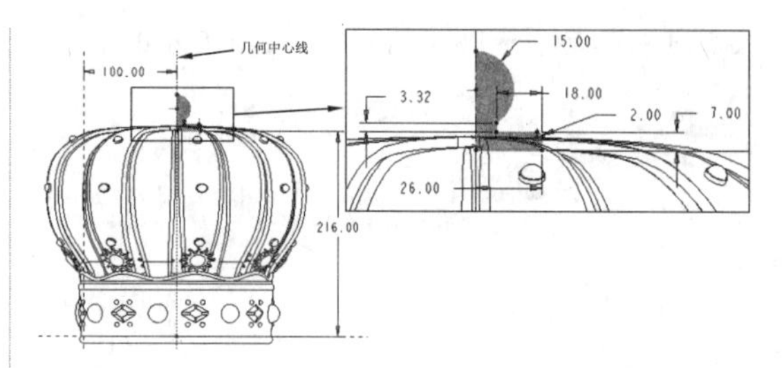

图 9-223　绘制旋转截面草图

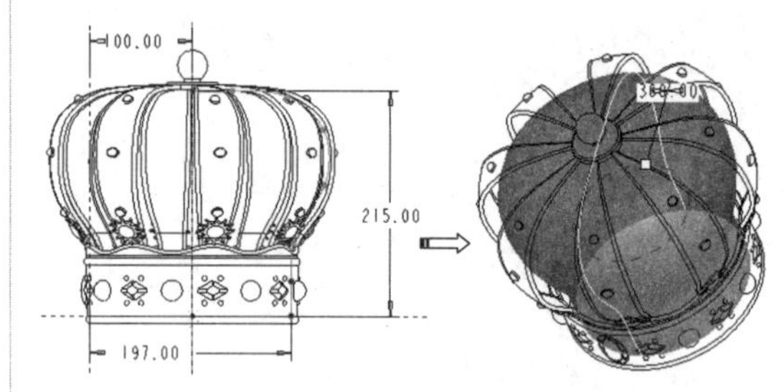

图 9-224　创建旋转曲面

12 至此，皇冠模型设计完成。

9.5 课后习题

1. 设计连接板零件

创建如图 9-225 所示的连接板零件。

2. 设计管路模型

创建如图 9-226 所示的管路模型。

图 9-225　连接板零件

图 9-226　管路模型

读书笔记

第 10 章　特征操作与编辑

在 Pro/E 中 , 特征的编辑与修改是基于工程特征、构造特征的模型操作与编辑命令， Pro/E 还提供了基于模型的修改命令，您可以直接在模型上选择面进行拉伸、偏移等操作。

本章将详细讲解这些特征的编辑与修改命令。巧用这些命令能帮助用户快速建模，提高工作效率。

资源二维码

百度云盘

360 云盘 访问密码 32dd

知识要点

- 复制功能特征
- 更改实体特征
- 特征编辑与操作实例

10.1　复制功能特征

Pro/E 编辑特征中的部分命令具有复制特征的功能，包括常见的阵列、镜像、复制与粘贴、选择性粘贴等。

10.1.1　阵列特征

特征的阵列命令用于创建一个特征的副本，阵列的副本称为【实例】。阵列可以是矩形阵列（如图 10-1 所示），也可以是环形阵列。在阵列时，各个实例的大小也可以递增变化。

图 10-1　矩形阵列和环形阵列

阵列有如下优点：

- 创建阵列是重新生成特征的快捷方式。
- 阵列是受参数控制的。因此，通过更改阵列参数，比如实例数、实例之间的间距和原始特征尺寸，可修改阵列。
- 修改阵列比分别修改特征更为有效。在阵列中更改原始特征尺寸时，整个阵列都会被更新。
- 对包含在一个阵列中的多个特征同时执行操作，比操作单独特征更为方便和高效。例如，隐含阵列或将其添加到层。

Pro/E 中主要有特征阵列、几何阵列和阵列表。特征阵列和几何阵列的选项操控板中各命令的功能是相同的，因此下面仅仅介绍特征阵列操控板中各命令的功能。

1. 特征阵列操控板

在右工具栏单击【阵列】按钮，弹出【阵列】操控面板，如图 10-2 所示。

在操控面板中单击【选项】选项卡，其中的内容随着阵列类型的不同而略有不同，但均包括【相同】、【可变】和【常规】3 个阵列再生选项。

图 10-2 【阵列】操控板

相同阵列是最简单的一种类型，使用这种阵列方式建立的全部实例都具有完全相同的尺寸，使用相同阵列系统的计算速度是 3 种类型中最快的。

技术要点

在进行相同阵列时必须位于同一个表面且此面必须是一个平面，阵列的实例不能和平面的任何一边相交，实例彼此之间也不能有相交。

可变阵列的每个实例可以有不同的尺寸，每个实例可以位于不同的曲面上，可以和曲面的边线相交，但实例彼此之间不能交截。可变阵列系统先分别计算每个单独的实例，最后统一再生，所以它的运算速度比相同阵列慢。常规阵列和可变阵列大体相同，最大的区别在于，阵列的实例可以互相交截且交截的地方系统自动实行交截处理以使交截处不可见，这种方式的再生速度最慢，但是最可靠，Pro/E 系统默认采用这种方式。

2. 阵列方法

（1）方法一：尺寸阵列。

尺寸阵列是通过使用驱动尺寸并指定阵列的增量变化来创建阵列的。【尺寸】阵列可以是单向阵列（如孔的线性阵列），也可以是双向阵列（如孔的矩形阵列）。换句话说，双向阵列将实例放置在行和列中。

当选择要创建阵列的对象时，Pro/E 会自动生成对象的驱动尺寸，这些尺寸包括自身的建模尺寸，也包括定位尺寸。定位尺寸始终以基准平面作为参考，如图 10-3 所示。

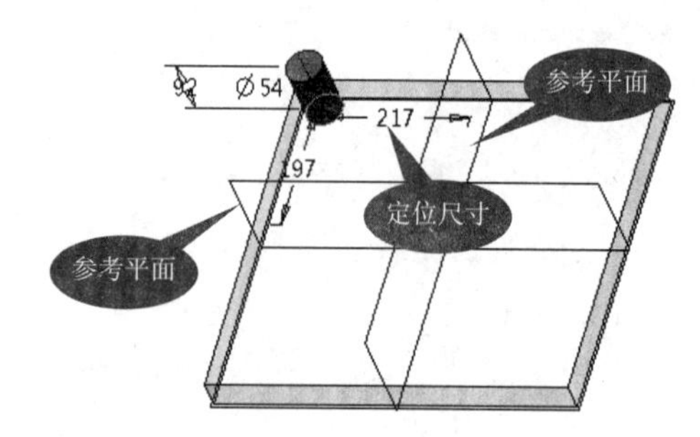

图 10-3 定位尺寸的参考

若只创建一行阵列，仅在操控板的方向 1 阵列尺寸收集器中添加一个定位尺寸即可，此时被选中的定位尺寸处于可编辑状态，编辑这个尺寸，阵列成员之间的间距也就确定下来了，如图 10-4 所示。如果要编辑阵列尺寸，可以在【尺寸】选项卡中单击【增量】值进行更改，如图 10-5 所示。

技术要点

在定位尺寸中编辑阵列尺寸后，该阵列尺寸只能显示在【尺寸】选项卡中。而定位尺寸虽然可以编辑，但最终显示的还是定位尺寸。

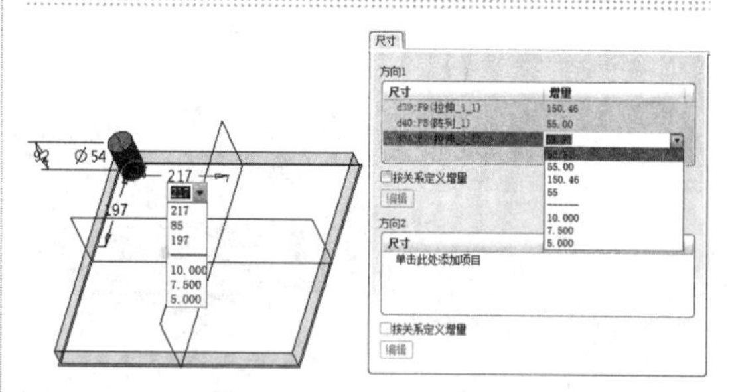

图 10-4 添加第一方向尺寸　　图 10-5 编辑尺寸

（2）方法二：方向阵列。

方向阵列是通过指定阵列方向的参考来确定阵列的方向与间距的。这个方法与尺寸阵列方法是类似的，只是阵列方向的参考由自动选择的基准平面变成手动选择的模型边、基准平面、基准曲线及基准轴，如图 10-6 所示。

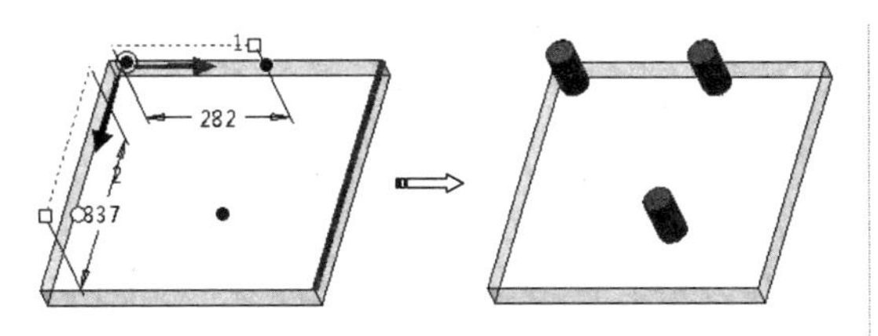

图 10-6 方向阵列

（3）方法三：轴阵列。

轴阵列是通过选择轴来创建旋转特征的阵列方法。此方法允许用户设置角度和径向来创建阵列成员。

轴可以是坐标系的轴，也可以是基准轴。有两种方法可将阵列成员放置在角度方向：

- 指定成员数（包括第一个成员）及成员之间的距离（增量）。
- 指定角度范围及成员数（包括第一个成员）。角度范围是 –360° ～ +360°。阵列成员在指定的角度范围内等间距分布。

如图 10-7 所示，选择轴作为第一方向，输入成员数后将创建旋转特征。

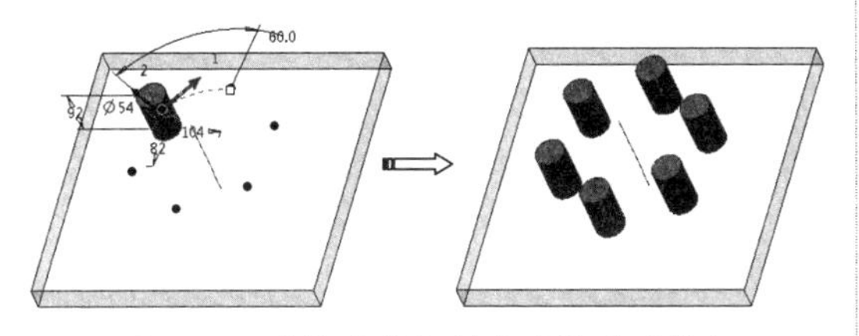

图 10-7 选择旋转轴创建旋转阵列特征

在输入方向 2 阵列成员数文本框中输入数值后，可以创建如图 10-8 所示的径向阵列。

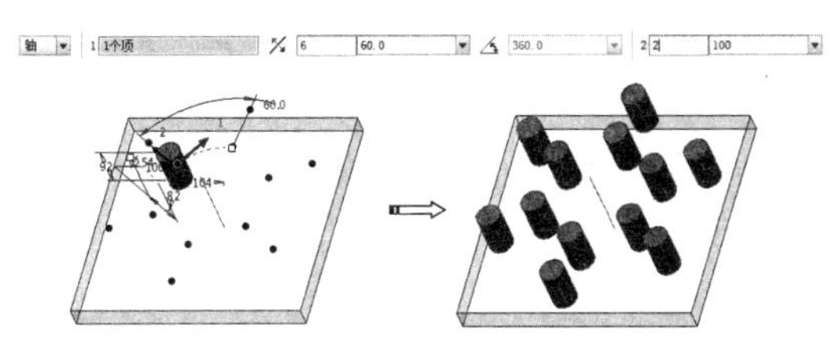

图 10-8 创建径向阵列

如果要创建螺旋阵列，请使用轴阵列并更改每个成员的径向放置尺寸（阵列成员和中心轴线之间的距离）。如图 10-9 所示，选择尺寸 82，编辑值（输入 20）即可创建螺旋阵列。

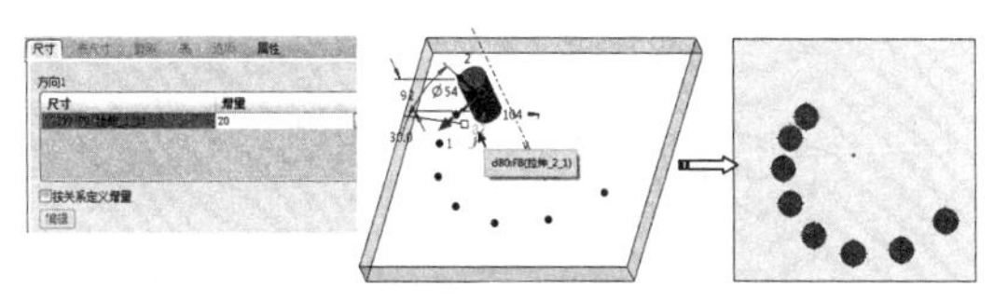

图 10-9 创建螺旋阵列

在操控板的【选项】选项卡中选中【绕轴旋转】复选框，阵列成员将绕轴旋转，结果如图 10-10 所示。若取消选中此复选框，则朝同一方向阵列，如图 10-11 所示。

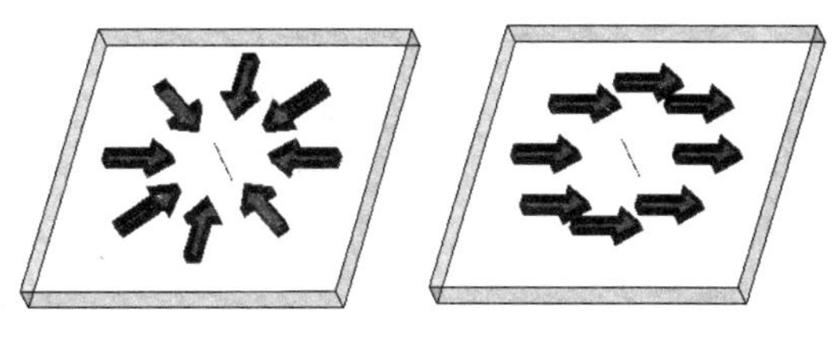

图 10-10 绕轴旋转　　图 10-11 不绕轴旋转

（4）方法四：填充阵列。

填充阵列是在草绘的区域内创建阵列特征。区域形状可以是三角形、圆形、矩形或多边形。绘制区域后，会有以下阵列方式帮助用户完成填充阵列：

- 方形阵列：阵列成员之间呈方形分布。如图 10-12 所示。
- 菱形阵列：阵列成员之间呈菱形分布。如图 10-13 所示。

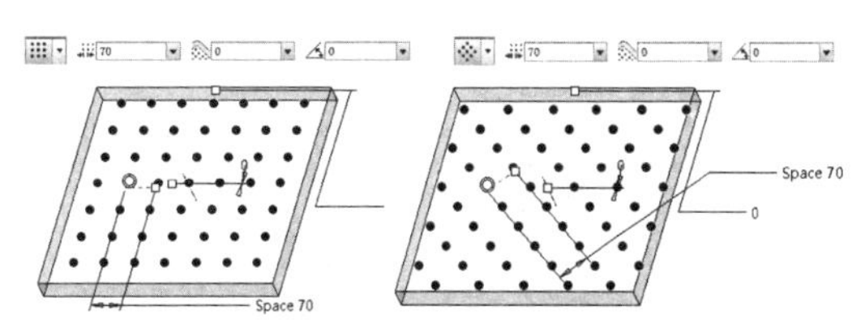

图 10-12 方形阵列　　图 10-13 菱形阵列

- 六边形阵列：阵列成员之间呈菱形分布。如图 10-14 所示。
- 同心圆阵列：阵列成员之间以同心阵列形式分布。如图 10-15 所示。
- 螺旋线阵列：以螺旋的形式隔离各成员，如图 10-16 所示。
- 沿草绘曲线阵列：沿草绘的区域边进

行阵列，如图 10-17 所示。

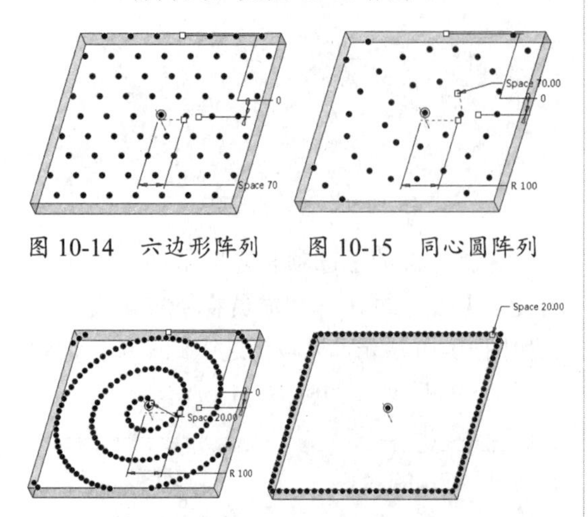

图 10-14　六边形阵列　　图 10-15　同心圆阵列

图 10-16　螺旋线阵列　图 10-17　沿草绘曲线阵列

（5）方法五：表阵列。

表阵列是通过一个可编辑表，为阵列的每个实例指定唯一的尺寸的方法。在创建阵列之后，可随时修改阵列表。

技术要点

阵列表不是族表，它表只能驱动阵列尺寸，如果不取消阵列，阵列实例就无法独立。

要创建表阵列就要按住 Ctrl 键选择可用于定位的尺寸，然后将其添加到【表尺寸】选项卡的收集器中，如图 10-18 所示。

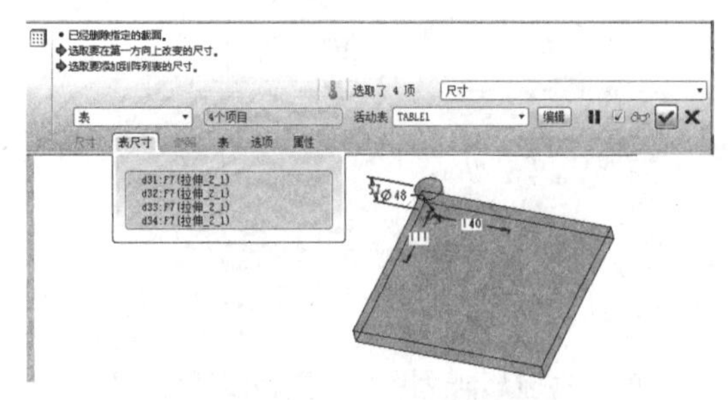

图 10-18　添加定位的表尺寸

在【阵列】操控板中单击【编辑】按钮，可打开如图 10-19 所示的表编辑窗口。

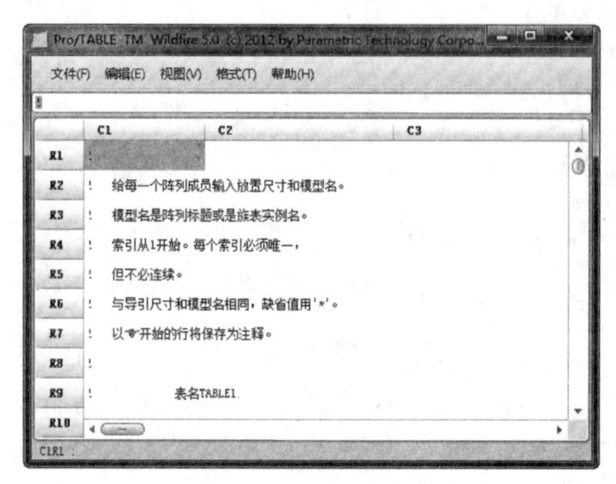

图 10-19　打开的表编辑窗口

窗口中 idx（距离）一行即是前面选取的 4 个表尺寸，在对应的表尺寸下面选中单元格并右击可输入新值，可以创建出如图 10-20 所示的阵列。

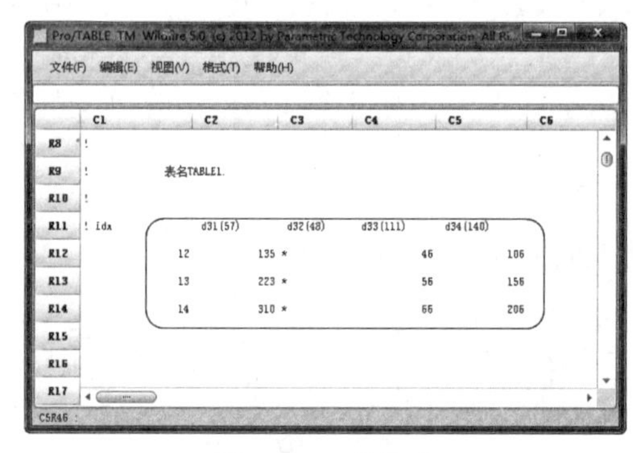

图 10-20　编辑表

技术要点

表中的 12、13、14 表示每个成员的名称，在输入值时，一定要按照事先计算好的数值，否则不能达到阵列要求。相同的值（与所选尺寸）仅输入【*】。

另外，阵列对象中如果没有定位尺寸，只有形状尺寸，当通过表来创建阵列成员时，可能只是将阵列对象放大，而不是阵列出新成员，如图 10-21 所示。

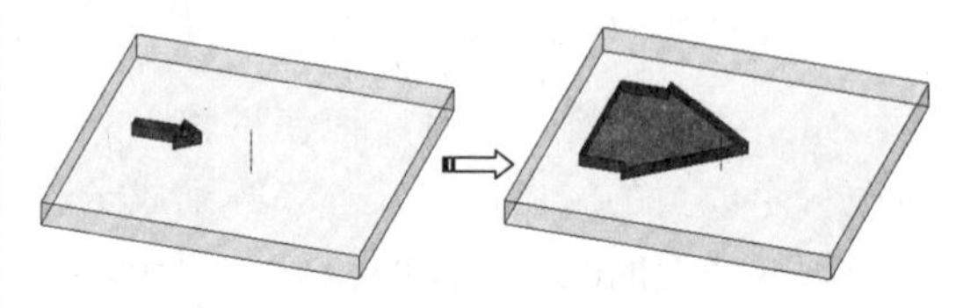

图 10-21　通过表来创建没有定位尺寸的阵列

（6）方法六：参考。

参考阵列是将特征阵列到其他相同的阵列成员上，如图 10-22 所示为创建参考阵列的操作过程。当创建了阵列后，所有阵列特征将不能再创建阵列了，因此，当选择了倒角特征后，打开【阵列】操控板时，Pro/E 自动选择阵列方法为【参考】。

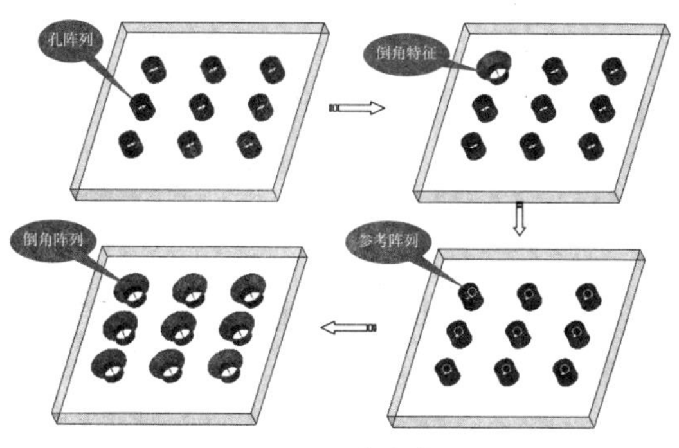

图 10-22　创建参考阵列

（7）方法七：曲线阵列。

曲线阵列是沿草绘的曲线或基准曲线创建特征实例。如图 10-23 所示，选择阵列方法为【曲线】后，需要为阵列创建参考曲线，当然也可以选择现有的基准曲线或边。

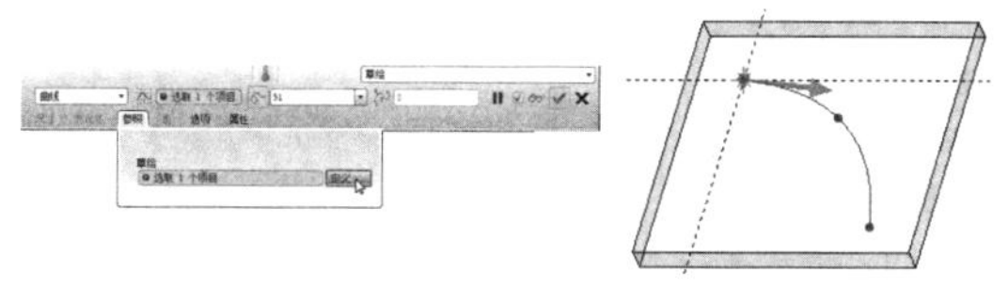

图 10-23　为曲线阵列草绘曲线

草绘曲线后，在操控板中可以为曲线阵列输入成员个数和成员之间的间距。要输入值，要先单击【输入间距】按钮和【输入阵列成员数目】按钮。如图 10-24 所示，输入值后即可创建曲线阵列。

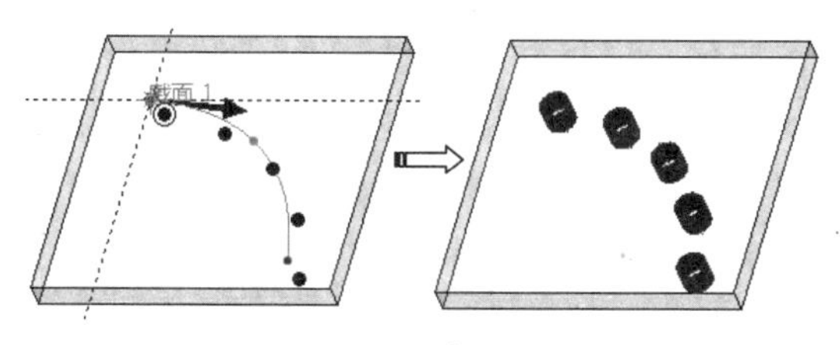

图 10-24　创建曲线阵列

（8）方法八：点阵列

【点阵列】是通过草绘基准点或选择现有基准点来创建特征的阵列。如图 10-25 所示，草绘截面中允许创建点和曲线，点用来确定阵列成员的位置，曲线用来控制成员的阵列方向。

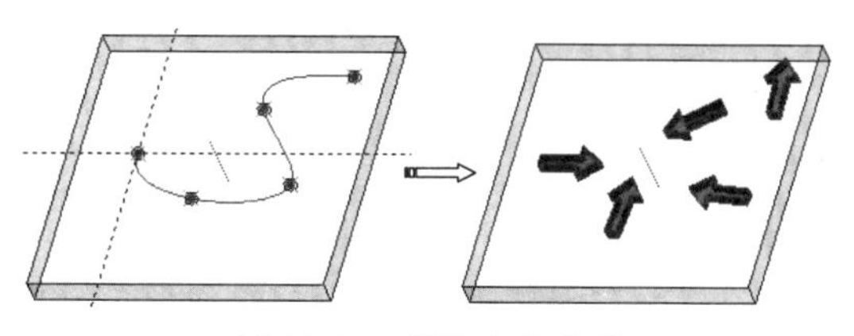

图 10-25　草绘点和曲线

上图是在【选项】选项卡中选中了【跟随曲线方向】复选框的结果。若取消选中此复选框，则将得到如图 10-26 所示的结果。

如果仅仅绘制基准点，则得到与图 10-26 所示的相同结果。

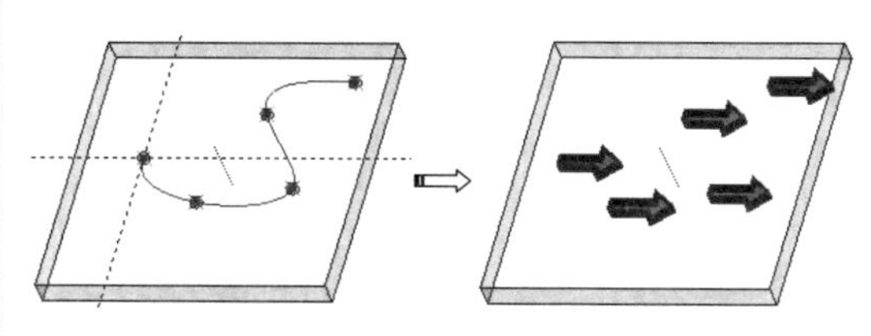

图 10-26　不跟随曲线方向的点阵列

10.1.2　镜像特征

利用特征镜像工具，可以产生一个相对于对称平面对称的特征。镜像工具的镜像方法包括特征镜像和几何镜像。

在执行该操作之前，必须首先选中所要镜像的特征，然后在【模型】选项卡的【编辑】组中单击【镜像】按钮，弹出如图 10-27 所示的特征【镜像】操控板，其各选项含义如下：

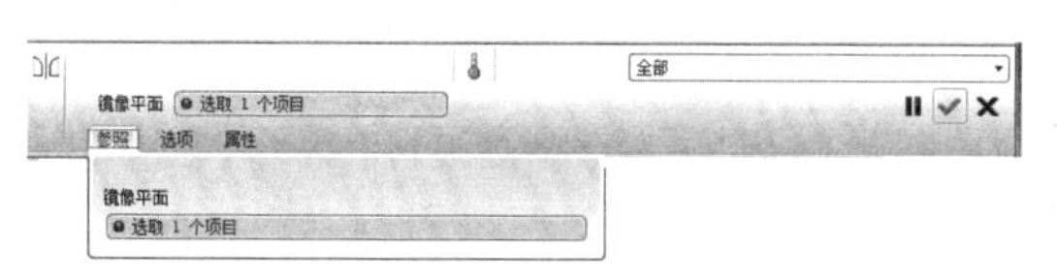

图 10-27　【镜像】操控板

- 镜像平面 选择 1 个项 按钮：单

击次按钮，显示镜像平面状态。

- 【参照】选项卡：用于定义镜像平面。
- 【选项】选项卡：用于选择镜像的特征与原特征间的关系，即独立或从属关系。

技术要点

镜像工具不但镜像特征，还可以镜像所有特征阵列、组阵列和阵列化阵列。

特征镜像使完全从属的镜像项仅在用户镜像特征时可用，此方法主要用于实体、曲面及基准特征的镜像。

特征的选择可以是所有包含的特征，也可以是自行选择的单个特征或特征组合。如图 10-28 所示说明了使用【镜像】工具从数量相对较少的几何创建复杂设计的方法。

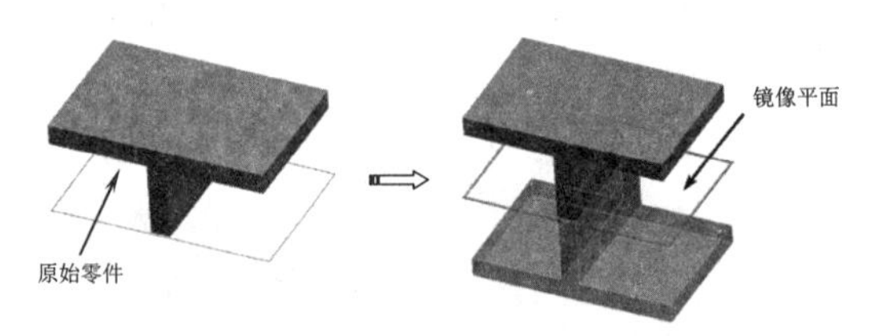

图 10-28　选择所有特征进行镜像

10.1.3　复制和粘贴特征

复制与粘贴命令在许多应用软件中都存在，相信大家不会陌生。在 Pro/E 中，常使用【复制】（Copy）、【粘贴】（Paste）和【选择性粘贴】（Paste Special）命令在同一模型内或跨模型复制并放置特征或特征集、几何、曲线和边链。

使用复制、粘贴功能，可以实现以下操作：

- 只要剪贴板上存在复制的特征、特征集或几何，就可以在每次粘贴操作后，在不复制特征或几何的情况下，创建特征、特征集或几何的许多实例。
- 在两个不同的模型之间或同一零件的两个不同版本之间复制并粘贴特征。
- 创建原始特征或特征集的独立的、部分从属的或完全从属的实例。
- 在原始特征副本的一个或所有实例中保留或更改原始特征的参考、设置和尺寸。
- 创建相关副本并改变属性和元素（例如：尺寸、草绘、注释、参考和参数）的相关性。

要使用【复制】功能，需要首先选择要复制的特征，然后在【操作】操控板中单击【复制】按钮与【粘贴】按钮，可打开如图 10-29 所示的【曲面：复制】操控板。

图 10-29　【曲面：复制】操控板

在操控板的【选项】选项卡中，有以下 3 个选项：

- 按原样复制所有曲面：选择此单选按钮，将复制用户选择的特征，且复制的特征与原特征相同。
- 排除曲面并填充孔：选择此单选按钮，将所选曲面中的孔自动修补，如图 10-30 所示。

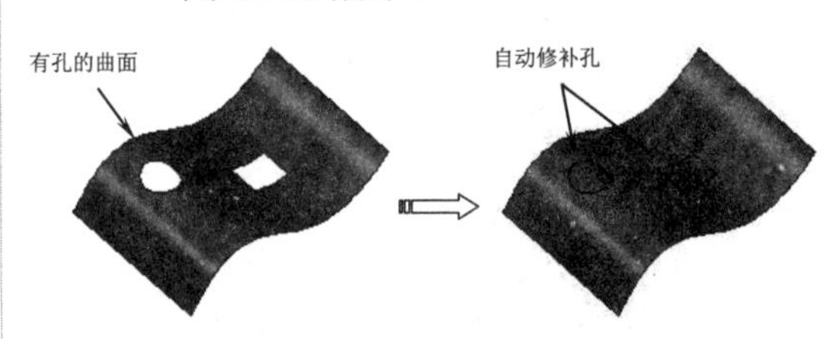

图 10-30　排除曲面并填充孔

- 复制内部边界：选择此单选按钮，将会复制用户自定义边界内部所包含的曲面，如图 10-31 所示。

当复制特征或几何时，默认情况下，会将其复制到剪贴板中，并且可连同其参考、设置和尺寸一起进行粘贴，直到将其他特征复制到剪贴板中为止。当在多个粘贴操作期间（没有特征的间断复制）更改一个实例或所有实例的参考、设置和尺寸时，剪贴板中的特征会保留其原始参考、设置和尺寸。在不同的模型中粘贴特征也不会影响剪贴板中复制特征的参考、设置和尺寸。

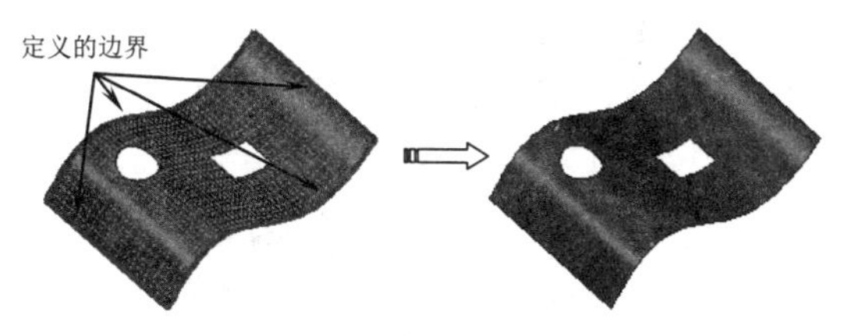

图 10-31　复制内部边界

10.1.4　选择性粘贴

选择性粘贴除了具有粘贴的一般功能外，还可以将特征移动复制或旋转复制而创建出多个副本对象。

在【编辑】组中单击【复制】按钮与【选择性粘贴】按钮，可打开如图 10-32 所示的【选择性粘贴】对话框。

对话框中各选项含义如下：

- 从属副本：选中此复选框，创建原始特征的从属副本。复制特征从属于原始特征的尺寸或草绘，或完全从属于原始特征的所有属性、元素和参数。默认情况下此复选框被选中。

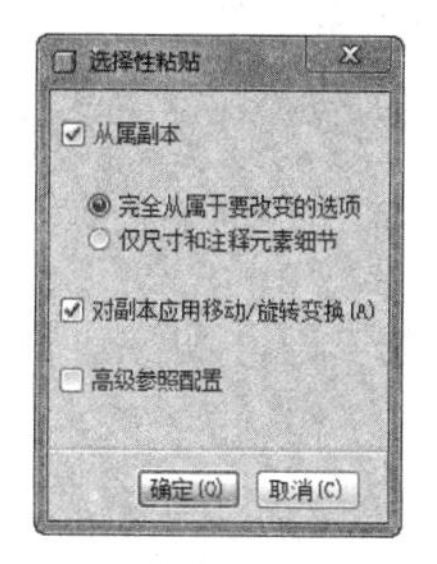

图 10-32　【选择性粘贴】对话框

技术要点

如果取消选中【从属副本】复选框，将创建独立的原始特征或者副本。

- 完全从属于要改变的选项：创建完全相关于所有属性、元素和参数的原始特征副本，但允许改变尺寸、注释、参数、草绘和参考的相关性。
- 仅尺寸和注释元素细节：创建原始特征的副本，但仅在原始特征的尺寸或草绘（或两者），或者注释元素上设置从属关系。
- 对副本应用移动 / 旋转变换：通过平移、旋转（或同时使用这两种操作）来移动副本。
- 高级参考配置：使用原始参考或新参考在同一模型中或跨模型粘贴复制的特征。

选中【对副本应用移动 / 旋转变换】复选框后，单击【确定】按钮将弹出【移动（复制）】操控板，如图 10-33 所示。

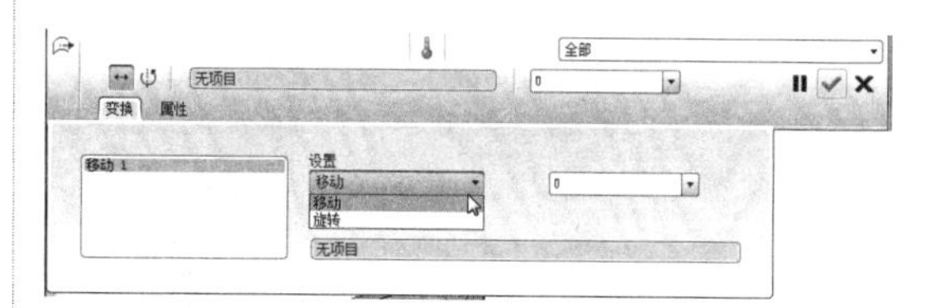

图 10-33　【移动（复制）】操控板

（1）方法一：移动复制。

在操控板的【变换】选项卡中设置了变换方式为【移动】后，将创建原始特征的副本。移动复制需要指定方向参考，如图 10-34 所示为移动复制特征的过程。

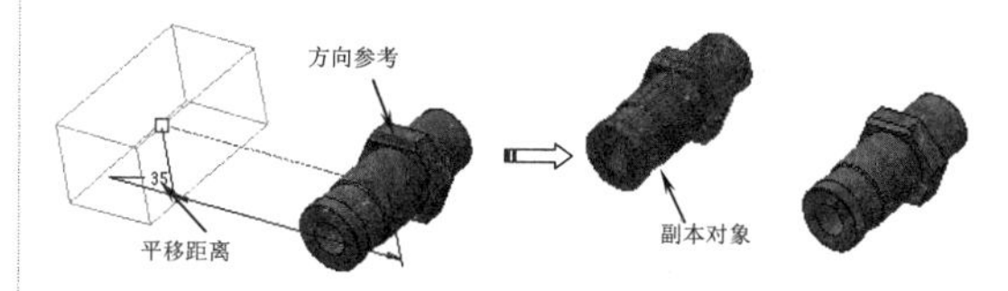

图 10-34　移动复制特征

（2）方法二：旋转复制。

设置变换方式为【旋转】，可以创建旋转阵列的多个副本对象。如图 10-35 所示为旋转复制特征的操作。

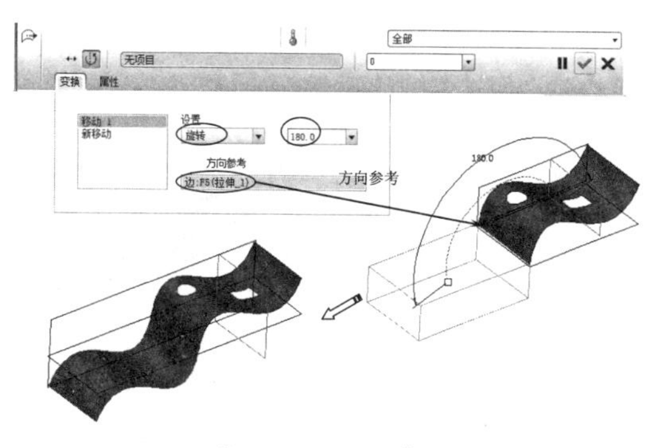

图 10-35　旋转复制

动手操作——设计螺旋状楼梯

本次任务将设计一螺旋状楼梯，如图 10-36 所示。主要方法是利用阵列工具中的轴阵列方法。然后通过修改径向尺寸和轴尺寸创建螺旋阵列特征。

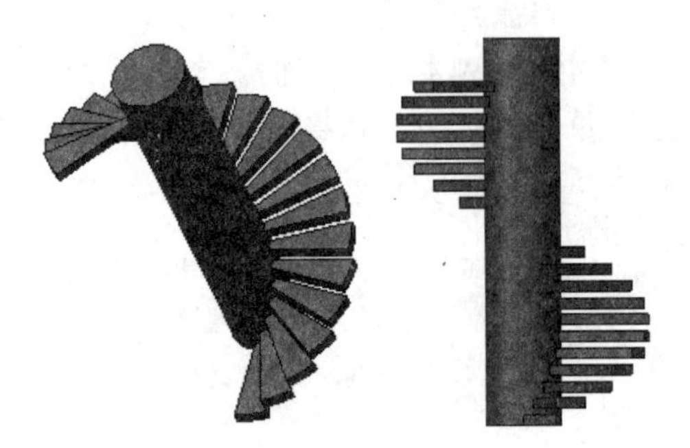

图 10-36　螺旋状楼梯

操作步骤：

01 按 Ctrl+N 组合键弹出【新建】对话框。新建名为【louti】的零件文件，并用公制模板进入建模环境。

02 首先使用【拉伸】命令，在 TOP 基准平面上绘制拉伸截面，并创建出拉伸深度为 3000 的楼梯中心立柱，如图 10-37 所示。

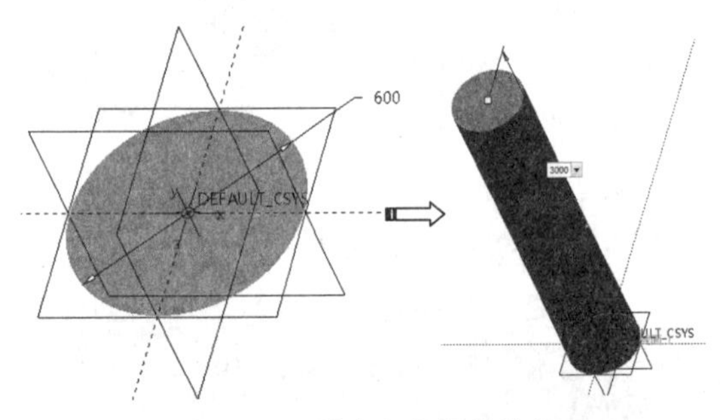

图 10-37　创建立柱拉伸特征

03 再次利用【拉伸】工具，创建如图 10-38 所示的梯步特征。

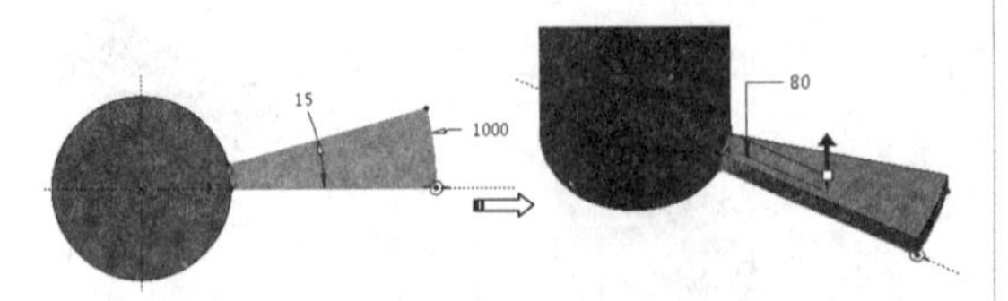

图 10-38　创建梯步特征

04 选中梯步特征，在上工具栏中单击【复制】按钮，再选择【选择性粘贴】命令，弹出【选择性粘贴】对话框。选中【对副本应用移动/旋转变换】复选框，并单击【确定】按钮，如图 10-39 所示。

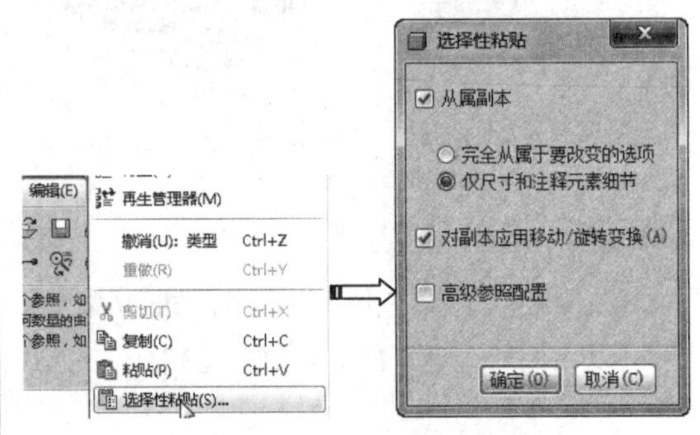

图 10-39　复制梯步特征

05 随后打开【移动（复制）】操控板。首先单击按钮利用旋转复制，以轴为参考，旋转角度为 15°，如图 10-40 所示。

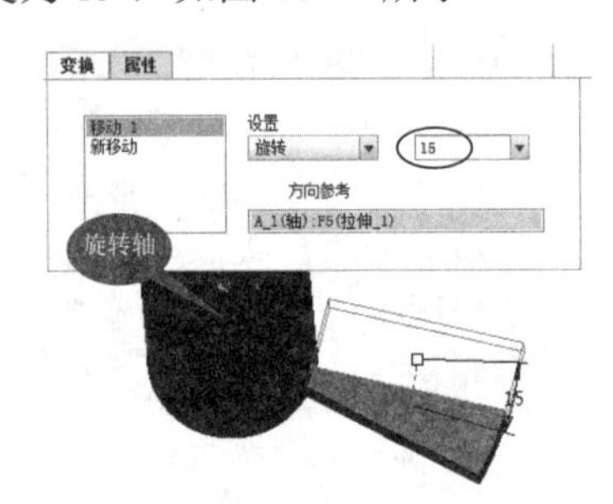

图 10-40　设置旋转

06 添加新移动，利用【移动】复制，选择参考平面后，输入移动距离 130，如图 10-41 所示。

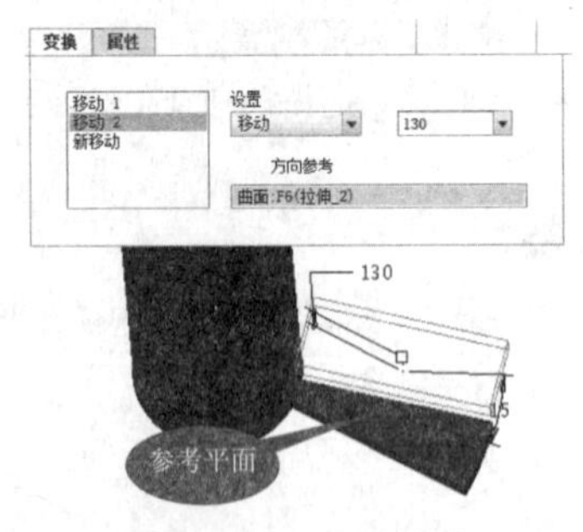

图 10-41　设置移动

07 单击操控板中的【应用】按钮，完成梯步的旋转复制，如图 10-42 所示。

08 在模型树中将旋转复制的楼梯单独创建成组。

技术要点

旋转复制的特征中，定位尺寸不能用作阵列的参考，所以要转换成组特征。

09 选中创建的组，然后单击【阵列】按钮，打开【阵列】操控板。从图中可以看到自动显示的尺寸，如图 10-43 所示。

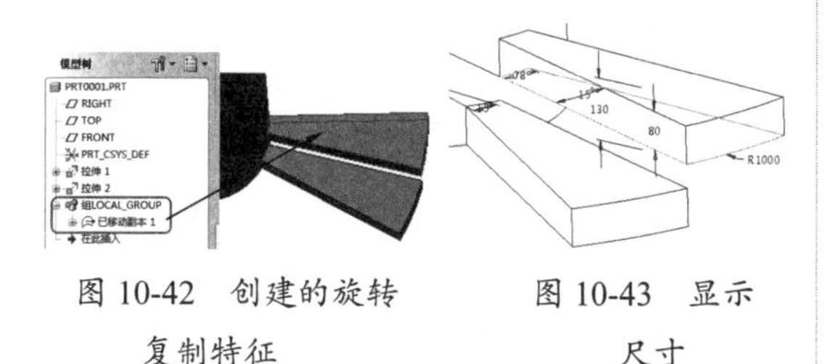

图 10-42　创建的旋转复制特征　　图 10-43　显示尺寸

10 下面要为螺旋阵列选择参考尺寸。参考尺寸不能选择梯步内部的形状尺寸，只能选择第二个梯步与第一个梯步的定位参考尺寸，即选择性粘贴时的参考尺寸。在【尺寸】选项卡中激活【方向 1】的【选择项】收集器，然后按住 Ctrl 键选择如图 10-44 所示的参考尺寸（角度尺寸为 15，高度尺寸为 130）。

技术要点

如果选择梯步内部特征尺寸，可能创建出错误的阵列特征。或者不能创建特征。

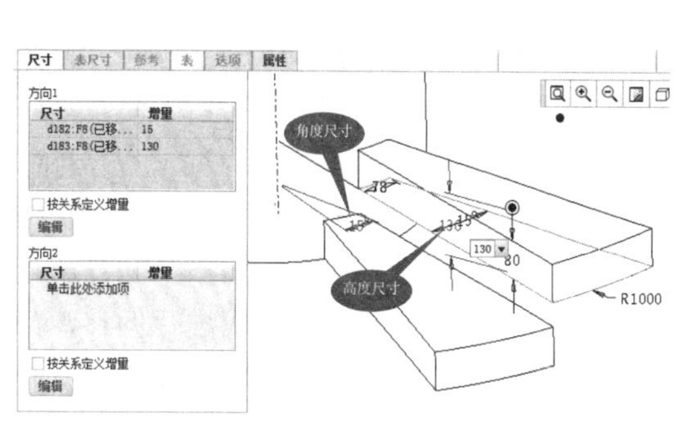

图 10-44　选择两个参考尺寸

11 输入第一方向成员数目 20，按 Enter 键可以预览，最后单击【应用】按钮，完成整个楼梯梯步的螺旋阵列复制，结果如图 10-45 所示。

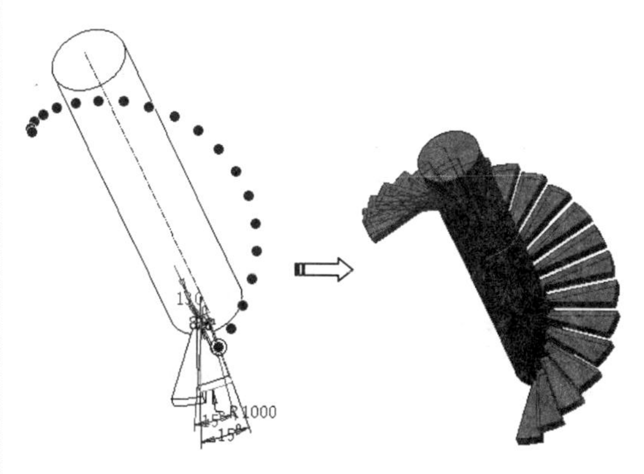

图 10-45　完成螺旋楼梯的阵列

10.2　更改实体特征

更改实体是指在原特征基础之上，改变特征的厚度、形状及实体化。

10.2.1　偏移特征

使用偏移工具，可以通过将实体上的曲面或曲线偏移恒定的距离或可变的距离来创建一个新特征。可以使用偏移后的曲面构建几何或创建阵列几何，也可以使用偏移曲线构建一组可在以后用来构建曲面的曲线。

技术要点

偏移特征同样用于曲线特征操作，曲线偏移操作相对较为简单。【偏移】工具中提供了各种选择，您可以将拔模添加到偏移曲面，也可以在曲面内偏移曲线等。

在菜单栏中选择【编辑】|【偏移】命令，系统将打开如图 10-46 所示的【偏移】特征操控板。

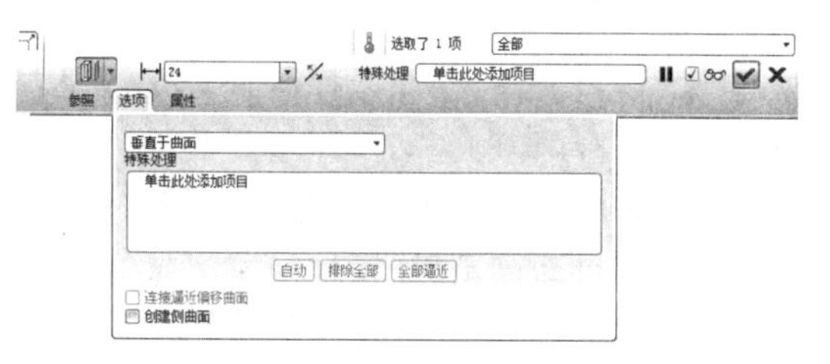

图 10-46　【偏移】特征操控板

偏移工具中提供了各种偏移方法，使操作者可以创建多种偏移类型。

（1）方法一：标准偏移。

标准偏移是偏移一个面组、曲面或实体面而生成新曲面。此为默认偏移类型，所选曲面以平行于参照曲面的方式进行偏移，如图 10-47 所示。

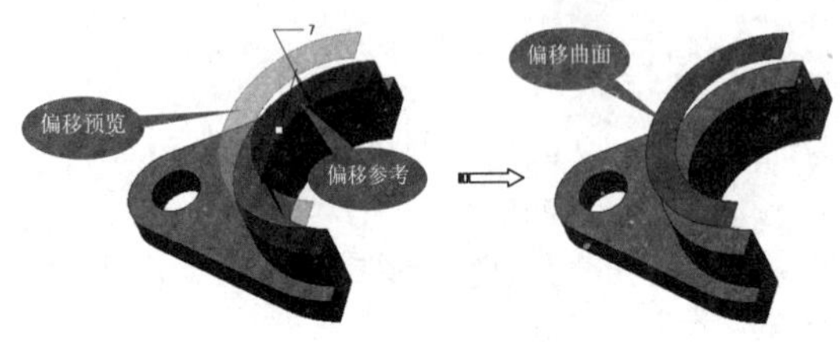

图 10-47　创建标准偏移

在【选项】选项卡如果选中【创建侧曲面】复选框，可以创建连接偏移曲面与原曲面的侧曲面，如图 10-48 所示。

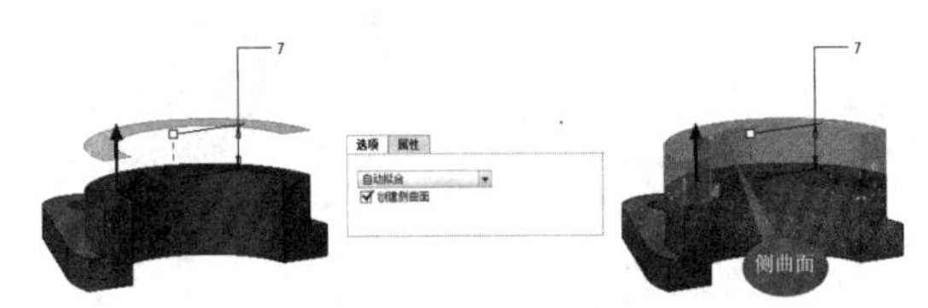

图 10-48　偏移曲面的侧曲面

技术要点

如果一个偏移距离太小以至于不能创建侧曲面系统，从而可能使创建特征失败。取消选中【创建侧曲面】复选框，并尝试创建一个不带有侧面组的曲面偏距。

（2）方法二：具有拔模特征的偏移。

拔模偏移是偏移包括在草绘内部的面组或曲面区域，并拔模侧曲面，拔模角度范围为 0°～60°，还可使用此选项来创建直的或相切侧曲面轮廓。

拔模偏移主要创建拔模实体特征，草绘的截面必须满足以下条件：

- 截面必须在要拔模的曲面范围内。
- 截面必须是封闭的。
- 在曲面区域内，允许有多个封闭截面，拔模偏移效果如图 10-49 所示。

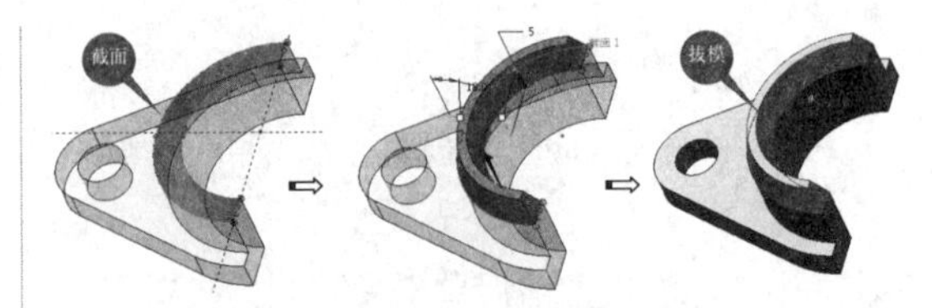

图 10-49　创建具有拔模特征的偏移

（3）方法三：展开。

展开是在封闭面组或实体草绘的选定面之间创建一个连续体积块，当使用【草绘区域】选项时，将在开放面组或实体曲面的选定面之间创建连续的体积块。偏移后曲面与周边的曲面相连。

展开偏移可以偏移整个曲面，也可以偏移曲面中的局部区域。在【选项】选项卡中选择【整个曲面】单选按钮，将创建整个曲面的偏移，如图 10-50 所示。

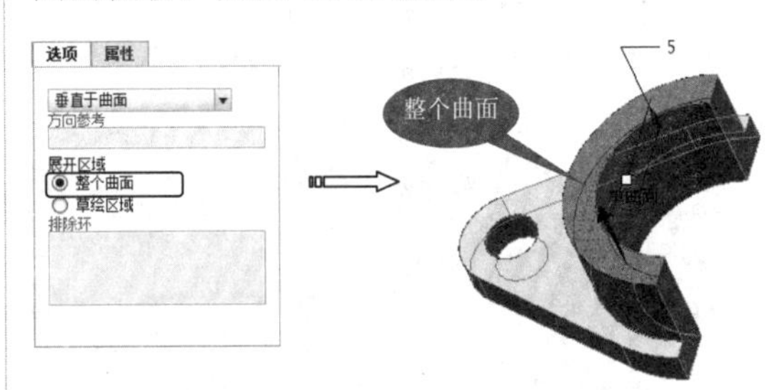

图 10-50　创建【整个曲面】的展开偏移特征

若选择【草绘区域】单选按钮，可以在草绘环境中绘制局部区域进行偏移，如图 10-51 所示。

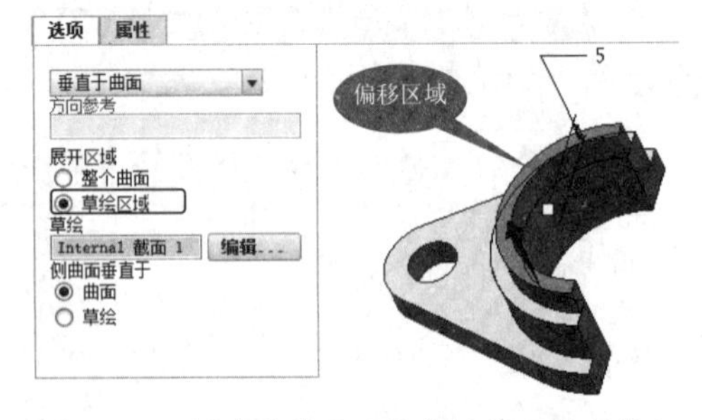

图 10-51　创建【草绘区域】的展开偏移特征

（4）方法四：替换曲面特征。

替换曲面特征用面组或基准平面替换实体面，常用于切除超过边界的多余特征，偏移效果如图 10-52 所示。

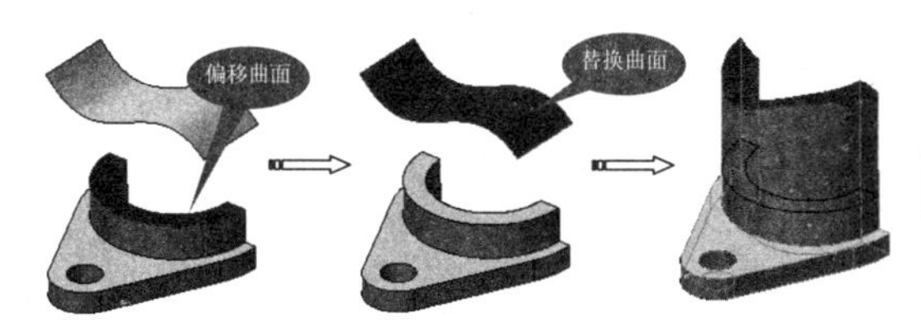

图 10-52　创建替换曲面特征

技术要点

替换曲面无论大小，替换过程中都将按曲面的形状及曲面延伸形状进行替换，如图 10-53 所示。

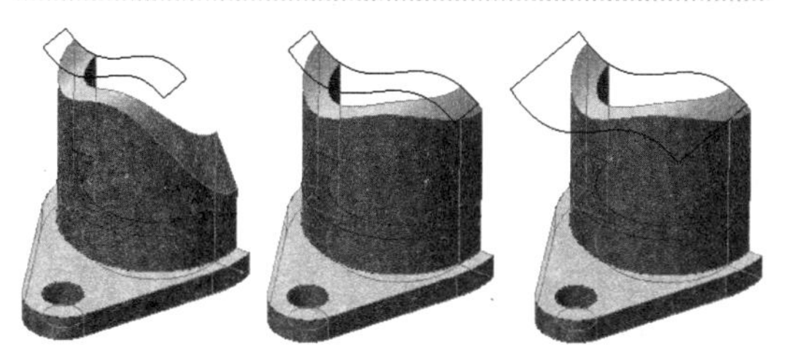

图 10-53　替换曲面的形状影响了替换效果

10.2.2　加厚

曲面在理论上是没有厚度的，曲面加厚就是以曲面作为参照，生成薄壁实体的过程。在 Pro/E 中，不仅可以利用曲面加厚生成薄壁实体，还可以通过该命令切除实体。

加厚特征使用预定的曲面特征或面组几何将薄材料部分添加到设计中，或从其中移除薄材料部分。设计时，曲面特征或面组几何可提供非常大的灵活性，并允许对该几何进行变换，以更好地满足设计需求。通常，加厚特征被用来创建复杂的薄几何，如果可能，使用常规的实体特征创建这些几何会更为困难。

进入该工具时，系统会检查曲面特征选取。设计加厚特征要求执行以下操作：

- 选取一个开放的或闭合的面组作为参照。
- 确定使用参照几何的方法：添加或移除薄材料部分。
- 定义加厚特征几何的厚度方向。

技术要点

要使用加厚工具，必须已选取了一个曲面特征或面组，并且只能选取有效的几何。

选中需要加厚的曲面，在菜单栏中选择【编辑】|【加厚】命令，弹出【加厚】特征操控板，如图 10-54 所示。在该操控板里可以选择加厚方式，调节加厚生成实体的方向及加厚厚度。

图 10-54　【加厚】特征操控板

如图 10-55 所示为加厚曲面特征的范例。

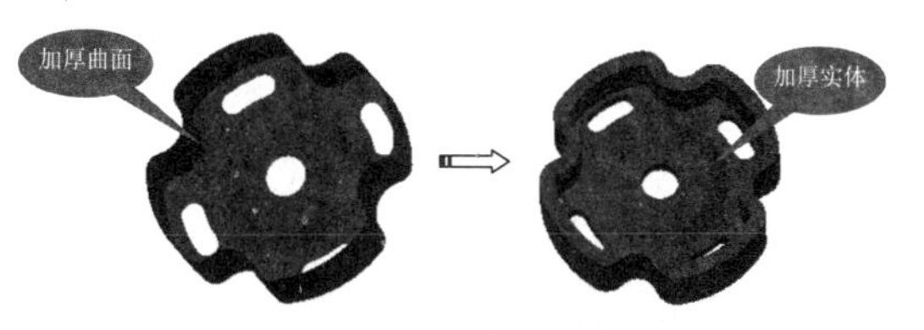

图 10-55　加厚曲面特征

10.2.3　实体化

实体化特征使用预定的曲面特征或面组几何并将其转换为实体几何。在设计中，可使用实体化特征添加、移除或替换实体材料。设计时，面组几何可提供更大的灵活性，而实体化特征允许对几何进行转换以满足设计需求。

通常，实体化特征被用来创建复杂的几何，如果可能，使用常规的实体特征创建这些几何会较困难。曲面实体化包括封闭曲面模型转换成实体和用曲面裁剪切割实体两种功能。转换成实体的曲面必须封闭，用来修剪实体的曲面必须相交。

设计实体化特征主要执行以下操作：

- 选取一个曲面特征或面组作为参照。
- 确定使用参照几何的方法添加实体材料，移除实体材料或修补曲面。
- 定义几何的材料方向。

可使用的实体化特征类型主要包括表 10-1 中的几种。

表 10-1　几种实体化特征类型

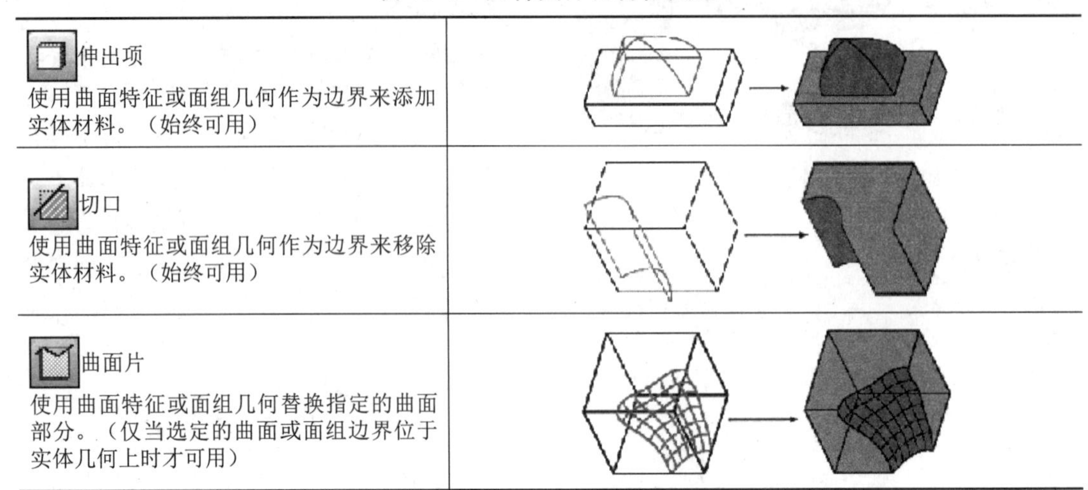

特征类型	示意
伸出项 使用曲面特征或面组几何作为边界来添加实体材料。（始终可用）	
切口 使用曲面特征或面组几何作为边界来移除实体材料。（始终可用）	
曲面片 使用曲面特征或面组几何替换指定的曲面部分。（仅当选定的曲面或面组边界位于实体几何上时才可用）	

选择一个曲面，在菜单栏中选择【编辑】|【实体化】命令，弹出【实体化】特征操控板，如图 10-56 所示。在该操控板中，可以选取实体化曲面、实体化方式等。

图 10-56　【实体化】特征操控板

技术要点

曲面转换成实体要求曲面必须为封闭曲面，该曲面不能有任何缺口，否则不能通过该命令来生成实体。

动手操作——旋钮设计

本次任务将设计一个旋钮，如图 10-57 所示。方法是利用多种偏移方法创建加厚、切除特征。

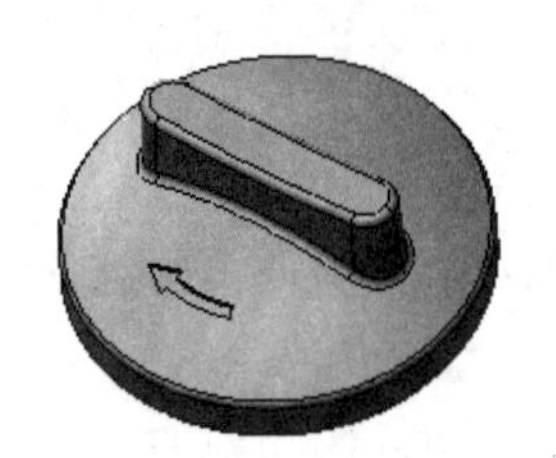

图 10-57　相机外壳设计

操作步骤：

01 新建一个名为【xuanniu】的新零件文件。

02 使用【旋转】工具，在操控板上必须先单击【作为曲面旋转】按钮，然后选择 FRONT 基准平面作为草绘平面，进入草绘环境中，绘制如图 10-58 所示的旋转开放截面。

03 退出草绘环境后完成旋转曲面的创建，如图 10-59 所示。

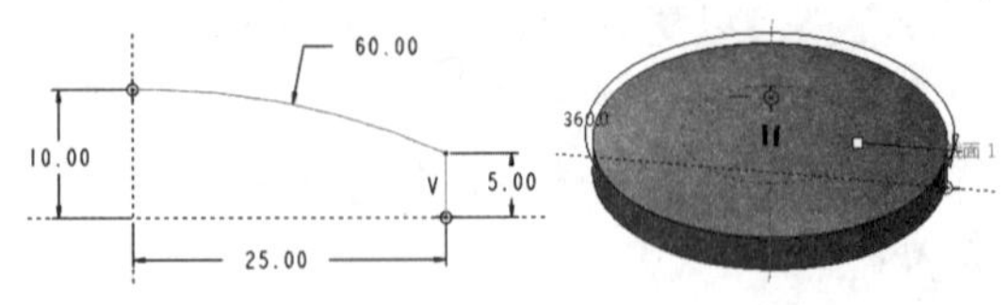

图 10-58　绘制截面　　图 10-59　创建旋转曲面

04 选中旋转曲面，在菜单栏中选择【编辑】|【偏移】命令，打开【偏移】操控板。单击【具有拔模特征】按钮，然后在【参考】选项卡单击【定义】按钮，并选择 TOP 基准平面作为草绘平面，进入草绘环境，绘制如图 10-60 所示的拔模区域。

05 退出草绘环境，在操控板中打开【选项】选项卡，输入偏移距离 10、拔模角度 3，再单击【应用】按钮，完成偏移拔模特征的创建，如图 10-61 所示。

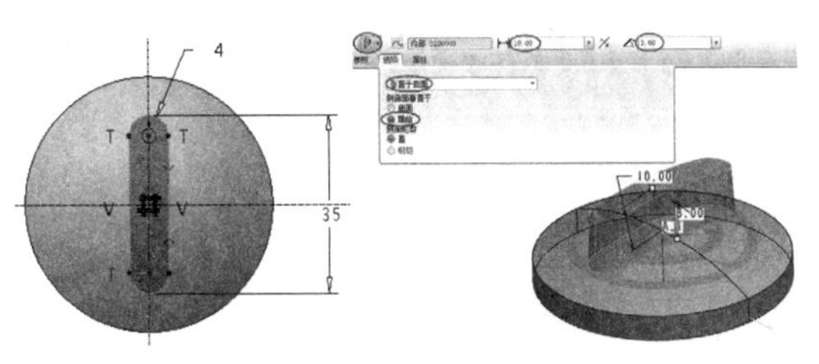

图 10-60　草绘拔模区域　　图 10-61　设置偏移拔模参数

06 使用【拉伸】工具，在 RIGHT 基准平面上绘制截面后，创建出如图 10-62 所示的拉伸曲面。

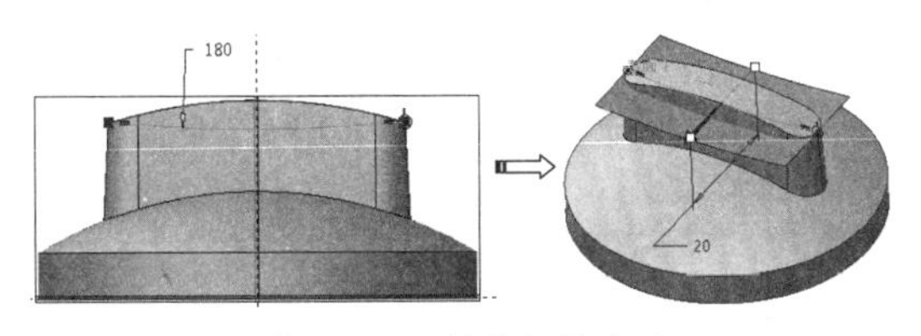

图 10-62　创建拉伸曲面

07 按住 Crtl 键选中偏移曲面和拉伸曲面，然后单击【合并】按钮，打开【合并】操控板，在操控板中通过单击【更改要保留第一面组的侧】按钮和【更改要保留第二面组的侧】按钮，调整两个面组的合并方向，单击【应用】按钮完成合并，如图 10-63 所示。

图 10-63　合并曲面面组

08 使用【倒圆角】命令，对合并后的面组倒圆角，圆角半径为 1，如图 10-64 所示。

09 在模型树中选择【合并 1】项目，然后在菜单栏中选择【编辑】|【加厚】命令，创建加厚厚度为 1 的特征，如图 10-65 所示。

10 选择旋转曲面，然后选择菜单栏中的【编辑】|【偏移】命令，打开【偏移】操控板。选择【展开特征】方法，然后在【选项】选项卡中单击【定义】按钮，如图 10-66 所示。

技术要点

这里主要是利用偏移的【展开特征】方法来创建旋钮的旋转标记。

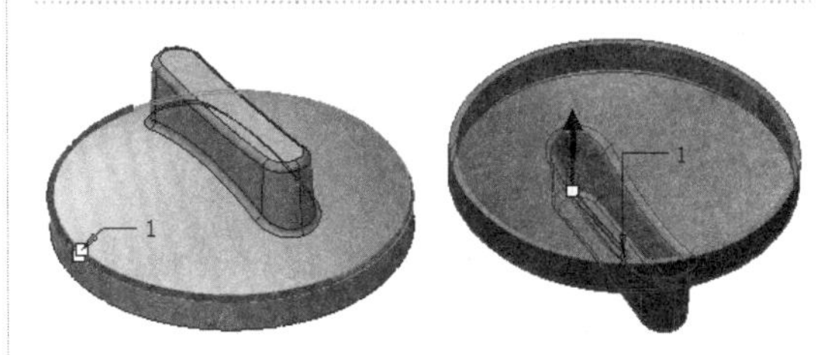

图 10-64　倒圆角　　图 10-65　加厚

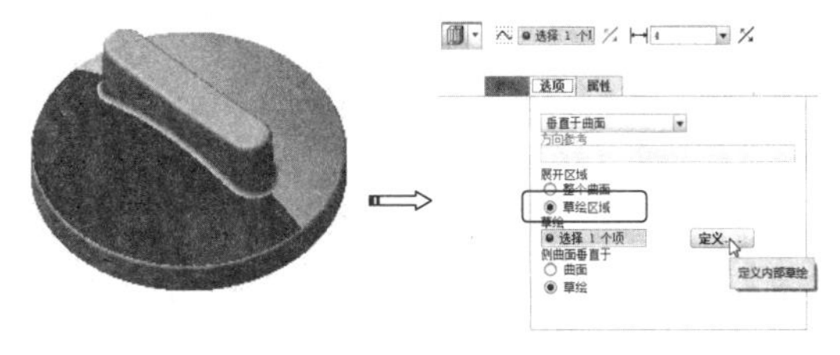

图 10-66　选择要偏移的曲面和偏移方法

11 然后选择 TOP 基准平面作为草绘平面，并进入草绘环境，绘制如图 10-67 所示的展开区域。

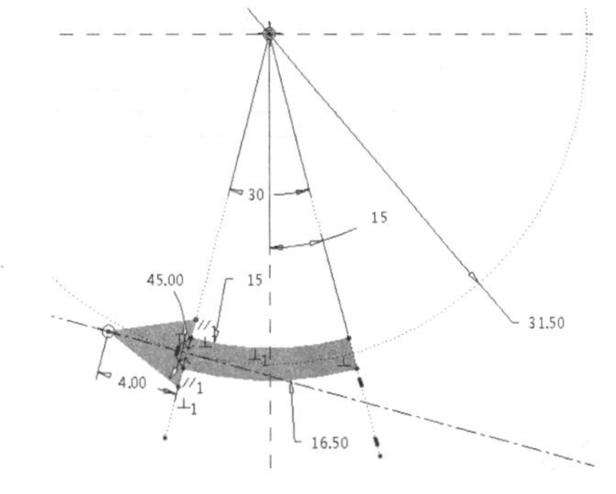

图 10-67　绘制展开区域

12 退出草绘环境后，单击【反向草绘的材料侧】按钮，然后设置偏移距离为 0.5，单击【应用】按钮，完成旋钮标识的设计，如图 10-68 所示。

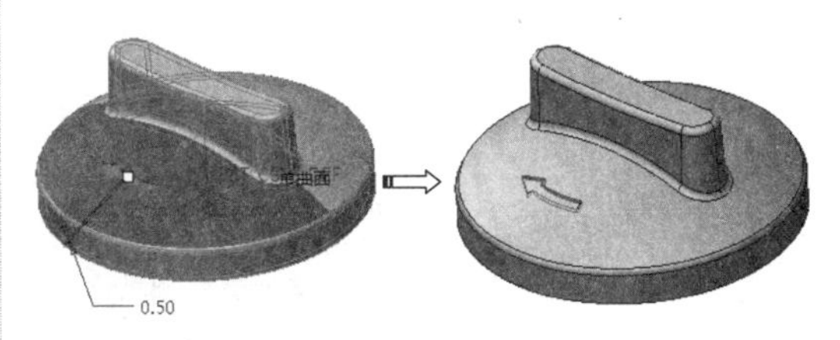

图 10-68　指定偏移值及偏移方向

10.3 综合演练

本节以两个零件造型设计实例来说明特征及特征的操作功能的应用。

10.3.1 发动机零件设计

◎ **引入文件：无**

◎ **结果文件：实训操作\结果文件\Ch10\instance_base.prt**

◎ **视频文件：视频\Ch10\发动机零件设计.avi**

零件模型及模型树如图 10-69 所示。

操作步骤：

1. 创建实体拉伸特征

创建如图 10-70 所示的零件基础特征。

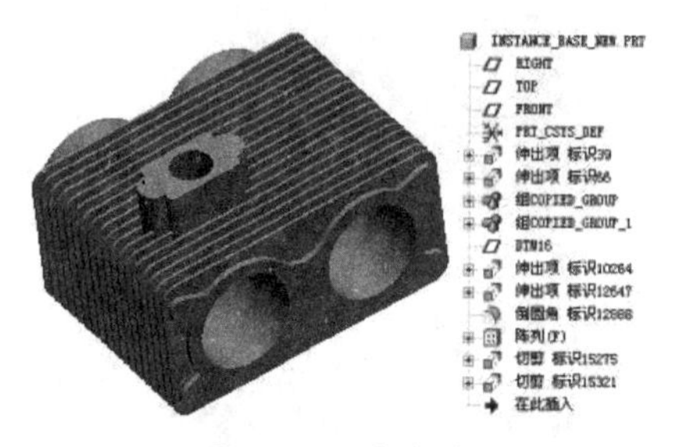

图 10-69　零件模型

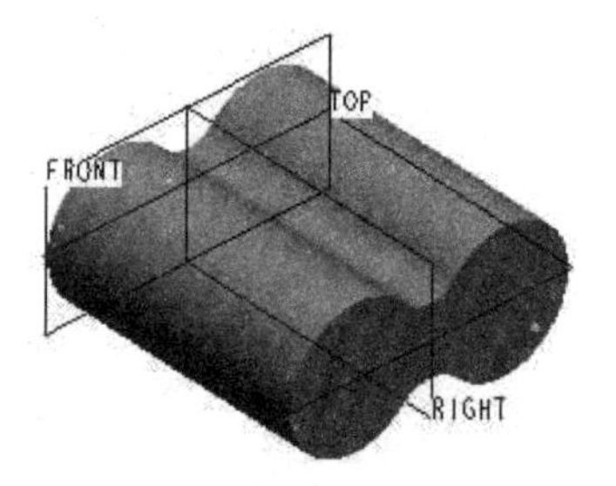

图 10-70　基础特征

01 新建一个零件文件，将零件文件命名为【instance_base】，如图 10-71 所示。

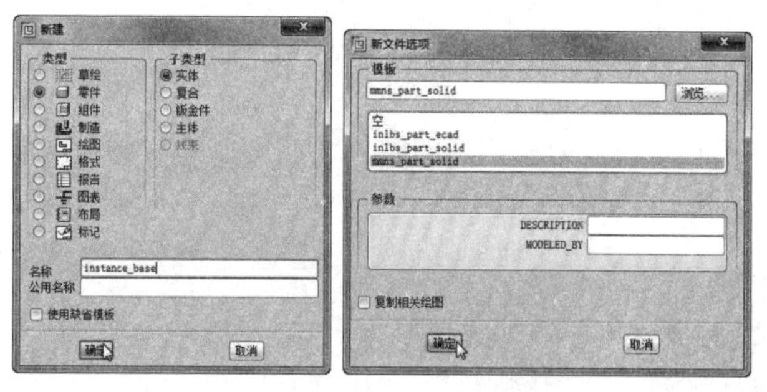

图 10-71　新建零件文件

02 单击【拉伸】按钮，打开【拉伸】操控板。在操控板的【放置】选项卡中单击【定义】按钮，再打开【草绘】对话框。然后选择 FRONT 基准面作为草绘平面，并进入草绘模式。如图 10-72 所示。

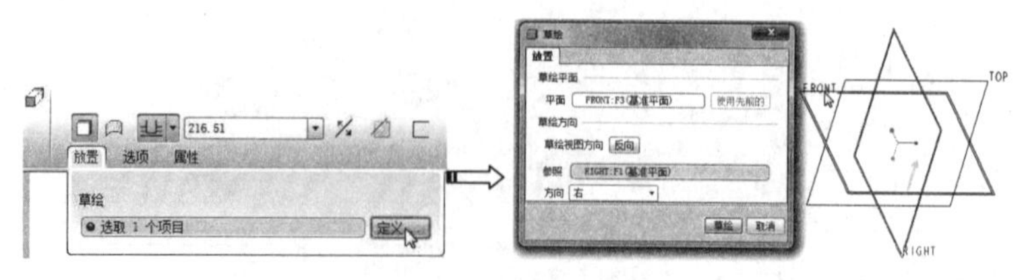

图 10-72　选择草绘平面

03 利用草绘环境中的草绘工具，绘制如图 10-73 所示的特征截面。完成后单击【确定】按钮✓，退出草绘模式。

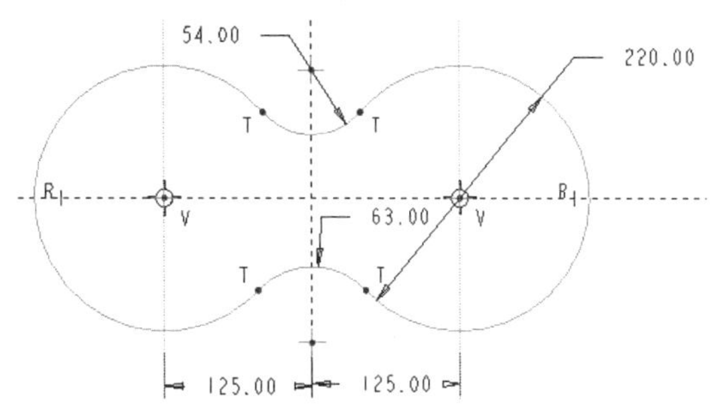

图 10-73　绘制拉伸截面

04 保留操控板中默认的深度类型，再在深度文本框中输入深度 450，最后单击【应用】按钮，完成拉伸特征 1 的创建，如图 10-74 所示。

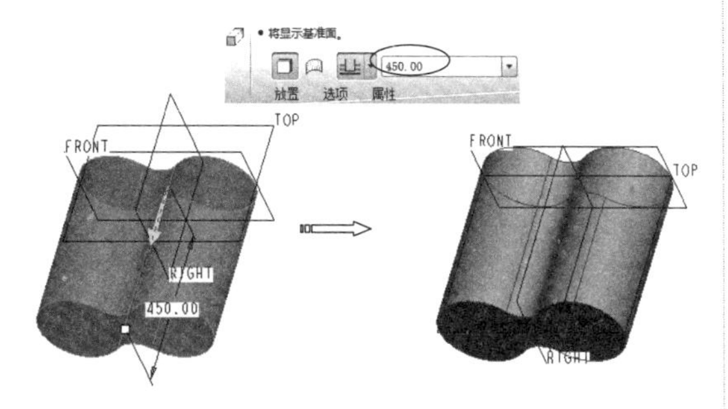

图 10-74　创建拉伸特征 1

2．添加拉伸特征

在拉伸特征 1 的基础之上，再创建如图 10-75 所示的拉伸特征 2。

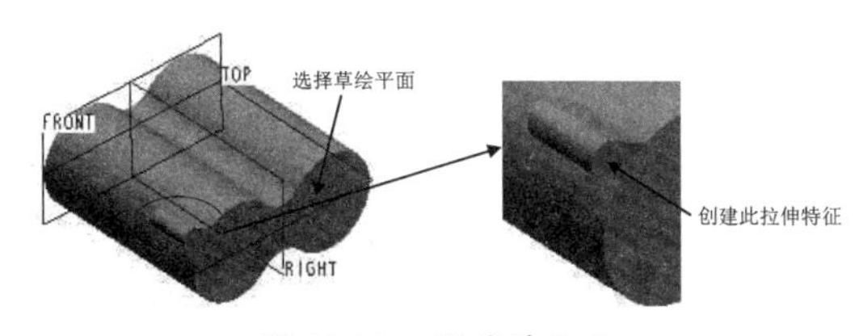

图 10-75　拉伸特征 2

01 单击【拉伸】按钮，打开【拉伸】操控板。在操控板的【放置】选项卡中单击【定义】按钮，再打开【草绘】对话框。然后选择拉伸特征 1 的侧面作为草绘平面，并进入草绘模式。如图 10-76 所示。

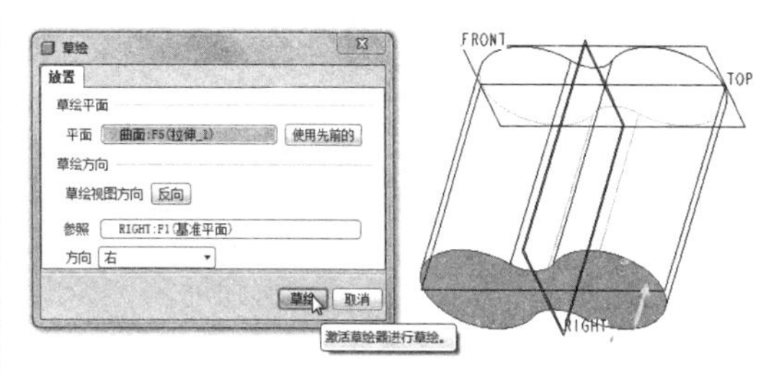

图 10-76　选择草绘平面

02 利用草绘环境中的草绘工具，绘制如图 10-77 所示的特征截面。完成后单击【确定】按钮✓退出草绘模式。

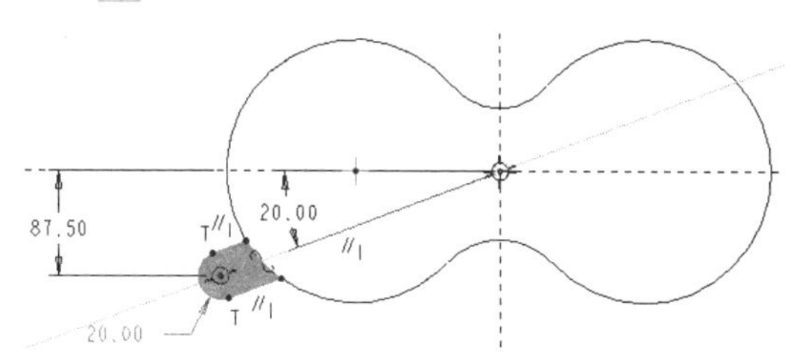

图 10-77　绘制拉伸截面

03 保留操控板中默认的深度类型，再在深度文本框中输入深度 100。最后单击【应用】按钮，完成拉伸特征 2 的创建，如图 10-78 所示。

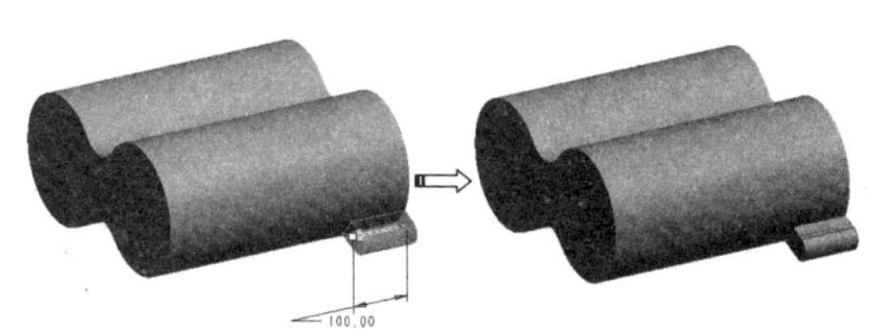

图 10-78　创建拉伸特征 2

3．镜像特征

创建如图 10-79 所示的镜像特征。

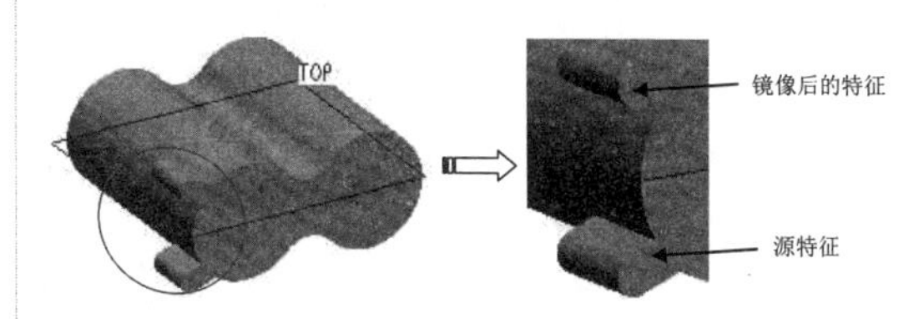

图 10-79　创建镜像特征

01 在模型树中选中要镜像的拉伸特征 2，然后单击【镜像】按钮，打开【镜像】操控板，如图 10-80 所示。

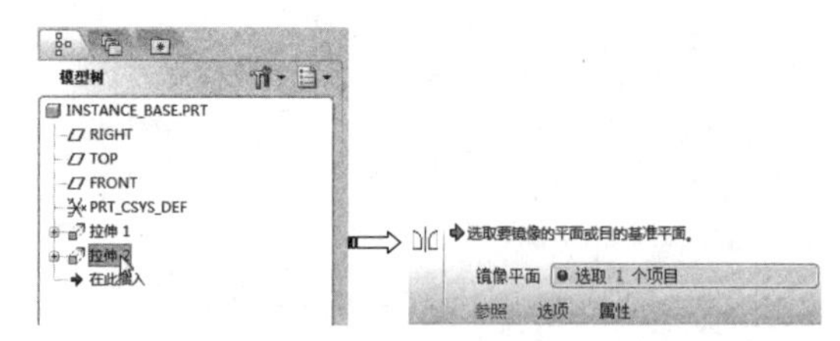

图 10-80　选中要镜像的对象并激活【镜像】命令

02 在图形区中选择 TOP 基准平面作为镜像平面，再单击操控板的【应用】按钮，完成镜像特征的创建，如图 10-81 所示。

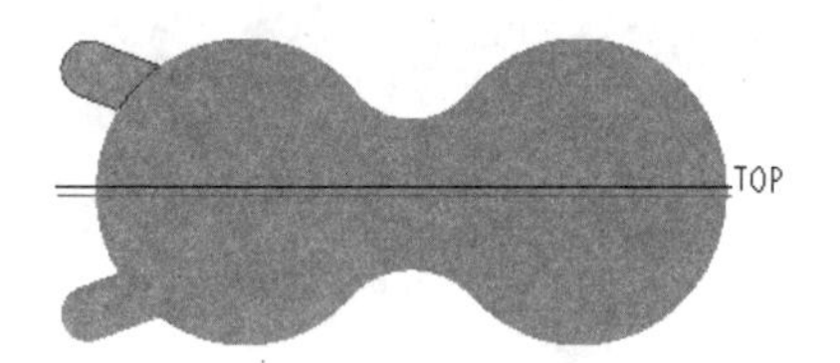

图 10-81　镜像特征

03 同理，再以 RIGHT 基准平面作为镜像平面，镜像出另一侧的镜像对象，如图 10-82 所示。

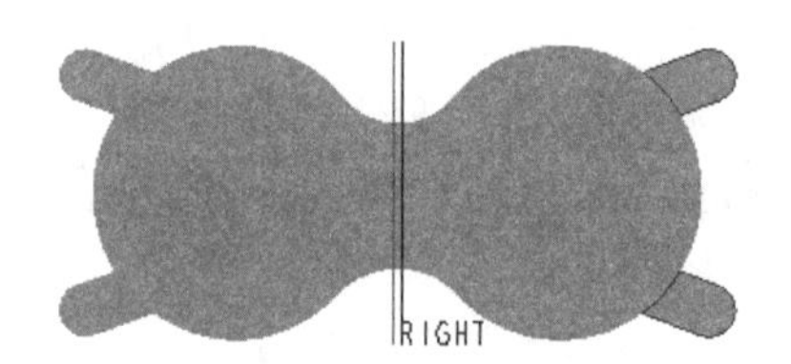

图 10-82　镜像一组特征

04 在右工具栏中单击【平面】命令，弹出【基准平面】对话框。选择如图 10-83 所示的 TOP 基准面作为偏移基准面，偏移距离为 200，单击【确定】按钮完成创建。

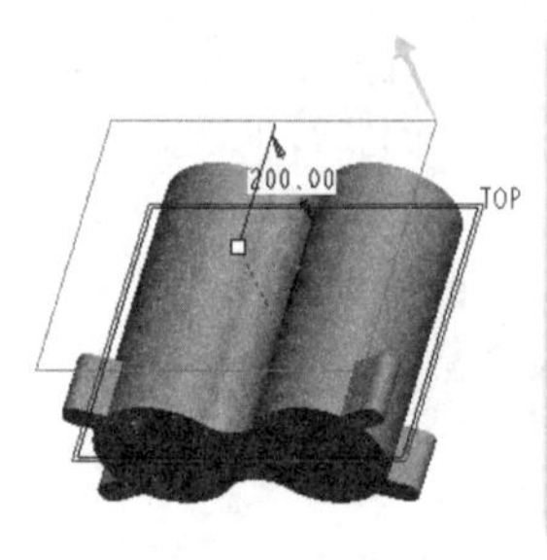

图 10-83　创建基准平面

4．创建其他特征

01 单击【拉伸】按钮，打开【拉伸】操控板。在操控板的【放置】选项卡中单击【定义】按钮，再打开【草绘】对话框。然后选择新建的 DTM1 作为草绘平面，并进入草绘模式。如图 10-84 所示。

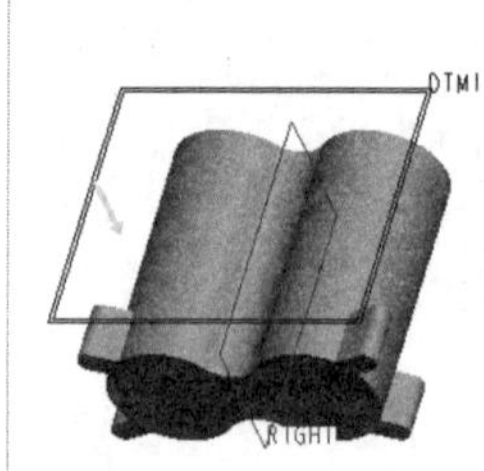

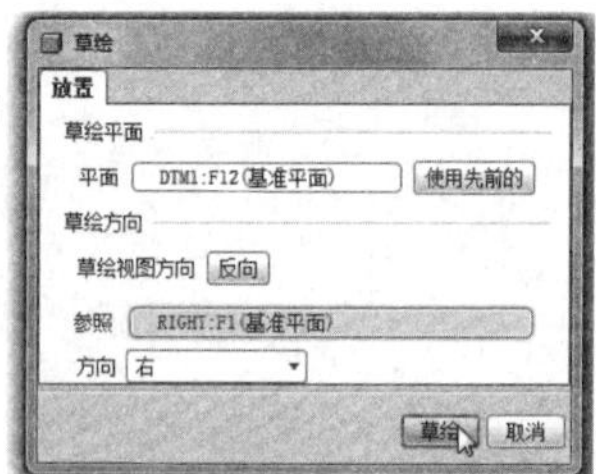

图 10-84　选择草绘平面

02 利用草绘环境中的草绘工具，绘制如图 10-85 所示的特征截面，完成后单击【确定】按钮，退出草绘模式。

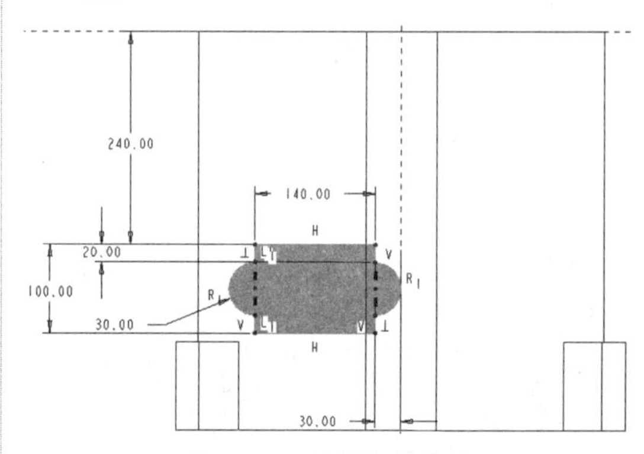

图 10-85　绘制拉伸截面

03 在操控板中选择深度类型【拉伸至选定曲面相交】，然后选择模型中要相交的曲面，如图 10-86 所示。最后单击【应用】按钮，完成拉伸特征 3 的创建，如图 10-87 所示。

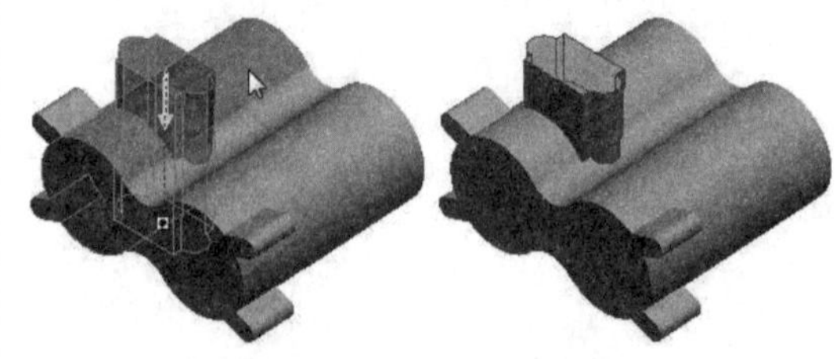

图 10-86　选择要相交的曲面　　图 10-87　创建拉伸特征 3

04 单击【平面】按钮，创建如图 10-88 所示的基准平面 DTM2。

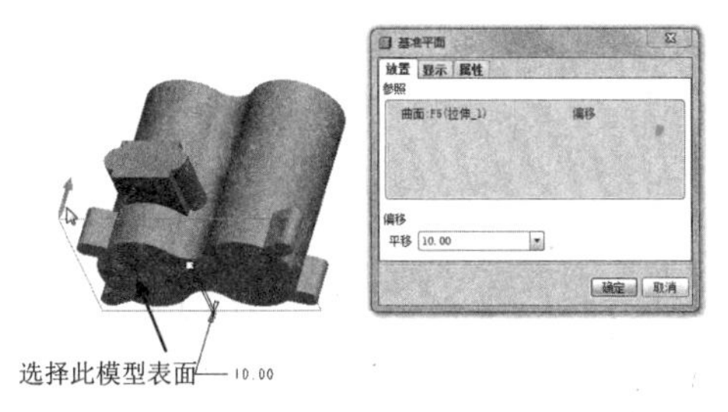

图 10-88 创建基准平面 DTM2

05 单击【拉伸】按钮，打开【拉伸】操控板。在操控板的【放置】选项卡中单击【定义】按钮，再打开【草绘】对话框。然后选择新建的 DTM2 作为草绘平面，并进入草绘模式。如图 10-89 所示。

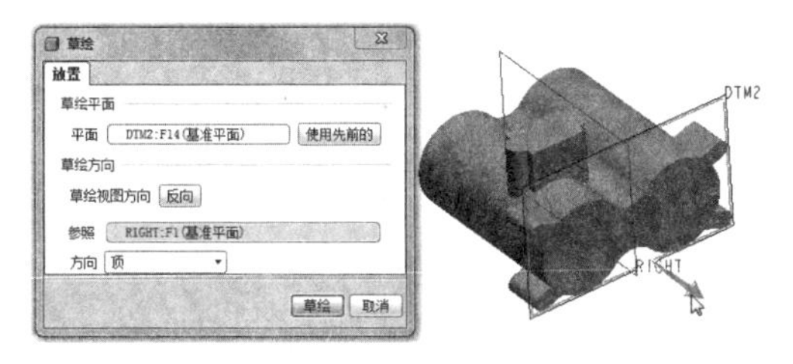

图 10-89 选择草绘平面

06 利用草绘环境中的草绘工具，绘制如图 10-90 所示的特征截面。完成后单击【确定】按钮，退出草绘模式。

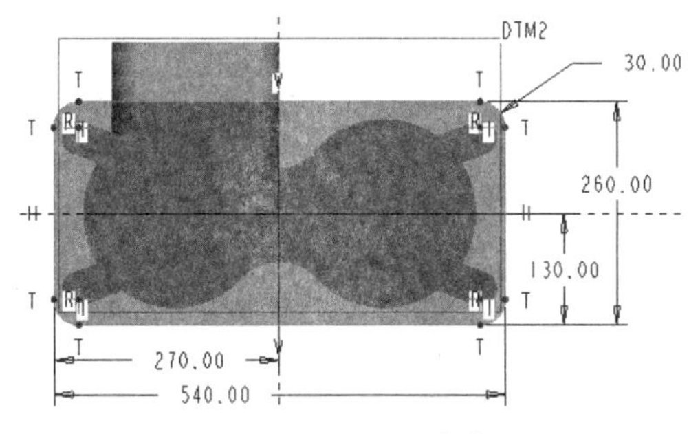

图 10-90 绘制拉伸截面

07 保留默认的拉伸深度类型，输入拉伸深度 5，最后单击【应用】按钮，完成拉伸特征 4 的创建，如图 10-91 所示。

08 在模型树中，将 DTM2 基准平面和拉伸特征 4 创建成组，如图 10-92 所示。

09 创建组后右击，选择右键快捷菜单中的【阵列】命令，打开【阵列】操控板。如图 10-93 所示。

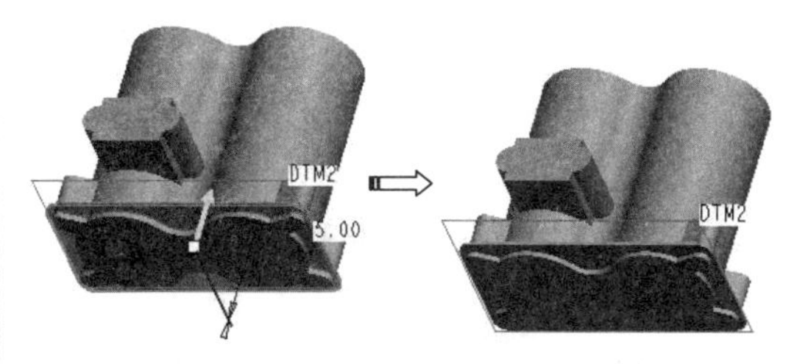

图 10-91 创建拉伸特征 4

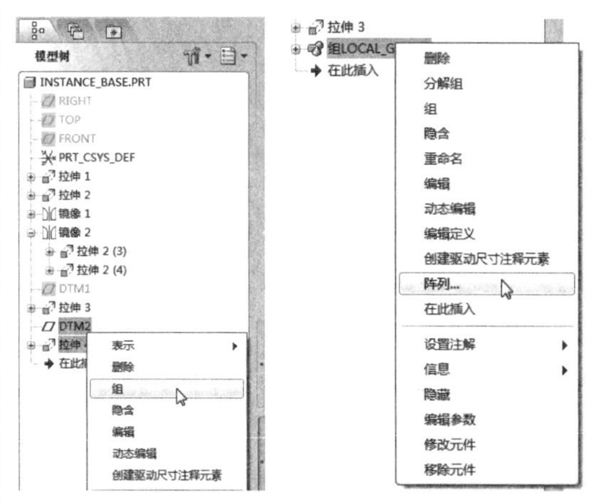

图 10-92 创建组　　图 10-93 选择阵列组命令

10 在操控板中选择【尺寸】阵列方式，然后选择拉伸特征 4 的厚度尺寸 5 作为引导尺寸，在【方向 1】的【增量】栏中设置角度增量值 22，再设置第一方向阵列成员的个数为【18】，如图 10-94 所示。

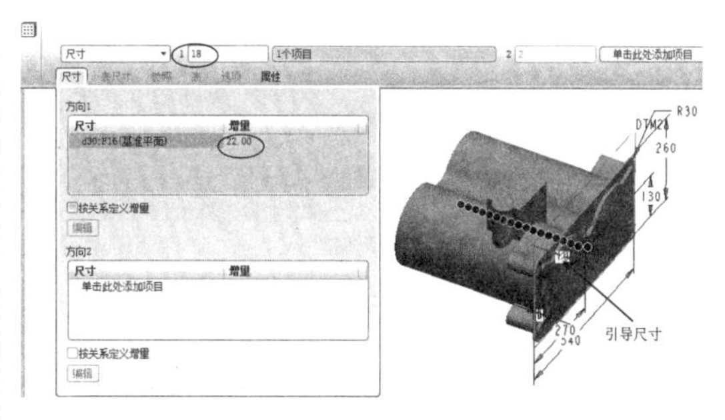

图 10-94 设置阵列参数

技术要点

在选择阵列尺寸参考时，不要选择所要阵列对象内部的尺寸，而是选择外部尺寸。这就是为什么要将基准平面与拉伸特征 4 创建成组的原因。

11 最后单击【应用】按钮完成阵列，结果如

图 10-95 所示。

图 10-95 阵列结果

12 单击【拉伸】按钮，在打开的操控板中单击【移除材料】按钮。

13 选择模型表面作为草绘平面进入草绘模式中，如图 10-96 所示。

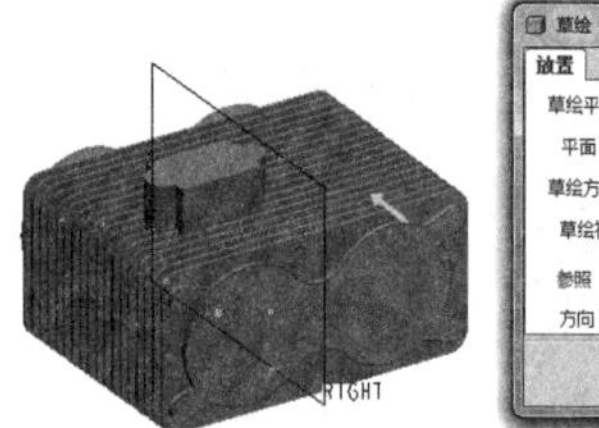

图 10-96 选择草绘平面

14 进入截面草绘环境后，绘制如图 10-97 所示的特征截面。完成后退出草绘模式。

15 在操控板中，设置深度类型为【拉伸至与所有曲面相交】，可单击按钮来切换切削的方向，如图 10-98 所示。

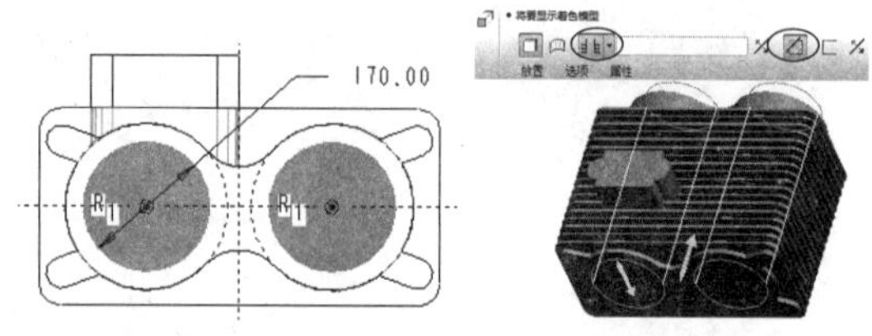

图 10-97 绘制草图 图 10-98 选择拉伸深度类型

16 在操控板中单击【应用】按钮，完成减材料特征的创建。

17 最后再使用【拉伸】工具，在拉伸特征 3 上创建减材料特征，如图 10-99 所示。

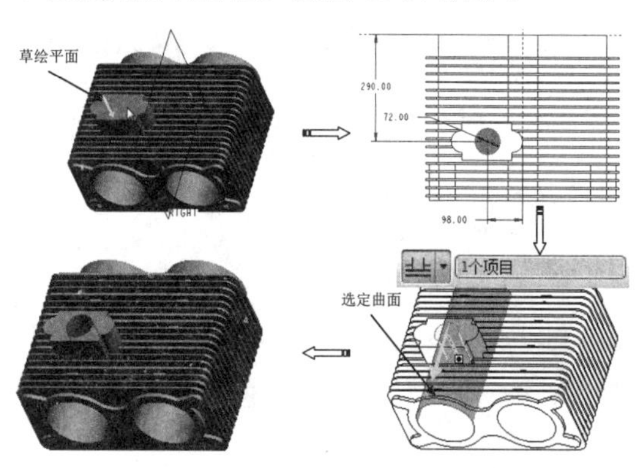

图 10-99 创建减材料特征

18 至此，完成了零件设计的所有工作，最后保存零件模型文件。

10.3.2 麦克风造型设计

◎ **引入文件：无**

◎ **结果文件：实训操作 \ 结果文件 \Ch10\maikefeng.prt**

◎ **视频文件：视频 \Ch06\ 麦克风话筒设计.avi**

麦克风话筒的造型设计难点在于网罩，可以利用多种特征工具巧妙构建，如图 10-100 所示。整个造型分成两部分：手柄和网罩。

操作步骤：

1. 设计网罩

图 10-100 麦克风造型

01 新建名为【maikefeng】的零件文件。

02 单击【旋转】按钮，打开【旋转】操控板，单击【作为曲面旋转】按钮。选择 FRONT 基准平面作为草图平面，然后绘制如图 10-101 所示的旋转截面曲线。

03 退出草绘模式后保留默认设置，单击【应用】按钮完成旋转曲面的创建，如图 10-102 所示。

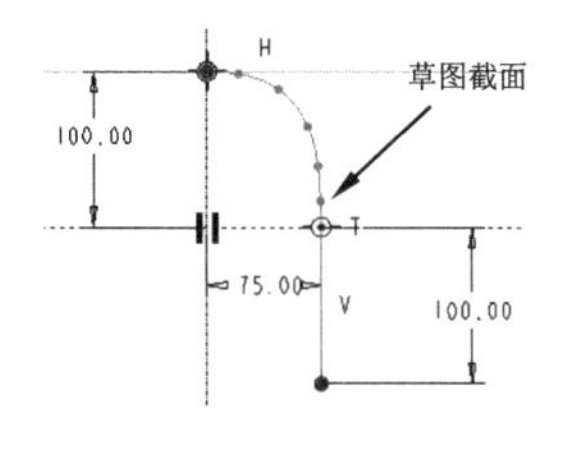

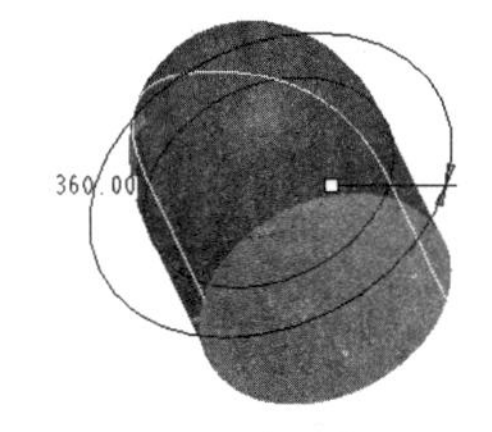

图 10-101　绘制截面　　图 10-102　创建选择曲面

技术要点

要创建拉伸曲面或旋转曲面，必须先在操控板中选择创建曲面的选项，否则绘制开放轮廓后无法创建曲面。

04 利用【草绘】命令，在 FRONT 基准平面上创建如图 10-103 所示的曲线。

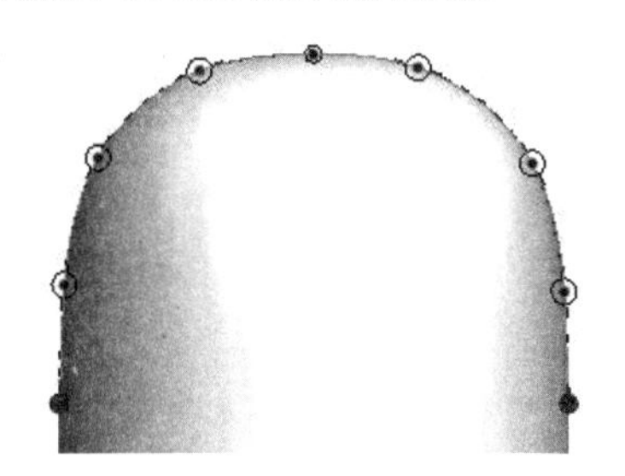

图 10-103　创建曲线（样条曲线）

技术要点

此曲线必须为用样条曲线命令绘制的一条完整的轮廓曲线，中间不能有断点，否则在后续的阵列操作中不能按照意图来创建特征。

05 单击【点】工具按钮，然后创建如图 10-104 所示的基准点。

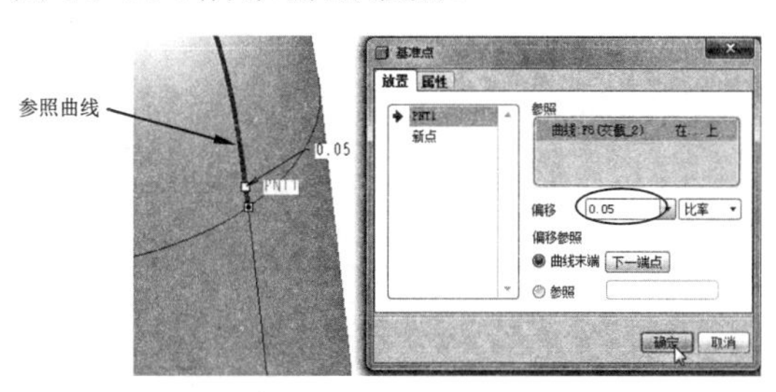

图 10-104　创建基准点

06 使用【拉伸】工具，在【拉伸】操控板中单击【拉伸为曲面】按钮，选择 FRONT 基准平面作为草图平面，然后绘制如图 10-105 所示的拉伸截面曲线。

07 退出草绘模式后，设置拉伸深度类型及拉伸距离，然后单击【应用】按钮完成拉伸曲面的创建，如图 10-106 所示。

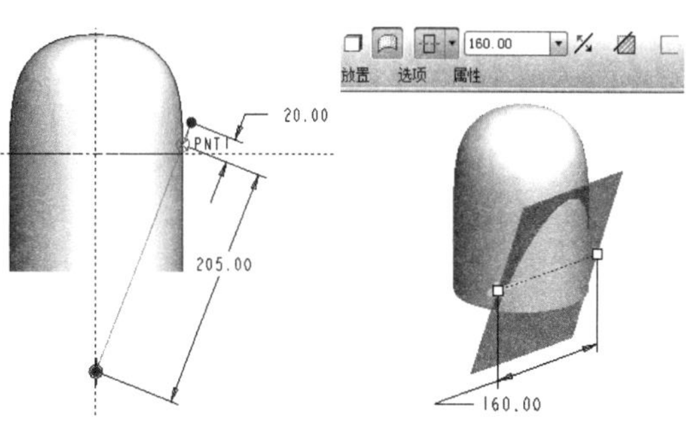

图 10-105　绘制拉伸草图截面　　图 10-106　设置拉伸深度

08 选中两个曲面特征，然后在菜单栏中选择【编辑】|【相交】命令，得到交线。如图 10-107 所示。

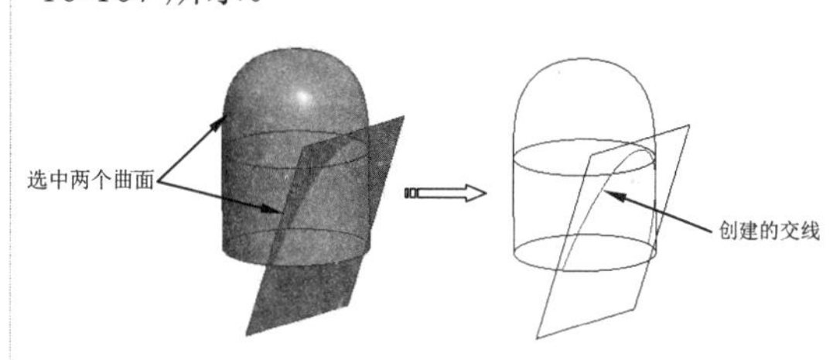

图 10-107　创建曲面交线

09 隐藏拉伸曲面。单击【可变截面扫描】按钮，打开操控板。然后选择曲面交线作为扫描轨迹，如图 10-108 所示。

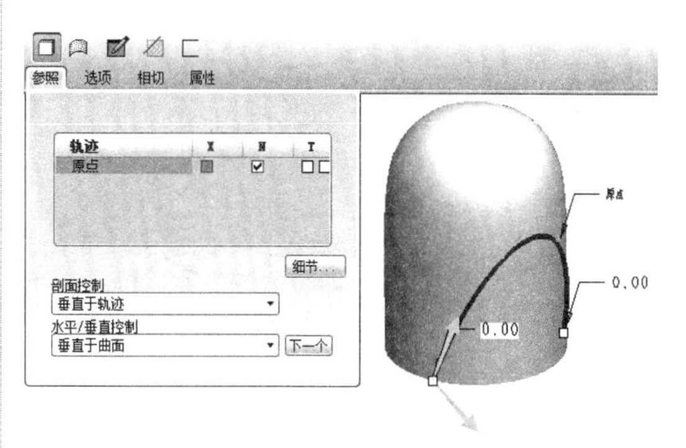

图 10-108　选择轨迹

10 在操控板中单击【创建或编辑扫描剖面】按钮，进入草绘模式，绘制如图10-109所示的截面。

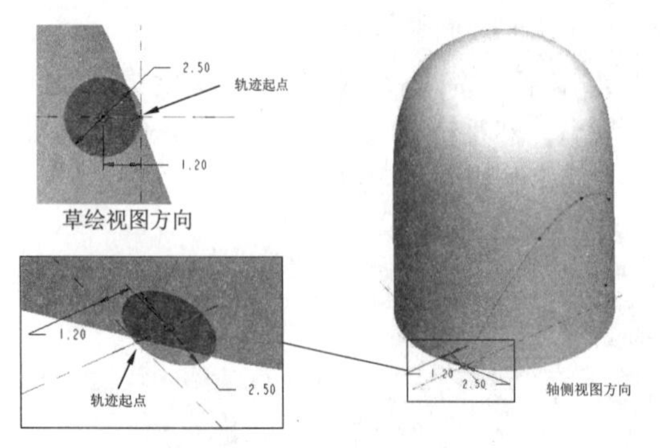

图 10-109　绘制可变截面

11 在草绘模式的菜单栏中选择【工具】|【关系】命令，打开【关系】对话框，然后输入如图10-110所示的关系式。此关系式表达的是正弦函数曲线。

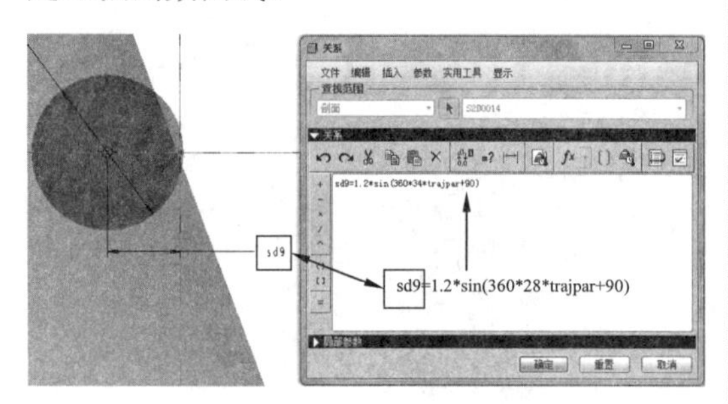

图 10-110　设定关系式

12 退出草绘模式，保留操控板中默认的设置，单击【应用】按钮完成可变截面扫描特征的创建。如图10-111所示。

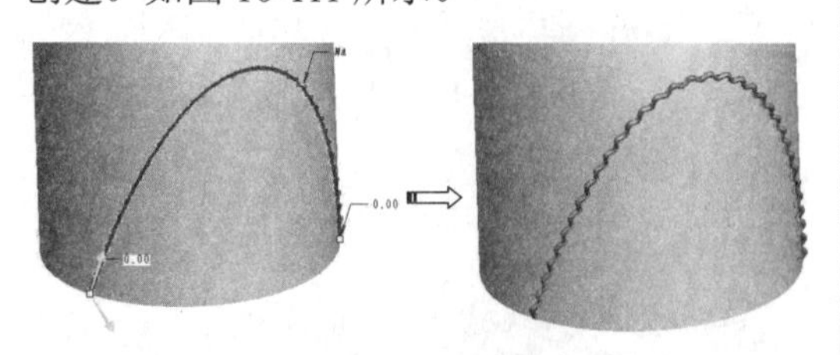

图 10-111　创建可变截面扫描特征

13 选中可变截面扫描特征，然后在菜单栏中选择【编辑】|【修剪】命令，用TOP基准平面将其修剪，如图10-112所示。

14 在模型树中将所有特征创建成组。然后选中组，在上工具栏单击【复制】、【选择性粘贴】按钮，打开【选择性粘贴】对话框，设置选项后单击【确定】按钮，如图10-113所示。

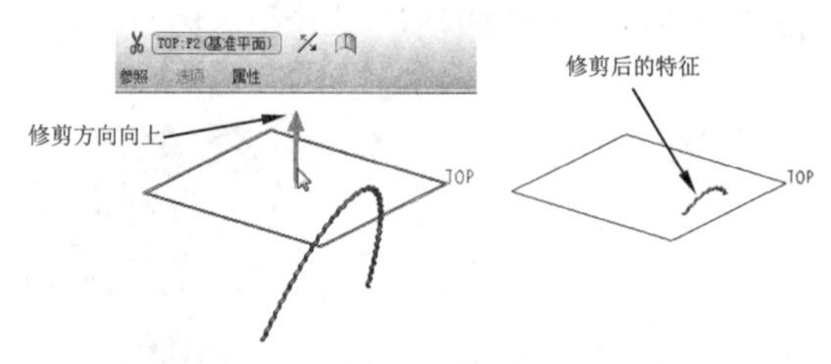

图 10-112　修剪可变截面扫描特征

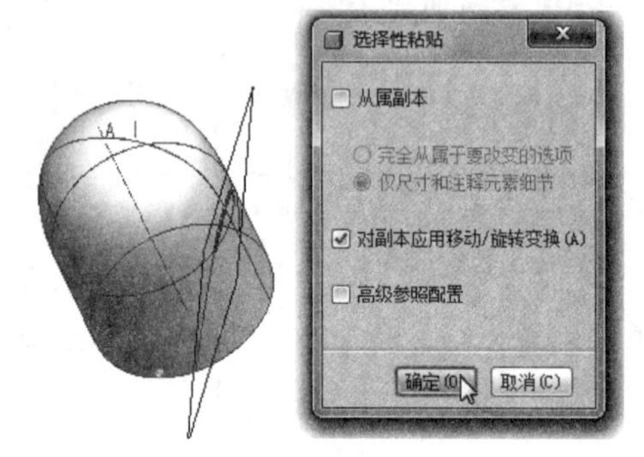

图 10-113　设置粘贴选项

15 随后弹出【复制】操控板。单击【相对选定参照旋转特征】按钮，然后选择旋转曲面的轴作为参考，输入旋转角度90°，单击【应用】按钮完成复制。如图10-114所示。

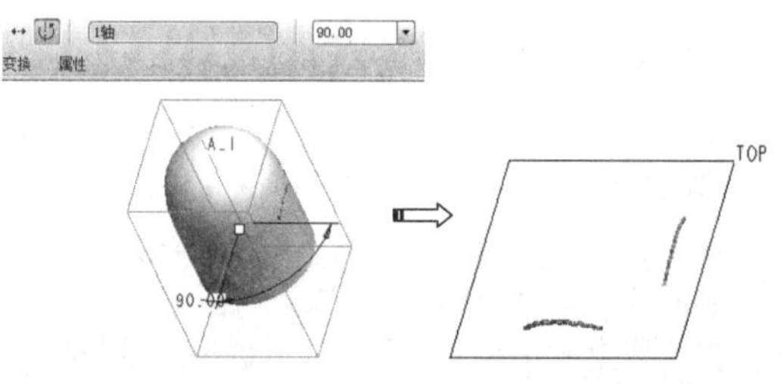

图 10-114　设置参数并创建复制特征

16 在模型树中将所有的副本特征和先前的组再创建成组，如图10-115所示。

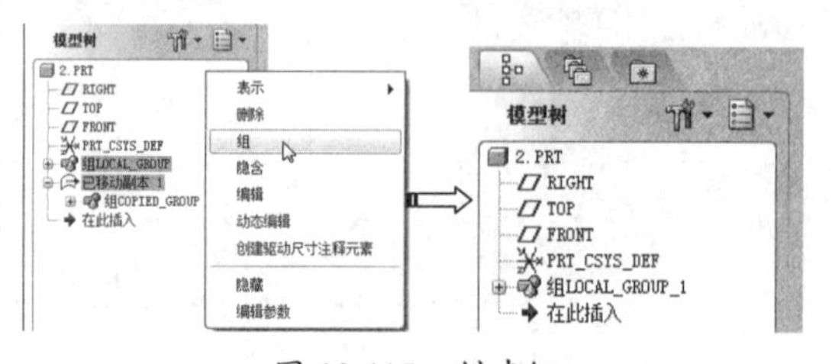

图 10-115　创建组

技术要点

创建组时，必须将【点】和【拉伸】曲面特征包含进去，否则创建阵列时缺少尺寸驱动。

17 选中组，单击【阵列】按钮，打开【阵列】操控板。选择标注为 0.05 的基准点尺寸作为尺寸驱动，再输入阵列数 19，如图 10-116 所示。

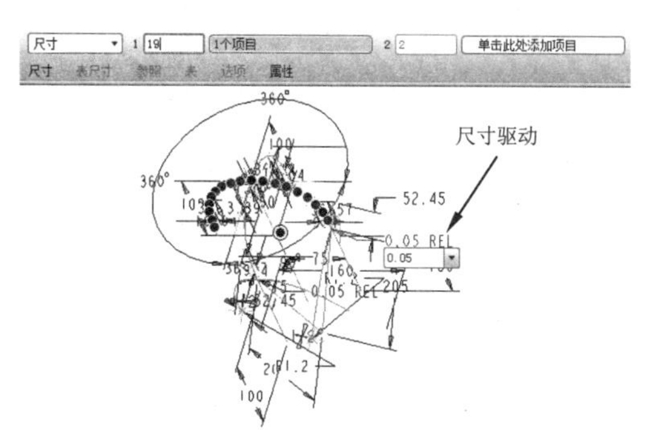

图 10-116　选择尺寸驱动

技术要点

由于阵列过后生成的特征较多，导致隐藏部分曲面和曲线比较烦琐，因此在阵列前除可变截面扫描特征外隐藏其余所有的特征。

18 单击【应用】按钮，完成阵列操作。结果如图 10-117 所示。

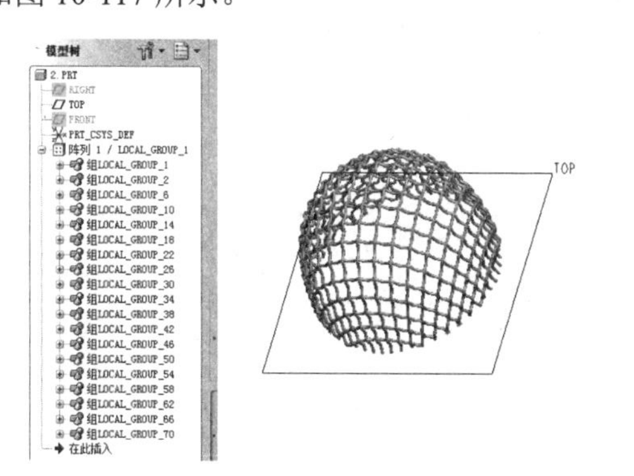

图 10-117　阵列的结果

技术要点

鉴于麦克风网罩阵列的数量太大，对计算机系统要求也比较高。因此麦克风网罩的另一半网罩也就不创建了，接下来直接建立手柄。

2．设计手柄

01 利用【旋转】命令，在【旋转】操控板中单击【作为曲面旋转】按钮，选择 FRONT 基准平面作为草图平面，绘制草图并完成旋转曲面的创建，如图 10-118 所示。

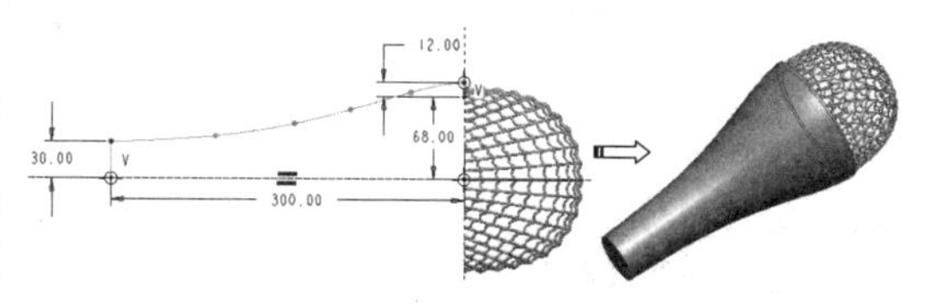

图 10-118　创建旋转曲面

02 选中旋转曲面，然后在菜单栏中选择【编辑】|【加厚】命令，创建厚度为 4 的加厚特征，如图 10-119 所示。

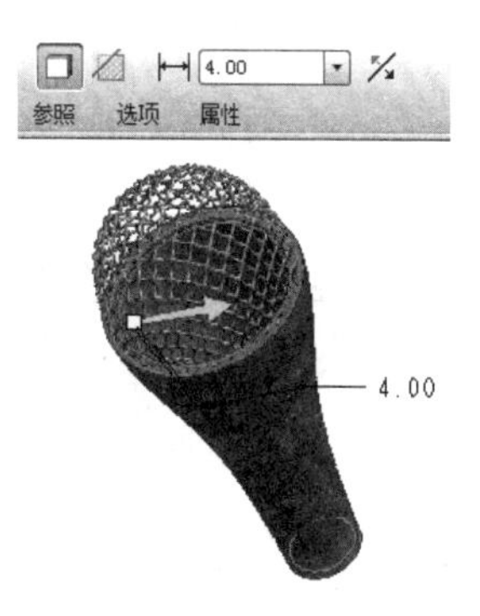

图 10-119　创建加厚特征

03 再利用【旋转】命令，在 FRONT 基准平面上绘制草图，完成旋转移除材料特征的创建。如图 10-120 所示。

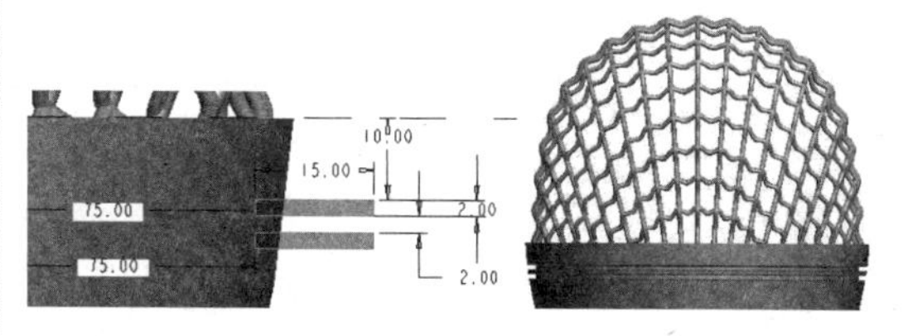

图 10-120　创建旋转移除材料特征

04 最后创建倒斜角特征，如图 10-121 所示。至此完成了麦克风的造型设计，结果如图 10-122 所示。

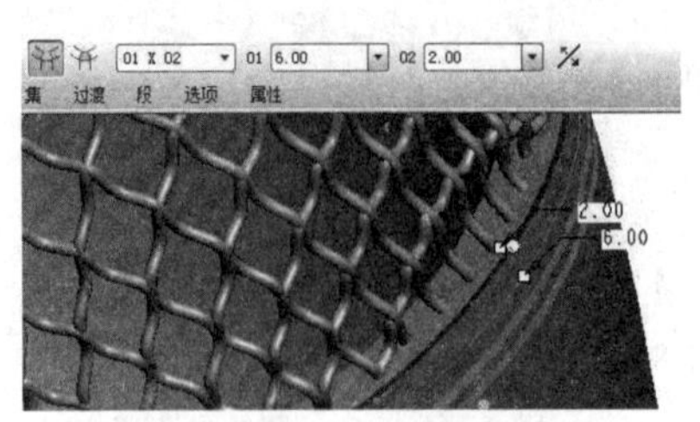

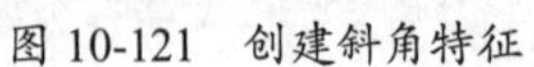

图 10-121　创建斜角特征

图 10-122　麦克风造型

10.4 课后习题

1. 天线罩造型

创建如图 10-123 所示的天线罩。

2. 饮料瓶造型

创建如图 10-124 所示的饮料瓶模型。

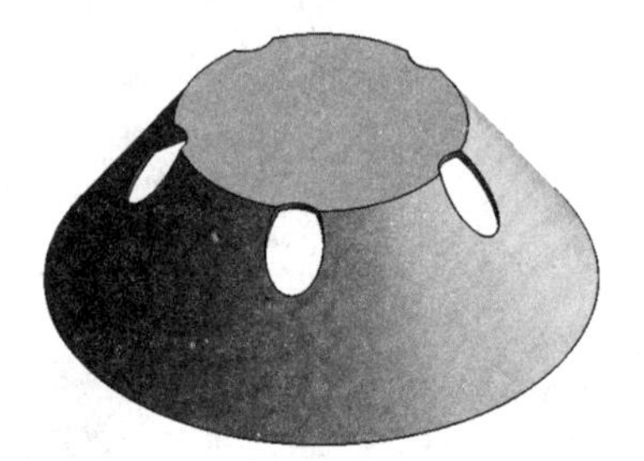

图 10-123　天线罩模型

图 10-124　饮料瓶模型

读书笔记

第 11 章　零件参数化设计

零件参数化设计是 Pro/E 重点强调的设计理念。参数是参数化设计中的核心概念，在一个模型中，参数是通过【尺寸】的形式来体现的。参数化设计的突出优点在于可以通过变更参数的方法来方便地修改设计意图，从而修改设计结果。关系式是参数化设计中的另外一项重要内容，它体现了参数之间相互制约的【父子】关系，本章将全面介绍参数化设计的基本方法和设计过程。

资源二维码

百度云盘

360 云盘 访问密码 32dd

知识要点

- ◆ 关系式及其应用
- ◆ 参数及其应用
- ◆ 插入 2D 基准图形
- ◆ 特征再生失败及其处理

11.1 关系

关系是参数化设计的另一个重要要素，通过定义关系可以在参数和对应模型之间引入特定的【父子】关系。当参数值变更之后，通过这些关系来规范模型再生后的形状和大小。

11.1.1 【关系】对话框

在菜单栏中选择【工具】|【关系】命令，可以打开如图 11-1 所示的【关系】窗口。

如果单击对话框底部的【局部参数】右三角按钮，可以在窗口底部显示【局部参数】选项组，用于显示模型上已经创建的参数，如图 11-2 所示。

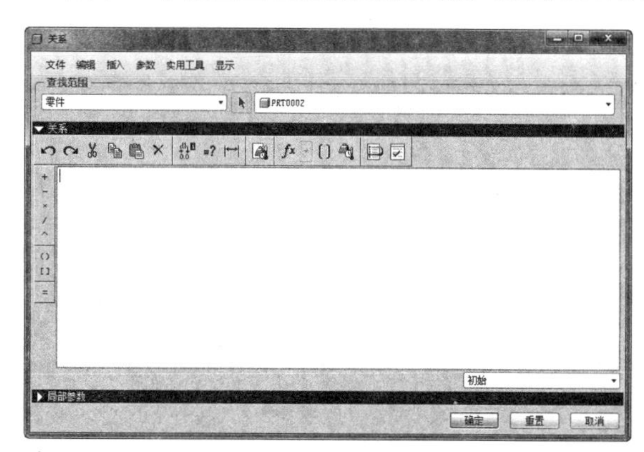

图 11-1 【关系】窗口

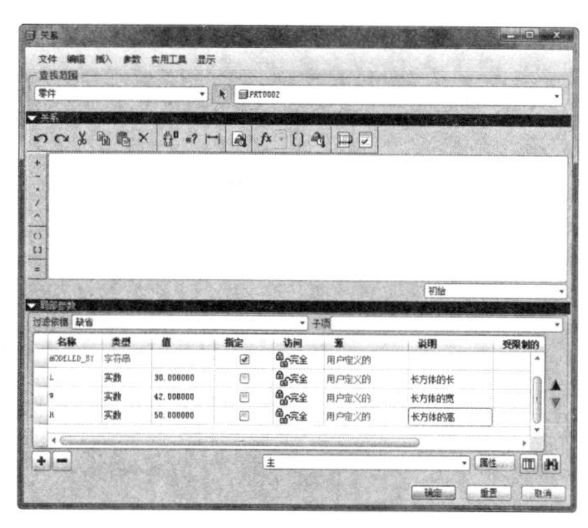

图 11-2 【参数】选项组

11.1.2 将参数与模型尺寸相关联

在参数化设计中，通常需要将参数和模型上的尺寸相关联，这主要是通过在【参数】窗口中编辑关系式来实现的。

下面介绍基本设计步骤。

1. 创建模型

按照前面的介绍，在为长方体模型创建了 L、W 和 H 这 3 个参数后，再使用拉伸的方法创建如图 11-3 所示的模型。

图 11-3　长方体模型

2. 显示模型尺寸

要在参数和模型上的尺寸之间建立关系，首先必须显示模型尺寸。比较简单快捷地显示模型尺寸的方法是在模型树窗口相应的特征上右击，然后在弹出的快捷菜单中选择【编辑】命令，如图 11-4 所示。

如图 11-5 所示是显示模型尺寸后的结果。

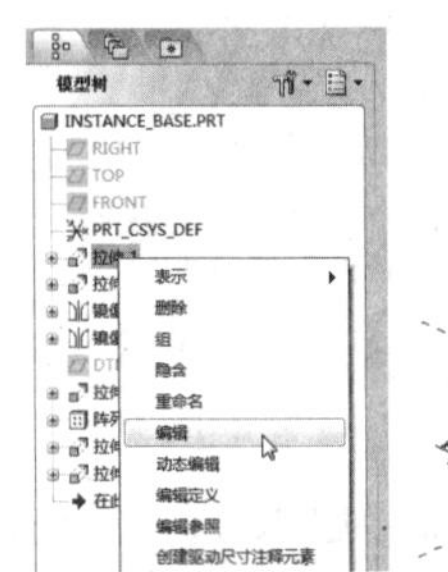

图 11-4　编辑特征

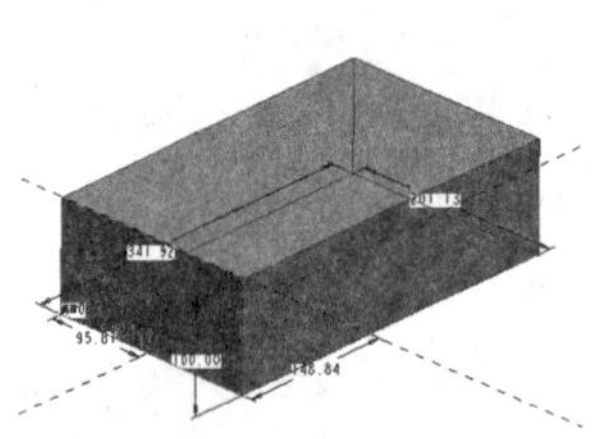

图 11-5　显示特征尺寸

3. 在特征尺寸和参数之间建立关系

按照下列步骤在特征尺寸和参数之间建立关系。

（1）打开【关系】窗口。

当模型上显示特征尺寸后，可以按照前述方法，在菜单栏中选择【工具】|【关系】命令，可以打开【关系】窗口。

> **技术要点**
>
> 此时模型上的尺寸将以代号形式显示。

（2）编辑关系式。

接下来就可以编辑关系式了。设计者可以直接在键盘上输入关系，也可以单击模型上的尺寸代号并配合【关系】窗口左侧的运算符号按钮来编辑关系式。按照如图 11-6 所示为长方体的长、宽、高 3 个尺寸与 L、W 和 H3 个参数之间建立关系。编辑完成后，单击对话框中的【确定】按钮保存关系。

图 11-6　编辑关系

（3）再生模型。

在【编辑】主菜单中选择【再生】命令或在上工具栏中单击 按钮再生模型。系统将使用新的参数值（L = 30、W = 40 和 H = 50）更新模型，结果如图 11-7 所示。

图 11-7　再生后的模型

（4）增加关系。

如果希望将该长方体模型改为正方体模型，可以再次打开该窗口，继续添加如图 11-8 所示的关系即可。如图 11-9 所示是再生后的模型。

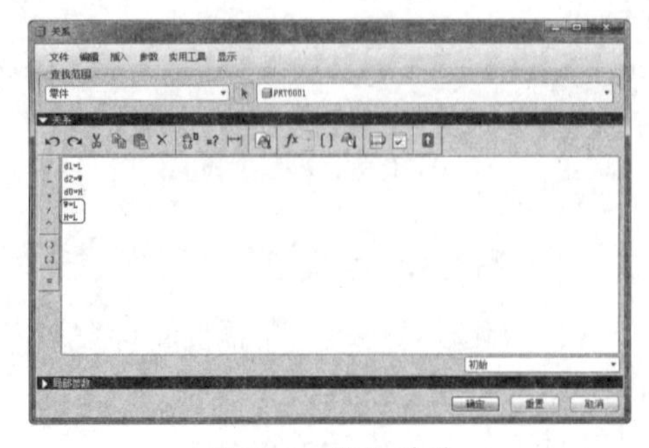

图 11-8　添加关系

图 11-9　再生后的模型

技术要点

注意关系【W = L】与关系【L = W】的区别，前者是用参数 L 的值更新参数 W 的值，建立该关系后，参数 W 的值被锁定，只能随参数 L 的改变而改变，如图 11-10 所示。而后者的情况刚好相反。

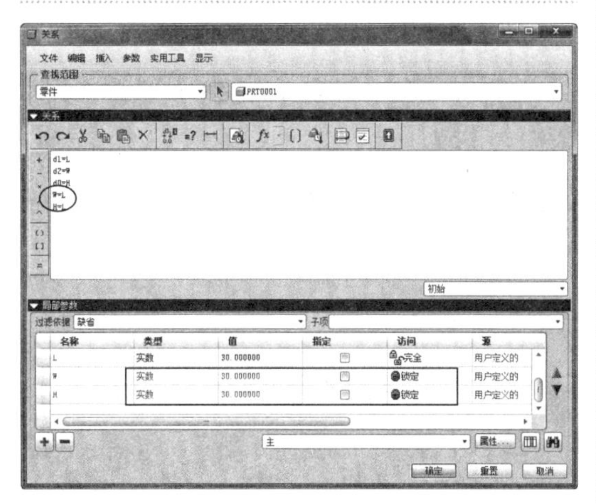

图 11-10　【关系】对话框

11.1.3　利用关系式进行建模训练

学习了【关系】的理论知识，下面通过几个小案例来熟悉如何利用关系式来设计特殊形状的模型。

动手操作——利用关系式设计麻花绳子

操作步骤：

01 新建 shengzi 模型文件。

02 以 TOP 作为草绘平面，利用【曲线】工具，在平面上绘制如图 11-11 所示的封闭样条曲线。

03 单击【可变截面扫描】按钮，打开操控板。选择曲线作为扫描轨迹，然后单击【创建或编辑扫描剖面】按钮进入草绘模式中。绘制出如图 11-12 所示的等边三角形截面。

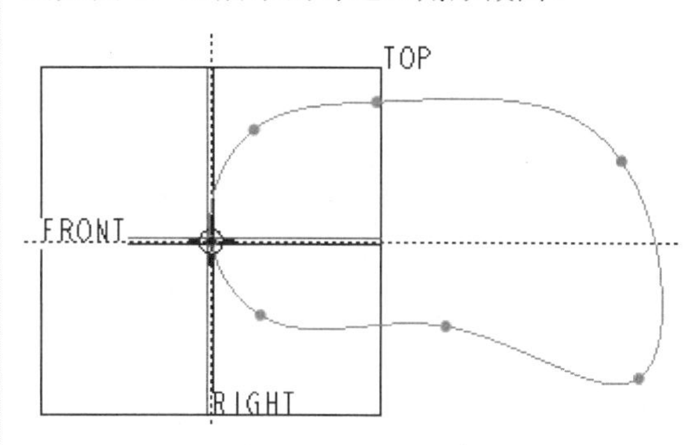

图 11-11　绘制曲线

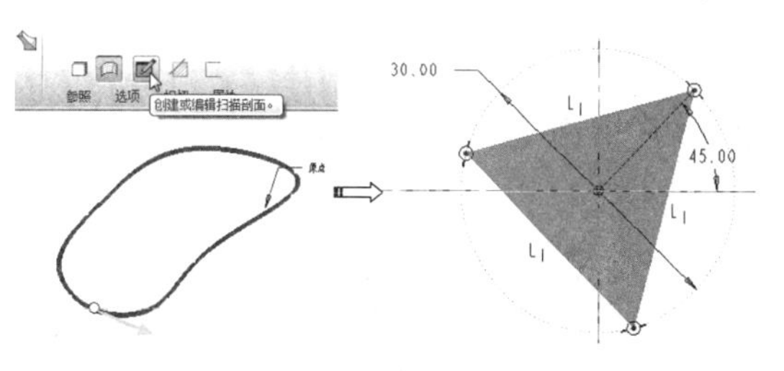

图 11-12　绘制等边三角形截面

技术要点

注意标注角度的参考斜线不要用中心线绘制，用直线绘制后右击，选择【构建】命令即可。

04 在草绘模式下，在菜单栏中选择【工具】|【关系】命令，为角度尺寸为 45°的直线添加关系式，如图 11-13 所示。

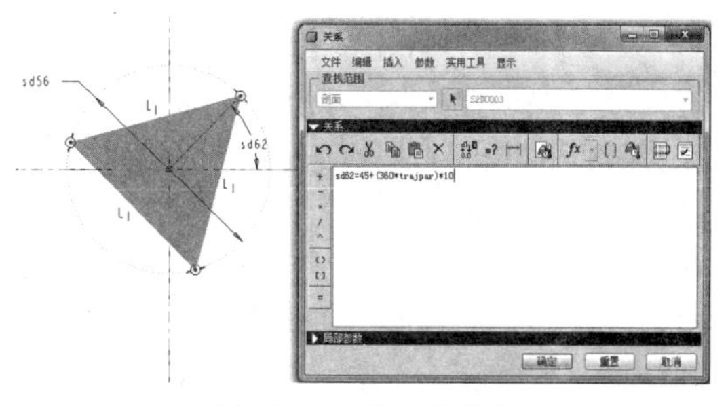

图 11-13　添加关系式

05 退出草绘模式，查看特征预览，然后单击【应用】按钮完成可变截面扫描曲面特征的创建。结果如图 11-14 所示。

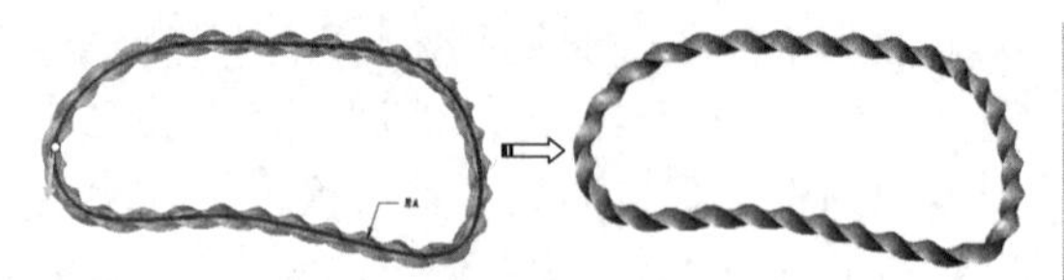

图 11-14 创建可变截面扫描曲面特征

06 再利用【可变截面扫描】工具，选择扫描曲面的一条边线折弯扫描轨迹，如图 11-15 所示，选择扫描轨迹。然后进入草绘模式中绘制如图 11-16 所示的截面。

07 退出草绘模式后单击【应用】按钮，完成扫描实体特征的创建。如图 11-17 所示。

08 同理，在可变扫描曲面特征的另外两条边线上，也分别创建出扫描实体特征。最终结果如图 11-18 所示。

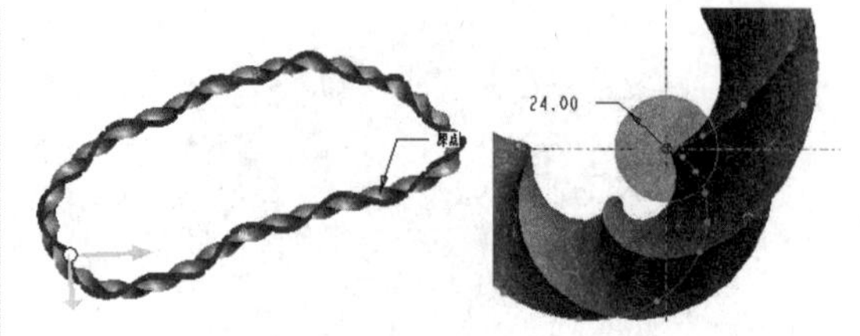

图 11-15 选择扫描轨迹　　图 11-16 绘制截面

图 11-17 完成扫描实体特征的创建　　图 11-18 完成的麻花绳

11.2 参数

参数用于提供关于设计对象的附加信息，是参数化设计的重要要素之一。参数与模型一起存储，参数可以标明不同模型的属性，例如在一个【族表】中创建参数【成本】后，对于该族表中的不同实例可以为其设置不同的值，以示区别。

参数的另一个重要用法就是配合关系的使用来创建参数化模型，通过变更参数的数值来变更模型的形状和大小。

11.2.1 参数概述

在前面的建模过程中，我们已经初步掌握了通过尺寸来约束特征形状和位置的一般方法，并且理解了【尺寸驱动】的含义，也进一步体会了通过【尺寸驱动】方法来创建模型的优势和特点。

在实际设计中，常常会遇到这样的问题：有时候需要创建一种系列产品，这些产品在结构特点和建模方法上都有极大的相似之处，例如一组不同齿数的齿轮、一组不同直径的螺钉等。如果能够对一个已经设计完成的模型进行最简单的修改就可以获得另外一种设计结果（例如将一个具有 30 个轮齿的齿轮改变为具有 40 个轮齿的齿轮），那将大大节约设计时间，增加模型的利用率。要实现这种设计方法，可以借助【参数】来实现。

技术要点

要完全确定一个长方形模型的形状和大小需要怎么样的尺寸？当创建完成一个长方体模型后，怎样更改其形状和大小呢？

不难知道，只要给出一个长方体模型的长、宽和高 3 个尺寸，就可以完全确定该模型的形状和大小。要更改其形状和大小，则需要使用编辑或重定义模型的方法通过修改相关尺寸来实现。那么是否还有更加简便的方法呢？

在 Pro/E 中，可以将长方体模型的长、宽和高等 3 个数据设置为参数，将这些参数与图形中的尺寸建立关联关系后，只要变更参数的具体数值，就可以轻松改变模型的形状和大小，这就是参数在设计中的用途。

11.2.2　参数的设置

在 Pro/E 中，可以方便地在模型中添加一组参数，通过变更参数值来实现对设计意图的修改。新建零件文件后，在菜单栏中选择【工具】|【参数】命令，将打开如图 11-19 所示【参数】窗口，使用该对话框在模型中创建或编辑用户定义的参数。

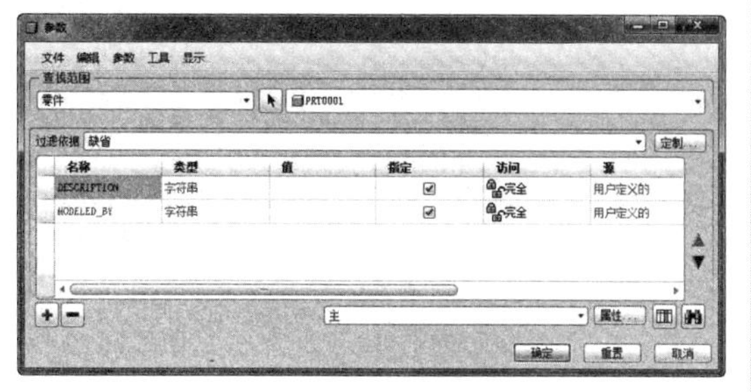

图 11-19　【参数】窗口

1．添加参数

进行参数化设计的第一个步骤就是添加参数。在【参数】窗口左下角单击【添加参数】按钮，或者在窗口中的【参数】下拉菜单中选择【添加参数】命令，在【参数】窗口中都将新增一行内容，依次为参数设置相关属性项目。

（1）名称。

参数的名称和标识，用于区分不同的参数，是引用参数的根据。注意，Pro/E 的参数不区分大小写，例如参数【D】和参数【d】是同一个参数。参数名不能包含非字母数字字符，如 !、"、@ 和 # 等。

技术要点

用于关系的参数必须以字母开头，而且一旦设定了用户参数的名称，就不能对其进行更改。

（2）类型。

为参数指定类型，可以选用的类型如下：

- 【整数】：整型数据，例如齿轮的齿数等。
- 【实数】：实数数据，例如长度、半径等。
- 【字符串】：符号型数据，例如标识等。
- 【是否】：二值型数据，例如条件是否满足等。

（3）【值】。

为参数设置一个初始值，该值可以在随后的设计中修改，从而变更设计结果。

（4）【指定】。

选中列表中的复选框可以使参数在产品数据管理（Product Data Management，PDM）系统中可见。

（5）【访问】。

为参数设置访问权限，可以选用的访问权限如下：

- 【完全】：无限制的访问权限，用户可以随意访问参数。
- 【限制】：具有限制权限的参数。
- 【锁定】：锁定的参数，这些参数不能随意更改，通常由关系决定其值。

（6）【源】。

指明参数的来源，常用的来源如下：

- 【用户定义的】：用户定义的参数，其值可以自由修改。
- 【关系】：由关系驱动的参数，其值不能自由修改，只能由关系来确定。

技术要点

在参数之间建立关系后可以将由用户定义的参数变为由关系驱动的参数。

2．增删参数的属性项目

前面介绍的参数包含上述属性项目，设计者在使用时可以根据个人爱好删除以上 6 项中除【名称】之外的其他属性项目，具体操作步骤如下：

01 打开【参数表列】对话框。

02 在【参数表列】对话框选取不显示的项目，如图 11-20 所示。

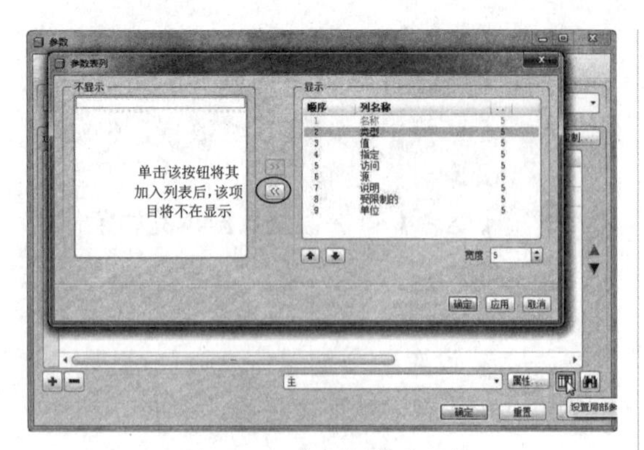

图 11-20 【参数】对话框

11.2.3 编辑属性参数项目

增加新的参数后，可以在参数列表中直接编辑该参数，为各个属性项目设置不同的值，也可以在【参数】窗口右下角单击【属性】按钮，打开如图 11-21 所示的【参数属性】对话框进行编辑。

11.2.4 向特定对象中添加参数

在【参数】窗口中的【查找范围】下拉列表中下，选择想要对其添加参数的对象类型。这些对象主要包括以下内容：

- 【组件】：在组件中设置参数。
- 【骨架】：在骨架设置参数。
- 【元件】：在元件中设置参数。
- 【零件】：在零件中设置参数。
- 【特征】：在特征中设置参数。
- 【继承】：在继承关系中设置参数。
- 【面组】：在面组中设置参数。
- 【曲面】：在曲面中设置参数。
- 【边】：在边中设置参数。
- 【曲线】：在曲线中设置参数。
- 【复合曲线】：在复合曲线中设置参数。
- 【注释元素】：存取为注释特征元素定义的参数。

如果在特征上创建参数，可以在模型树窗口中选定的特征上右击，然后在右键快捷菜单中选择【编辑参数】命令，如图 11-22 所示，也将打开【参数】窗口进行参数设置。如果选择多个对象，则可以编辑所有选取对象中的公用参数。

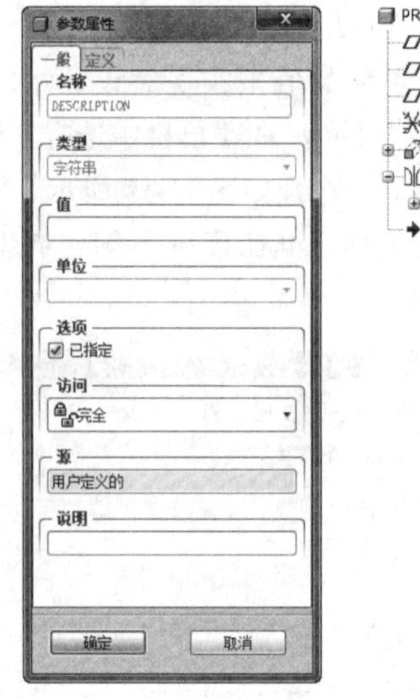

图 11-21 【参数属性】对话框

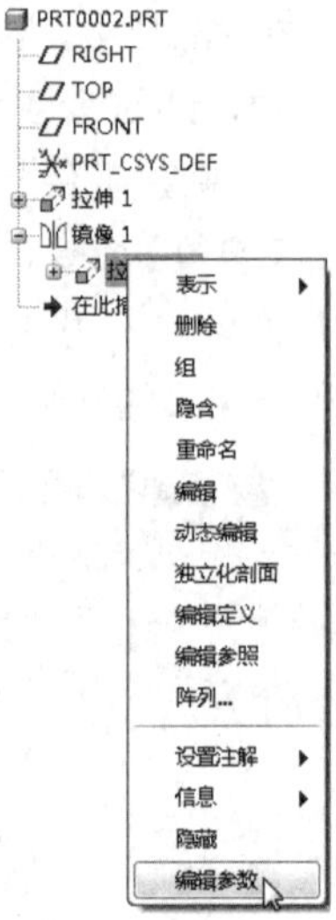

图 11-22 编辑特征参数

11.2.5 删除参数

如果要删除某个参数，可以首先在【参数】窗口的参数列表中选中该参数，然后在窗口底部单击【删除参数】按钮删除该参数。但是不能删除由关系驱动的或在关系中使用的用户参数。对于这些参数，必须先删除其中使用参数的关系，然后再删除参数。

动手操作——利用参数定义机械零件

操作步骤：

01 新建名为【lingjian】的模型文件。

02 利用【旋转】工具，在 FRONT 基准平面上绘制草图，并完成旋转特征的创建，如图 11-23 所示。

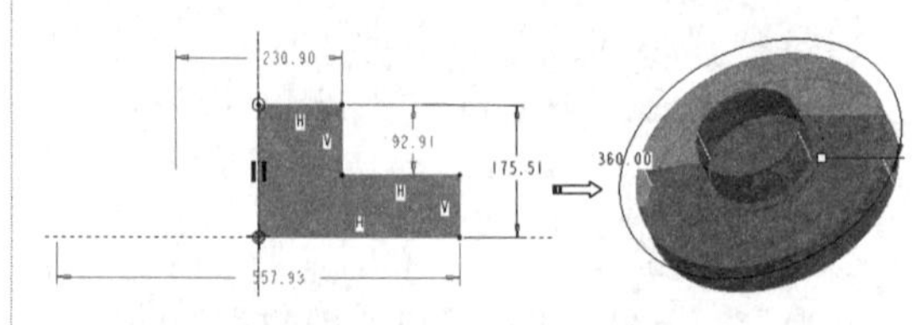

图 11-23 创建旋转特征

技术要点

在建立参数之前，先任意绘制旋转截面。

03 利用【孔】工具，打开【孔】操控板。选择模型上表面作为孔的放置面，再选择偏移参照，最后单击【应用】按钮☑，完成孔 1 的创建（孔直径取任意值），如图 11-24 所示。

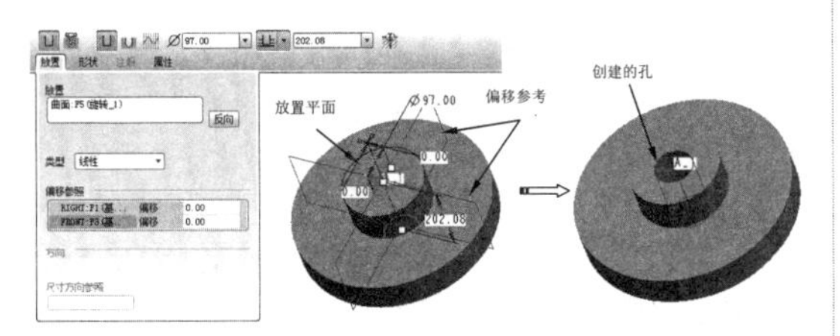

图 11-24　创建孔 1

04 同理，再利用【孔】工具，在模型台阶面上创建孔特征 2，偏移参考为 RIGHT 基准平面与 FRONT 基准平面，结果如图 11-25 所示。

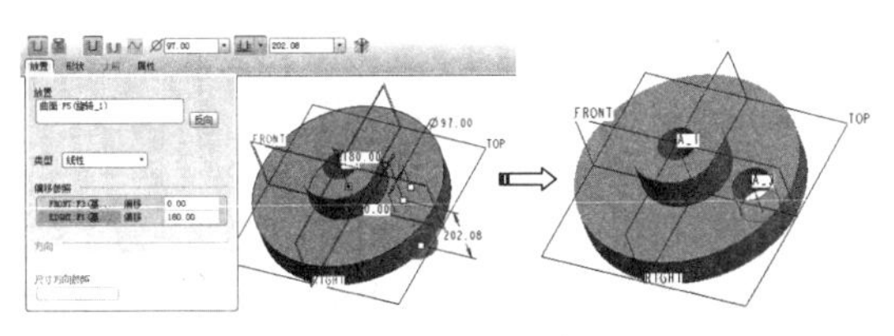

图 11-25　创建孔特征 2

05 利用【阵列】工具，选择孔特征 2 进行轴阵列，阵列设置及结果如图 11-26 所示。

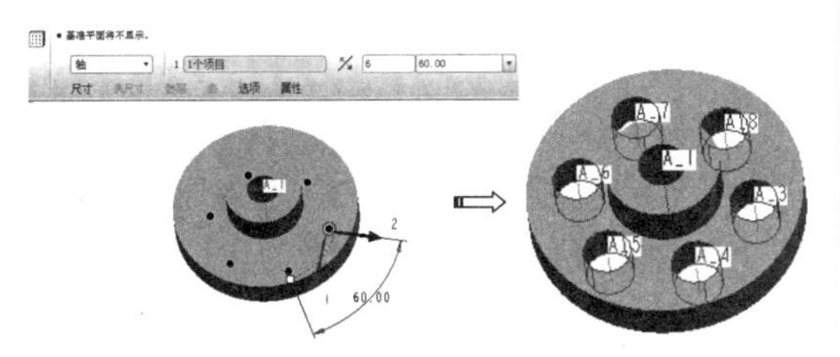

图 11-26　阵列孔

06 设置参数。在菜单栏中选择【工具】|【参数】命令，打开【参数】窗口。然后输入模型整体直径 D=300、高度 H=100、阵列小孔直径 DL=50、阵列成员数 N=6、阵列中心距 DM=112.5、中心孔直径 DZ=100、中心孔高度 DH=100、凸台直径 DT=150、高度 DTH=50，如图 11-27 所示。

07 设置参数后，还要建立参数与图形尺寸之间的关系，即创建尺寸驱动。在菜单栏中选择【工具】|【关系】命令，打开【关系】窗口。首先在窗口中输入旋转特征中如图 11-28 所示的尺寸关系。

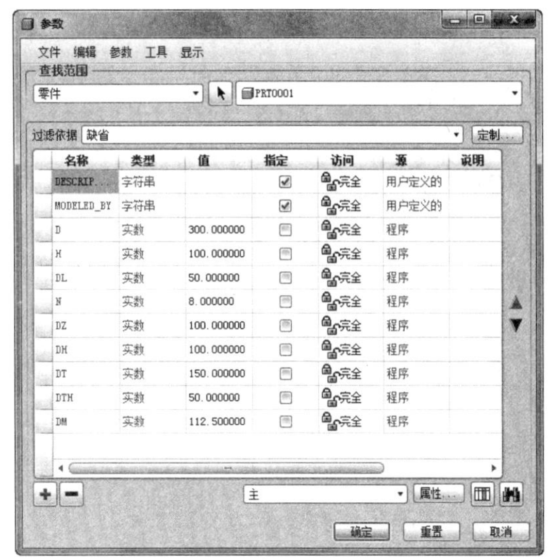

图 11-27　输入参数

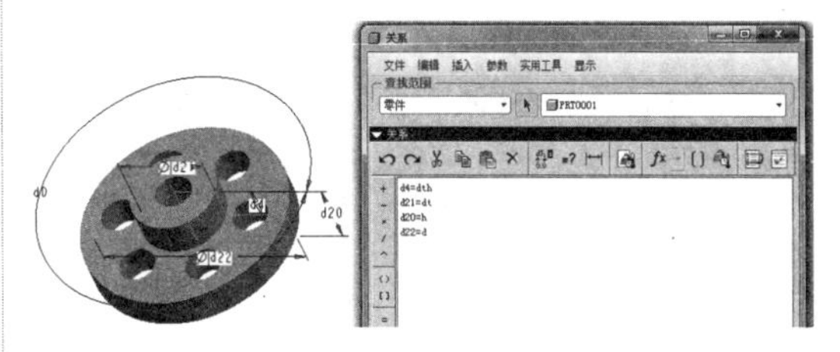

图 11-28　输入旋转特征的尺寸关系

技术要点

要想显示尺寸，必须在模型树中选中该特征，并选择右键快捷菜单中的【编辑】命令。

08 接着输入中心孔直径和高度的尺寸关系，如图 11-29 所示。

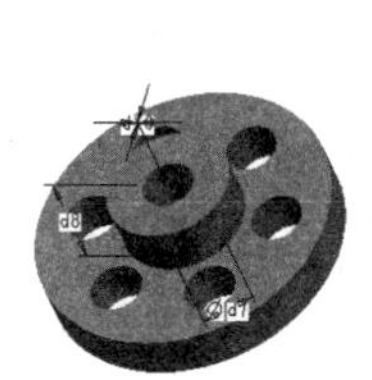
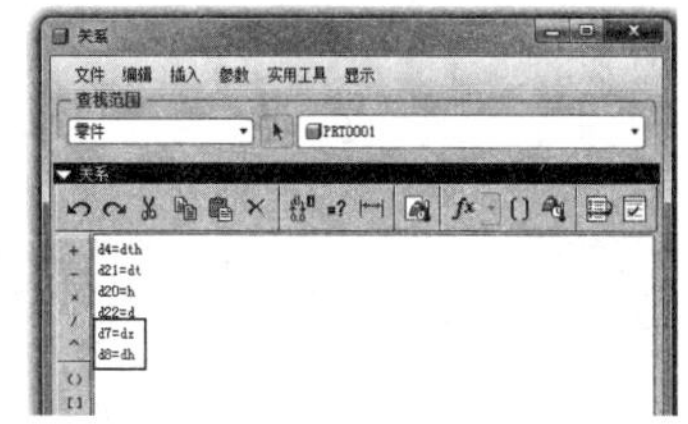

图 11-29　添加中心孔的尺寸关系

09 最后再输入阵列孔的直径和阵列个数的尺寸关系，如图 11-30 所示。

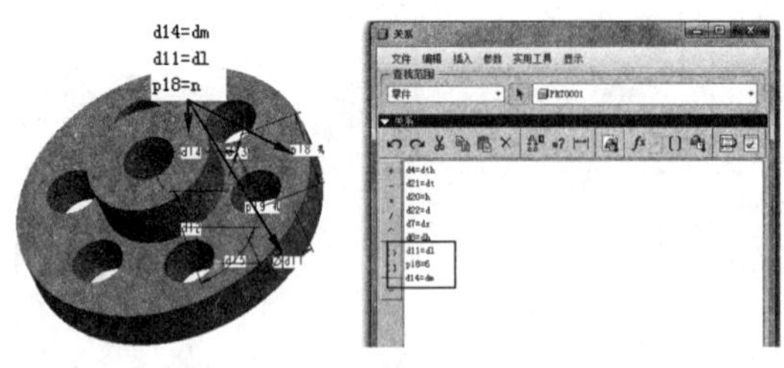

图 11-30　输入阵列小孔的尺寸关系

10 创建尺寸关系后，还要设置程序，便于用户通过输入新尺寸来再生零件。在菜单栏中选择【工具】|【程序】命令，打开【程序】菜单管理器。选择【编辑设计】命令，打开记事本文档，如图 11-31 所示。

11 在记事本中的 INPUT 和 END INPUT 之间插入如图 11-32 所示的字符。

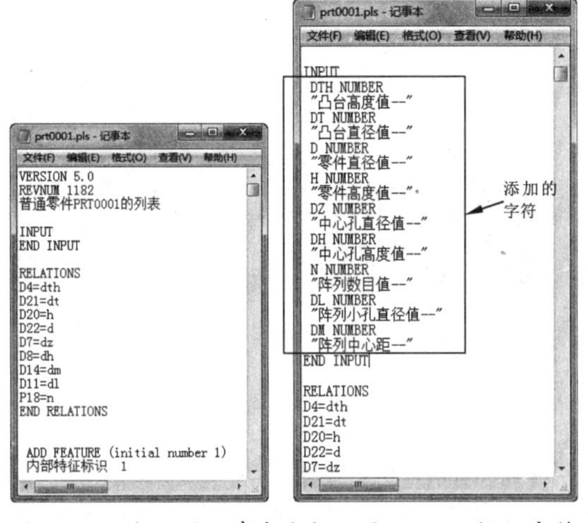

图 11-31　打开的记事本文档　图 11-32　插入字符

12 完成后关闭记事本，然后单击【确认】对话框的【是】按钮，再选择菜单中的【当前值】命令，零件模型随即自动更新至参数化后的尺寸。如图 11-33 所示。

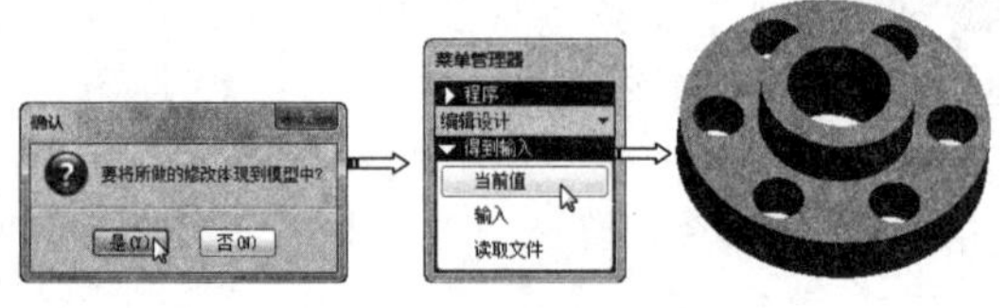

图 11-33 完成程序的指定

13 在模型树的顶层部件上单击右键，并选择快捷菜单中的【再生】命令，打开菜单管理器。选择【输入】命令，选中相应的复选框，进行参数设置，以此创建新的零件，如图 11-34 所示。

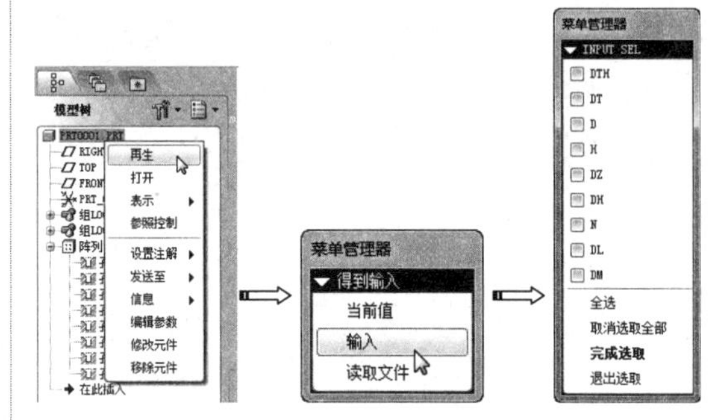

图 11-34　使用参数化设置命令

14 如图 11-35 所示为更改阵列小圆直径 DL 和中心孔直径 DZ 参数后重新再生的零件模型。

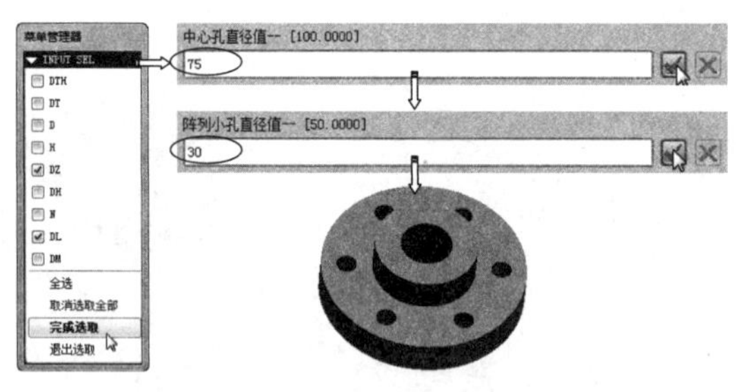

图 11-35　参数化设置并再生零件

11.3 插入 2D 基准图形关系

利用 Pro/E 创建具有变化截面的特征，通常会利用 2D 基准图形的功能，创建可变的截面。前面 11.1 小节中所讲解的【关系】应用，在没有插入 2D 基准图形前，仅仅是创建可变的轨迹。

11.3.1　什么是 2D 基准图形关系

【2D 基准图形】实际是一个函数，主要是用来补充非线性变化的。【2D 基准图形（Graph）】主要是利用函数的概念来控制截面变化的。

技术要点

注意通过 Graph 所绘制的函数一定不能是多值（即：坐标平面上的每一个 x 值只能有唯一的 y 值与之对应）。

另外，在 Graph 里面所绘制的函数不一定是标准函数，大部分都是我们自己根据实际来创建的：需要怎样的形状，以及需要形状在什么范围内变化是绘制 Graph 的目的。而关系就实现就在 Graph 上面。

【2D 基准图形】通常与【可变截面扫描】工具结合使用。

11.3.2　2D 基准图形的应用

在菜单栏中选择【插入】|【模型基准】|【图形】命令，Pro/E 提示用户需要为创建特征输入一个名字，如图 11-36 所示。命名的规则必须是英文命名，也可以输入 G1，G2，G3…代号。

图 11-36　为 2D 基准图形命名

技术要点

由于在用于创建特征时的函数关系式中不能出现中文名称，所以必须是英文命名或代码命名。

单击【应用】按钮，将会弹出新的草绘窗口，如图 11-37 所示。

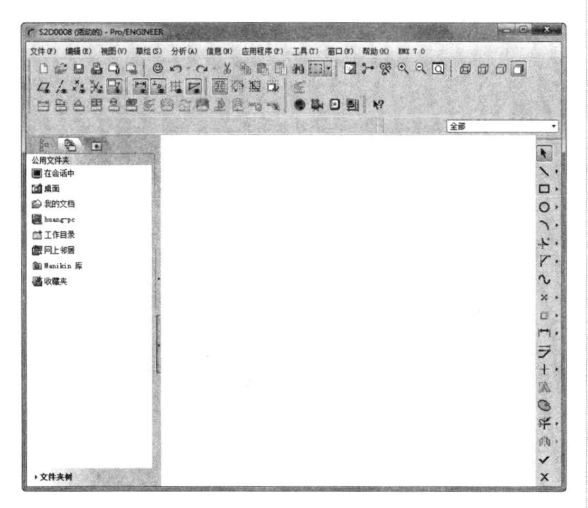

图 11-37　新的草绘窗口

技术要点

要关闭窗口，必须在草绘窗口中选择【文件】|【关闭窗口】命令，或者选择【窗口】|【关闭】命令。

在草绘窗口下，绘制图形前必先创建草绘模式中的坐标系作为参考。否则，将不能为函数添加关系式，甚至不能退出草绘窗口。

正确的 2D 基准图形必须包括以下几个要素（如图 11-38 所示）：

- 必须先创建草绘坐标系（非几何坐标系）。
- 创建坐标系后需绘制用于标注参考的中心线（非几何中心线）。
- 截面必须是开放的，不能封闭。

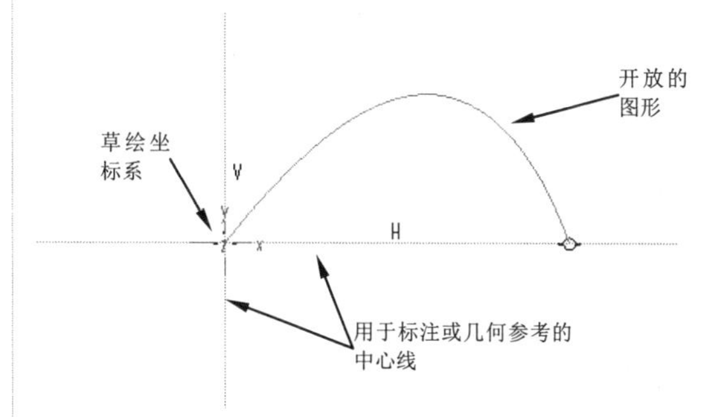

图 11-38　2D 基准图形的 3 个要素

为了更好地表达出【2D 基准图形】的应用方法，下面以实例来说明操作过程。

动手操作——利用 2D 基准图形设计【田螺】造型

本次任务用田螺的外壳造型来说明【2D 基准图形】与【可变截面扫描】工具巧妙结合应用的方法，如图 11-39 所示。

图 11-39　田螺外壳造型

操作步骤：

01 新建名为【tianluo】的模型文件。

02 在菜单栏中选择【插入】|【模型基准】|【图形】命令，然后输入图形的名称 G1，然后在新的草绘窗口中绘制如图 11-40 所示的图形。

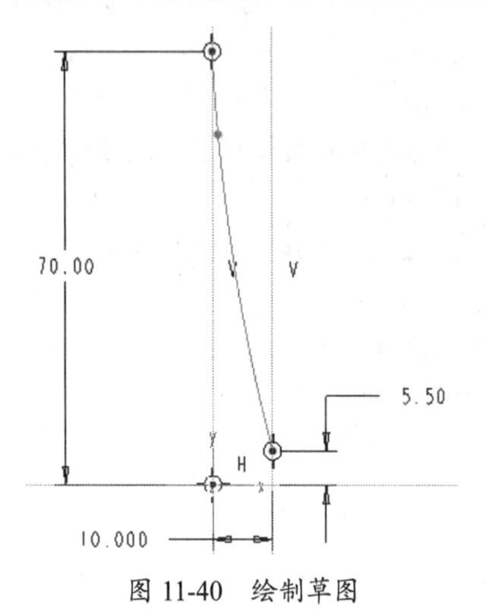

图 11-40 绘制草图

03 在菜单栏中选择【插入】|【螺旋扫描】|【曲面】命令，然后选择如图 11-41 所示的系列命令，进入草绘模式。

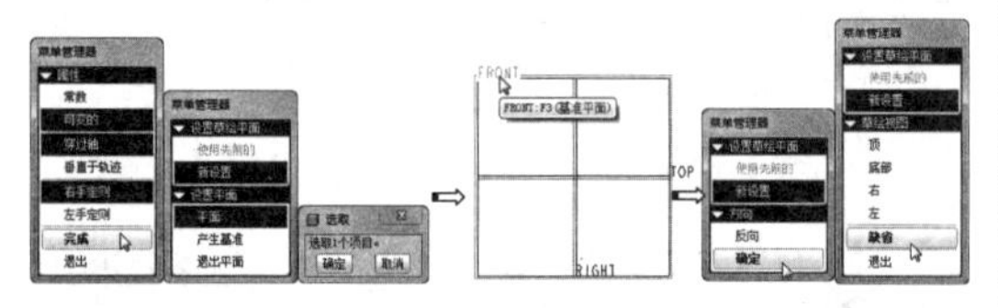

图 11-41 选择创建螺旋扫描曲面的相关命令

04 进入草绘模式后绘制如图 11-42 所示的扫描轨迹。

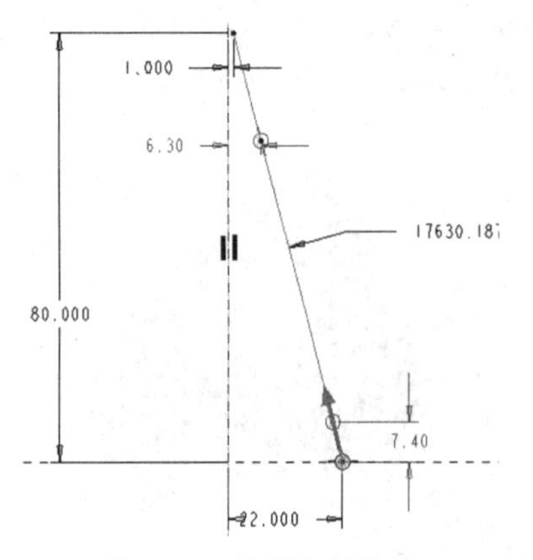

图 11-42 绘制扫描轨迹

技术要点

绘制开放的轨迹时，还需要绘制中心线，否则截面不完整。

05 退出草绘模式后，输入起点的螺距值和终点的螺距值，输入后弹出【图形】菜单管理器，然后提示您添加扫描轨迹线上的点，以此设置此点的螺距值，如图 11-43 所示。

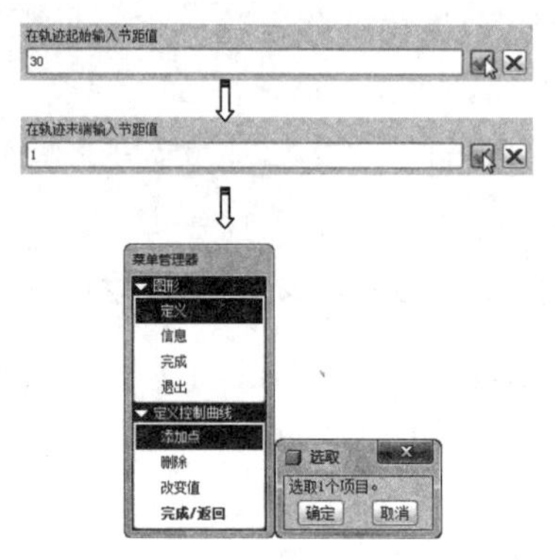

图 11-43 设置起点和终点的螺距值

06 在轨迹线上依次选取节点作为参考点，然后输入该点的螺距值，同时将添加的点和螺距值显示在打开的基准图形窗口中，如图 11-44 所示。

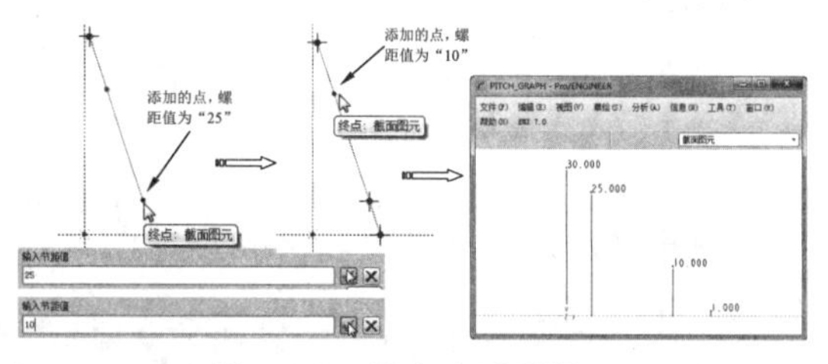

图 11-44 添加点设置螺距

07 选择【图形】菜单中的【完成】命令，再绘制如图 11-45 所示的开放的扫描截面。

08 利用【关系】命令，将尺寸添加到关系式，如图 11-46 所示。

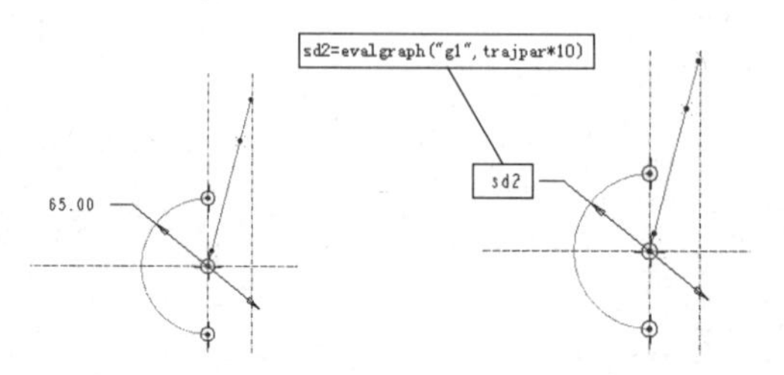

图 11-45 绘制扫描截面 图 11-46 添加关系式

关于【sd2=evalgraph(【g1】,trajpar*10)】关系式

此关系式表达了这样一个意思：将基准图形 G1 特定范围内的每一个横坐标对应的纵坐标的值赋给 sd2（为尺寸代号）。【trajpar*10】含义为在 G1 图形中取【X=0】与【X=100】之间所对应的纵坐标作为取值范围。trajpar 的取值范围是 [0,1]，开始取 0，结束取 1。

【trajpar*100】中的【10】为变量值，实际上控制 sd1 可取值的范围。

技术要点

截面的尺寸为任意尺寸，此尺寸由驱动尺寸控制。

09 退出草绘模式，在【曲面：螺旋扫描】对话框中单击【确定】按钮，完成螺旋曲面的创建，如图 11-47 所示。

图 11-47　创建完成的田螺

11.4　特征再生失败及其处理

在使用 Pro/E 进行三维建模时，每当设置完特征参数或更新特征参数后，系统都会按特征的创建顺序并根据特征间父子关系的层次逐个重新创建模型特征。但是，并不是随意指定参数都可以获得正确的设计结果，不合适的参数或操作可能导致特征失败。这时就需要对失败的特征进行解决以获得正确的结果。

11.4.1　特征再生失败的原因

导致特征再生失败的原因很多，归纳起来主要有以下几种情况：

- 在创建实体模型时，指定了不合适的尺寸参数。例如在创建扫描实体（曲面）特征时，如果扫描轨迹线的转折过急，而剖面尺寸较大时将导致特征生成失败。
- 在创建实体模型时，指定了不合适的方向参数。例如创建筋特征时指定了不合理的材料填充方向，创建减材料特征时指定了不正确的特征生成方向。
- 设计者删除或隐含了特征。如果设计者删除或隐含了特征，却并未为该特征的子特征重新设定父特征，也将导致特征再生失败。
- 设计参照缺失。在变更模型设计意图的过程中，如果对其他特征的修改操作而导致某一特征的设计参照丢失，也将导致该特征再生失败。

特征再生失败后，Pro/E 首先弹出警示对话框，随后自动进入【解决】环境（也称【修复模型模式】）。【解决】环境具有以下特点：

- 【文件】|【保存】功能不再可用。
- 失败的特征和所有随后的特征均不会再生。当前模型只显示再生特征在其最后一次成功再生时的状态。
- 如果当前正在使用特征设计工具创建特征，此时系统会打开【故障排除器】对话框，以便给出特征再生失败的相关信息。通过显示的注解，可以找出问题的解决方法，如图 11-48 所示。

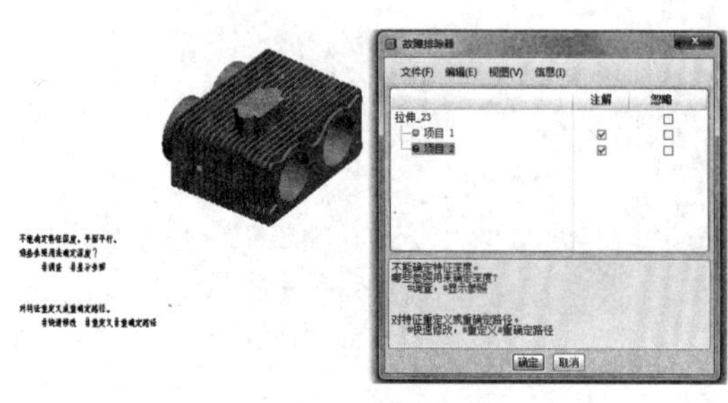

图 11-48 【故障排除器】对话框

- 如果当前并未使用特征设计工具创建特征，系统将直接打开【特征诊断】对话框和【求解特征】菜单管理器解决再生失败问题。

对于再生失败的模型，可以通过模型诊断来发现问题所在，然后根据问题的特点采用适当的方法来修复模型，下面将介绍具体的解决方法。

11.4.2 【故障排除器】对话框

当特征再生失败后，可以打开【故障排除器】对话框，查看再生过程中遇到的警告及错误信息，加亮显示这些项目还可在模型中为错误信息定位。

1. 打开【故障排除器】对话框的方法

使用下列方法之一可以访问【故障排除器】对话框：

- 对于某些特征，完成参数设置后单击【确定】按钮创建特征时。如果使用当前参数不能够创建特征，【故障排除器】对话框会自动打开。
- 在为特征设置参数时，如果参数收集器中包含红点（错误的参数）或黄点（警告参数），则在其上右击，然后从快捷菜单中选择【错误内容】命令，也将打开【故障排除器】对话框。

2. 【故障排除器】对话框的使用

在【故障排除器】对话框中将列出再生失败的特征，其下跟有包含错误的项目。每一项目前面均带有【·】（警告信息）或【●】（错误信息），如图 11-49 所示。

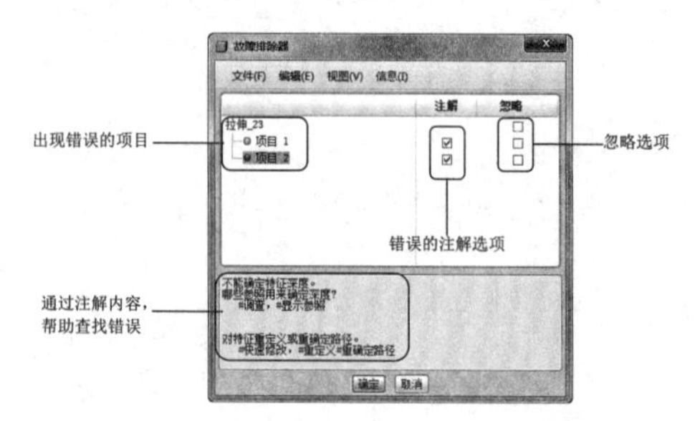

图 11-49 【故障排除器】对话框

3. 查看错误项目

在【故障排除器】对话框中选中错误项目，在其下的列表框中将显示一条描述该问题的消息。如果几何存在，便会在模型中加亮显示，如图 11-50 所示。

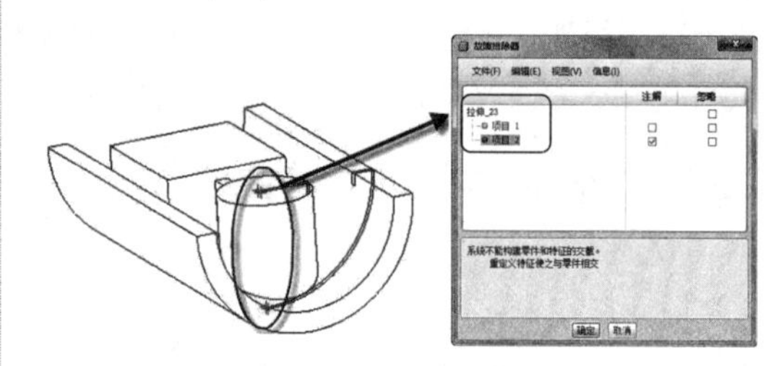

图 11-50 显示故障位置

4. 处理错误项目

查看错误信息后，可以在该项目右侧的对应复选框中选取处理方法，选中【注解】复选框，将在模型上为该错误项目添加注释，选中【忽略】复选框将忽略该错误。

使用【故障排除器】对话框查看完相关信息后，单击【确定】按钮。如果此时尚在使用设计工具进行设计，可以单击图标板上的按钮进一步修改设计参数。

11.5 拓展训练

本节用圆柱直齿轮和蜗轮蜗杆传动的参数化建模案例让大家练习，目的是让大家熟练掌握参数化设计的技巧。

11.5.1　圆柱直齿轮参数化设计

◎ 引入文件：无

◎ 结果文件：实训操作 \ 结果文件 \Ch11\zhichilun.prt

◎ 视频文件：视频 \Ch11\ 参数化直齿轮设计.avi

在创建参数化的齿轮模型时，首先创建参数，然后创建组成齿轮的基本曲线，最后创建齿轮模型，设计通过在参数间引入关系的方法使模型具有参数化的特点。其基本建模过程如图 11-51 所示。

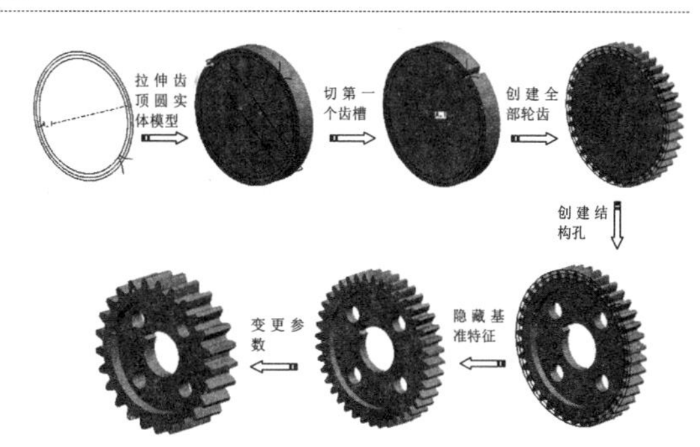

图 11-51　基本建模过程

在本例建模过程中，注意把握以下要点：

- 参数化建模的基本原理。
- 创建参数的方法。
- 创建关系的方法。
- 通过参数变更模型的方法。

1. 创建齿轮模型

操作步骤：

01 单击【新建】按钮，打开【新建】对话框，在【类型】列表框中选择【零件】单选按钮，在【子类型】列表框中选择【实体】单选按钮，在【名称】文本框中输入 chilun。

02 取消选中【使用默认模板】复选框。单击【确定】按钮打开【新文件选项】对话框，选中其中的【mmns_part_solid】选项，如图 11-52 所示，单击【确定】按钮，进入三维实体建模环境。

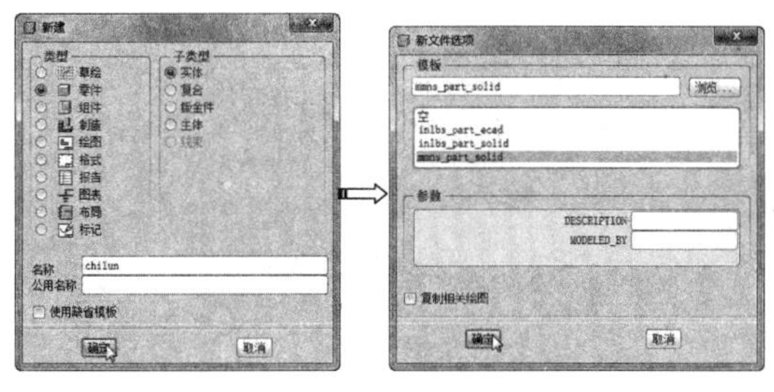

图 11-52　创建新文件

03 在菜单栏中选择【工具】|【参数】命令，打开【参数】窗口。

04 在对话框中单击按钮，然后将齿轮的各参数依次添加到参数列表框中，添加的具体内容如表 11-1 所示。添加完参数的【参数】窗口如图 11-53 所示。完成齿轮参数的添加后，单击【确定】按钮关闭窗口保存参数设置。

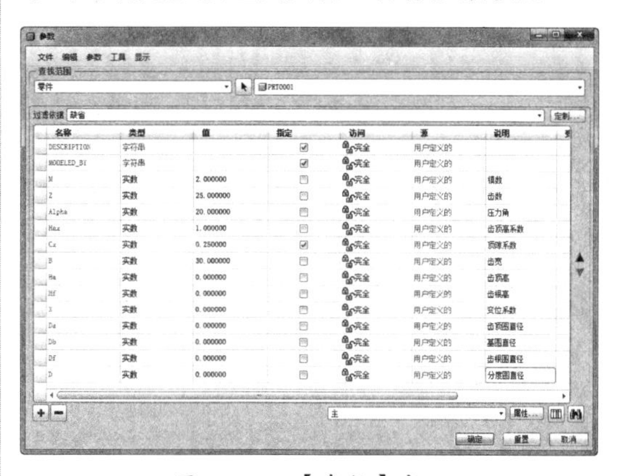

图 11-53　【参数】窗口

技术要点

在设计标准齿轮时，只需确定齿轮的模数 M 和齿数 Z 这两个参数，分度圆上的压力角 Alpha 为标准值 20，齿顶高系数 Hax 和顶隙系数 Cx 国家标准明确规定分别为 1 和 0.25。而齿根圆直径 Df、基圆直径 Db、分度圆直径 D 及齿顶圆直径 Da 可以根据关系式计算得到。

表 11-1　增加的参数

序号	名称	类型	数值	说明
1	M	实数	2	模数
2	Z	实数	25	齿数
3	Alpha	实数	20	压力角
4	Hax	实数	1	齿顶高系数
5	Cx	实数	0.25	顶隙系数
6	B	实数	30	齿宽
7	Ha	实数		齿顶高
8	Hf	实数		齿根高
9	X	实数		变位系数
10	Da	实数		齿顶圆直径
11	Db	实数		基圆直径
12	Df	实数		齿根圆直径
13	D	实数		分度圆直径

05 在右工具栏中单击【草绘】按钮，打开【草绘】对话框。在草绘平面中选取 FRONT 基准平面作为草绘平面，接受其他参照设置，进入草绘模式，如图 11-54 所示。

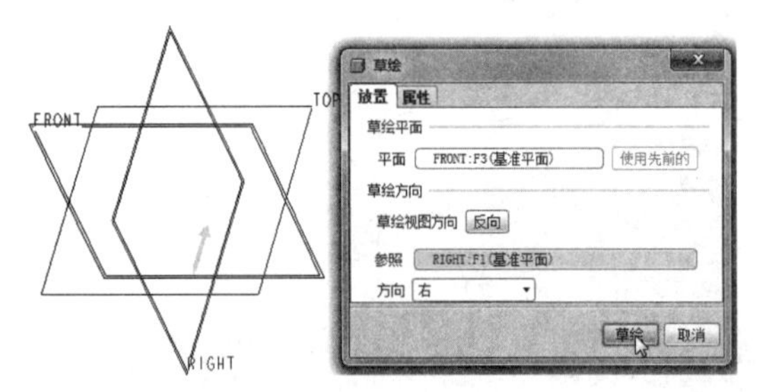

图 11-54　选择草绘平面

06 在草绘平面内绘制任意尺寸的 4 个同心圆，如图 11-55 所示。

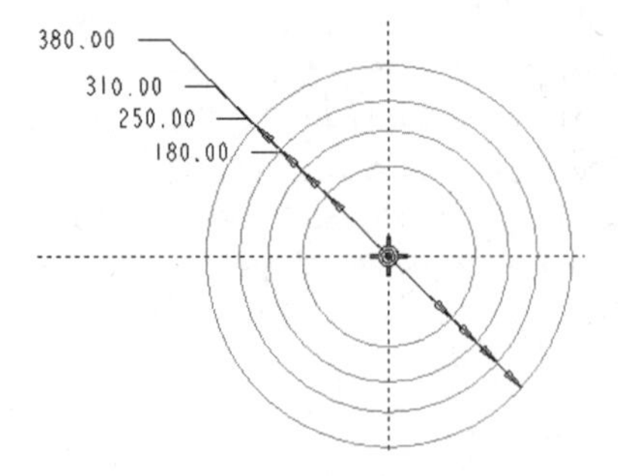

图 11-55　绘制任意尺寸的 4 个同心圆

技术要点

绘制草图后，暂时不要退出草绘环境，接下来会创建函数关系式。

07 在菜单栏选择【工具】|【关系】命令，打开【关系】窗口。按照如图 11-56 所示在【关系】窗口中分别添加齿轮的分度圆直径、基圆直径、齿根圆直径及齿顶圆直径的关系式，通过这些关系式及已知的参数来确定上述参数的数值。

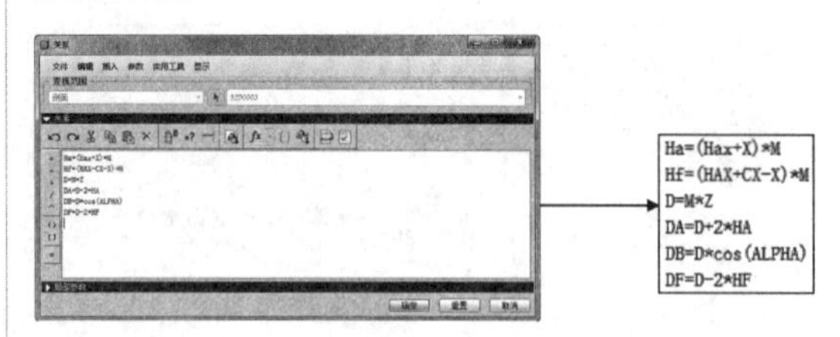

图 11-56　设置关系

技术要点

可以单击符号栏中的【从列表中插入参数名称】按钮，选择参数插入到关系式中，避免手工书写。如果是函数式，可单击【从列表中插入函数】按钮，打开【插入函数】对话框，选择要插入的函数，如图 11-57 所示。

08 创建关系后单击符号栏中的【执行】按钮☑，此时图形上的尺寸将以代号的形式显示，如图 11-58 所示。

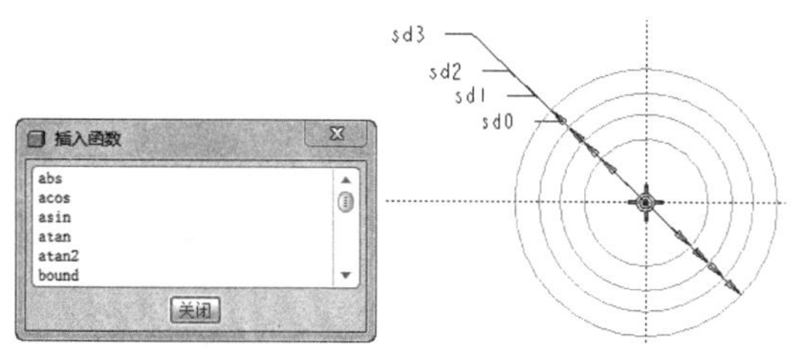

图 11-57　【插入函数】对话框　　图 11-58　显示代号尺寸

09 接下来将参数与图形上的尺寸相关联。在图形上单击选择尺寸代号，将其添加到【关系】窗口中，再编辑关系式，添加完毕后的【关系】窗口如图 11-59 所示，其中为尺寸 sd0、sd1、sd2 和 sd3 新添加了关系，将这 4 个圆依次指定为基圆、齿根圆、分度圆和齿顶圆。

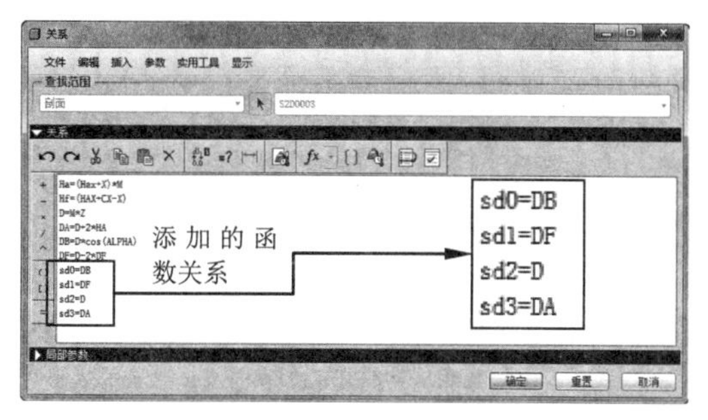

图 11-59　添加函数关系

10 在【关系】窗口中单击【确定】按钮，系统自动根据设定的参数和关系式再生模型并生成新的基本尺寸。最终生成如图 11-60 所示的标准齿轮基本圆。在右工具栏中单击【完成】按钮，创建的基准曲线如图 11-61 所示。

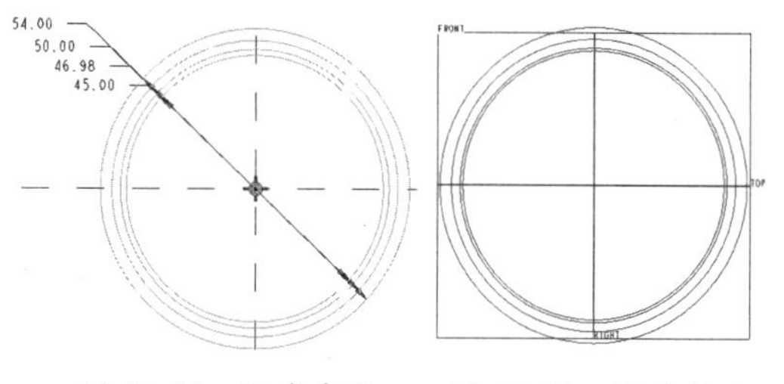

图 11-60　标准齿轮基本圆　　图 11-61　最后创建的基准曲线

11 在右工具栏中单击〜按钮打开【曲线选项】菜单管理器，在该菜单管理器中选择【从方程】命令，然后选取【完成】命令。系统提示选取坐标系，在模型树窗口中选择当前的坐标系，如图 11-62 所示。

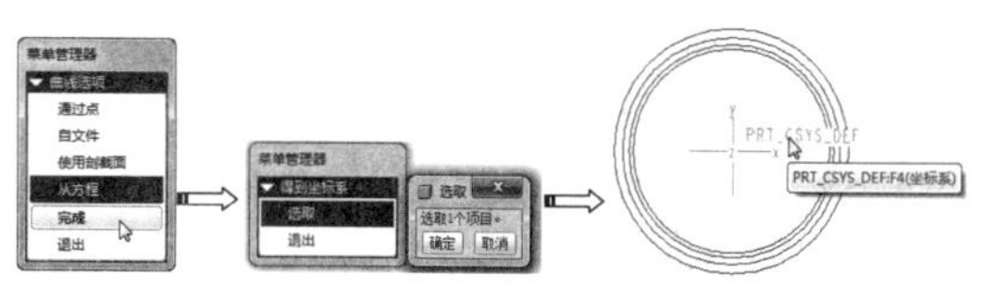

图 11-62　选择参考坐标系

12 然后在【设置坐标类型】菜单命令中选择【笛卡儿】命令，系统打开一个记事本编辑器。在记事本中添加如图 11-63 所示的渐开线方程式，完成后依次选取【文件】|【保存】命令保存方程式，然后关闭记事本窗口。

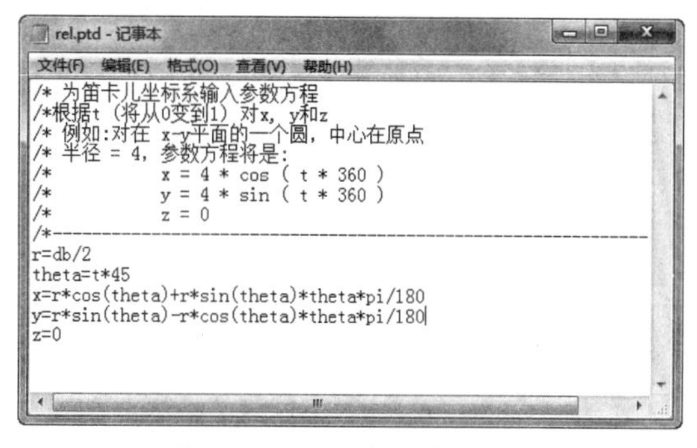

图 11-63　添加渐开线方程式

技术要点

若选择其他类型的坐标系生成渐开线，则此方程不再适用。

13 单击【曲线：从方程】对话框中的【确定】按钮，生成如图 11-64 所示的齿廓曲线——齿轮单侧渐开线。

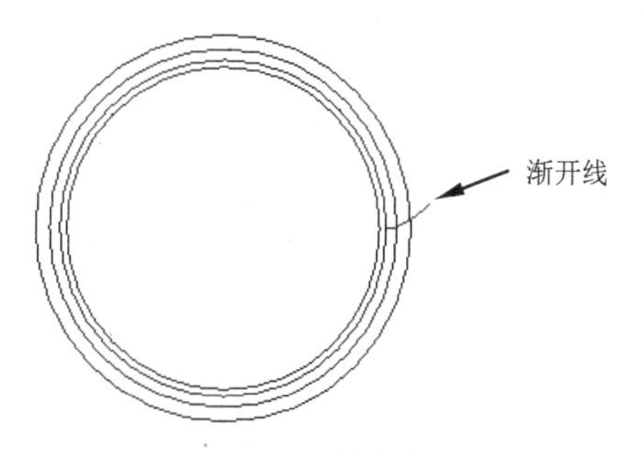

图 11-64　创建渐开线

14 创建基准点PNT0。在右工具栏中单击【点】工具按钮，打开【基准点】对话框，选择两条曲线作为基准点的放置参照（选择时按住Ctrl键），创建的基准点PNT0如图11-65所示。

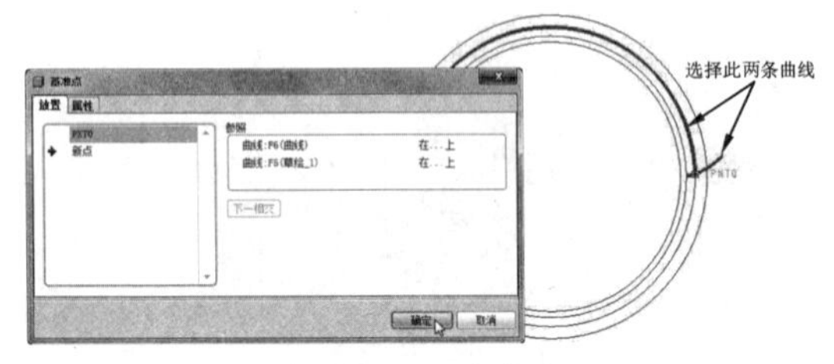

图 11-65 新建基准点

15 创建基准轴A_1。在右工具栏中单击【轴】按钮，打开【基准轴】对话框，选取TOP和RIGHT基准平面作为参照（选择时按住Ctrl键），创建的基准轴线A_1如图11-66所示。

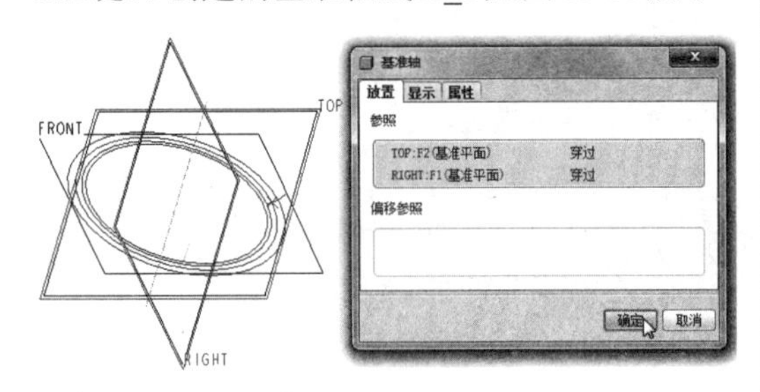

图 11-66 新建基准轴

16 创建基准平面DTM1。在右工具栏中单击【平面】按钮，打开【基准平面】对话框。选取前面已经创建的基准点PNT0和基准轴A_1作为参照（选择时按住Ctrl键），创建的基准平面如图11-67所示。

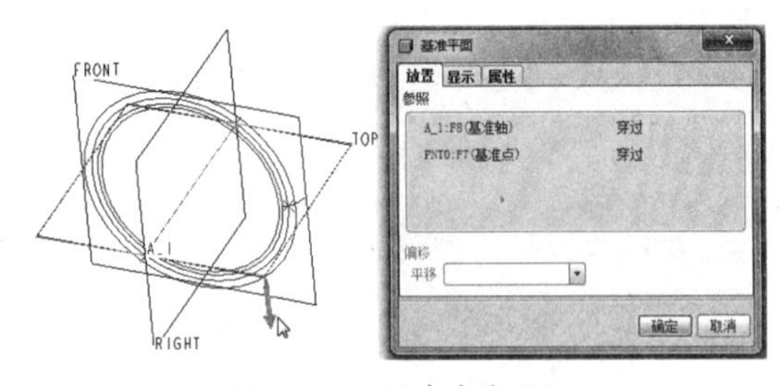

图 11-67 创建基准平面

17 创建基准平面DTM2。单击【平面】按钮，打开【基准平面】对话框。在参照中选择基准平面DTM1和基准轴A_1作为参照，然后在【旋转】文本框中输入【-360/(4*z)】，创建的基准平面如图11-68所示。

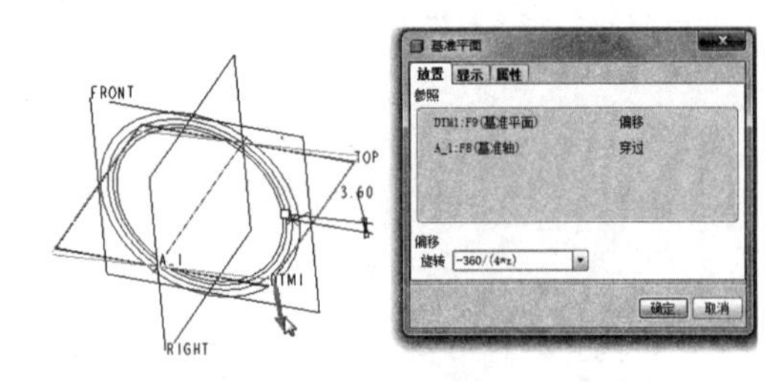

图 11-68 创建DTM2基准平面

18 在模型树中右击基准平面DTM2，并在弹出的右键快捷菜单中选择【编辑】命令，显示创建该平面时的角度参数（DTM1与DTM2的夹角），如图11-69所示。

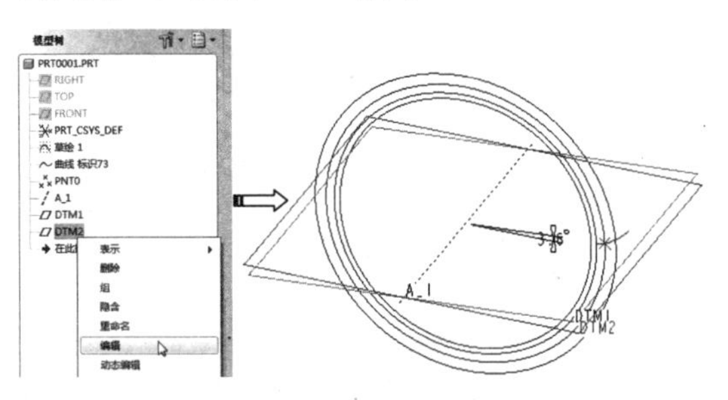

图 11-69 编辑DTM2基准平面

19 在菜单栏中选择【工具】|【关系】选项打开【关系】对话框，此时上图中显示的角度参数将以符号形式显示（本实例中为d6），为该参数添加关系式【d6=360/(4*z)】，如图11-70所示。然后关闭【关系】对话框。

技术要点

添加这些关系式的目的在于，当改变齿数Z时，DTM2与DTM1的旋转角度会自动根据此关系式做出调整，从而保证齿廓曲线的标准性，这也是参数化设计思想的重要体现。

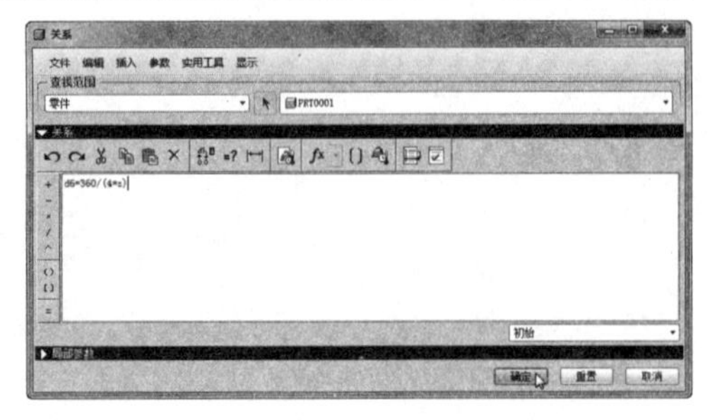

图 11-70 添加关系

20 镜像渐开线。在工作区中选取已创建的渐开线齿廓曲线，然后单击右工具栏中的【镜像】按钮，选择基准平面 DTM2 作为镜像平面，镜像渐开线后的结果如图 11-71 所示。

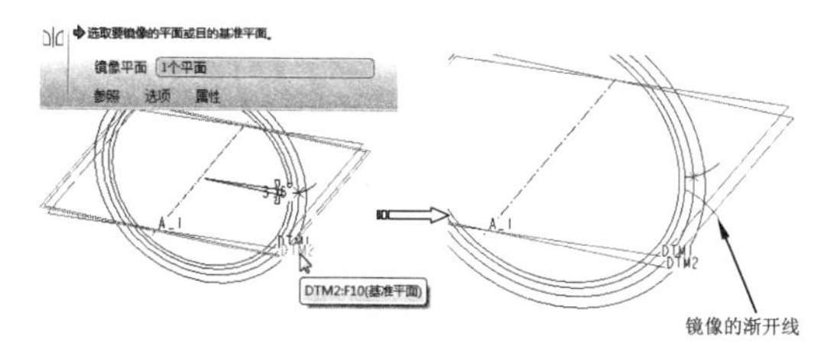

图 11-71　镜像渐开线

21 单击【拉伸】按钮，打开【拉伸】操控板。在操控板的【放置】选项卡中单击【定义】按钮，打开【草绘】对话框。然后选择基准平面 FRONT 作为草绘平面，其他设置接受系统默认参数，最后单击【草绘】按钮进入二维草绘模式，如图 11-72 所示。

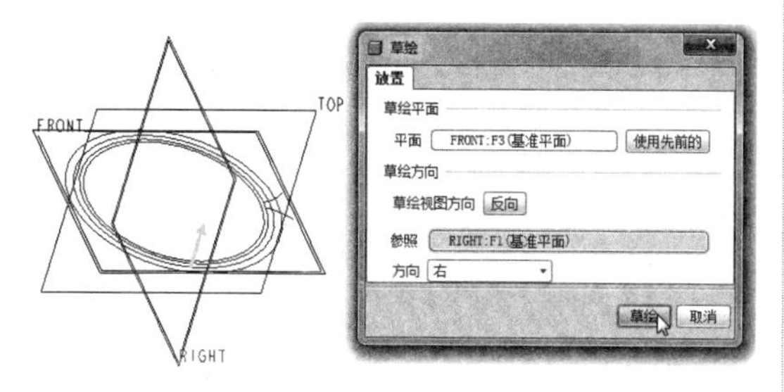

图 11-72　选择草绘平面

22 在右工具栏中单击【使用】按钮，打开【类型】对话框，选择其中的【环】单选按钮，然后在工作区中选择图 11-73 所示的曲线作为草绘剖面，最后在右工具栏中单击【完成】按钮，退出草绘模式。

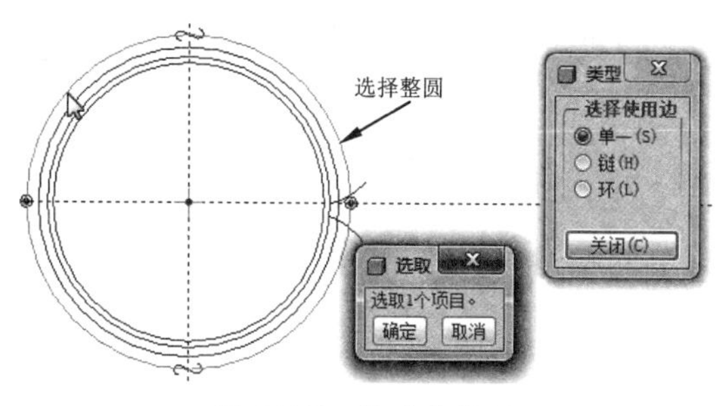

图 11-73　选择曲线环

23 在操控板中设置拉伸深度为 B，系统弹出询问对话框，单击【是】按钮确认引入关系式。单击操控板中的【应用】按钮完成齿顶圆实体的创建，如图 11-74 所示。

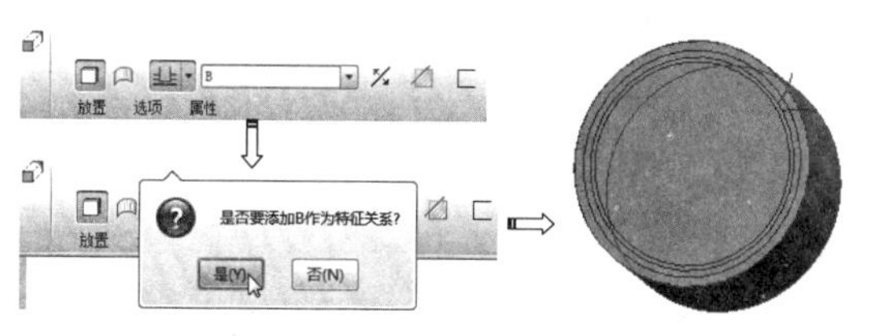

图 11-74　创建齿顶圆实体特征

24 同理，在模型树中选中拉伸实体特征，并选择右键快捷菜单中的【编辑】命令，此时将在图形上显示特征的深度参数。在菜单中栏选择【工具】|【关系】命令，打开【关系】窗口，拉伸深度参数将以符号形式显示（本实例中为 d7）。

25 仿照前面介绍的方法将拉伸深度参数添加到【关系】窗口中，并编辑关系式【d7=B】，如图 11-75 所示。单击【确定】按钮关闭窗口。

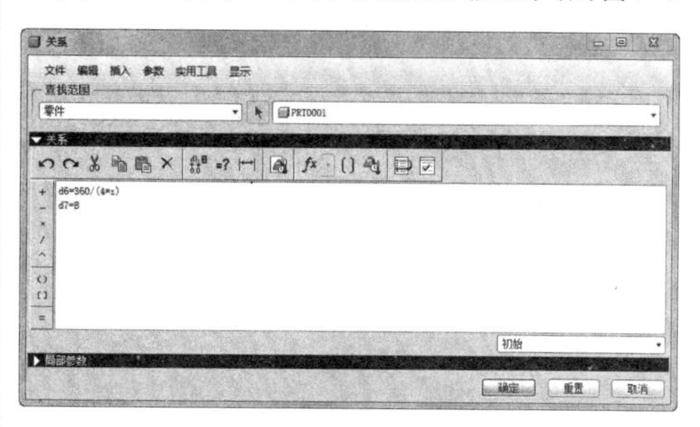

图 11-75　创建关系

26 单击【草绘】按钮，打开【草绘】对话框。选取基准平面 FRONT 作为草绘平面，单击【反向】按钮，确保草绘视图方向指向实体特征，接受其他系统默认参照后进入草绘模式。

27 在草绘模式中单击【使用】按钮，打开【类型】对话框，选择其中的【单个】单选按钮，使用和按钮并结合绘图工具绘制如图 11-76 所示的二维图形（在两个圆角处添加等半径约束）。单击右工具栏中的【完成】按钮，退出二维草绘模式。

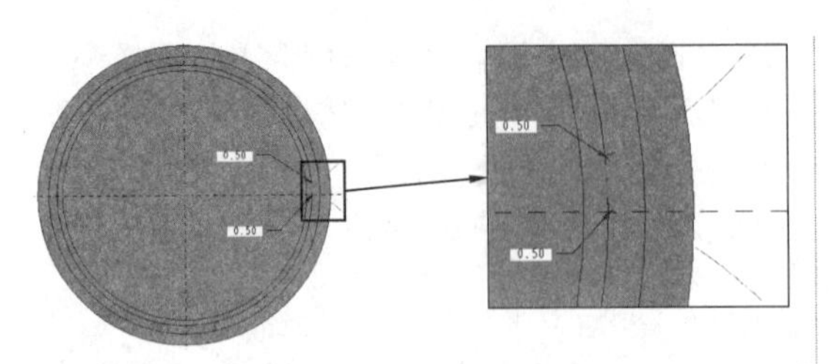

图 11-76　草绘曲线

28 同理，为上步绘制的草绘曲线创建关系，如图 11-77 所示。

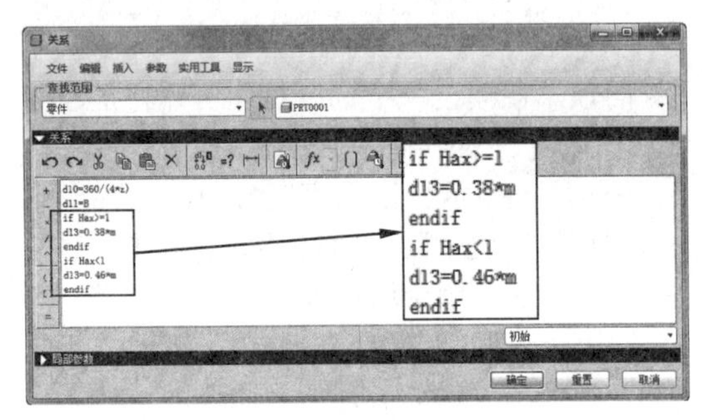

图 11-77　为草绘曲线创建关系

29 单击【拉伸】按钮，打开【拉伸】操控板。在【放置】选项卡中激活【草绘】收集器，然后选择上一步所创建的草绘曲线作为拉伸特征的截面。最后按照如图 11-78 所示设置特征参数，单击【完成】按钮，创建第一个齿槽。

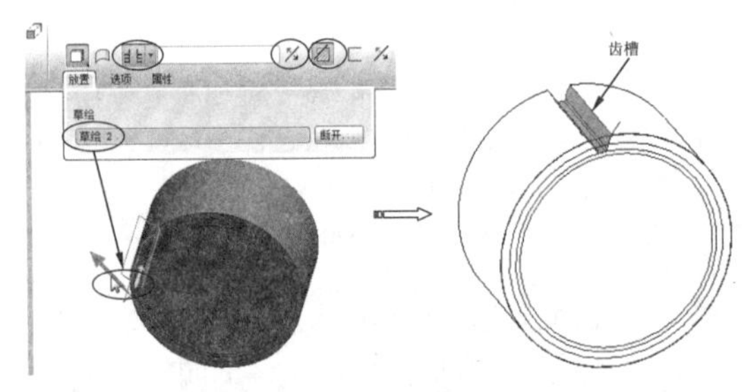

图 11-78　创建齿槽

30 在菜单栏中选择【编辑】|【特征操作】命令，打开【特征】菜单管理器，选择其中的【复制】命令，在随后弹出的菜单中分别选择【移动】、【选取】、【独立】和【完成】命令，然后在【选取特征】子菜单管理器中选择【选取】命令，在模型树窗口中选取刚才创建的齿槽后，在【选取特征】子菜单中选取【完成】命令，如图 11-79 所示。

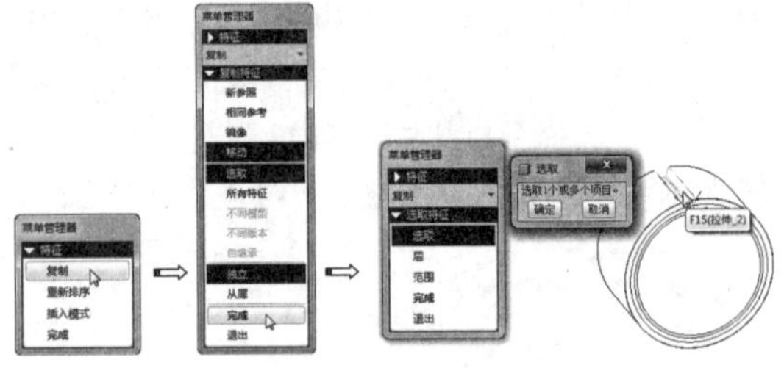

图 11-79　选择要操作的特征

31 在【移动特征】子菜单中选择【旋转】命令，在弹出的【选取方向】子菜单中选取【曲线 / 边 / 轴】命令，随后在模型树窗口中选取轴 A_1，在弹出的【方向】菜单中选择【确定】命令，在图标板中输入旋转角度【360/Z】。

32 然后再单击【完成】按钮，如图 11-80 所示。

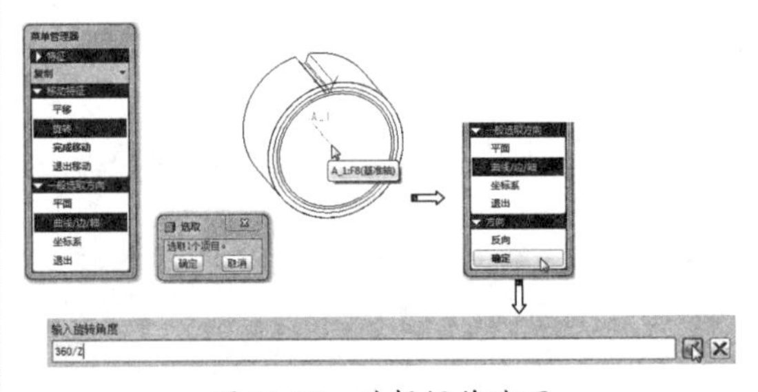

图 11-80　选择操作选项

33 在【移动特征】子菜单中选择【完成移动】命令，在菜单管理器菜单中选择【完成】命令，单击【组元素】对话框中的【确定】按钮，在菜单管理器中选择【完成】命令。生成如图 11-81 所示的第二个齿槽。

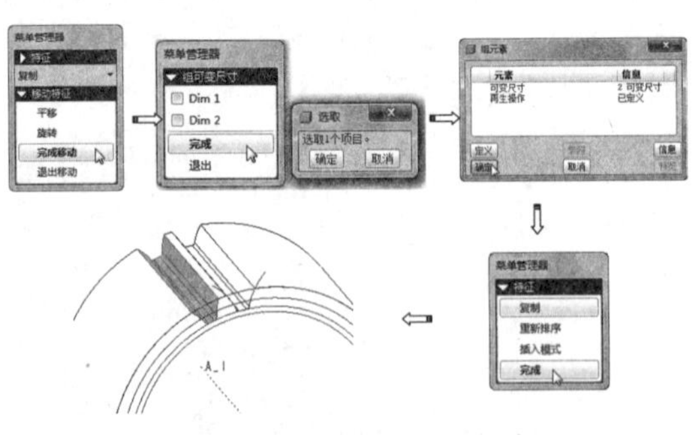

图 11-81　创建第二个齿槽

34 在模型树中选择刚创建的组特征（复制后的齿槽），在其上右击，并在弹出的右键快捷菜单中选择【编辑】命令，此时在模型上将显示创建复制特征时的基本参数，如图 11-82 所示。

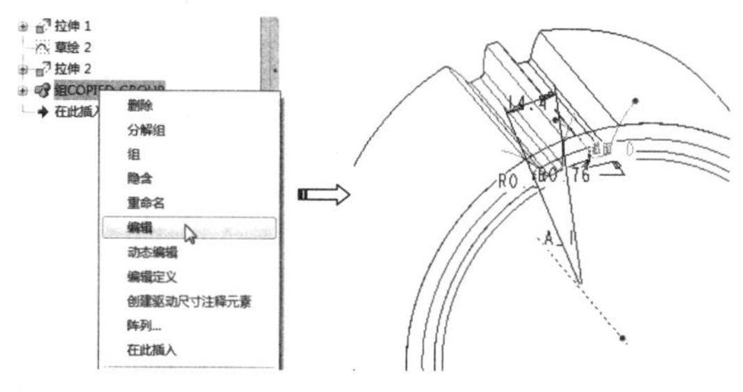

图 11-82　编辑第二个齿槽

35 在菜单栏中选择【工具】|【关系】命令打开【关系】窗口，此时复制特征时的旋转角度参数以符号形式显示（此处代号为【d19】），将其添加到【关系】窗口中，然后编辑关系式【d19=360/Z】，如图 11-83 所示。

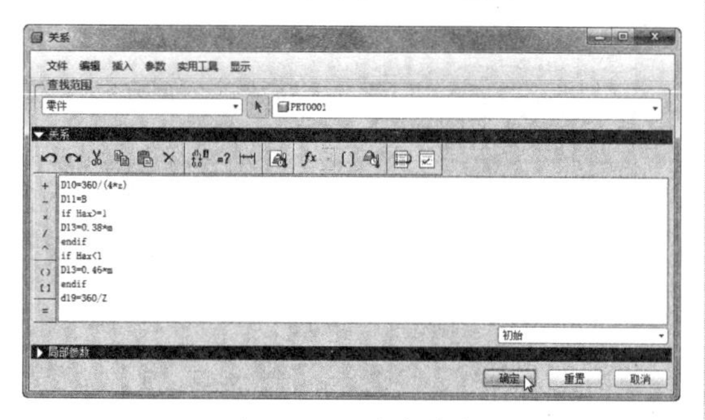

图 11-83　创建关系

36 在模型树中选中组，然后单击【阵列】按钮，打开【阵列】操控板。在工作区中选中复制特征时的旋转角度参数作为驱动尺寸，如图 11-84 所示。

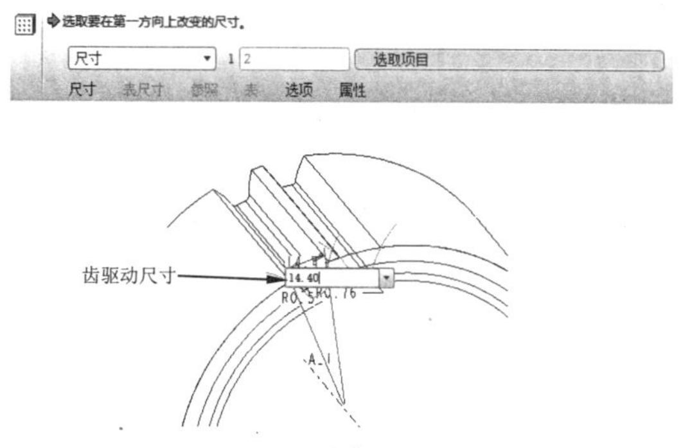

图 11-84　选择驱动尺寸

37 在操控板的【尺寸】选项卡中设置第一个方向上阵列驱动尺寸增量 14.4，在操控板上输入阵列特征总数 24，单击【完成】按钮后生成齿轮模型。如图 11-85 所示。

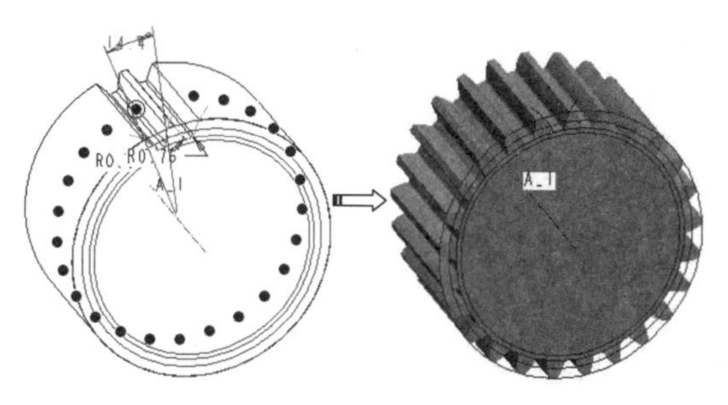

图 11-85　阵列后的齿轮

38 在模型树窗口中选择刚创建的阵列特征，在其上右击，并在弹出的右键快捷菜单中选择【编辑】命令。在菜单栏中选择【工具】|【关系】命令，打开【关系】窗口，将旋转角度参数（代号为 d29）添加到【关系】窗口中，然后输入关系式【d29=360/Z】，如图 11-86 所示。

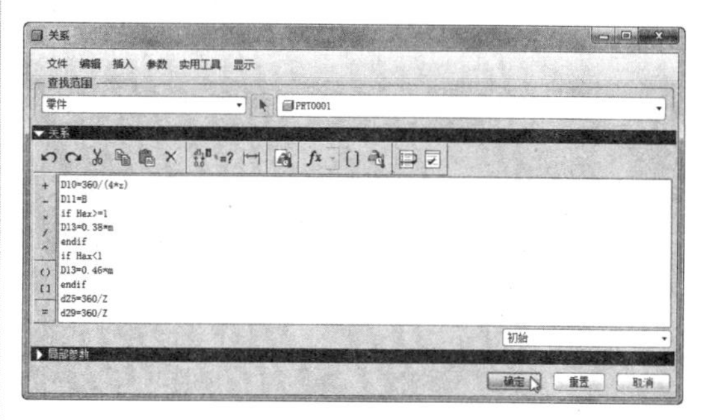

图 11-86　创建关系

39 继续将阵列特征总数（代号为 p30）添加到【关系】窗口中，然后输入关系式【p30=Z-1】，如图 11-87 所示。至此，齿轮创建完毕。

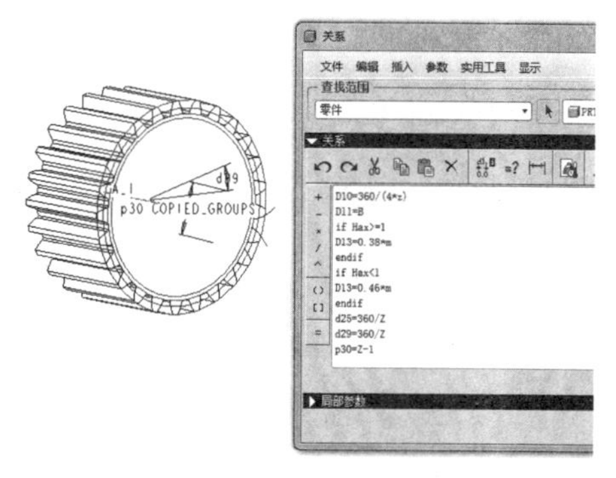

图 11-87　创建关系

技术要点

此处如果采用轴阵列方法阵列齿槽结构，可以省去复制齿槽的操作，操作更加简便，读者可以自行练习。

40 在右工具栏中单击按钮打开设计图标板，在图标板中单击【放置】按钮，打开【草绘】对话框，选择齿轮表面作为草绘平面。如图 11-88 所示。

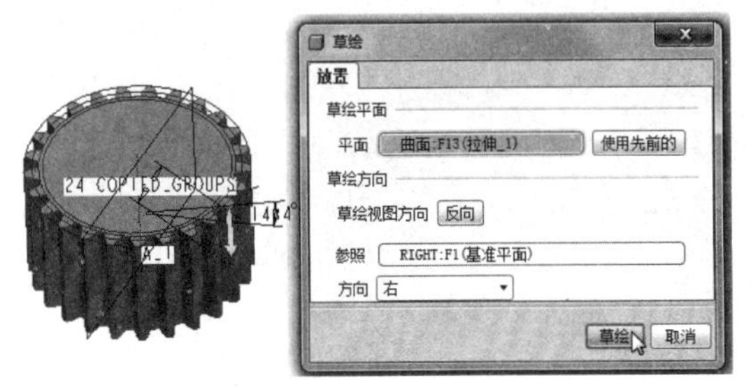

图 11-88　指定草绘平面

41 在草绘平面中绘制直径为 42 的圆，创建减材料拉伸实体特征，拉伸深度为 9。生成如图 11-89 所示的结构。

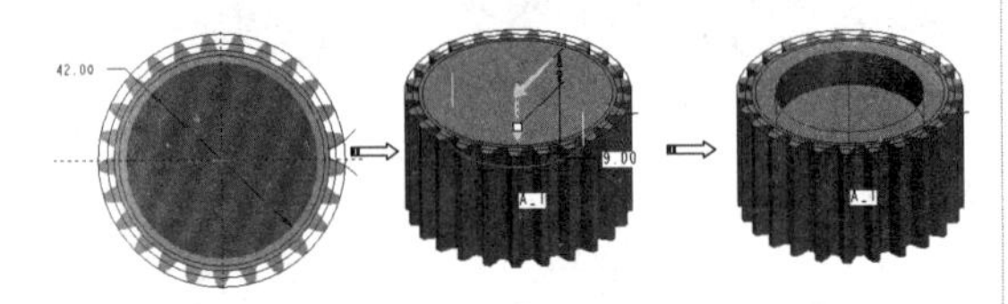

图 11-89　在齿轮上创建切减材料特征

42 在模型树窗口中选中刚刚创建的特征并右击，在右键快捷菜单中选择【编辑】命令，再在菜单栏中选择【工具】|【关系】命令，打开【关系】窗口，为拉伸实体特征的两个尺寸输入关系，如图 11-90 所示。

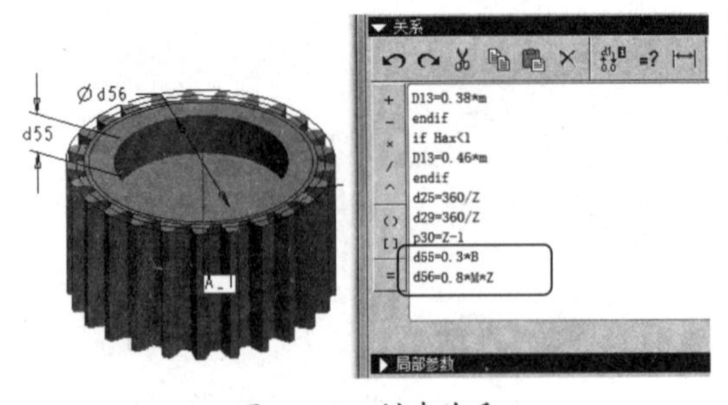

图 11-90　创建关系

43 单击【平面】按钮，打开【基准平面】对话框，选取基准平面 FRONT 作为参照，在【平移】文本框中输入【B/2】，创建新的基准平面 DTM3，如图 11-91 所示。

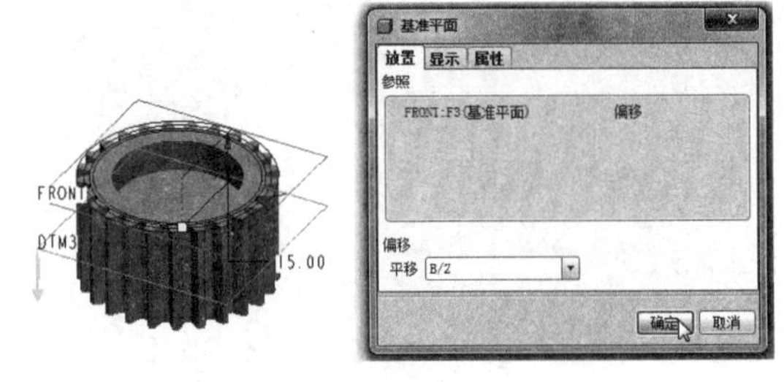

图 11-91　创建基准平面 DTM3

44 选取前面创建的减材料拉伸特征，然后在【编辑】主菜单中选择【镜像】命令，然后选取新建基准平面 DTM3 作为镜像平面，在齿轮另一侧创建相同的减材料特征。如图 11-92 所示。

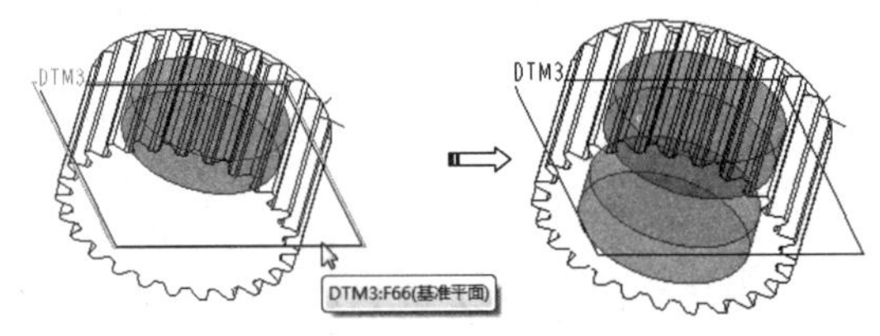

图 11-92　镜像特征

45 单击【拉伸】按钮，打开【拉伸】操控板。选择如图 11-93 所示平面作为草绘平面。

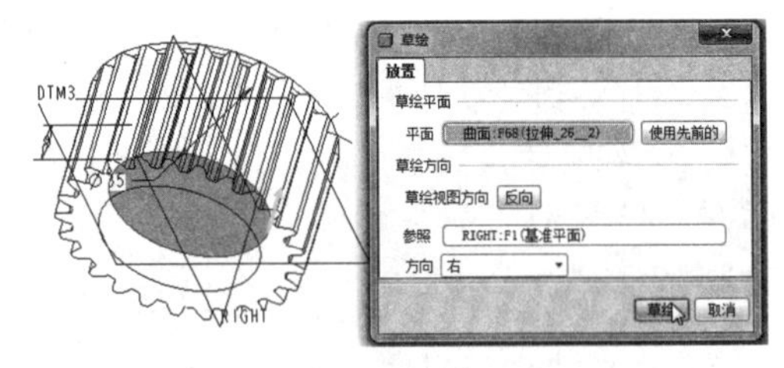

图 11-93　选取草绘平面

46 在草绘平面内绘制图形。退出草绘模式后设置拉伸方式为【穿透】，创建如图 11-94 所示减材料特征。

技术要点

为了减少关系数量，在绘制 4 个小圆时要在半径之间加入相等约束条件。另外绘制左方和下方的两个圆后，再使用镜像复制的方法创建另外两个圆。

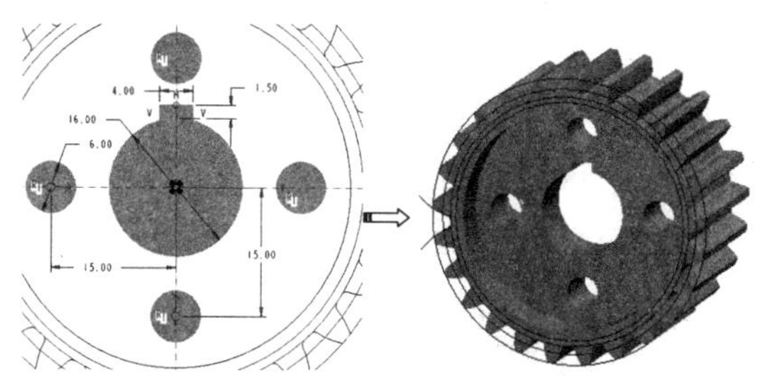

图 11-94　创建减材料特征

47 在模型树窗口中选中刚刚创建的特征并右击，在右键快捷菜单中选择【编辑】命令，再在菜单栏中选择【工具】|【关系】命令打开【关系】窗口，为拉伸实体特征的尺寸编辑关系，如图 11-95 所示。

- 中心圆孔直径：d66=0.32*M*Z。
- 键槽高度：d68=0.03*M*Z。
- 键槽宽度：d67=0.08*M*Z。
- 小圆直径：d63=0.12*M*Z。
- 小圆圆心到大圆圆心的距离：d64=0.3*M*Z，d65=0.3*M*Z。

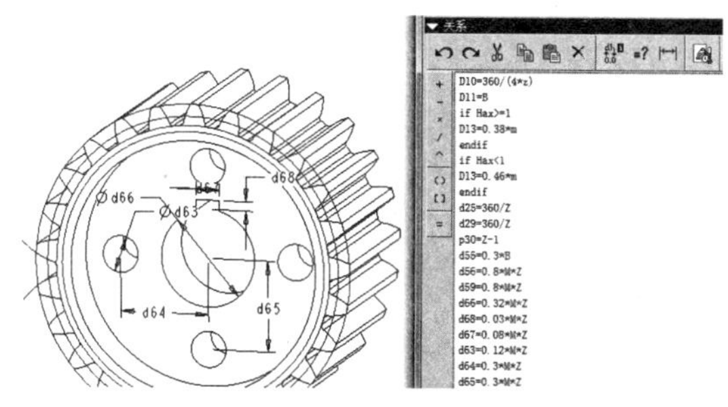

图 11-95　创建关系

48 在模型树中单击工具栏中的按钮，打开层树，如图 11-96 所示。

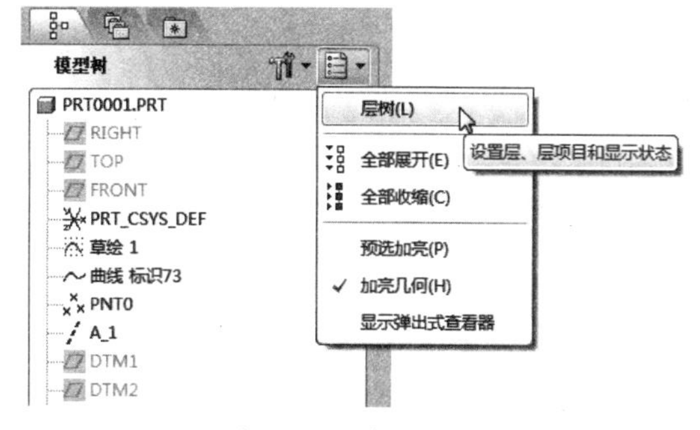

图 11-96　打开层树

49 在模型树窗口中分别选中 03_PRT_ALL_CURVES 和 04_PRT_ALL_DTM_PNT（按住 Ctrl 键）两个图层，在其上右击，在弹出的右键快捷菜单中选择【隐藏】命令，隐藏这些基准，如图 11-97 所示。

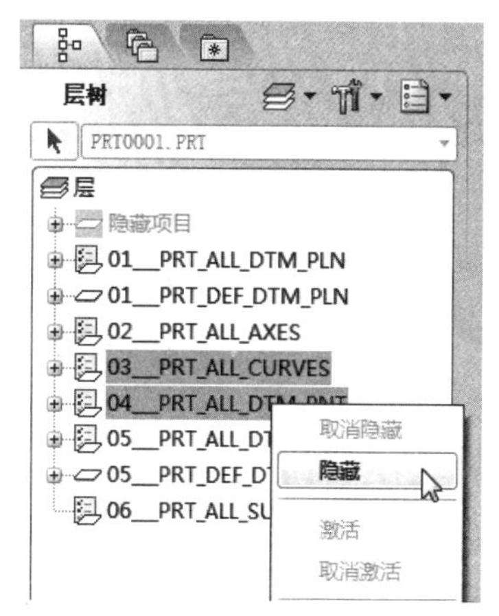

图 11-97　选择隐藏的层

50 关闭某些图层后，返回模型树窗口中。

2．更改齿轮参数

下面操作齿轮的参数修改。

操作步骤：

01 更改齿数 Z。在菜单栏中选择【工具】|【参数】命令，打开【参数】窗口。将与齿轮齿数相对应的参数 Z 的值更改为 40，然后单击【确定】按钮，关闭对话框。

02 在【编辑】主菜单中选择【再生】命令或者在上工具箱中单击按钮，按照修改后的齿数再生模型，结果对比如图 11-98 和图 11-99 所示。

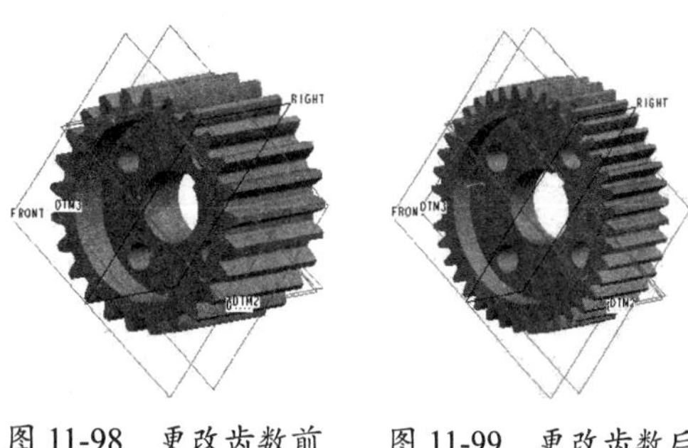

图 11-98　更改齿数前的齿轮　　图 11-99　更改齿数后的齿轮

03 更改齿轮模数 M。在主菜单中依次选择【工具】|【参数】命令，打开【参数】窗口。将

与齿轮模数相对应的参数M的值更改为3。再生后可以看到齿轮变大了（通过与齿厚的对比可以看出），结果对比如图11-100和图11-101所示。

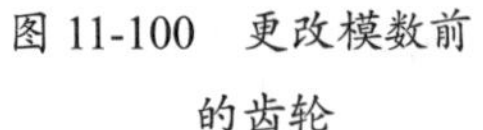

图11-100 更改模数前的齿轮

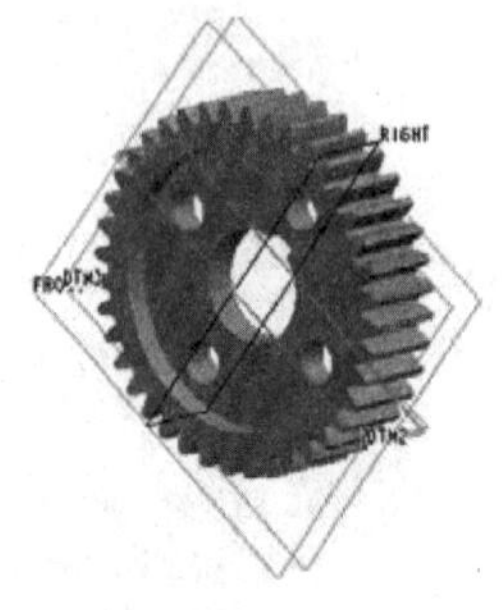

图11-101 更改模数后的齿轮

04 更改齿宽。在菜单栏中选择【工具】|【参数】命令，打开【参数】窗口。将与齿宽相对应的参数B的值更改为20，结果对比如图11-102和图11-103所示。

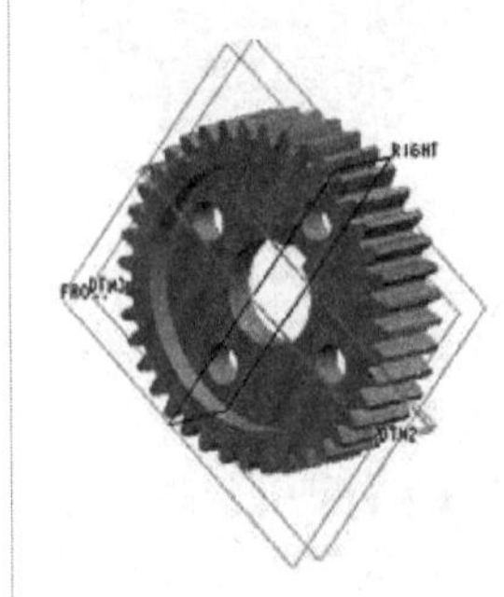

图11-102 更改齿宽前的齿轮

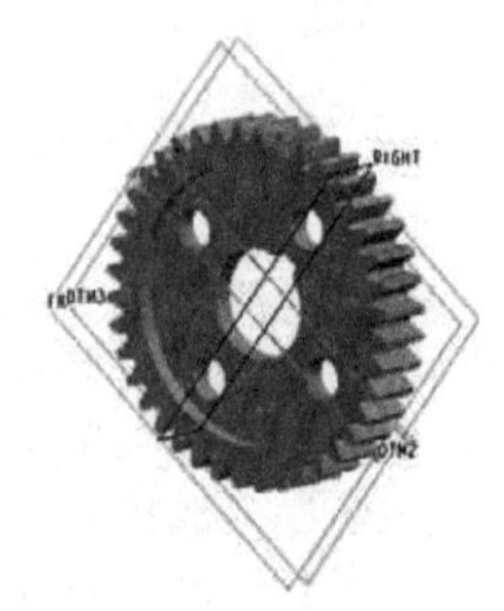

图11-103 更改齿宽后的齿轮

11.5.2 锥齿轮参数化设计

◎ 引入文件：无

◎ 结果文件：实训操作\结果文件\Ch11\zhuichilun.prt

◎ 视频文件：视频\Ch11\参数化锥齿轮设计.avi

锥齿轮的建模方法基本上与直齿轮的建模方法相同，不同的是锥齿轮有两个端面，因此参数也会不同。本例要完成设计的锥齿轮模型如图11-104所示。

图11-104 锥齿轮

直齿圆锥齿轮相交两轴间定传动比的传动，在理论上由两圆锥的摩擦传动来实现。圆锥齿轮除了有节圆锥之外，还有齿顶锥、齿根锥，以及产生齿廓球面渐开线的基圆锥等。圆锥齿轮的齿廓曲线为球面渐开线，但是由于球面无法展开成为平面，以致在设计甚至在制造及齿形的检查方面均存在很多困难，本文采用背锥作为辅助圆锥（背锥与球面相切于圆锥齿轮大端的分度圆上，并且与分度圆锥相接成直角，球面渐开线齿廓与其在背锥上的投影相差很小）。基于背锥可以展成平面，本小节相关参量的计算均建立在背锥展成平面的当量齿轮上进行。如图11-105所示为圆锥齿轮的结构与尺寸关系图。

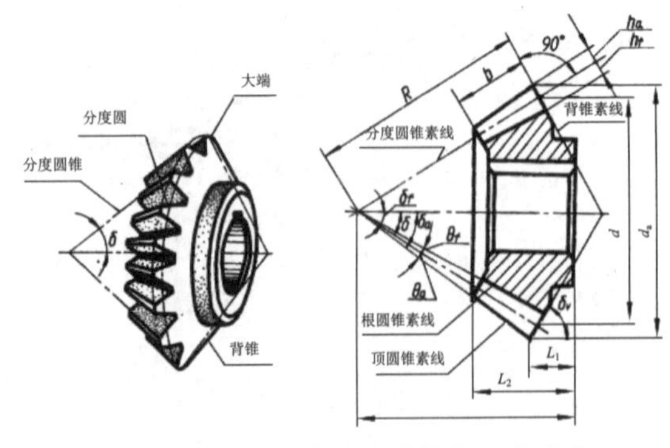

图11-105 圆锥齿轮的结构与尺寸关系

基于以上分析和简化确定建立该模型所需的参数：

（1）分度圆锥角 δ：分度圆锥锥角的 1/2 即为分度圆锥角。

（2）外锥距 R：圆锥齿轮节锥的大端至锥顶的长度。

（3）大端端面模数 m。

（4）分度圆直径 d：在圆锥齿轮大端背锥上的这个圆周上，齿间的圆弧长与齿厚的弧长正好相等，这一特点在后面建模过程中得到利用。

（5）齿高系数 h*、径向间隙系数 c*、齿高 h。

（6）压力角：圆锥齿轮的压力角是指圆锥齿轮的分度圆位置上，球面渐开线尺廓面上的受力方向与运动方向所夹的角，按照我国的标准一般取该值为 20°。

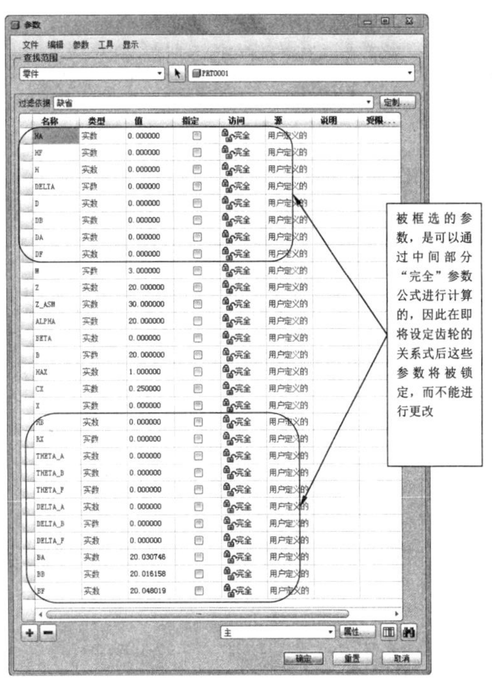

图 11-106　【参数】窗口

1．建立锥齿轮的参数曲线

操作步骤：

01 新建名为【zhuichilun】的模型文件。而后设置工作目录。

02 在菜单栏中选择【工具】|【参数】命令，打开【参数】窗口。

03 在窗口中单击 + 按钮，然后将齿轮的各参数依次添加到参数列表框中，添加的具体内容见表 11-2。添加完参数的【参数】窗口如图 11-106 所示。完成齿轮参数的添加后，单击【确定】按钮关闭窗口保存参数设置。

技术要点

锥齿轮参数化建模需已知锥齿轮齿数 Z、模数 M、与之啮合的齿轮齿数 Z_ASM、齿宽 B 等参数，可通过参数直接输入数值；直齿锥齿轮渐开线的标准化参数也需要输入数值，例如压力角 ALPHA 为 20，齿顶高系数 HAX 为 1.0，顶隙系数 CX 为 0.25 等。其他参数如分锥角、分度圆直径等可通过关系表达式计算，为非输入性参数，详见表 11-2 所示。

对于需输入的参数，本例以参数 Z=20、Z_ASM=30、B=20、ALPHA=20、HAX=1．0、CX=0．25 为例进行参数化建模。

表 11-2　参数关系表

名称	类型	数值	说明	关系表达式
HA	实数		齿顶高	M*HAX
HF	实数		齿根高	M*(HAX+CX)
H	实数		齿全高	(2*HAX+CX)·M
DELTA	实数		分度圆锥角	ATAN(Z/Z_ASM)
D	实数		分度圆直径	M*Z
DB	实数		基圆直径	D*COS(ALPHA)
DA	实数		齿顶圆直径	D+2*HA*COS(DELTA)

续表

名称	类型	数值	说明	关系表达式
DF	实数		齿根圆直径	D-2*HF*COS(DELTA)
M	实数	3	模数	
Z	实数	20	已知齿轮齿数	
Z_ASM	实数	30	与之啮合齿轮齿数	
ALPHA	实数	20	压力角	
BETA	实数	0	螺旋角	
B	实数	20	齿宽	
HAX	实数	1	齿顶高系数	
CX	实数	0.25	顶隙系数	
X	实数	0	变位系数	
HB	实数		齿基高	(D-DB)/2/COS(DELTA)
RX	实数		锥距	D/SIN(DELTA)
THETA_A	实数		齿顶角	ATAN(HA/RX)
THETA_B	实数		齿基角	ATAN(HB/RX)
THETA_F	实数		齿根角	ATAN(HF/RX)
DELTA_A	实数		顶锥角	DELTA +THETA_A
DELTA _B	实数		根锥角	DELTA-THETA_F
DELTA _F	实数		基锥角	DELTA-THETA_B
BA	实数		齿顶宽	B/COS(FHETA_A)
BB	实数		齿基宽	B/COS(THETA_B)
BF	实数		齿根宽	B/COS(I'HETA_F)

04 设置锥齿轮参数后，还需要定义关系式。以此自动计算并生成上表中没有填写的数值。在菜单栏中选择【工具】|【关系】命令，打开【关系】窗口。然后把上表中列出的关系表达式全部输入到【关系】窗口中，如图 11-107 所示。

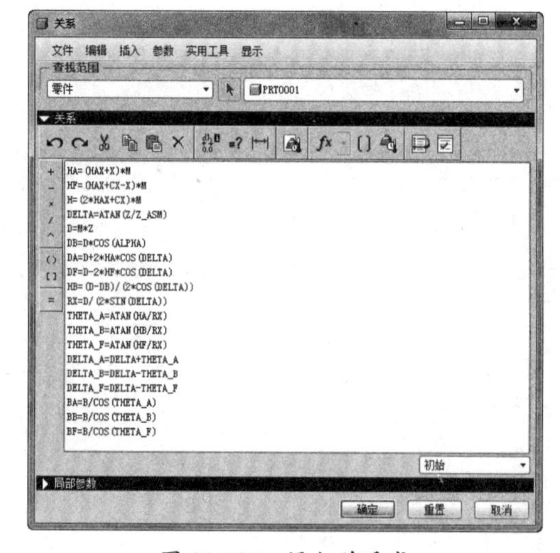

图 11-107　添加关系式

05 在右工具栏中单击【草绘】按钮，打开【草绘】对话框。在草绘平面中选取 TOP 基准平面作为草绘平面，接受其他参照设置，进入草绘模式，如图 11-108 所示。

06 在草绘平面内绘制任意尺寸的 4 个同心圆，如图 11-109 所示。完成后直接退出草绘模式。

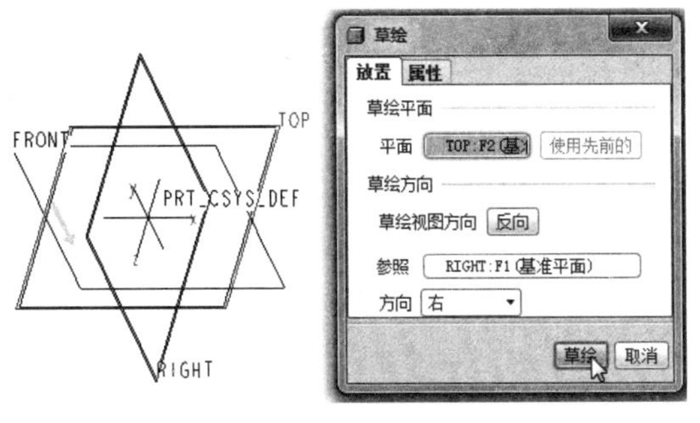

图 11-108　选择草绘平面

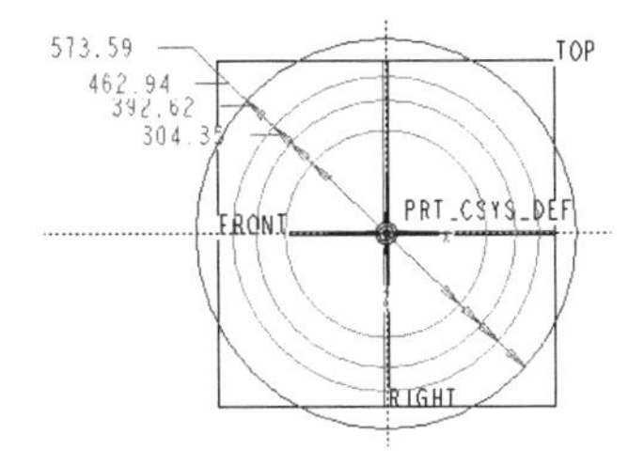

图 11-109　绘制任意尺寸的 4 个同心圆

07 在模型树中右击草绘的特征，然后选择【编辑】命令，曲线上显示标注的尺寸，如图 11-110 所示。

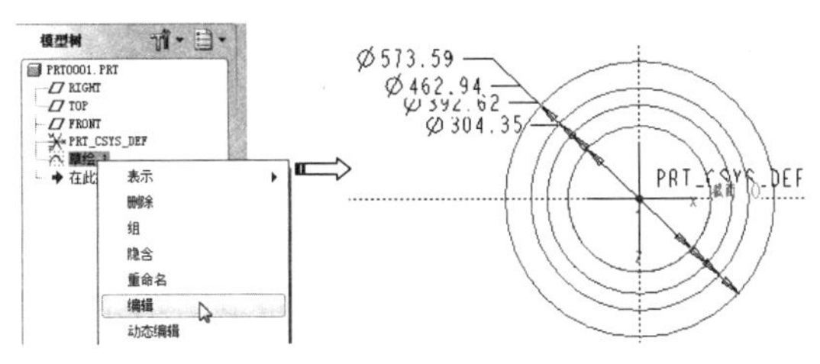

图 11-110　编辑曲线

08 然后在菜单栏选择【工具】|【关系】命令，打开【关系】窗口。按照如图 11-111 所示在【关系】窗口中分别添加齿轮的分度圆直径、基圆直径、齿根圆直径及齿顶圆直径的关系式。

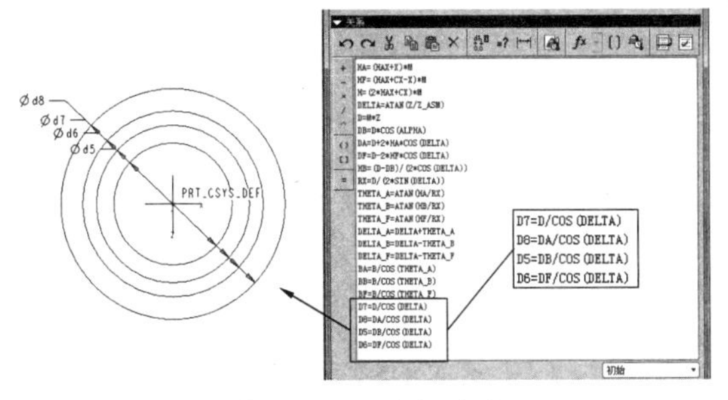

图 11-111　添加关系

09 添加关系式后，在模型树中再生整个零件，绘制的曲线尺寸发生变化（按关系式进行自动计算的），如图 11-112 所示。

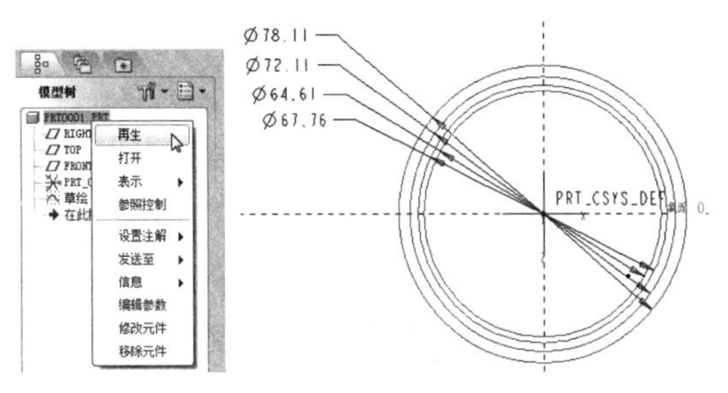

图 11-112　再生尺寸

10 再利用【草绘】工具，在 FRONT 基准平面上绘制如图 11-113 所示的曲线。

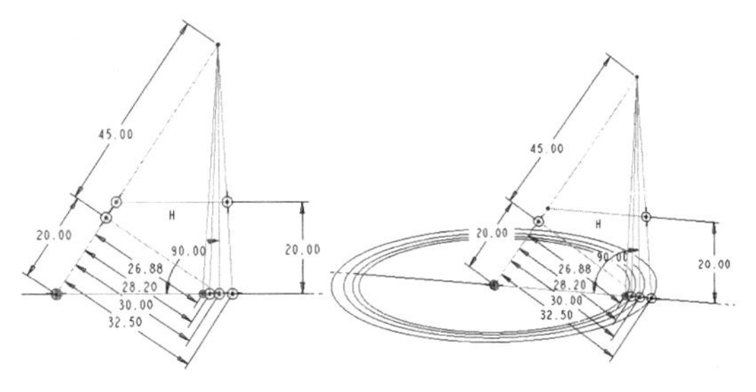

图 11-113　绘制曲线

技术要点

草图中的尺寸必须按照上图的样式给标注出来，否则添加关系式时找不到尺寸。

11 退出草绘模式后，再选择【工具】|【关系式】命令，打开【关系】窗口，然后添加如图 11-114 所示的关系式。

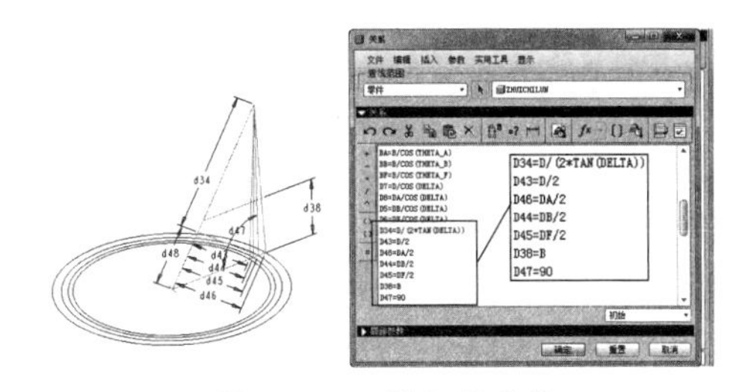

图 11-114　添加关系式

技术要点

尺寸序号跟用户标注尺寸的先后顺序有关，所以并非每次设计齿轮都是这些编号，如【D35】。

12 利用【平面】工具，新建一个基准平面，如图 11-115 所示。

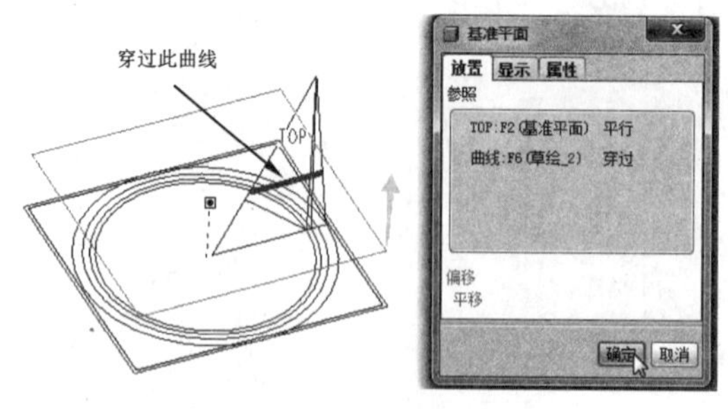

图 11-115　创建参考平面

13 利用【草绘】命令，在新建的基准平面上绘制如图 11-116 所示的圆曲线（不管尺寸大小）。完成后退出草绘模式。

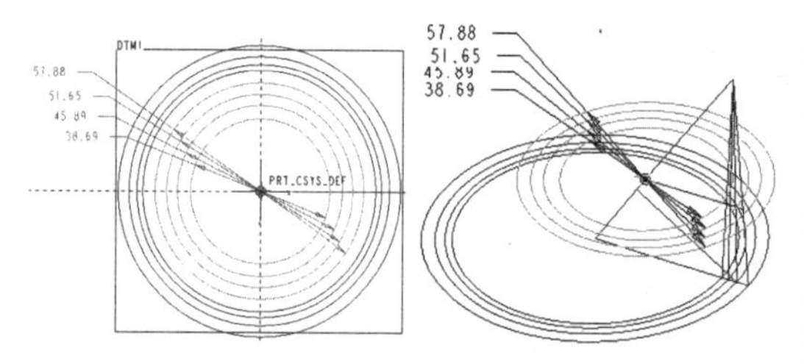

图 11-116　绘制圆曲线

14 打开【关系】窗口，添加完毕后的【关系】窗口如图 11-117 所示。

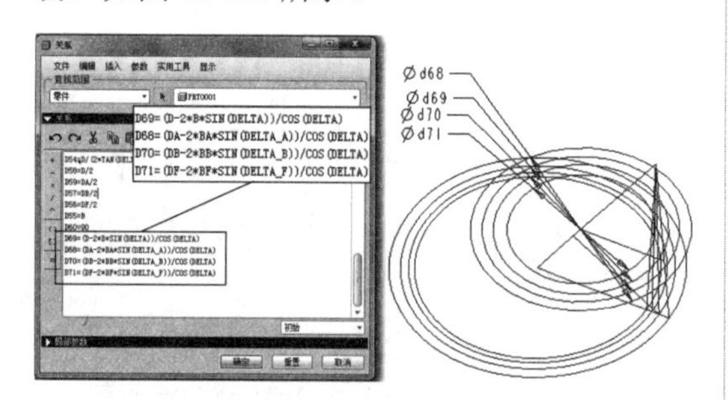

图 11-117　添加关系式

15 在新建的基准平面 DTM1 上绘制如图 11-118 所示的曲线。然后在 TOP 基准平面上绘制如图 11-119 所示的曲线。

16 将绘制的两条曲线中的角度尺寸添加到关系式列表框中，如图 11-120 所示。

17 单击【坐标系】按钮，然后创建如图 11-121 所示的参考坐标系。

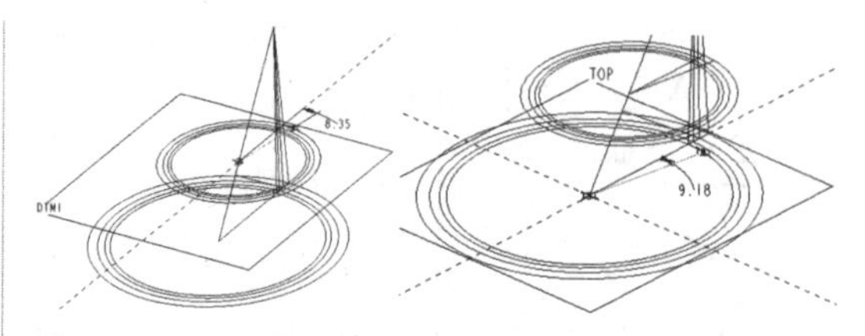

图 11-118　绘制小端曲线图 11-119　绘制大端曲线

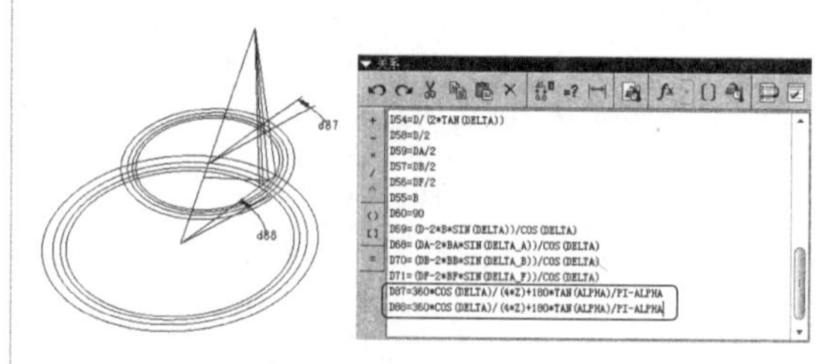

图 11-120　添加关系式

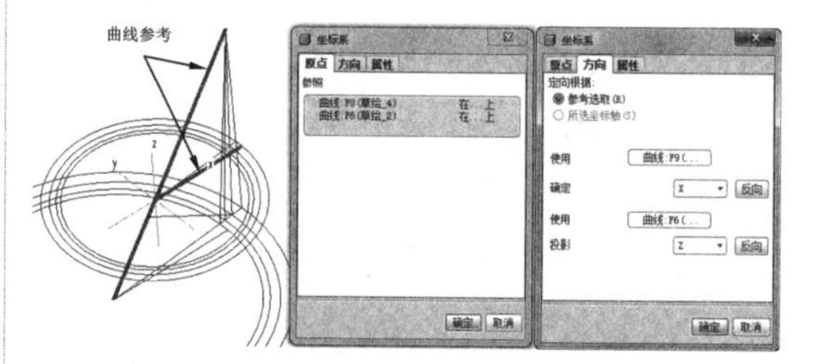

图 11-121　创建参考坐标系 CS0

18 同理，再创建如图 11-122 所示的坐标系。

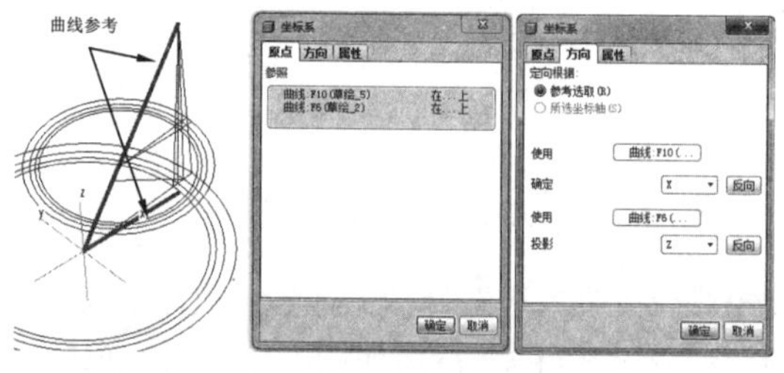

图 11-122　创建参考坐标系 CS1

19 在右工具栏中单击按钮打开【曲线选项】菜单管理器，在该菜单管理器中选择【从方程】命令，然后选择【完成】命令。系统提示选取坐标系，在模型树窗口中选择坐标系 CS1，如图 11-123 所示。

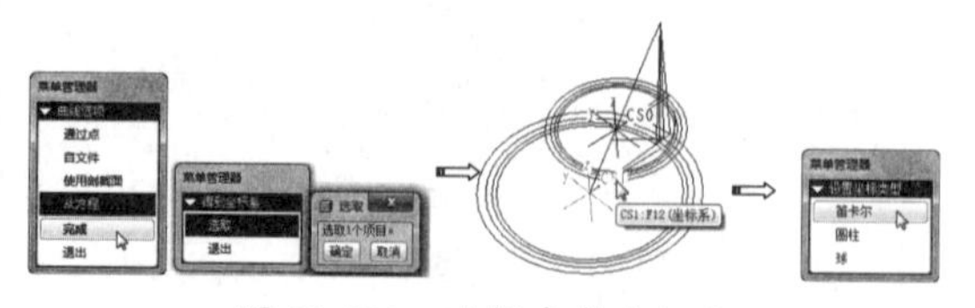

图 11-123　选择参考坐标系

20 然后在【设置坐标类型】菜单中选择【笛卡儿】命令，系统打开一个记事本编辑器。在记事本中添加如图 11-124 所示的渐开线方程式。

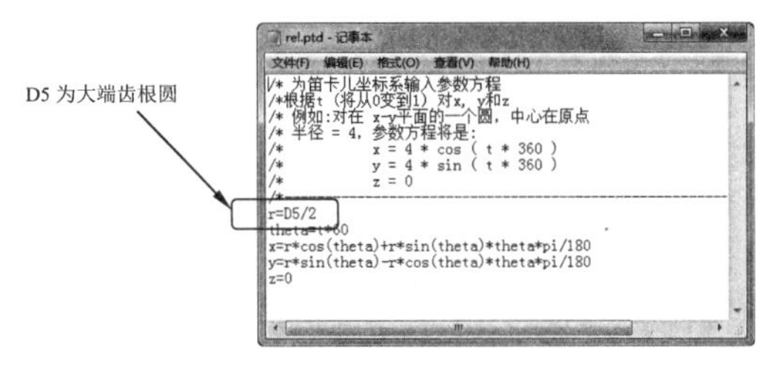

图 11-124　添加渐开线方程式

21 完成后依次选择【文件】|【保存】命令保存方程式，然后关闭记事本窗口。创建完成的渐开线如图 11-125 所示。

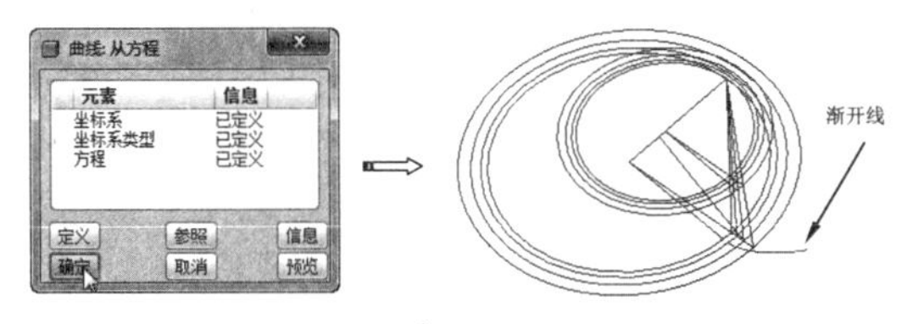

图 11-125　创建完成的渐开线

22 同理，再选择 CS0 坐标系来创建另一渐开线，结果如图 11-126 所示。

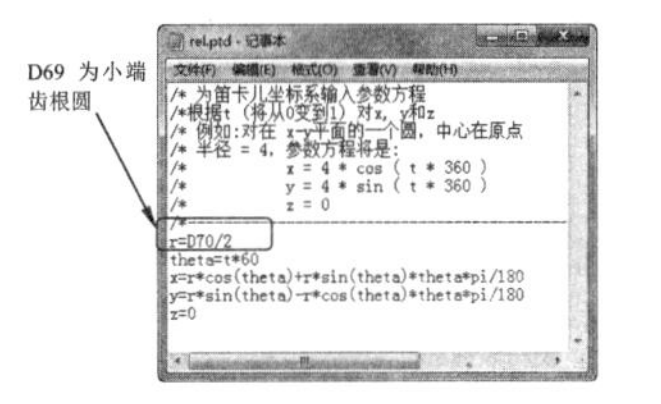

图 11-126　创建另一渐开线

23 利用【轴】工具，选择 CS1 坐标系的 Z 轴作为参考，创建如图 11-127 所示的轴。

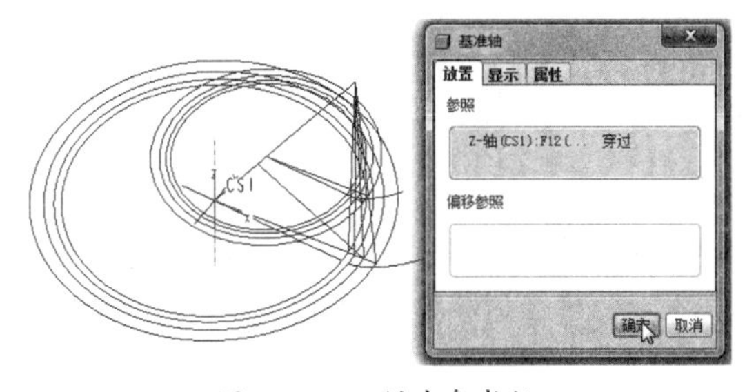

图 11-127　创建参考轴

24 利用【点】工具，创建如图 11-128 所示的基准点。

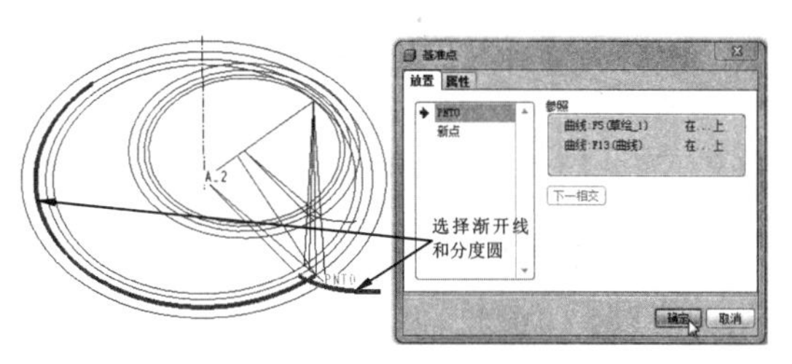

图 11-128　创建基准点

25 再利用【平面】工具，选择参考轴和上步的基准点，然后创建基准平面。如图 11-129 所示。

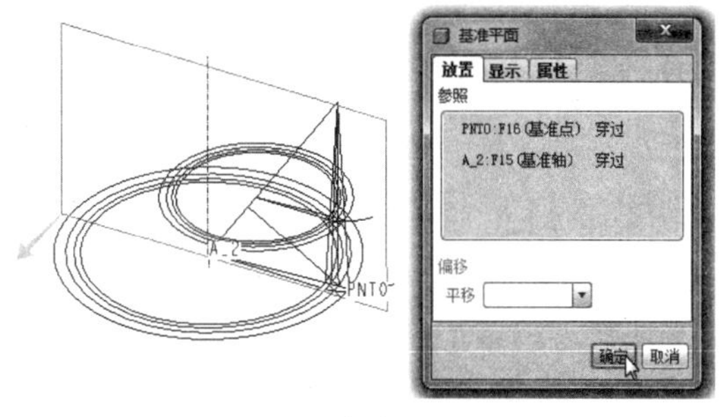

图 11-129　创建基准平面 DTM2

26 接着以此基准平面和参考轴为组合参考，再创建出如图 11-130 所示的基准平面。

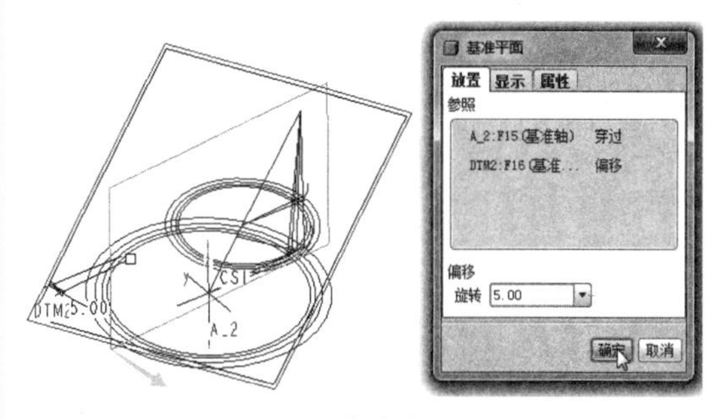

图 11-130　创建基准平面 DTM3

技术要点

DTM2 与 FRONT 基准平面是重合的，那么为什么不直接利用参考轴和 FRONT 来创建 DTM3 呢？是因为 FRONT 是固定平面，其他平面如果参照它，将不会出现旋转的选项，只有【法向】和【平行】选项。那么 DTM2 也是不能参照 FRONT 来创建的，否则 DTM3 也不能创建旋转。这个旋转的尺寸就是齿厚的关系式尺寸。

27 将DTM3的旋转角度添加到关系式列表框中，如图11-131所示。

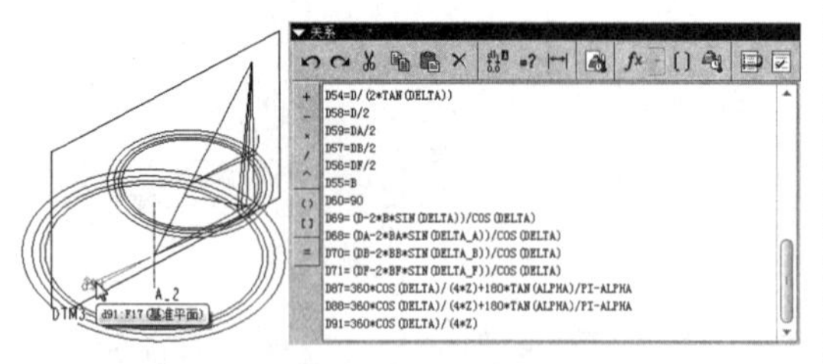

图11-131 添加关系式

28 在模型树选中曲线特征（两条渐开线），然后单击【镜像】按钮，创建镜像的渐开线。如图11-132所示。

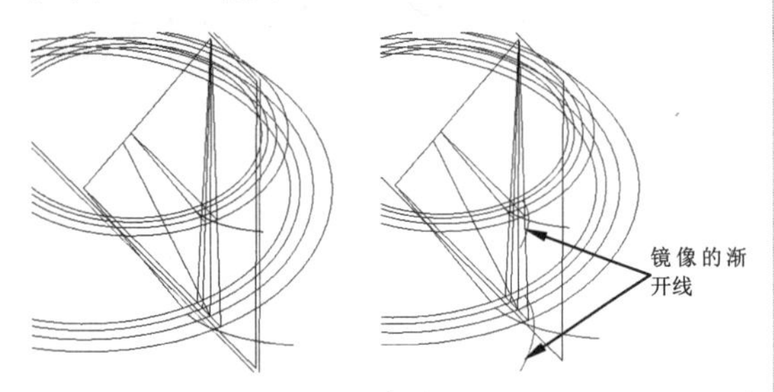

图11-132 创建镜像的渐开线

2. 齿轮建模

01 利用【旋转】工具，选择FRONT基准平面作为草图平面，绘制如图11-133所示的草图，退出草绘模式后保留默认设置，单击【应用】按钮完成旋转特征的创建。

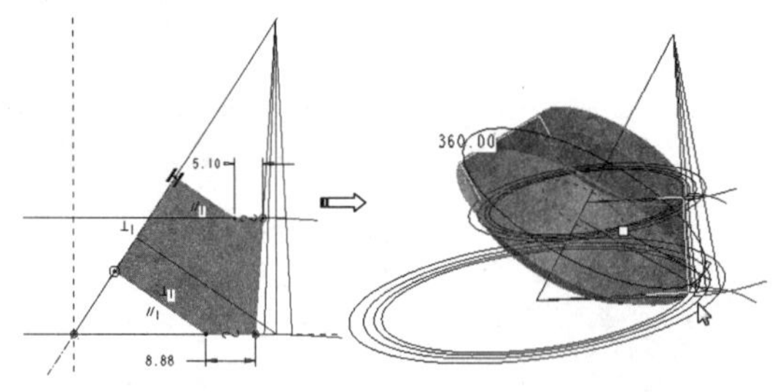

图11-133 创建草图并完成旋转特征的创建

02 将草图中的尺寸添加到关系式列表框中，如图11-134所示。

03 利用【草绘】轨迹，在TOP基准平面上绘制如图11-135所示的曲线（在大端）。

04 同理，在DTM1平面上绘制如图11-136所示的曲线（在小端）。

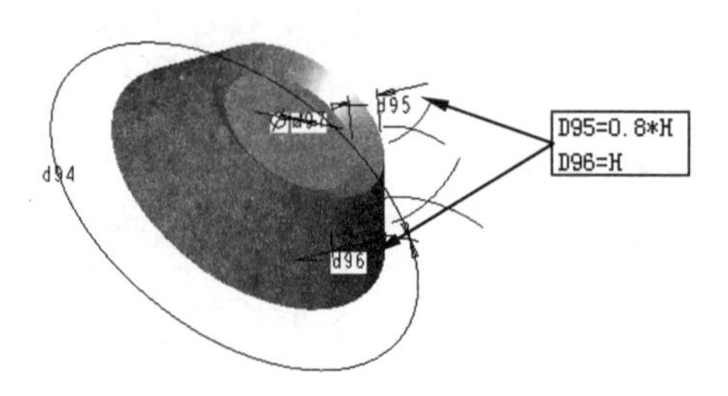

图11-134 添加关系

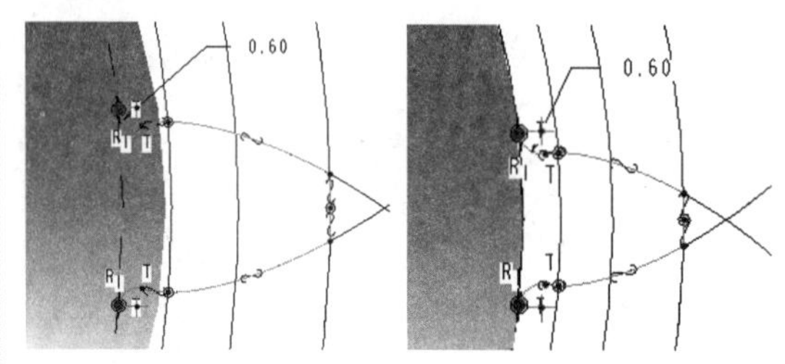

图11-135 绘制大端的曲线　　图11-136 绘制小端的曲线

05 将两个草绘曲线的尺寸添加到关系式中，如图11-137所示。

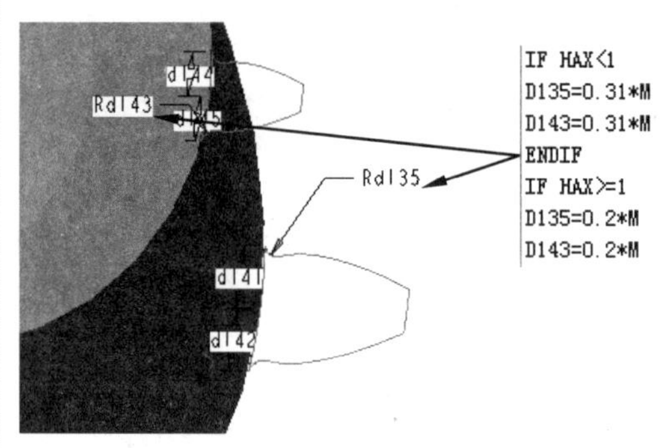

图11-137 添加关系式

06 利用复制、粘贴命令，复制如图11-138所示的曲面。

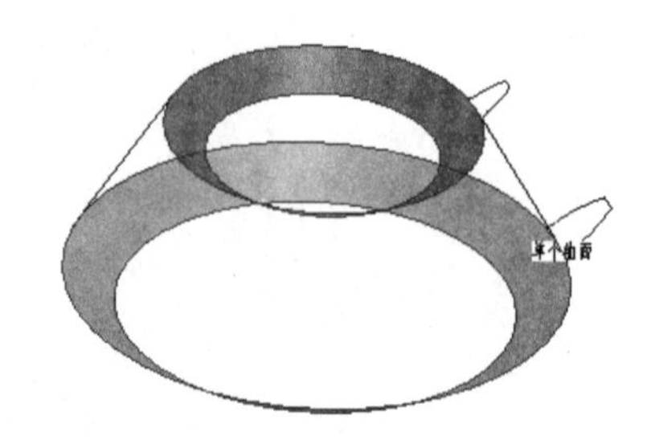

图11-138 复制曲面

07 将复制的曲面分别进行延伸，如图11-139和图11-140所示。

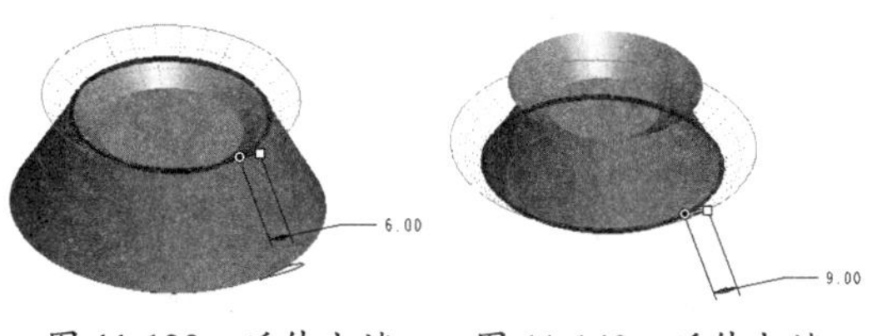

图 11-139　延伸小端曲面　　图 11-140　延伸大端曲面

08 将前面绘制的大端曲线和小端曲线分别投影到大端和小端各自的延伸曲面上，如图 11-141 所示。

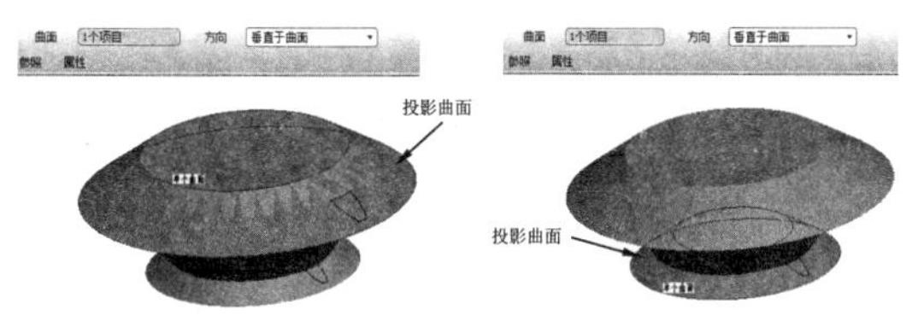

图 11-141　将曲线投影到延伸曲面上

09 利用【扫描混合】工具，选择大端和小端的投影曲线作为截面链，再单击【应用】按钮完成曲面的创建，如图 11-142 所示。

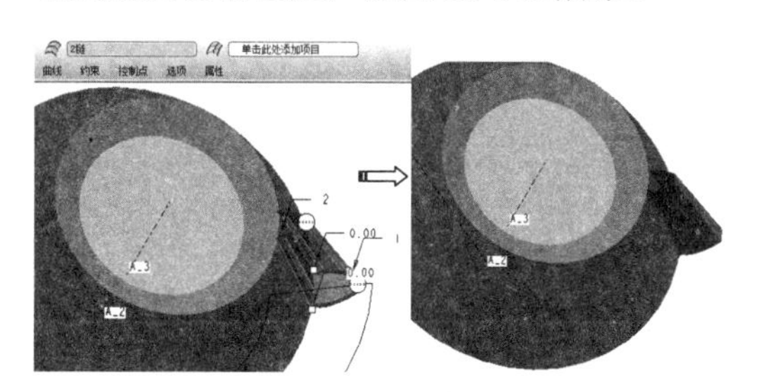

图 11-142　选择第一方向链

10 选中延伸曲面和扫描混合的曲面，然后执行【合并】命令，进行合并与修剪，结果如图 11-143 所示。

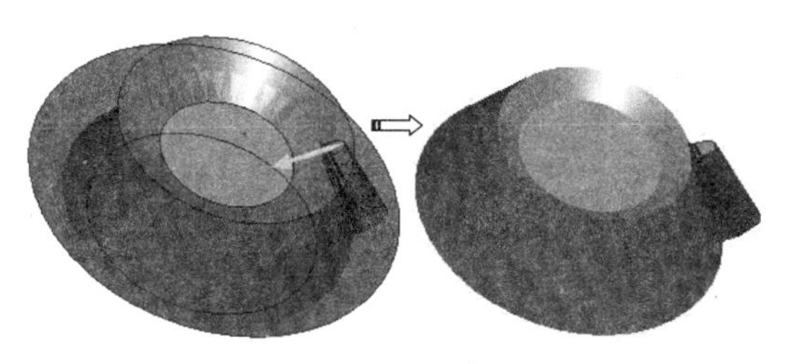

图 11-143　合并曲面

11 选中合并的曲面，然后在菜单栏中选择【编辑】|【实体化】命令，将曲面转换成实体，此实体就是锥齿轮的单个齿。

12 选中实体化的特征，然后单击【复制】按钮和【选择性粘贴】按钮，打开【选择性粘贴】对话框，选中【对副本应用移动 / 旋转变换】复选框，单击【确定】按钮。

13 在随后弹出的【复制】操控板中单击【相对选定参照旋转特征】按钮，然后选择旋转轴，输入旋转角度 18，最后单击【应用】按钮完成复制，如图 11-144 所示。

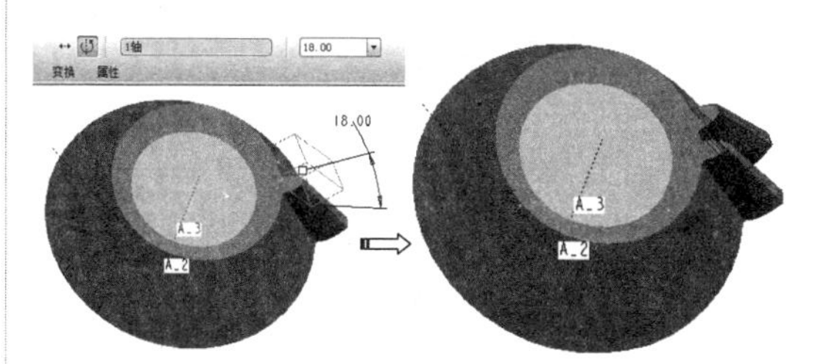

图 11-144　创建复制特征

14 选中复制的单齿特征，然后进行阵列。阵列操控板中的设置与阵列结果如图 11-145 所示。

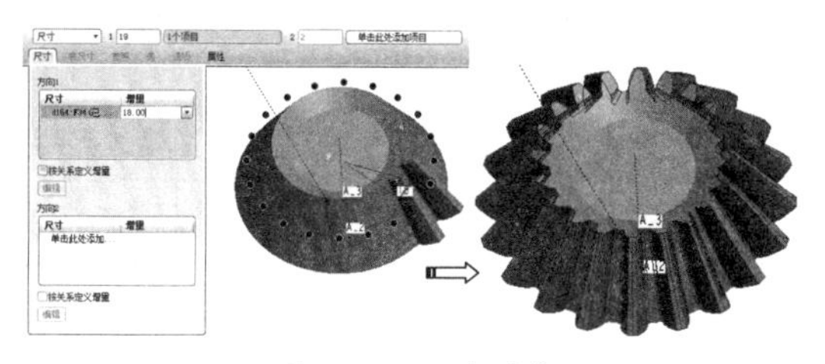

图 11-145　阵列齿

15 阵列后，将尺寸添加到关系式列表框中，如图 11-146 所示。

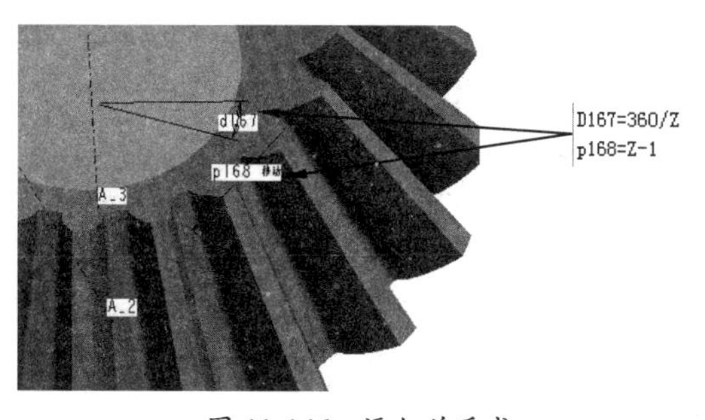

图 11-146　添加关系式

16 利用【孔】工具，创建直径为 15 的孔，如图 11-147 所示。

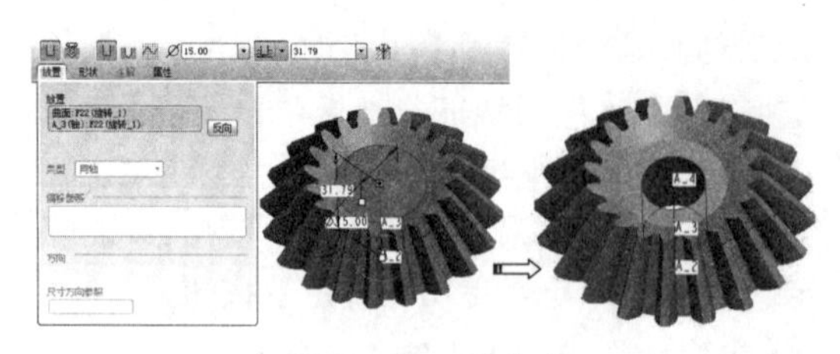

图 11-147 创建孔

17 利用【拉伸】工具，创建如图 11-148 所示的拉伸切除材料特征。

18 至此，本例的锥齿轮参数化设计完成，最后将结果保存。

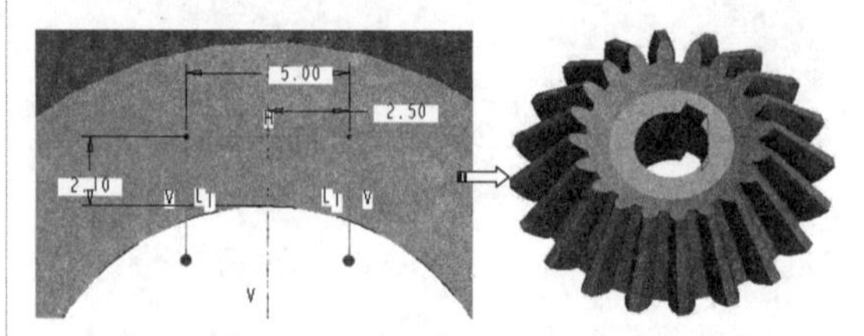

图 11-148 创建拉伸切除材料特征

11.6 课后习题

1. 简答题

（1）简述参数化建模的基本原理。

（2）是否可以随意删除一个模型上的参数？

（3）简述编辑关系式的基本步骤。

2. 操作题

自己动手创建一个蜗轮蜗杆参数化模型，如图 11-149 所示。

图 11-149 蜗轮蜗杆参数化模型

读书笔记

第12章 机构运动与仿真

Pro/E 中的机构运动仿真模块 Mechanism 可以进行装配模型的运动学分析和仿真，使得原来在二维图纸上难以表达和设计的运动变得非常直观和易于修改，并且能够大大简化机构的设计开发过程，缩短开发周期，减少开发费用，同时提高产品质量。

本章主要介绍基于 Pro/E Wildfire 5.0 的机构运动仿真的工作流程，然后以机构设计及运动分析的基本知识为基础，用大量基本和复杂机构的实例详尽地讲解了 Pro/E Mechanism 模块的基本操作方法。

资源二维码

百度云盘

360 云盘 访问密码 32dd

知识要点

- Pro/E 运动仿真概述
- Pro/E 机构运动仿真环境
- Pro/E Mechanism 基本操作与设置
- 连杆机构仿真与分析
- 凸轮机构仿真与分析
- 齿轮传动机构仿真与分析

12.1 Pro/E 运动仿真概述

在 Pro/E 中，运动仿真的结果不但可以以动画的形式表现出来，还可以以参数的形式输出，从而可以获知零件之间是否干涉、干涉的体积有多大等。根据仿真结果对所设计的零件进行修改，直到不产生干涉为止。

可以应用电动机来生成要进行研究的运动类型，并可使用凸轮和齿轮设计功能扩展设计。当准备好要分析运动时，可观察并记录分析，或测量诸如位置、速度、加速度或力等量，然后以图形表示这些测量结果。也可以创建轨迹曲线和运动包络，用物理方法描述运动。

12.1.1 机构的定义

机构是由构件组合而成的，而每个构件都以一定的方式至少与另一个构件相连接。这种连接，既使两个构件直接接触，又使两个构件能产生一定的相对运动。如图 12-1 所示为某型号内燃机的机构运动视图与简图。

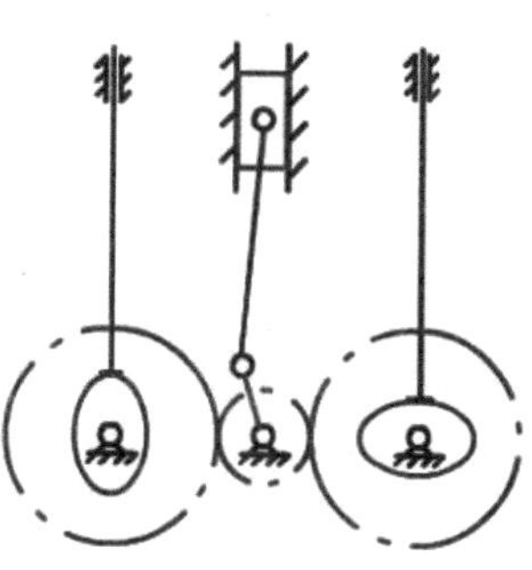

图 12-1 内燃机机构运动视图与简图

进行机构运动仿真的前提是创建机构。创建机构与零件装配都是将单个零部件组装成一个完整的机构模型，因此两者之间有很多相似之处。

12.1.2 Pro/E 机构运动仿真术语

为了便于理解，在介绍机构运动仿真之前，介绍在仿真中常用的基本术语。

- LCS：与主体相关联的局部坐标系。LCS 是与主体中定义的第一个零件相关的默认坐标系。
- UCS：用户坐标系。
- WCS：全局坐标系。组件的全局坐标系，它包括用于组件及该组件内所有主体的全局坐标系。
- 放置约束：组件中放置元件并限制该元件在组件中运动的图元。
- 环连接：添加后使连接主体链中形成环的连接。
- 自由度：确定一个系统的运动（或状态）所必需的独立参变量。连接的作用是约束主体之间的相对运动，减少系统可能的总自由度。
- 主体：机构模型的基本元件。主体是受严格控制的一组零件，在组内没有自由度。
- 基础：不运动的主体，即大地或者机架。其他主体相对于基础运动。在仿真时，可以定义多个基础。
- 预定义的连接集：预定义的连接集可以定义使用哪些放置约束在模型中放置元件、限制主体之间的相对运动、减少系统可能的总自由度及定义元件在机构中可能具有的运动类型。
- 拖动：在图形窗口上，用鼠标拾取并移动机构。
- 回放：记录并重放分析运行的操作的功能。
- 伺服电动机：定义一个主体相对于另一个主体运动的方式。
- 执行电动机：作用于旋转或平移运动轴上引起运动的力。

12.1.3 机构连接装配方式

在 Pro/E 的装配模式中，装配分无连接接口装配和有连接接口的装配。本章所介绍的机构仿真所涉及的装配是有连接接口的装配，如图 12-2 所示。由于在本书第 13 章中将详细介绍详细的装配约束方式，这里就不再重述。

在采用何种连接装约束方式之前，可以先了解如何使用放置约束和自由度来定义运动，然后可以选取相应的连接使机构按照希望的运动方式运动。

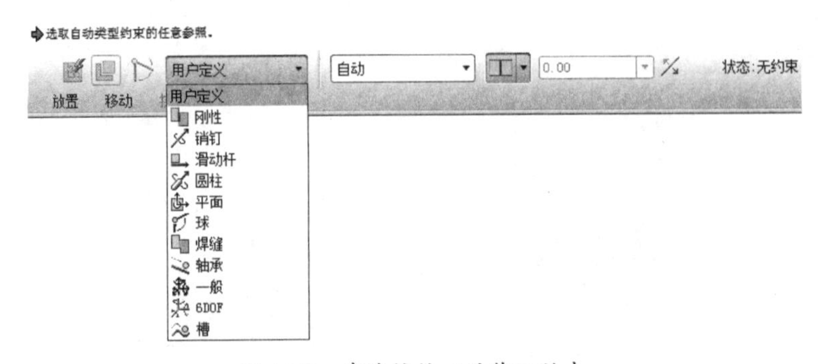

图 12-2 有连接接口的装配约束

12.2　Pro/E 机构运动仿真环境

机构运动仿真模块非单独建立文件才进入，是基于组件装配完成后，在菜单栏中选择【应用程序】|【机构】命令，方可进入机构仿真模式。

如图 12-3 所示，Pro/E 的机构运动仿真与分析环境包括菜单命令、工具栏命令、模型树、机构树、窗口界面等。

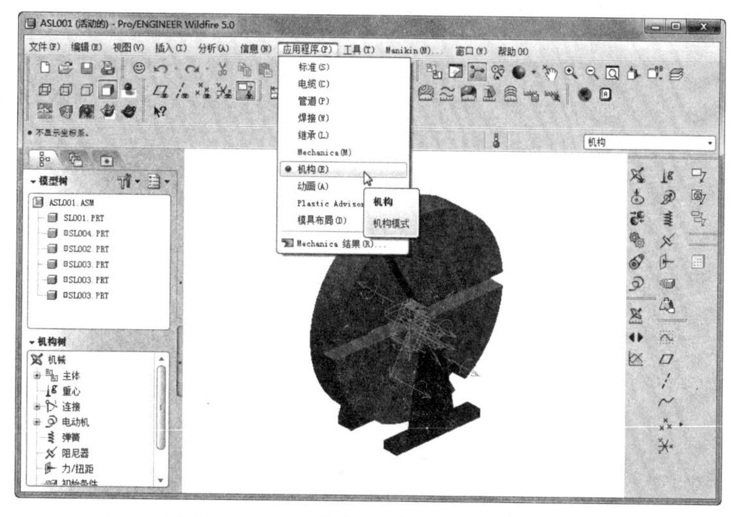

图 12-3　Pro/E 机构运动仿真与分析界面

12.3　Pro/E Mechanism 基本操作与设置

要利用 Pro/E Mechanism 进行仿真与分析，必须了解其基本操作和选项设置。

12.3.1　基本操作

要学习的基本操作内容包括加亮主体、机构显示、信息查看等。

1．加亮主体

【加亮主体】工具用来高亮显示机构中的主体，特别是在大型机构中，以此快速找出并显示用户定义的机构运动主体。在上工具栏中单击【加亮主体】按钮，机构中的主体将高亮显示，如图 12-4 所示。

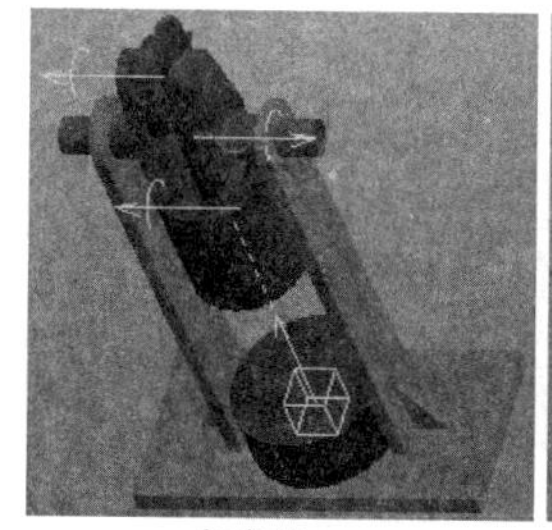

加亮前

加亮后

图 12-4　加亮显示主体

其中主体中的基础总是加亮为浅蓝色。

2．机构显示

【机构显示】工具用来控制机构中各组件单元的显示。在右工具栏中单击【机构显示】按钮，弹出【显示图元】对话框，如图 12-5 所示。默认条件下，除 LCS 外所有图标均可见。

例如，通过对话框显示【接头】，选中【接头】复选框后将在机构中显示所有的接头，如图 12-6 所示。

图 12-5 【显示图元】对话框

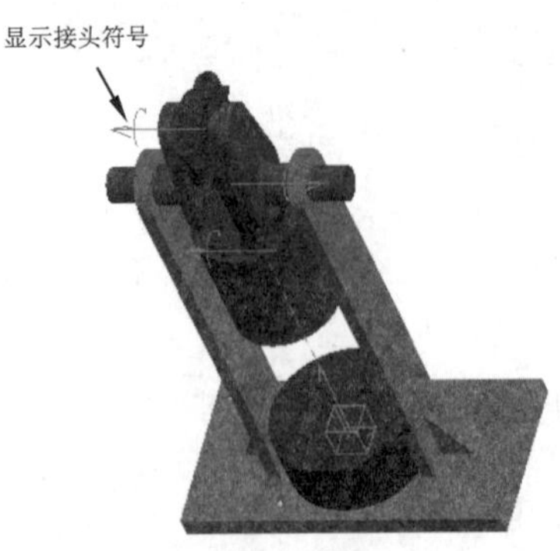

图 12-6 显示接头符号

3. 查看信息

在菜单栏中选择【信息】|【机构】|【摘要】命令，可以查看机构运动仿真与分析过后的摘要情况，如图 12-7 所示。

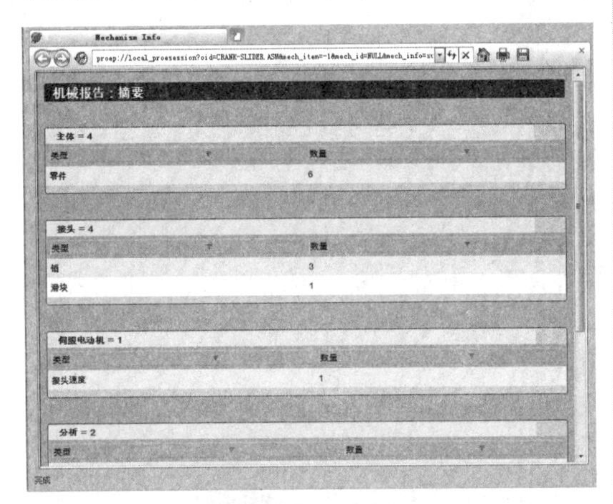

图 12-7 查看摘要

12.3.2 组件设置

组件设置包括两个内容：机构设置和碰撞检测设置。

1. 机构设置

在菜单栏中选择【工具】|【组件设置】|【机构设置】命令，弹出【机构设置】对话框。如图 12-8 所示。

- 重新连接：选中【组件连接失败时发出警告】复选框，机构连接时若失败会发出警告信息，提示用户需要重新连接。
- 运行首选项：包括 3 个选项，设置在分析运行产生失败后的操作。
- 再生首选项：设置消除失败原因后重新运行时的操作。
- 相对公差：单击【恢复默认值】按钮或者输入一个值。相对公差是一个乘数，乘以特征长度得到绝对公差。默认值是 0.001，即为模型特征长度的 0.1%。
- 特征长度：特征长度是所有零件长度的总和除以零件数后的结果。零件长度是指包含整个零件的边界框对角长度。

2. 碰撞检测设置

在菜单栏中选择【工具】|【组件设置】|【碰撞检测设置】命令，弹出【碰撞检测设置】对话框，如图 12-9 所示。

用来指定结果集回放中是否包含冲突检测、包含多少、如何处理冲突，以及回放如何显示冲突检测。对话框中包含两个选项组：一般设置和可选设置。

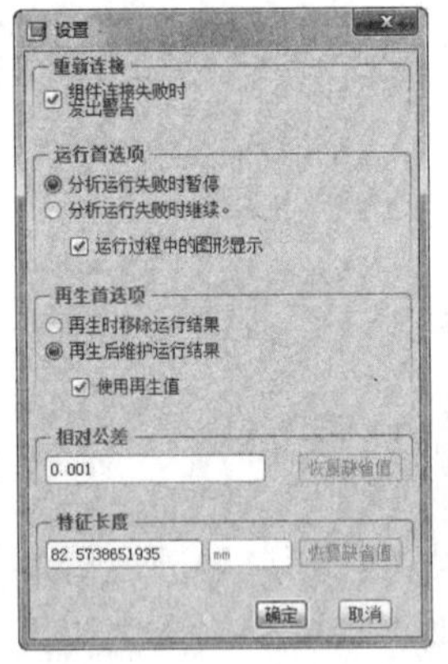

图 12-8 打开【设置】对话框

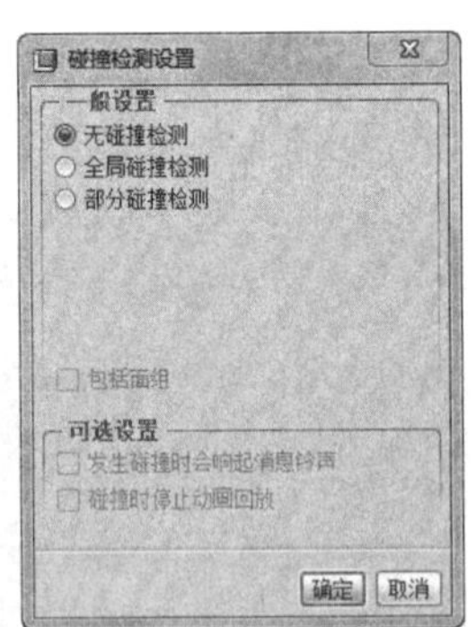

图 12-9 【碰撞检测设置】对话框

在【一般设置】选项组，可以设置在回放期间冲突检测的数量。

- 无冲突检测：执行无冲突检测，即使发生冲突也允许平滑拖动。
- 全局冲突检测：检查整个组件中的各种冲突，并根据所选择的选项将其选出。

- 部分冲突检测：指定零件，在这些零件之间进行冲突检测。
- 包括面组：将【highlight_interfering_volumes】选项设置为【YES】时将曲面作为冲突检测的组成部分。

在【可选设置】选项组中，给出与各种冲突检测类型相对应的选项，它们仅对【部分冲突检测】和【全局冲突检测】才是活动的。

- 选中【发生碰撞时会响起消息铃声】复选框，则在发生冲突时会响起警告铃声。
- 选中【碰撞时停止动画回放】复选框，则发生碰撞时回放将停止。

12.4 连杆机构仿真与分析

机构有平面机构与空间机构之分。

- 平面机构：各构件的相对运动平面互相平行（常用的机构大多数为平面机构）。
- 空间机构：至少有两个构件能在三维空间中相对运动。

连杆机构常根据其所含构件数目的多少而命名，如四杆机构、五杆机构等。其中平面四杆机构不仅应用特别广泛，而且常是多杆机构的基础，所以本节将重点讨论平面四杆机构的有关基本知识，并对其进行运动仿真研究。

12.4.1 常见的平面连杆机构

平面连杆机构就是用低副连接而成的平面机构。特点是：

- 运动副为低副，面接触。
- 承载能力大。
- 便于润滑，寿命长。
- 几何形状简单——便于加工，成本低。

下面介绍几种常见的连杆机构。

1. 铰链四杆机构

铰链四杆机构是平面四杆机构的基本形式，其他形式的四杆机构均可以看作是此机构的演化。如图 12-10 所示为铰链四杆机构示意图。

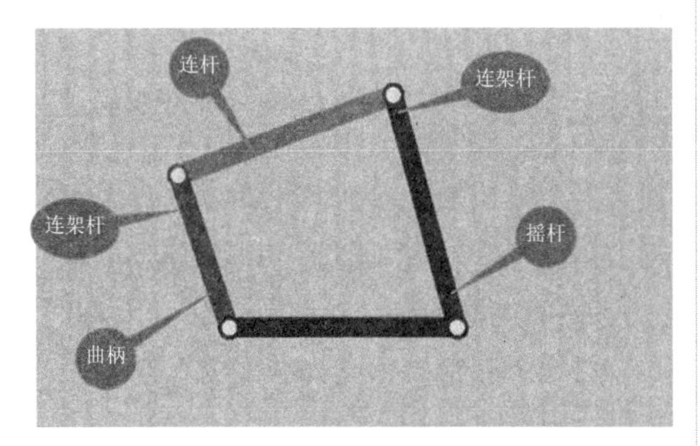

图 12-10　铰链四杆机构

铰链四杆机构根据其两个连架杆的不同运动情况，可以分为以下 3 种类型：

- 曲柄摇杆机构：铰链四杆机构的两个连架杆中，若其中一个为曲柄，另一个为摇杆，则称其为曲柄摇杆机构。当以曲柄为原动件时，可将曲柄的连续转动转变为摇杆的往复摆动。如图 12-11 所示。

图 12-11　曲柄摇杆机构

- 双摇杆机构：若铰链四杆机构中的两个连架杆都是摇杆，则称其为双摇杆机构，如图 12-12 所示。

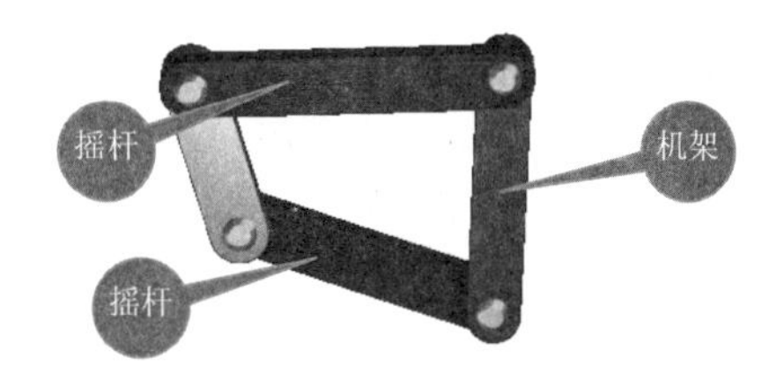

图 12-12　双摇杆机构

技术要点

铰链四杆机构中，与机架相连的构件能否成为曲柄的条件有以下两个：

(1) 最短杆长度+最长杆长度≤其他两杆长度之和（杆长条件）。

(2) 【机架长度－被考察的连架杆长度】≥【连杆长度－另1连架杆长度】。

上述的条件表明，如果铰链四杆机构满足杆长条件，则最短杆两端的转动副均为周转副。此时，若取最短杆为机架，则可得到双曲柄机构；若取最短杆相邻的构件为机架，则得到曲柄摇杆机构；取最短杆的对边为机架，则得到双摇杆机构。

如果铰链四杆机构不满足杆长条件，则以任意杆为机架得到的都是双摇杆机构。

- 双曲柄机构：若铰链四杆机构中的两个连架杆均为曲柄，则称其为双曲柄机构。在双曲柄机构中，若相对两杆平行且长度相等，则称其为平行四边形机构。它的运动有两个显著特征：一是两曲柄以相同速度同向转动；二是连杆做平动。这两个特性在机械工程上都得到了广泛应用。如图12-13所示。

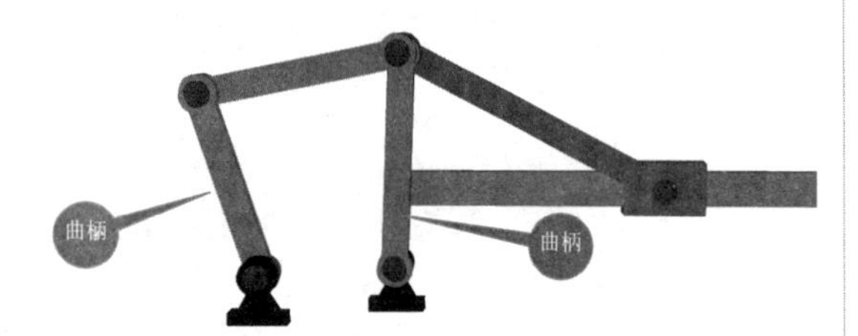

图12-13　双曲柄机构

2. 其他演变机构

其他由铰链四杆机构演变而来的机构还包括常见的曲柄滑块机构、导杆机构、摇块机构和定块机构、双滑块机构、偏心轮机构、天平机构及牛头刨床机构等。

组成移动副的两活动构件，画成杆状的构件称为导杆，画成块状的构件称为滑块。如图12-14所示为曲面滑块机构。

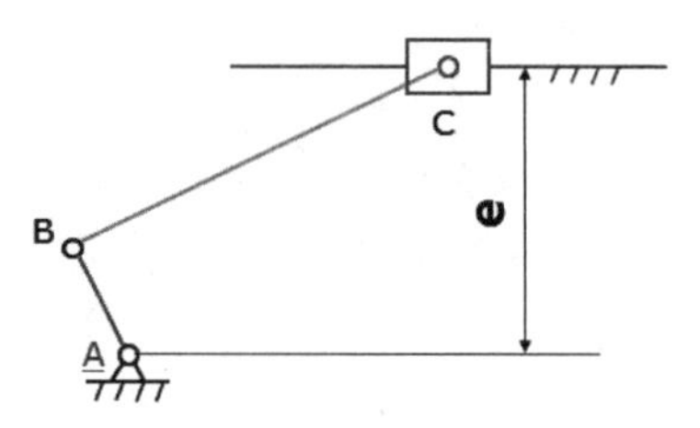

图12-14　曲面滑块机构

导杆机构、摇块机构和定块机构是在曲柄滑块基础上分别固定的对象不同而演变的新机构。如图12-15所示。

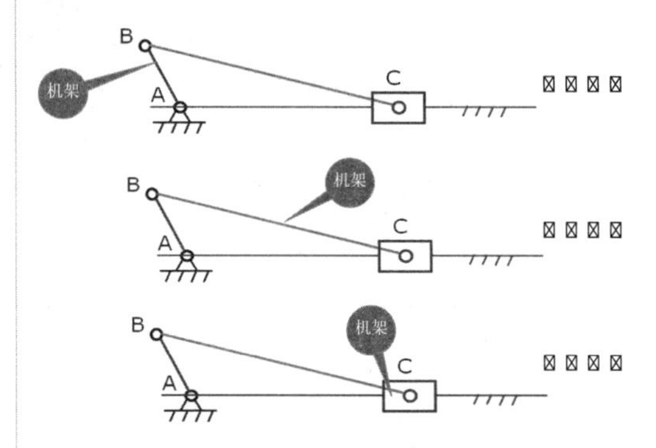

图12-15　导杆机构、摇块机构和定块机构

12.4.2　空间连杆机构

在连杆机构中，若各构件不都在相互平行的平面内运动，则称其为空间连杆机构。

空间连杆机构，从动件的运动可以是空间的任意位置，机构紧凑、运动多样、灵活可靠。

1. 常用运动副

组成空间连杆机构的运动副除转动副R和移动副P外，还常有球面副S、球销副S'、圆柱副C及螺旋副H等。在科学研究和实际应用中，常以机构中所含运动副的代表符号来命名各种空间连杆机构，如图12-16所示。

2. 万向联轴节

传递两相交轴的动力和运动，而且在传动过程中两轴之间的夹角可变。如图12-17所示为万向联轴节的结构示意图。

万向联轴节分单向和双向。

- 单向万向联轴节：输入 / 输出轴之间的夹角为 180°–α，是特殊的球面四杆机构。主动轴匀速转动，从动轴做变速转动。随着 α 的增大，从动轴的速度波动也增大，在传动中将引起附加的动载荷，使轴产生振动。为消除这一缺点，通常采用双万向联轴节。

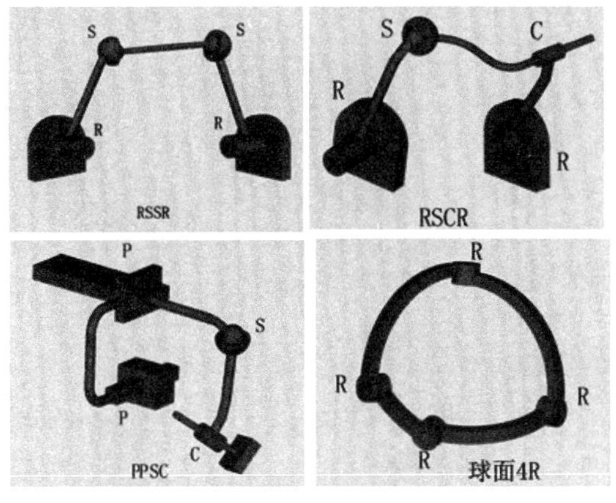

图 12-16　常见运动副

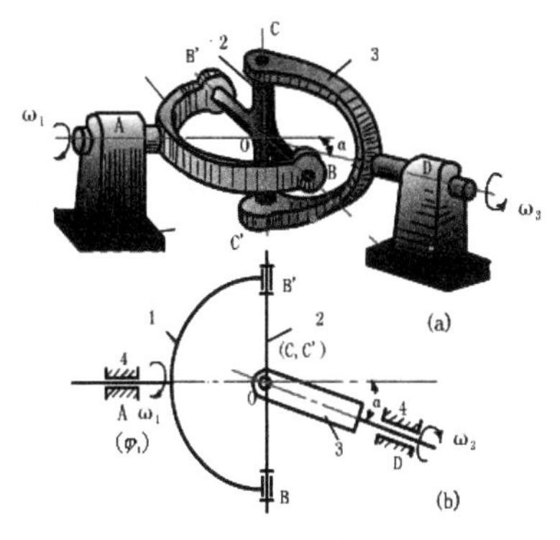

图 12-17　万向联轴节结构示意图

- 双向万向联轴节：一个中间轴和两个单向万向联轴节。中间轴采用滑键连接，允许轴向距离有变动。如图 12-18 所示。

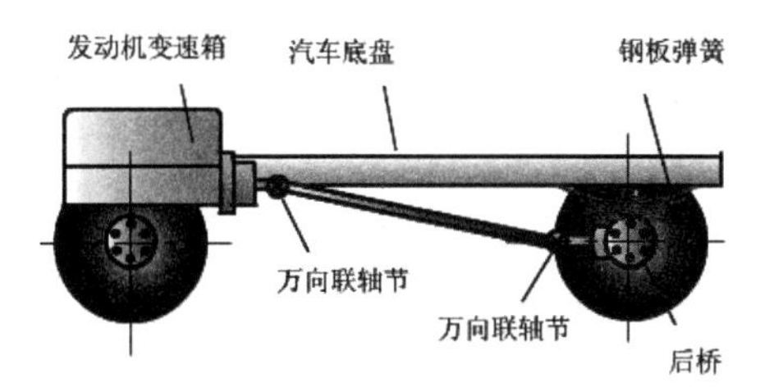

图 12-18　双向万向联轴节

动手操作——平面铰链四杆机构仿真与分析

下面以一个平面铰链四杆机构的机构仿真与分析全过程为例，详解从装配到仿真的操作步骤及方法。如图 12-19 所示为四杆机构。

图 12-19　平面铰链四杆机构

1. 装配过程

操作步骤：

01 启动 Pro/E，然后在基本环境中新建名为【crankrocker】的组件装配文件，如图 12-20 所示。进入组件装配环境后再设置工作目录。

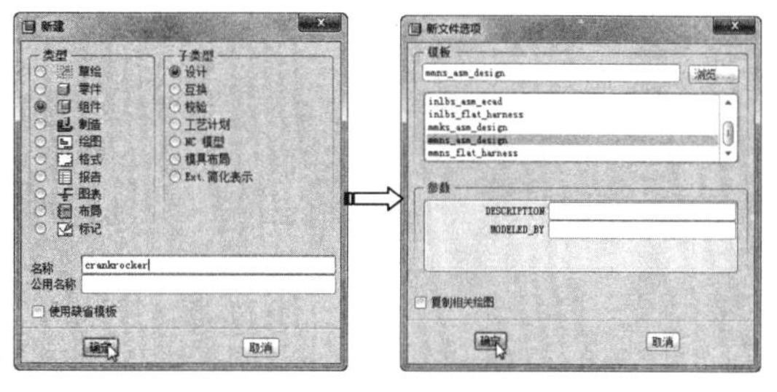

图 12-20　创建组件装配文件

02 单击【装配】按钮，然后从素材文件夹中打开第 1 个模型 ground.prt，此模型为固定的主模型。在【装配】操控板中以【默认】的装配方式装配此模型，如图 12-21 所示。

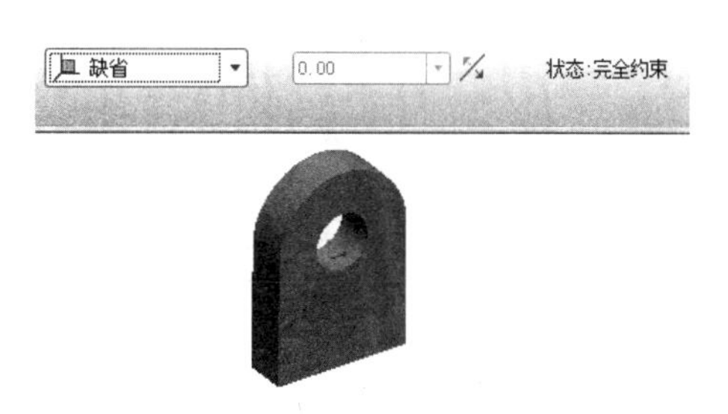

图 12-21　装配第 1 个模型

03 以主模型为基础，接下来装配第 2 个组件模型。第 2 个组件模型与第 1 个组件模型是相同的，装配第 2 个组件模型的过程如图 12-22 所示。

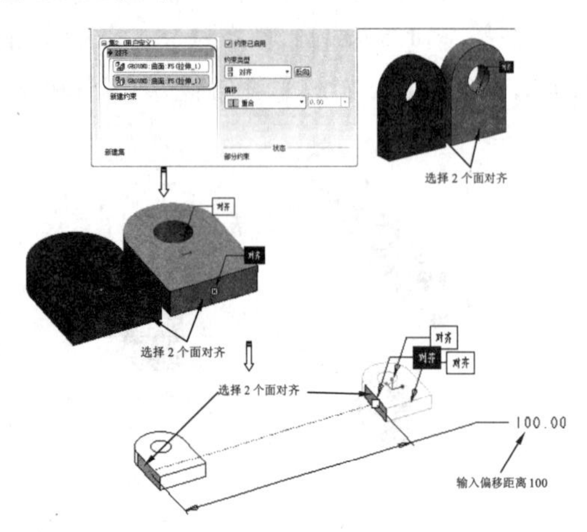

图 12-22　装配第 2 个组件模型

04 前面两个组件采用的是无连接接口的装配约束方式进行装配的，第 3 个、第 4 个和第 5 个组件则采用有连接接口的装配约束方式。装配第 3 个组件模型 crank.prt 的过程如图 12-23 所示。

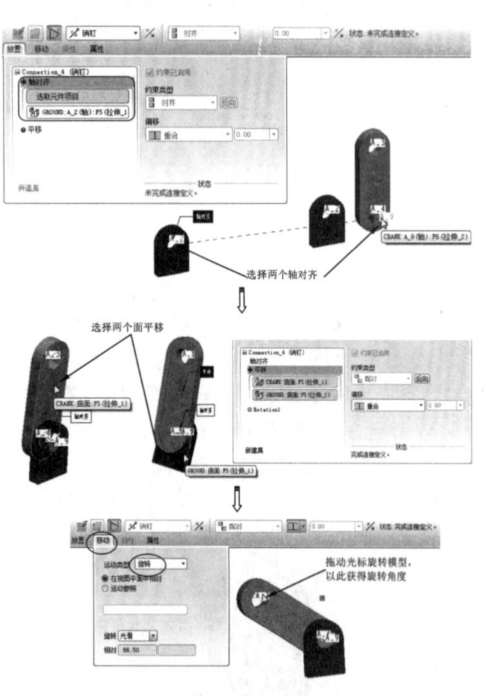

图 12-23　装配第 3 个组件模型

05 装配第 4 个组件模型 connectingrod.prt 的过程与装配方式与装配第 3 个组件相同，如图 12-24 所示。

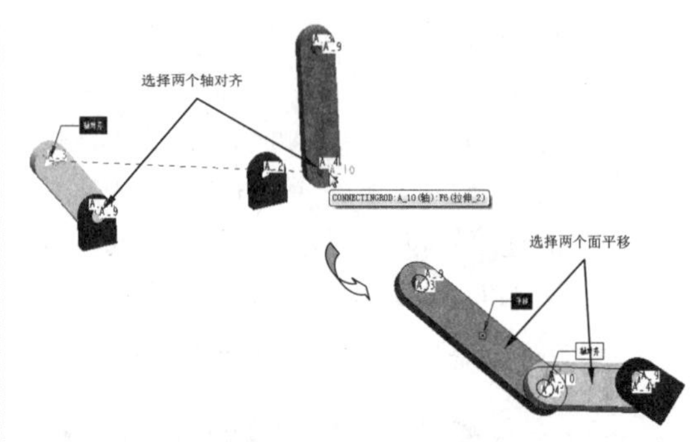

图 12-24　装配第 4 个组件模型

06 装配第 5 个组件模型 rocker.prt。此模型与第 2 个组件模型和第 4 个组件模型（都存在装配约束关系。与第 2 个组件模型的装配约束关系如图 12-25 所示。

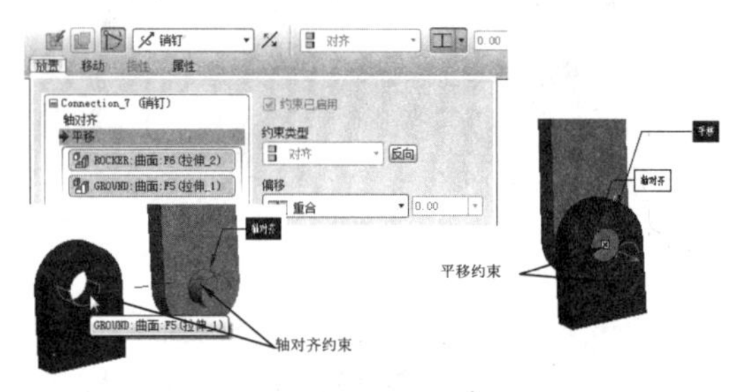

图 12-25　第 5 个组件与第 2 个组件的无连接接口的装配

07 在操控板的【放置】选项卡中单击【新建集】按钮，然后创建新的装配约束关系。第 5 个组件模型与第 4 个组件模型的有连接接口的装配约束关系如图 12-26 所示（【装配】操控板没有关闭的情况下继续装配）。

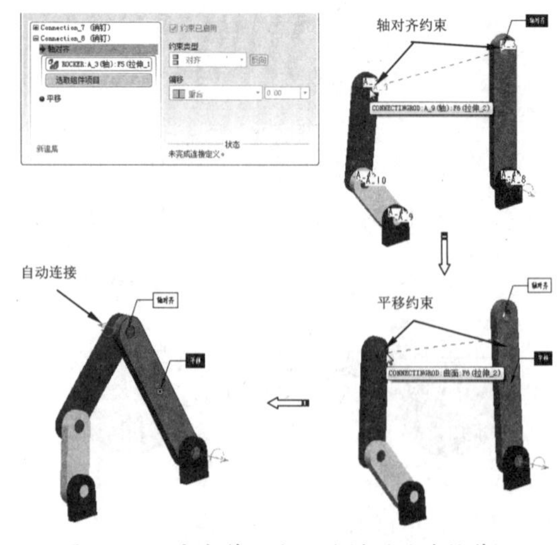

图 12-26　完成第 5 个组件模型的连接装配

2．机构仿真与分析

操作步骤：

01 在菜单栏中选择【应用程序】|【机构】命令，进入机构仿真分析模式。

02 在菜单栏中选择【编辑】|【重新连接】命令，打开【连接组件】对话框。单击【运行】按钮，会弹出【确认】对话框，检测各组件之间是否完全连接。如图 12-27 所示。

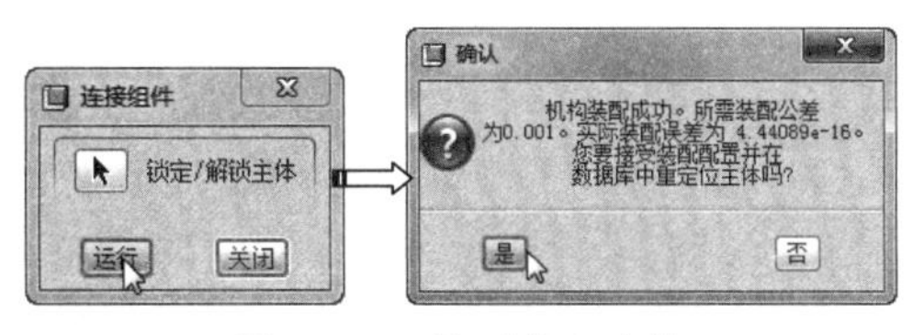

图 12-27　检测装配连接

03 检测装配连接后，通过机构树查看装配连接中哪些属于基础、哪些是主体。如图 12-28 所示。

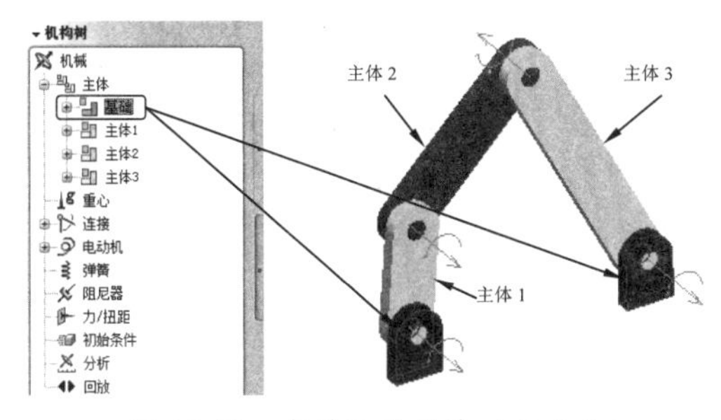

图 12-28　查看机构的基础与主体

04 在上工具栏中单击【拖动元件】按钮，打开【拖动】对话框和【选取】对话框。在机构中选取要拖动的主体元件，检查机构是否按照设计意图进行运动，如图 12-29 所示。

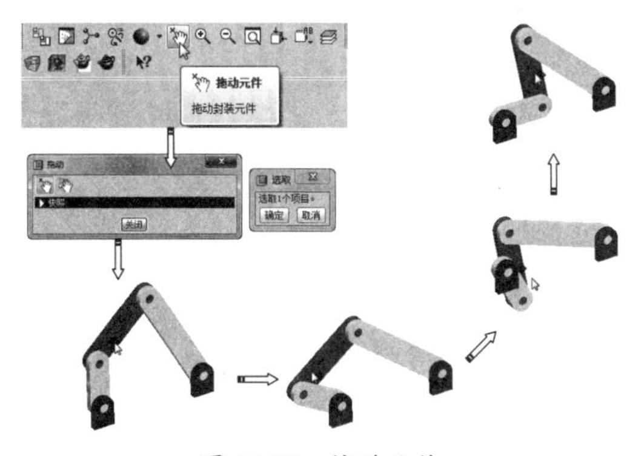

图 12-29　拖动元件

技术要点

可以在几个主体元件中任意选取边、面，单击后即可拖动元件。这个过程与前面的重新连接检测是必需的，是完成机构仿真的必要前提。

05 定义伺服电动机。在机构树的【电动机】选项组中，右击【伺服】选项并选择【新建】命令，打开【伺服电动机定义】对话框。

技术要点

使用伺服电动机可规定机构以特定方式运动。伺服电动机引起在两个主体之间、单个自由度内的特定类型的运动。

06 保留默认的名称，然后按信息提示选择从动图元——连接轴作为运动轴，如图 12-30 所示。

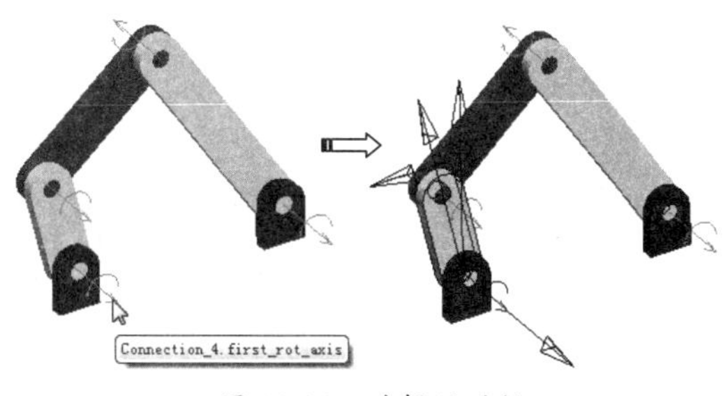

图 12-30　选择运动轴

07 在对话框的【轮廓】选项卡中，设置伺服电动机的转速常量为 8000deg/sec。单击图标可以查看电动机的工作轮廓曲线。如图 12-31 所示。

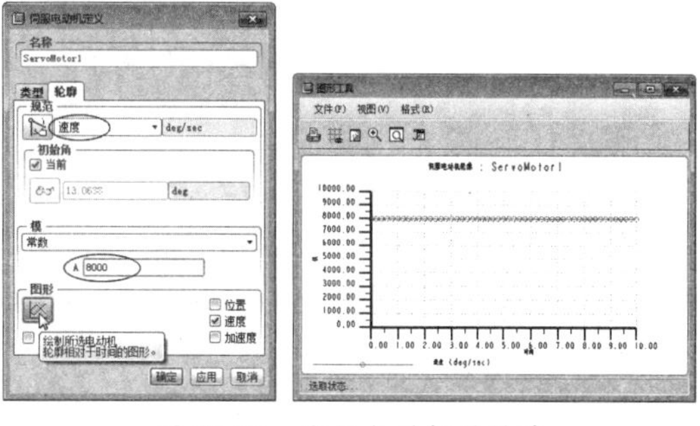

图 12-31　定义电动机的转速

08 最后单击【伺服电动机定义】对话框中的【应用】按钮，将电动机添加到机构中，如图 12-32 所示。

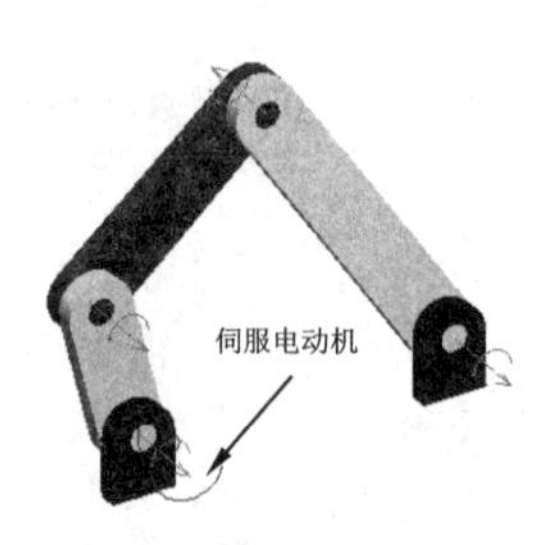

图 12-32　完成电动机的定义

电动机轮廓的类型

如图 12-33 所示，图中绘出了由电动机创建的不同类型的运动。

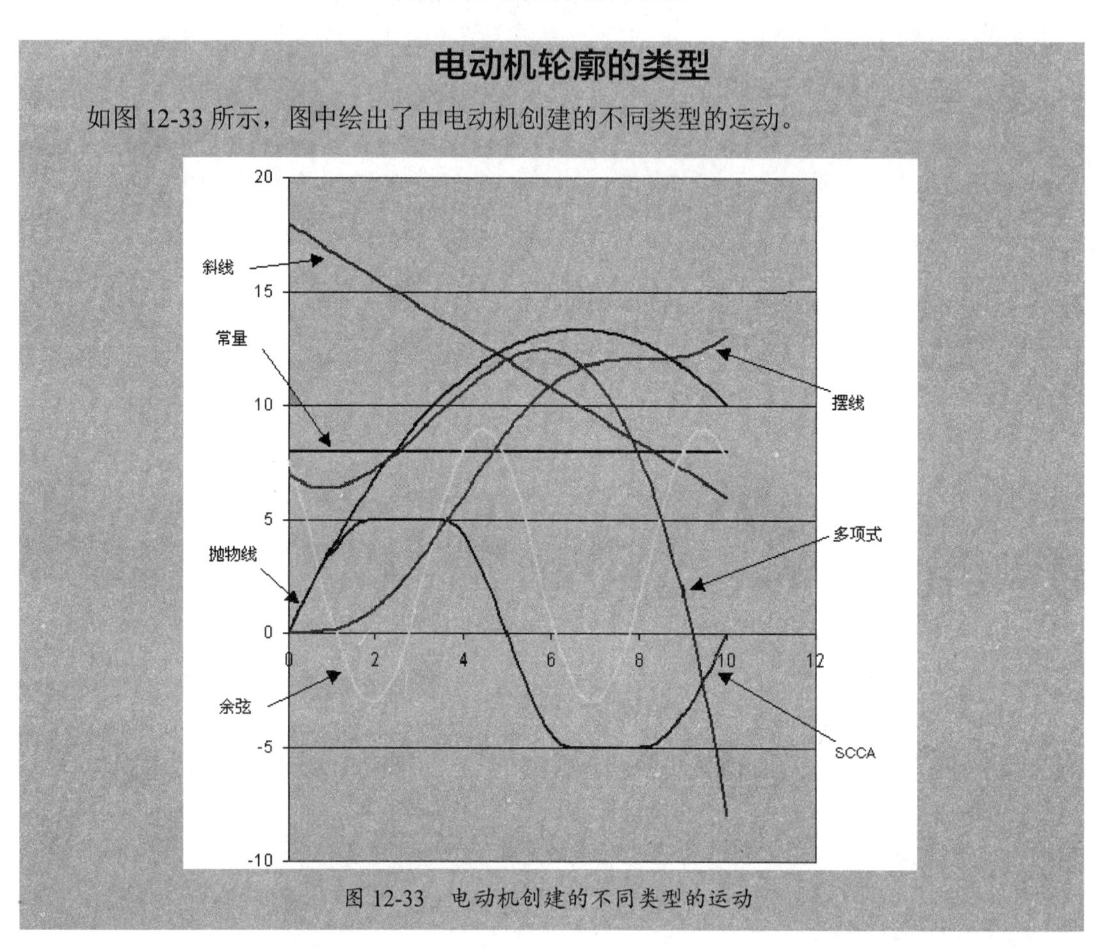

图 12-33　电动机创建的不同类型的运动

生成上图中的轮廓时所使用的公式值如表 12-1 所示。

表 12-1　生成电动机轮廓使用的公式值

恒定	线性	余弦	摆线	SCCA	抛物线	多项式
A = 8	A = 18	A = 6	L = 12	0.4	A = 4	A = 7
	B = -1.2	B = 40	T = 8	0.3	B = -.6	B = –1.5
		C = 3		5		C = 1
		T = 5		10		D = –0.1

09 在右工具栏中单击【机构分析】按钮，打开【分析定义】对话框。在【电动机】选项卡中查看是否存在先前定义的伺服电动机，如图 12-34 所示。如果没有，可以单击【添加所有电动机】按钮，重新定义电动机。

10 在【首选项】选项卡中，选择【运动学】类型，输入终止时间 20，然后单击【运行】按钮，完成机构的仿真。如图 12-35 所示。

技术要点

默认的初始配置状态为组件装配完成时的状态。您可以定义初始配置，即创建快照的方式。快照也就是使用相机功能将某个状态临时拍下来作为初始的配置。

11 最后将结构仿真分析的结果保存。

图 12-34 查看定义的电动机

图 12-35 运行仿真

12.5 凸轮机构仿真与分析

凸轮传动是通过凸轮与从动件间的接触来传递运动和动力的，是一种常见的高副机构，结构简单，只要设计出适当的凸轮轮廓曲线，就可以使从动件实现任何预定的复杂运动规律。

如图 12-36 所示为常见的凸轮传动机构示意图。

图 12-36 凸轮传动机构

12.5.1 凸轮机构的组成

凸轮机构是由凸轮、从动件和机架构成的三杆高副机构，如图 12-37 所示。

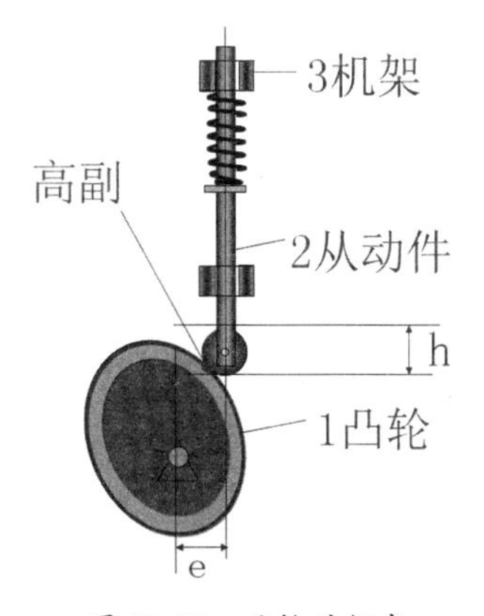

图 12-37 凸轮的组成

凸轮机构的优点：只要适当地设计凸轮的轮廓曲线，便可使从动件获得任意预定的运动规律，且机构简单、紧凑。

凸轮机构的缺点：凸轮与从动件是高副接触，比压较大，易于磨损，故这种机构一般仅用于传递动力不大的场合。

12.5.2 凸轮机构的分类

凸轮机构的分类方法大致有 4 种，下面分别介绍。

1. 按从动件的运动分类

凸轮机构按从动件的运动进行分类，可

以分为直动从动件凸轮机构和摆动从动件凹槽凸轮机构，如图 12-38 所示。

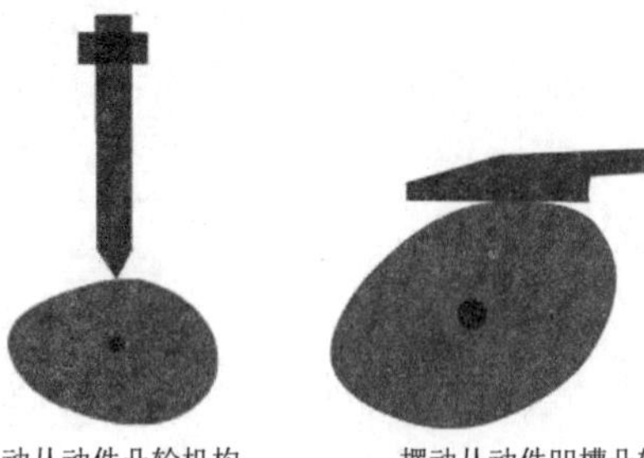

直动从动件凸轮机构　　摆动从动件凹槽凸轮机构

图 12-38　按从动件的运动进行分类的凸轮机构

2. 按从动件的形状分类

凸轮机构按从动件的形状进行分类，可分为滚子从动件凸轮机构、尖顶从动件凸轮机构和平底从动件凸轮机构，如图 12-39 所示。

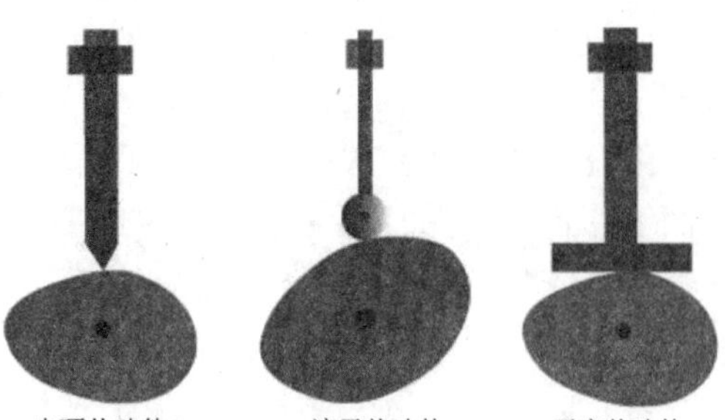

尖顶从动件　　滚子从动件　　平底从动件

图 12-39　按从动件的形状进行分类的凸轮机构

3. 按凸轮的形状分类

凸轮机构根据其形状不同可以分为盘形凸轮机构、移动（板状）凸轮机构、圆柱凸轮机构和圆锥凸轮机构，如图 12-40 所示。

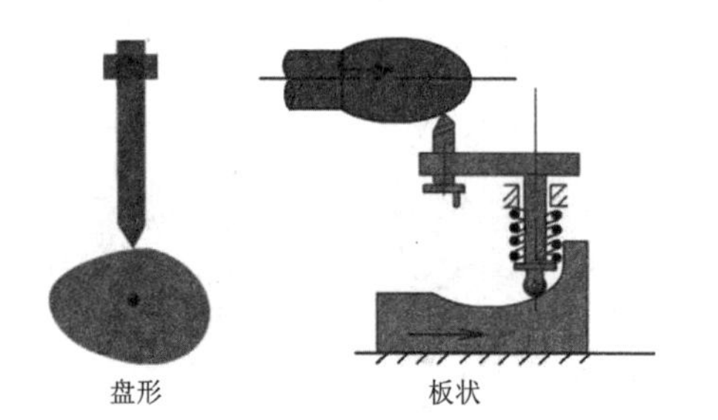

盘形　　板状　　圆锥　　圆柱

图 12-40　按凸轮进行分类的凸轮机构

4. 按高副维持接触的方法分类

根据高副维持接触的方法可以分成力封闭的凸轮机构和形封闭的凸轮机构。

力封闭的凸轮机构利用重力、弹簧力或其他外力使从动件始终与凸轮保持接触。如图 12-41 所示。

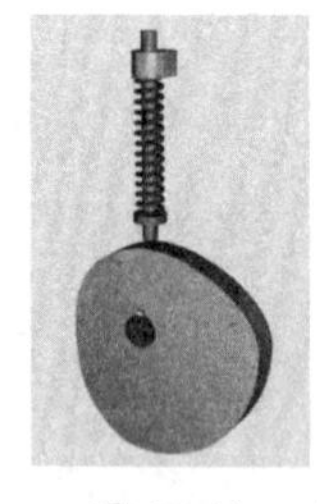

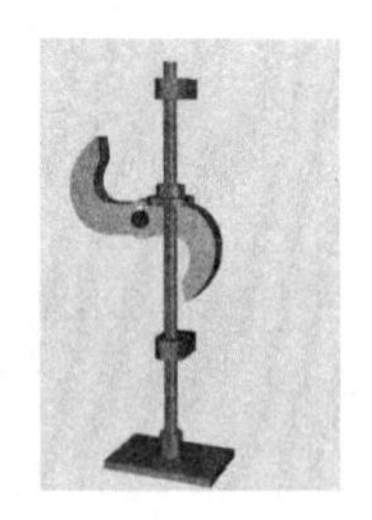

图 12-41　力封闭的凸轮机构

形封闭的凸轮机构利用凸轮与从动件构成高副的特殊几何结构使凸轮与推杆始终保持接触。如图 12-42 所示为常见的几种形封闭的凸轮机构。

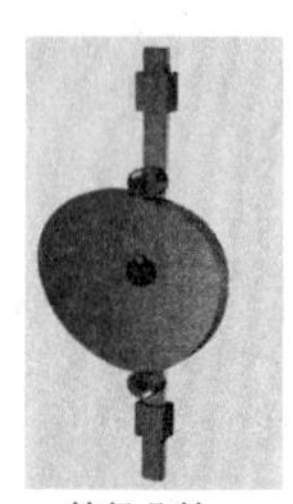

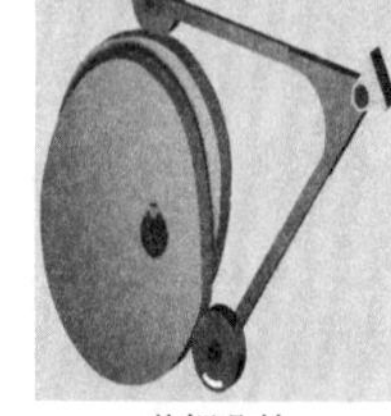

沟槽凸轮　　等宽凸轮　　等径凸轮　　共轭凸轮

图 12-42　形封闭的凸轮机构

动手操作——打孔机凸轮机构仿真与分析

本例主要使用销钉连接、滑动杆连接、凸轮从动机构连接、弹簧、阻尼器、伺服电动机、动态分析等工具完成打孔机凸轮机构的运动仿真，如图 12-43 所示为打孔机凸轮机构示意图。

图 12-43　打孔机凸轮机构

1. 连接装配过程

操作步骤：

01 新建组件装配文件。进入组件装配环境后再设置工作目录。

02 单击【装配】按钮，然后从素材文件夹中打开第 1 个模型 01.prt，此模型为固定的主模型。在【装配】操控板中以【默认】的装配方式装配此模型，如图 12-44 所示。

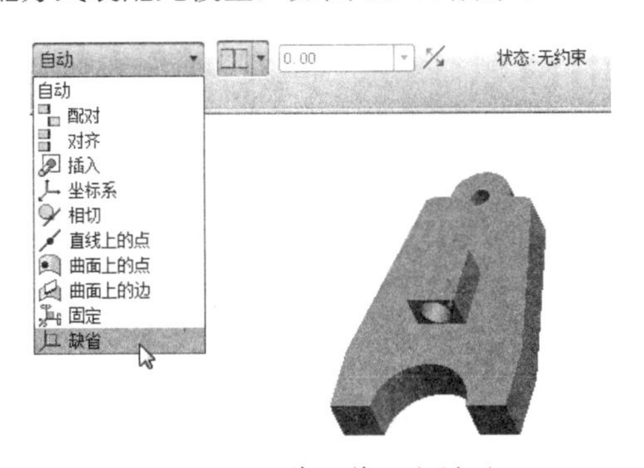

图 12-44　装配第 1 个模型

03 装配第 2 个组件模型。第 2 个组件用连接接口的装配约束方式。装配第 2 个组件模型 02.prt 的过程如图 12-45 所示。

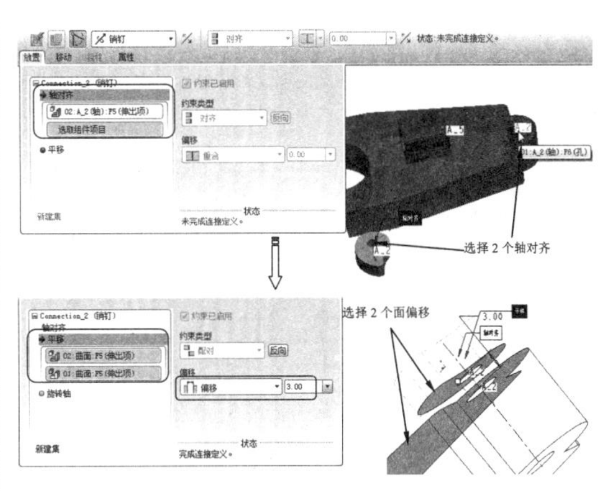

图 12-45　装配第 2 个组件模型

04 装配第 3 个组件模型 03.prt 的过程及装配方式与装配第 2 个组件相同，如图 12-46 所示。

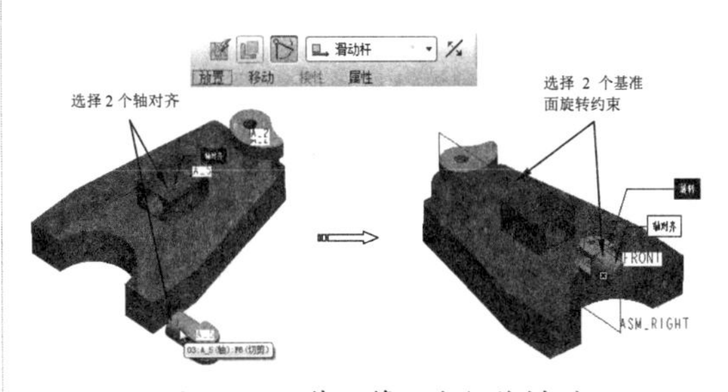

图 12-46　装配第 3 个组件模型

05 通过切换到操控板的【移动】选项卡，选中第 3 个组件模型平移至如图 12-47 所示的位置。

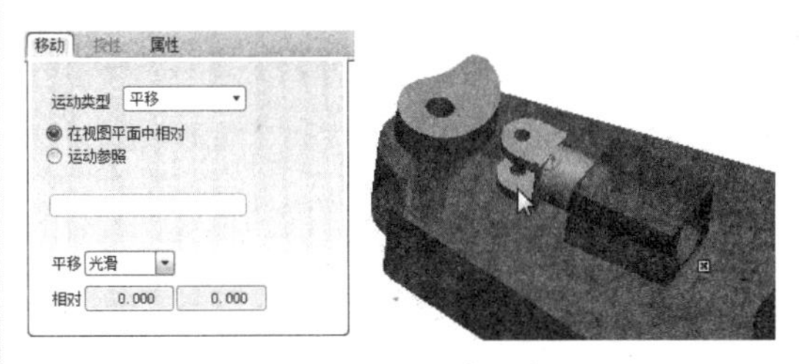

图 12-47　平移组件

06 以【销钉】装配方式，装配第 4 个组件模型 04.prt，过程如图 12-48 所示。

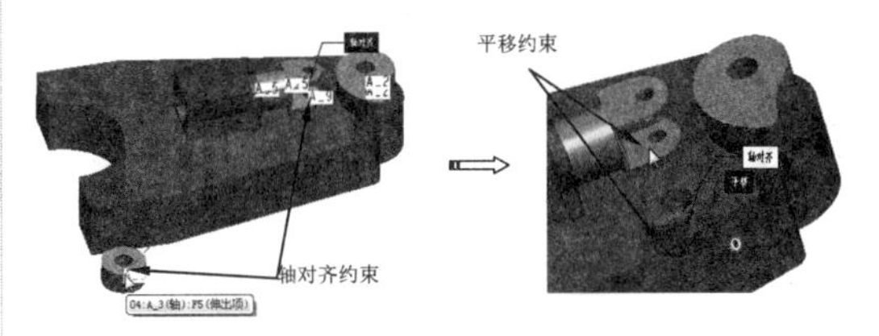

图 12-48　装配第 4 个组件

07 以【滑杆】装配约束方式装配第 5 个组件，如图 12-49 所示。

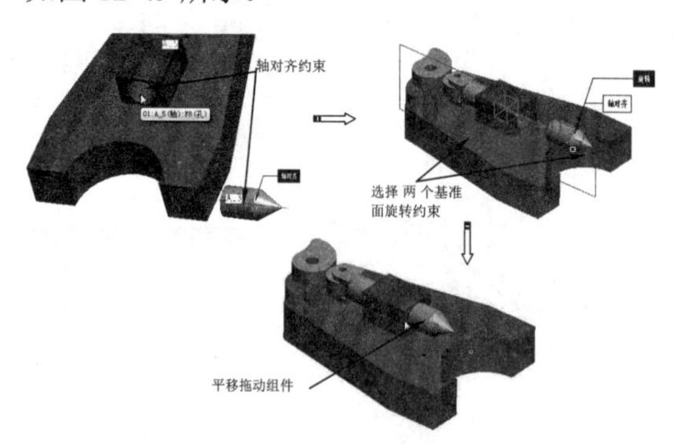

图 12-49　完成第 5 个组件模型的连接装配

2. 机构仿真与分析

操作步骤：

01 在菜单栏中选择【应用程序】|【机构】命令，进入机构仿真分析模式。

02 在菜单栏中选择【编辑】|【重新连接】命令，打开【连接组件】对话框。单击【运行】按钮，会弹出【确认】对话框，检测各组件之间是否完全连接。如图 12-50 所示。

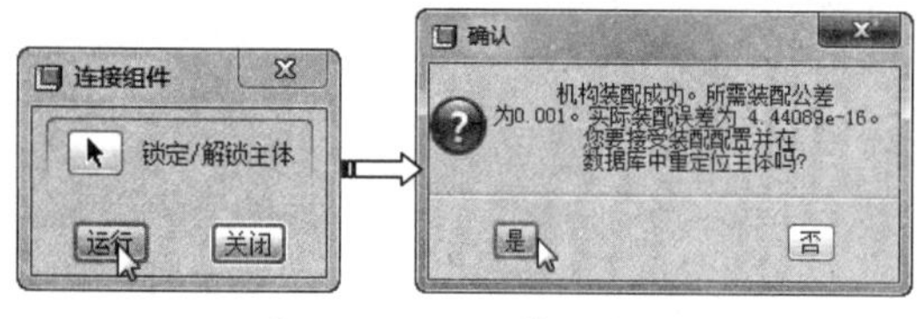

图 12-50　检测装配连接

03 定义凸轮。单击【凸轮】按钮，打开【凸轮从动机构连接定义】对话框。在【凸轮 1】选项卡中单击【选取凸轮曲线或曲面】按钮，然后选择组件 02 的圆弧曲面作为凸轮 1 的代表，如图 12-51 所示。

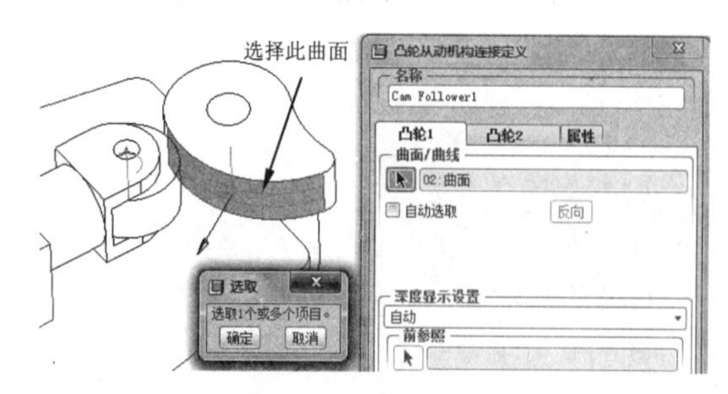

图 12-51　定义凸轮 1

> **技术要点**
>
> 可以选取组件上的边或者是曲面。若选中【自动选取】复选框，选取边或曲面后，会自动拾取整个组件。

04 在【凸轮 2】选项卡中，再单击【选取凸轮曲线或曲面】按钮，然后选择组件 04 的圆弧曲面作为凸轮 2 的代表，如图 12-52 所示。

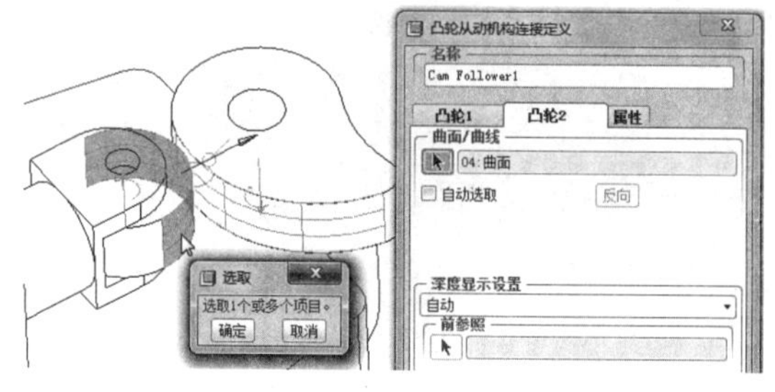

图 12-52　定义凸轮 2

05 在【属性】选项卡中取消选中【启用升离】复选框，然后单击对话框中的【确定】按钮，完成凸轮机构的连接定义。如图 12-53 所示。

图 12-53　完成凸轮机构的连接定义

06 定义弹簧。在右工具栏中单击【弹簧】按钮，打开弹簧定义操控板。按住 Ctrl 键选取组件 3 和组件 5 上的点作为弹簧长度参考，如图 12-54 所示。

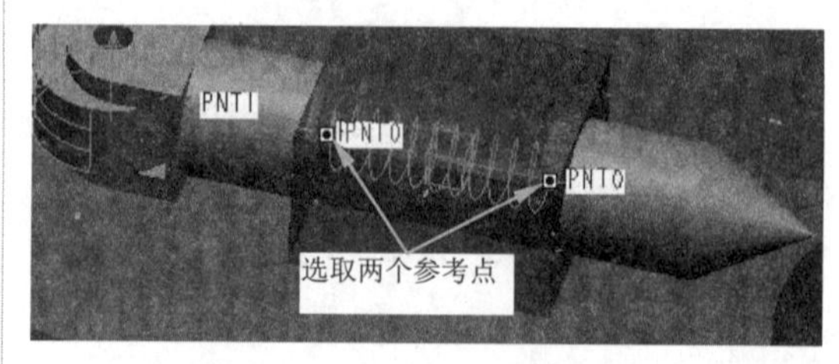

图 12-54　选取弹簧长度参考点

07 在操控板中设置刚度系数 K 值为 30，平衡位移的距离为默认，单击【应用】按钮完成弹簧的定义，如图 12-55 所示。

图 12-55　定义弹簧刚度系数

08 定义阻尼器。单击【阻尼器】按钮，弹出阻尼器定义的操控板。然后按住 Ctrl 键选取组件 3 和组件 5 上的点作为参考，并设置阻尼系数 C 的值为 10，如图 12-56 所示。

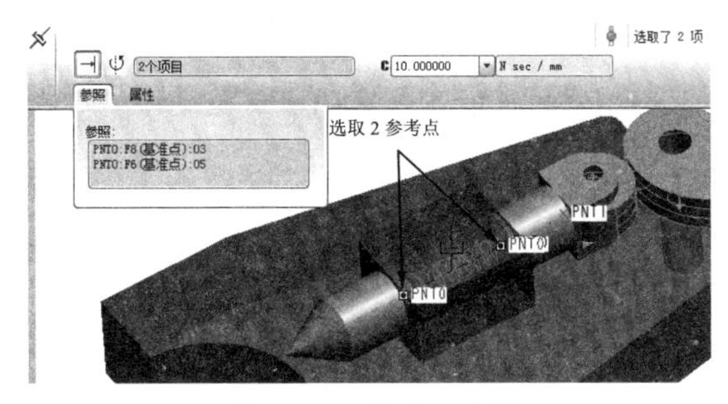

图 12-56　定义阻尼器

09 定义伺服电动机。在机构树的【电动机】选项组中，右击【伺服】选项并选择【新建】命令，打开【伺服电动机定义】对话框。

10 保留默认的名称，然后按信息提示选择从动图元——连接轴作为运动轴，如图 12-57 所示。

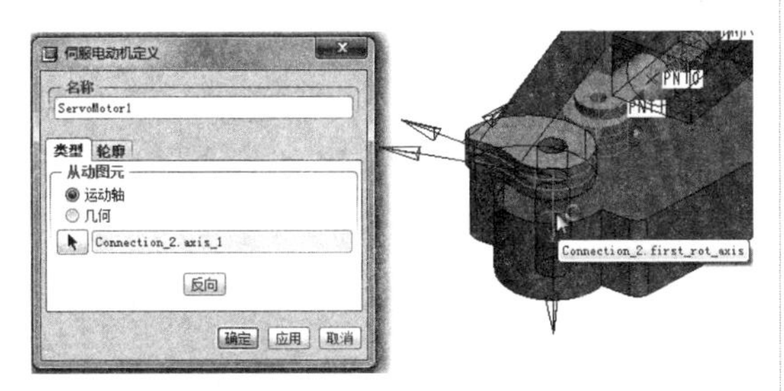

图 12-57　选择运动轴

11 在对话框的【轮廓】选项卡中，设置伺服电动机的转速常量为 100deg/sec。单击图标可以查看电动机的工作轮廓曲线。

12 最后单击【伺服电动机定义】对话框中的【应用】按钮，将电动机添加到机构中，如图 12-58 所示。

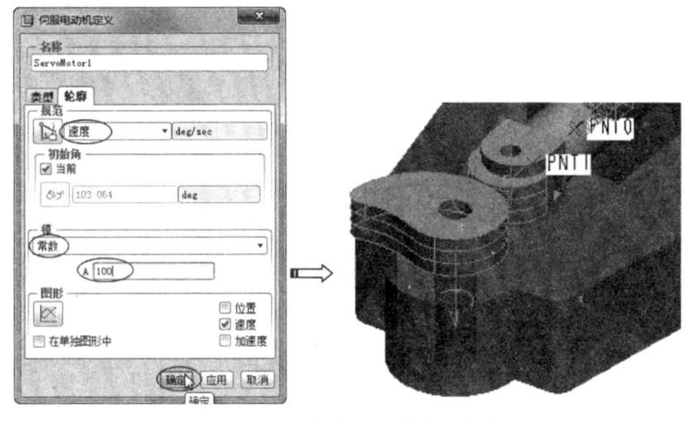

图 12-58　完成电动机的定义

13 在右工具栏中单击【机构分析】按钮，打开【分析定义】对话框。

14 在【首选项】选项卡中，选择【运动学】类型，输入终止时间 20，然后单击【运行】按钮，完成机构的仿真。如图 12-59 所示。

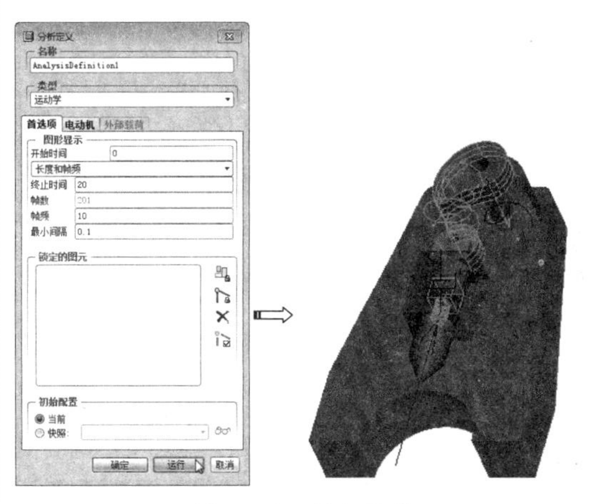

图 12-59　运行仿真

15 最后将结构仿真分析的结果保存。

12.6　齿轮传动机构仿真与分析

齿轮是用于机器中传递动力、改变旋向和改变转速的传动件。根据两啮合齿轮轴线在空间的相对位置不同，常见的齿轮传动可分为 3 种形式，如图 12-60 所示。其中，图 a 所示的圆柱齿轮用于两平行轴之间的传动；图 b 所示的圆锥齿轮用于垂直相交两轴之间的传动；图 c 所示的蜗杆蜗轮则用于交叉两轴之间的传动。

a. 圆柱齿轮

b. 圆锥齿轮

c. 蜗杆蜗轮

图 12-60　常见齿轮的传动形式

12.6.1　齿轮机构

齿轮机构就是由在圆周上均匀上分布着某种轮廓曲面的齿的轮子组成的传动机构。齿轮机构是各种机械设备中应用最广泛、最多的一种机构，因而是最重要的一种传动机构。比如机床中的主轴箱和进给箱、汽车中的变速箱等部件的动力传递和变速功能，都是由齿轮机构实现的。

齿轮机构之所以成为最重要的传动机构是因为其具有以下优点：

- 传动比恒定，这是最重要的特点。
- 传动效率高。
- 其圆周速度和所传递功率范围大。
- 使用寿命较长。
- 可以传递空间任意两轴之间的运动。
- 结构紧凑。

12.6.2　平面齿轮传动

平面齿轮传动形式一般分以下 3 种：平面直齿轮传动、平面斜齿轮传动和平面人字齿轮传动。

其中，平面直齿轮传动又分 3 种类型，如图 12-61 所示。

外啮合齿轮传动

内啮合齿轮传动

齿轮齿条传动

图 12-61　平面直齿轮传动

平面斜齿轮（轮齿与其轴线倾斜一个角度）传动如图 12-62 所示。

平面人字齿轮（由两个螺旋角方向相反的斜齿轮组成）传动如图 12-63 所示。

图 12-62　平面斜齿轮传动

图 12-63　平面人字齿轮传动

12.6.3　空间齿轮传动

常见的空间齿轮传动包括圆锥齿轮传动、交错轴斜齿轮传动和蜗轮蜗杆传动。

圆锥齿轮传动（用于两相交轴之间的传动）如图 12-64 所示。

图 12-64　圆锥齿轮传动

交错轴斜齿轮传动（用于传递两交错轴之间的运动）如图 12-65 所示。

蜗轮蜗杆传动（用于传递两交错轴之间的运动，其两轴的交错角一般为 90º）如图 12-66 所示。

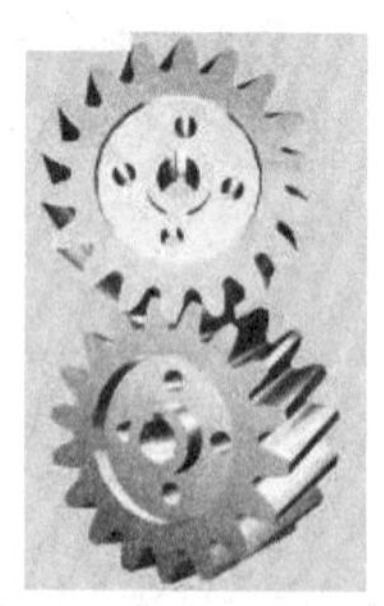
图 12-65　交错轴斜齿轮传动

图 12-66　蜗轮蜗杆传动

动手操作——二级齿轮减速器运动仿真

本例主要使用销钉连接、平面连接、圆柱连接、齿轮副、伺服电动机、动态分析等工具完成二级齿轮减速机构的运动仿真。如图 12-67 所示为装配的二级齿轮减速机构。

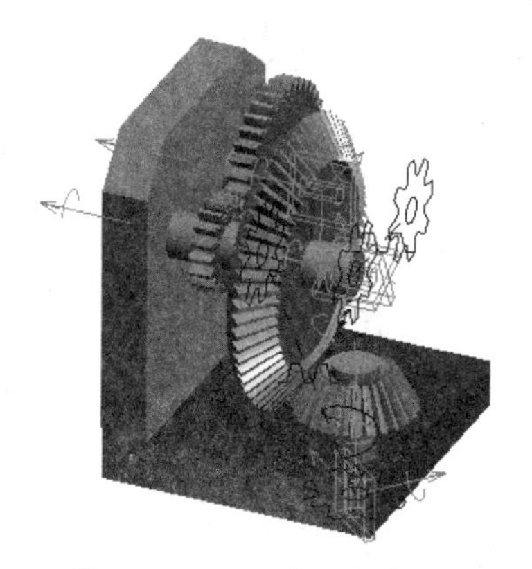

图 12-67　二级齿轮减速机构

1．齿轮机构装配

操作步骤：

01 新建名为【chilunjigou.prt】的组件装配文件，然后设置工作目录。

02 单击【装配】按钮，然后从素材文件夹中打开第 1 个模型 01.prt，此模型为固定的主模型。在【装配】操控板中以【默认】的装配方式装配此模型，如图 12-68 所示。

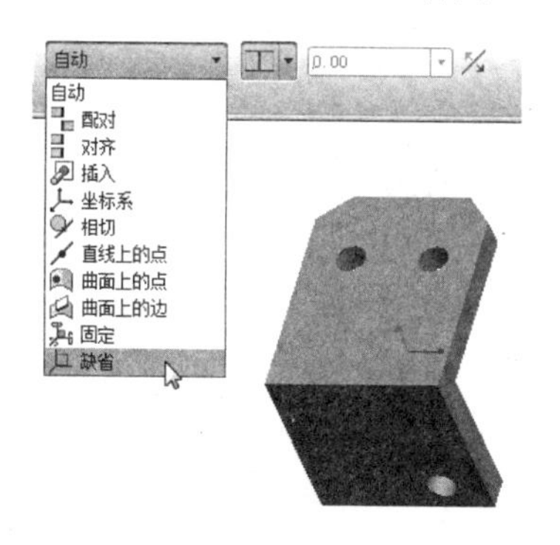

图 12-68　装配第 1 个模型

03 装配第 2 个组件模型。第 2 个组件使用有连接接口的装配约束方式。装配第 2 个组件模型 02.prt 的过程如图 12-69 所示。

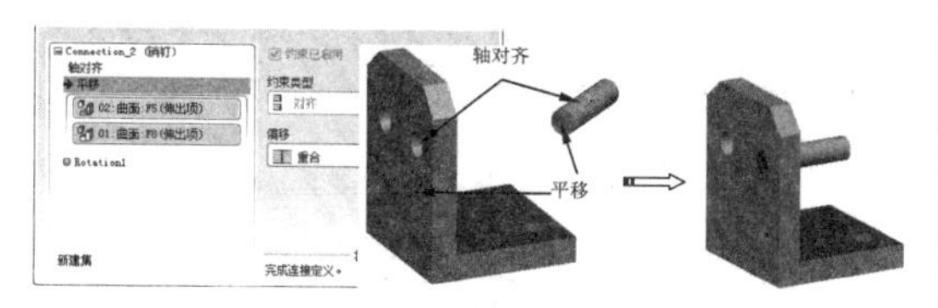

图 12-69　装配第 2 个组件

04 装配第 3 个组件模型 03.prt 的过程及装配方式与装配第 2 个组件的相同，如图 12-70 所示。

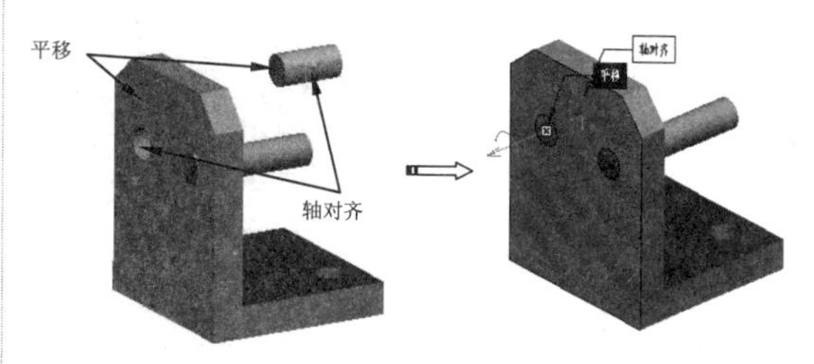

图 12-70　装配第 3 个组件模型

05 同理，再装配第 4 个组件（第 4 个组件与第 3 个组件为同一模型），如图 12-71 所示。

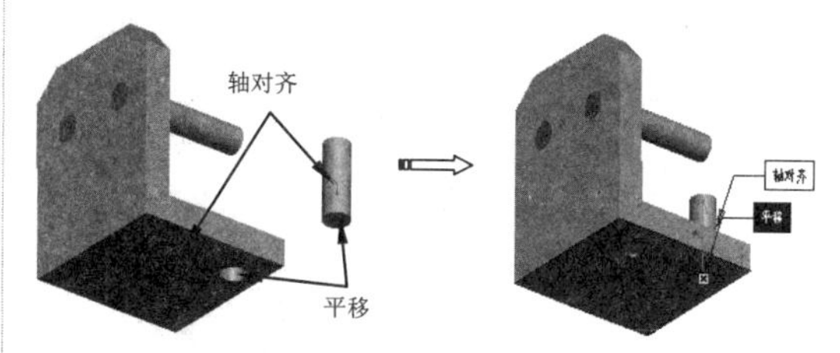

图 12-71　装配第 4 个组件

06 先以【圆柱】装配约束方式装配第 5 个组件。然后在【放置】选项卡中单击【新建集】按钮，再新建一个平面约束，如图 12-72 所示。

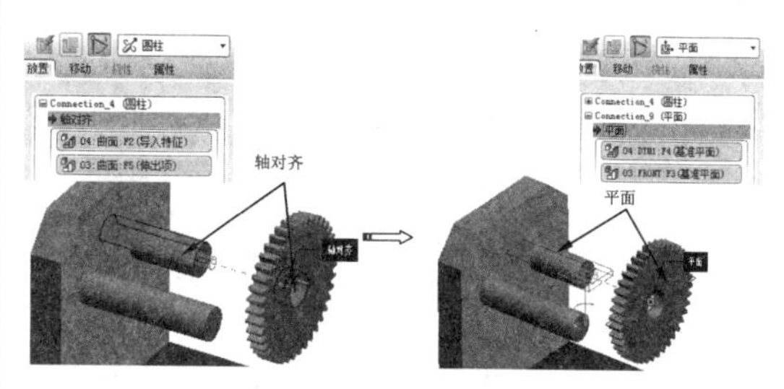

图 12-72　装配第 5 个组件

07 在【移动】选项卡中设置运动类型为【平移】，然后拖动组件 5 到组件 3 的中间位置，如图 12-73 所示。

技术要点

当齿轮与轴装配在一起时，齿轮应该与轴一起旋转，并能沿轴滑动，而在【齿轮副】的定义中，所选的连接轴要求是旋转轴，故在装配中选取一个【圆柱】连接和一个【平面】连接。

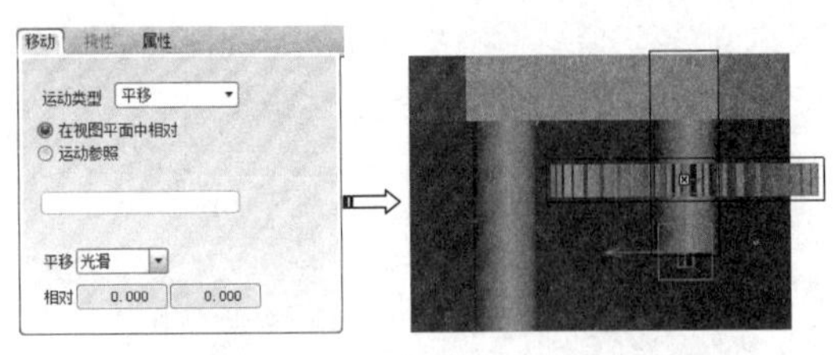

图 12-73 移动第 5 个组件

08 装配第 6 个组件。其装配方法与第 5 个组件相同。如图 12-74 所示。

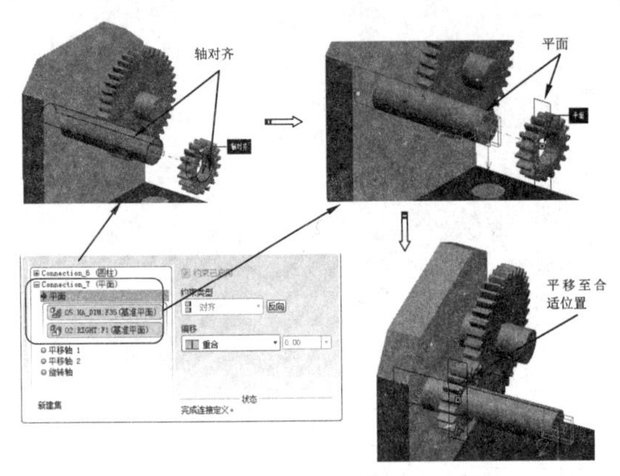

图 12-74 装配第 6 个组件

09 装配第 7 个组件。其装配方法也与第 5 个组件相同。如图 12-75 所示。

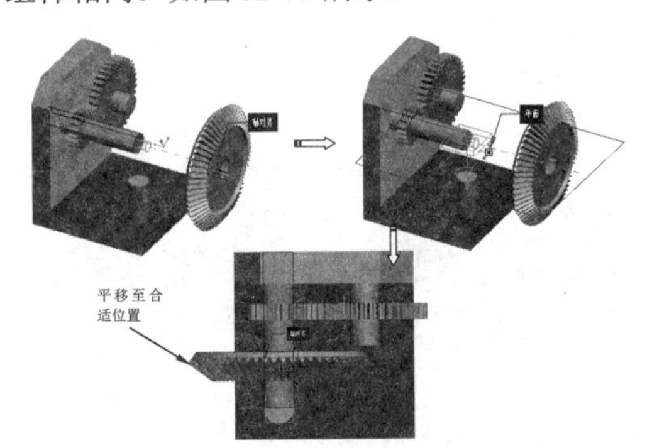

图 12-75 装配第 7 个组件

10 装配第 8 个组件，这是最后的组件。如图 12-76 所示。

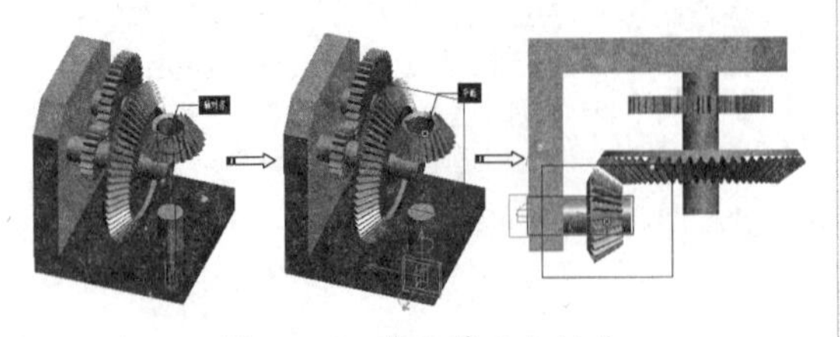

图 12-76 装配第 8 个组件

技术要点

若两个锥齿轮间存在接触间隙，可以适当平移两个锥齿轮，直至接触。

2. 运动仿真

操作步骤：

01 在菜单栏中选择【应用程序】|【机构】命令，进入机构仿真分析模式。

02 在菜单栏中选择【编辑】|【重新连接】命令，打开【连接组件】对话框。单击【运行】按钮，会弹出【确认】对话框，检测各组件之间是否完全连接。如图 12-77 所示。

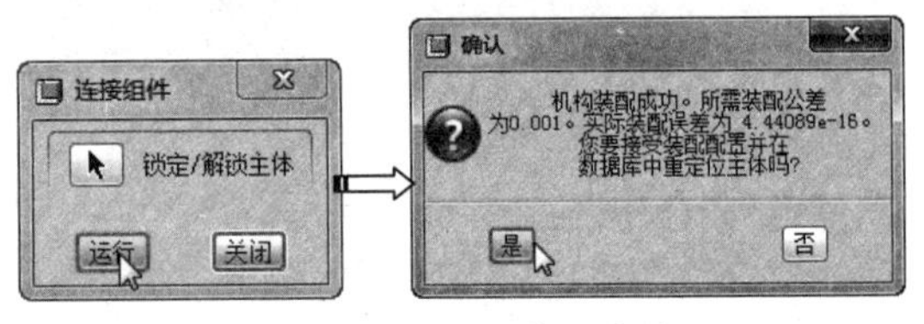

图 12-77 检测装配连接

03 定义齿轮副。在右工具栏中单击【齿轮】按钮，打开【齿轮副定义】对话框。在【齿轮 1】选项卡中定义组件 7 为齿轮副的齿轮 1，如图 12-78 所示。

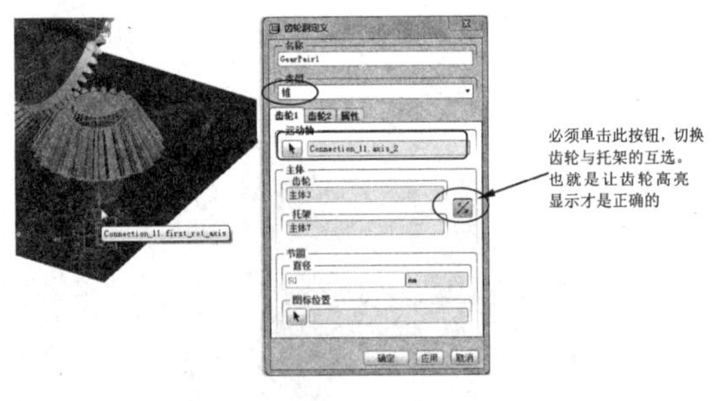

图 12-78 选择运动轴定义齿轮 1

技术要点

由于组件 7 与组件 1 的运动轴重合，为了便于选取，可以右击切换选取，也可以在运动轴位置右击，并选择右键快捷菜单中的【通过列表拾取】命令，打开拾取对话框，从中选择需要的运动轴即可。如图 12-79 所示。

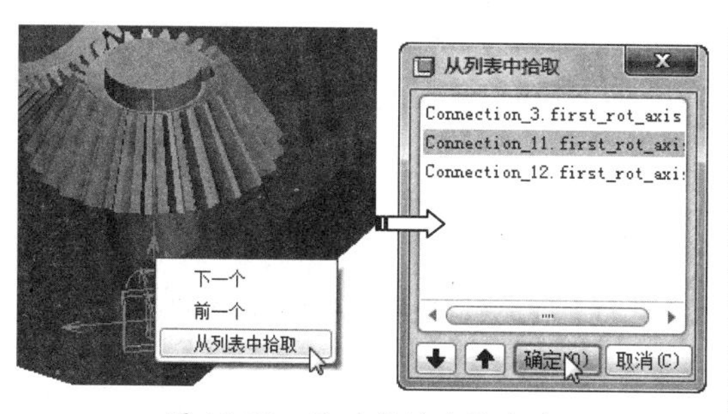

图 12-79　运动轴的选取方法

04 在【齿轮 2】选项卡中单击【选取一个运动轴】按钮，然后选择大锥齿轮的运动轴来定义齿轮 2，如图 12-80 所示。

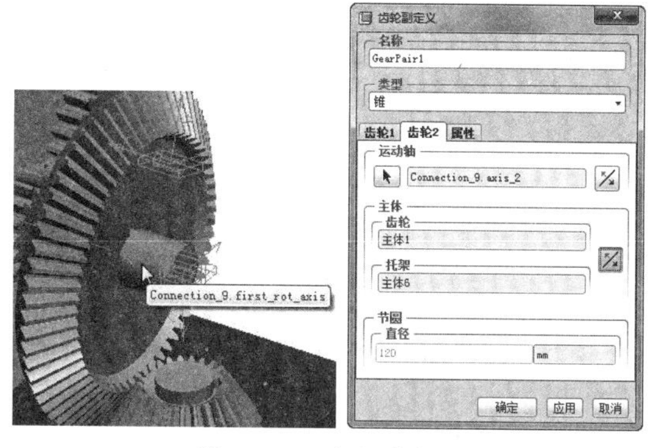

图 12-80　定义齿轮 2

05 在【属性】选项卡中设置齿轮副的直径比，如图 12-81 所示。单击【齿轮副定义】对话框中的【确定】按钮，完成齿轮副的定义。

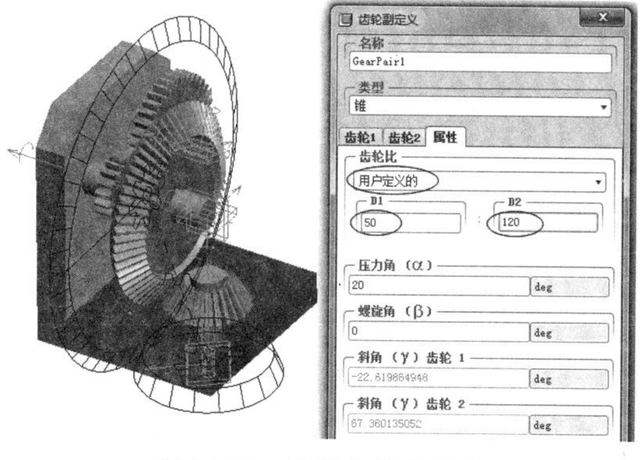

图 12-81　设定齿轮直径比

06 同理，需要定义组件 4 和组件 5 为另一齿轮副。在【齿轮副定义】对话框中选择类型为【正】。所选的齿轮 1 的运动轴如图 12-82 所示。所选的齿轮 2 的运动轴如图 12-83 所示。

技术要点

齿轮 1 必须是齿轮副传动的主齿轮。

图 12-82　定义齿轮 1

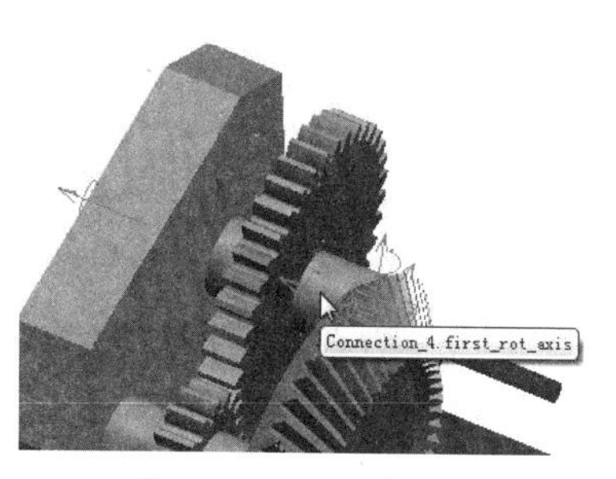

图 12-83　定义齿轮 2

07 在【属性】选项卡中定义齿轮的直径比为 36:80，最后单击【确定】按钮完成齿轮副的定义。如图 12-84 所示。

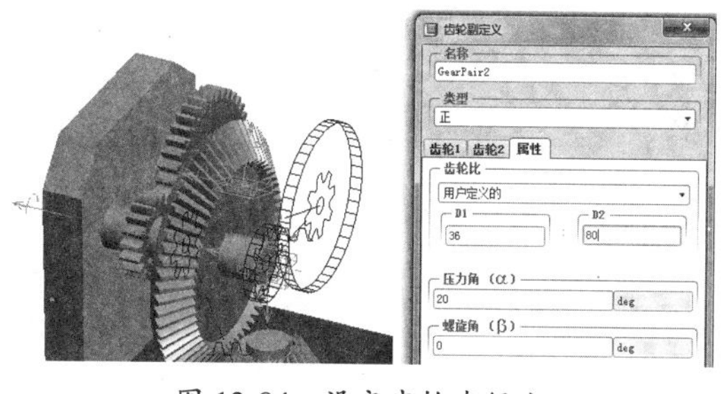

图 12-84　设定齿轮直径比

08 定义伺服电动机。单击【伺服电动机】按钮，弹出【伺服电动机定义】对话框。然后指定电动机的运动轴，如图 12-85 所示。

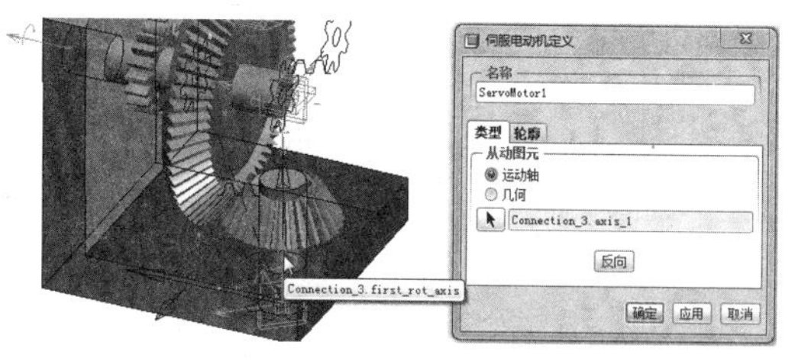

图 12-85　指定运动轴

09 在【轮廓】选项卡中设定电动机主轴速度为常量 200，单击【确定】按钮完成伺服电动机的定义，如图 12-86 所示。

10 最后单击【机构分析】按钮，设置终止时间为 50，单击【运行】按钮，进行机构仿真。成功后单击【确定】按钮关闭对话框。

11 最后将机构装配与仿真的结构保存。

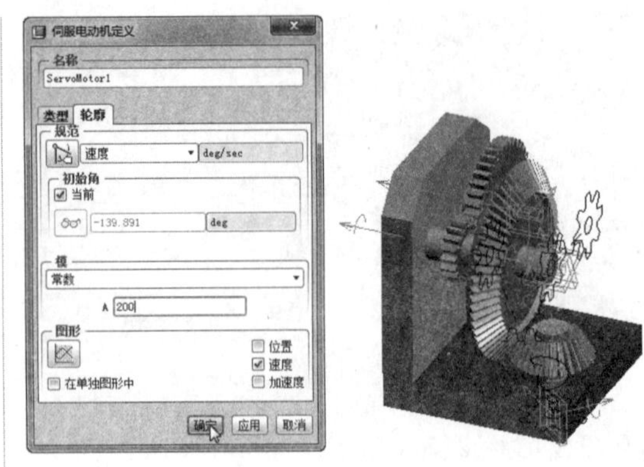

图 12-86　定义电动机的速度

12.7　课后习题

1．螺杆式坐标仪齿轮滑槽机构仿真

本练习的螺杆式坐标仪齿轮滑槽机构如图 12-87 所示。

2．凸轮机构仿真

本练习的凸轮机构如图 12-88 所示。

图 12-87　螺杆式坐标仪齿轮滑槽机构

图 12-88　凸轮机构

◇◇◇◇◇◇◇◇◇◇◇◇◇◇◇◇◇◇◇ 读书笔记 ◇◇◇◇◇◇◇◇◇◇◇◇◇◇◇◇◇◇◇◇

第 13 章　机械装配设计

零件装配是三维模型设计的重要内容之一。完成零件设计后，将设计的零件按设计要求的约束条件或连接方式装配在一起，才能形成一个完整的产品或机构装置。Pro/E 中零件装配是通过定义零件模型之间的装配约束来实现的，也就是在各零件之间建立一定的连接关系，并对其进行约束，从而确定各零件在空间的具体位置关系。一般情况下，在 Pro/E 中的零件装配过程与实际生产的装配过程相同。本讲主要介绍装配模块、装配的约束设置、装配的设计修改、分解视图等内容。通过本章的学习，初学者可基本掌握装配设计的实用知识和应用技巧，为以后的学习及应用打下扎实的基础。

资源二维码

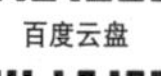

百度云盘

360 云盘 访问密码 32dd

知识要点

- 装配概述
- 无连接接口的装配约束
- 有连接接口的装配约束
- 装配相同零件
- 建立爆炸视图

13.1 装配模块概述

在 Pro/E 的装配模式下，不但可以实现装配操作，还可以对装配体进行修改、分析和分解。如图 13-1 所示为一个减速器总装配示意图。

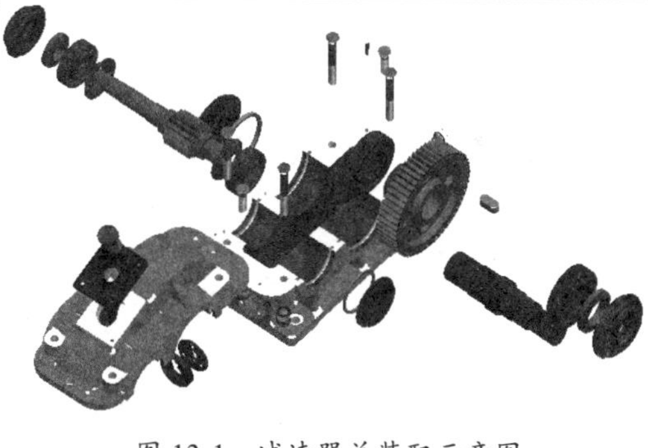

下面就装配的模式、装配的约束形式、装配的设计环境及装配工具做简要介绍。

图 13-1　减速器总装配示意图

13.1.1　两种装配模式

下面介绍两种主要的装配模式。

1．自底向上装配

自底向上装配时，首先创建好组成装配体的各个元件，在装配模式下将已有的零件或子装配体按相互的配合关系直接放置在一起，组成一个新的装配体，也就是装配元件的过程。

2．自顶向下装配

自顶向下的装配设计与自底向上的设计方法正好相反。设计时，首先从整体上勾画出产品的整体结构关系或创建装配体的二维零件布局关系图，然后再根据这些关系或布局逐一设计出产品的零件模型。

技术要点

前者常用于产品装配关系较为明确，或零件造型较为规范的场合。

后者多用于真正的产品设计，即先确定产品的外形轮廓，然后逐步对产品进行设计上的细化，直至细化到单个零件。

13.1.2 两种装配约束形式

约束是施加在各个零件间的一种空间位置的限制关系，从而保证参与装配的各个零件之间具有确定的位置关系。主要有两种装配约束形式。

1．无连接接口的装配约束

使用无连接接口的装配约束的装配体上各零件不具有自由度，零件之间不能做任何相对运动，装配后的产品成为具有层次结构且可以拆卸的整体，但是产品不具有【活动】零件。这种装配连接称为约束连接。

2．使用有连接接口的装配约束

这种装配连接称为机构连接，是使用 Pro/E 进行机械仿真设计的基础。

13.1.3 进入装配环境

零件装配是在装配模式下完成的，可通过以下方法进入装配环境。操作步骤如下：

01 在功能区选择【文件】|【新建】命令，或者单击快速访问工具栏中的【新建】按钮，弹出【新建】对话框。

02 选择【新建】对话框中【类型】选项组中的【装配】单选按钮。

03 在【名称】文本框中输入装配文件的名称，并取消选中【使用默认模板】复选框，单击【确定】按钮，如图 13-2 所示。

图 13-2 【新建】对话框

04 此时弹出【新文件选项】对话框，选中【mmns_asm_design】模板（公制模板），如图 13-3 所示。

图 13-3 选择公制模板

05 单击【确定】按钮，即可进入装配环境，如图 13-4 所示。

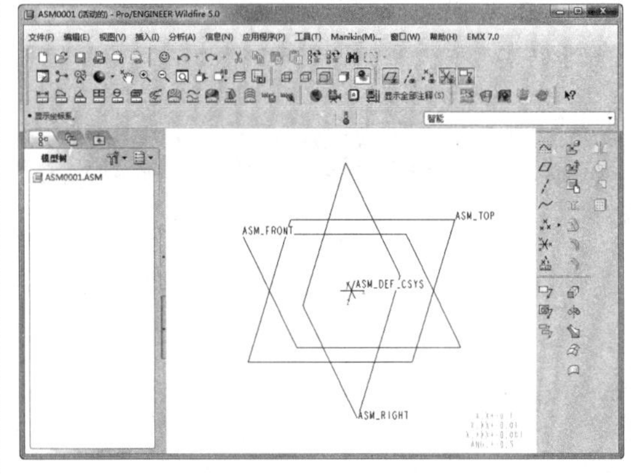

图 13-4 装配环境

13.1.4 装配工具

在菜单栏中选择【插入】|【元件】命令，打开如图 13-5 所示的【元件】装配下拉菜单，其中有 5 个装配工具。

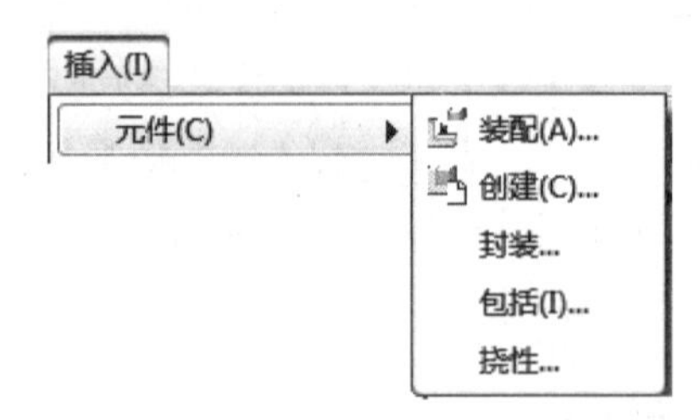

图 13-5 【元件】装配下拉菜单

1. 装配

单击窗口右侧工具栏中的【装配】按钮，弹出【打开】对话框，选择需要装配的零件并打开后，窗口将出现装配操控板，用来为元件指定放置约束，以确定其位置。

（1）【放置】选项卡。

在【放置】选项卡中设置各项参数，可以为新装配元件指定约束类型和约束参照以实现装配过程，如图 13-6 所示。

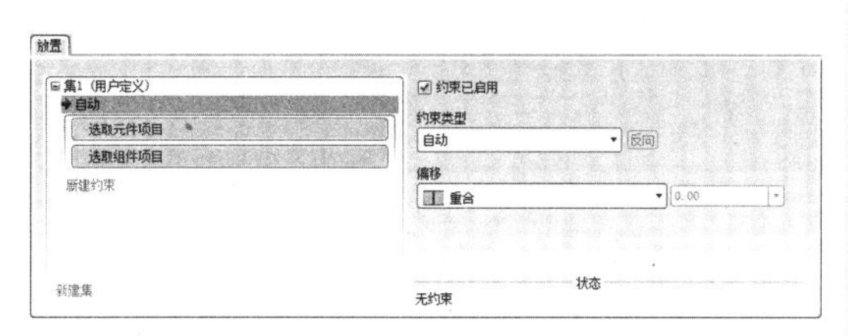

图 13-6　【放置】选项卡

选项卡中左边区域用于收集装配约束的关系，每创建一组装配约束，将新建约束，直至操控板中的状态显示为【状态：完全约束】。在装配过程中，在选项卡右侧选择约束类型并设置约束参数。

（2）【移动】选项卡。

在装配过程中，为了在模型上选取确定的约束参照，有时需要适当对模型进行移动或旋转操作，这时可以打开如图 13-7 所示的【移动】选项卡，选取移动和旋转模型的参照后，即可将其重新放置。

2. 创建

【创建】装配方式就是【自顶向下】的装配模式。单击右侧工具栏的【创建】按钮，弹出【元件创建】对话框，如图 13-8 所示。

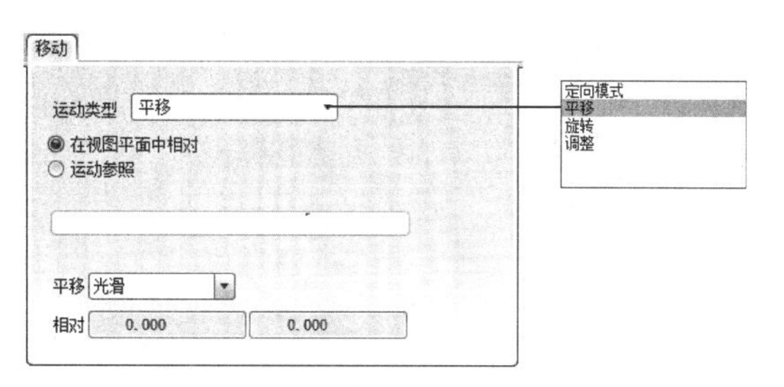

图 13-7　【移动】选项卡

图 13-8　【元件创建】对话框

3. 包括

可以在活动的组件中包括未放置的元件。

4. 封装

向组件添加元件时可能不知道将元件放置在哪里最好，或者也可能不希望相对于其他元件的几何进行定位。可以使这样的元件处于部分约束或不约束状态。此种元件被视为封装元件，它是一种非参数形式的元件装配。

5. 挠性

挠性元件易于满足新的、不同的或不断变化的要求。可以在各种状态下将其添加到组件中。例如弹簧在组件的不同位置处可以具有不同的压缩条件。

13.2　无连接接口的装配约束

约束装配用于指定新载入的元件相对于装配体指定元件的放置方式，从而确定新载入的元件在装配体中的相对位置。在元件装配过程中，控制元件之间的相对位置时，通常需要设置多个约束条件。

载入元件后，单击【元件放置】操控板中的【放置】按钮，打开【放置】选项卡，其中包含匹配、对齐、插入等 11 种类型的放置约束，如图 13-9 所示。

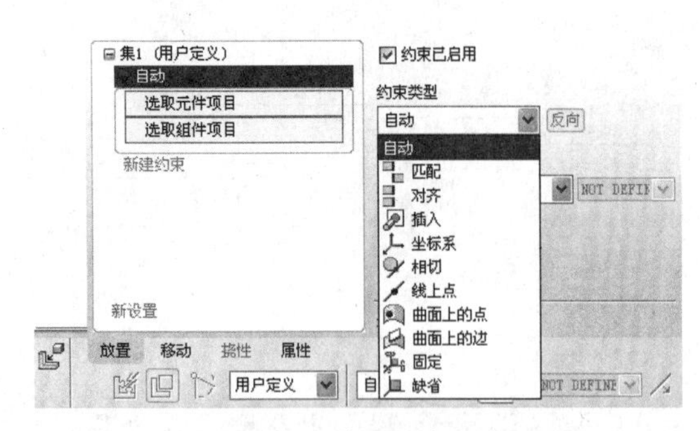

图 13-9　装配约束类型

关于装配约束，请注意以下几点：

- 一般来说，建立一个装配约束时，应选取元件参照和组件参照。元件参照和组件参照是元件和装配体中用于约束定位和定向的点、线、面。例如，通过对齐（Align）约束将一根轴放入装配体的一个孔中，轴的中心线就是元件参照，而孔的中心线就是组件参照。
- 系统一次只添加一个约束。例如，不能用一个【对齐】约束将一个零件上两个不同的孔与装配体中的另一个零件上两个不同的孔对齐，必须定义两个不同的对齐约束。
- 要使一个元件在装配体中完整地指定放置和定向（即完整约束），往往需要定义数个装配约束。
- 在 Pro/E 中装配元件时，可以将多于所需的约束添加到元件上。即使从数学的角度来说，元件的位置已完全约束，还可能需要指定附加约束以确保装配件达到设计意图。建议将附加约束限制在 10 个以内，系统最多允许指定 50 个约束。

技术要点

在这 11 种约束类型中，如果使用【坐标系】类型进行元件的装配，则仅需要选择一个约束参照；如果使用【固定】或【默认】约束类型，则只需要选取对应列表项，而不需要选择约束参照。使用其他约束类型时，需要给定两个约束参照。

13.2.1　配对约束

两个曲面或基准平面贴合，且法线方向相反。另外还可以对配对约束进行偏距、定向和重合的定义。

配对约束 3 种偏移方式含义如下：

- 重合：两个平面重合，法线方向相反，如图 13-10a 所示。
- 定向：两个平面法线方向相反，互相平行，忽略二者之间的距离，如图 13-10b 所示。
- 偏距：两个平面法线方向相反，互相平行，通过输入的间距值控制平面之间距离，如图 13-10c 所示。

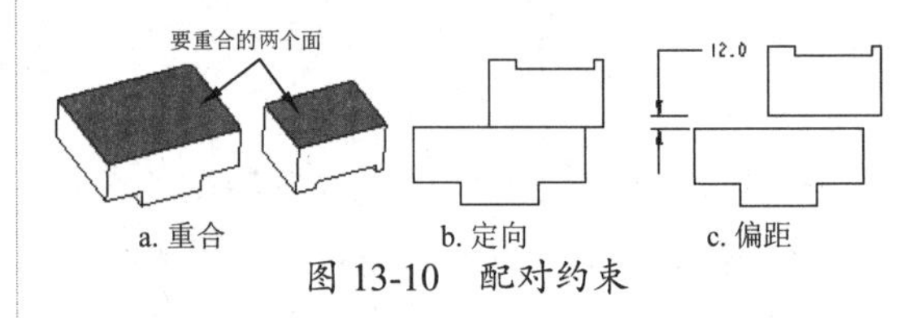

图 13-10　配对约束

13.2.2　对齐约束

对齐约束使两个平面共面重合、两条轴线同轴或使两个点重合。对齐约束可以选择面、线、点和回转面作为参照，但是两个参照类型必须相同。对齐约束的参考面也有 3 种偏移方式，即重合、定向和偏距，其含义与配对约束相同。如图 13-11 所示为 3 种对齐约束的偏移方式。

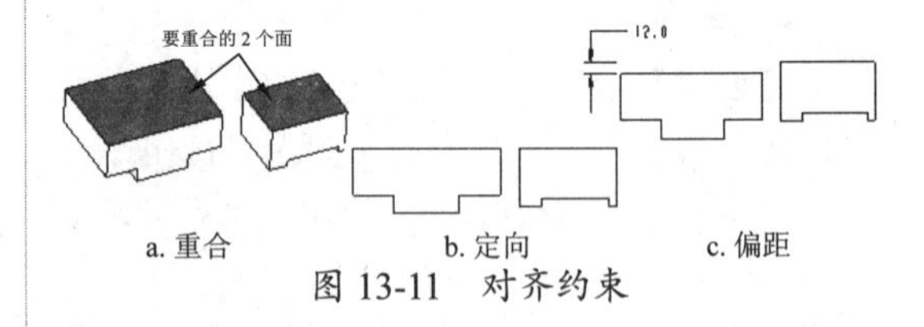

图 13-11　对齐约束

技术要点

使用【配对】和【对齐】约束时，两个参照必须为同一类型（例如，平面对平面、旋转对旋转、点对点、轴线对轴线）。旋转曲面指的是通过旋转一个截面，或者拉伸一个圆弧/圆而形成的一个曲面。只能在放置约束中使用下列曲面：平面、圆柱、圆锥、环面、球面。

使用【配对】和【对齐】约束并输入偏距值后，系统将显示偏距方向。对于反向偏距，要用负偏距值。

13.2.3　插入约束

当轴选取无效或选取不方便时可以用这个约束。使用插入约束可以将一个旋转曲面插入另一旋转曲面中，实现孔和轴的配合，且使它的轴线重合。插入约束一般选择孔和轴的旋转曲面作为参照面，如图 13-12 所示。

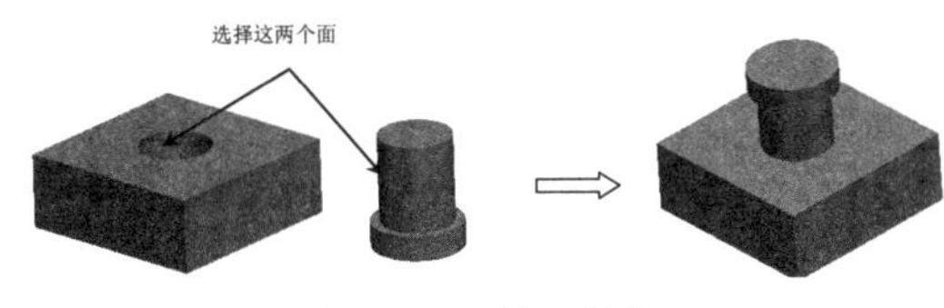

图 13-12　插入约束

13.2.4　坐标系约束

使用【坐标系】约束，可将两个元件的坐标系对齐，或者将元件的坐标系与装配件的坐标系对齐，即一个坐标系中的 X 轴、Y 轴、Z 轴与另一个坐标系中的 X 轴、Y 轴、Z 轴分别对齐，如图 13-13 所示。

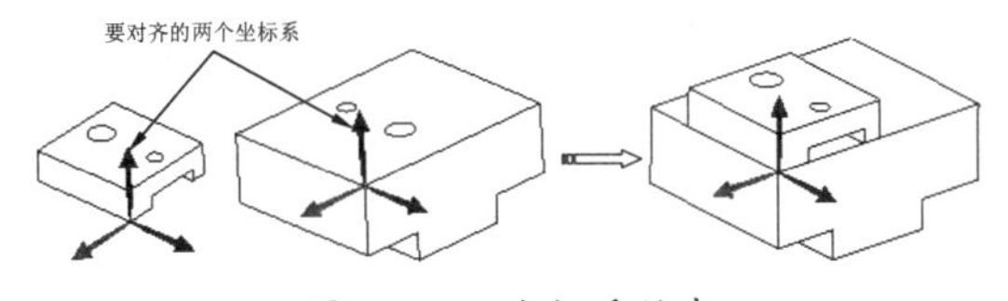

图 13-13　坐标系约束

技术要点

坐标系约束是比较常用的一种方法。特别是在数控加工中，装配模型时大都选择此种约束类型，即加工坐标系与零件坐标系重合/对齐。

13.2.5　相切约束

相切约束控制两个曲面在切点的接触。该约束功能与配对约束功能相似，但该约束配对曲面，而不对齐曲面。该约束的一个应用实例为轴承的滚珠与其轴承内外套之间的接触点。相切约束需要选择两个面作为约束参照，如图 13-14 所示。

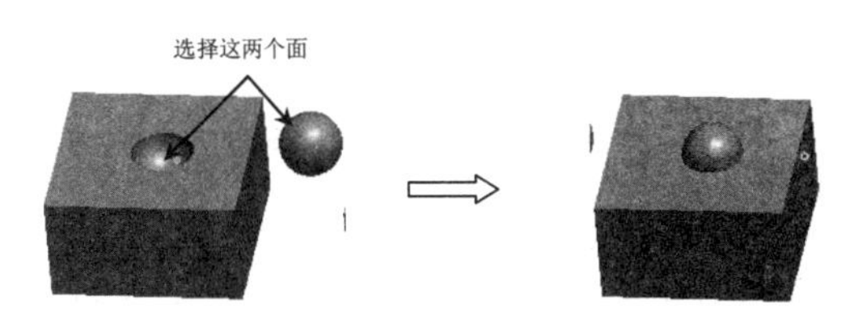

图 13-14　相切约束

13.2.6　直线上的点约束

用直线上的点约束可以控制边、轴或基准曲线与点之间的接触。点可以是基准点或顶点，线可以是边、轴、基准轴线。直线上的点约束如图 13-15 所示。

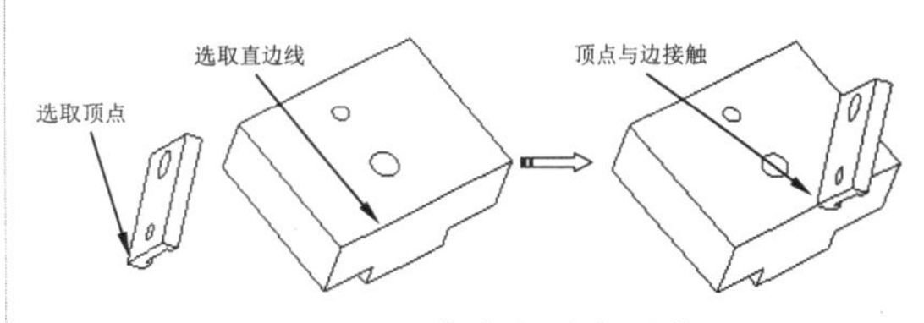

图 13-15　直线上的点约束

13.2.7　曲面上的点约束

用曲面上的点约束控制曲面与点之间的接触。点可以是基准点或顶点，面可以是基准面、零件的表面。曲面上的点约束如图 13-16 所示。

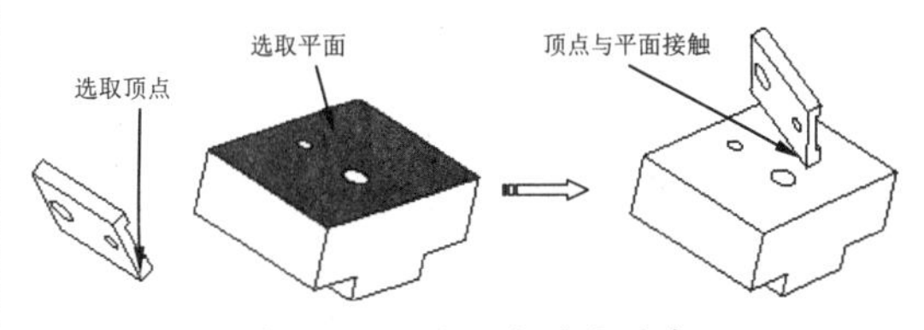

图 13-16　曲面上的点约束

13.2.8　曲面上的边约束

使用曲面上的边约束可控制曲面与平面边界之间的接触。面可以是基准面、零件的表面，边为零件或者组件的边线。曲面上的边约束如图 13-17 所示。

13.2.9 固定约束

将元件固定在当前位置。组件模型中的第一个元件常使用这种约束方式。

13.2.10 默认约束

默认约束将系统创建的元件的默认坐标系与系统创建的组件的默认坐标系对齐。

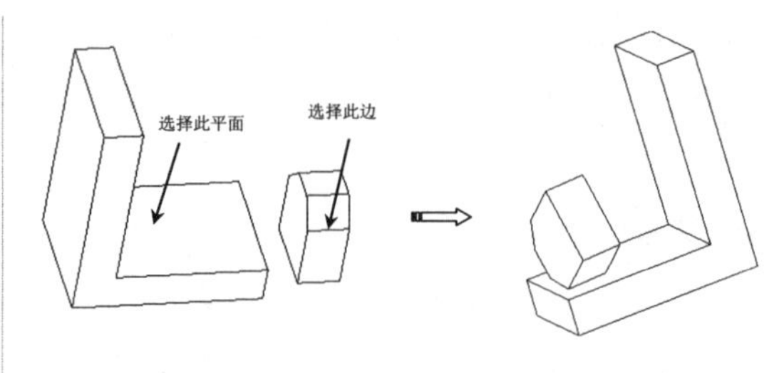

图 13-17 曲面上的边约束

13.3 有连接接口的装配约束

传统的装配元件方的法是给元件加入各种固定约束，将元件的自由度减少到0，因元件的位置被完全固定，这样装配的元件不能用于运动分析（基体除外）。另一种装配元件的方法是给元件加入各种组合约束，如【销钉】、【圆柱】、【刚体】、【球】等，使用这些组合约束装配的元件，因自由度没有完全消除（刚体、焊接、常规除外），元件可以自由移动或旋转，这样装配的元件可用于运动分析。这种装配方式称为连接装配。

在【元件放置】特征操控板中，打开【用户定义】下拉列表，弹出系统定义的连接装配约束形式，如图13-18所示。对选定的连接类型进行约束设定时的操作与上节的约束装配操作相同，因此以下内容着重介绍各种连接的含义，以便在进行机构模型的装配时选择正确的连接类型。

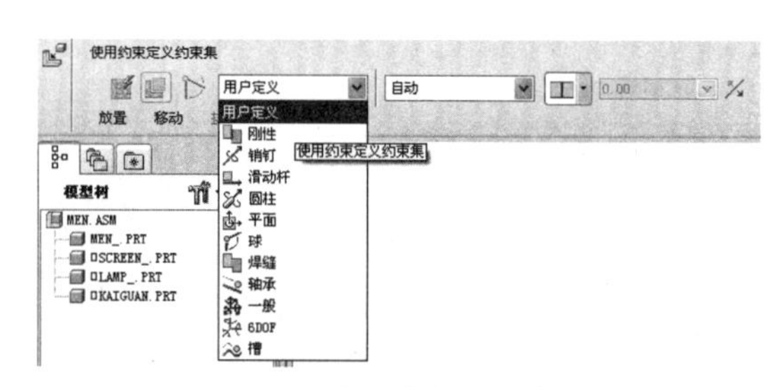

图 13-18 连接装配的约束类型

1. 刚性连接

刚性连接用于连接两个元件，使其无法相对移动，连接的两个元件之间自由度为零。连接后，元件与组件成为一个主体，相互之间不再有自由度，如果刚性连接没有将自由度完全消除，则元件将在当前位置被【粘】在组件上。如果将一个子组件与组件用刚性连接，子组件内各零件也将一起被【粘】住，其原有自由度不起作用，总自由度为0，如图13-19所示。

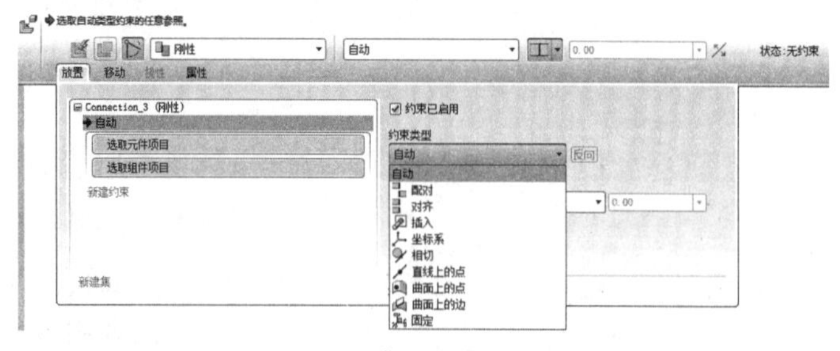

图 13-19 【刚性】连接类型

2. 销钉连接

销钉连接由一个轴对齐约束和一个与轴垂直的平移约束组成。元件可以绕轴旋转，具有一个旋转自由度，总自由度为1。轴对齐约束可选择直边或轴线或圆柱面，可反向；平移约束可以是两个点对齐，也可以是两个平面的对齐 / 配对，平面对齐 / 配对时，可以设置偏移量，如图 13-20 所示。

图 13-20 【销钉】连接类型

3. 滑动杆连接

滑动杆连接即滑块连接形式，由一个轴对齐约束和一个旋转约束（实际上就是一个与轴平行的平移约束）组成。元件可滑轴平移，具有一个平移自由度，总自由度为 1。轴对齐约束可选择直边或轴线或圆柱面，可反向。旋转约束选择两个平面，偏移量根据元件所处位置自动计算，可反向，如图 13-21 所示。

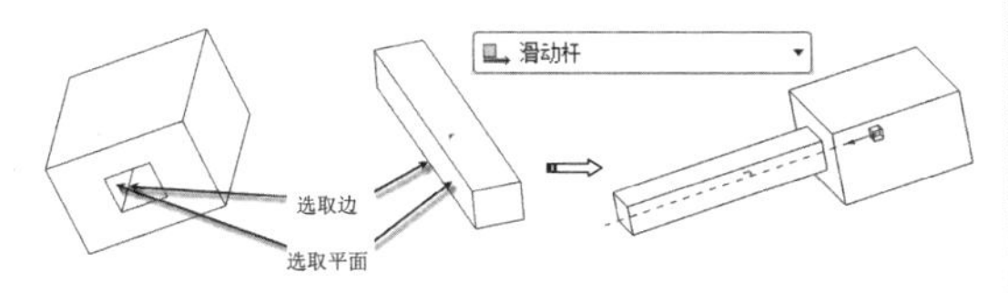

图 13-21 【滑动杆】连接类型

4. 圆柱连接

圆柱连接由一个轴对齐约束组成。比销钉连接少了一个平移约束，因此元件可绕轴旋转同时可沿轴向平移，具有一个旋转自由度和一个平移自由度，总自由度为 2。轴对齐约束可选择直边或轴线或圆柱面，可反向，如图 13-22 所示。

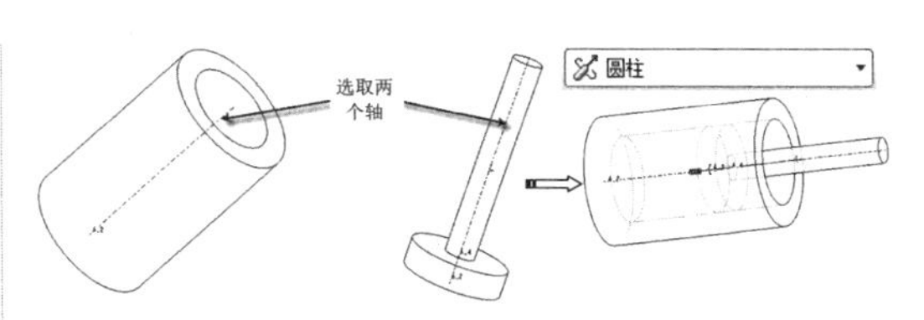

图 13-22 【圆柱】连接类型

5. 平面连接

平面连接由一个平面约束组成，也就是确定了元件上某平面与组件上某平面之间的距离（或重合）。元件可绕垂直于平面的轴旋转并在平行于平面的两个方向上平移，具有一个旋转自由度和两个平移自由度，总自由度为 3。可指定偏移量，可反向，如图 13-23 所示。

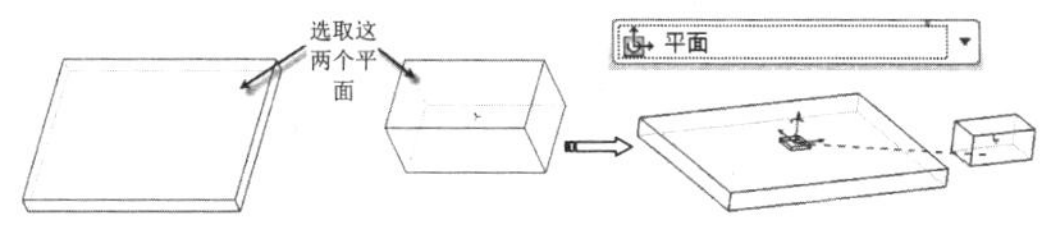

图 13-23 【平面】连接类型

6. 球连接

球连接由一个点对齐约束组成。元件上的一个点对齐到组件上的一个点，比轴承连接少了一个平移自由度，可以绕着对齐点任意旋转，具有 3 个旋转自由度，总自由度为 3，如图 13-24 所示。

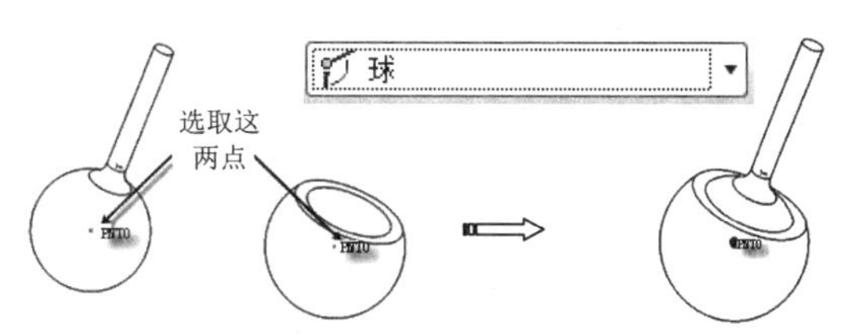

图 13-24 【球】连接类型

7. 焊缝连接

焊缝连接使两个坐标系对齐，元件自由度被完全消除，总自由度为 0。连接后，元件与组件成为一个整体，相互之间不再有自由度。如果将一个子组件与组件用焊缝连接，子组件内各零件将参照组件坐标系发挥其原有自由度的作用，如图 13-25 所示。

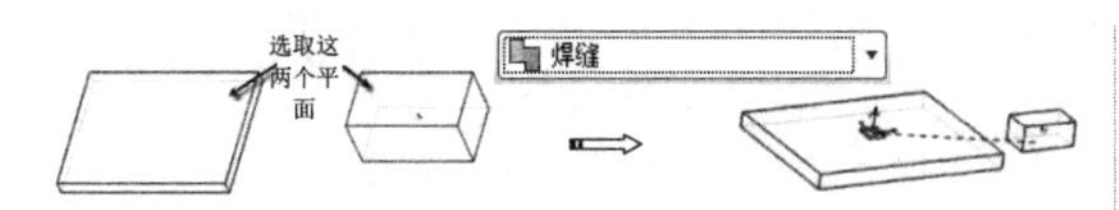

图 13-25 【焊缝】连接类型

8. 轴承连接

轴承连接由一个点对齐约束组成。它与机械上的【轴承】不同，它是元件（或组件）上的一个点对齐到组件（或元件）上的一条直边或轴线上，因此元件可沿轴线平移并以任意方向旋转，具有一个平移自由度和3个旋转自由度，总自由度为4，如图13-26所示。

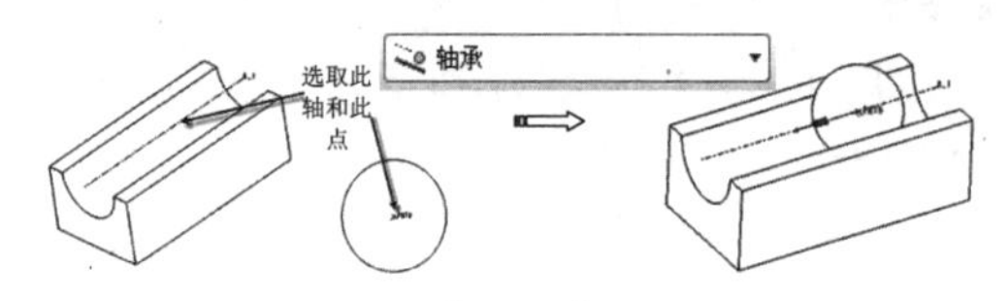

图 13-26 【轴承】连接类型

9. 一般连接

一般连接选取自动类型约束的任意参照以建立连接，有一个或两个可配置约束，这些约束和用户定义集中的约束相同。【相切】、【曲线上的点】和【非平面曲面上的点】不能用于此连接。

10. 6DOF 连接

6DOF 连接需满足【坐标系对齐】约束关系，不影响元件与组件相关的运动，因为未应用任何约束。元件的坐标系与组件中的坐标系对齐。X、Y 和 Z 组件轴是允许旋转和平移的运动轴。

11. 槽连接

槽连接包含一个【点对齐】约束，允许沿一条非直的轨迹旋转。此连接有4个自由度，其中点在3个方向上遵循轨迹运动。对于第一个参照，在元件或组件上选择一点。所参照的点遵循非直参照轨迹。

动手操作——装配曲柄滑块机构

本例以曲柄滑块机构的装配设计为例，介绍各种连接接口在组件装配中的应用，装配完成的曲柄滑块机构如图13-27所示。

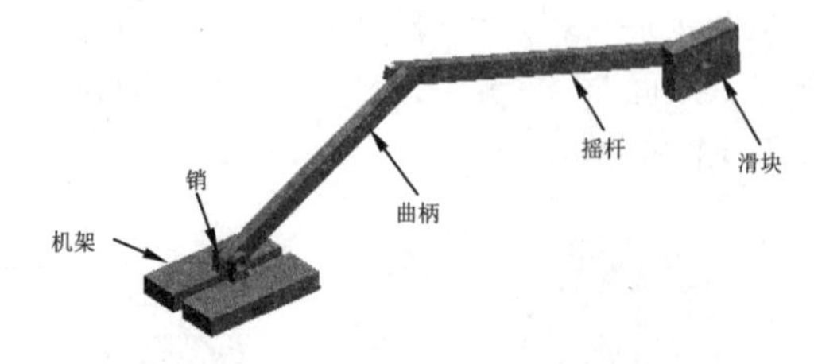

图 13-27 曲柄滑块机构的装配过程

技术要点

在进行曲柄滑块机构装配时须注意以下设计要点：

- 熟练使用【销钉】连接。在有连接接口的装配设计中，【销钉】连接类型最常用。
- 注意有连接接口装配和无连接接口装配在实质上的区别。在有连接接口装配中，连接的两个元组件间有一定的运动关系，主要用于运动机构之间的连接；在无连接接口装配中，装配的两个元组件之间则没有运动关系，即装配的两个元组件间的相对位置是固定不变的。
- 在进行装配设计之前，设计者首先应该了解该产品的运动状况，只有了解机构的运动情况，才能正确选择连接接口类型。

操作步骤：

01 创建工作目录。

02 单击【新建】按钮，打开【新建】对话框。然后新建名为 qubinghuakuai 的组件设计文件。选取公制模板【mmns_asm_design】并进入装配模式中。如图13-28所示。

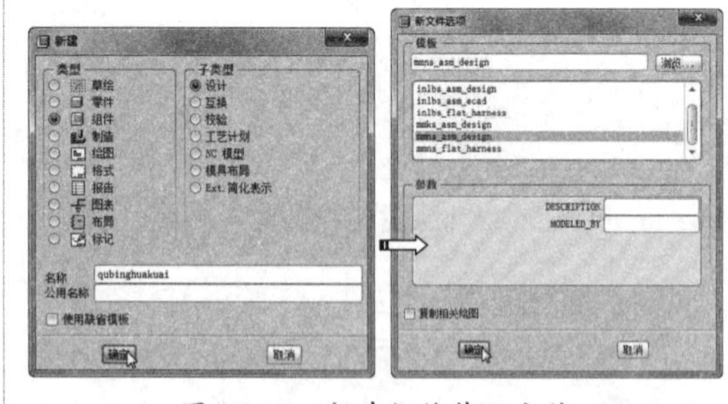

图 13-28 新建组件装配文件

03 单击右工具栏中的【装配】按钮，打开本例的曲柄滑块机构零件文件【\多媒体文件\实例文件\素材\Ch13\qubinghuakuai\work.prt】。

04 在打开的装配操控板中，选择【无连接接口】的装配约束为【默认】，把曲柄滑块机构机架固定在系统默认的位置，再单击【应用】按钮✔，完成曲柄滑块机构机架的装配，如图 13-29 所示。

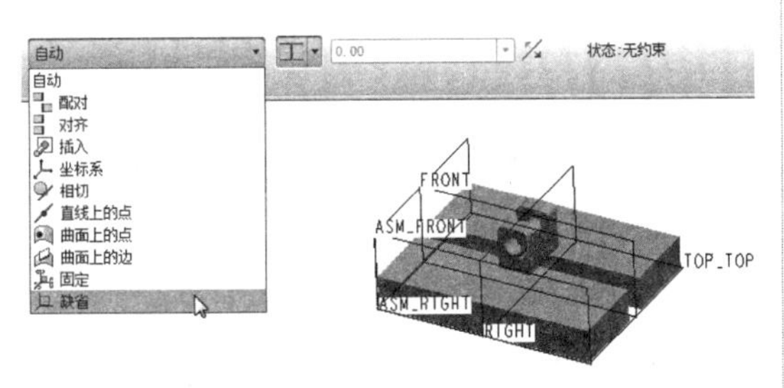

图 13-29　默认装配机架

05 再单击【装配】按钮，将 brace（曲柄）组件打开。

06 在操控板的【有连接接口】下拉列表中选择【销钉】连接类型，然后分别选取如图 13-30 所示的两轴作为轴对齐约束参照。

07 再选择曲柄上的侧面和机架轴孔侧面作为一组【平移】约束，进行重合装配，结果如图 13-31 所示。

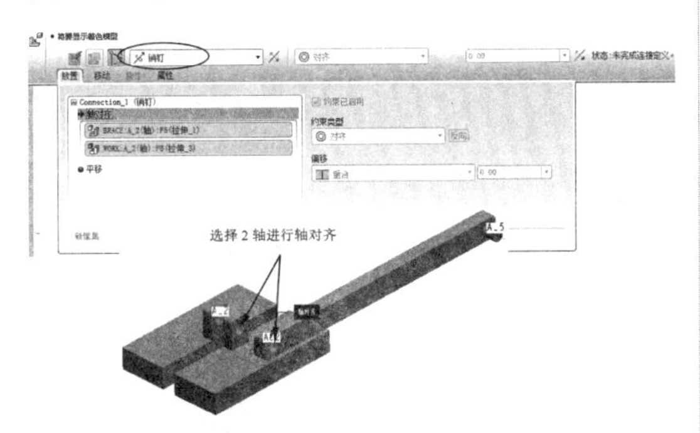

图 13-30　选取轴对齐约束参照

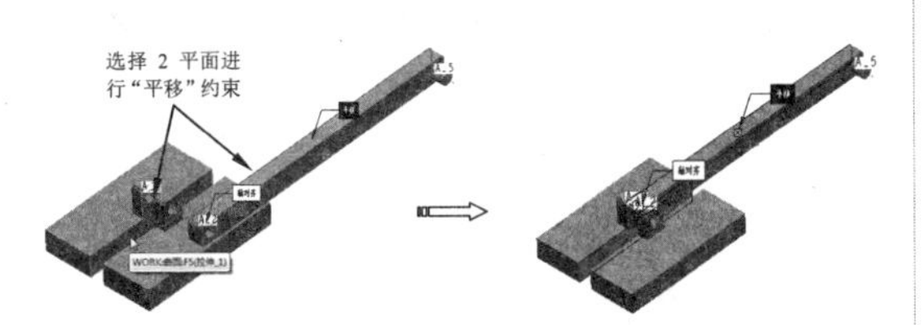

图 13-31　选择两个平面进行【平移】约束

08 两组约束后完成连接定义，可以通过定义【移动】选项卡中的运动类型【旋转】，使曲柄绕机架旋转一定的角度，如图 13-32 所示。

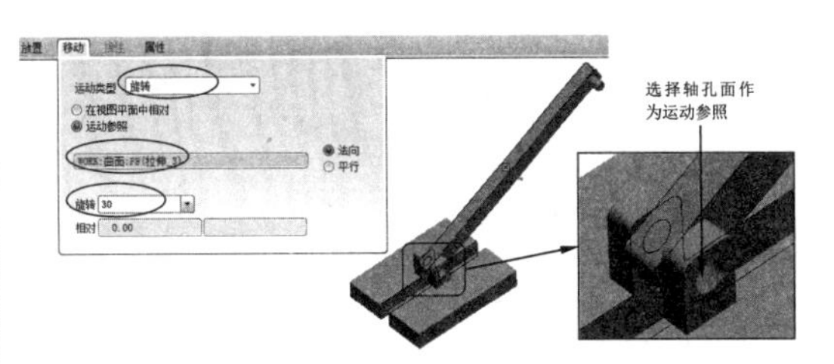

图 13-32　旋转曲柄

09 接下来装配销钉。单击【装配】按钮，打开 pin（销钉）组件文件。

10 同理，销钉的装配约束与曲柄的装配约束是相同的，也是【销钉】约束类型，并分别进行轴对齐约束（如图 13-33 所示）和平移约束（如图 13-34 所示）。

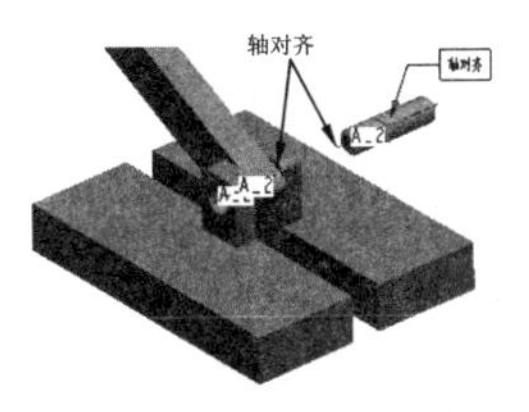

图 13-33　轴对齐约束

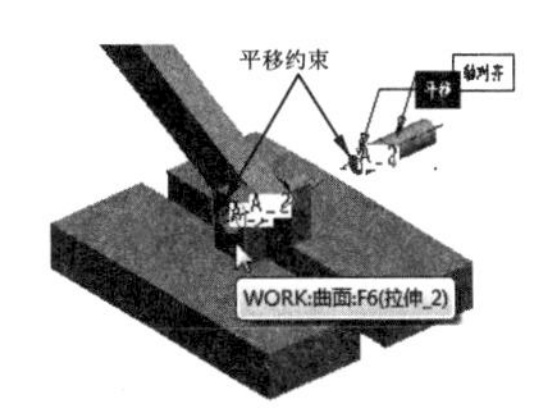

图 13-34　平移约束

11 平移约束时，将【重合】改为【偏移】，并输入偏移值 2.5，最后单击【应用】按钮✔，完成装配，结果如图 13-35 所示。

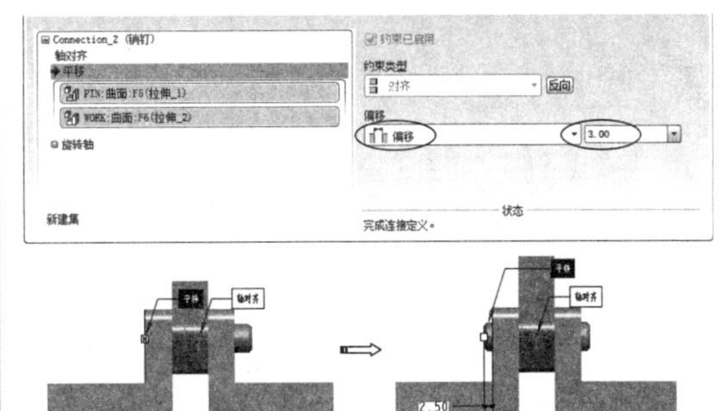

图 13-35　完成销钉的装配

12 下面装配摇杆。将 rocker（摇杆）组件文件打开。然后使用【销钉】装配约束类型，将其与曲柄进行轴对齐约束和平移约束，装配结果如图 13-36 所示。

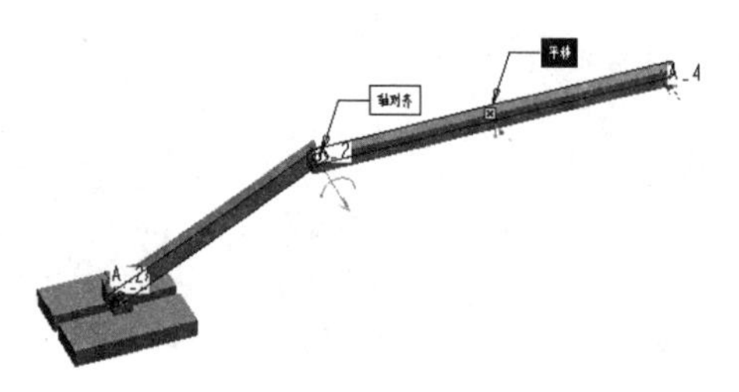

图 13-36　为装配摇杆添加【轴对齐】和【平移】约束

13 在装配操控板的【移动】选项卡中，将摇杆绕曲柄旋转一定角度，并完成摇杆的装配，如图 13-37 所示。

> **技术要点**
>
> 如果两组件之间已经存在旋转轴（上图中可以看见旋转的箭头示意图）。可以按【在视图平面中相对】的方法来手动旋转组件。

14 最后装配滑块，打开组件文件【talc.prt】。在操控板中选择【销钉】约束类型，然后在滑块与摇杆之间进行轴对齐约束和平移约束，如图 13-38 所示。

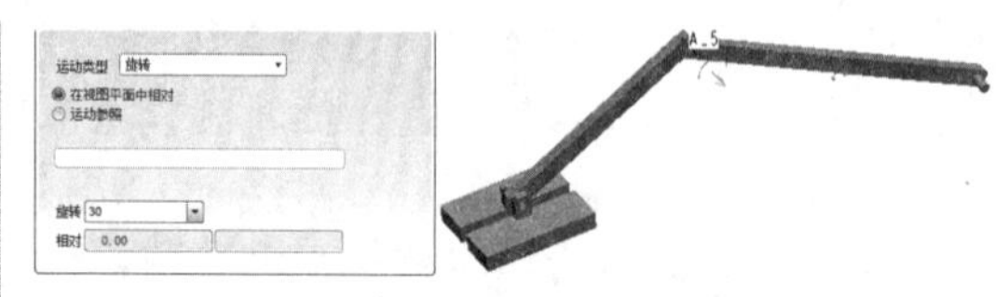

图 13-37　旋转摇杆并完成装配

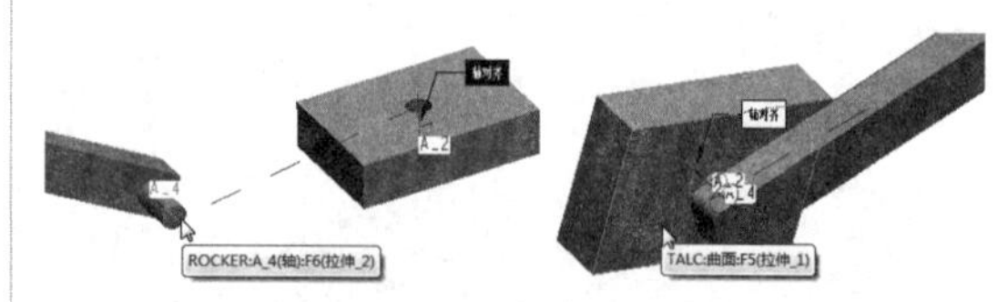

图 13-38　【轴对齐】约束和【平移】约束

15 最终装配完成后的结果如图 13-39 所示。将总的装配体文件保存在工作目录中。

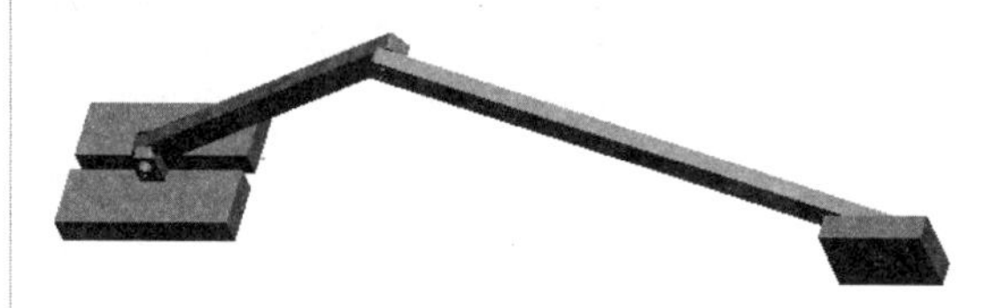

图 13-39　最终的装配结果

13.4　装配相同零件

有些元件（如螺栓、螺母等）在产品的装配过程中不只使用一次，而且每次装配使用的约束类型和数量都相同，仅参照不同。为了方便这些元件的装配，系统为用户设计了重复装配功能，通过该功能就可以迅速地装配这类元件。在 Pro/ENGINEER 中，如果需要同时多次装配同一零件，就没必要每次都单独设置约束关系，利用系统提供的重复元件功能，可以比较方便地多次重复装配相同零件。

装配零件后，在模型树中选取该零件，右击，然后从快捷菜单中选择【重复】命令或在主菜单中选择【编辑】|【重复】命令，打开【重复元件】对话框，如图 13-40 所示。利用该对话框，可以多次重复装配相同的零件。

其中各主要选项组的含义如下：

- 【元件】：选取需要重复装配的零件。
- 【可变组件参照】：选取需要重复的约束关系，并可对约束关系进行编辑。
- 【放置元件】：选取与重复装配零件匹配的零件。

动手操作——装配螺钉

下面以简单的螺钉装配案例，详解如何进行重复装配。

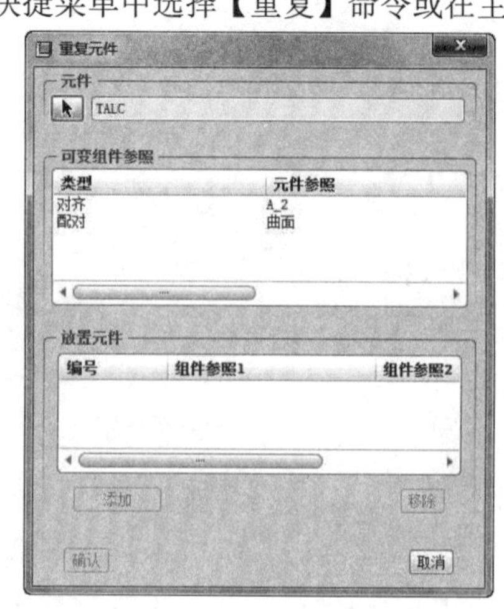

图 13-40　【重复元件】对话框

操作步骤：

01 新建工作目录。

02 新建一个名为【repeat】的组件装配文件，并选择公制模版进入装配环境中。

03 单击【装配】按钮，将第 1 个组件【repeat1】打开，如图 13-41 所示。

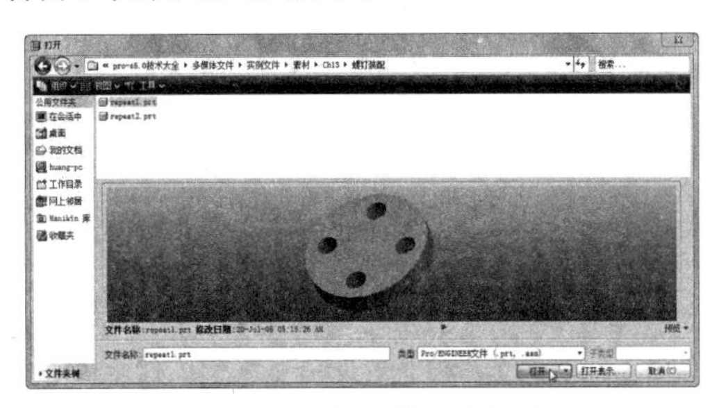

图 13-41　打开第 1 个组件

04 在操控板中选择一般装配约束类型为【默认】，然后单击【应用】按钮完成装配定义，如图 13-42 所示。

技术要点

装配第 1 个组件大都采用默认的装配方式。第 1 个组件也是总装配体中的主组件，其余的组件均由此组件进行约束参考。

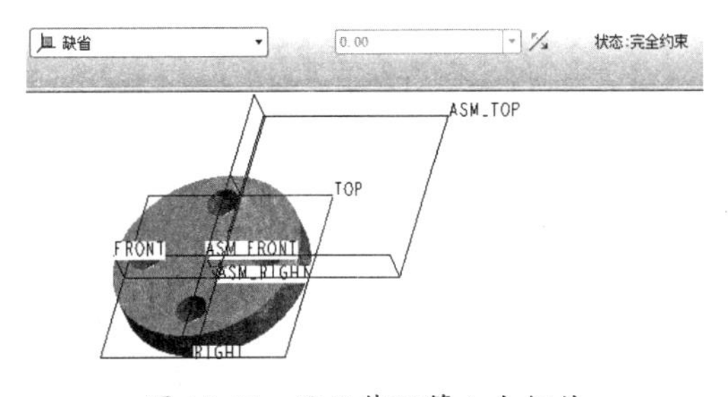

图 13-42　默认装配第 1 个组件

05 打开第 2 个组件【repeat2】，在操控板中首先选择【对齐】约束，然后再选择螺钉的台阶端面和第 1 个组件平面进行对齐，并单击【反向】按钮更改装配方向，如图 13-43 所示。

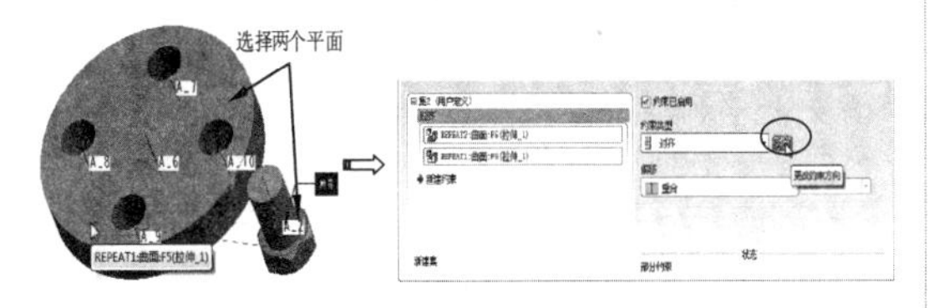

图 13-43　对齐约束

技术要点

当更改装配方向后，【对齐约束】自动转变为【配对】约束。因为螺钉台阶面不但与第 1 个组件对齐，而且还约束了装配方向。

06 更改的方向如图 13-44 所示。

07 接下来选择【配对】约束，并选择螺钉柱面和第 1 个组件上的内孔面进行配对，如图 13-45 所示。

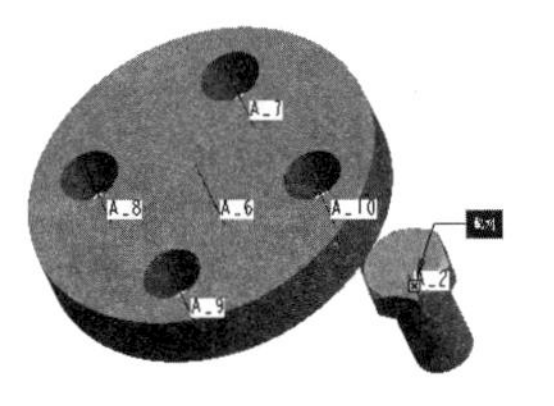

图 13-44　更改装配方向后

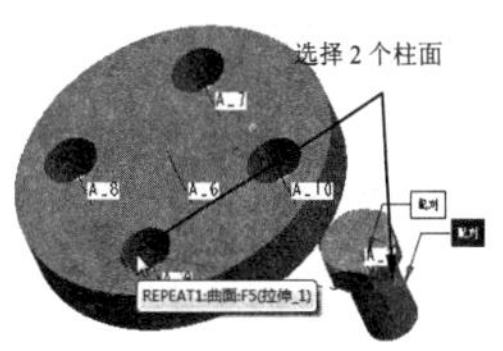

图 13-45　选择配对约束的条件

08 最后单击操控板上的【应用】按钮，完成螺钉的装配。如图 13-46 所示。

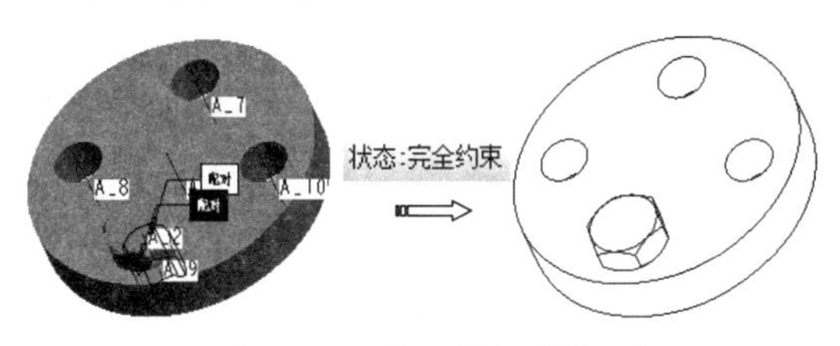

图 13-46　完成螺钉的装配

09 在模型树中选中螺钉，然后选择右键快捷菜单中的【重复】命令，打开【重复元件】对话框，如图 13-47 所示。

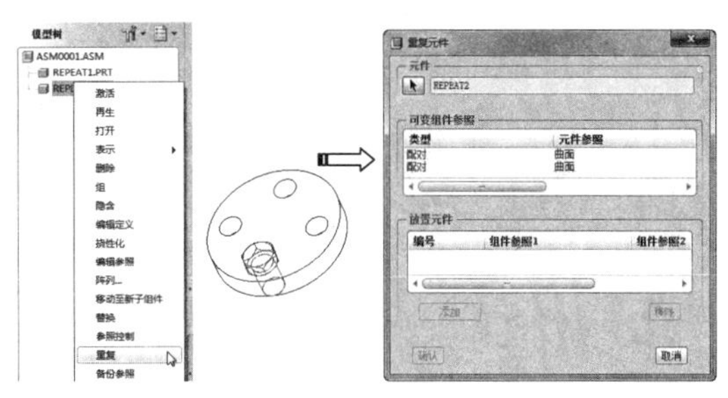

图 13-47　执行【重复】装配命令

10 在【重复元件】对话框中，按住 Ctrl 键选择【可变组件参照】选项组中的第 2 个【配对】约束，然后单击【添加】按钮，如图 13-48 所示。

技术要点

这里有两个约束可以选择，一个是对齐约束，另一个是配对约束。对齐约束无法保证第2个螺钉的具体位置，因此我们只能选择第2个约束——配对约束作为新元件的参考。

图 13-48　添加新事件

11 然后为新元件指定匹配曲面，这里选择主装配部件中其余孔的柱面，选择后自动复制新元件到指定的位置，如图13-49所示。

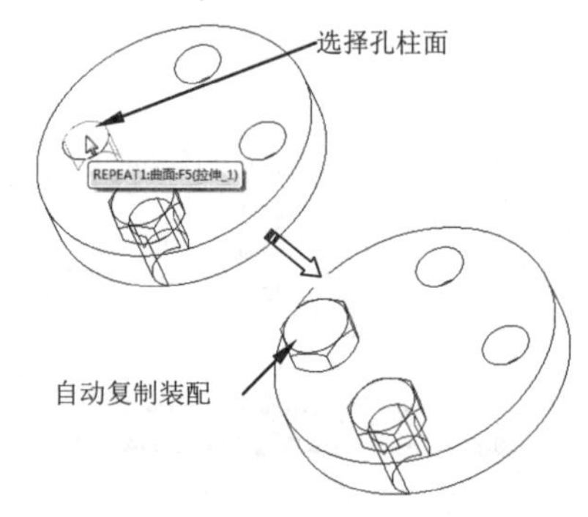

图 13-49　选择新元件的匹配曲面

12 同理，继续装配其余孔的柱面并完成所有螺钉的重复装配，结果如图13-50所示。最后单击【确定】按钮，关闭【重复元件】对话框。

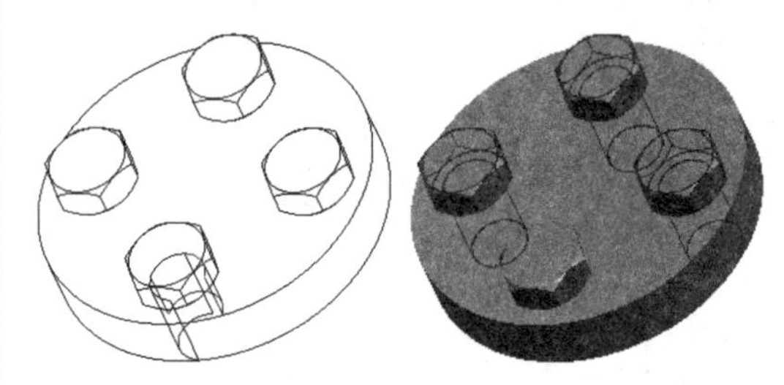

图 13-50　完成螺钉的重复装配

13 将装配的结果保存在工作目录中。

13.5 建立爆炸视图

装配好零件模型后，有时候需要分解组件来查看组件中各个零件的位置状态，称为分解图，又叫爆炸图，是将模型中的元件沿着直线或坐标轴旋转、移动得到的一种表示视图，如图13-51所示。

图 13-51　爆炸视图

通过爆炸图可以清楚地表示装配体内各零件的位置和装配体的内部结构，爆炸图仅影响装配体的外观，并不改变装配体内零件的装配关系。对于每个组件，系统会根据使用的约束产生默认地分解视图，但是默认的分解图通常无法贴切地表现各元件的相对方位，必须通过编辑位置来修改分解位置，这样不仅可以为每个组件定义多个分解视图，以便随时使用任意一个已保存的视图，还可以为组件的每个绘图视图设置一个分解状态。

生成指定分解视图时，系统将按照默认方式执行分解操作。在创建或打开一个完整的装配体后，在主菜单中，选择【视图】|【分解】|【分解视图】命令，系统将执行自动分解操作，如图13-52所示。

系统根据使用的约束产生默认的分解视图后，通过自定义分解视图，可以把分解视图的各元件调整到合适的位置，从而清晰地表现出各元件的相对方位。在主菜单中，选择【视图】|【分解】|【编辑位置】命令，打开【组件分解】操控版，如图 13-53 所示。

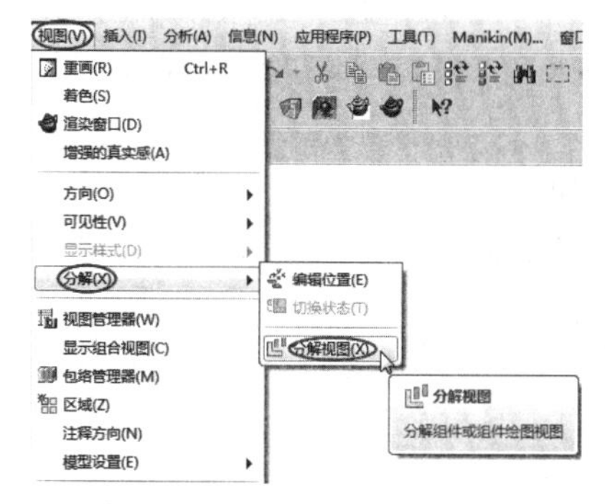

图 13-52　执行【分解视图】命令

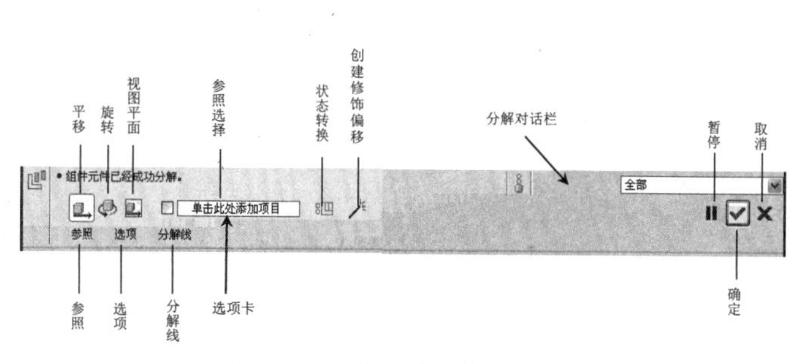

图 13-53　【组件分解】操控板

利用该特征操控板，选定需要移动或旋转的零件，以及运动参照，适当调整各零件位置，得到新的组件分解视图，如图 13-54 所示。

在分解视图中建立零件的偏距线，可以清楚地表示零件之间的位置关系，利用此方法可以制作产品说明书中的插图，如图 13-55 所示为使用偏距线标注零件安装位置的示例。

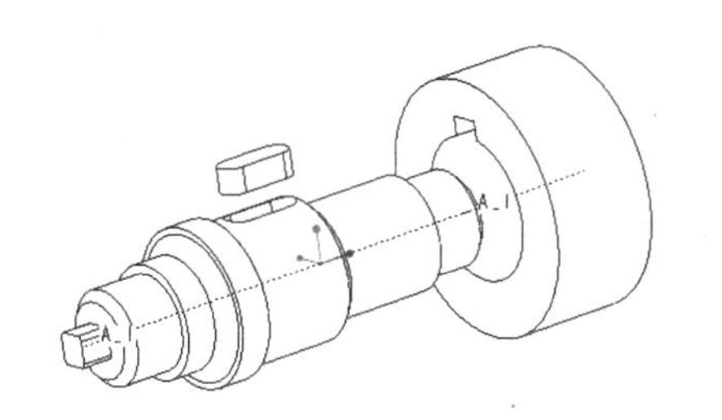

图 13-54　编辑视图位置

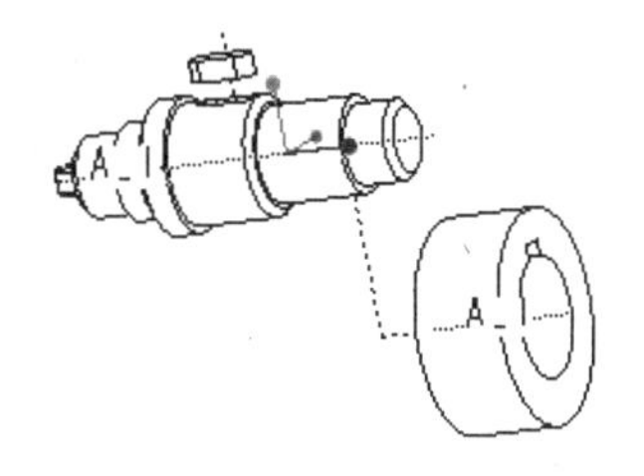

图 13-55　分解视图偏距线

13.6　综合实战——球阀装配设计

◎ 引入文件：实训操作 \ 源文件 \Ch13\qiufa\fati.prt

◎ 结果文件：实训操作 \ 结果文件 \Ch13\qiufa\qiufazhuangpei.asm

◎ 视频文件：视频 \Ch13\ 球阀装配.avi

自底向上装配的原理比较简单，重点是约束的选择和使用。下面通过球阀的装配实例来详解这种装配方式的方法与操作。

在这一节中，将介绍球阀装配全过程，以及装配完成后所生成的分解视图。这里要装配的 5 个零件都已经绘制完成，分别为机壳、阀门、阀轴、盖及手柄，如图 13-56 所示。

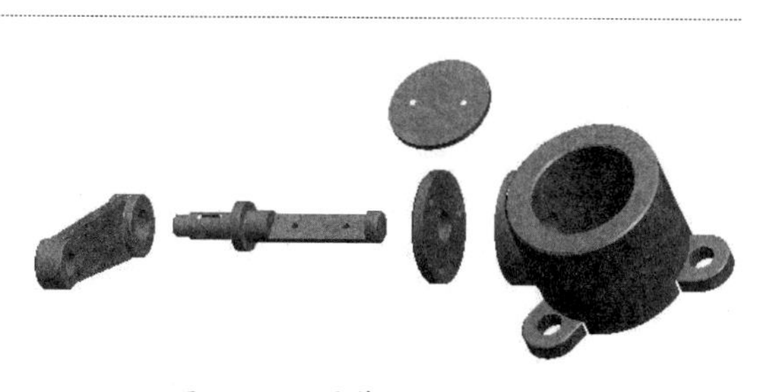

图 13-56　要装配的 5 个零组件

1．装配阀体与轴

操作步骤：

01 新建命为【qiufazhuangpei】的组件文件，如图 13-57 所示。然后设置工作目录。

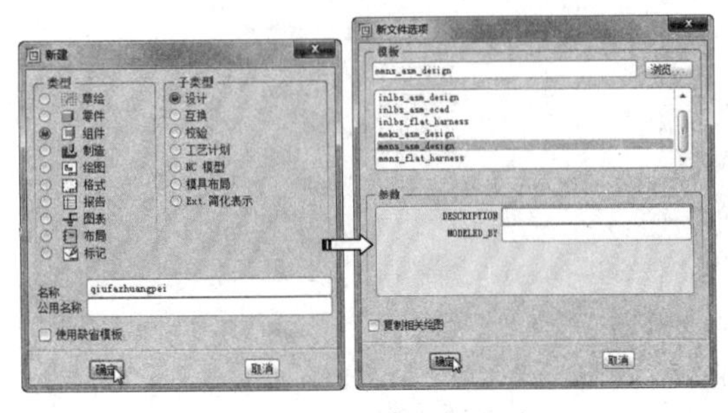

图 13-57 新建组件文件

02 在菜单栏中选择【插入】|【元件】|【装配】命令，或单击【装配】按钮，弹出【打开】对话框，选择阀体文件【fati.prt】，如图 13-58 所示。然后在弹出的元件装配操控板上选择【默认】装配约束，如图 13-59 所示。再单击操控板中的【应用】按钮完成装配。

技术要点

一般第一个组件将作为整个装配体的主体部件，其余的组件将参照此部件进行约束装配。

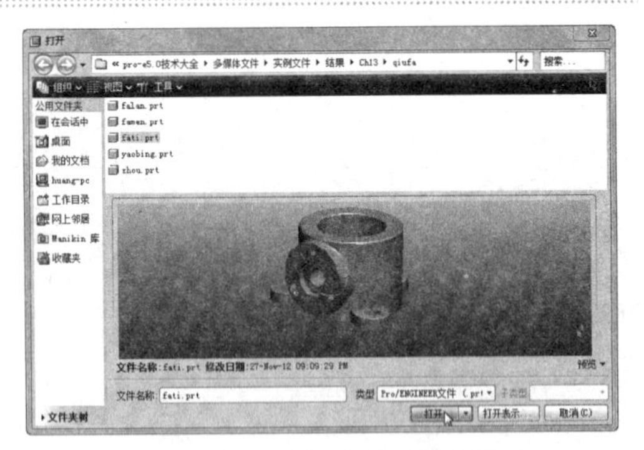

图 13-58 选择要装配的文件

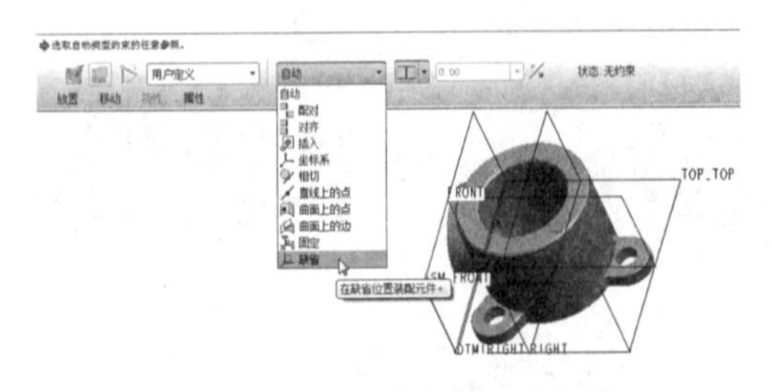

图 13-59 默认装配第一个组件

03 装配第二个组件。单击【装配】按钮，在【打开】对话框中选择【zhou.prt】文件。在装配操控板中单击【指定约束时在单独的窗口中显示元件】按钮，零件轴将在一个单独的窗口中显示出来，如图 13-60 所示。

图 13-60 在单独窗口中显示轴零件

04 装配轴到阀体上，创建第一组约束为【配对】约束，如图 13-61 所示。

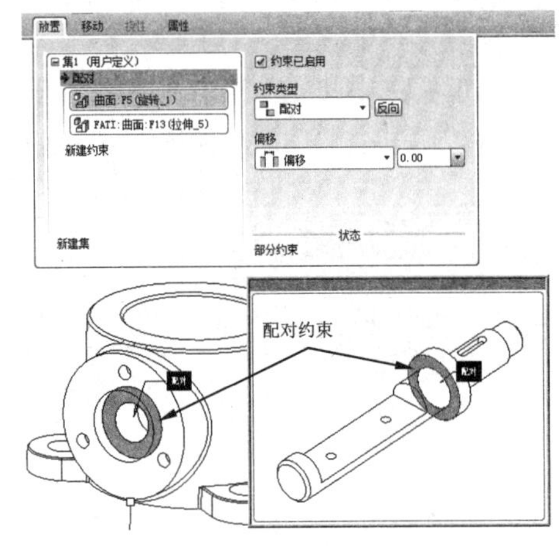

图 13-61 创建配对约束

05 创建第二组约束为【插入】约束。如图 13-62 所示。

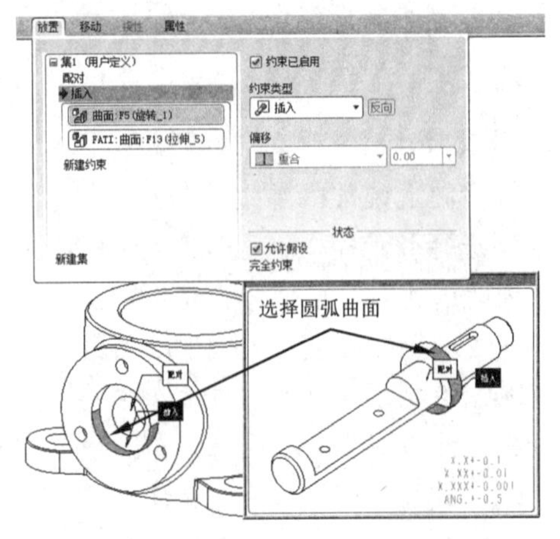

图 13-62 创建插入约束

06 创建两组约束后，操控板上显示【完全约束】字样，表示可以完成轴装配。单击【应用】按钮，完成装配，如图 13-63 所示。

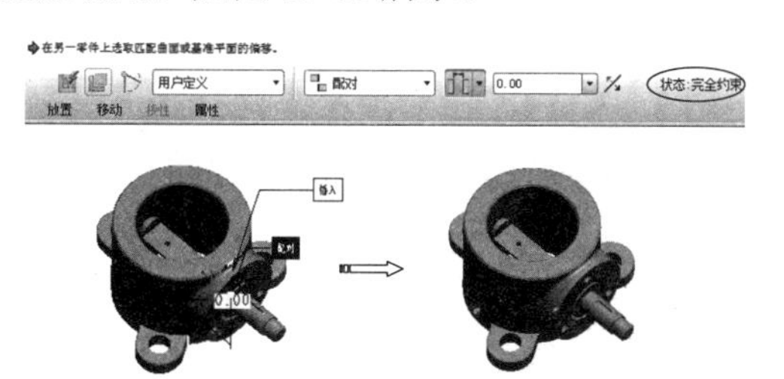

图 13-63　完成轴的装配

> **技术要点**
>
> 如果创建了几组约束后，操控板上仍然显示【状态：不完全约束】，说明您创建了错误的约束。直到显示【完成约束】为止，才能结束装配。

2．装配法兰

操作步骤：

01 单击【装配】按钮，在弹出的【打开】对话框选择【falan.prt】文件。在单独窗口中显示出法兰。

02 装配法兰，首先创建第一组【配对】约束，如图 13-64 所示。

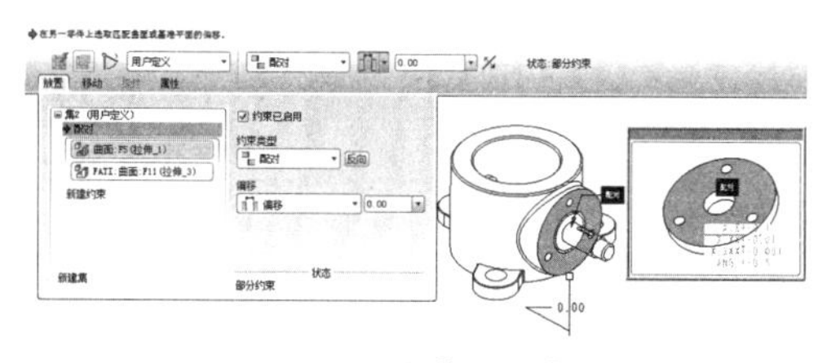

图 13-64　创建【配对】约束

03 接着创建第二组约束为【插入】，即在法兰的一个小孔上选择一个内圆弧面，以及在阀体侧端面上选择一个小孔的内圆弧面进行【插入】约束，此时显示状态为【完全约束】，如图 13-65 所示。

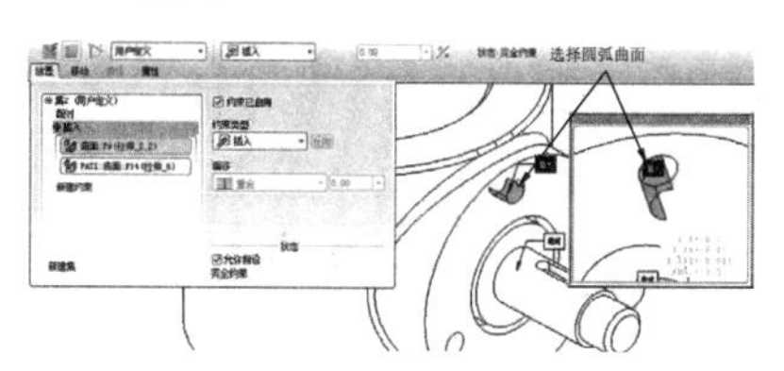

图 13-65　创建第二组【插入】约束

> **技术要点**
>
> 此时在操控板的【放置】选项卡底部有一个【允许假定】复选框。此时是选中的，这说明前面添加的约束，以及系统的自动假设一起才能完全约束装配体。如果系统的假设是错误的，或者不希望使用系统假设，可取消选中该复选框。

04 但是法兰与阀体端面都有 3 个孔，这 3 个孔必须一一对应，也就是说，还需要将法兰中心孔内圆弧面与阀体端面的圆孔（或者轴上圆弧面）进行【插入】约束，才算真正装配成功。因此再创建第三组【插入】约束，如图 13-66 所示。

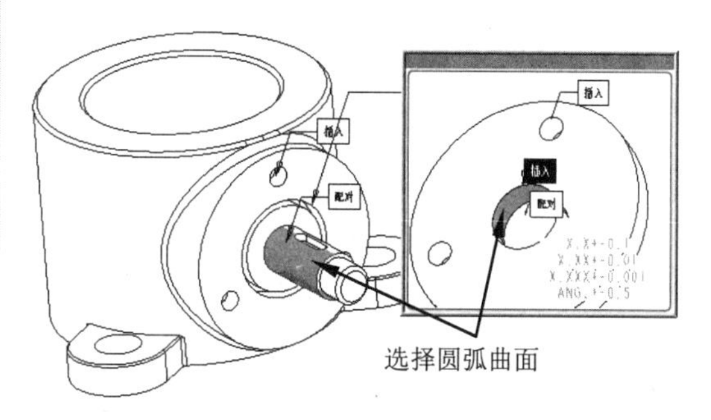

图 13-66　创建第三组【插入】约束

> **技术要点**
>
> 如果看见状态显示为【完全约束】，那么单击【应用】按钮后，仅仅对齐法兰中的一个孔，其余两个孔无法保证对齐，如图 13-67 所示。

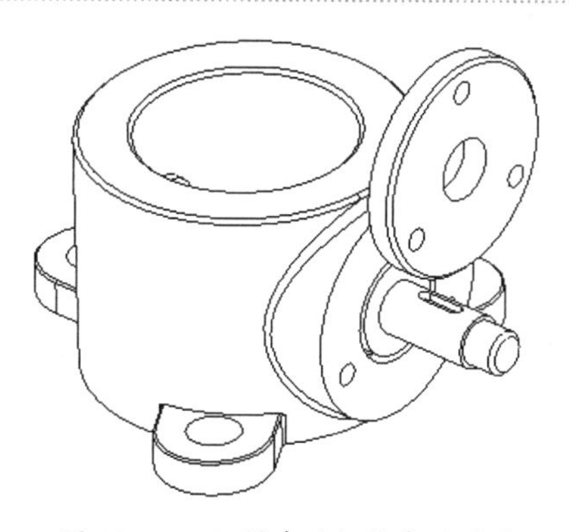

图 13-67　仅创建两组约束的效果

05 最后单击【应用】按钮，完成法兰的装配，如图 13-68 所示。

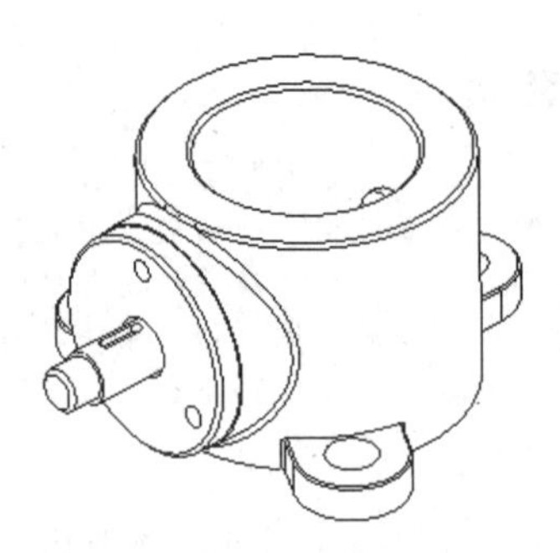
图 13-68　法兰装配效果

3．摇柄的装配

操作步骤：

01 单击【装配】按钮，弹出【打开】对话框。选择【yaobing.prt】文件，在单独的窗口中显示出摇柄。

02 设置约束方式为【销钉】连接，为装配摇柄创建第一组约束【轴对齐】，如图 13-69 所示。

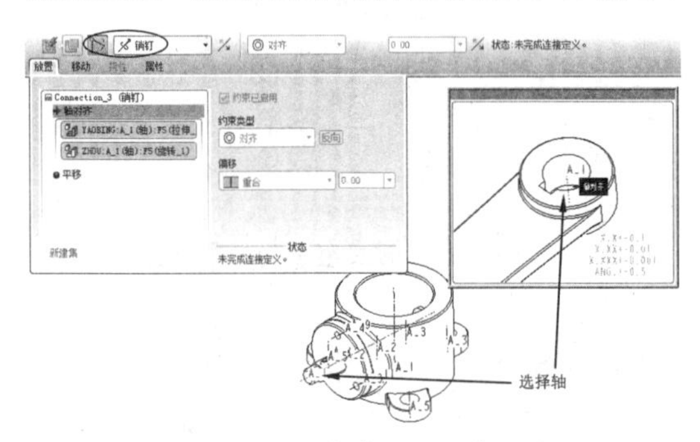

图 13-69　创建【轴对齐】约束

技术要点

由于摇柄与轴之间可以转动，如果按无连接进行装配，将不能转动。所以需要创建【销钉】连接约束，可以任意更改摇柄的旋转角度。

03 随后在创建第二组约束为【平移】，如图 13-70 所示。

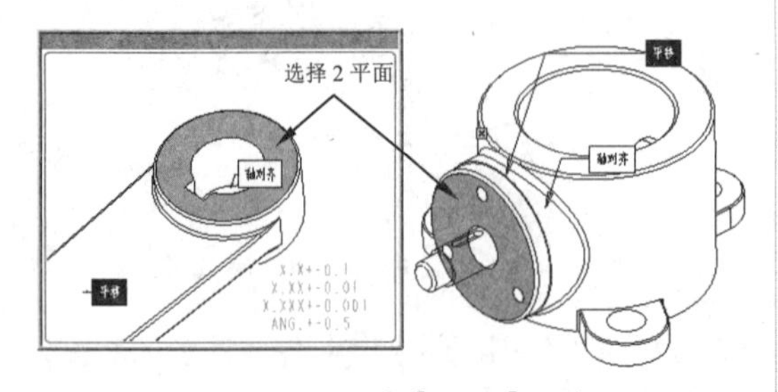

图 13-70　创建【平移】约束

04 创建平移约束后，需要更改约束方向。在【放置】选项卡中单击【反向】按钮，更改约束方向，如图 13-71 所示。

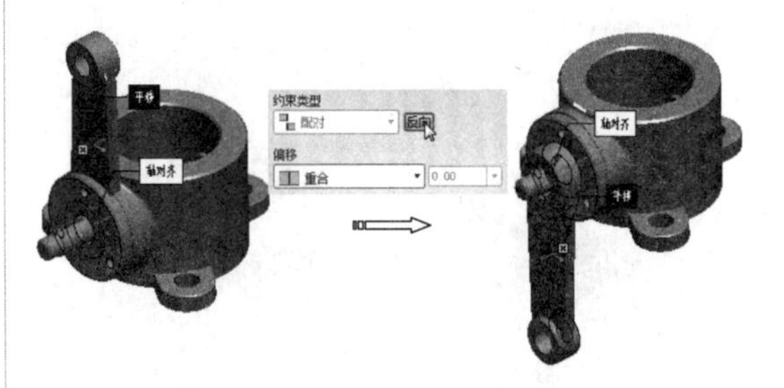

图 13-71　更改约束方向

05 在【放置】选项卡中激活【旋转轴】约束，然后选取元件参照和组件参照，如图 13-72 所示。

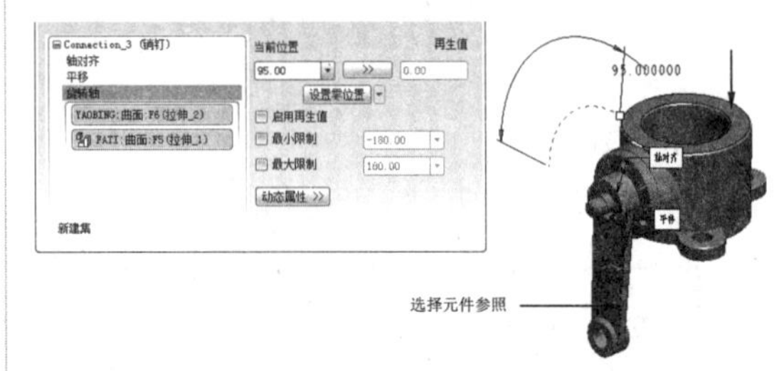

图 13-72　创建旋转轴约束

06 创建旋转轴约束后，拖动旋转尺寸的句柄，或者在【放置】选项卡中的【当前位置】文本框内输入旋转角度值，使摇柄在如图 13-73 所示的大致位置。

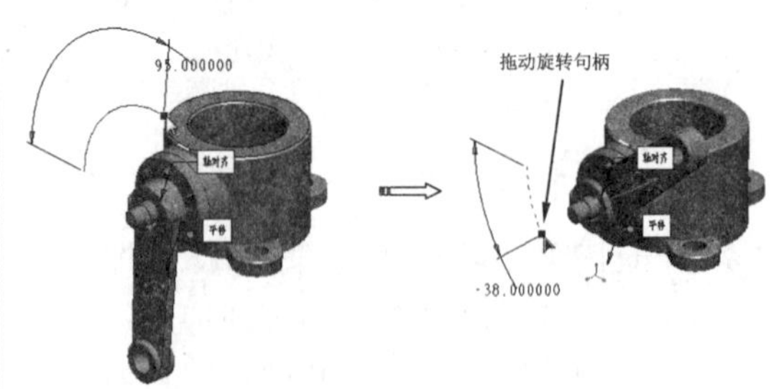

图 13-73　旋转摇柄

07 最后单击【应用】按钮，完成摇柄的装配。

4．阀门的装配

操作步骤：

01 单击【装配】按钮，弹出【打开】对话框，选择阀门文件【famen.prt】，单击【打开】按钮，在单独的窗口中显示出阀门零件。

02 为装配阀门创建 3 组约束：配对、插入和插入，如图 13-74 所示。

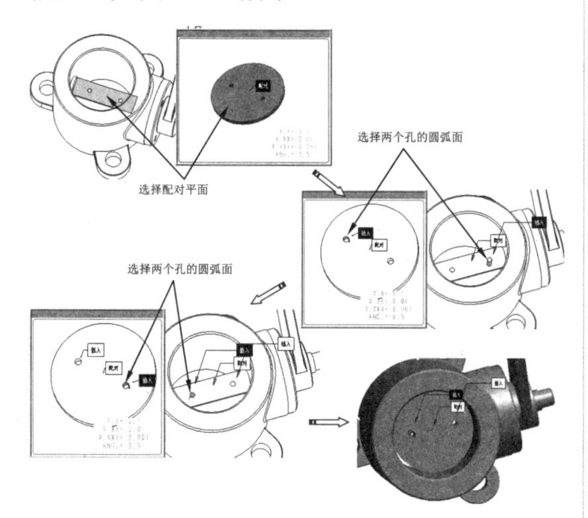

图 13-74　为装配阀门创建 3 组约束

03 最后单击【应用】按钮，完成阀门的装配，如图 13-75 所示。

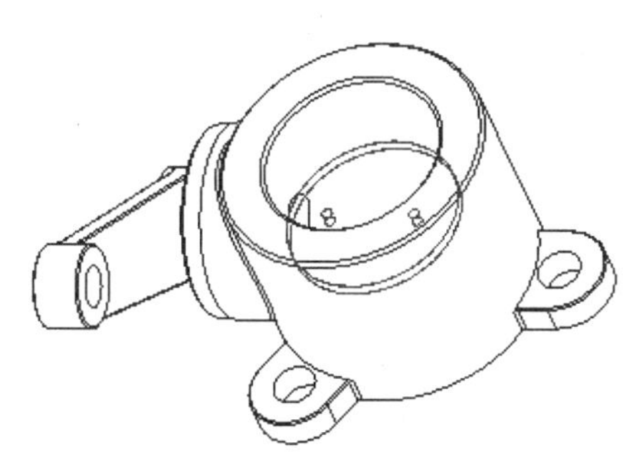

图 13-75　装配完成的阀门

5. 创建分解视图

为了便于观察组成装配体的零部件的数目和分布情况，使装配图变得易于辨认，可把生成的装配体分解为单个元件，生成该装配体的分解视图。

操作步骤：

01 在菜单栏中选择【视图】|【分解】|【分解视图】命令，可自动创建该装配体的分解视图。这时系统会按照默认的位置将装配体进行分解，在工作窗口中显示球阀装配体的分解视图。如图 13-76 所示为系统自动生成的分解视图。

图 13-76　自动生成的球阀装配体的分解视图

技术要点

系统按照默认位置生成的分解视图，各零件的位置通常都不是用户所需要的。这时，用户需要将每个零件放置到合适的位置。

02 通过选择【视图】|【分解】|【编辑位置】命令，弹出【分解位置】操控板。这里仅介绍其中一个组件的位置编辑过程。选择要编辑的组件，然后在显示的坐标系中选取轴（选中此轴表示只能在此轴上进行轴向移动），将其拖动到合适位置，如图 13-77 所示。

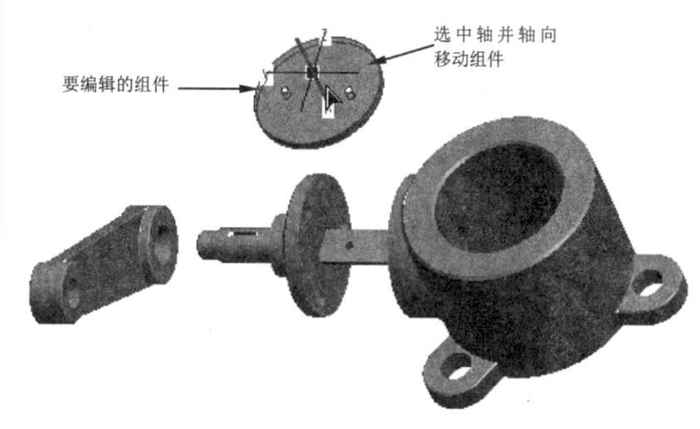

图 13-77　编辑组件的位置

03 同理，在工作区里继续移动其他零件，直到分解状态结束。用户可以改变零件的运动类型和运动参照，更方便地放置零件。如图 13-78 所示，是执行更改后的装配体分解视图。

图 13-78　修改后的分解视图

13.7 课后习题

本练习为对减速器组件进行总装配，总装配效果图如图 13-79 所示。

图 13-79 减速器装配效果图

◇◇◇◇◇◇◇◇◇◇◇◇◇◇◇◇◇◇ 读书笔记 ◇◇◇◇◇◇◇◇◇◇◇◇◇◇◇◇◇◇◇◇

第 14 章　工程图设计

资源二维码

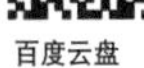

百度云盘

360 云盘 访问密码 32dd

三维实体模型和真实事物一致，在表达零件时直观、明了，因此是表达复杂零件的有效手段。但是在实际生产中，有时需要使用一组二维图形来表达一个复杂零件或装配组件，此种二维图形就是工程图。

在机械制造行业的生产第一线常用工程图来指导生产过程。Pro/E 具有强大的工程图设计功能，在完成零件的三维建模后，使用工程图模块可以快速方便地创建工程图。本章将介绍工程图设计的一般过程。

知识要点

- 工程图概述
- 工程图的组成
- 定义绘图视图
- 工程图的标注与注释

14.1 工程图概述

Pro/E 的工程图模块不仅大大简化了选取指令的流程，更重要的是加入了与 Windows 操作整合的【绘图视图】对话框，用户可以轻松地通过【绘制视图】对话框完成视图的创建，而不必为找不到指令伤透脑筋。

下面介绍 Pro/E 的工程图概论知识，便于大家认识与理解工程图。

14.1.1 进入工程图设计模式

与零件或组件设计相似，在使用工程图模块创建工程图时首先要新建工程图文件。

首先在菜单栏中选择【文件】|【新建】命令，或者在上工具栏中单击【新建】按钮，将弹出【新建】对话框，在【新建】对话框中选取【绘图】类型，如图 14-1 所示。

然后在【名称】文本框中输入文件名称，单击【确定】按钮，随后弹出如图 14-2 所示的【新建绘图】对话框。按照稍后的介绍完成【新建绘图】对话框中的相关设置后，单击【确定】按钮，即可进入工程图设计环境。

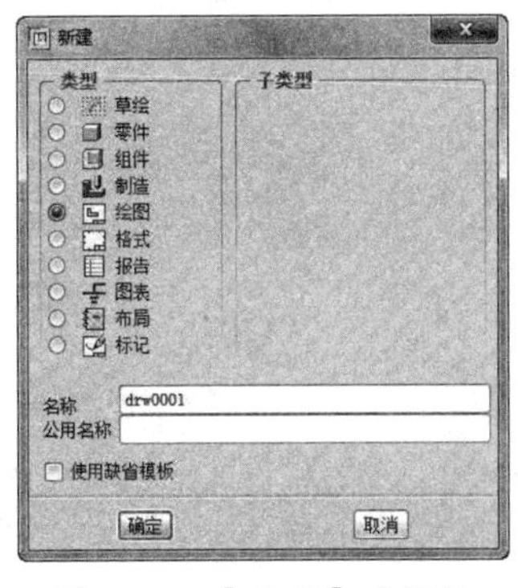

图 14-1　【新建】对话框

图 14-2　【新建绘图】对话框

技术要点

如果选中【使用默认模板】复选框，将使用 Pro/E 提供的工程图模板来设计工程图。

14.1.2 设置绘图格式

【新建绘图】对话框中有【默认模型】、【指定模板】、【方向】和【大小】4 个选项组，下面介绍各个选项组的具体设置和功能。

1. 【默认模型】选项组

该选项组显示的是用于创建工程图的三维模型名称。一般情况下，系统自动选取目前活动窗口中的模型作为默认工程图模型。也可以单击【浏览】按钮，以浏览的方式打开模型来创建工程图。

2. 【指定模板】选项组

创建工程图的格式共有 3 种。

（1）【使用模板】单选按钮。

模板是系统经过格式优化后的设计样板。如果用户在【新建】对话框中选中了【使用默认模版】复选框，那么可以直接使用这些系统模板，如图 14-3 所示。

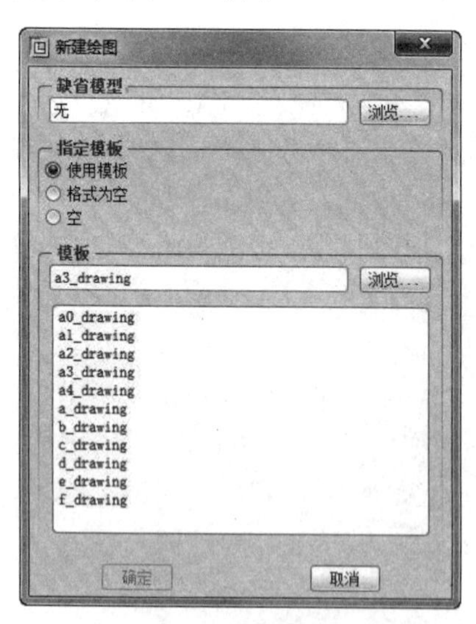

图 14-3 【新建绘图】对话框

用户也可以单击【浏览】按钮导入自定义模板文件。如图 14-4 所示为选择一个模板后进入工程图制图模式的界面环境。

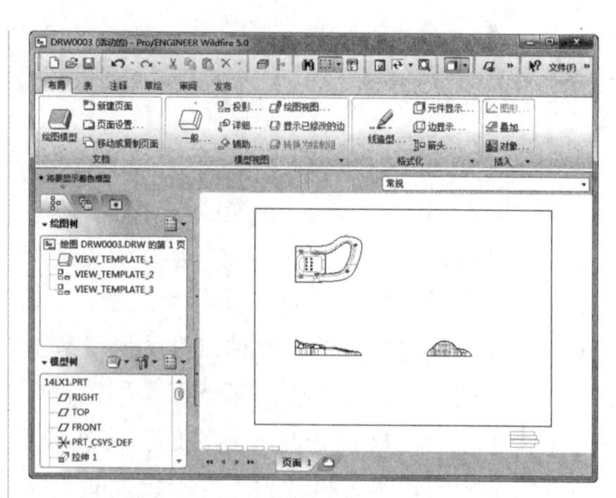

图 14-4 使用模板的制图环境界面

技术要点

要新建绘图，您必须先于创建工程制图前将模型加载到零件设计模型中，或者在【默认模型】选项组中单击【浏览】按钮，从文件路径中打开零件模型，否则不能创建工程图文件。

（2）【格式为空】单选按钮。

使用此选项无须先导入模型，可以打开 Pro/E 向用户提供的多种标准格式图框进行设计，如图 14-5 所示。如图 14-6 所示为选择【格式为空】单选按钮的制图环境界面。

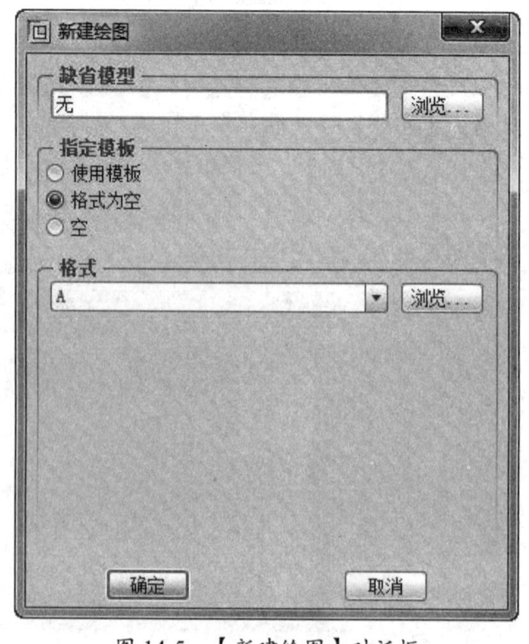

图 14-5 【新建绘图】对话框

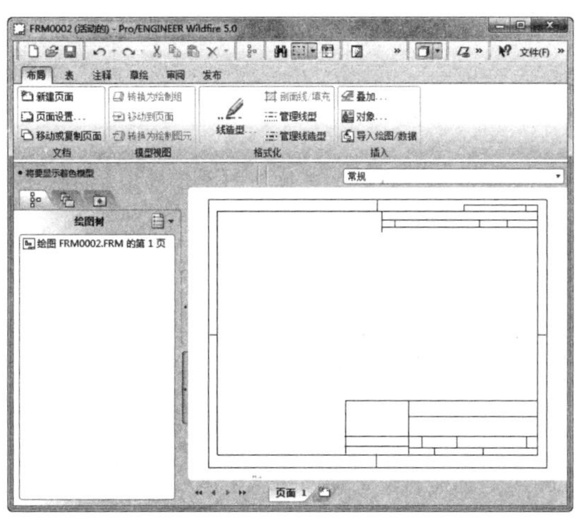

图 14-6　【格式为空】的制图环境界面

技术要点

使用模板与格式为空的区别在于前者必须先添加模型，然后进入制图模式中，系统会自动在模板中生成三视图。而后者仅仅是利用了 Pro/E 的标准制图格式（仅仅是图纸图框）进入制图模式中，需要用户手动添加模型并创建三视图。

单击【浏览】按钮，可以搜索系统提供的图框文件（FRM），也可以导入自定义图框文件，如图 14-7 所示。

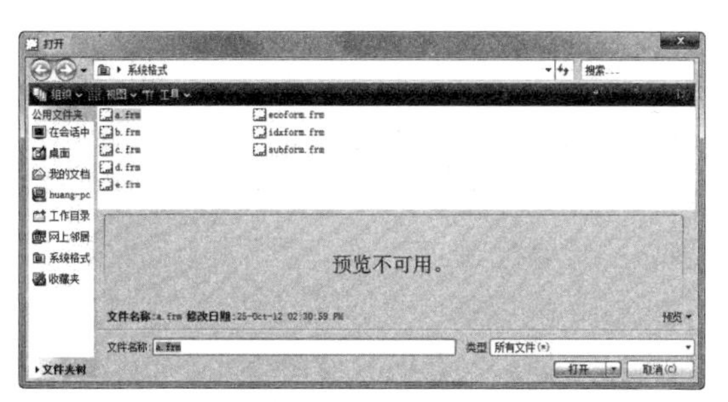

图 14-7　系统提供的格式文件

技术要点

当然，如果用户只是利用格式文件来设计工程图，那么可以从【新建】对话框中直接选择【格式】类型，以此创建格式文件并进入工程图模式中，如图 14-8 所示。

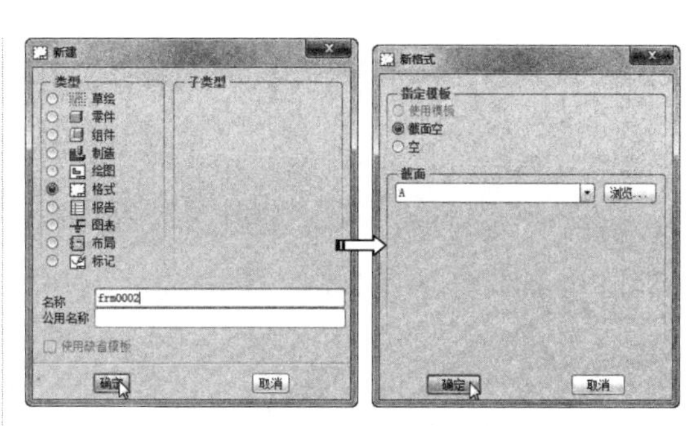

图 14-8　可以直接创建格式文件

（3）【空】单选按钮

选择此单选按钮后可以自定义图纸格式并创建工程图，此时【方向】和【大小】选项组将被激活，如图 14-9 所示。自定义的图纸格式包括选择模板、图幅、单位等内容。

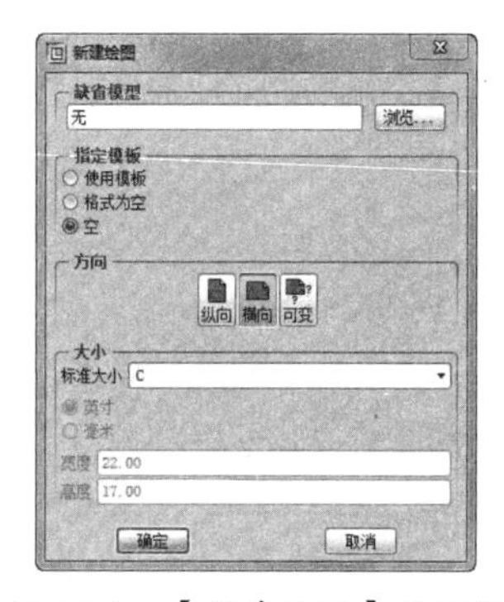

图 14-9　【新建绘图】对话框

下面简要介绍在其下面两个选项组中设置参数的方法。

- 【方向】选项组：用来设置图纸布置方向，此选项组有 3 个按钮，分别是纵向、横向和可变。单击前两个按钮可以使用纵向和横向布置的标准图纸；单击最后一个按钮可以自定义图纸的长度和宽度。
- 【大小】选项组：此选项组用来设置图纸的大小，当在【方向】选项组中单击【纵向】或【横向】按钮后，仅能选择系统提供的标准图纸，分为 A0 ～ A4（公制）与 A ～ F（英制）等类型。单击【可变】按钮后，可以自由设置图纸的大小和单位，如图 14-10 所示。

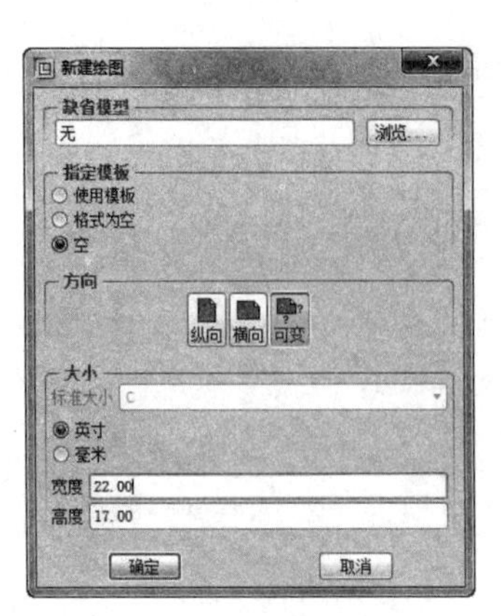

图 14-10 【新建绘图】对话框

14.1.3 工程图的相关配置

在工程图中，通常有两个非常重要的配置文件，其配置合理与否直接关系到最后创建的工程图的效果。通常使用工程图模块进行设计之前，都要对这两个配置文件的相关参数进行设置，以便使用户创建出更符合行业标准的工程图。以下就是前面介绍的这两个文件。

- 配置文件 Config.pro：用来配置整个 Pro/E 的工作环境。
- 工程图配置文件：该文件以扩展名【.dtl】进行存储。

用户可以根据自己的需要来配置这两个文件。工程图配置文件主要用来设置工程图模块下的具体选项，例如剖面线样式、箭头样式及其文件高度等。

1. 配置文件 Config.pro

Config.pro 文件用于配置整个设计环境，当然工程图模块也不例外。首先要打开配置对话框，方法为在【工具】主菜单中选择【选项】命令，系统将打开 Config.pro 文件配置环境，即【选项】对话框。

Config.pro 文件配置好后，以扩展名【.pro】保存在 Pro/E 软件的启动位置，以后打开 Pro/E 软件时，系统会自动加载相关配置，无须重复配置。当然，Config.pro 文件对工程图模块的配置有限，要做一张符合国家标准的工程图，设计者应该花费大量的时间进行工程图配置文件的配置，下面将详细讲述工程图配置文件的配置方法。

2. 工程图配置文件

下面介绍工程图配置文件的用法。

首先按照以下步骤打开该文件：在工程图环境中，在菜单栏中选择【文件】|【绘图选项】命令，打开【选项】对话框，如图 14-11 所示。

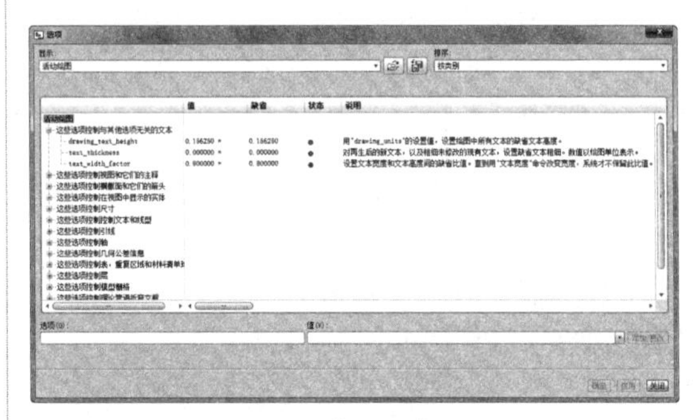

图 14-11 【选项】对话框

【选项】对话框由 4 个下拉列表及文本框组成，其具体使用方法和功能介绍如下。

（1）【显示】下拉列表。

位于【选项】对话框左上方，主要用来设置显示选项的来源，也就是说显示哪一个绘图窗口的配置选项，系统默认为显示活动窗口的配置选项。

在下拉列表中选择一个选项后，将在对话框中间显示该选项所包含的所有 Pro/E 选项配置内容的列表。此列表分为左右两栏，左栏主要显示选项的名称，右栏用来显示与左栏对应的选项的当前设置值和每个设置选项的具体说明，如图 14-12 所示。

活动绘图
这些选项控制与其他选项无关的文本

drawing_text_height	0.156250 *	0.156250	●	用"drawing_units"的设置值，设置绘图中所有文本的缺省文本高度。
text_thickness	0.000000 *	0.000000	●	对再生后的新文本，以及粗细未修改的现有文本，设置缺省文本粗细。数值以绘图单位表示。
text_width_factor	0.800000 *	0.800000	●	设置文本宽度和文本高度间的缺省比值。直到用"文本宽度"命令改变宽度，系统才不保留此比值。

图 14-12 显示列表中的内容

（2）【排序】下拉列表

位于【选项】对话框的右上方，主要用来设置配置选项列表的排序方式。这里共有 3 种排列方式供设计者选择，如图 14-13 所示。

图 14-13　【排序】下拉列表

- 【按类别】：按照配置选项的功能类别排序。例如要修改箭头宽度，此时可以使用【按类别】排序，在列表中找到【这些选项控制横截面和它们的箭头】类别，在其下再修改需要的选项即可。
- 【按字母】：按照配置选项对应的英文名称排序。
- 【按设置】：按通常工程图配置文件设置的先后顺序进行排序。

（3）【选项】文本框

位于【选项】对话框左下方，当找到要进行配置的选项后，选中该选项，则该选项就显示在【选项】文本框中。

（4）【值】列表框

位于【选项】对话框右下方，当【选项】文本框中有选项时，该选项对应的值将显示在【值】列表框中。在下拉列表中可以为该选项选择新值，修改完成后，单击右侧的【添加 / 更改】按钮即可使修改生效。

技术要点

单击按钮可以打开已经保存过的配置文件，单击按钮可以保存修改过的配置文件。

动手操作——利用 Config.pro 创建国标图纸模板

在默认情况下，Pro/E 中只能创建按第三角投影设计的由其自带模板自动生成的工程图，这并不符合我国的国标。因此，对 Pro/E 软件的系统参数和自带的工程图模板进行修改，即可解决模板不符合国标的问题，同时也提高了设计效率。

下面详解修改操作过程。

3．设置 Config.pro 配置文件

操作步骤：

01 在基本环境下（非工程图环境），在菜单栏中选择【工具】|【选项】命令，打开【选项】对话框。

02 取消选中【从仅显示从文件加载的选项】复选框，系统从当前的选项中显示所有的设置。这里需要设置的有【特征】、【系统单位】和【公差显示模式】3 个选项。

03 使用系统默认的设置，不是所有特征都（如轴、法兰等）能显示在菜单栏的【插入】菜单中。因此需要设置 allow_anatomic_features 的选项值为 yes，如图 14-14 所示。设置后，重新启动系统将会自动加载这些命令。

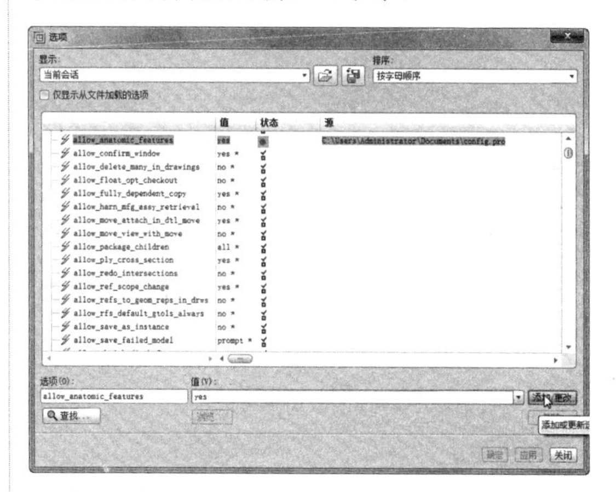

图 14-14　设置 allow_anatomic_features 的选项

04 Pro/E 系统默认的单位是英制单位 inlbs，国标采用的是公制单位 mmns。因此需要再将 template_designasm、template_mfgmold 和 template_solidpart 选项的值均设为 mmns。

05 将 tol_mode（尺寸公差显示模式）的值设为 nominal，或者在工程图环境中设置 tol_display 为 yes。设置后将使所有尺寸处于可编辑状态，即可以任意编辑基本尺寸的属性为公差尺寸。

技术要点

当 Pro/E 默认的尺寸公差显示模式（tol_mode）为极限公差 limits 时，即在工程图环境中设置配置文件中的公差显示模式（tol_display）为 yes 后，所有尺寸均会加上极限公差，需要将没有公差的尺寸再注意编辑为基本尺寸，由此带来工作的不便。所以我们采用了步骤 5 的做法。同时还需注意的是：此项配置必需在模型建立之前设置才能生效。

06 设置完成后，单击【选项】对话框中的【保存】按钮，将配置保存在 Config.pro 文件中。

关于 Config.pro 和 config.win 文件

Config.pro 文件中的选项用来设置 Pro/E 的外观和运行方式。Pro/E 包含两个重要的配置文件：Config.pro 和 Config.win。Config.pro 是文本文件，存储定义 Pro/E 处理操作的方式的所有设置。Config.win 文件是数据库文件，存储窗口配置设置，如工具栏可见性设置和模型树位置设置。

配置文件中的每个设置称为配置选项。可设置的选项包括：

- 公差显示格式。
- 计算精度。
- 草图器尺寸中使用的数字的位数。
- 工具栏内容。
- 工具栏上的按钮的相对顺序。
- 模型树的位置和大小。

技术要点

Config.sup 是受保护的系统配置文件。公司的系统管理员使用此文件设置在公司范围内使用的配置选项。在此文件中设置的任何值都不能被其他（更多本地）Config.pro 文件覆盖。

4．工程图配置文件的参数设置

操作步骤：

01 以【空】的模板类型进入制图环境。在菜单栏中【文件】|【绘图选项】命令，打开【选项】对话框。

02 然后按表 14-1 中列出的选项完成设置。

表 14-1　设置国标工程图模板的选项配置表

参数类别	系统变量	设定值	说明
文本默认粗细、高度和比例	drawing_text_height	3.5	设置文本高度
	text_thickness	0.25	设置文本粗细
	text_width_factor	0.8	设置文本比例
视图与注释	broken_view_offset	5	设置断开视图两部分之间的偏移距离
	def_view_text_height	5	视图注释与尺寸箭头中的文本高度
	def_view_text_thickness	0.25	视图注释与尺寸箭头中的文本粗细
	projection_type	first_angle	设置投影角
	show_total_unfold_seam	no	不显示切割平面的边

续表

参数类别	系统变量	设定值	说明
视图与注释	tan_edge_display_for_new_views	no_disp_tan	不显示相切边
	view_scale_denominator	3600	设置视图比例分母
	view_scale_format	ratio_colon	用比值方式显示比例
横截面和箭头	detail_view_boundary_type	circle	确定父视图上默认边界类型
	detail_view_scale_factor	4	详细视图及父视图的比例
	crossec_arrow_length	5	剖视图剖面箭头的长度
	crossec_arrow_width	1	剖视图剖面箭头的宽度
尺寸显示	allow_3d_dimensions	yes	显示 3D 尺寸
	angdim_text_orientation	parallel_fully_outside	角度尺寸的放置方式
	chamfer_45deg_leader_style	std_iso	控制倒角导引线
	clip_dim_arrow_style	double_arrow	修剪尺寸的箭头样式
	dim_leader_length	5	箭头在尺寸线外的长度
	dim_text_gap	1	文本和引导线的距离
	text_orientation	parallel_diam_horiz	尺寸的文本方向
	witness_line_delta	2	尺寸界线的延伸量
	witness_line_offset	1	尺寸线与文本的间距
标注引线	draw_arrow_length	3.5	引导线箭头长度
	draw_arrow_style	filled	箭头样式
	draw_arrow_width	0.75	箭头宽度
	draw_dot_diameter	1	引导线点的直径
	leader_elbow_length	6	导引折线的长度
	leader_extension_font	dashfont	引线线性
中心线	axis_line_offset	5	中心线超过模型的距离
	circle_axis_offset	3	圆心轴线超过模型的距离
	radial_pattern_axis_circle	yes	显示圆形共享轴线
公差显示	tol_display	yes	显示公差
	tol_text_height_factor	0.6	公差与文本的高度比例
	tol_text_width_factor	0.5	公差与文本的宽度比例
制图单位和字体	drawing_units	mm	设置公制单位
	default_font	simfang	设置仿宋字体

03 设置后，还需要在 Config.pro 配置文件中加入一些语句，那么每次启动 Pro/E 后都会自动加载工程图的国标配置，如图 14-15 所示。

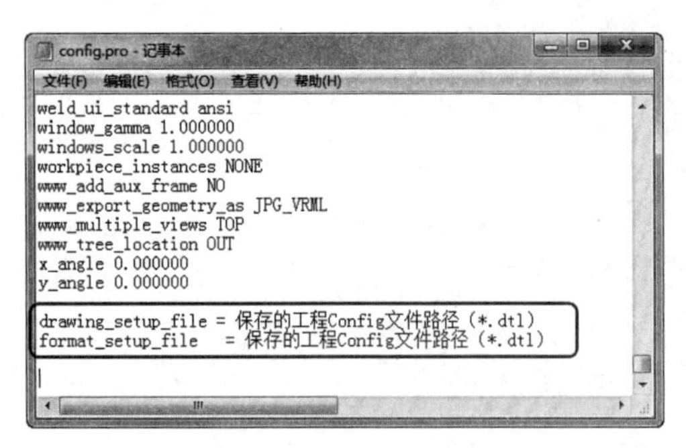

图 14-15 在 Config.pro 配置文件中添加语句

14.1.4 图形交换

Pro/E 的工程图模块提供了类型丰富且多元化的图形文件格式，以便与其他同类软件进行信息交互。Pro/E 的工程图模块可以和 10 余种 CAD 软件进行文件交互，下面以 AutoCAD 与 Pro/E 进行文件交互为例说明具体操作方法。

1. 导入 DWG 文件

将在 AutoCAD 中创建的 DWG 文件导入 Pro/E，有以下两种方法。

（1）方法一。

在菜单栏中选择【文件】|【打开】命令，打开【文件打开】对话框，在【类型】下拉列表中选取【DWG(*.dwg)】文件类型，然后选取要打开的 DWG 文件，完成后在【文件打开】对话框上单击【打开】按钮，如图 14-16 所示。

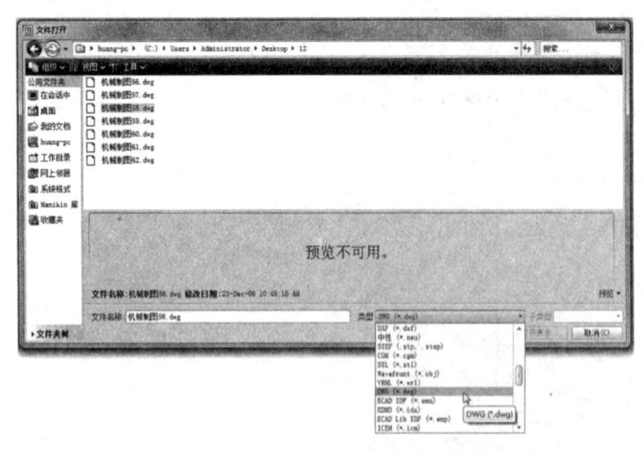

图 14-16 打开 *.dwg 扩展名的 AutoCAD 文件

系统将打开【导入新模型】对话框，如图 14-17 所示。在其【类型】选项组中选中【绘图】选项，然后单击【确定】按钮。

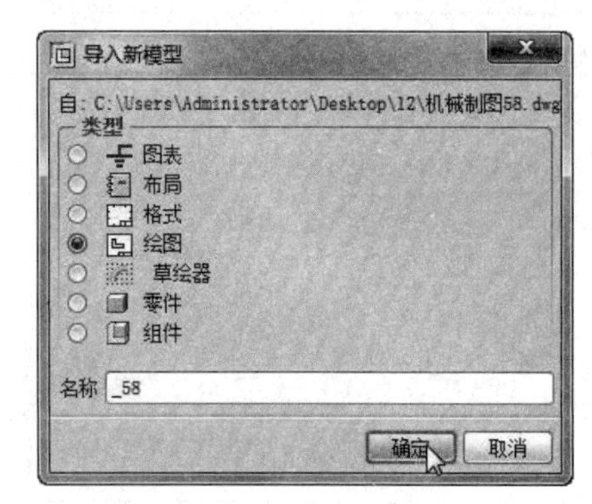

图 14-17 【导入新模型】对话框

系统打开【导入 DWG】对话框，如图 14-18 所示，通常接受该对话框的默认设置即可，然后单击【确定】按钮打开 DWG 文件。

图 14-18 【导入 DWG】对话框

（2）方法二。

创建工程图后，在【插入】主菜单下依次选择【数据共享】|【自文件】命令，系统打开【文件打开】对话框，在【类型】下拉列表中选取【DWG（*.dwg）】文件类型，然后选取要打开的 DWG 文件，完成后在【文件打开】对话框上单击【打开】按钮。其余操作与方法一相同。

在 Pro/E 中导入 DWG 文件的操作比较简单，同时【导入 DWG】对话框中的选项浅显易懂，因此这里不再赘述，不过设计中还应该注意以下几个要点：

- 导入 DWG 文件时，系统以图纸左下角作为基准点来放置文件。
- 如果导入的 DWG 文件的页面大小与所创建工程图页面不一致，系统会自动修正 DWG 文件使之符合工程图的页面大小。
- 导入 DWG 文件时，使用 DWG 文件中指定的单位。如 Pro/E 工程图默认的单位为英寸，而 DWG 文件的单位为毫米，则在导入 DWG 文件过程时，系统将使用毫米为单位。

如图 14-19 所示为导入到 Pro/E 后的结果。

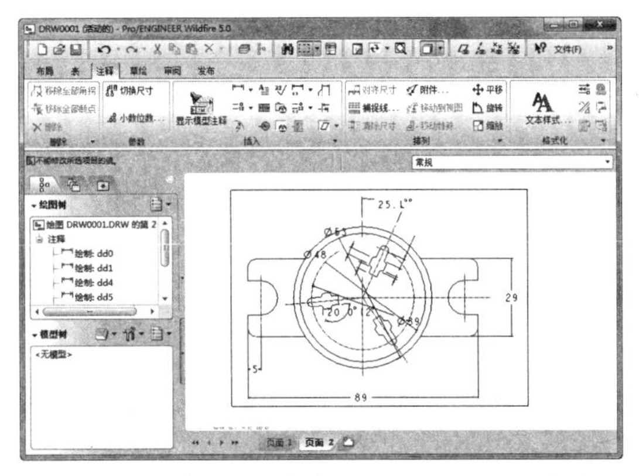

图 14-19　在 Pro/E 中导入 AutoCAD 图形文件

2. 输出 DWG 文件

从 Pro/E 中输出 DWG 文件也非常方便。下面简要介绍其操作方法。

在菜单栏中选择【文件】|【保存副本】命令，打开【保存副本】对话框。在其中的【类型】下拉列表中选取【DWG（*.dwg）】文件类型，输入要保存文件的名称，单击【确定】按钮。如图 14-20 所示。

随后系统打开【DWG 的导出环境】对话框，如图 14-21 所示。对【DWG 的导出环境】对话框中的相关参数进行设置，一般情况下使用系统默认设置即可。完成后单击【确定】按钮输出 DWG 文件。

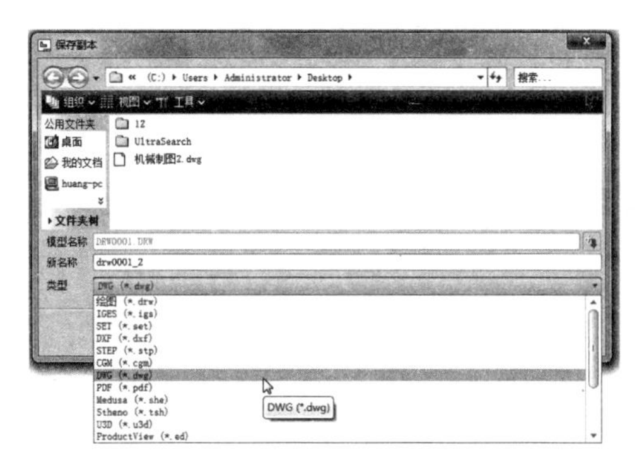

图 14-20　导出时选择保存文件类型

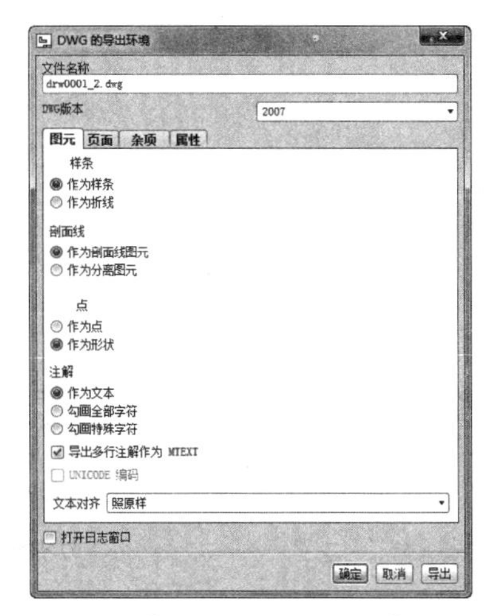

图 14-21　【DWG 的输出环境】对话框

如图 14-22 所示为在 AutoCAD 中显示的文件。

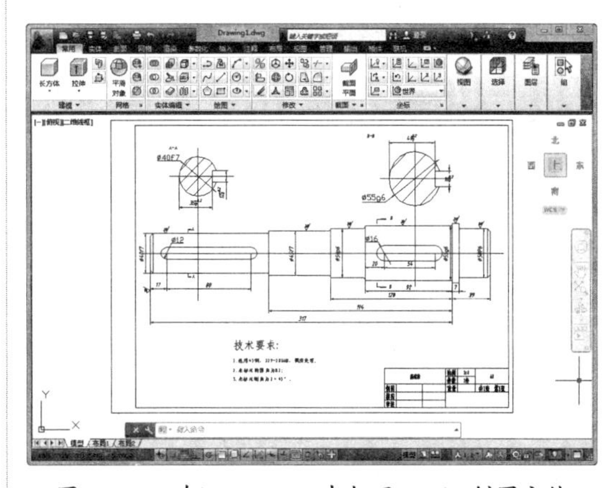

图 14-22　在 AutoCAD 中打开 Pro/E 制图文件

14.2　工程图的组成

工程图是使用一组二维平面图形来表达的一个三维模型。在创建工程图时，根据零件复杂程度的不同，可以使用不同数量和类型的平面图形来表达零件。工程图中的每一个平面图形被称为一个视图，视图是工程图中最重要的结构之一，Pro/E 提供了多种类型的视图。设计者在表达零件时，在确保把零件表达清楚的条件下，又要尽可能减少视图数量，因此视图类型的选择是关键。

14.2.1 基本视图类型

Pro/E 中视图类型丰富，根据视图使用目的和创建原理的不同，将视图分为 5 类。

1. 一般视图（主视图）

一般视图是系统默认的视图类型，是为模型创建的第一个视图，也称为主视图。一般视图是按照一定的投影关系创建的一个独立正交视图，如图 14-23 所示。

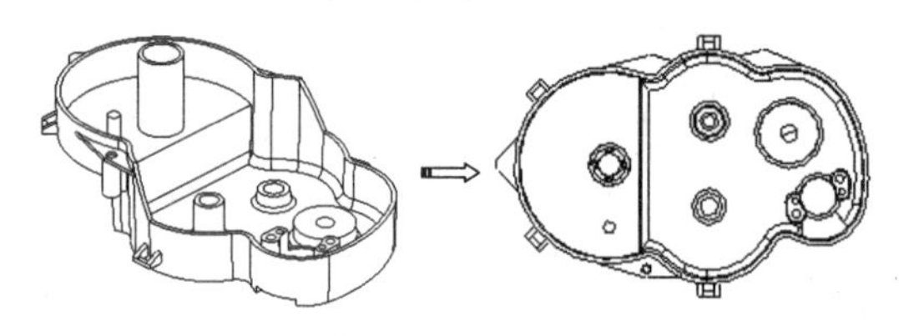

图 14-23 主视图

当然，由同一模型可以创建多个不同结果的一般视图，这与选定的投影参照和投影方向有关。通常用一般视图来表达零件最主要的结构，通过一般视图可以最直观地看出模型的形状和组成。因此，常将主视图作为创建其他视图的基础和根据。

一般视图的设计过程比较自由，主要具有以下特点：

- 不使用模板或空白图纸创建工程图时，第一个创建的视图一般为一般视图。
- 一般视图是投影视图及其他由一般视图衍生出来的视图的父视图，因此不能随便删除。
- 除了详细视图外，一般视图是唯一可以进行比例设定的视图，而且其比例大小直接决定了其他视图的比例。因此，修改工程图的比例可以通过修改一般视图的比例来实现。
- 一般视图是唯一一个可以独立放置的视图。

2. 投影视图

对于同一个三维模型，如果从不同的方向和角度进行观察，其结果也不一样。在创建一般视图后，还可以在正交坐标系中从其余角度观察模型，从而获得和一般视图符合投影关系的视图，这些视图称为投影视图。如图 14-24 所示是在一般视图上添加投影视图的结果，这里添加了 4 个投影视图。但是在实际设计中，仅添加设计需要的投影视图即可。

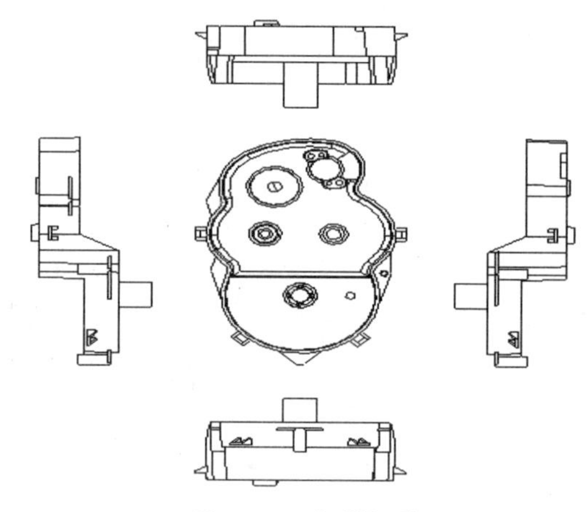

图 14-24 投影视图

在创建投影视图时，注意以下要点：

- 投影视图不能作为工程图的第一个视图，在创建投影视图时必须指定一个视图作为父视图。
- 投影视图的比例由其父视图的比例决定，不能为其单独指定比例，也不能为其创建透视图。
- 投影视图的放置位置不能自由移动，要受到父视图的约束。

3. 辅助视图

辅助视图是对某一视图进行补充说明的视图，通常用于表达零件上的特殊结构。如图 14-25 所示，为了看清主视图在箭头指示方向上的结构，使用该辅助视图。

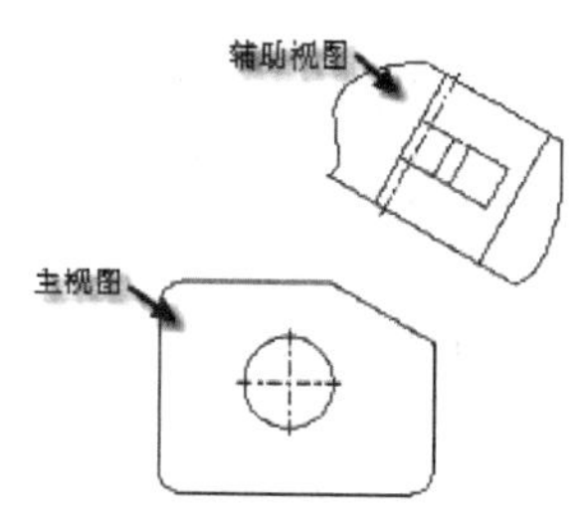

图 14-25　辅助视图示例

辅助视图的创建流程如下：

（1）在【插入】主菜单中依次选择【绘图视图】|【辅助】命令。

（2）在指定的父视图上选择合适的边、基准面或轴作为参照。

（3）为辅助视图指定合适的放置位置。

4．详细视图

详细视图是使用细节放大的方式来表达零件上的重要结构的。如图 14-26 所示，图中使用详细视图表达了齿轮齿廓的形状。

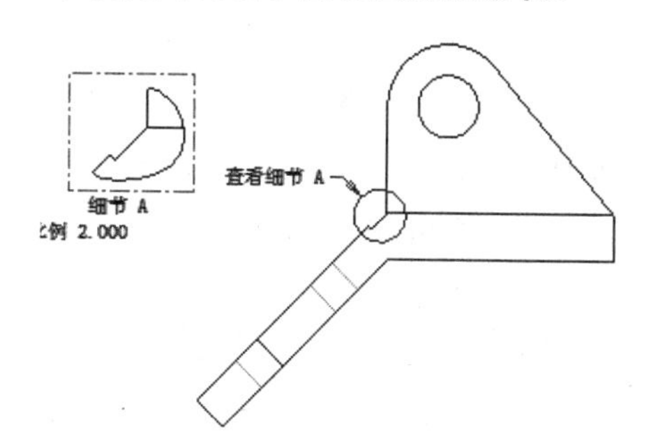

图 14-26　详细视图示例

5．旋转视图

旋转视图是指定视图的一个剖面图，绕切割平面投影旋转 90°。如图 14-27 所示的轴类零件，为了表达键槽的剖面形状，在这里创建了旋转视图。

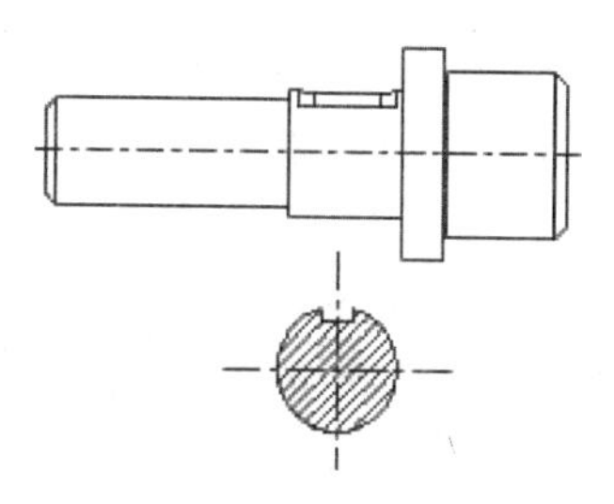

图 14-27　旋转视图

14.2.2　其他视图类型

根据零件表达细节的方式和范围的不同，视图还可以进行以下分类：

1．全视图

全视图则以整个零件为表达对象，视图范围包括整个零件的轮廓。例如对于图 14-28 所示的模型，使用全视图表达的结果如图 14-29 所示。

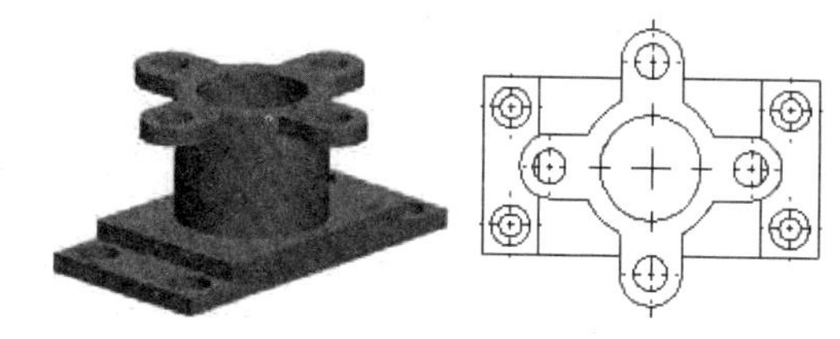

图 14-28　实体模型　　图 14-29　模型的全视图

2．半视图

对于关于对称中心完全对称的模型，只需要使用半视图表达模型的一半即可，这样可以简化视图的结构。如图 14-30 所示是使用半视图表达图 14-28 中模型的结果。

3．局部视图

如果一个模型的局部结构需要表达，可以为该结构专门创建局部视图。如图 14-31 所示是模型上部凸台结构的局部视图。

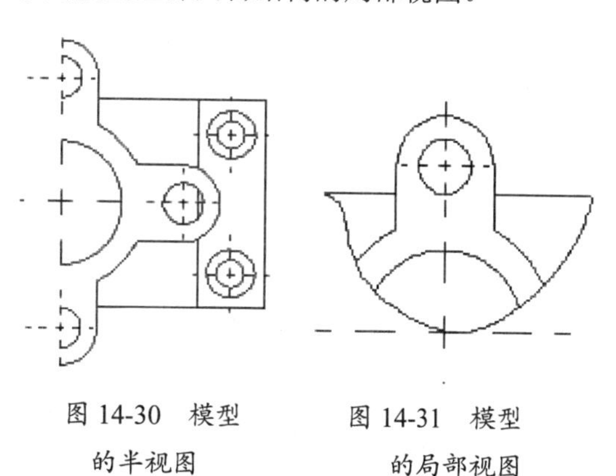

图 14-30　模型的半视图　　图 14-31　模型的局部视图

4．破断视图

对于结构单一且尺寸冗长的零件，可以根据设计需要使用水平线或竖直线将零件剖断。

然后舍弃零件上部分结构以简化视图，这种视图就是破断视图。如图 14-32 所示长轴零件，其中部结构单一且很长，因此可以将轴的中部剖断创建如图 14-33 所示的破断视图。

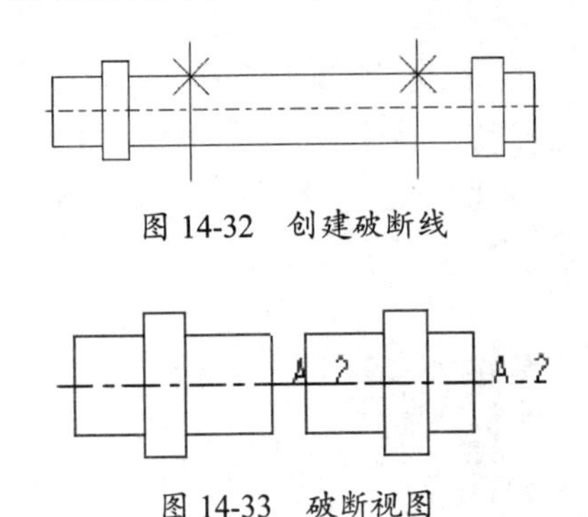

图 14-32　创建破断线

图 14-33　破断视图

5．剖视图

此外，还有一种表达零件内部结构的视图——剖视图。在创建剖视图时首先沿指定剖截面将模型剖开，然后创建剖开后模型的投影视图，在剖面上用阴影线显示实体材料部分。剖视图又分为全剖视图、半剖视图和局部剖视图等类型。

在实际设计中，常常将不同视图类型进行结合来创建视图。如图 14-34 所示是将全视图和全剖视图结合的结果；如图 14-35 所示是将全视图和半剖视图结合的结果；如图 14-36 所示是局部剖视图结合的结果。

技术要点

另外，注意剖面图和剖视图的区别，剖面图仅表达使用剖截面剖切模型后剖面的形状，而不考虑投影关系，如图 14-37 所示。

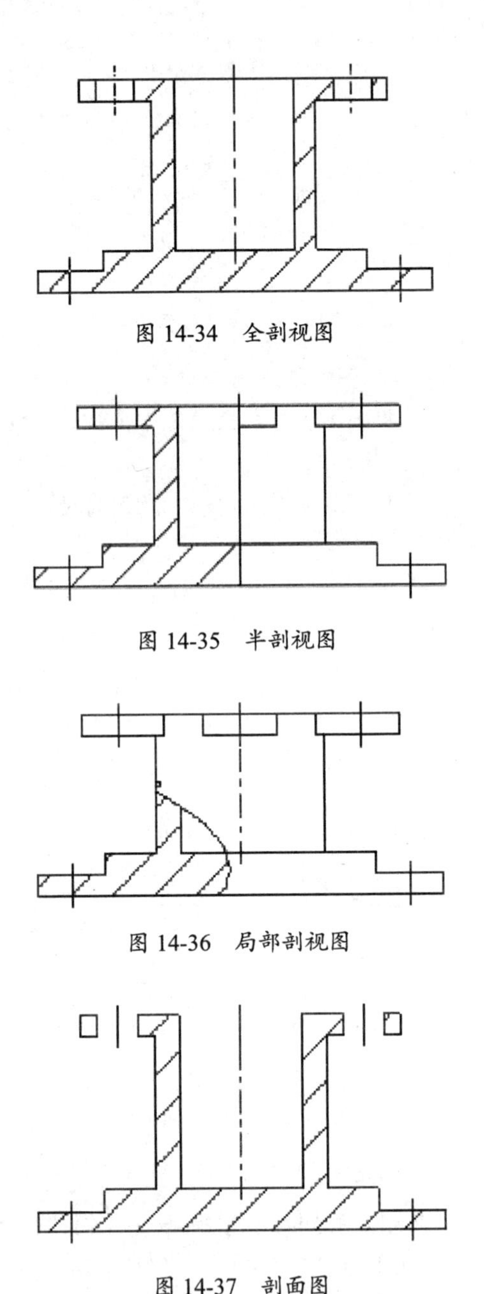

图 14-34　全剖视图

图 14-35　半剖视图

图 14-36　局部剖视图

图 14-37　剖面图

14.2.3　工程图上的其他组成部分

一幅完整的工程图除了包括一组适当数量的视图外，还应该包括以下内容：

- 必要的尺寸：对于单个零件，必须标出主要的定形尺寸；对于装配组件，必须标出必要的定位尺寸和装配尺寸。
- 必要的文字标注：视图上剖面的标注、元件的标识、装配的技术要求等。
- 元件明细表：对于装配组件，还应该使用明细表列出组件上各元件的详细情况。

14.3 定义绘图视图

在学习具体的视图创建方法之前，首先介绍【绘图视图】对话框的用法。在 Pro/E 中，【绘图视图】对话框几乎集成了创建视图的所有命令。

14.3.1 【绘制视图】对话框

新建绘图文件后，在上工具栏中单击【一般】按钮，在绘图区中选取一点放置视图后，即可打开【绘图视图】对话框，如图 14-38 所示。

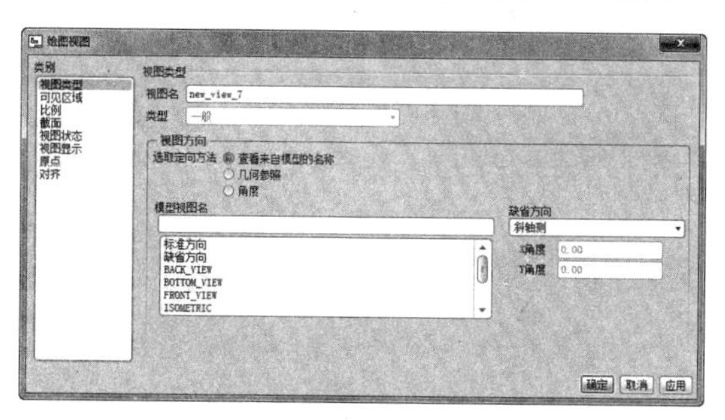

图 14-38　【绘图视图】对话框

在【绘图视图】对话框中有 8 种不同的设计类别，这些设计类别显示在对话框左侧的【类别】列表框中。选中一种类别后，在对话框右侧的窗口中可以设置相关参数。这 8 种设计类别各自的用途如下：

- 【视图类型】：定义所创建视图的视图名称、视图类型（一般、投影等）和视图方向等内容。
- 【可见区域】：定义视图在图纸上的显示区域及其大小，主要有【全视图】、【半视图】、【局部视图】和【破断视图】4 种显示方式。
- 【比例】：定义视图的比例和透视图。
- 【剖面】：定义视图中的剖面情况。
- 【视图状态】：定义组件在视图中的显示状态。
- 【视图显示】：定义视图图素在视图中的显示情况。
- 【原点】：定义视图中心在图纸中的放置位置。
- 【对齐】：定义新建视图与已建视图在图纸中的对齐关系。

技术要点

在具体创建一个视图时，并不一定需要一一确定以上 8 个方面的设计内容，通常只需根据实际的需要确定需要的项目即可。完成某一设计类别对应的参数定义后，单击【应用】按钮可以使之生效。然后继续定义其他设计类别对应的参数。完成所需参数定义后单击【确定】按钮关闭对话框。

14.3.2 定义视图状态

在【绘图视图】对话框中选中【视图状态】类别时，【绘图视图】对话框右边将显示【分解视图】选项组和【简化表示】选项组，如图 14-39 所示。

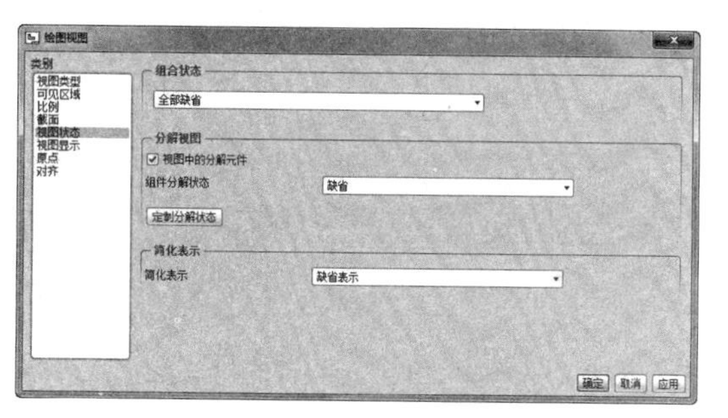

图 14-39　【视图状态】类别

技术要点

当加载的模型为装配体时，【视图状态】类别右侧的【组合状态】列表中才会有【全部默认】选项，而其余的选项设置被激活。

1. 【分解视图】选项组

该选项组用于创建组件在工程图中的分解视图，如图 14-40 所示的就是某装配体模型在工程图中的分解视图。这里系统提供给用户两种视图分解方式。

- 在【分解视图】选项组上选中【视图中的分解元件】复选框，然后在默认状态下创建分解视图。

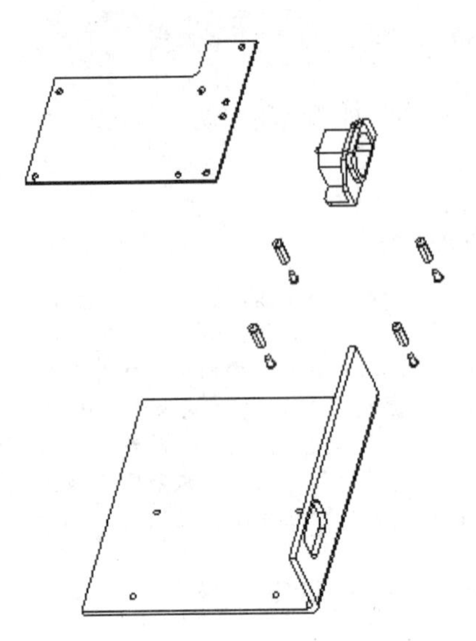

图 14-40　手机分解视图

- 在【分解视图】选项组上选中【视图中的分解元件】复选框，然后单击【定制分解状态】按钮打开如图 14-41 所示的【分解位置】对话框来创建分解视图。

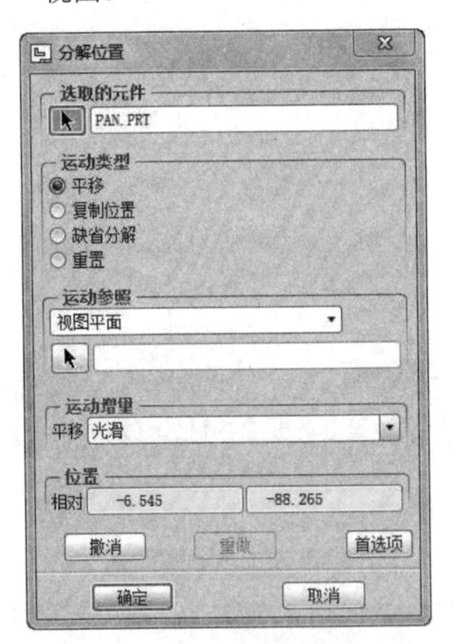

图 14-41　【分解位置】对话框

2. 【简化表示】选项组

该选项组主要用来处理大型组件工程图。虽然现在硬件的速度发展很快，但如果一个大型组件具有上千个零件，即使计算机性能再好，系统的效能也会大大下降，为了解决这一问题，在设计大型工程图时常常需要使用简化表示的方法来进行设计。在 Pro/E 中常用的简化表示方法是几何表示，系统检索几何表示的时间比检索实际零件要少，因为系统只检索几何信息，不检索任何参数化信息。

Pro/E 为用户提供了 3 种组件简化表示方法，它们分别是【几何表示】、【主表示】和【默认表示】，在没有给组件模型创建简化表示方法时，系统默认使用【主表示】。

14.3.3　定义视图显示

读者可能已经发现前面创建的视图上线条很多，因此显得很凌乱，这并不符合我国的工程图标准，这时可以定义视图中的显示方式。在【绘图视图】对话框中选中【视图显示】类别后，即可在如图 14-42 所示的窗口中设置视图显示方式。

技术要点

在定义视图显示方式时，如果选取了多个视图，则在【绘图视图】对话框中仅【绘图显示】类别可用。此时所做的任何更改会被应用到所有选定视图中。

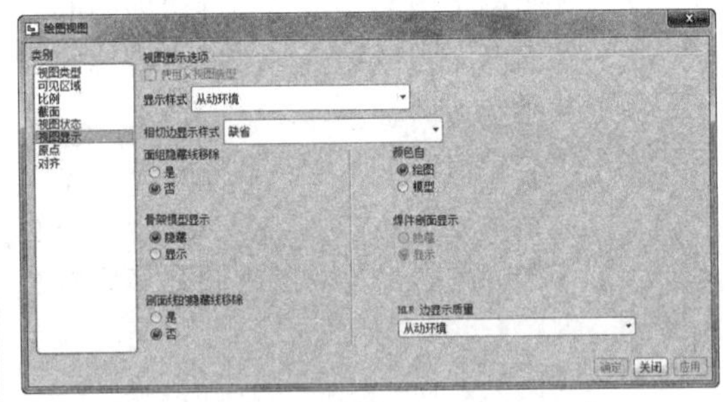

图 14-42　【视图显示选项】选项组

下面依次介绍设置视图显示方式的基本操作。

1. 定义显示线型

在【显示线型】下拉列表中有以下 4 个选项用来设定图形中的线型：

- 【从动环境】：显示系统默认状态下定义的线型。
- 【线框】：以线框形式显示所有边。

- 【隐藏线】：以隐藏线形（比正常图线颜色稍浅）方式显示所有看不见的边线。
- 【消隐】：不显示看不见的边线。
- 【着色】：使视图以【着色】状态显示。

2. 定义显示相切边的方式

在【相切边显示样式】下拉列表中设置显示相切边的方式。

- 【默认】：为系统配置所默认的显示方式。
- 【无】：关闭相切边的显示。
- 【实线】：显示相切边，并以实线形式显示相切边。
- 【灰色】：以灰色线条的形式显示相切边。
- 【中心线】：以中心线形式显示相切边。
- 【双点画线】：以双点画线形式显示相切边。

3. 定义是否移除面组中的隐藏线

使用以下两个单选按钮设置是否移除面组中的隐藏线：

- 【是】：将从视图中移除隐藏线。
- 【否】：在视图中显示隐藏线。

4. 定义显示骨架模型的方式

使用以下两个单选按钮定义显示骨架模型的方式：

- 【隐藏】：在视图中不显示骨架模型。
- 【显示】：在视图中显示骨架模型。

5. 定义绘图时设置颜色的位置

使用以下两个单选按钮定义绘图时设置颜色的位置：

- 【绘图】：绘图颜色由绘图设置决定。
- 【模型】：绘图颜色由模型设置决定。

6. 定义是否在绘图中显示焊件剖面

使用以下两个单选按钮定义是否应在绘图中显示焊件剖面：

- 【隐藏】：在视图中不显示焊件剖面。
- 【显示】：在视图中显示焊件剖面。

14.3.4 定义视图的原点

放置视图后，如果觉得视图在图纸上的放置位置不合适，可以在【绘图视图】对话框中选中【原点】类别，然后通过调整视图原点来改变放置位置。Pro/E 为用户提供了 3 种定义视图原点的方式，如图 14-43 所示。

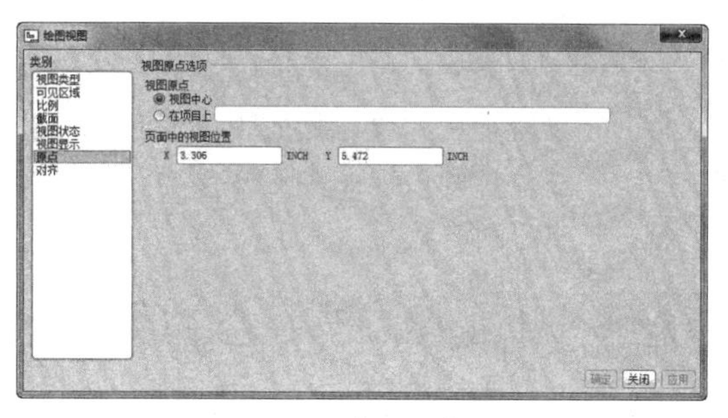

图 14-43 【原点】类别

3 种定义视图原点的方法如下：

- 【视图中心】：将视图原点设置到视图中心，是系统的默认选项。
- 【在项目上】：将视图原点设置到所选定的几何图元上，此时需要在视图中选取几何图元作为参照。
- 【页面中的视图位置】：输入视图原点相对页面原点的 X、Y 坐标来重新定位视图。

14.3.5 定义视图对齐

使用视图对齐的方法可以确定一组视图之间的相对位置关系。例如，将详细视图与其父视图对齐后可以确保详细视图跟随父视图移动。用户可以在【绘图视图】对话框中选中【对齐】类别来定义视图间的对齐关系，此时需要定义视图的对齐方式和对齐参照，如图 14-44 所示。

对齐视图时，首先选中【将此视图与其他视图对齐】复选框，然后再选取与之对齐的视图，该视图的名称将显示在复选框右侧的文本框中。

以下两个单选按钮用于设置对齐方式：

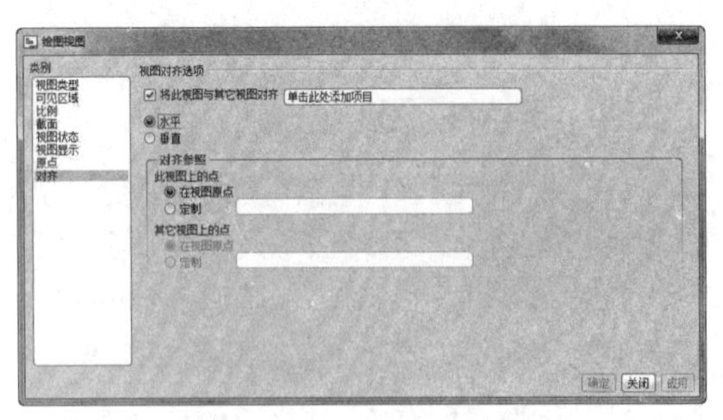

图 14-44 【对齐】类别

- 【水平】：对齐的视图将位于同一水平线上。如果与此视图对齐的视图被移动，则该视图将随之移动以便保持水平对齐关系。
- 【垂直】：对齐的视图将位于同一竖直线上。如果与此视图对齐的视图被移动，则该视图将随之移动以便保持竖直对齐关系。

在【对齐】参照选项组中设置合适的对齐参照，从而完成视图对齐操作。

将一个视图与另一个视图对齐后，该视图将始终保持与其父视图的对齐关系，就像投影视图一样跟随其父视图的移动，直到取消对齐关系为止。如果需要取消对齐，只需取消选中【视图对齐选项】选项组上的【将此视图与其他视图对齐】复选框即可。

14.4 工程图的标注与注释

工程图设计的一个重要环节是工程图标注与注释。对于一幅完整的工程图来说，尺寸的标注和必要的注释是必不可少的。具体内容包括：自动标注和手动标注尺寸、设置几何公差和粗糙度、文字注释等。

在工程图模式下，尺寸的标注可以根据 Pro/E 的全相关性自动地显示出来，也可以手动创建尺寸。

14.4.1 自动标注尺寸

在功能区选择【注释】选项卡，单击面板上的【显示模型注释】按钮，或者在绘图区右击，在弹出的快捷菜单中选择【显示模型注释】命令，打开如图 14-45 所示的【显示模型注释】对话框。

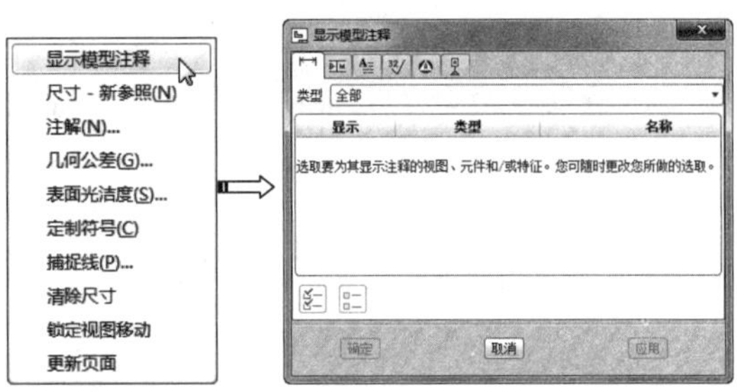

图 14-45 打开【显示模型注释】对话框

【显示模型注释】对话框中具有 6 个基本选项卡，功能如表 14-2 所示。

表 14-2 【显示模型注释】对话框中各选项卡功能

符号	含义
	显示 / 拭除模型尺寸
	显示 / 拭除模型几何公差
	显示 / 拭除模型注释
	显示 / 拭除模型表面粗糙度
	显示 / 拭除模型符号
	显示 / 拭除模型基准

技术要点

在设置某些项目显示的过程中，可以根据实际情况设置其显示类型。例如，在设置显示尺寸项目的过程中，可以从【类型】下拉列表中选择【全部】、【驱动尺寸注释元素】、【所有驱动尺寸】、【强驱动尺寸】或【从动尺寸】。

在选项卡中设置好模型注释的显示项目及其具体类型后，选取主视图，单击按钮，表示列表中的选项都被选中，如图 14-46 所示。

图 14-46　【显示模型注释】对话框

不需要显示的尺寸可以去掉。单击【应用】按钮，完成了尺寸的标注，如图 14-47 所示。

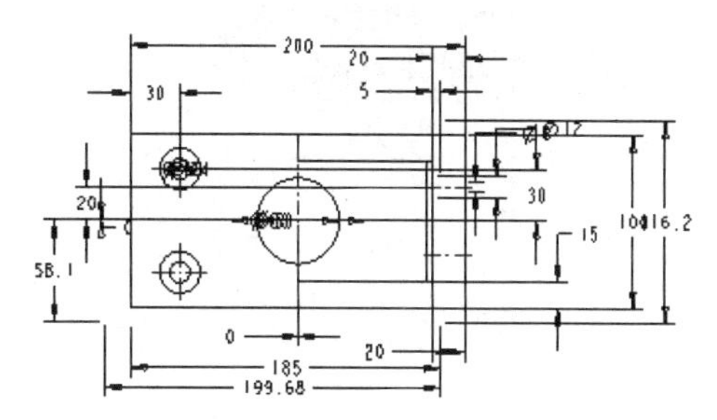

图 14-47　完成尺寸标注

由于显示了整个视图的所有尺寸，画面显得零乱，因此不建议这样标注。可以标注某一特征的尺寸，如图 14-48 所示。

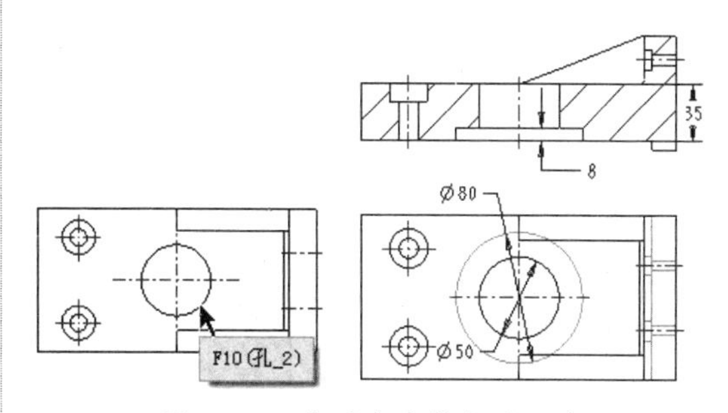

图 14-48　标注部分特征的尺寸

14.4.2　手动标注尺寸

为了符合机械图样中关于合理标注尺寸的有关规则，需要手动自定义标注尺寸。在功能区【注释】选项卡中有几种尺寸的创建工具，如表 14-3 所示。

表 14-3　创建尺寸工具类型

类型	符号	功能含义
尺寸 - 新参照		根据一个或两个选定新参考来创建尺寸
尺寸 - 公共参照		使用公共参照创建尺寸
纵坐标尺寸		创建纵坐标尺寸
自动标注纵坐标		在零件和钣金零件中自动创建纵坐标尺寸
参考尺寸 - 新参考		创建参考尺寸
参考尺寸 - 公共参考		使用公共参照创建参考尺寸

1．尺寸 - 新参照

使用此命令可以标注水平尺寸、竖直尺寸、对齐尺寸及角度尺寸等。单击【尺寸 - 新参照】按钮，打开如图 14-49 所示的菜单管理器。此时光标由箭头变为笔形。

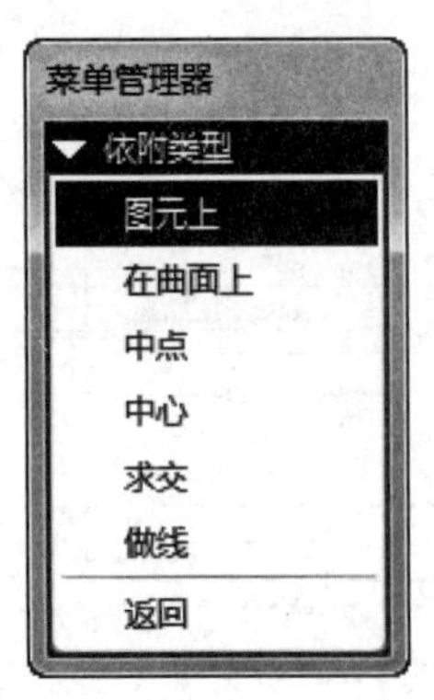

图 14-49 【依附类型】菜单管理器

- 图元上：在工程图上选取一个或两个图元来标注。选取需要标注的边，单击鼠标中键确定。如图 14-50 所示为选取一个图元进行长度标注的结果。如图 14-51 所示为选取两个图元进行距离标注的结果。

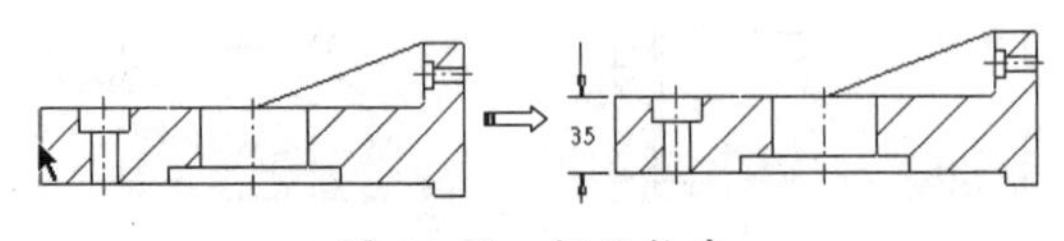

图 14-50 标注长度

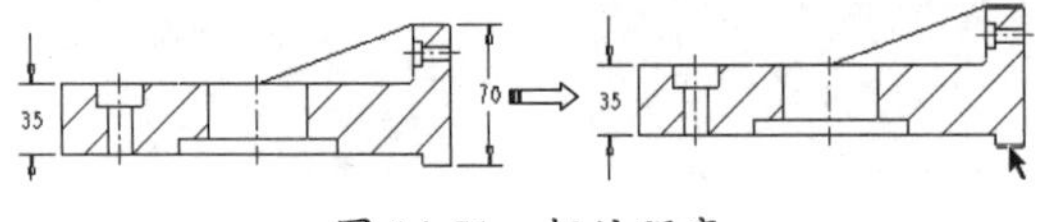

图 14-51 标注距离

- 在曲面上：通过选取曲面进行标注。选取第一曲面，选取第二个曲面，单击鼠标中键确定，并在弹出的菜单管理器中选择【同心】命令，创建如图 14-52 所示的尺寸标注。

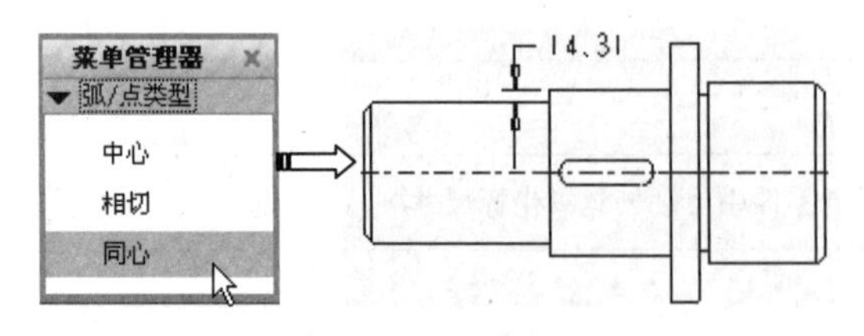

图 14-52 尺寸标注

- 中点：通过捕捉对象的中点来标注尺寸。选取第一条线段，选取第二条线段，单击鼠标中键放置尺寸，如图 14-53 所示。

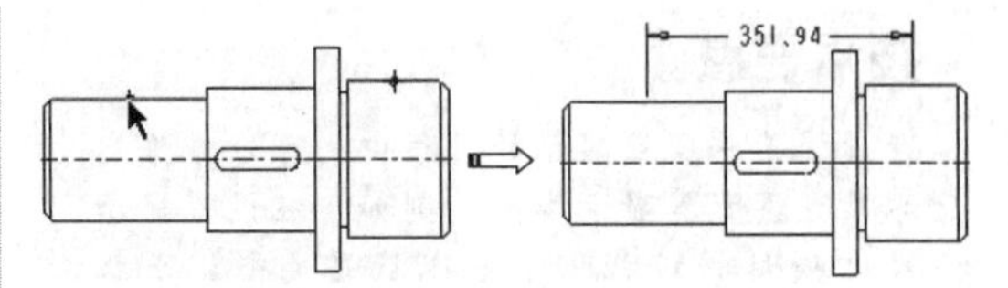

图 14-53 中点标注

- 中心：通过捕捉圆或圆弧的中心来标注尺寸。选取第一个圆，选取第二个圆，单击鼠标中键确定。在弹出的菜单管理器中选择【竖直】命令，创建如图 14-54 所示的尺寸标注。

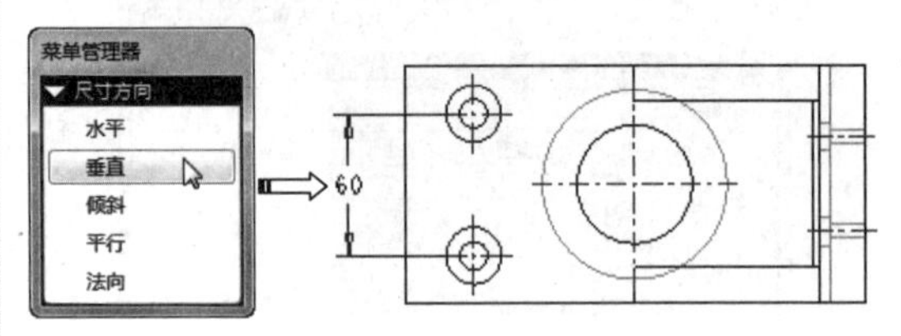

图 14-54 中心尺寸标注

- 求交：通过捕捉两图元的交点来标注尺寸，交点可以是虚的。按住 Ctrl 键选取 4 条边线，单击鼠标中键确定。在弹出的菜单管理器中选择【倾斜】方式，系统将在交叉点位置标注尺寸，如图 14-55 所示。

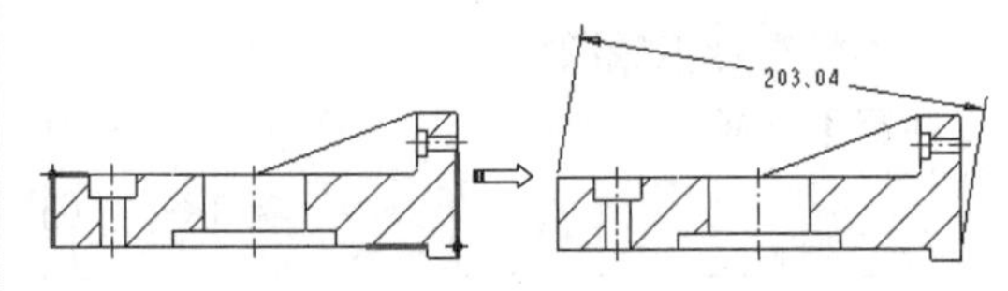

图 14-55 在交叉点标注尺寸

- 做线：有 3 种方式标注尺寸，如图 14-56 所示。

图 14-56 做线

2. 尺寸 - 公共参照

【尺寸 - 公共参照】是用于基线标注的命令。

选取【尺寸 - 公共参照】命令，同样打开【依附类型】菜单管理器。选取【图元上】命令，选取一条边作为基准，如图 14-57 所示。选取第二条边，在合适的位置单击鼠标中键放置尺寸。用同样的方法，标注其他尺寸，如图 14-58 所示。

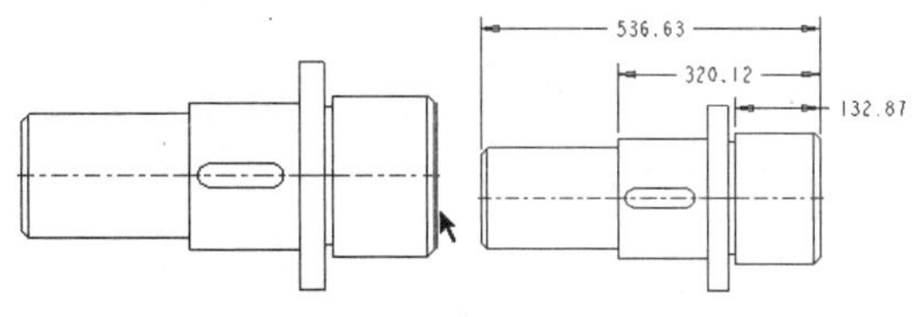

图 14-57　基准面　　图 14-58　标注其他尺寸

3. 纵坐标尺寸

Pro/E 中的纵坐标尺寸可使用不带引线的单一的尺寸界线，并与基线参照相关。所有参照相同基线的尺寸，必须共享一个公共平面或边。

从【注释】选项卡中单击纵坐标按钮，出现如图 14-59 所示的【依附类型】菜单管理器，选取【图元上】命令。

图 14-59　【依附类型】菜单管理器

系统提示【在几何上选择以创建基线，或选择纵坐标尺寸，以使用现有的基线】，然后选取如图 14-60 所示的轮廓线作为线参照。

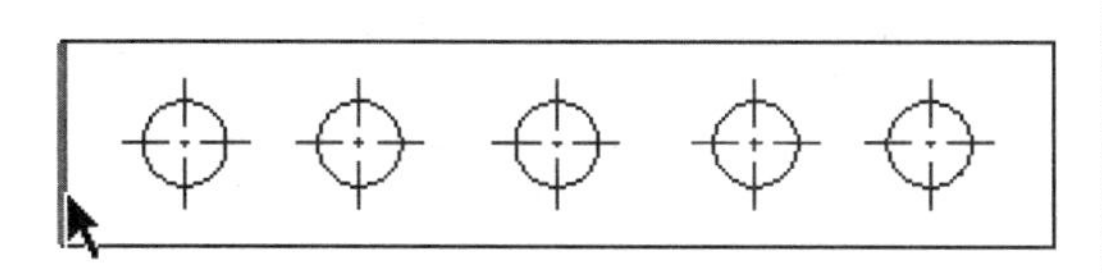
图 14-60　选取轮廓线

在出现的【依附类型】菜单管理器中选择【中心】命令，如图 14-61 所示，然后选择要标注的图元，如图 14-62 所示。

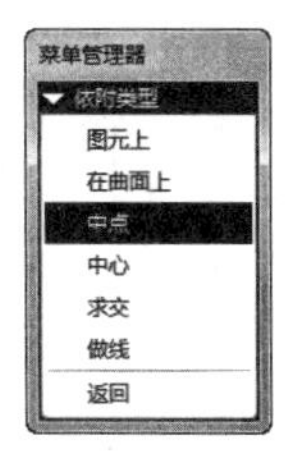

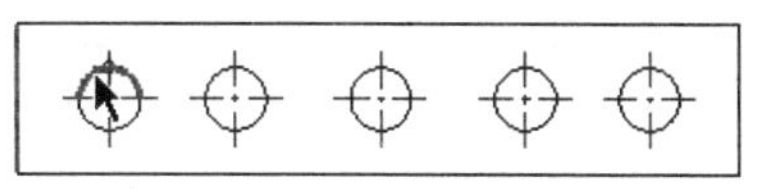
图 14-61　选择【中心】选项　图 14-62　选择标注的图元

在合适的位置单击鼠标中键来放置纵坐标尺寸，如图 14-63 所示。

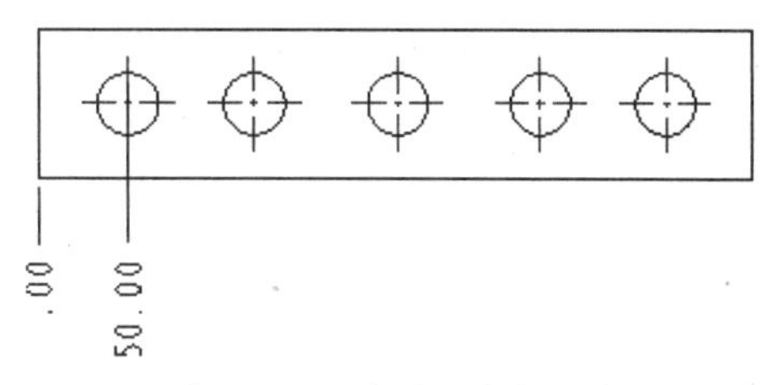

图 14-63　放置纵坐标尺寸

在【依附类型】菜单管理器中，【中心】命令还处于被选中的状态，此时选择第二个圆作为要标注的图元。然后在合适的位置单击鼠标中键来放置纵坐标尺寸，如图 14-64 所示。

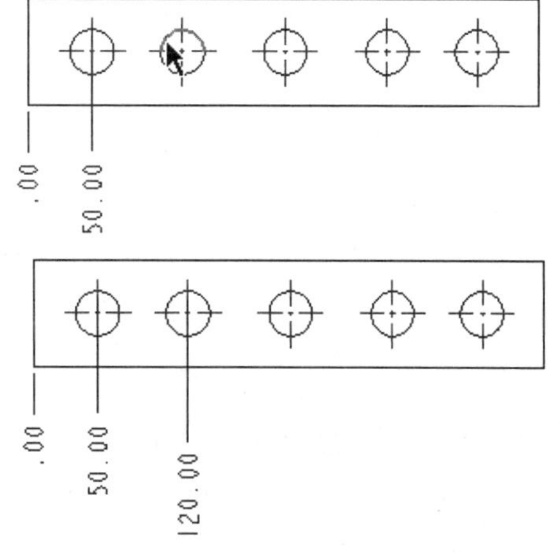

图 14-64　纵坐标尺寸

用同样的方法，创建其他纵坐标尺寸，如图 14-65 所示。

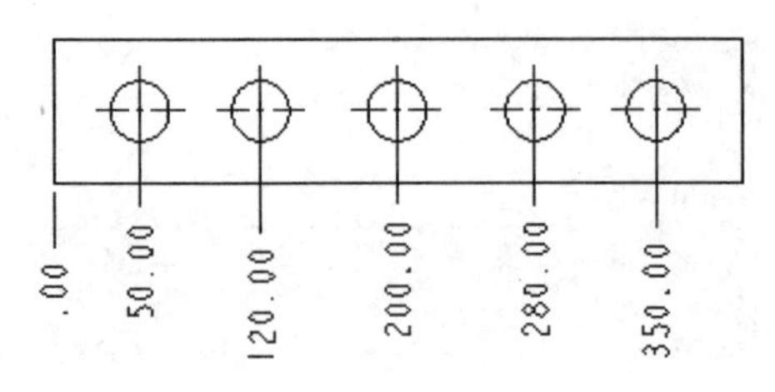

图 14-65 创建其他纵坐标尺寸

4. 参考尺寸

参考尺寸的创建方式与前面所述的几种方式一样，唯一不同的是，参考尺寸创建后，会在尺寸后面加上【参考】两个字。如图 14-66 所示。

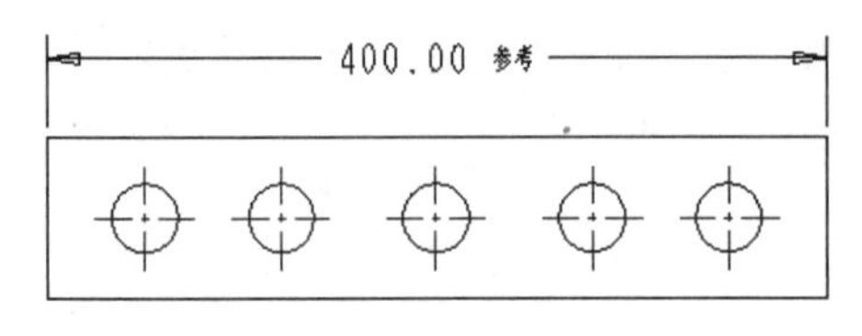

图 14-66 参考尺寸

技术要点

通过更改系统配置文件中的选项【parenthesize_ref_dim】的值，可以设置参考尺寸是以文字表示还是以括号表示，注意只对设置以后生成的参考尺寸有效。

5. 其他尺寸标注工具

在【注释】下拉菜单中还有几种尺寸的创建工具，如图 14-67 所示。这些标注尺寸工具的功能如表 14-4 所示。

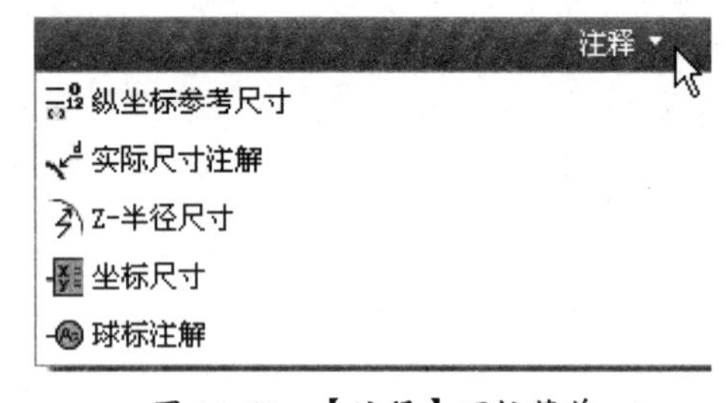

图 14-67 【注释】下拉菜单

表 14-4 创建尺寸其他工具类型

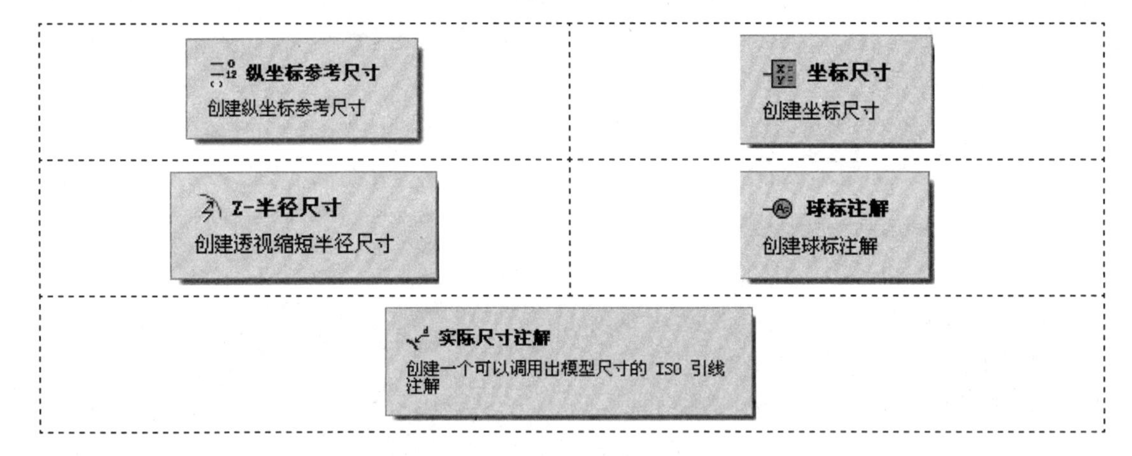

纵坐标参考尺寸 创建纵坐标参考尺寸	坐标尺寸 创建坐标尺寸
Z-半径尺寸 创建透视缩短半径尺寸	球标注解 创建球标注解
实际尺寸注解 创建一个可以调用出模型尺寸的 ISO 引线注解	

14.4.3 尺寸的整理与操作

为了使工程图尺寸的放置符合工业标准，图幅页面整洁，并便于工程人员读取模型信息，通常需要整理绘图尺寸，进行一些尺寸的操作是必不可少的。下面介绍移动尺寸、将尺寸移动到其他视图、反向箭头等关于尺寸的操作。

1. 移动尺寸

移动尺寸到新的位置，操作步骤如下：

01 选取需要移动的尺寸，此时尺寸颜色会改变，而且周围出现许多方块，如图 14-68 所示。

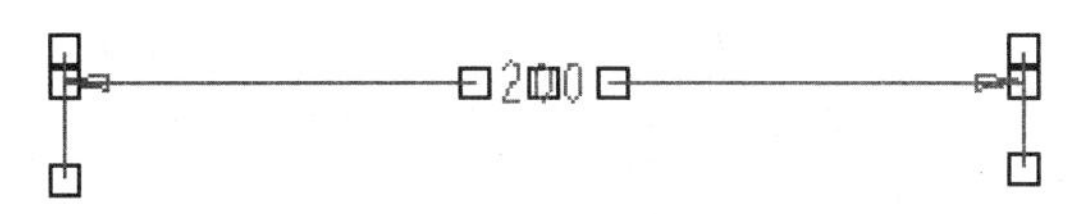

图 14-68　移动尺寸

02 当鼠标靠近尺寸时，就可以看到不同的指针图案，而这些指针图案代表可以移动的方向，此时按住鼠标左键并移动鼠标，就可以移动尺寸或尺寸线。

03 可以按住 Ctrl 键选取多个尺寸，或直接用矩形框选取多个尺寸，再同时移动多个尺寸：

- ↕：尺寸文本、尺寸线与尺寸界线在竖直方向上移动，如图 14-69 所示。
- ↔：尺寸文本、尺寸线与尺寸界线在水平方向上移动。
- ✥：尺寸文本、尺寸线与尺寸界线可以自由移动。

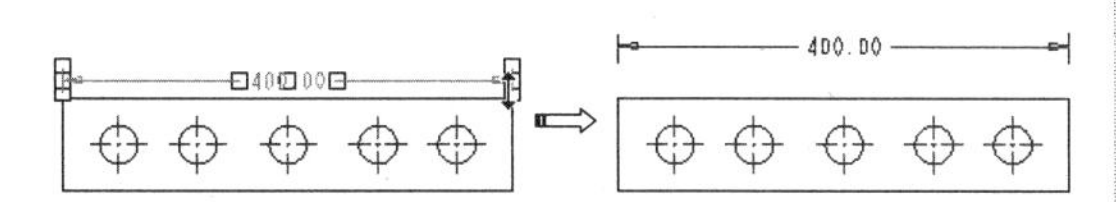

图 14-69　同时移动多个尺寸

2. 对齐尺寸

可以使多个尺寸同时对齐，并且使多个尺寸之间的间距保持不变，操作步骤如下：

01 按住 Ctrl 键选择要对齐的尺寸。

02 右击，在弹出的快捷菜单中选取【对齐尺寸】命令，则尺寸与第一个选定的尺寸对齐，效果如图 14-70 所示。

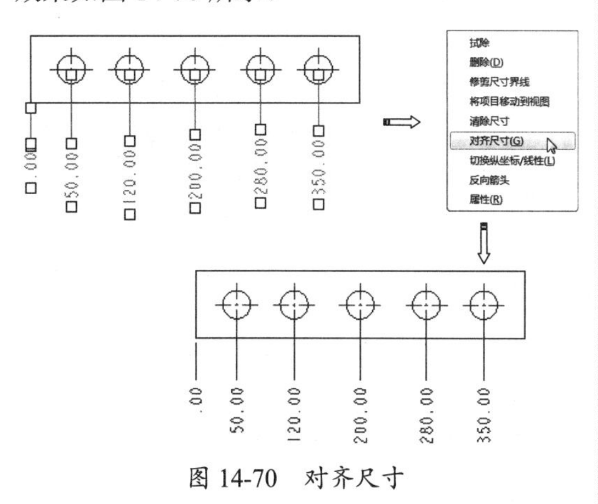

图 14-70　对齐尺寸

03 或者单击【注释】选项卡中的【对齐尺寸】按钮。

3. 将项目移动到视图

可以将尺寸移动到另一个视图。首先选取要转换视图的尺寸，然后右击，在弹出的快捷菜单中选择【将斜面移动到视图】命令，接着选择要放置的视图，尺寸便会转换到新的视图上。如图 14-71 所示。

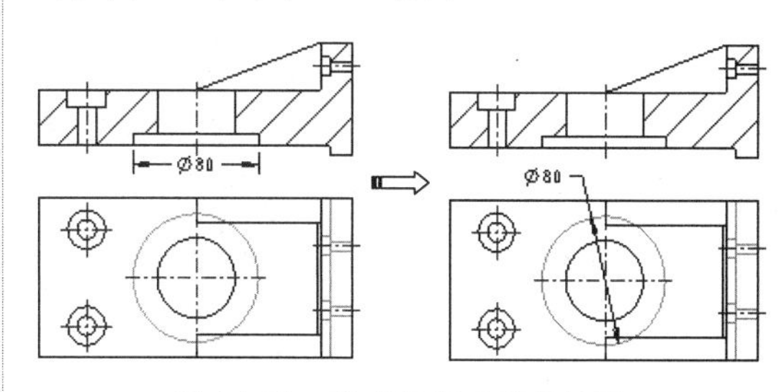

图 14-71　将项目移动到新视图

4. 清理尺寸

首先选中要清理的尺寸，然后单击【注释】选项卡中的【清除尺寸】按钮，或者右击，在弹出的快捷菜单中选择【清除尺寸】命令，系统打开【清除尺寸】对话框，如图 14-72 所示。在对话框设置好参数后，清理后的尺寸结果如图 14-73 所示。

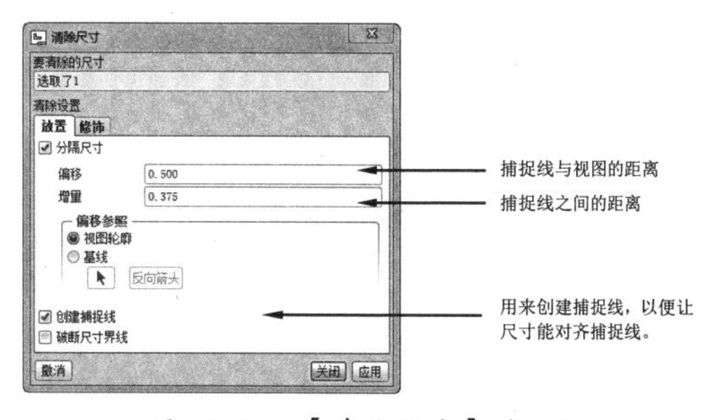

图 14-72　【清除尺寸】对话框

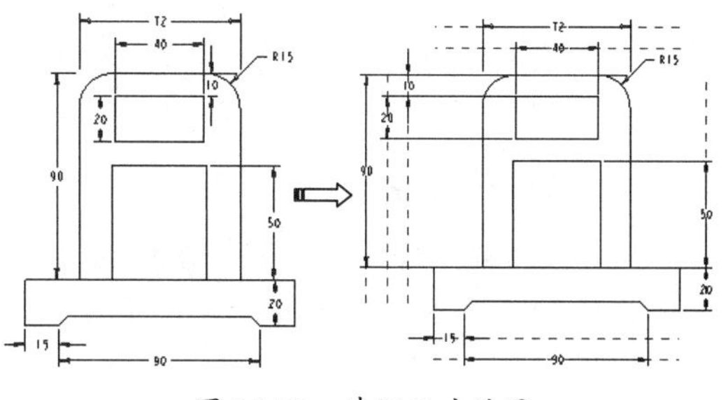

图 14-73　清理尺寸结果

5. 角拐

【角拐】用来折弯尺寸界线。单击【角拐】按钮，系统提示选取尺寸（或注释），在尺寸界线上选取断点位置，移动鼠标来重新放置尺寸，创建的角拐尺寸如图 14-74 所示。

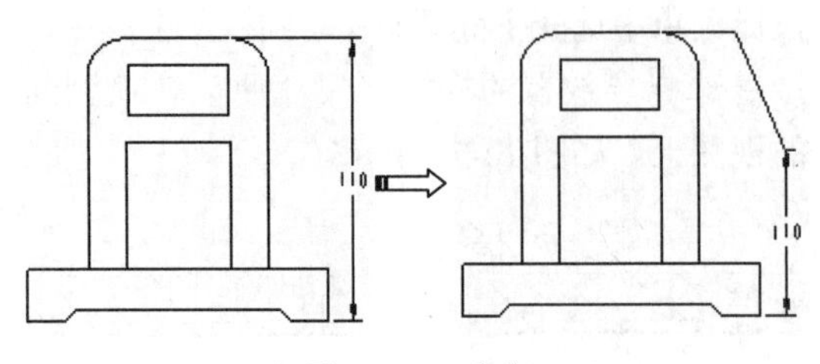

图 14-74 角拐

6. 断点

【断点】用来在尺寸界线与图元相交处切断尺寸界线。单击【断点】按钮，系统提示在尺寸边界线上选取两断点，断点之间的线段被删除，创建的断点尺寸如图 14-75 所示。

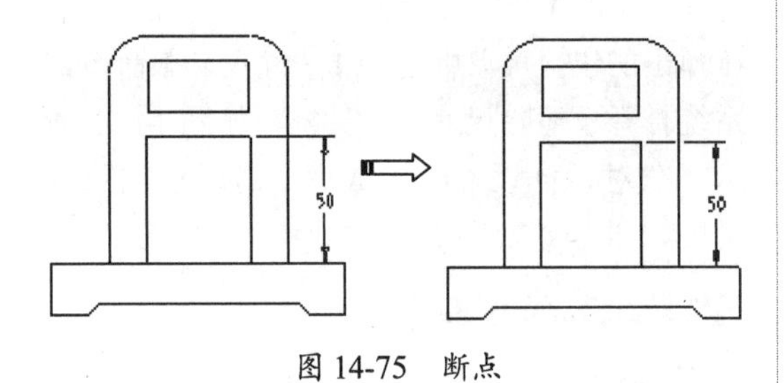

图 14-75 断点

7. 拭除和删除尺寸

尺寸可以拭除或删除。拭除尺寸只暂时将尺寸从视图中移除，可以恢复。删除尺寸会将其从视图中永久地移除。

操作步骤如下：

01 选取要从视图中拭除和删除的尺寸。

02 右击并选取快捷菜单中的【拭除】或【删除】命令，尺寸即被拭除或删除。

14.4.4 尺寸公差标注

尺寸公差是工程图设计的一项基本要求，对于模型的某些重要配合尺寸，需要考虑合适的尺寸公差。

在默认情况下，Pro/E 软件不显示尺寸的公差。我们可以先将其显示出来，然后标注公差，操作步骤如下：

01 在功能区选择【文件】|【准备】|【绘图属性】命令，弹出【绘图属性】对话框。

02 在【绘图属性】对话框中单击【详细信息选项】中的【更改】按钮，弹出【选项】对话框。

03 在【选项】对话框的下拉【选项】文本框中输入 tol_display，在【值】下拉列表中选择 yes，如图 14-76 所示，然后单击【添加/更改】按钮。

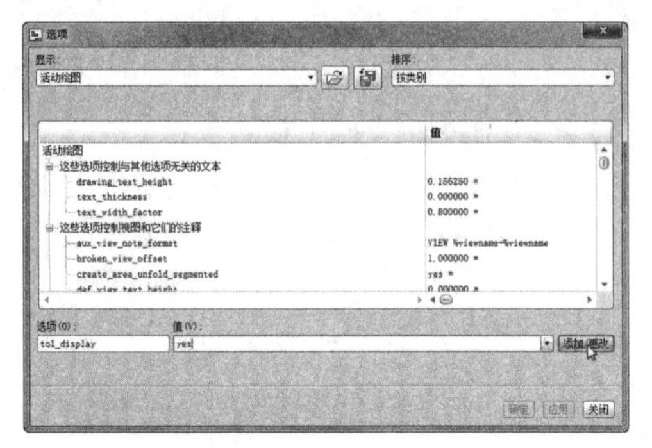

图 14-76 修改 tol_display 选项值

04 选取要标注公差的尺寸后，右击，在弹出的快捷菜单中选择【属性】命令，或者在图纸上双击要标注公差的尺寸，打开【尺寸属性】对话框。

05 在【值和显示】选项组中，将小数位数设置为 3；在【公差模式】下拉列表中选择一种模式（比如【加 - 减】模式），并相应地设置上公差为【+0.036】，下公差为【-0.010】，如图 14-77 所示。

图 14-77 设置尺寸属性

06 单击【确定】按钮完成设置，完成的公差标注如图 14-78 所示。

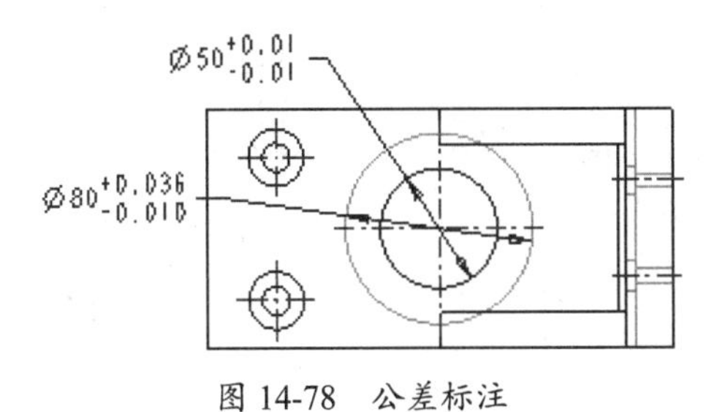

图 14-78 公差标注

技术要点

在【公差模式】下拉列表中可供选择的选项有【公称】、【限制】、【加减】、【+-对称】、【+-对称（上标）】，如图 14-79 所示。其中，选择【公称】选项时，只显示尺寸公称值。

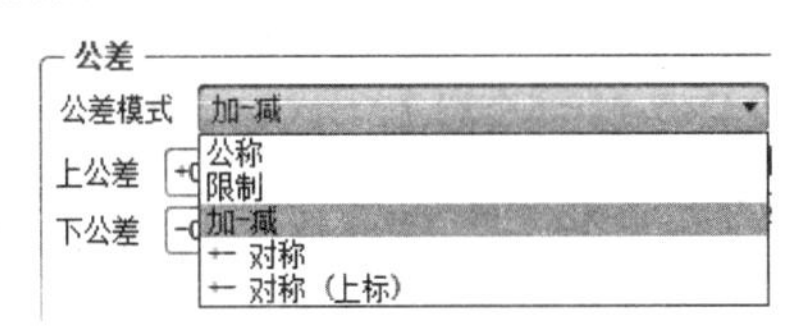

图 14-79 公差模式

14.4.5 几何公差标注

在功能区【注释】选项卡中单击【几何公差】按钮，打开如图 14-80 所示的【几何公差】对话框。

在【模型参照】选项卡中设置公差标注的位置；在【基准参照】选项卡中设置公差标注的基准；在【公差值】选项卡中设置公差的数值；在【符号】选项卡中设置公差的符号。

图 14-80 【几何公差】对话框

如图 14-81 所示为标注的尺寸公差。

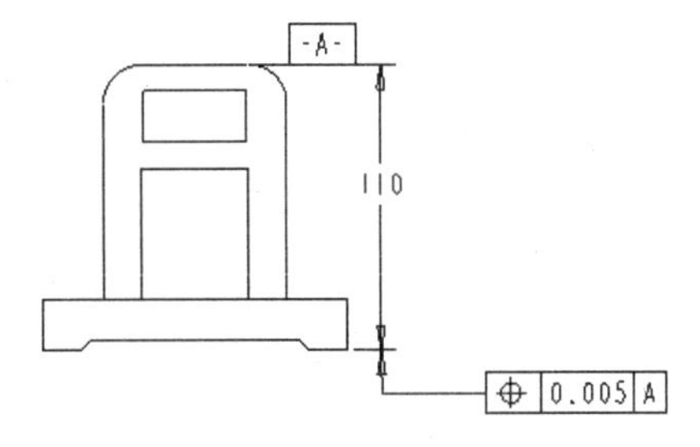

图 14-81 平行度公差

技术要点

有些公差还需要指定额外的符号，如同轴度需要指定直径符号。在【几何公差】对话框中的【符号】选项组中，可以添加各种符号；创建一个几何公差后，单击【新几何公差】按钮可以创建新几何公差。

14.5 综合实训——支架零件工程图

◎ **引入文件：实训操作 \ 源文件 \Ch14\zhijia.prt**

◎ **结果文件：实训操作 \ 结果文件 \Ch14\zhijia.drw**

◎ **视频文件：视频 \Ch14\ 支架工程图设计.avi**

本节将重点讲解如何利用自定义的国标图纸模板进行零件工程图的设计。设计图纸之前，也对模板的加载方法进行了详解。支架零件工程图的设计要点主要是三视图、轴侧视图的创建，以及尺寸、公差、粗糙度、技术要求等的国标标注法。支架零件工程图如图 14-82 所示。

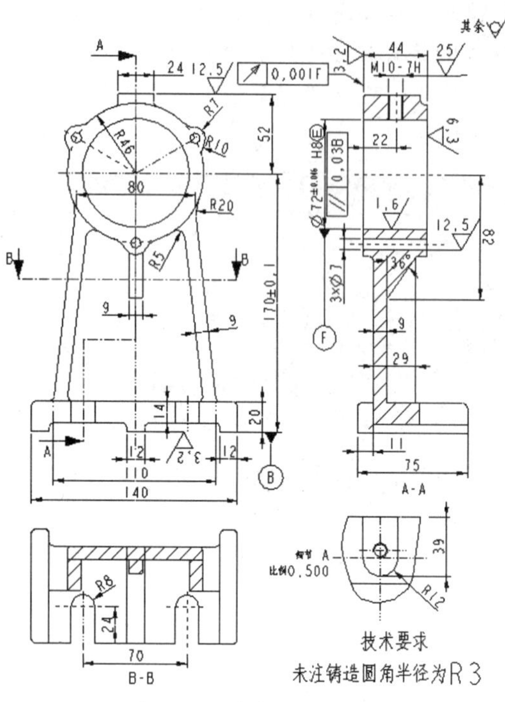

图 14-82　支架零件工程图

1．新建工程图文件

操作步骤：

01 启动 Pro/ENGINEER，新建工作目录。然后打开本例素材文件夹中的【zhijia.prt】文件，如图 14-83 所示。

图 14-83　支架零件模型

02 创建工程图视图之前，按照本章前面介绍的 Config.pro 配置选项文件的设置方法，在【选项】对话框中设置符合国标定义的选项参数（这里不重复介绍过程）。

技术要点

为了让大家熟练掌握国标绘制图纸的方法，您可以按我们介绍的方法来设置，也可以使用我们提供的已经配置完全的 Config.pro 文件。此外，我们还提供了标准的国标图纸格式文件。

Config.pro 文件的使用方法是：将本例路径下的【\多媒体文件\实例文件\素材\Ch14\Config.pro】文件复制并粘贴到您的计算机系统【C:\Users\Administrator \Documents\】路径下。

国标图纸格式文件的使用方法：将本书提供的从 A0~A4 的零件工程图格式文件和装配工程图格式文件全部复制并粘贴到您的计算机安装路径下：【本地磁盘 :\Program Files\proeWildfire 5.0\formats】。

03 在上工具栏中单击【新建】按钮，打开【新建】对话框。在【类型】选项组中选择【绘图】单选按钮，在【名称】文本框中输入工程图名称【zhijia】，取消选中【使用默认模板】复选框，然后单击【确定】按钮打开【新建绘图】对话框。

04 在【指定模板】选项组中选取【格式为空】单选按钮，单击【浏览】按钮，打开国标模板文件【GB_A4_part.frm】，最后单击【确定】按钮进入制图模式，如图 14-84 所示。

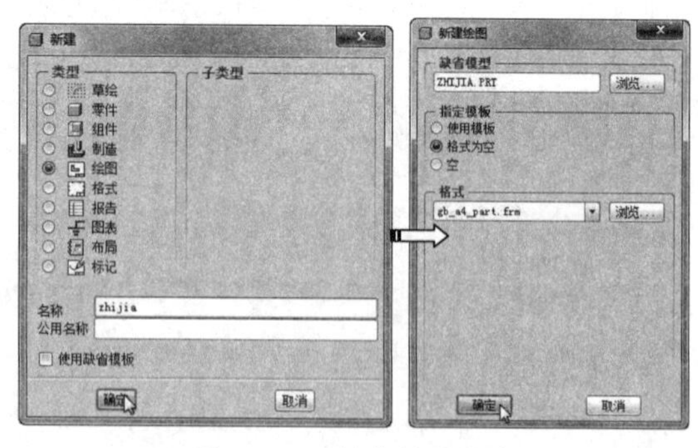

图 14-84　创建制图文件

05 进入工程图设计模式后，根据系统提示【输入想要使用格式的页面（1-2）】，输入 1（意思为在图纸的第一个页面中使用此格式）。接着再继续输入设计者名字、零件图纸名称、重量、材料名称、热处理次数等，如图 14-85 所示。

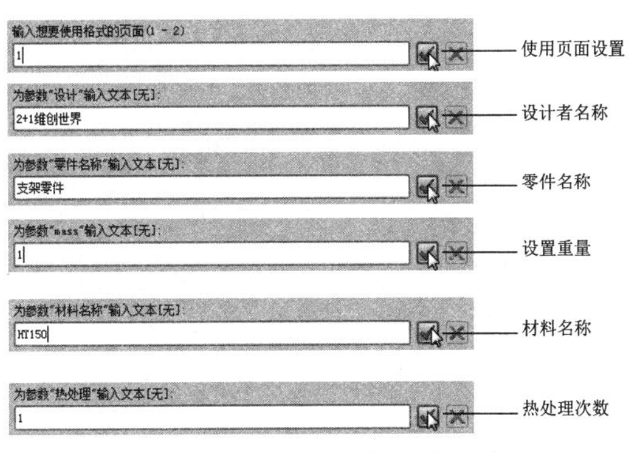

图 14-85　设置图框中的文字

06 打开的国标 A4 工程图模板如图 14-86 所示。

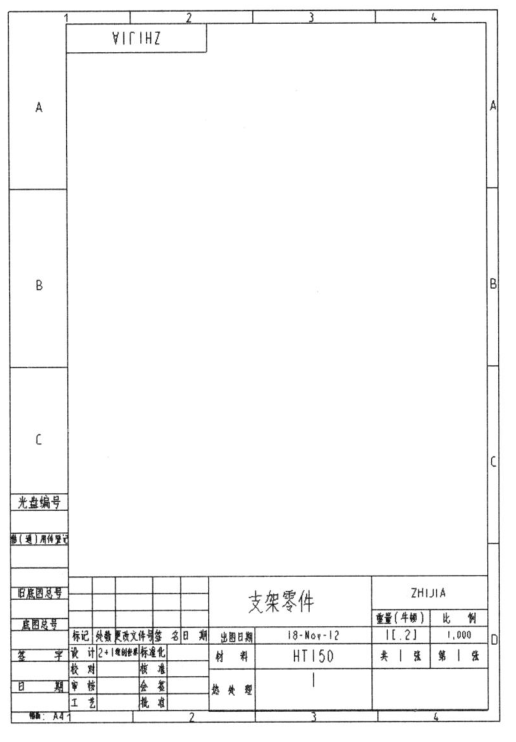

图 14-86　打开的 A4 国标工程图模板

> **技术要点**
>
> 如果 A4 图纸中的字体显示不清楚，用户可以自行设置文本的高度。

2. 创建主视图

操作步骤：

01 在【布局】选项卡中，单击【模型视图】组中的【一般】按钮，然后在图纸中左上位置选取一点作为主视图的放置参考点，同时系统打开【绘图视图】对话框，如图 14-87 所示。

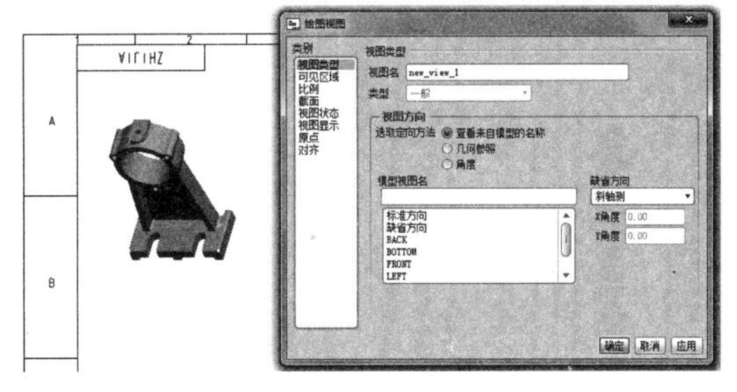

图 14-87　放置主视图

02 在【绘图视图】对话框的【视图类型】类别中，选择模型视图名为 FRONT。在【视图显示】类别中，设置模型显示样式为【消隐】，最后单击【绘图视图】对话框中的【应用】按钮完成主视图的设置，如图 14-88 所示。

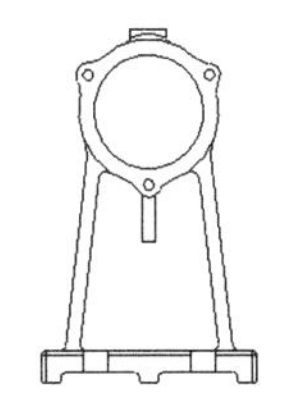

图 14-88　创建的主视图

03 在【比例】类别中，选择【定制比例】单选按钮，并重新输入绘图比例 0.5，完成后单击【绘图视图】对话框上的【应用】按钮，把新设置的绘图比例应用到工程图中，如图 14-89 所示。

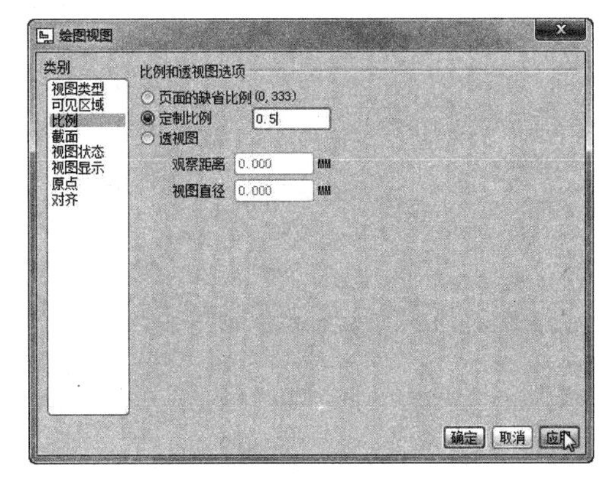

图 14-89　定制比例

3. 创建剖面图

支架零件工程图中必须用两个以上的截面才能完全表达设计意图，即 A-A 剖面图和 B-B 剖面图。

操作步骤：

01 剖面图必须在投影视图中建立，因此先单击【投影】按钮，然后选择主视图向右投影，得到如图 14-90 所示的右视图。

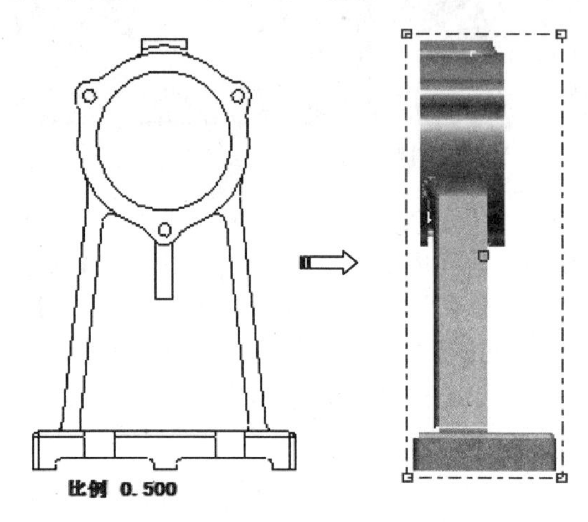

图 14-90　创建投影视图

02 双击投影视图，在随后弹出的【绘图视图】对话框中，选中【截面】类别。然后在对话框右侧选取【2D 剖面】选项，单击【将横截面添加到视图】按钮，打开【剖截面创建】菜单管理器。

03 在菜单管理器中选择【偏移】|【双侧】|【单一】|【完成】命令，根据系统提示输入新创建的剖截面名称 A，完成后按 Enter 键。如图 14-91 所示。

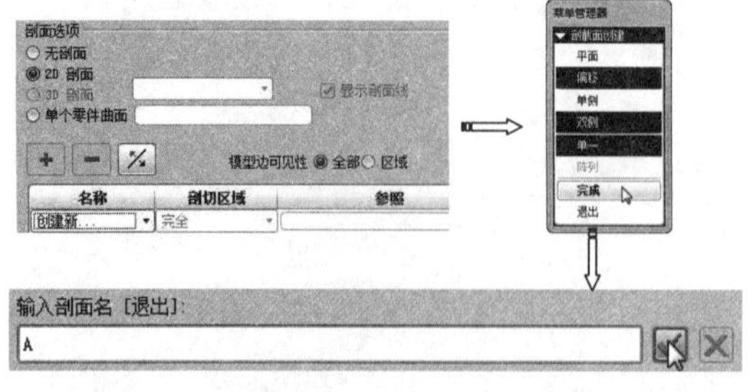

图 14-91　创建 2D 截面并选择剖面创建的选项

04 随后程序自动转入零件模式。选择 FRONT 基准平面作为草绘平面，然后以默认的草绘方向进入草绘模式中，如图 14-92 所示。

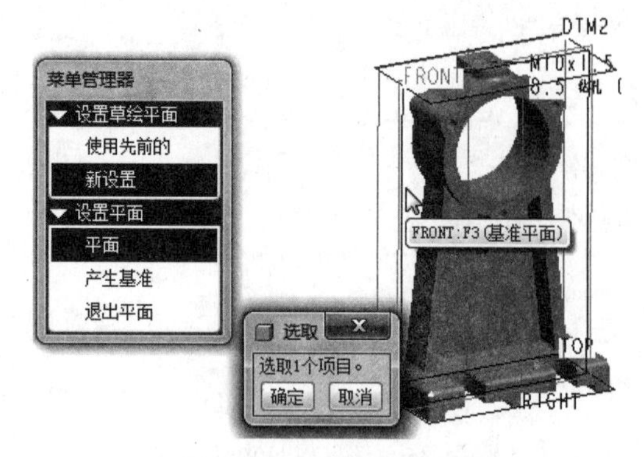

图 14-92　选择草绘平面

05 利用【线】命令绘制如图 14-93 所示的剖面线。完成后退出草绘模式。

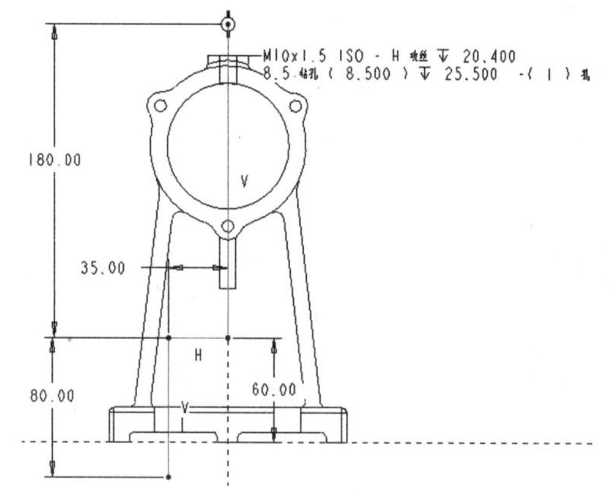

图 14-93　绘制剖面线

06 在【绘图视图】对话框单击【应用】按钮，完成 A-A 剖面图的创建。如图 14-94 所示。但是剖面线的间距偏大，需要修改。双击剖面线，退出【修改剖面线】菜单，如图 14-95 所示。

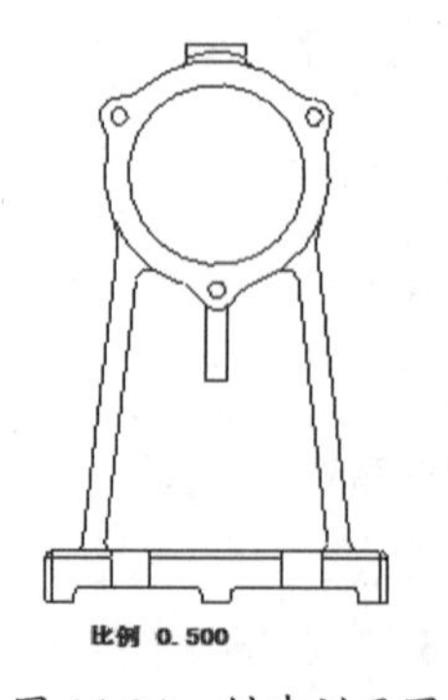

图 14-94　创建剖面图

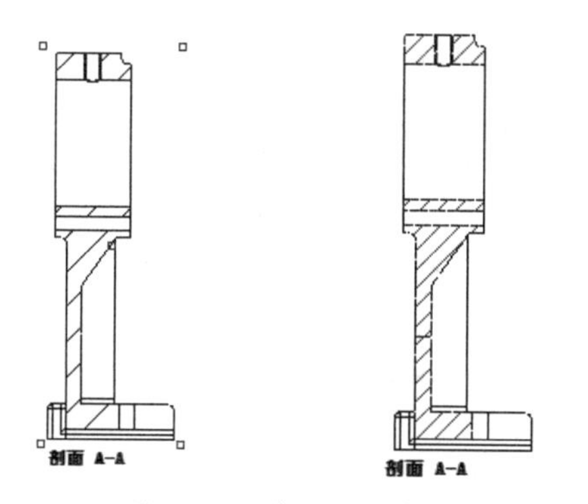

图 14-95　修改剖面线

07 在【布局】选项卡的【格式化】组中单击【箭头】按钮，先选择剖面图，然后再选择主视图来放置剖面箭头，如图 14-96 所示。

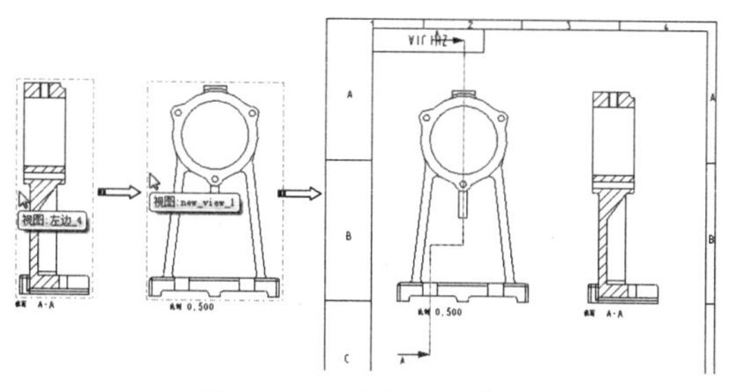

图 14-96　创建剖面箭头

08 由于箭头距离视图太远，需要手动拖动箭头至合适位置。此外，将【布局】选项卡切换到【注释】选项卡，然后删除【比例 0.500】字样。更改剖面线箭头的结果如图 14-97 所示。

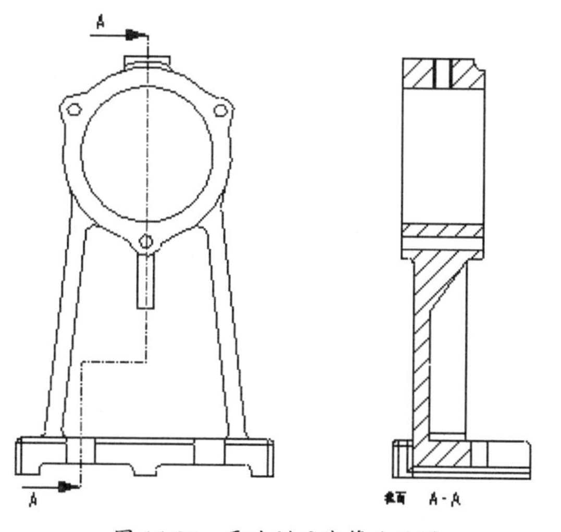

图 14-97　更改剖面线箭头位置

09 切换回【布局】选项卡。同理，再创建一个俯视投影视图，如图 14-98 所示。

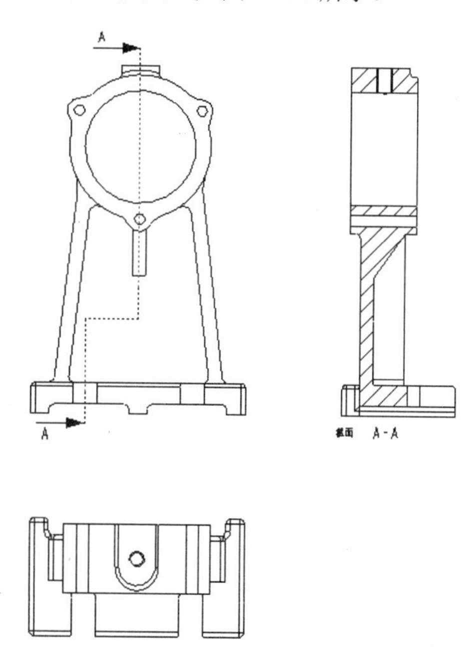

图 14-98　创建俯视投影视图

10 利用创建 A-A 剖面图的方法，创建出 B-B 剖面图。这里仅表示出草绘的剖面线图（如图 14-99 所示）与 B-B 剖面图完成结果图（如图 14-100 所示）。

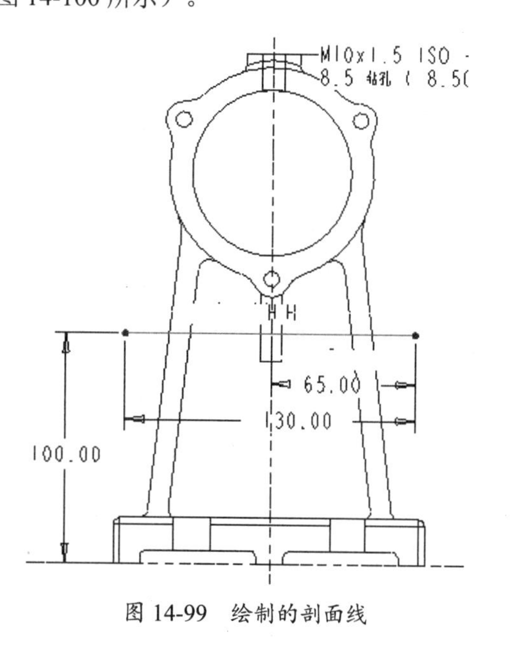

图 14-99　绘制的剖面线

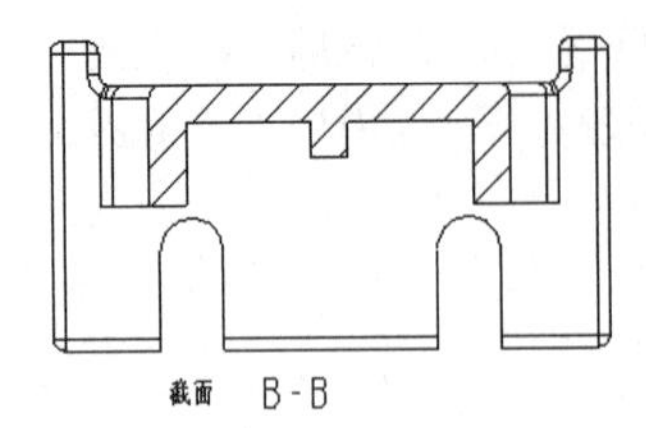

图 14-100 创建的 B-B 剖面图

11 单击【箭头】按钮，创建主视图中的 B-B 剖面线，如图 14-101 所示。

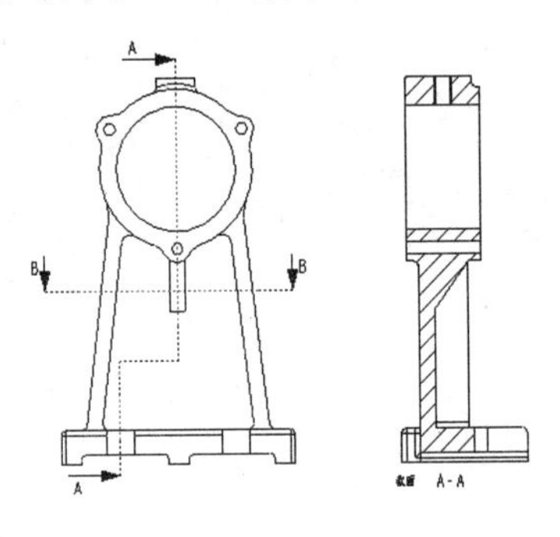

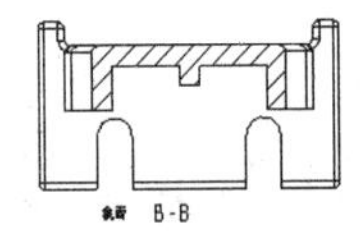

图 14-101 创建 B-B 剖面线

4．创建局部投影视图

支架零件顶部有局部的形状，需要用局部投影视图进行表达。

操作步骤：

01 单击【投影】按钮，创建一个俯视投影视图，然后将其移动至图框右下角，如图 14-102 所示。

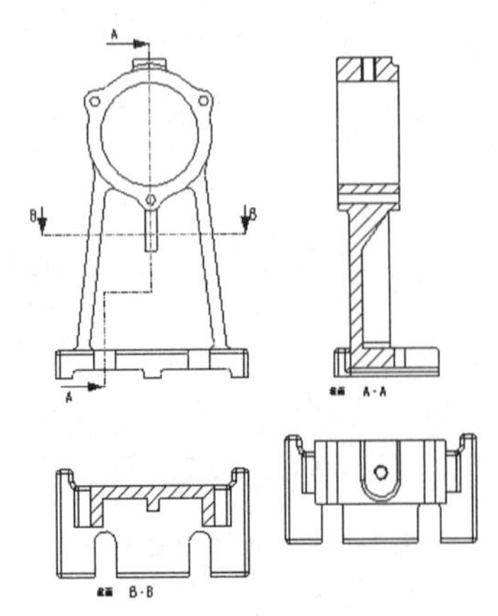

图 14-102 创建新的俯视投影视图

技术要点

如果创建投影视图不能左右移动，可以双击该投影视图，然后在【绘图视图】对话框的【对齐】类别中取消选中【将此视图与其他视图对齐】复选框即可，如图 14-103 所示。

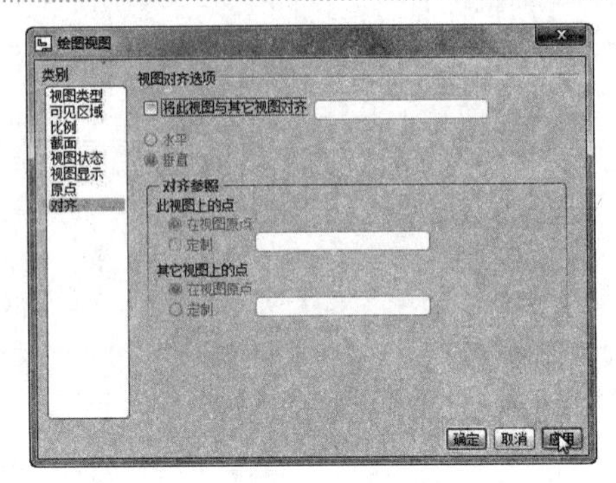

图 14-103 取消视图的对齐设定

02 单击【详细】按钮，然后在俯视投影视图中指定一点作为查看细节的中心点，然后绘制详细查看的区域，如图 14-104 所示。

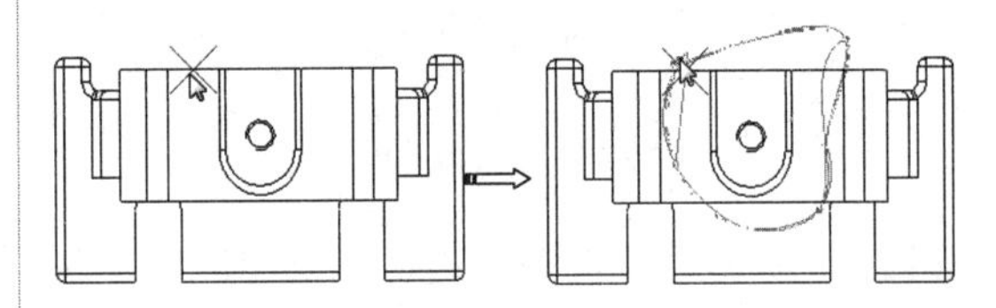

图 14-104 绘制详细查看区域

技术要点

绘制区域后，连续双击，再单击鼠标中键结束绘制，指定详细视图的放置位置后并自动创建详细视图。

03 创建的详细视图如图 14-105 所示。

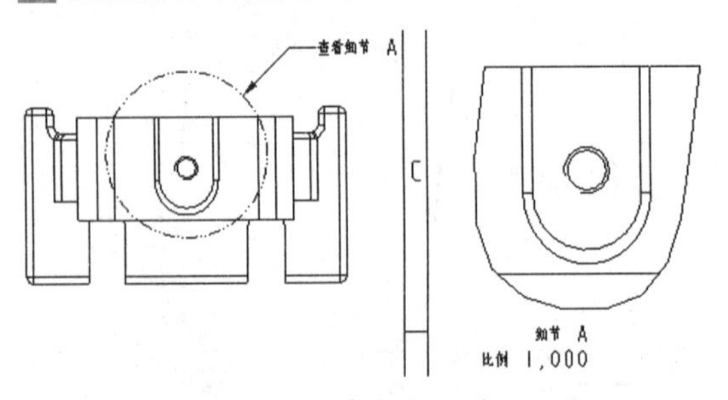

图 14-105 创建完成的详细视图

04 单击【拭除视图】按钮，将作为参照的俯视视图拭除。然后将详细视图拖动到图框中，并双击该视图，将其比例改为 0.5。如图 14-106 所示。

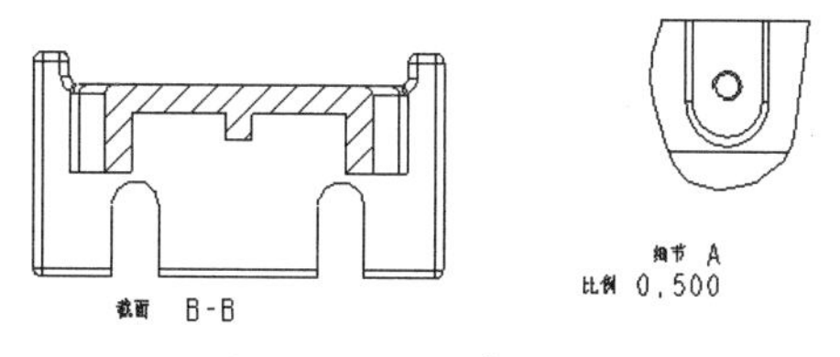

图 14-106　创建详细图

技术要点

拭除视图并非删除视图，只是将视图暂时隐藏。在绘图树中可以选择右键快捷菜单中的【恢复视图】命令，将视图删除。

05 将图框中的 4 个视图，重新设置视图显示。将【相切边显示样式】设为【无】，这样视图中带有圆角的边将不会显示出来，如图 14-107 所示。

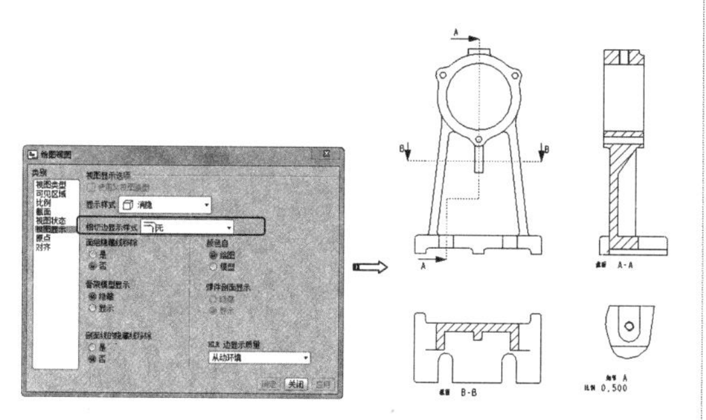
图 14-107　设置相切边的样式

06 选择【注释】选项卡。对视图下面的注释进行修改或删除，结果如图 14-108 所示。

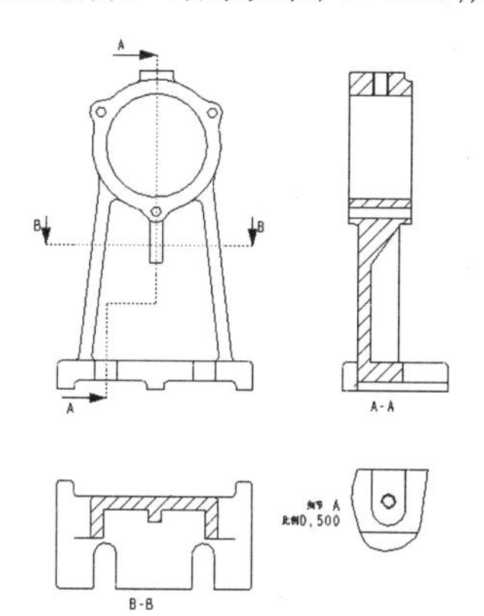

图 14-108　清理视图注释

5. 绘制中心线

下面我们用【草绘】选项卡中的相关草绘工具来绘制中心线。

操作步骤：

01 在【草绘】选项卡中单击【线】按钮，打开【捕捉参照】对话框。在此对话框单击【选取参照】按钮，然后选择主视图中的上下两条边作为参考，如图 14-109 所示。

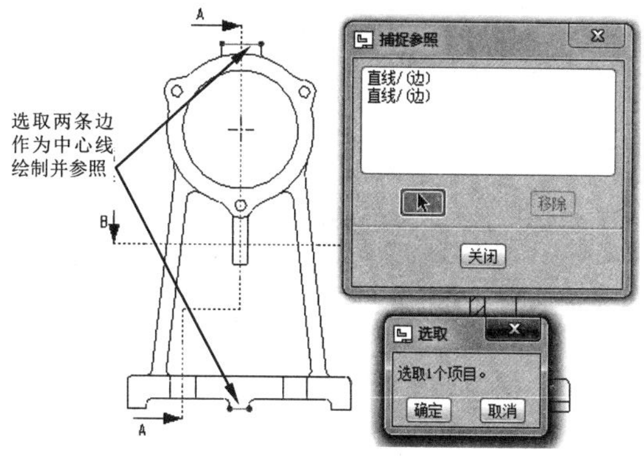

图 14-109　选择参照

02 然后过两条直线的中点绘制模型的竖直平分线，如图 14-110 所示。

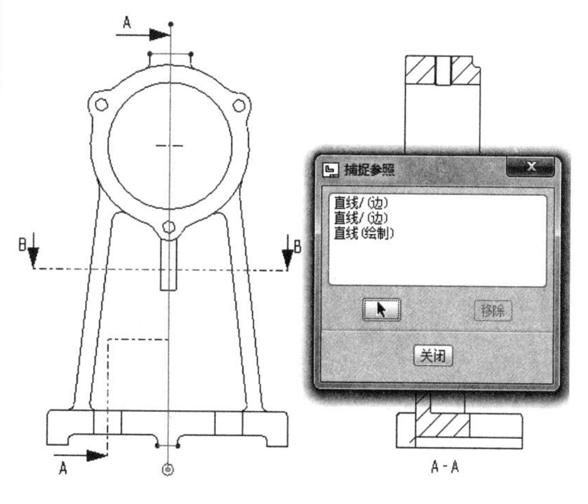

图 14-110　绘制竖直平分线

03 绘制后，选中该直线并选择右键快捷菜单中的【线造型】命令，或者双击此直线，打开【修改线造型】对话框。然后选择【中心线】样式，并单击【应用】按钮，如图 14-111 所示。

04 同理，绘制其余的中心线，结果如图 14-112 所示。

技术要点

可以在【捕捉参照】对话框没有关闭的情况下，继续绘制其他的中心线。

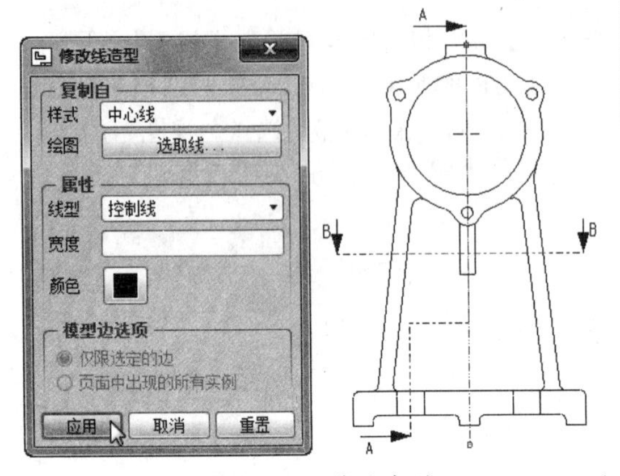

图 14-111 修改线型

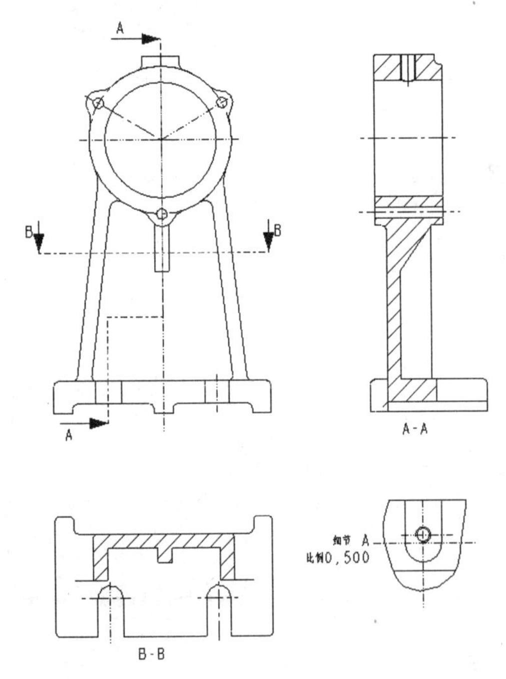

图 14-112 绘制其余中心线

技术要点

当绘制的直线不够长时，可以按住Shift键拖动直线的端点，拉长直线。如果需要更精确地拉长，可以使用【修剪】组中的【拉伸】命令，输入值进行拉长。如图14-113所示为斜线的拉伸操作过程。

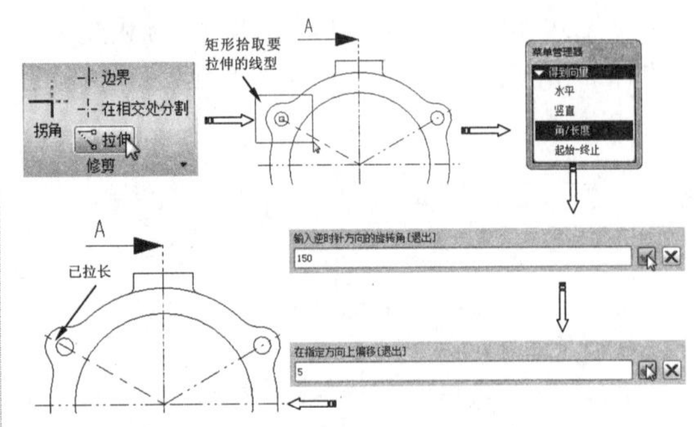

图 14-113 拉伸线型的操作步骤

技术要点

对于水平或竖直方向的线型拉伸，直接在【得到向量】菜单管理器中选择【水平】线型或【竖直】线型即可。

6. 尺寸与公差标注

操作步骤：

01 在【注释】选项卡中，利用尺寸标注工具【尺寸 - 新参照】，标注几个视图中的线性尺寸、直径或半径尺寸、角度尺寸等，结果如图14-114所示。

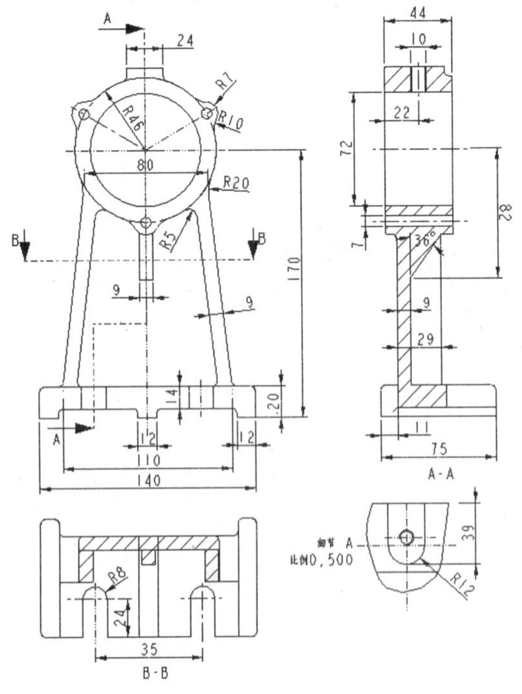

图 14-114 标注基本尺寸

技术要点

在标注尺寸过程中，如果某些尺寸标注后仅显示的是实际尺寸的一半，可以通过双击该尺寸，然后在打开的【尺寸属性】对话框中修改值的显示，如图 14-115 所示。

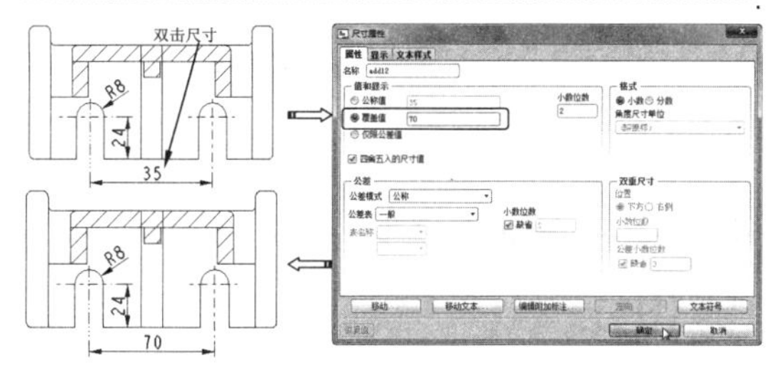

图 14-115　修改尺寸值的显示

02 接下来为某些定位尺寸和形状尺寸创建尺寸公差。例如，双击图 14-114 中的底座边至孔轴的距离尺寸 170，然后在打开的【尺寸属性】对话框中设置公差，完成后单击【确定】按钮，如图 14-116 所示。

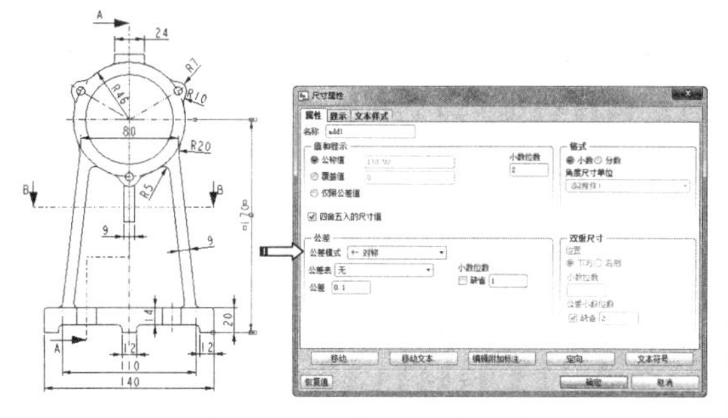

图 14-116　设置尺寸公差

03 双击支架中轴的直径尺寸 72，在打开的【尺寸属性】对话框的【属性】选项卡中设置公差，如图 14-117 所示。然后在【显示】选项卡中，设置前缀与后缀，如图 14-118 所示。最终修改尺寸属性的结果如图 14-119 所示。

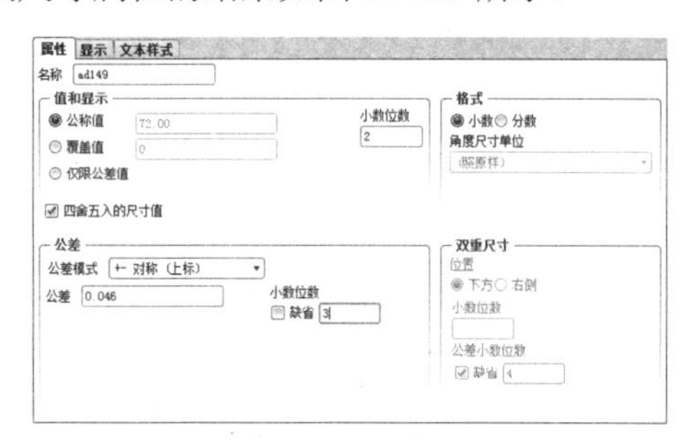

图 14-117　设置公差

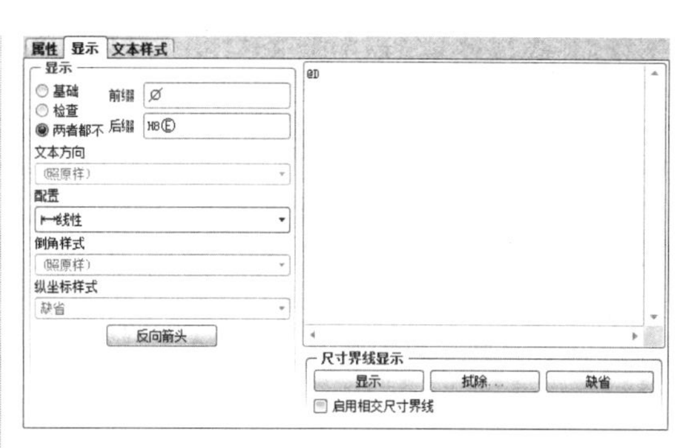

图 14-118　设置前缀与后缀

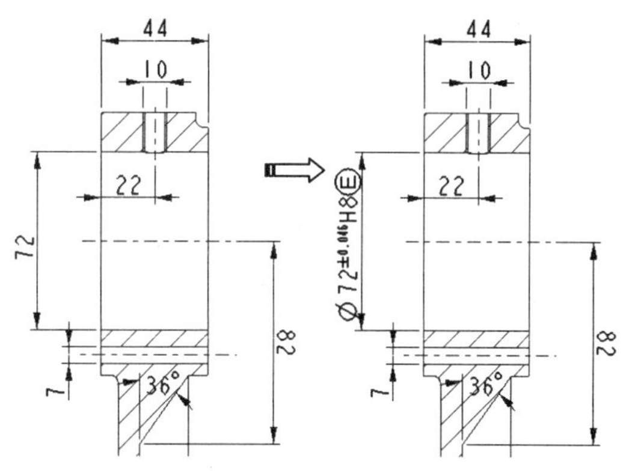

图 14-119　尺寸属性修改结果

技术要点

如果前缀或后缀中有符号，可以单击对话框下方的【文本符号】按钮，从中选择要添加的前缀或后缀符号。

04 同理，为其余两个尺寸（螺孔规格尺寸和直径为 7 的轴孔尺寸）修改尺寸属性，结果如图 14-120 所示。

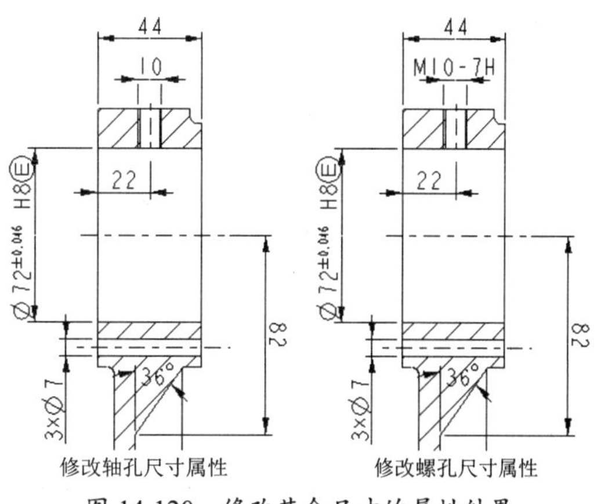

图 14-120　修改其余尺寸的属性结果

7. 标注形位公差与基准代号

操作步骤：

01 下面为支架右视图中的顶部线性尺寸【44】创建形位公差。在【插入】选项卡中单击【几何公差】按钮，弹出【几何公差】对话框。在【模型参照】选项卡中，选择【参照类型】为【边】，再单击【选取图元】按钮，如图14-121所示。

图 14-121　选择参照类型

02 在右视图中选取如图14-122所示的模型边作为参照。

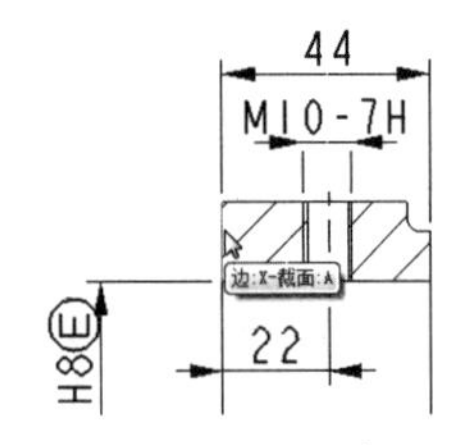

图 14-122　选择参照边

03 然后在【放置】下拉列表中选择【带引线】选项，弹出【依附类型】菜单管理器。然后按信息提示选择一条尺寸界线作为依附对象，随后在该尺寸界线旁单击，放置形位公差，如图14-123所示。

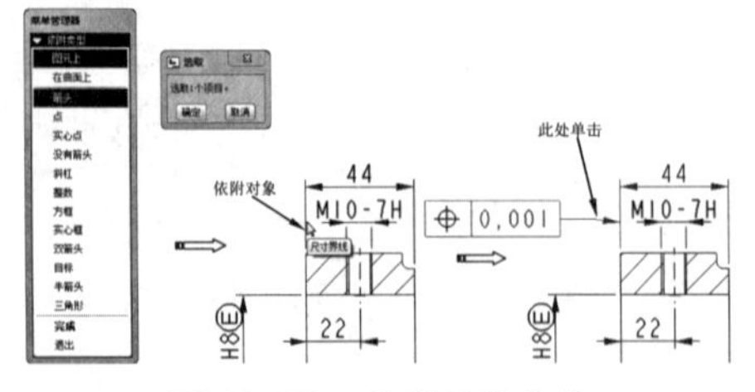

图 14-123　放置形位公差

技术要点

放置形位公差时，标注引线的长度取决于您光标单击的位置。

04 在【模型参照】选项卡的左侧公差符号中单击【圆跳动】按钮，公差符号由【位置度】变为【圆跳动】，如图14-124所示。

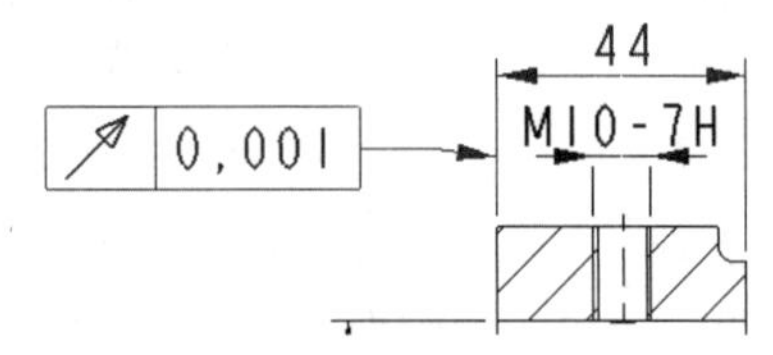

图 14-124　更改公差符号

05 进入【公差值】选项卡，输入新的公差值为0.04，并选中【总共差】复选框以确认，如图14-125所示。

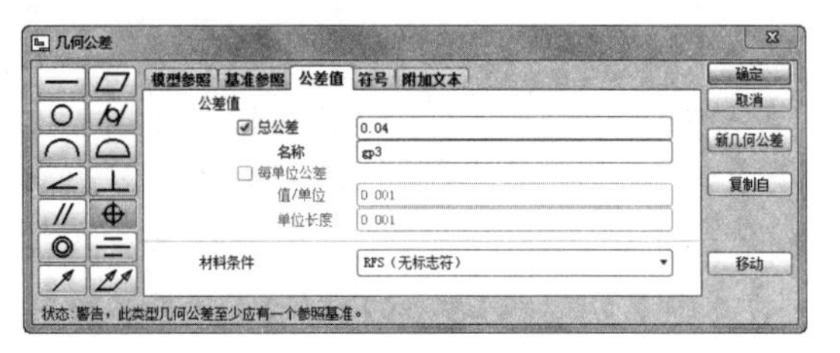

图 14-125　设置公差值

06 进入【附加文本】选项卡。选中【后缀】复选框，并在下方的文本框内输入F（表示基准代符号），如图14-126所示。

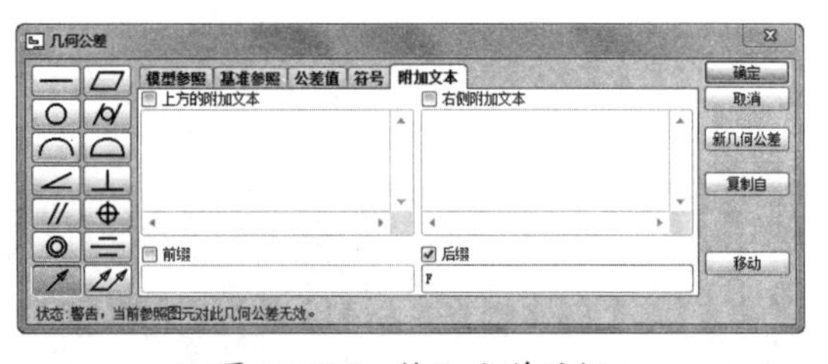

图 14-126　输入公差后缀

07 最后单击对话框中的【确定】按钮，完成型位公差的创建，如图14-127所示。

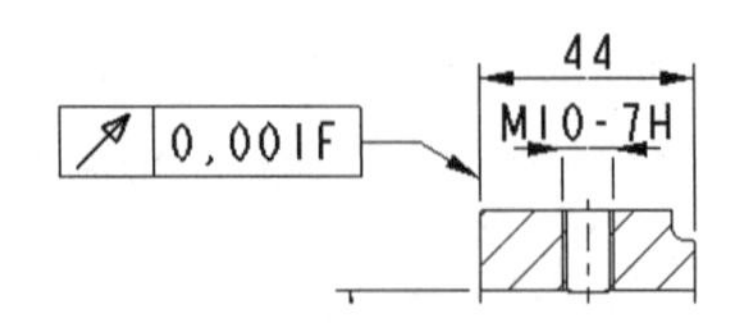

图 14-127　完成型位公差的创建

08 同理，另一形位公差的创建结果如图14-128所示。

09 单击【球标注解】按钮，然后在弹出的【注解类型】菜单管理器中选择【带引线】|【输入】

|【垂直】|【法向引线】|【默认】|【进行注解】命令，在随后弹出【依附类型】菜单管理器中选择【图元上】|【三角形】命令，如图 14-129 所示。

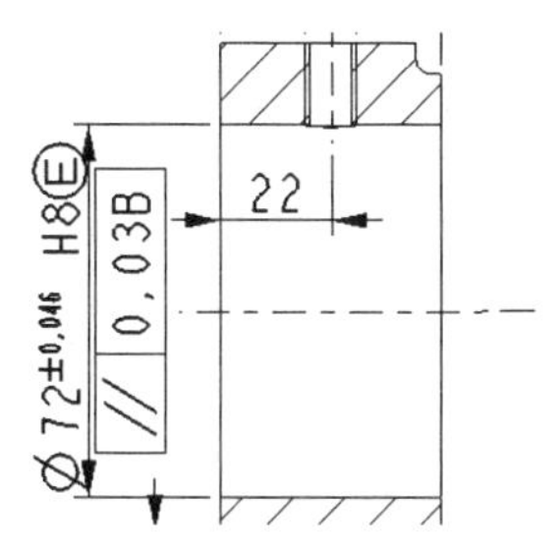

图 14-128　创建另一形位公差

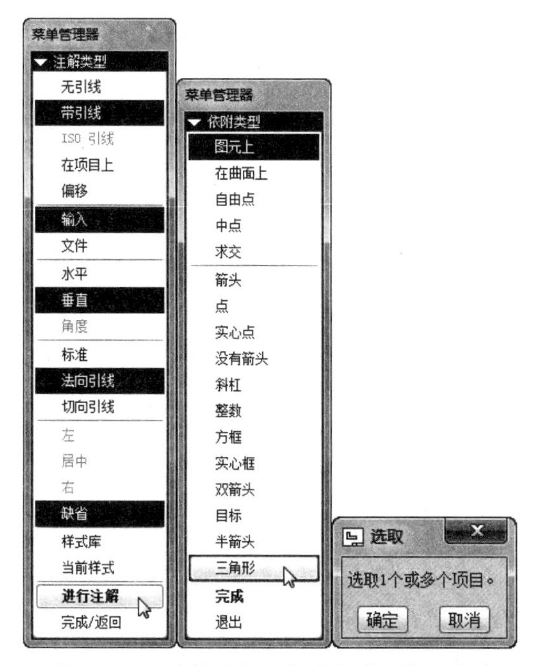

图 14-129　选择球标注解的类型与依附类型

10 选择主视图中的某尺寸界线，然后在下方单击并放置球标，如图 14-130 所示。

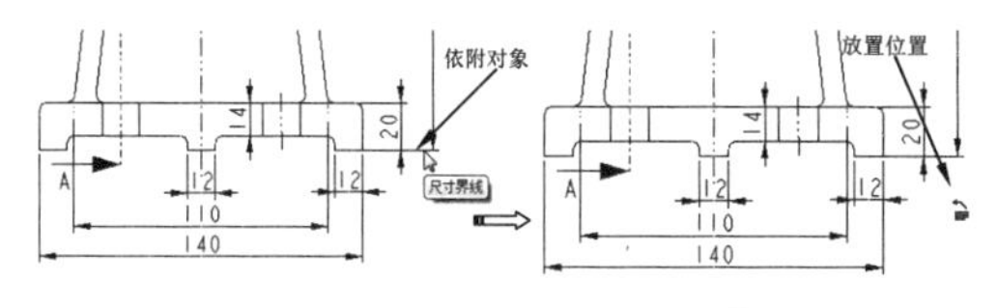

图 14-130　放置球标注解

11 在图形区上方弹出的文本框中输入注解内容 B，然后单击【确定】按钮完成球标注解（球标注解就是基准代号）的创建。如图 14-131 所示。

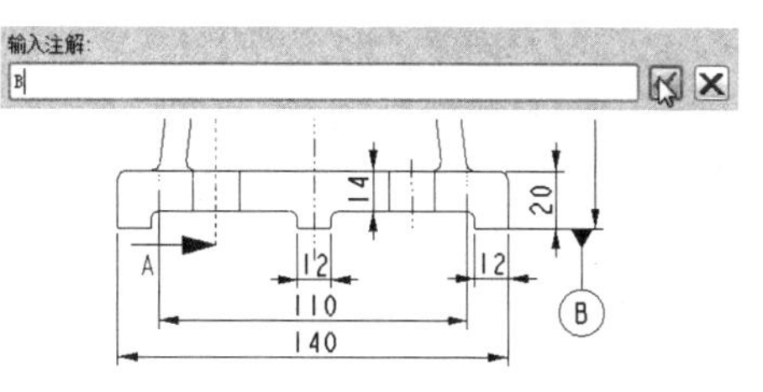

图 14-131　完成球标注解的创建

12 同理，创建另一个基准代号为 F 的球标注解，结果如图 14-132 所示。

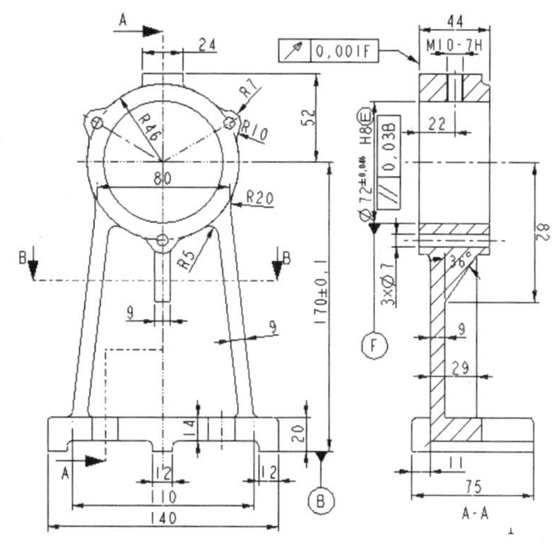

图 14-132　创建另一个球标注解

8. 粗糙度标注

操作步骤：

01 单击【表面光洁度】按钮，弹出【得到符号】菜单管理器，选择【检索】命令，在打开的【打开】对话框中选择【standard1.sym】文件，如图 14-133 所示。

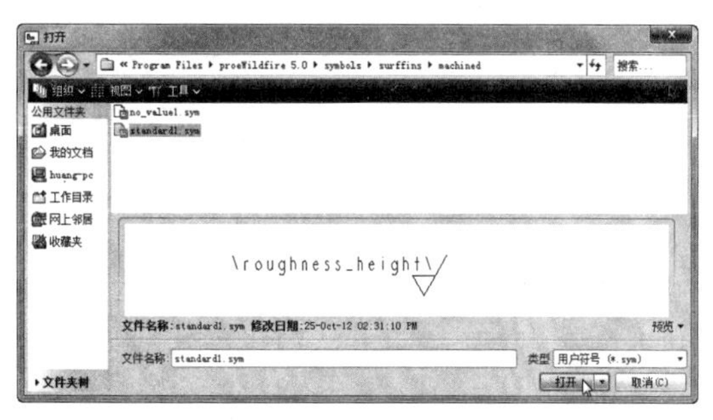

图 14-133　选择粗糙度符号文件

02 导入文件后，在【实例依附】菜单管理器中选择【图元】命令，然后选择长度为52的线型尺寸作为依附对象，如图14-134所示。

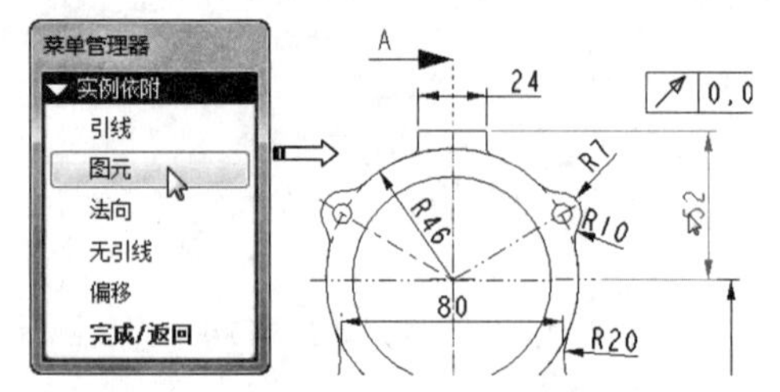

图 14-134　选择依附类型并选择依附对象

03 接着在该尺寸的尺寸界线上选取粗糙度符号的放置位置，并在图形区上方显示的文本框内输入粗糙度允许范围值12.5，单击【确定】按钮完成粗糙度的标注，如图14-135所示。

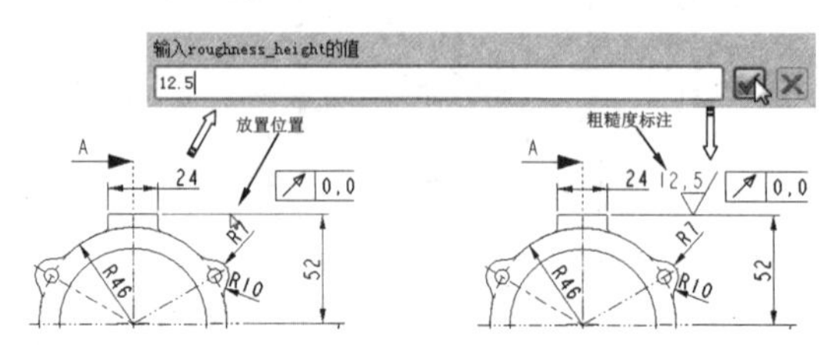

图 14-135　完成粗糙度的标注

04 同理，完成其余表面粗糙度的标注，如图14-136所示。

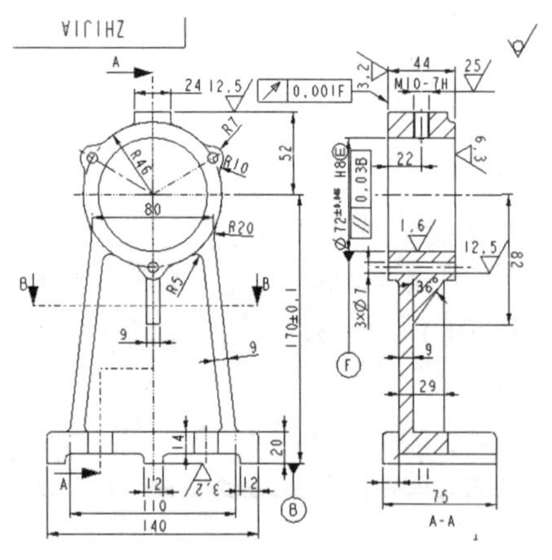

图 14-136　完成粗糙度的标注

技术要点

在检索粗糙度符号时，在Pro/E安装路径下包含3个粗糙度符号的文件夹，3个文件夹总共提供了6种常见的粗糙度基本符号，如图14-137所示。

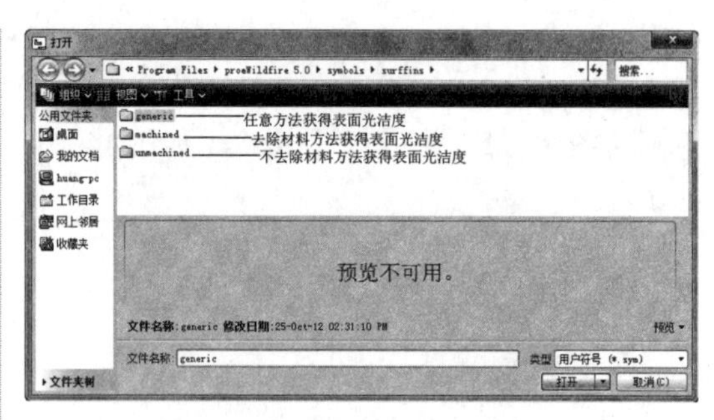

图 14-137　Pro/E的提供的粗糙度符号文件

9．书写技术要求

操作步骤：

01 单击【注解】按钮，弹出【注解类型】菜单管理器，然后依次选择如图14-138所示的命令，并指定文本注解的位置（详细视图的下方）。

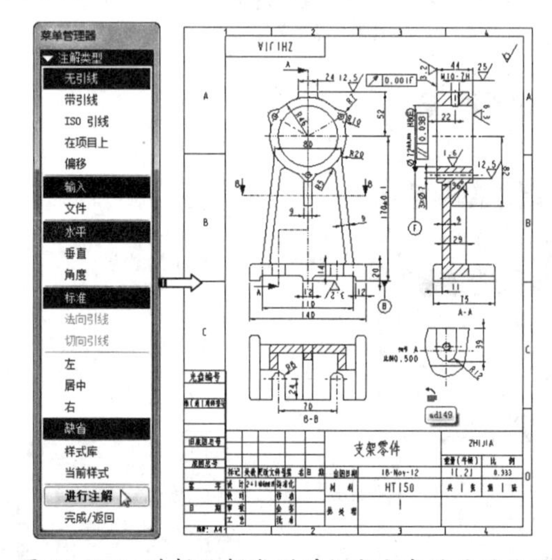

图 14-138　选择注解类型并指定文本的放置位置

02 指定位置后，在图形区上方弹出的文本框内输入第1行文字【技术要求】，接着输入第2行文字【未注铸造圆角半径为R3】，创建完成的文本注解如图14-139所示。

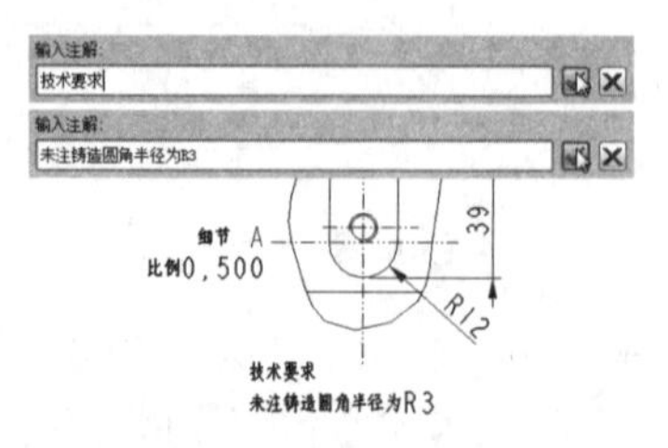

图 14-139　创建文本注解

03 双击文本注解，在打开的【注解属性】对话框中调整文本位置和文本的高度（设为 7），如图 14-140 所示。

图 14-140 设置文本属性

04 设置后的效果如图 14-141 所示。然后在图纸右上角的粗糙度符号旁插入新的文本注解【其余】，如图 14-142 所示。

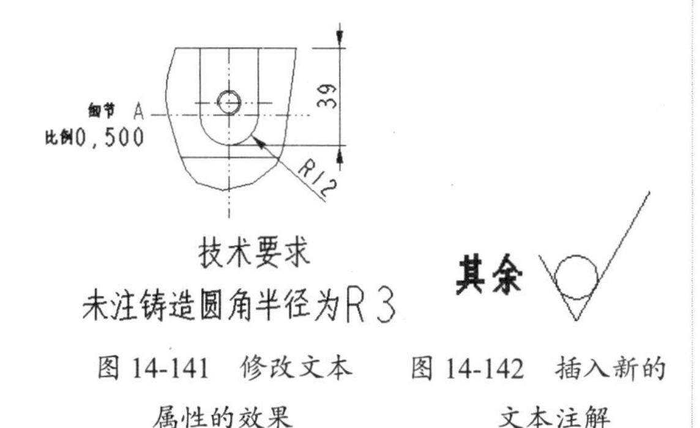

图 14-141 修改文本属性的效果　　图 14-142 插入新的文本注解

05 至此，支架零件工程图的创建工作全部结束，最后将结果保存。完成的支架零件工程图如图 14-143 所示。

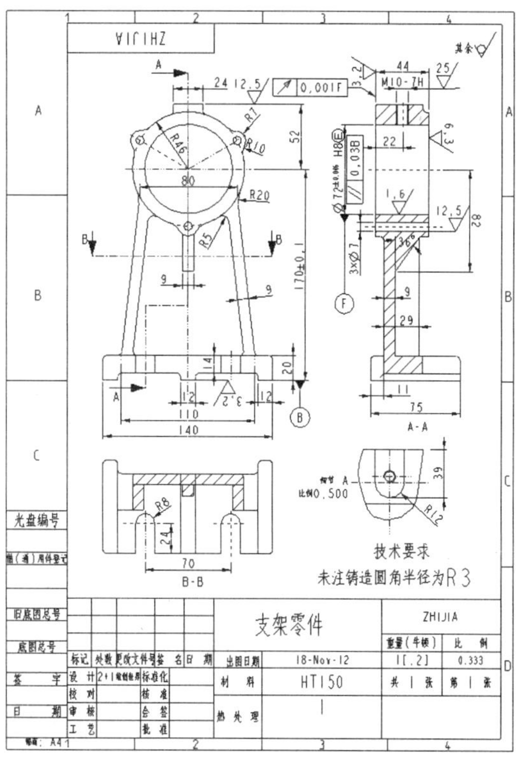

图 14-143 最终完成的支架零件工程图

14.6 课后习题

1. 绘制高速轴工程图

打开本练习的素材文件建立高速轴的工程图，完成工程图中尺寸和注解标注，高速轴工程图如图 14-144 所示。

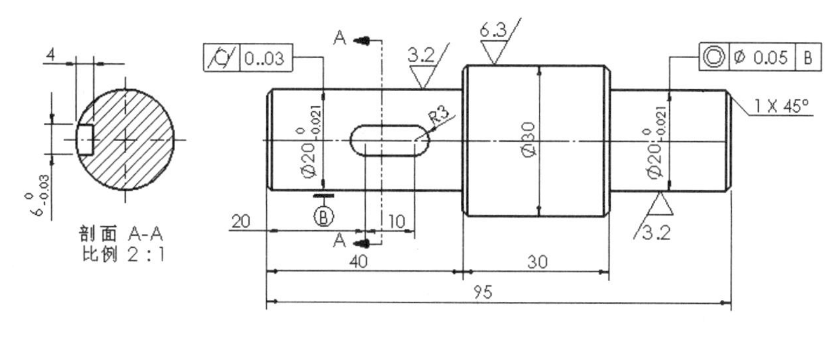

图 14-144 高速轴工程图

2. 绘制型芯零件工程图

打开本练习的型芯零件，创建如图 14-145 所示的型芯零件工程图。

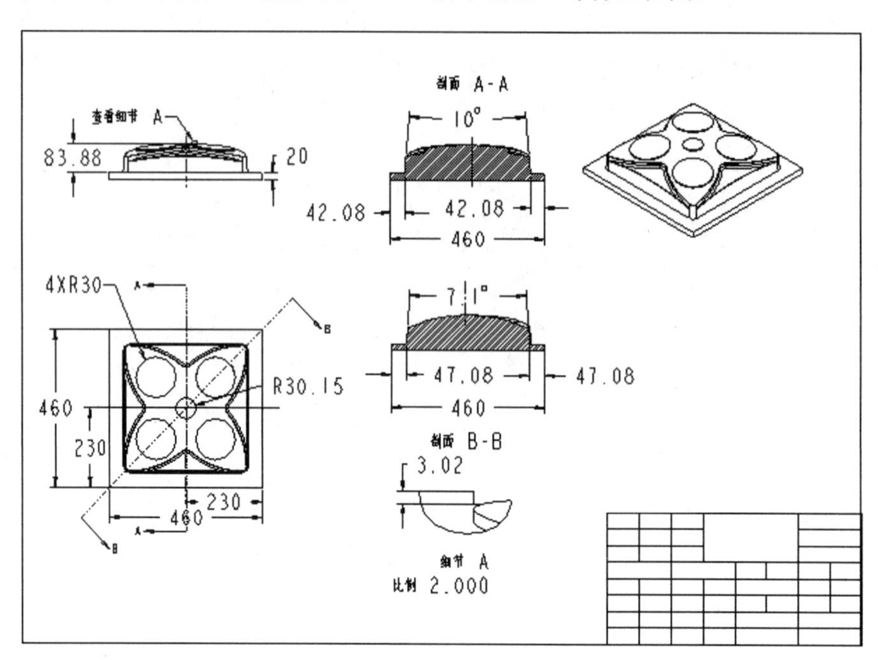

图 14-145　型芯零件工程图

读书笔记

第 15 章 测量与分析

在曲线、曲面建模或模具设计过程中，我们会使用到 Pro/E 的模型分析与测量工具。这些工具的合理利用，为建模操作提供了便捷，也提高了产品的设计工作效率和产品质量。本章介绍这些工具的基本应用。

资源二维码

百度云盘

360 云盘 访问密码 32dd

知识要点

- 模型的测量
- 曲线与曲面分析

15.1 模型测量

当用户利用 Pro/E 进行模具设计工作时，加载一个产品后，最好不要急着动手分模。因为产品如果没有经过仔细的分析，可能分出的模具不合理。于是模型的测量工作就变得极为重要了。

在零件设计环境或模具设计环境中，有用于模型测量的功能命令。如上工具栏中的【分析】工具栏中包含了用于测量的相关命令，如图 15-1 所示。或者在菜单栏中选择【分析】|【测量】命令，展开【测量】菜单，如图 15-2 所示。

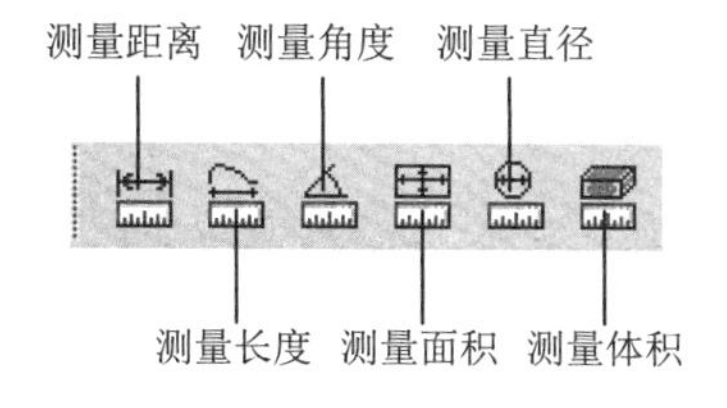

图 15-1 【分析】工具栏中的测量命令

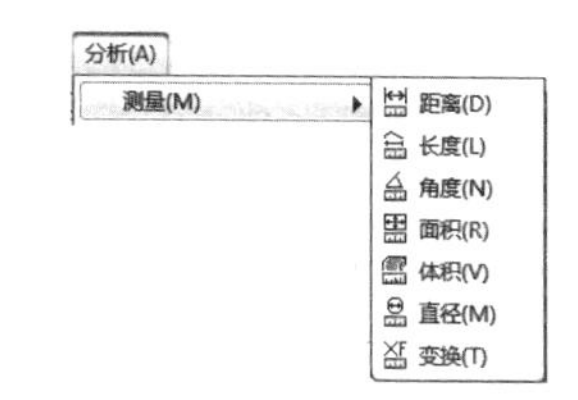

图 15-2 【测量】菜单中的测量命令

技术要点

如果【分析】工具栏中没有图 15-1 中的【测量长度】、【测量体积】等命令，可以通过选择【工具】|【定制屏幕】命令，在打开的【定制】对话框中将命令添加到该工具栏中。如图 15-3 所示。

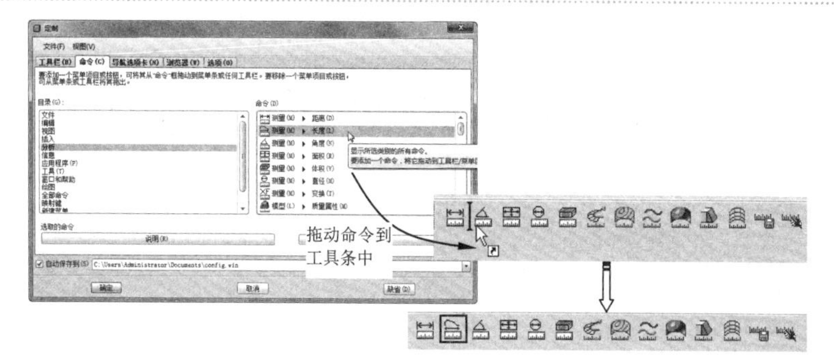

图 15-3 添加命令

15.1.1 距离

距离测量主要是用来测量选定的起点与终点在投影平面上的距离。距离测量可以用来帮助设计人员合理布局模具型腔。单击【距离】按钮，弹出【距离】对话框。选取测量距离的起点和终点后，Pro/E程序自动测量出两点之间的最短距离，如图15-4所示。

技术要点

如果要继续测量对象，无须关闭对话框，您仅单击对话框中的【重复当前的分析】按钮即可。

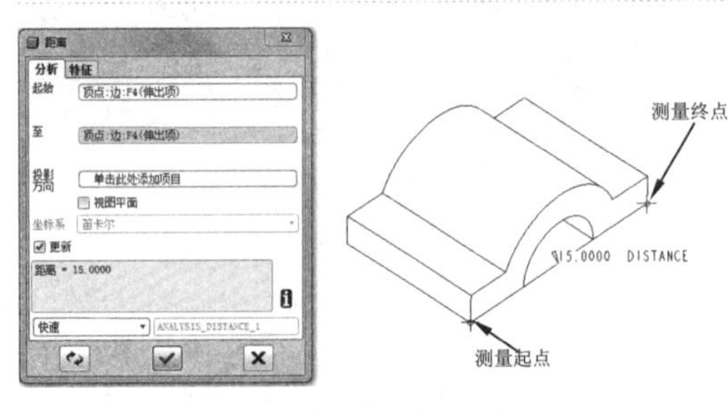

图15-4 测量距离

技术要点

测量距离的操作在模具设计中有哪些辅助作用呢？其实，我们在利用Pro/E手动分模时，会经常测量模具布局中产品之间的距离。测量的数据可以帮助您确定型腔布局间距、流道的分布，以及产品模型的长、宽和高等。测量产品的长、宽和高，也是为了确定毛坯尺寸和动、定模板的厚度。

【距离】对话框中各选项含义如下：

- 起始：此选项（收集器）用于收集测量的起始点、线\边、平面或曲面。
- 至：此选项（收集器）用于收集测量的终止点、线\边、平面或曲面。
- 视图平面：选中此复选框，可以计算当前与屏幕垂直的方向上的投影距离。
- 坐标系：默认情况下为笛卡尔。
- 投影方向：指定一个投影方向，可以获得该方向上的投影距离。
- 更新：选中此复选框，指定新的测量对象时，测量数据会自动更新到下次测量。

15.1.2 长度

长度测量主要用来测量某个指定曲线的长度。这个测量工具常用来测量产品中某条边的长度。

单击【长度】按钮，弹出【长度】对话框。在产品模型中选取要测量的曲线对象后，Pro/E程序自动测量并给出长度值，如图15-5所示。

技术要点

如果需要查看测量的具体信息，可以单击对话框中的【显示此特征的信息】按钮，然后在打开的【信息窗口】窗口中查看，如图15-6所示。

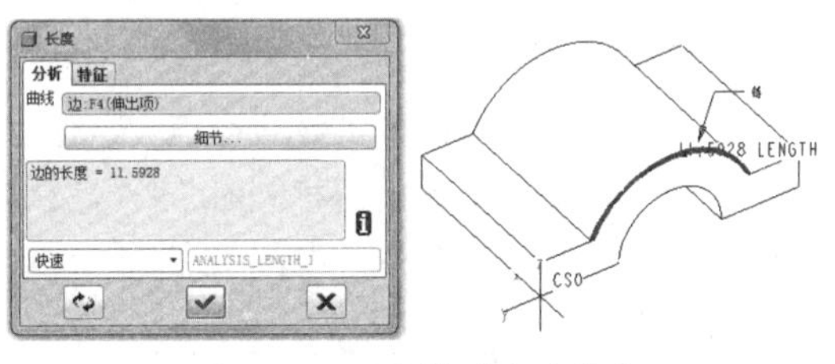

图15-5 测量模型边的长度

图15-6 【信息窗口】窗口

如果您要同时测量多条边，或者测量与您选择的边相切的对象时，可以单击【长度】对话框中的【细节】按钮，然后在随后打开的【链】对话框中设置选项即可。如图15-7所示为由测量单边改为测量【完整环】的选项设置，测量所得的值为完整环的整体长度。

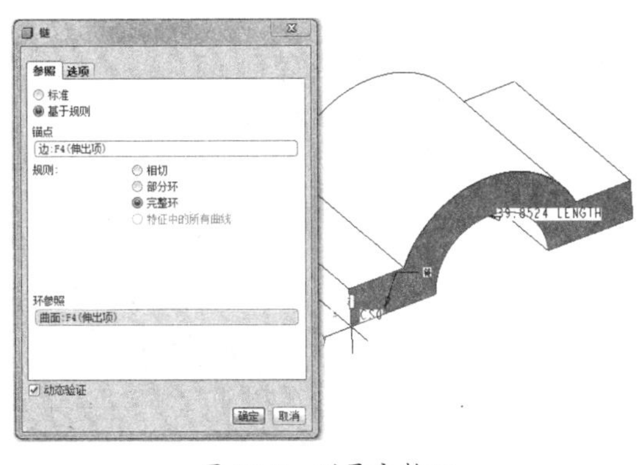

图 15-7　测量完整环

15.1.3　角度

角度测量主要测量所选边或平面之间的夹角。单击【角度】按钮，弹出【角】对话框。在产品模型中选取形成夹角的曲面和边后，Pro/E 程序自动测量并给出角度值，如图 15-8 所示。

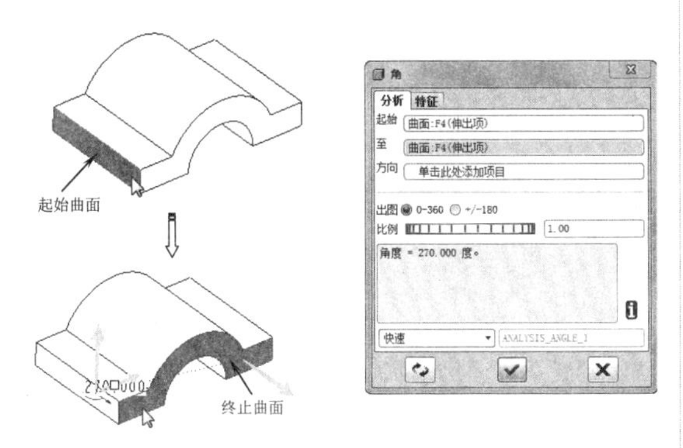

图 15-8　测量角度

可以通过设置角度比例，放大显示角度，让用户看得更清楚，如图 15-9 所示。

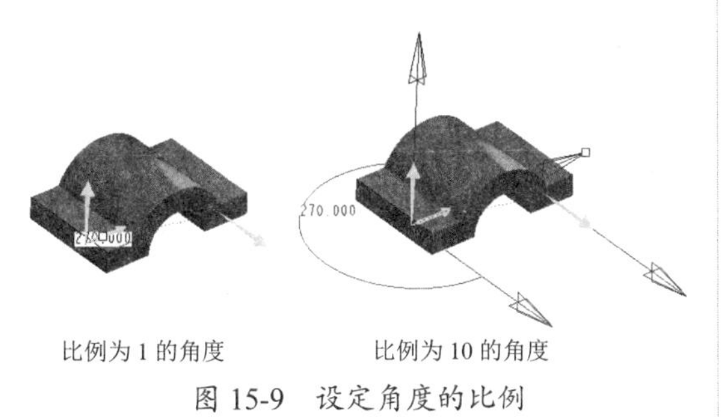

比例为 1 的角度　　比例为 10 的角度

图 15-9　设定角度的比例

15.1.4　直径（半径）

直径（或半径）测量工具可以测量圆角曲面的直径值。此测量工具可以帮助您对产品中出现的问题进行修改，例如，当产品中某个面没有圆角或圆角太小时，可能会导致抽壳特征参加失败，那么我们就可以测量该圆角面的值，以此参考值对产品进行编辑修改。

单击【直径】按钮，弹出【直径】对话框。在产品模型中选取圆角面后，Pro/E 程序自动测量并给出直径值，如图 15-10 所示。

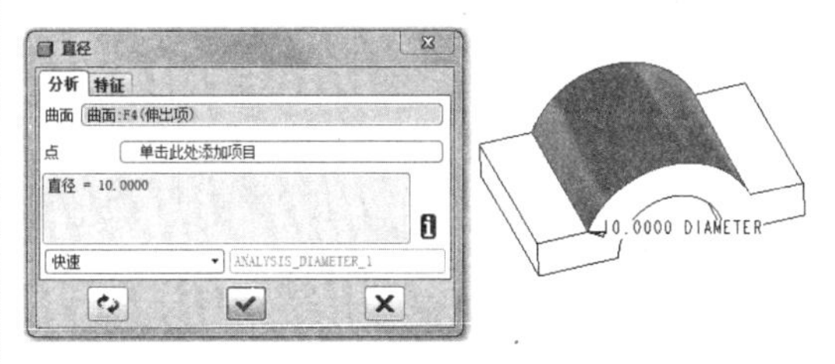

图 15-10　测量圆角面的直径

15.1.5　面积

面积测量用来测量并计算所选曲面的面积。这个工具可以帮助我们确定产品的最大投影面，并进一步确定产品的分型线。因为产品的分型线只能是产品的最大外形轮廓线，最大外形轮廓就是产品中最大的投影面。

单击【面积】按钮，弹出【区域】对话框。在产品模型中选取要测量其面积的某个面后，Pro/E 程序自动测量并计算出面积值，如图 15-11 所示。

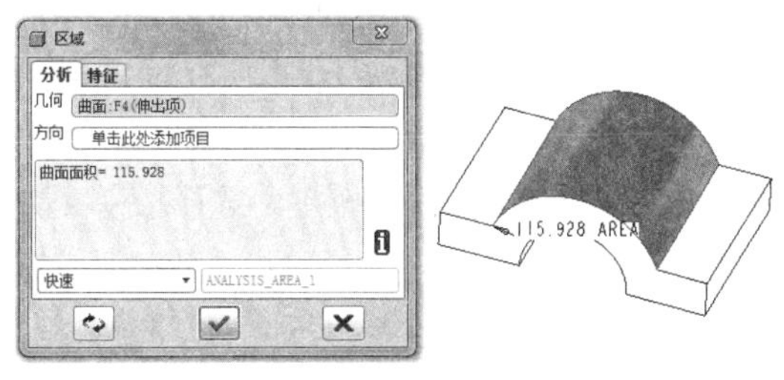

图 15-11　测量面积

技术要点

面积的单位取决于用户在创建 Pro/E 文件时所选的模板。如果采用的是英制模板，那么单位就是英制单位；如果选用的是公制，所测量值的单位就是公制 mm。

15.1.6 体积

体积测量工具用来测量模型的总体体积。单击【体积】按钮，弹出【体积块】对话框。同时，Pro/E 程序自动测量并计算出模型的体积，如图 15-12 所示。

体积测量工具可以测量实体模型，也可以测量由曲面面组构成的空间几何形状。

图 15-12 测量模型的体积

15.2 曲线及曲面分析

在造型环境中创建造型曲线和曲面后，利用主菜单【分析】|【几何】中的命令，如图 15-13 所示，或者利用工具栏中的相应工具按钮，创建并保存曲线和曲面的分析，对于评估曲线和曲面的质量很有帮助。系统在执行曲线分析后将执行曲面分析以检查曲面质量，在曲面建模中，曲面及与其相邻曲面共享的连接均应为高质量。曲面分析是一个迭代过程，分析还检查曲面是否可按指定的厚度值偏移，修改或完成型状后，可确定曲面模型用于加厚和生成的适用性。在【零件】和【组件】两种模式下均可分析曲面属性。

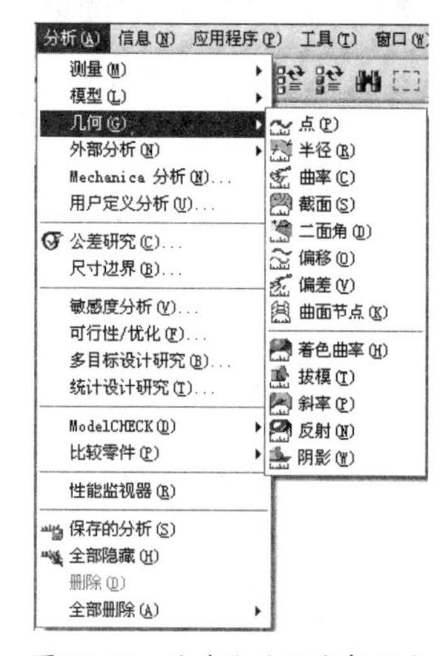

图 15-13 曲线和曲面分析指令

15.2.1 曲率分析

利用曲率分析，可以分析造型曲线的平滑率，是最为常用的曲线分析工具，其中主要用曲率图来表示曲线的曲率分布情况。曲率图是曲线光滑度的一种图形表示，它是查看曲线质量的最好工具，通过显示与曲线垂直的直线（法向），来表现曲线的平滑度和数学曲率，以及显示沿曲线的一组点的曲率，这些直线越长，曲率的值就越大。

在造型环境下，在主菜单中选择【分析】|【几何】|【曲率】命令，或单击【曲率】按钮，弹出如图 15-14 所示的【曲率】对话框，利用该对话框，选取要查看曲率的曲面，即可显示曲面中曲线的曲率图，如图 15-15 所示。

【曲率】对话框具有代表性的主要选项含义如下：

图 15-14 【曲率】对话框

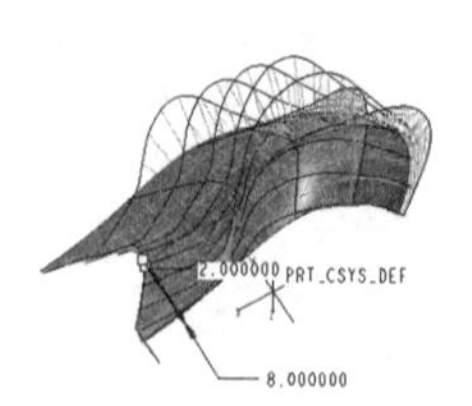

图 15-15 曲率图

- 【几何】：选取对象上的一个或多个曲面或面组进行分析，计算所选曲面的最小和最大曲率，其结果将显示在对话框底部的结果区域中。
- 【坐标系】：选取参照坐标系。
- 【示例】：指定第一和第二方向上网格线的数量。
- 【出图】：设定出图类型，可以选取【曲率】或【法向】类型的出图。
- 【示例】：选取【质量】、【数量】或【步长】类型的示例以输出曲率。

15.2.2　截面分析

利用截面分析工具，可以对选中的曲面按照指定的方向显示不同截面处的曲率分布情况。在造型环境下，在主菜单中选择【分析】|【几何】|【截面】命令，或单击【截面】按钮，弹出如图 15-16 所示的【截面】对话框，其主要选项与【曲率】基本相同。利用该对话框，可以选定曲面、指定方向，并且指定截面的间距，显示截面处曲线的曲率。曲面不同方向的截面曲率图如图 15-17 所示。

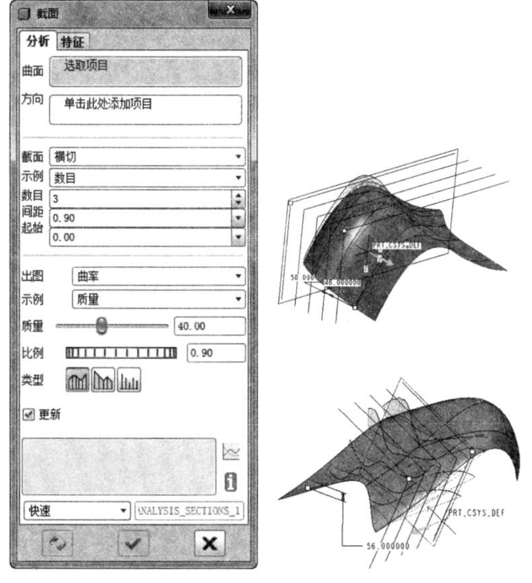

图 15-16　【截面】对话框　图 15-17　截面曲率图

15.2.3　偏移分析

在造型环境下，在主菜单中选择【分析】|【几何】|【偏移】命令，或单击【偏移】按钮，弹出如图 15-18 所示的【偏移】对话框。利用该对话框，可以选定曲面、设定偏移距离，以显示曲面偏移后的情况。曲面偏移如图 15-19 所示。

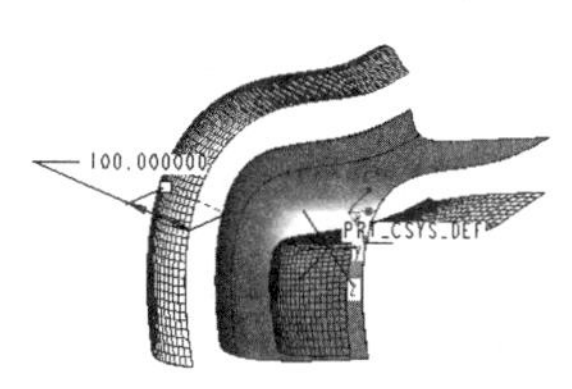

图 15-18　【偏移】对话框　图 15-19　曲面偏移

15.2.4　着色曲率

着色曲率会为曲面上的每个点计算并显示最小和最大法向曲率值，着色曲率工具以着色方式显示曲面上每一点的曲面分布，使用户可以较为直观地观察曲面的曲率分布情况。在造型环境下，在主菜单中选择【分析】|【几何】|【着色曲率】命令，或单击【着色曲率】按钮，弹出如图 15-20 所示的【着色曲率】对话框。

图 15-20　【着色曲率】对话框

在【着色曲率】对话框中，选定分析曲面，设定显示选项，调整显示质量，可以以着色方式将曲面上的曲率分布情况表达出来，其中在【出图】下拉列表中主要可以设定以下类型：

- 【高斯】：计算曲面的曲率。着色曲率是曲面上每点的最小和最大法向曲率的乘积。
- 【最大】：显示曲面上每点的最大法向曲率。
- 【平均值】：计算曲线间的连续性。
- 【剖面】：显示平行于参照平面的横截面切口曲率。

着色曲率的例子如图 15-21 所示。

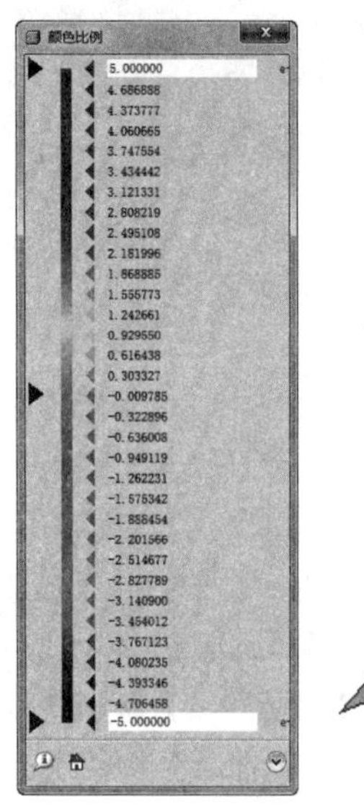

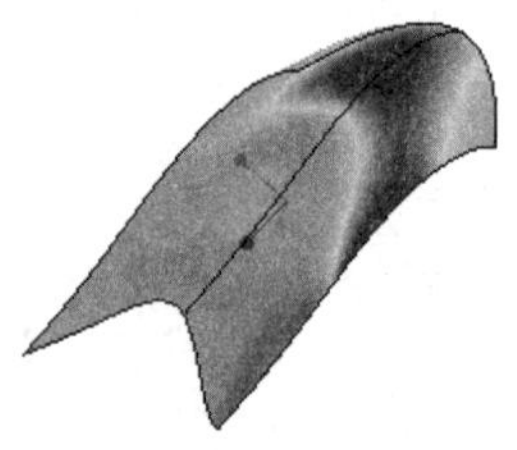

图 15-21 曲面着色曲率

15.2.5 反射分析

反射分析也是着色分析，显示从指定的方向上查看时描述曲面上因线性光源反射的曲线。要查看反射中的变化，可旋转模型并观察显示过程中的动态变化。在造型环境下，在主菜单中选择【分析】|【几何】|【反射】命令，或单击【反射】按钮，弹出如图 15-22 所示的【反射】对话框。在该对话框中，设定光源数、光源角度及光源间距，即可显示反射分布图，主要选项含义如下：

- 【光源】：指定光源数，默认值为 8。
- 【角度】：调整光源角度，默认值为 90°。
- 【间距】：调整线性光源之间的间距，默认值为 10。
- 【宽度】：调整光源宽度，默认值为 5。

反射分析的例子如图 15-23 所示。

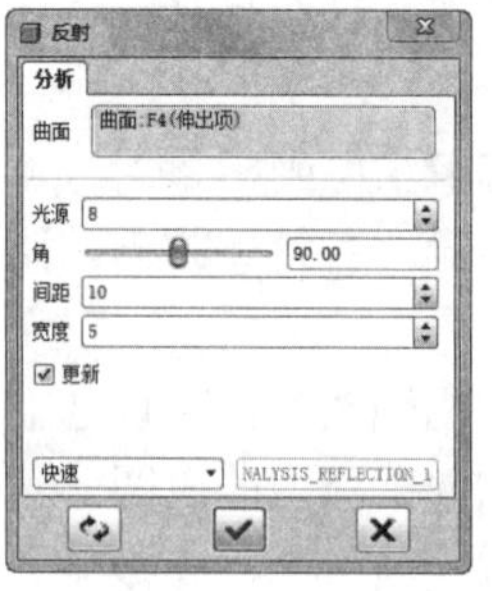

图 15-22 【反射】对话框

图 15-23 曲面反射分析

15.2.6 斜度分析

斜度分析也称拔模分析，主要用于分析零件设计以确定对于要在模具中使用的零件是否需要拔模，并以彩图的方式显示斜度分布。在造型环境下，在主菜单中选择【分析】|【几何】|【斜度】命令，或单击【斜度】按钮，弹出如图 15-24 所示的【斜度】对话框。在该对话框中，选定分析曲面及显示斜度方向，即可显示斜度分布图。

斜度分析的例子如图 15-25 所示。该示例说明了两侧的拔模角度为 6°，上部和下部的拔模角度为 18° 的拔模斜度。上部和下部的颜色为默认值，即分别为蓝色和红色。在着色分析中，红色表示模具下半部分的充分拔模，而蓝色表示模具上半部分的充分拔模。白色表示拔模量不足的模具区域，而梯度颜色表示处于拔模极限范围内的区域。

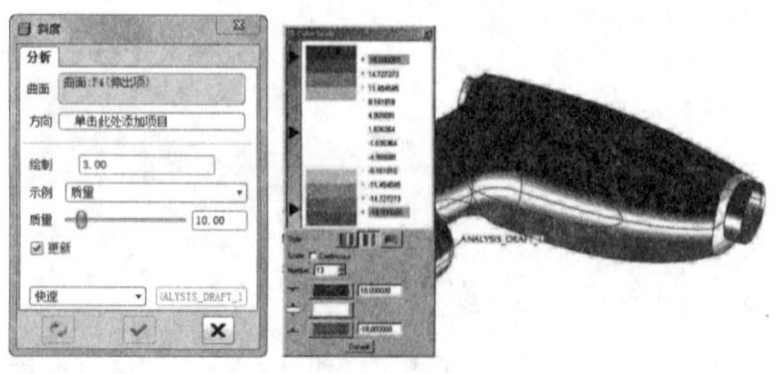

图 15-24 【斜度】对话框　　图 15-25 斜度分析

15.2.7 斜率分析

斜率分析主要用于分析曲面沿指定方向的斜率分布情况，并以彩图的方式显示斜率分布。在造型环境下，在主菜单中选择【分析】|【几何】|【斜率】命令，或单击【斜率】按钮，弹出如图 15-26 所示的【斜率】对话框。在该对话框中，选定分析曲面及显示斜率的方向，即可显示斜率分布图。斜率分析的例子如图 15-27 所示。示例显示相对于参照平面的曲面的斜率分布的彩色图像。光谱红端的值表示最大曲率或斜率，最小曲率值显示为光谱的蓝端颜色。

图 15-26 【斜率】对话框

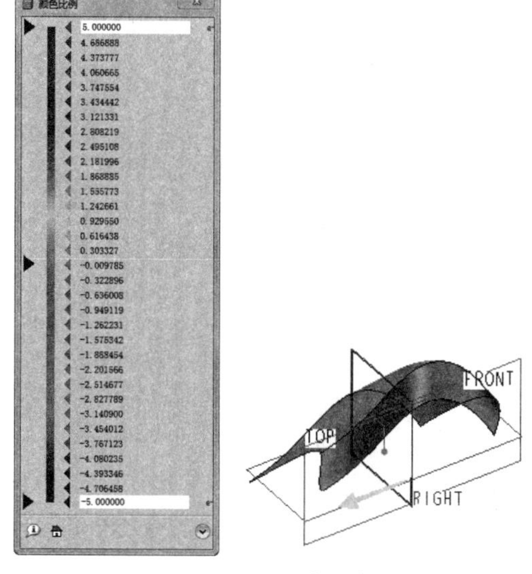

图 15-27 斜率分析

15.2.8 曲面节点分析

曲面节点是曲面的主要参数，底层曲面的曲面片通过这些点连接起来形成曲面。节点以图形方式显示为曲面上所绘制的直线，拖动曲面节点，或者将它们与相邻曲面的节点合并在一起。当节点显示时，可激活或取消激活这些节点，以便增加或减少受更改影响的曲面区域。活动的节点显示为白色，不活动的节点显示为绿色。

在造型环境下，在主菜单中选择【分析】|【几何】|【曲面节点】命令，或单击【曲面节点】按钮，弹出如图 15-28 所示的【曲面节点】对话框。在该对话框中，选定分析曲面，即可显示曲面节点分布图。节点显示的例子如图 15-29 所示。

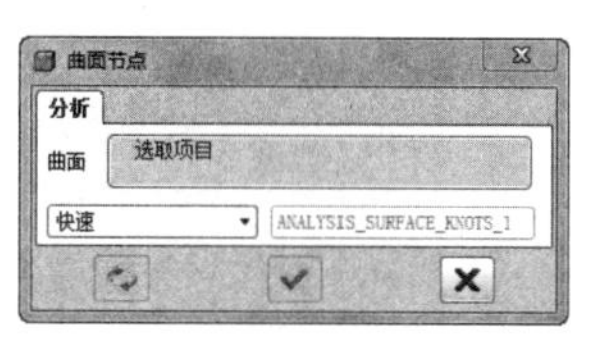

图 15-28 【曲面节点】对话框

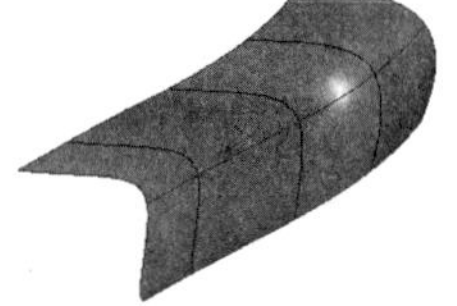

图 15-29 曲面节点分析

15.2.9 保存分析

在执行以上分析时，对于分析结果可以有几种方式，可以选取下列分析类型之一：

- 【快速】：做出选取时实时显示选取的结果，为默认值。
- 【已保存】：将分析与模型一起保存。改变几何时，动态更新分析结果。在使用【保存的分析】显式 / 隐藏或删除之前，保存的分析在 Pro/ENGINEER 图形窗口中显示。
- 【特征】：从所选点、半径、曲率、二面角、偏移、偏差或其已修改测量的当前分析中，可以创建新特征。新特征名显示在模型树中。

在主菜单中，选择【分析】|【保存的分析】命令，或单击工具栏中的【保存的分析】按钮，

打开【保存的分析】对话框，如图 15-30 所示，可执行以下操作：

技术要点

要想保存某个分析，必须在进行相关分析时，在对话框中选择【已保存】选项，如图 15-31 所示。

- 隐藏或取消隐藏已保存的分析。
- 重新定义选定分析。
- 使用过滤器来选取要查看的分析类型。
- 删除已保存的分析。

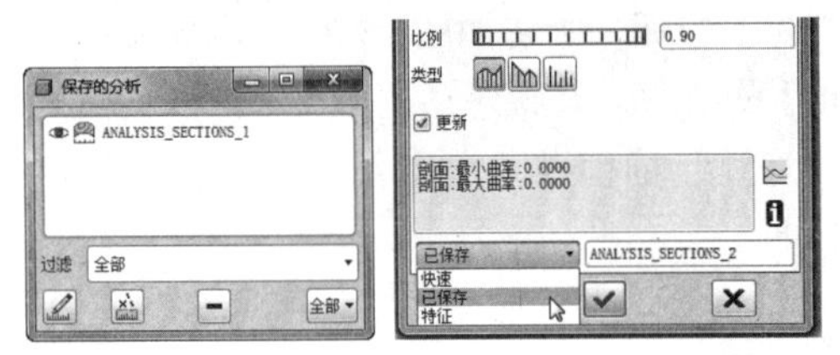

图 15-30 【保存的分析】对话框　　图 15-31 先保存分析

15.2.10 全部隐藏

全部隐藏用于将所有已保存的分析隐藏，便于用户返回至原始建模环境，继续进行其他建模及修改、编辑工作。在主菜单中，选择【分析】|【全部隐藏】命令，或单击工具栏中的【全部隐藏】按钮，即可以隐藏所有的分析内容。

15.2.11 删除全部曲率

如果在之前的曲面分析中，已经对曲率分析结果进行了保存，则利用删除全部曲率功能可以将全部曲率分析进行清空。在主菜单中，选择【分析】|【全部删除】|【删除全部曲率】命令，或单击工具栏中的【删除全部曲率】按钮，即可以删除所有保存的曲率分析。

15.2.12 删除全部截面

如果在之前的曲面分析中，已经对截面分析结果进行了保存，则利用删除全部截面功能可以将全部截面分析进行清空。在主菜单中，选择【分析】|【全部删除】|【删除全部截面】命令，或单击工具栏中的【删除全部截面】按钮，即可以删除所有保存的截面分析。

15.2.13 删除全部曲面节点

如果在之前的曲面分析中，已经对节点分析结果进行了保存，则利用删除全部曲面节点功能可以将全部曲面节点分析进行清空。在主菜单中，选择【分析】|【全部删除】|【删除全部曲面节点】命令，或单击工具栏中的【删除全部曲面节点】按钮，即可以删除所有保存的全部曲面节点分析。

15.3 课后习题

1．曲面分析

打开文件【Ch15\huan.prt】，对如图 15-32 所示产品进行曲面曲率、截面、斜度等分析。

2．构建模型

打开文件【Ch15\tumian.prt】，创建如图 15-33 所示模型。

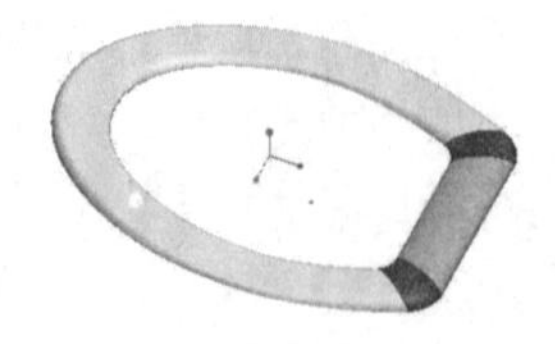

图 15-32 曲面分析

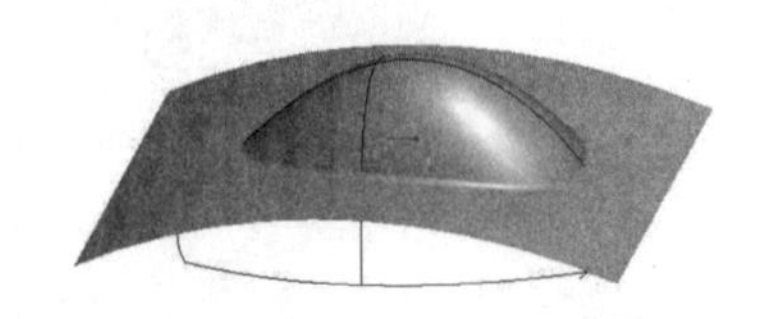

图 15-33 凸面模型

第 16 章 基本曲面设计

仅仅使用前面讲到的实体造型技巧进行产品设计还远远不够，在现代设计中越来越强调细致而复杂的外观造型，因此必须引入大量的曲面特征，以满足丰富多彩的产品造型。

在曲面功能这一点上，Pro/ENGINEER Wildfire 5.0 与以往版本的的最大区别就在于操作的简便性，让用户可以将更多的精力注重于设计而非软件的操作。

资源二维码

百度云盘

360 云盘 访问密码 32dd

知识要点

- 曲面综述
- 创建基本曲面
- 创建混合曲面
- 创建扫描曲面

16.1 曲面特征综述

实体建模的设计思想非常清晰，便于广大设计者理解和接受。但是实体建模本身也存在不可克服的缺点，实体建模的建模手段相对单一，不能创建形状复杂的表面轮廓。这时候，曲面建模的设计优势就逐渐体现出来。

16.1.1 曲面建模的优势

在现代设计中，很多实际问题的解决加快了曲面建模技术的成熟和完善，例如飞机、汽车、导弹等高技术含量产品的外观设计必须符合一定的曲面形状才能兼顾美观和性能两个重点。自 20 世纪 60 年代以来，曲线与曲面技术在船体放样设计、汽车外形设计、飞机内外形设计中得到了极其广泛的应用，并且逐渐建立了一套相对完整的设计理论与方法。到了 20 世纪 80 年代，随着图形工作站和微型计算机的普及应用，曲线与曲面的应用更加广泛，现在已经普及到家用电器、日用商品及服装等设计领域中。

曲面建模的方法具有更大的设计弹性，其中最常见的设计思想是首先使用多种手段建立一组曲面，然后通过曲面编辑手段将其集成整合为一个完整且没有缝隙的表面，最后使用该表面构建模型的外轮廓，将其实体化后，可以获得更加美观实用的实体模型。使用曲面建模方法创建的模型具有更加丰富的变化。

当今的 CAD 技术已经与人工智能、计算机网络和工业设计结合起来，并运用抽象、联想、分析、综合等手段来研制开发出含有新概念、新形状、新功能和新技术的产品。

在计划经济时期，制造产品的基本目标是【能做出来，能用得上】，到了今天的市场经济时期，也必须做【用户最需要、市场更欢迎】的产品。这就要求产品不但具有漂亮的外观，还应该具有优良的使用性能和最优的性价比。

曲面建模时，还可以通过基准点、基准曲线等基准特征进行全面而细致的设计，对模型精雕细琢，既体现了设计的自由性，又保证了设计思路的发散性，这将有助于对一些传统设计的创新。如图 16-1 所示是使用曲面构建的汽车模型示例。

图 16-1 使用曲面构建的汽车模型

16.1.2 曲面建模的步骤

曲面特征是一种几何特征，没有质量和厚度等物理属性，这是与实体特征最大的差别。但是从创建原理来讲，曲面特征和实体特征却具有极大的相似性。在介绍各类基础实体特征的创建方法时，我们曾强调过，构建基础实体特征的原理和方法都适合于曲面特征。例如，打开系统提供的拉伸设计工具，既可以创建拉伸实体特征，也可以创建拉伸曲面特征，还可以使用拉伸方法修剪曲面。系统在【拉伸】操控板上同时集成了实体设计工具和曲面设计工具，为三维建模提供了更多的方法。

曲面建模的基本步骤如下：

（1）使用各种曲面建模方法构建一组曲面特征。

（2）使用曲面编辑手段编辑曲面特征。

（3）对曲面进行实体化操作。

（4）进一步编辑实体特征。

16.2 创建基本曲面特征

创建曲面特征的方法和创建实体特征的方法具有较大的相似之处，与实体建模方法相比，曲面建模手段更为丰富。

基本曲面特征是指使用拉伸、旋转、扫描和混合等常用的三维建模方法创建的曲面特征。这些特征的创建原理和实体特征类似。从零开始创建第一个曲面特征时，应该首先选择【文件】|【新建】命令，打开【新建】对话框，然后在【新建】对话框中选择【零件】类型和【实体】子类型。此外也可以在已有实体特征和曲面特征的基础上创建曲面特征。

16.2.1 创建拉伸曲面特征

使用拉伸方法创建曲面特征的基本步骤和使用拉伸方法创建实体特征类似。在右工具栏中单击【拉伸】按钮，打开【拉伸】设计操控板，然后单击【曲面设计】按钮，如图 16-2 所示。

创建拉伸曲面特征也要经历以下主要步骤：

（1）选取并正确放置草绘平面。

（2）绘制截面图。

（3）指定曲面生长方向。

（4）指定曲面深度。

图 16-2 【拉伸】设计操控板

对拉伸曲面特征截面的要求不像对拉伸实体特征那样严格，既可以使用开放截面创建曲面特征，也可以使用闭合截面创建曲面特征，如图 16-3 和图 16-4 所示。

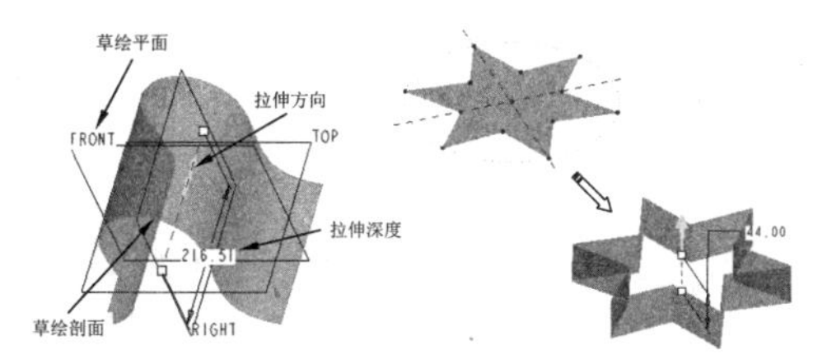

图 16-3　使用开放截面创建曲面特征　　图 16-4　使用闭合截面创建曲面特征

若采用闭合截面创建曲面特征，还可以指定是否创建两端封闭的曲面特征，方法是在操控板上打开【选项】选项卡，选中【封闭端】复选框，这样可以创建两端闭合的曲面特征，如图 16-5 所示。

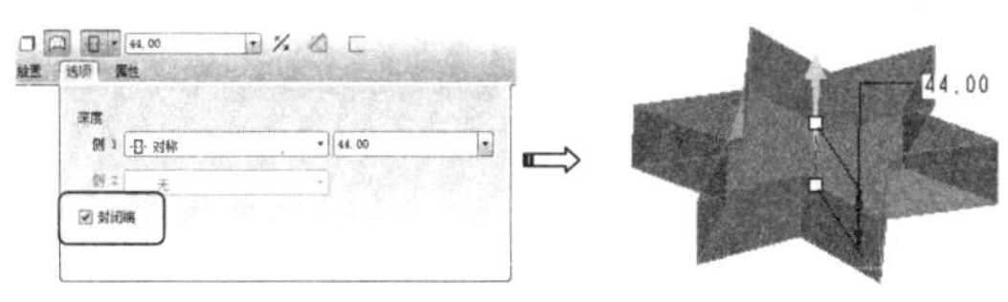

图 16-5　创建闭合曲面特征

16.2.2　创建旋转曲面特征

使用旋转方法创建曲面特征的基本步骤和使用旋转方法创建实体特征类似。在右工具栏中单击【旋转】按钮后，打开【旋转】设计操控板，然后单击【作为曲面旋转】按钮，如图 16-6 所示。

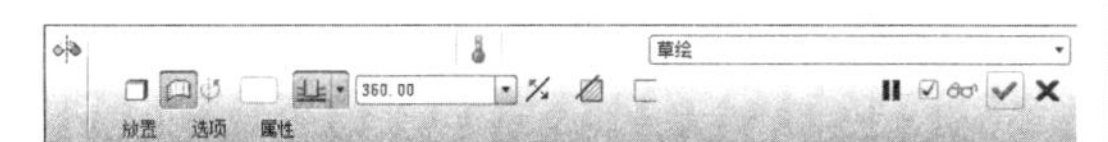

图 16-6　【旋转】曲面设计操控版

正确选取并放置草绘平面后，可以绘制开放截面或闭合截面创建旋转曲面特征。在绘制截面图时，注意绘制旋转中心轴线。如图 16-7 所示是使用开放截面创建旋转曲面的示例。

技术要点

在草绘旋转截面时，您可以绘制几何中心线作为旋转轴，但不能绘制【中心线】作为旋转轴。倘若没有绘制几何中心线，退出草绘模式后可以选择坐标轴或其他实体边作为旋转轴。

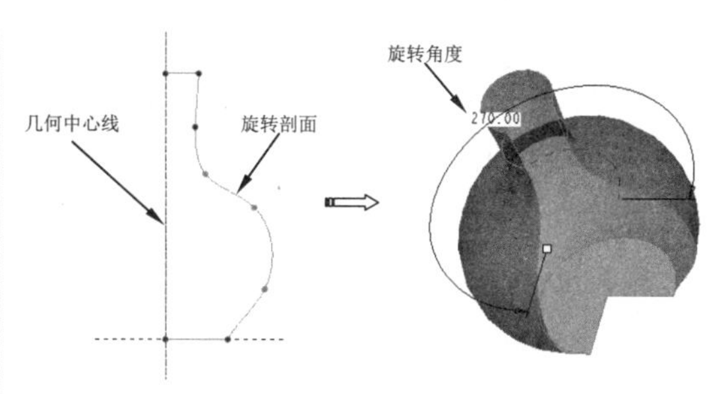

图 16-7　使用开放截面创建旋转曲面特征

如果使用闭合截面创建旋转曲面特征，当旋转角度小于 360° 时，可以创建两端闭合的曲面特征，方法与创建闭合的拉伸曲面特征类似，如图 16-8 所示。当旋转角度为 360° 时，由于曲面的两个端面已经闭合，实际上已经是闭合曲面了。

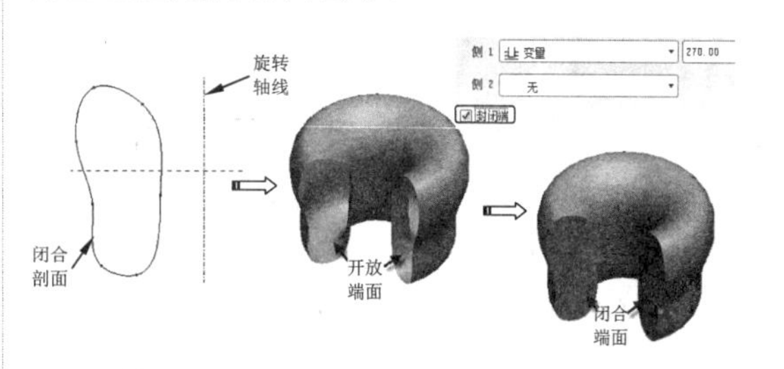

图 16-8　使用闭合截面创建旋转曲面特征

16.2.3　创建扫描曲面特征

在菜单栏中依次选择【插入】|【扫描】|【曲面】命令，如图 16-9 所示，可以使用扫描工具创建曲面特征。

与创建扫描实体特征相似，创建扫描曲面特征也主要包括草绘或选取扫描轨迹线以及草绘截面图两个基本步骤。草绘扫描轨迹线可以在二维平面内创建二维轨迹线，而选取轨迹线可以选取空间三维曲线作为轨迹线。

在创建扫描曲面特征时，系统会弹出如图 16-10 所示的【属性】菜单管理器来确定曲面创建完成后端面是否闭合。如果设置属性为【开放终点】，则曲面的两端面开放；如果属性为【封闭端】，则两端面封闭。如图 16-11 所示是扫描曲面特征的示例。

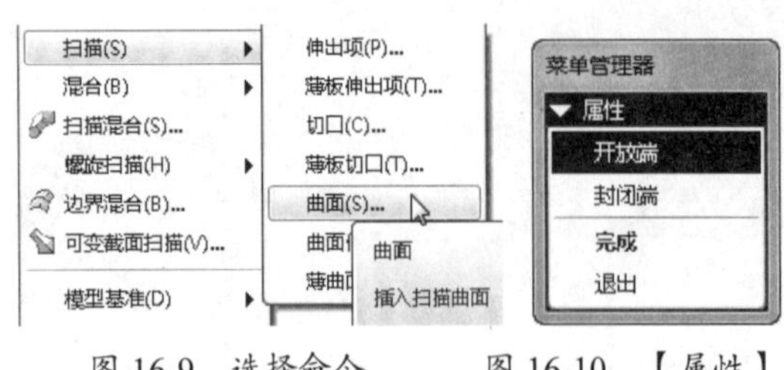

图 16-9　选择命令　　图 16-10　【属性】菜单管理器

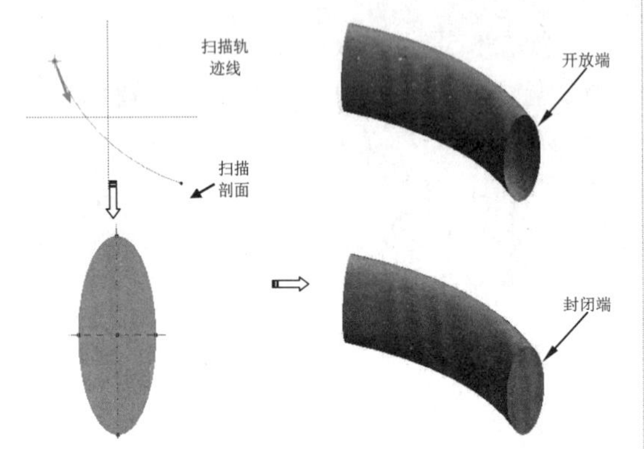

图 16-11　扫描曲面特征示例

16.2.4　创建混合曲面特征

依次选择【插入】|【混合】|【曲面】命令，可以使用混合工具创建混合曲面特征，如图 16-12 所示。

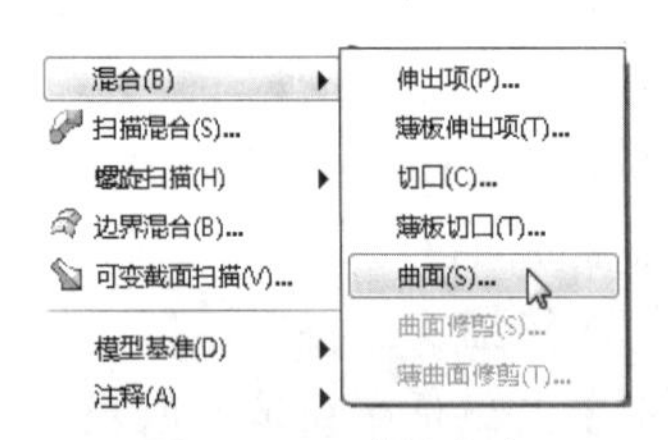

图 16-12　选择命令

与创建混合实体特征相似，可以创建平行混合曲面特征、旋转混合曲面特征和一般混合曲面特征等 3 种曲面类型。

混合曲面特征的创建原理也是将多个不同形状和大小的截面按照一定顺序顺次相连，各截面之间也必须满足顶点数相同的条件。同样，可以使用混合顶点以及插入截断点等方法使原本不满足要求的截面满足混合条件。混合曲面特征的属性除了【开放终点】和【封闭端】外，还有【直的】和【光滑】两种属性，主要用于设置各截面之间是否光滑过渡。如图 16-13 所示是平行混合曲面特征的示例。

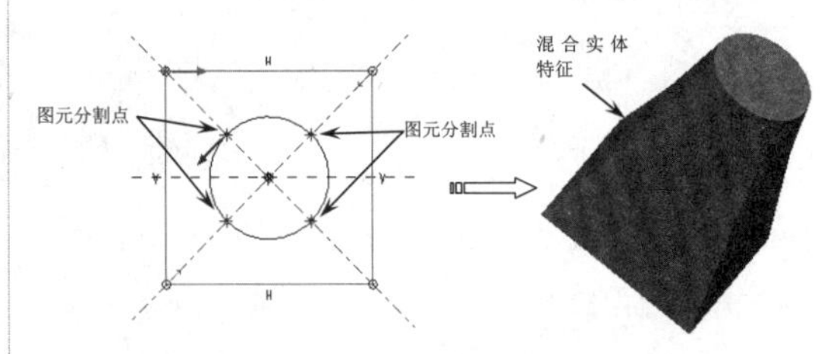

图 16-13　平行混合曲面特征设计示例

技术要点

如果是草绘截面，那么需要选取草绘平面。进入草绘环境后，对于截面还有以下要求：

- 各截面的起点要一致，且箭头指示的方向也要相同（同为顺时针或逆时针）。
- 无论是选择截面，还是选择草绘截面，都必须保证每个截面的段数是相等的。

动手操作——基本曲面特征设计

本例将综合使用几种基本曲面设计方法创建一个曲面特征，设计过程如图 16-14 所示。

在本实例中，读者应注意掌握以下设计要点：

- 基本曲面的创建方法。
- 曲面特征和实体特征的差异。

图 16-14　基本建模过程

操作步骤：

1. 创建旋转曲面特征

01 新建名为【basic_surface】的零件文件。

02 单击【旋转】按钮，打开设计操控板，在操控板上单击按钮创建曲面特征。在【放置】选项卡中单击【定义】按钮，弹出【草绘】对话框，选取基准平面 FRONT 作为草绘平面，接受系统所有默认参照放置草绘平面后进入二维草绘模式。

03 在草绘平面内使用【圆弧中心点】工具绘制一段圆弧，如图 16-15 所示。完成后退出草绘模式。

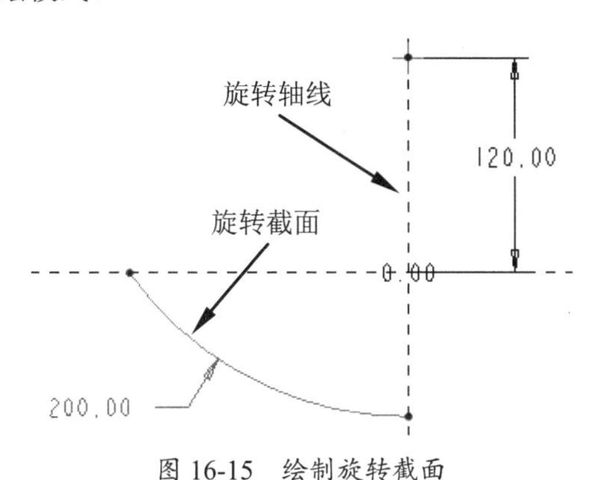

图 16-15　绘制旋转截面

04 按照如图 16-16 所示设置旋转曲面的其他参数，设计结果如图 16-17 所示。

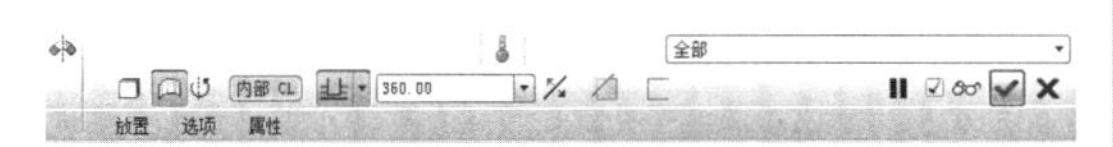

图 16-16　特征参数设置

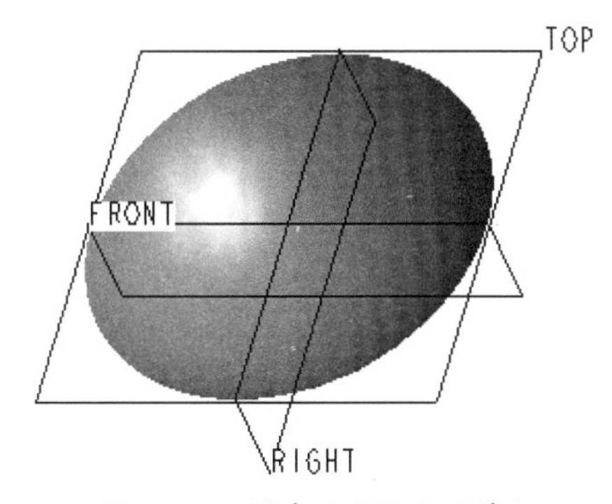

图 16-17　创建的旋转曲面特征

2. 创建拉伸曲面特征

01 单击【拉伸】按钮，打开设计操控板，在操控板上单击【曲面设计】按钮创建曲面特征。选取基准平面 TOP 作为草绘平面，接受系统所有默认参照放置草绘平面后进入二维草绘模式。

02 单击【使用】按钮，使用边工具来选取上一步创建的旋转曲面的边线来围成拉伸截面，按住 Ctrl 键分两次选中整个圆弧边界，如图 16-18 所示。

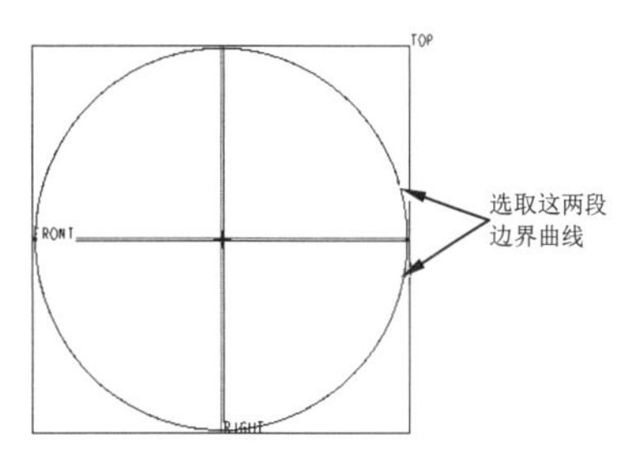

图 16-18　草绘截面图

03 按照如图 16-19 所示设置曲面的其他参数，设计结果如图 16-20 所示。

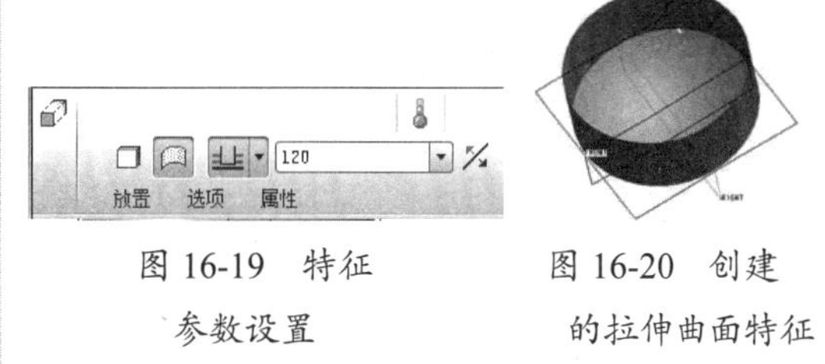

图 16-19　特征参数设置　　图 16-20　创建的拉伸曲面特征

3. 创建扫描曲面特征

01 在菜单栏中依次选择【插入】|【扫描】|【曲面】命令。

02 在弹出的【扫描轨迹】菜单中选择【选取轨迹】命令。

03 在【链】菜单中选择【相切链】命令，然后按照如图 16-21 所示，选取上一步创建的拉伸曲面特征的边界作为扫描轨迹线。在【链】菜单中选择【完成】命令，在弹出的【方向】菜单中选择【确定】命令，在【曲面连接】菜单中选择【连接】命令后进入二维草绘模式。如图 16-22 是依次选择的菜单命令。

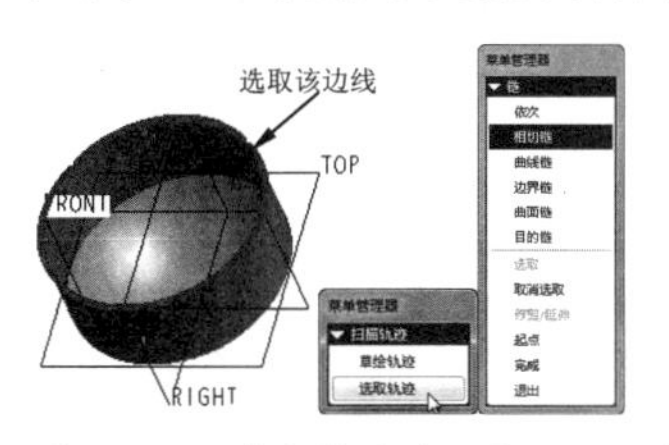

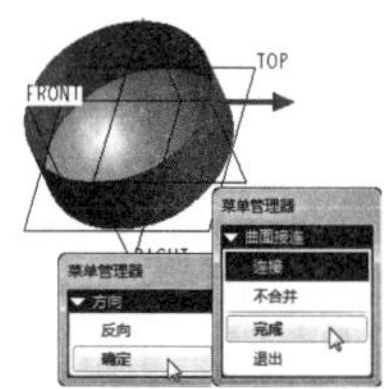

图 16-21　选取轨迹线　图 16-22　依次选择的菜单命令

04 在草绘截面中绘制如图 16-23 所示扫描截面，完成后退出草绘模式。

05 在模型对话框中单击【确定】按钮，设计结果如图 16-24 所示。

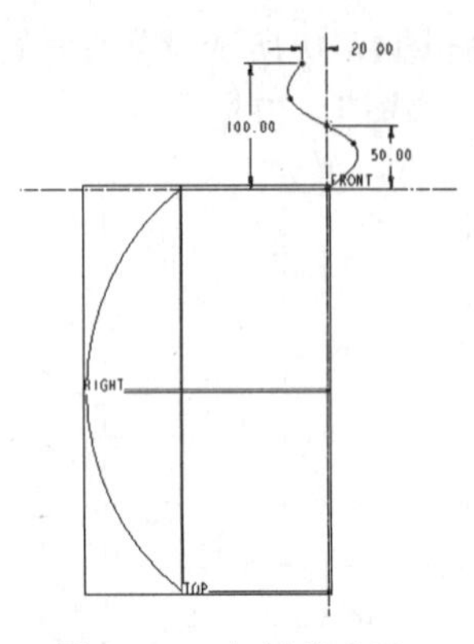

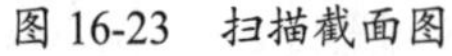
图 16-23　扫描截面图

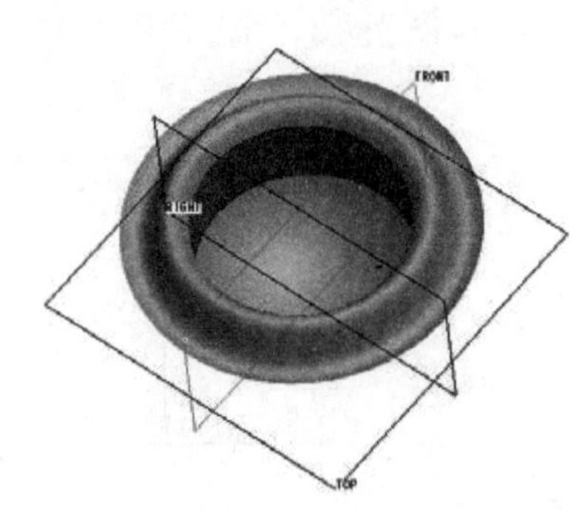

图 16-24　设计结果

16.3　创建填充曲面特征

顾名思义，填充曲面特征就是对由封闭曲线围成的区域填充后生成的平整曲面。创建填充曲面特征的方法非常简单，首先绘制或选取封闭的曲面边界，然后使用填充曲面设计工具来创建曲面特征。

动手操作——创建填充曲面

下面结合实例讲述填充曲面特征的设计过程。

01 新建名为【fill】的零件文件。

02 在菜单栏中选择【编辑】|【填充】命令，打开如图 16-25 所示设计操控板。

图 16-25　设计操控板

03 在操控板中单击【参照】按钮，打开【参照】选项卡，再单击【定义】按钮，打开【草绘】对话框。选取基准平面 TOP 作为草绘平面，接受系统所有默认参照放置草绘平面后，进入二维草绘模式。

04 绘制如图 16-26 所示的二维平面图，完成后退出草绘模式。

05 单击操控板上的✔按钮，生成的填充曲面如图 16-27 所示。

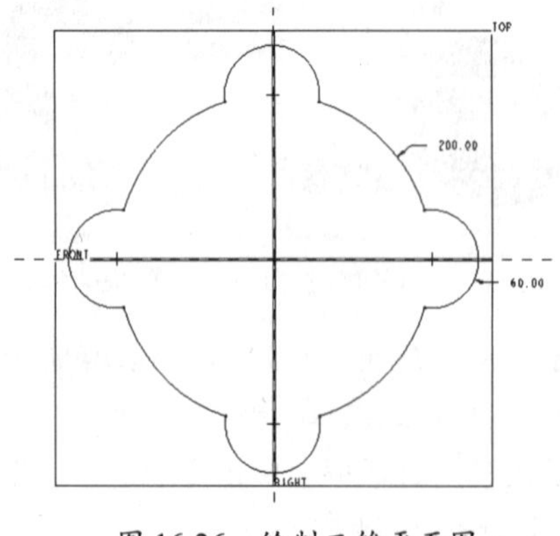

图 16-26　绘制二维平面图

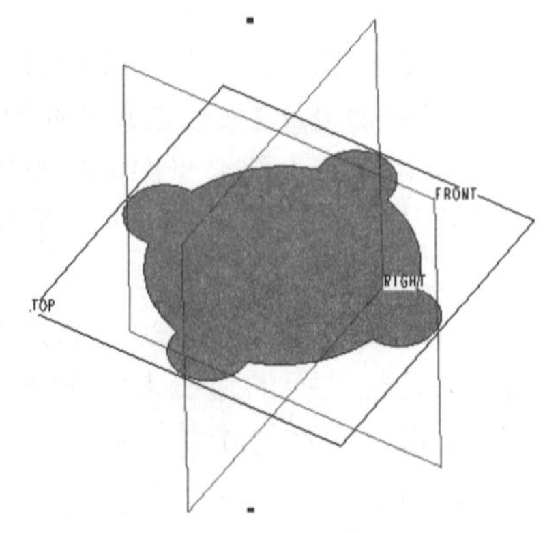

图 16-27　生成的填充曲面

16.4 创建边界混合曲面特征

除了使用拉伸、旋转、扫描和混合等方法创建曲面特征之外，系统还提供了其他的曲面创建方法。例如使用扫描混合的方法、螺旋扫描的方法、边界混合的方法，以及可变截面扫描的方法创建曲面特征。

下面首先介绍在设计中应用较为广泛的边界混合曲面特征的设计方法。在创建边界混合曲面特征时，首先定义构成曲面的边界曲线，然后由这些边界曲线围成曲面特征。如果需要创建更加完整和准确的曲面形状，可以在设计过程中使用更多的参照图元，例如控制点、边界条件及附加曲线等。

16.4.1 边界混合曲面特征概述

新建零件文件后，在菜单栏中选择【插入】|【边界混合】命令，或在右工具栏中单击按钮，都可以打开边界混合曲面设计工具，如图 16-28 所示。

此时将在设计界面底部打开如图 16-29 所示的操控板。

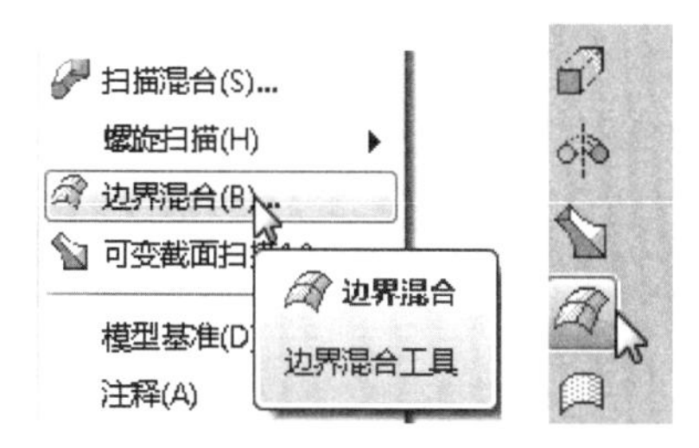

图 16-28　边界混合曲面设计工具

图 16-29　【边界混合】操控板

创建边界混合曲面特征时，需要依次指明围成曲面的边界曲线。既可以在一个方向上指定边界曲线，也可以在两个方向上指定边界曲线。此外，为了获得理想的曲面特征，还可以指定控制曲线来调节曲面的形状。

在创建边界混合曲面特征时，最重要的工作是选取适当的参照图元来确定曲面的形状。选取参照图元时要注意以下要点：

- 曲线、实体边、基准点、基准曲线或实体边的端点等均可作为参照图元使用。
- 在每个方向上，都必须按连续的顺序选择参照图元。不过，在选定参照图元后还可以对其重新进行排序。
- 对于在两个方向上定义的混合曲面来说，其外部边界必须形成一个封闭的环，这意味着外部边界必须相交。若边界不终止于相交点，系统将自动修剪这些边界。
- 如果要使用连续边或一条以上的基准曲线作为边界，可按住 Shift 键来选取曲线链。

16.4.2 创建单一方向上的边界混合曲面特征

单一方向的边界混合曲面特征的创建方法比较简单，只需依次指定曲面经过的曲线，系统将这些曲线顺次连成光滑过渡的曲面。

1. 参照的设置

单击操控板上的【曲线】按钮，弹出如图 16-30 所示的参照设置选项卡。

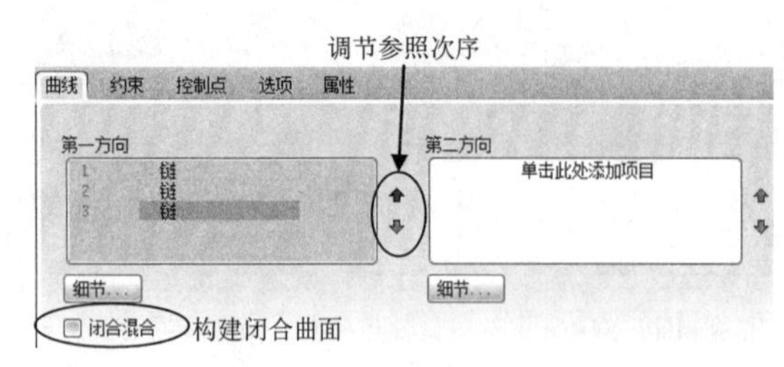

图 16-30　参照设置选项卡

首先激活第一方向的参数列表框，配合 Ctrl 键依次选取参照图元来构建边界混合曲面。在图 16-31 中，依次选取曲线 1、曲线 2 和曲线 3，最后创建的边界混合曲面如图 16-32 所示。

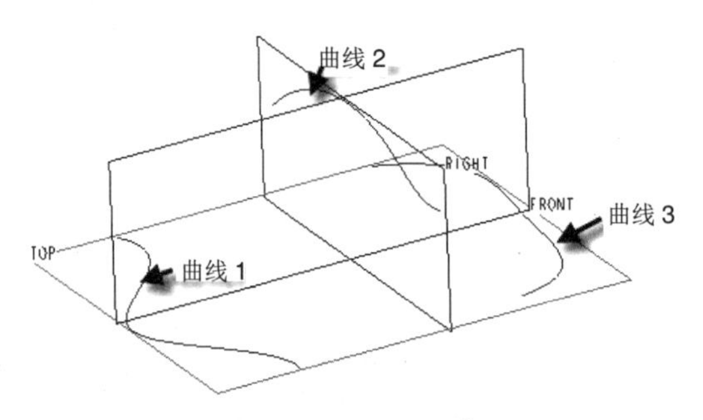

图 16-31　使用曲线作为参照图元

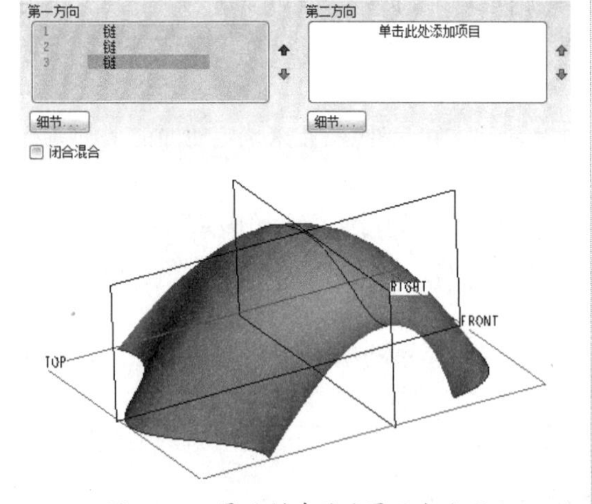

图 16-32　最后创建的边界混合曲面

2. 参照顺序的调整

在创建边界混合曲面时，不同的参照顺序将影响最后创建的曲面形状。要调整参照顺序，首先在参照列表框中选中某一参照图元，然后单击列表框右侧的⬆按钮或⬇按钮即可。如图 16-33 所示是调整参照顺序后的结果。

> **技术要点**
>
> 在参照列表框中，当用鼠标指向某一参照图元时，在模型上对应的图元将以蓝色加亮显示。

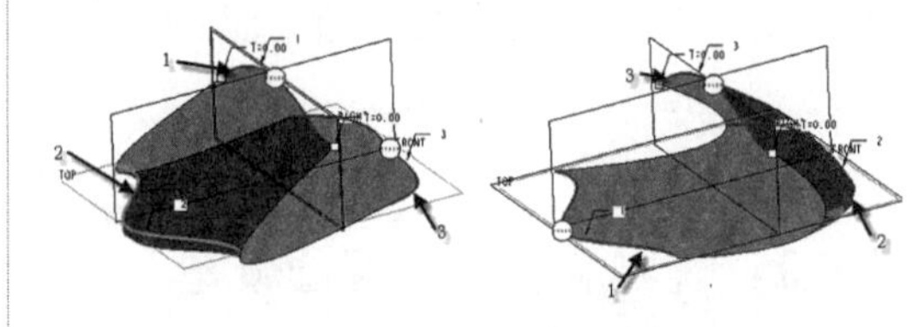

图 16-33　调整参照顺序

3. 闭合混合

如果在参照选项卡中选中【闭合混合】复选框，此时系统将第一条曲线和最后一条曲线混合生成封闭曲面，如图 16-34 所示。

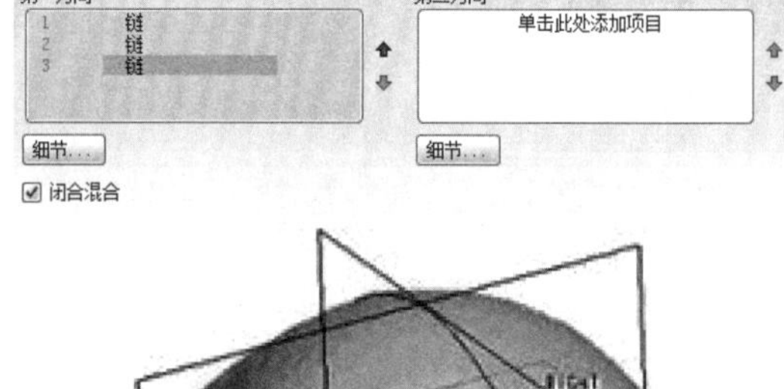

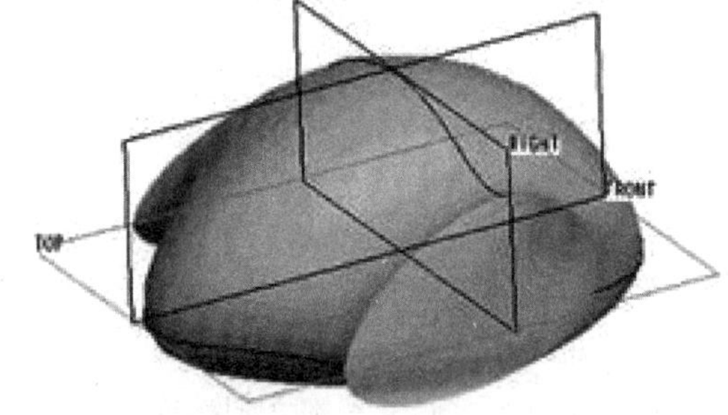

图 16-34　闭合混合

4. 使用影响曲线来创建边界混合曲面特征

影响曲线用来调节曲面形状。当一条曲线被选作影响曲线后，曲面不一定完全经过该曲线，而是根据设定的平滑度值的大小逼近该曲线。单击操控板上的按钮，打开如图 16-35 所示的选项卡。

下面介绍【选项】选项卡上的基本内容。

- 【影响曲线】列表框：激活该列表框，选取曲线作为影响曲线。选取多条影响曲线时按住 Ctrl 键。

- 【平滑度因子】：是一个 0~1 的实数。数值越小，边界混合曲面愈逼近选定的影响曲线。
- 【在方向上的曲面片】：控制边界混合曲面沿两个方向的曲面片数。曲面片数量越大，曲面越逼近影响曲线。若使用一种曲面片数构建曲面失败，则可以修改曲面片数量重新构建曲面。曲面片数量的范围是 1~29。

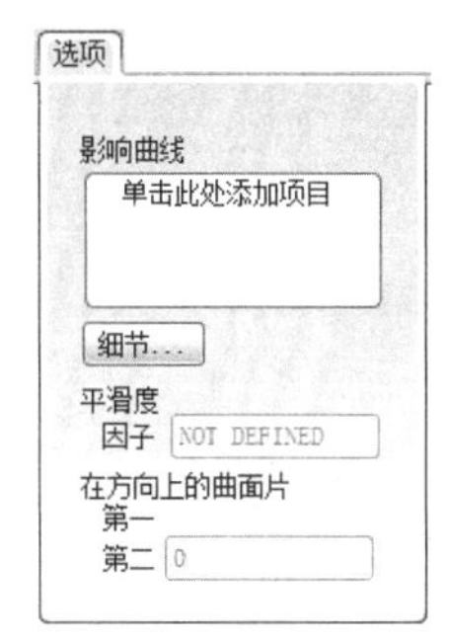

图 16-35　设置影响曲线

在图 16-36 中，选取图示的边界曲线和影响曲线，读者可以对比平滑度数值不同时曲面形状有何差异。

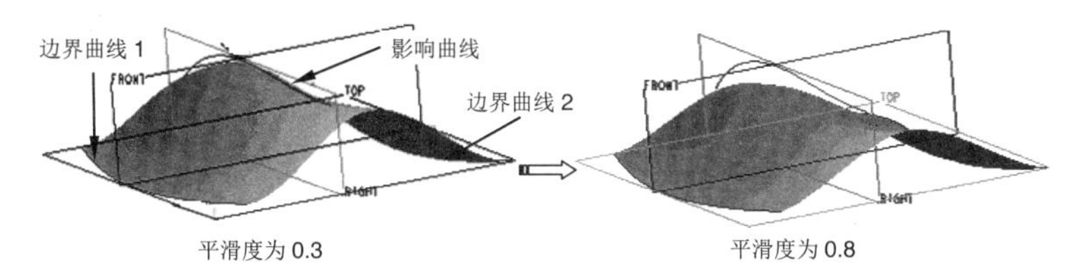

图 16-36　影响曲线的应用

16.4.3　创建双方向上的边界混合曲面

创建两个方向上的边界混合曲面时，除了指定第一个方向的边界曲线外，还必须指定第二个方向上的边界曲线。创建曲面时，首先在【曲线】选项卡中激活【第一方向】参照列表框，选取符合要求的图元后；接着激活右侧的【第二方向】参照列表框，继续选取参照图元。

在图 16-37 中，选取曲线 1 和曲线 2 作为第一方向上的边界曲线；选取曲线 3 和曲线 4 作为第二方向的边界曲线，最后创建的边界混合曲面特征如图 16-38 所示。

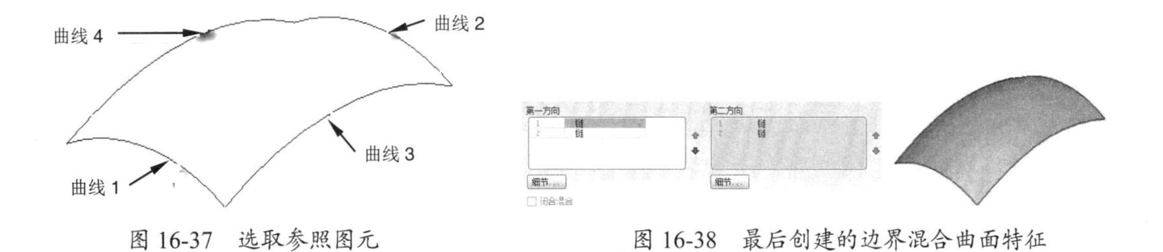

图 16-37　选取参照图元　　　图 16-38　最后创建的边界混合曲面特征

技术要点

在创建两个方向的边界混合曲面时，使用的基准曲线必须首尾相连构成封闭曲线，而且线段之间不允许有交叉。因此，在创建这些基准曲线时，必须使用对齐约束工具严格限制曲线端点的位置关系，使之两两完全对齐。

16.4.4　使用约束创建边界混合曲面

如果要创建精确形状的曲面特征，可以使用系统提供的特殊设计工具实现。下面先简要介绍约束工具的使用。

在操控板左上角单击【约束】按钮，打开如图 16-39 所示约束选项卡，使用该选项卡可以以边界曲线为对象通过为其添加约束的方法来规范曲面的形状：

对于每一条边界曲线，可以为其指定以下 4 种约束条件之一。

- 【自由】：没有沿边界设置相切条件。
- 【相切】：混合曲面沿边界与参照曲面相切，参照曲面在【约束】选项卡下部的列表框中指定。
- 【曲率】：混合曲面沿边界具有曲率连续性。
- 【垂直】：混合曲面与参照曲面或基准平面垂直。

图 16-39　约束选项卡

下面结合介绍边界混合曲面特征的设计过程。

动手操作——创建三棱锥曲面

本例将综合使用填充和边界混合曲面的方法创建一个正四面体曲面，设计过程如图 16-40 所示。

在本实例中，注意掌握以下设计要点：

- 填充曲面的设计方法。
- 基本曲线的设计技巧。
- 边界混合曲面的设计技巧。

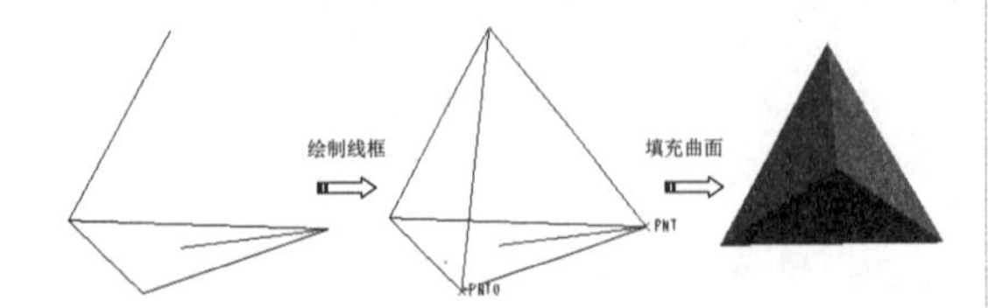

图 16-40　基本建模过程

操作步骤：

1. 创建填充曲面

01 新建一个名为【4f_surface】的零件文件。

02 在菜单栏中选择【编辑】|【填充】命令，打开设计操控板。在操控板的【参照】选项卡中单击【定义】按钮打开【草绘】对话框，选择基准平面 TOP 作为草绘平面，接受其他所有默认参照后，进入草绘模式。

03 在草绘平面内绘制边长为 100 的正三角形，如图 16-41 所示，完成后退出草绘模式。在操控板上单击【应用】按钮，生成的填充曲面如图 16-42 所示。

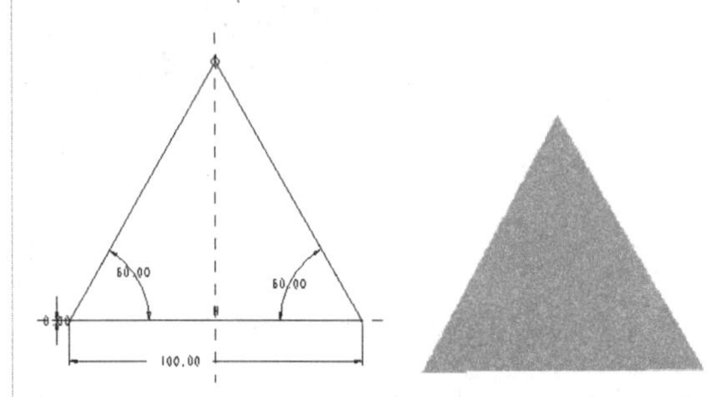

图 16-41　草绘正三角形截面　图 16-42　填充曲面

2. 创建基准曲线

01 在右工具栏中单击【草绘】按钮，打开【草绘】对话框，选取基准平面 TOP 作为草绘平面进入草绘模式。

02 在右工具栏中使用【几何中心线】工具创建一条辅助线（三角形的角平分线），接着使用【线】工具绘制如图 16-43 所示的直线，完成后退出草绘模式。

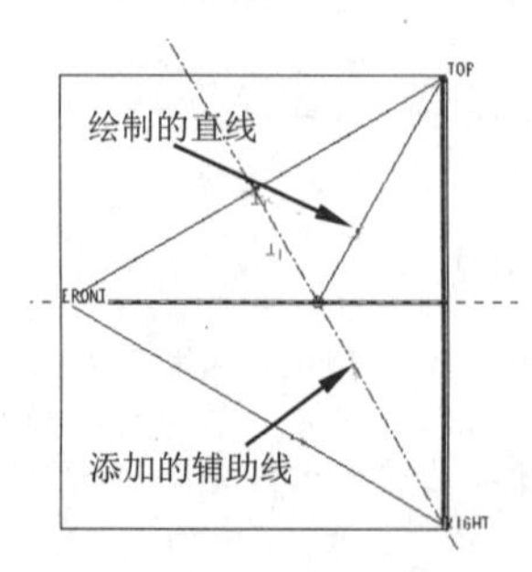

图 16-43　绘制曲线

03 再单击【草绘】按钮，打开【草绘】对话框，选取基准平面 FRONT 作为草绘平面，按照如

图 16-44 所示增加标注和约束参照。完成参数设置后的【参照】窗口如图 16-45 所示。

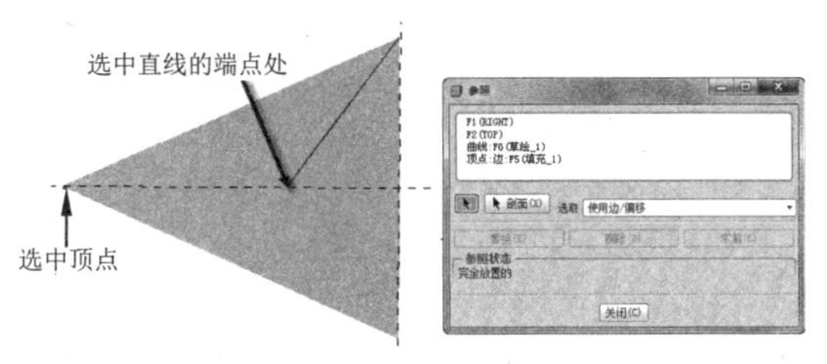

图 16-44　选取参照　　图 16-45　【参照】窗口

04 绘制如图 16-46 所示的垂直中心线。接着绘制一长度为 100 的直线，直线起点在三角形顶点上，另一端点在垂直中心线上，如图 16-47 所示，完成后退出草绘模式。

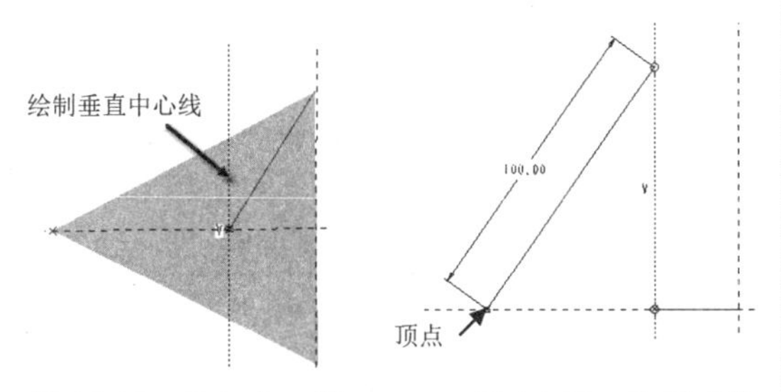

图 16-46　绘制中心线　　图 16-47　绘制直线

05 在右工具栏中单击【点】按钮，打开【基准点】对话框，依次选取正三角形的其余两个顶点作为参照，创建基准点 PNT0 和 PNT1，如图 16-48 所示。

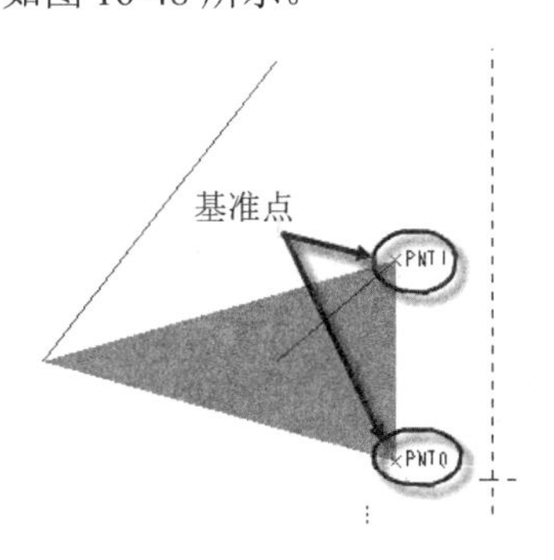

图 16-48　创建基准点

06 单击【曲线】按钮，在弹出的【曲线选项】菜单中选择【经过点】和【完成】命令，在【连接类型】菜单中依次选择【样条】、【整个阵列】和【添加点】命令，接着选中基准点 PNT0 和草绘曲线的上端点，最后在【连接类型】菜单中选择【完成】命令，在模型对话框中单击【确定】按钮，完成基准曲线的创建。使用类似的方法经过基准点 PNT1 和草绘曲线的上端点创建另一条基准曲线，结果如图 16-49 所示。

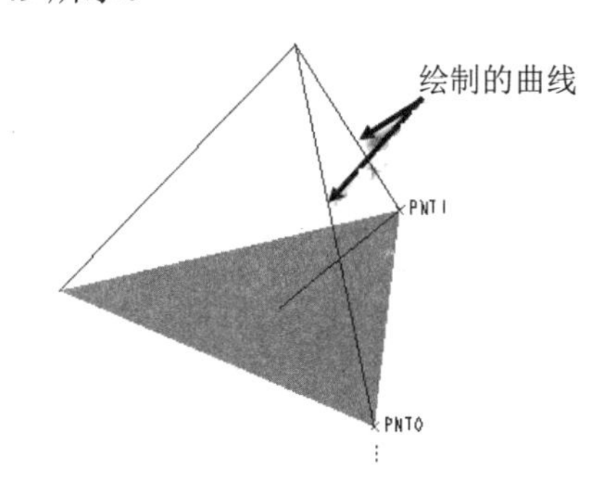

图 16-49　创建基准曲线

3. 创建边界混合曲面

01 在右工具栏中单击【边界混合】按钮，打开边界混合曲面设计操控板，单击左上角的【曲线】按钮打开【曲线】选项卡，激活【第一方向】边界曲线收集器，如图 16-50 所示。

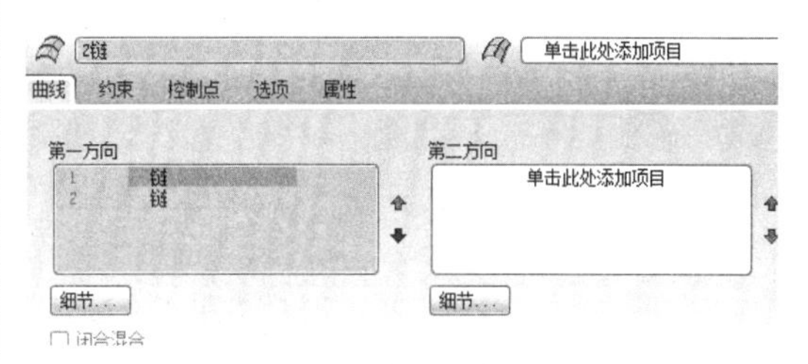

图 16-50　【曲线】选项卡

02 按照如图 16-51 所示选取两条边，单击操控板上的【应用】按钮，边界曲面如图 16-52 所示。

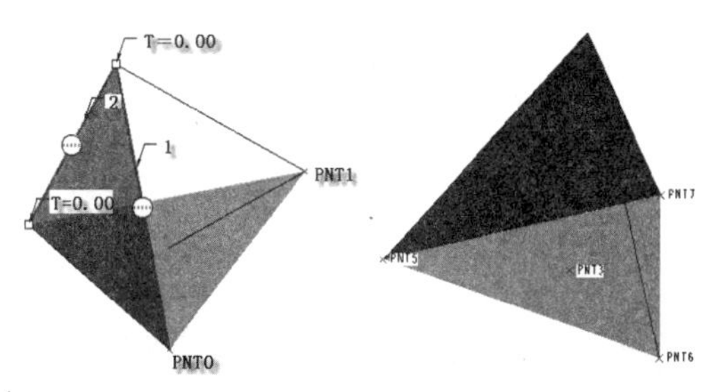

图 16-51　选取边线　　图 16-52　边界混合曲面

03 使用同样的方法创建另外两个边界混合曲面，设计结果如图 16-53 所示。

04 在模型树窗口中选中所有基准曲线，在其上右击，在弹出的右键快捷菜单中选择【隐藏】命令，隐藏这些曲线。最终设计结果如图 16-54 所示。

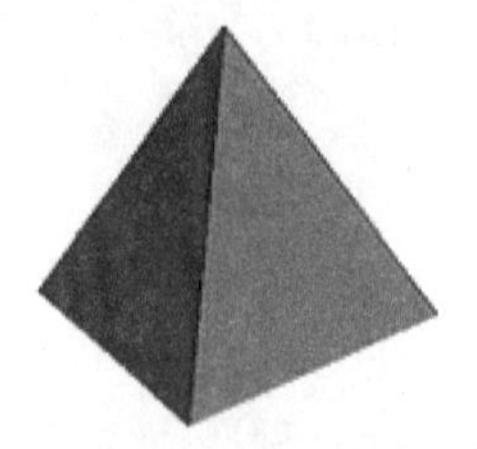

图 16-53　另外两个边界混合曲面的创建

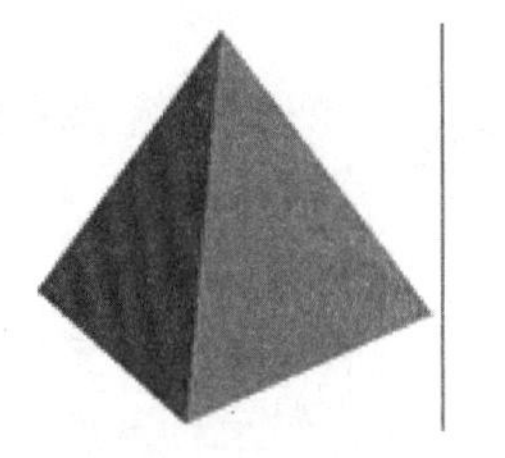

图 16-54　最终设计结果

16.5　创建螺旋扫描曲面特征

使用螺旋扫描的方法可以创建螺旋状的曲面特征。

动手操作——创建螺旋扫描曲面

下面结合操作实例介绍螺旋扫描曲面特征的设计过程。

01 新建名为【helix】的零件文件。

02 在菜单栏中依次选择【插入】|【螺旋扫描】|【曲面】命令，在弹出的【属性】菜单中接受系统的默认选项，如图 16-55 所示，然后选择【完成】命令。

03 选取基准平面 TOP 作为草绘平面，接受系统所有默认参照放置草绘平面，进入二维草绘模式。

04 使用按钮绘制如图 16-56 所示的扫描轨迹线，完成后退出草绘模式。

05 根据系统提示输入节距数值 50.00，再单击【接受值】按钮。

06 在图中的十字交叉线处绘制如图 16-57 所示的圆，完成后退出草绘模式。

07 在模型对话框中单击【确定】按钮，最后生成的螺旋扫描曲面如图 16-58 所示。

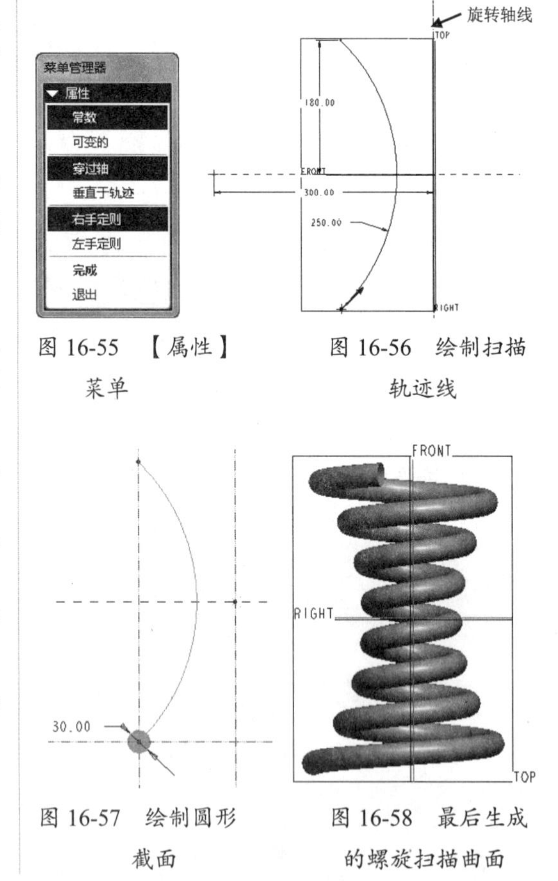

图 16-55　【属性】菜单

图 16-56　绘制扫描轨迹线

图 16-57　绘制圆形截面

图 16-58　最后生成的螺旋扫描曲面

16.6　创建扫描混合曲面特征

扫描混合曲面综合了扫描特征和混合特征的特点，在建模时首先选取扫描轨迹线，然后在轨迹线上设置一组参考点，在各个参考点处绘制一组截面，将这些截面扫描混合后创建扫描混合曲面。

动手操作——创建混合扫描曲面

下面结合操作实例介绍扫描混合曲面特征的设计过程。

01 新建名为【sweep_blend】的零件文件。

02 在菜单栏中依次选择【插入】|【扫描混合】命令，弹出【扫描混合】操控板，接受默认选项【草绘截面】和【垂直于原始轨迹】。

03 单击右工具栏中的【草绘】按钮，选取基准平面 TOP 作为草绘平面，接受系统所有默认参照进入二维草绘模式，如图 16-59 所示。

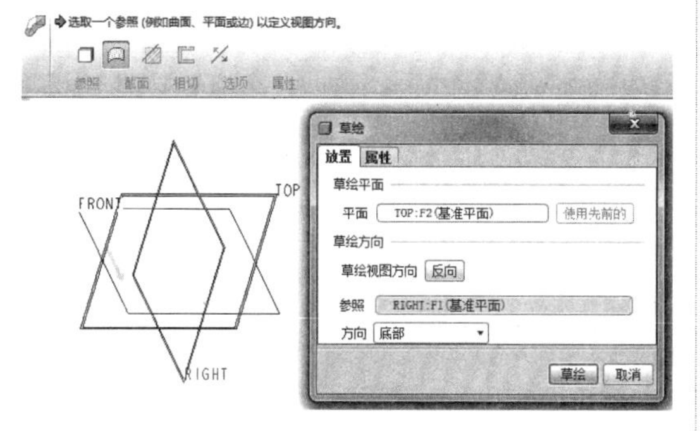

图 16-59　选择草绘平面

04 使用样条曲线工具绘制如图 16-60 所示的扫描轨迹线，完成后退出草绘模式。注意，该曲线上共有 6 个控制点。

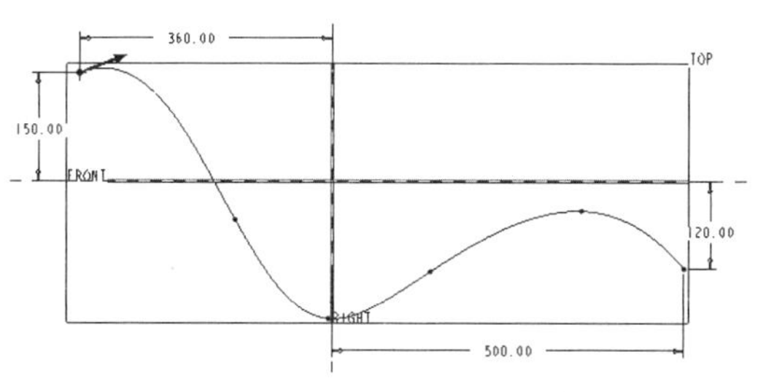

图 16-60　绘制扫描轨迹线

05 单击操控板中的【退出暂停模式】按钮，激活操控板。在【截面】选项卡中激活【截面位置】收集器，然后选择扫描轨迹的起点作为参考，如图 16-61 所示。

06 输入旋转角度 45°，然后单击【草绘】按钮，进入草绘模式绘制第 1 个截面，如图 16-62 所示，完成后退出草绘模式。

07 在【截面】选项卡中单击【插入】按钮，然后指定第 2 个截面的位置，并输入旋转角度 45°，随后单击【草绘】按钮进入草绘模式，绘制如图 16-63 所示的第 2 个扫描截面。

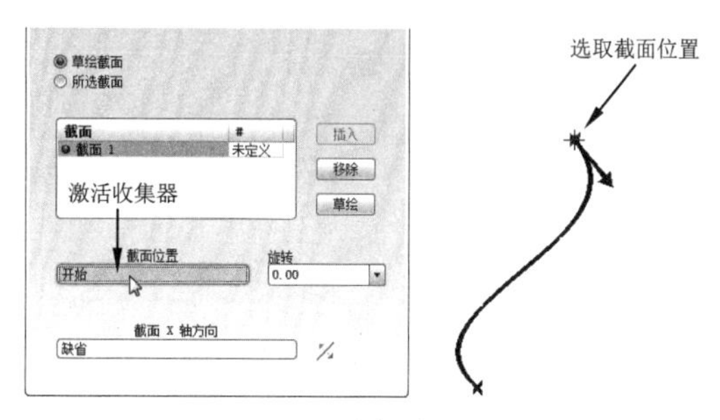

图 16-61　选择截面位置

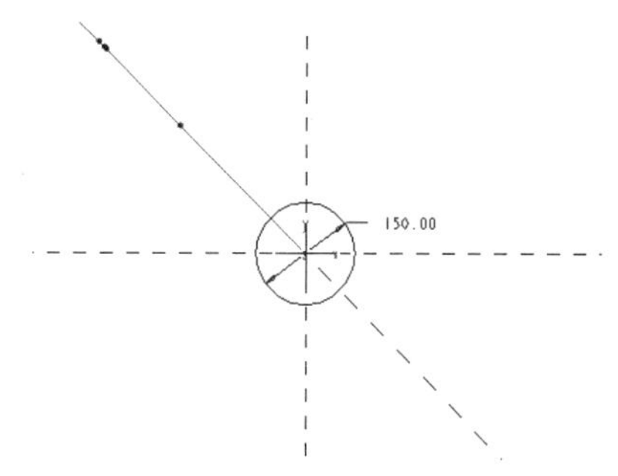

图 16-62　绘制第 1 个扫描截面

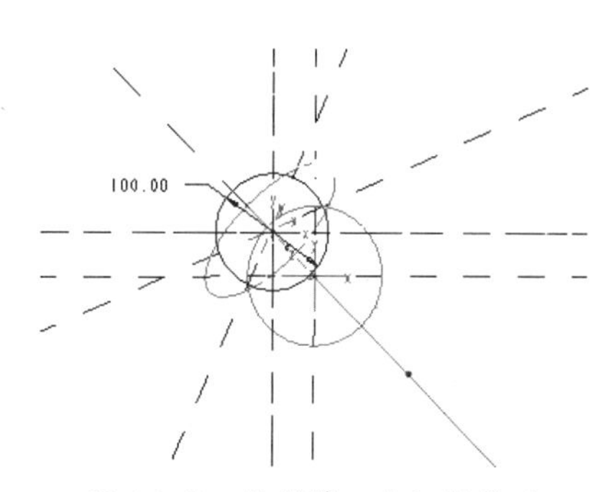

图 16-63　绘制第 2 个扫描截面

08 同理，再绘制截面平面旋转角度为 45° 的第 3 个截面，如图 16-64 所示。

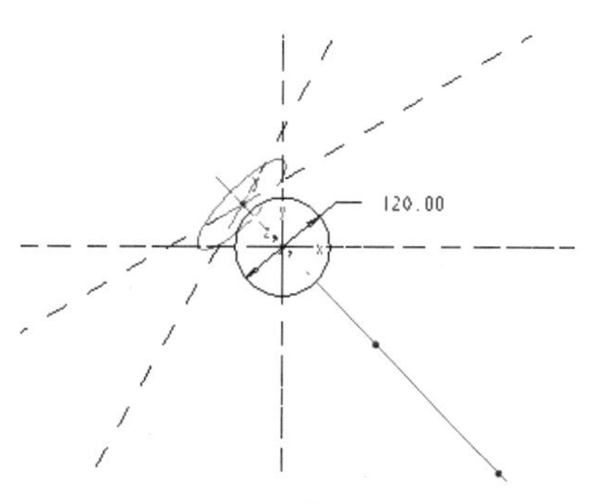

图 16-64　绘制第 3 个扫描截面

09 以此类推，重复截面绘制操作，继续绘制如图 16-65 至图 16-67 所示的 3 个扫描截面。

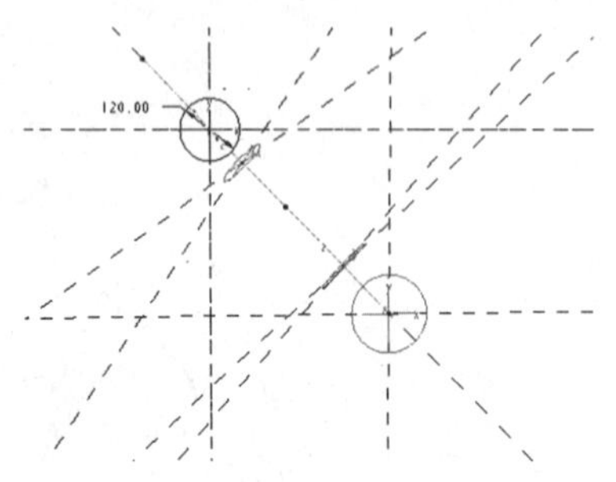

图 16-65　绘制第 4 个扫描截面

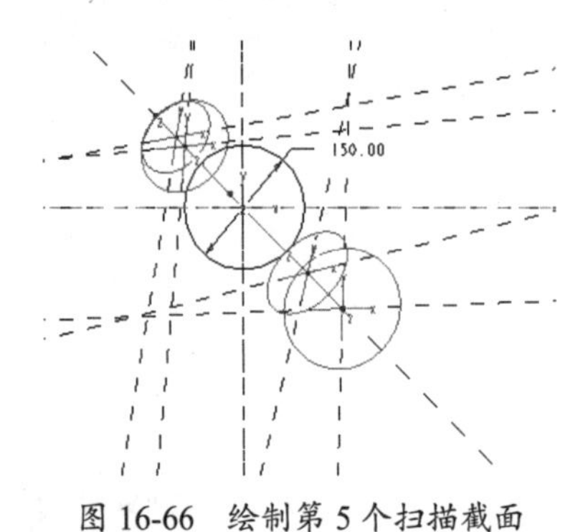

图 16-66　绘制第 5 个扫描截面

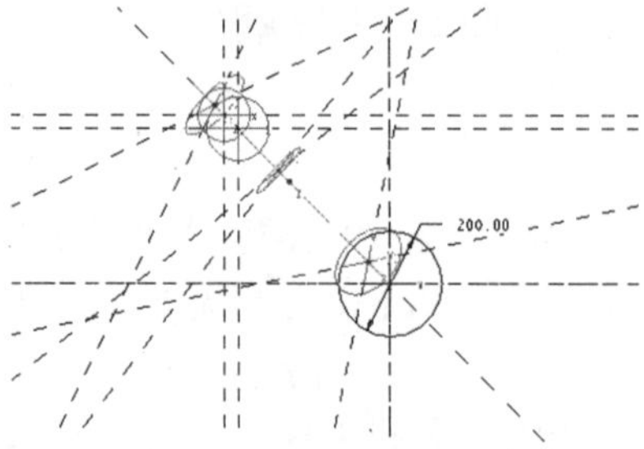

图 16-67　绘制第 6 个扫描截面

10 最后在操控板中单击【应用】按钮创建扫描曲面特征。如图 16-68 所示。

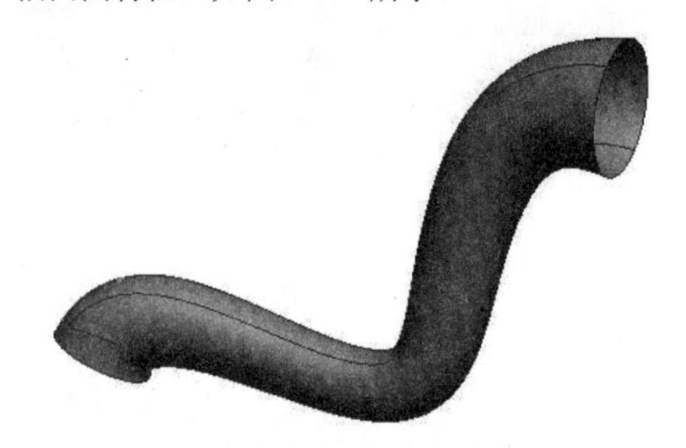

图 16-68　创建的扫描混合曲面特征

16.7 创建可变截面扫描曲面特征

在 Pro/E 中，扫描设计方法具有多种形式。在基本扫描方法中，将一个扫描截面沿一定的轨迹线扫描运动后生成曲面特征，虽然轨迹线的形式多样，但由于扫描截面是固定不变的，所以最后创建的曲面相对比较单一。扫描混合综合了扫描和混合两种建模方法的特点，设计结果更加富于变化。下面将介绍使用可变截面扫描方法创建曲面的基本过程，使用这种方法创建的曲面变化更加丰富。

16.7.1 可变截面扫描的原理

顾名思义，可变截面扫描就是使用可以变化的截面创建扫描特征。因此从原理上讲，可变截面扫描应该具有扫描的一般特点：截面沿着轨迹线做扫描运动。

1. 可变截面的含义

可变截面扫描的核心是截面【可变】，截面的变化主要包括以下几个方面：

- 方向：可以使用不同的参照确定截面扫描运动时的方向。
- 旋转：扫描时可以绕指定轴线适当旋转截面。
- 几何参数：扫描时可以改变截面的尺寸参数。

2. 两种截面类型

在可变截面扫描中通过对多个参数进行综合控制从而获得不同的设计效果。在创建可变截面扫描时，可以使用以下两种截面形式，其建模原理有一定的差别。

- 可变截面：通过在草绘截面图元与其扫描轨迹之间添加约束，或使用由参数控制的截面关系式使草绘截面在扫描运动过程中可变。
- 恒定截面：在沿轨迹扫描的过程中，草绘截面的形状不发生改变，而唯一发生变化的是截面所在框架的方向。

总结可变截面扫描的创建原理（如图 16-69 所示）：将草绘的扫描截面放置在草绘平面上，再将草绘平面附加到作为主元件的扫描轨迹上，并沿轨迹长度方向移动来创建扫描特征。扫描轨迹包括原始轨迹及指定的其他轨迹，设计者可以使用这些轨迹和其他参照（如平面、轴、边或坐标系）来定义截面的扫描方向。

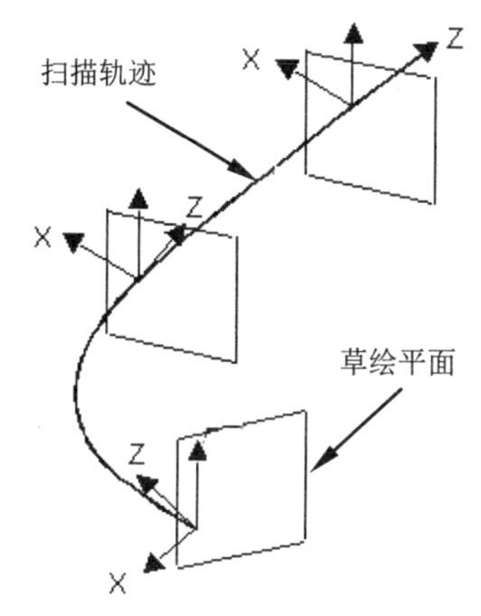

图 16-69　可变截面扫描的基本要素

技术要点

在可变剖面扫描中，框架的作用不可小视，因为它决定着草绘沿原始轨迹移动时的方向。

3. 可变截面扫描的一般步骤

可变截面扫描主要设计步骤如下：

（1）创建并选取原始轨迹。

（2）打开【可变截面扫描】工具。

（3）根据需要添加其他轨迹。

（4）指定截面控制及水平 / 垂直方向控制参照。

（5）草绘截面。

（6）预览设计结果并创建特征。

如图 16-70 所示为可变截面扫描曲面特征的设计示例。

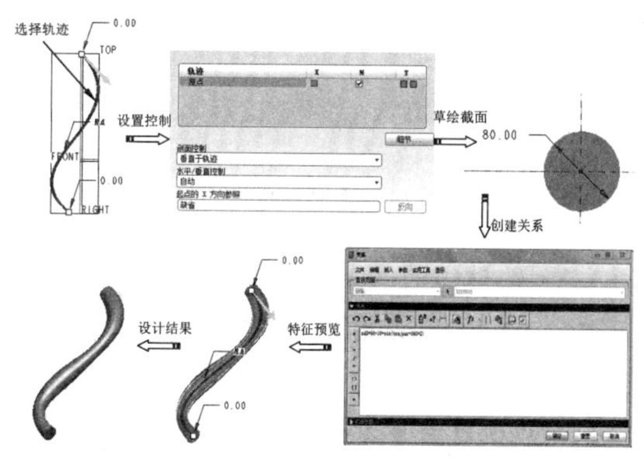

图 16-70　可变截面扫描曲面设计示例

4. 设计工具介绍

如图 16-71 所示，在菜单栏中依次选择【插入】|【可变截面扫描】命令，或在右工具栏中单击【可变截面扫描】按钮，打开如图 16-72 所示的设计操控板。

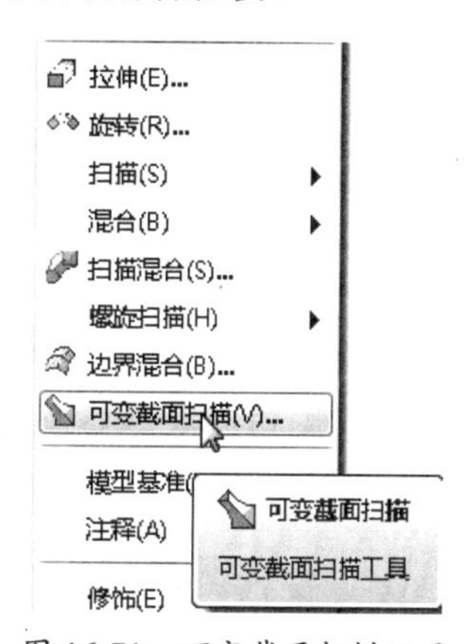

图 16-71　可变截面扫描工具

图 16-72　设计操控板

16.7.2　可变截面扫描设计过程

在操控板上的【参照】选项卡，用来选择扫描轨迹、设置截面的控制、起点的 X 向参照等操作，如图 16-73 所示。

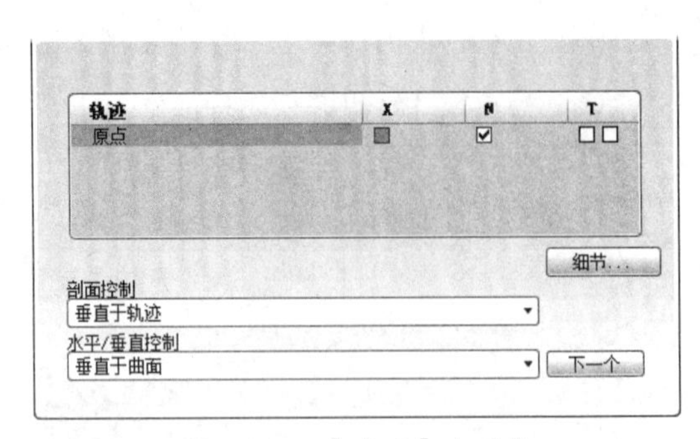

图 16-73 【参照】选项卡

1. 选取轨迹

首先向选项卡顶部的轨迹列表框中添加扫描轨迹。在添加轨迹时，如果同时按住Ctrl键可以添加任意多个轨迹。

可变截面扫描时可以使用以下几种轨迹类型：

- 【原点轨迹】：在打开设计工具之前选取的轨迹，即基础轨迹线，具备引导截面扫描移动与控制截面外形变化的作用。
- 【法向轨迹】：需要选取两条轨迹线来决定截面的位置和方向，其中原始轨迹用于决定截面中心的位置，在扫描过程中的截面始终保持与法向轨迹垂直。
- 【X轨迹】：沿X坐标方向的轨迹线。

如图16-74和16-75所示是各种扫描轨迹的示例。

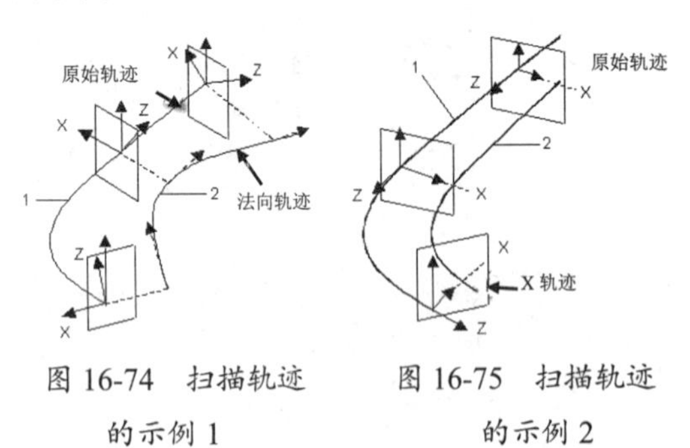

图 16-74 扫描轨迹的示例 1　　图 16-75 扫描轨迹的示例 2

可按以下方法更改选定轨迹的类型：

- 选中轨迹旁的X复选框使该轨迹成为X轨迹，但是第一个选取的轨迹不能是X轨迹。
- 选中轨迹旁的N复选框使该轨迹成为法向轨迹。
- 如果轨迹存在一个或多个相切曲面，则选中T复选框。

技术要点

将原始轨迹始终保持为法向轨迹是一个值得推荐的做法。在某些情况下，如果选定的法向轨迹与沿原始轨迹的扫描运动发生冲突，则会导致特征创建失败。

对于除原始轨迹外的所有其他轨迹，在选中T、N或X复选框前，默认情况下都是辅助轨迹。注意只能选取一个轨迹作为X轨迹或法向轨迹。不能删除原始轨迹，但可以替换原始轨迹。

2. 对截面进行方向控制

在【剖面控制】下拉列表中为扫描截面选择定向方法，进行方向控制。此时系统给设计者提供了如下3项选项：

- 【垂直于轨迹】：移动框架总是垂直于指定的法向轨迹。
- 【垂直于投影】：移动框架的Y轴平行于指定方向，Z轴沿指定方向与原始轨迹的投影相切。
- 【恒定的法向】：移动框架的Z轴平行于指定方向。

3. 对截面进行旋转控制

在【水平/垂直控制】下拉列表中设置框架绕草绘平面法向的旋转运动。主要有以下3个选项：

- 【自动】：截面的旋转控制由XY方向自动定向。由于系统能计算X向量的方向，这种方法能够最大程度地降低扫描几何的扭曲。对于没有参照任何曲面的原始轨迹，该选项为默认值。
- 【垂直于曲面】：截面的Y轴垂直于原始轨迹所在的曲面。如果原点轨迹参照为曲面上的曲线、曲面的单侧边、曲面的双侧边或实体边、由曲面相交创建的曲线或两条投影曲线，该选项为默认值。

- 【X 轨迹】：截面的 X 轴过指定的 X 轨迹和沿扫描截面的交点。

4．绘制截面

设置完成参照后，操控板上的按钮被激活，单击【创建或编辑扫描剖面】按钮，进入二维草绘模式绘制截面图，如图 16-76 所示。

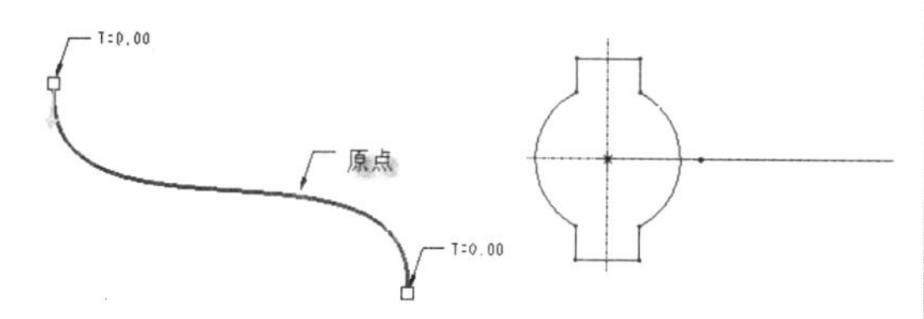

图 16-76　绘制截面图

绘制完成草绘截面后如果马上退出草绘器，此时创建的曲面为普通扫描曲面，如图 16-77 所示。此时显然没有达到预期的可变截面的效果。

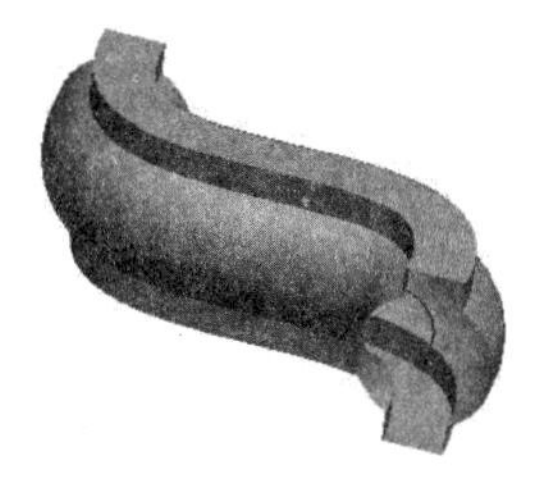

图 16-77　扫描曲面特征

接下来可以通过使用关系式的方法来获得可变截面。在菜单栏中选择【工具】|【关系】命令，打开【关系】窗口。然后在模型上拾取需要添加关系的尺寸代号，例如 sd6，再为此尺寸添加关系式【sd6=40+10*cos（10*360*trajpar）】，使该尺寸在扫描过程中按照余弦关系变化。最后创建的可变截面扫描曲面如图 16-78 所示。

如图 16-79 所示是添加了关系式的【关系】窗口。

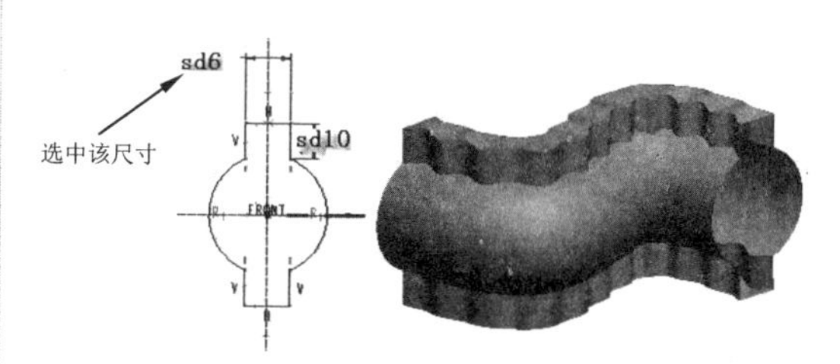

图 16-78　可变截面扫描曲面

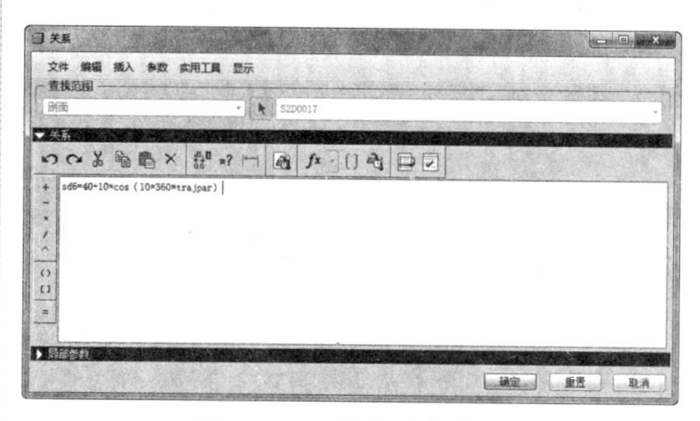

图 16-79　【关系】窗口

trajpar 参数的应用

在前面的关系式中出现了参数【trajpar】，下面简要介绍其用途。trajpar 是 Pro/E 提供的一个轨迹参数，该参数是一个从 0 到 1 的变量，在生成特征的过程中，此变量呈线性变化，它代表着扫描特征创建长度百分比。在开始扫描时，trajpar 的值是 0，而完成扫描时，该值为 1。例如，若有关系式 sd1=40+20*trajpar，尺寸 sd1 受到关系【40+20*trajpar】控制。开始扫描时，trajpar 的值为 0，sd1 的值为 40，结束扫描时，trajpar 的值为 1，sd1 的值为 60。

5．【选项】选项卡

在【可变截面】操控板中单击【选项】按钮，打开如图 16-80 所示的【选项】选项卡，在该选项卡中可以对如下参数进行设置：

- 【可变截面】：将草绘截面约束到其他轨迹（中心平面或现有几何曲线），或使用由 trajpar 参数设置的截面关系来获得变化的草绘截面。
- 【恒定截面】：在沿轨迹扫描的过程中，草绘截面的形状不变，仅截面所在框架的方向发生变化。

- 【封闭端点】：选中该复选框后，扫描的截面首末两端将会是封闭的，而非开放的，效果如图 16-81 所示。

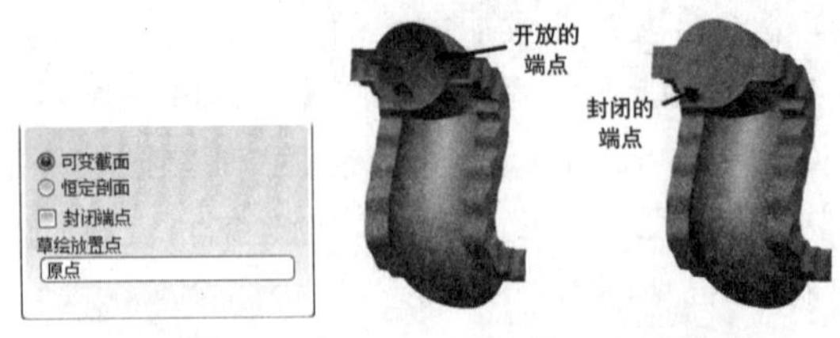

图 16-80 【选项】选项卡　　图 16-81 封闭端点示例

- 【草绘放置点】：指定【原始轨迹】上想要草绘截面的点，不影响扫描的起始点。可变截面扫描工具是一个非常有用的设计工具，应用广泛，由于本书的篇幅所限，在这里不做深入全面的介绍。

动手操作——创建水果盘

下面以可变截面扫描为基础并结合前面介绍的其他曲面设计方法，综合说明曲面设计的一般方法和过程，同时将引出曲面的编辑方法和实体化方法的应用，为稍后介绍曲面的编辑方法和实体化方法打下基础。

在本例中将运用多种创建曲面的方法，基本建模过程如图 16-82 所示。

在本例建模过程中，注意把握以下要点：

- 控制可变截面扫描参照。
- 给尺寸添加关系式的方法。
- 创建混合扫描的方法。
- 用尺寸参照驱动阵列。

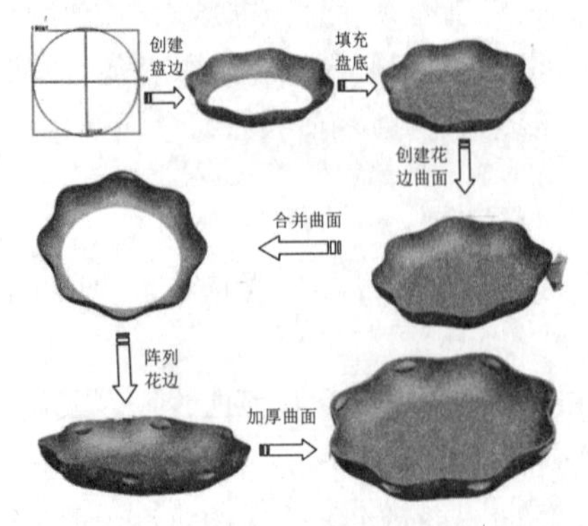

图 16-82 基本建模过程

操作步骤：

1. 创建盘沿曲面

01 新建一个名为【dish】的零件文件。

02 在右工具栏中单击【草绘】按钮，打开【草绘】对话框，选取基准平面 FRONT 为草绘平面，接受其他默认的参照设置，进入二维草绘模式。使用【圆心和点】工具绘制一直径为 100 的轨迹圆，创建如图 16-83 所示基准曲线。

03 在菜单栏中依次选择【插入】|【可变截面扫描】命令打开设计操控板。选取基准曲线作为轨迹线，将其添加到【参照】选项卡中，如图 16-85 所示。

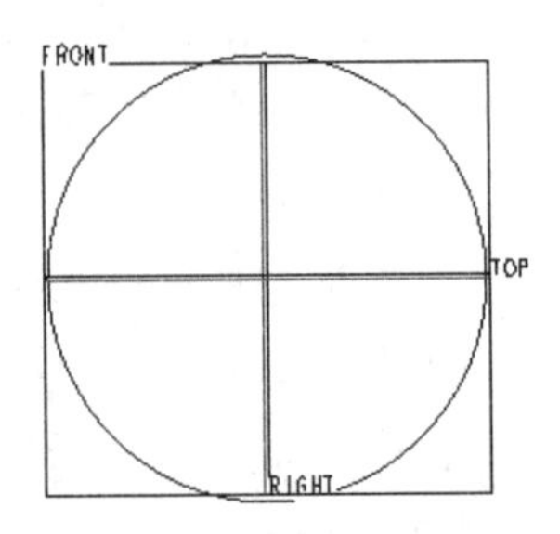

图 16-83 新建基准曲线

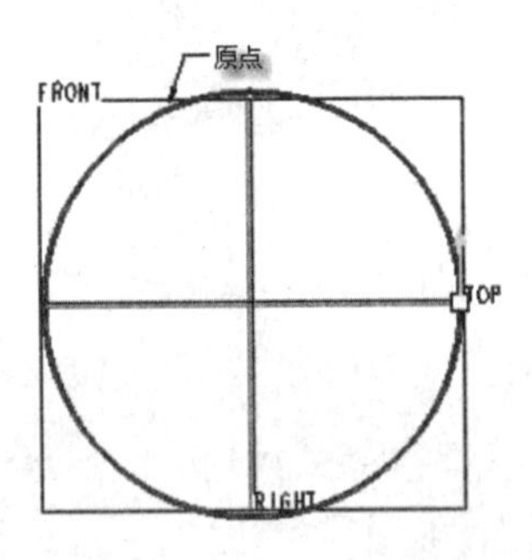

图 16-84 选取轨迹

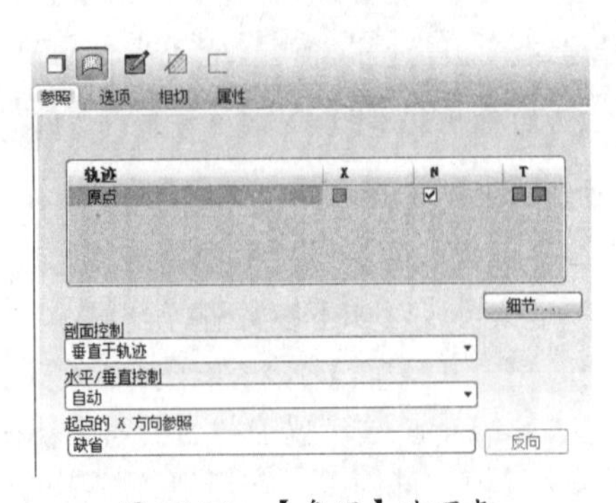

图 16-85 【参照】选项卡

04 单击操控板上的【创建或编辑扫描剖面】按钮，打开二维草绘截面，绘制如图 16-86 所示的扫描截面，注意在图中标记的地方添加约束条件。

05 在菜单栏中选择【工具】|【关系】命令，打开【关系】窗口。为如图 16-87 所示尺寸【sd5】，添加关系式 sd5=18+4*sin(trajpar*360*8)，如图 16-88 所示。

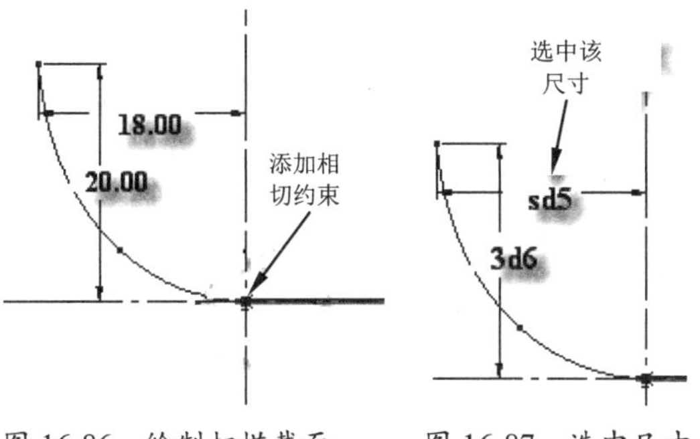

图 16-86　绘制扫描截面　　图 16-87　选中尺寸

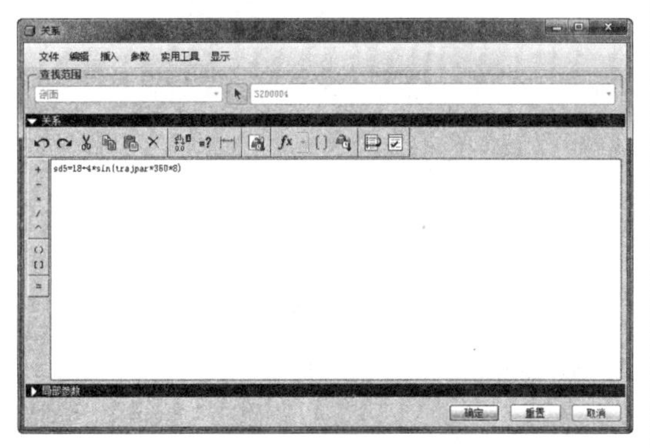

图 16-88　创建关系

06 预览设计效果，确认后生成的结果如图 16-89 所示。

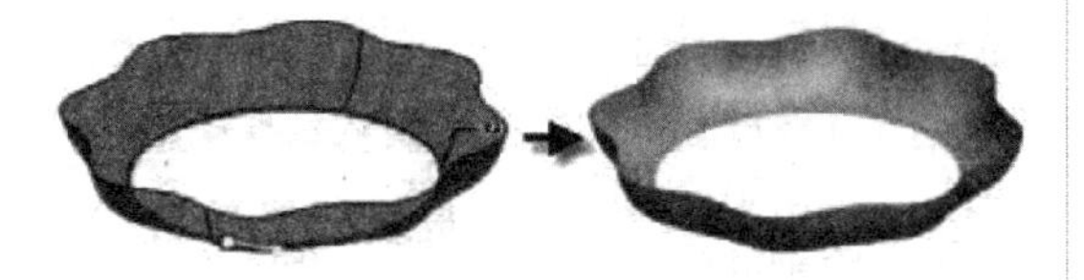

图 16-89　创建的曲面特征

07 在菜单栏中选择【编辑】|【填充】命令，打开设计操控板，选取前面创建的圆形基准曲线作为填充区域的边界，创建的填充曲面如图 16-90 所示。

2. 使用扫描混合方法创建曲面

01 在右工具栏中单击【轴】按钮，打开【基准轴】对话框，按照图 16-91 所示设置参照，创建经过两基准平面交线的基准轴线。

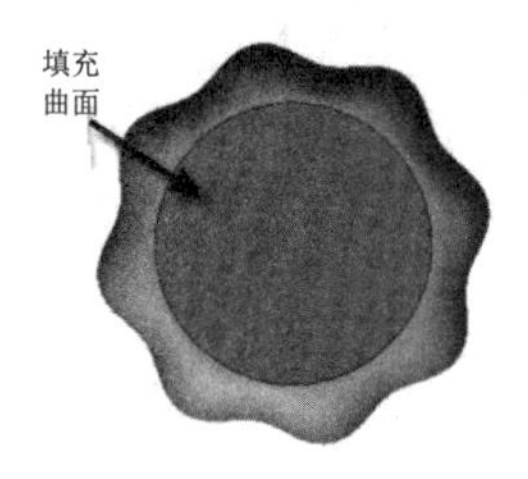

图 16-90　创建填充曲面

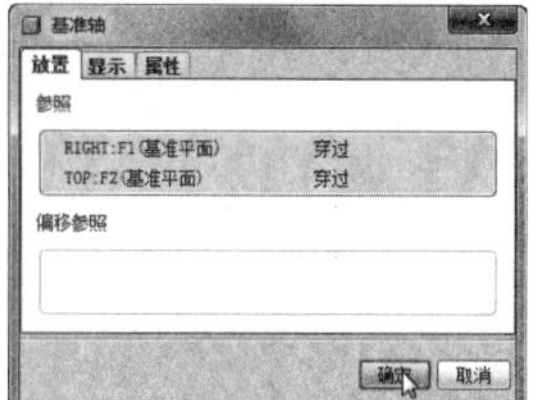

图 16-91　【基准轴】对话框

02 单击右工具栏中的【平面】按钮，打开【基准平面】对话框，按照如图 16-92 所示选中 TOP 平面和 A_1 轴作为参照，按照如图 16-93 所示设置参数，新建基准平面 DTM1，结果如图 16-94 所示。

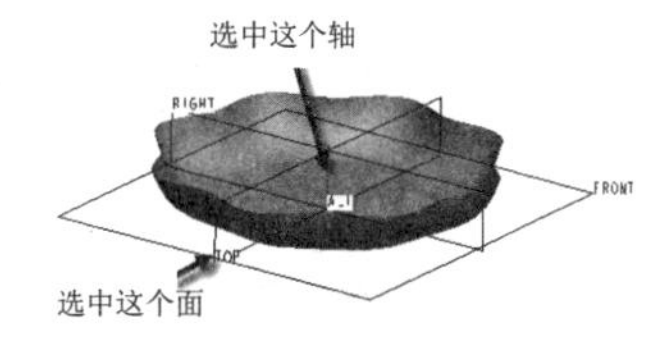

图 16-92　选取设计参照

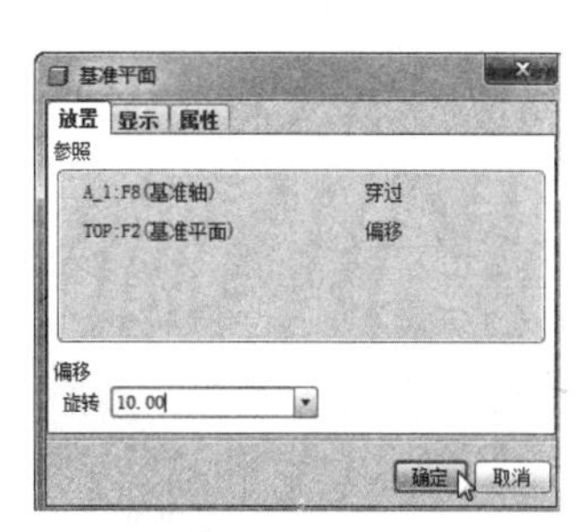

图 16-93　【基准平面】对话框

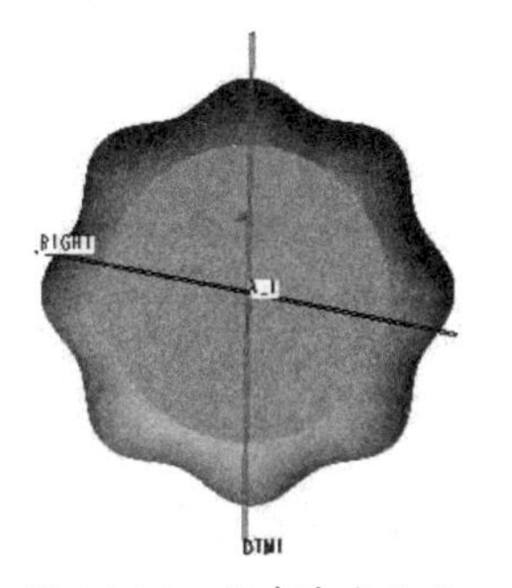

图 16-94　新建基准平面

03 在菜单栏中依次选择【插入】|【扫描混合】命令，打开【扫描混合】操控板。在右工具栏中单击【草绘】按钮，弹出【草绘】对话框。选择基准平面 DTM1 作为草绘平面，按照默认方式放置草绘平面后进入二维模式。

04 在右工具栏中单击工具，在草绘平面内绘制如图 16-95 所示的扫描轨迹线，完成后退出草绘模式。

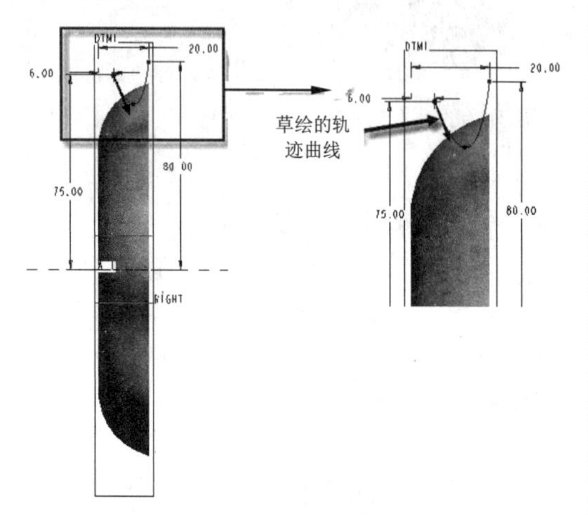

图 16-95　绘制扫描轨迹线

05 在操控板的【选项】选项卡中取消选中【封闭端点】复选框，如图 16-96 所示。

06 如图 16-97 所示，系统用【⊕】标记出轨迹上的 3 个控制点。

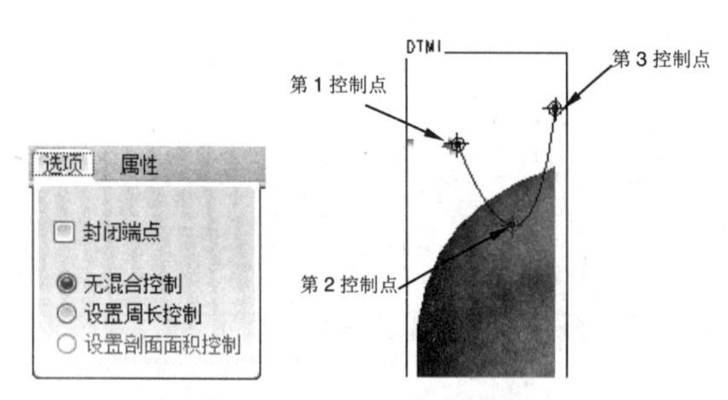

图 16-96　选择选项　　图 16-97　选取参考点

07 首先选取第 1 控制点作为开始截面的位置参考，并输入截面的旋转角度 0.00。单击【草绘】按钮进入草绘模式后，使用【样条】工具绘制如图 16-98 所示的截面 1。

08 同理，再选取第 3 控制点作为结束截面的位置参考，并单击【草绘】按钮进入草绘模式。接着绘制如图 16-99 所示的截面 2。

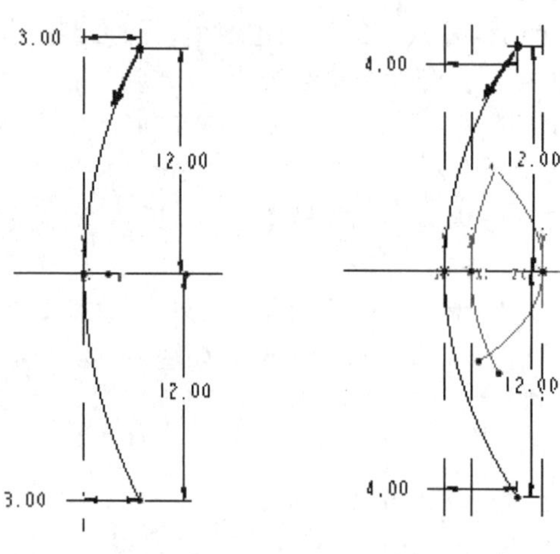

图 16-98　绘制截面 1　　图 16-99　绘制截面 2

09 最后在操控板中单击【应用】按钮，完成曲面特征的创建，如图 16-100 所示。

图 16-100　创建扫描混合曲面特征

> **技术要点**
>
> 为了便于观察，在绘制剖面时隐藏了前面创建的曲面特征。

3. 阵列曲面特征

01 如图 16-101 所示，选取上一步创建的曲面特征，然后单击右工具栏中的【阵列】按钮，打开【阵列】操控板。

02 选取阵列方式为【轴】，然后选取如图 16-102 所示的轴 A_1 作为阵列参照。

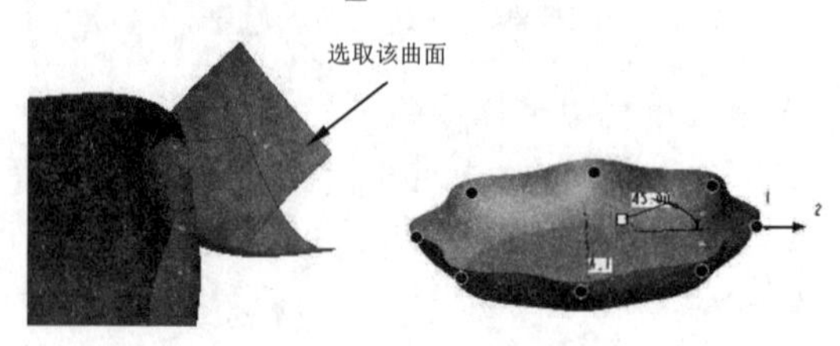

图 16-101　选中曲面　　图 16-102　设置阵列参照

03 按照图 16-103 所示设置阵列参数，这时系统会用黑点表示放置每个阵列特征的位置，设计结果如图 16-104 所示。

图 16-103　设置阵列参数

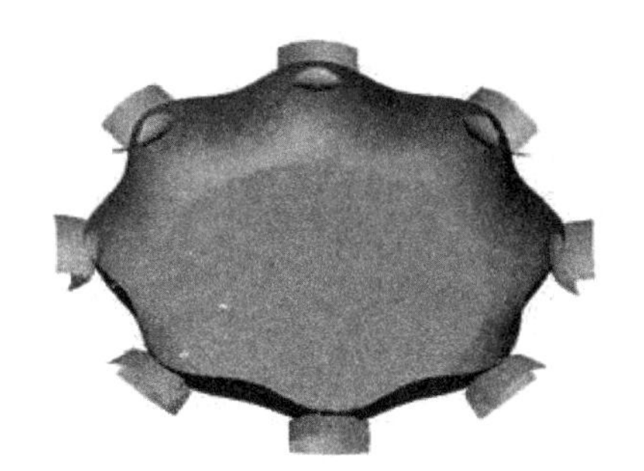

图 16-104　阵列结果

4．合并曲面特征

01 按住 Ctrl 键，选中盘沿曲面和前面创建的混合扫描曲面特征，然后在右工具栏中单击【合并】按钮，打开曲面合并操控板。通过单击操控板上的两个按钮调整曲面上箭头的指向，如图 16-105 所示。

技术要点

箭头指向为曲面合并时保留的一侧。

02 单击操控板上的【应用】按钮，最后的合并结果图 16-106 所示。

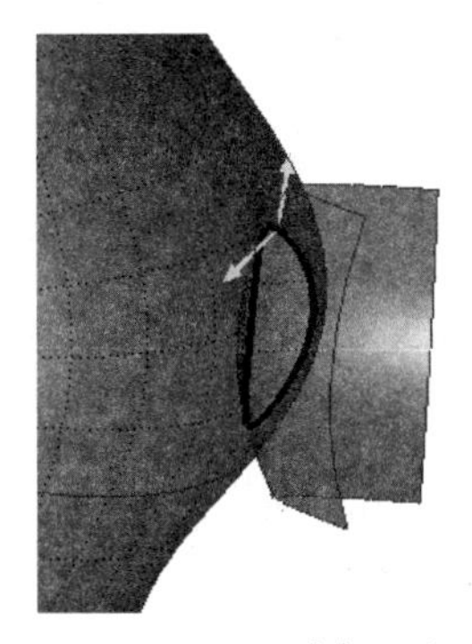

图 16-105　选择保留的曲面

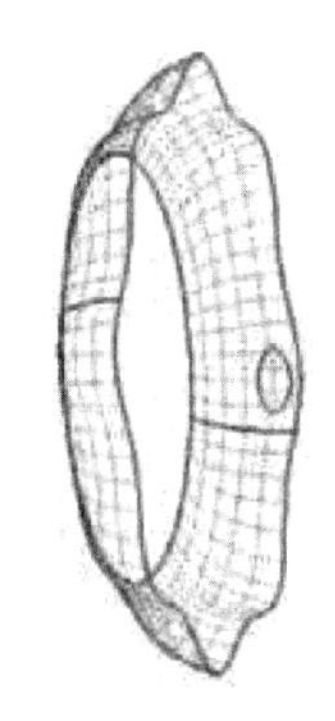

图 16-106　盘沿曲面与混合扫描曲面合并

03 重复上述合并操作，依次选取阵列后的每一个曲面与前面合并后的曲面再次进行合并，结果如图 16-107 所示。

04 再次将前面合并的曲面和盘底合并，结果如图 16-108 所示。

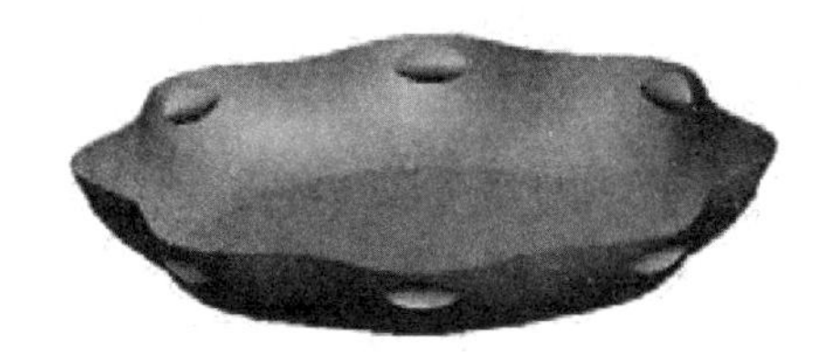

图 16-107　阵列后曲面与合并后的曲面再次合并

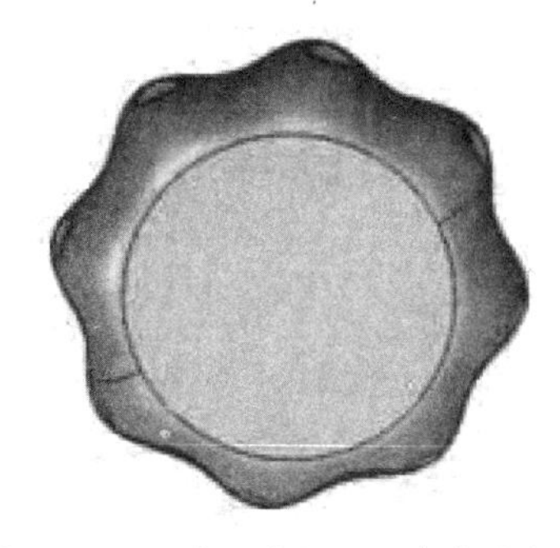

图 16-108　前面的曲面和盘底的合并

05 加厚盘壁。选中合并后的曲面，然后在【编辑】主菜单中选择【加厚】命令，打开设计操控板，按照如图 16-109 所示设置加厚厚度，将曲面实体化。适当渲染模型后，结果如图 16-110 所示。

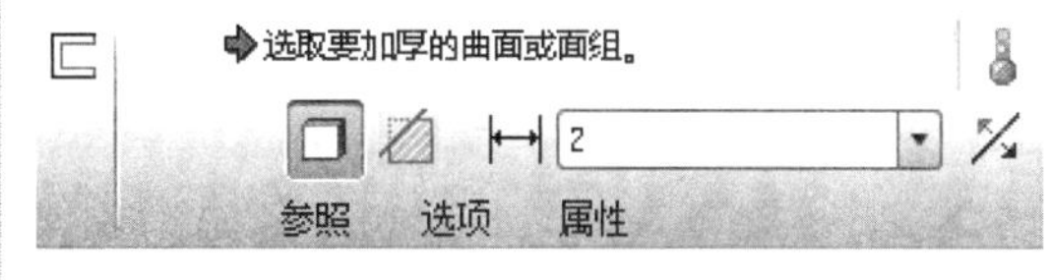

图 16-109　设置加厚厚度

图 16-110　最终设计结果

16.8 综合实训——香蕉造型

◎ 引入文件：无

◎ 结果文件：实训操作\结果文件\Ch16\xiangjiao.prt

◎ 视频文件：视频\Ch16\香蕉造型设计.avi

本例的香蕉造型主要采用了扫描混合的方法进行设计，造型逼真但设计步骤简单，极易掌握其设计要领。香蕉造型如图16-111所示。

图16-111　香蕉造型

操作步骤：

01 新建名为【xiangjiao】的模型文件。

02 单击【草绘】按钮，打开【草绘】对话框。选择TOP基准平面进入草绘模式中，如图16-112所示。

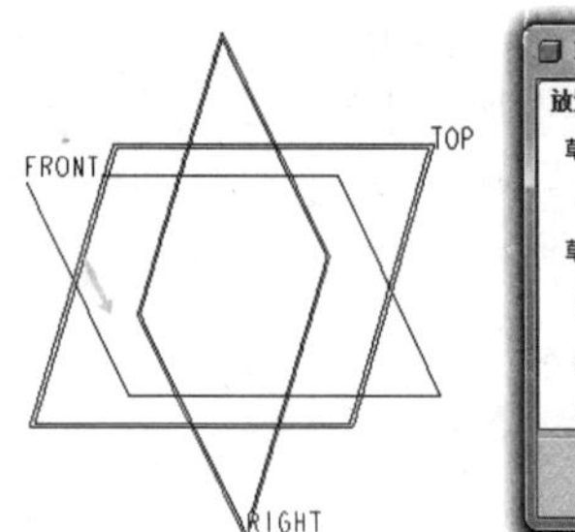

图16-112　选择草绘平面

03 在草绘模式下利用【样条】曲线命令绘制如图16-113所示的样条曲线，完成后退出草绘模式。

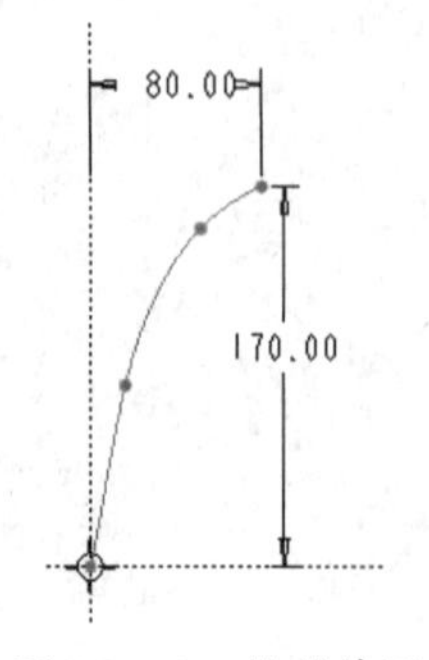

图16-113　绘制草图

04 单击【点】按钮，打开【基准点】对话框。在曲线上设置基准点PNT0的位置，然后设置位置参数，如图16-114所示。

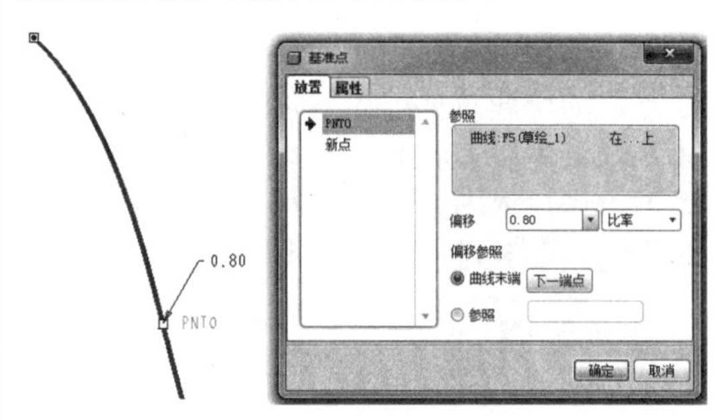

图16-114　创建基准点PNT0

05 在对话框没有关闭的情况下，多次选择【新点】选项，然后陆续创建出基准点PNT1~PNT6，如图16-115所示。

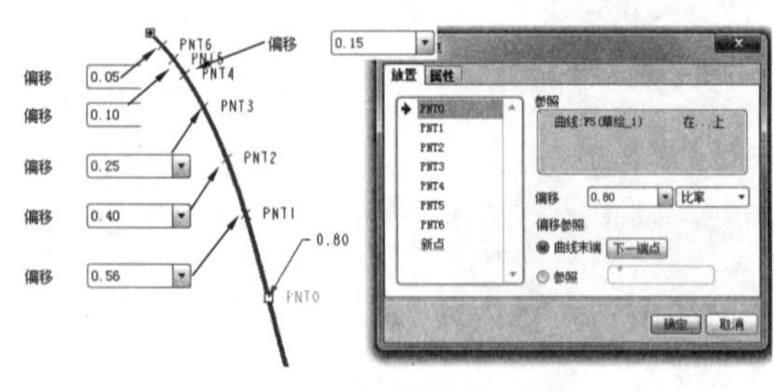

图16-115　创建其余基准点

06 在菜单栏中选择【插入】|【扫描混合】命令，打开操控板。首先选择草绘曲线作为扫描的轨迹线，如图16-116所示。

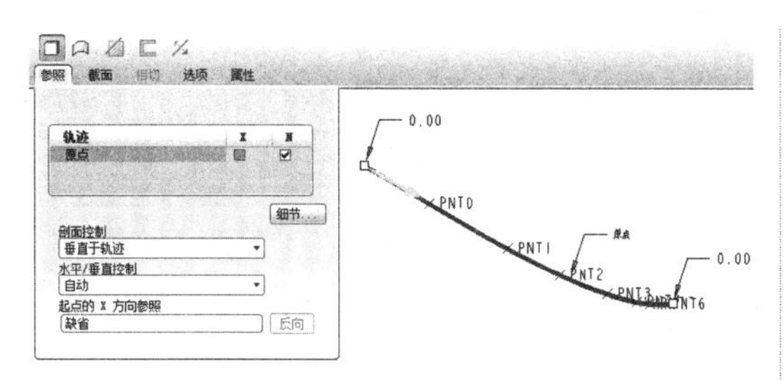

图 16-116　选择扫描轨迹线

07 在操控板的【截面】选项卡中，激活【截面位置】下方的收集器，然后选择截面 1 的参考点，如图 16-117 所示。

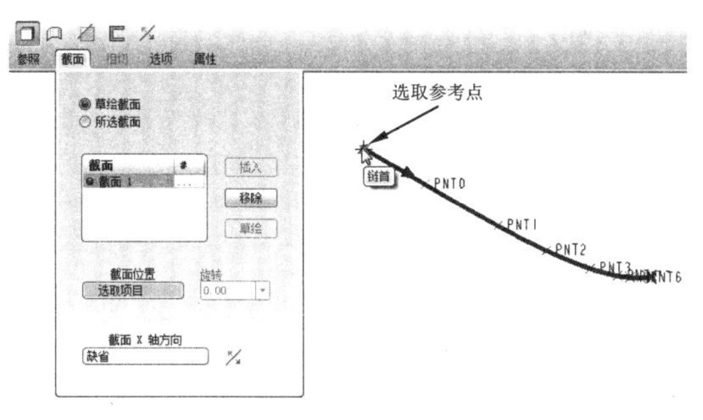

图 16-117　选取参考点

08 选取参考点后，单击随后亮显的【草绘】按钮，进入草绘模式中绘制截面 1，如图 16-118 所示。

09 退出草绘模式后，在【截面】选项卡中单击【插入】按钮，然后为第 2 个截面选取参考点（选取 PNT0），再单击【草绘】按钮进入草绘模式，绘制第 2 个截面，如图 16-119 所示。

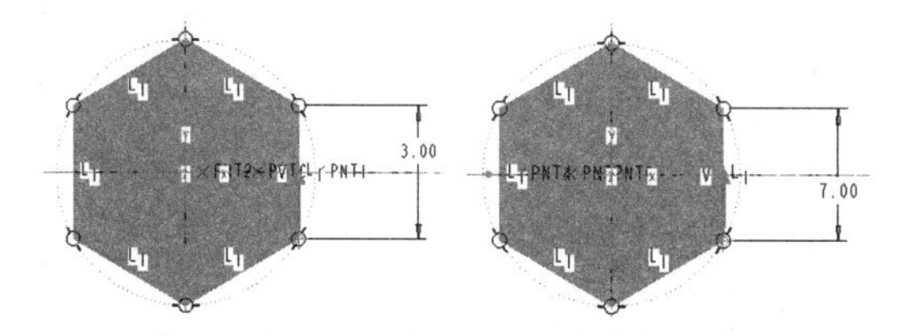

图 16-118　绘制截面 1　　图 16-119　绘制截面 2

10 同理，按相同方法在 PNT1、PNT2 上依次绘制出截面 3，如图 16-120 所示。绘制的截面 4 如图 16-121 所示。

技术要点

着色显示的才是当前草绘模式下绘制的截面，其余为前面绘制的截面。

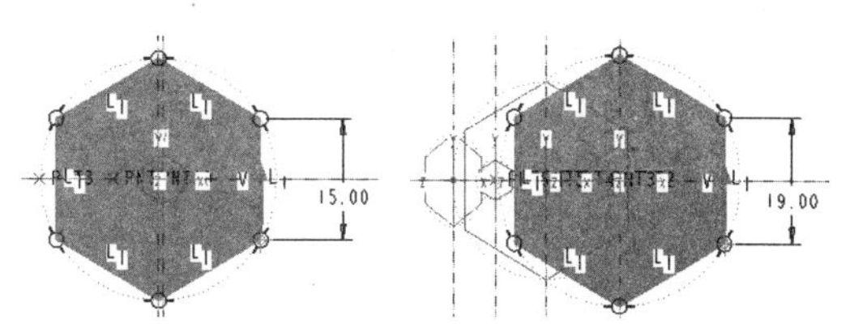

图 16-120　绘制截面 3　　图 16-121　绘制截面 4

11 依次绘制的截面 5 如图 16-122 所示，截面 6 如图 16-123 所示。

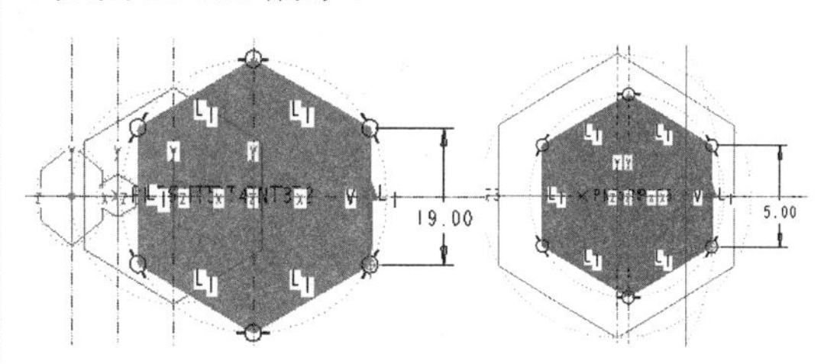

图 16-122　截面 5　　图 16-123　截面 6

12 依次绘制的截面 7 如图 16-124 所示，截面 8 如图 16-125 所示。

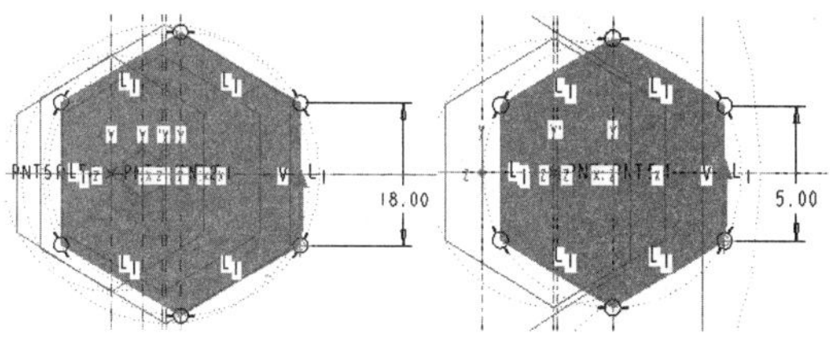

图 16-124　截面 7　　图 16-125　截面 8

13 最后绘制的截面 9 如图 16-126 所示。退出草绘模式后自动生成扫描混合的预览，如图 16-127 所示。

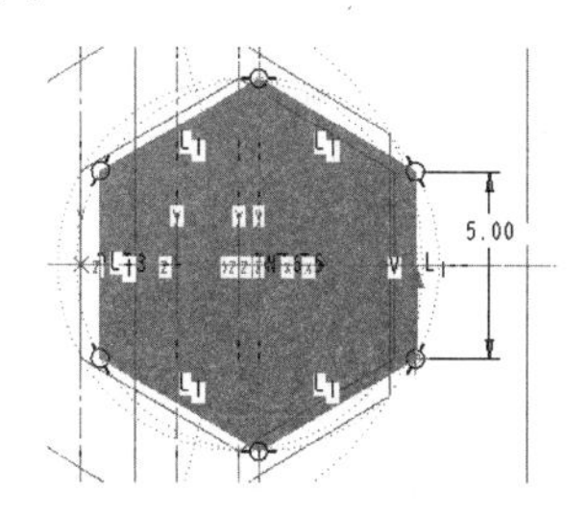

图 16-126　绘制的截面 9

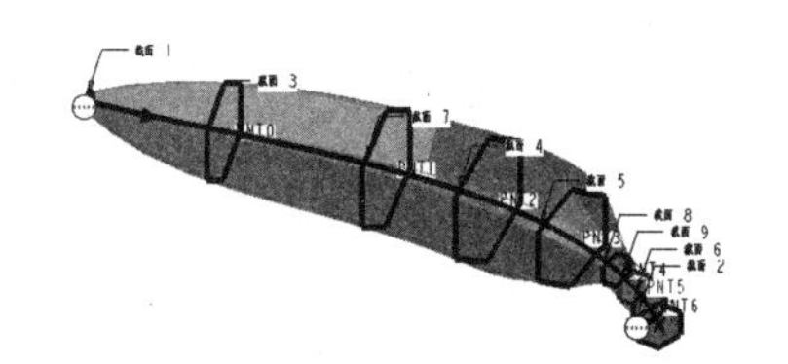

图 16-127　扫描混合预览

14 保留操控板上型芯的默认设置，单击【应用】按钮完成扫描混合特征的创建，结果如图 16-128 所示。

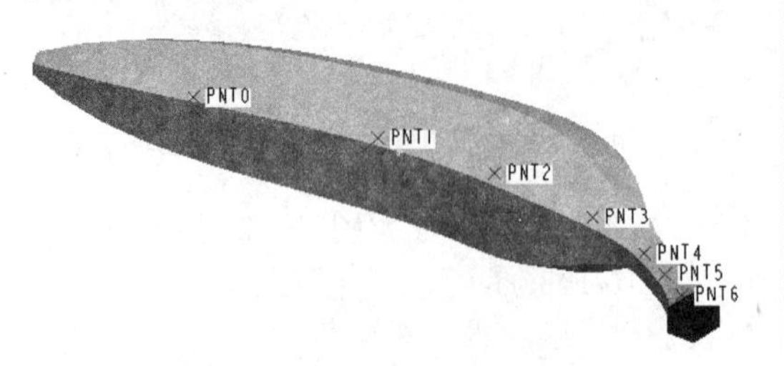

图 16-128 创建的扫描混合特征

15 单击【倒圆角】按钮，打开操控板。选取扫描混合特征的边创建圆角特征，如图 16-129 所示。

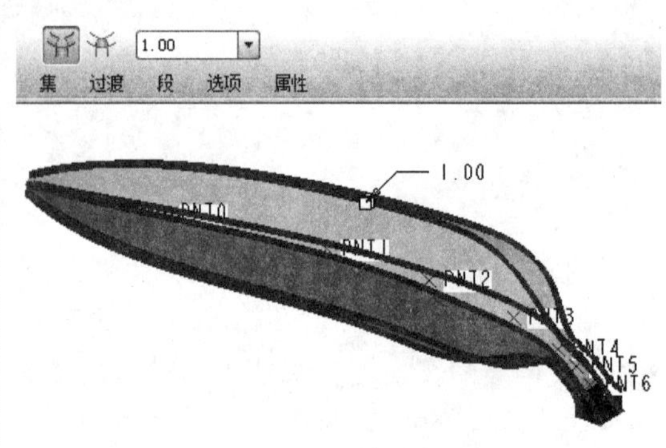

图 16-129 创建圆角特征

16 至此，完成香蕉的造型。最后将结果保存。

16.9 课后习题

1. 蝴蝶造型

本练习为蝴蝶造型，采用了扫描混合、复制、镜像等工具，蝴蝶造型如图 16-130 所示。

2. 手电钻造型

本练习手电钻的曲面造型练习，采用了拉伸、边界混合、偏移、复制、造型曲面等工具，手电钻造型如图 16-131 所示。

图 16-130 蝴蝶造型

图 16-131 手电钻造型

读书笔记

第 17 章 基本曲面编辑

使用 Pro/E 的曲面功能进行造型时，有时需要一些编辑工具进行适当的操作，顺利完成造型工作。这些曲面编辑功能包括前面的修剪、延伸、合并、加厚等。

资源二维码

百度云盘

360 云盘 访问密码 32dd

知识要点

- ◆ 曲面编辑
- ◆ 曲面操作

17.1 曲面编辑

在三维实体建模中，曲面特征是一种优良的设计【材料】，用来构建实体特征的外轮廓。但是使用各种方法创建的曲面特征并不一定正好满足设计要求，这时可以采用多种曲面编辑方法来完善曲面。就像裁剪布料制作服装一样，可以将多个曲面进行编辑后拼装为一个单一曲面，最后通过该曲面创建实体特征。下面主要介绍曲面特征的各种常用操作方法。

17.1.1 修剪曲面特征

修剪曲面特征是指裁去指定曲面上多余的部分，以获得理想大小和形状的曲面。曲面的修剪方法较多，既可以使用已有基准平面、基准曲线或曲面等修剪对象来修剪曲面特征，也可以使用拉伸、旋转等三维建模方法来修剪曲面特征。

1. 使用修剪对象修剪曲面特征

首先选取需要修剪的曲面特征，然后单击【修剪】按钮，打开【修剪】操控板，如图 17-1 所示。

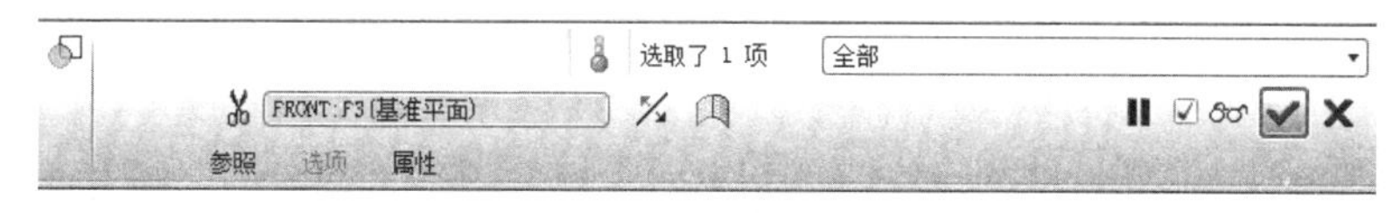

图 17-1 【修剪】操控板

在如图 17-2 所示的【参照】选项卡中，需要指定两个对象。

- 【修剪的面组】：在这里指定被修剪的曲面特征。
- 【修剪对象】：在这里指定作为修剪工具的对象，如基准平面、基准曲线及曲面特征等，都可以用来修剪一个曲面。

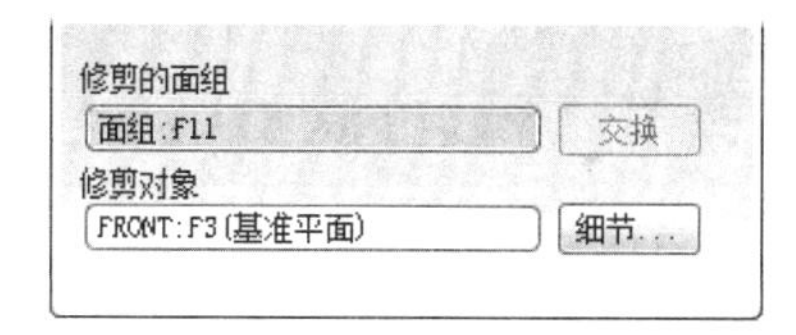

图 17-2 【参照】选项卡

2．使用基准平面裁剪曲面

如图 17-3 所示，选取曲面特征作为被修剪的面组，选取基准平面 RIGHT 作为修剪工具。确定这两项内容后，系统使用一个黄色箭头指示修剪后保留的曲面侧，另一侧将会被裁去。单击操控板上的【反向】按钮，可以调整箭头的指向以改变保留的曲面侧，单击时可以保留曲面的任意一侧，也可以两侧都保留。

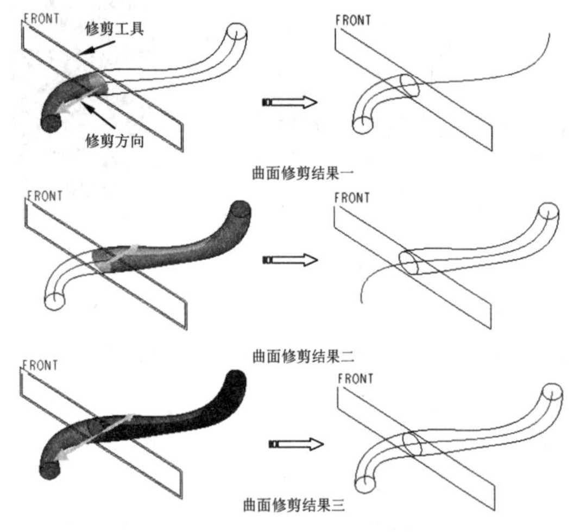

图 17-3　曲面修剪的 3 种结果

3．使用一个曲面裁剪另一个曲面

除使用基准平面修剪曲面外，还可以使用一个曲面修剪另一个曲面，这时要求被修剪的曲面能够被作为修剪工具的曲面严格分割开。

如图 17-4 和图 17-5 所示的两个曲面，可以使用自由形曲面修剪矩形曲面，但不能使用矩形曲面修剪自由形曲面，这是因为矩形曲面的边界全部落在自由形曲面内，不能够将其严格分割开。

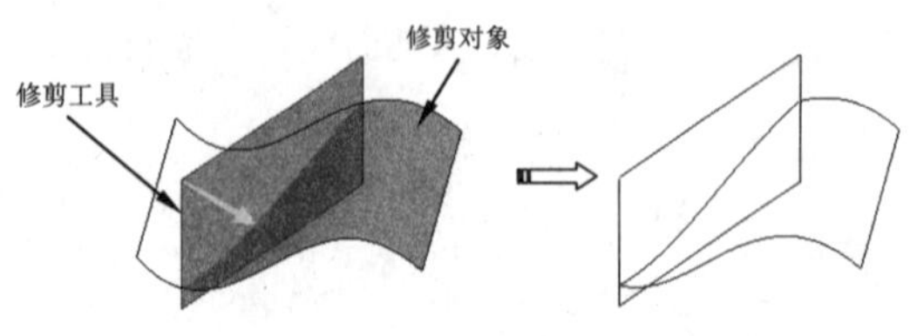

图 17-4　曲面修剪结果 1

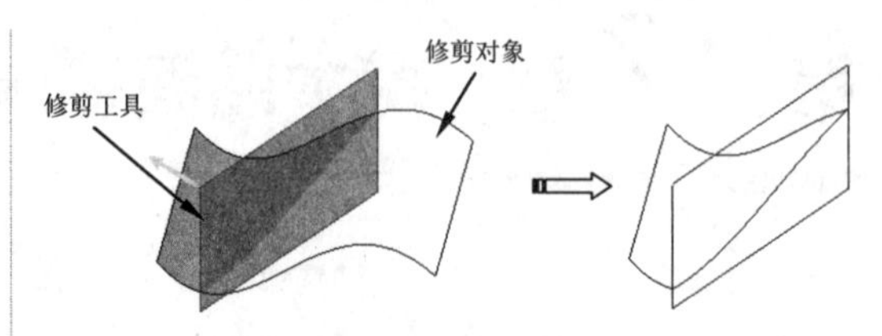

图 17-5　曲面修剪结果 2

4．薄修剪

在操控板上单击【选项】按钮，可以打开如图 17-6 所示的选项卡，可以设置薄修剪来修剪曲面。这时需要在选项卡上指定曲面的修剪厚度尺寸和控制拟合要求等参数。

下面简要介绍选项卡上各选项的含义。

- 【保留修剪曲面】复选框：用来确定在完成修剪操作后是否保留作为修剪工具的曲面特征，选中该复选框则会保留该曲面。该选项仅在使用曲面作为修剪工具时有效。
- 【薄修剪】复选框：选取该复选框后，并不会裁去指定曲面侧的所有曲面部分，而仅仅裁去指定宽度的曲面。修剪宽度值在右侧的文本框中输入。

下拉列表中的以下 3 个选项用来指定在薄修剪时确定修剪宽度的方法。

- 【垂直于曲面】：沿修剪曲面的法线方向来度量修剪宽度。此时可以在选项卡最下方指定在修剪曲面组中需要排除哪些曲面。
- 【自动拟合】：系统使用给定的修剪宽度参数自动确定修剪区域的范围。
- 【控制拟合】：使用控制参数指定修剪区域的范围。首先选取一个坐标系，然后指定 1~3 个坐标轴确定该方向上的控制参数。

如图 17-7 所示是薄修剪的示例。

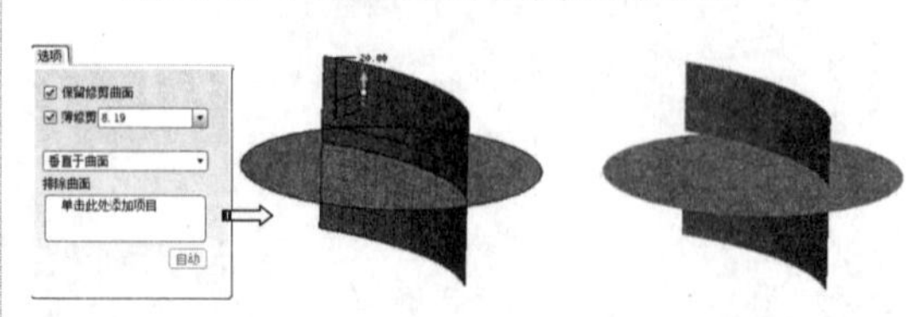

图 17-6　【选项】选项卡　　图 17-7　薄修剪示例

动手操作创建扫描修剪曲面

使用拉伸、旋转、扫描和混合等三维建模方法都可以修剪曲面特征，其基本原理是首先使用这些特征创建方法创建一个不可见的三维模型，然后使用该模型作为修剪工具来修剪指定曲面。

操作步骤：

01 新建文件。新建名为【surface_trim】的零件文件。

02 单击【旋转】按钮，打开【旋转】操控板，单击按钮可以创建曲面特征。

03 单击【放置】选项卡的【定义】按钮，打开【草绘】对话框，选取基准平面 FRONT 作为草绘平面，使用其他系统默认参照放置草绘平面后进入二维草绘模式。

04 在草绘平面内绘制如图 17-8 所示截面图和中心线，完成后退出草绘模式。

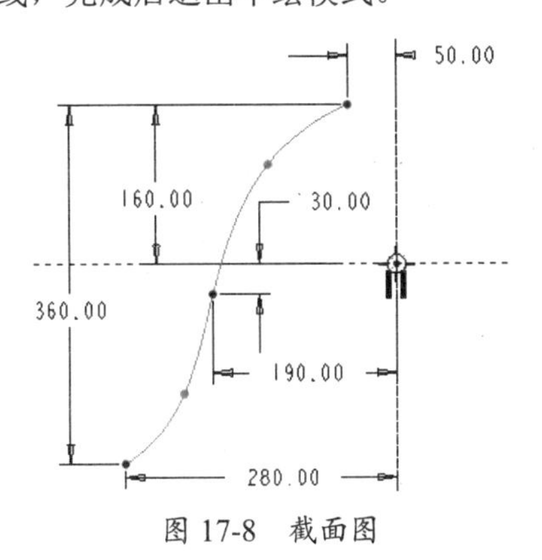

图 17-8　截面图

05 在操控板中设置旋转角度为 180°，曲面特征预览如图 17-9 所示。单击【应用】按钮完成曲面的创建。

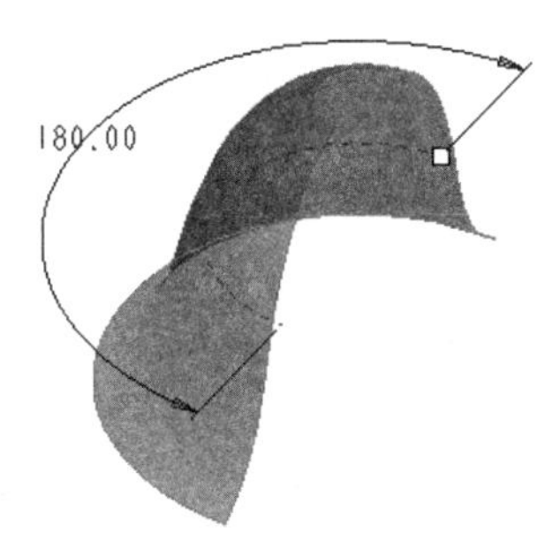

图 17-9　创建曲面

06 单击【草绘】按钮，打开【草绘】对话框。

07 选取基准平面 FRONT 作为草绘平面，接受系统其他默认参照放置草绘平面后进入二维草绘模式。

08 在草绘平面内绘制如图 17-10 所示截面图，完成后退出二维模式。创建的基准曲线如图 17-11 所示。

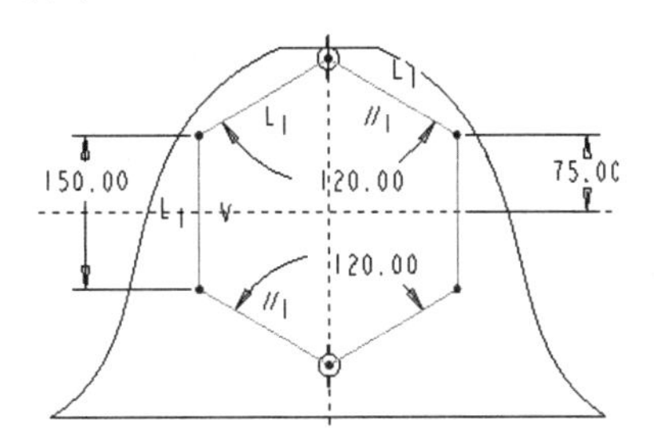

图 17-10　绘制截面图

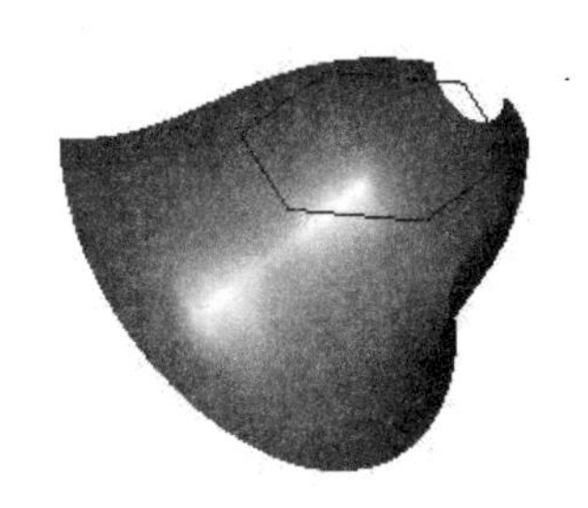

图 17-11　创建的基准曲线

09 先选中创建的草绘曲线，然后在菜单栏中选择【编辑】|【投影】命令，打开【投影】操控板。

10 激活【曲面】列表框，选中前面创建的旋转曲面特征，并更改投影方向，如图 17-12 所示。

11 单击操控板上的【应用】按钮，创建的投影曲线如图 17-13 所示。

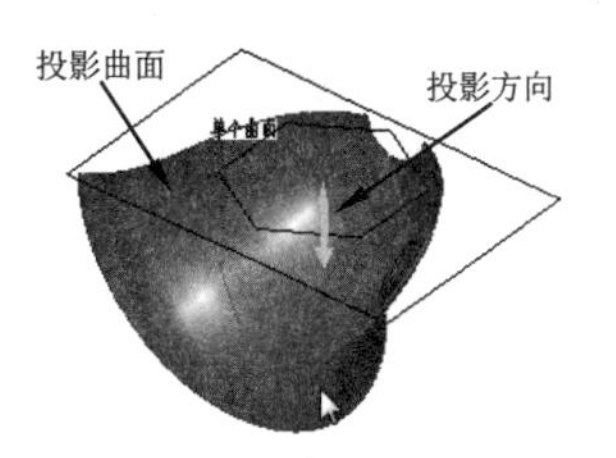

图 17-12　投影参照设置

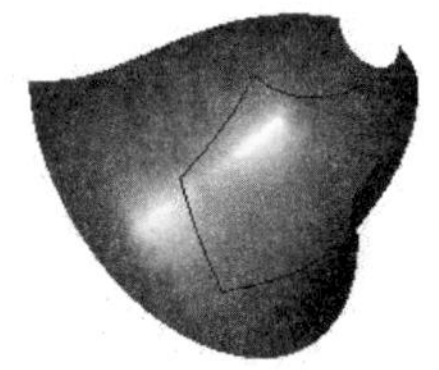

图 17-13　创建的投影曲线

12 在菜单栏中选择【插入】|【扫描】|【曲面修剪】命令，系统打开【曲面裁剪：扫描】对话框和【选取】对话框。

13 按如图 17-14 所示的操作步骤，完成曲面的修剪。

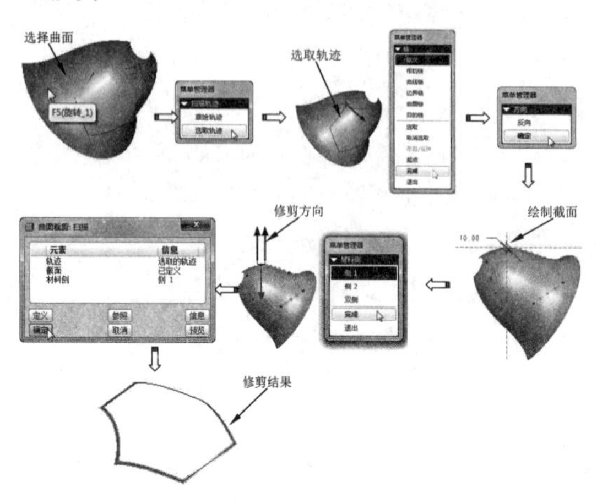

图 17-14　裁剪曲面的过程与结果

17.1.2　延伸曲面特征

延伸曲面特征是指修改曲面的边界，适当扩大或缩小曲面的伸展范围以获得新的曲面特征的曲面操作方法。要延伸某一曲面特征，首先选中该曲面的一段边界曲线，然后在菜单栏中选择【编辑】|【延伸】命令。此时将在设计界面底部打开如图 17-15 所示的【延伸】操控板。

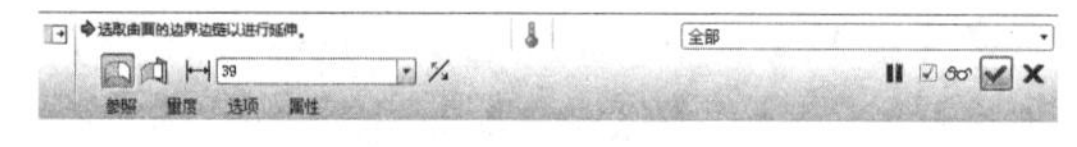

图 17-15　【延伸】操控板

1. 延伸曲面的方法

系统提供以下两种方式来延伸曲面特征：

- 沿原始曲面延伸：沿被延伸曲面的原始生长方向延伸曲面的边界链，此时在设计操控板上单击此按钮，这是系统默认的曲面延伸模式。
- 延伸至参照：将曲面延伸到指定参照，此时在设计操控板上单击此按钮。

如果使用【沿原始曲面延伸】方式延伸曲面特征，还可以从以下 3 种方法中选取一种来实现延伸过程。

- 相同：创建与原始曲面相同类型的曲面作为延伸曲面。例如对于平面、圆柱、圆锥或样条曲面等，延伸后曲面的类型不变。延伸曲面时，需要选定曲面的边界链作为参照，这是系统默认的曲面延伸模式。
- 相切：创建与原始曲面相切的直纹曲面作为延伸曲面。
- 逼近：在原始曲面的边界与延伸边界之间创建边界混合曲面作为延伸曲面。当将曲面延伸至不在一条直边上的顶点时，此方法很实用。

2. 创建相同曲面延伸

相同曲面延伸是应用最为广泛的曲面延伸方式，下面详细介绍其基本设计步骤。

（1）方法一：指定延伸类型。

如前所述，可以选取【沿原始曲面延伸】和【延伸至参照】两种延伸类型之一，如果要使用后者延伸曲面，在设计操控板上单击按钮。

（2）方法二：指定延 Z 参照。

如果使用【沿原始曲面延伸】方式延伸曲面，需要指定曲面上的边链作为延伸参照，如果使用【延伸至参照】方式延伸曲面，除了需要指定边链作为延伸参照外，还需要指定参照平面来确定延伸尺寸。这时可以单击操控板左上角的【参照】按钮打开【参照】选项卡进行设置。如图 17-16 所示是使用【延伸至参照】方式延伸曲面时的【参照】选项卡。

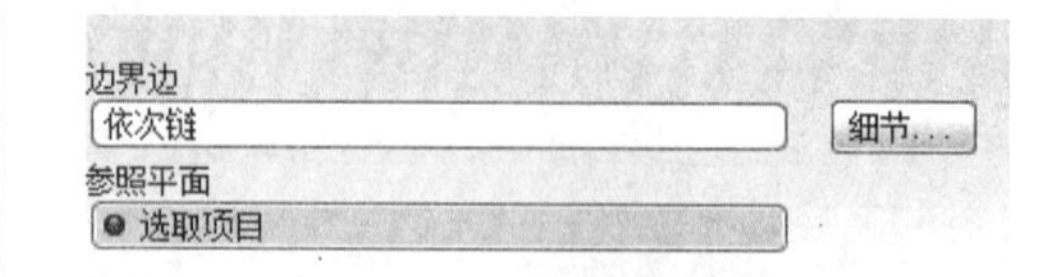

图 17-16　【参照】选项卡

在选取曲面上的边线作为参照时，单击鼠标可以选中曲面上的一条边线作为延伸参照，如图 17-17 所示。选中一条边线后按住 Shift 键再选取另一条边线，则可以选中整个曲面的所有边界曲线作为延伸参照，如图 17-18 所示。

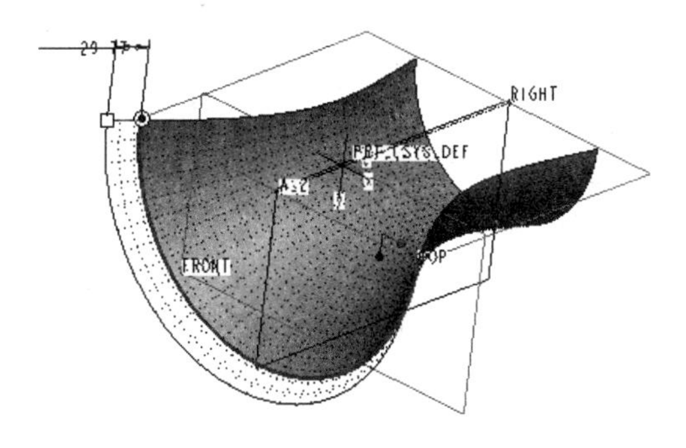

图 17-17　选取单一边线作为参照

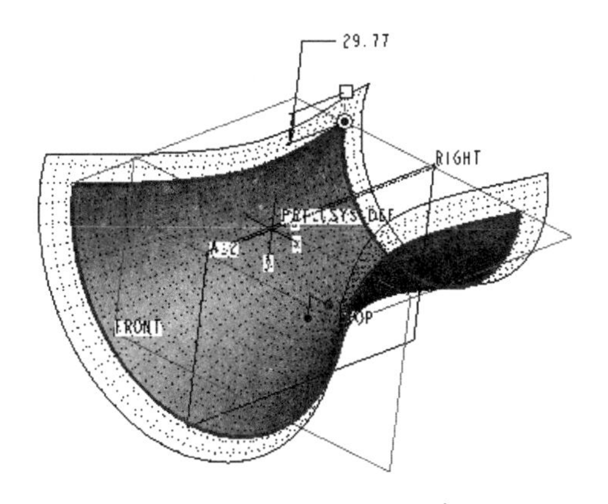

图 17-18　选取边界链作为参照

3. 设置延伸距离

根据延伸曲面方法的差异，设置延伸距离的方法也有所不同。如果使用【延伸至参照】方式延伸曲面，在指定作为参照的曲面边线后，指定确定曲面延伸终止位置的参照平面，曲面将延伸至该平面为止，如图 17-19 和图 17-20 所示。

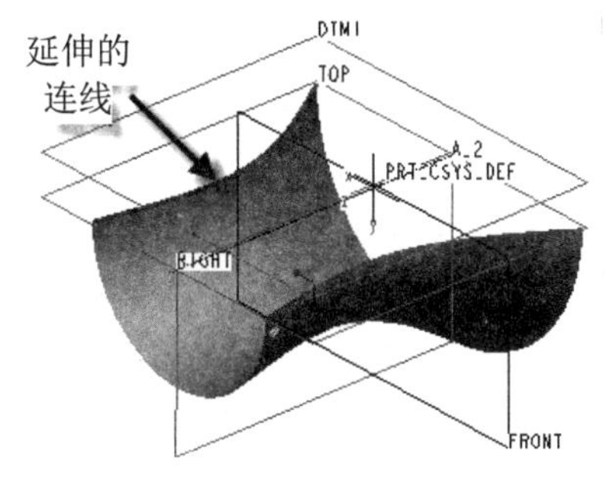

图 17-19　选取边线作为延伸参照

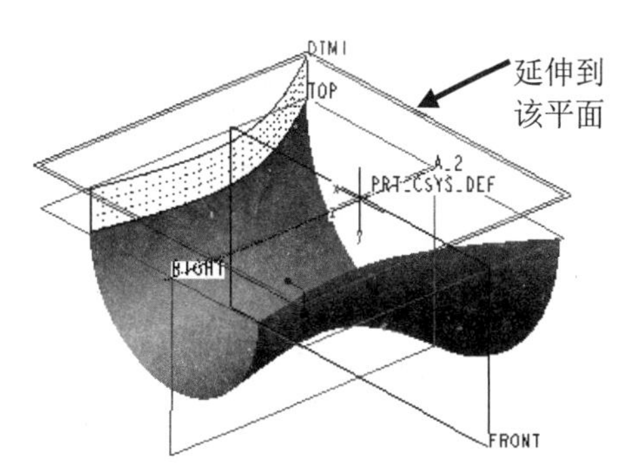

图 17-20　选取基准平面作为终止参照

如果使用【沿原始曲面延伸】方式延伸曲面，在操控板左上角单击【沿原始曲面延伸】按钮，打开【量度】选项卡，在该选项卡中可以通过多种方法设置延伸距离，如图 17-21 所示。

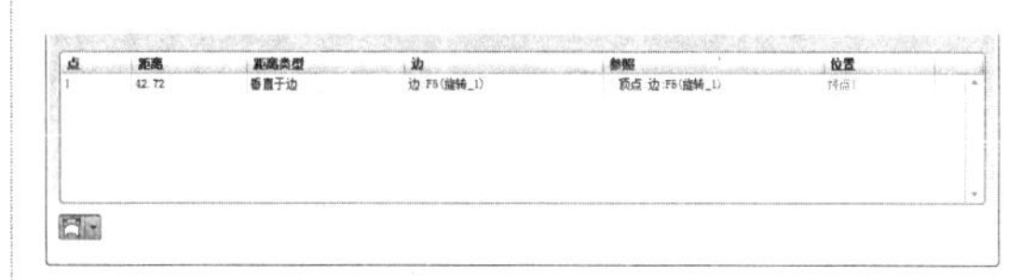

图 17-21　【量度】选项卡

在【量度】选项卡中，首先在参照边线上设置参照点，然后为每一个参照点设置延伸距离数值。如果要在延伸边线上添加参照点，可以按照如图 17-22 所示进行操作。

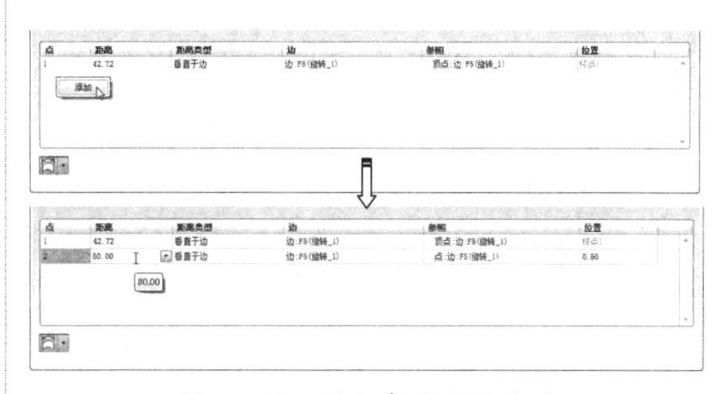

图 17-22　添加参照点的方法

技术要点

输入负值会导致曲面被裁剪。

在【量度】选项卡的第三列中可以指定测量延伸距离的方法，单击其中的选项可以打开一个包含 4 个选项的下拉列表，如图 17-23 所示。

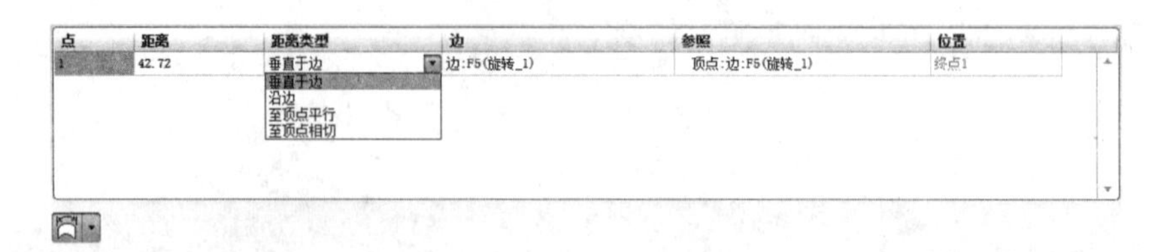

图 17-23 【量度】选项卡

其中 4 个选项的含义如下：

- 【垂直于边】：垂直于参照边线来测量延伸距离。
- 【沿边】：沿着与参照边相邻的侧边测量延伸距离。
- 【至顶点平行】：延伸曲面至下一个顶点处，延伸后曲面边界与原来参照边线平行。
- 【至顶点相切】：延伸曲面至下一个顶点处，延伸后曲面边界与顶点处的下一个单侧边相切。以上两种方法常用于使用延伸方法裁剪曲面。

如图 17-24 所示是 4 种指定距离方法的示例。

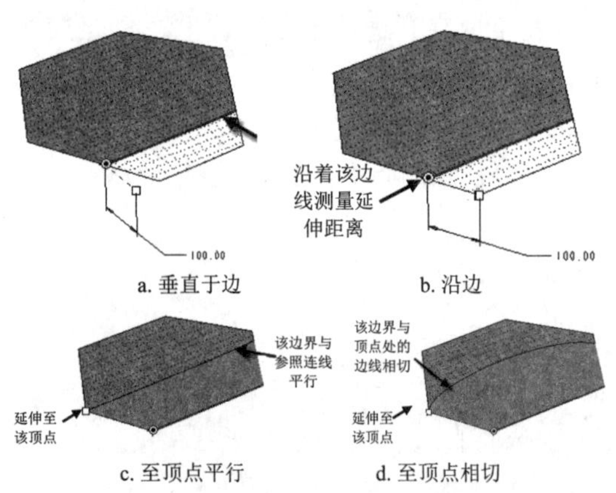

图 17-24 4 种距离设置方法

最后说明选项卡左下角下拉列表中两个按钮的用途。

- ：在选定的基准平面中测量延伸距离。
- ：沿延伸曲面测量延伸距离。

4. 创建相切曲面延伸

创建相切曲面延伸的基本步骤与创建相同曲面延伸类似，在设计时需要单击操控板左上角的按钮，打开【选项】选项卡，在选项卡中的【方式】下拉列表中选择【相切】选项，如图 17-25 所示。

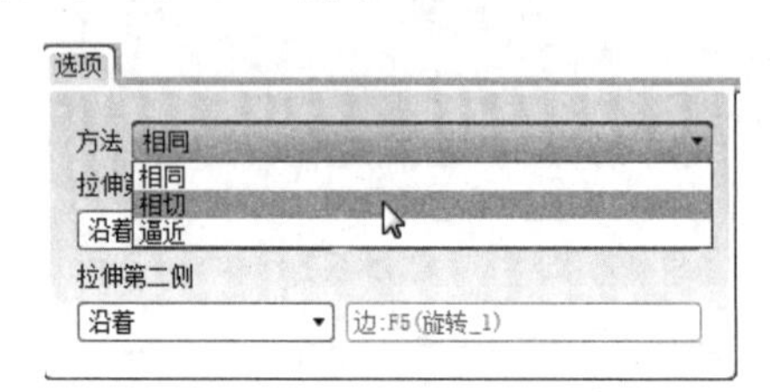

图 17-25 选择曲面的相切方法

创建相切曲面延伸时，延伸后的曲面在参照边线处与原曲面相切，延伸曲面的形状与原始曲面的形状没有太直接的关系，如图 17-26 和图 17-27 所示是相切延伸与相同延伸的对比。

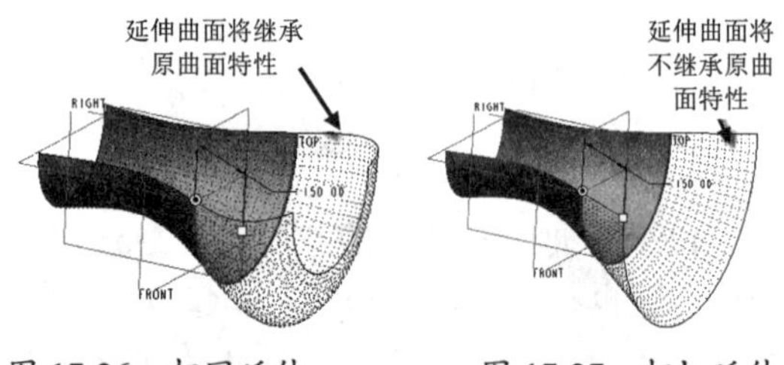

图 17-26 相同延伸　　图 17-27 相切延伸

技术要点

由于相同延伸要继承原曲面的形状特性，因此当设计参数不合理时，可能导致特征创建失败。

5. 创建逼近曲面延伸

与相同曲面延伸和相切曲面延伸相比，逼近曲面延伸使用近似的算法来延伸曲面特征。逼近曲面延伸通过在原始曲面与终止参照之间创建边界混合曲面来延伸曲面，其基本设计过程与相切曲面延伸类似。

动手操作——创建花纹切边曲面

操作步骤：

01 新建名为【yanshenqumian】的零件文件。

02 单击【旋转】按钮，打开【旋转】操控板，单击【作为曲面旋转】按钮创建曲面特征。

03 选取基准平面 TOP 作为草绘平面，使用其他系统默认参照放置草绘平面后进入二维草绘模式。

04 在草绘平面内绘制如图 17-28 所示的截面和几何中心线，完成后退出草绘模式。

05 保留操控板中其余选项的默认设置，单击【应用】按钮完成曲面特征的创建，如图 17-29 所示。

06 选中曲面的边界曲线，然后在菜单栏中选择【编辑】|【延伸】命令，打开【延伸】操控板。

技术要点

需要连续选择曲面边时，首先选中半个圆周曲线，按住 Shift 键再选中另外半个圆周曲线。

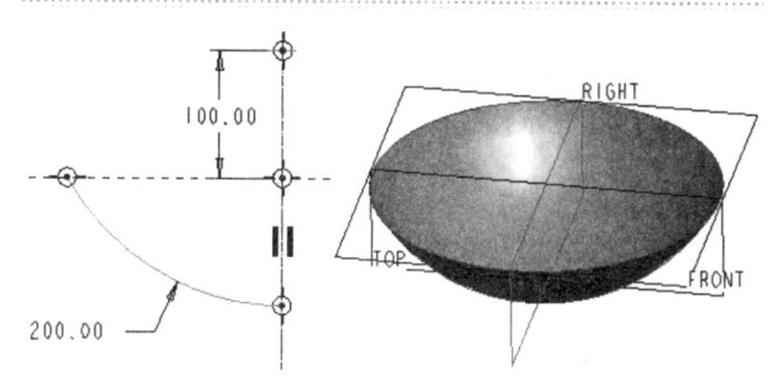

图 17-28　绘制旋转截面图　　图 17-29　创建的曲面特征

07 单击操控板上的【量度】按钮，打开该选项卡，首先在左半个圆周曲线上设置 11 个参照点。这些参照点在边上的长度比例值（位置）依次为：0.000.10、0.20、0.30、0.40、0.50、0.60、0.70、0.80、0.90 和 1.00，每个参照点的延伸距离值（距离）依次为：0.00、50.00、0.00、50.00、0.00、50.00、0.00、50.00、0.00、50.00 和 0.00。如图 17-30 所示。

点	距离	距离类型	边	参照	位置
1	0.00	垂直于边	边:F5(旋转_1)	顶点:边:F5(旋转_1)	0.00
2	50.00	垂直于边	边:F5(旋转_1)	点:边:F5(旋转_1)	0.10
3	0.00	垂直于边	边:F5(旋转_1)	点:边:F5(旋转_1)	0.20
4	50.00	垂直于边	边:F5(旋转_1)	点:边:F5(旋转_1)	0.30
5	0.00	垂直于边	边:F5(旋转_1)	点:边:F5(旋转_1)	0.40
6	50.00	垂直于边	边:F5(旋转_1)	点:边:F5(旋转_1)	0.50

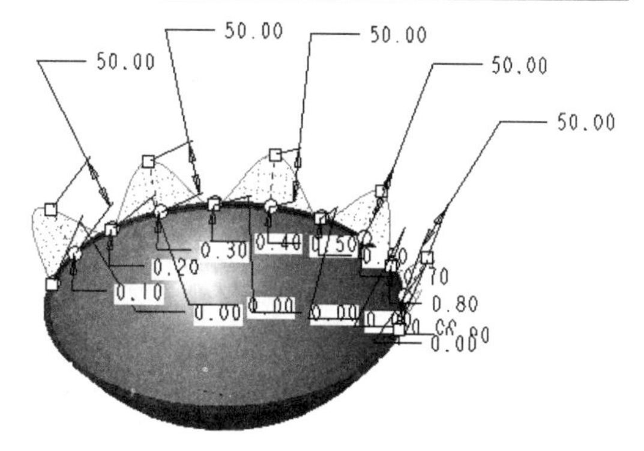

图 17-30　设置延伸参考点

08 继续在曲面的另外半个圆周曲线上创建 9 个参照点，这些参照点在边上的长度比例值（位置）依次为：0.90、0.80、0.70、0.60、0.50、0.40、0.30、0.20 和 0.10，每个参照点的延伸距离值依次为：50.00、0.00、50.00、0.00、50.00、0.00、50.00、0.00、50.00，如图 17-31 所示。

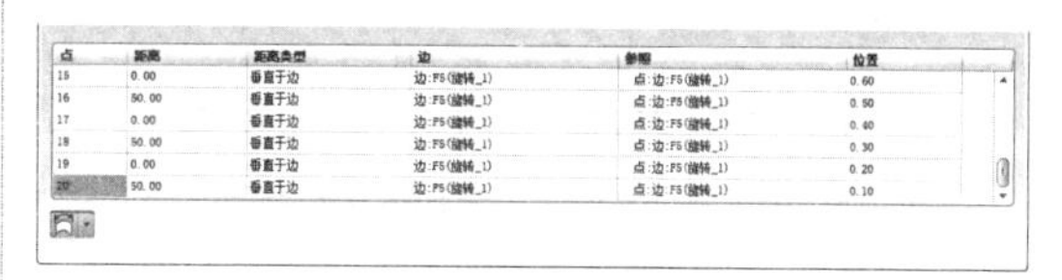

点	距离	距离类型	边	参照	位置
15	0.00	垂直于边	边:F5(旋转_1)	点:边:F5(旋转_1)	0.60
16	50.00	垂直于边	边:F5(旋转_1)	点:边:F5(旋转_1)	0.50
17	0.00	垂直于边	边:F5(旋转_1)	点:边:F5(旋转_1)	0.40
18	50.00	垂直于边	边:F5(旋转_1)	点:边:F5(旋转_1)	0.30
19	0.00	垂直于边	边:F5(旋转_1)	点:边:F5(旋转_1)	0.20
20	50.00	垂直于边	边:F5(旋转_1)	点:边:F5(旋转_1)	0.10

图 17-31　设置延伸参照

技术要点

在设置另外半个圆的参考点时，即编号为 12 的点。需要手动拖动该点到另外半个圆上，否则将继续在已创建点的半圆内创建参考点，如图 17-32 和图 17-33 所示。

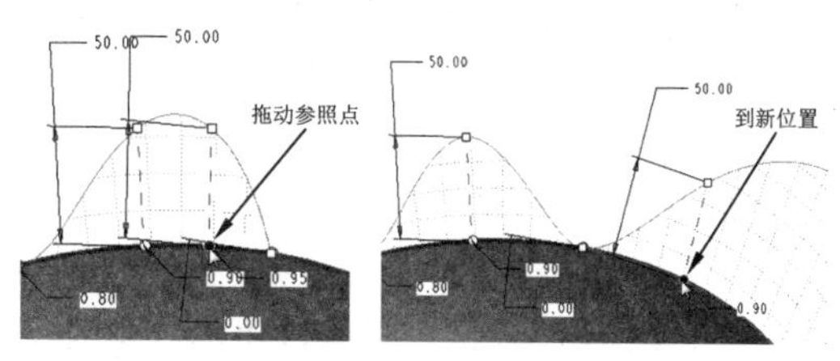

图 17-32　拖动参考点　　图 17-33　拖动点结果

09 设置完参照和延伸距离参数后的曲面如图 17-34 所示。

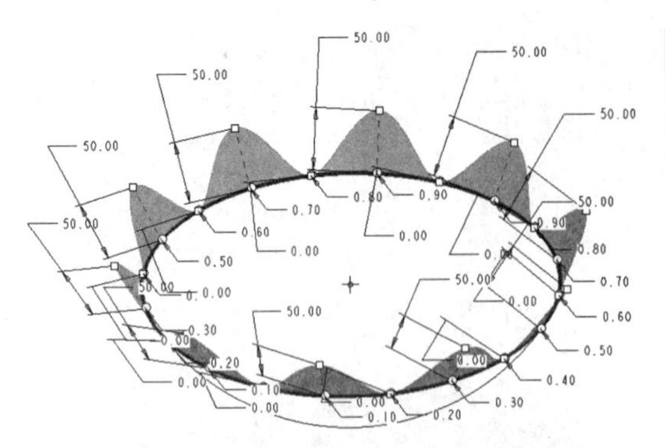

图 17-34　设置完参照和延伸距离参数后的曲面

10 单击操控板上的【应用】✔按钮，设计结果如图 17-35 所示。

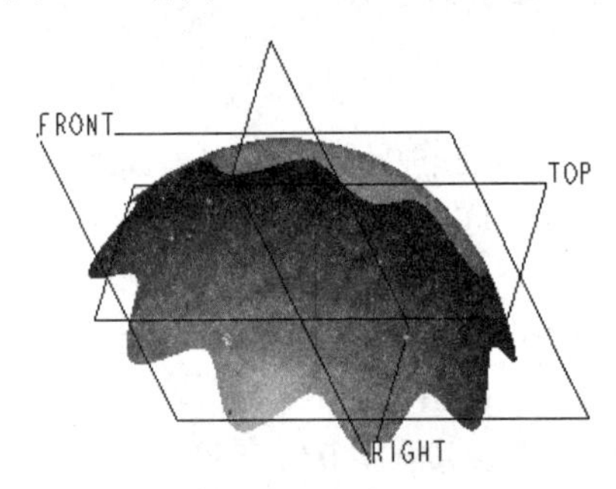

图 17-35　设计结果

17.1.3　合并曲面特征

使用曲面合并的方法可以把多个曲面合并生成单一曲面特征，这是曲面设计中的一个重要操作。当模型上具有多于一个独立曲面特征时，首先选取参与合并的两个曲面特征（在模型树窗口中选取时，依次单击两曲面的标识即可；在模型上选取时，选取一个曲面后，按住 Ctrl 键再选取另一个曲面），然后单击【合并】按钮，打开如图 17-36 所示的【合并】操控板。

图 17-36　曲面【合并】操控板

打开如图 17-37 所示【参照】选项卡，在这里指定参与合并的两个曲面。如果需要重新选取参与合并的曲面，可以在选项卡的列表框中右击，在快捷菜单中选择【移除】或【移除全部】命令删除项目，然后重新选取合并的曲面。

图 17-37　合并【参照】选项卡

在操控板上有两个【反向】按钮，分别用来确定在合并曲面时每一曲面上最后保留的曲面侧。保留的曲面侧将由一个黄色箭头指示。

如图 17-38 至图 17-41 所示为曲面合并的示例。

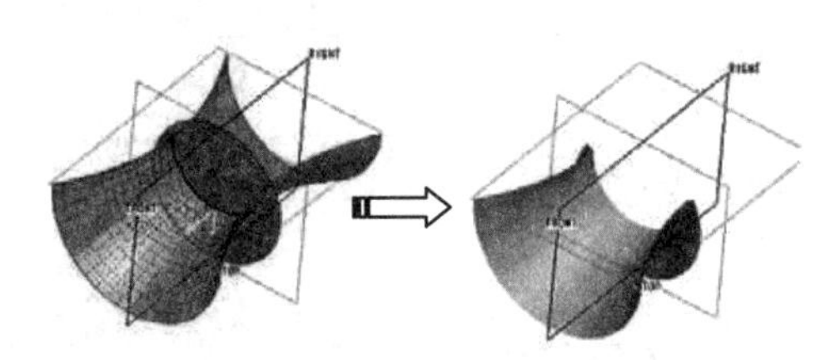

图 17-38　曲面合并结果 1

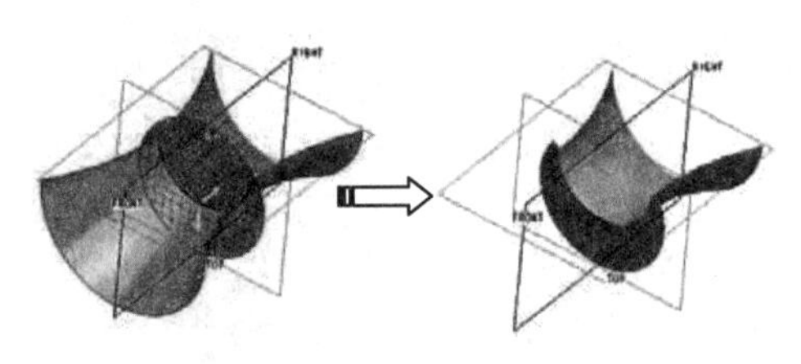

图 17-39　曲面合并结果 2

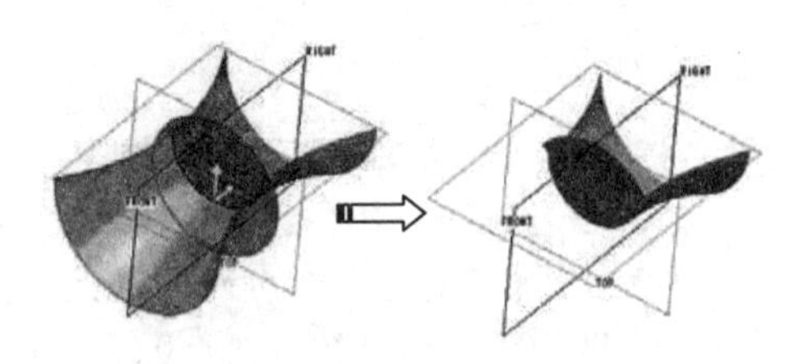

图 17-40　曲面合并结果 3

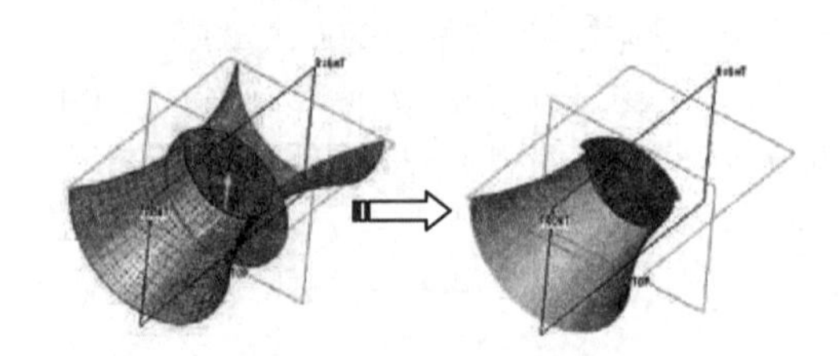

图 17-41　曲面合并结果 4

当有多个曲面需要合并时，首先选取两个曲面进行合并，然后再将合并生成的曲面与第三个曲面进行合并，按此操作继续合并其他曲面，直到所有曲面合并完毕。也可以将曲面两两合并，然后再把合并的结果继续两两合并，直至所有曲面合并完毕。

动手操作——组合曲面

操作步骤：

01 新建名为【join】的零件文件。

02 单击【旋转】按钮，打开【旋转】操控板，单击按钮创建曲面特征。

03 选取基准平面 TOP 作为草绘平面，使用其他系统默认参照放置草绘平面后进入二维草绘模式。

04 在草绘平面内绘制如图 17-42 所示截面，完成后退出草绘模式。

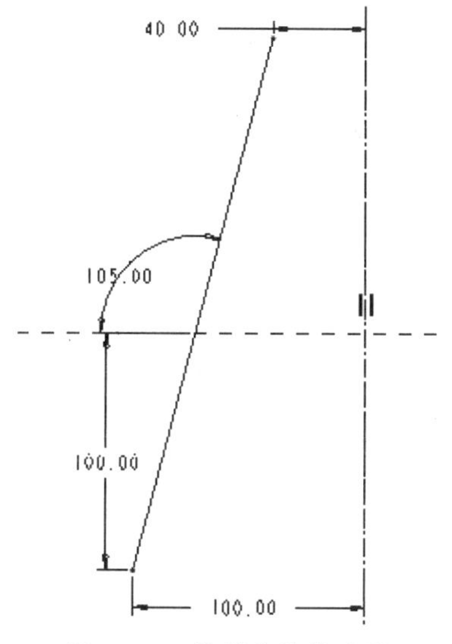

图 17-42　绘制旋转截面图

05 保留操控板中其他参数的默认设置，创建的曲面特征如图 17-43 所示。

图 17-43　创建的第一个曲面特征

06 单击【旋转】按钮，打开设计操控板，单击按钮创建曲面特征，单击【放置】按钮打开【参照】选项卡，单击【定义】按钮，打开【草绘】对话框，单击【使用先前的】按钮使用上一步中设置的草绘平面，直接进入二维草绘模式。

07 在草绘平面内绘制如图 17-44 所示截面图，完成后退出草绘模式。

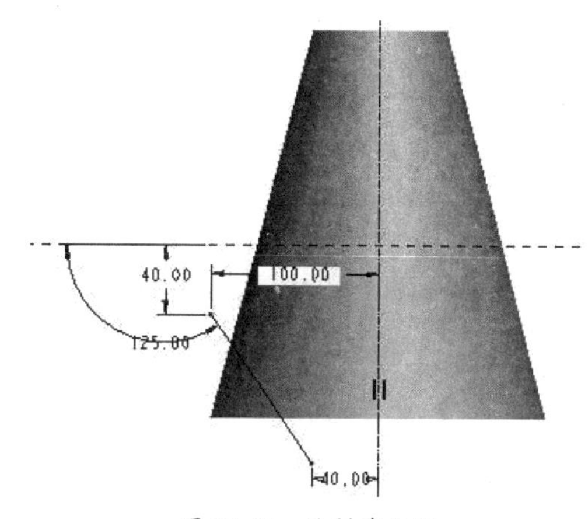

图 17-44　绘制截面图

08 保留操控板中其他参数的默认设置，创建的曲面特征如图 17-45 所示。

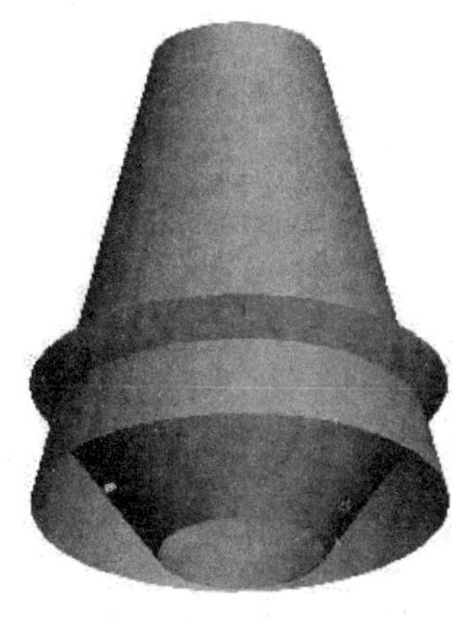

图 17-45　创建第二个曲面特征后的结果

09 使用类似的方法创建第三个旋转曲面特征，草绘截面如图 17-46 所示，旋转角度为 360°，设计结果如图 17-47 所示。

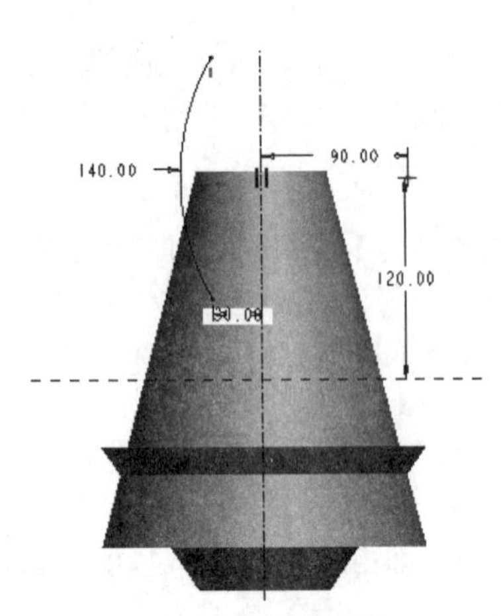

图 17-46　绘制草绘截面

图 17-47　创建第三个曲面特征后的结果

10 按住 Ctrl 键，选中第一个和第二个旋转曲面特征，然后单击【合并】按钮，打开设计操控板。

11 通过单击操控板上的【反向】按钮，调整两个曲面的保留侧，如图 17-48 中的箭头所示，合并结果如图 17-49 所示。

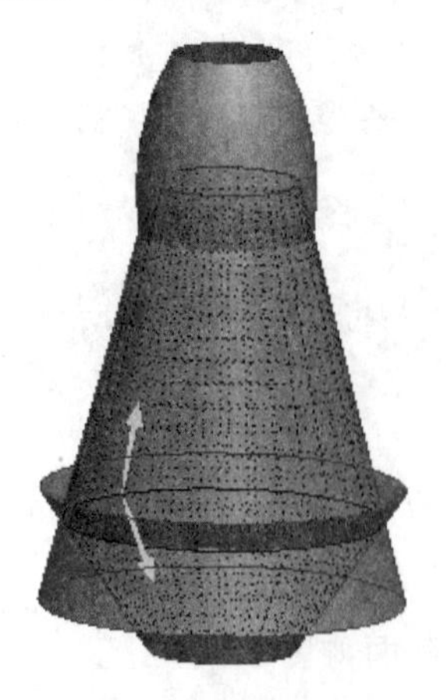

图 17-48　调整合并方向

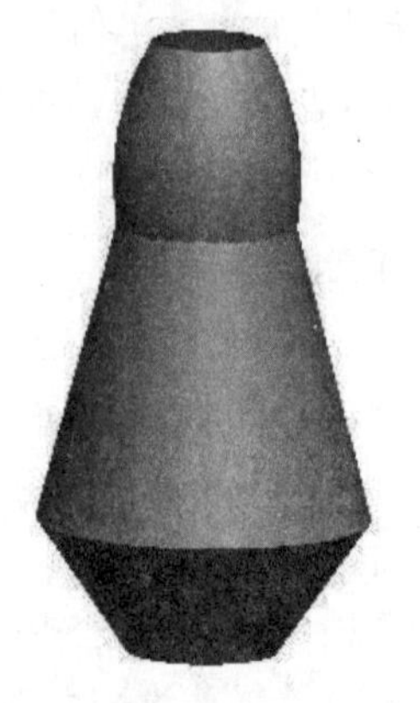

图 17-49　合并后的结果

12 按住 Ctrl 键，选中合并后的曲面和第三个旋转曲面特征，然后单击【合并】按钮，打开设计操控板。

13 通过单击操控板上的按钮，调整两个曲面的保留侧，如图 17-50 中的箭头所示。最后的合并结果如图 17-51 所示。

图 17-50　调整合并方向

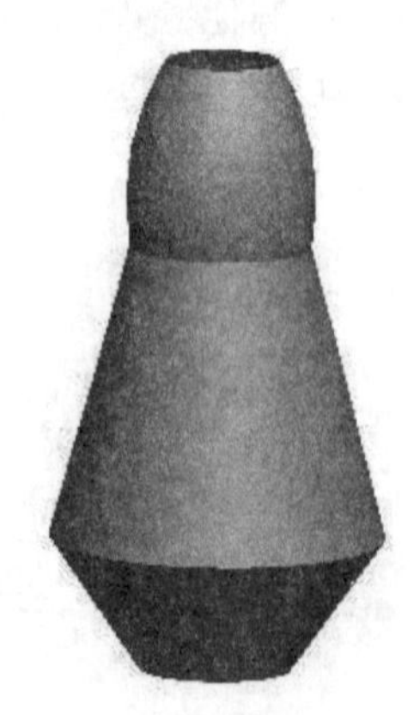

图 17-51　最后的合并结果

17.2　曲面操作

曲面特征的重要用途之一就是由曲面围成实体特征的表面，然后将曲面实体化，这也是现代设计中对复杂外观结构的产品进行造型设计的重要手段。在将曲面特征实体化时，既可以创建实体特征，也可以创建薄板特征。

使用曲面构建实体特征时有以下两种基本情况：

- 使用封闭曲面构建实体特征。
- 使用开放曲面构建实体特征。

17.2.1　曲面的实体化

曲面的实体化就是将合并的封闭曲面转换成实体特征。

上图所示的曲面特征是将多个曲面特征经合并后围成的封闭曲面。选中该曲面后，在菜单栏中选择【编辑】|【实体化】命令，系统弹出如图 17-52 所示的【合并】操控板。

图 17-52　【合并】操控板

1. 封闭曲面的实体化

通常情况下，系统选中默认的实体化设计工具。因为将该曲面实体化生成的结果唯一，因此可以直接单击操控板上的按钮生成最后的结果，如图 17-53 所示。

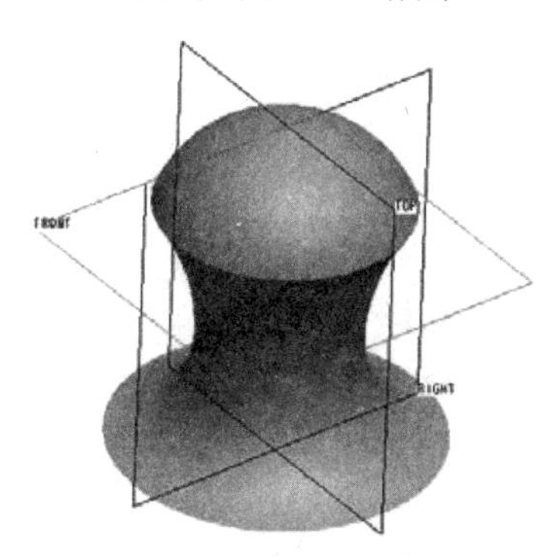

图 17-53　实体化后的结果

技术要点

注意这种将曲面实体化的方法只适合封闭曲面。另外，虽然曲面实体化后的结果和实体化前的曲面在外形上没有多大区别，但是在实体化操作后已经彻底变为实体特征，这个变化是质变，这样就可以使用所有实体特征的基本操作对其进行编辑。如图 17-54 所示是剖切后的模型，可以看到实体效果。

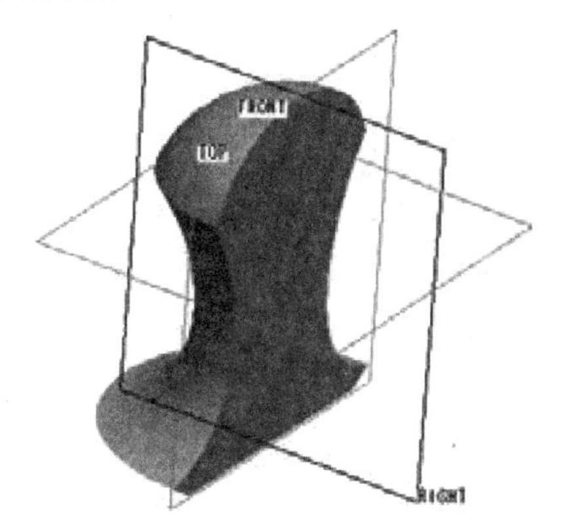

图 17-54　剖切后的模型

2. 使用曲面剪切实体材料

如果曲面特征能把实体模型严格分成两个部分，可以使用曲面作为参照来切除实体模型上的材料，此时单击操控板上的按钮进行设计。

如图 17-55 所示，在齿轮毛坯上创建了一个与齿廓匹配的曲面特征，选中该曲面特征后在菜单栏中选择【编辑】|【实体化】命令打开设计操控板，单击操控板上的按钮使用曲面来切除材料。此时系统用黄色箭头指示去除的材料侧，单击按钮可以调整材料侧的指向。

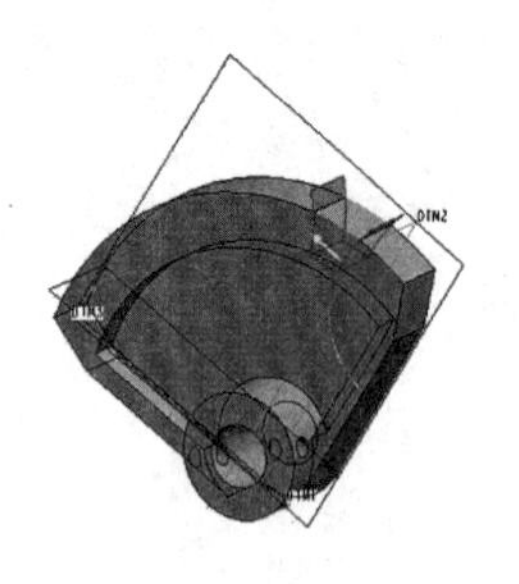
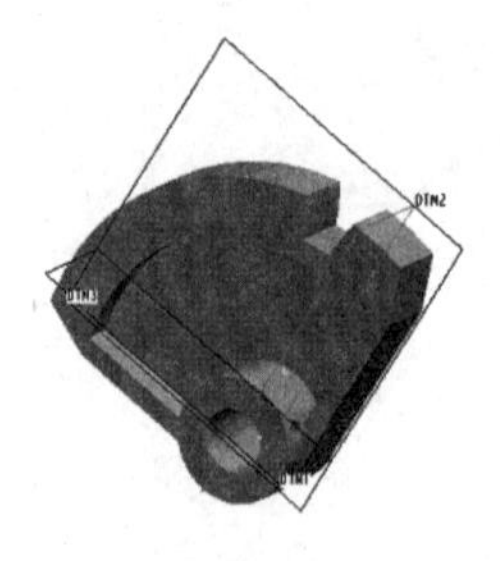

图 17-55　使用曲面剪切实体特征

3. 使用曲面替换实体表面

如果一个曲面特征的所有边界都位于实体表面上，此时整个实体表面被曲面边界分为两部分，可以根据需要使用曲面替换指定的那部分实体表面，单击操控板上的按钮即可完成曲面的替换操作。在设计过程中，系统用箭头指示的区域是最后保留的实体表面，另一部分实体表面将由曲面替换。如图 17-56 所示是设计示例。

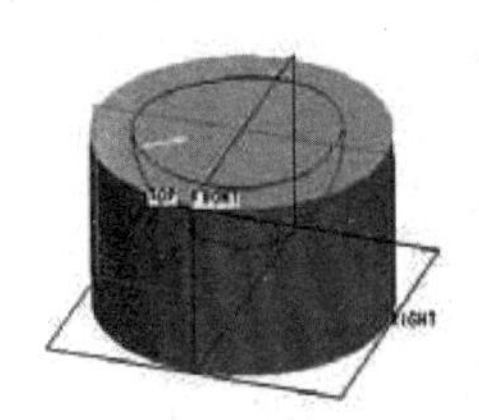
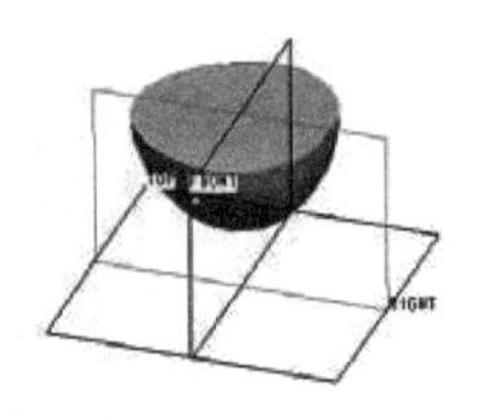

图 17-56　使用曲面替换实体表面

17.2.2　曲面的加厚操作

除了使用曲面构建实体特征外，还可以使用曲面构建薄板特征。在构建薄板特征时，对曲面的要求相对宽松许多，可以使用任意曲面来构建薄板特征。当然对于特定曲面来说，不合理的薄板厚度也可能导致构建薄板特征失败。

选取曲面特征后，在菜单栏中选择【编辑】|【加厚】命令，此时弹出如图 17-57 所示【加厚】操控板。

图 17-57　【加厚】操控板

使用操控板上默认的按钮，可以加厚任意曲面特征。此时在操控板上的文本框中输入加厚厚度，系统使用黄色箭头指示加厚方向，确定在曲面哪一侧加厚材料，单击按钮可以调整加厚方向。

打开【选项】选项卡，在顶部的下拉列表中选取一种确定加厚厚度的方法。

- 【垂至于曲面】：沿曲面法线方向使用指定厚度加厚曲面，这是默认选项。
- 【自动拟合】：系统自动确定最佳加厚方向，无须人工干预。
- 【控制拟合】：指定坐标系，选取 1~3 个坐标轴作为参照控制加厚方法。

如图 17-58 所示是曲面薄板化的示例。

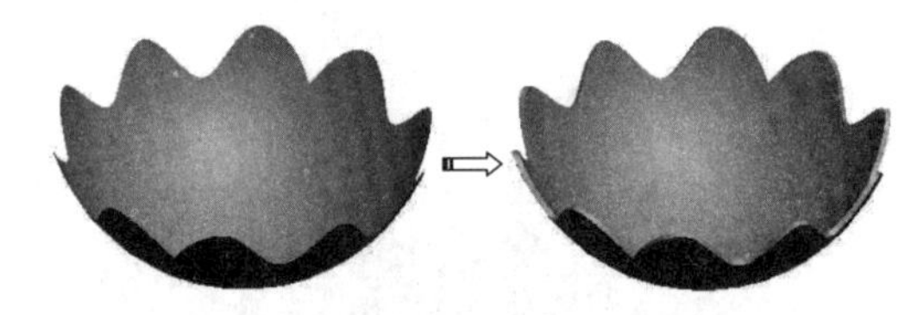

图 17-58　曲面薄板化的结果

17.3　综合实训

前面介绍了曲面的编辑操作，由于小实例不能达到快速消化、全面掌握的效果，下面再用几个曲面造型再加以辅助练习。

17.3.1　洗发露瓶设计

◎ **引入文件：无**

◎ **结果文件：实训操作 \ 结果文件 \Ch17\bottle.prt**

◎ **视频文件：视频 \Ch17\ 洗发露瓶设计 . avi**

本例中首先使用各种曲面设计手段创建由一组曲面组成的模型的外轮廓雏形，然后使用曲面编辑工具将对曲面进行编辑操作，最后由曲面生成实体模型。洗发露瓶如图 17-59 所示。

图 17-59　洗发露瓶

操作步骤：

01 新建名为【bottle】的零件文件。

02 单击【草绘】按钮，打开【草绘】对话框，选取基准平面 TOP 作为草绘平面，接受系统所有默认参照后，进入二维草绘模式。

03 在草绘平面内使用【3 点 / 相切端】工具绘制一段圆弧曲线，该曲线关于基准平面 FRONT 对称，如图 17-60 所示，完成后退出草绘模式。最后创建的草绘基准曲线如图 17-61 所示。

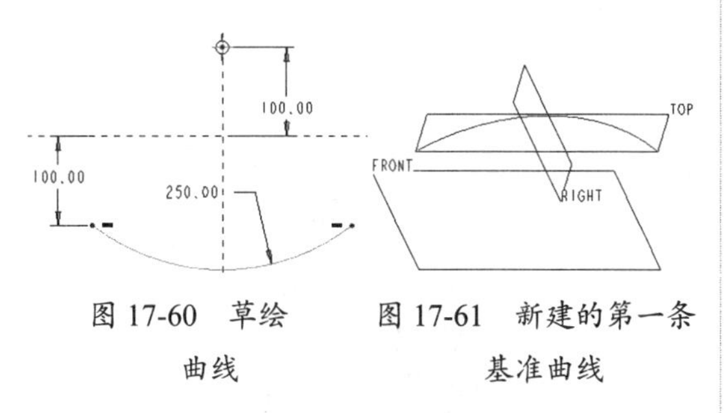

图 17-60　草绘曲线　　图 17-61　新建的第一条基准曲线

04 单击【平面】按钮，打开【基准平面】对话框。

05 首先选取基准平面 FRONT 作为参照，设置约束类型为【平行】，按住 Ctrl 键再选取前一步创建的基准曲线的端点作为另一个参照，设置约束类型为【穿过】，创建如图 17-62 所示基准平面 DTM1。

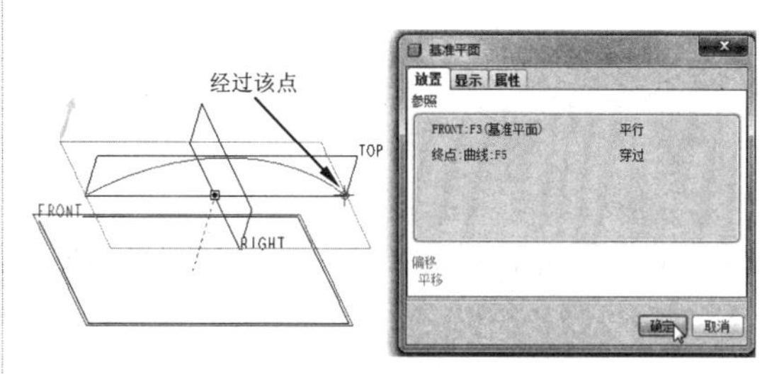

图 17-62　新建基准平面 DTM1

06 单击【草绘】按钮，打开【草绘】对话框，选取新建基准平面 DTM1 作为草绘平面，接受系统所有默认参照，进入二维草绘模式。

07 在草绘平面内使用【3 点 / 相切端】工具绘制一段圆弧曲线，完成后退出草绘模式，创建的草绘基准曲线如图 17-63 所示。

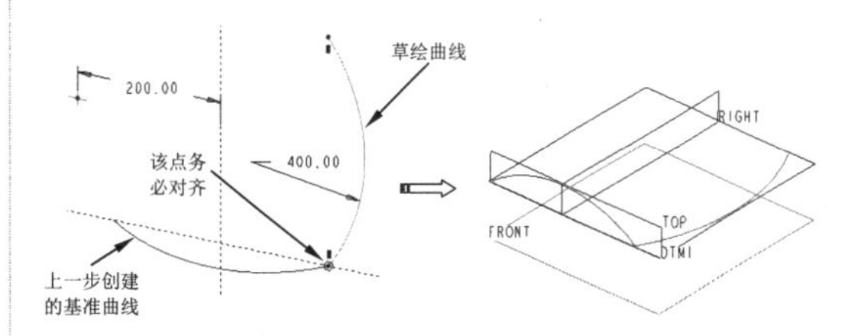

图 17-63　新建的第二条基准曲线

> **技术要点**
>
> 图中提示的参考点必须对齐（重合），如果未对齐，可以使用相应的约束工具来对齐。这两个参考点对齐后，图上只有两个约束尺寸。

08 选中上一步创建的基准曲线，然后在菜单栏中选择【编辑】|【镜像】命令。选取镜像参考平面 RIGHT。再单击操控板上的【应用】按钮，完成镜像曲线操作，如图 17-64 所示。

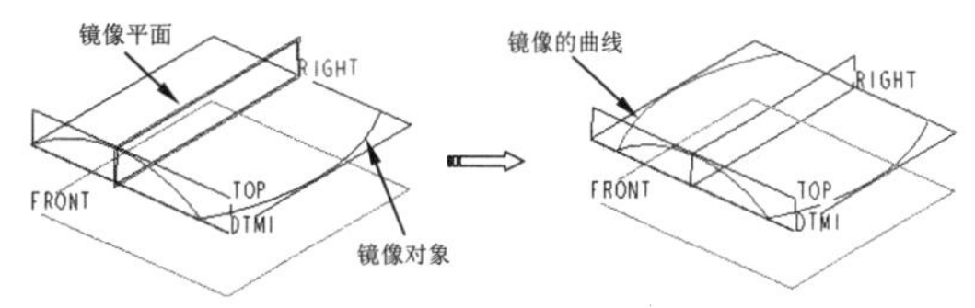

图 17-64　镜像曲线

09 同理，再将如图 17-65 所示的曲线镜像至 FRONT 基准平面的另一侧。

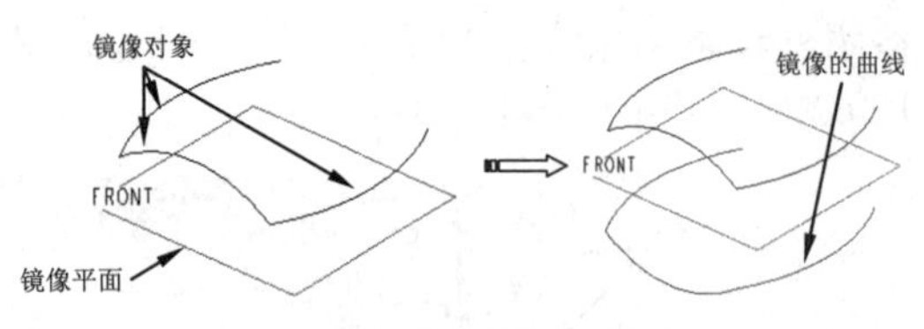

图 17-65 镜像曲线

10 单击【草绘】按钮，打开【草绘】对话框，选取基准平面TOP作为草绘平面，接受系统所有默认参照后，进入二维草绘模式。

11 在草绘平面内使用【3点/相切端】工具绘制一段圆弧曲线，完成后退出草绘模式。最后创建的草绘基准曲线如图17-66所示。

技术要点

绘图时同样注意对齐参考点，对齐后的曲线将只有一个半径尺寸。

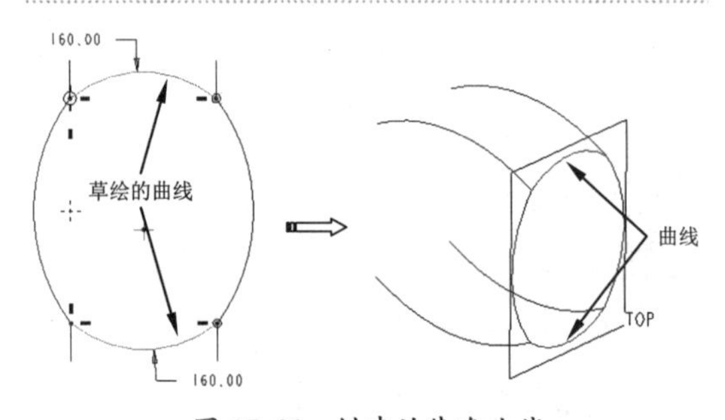

图 17-66 创建的基准曲线

12 使用【平面】工具，创建如图17-67所示的3个参考点创建基准平面DTM2。

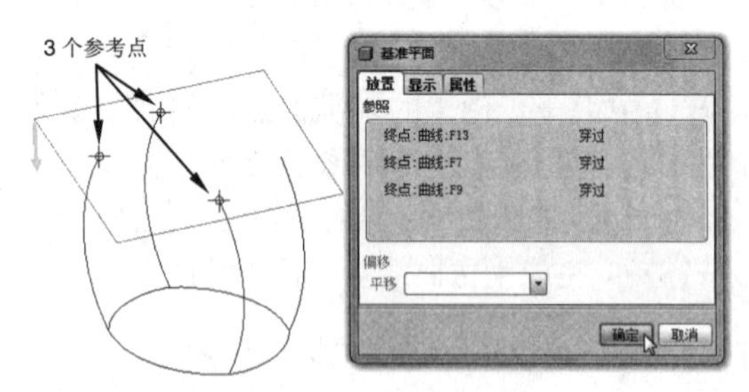

图 17-67 新建基准平面

13 仿照前面的方法，使用新建基准平面DTM2作为草绘平面创建草绘基准曲线。草绘曲线如图17-68所示。

14 单击【边界混合】按钮，打开边界混合曲面的设计操控板。

15 按照如图17-69所示指定第一方向上的两条曲线链。

技术要点

在选择第一方向曲线链时，若多条曲线连续，需按住Shift键连续选取；若不连续是相对的，则按Ctrl键进行选取。

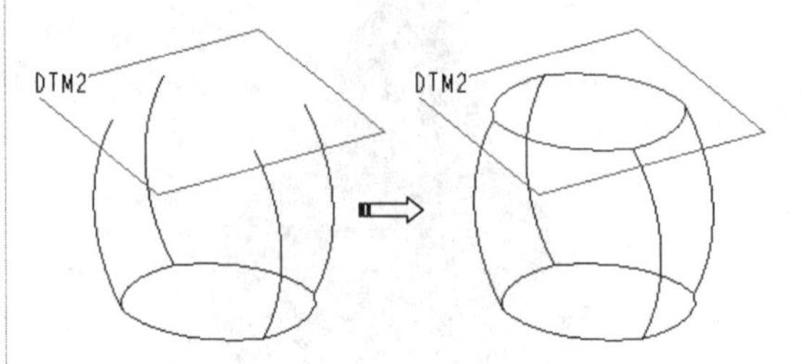

图 17-68 创建草绘曲线

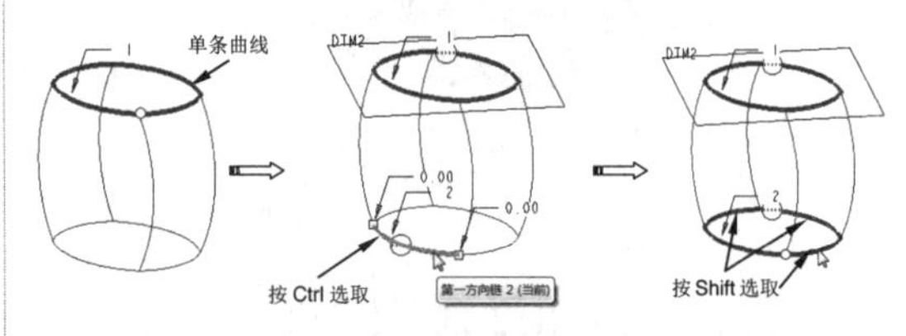

图 17-69 选取第一方向链

16 然后激活第二方向参照列表框，按住Ctrl键依次选取第二方向上的4条曲线，如图17-70所示。

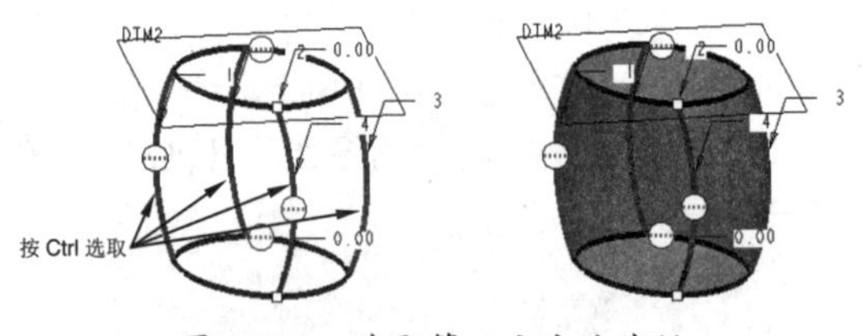

图 17-70 选取第二方向曲线链

17 最后单击【应用】按钮，完成边界混合曲面的创建，如图17-71所示。

图 17-71 创建边界混合曲面

18 在菜单栏中选择【编辑】|【填充】命令，打开【填充】操控板。然后选择 DTM2 作为草绘平面进入草绘模式中。并绘制如图 17-72 所示的填充边界。

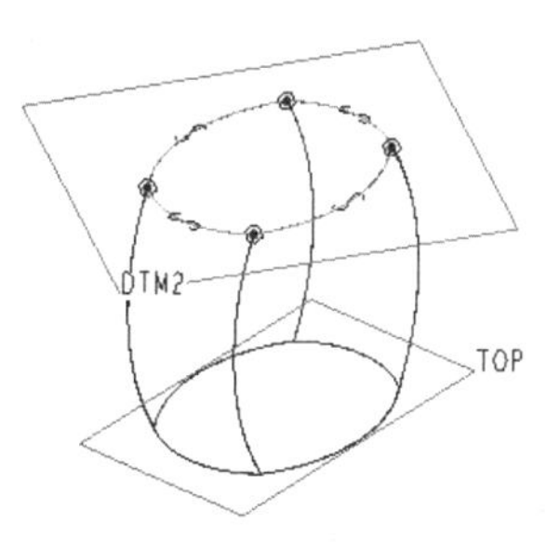

图 17-72　绘制填充边界

19 退出草绘模式，保留操控板中的默认设置，单击【应用】按钮，完成填充曲面的创建，如图 17-73 所示。

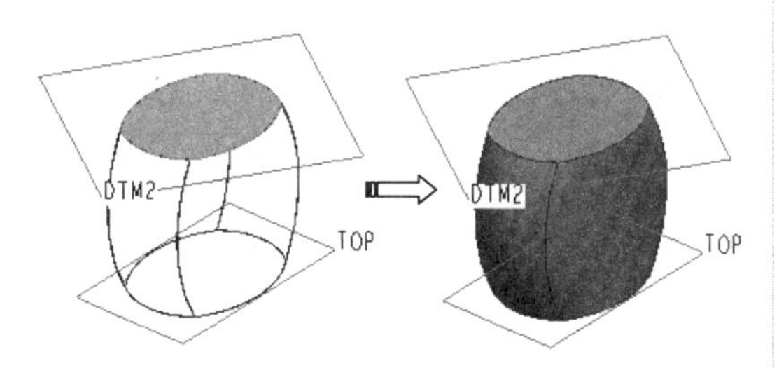

图 17-73　创建填充曲面

20 使用【合并】工具，将图形区中的所有曲面进行合并，如图 17-74 所示。

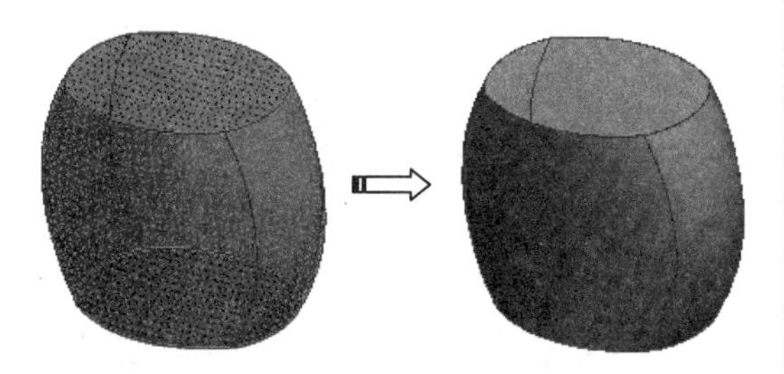

图 17-74　创建合并曲面

21 单击【旋转】按钮，打开设计操控板，选中曲面设计工具。选取基准平面 FRONT 作为草绘平面，接受系统所有默认参照后，进入二维草绘模式，绘制如图 17-75 所示截面图，完成后退出草绘模式。

22 保留默认设置，单击【应用】按钮完成旋转曲面的创建，如图 17-76 所示。

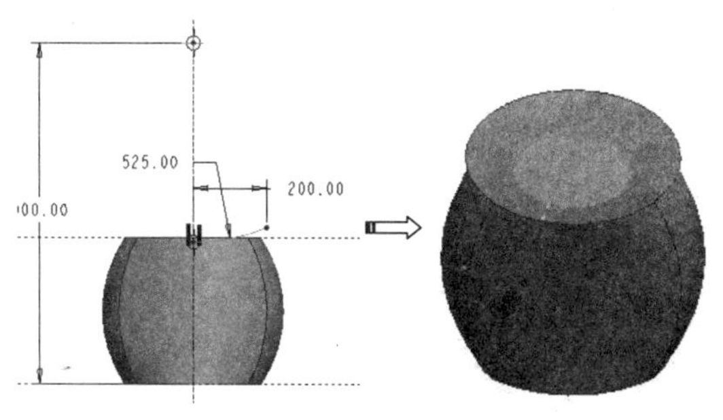

图 17-75　绘制截面图　图 17-76　创建的曲面特征

23 按住 Ctrl 键选取新建曲面特征和上一个合并曲面特征作为合并对象，单击【合并】按钮，确定保留曲面侧，合并结果如图 17-77 所示。

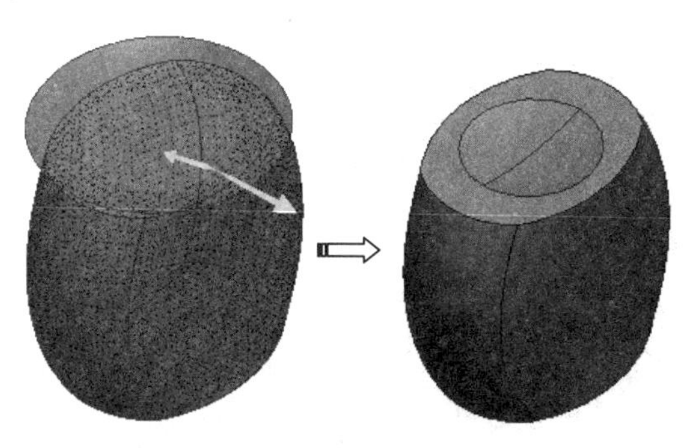

图 17-77　合并曲面结果

24 单击【旋转】按钮，打开设计操控板，选中曲面设计工具。选取基准平面 FRONT 作为草绘平面，接受系统所有默认参照后进入二维草绘模式，绘制如图 17-78 所示截面图，完成后退出草绘模式。

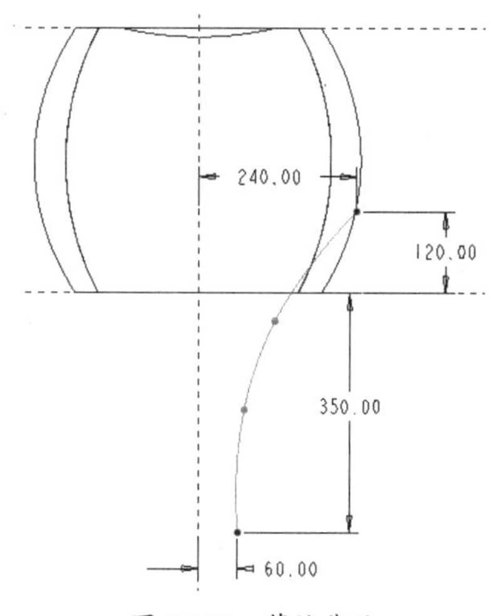

图 17-78　草绘截面

25 保留默认设置，单击【应用】按钮完成旋转曲面的创建，如图 17-79 所示。

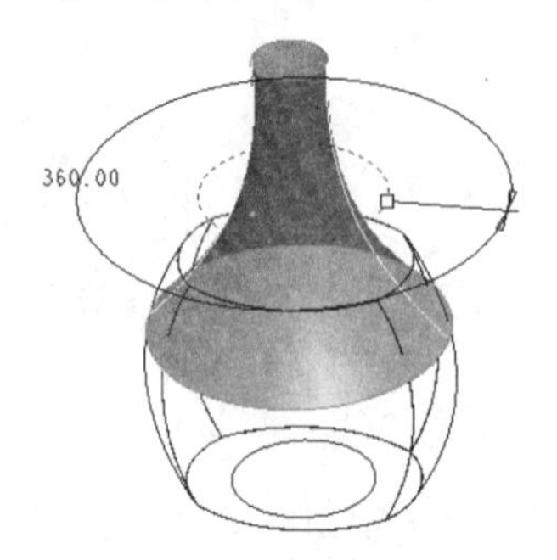

图 17-79 创建的曲面特征

26 按住 Ctrl 键选取新建曲面特征和上一个合并曲面特征作为合并对象，单击【合并】按钮，确定保留曲面侧，合并结果如图 17-80 所示。

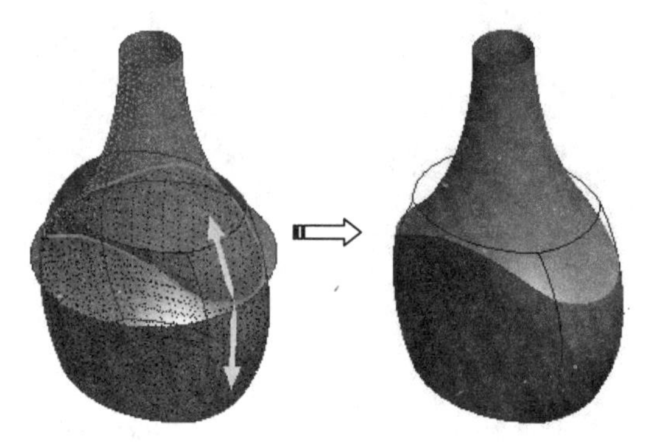

图 17-80 合并结果

27 单击【倒圆角】按钮，打开设计操控板。选取边线创建倒圆角特征，设置圆角半径为 30.00，结果如图 17-81 所示。

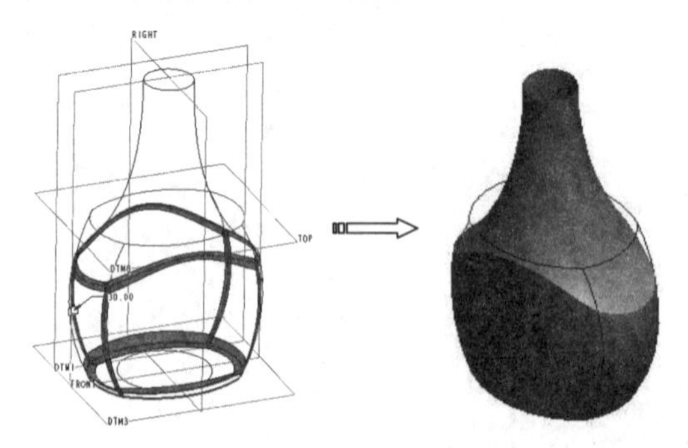

图 17-81 创建倒圆角特征

28 同理，对瓶底进行圆角处理，且圆角半径为 50.00，结果如图 17-82 所示。

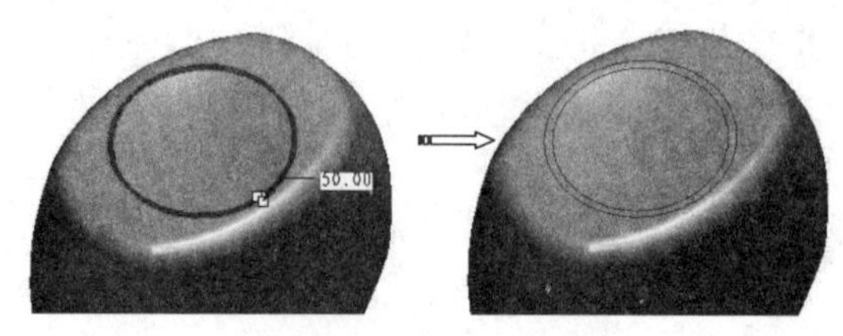

图 17-82 创建倒圆角特征

29 选中完成上述步骤后的曲面特征。在菜单栏中选择【编辑】|【加厚】命令，打开【加厚】操控板。

30 在操控板中设置加厚厚度尺寸为 8，单击操控板上的【应用】按钮，加厚后的实体模型如图 17-83 所示。

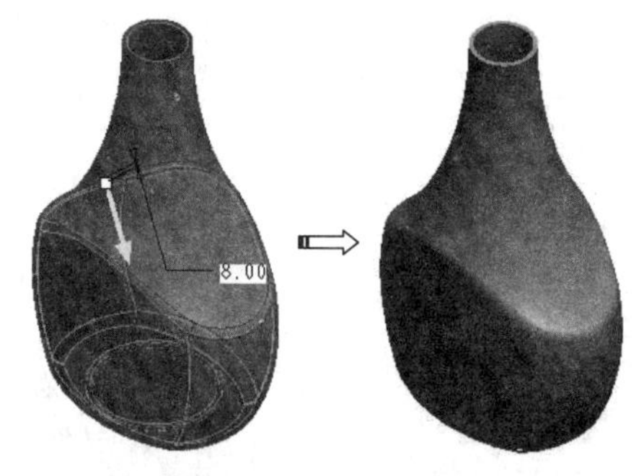

图 17-83 创建加厚特征

31 最后创建瓶口的倒圆角特征。圆角半径为 5.00，结果如图 17-84 所示。

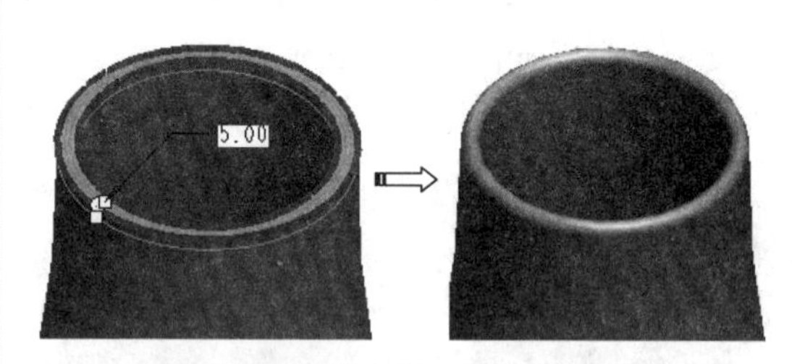

图 17-84 创建瓶口的圆角特征

32 最终洗发露瓶的设计结果如图 17-85 所示。

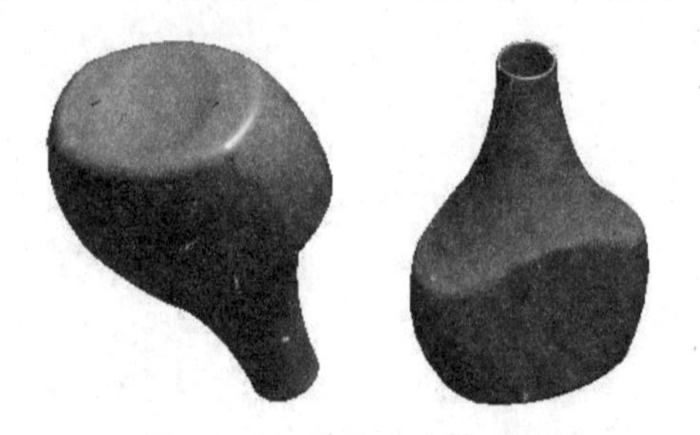

图 17-85 最终的设计结果

17.3.2　螺纹花形瓶设计

◎ 引入文件：无

◎ 结果文件：实训操作 \ 结果文件 \Ch17\huaxingping.prt

◎ 视频文件：视频 \Ch17\ 螺纹花形瓶设计 . avi

本例中螺纹花形瓶主要利用了可变截面扫描工具进行怪异造型设计，结果如图 17-86 所示。

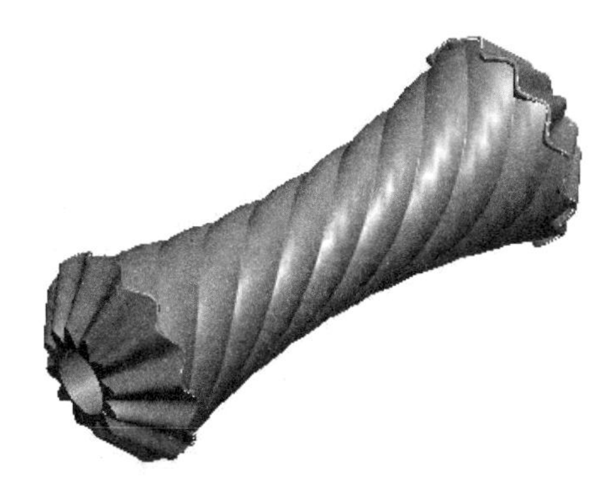

图 17-86　螺纹花形瓶

操作步骤：

01 新建名为【huaxingping】的零件文件。

02 利用【草绘】工具，在 FRONT 基准平面上创建如图 17-87 所示的曲线。

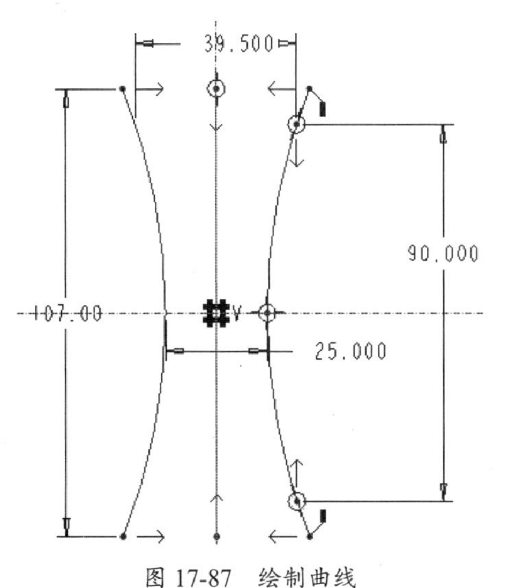

图 17-87　绘制曲线

03 单击【可变截面扫描】按钮，打开操控板。然后按住 Ctrl 键选择原点轨迹和两条链，如图 17-88 所示。

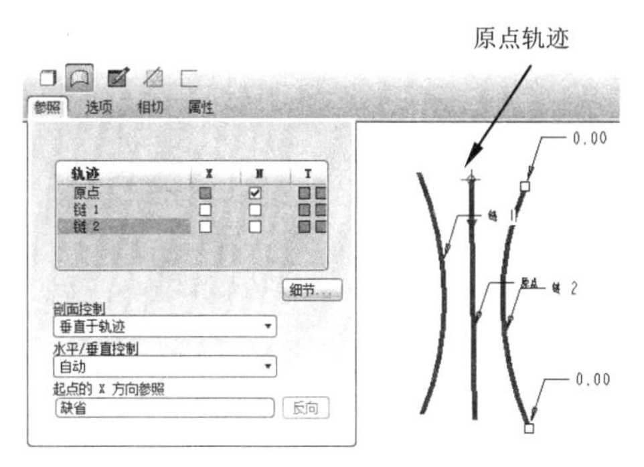

图 17-88　选择扫描轨迹

04 在操控板中单击【创建或编辑扫描剖面】按钮，进入草绘模式。绘制如图 17-89 所示的截面。

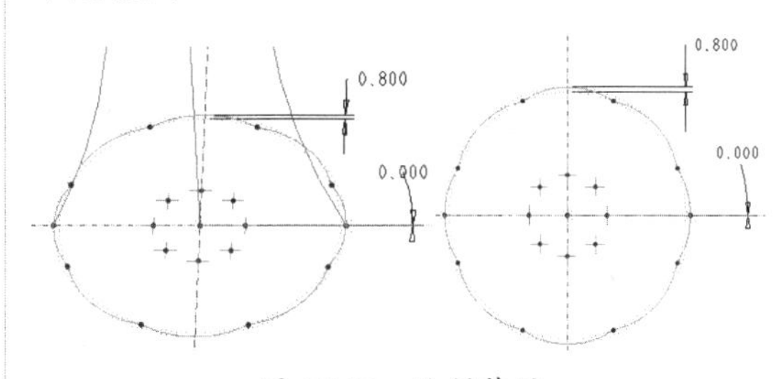

图 17-89　绘制草图

05 在草绘模式中，选择【工具】|【关系】命令，打开【关系】窗口，然后为尺寸 sd31 添加关系式，设置为尺寸驱动，如图 17-90 所示。

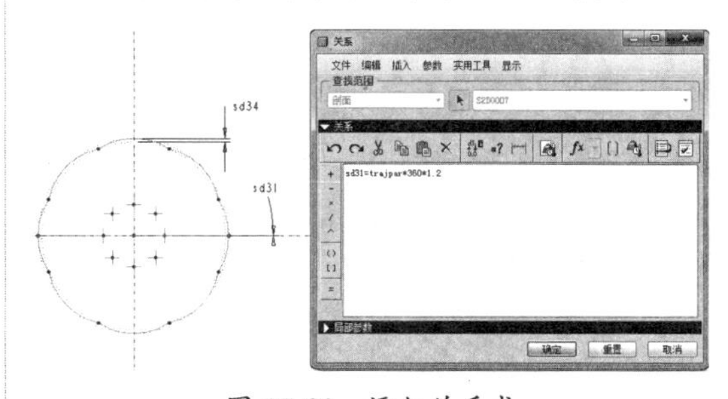

图 17-90　添加关系式

06 完成后退出草绘模式。单击【应用】按钮完成可变扫描截面曲面的创建，如图 17-91 所示。

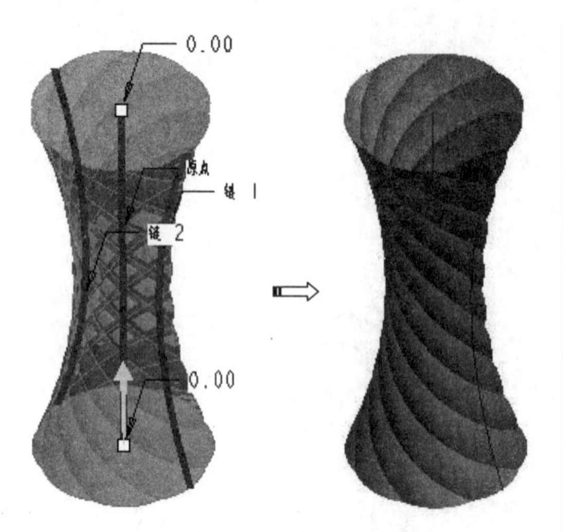

图 17-91　创建可变截面扫描曲面

07 利用【草绘】工具，在TOP基准平面上绘制如图17-92所示的曲线。

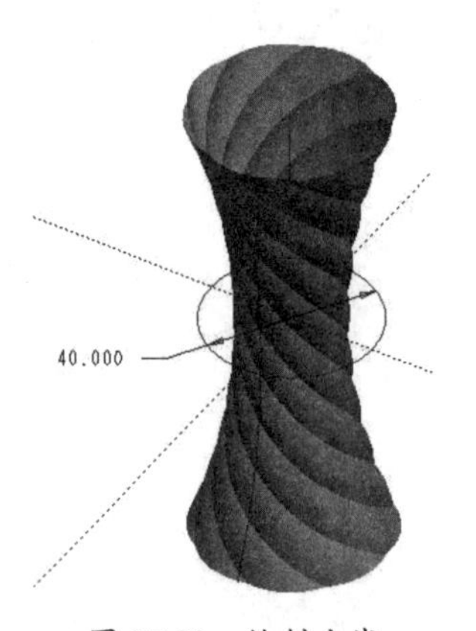

图 17-92　绘制曲线

08 利用【平面】工具，新建基准平面DTM1，如图17-93所示。

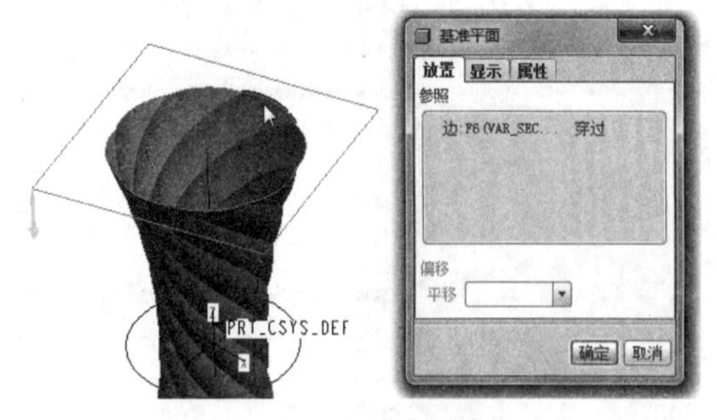

图 17-93　新建基准平面

09 在此新建的基准平面上，利用【草绘】工具绘制如图17-94所示的曲线。

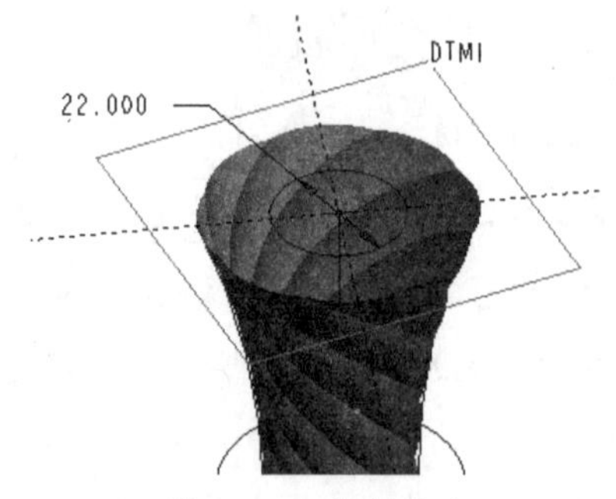

图 17-94　绘制曲线

10 执行【可变截面扫描】命令，打开操控板。选择原点轨迹，如图17-95所示。

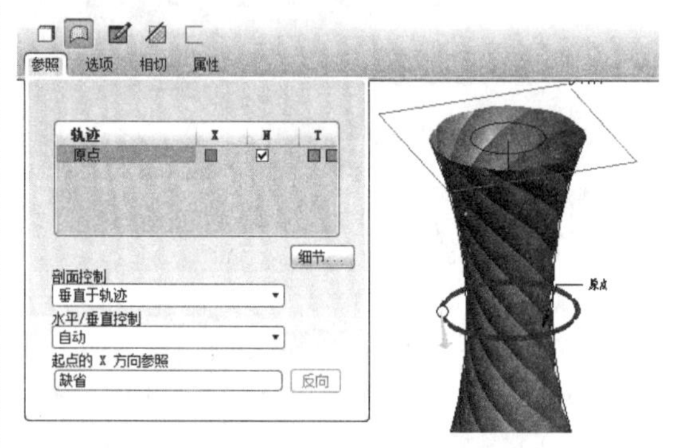

图 17-95　选择原点轨迹

11 在操控板中单击【创建或编辑扫描剖面】按钮，进入草绘模式。绘制如图17-96所示的截面。

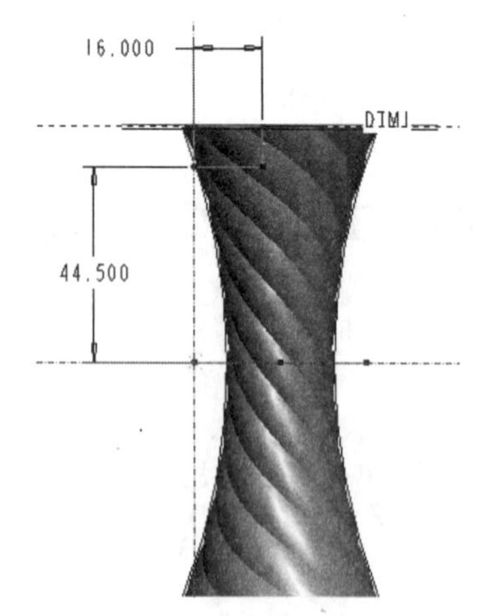

图 17-96　绘制草图

12 在草绘模式中，选择【工具】|【关系】命令，打开【关系】窗口，然后为尺寸sd6添加关系式，设置为尺寸驱动，如图17-97所示。

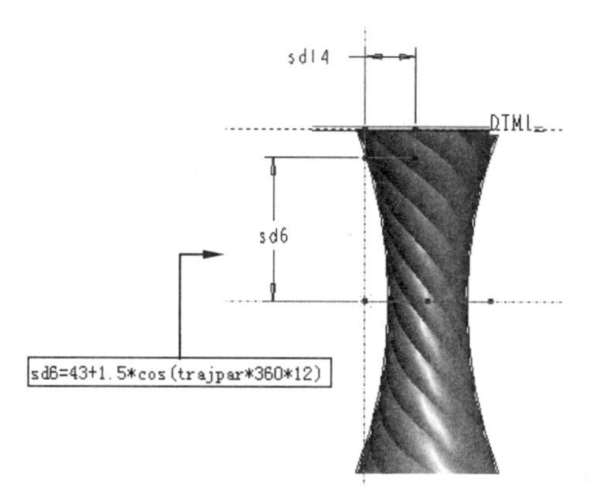

图 17-97 添加关系式

13 完成后退出草绘模式。单击【应用】按钮完成可变扫描截面曲面的创建，如图 17-98 所示。

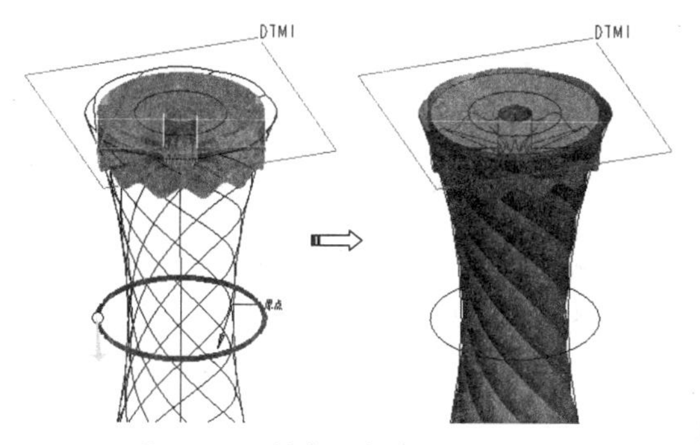

图 17-98 创建可变截面扫描曲面

14 单击【可变截面扫描】按钮，打开操控板。选择原点轨迹和链，如图 17-99 所示。

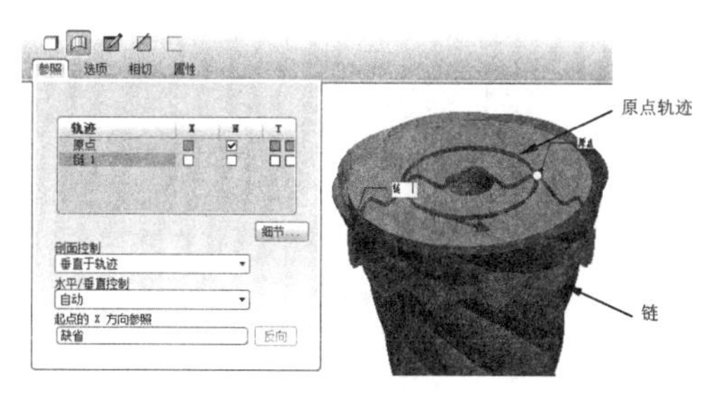

图 17-99 选择原点轨迹

技术要点

选取链时必须按住 Shift 键选取。

15 在操控板中单击【创建或编辑扫描剖面】按钮，进入草绘模式。绘制如图 17-100 所示的截面。

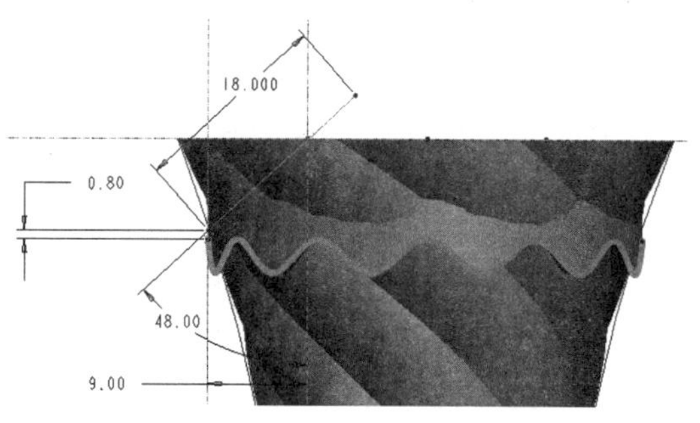

图 17-100 绘制草图

16 完成后退出草绘模式。单击【应用】按钮完成可变扫描截面曲面的创建，如图 17-101 所示。

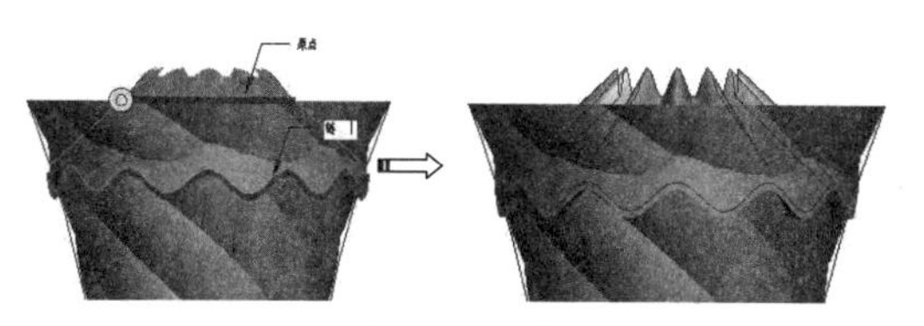

图 17-101 创建可变截面扫描曲面

17 利用【镜像】命令，将两个可变截面扫描的曲面镜像至 TOP 基准平面的另一侧，如图 17-102 所示。

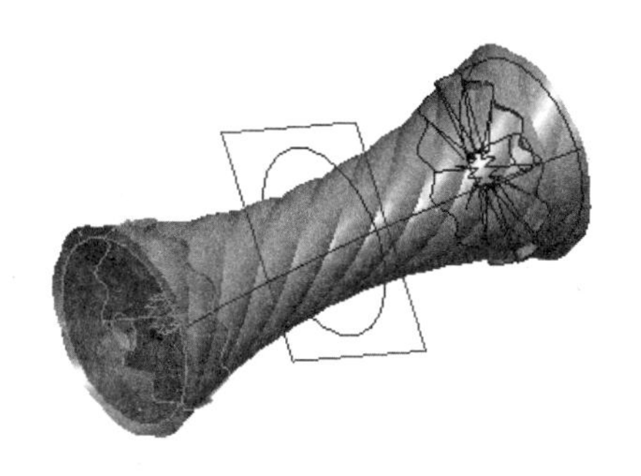

图 17-102 镜像曲面

18 选中第 1 个可变截面曲面，然后选择【编辑】|【修剪】命令，再选择第 3 个可变截面曲面进行修剪，结果如图 17-103 所示。

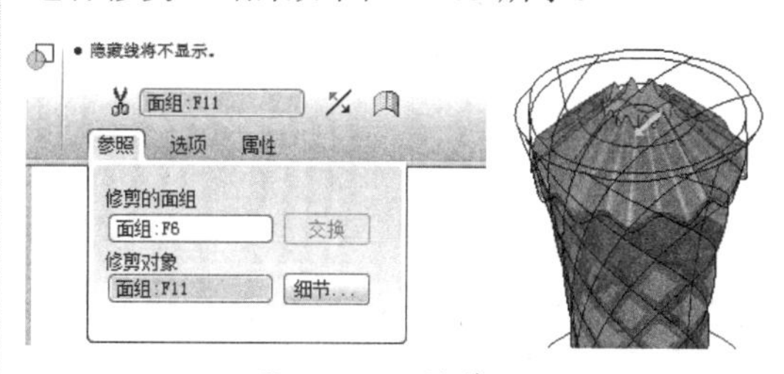

图 17-103 修剪曲面

19 同理，修剪另一侧的曲面。选中第 2 个可变截面曲面进行实体化，同理，另一侧的镜像曲面也进行实体化。

20 再利用实体化工具来修剪前一个实体化后的特征。选中如图 17-104 所示的第 3 个可变截面曲面，然后选择【编辑】|【实体化】命令，打开操控板。单击【移除面组内侧或外侧的材料】按钮，再单击【应用】按钮完成实体化修剪。

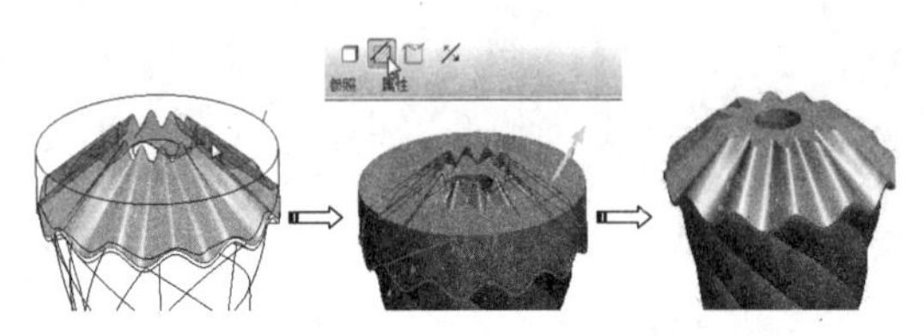

图 17-104 实体化修剪

21 同理，完成另一侧的实体化修剪操作。

22 利用【倒圆角】命令，为实体化修剪的特征创建圆角。打开【倒圆角】操控板后，按如图 17-105 所示的方法旋转要倒圆的边。

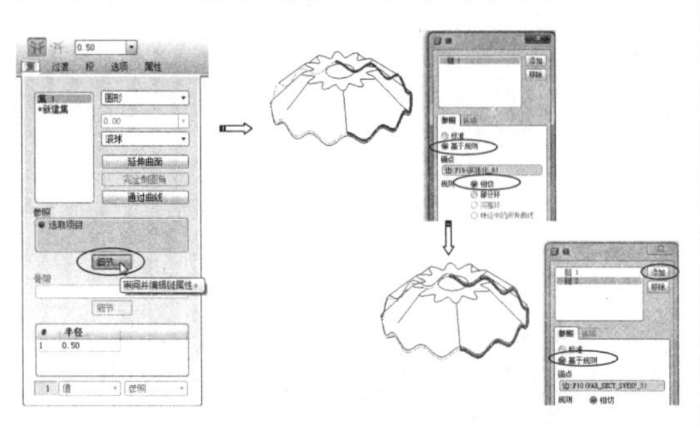

图 17-105 选取集 1 的边链

技术要点

如果不按照上面介绍的步骤来选取倒圆的边，将不能使用【完全倒圆角】功能。对于厚度较小的特征，只能利用【完全倒圆角】功能，才能使其没有尖角面。

23 同样，关闭【链】对话框后，在【集】选项卡中单击【新建集】选项，然后再按上图的步骤来选取（镜像特征中）集 2 的边链。

24 选取集 2 的边链后，单击【完全倒圆角】按钮，再单击操控板中的【应用】按钮，完成倒圆角操作，如图 17-106 所示。

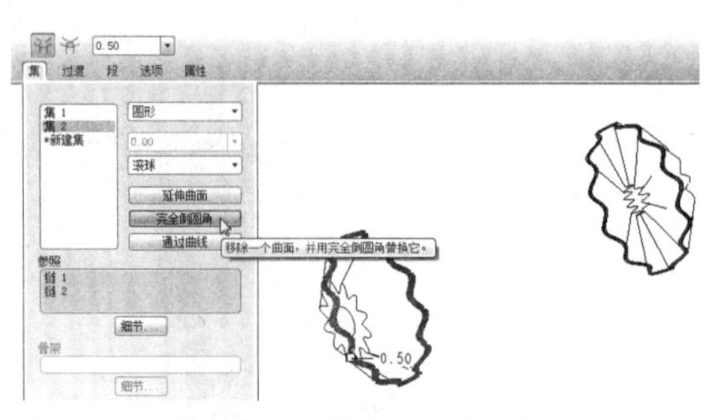

图 17-106 完成倒圆角操作

25 利用【拉伸】工具，选择草图平面后进入草绘模式，绘制如图 17-107 所示的截面。

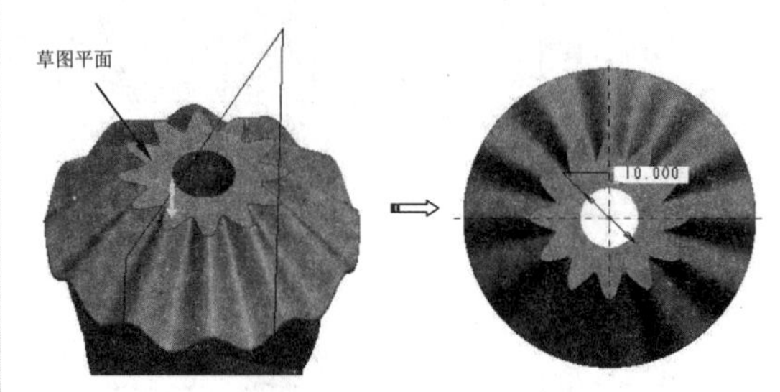

图 17-107 绘制草图

26 完成草图绘制后，在【拉伸】操控板中设置拉伸深度类型，再单击【应用】按钮完成拉伸特征的创建。如图 17-108 所示。

图 17-108 设置深度类型创建拉伸特征

27 选中第 1 个可变截面曲面，然后将其实体化，转换成实体。如图 17-109 所示。

28 利用【倒圆角】命令，对上步创建的实体化特征（扭曲的尖角）进行圆角处理，结果如图 17-110 所示。

29 最后利用【旋转】工具，旋转 FRONT 基准平面作为草图平面，绘制旋转截面，并完成旋转切除材料特征，如图 17-111 所示。

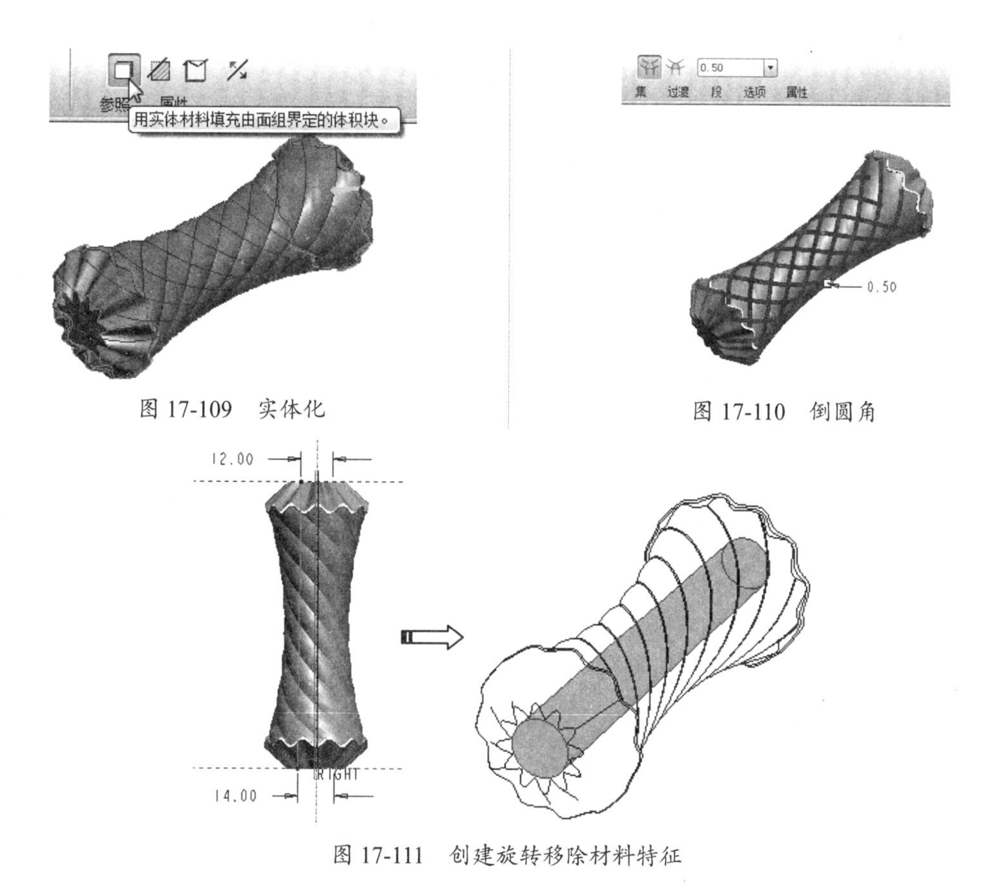

图 17-109　实体化

图 17-110　倒圆角

图 17-111　创建旋转移除材料特征

30 至此，完成了螺纹花形瓶的造型设计。最后将结果保存。

17.4　课后习题

1. 漂亮的花盘造型

利用曲面造型工具、基本曲面、曲面编辑工具设计如图 17-112 所示的漂亮花盘模型。

2. 巧妙的雀巢造型

利用拉伸、旋转、阵列等工具，创建如图 17-113 所示的雀巢造型。

图 17-112　花盘模型

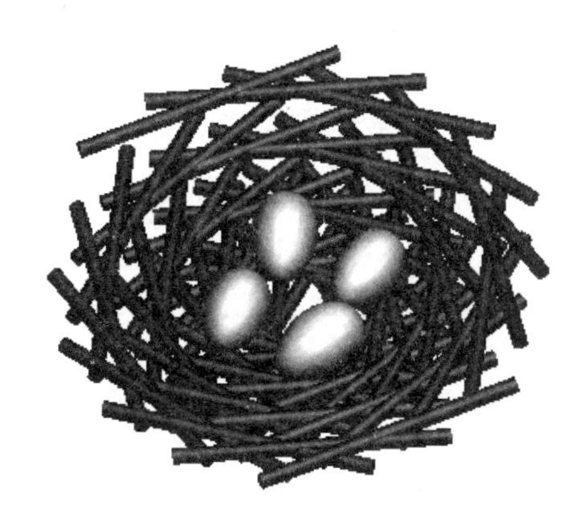

图 17-113　雀巢模型

◇◇◇◇◇◇◇◇◇◇◇◇◇◇◇◇◇◇ 读书笔记 ◇◇◇◇◇◇◇◇◇◇◇◇◇◇◇◇◇◇◇

第 18 章 ISDX 曲面造型

前面介绍的基本曲面知识属于业界常说的专业曲面范畴，另外还有一种概念性极强、艺术性和技术性相对完美结合的曲面特征——造型曲面，也称自由形式曲面，简称 ISDX。造型曲面特别适用于设计特别复杂的曲面，如汽车车身曲面、摩托艇或其他船体曲面等。巧用造型曲面，可以灵活地解决外观设计与零部件结构设计之间可能存在的脱节问题。ISDX 是交互式曲面设计扩展包（Interactive Surface Design eXtension）的缩写，也称【交互式曲面设计】，其指令名称为造型。本章将着重讲解 ISDX 曲面的基本功能及产品设计应用。

资源二维码

百度云盘

360 云盘 访问密码 32dd

知识要点

- ◆ 造型工作台介绍
- ◆ 活动平面与内部平面
- ◆ 创建曲线
- ◆ 编辑造型曲线
- ◆ 创建造型曲面

18.1 造型工作台介绍

在 Pro/E 零件设计模式下，集成了一个功能强大、建模直观的造型环境。在该设计环境中，可以非常直观地创建具有高度弹性化的造型曲线和曲面。在造型环境中创建的各种特征，可以统称为造型特征，它们没有节点数目和曲线数目的特别限制，并且可以具有自身内部的父子关系，还可以与其他 Pro/E 特征具有参照关系或关联。

18.1.1 进入造型工作台

造型曲面模块完全并入了 Pro/E 的零件设计模块，在零件设计模块中的主菜单中选择【插入】|【造型】，也可单击【基础特征】工具栏上的【造型工具】按钮，进入造型曲面设计的模块，界面如图 18-1 所示。

造型曲面设计的界面与零件设计的界面大致相同，只是在菜单栏增加了一个【造型】菜单，工具栏中的【基础特征】工具栏换成了【造型曲面】工具栏，另外增加了一个【造型曲面】分析工具栏。因为菜单栏中其他菜单与零件设计中的菜单

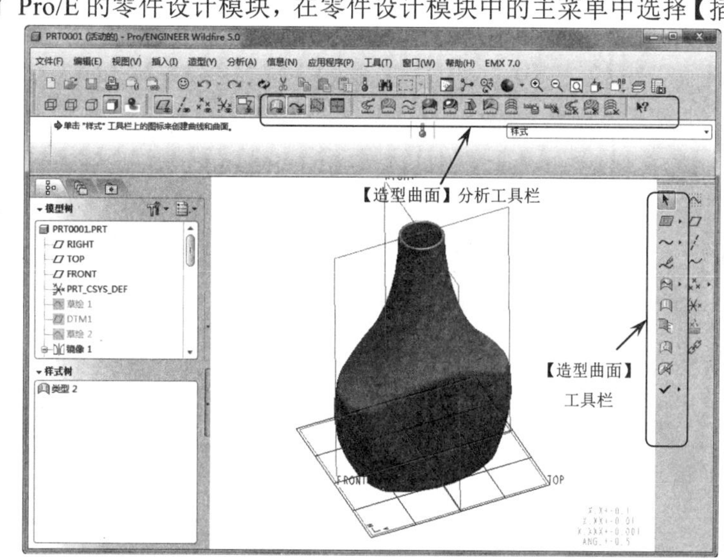

图 18-1 造型环境界面

内容大致类似，在这里只介绍有区别的菜单，其他不再赘述。【造型】菜单是新增的菜单，单击【造型】菜单命令，弹出如图 18-2 所示的下拉菜单，菜单中各选项含义如图所示。命令中的 COS 为英文 Curve On Surface 的简写，表示曲线位于曲面上。

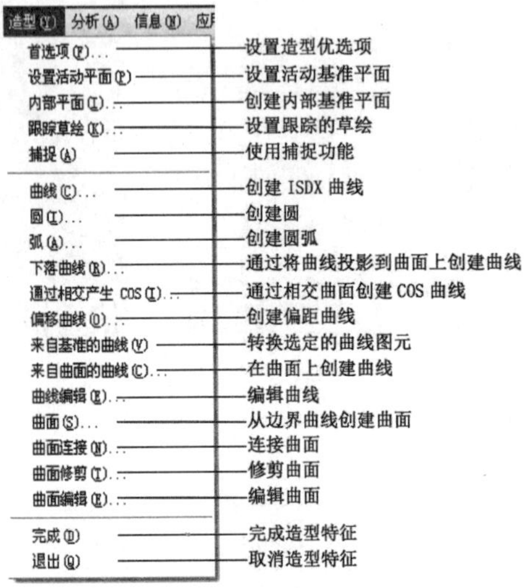

图 18-2 【造型】菜单

在默认状态下，系统只全屏显示一个视图，单击【视图切换】按钮，则可以切换到显示所有视图（四视图布局）的操作界面，如图 18-3 所示。在采用四视图布局时，允许用户适当调整各窗格大小。若再次单击【视图切换】按钮，则切换回单视图界面。

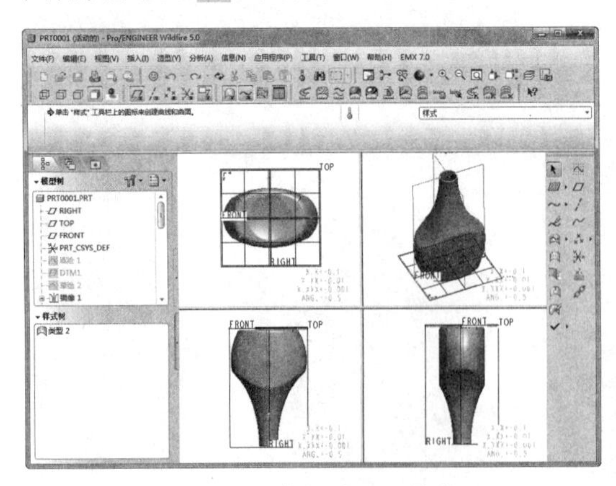

图 18-3 多视图显示模式

退出造型环境的操作方法主要有两种。

- 方法一：在右侧竖排的工具栏中单击✔按钮，或从主菜单中选择【造型】|【完成】命令，完成造型特征并退出造型环境。
- 方法二：在右侧竖排的工具栏中单击✕按钮，或从主菜单中选择【造型】|【退出】命令，取消对造型特征的所有更改，并退出造型环境。

18.1.2 造型环境设置

在主菜单中，选择【造型】|【首选项】命令，打开【造型首选项】对话框，如图 18-4 所示。利用该对话框，可以设置显示、自动再生、栅格、曲面网格等项目的优先选项。

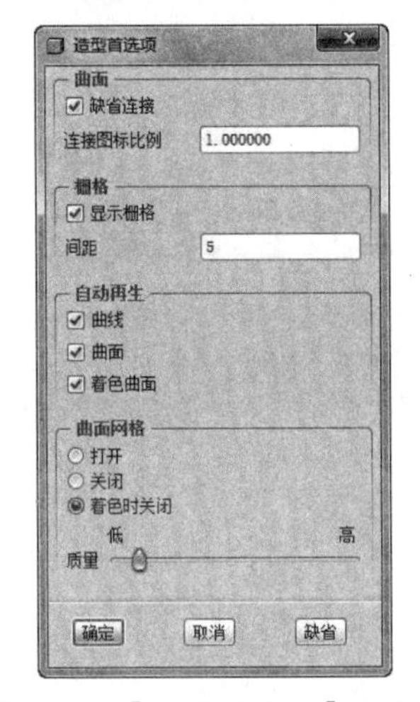

图 18-4 【造型首选项】对话框

【造型首选项】对话框中各选项的功能如下：

- 【曲面】：选中【默认连接】复选框，表示在创建曲面时自动建立连接。
- 【栅格】：可切换栅格的打开和关闭状态，其中【间距】定义栅格间距。
- 【自动再生】：选中相应的复选框时，自动再生曲线、曲面和着色曲面。
- 【曲面网格】：设置以下显示复选框之一。【开】表示始终显示曲面网格；【关】表示从不显示曲面网格；【着色时关闭】表示选择着色显示模式时，曲面网格不可见。

- 【质量】：根据滑块位置定义曲面网格的精细度。

18.1.3　工具栏介绍

创建造型曲面特征时，默认情况下 Pro/E 向界面添加两个【造型曲面】工具栏，分别在窗口顶部添加快捷工具栏，如图 18-5 所示。在窗口的右侧添加工具栏，如图 18-6 所示。下面介绍这些工具栏中常用工具按钮的含义。

图 18-5　顶部工具栏

各按钮含义如下：

- 曲面显示：样式曲面打开 / 关闭。
- 显示曲线：样式曲线打开 / 关闭。
- 跟踪草绘：设置跟踪的草绘。
- 视图显示：在全屏显示一个视图与显示四视图之间切换。
- 曲率：曲率分析，包括曲线的曲率、半径、相切选项，以及曲面的曲率、垂直选项。
- 截面：横截面分析，包括界面的曲率、半径、相切、位置选项和加亮位置。
- 偏移：显示曲面或曲线的偏移量。
- 着色曲率：为曲面上的点计算并显示最小和最大法向曲率值。
- 反射：显示直线光源照射时曲面所反射的曲线。
- 拔模：分析确定曲面的拔模角度。
- 斜率：用色彩显示零件上曲面相对于参照平面的倾斜程度。
- 曲面节点：曲面节点分析。
- 保存的分析：显示已保存的集合信息。
- 隐藏全部：隐藏所有已保存的分析。
- 删除全部曲率：删除所有已保存的曲率分析。
- 删除全部截面：删除所有已保存的截面分析。
- 删除全部曲面节点：删除所有已保存的曲面节点分析。

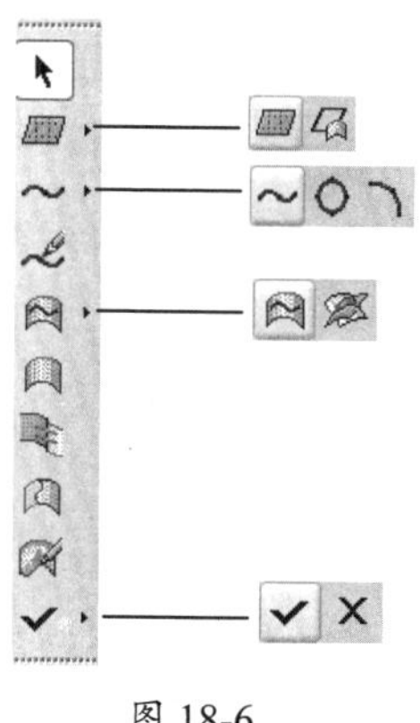

图 18-6

其中各按钮含义如下：

- 选取：选取造型中的特征。
- 设定活动平面：用来设置活动基准平面，以创建和编辑几何对象。
- 创建内部基准平面：创建造型特征的内部基准平面。
- 创建曲线：显示使用插值点或控制点来创建造型曲线的选项。
- 创建圆：显示创建圆的各选项。
- 创建圆弧：显示创建圆弧的各选项。
- 编辑曲线：通过拖动点或切线等方式来编辑曲线。
- 下落曲线：使曲线投影到曲面上以创建曲线。
- 相交产生曲线：通过与一个或多个曲面相交来创建位于曲面上的曲线。
- 曲面：利用边界曲线创建曲面。
- 曲面连接：定义曲面间的连接。
- 曲面修剪：修剪所选面组。
- 曲面编辑：使用直接操作编辑曲面形状。
- 完成：完成造型特征并退出造型环境。
- 退出：取消对造型特征的所有更改。

18.2 设置活动平面和内部平面

活动平面是造型环境中一个非常重要的参考平面，在许多情况下，造型曲线的创建和编辑必须考虑到当前所设置的活动平面。在造型环境中，以网格形式表示的平面便是活动平面，如图 18-7 所示。允许用户根据设计意图，重新设置活动平面。

图 18-7 活动平面

动手操作——设置活动平面

01 打开本例模型文件。

02 单击【设置活动平面】按钮，或者在主菜单中选择【造型】|【设置活动平面】命令，系统提示选取一个基准平面。

03 选择一个基准平面，或选择平整的零件表面，便完成了活动平面的设置。

04 有时，为了使创建和编辑造型特征更方便，在设置活动平面后，可以从主菜单中选择【视图】|【方向】|【活动平面方向】命令，从而使当前活动平面以平行于屏幕的形式显示，如图 18-8 所示。

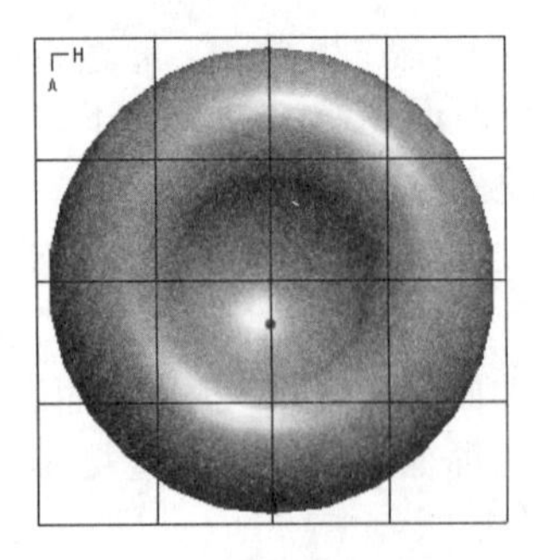

图 18-8 调整视图方向

在创建或定义造型特征时，可以创建合适的内部基准平面来辅助设计。使用内部基准平面的好处在于可以在当前的造型特征中含有其他图元的参照。创建内部基准平面的方法及步骤如下：

01 单击【造型曲面】工具栏上的【创建内部基准平面】按钮，或在主菜单中选择【造型】|【内部平面】命令，打开【基准平面】对话框，如图 18-9 所示。

图 18-9 【基准平面】对话框

02 打开【放置】选项卡，通过参照现有平面、曲面、边、点、坐标系、轴、顶点或曲线来放置新的基准平面，也可选取基准坐标系或非圆柱曲面作为创建基准平面的放置参照。必要时，利用【平移】下拉列表，自定义参照的偏移位置放置新基准平面，如图 18-10 所示。

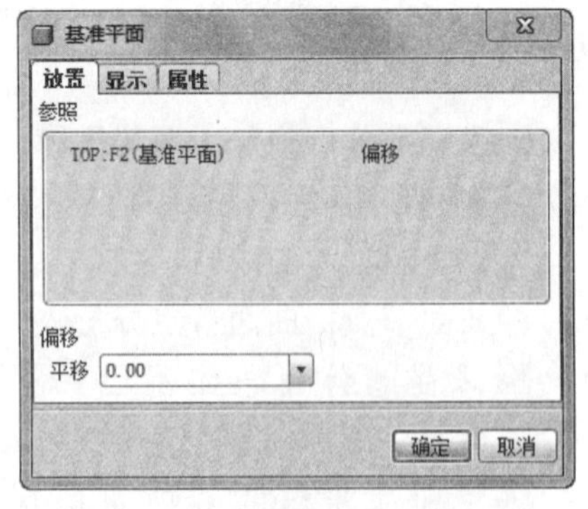

图 18-10 放置新基准平面

03 如果需要，可以进入【显示】选项卡和【属性】选项卡，进行相关设置操作。一般情况下，接受默认设置即可。

04 单击【确定】按钮，完成内部基准平面的创建。默认情况下此基准平面处于活动状态，并且带有栅格显示，还会显示内部基准平面的水平和竖直方向。

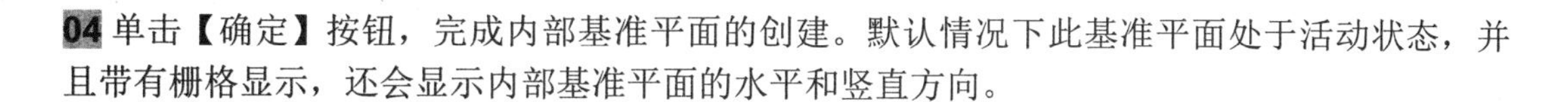

18.3 创建曲线

造型曲面是由曲线来定义的，所以创建高质量的造型曲线是创建高质量造型曲面的关键。在这里，首先了解造型曲线的一些概念性基础知识。

造型曲线是通过两个以上的定义点光滑连接而成的。一组内部插值点和端点定义了曲线的几何。曲线上每一点都有自己的位置、切线和曲率。切线确定曲线穿过的点的方向，切线由造型创建和维护，不能人为改动，但可以调整端点切线的角度和长度。曲线可以被认为是由无数微小圆弧合并而成的，每个圆弧半径就是曲线在该位置的曲率半径，曲线的曲率是曲线方向改变速度的度量。

在造型曲面中，创建和编辑曲线的模式有两种：插值点和控制点。

- 插值点：默认情况下，在创建或编辑曲线的同时，造型曲面显示曲线的插值点，如图 18-11 所示。单击并拖动实际位于曲线上的点即可编辑曲线。
- 控制点：在【造型曲面】的操控面中单击【控制点】按钮，显示曲线的控制点，如图 18-12 所示。可通过单击和拖动这些点来编辑曲线，只有曲线上的第一个和最后一个控制点可以成为软点。

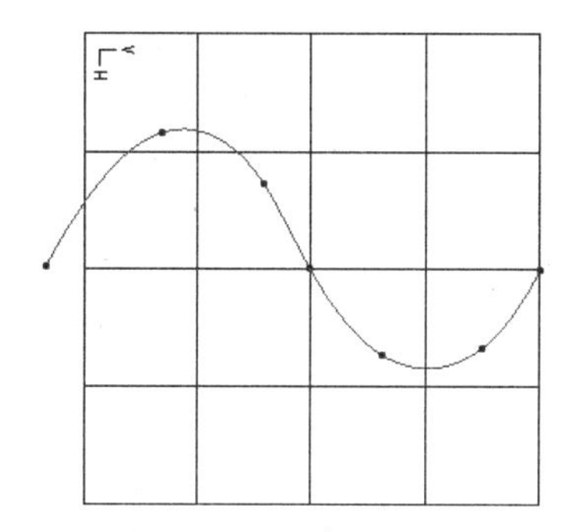

图 18-11 曲线上的插值点

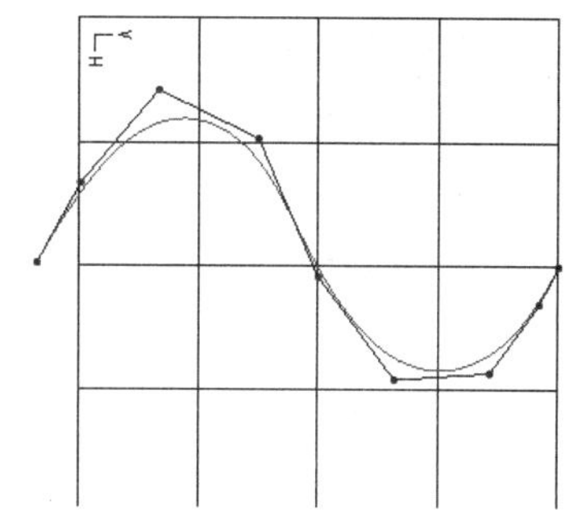

图 18-12 曲线上的控制点

点的种类如果按点的移动自由度来划分，则可分为自由点、软点和固定点 3 种类型。

- 自由点。以鼠标左键在零件上任意取点创建曲线时，所选的点会以小黑点【•】的形式显示在画面上。当创建完曲线时，再单击主窗口右侧的【编辑曲线】按钮，编辑此曲线时，该点可被移动到任意位置，此类点称为自由点。
- 软点。在现有的零件上选取点时，若希望所选的点落在现有零件的直线上或曲线上，则需按住 Shift 键，再以鼠标左键选直线或曲线，则画面会以小圆圈【○】的形式显示出所选到的点，此点被约束在直线上或曲线上，但仍可在此线上移动，此类点称为软点。
- 固定点。若按住 Shift 键，以鼠标左键选取基准点或线条的端点，则画面上会以【×】显示出所选的点，此点被固定在基准点或端点上，无法再移动，此类点称之为【固定点】。

造型曲线的类型有 3 种，分别为自由曲线、平面曲线和 COS 曲线。

- 自由曲线。自由曲线就是三维空间曲线，也称 3D 曲线，它可位于三维空间中的任何地方。通常绘制在活动工作平面上，并可以通过曲线编辑功能，拖曳插值点使其成为 3D 曲线。

- 平面曲线。位于活动平面上的曲线，编辑平面曲线时不能将曲线点移出平面，也称为 2D 曲线。
- COS 曲线。自由曲面造型中的 COS（Curve On Surface，COS）曲线指的是曲面上的曲线。COS 曲线永远放置于所选定的曲面上，如果曲面的形状发生了变化，曲线也随曲面外形的变化而变化。
- 下落曲线。下落曲线是将指定的曲线投影到选定的曲面上所得到的曲线，投影方向是某个选定平面的法向。选定的曲线、选定的曲面及取其法向为投影方向的平面都是父特征，最后得到的下落曲线为子特征，无论修改哪个父特征，都会导致下落曲线改变。从本质上来讲，下落曲线是一种特殊的 COS 曲线。

18.3.1 创建自由曲线

自由曲线是造型曲线中最常用的曲线，它可位于三维空间的任何地方，可以通过制定插值点或控制点的方式来建立自由曲线。

单击【创建曲线】按钮～，或者在主菜单中选择【造型】|【曲线】命令，打开如图 18-13 所示的【造型曲线】特征操控板。

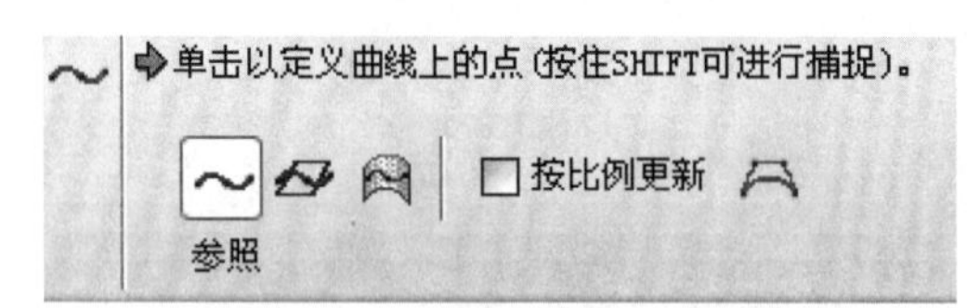

图 18-13 【造型曲线】特征操控板

其中各选项含义如下：

- 自由曲线：创建位于三维空间中的曲线，不受任何几何图元约束。
- 平面曲线：创建位于指定平面上的曲线。
- 曲面曲线：创建被约束于指定单一曲面上的曲线。
- 控制点：以控制点方式创建曲线。
- 【按比例更新】：选中该复选框，按比例更新的曲线允许曲线上的自由点与软点成比例移动。在曲线编辑过程中，曲线按比例保持其形状。没有按比例更新的曲线，在编辑过程中只能更改软点处的形状。

技术要点

创建空间任意自由曲线时，可以借助于多视图方式，便于调整空间点的位置，以完成图形的绘制。

单击其中的【参照】选项，弹出【参照】操控板，如图 18-14 所示，主要用来指定绘制曲线所选用的参照及径向平面。

图 18-14 【参照】上滑面板

动手操作——创建自由曲线

01 新建零件文件，并单击【造型】工具按钮，进入造型环境中。

02 单击【创建曲线】按钮～，或者在主菜单中选择【造型】|【曲线】命令，打开【造型曲线】特征操控板。

03 指定要创建的曲线类型。可以选择自由曲线、平面曲线及曲面曲线。

04 定义曲线点。可以使用控制点和插值点来创建自由曲线。

05 如果需要，可选中【按比例更新】复选框，使曲线按比例更新。

06 完成自由曲线的创建。预览曲线，完成曲线的创建。创建的自由曲线如图 18-15 所示。

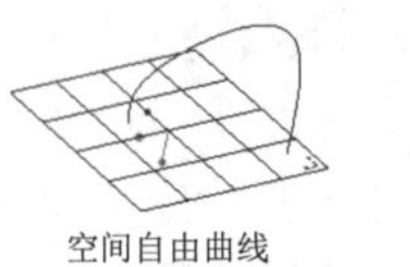

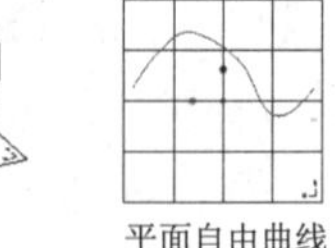

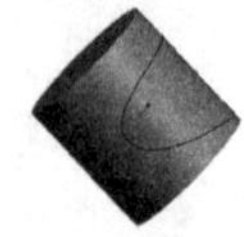

图 18-15 自由曲线

18.3.2　创建圆

在造型环境中，创建圆的过程较为简单。在造型环境中，单击【创建圆】按钮，弹出【创建圆】特征操控板，如图 18-16 所示。利用该操控板，可以创建自由曲线或平面曲线，单击一点作为圆心，并指定圆半径。

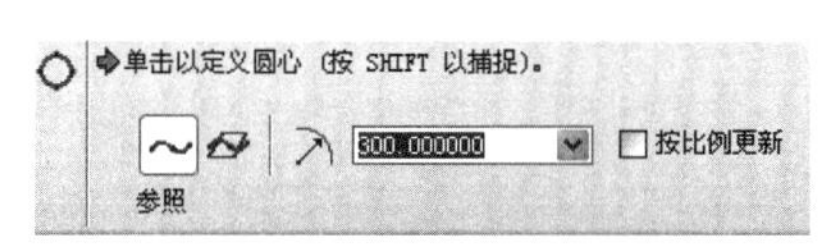

图 18-16　【创建圆】特征操控板

该特征操控板主要选项含义如下：

- 自由：该按钮默认处于激活状态。可自由移动圆，而不受任何几何图元的约束。
- 平面：圆位于指定平面上。默认情况下，活动平面为参照平面。

动手操作——创建圆

01 在造型环境中，单击【创建圆】按钮，弹出【创建圆】特征操控板。

02 选择造型圆的类型。在【创建圆】特征操控板中，单击按钮，创建自由形式圆；单击按钮，创建平面形式圆。

03 在图形窗口中单击任一位置来放置圆的中心。

04 设定圆半径。拖动圆上所显示的控制滑块可更改其半径，或在操控板的【半径】组合框中指定新的半径值。

05 完成圆的创建。创建的圆如图 18-17 所示。

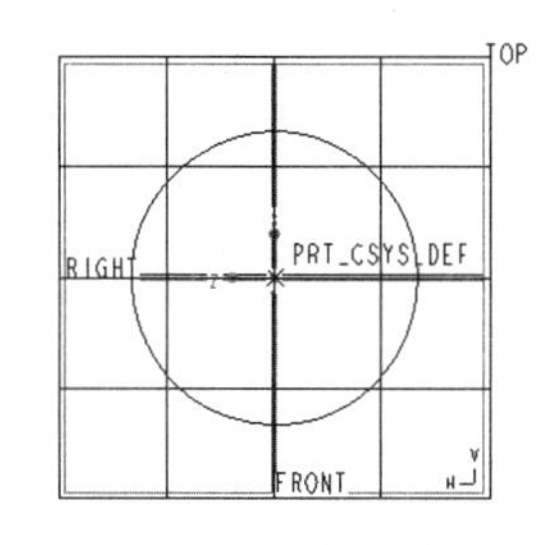

图 18-17　创建圆

18.3.3　创建圆弧

在造型环境中，创建圆弧与创建圆的过程基本相同，另外需要指定圆弧的起点及终点。在造型环境中，单击【创建圆弧】按钮，弹出【创建圆弧】特征操控板，如图 18-18 所示。在该操控板中，需要指定圆弧的起始及结束弧度。

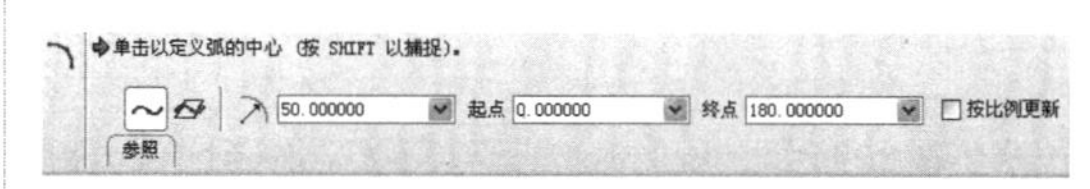

图 18-18　【创建圆弧】特征操控板

动手操作——创建圆弧

01 在造型环境中，单击【创建圆弧】按钮，弹出【创建圆弧】特征操控板。

02 选择造型圆弧的类型。在【创建圆弧】特征操控板中，可设定创建自由形式或平面形式圆弧。

03 在图形窗口中单击任一位置来放置弧的中心。

04 设定圆弧半径及起始、结束角度。拖动弧上所显示的控制滑块以更改弧的半径，以及起点和终点；或者在操控板的【半径】、【起点】和【终点】组合框中分别指定新的半径值、起点值和终点值。

05 完成圆弧创建。创建的圆如图 18-19 所示。

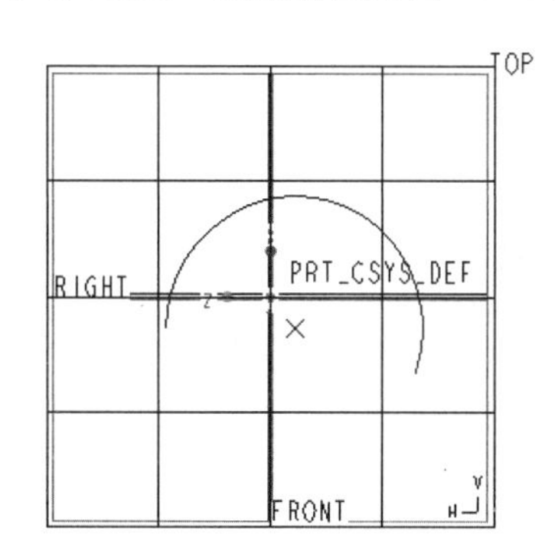

图 18-19　创建圆弧

18.3.4　创建下落曲线

下落曲线是将指定的曲线投影到选定的曲面上所得到的曲线。在造型环境中，单击【创建下落曲线】按钮，弹出【创建下落曲线】特征操控板，如图 18-20 所示。在该操控板中，需要指定投影曲线、投影曲面等要素。

图 18-20 【创建下落曲线】特征操控板

动手操作——创建下落曲线

01 在造型环境中，单击【创建下落曲线】按钮，弹出【创建下落曲线】特征操控板。

02 选取投影曲线。选取一条或多条要投影的曲线。

03 选取投影曲面。选取一个或多个曲面，曲线即被放置在选定曲面上。默认情况下，将选取基准平面作为将曲线放到曲面上的参照。

04 设置曲线延伸选项。选中【起点】复选框，将下落曲线的起始点延伸到最接近的曲面边界；选中【终点】复选框，将下落曲线的终止点延伸到最接近的曲面边界。

05 完成投影曲线的创建。预览创建的投影曲线，完成投影曲线的创建。创建的投影曲线如图 18-21 所示。

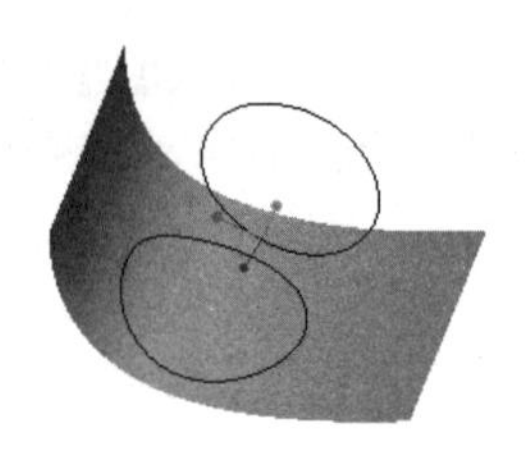

图 18-21 投影曲线

技术要点

通过投影创建的曲线与原始曲线是关联的，若改变原始曲线的形状，则投影曲线形状也随之改变。

18.3.5 创建 COS 曲线

COS 曲线指的是曲面上的曲线，通常可以通过曲面相交创建。如果曲面的形状发生了变化，曲线也随曲面外形的变化而变化。在造型环境中，单击【创建 COS 曲线】按钮，弹出【创建 COS 曲线】特征操控板，如图 18-22 所示。在该特征操控板中，主要设定需要相交的曲面。

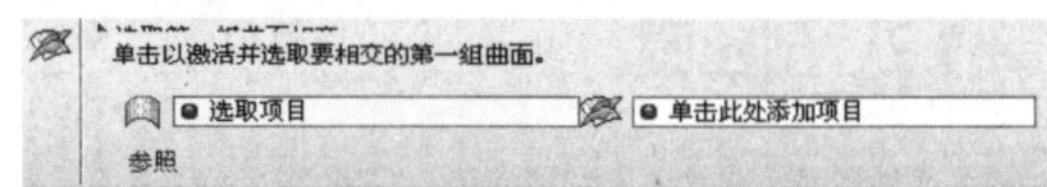

图 18-22 【创建 COS 曲线】特征操控板

动手操作——创建 COS 曲线

01 在造型环境中，单击【创建 COS 曲线】按钮，弹出【创建 COS 曲线】特征操控板。

02 选取相交曲面。分别选取两个曲面作为相交曲面。

03 创建 COS 曲线。创建的 COS 曲线如图 18-23 所示。

图 18-23 创建 COS 曲线

技术要点

在定义 COS 点时，只要其他顶点或基准点都位于同一曲面上，就可使用捕捉功能捕捉到它们。

在使用捕捉功能时，当选取的面在下方时，应避免从上方捕捉参考。此时应将模型特征旋转一个角度，在定义了第一点之后即可从上方绘制所需的 COS 曲线。注意此时是不能用查询选取方式选择曲面的。

COS 曲线与选定曲面的父子关系可以通过在下拉菜单中选择【编辑（E）】|【断开链接（K）】命令来更改 COS 曲线为自由曲线状态，如图 18-24 所示。

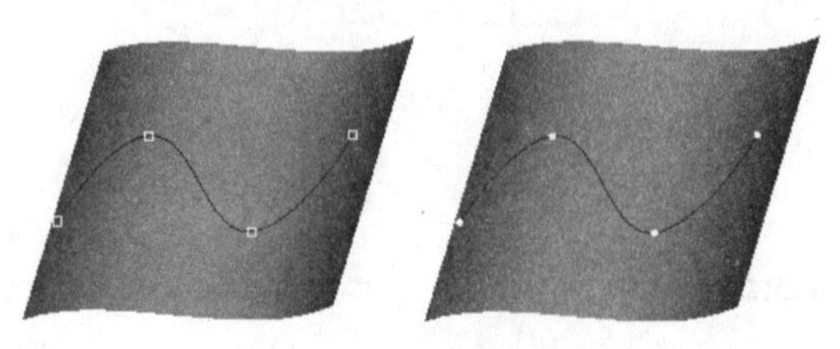

图 18-24 变更曲线类型

18.3.6　创建偏移曲线

创建偏移曲线是通过选定曲线，并指定偏移参照方向创建的曲线。在造型环境中，在主菜单中选择【造型】|【偏移曲线】，打开【偏移曲线】特征操控板，如图 18-25 所示。在该操控板中，主要指定偏移曲线、偏移参照及偏移距离。曲线所在的曲面或平面是指定默认偏移方向的参照。另外，可选中【法向】复选框，将垂直于曲线参照进行偏移。

图 18-25　【偏移曲线】特征操控板

动手操作——创建偏移曲线

01 在造型环境中，在主菜单中选择【造型】|【偏移曲线】命令，打开【偏移曲线】特征操控板。

02 选取要偏移的曲线。

03 选取偏移参照及方向。

04 设置曲线偏移选项。选中【起点】复选框，将下落曲线的起始点延伸到最接近的曲面边界；选中【终点】复选框，将下落曲线的终止点延伸到最接近的曲面边界。

05 设定偏移距离。拖动选定曲线上显示的控制滑块来更改偏移距离，或双击偏移的显示值，然后输入新偏移值。

06 创建的偏移曲线如图 18-26 所示。

图 18-26　偏移曲线

18.3.7　创建来自基准的曲线

创建来自基准的曲线可以复制外部曲线，并转换为自由曲线，这样大大方便了外形的修改和调整。在处理通过其他来源（例如 Adobe Illustrator）创建的曲线或通过 IGES 导入的曲线时，使用这种方式来导入曲线非常有用。所谓外部曲线是指不是当前造型特征内创建的曲线，它包括其他类型的曲线和边，主要包括以下种类：

- 导入到 Pro/E 中的基准曲线。例如，通过 IGES、Adobe Illustrator 等导入的基准曲线。
- 在 Pro/E 中创建的基准曲线。
- 在其他或当前【自由形式曲面】特征中创建的【自由形式曲面】曲线或边。
- 任意 Pro/E 特征的边。

技术要点

来自基准的曲线功能将外部曲线转为造型特征的自由曲线，这种复制是独立复制，即如果外部曲线发生变更时并不会影响到新的自由曲线。

在造型环境中，在主菜单中选择【造型】|【来自基准的曲线】命令，打开【创建来自基准的曲线】特征操控板，如图 18-27 所示。

图 18-27　【创建来自基准的曲线】特征操控板

动手操作——创建来自基准的曲线

01 创建或重定义造型曲面特征。

02 在造型环境中，在主菜单中选择【造型】|【来自基准的曲线】命令，打开【创建来自基准的曲线】特征操控板。

03 选取基准曲线。可通过两种方式选取曲线，即单独选取一条或多条曲线或边，或选取多个曲线或边创建链。

04 调整曲线逼近质量。使用【质量】滑块提高或降低逼近质量，逼近质量可能会增加计算曲线所需点的数量。

05 完成曲线的创建。创建的来自基准曲线如图 18-28 所示。

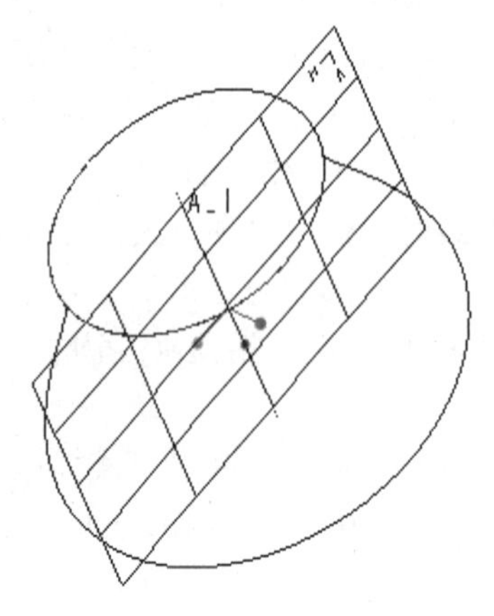

图 18-28　创建来自基准的曲线

18.3.8　创建来自曲面的曲线

在主菜单中选择【造型】|【来自曲面的曲线】命令，打开【创建来自曲面的曲线】特征操控板，如图 18-29 所示。利用该功能可以在现有曲面的任意点沿着曲面的等参数线创建自由曲线或 COS 类型的曲线。

图 18-29　【创建来自曲面的曲线】特征操控板

动手操作——创建来自曲面的曲线

01 在主菜单中选择【造型】|【来自曲面的曲线】命令，打开【创建来自曲面的曲线】特征操控板。

02 选择创建曲线类型。在特征操控板上选择自由或 COS 类型曲线。

03 创建曲线。在曲面上选取曲线要穿过的点，创建一条具有默认方向的来自曲面的曲线，按住 Ctrl 键并单击曲面更改曲线方向。

04 定位曲线。拖动曲线滑过曲面并定位曲线，或单击【选项】选项卡，并在【值】组合框中输入一个大小介于 0 和 1 的值。在曲面的尾端，【值】为 0 和 1。当【值】为 0.5 时，曲线恰好位于曲面中间。

05 完成曲线的创建。创建的来自曲面的曲线如图 18-30 所示。

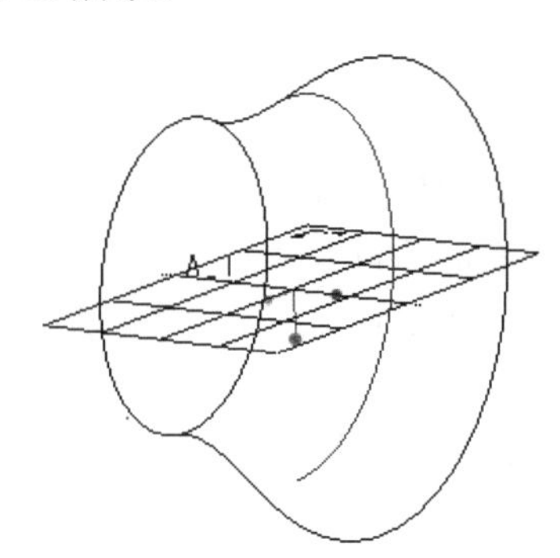

图 18-30　创建来自曲面的曲线

18.4　编辑造型曲线

创建造型曲线后，往往需要对其进行编辑和修改，才能得到高质量的曲线。造型曲线的编辑主要包括对造型曲线上点的编辑，以及曲线的延伸、分割、组合、复制、移动及删除等操作。在进行这些编辑操作时，应该使用曲线的曲率图随时查看曲线变化，以获得最佳曲线形状。

18.4.1　曲率图

曲率图是一种图形表示，显示沿曲线的一组点的曲率。曲率图用于分析曲线的光滑度，它是查看曲线质量的最好工具。曲率图通过显示与曲线垂直的直线（法向），来表现曲线的平滑度和数学曲率。这些直线越长，曲率的值就越大。

在造型环境下，单击【曲率】按钮，弹出如图 18-31 所示的【曲率】对话框。利用该对话框，选取要查看曲率的曲线，即可显示曲率图，如图 18-32 所示。

图 18-31　【曲率】对话框

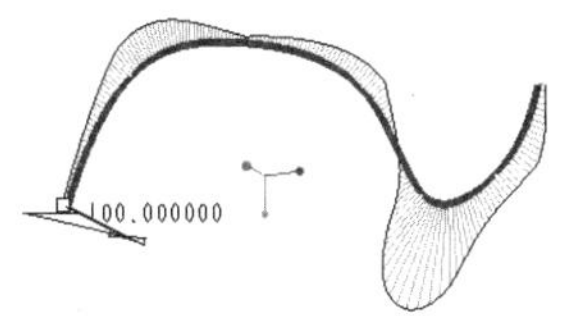

图 18-32　曲线曲率

18.4.2　编辑曲线点或控制点

对于创建的造型曲线，如果不符合用户的要求，往往需要对其进行编辑，通过对曲线的点或控制点的编辑可以修改造型曲线。

在造型环境中，单击【编辑曲线】按钮 ，弹出如图 18-33 所示的【编辑曲线】特征操控板。选中曲线，将会显示曲线上的点或控制点，如图 18-34 所示。使用鼠标左键拖动选定的曲线点或控制点，可以改变曲线的形状。

图 18-33　【编辑曲线】特征操控板

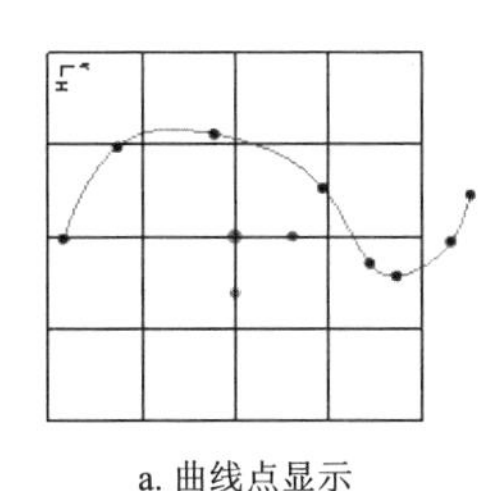

a. 曲线点显示

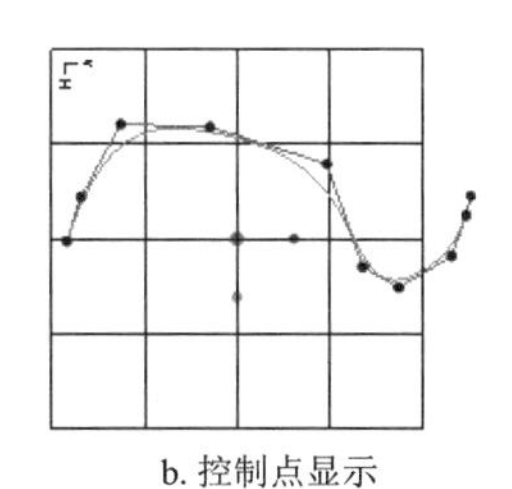

b. 控制点显示

图 18-34　曲线点显示

利用【编辑曲线】选项卡，可以分别设定曲线的参照平面、点的位置及端点的约束情况，如图 18-35 所示。

另外，利用【编辑曲线】选项板，选中造型曲线或曲线点并右击，利用弹出的菜单中的相关命令，可以在曲线上增加或删除点，以对曲线进行分割、延伸等编辑操作，也可以完成对两条曲线的组合。

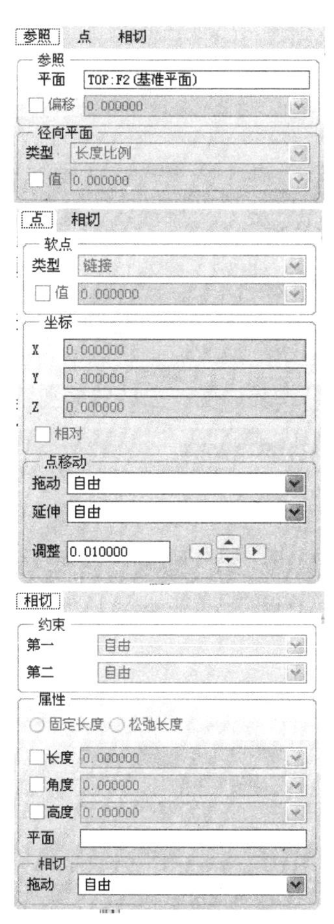

图 18-35　点设置选项

18.4.3　复制与移动曲线

在造型环境中，选择主菜单中的【编辑】|【复制】|【按比例复制】|【移动】命令，可以对曲线进行复制和移动。

- 【复制】：复制曲线。如果曲线上有软点，复制后系统不会断开曲线上软点的连接，操作时可以在操控板中输入坐标值以精确定位。
- 【按比例复制】：复制选定的曲线并按比例缩放。
- 【移动】：移动曲线。如果曲线上有软点，复制后系统不会断开曲线上软点的连接，操作时可以在操控板中输入坐标值以精确定位。

选择主菜单中的【编辑】|【复制】命令，

弹出如图 18-36 所示的【复制】特征操控板。利用该操控板完成的曲线复制如图 18-37 所示。

图 18-36 【复制】特征操控板

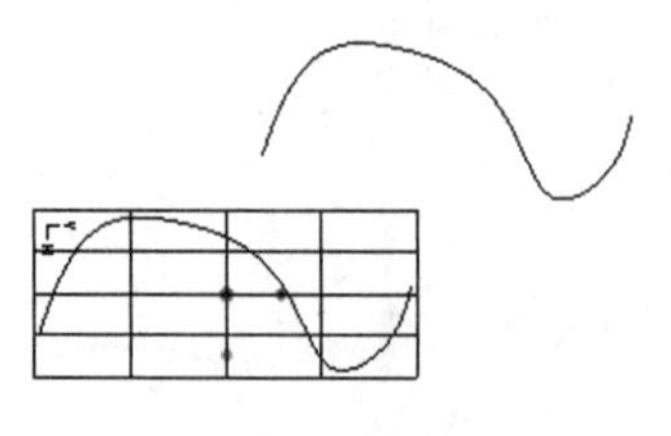

图 18-37 曲线复制

18.5 创建造型曲面

在创建造型曲线后，即可以利用这些曲线创建并编辑造型曲面。创建造型曲面的方法主要有 3 种，即边界曲面、放样曲面和混合曲面，其中最为常用的方法为边界曲面。

18.5.1 边界曲面

采用边界的方法创建造型曲面最为常用，其特点是要具有 3 条或 4 条造型曲线，这些曲线应当形成封闭图形。在造型环境中，单击【从边界曲线创建曲面】按钮，弹出如图 18-38 所示的【曲面】特征操控板。

图 18-38 【曲面】特征操控板

主要选项含义如下：

- 图标：主曲线收集器。用于选取主要边界曲线。
- 图标：内部曲线收集器。选择内部边线构建曲面。
- 按钮：显示已修改曲面的半透明或不透明预览。
- 按钮：显示曲面控制网格。
- 按钮：显示重新参数化曲线。
- 按钮：显示曲面连接图标。

动手操作——创建边界曲面

01 在造型环境中，单击【从边界曲线创建曲面】按钮，弹出【曲面】特征操控板。

02 选取边界曲线。选取 3 条链来创建三角曲面，或选取 4 条链来创建矩形曲面，显示预览曲面。

03 添加内部曲线。单击按钮，选取一条或多条内部曲线。曲面将调整为内部曲线的形状。

04 调整曲面参数化形式。要调整曲面的参数化形式，重新参数化曲线。

05 预览边界曲面，完成边界曲面的创建。

06 选取已创建的 3 条边界曲线，创建的边界曲面如图 18-39 所示。

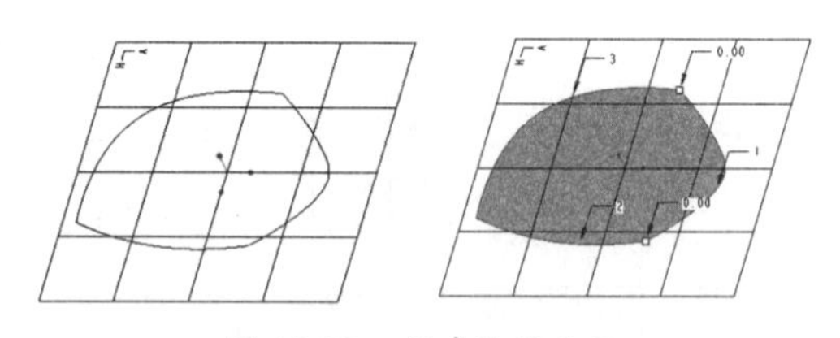

图 18-39 创建边界曲面

18.5.2 连接造型曲面

生成自由曲面之后，可以同其他曲面进行连接。曲面连接与曲线连接类似，都是基于父项和子项的概念。父曲面不改变其形状，而子曲面会改变形状以满足父曲面的连接要求。当曲面具有共同边界时，可设置 3 种连接类型，即几何连接、相切连接和曲率连接。

- 几何连接。几何连接也称匹配连接，它是指曲面共用一个公共边界（共同的坐标点），但是没有沿边界公用的切线或曲率，曲面之间用虚线表示几何连接。
- 相切连接。相切连接是指两个曲面具有一个公共边界，两个曲面在沿边界的每个点上彼此相切，即彼此的切线向量同方向。在相切连接的情况下，曲面约束遵循父项和子项的概念。子项曲面的箭头表示相切连接关系。
- 曲率连接。当两曲面在公共边界上的切线向量方向和大小都相同时，曲面之间成曲率连接。曲率连接由子项曲面的双箭头表示曲率连接关系。

另外，造型曲面还有两种常见的特殊方式，即法向连接和拔模连接。

- 法向连接。连接的边界曲线是平面曲线，而所有与该边界相交的曲线的切线都垂直于此边界的平面。从连接边界向外指，但不与边界相交的箭头表示法向连接。
- 拔模连接。所有相交边界曲线都具有相对于边界与参照平面或曲面成相同角度的拔模曲线连接，也就是说，拔模曲面连接可以使曲面边界与基准平面或另一曲面成指定角度。从公共边界向外指的虚线箭头表示拔模连接。

在造型环境中，单击【连接曲面】按钮，弹出如图 18-40 所示的【连接曲面】特征操控板。

图 18-40　【连接曲面】特征操控板

连接曲面的过程比较简单，打开【连接曲面】特征操控板，首先选取要连接的曲面，然后确定连接类型，即可完成曲面连接。

曲面连接示例如图 18-41 所示。

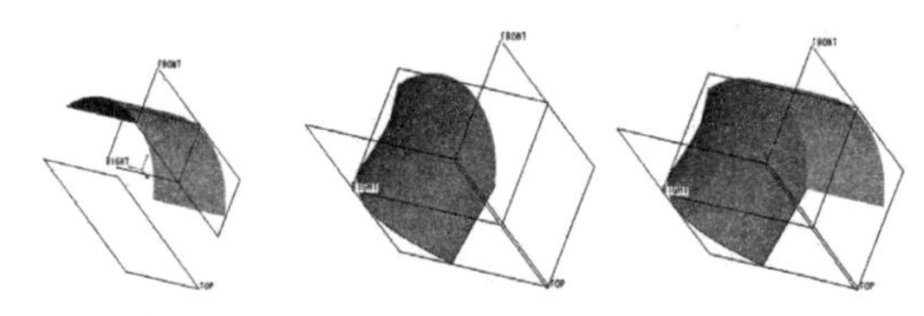

图 18-41　曲面连接

18.5.3　修剪造型曲面

在造型环境中，可以利用一组曲线来修剪曲面。在造型环境中，单击【曲面修剪】按钮，弹出如图 18-42 所示的【曲面修剪】特征操控板。在该特征操控板中，选取要修剪的曲面、修剪曲线及保留的曲面部分，即可完成造型曲面的修剪。

图 18-42　【曲面修剪】特征操控板

曲面修剪示例如图 18-43 所示。

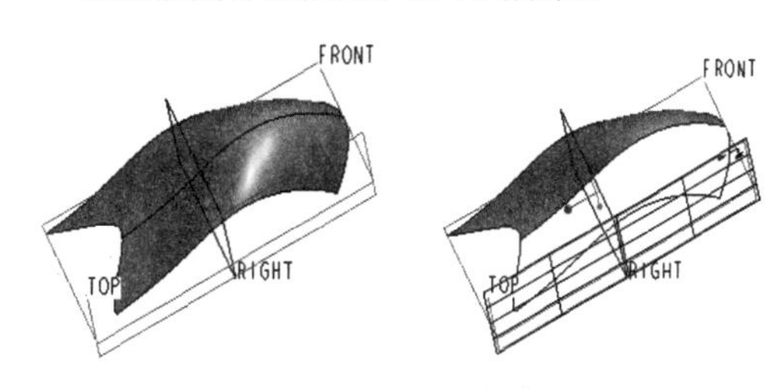

图 18-43　曲面修剪

18.5.4　编辑造型曲面

在造型环境中，利用造型曲面编辑工具，可以使用直接操作、灵活编辑常规建模所用的曲面，并可进行微调使问题区域变得平滑。

在造型环境中，单击【曲面编辑】按钮，弹出如图 18-44 所示的【曲面编辑】特征操控板。

图 18-44　【曲面编辑】特征操控板

其中主要选项含义如下：

- 曲面收集器：选取要编辑曲面。
- 【最大行数】：设置网格或节点的行数。必须输入一个大于或等于 4 的值。

- 【列】：设置网格或节点的列数。
- 【移动】：约束网格点的运动。
- 【过滤器】：约束围绕活动点的选定点的运动。
- 【调整】：输入一个值来设置移动增量，然后单击▲、▼、◀或▶以向上、向下、向左或向右轻推点。
- 比较选项：更改显示来比较经过编辑的曲面和原始曲面。

在【曲面编辑】特征操控板中设置相关选项及参数后，可以利用鼠标直接拖动控制点的方式编辑曲面形状，实例如图18-45所示。

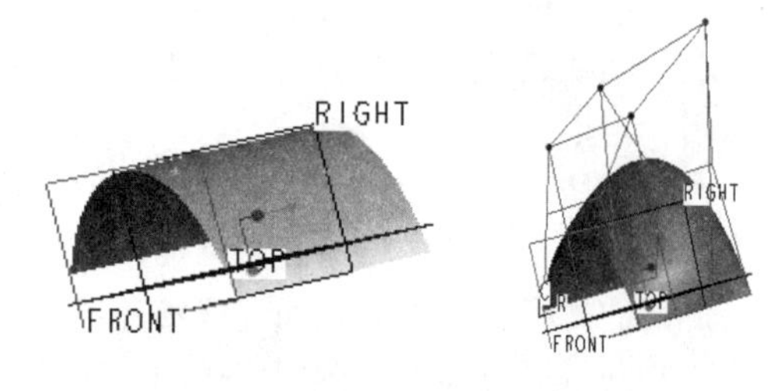

图 18-45　曲面编辑

18.6 综合实训

Pro/E的造型曲面设计以边界曲线为曲面的基本元素，通过对边界曲线的编辑来改变曲面的外形，还可以通过编辑曲面，改变曲面的连接方式来改变曲面的光滑程度，以获得设计者需要的曲面。本书通过几个实例来讲解造型曲面的创建及编辑过程。

18.6.1 指模设计

◎ **引入文件：无**

◎ **结果文件：实训操作\结果文件\Ch18\zhimo.prt**

◎ **视频文件：视频\Ch18\指模模型.avi**

本实例主要完成一种指模的模型设计，在模型的创建过程中通过实体拉伸特征、造型曲线及造型曲面特征的创建，使用圆角、加厚、实体化等建模方法，同时涉及多种曲面编辑特征的应用。指模设计的结果如图18-46所示。

图 18-46　指模模型

01 新建名为【zhimo】的零件文件。

02 创建拉伸实体特征。单击【拉伸】按钮，选取FRONT平面作为草绘平面，绘制拉伸截面图，拉伸深度为300，拉伸选项及创建的拉伸特征如图18-47所示。

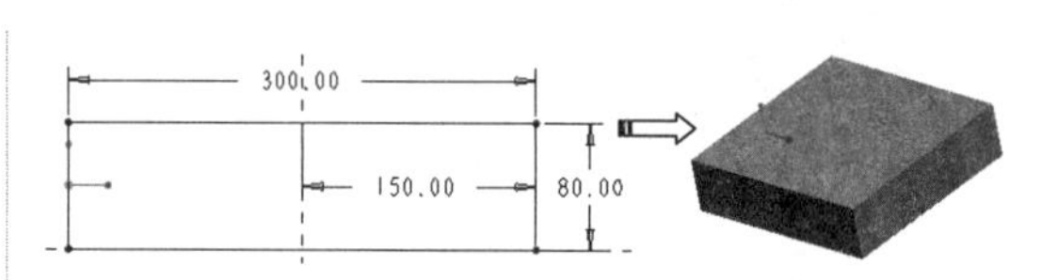

图 18-47　创建拉伸实体特征

03 创建倒圆角特征。选中如图18-48所示的边线，单击【倒圆角】按钮，设定圆角半径值为10，并完成倒圆角特征的创建。

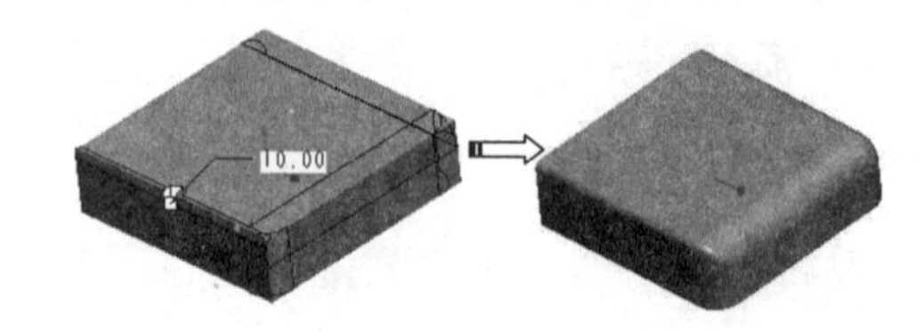

图 18-48　倒圆角

04 创建造型曲线。在菜单栏中选择【插入】|【造型】命令或单击【造型】按钮，进入造型环境，以拉伸实体上表面为活动平面绘制4条平面曲线，然后连接两条曲线的中点创建曲线，主要过程及结果如图18-49所示。

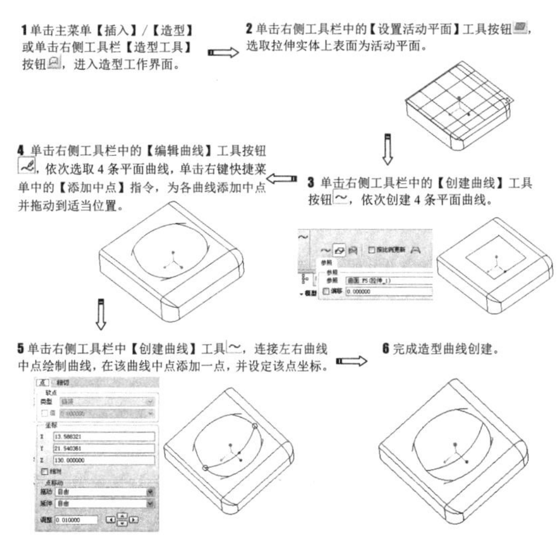

图 18-49　创建造型曲线

05 创建造型曲面。在造型环境中，单击【曲面】按钮，以上一步创建的造型曲线的 4 条边线为边界曲线，以连接中点的曲线为内部曲线，创建造型曲面，其过程及结果如图 18-50 所示。

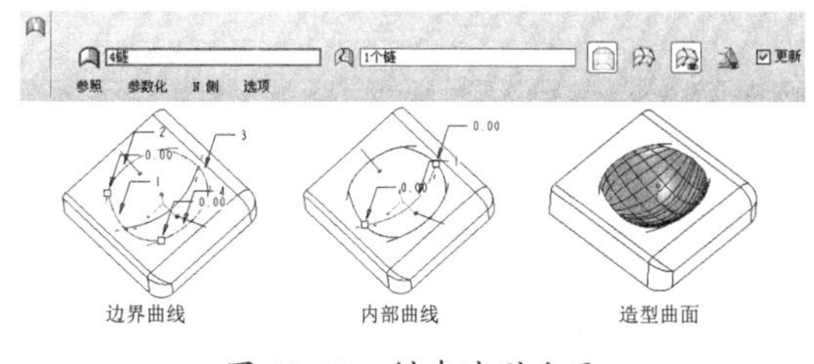

图 18-50　创建造型曲面

06 创建实体化特征。选中上一步所创建的造型特征，选择主菜单中的【编辑】|【实体化】命令，打开【实体化】操控板，单击【移除材料】按钮，并单击按钮调节方向，创建的实体化特征如图 18-51 所示。

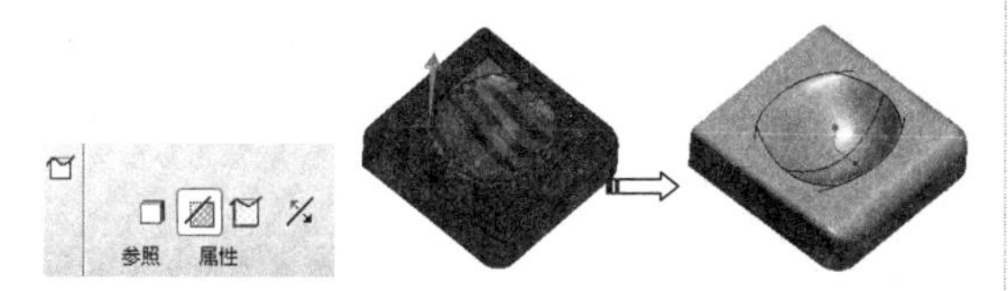

图 18-51　创建实体化特征

技术要点

创建实体化特征之前，应该退出造型环境，进入零件设计环境。

07 创建造型曲线。主要过程与第 4 步相同，选择主菜单中的【插入】|【造型】命令或单击【造型】工具按钮，进入造型环境，利用【创建曲线】工具及【编辑曲线】工具，创建 3 条自由曲线，如图 18-52 所示。

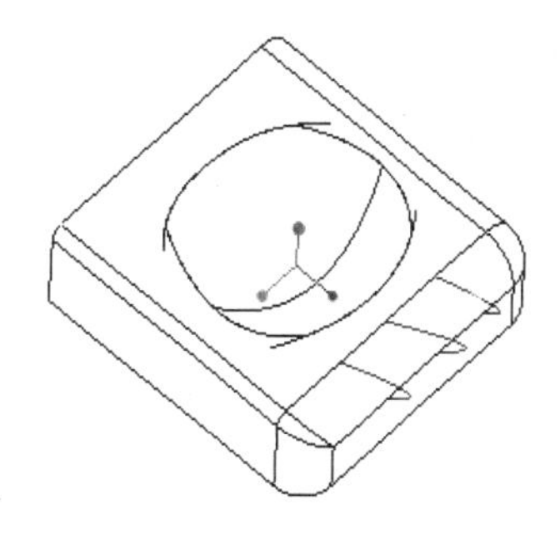

图 18-52　创建造型曲线

技术要点

创建曲线时，按住 Shift 键，捕捉圆角的两条边线，分别作为曲线的起点和终点，然后利用曲线编辑工具，在曲线中点处添加一点，并通过改变其点坐标值的方式调整其位置。

08 创建造型曲面。在造型环境中，单击【曲面】工具按钮，创建造型曲面，基本步骤与第 5 步相同，创建的造型曲面如图 18-53 所示。

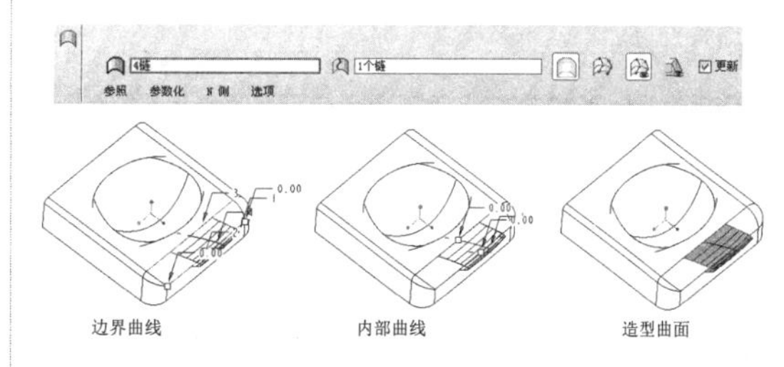

图 18-53　创建造型曲面

09 加厚曲面。首先退出造型环境，回到零件设计环境，选取上一步创建的造型特征，在主菜单中选择【编辑】|【加厚】命令，将曲面加厚以实现实体化，如图 18-54 所示。

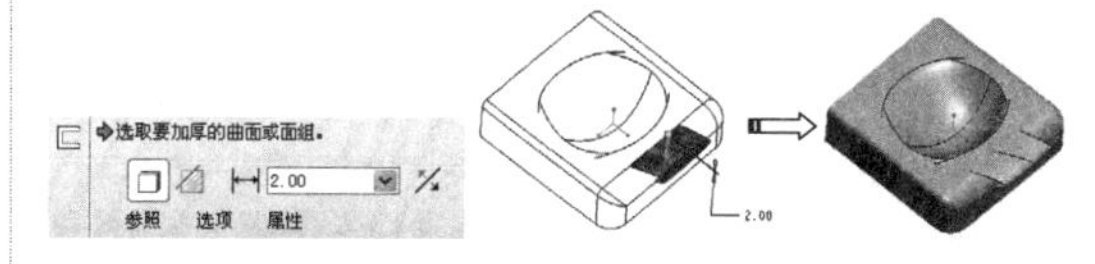

图 18-54　加厚曲面

10 镜像实体特征。在模型树中，选取根节点，单击【镜像】工具按钮，选取实体的左侧面作为对称平面，创建镜像实体特征，如图 18-55 所示。

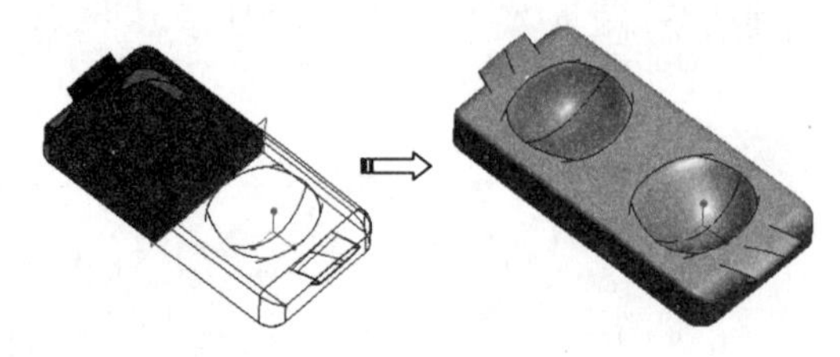

图 18-55　镜像实体特征

11 隐藏曲线。首先将模型树切换至层树并右击，在弹出的快捷菜单中选择【新建层】命令，创建新层。在过滤器中，选择【曲线】选项，并框选整个模型，完成新层的创建。右击新创建的层，在弹出的快捷菜单中选择【隐藏】命令，完成曲线的隐藏。得到最终创建的模型，如图 18-56 所示。

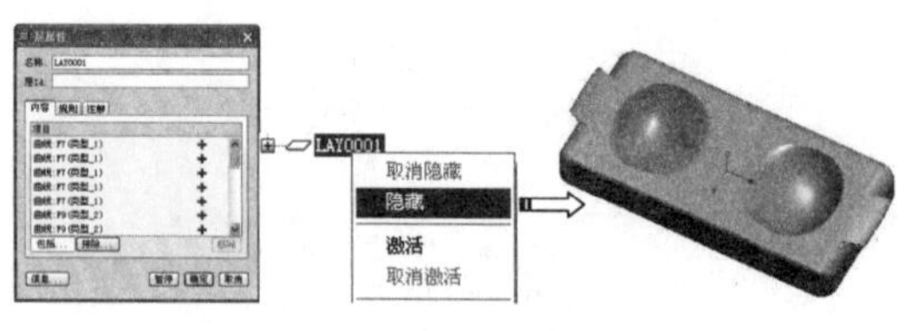

图 18-56　隐藏曲线

12 单击按钮保存设计结果，关闭窗口。

18.6.2　瓦砾设计

◎ **引入文件：无**

◎ **结果文件：实训操作 \ 结果文件 \Ch18\wali.prt**

◎ **视频文件：视频 \Ch18\ 瓦砾造型 .avi**

本实例主要完成一种瓦片的模型设计，在模型的创建过程中通过实体旋转特征、造型曲线以及造型曲面特征的创建，并使用圆角、加厚、实体化等建模方法，同时涉及多种曲面编辑特征的应用。瓦片设计的结果如图 18-57 所示。

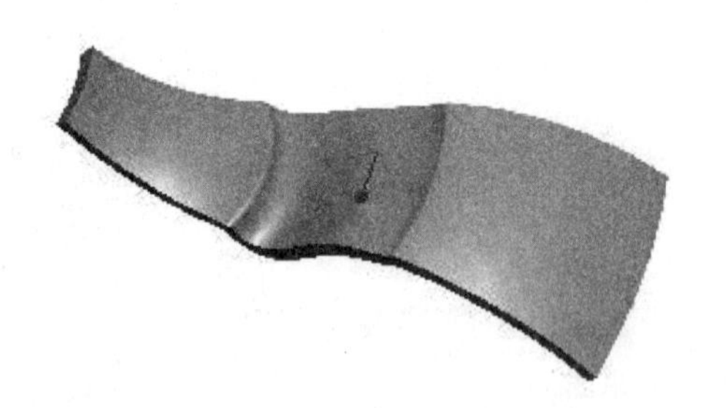

图 18-57　瓦片模型

操作步骤：

01 新建零件文件。单击工具栏中的【新建】按钮，在【新建】对话框的【类型】选项组中选择【零件】单选按钮，在【子类型】分组框中默认选中【实体】单选按钮，在【名称】文本框中输入文件名【wali】，并取消选中【使用默认模板】复选框。单击确定按钮，在弹出的【新文件选项】对话框中选取模板为【mmns_part_solid】，单击确定按钮后，进入系统的零件模块。

02 创建旋转曲面特征。单击绘图区右侧的【旋转】工具按钮，打开【旋转】特征操控板，单击【曲面】按钮，选择 TOP 基准平面作为草绘平面，绘制旋转截面，创建的旋转曲面特征如图 18-58 所示。

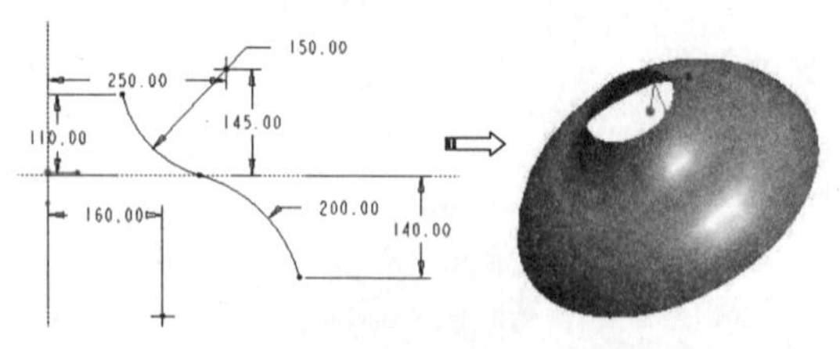

图 18-58　创建旋转曲面特征

03 创建基准平面。单击按钮，打开【基准平面】对话框。选取 FRONT 平面作为参照，采用平面偏移的方式，偏移距离为 150，创建 DTM1 基准平面。如图 18-59 所示。

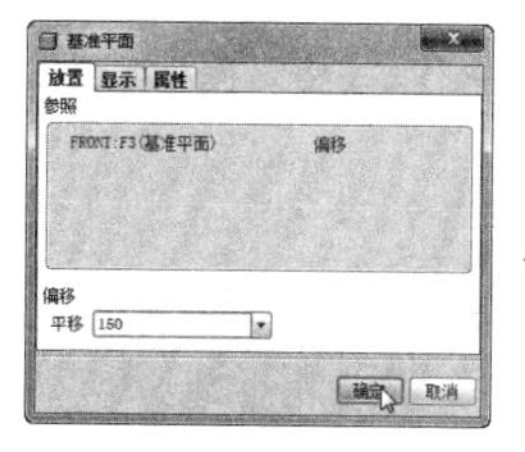
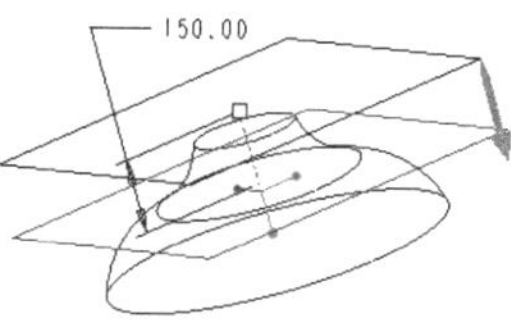

图 18-59　创建基准平面

04 创建草绘曲线。单击【草绘基准曲线】按钮，进入草绘环境，选择上一步创建的 DTM1 平面作为草绘平面，绘制如图 18-60 所示的草绘曲线。

05 创建投影造型曲线。在主菜单中选择【插入】|【造型】命令或单击【造型工具】按钮，进入造型环境，单击【创建下落曲线】按钮，弹出【创建下落曲线】特征操控板，选取上一步创建的草绘曲线作为投影曲线，旋转曲面为投影曲面，创建的投影曲线如图 18-61 所示。

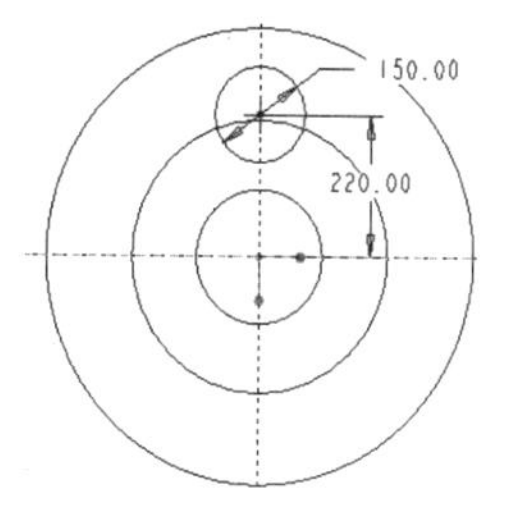

图 18-60　创建底部草绘曲线

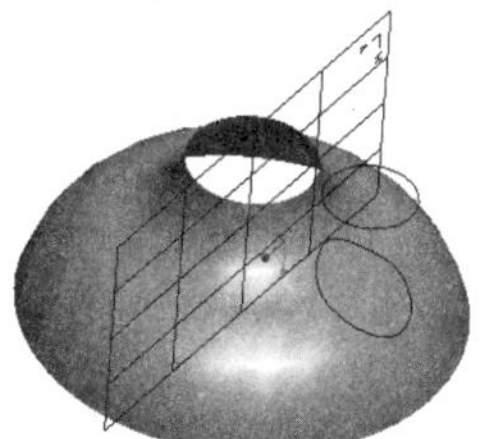

图 18-61　创建投影曲线

06 在曲面上创建造型曲线。在造型环境中，利用【创建曲线】工具，并设定曲线类型为【曲面上曲线】，按住 Shift 键捕捉上一步创建的投影下落曲线，分别绘制两条造型曲线，并利用【编辑曲线】工具，为曲线添加中点，并调整中点位置，最后创建的两条曲面上的造型曲线如图 18-62 所示。

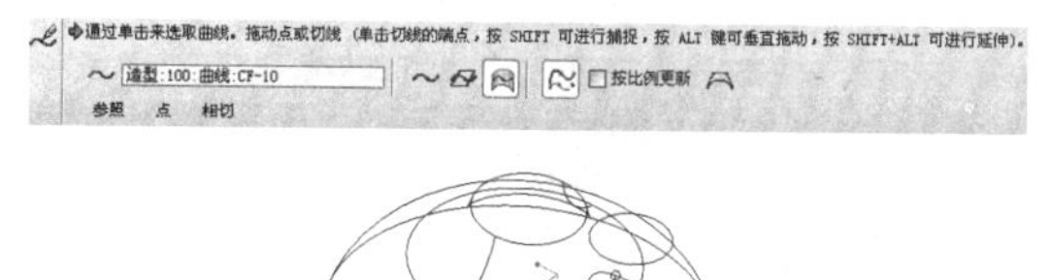

图 18-62　创建造型曲线

07 创建自由造型曲线。主要过程与上一步相同，在造型环境中，利用【创建曲线】工具，并设定曲线类型为【自由曲线】，按住 Shift 键捕捉上一步创建的曲面上造型曲线的端点曲线，分别绘制两条自由造型曲线，并利用【编辑曲线】工具，为曲线添加中点，并调整中点位置，创建的自由造型曲线如图 18-63 所示。

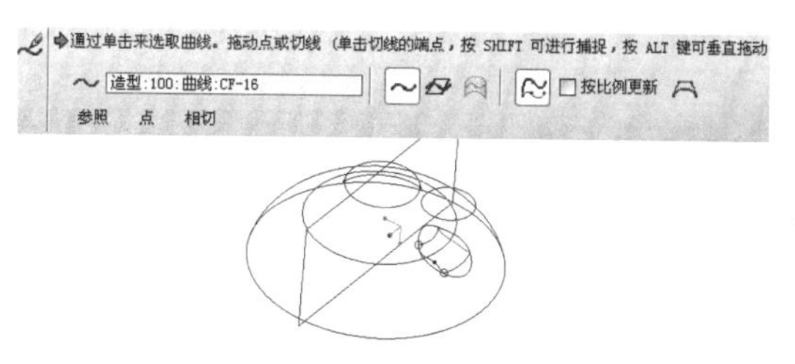

图 18-63　创建自由造型曲线

08 创建造型曲面。在造型环境中，单击【曲面】工具按钮，以上两步创建的造型曲线为边界曲线，创建造型曲面，如图 18-64 所示。

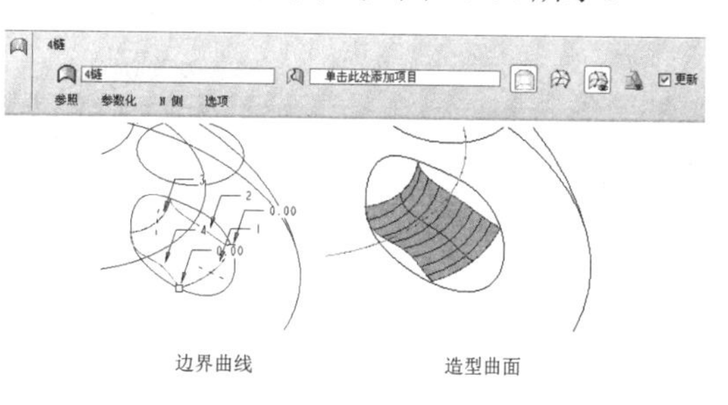

图 18-64　创建造型曲面

09 合并曲面。选取上一步创建的造型曲面，按住 Ctrl 键，选取第 2 步创建的旋转曲面，单击【曲面合并】按钮，单击操控板中的按钮，调整合并曲面方向，创建合并曲面，如图 18-65 所示。

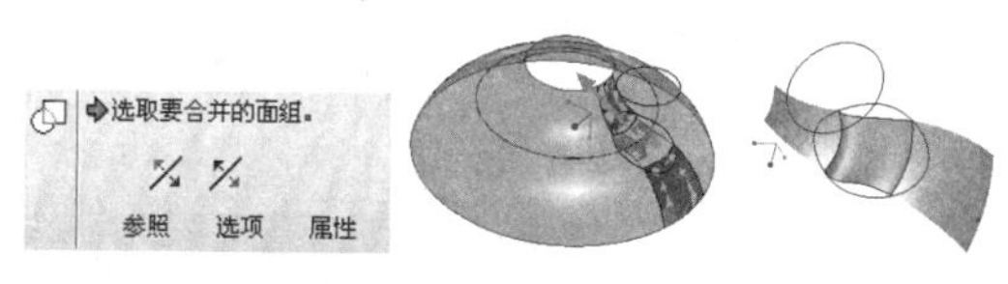

图 18-65　合并曲面

技术要点

创建实体化特征之前，应该退出造型环境，进入零件设计环境。

10 加厚曲面。选取上一步创建的合并曲面特征，在主菜单中选择【编辑】|【加厚】命令，将曲面加厚以实现实体化，如图18-66所示。

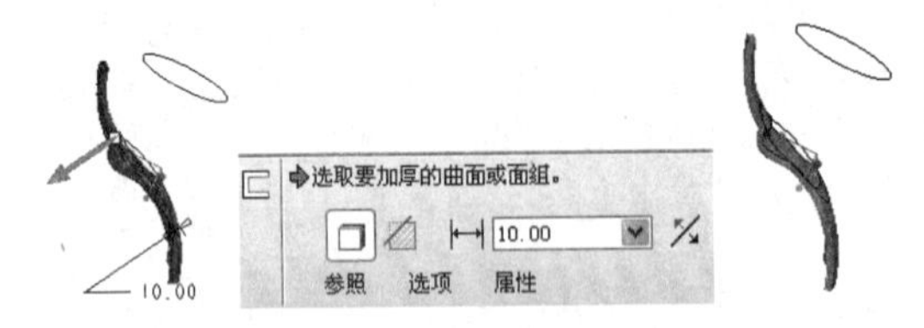

图18-66　加厚曲面

11 创建倒圆角特征。选中图示边线，单击【倒圆角】工具按钮，设定圆角半径值为5，最后创建的倒圆角特征如图18-67所示。

12 隐藏曲线。首先将模型树切换至层树并右击，在弹出的菜单中选择【新建层】命令，创建新层。在过滤器中，选择【曲线】选项，并框选整个模型，完成新层的创建。右击新创建的层，在弹出的快捷菜单中选择【隐藏】命令，完成曲线的隐藏。得到最终创建的模型，如图18-68所示。

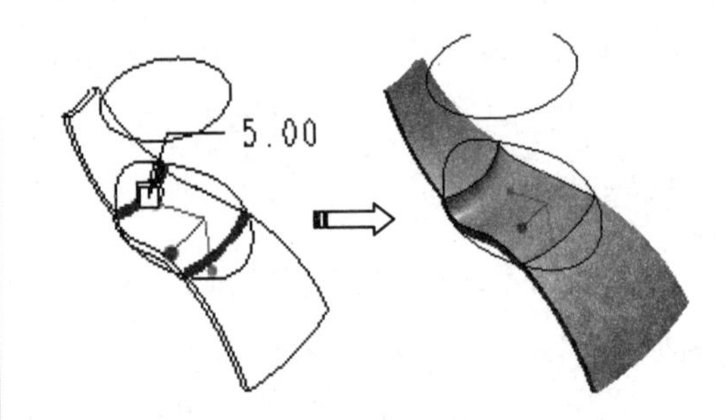

图18-67　倒圆角

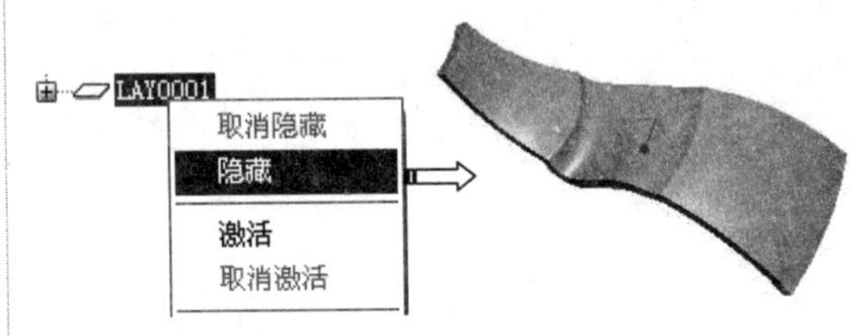

图18-68　隐藏曲线

13 单击按钮保存设计结果，关闭窗口。

18.7 课后习题

1. 小鸟造型

利用造型曲面、造型曲线及基本曲面工具等完成如图18-69所示的小鸟造型。

2. 大班椅造型

利用造型曲面、造型曲线及基本曲面工具等完成如图18-70所示的大班椅造型。

图18-69　小鸟造型

图18-70　大班椅造型

读书笔记

第19章　模型渲染

渲染是三维制作中的收尾阶段，在进行了建模、设计材质、添加灯光或制作一段动画后，需要进行渲染，才能生成丰富多彩的图像或动画。

在本章中，将详细介绍 Pro/ENGINEER Wildfire 5.0 的模型渲染设计功能。最后以典型的实例来讲解如何渲染，以及渲染的一些基本知识，使读者能够基本掌握渲染的步骤和方法，并能做一些简单的渲染。

资源二维码

百度云盘

360 云盘 访问密码 32dd

知识要点

- 渲染概述
- 关于实时渲染
- 创建外观
- 添加光源
- 房间
- 渲染

19.1　渲染概述

Pro/E 的【照片级逼真感渲染】允许用户通过调整各种样式来改进模型外观，增强细节部分，使员工和客户获得较好的视图效果。调整时模型将随之更新，可以不断移动模型，从不同角度观看渲染效果。

19.1.1　认识渲染

渲染（Render），也有人把它称为着色，但工程师更习惯把 Shade 称为着色，把 Render 称为渲染。因为 Render 和 Shade 这两个词在三维软件中是截然不同的两个概念，虽然它们的功能很相似，但却有不同。

Shade 是一种显示方案，一般出现在三维软件的主要窗口中，和三维模型的线框图一样起到辅助观察模型的作用。很明显，着色模式比线框模式更容易让设计人员理解模型的结构，但它只是简单地显示而已，数字图像中把它称为明暗着色法。如图 19-1 所示为模型的着色效果显示。

图 19-1　模型的着色显示

在 Pro/E 软件中，还可以用 Shade 显示出简单的灯光效果、阴影效果和表面纹理效果，当然，高质量的着色效果是需要专业三维图形显示卡来支持的，它可以加速和优化三维图形的显示。但无论怎样优化，它都无法把显示出来的三维图形变成高质量的图像，这是因为 Shade 采用的是一种实时显示技术，硬件的速度限制它无法实时地反馈出场景中的反射、折射等光线追踪效果。

Render 效果就不同了，它是基于一套完整的程序计算出来的，硬件对它的影响只是一个速度问题，而不会改变渲染的结果，影响结果的是看它是基于什么程序渲染的，比如是光影追踪，还是光能传递，如图 19-2 所示。

图 19-2　模型的渲染效果

19.1.2　Pro/E 外观设置与渲染

在创建零件和装配三维模型时，可以在前导工具栏的【显示样式】下拉菜单中单击不同的显示按钮，使模型显示为不同的线框状态和着色状态（如图 19-3 所示）。但在实际的产品设计中，这些显示状态是远远不够的，因为它们无法表达产品的颜色、光泽和质感等外观特点，要表达产品的这些外观特点，还需要对模型进行必要的外观设置，然后对模型进行进一步的渲染处理。

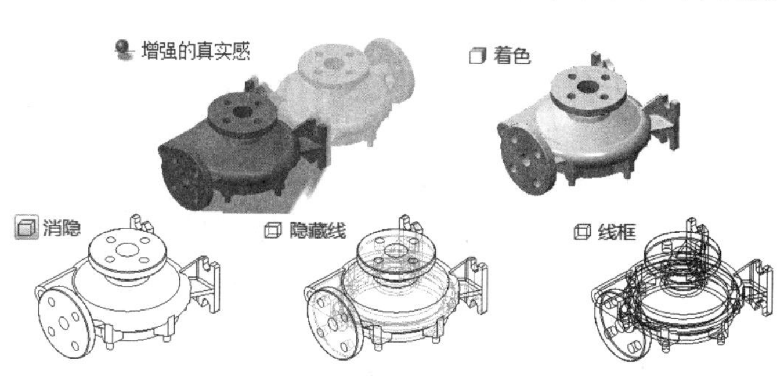

图 19-3　模型的不同显示状态

1．模型的外观

在 Pro/E 中，我们可以为产品赋予各种不同的外观，以表达产品材料的颜色、表面纹理、粗糙度、反射、透明度、照明效果及表面图案等。

在实际的产品设计中，可以为产品（装配模型）中的各个零件设置不同的材料外观，其作用如下：

- 不同的零件以不同的颜色表示，则更容易进行分辨。
- 对于内部结构复杂的产品，可以将产品的外观设置为透明材质，这样便可查看产品的内部结构。
- 为模型赋予纹理外观，可以使产品的图像更加丰富，也使产品的立体感增强。
- 为模型的渲染做准备。

2．模型的渲染

【渲染】是一种高级的三维模型外观处理技术，就是使用专门的【渲染器】模拟出模型的真实外观效果。在模型渲染时，可以设置房间、设置多个光源，以及设置阴影、反射及添加背景等，这样渲染后的效果非常真实。

渲染模型时，由于系统需要进行大量的计算，并且在渲染后需要在屏幕上显示渲染效果，所以要求计算机的显卡、CPU和内存等硬件的性能要求比较高。

19.1.3 Pro/E 渲染术语

为了能更好地学习Pro/E高级渲染技术，有必要了解模型渲染的相关术语。

- Alpha：图像文件中可选的第四信道，通常用于处理图像，就是将图像中的某种颜色处理成透明。

技术要点

注意：只有TIFF、TGA格式的图像才能设置Alpha通道，常用的JPG、BMP、GIF格式的图像不能设置Alpha通道。

- 凹凸贴图：单信道材料纹理圈，用于建立曲面凹凸不平的效果。
- 凹凸高度：设置凹凸贴图的纹型高度或深度。
- 颜色纹理：三信道纹理贴圈，由红、绿和蓝的颜色值组成。贴花四信道纹理贴图，由标准颜色纹理贴图和透明度（如Alpha）信道组成。
- 光源：所有渲染均需要光源，模型由面对光的反射取决于它与光源的相对位置。光源具有位置、颜色和亮度。有些光源还具有方向性、扩散性和汇聚性。

技术要点

光源的4种类型为环境光、远光源(平行光源)、灯泡(点光源)和聚光灯。

- 环境光源：平均作用于渲染场景中所有对象各部分的种光。
- 远光源（平行光）：远光源会投射平行光线，以同一个角度照亮所有曲面（无论曲面的方位是怎样的），此类光照模拟太阳光或其他远光源。
- 灯泡（点光源）：光源的一种类型，光从灯泡的中心辐射。
- 聚光灯：一种光源类型，其光线被限制在一个锥体中。

- 环境光反射：一种曲面属性，用于决定该曲面对环境光源光的反射量，而不考虑光源的位置或角度。
- RGB：红、绿、蓝的颜色值。
- 像素：图像的单个点， 通过三原色（红、绿和蓝）的组合来显示。
- 颜色色调：颜色的基本阴影或色泽。
- 颜色饱和度：颜色中色调的纯度。不饱和的颜色以灰阶显示。
- 颜色亮度：颜色的明暗程度。
- Gamma：计算机显示器所固有的对光强度的非线性复制。
- Gamma修正：修正图像数据，使图像数据中的线性变化在所显示的图像中产生线性变化。
- PhotoRender：Pro/E提供的一种默认的渲染程序——渲染器，专门用来建立场景的光感图像。
- Photolux：Pro/E的另一种高级渲染程序，实际应用中建议采用这种渲染器。
- 房间：模型的渲染背景环绕。房间分为长方体和圆柱形两种类型。一个长方体房间具有4个壁、一个天花板和一个地饭。一个圆柱形房间具有一个壁、一个地板和一个天花板。可以对房间应用材质纹理。

19.1.4 Pro/E 渲染功能命令

在Pro/E建模环境中，在菜单栏中选择【视图】|【模型设置】命令，可展开如图19-4所示的模型渲染菜单。

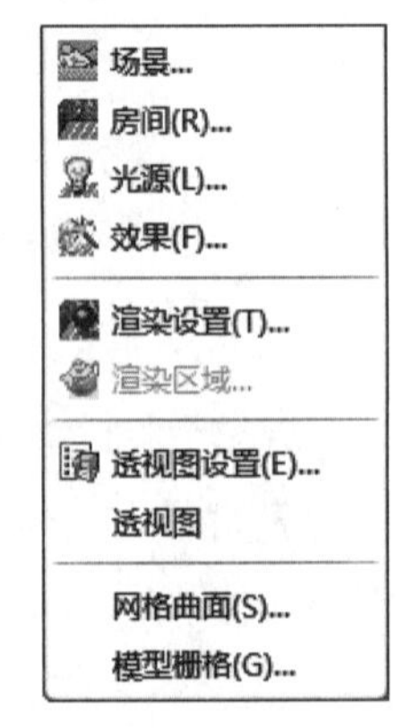

图19-4 模型渲染菜单

19.2　关于实时渲染

启用实时渲染功能可以增强渲染照片的真实感，可实时显示模型的外观。启用或禁用实时渲染，一般是通过单击上工具栏中的【增强的真实感】按钮来实现的，如图 19-5 所示。

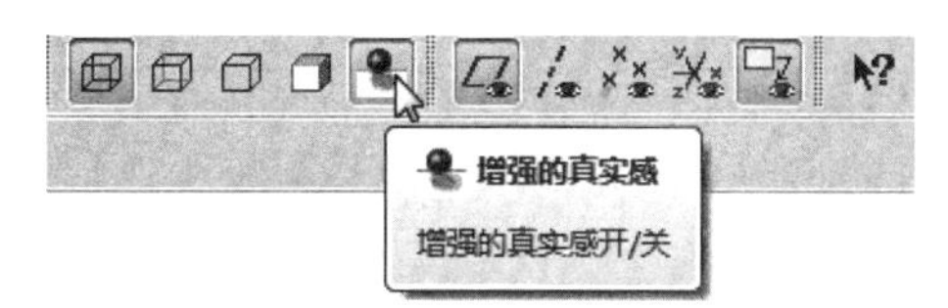

图 19-5　启用或禁用实时渲染的命令

技术要点

默认情况下，实时渲染为禁用状态。要启用实时渲染，请选择【工具】|【选项】命令，随即打开【选项】对话框，然后设置实时渲染的配置选项即可。

通过设置 real_time_rendering_display 配置选项，可以改变实时渲染的默认选项——禁用的实时渲染。如图 19-6 所示为配置过程。

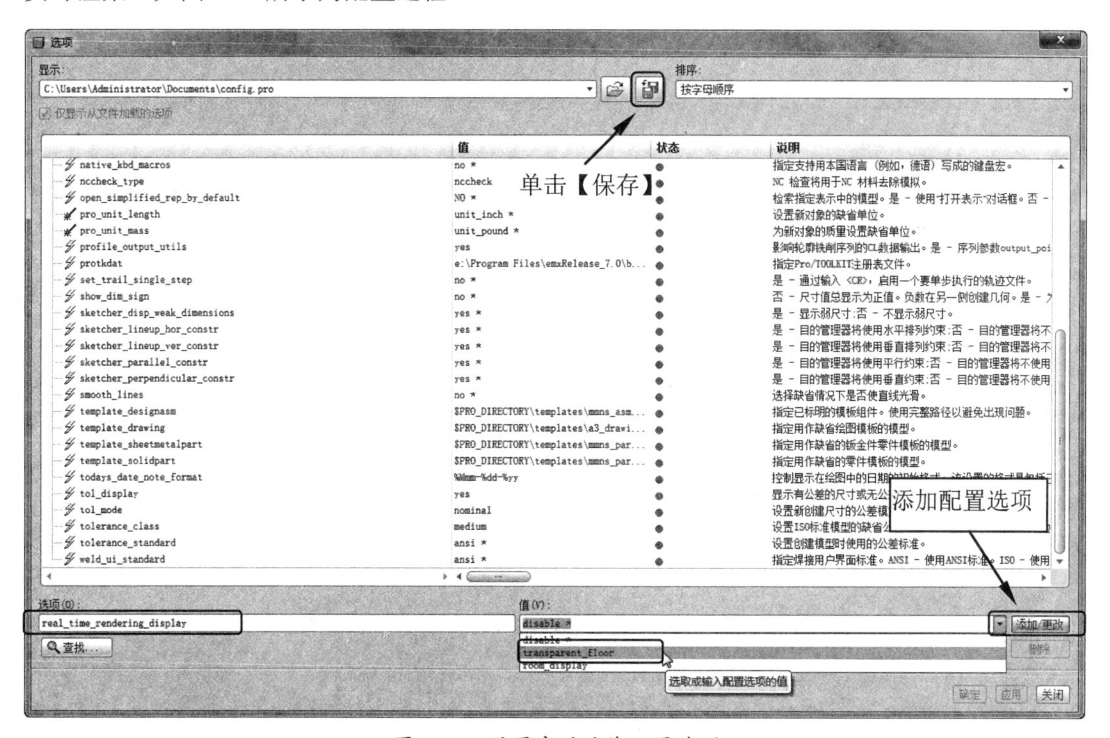

图 19-6　设置实时渲染配置选项

技术要点

设置配置选项后，一定要单击【添加/更改】按钮添加设置的选项。并且还要单击【保存】按钮，将设置的配置选项保存到 config.pro 配置文件中，如图 19-7 所示。配置后必须重新启动 Pro/E 才会生效。

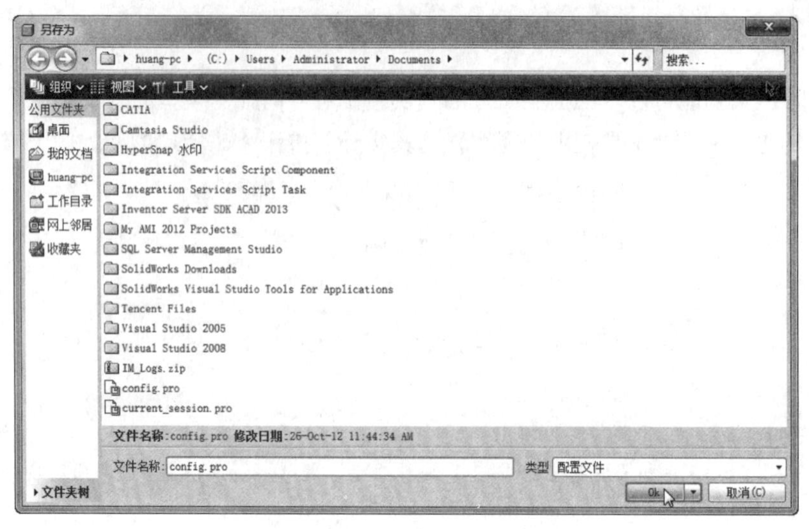

图 19-7　保存配置文件

real_time_rendering_display 配置选项包含以下 3 个值：

- disable：禁用实时渲染显示，为默认值。
- transparent_floor：允许使用启用了阴影的默认远光源，在透明地面上显示阴影和反射。如图 19-8 所示为启用和禁用此值的实时渲染效果。

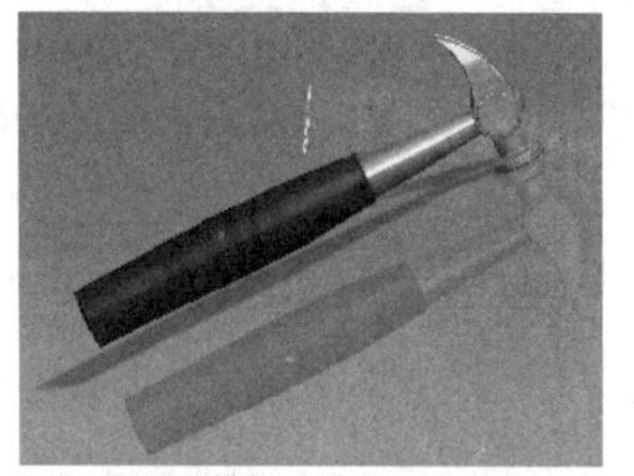
将模型阴影和模型反射投影到透明地板上

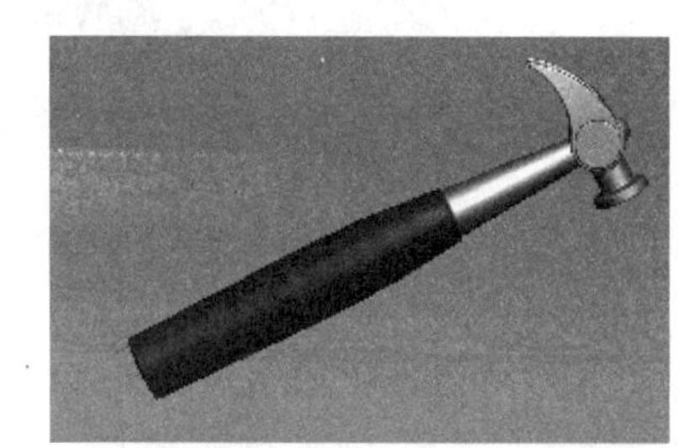
不将模型阴影和模型反射投影到透明地板上

图 19-8　实时渲染

- room_display：允许通过活动场景实时显示墙壁上带有阴影和反射的房间。

19.3 创建外观

在渲染进程中，外观是渲染的几大构成（外观、光源、房间和场境）之一，也是渲染的第一步。模型的外观可以由纹理、贴图或颜色单独构成，或者组合而成。

19.3.1 外观库

外观库是 Pro/E 提供的模型外观标准选项，外观库可用于查看和搜索可用外观，以及将可用外观分配给模型。

外观库在上工具栏的【视图】工具栏中，如图 19-9 所示。外观库由以下元素构成：

- 外观过滤器。
- 清除外观。
- 视图选项。

- 我的外观调色板。
- 模型调色板。
- 库调色板。
- 访问【外观管理器】、【外观编辑器】和【模型外观编辑器】。

2. 搜索

此过滤器用于查找用户所需的外观，例如输入关键字符串（Plastic），单击按钮搜索，再单击取消搜索。搜索后则所有调色板会显示其名称或关键字中带有 Plastic 字符串的外观，如图 19-10 所示。

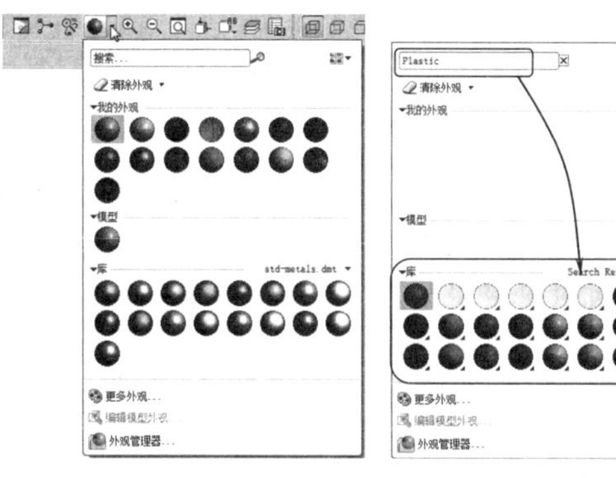

图 19-9　Pro/E 外观库　　图 19-10　搜索外观

3. 视图选项

单击【视图选项】按钮，可访问视图选项，通过这些选项可以设置外观缩略图的显示。

其中，【仅名称】、【小缩略图】、【大缩略图】和【名称和缩略图】选项可设置调色板中的缩略图显示。默认设置为【小缩略图】选项。

【渲染的示例】选项可对缩略图进行渲染，软件默认选择此选项。

【显示工具提示】选项可启用外观缩略图的工具提示。默认情况下会启用工具提示。

4. 清除外观

外观库中的【清除外观】下拉菜单中有 3 个选项：清除外观、清除装配外观和清除所有外观。

- 清除外观：选择此选项，仅在建模环境下清除图形窗口中应用的所有外观。
- 清除装配外观：仅在装配环境下清除图形窗口中应用的所有外观。
- 清除所有外观：无论是建模环境或装配环境，都将清除应用的所有外观。

5. 【我的外观】调色板

【我的外观】调色板显示用户创建并存储在启动目录或指定路径中的外观，该调色板显示缩略图颜色样本及外观名称。

在调色板中选择一种外观颜色，然后通过选择过滤器来过滤对象，单击【选取】对话框中的【确定】按钮即可完成外观的创建。如图 19-11 所示。

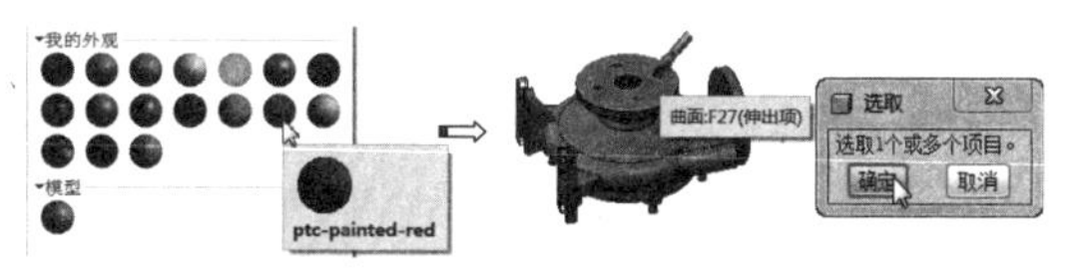

图 19-11　创建外观

6. 【模型】调色板

【模型】调色板会显示在活动模型中存储和使用的外观。如果活动模型没有任何外观，则【模型】调色板显示默认外观。新外观应用到模型后，它会显示在【模型】调色板中。

7. 【库】调色板

【库】调色板将 Photolux 库和系统库中的预定义外观显示为缩略图颜色样本。【系统库】文件夹如图 19-12 所示。

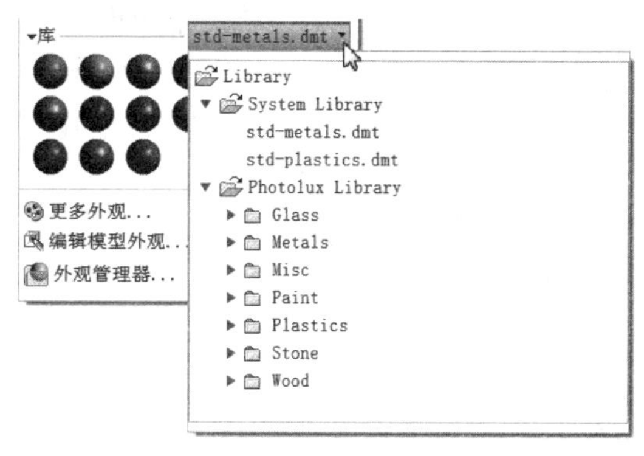

图 19-12　【系统库】文件夹

19.3.2 外观编辑器

外观编辑器用来编辑调色板中的外观属性，包括名称、关键字、说明和基本属性等。在外观库中单击【更多外观】按钮，弹出【外观编辑器】对话框。该对话框包含两个功能选项卡：基本和图。如图 19-13 所示。

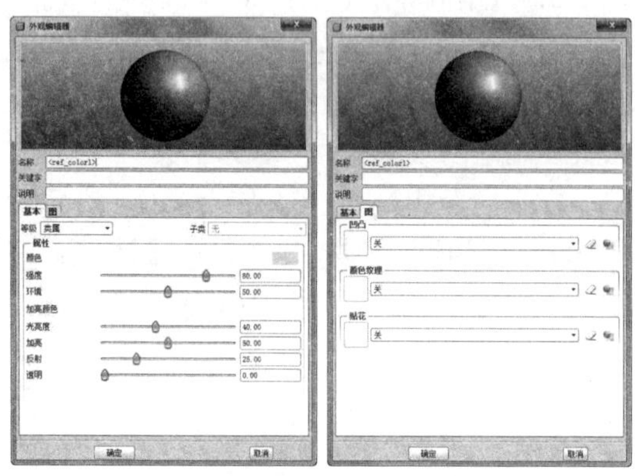

图 19-13 【基本】选项卡和【图】选项卡

1. 【基本】选项卡

【基本】选项卡用于设置模型的基本属性，该选项卡界面中包含【等级】和【子类】两个类别，如图 19-14 所示。

选择一个等级及子类，可在【属性】选项组中通过颜色编辑器或拖动滑块来更改外观的属性。单击【颜色】按钮即可打开【颜色编辑器】对话框，如图 19-15 所示。

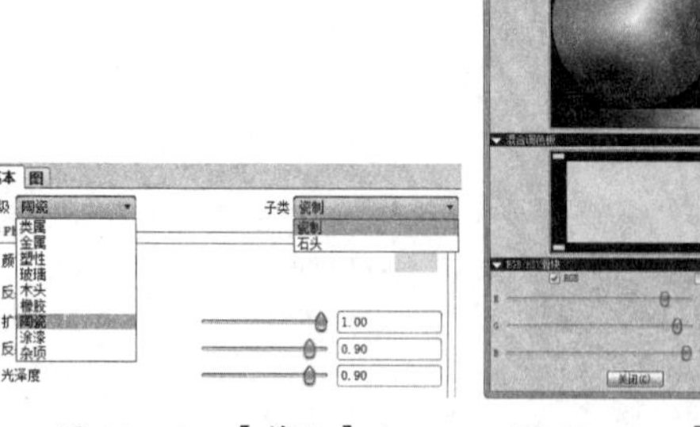

图 19-14 【等级】和【子类】类别

图 19-15 【颜色编辑器】对话框

技术要点

定义外观时最常见的一种错误是使外观变得太亮。在渲染中可使用醒目的颜色，但要确保颜色不能太亮。太亮的模型看起来不自然，或者像卡通。如果图像看起来不自然，可以使用【外观编辑器】对话框来降低外观的色调。在【基本】选项卡中降低突出显示区的光泽度和强度，并降低向标尺无光泽端的反射。也可以使用【图】选项卡中的纹理图来增加模型的真实感。

2. 【图】选项卡

【图】选项卡主要用来是编辑外观的【凹凸】、【纹理】和【贴花】，如图 19-16 所示。【凹凸】表示粗糙度；【纹理】表示材质的图案，如大理石图案、树木剖面的纹路等；而【贴花】表示对模型外观以图像嵌入的方式来表达，也称贴图。

技术要点

只有对模型进行渲染后，才能观察到凹凸效果。仅在对模型应用外观后，【图】选项卡中的【凹凸】、【纹理】和【贴花】才可用。

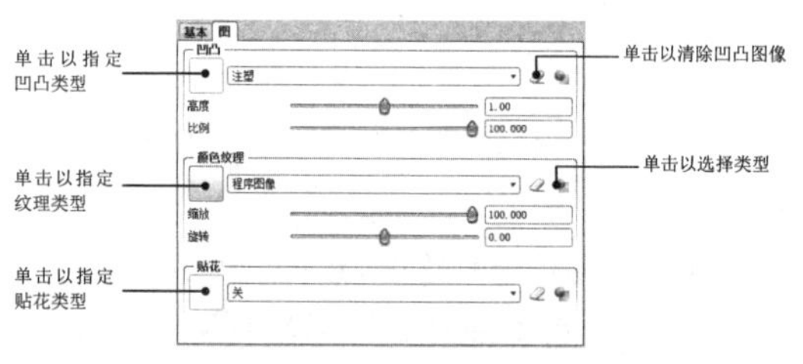

图 19-16 【图】选项卡

19.3.3 模型外观编辑器

模型外观编辑器仅仅是针对已经使用外观的模型，也就是说如果没有应用外观，此命令也就不能使用。

在【外观库】中单击【编辑模型外观】按钮，弹出【模型外观编辑器】对话框。此对话框比【外观编辑器】对话框增加了【模型】调色板。当用户对模型应用了外观（一种或多种），则【模型】调色板中将会显示这些外观。选择要编辑的外观，即可对其进行操作。

除了在【模型】调色板中选择外观进行编辑外，用户还可以单击【选择对象】按钮来选择和修改活动模型中的外观，如图 19-17 所示。

修改过的外观即会应用于模型中选定的对象。在装配环境中，修改的外观随着使用该外观的模型一同储存。

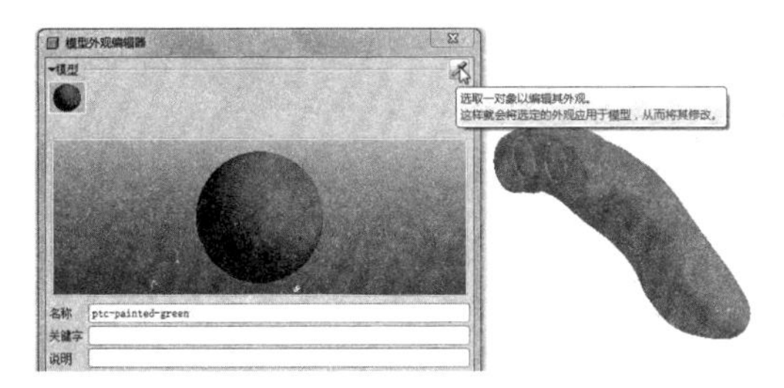

图 19-17　选择对象以编辑外观

19.3.4　外观管理器

【外观管理器】对话框可用于创建、修改、删除和组织外观。【外观管理器】对话框中包含了外观库和外观编辑器的所有内容，如图 19-18 所示。

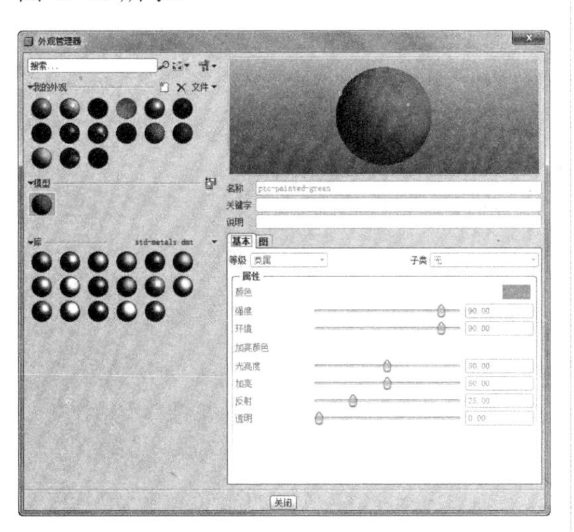

图 19-18　【外观管理器】对话框

19.3.5　应用纹理

为了让模型渲染真实，常常应用纹理图像。特别是应用到只用颜色无法表示的曲面，诸如木纹或布纹。纹理图是一种特殊的图像文件，可以用数字图像创建这些文件。可对曲面或零件应用下述类型的纹理：

1. 颜色纹理

这些纹理文件应用于整个曲面。纹理图表示曲面的颜色，通常是木纹、几何图案和图片等的扫描图像。如图 19-19 所示的图中，吊扇模型中的木纹纹理就是颜色纹理的一个示例。

2. 贴花

贴花是特殊的纹理图，如公司徽标或应用于曲面的文本。其过程类似于将一个模板放置在曲面上，然后在模板上画上纹理。当抽去模板后，就将贴花留在了曲面上。如图 19-20 所示的图中，手机屏幕就是利用了贴花。

图 19-19　颜色纹理

图 19-20　贴花

3. 凹凸图

凹凸图是单通道纹理图，用于表示高度区域。在曲面着色时，法矢量受高度值的影响。得到的着色曲面有皱纹或不规则外观。仅在使用【渲染窗口】渲染图像时，才能显示出凹凸图纹理的效果。在交互式图形中，凹凸图在基本颜色或纹理上显示以模拟此效果。如图 19-21 所示，轮胎面模型使用的是凸凹图模拟粗糙表面。

图 19-21　凹凸图

19.4 添加光源

使用光源，可以极大地提高渲染的效果。关于光源的位置，设计者可以将自己想象为一个摄影师，在 Pro/E 中设置光源与在实际照相过程中设置灯光效果的原理是相同的。

19.4.1 光源类型

Pro/E 中的光源类型包括环境光源、灯泡、远光源、聚光灯和天空光源。如图 19-22 所示为 4 种光源类型的图示。

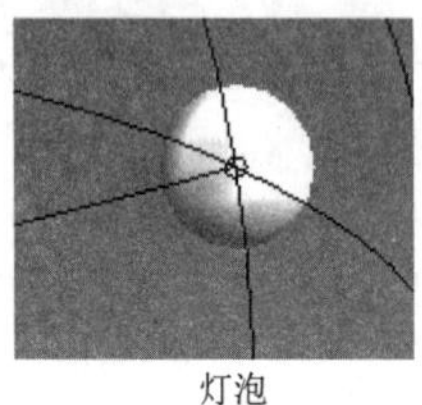
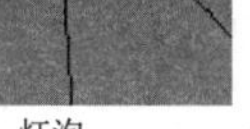
灯泡

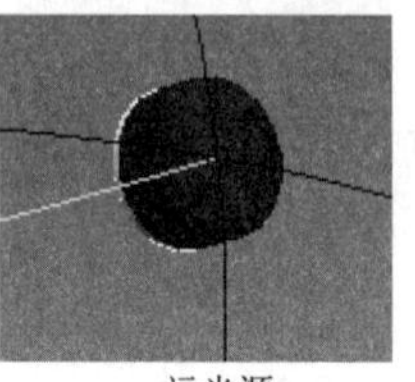
远光源

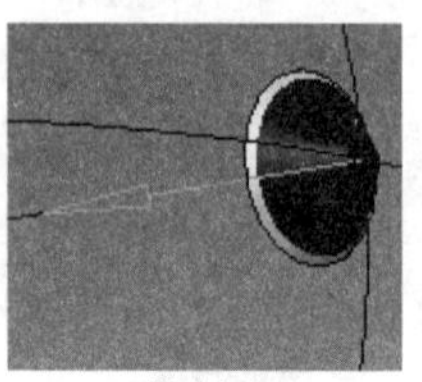
聚光灯

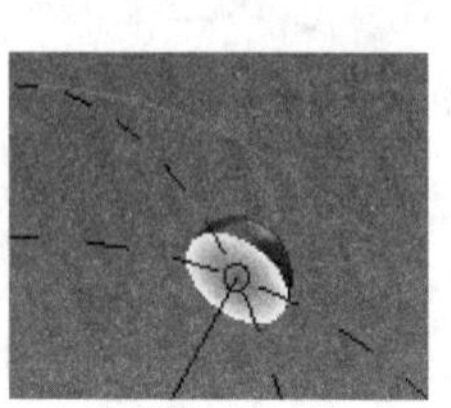
天空光源

图 19-22　光源类型

技术要点

环境光没有光源图标，因为它没有位置或方向。

- 环境光源：环境光源能均匀地照亮所有曲面。不管模型与光源之间的夹角如何，光源在房间中的位置对于渲染没有任何影响。环境光源默认存在，而且不能创建。
- 灯泡（点光源）：这种光源与房间中的灯泡发出的光相似，光从灯泡的中心向外辐射。根据曲面与光源的相对位置，曲面的反射光会有所不同。
- 远光源（平行光源）：定向光源投射平行光线，无论模型位于何处，均以相同角度照亮所有曲面。此类光源可模拟太阳光或其他远距离光源。
- 聚光灯：聚光灯与灯泡相似，但其光线被限制在一个圆锥体之内，称为聚光角。
- 天空光源：天空光源提供了一种使用包含许多光源点的半球来模拟天空的方法。要精确地渲染天空光源，则必须使用 Photolux 渲染器。如果将 PhotoRender 用作渲染程序，则该光源将被处理为远距离类型的单个光源。

创建和编辑光源时，请注意下面几点：

- 开始时，好的光照位置是稍高于视点并偏向旁边（试一下 45° 角）的，类似于一个位于肩膀上方的光源。
- 散布各个光源，不要使某个光源过强。
- 如果使用只从一边发出的光源，将使模型看起来太刺目。
- 太多的光源将使模型看起来像洗过一样。

技术要点

切记，纯白色光源只能在试验室条件下获得，在自然环境中根本不存在。但是，对大多数光源应可使用少量的颜色。彩色光源可增强渲染的图像，但可改变已应用于零件的外观。

19.4.2 【光源】选项卡

应用光源的功能命令在【场景】对话框的【光源】选项卡中。在菜单栏中选择【视图】|【模型显示】|【场景】命令，弹出【场景】

对话框。对话框中的【光源】选项卡中显示的各选项如图 19-23 所示。

在光源列表中单击相应的光源按钮，即可添加新的光源。在光源列表中选择一种光源，即可设置光源参数。

技术要点

单击各个光源左侧的按钮可以打开或关闭光源。如果关闭了按钮，则在着色或渲染过程中将不显示或不使用光源。

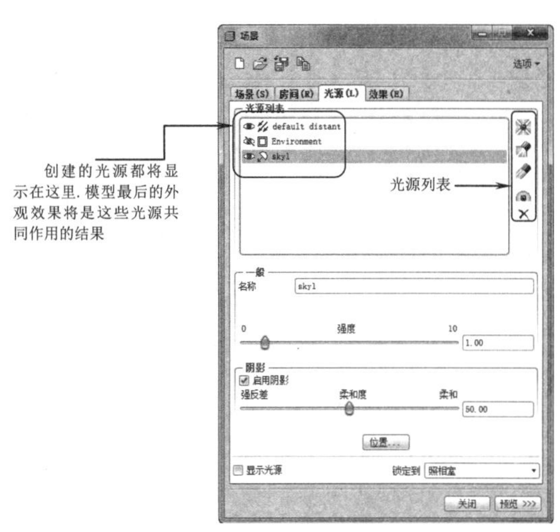

图 19-23　【光源】选项卡

19.4.3　光源的修改、删除、打开和保存

当用户创建光源后，可以通过【场景】对话框中的【光源】选项卡来执行修改、删除、打开和保存操作。

- 修改：如果要修改光源，在光源列表中选中要修改的光源后，再在【一般】选项组域中进行参数的修改。
- 删除：若要删除光源，可在光源列表中选中要删除的光源后，再单击右侧的【删除选定光源】按钮×即可。
- 保存：您也可以在【场景】对话框顶部单击【保存场景文件】按钮，保存场景文件，其扩展名为 *.scn。
- 打开：再单击【将场景添加到调色板】按钮，可以从用户保存的路径中打开光源文件。

19.5　房间

房间是渲染的背景，它为渲染设置舞台，是渲染图像的一个组成部分。房间具有天花板、墙壁和地板，这些元素的颜色纹理及大小、位置等的布置都会影响图像的质量。

创建房间的功能选项卡在如图 19-24 所示的【场景】对话框中。

19.5.1　创建房间

在对话框的顶部单击【选项】下拉按钮，打开菜单，可以看到创建房间的选项（如图 19-25 所示）。

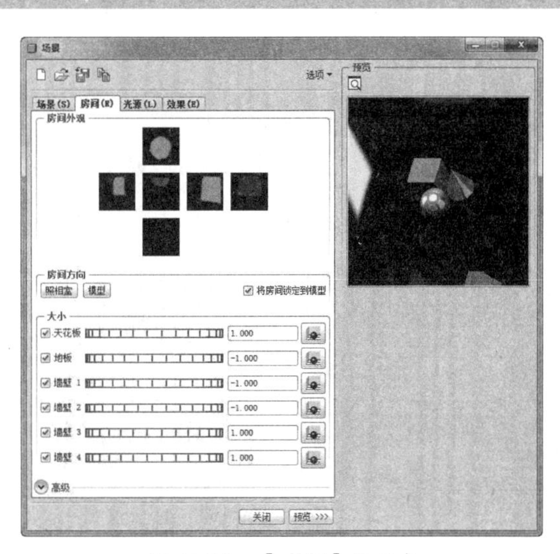

图 19-24　【房间】选项卡

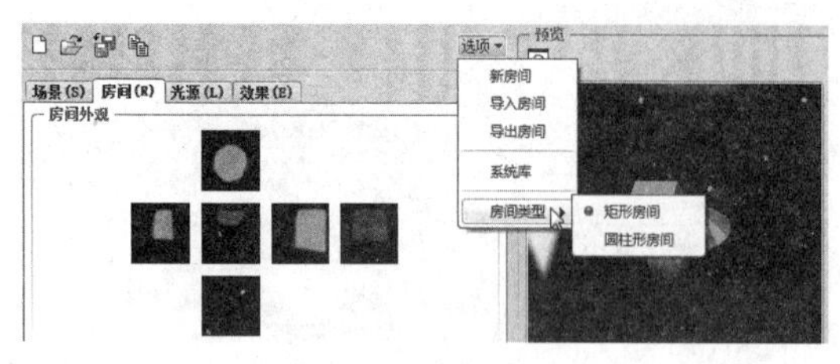

图 19-25　创建房间的选项

- 新房间：选择此选项，可以新建一个房间。可以在新建的房间中指定墙壁、天花板和地板的外观、位置和比例。
- 导入房间：选择此选项，可以导入用户自定义的房间。
- 导出房间：您可以将创建的房间保存为 *.drm 房间文件。
- 房间库：可以从打开的【系统库】对话框中选择 Pro/E 提供的房间文件，如图 19-26 所示。

图 19-26　【系统库】对话框

- 房间类型：房间的形状包括矩形和圆柱形，如图 19-27 所示。

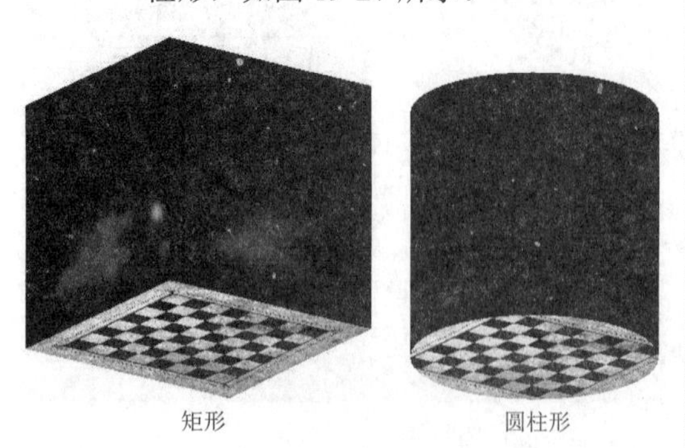

图 19-27　房间类型

技术要点

房间的大小和方向，以及壁、天花板和地板上纹理的布置都会影响图像的质量。对于长方体房间，创建房间时，最困难的是要使房间的拐角看起来更真实。可以使用下面的方法来避免房间拐角的问题：创建一个圆柱体房间或创建足够大的房间，以使拐角不包含在图像中。将房间的壁从模型中移走，然后放大模型进行渲染。

19.5.2　修改房间

要修改房间，可以在【房间】选项卡下方的【房间外观】、【房间方向】、【大小】、【旋转】和【比例】等选项组中重新定义选项或参数。

在【房间外观】选项组，单击代表房间天花板、墙壁或地板的图形按钮，即可打开【房间外观编辑器】对话框，如图 19-28 所示。通过该对话框对房间的外观进行编辑。

技术要点

不能修改默认外观。但是，可以生成默认外观的一份副本，可更改副本的名称和属性。

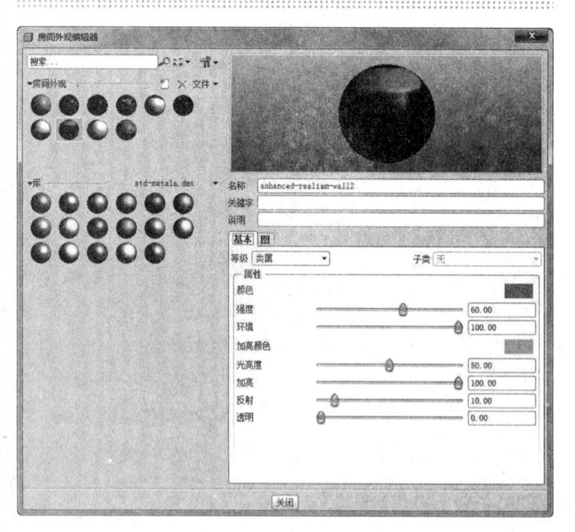

图 19-28　【房间外观编辑器】对话框

19.6 应用场景

场景是一个组合渲染设置，包括光源、房间和环境影响。有关场景的所有信息均存储在扩展名为 *.scn 的文件中。

技术要点

将配置选项 default_scene_filename（场景文件路径）设置为指向场景文件，其中已在场景文件中保存了光源、房间和效果设置，可将此文件用作默认场景文件。

场景的设置在如图 19-29 所示的【场景】对话框中进行。

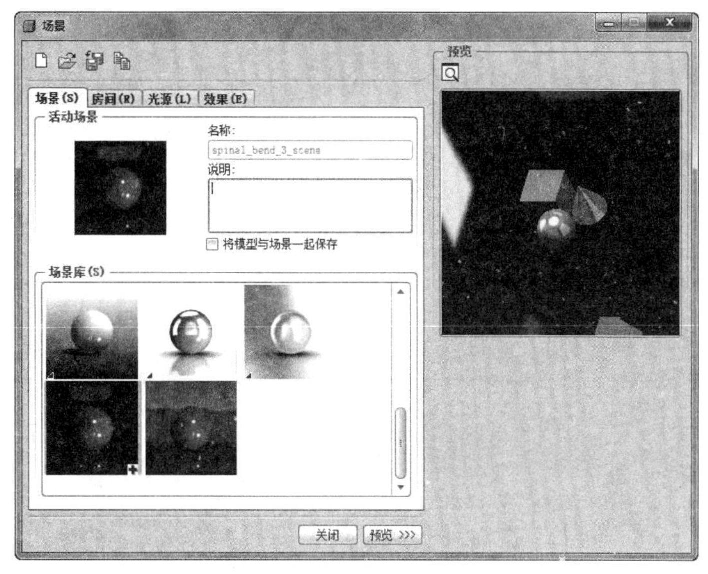

图 19-29　【场景】对话框

Pro/E 的场景库提供了多种场景文件。如果要应用场景，可以在【场景库】选项组中双击场景图标，如图 19-30 所示。

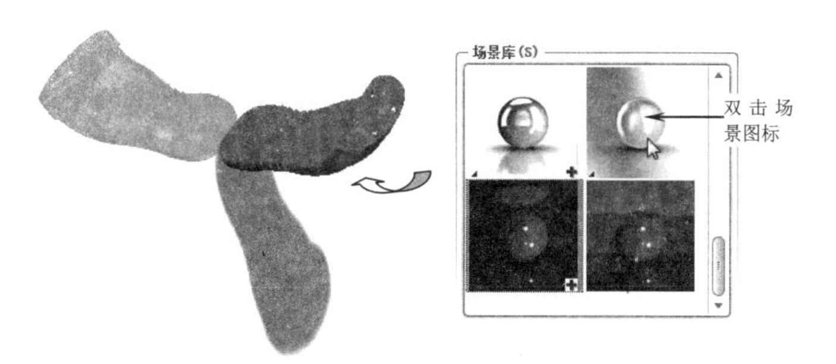

图 19-30　双击应用场景

19.7 渲染

当用户定义了外观、光源、房间及场景后，余下的工作就是渲染模型了。渲染就是一个执行命令的动作，但也可以通过渲染设置来提高渲染的效果，下面详细介绍。

19.7.1 设置透视图

透视图用来渲染模型、图像或图形的真实状态。透视是指人眼看到的模型与模型的空间属性或尺寸有关，还与人眼相对于模型的位置有关。

在【透视图】对话框中选择【透视图设置】选项，打开【透视图】对话框，如图 19-31 所示。通过此对话框可以调整透视图的特性。其特性如下：

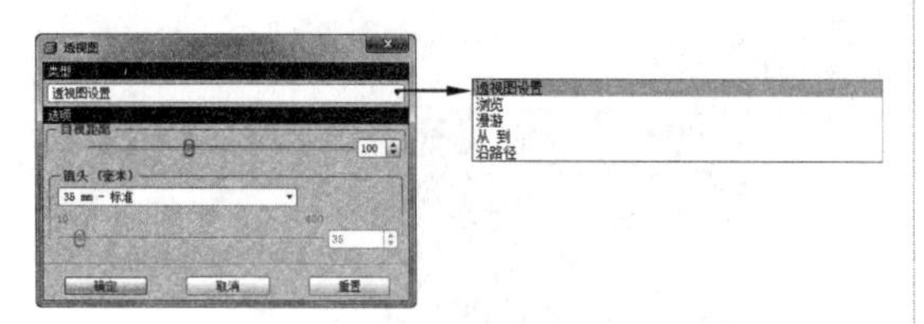

图 19-31 【透视图】对话框

- 透视图设置：可操控目视距离和焦距，以调整模型的透视量和观察角度，如图 19-32 所示。

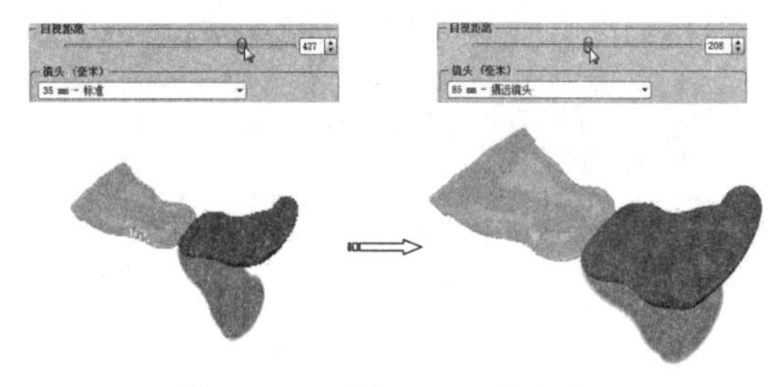

图 19-32 调节目视距离和焦距

技术要点

在【透视图】模式下，可能会发现，如果视点离模型很近，则很难查看模型。如果眼睛距离模型非常近，并且视角大且缩放值很高，模型可能扭曲，以致无法识别。如果模型很复杂，而且包含许多互相接近的曲面，则也可能会错误地渲染曲面。

- 浏览：此查看方法允许用户通过使用控件或采用鼠标控制在图形窗口中移动模型，从而操控视图。如图 19-33 所示。
- 漫游：此方法允许用户通过连续运动方式来查看模型。这是一种手动更改透视图的方法。模型的方向和位置通过类似于飞行模拟器的相互作用进行控制。如图 19-34 所示。

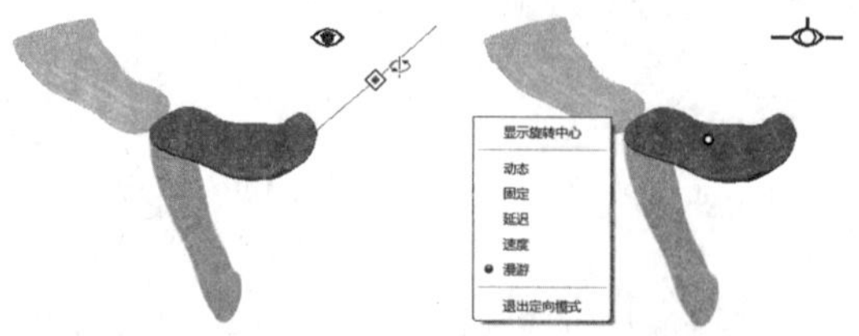

图 19-33 鼠标控制模型的旋转　　图 19-34 漫游的手动控制选项

- 从到：沿对象查看路径由两个基准点或顶点定义，如图 19-35 所示。

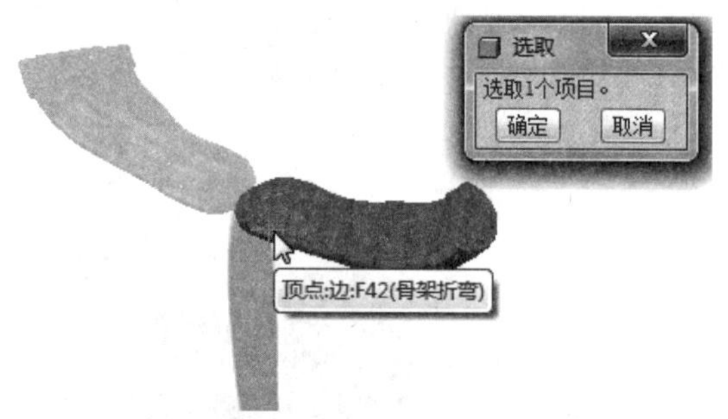

图 19-35 【起止】类型需要确定观察点

- 沿路径：查看路径由轴、边、曲线或轮廓定义，如图 19-36 所示。

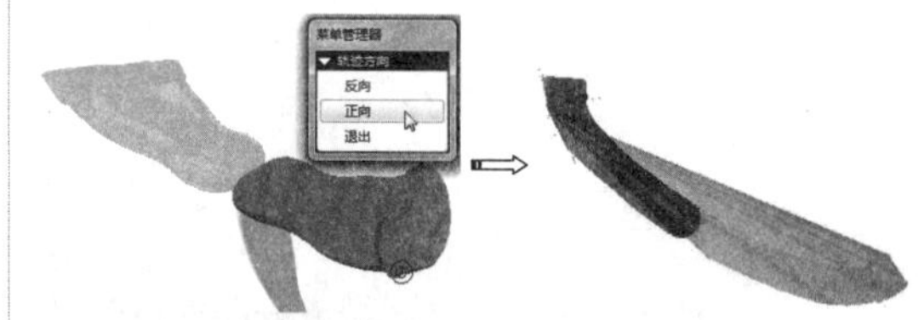

图 19-36 沿路径查看模型

技术要点

在菜单栏中选择【视图】|【模型显示】|【透视图】命令，可以切换模型的透视视图。

19.7.2 渲染设置

可以通过【渲染设置】对话框来设置渲染的效果。在菜单栏中选择【视图】|【渲染设置】命令，弹出【渲染设置】对话框。如图 19-37 所示。

图 19-37　【渲染设置】对话框

1. 渲染器

渲染器是进行渲染的【发动机】，要获得渲染图像，必须使用渲染器。【渲染设置】对话框中包含两种渲染器：Photolux 和 PhotoRender。

- Photolux 渲染器：选取此渲染器可进行高级渲染，这是一种使用光线跟踪并创建照片级逼真图像的渲染器。
- PhotoRender 渲染器：此渲染器可以进行一般的渲染，它是系统默认的渲染器。

2. PhotoRender 渲染器的选项设置

PhotoRender 渲染器有 4 个选项卡，各选项卡的选项设置如图 19-38 所示。

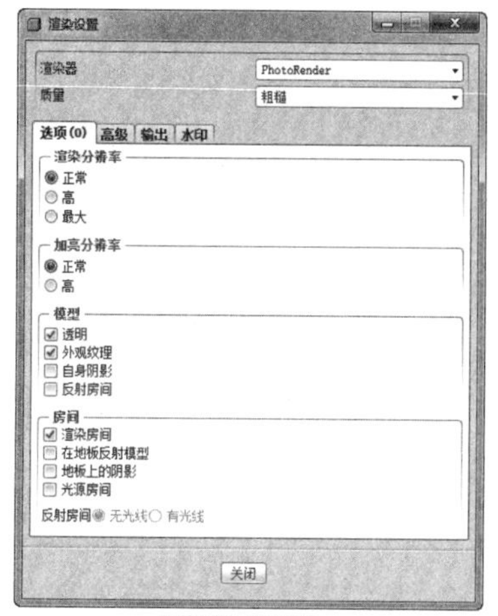

【选项】选项卡

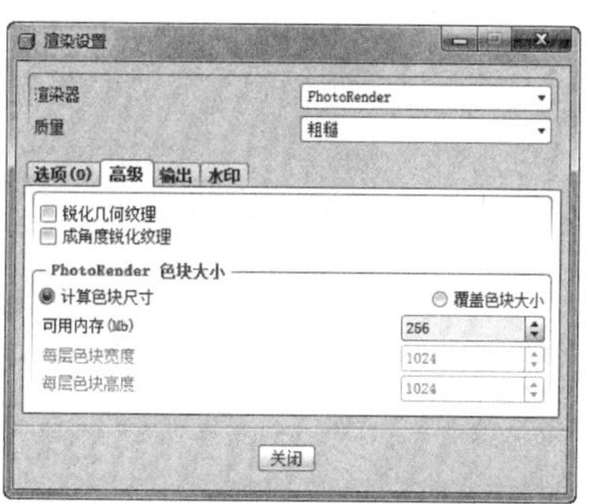

【高级】选项卡

【输出】选项卡

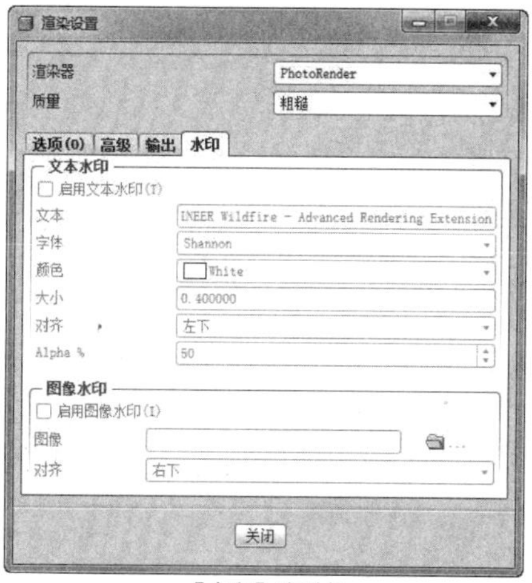

【水印】选项卡

图 19-38　PhotoRender 渲染器的选项设置

3. Photolux 渲染器的选项设置

Photolux 渲染器的选项设置如图 19-39 所示，也包括 4 个选项卡，除【选项】、【高级】选项卡外，其余两个选项卡的选项含义相同。

【选项】选项卡　　【高级】选项卡

图 19-39　Photolux 渲染器的选项设置

19.7.3　渲染窗口

当完成所有渲染的选项设置后，在菜单栏中选择【渲染窗口】命令，Pro/E 程序自动完成模型的渲染，如图 19-40 所示。

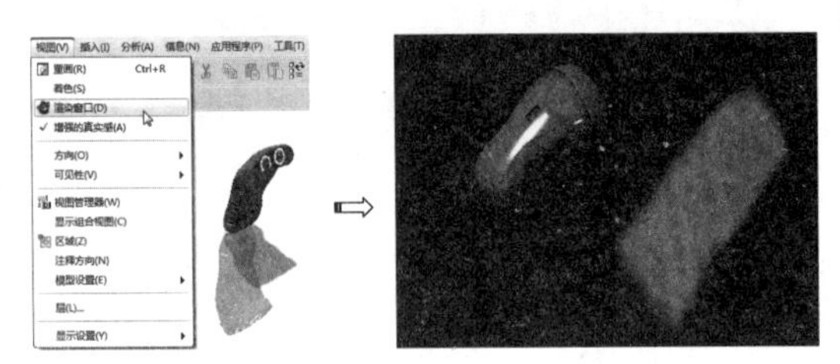

图 19-40　渲染模型至整个图形窗口

19.7.4　渲染区域

渲染整个窗口来查看应用到模型的效果，这一过程将花费大量的时间。在这种情况下，通过【渲染区域】功能可以查看模型上的效果，而无须渲染整个窗口。

在【渲染】窗口单击【渲染区域】按钮，然后在图形窗口中利用鼠标确定一个矩形框，随后程序自动渲染矩形框内的模型，如图 19-41 所示。

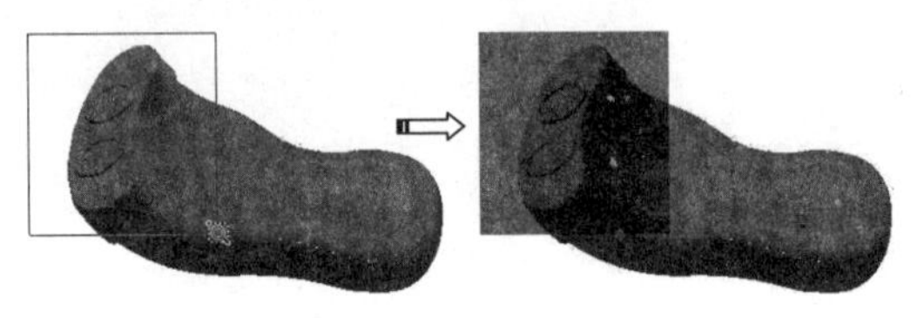

图 19-41　渲染区域

技术要点

只有在满足以下条件时，渲染区域才可用：

- 将渲染类型设置为 Photolux。
- 您可以在【渲染设置】对话框的【输出】选项卡中，选择【输出】下拉列表中的【全屏幕】选项。

19.8 综合实训

模型渲染是产品在设计阶段向客户展示的重要手段。本节中将详细介绍利用 Pro/E 的渲染引擎做两个产品的渲染，让读者能从中掌握渲染过程及渲染方法。

一幅好的渲染作品，必须满足以下 4 点：

- 正确地选择材质组合。
- 合理、适当的光源。
- 现实的环境。
- 细节的处理。

19.8.1　iPhone 4 手机渲染

◎ **引入文件：实训操作 \ 源文件 \Ch19\iPhone 4 装配体 \ iPhone 4.asm**

◎ **结果文件：实训操作 \ 结果文件 \Ch19\iPhone 4 装配体 \iPhone 4.asm**

◎ **视频文件：视频 \Ch19\ iPhone 4 手机渲染 . avi**

本例渲染操作选择了一个造型相对简单的电子产品——iPhone 4 手机。整个造型以方体为主，重点关注一些细节的制作。那么遵循从前面到后面的制作思路，可将其分为四大块——机身部分、正面细节部分、机身及侧面细节部分、底面细节部分。

本例渲染的 iPhone 4 手机效果图如图 19-42 所示。

图 19-42　iPhone 4 手机渲染效果

1．赋予材质

操作步骤：

01 启动 Pro/E，然后设置工作目录。

技术要点

如果是打开或创建装配体文件，必须先设置工作目录，否则保存时会丢失设计数据，再次打开时会因缺少数据而无法打开该文件。

02 打开本案例的素材文件【iPhone 4 .asm】，如图 19-43 所示。

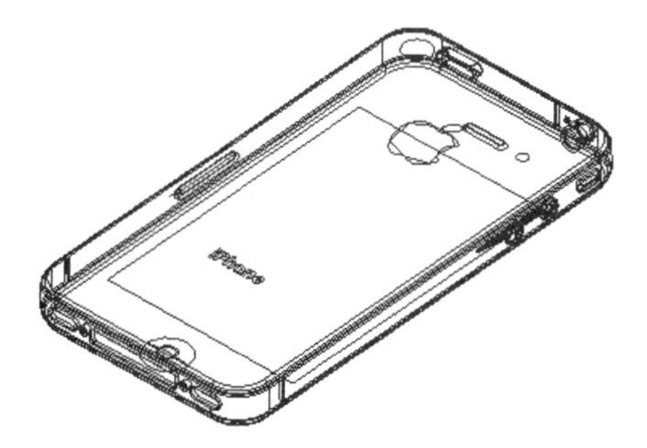

图 19-43　iPhone 4 手机模型

技术要点

由于打开的是装配体模型，所以设计环境也就是装配环境。在装配环境中不能为单个零件或特征进行材质的添加，因此只能将单个零件单独打开，在零件设计模式中添加材质。

03 从打开的装配体的模型树中可以看出，整个装配体分成了 3 个部分：屏幕部分 PM、机身部分 JS 和相框部分 XK。如图 19-44 所示。

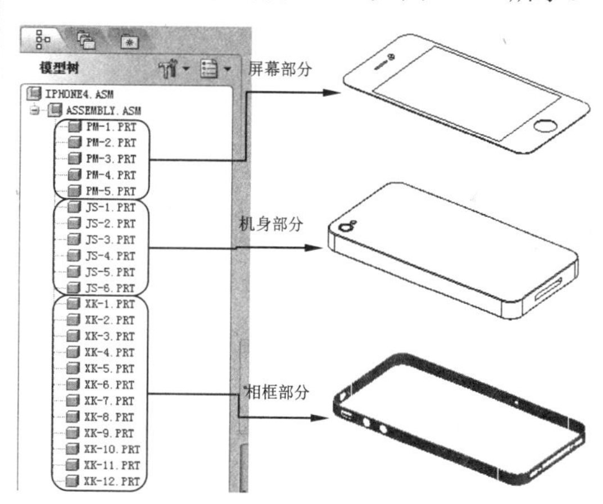

图 19-44　手机的 3 个组成部分

04 以相框部分的材质添加为例，首选在图形区中选中相框部分的一个零件，然后右击，并选择右键快捷菜单中的【打开】命令，在新零件窗口中添加 ptc-std-aluminum（铝）材质，如图 19-45 所示。

05 添加材质后关闭该窗口。同理，对相框部分的其余特征，在单独打开的新窗口中一一添加相同的材质（铝）。操作步骤这里不再详述。

06 同理，为机身部分的元件特征逐一添加金属（镀锌板）材质。如图 19-46 所示为给 JS-1 机身主体零件赋予材质的过程。

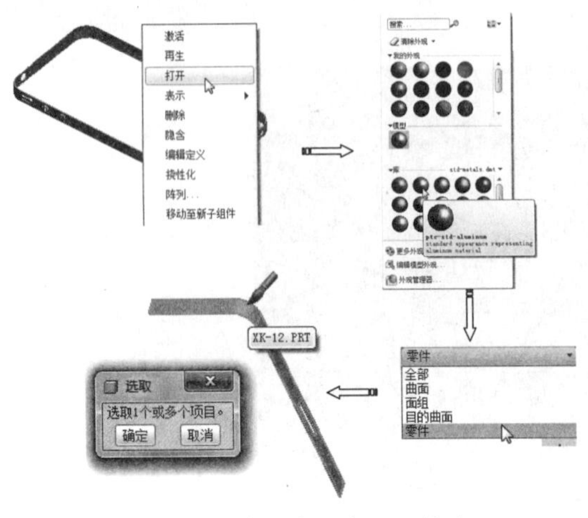

图 19-45 在新窗口中添加材质

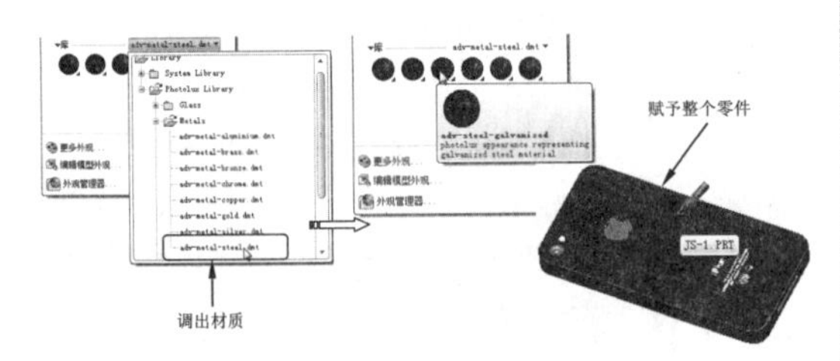

图 19-46 将材质赋予整个零件

07 在机身主体零件中，有苹果手机标志，需要另外添加【漆】材质，如图 19-47 所示。

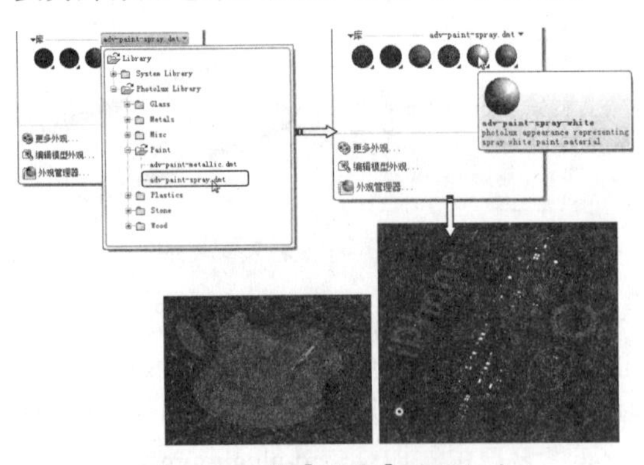

图 19-47 将【白漆】赋予标志

08 为 JS-2、JS-3（镜头）赋予透明玻璃材质，如图 19-48 所示。为 JS-4、JS-6 赋予铝材质。对 JS-5 赋予【镀锌板】材质。

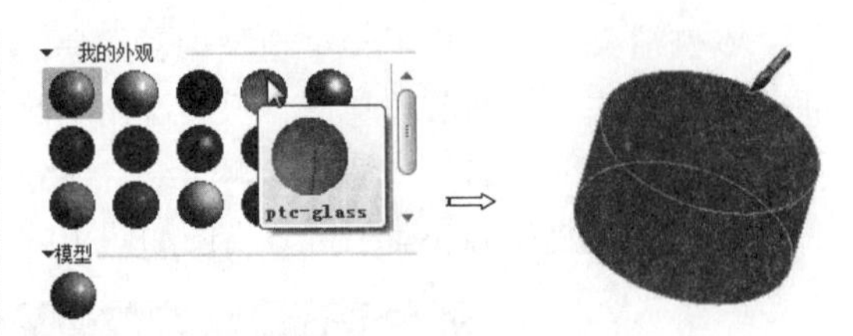

图 19-48 赋予玻璃材质给镜头

09 接下来为屏幕部分添加材质。首先赋予毛玻璃材质给 PM-2，如图 19-49 所示。

10 然后将透明材质赋予显示屏 PM-5，如图 19-50 所示。

11 将铝材质分别赋予 PM-1、PM-3、PM-4。

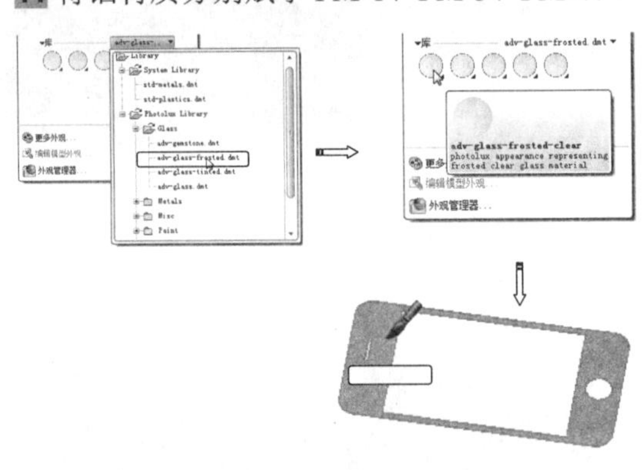

图 19-49 赋予透明毛玻璃材质给手机面板 PM-2

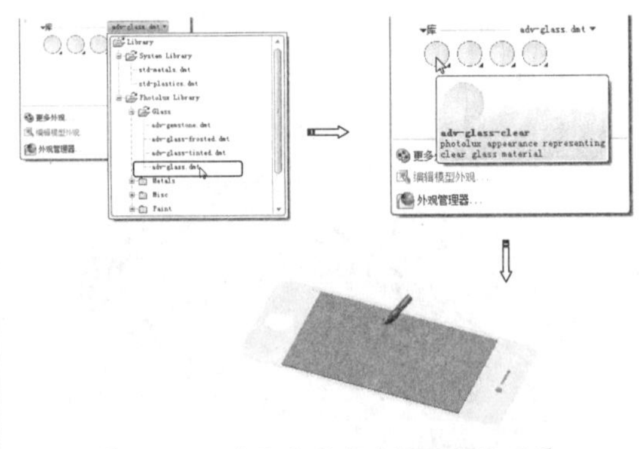

图 19-50 赋予透明玻璃材质给显示屏

2. 编辑材质

操作步骤：

01 赋予外观后，接下来编辑外观。首先编辑 PM-5 显示屏的外观，重新打开 PM-5 的窗口，然后编辑模型外观，如图 19-51 所示。

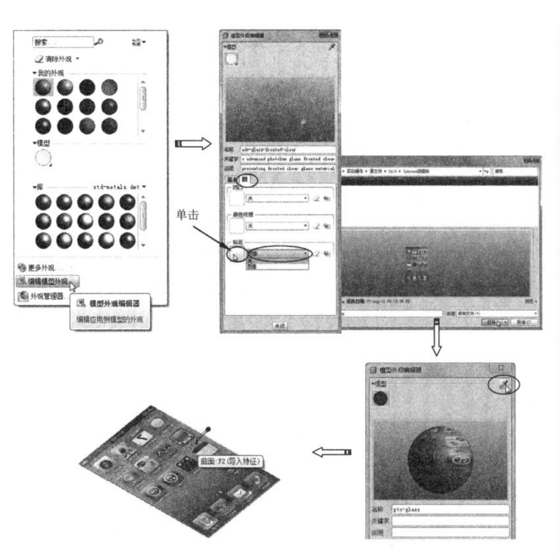
图 19-51　编辑模型外观

02 添加图像后，发现图像中的文字是反的，因此需要编辑此图像。在【贴花】选项组中单击【编辑贴花放置】按钮，在弹出的【Decal Placement】对话框中单击【水平反向图】按钮，即可反向贴花。如图 19-52 所示。

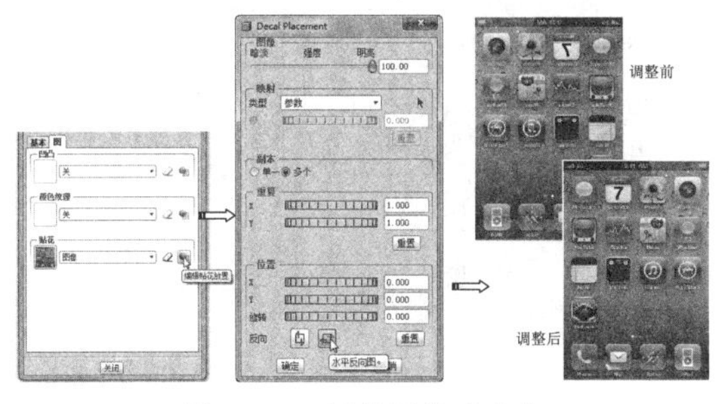

图 19-52　调整图像的方向

03 编辑机身主体 JS-1 的外观，如图 19-53 所示。

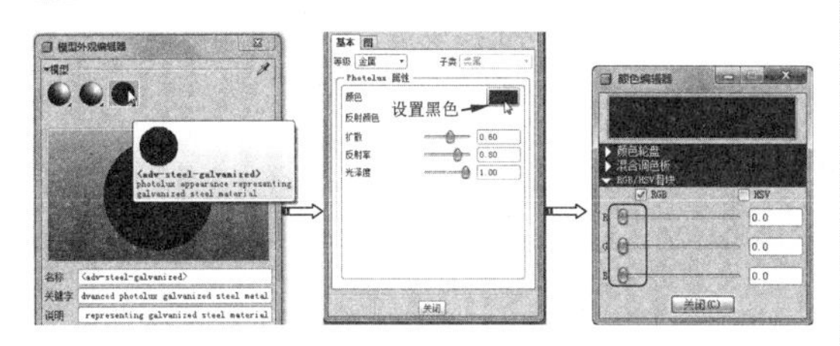

图 19-53　编辑机身主体的外观颜色

04 编辑相框部分中 3 个小特征（XK-6、XK-9、XK-11）的外观，如图 19-54 所示。将它们的颜色全都设置为黑色。

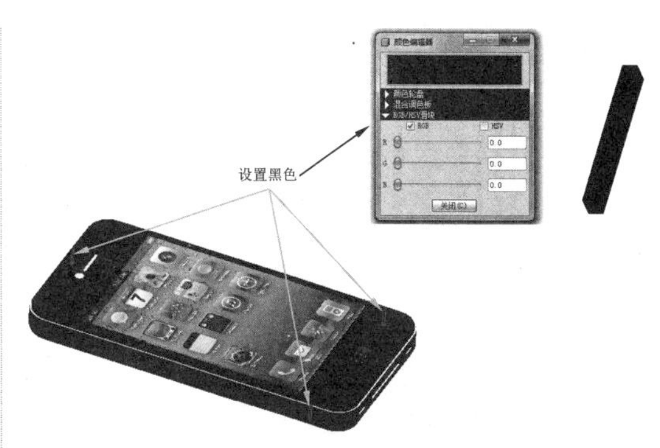

图 19-54　编辑相框部分特征的外观

3. 添加场景

01 在菜单栏中选择【视图】|【模式设置】|【场景】命令，打开【场景】对话框。然后在【场景】选项卡中选择一个场景作为渲染的主要背景，如图 19-55 所示。

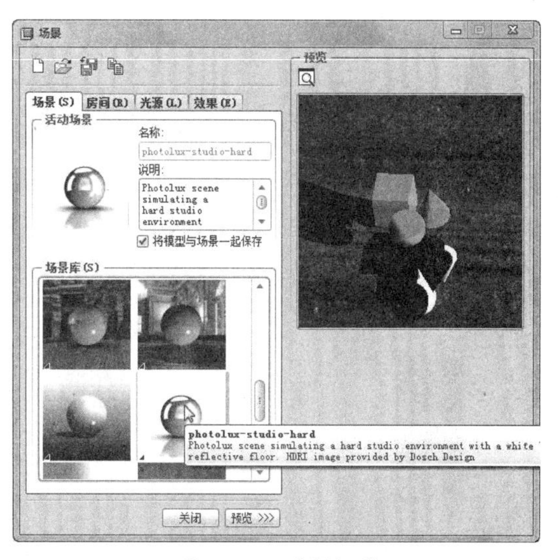

图 19-55　选择场景

02 在【房间】选项卡中，单击【地板】图块按钮，然后为地板添加木材图像，如图 19-56 所示。

03 在【房间】选项卡中，调整地板与手机之间的距离，使手机的低端与地板接触，然后调整地板的比例，如图 19-57 所示。

04 在【光源】选项卡中，新建聚光灯和天空光源，如图 19-58 和图 19-59 所示。

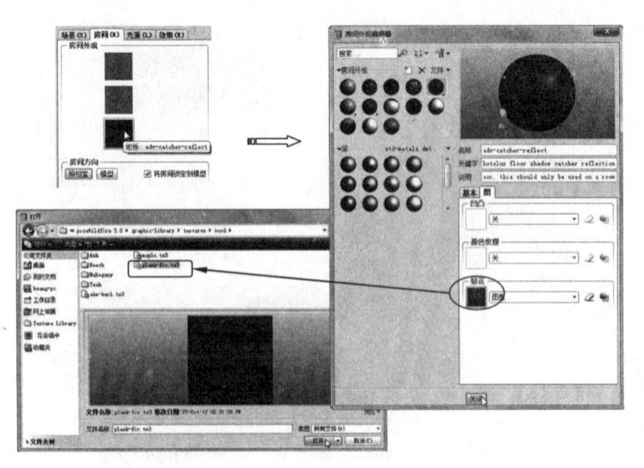

图 19-56 为地板添加图像

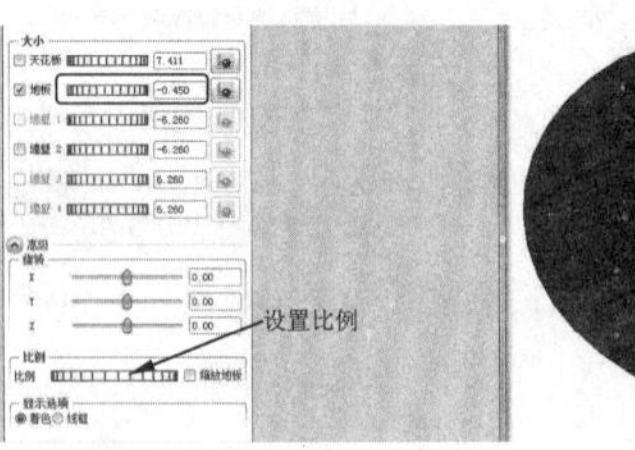

图 19-57 设置地板

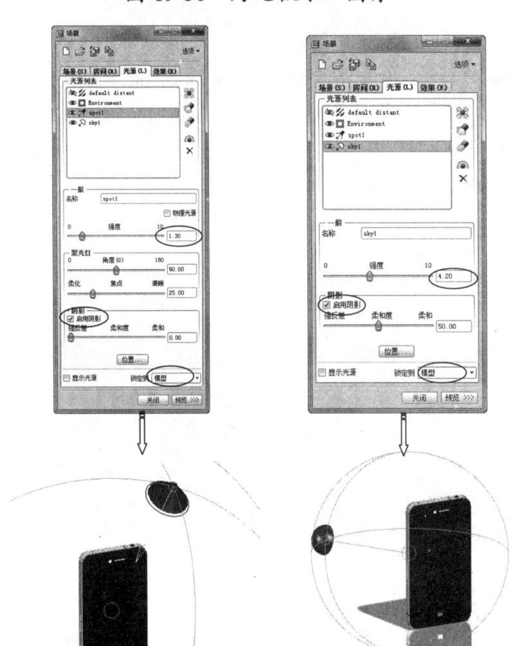

图 19-58 添加聚光灯　　图 19-59 添加天空光源

技术要点

添加光源后，拖动光源可以调整角度。按住 Shift 键拖动光源可以调整照射距离，同时也可以把光源锁定到模型上。

05 其余的选项保持默认，最后在菜单栏中选择【视图】|【模式设置】|【渲染区域】命令，完成手机的渲染，结果如图 19-60 所示。

图 19-60 手机的渲染结果

06 最后将渲染的图片效果另存为副本。

19.8.2 皇冠渲染

◎ **引入文件：实训操作 \ 源文件 \Ch19\huangguan.prt**

◎ **结果文件：实训操作 \ 结果文件 \Ch19\huangguan.prt**

◎ **视频文件：多媒体文件 \ 视频 \Ch19\ 皇冠渲染 .avi**

作为帝王权威的象征，渲染皇冠的材质大致有贵重金属材质、宝石材质、绒等，其中宝石有红宝石、蓝宝石、绿宝石、黑宝石等。皇冠渲染完成的效果如图 19-61 所示。

图 19-61 皇冠渲染效果

1. 添加与编辑材质

操作步骤：

01 在外观库中选择【磨光黄金】金属赋予整个零件，过程如图 19-62 所示。

> **技术要点**
>
> 由于皇冠的主体材质是黄金，因此先将黄金材质赋予整个零件，然后其他材质可以用【曲面】的选择过滤方式分别操作。

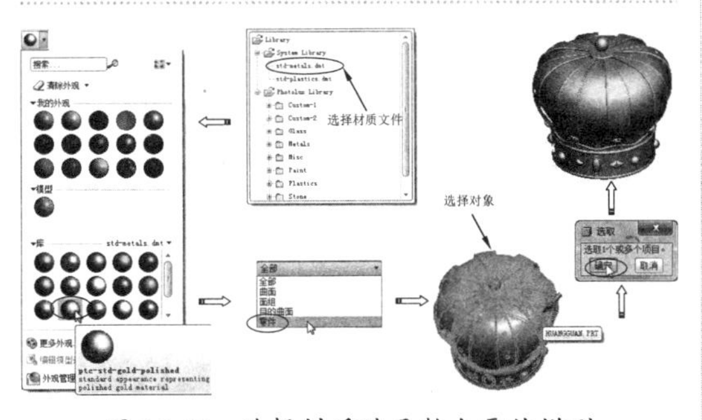

图 19-62 选择材质赋予整个零件模型

02 通过材质库，将宝石材质赋予皇冠模型中的各类宝石。如图 19-63 所示为赋予其中一颗宝石（祖母绿翡翠材质）的过程。

> **技术要点**
>
> 皇冠模型中所有半球形状的皆为珍珠，其他如椭圆、棱形形状的为宝石。

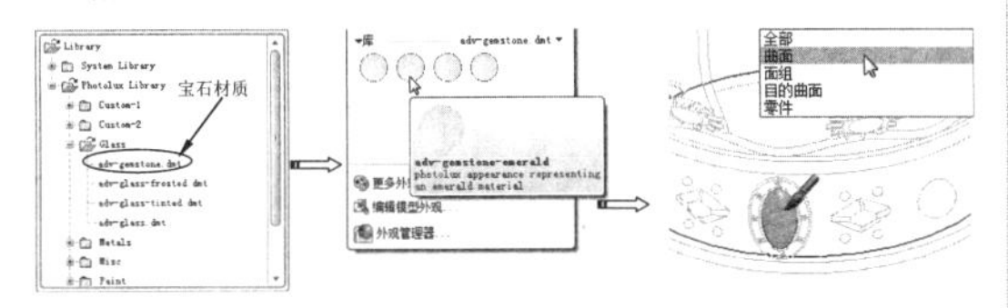

图 19-63 赋予祖母绿翡翠材质给宝石曲面

03 同理，将其余宝石材质分别赋予尺寸与形状不同的宝石曲面。如图 19-64 所示为各宝石材质赋予的对象。

> **技术要点**
>
> 由于宝石有好几种，所以需要分开赋予材质，便于设置。

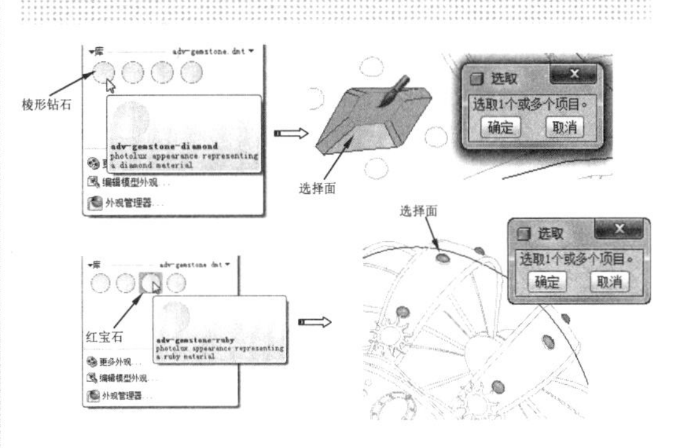

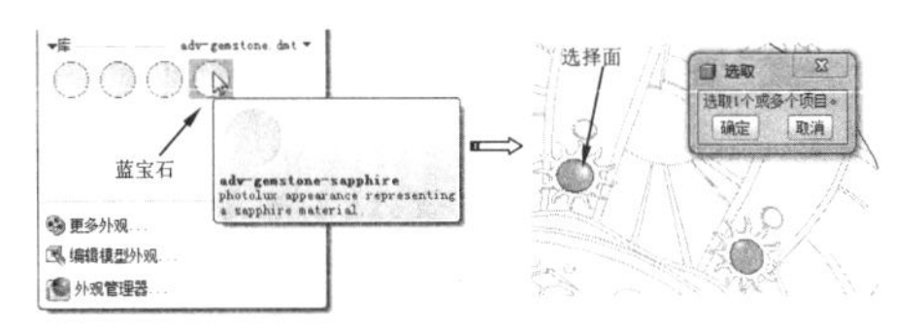

图 19-64 赋予其余的宝石材质

04 将磨光的白银材质赋予皇冠中所有的球形珍珠，其中一颗珍珠的材质添加过程如图 19-65 所示。

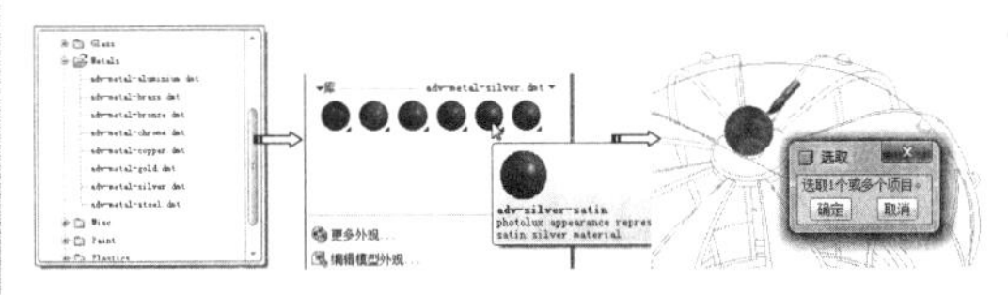

图 19-65 赋予材质给球形曲面

> **技术要点**
>
> 由于 Pro/E 中没有珍珠材质，只能是利用渲染效果比较接近的替代材质。

05 最后选用【我的外观】中的红色外观赋予旋转曲面——皇冠的头套，如图 19-66 所示。

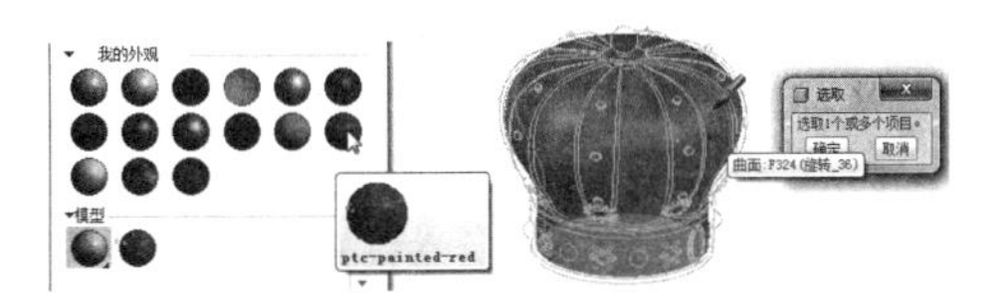

图 19-66 添加颜色外观

06 在外观库中选择【编辑模型外观】命令，打开【模型外观编辑器】对话框，如图 19-67 所示。

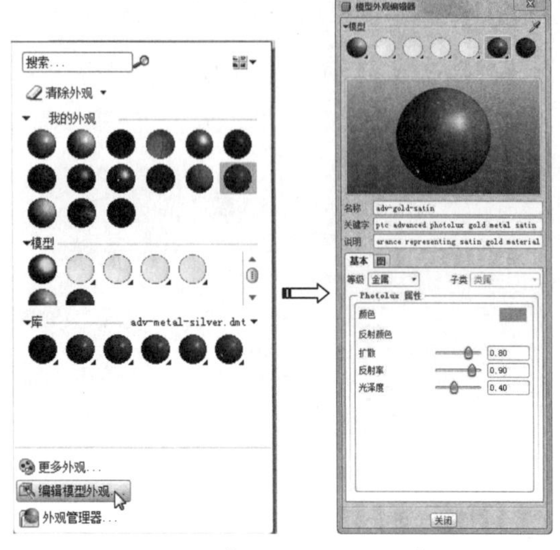

图 19-67　打开【模型外观编辑器】对话框

07 首先编辑皇冠的黄金材质。在【基本】选项卡下选择【金属】选项，然后单击颜色色块图标，打开【颜色编辑器】对话框，然后重新输入颜色配比参数，如图 19-68 所示。

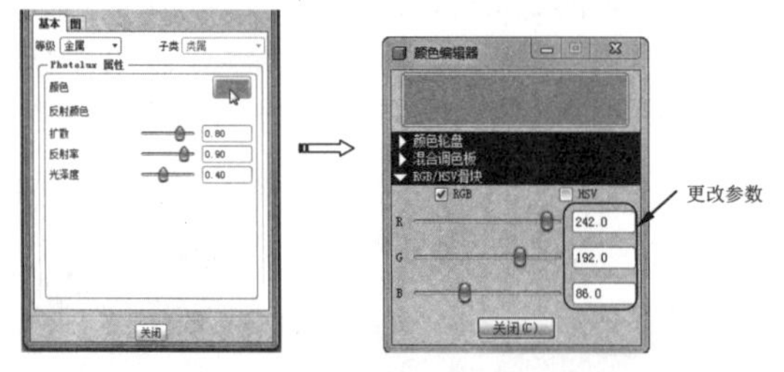

图 19-68　编辑黄金材质的颜色

08 编辑珍珠的（白银）材质。在【基本】选项卡下选择【塑形】选项，然后编辑颜色和各项参数，如图 19-69 所示。

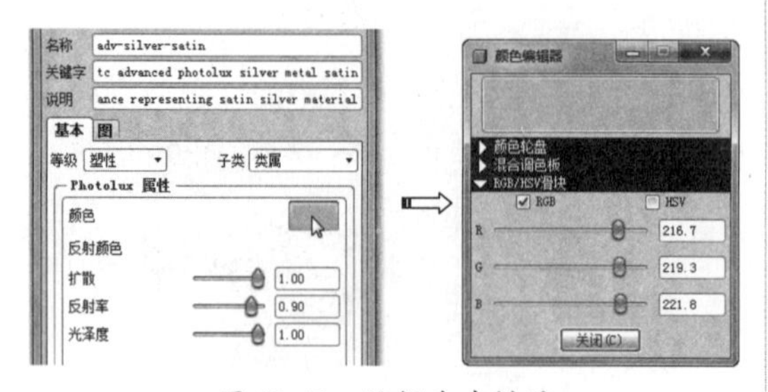

图 19-69　编辑珍珠材质

09 编辑皇冠头套材质。此材质将红色的 R 值变小，同时设置反射率为 0，如图 19-70 所示。

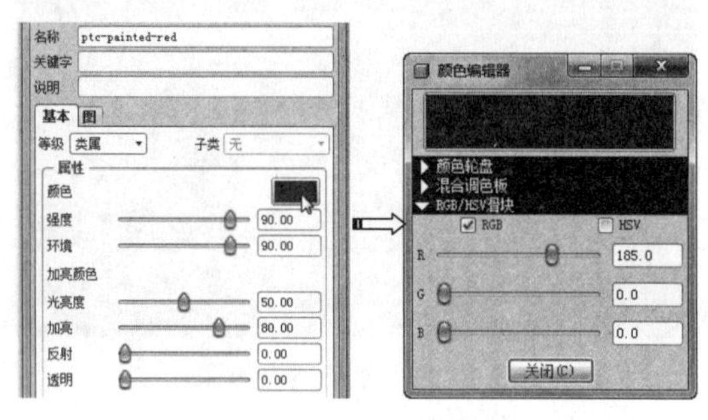

图 19-70　编辑头套材质

10 编辑钻石材质。将钻石的颜色改变为紫色，如图 19-71 所示。余下的宝石材质保持默认设置。

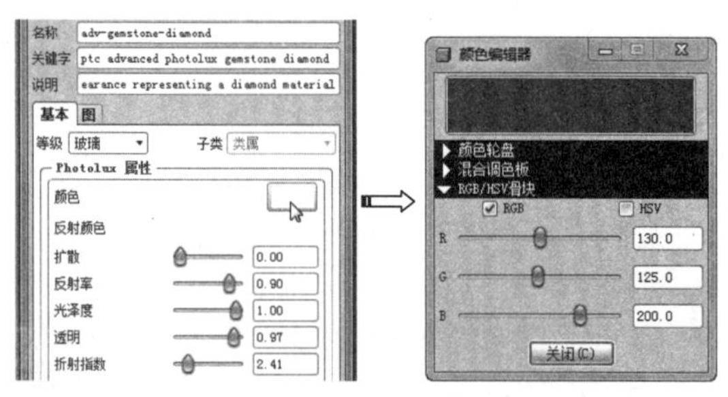

图 19-71　编辑钻石材质

2. 场景与光源设置

通常我们选用默认的场景。光源可视情形而定，由于 Pro/E 5.0 没有了光散射的特殊效果设置选项（不能制作宝石发光效果），所以光源效果显得稍差。

操作步骤：

01 在菜单栏中选择【视图】|【模型设置】|【场景】命令，打开【场景】对话框。

02 保留默认的场景（如果不是此场景可以进行选择），如图 19-72 所示。

技术要点

有时打开的场景不一定就是图中所示的场景，可以自己动手选择。

03 在【房间】选项卡中，除【地板】外关闭房间内的天花板、墙壁等，并修改地板的位置，如图 19-73 所示。

图 19-72　选择场景

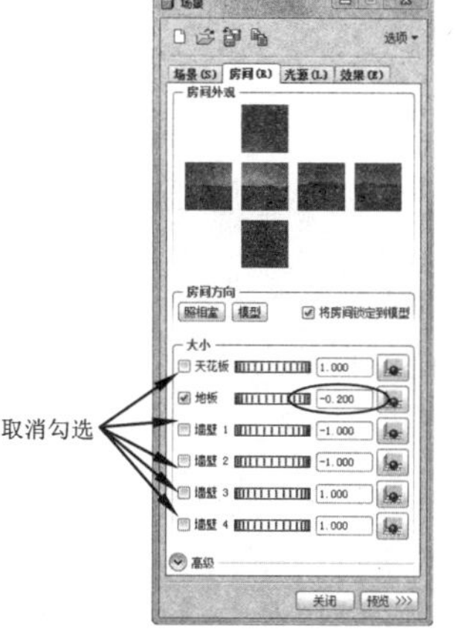

图 19-73　设置房间地板的位置

04 单击【房间外观】中的地板图块，打开【房间外观编辑器】对话框。在【图】选项卡中单击颜色纹理的按钮，然后选择本例素材图片【红色丝绸 .jpg】，如图 19-74 所示。

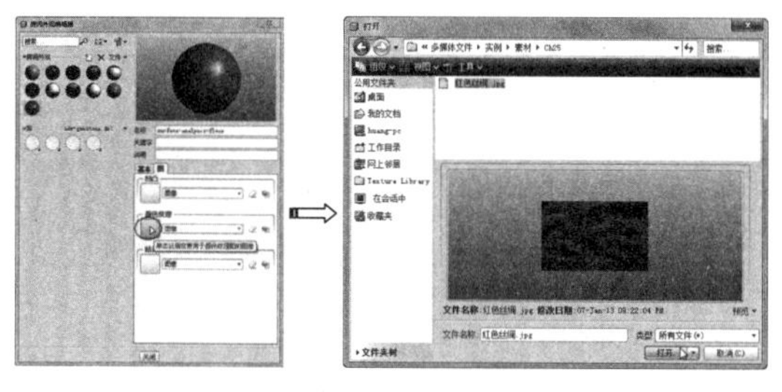

图 19-74　选择地板的颜色纹理图片

05 在【基本】选项卡中将地板的反射率设为 10，随后关闭【颜色编辑器】对话框。

06 在【光源】选项卡中，选择系统库中的光源文件，如图 19-75 所示。

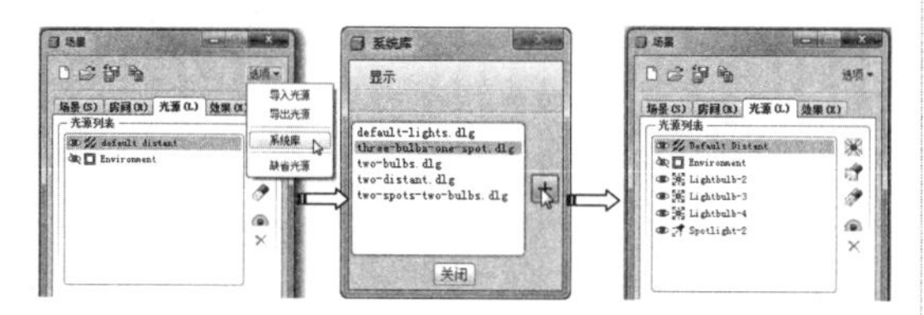

图 19-75　选择系统库的光源文件

07 首先选择【Lightbulb-2】灯泡光源，在对话框下方选择锁定到【模型】选项，然后按住 Shift 键拖动光源至皇冠顶部，如图 19-76 所示。其余选项保持默认设置。

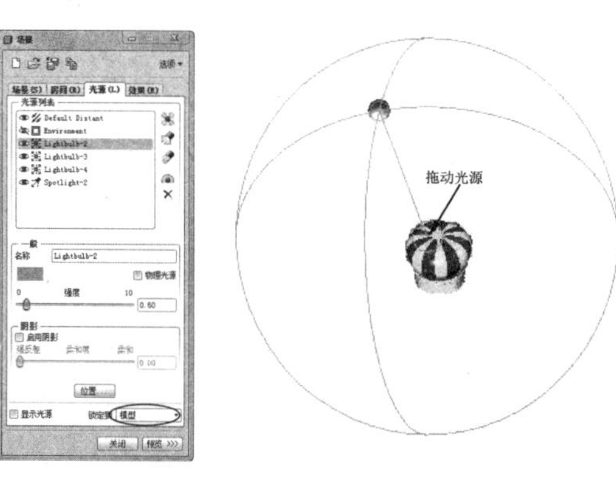

图 19-76　拖动灯泡光源 2

08 同理，将【Lightbulb-3】灯泡光源也拖动到皇冠模型顶部。【Lightbulb-4】灯泡光源的拖动位置及参数设置如图 19-77 所示。

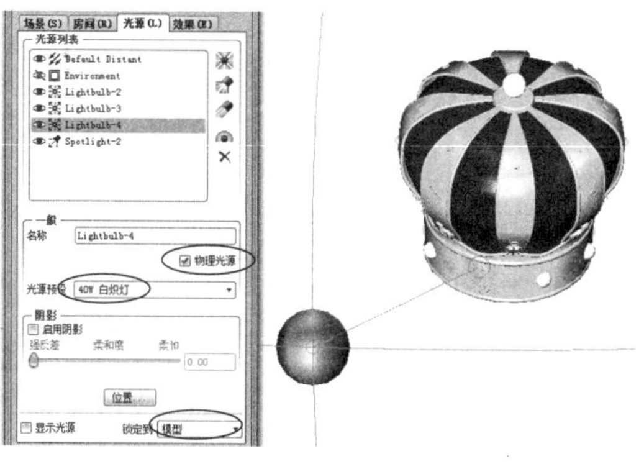

图 19-77　拖动灯泡光源 4

09 拖动并改变 Spotlight-2 聚光灯的光源位置，并设置为物理光源，如图 19-78 所示。

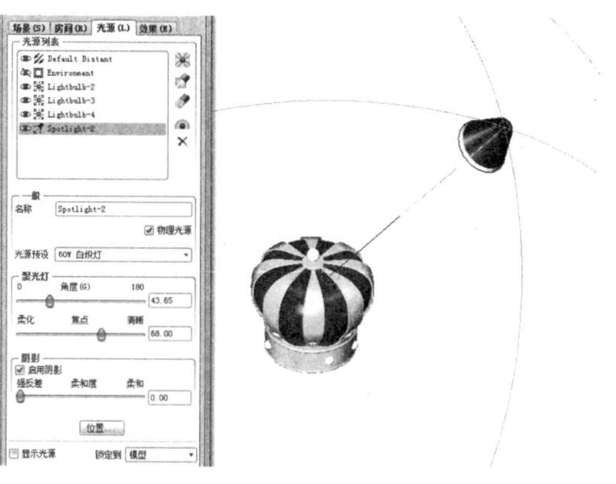

图 19-78　拖动并设置聚光灯光源

10 最后进行渲染设置。在菜单栏中选择【视图】|【模型设置】|【渲染设置】命令，打开【渲

染设置】对话框。然后按如图 19-79 所示的渲染选项进行设置。

11 最后在菜单栏中选择【视图】|【模型设置】|【渲染窗口】命令，完成皇冠模型的渲染，最终渲染效果图如图 19-80 所示。

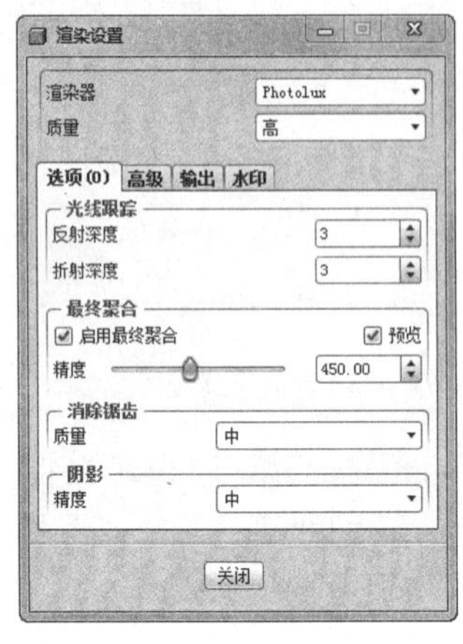

图 19-79　渲染设置

图 19-80　皇冠渲染结果

19.9　课后习题

打开【课后习题\Ch19\zhandouji.prt】文件，利用 Pro/E 渲染功能渲染战斗机模型。渲染结果如图 19-81 所示。

练习要求与步骤：

（1）对飞机所有零件使用金属材质。

（2）设置房间地板。

（3）使用默认光源。

图 19-81　渲染战斗机

读书笔记

第 20 章 Pro/E 5.0 模具设计基础

众所周知，模具业为专业性和经验性极强的行业，模具界也深切体会到模具设计之重要，往往因设计不良、尺寸错误造成加工延误及成本增加等不良效果。但培养一名经验丰富，能独立作业且面面俱到之模具设计师，需三五年以上磨练才能达成。因为要掌握的技能和实际经验，涵盖相关学科的方方面面，必须要有能力来判断协调各系统之间的取舍轻重。

资源二维码

百度云盘

360 云盘 访问密码 32dd

知识要点

- 模具基础
- 模具设计基本常识
- 基于 Pro/E 5.0 的模具设计
- 模型预处理
- 模型的创建与检测

20.1 模具基础

对于模具初学者，要合理地设计模具必须事先全面了解模具设计与制造相关的基本知识，这些知识包括模具的种类与结构、模具设计流程，以及在注塑模具设计中存在的一些问题等。

20.1.1 模具的组成结构

在上述分类方法中，有些不能全面地反映各种模具的结构，以及成型加工工艺的特点和它们的使用功能，因此，采用以使用模具进行成型加工的工艺性质和使用对象为主，并根据各自的产值比重的综合分类方法，主要将模具分为五大类。

1．塑料模

塑料模用于塑料制件成型，当颗粒状或片状塑料原材料经过一定的高温加热成黏流态熔融体后，由注射设备将熔融体经过喷嘴射入型腔内成型，待成型件冷却固定后再开模，最后由模具顶出装置将成型件顶出。塑料模在模具行业所占比重较大，约为 50% 左右。

通常塑料模具根据生产工艺和生产产品的不同，又可分为注射成型模、吹塑模、压缩成型模、转移成型模、挤压成型模、热成型模和旋转成型模等。

塑料注射成型是塑料加工中最普遍采用的方法。该方法适用于全部热塑性塑料和部分热固性塑料，制得的塑料制品数量之大是其他成型方法望尘莫及的，作为注射成型加工的主要工具之一的注塑模具，在质量精度、制造周期及注射成型过程中的生产效率等方面水平高低，直接影响产品的质量、产量、成本及产品的更新，同时也决定着企业在市场竞争中的反应能力和速度。常见的注射模典型结构如图 20-1 所示。

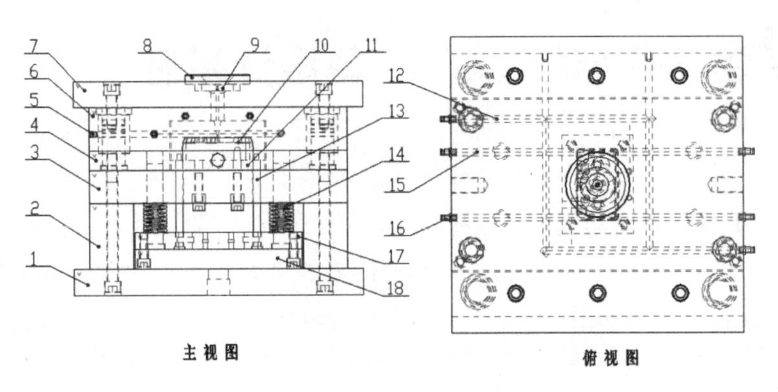

图 20-1　注射模典型结构

1——动模座板；2——支撑板；3——动模垫板；4——动模板；5——管赛；6——定模板；7——定模座板；8——定位环；9——浇口衬套；10——型腔组件；11——推板；12——围绕水道；13——顶杆；14——复位弹簧；15——直水道；16——水管街头；17——顶杆固定板；18——推杆固定板

注射成型模具主要由以下几个部分构成：

- 成型零件：直接与塑料接触构成塑件形状的零件称为成型零件，它包括型芯、型腔、螺纹型芯、螺纹型环、镶件等。其中构成塑件外形的成型零件称为型腔，构成塑件内部形状的成型零件称为型芯。如图 20-2 所示。
- 浇注系统：它是将熔融塑料由注射机喷嘴引向型腔的通道。通常，浇注系统由主流道、分流道、浇口和冷料穴 4 个部分组成。如图 20-3 所示。

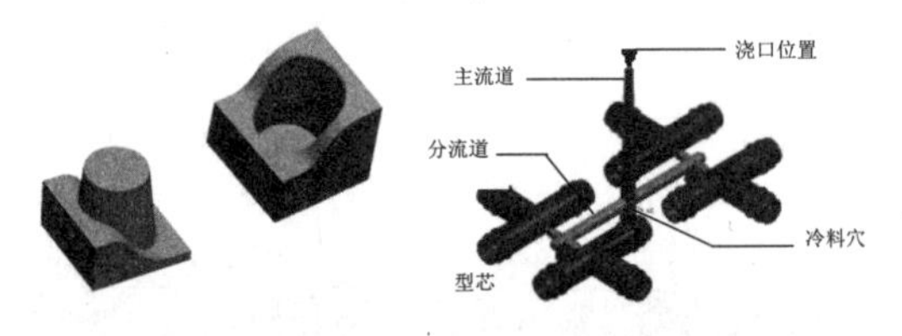

图 20-2　模具成型零件　图 20-3　模具的浇注系统

- 分型与抽芯机构：当塑料制品上有侧孔或侧凹时，开模推出塑料制品以前，必须先进行侧向分型，将侧型芯从塑料制品中抽出，塑料制品才能顺利脱模。例如斜导柱、滑块、锲紧块等。如图 20-4 所示。
- 导向零件：引导动模和推杆固定板运动，保证各运动零件之间相互位置准确度的零件为导向零件。如导柱、导套等，如图 20-5 所示。

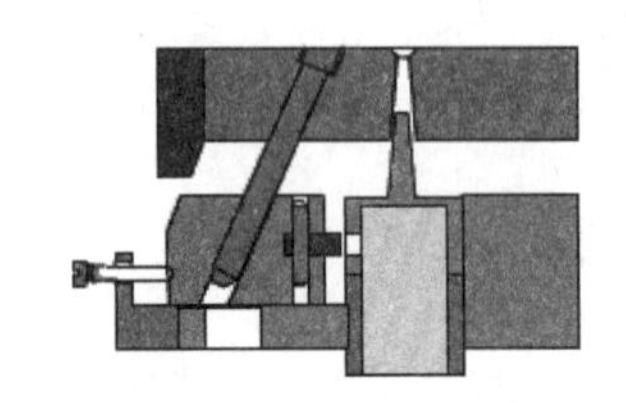

图 20-4　分型与抽芯机构　　图 20-5　导向零件

- 推出机构：在开模过程中将塑料制品及浇注系统凝料推出或拉出的装置。如推杆、推管、推杆固定板、推件板等。如图 20-6 所示。
- 加热和冷却装置：为满足注射成型工艺对模具温度的要求，模具上需设有加热和冷却装置。加热时在模具内部或周围安装加热元件，冷却时在模具内部开设冷却通道。如图 20-7 所示。

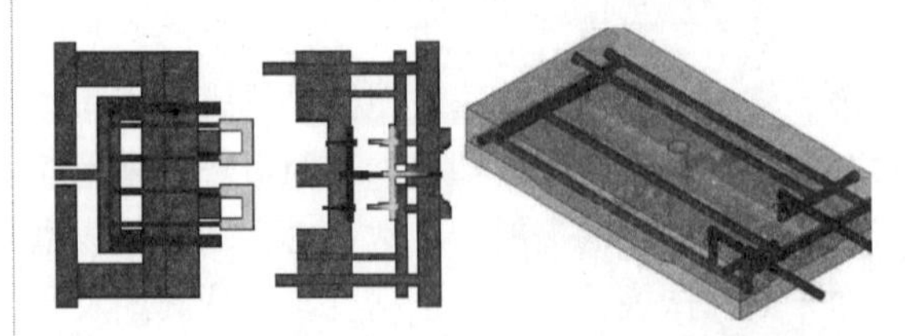

图 20-6　推出机构　　图 20-7　模具冷却通道

- 排气系统：在注射过程中，为将型腔内的空气及塑料制品在受热和冷凝过程中产生的气体排除而开设的气流通道。排气系统通常是在分型面处开设排气槽，有的也可利用活动零件的配合间隙排气。如图 20-8 所示的排气系统部件。

- 模架：主要起装配、定位和连接的作用。它们是定模板、动模板、垫块、支承板、定位环、销钉、螺钉等。如图 20-9 所示。

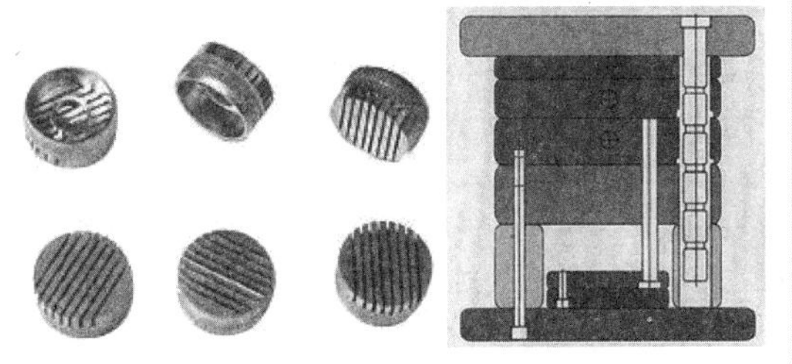

图 20-8 排气系统部件 图 20-9 模具模架

2. 冲压模

冲压模是利用金属的塑性变形，由冲床等冲压设备将金属板料加工成型。其所占行业产值比重为 40% 左右。如图 20-10 所示为典型的单冲压模具。

图 20-10 单冲压模具

3. 压铸模

压铸模具被用于熔融轻金属，如铝、锌、镁、铜等合金成型。其加工成型过程和原理与塑料模具差不多，只是两者在材料和后续加工所用的器具不同而已。塑料模具其实就是由压铸模具演变而来的。带有侧向分型的压铸模具如图 20-11 所示。

4. 锻模

锻造就是将金属成型加工，将金属胚料放置在锻模内，运用锻压或锤击方式，使金属胚料按设计的形状来成型。如图 20-12 所示为汽车件锻造模具。

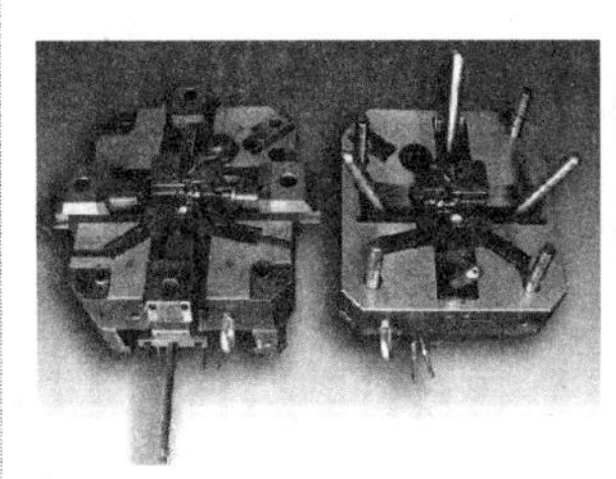

图 20-11 压铸模具 图 20-12 锻造模具

5. 其他模具

除以上介绍的几种模具外，还包括如玻璃模、抽线模、金属粉末成型模等其他类型模具。如图 20-13 所示为常见的玻璃模、抽线模和金属粉末成型模。

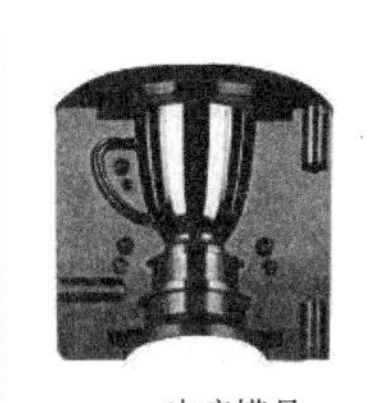

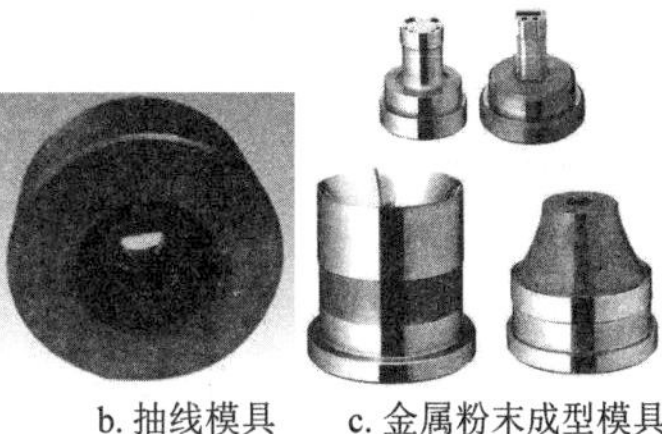

a. 玻璃模具 b. 抽线模具 c. 金属粉末成型模具

图 20-13 其他类型模具

20.1.2 模具设计与制造的一般流程

当前我国大部分模具企业在模具设计 / 制造过程中最普遍的问题是：至今模具设计仍以二维工程图纸为基础，产品工艺分析及工序设计也是以设计师的丰富实践经验为基础，模具的主件加工也是以二维工程图为基础做三维造型，进而用数控加工完成。

基于以上现状，将直接影响产品的质量、模具的试制周期及成本。现在大部分企业已实现模具产品设计数字化、生产过程数字化、制造装备数字化、管理数字化，成为机械制造业信息化工程提供基础信息化、提高模具质量缩短设计制造周期、降低成本的最佳途径。如图 20-14 所示为基于数字化的模具设计与制造的整体流程。

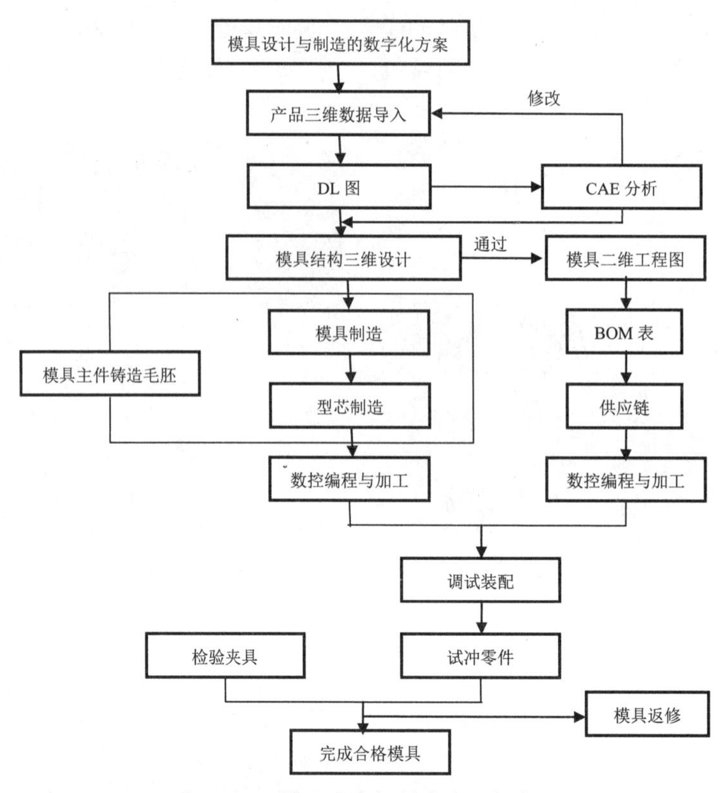

图 20-14　模具设计与制造的一般流程

20.2 模具设计常识

一副模具的成功与否，关键在于模具设计标准的应用和模具设计细节的处理是否正确。合理的模具设计主要体现在以下几个方面：

- 所成型的塑料制品的质量。
- 外观质量与尺寸稳定性。
- 加工制造时方便、迅速、简练，节省资金、人力，留有更正、改良的余地。
- 使用时安全、可靠、便于维修。
- 在注射成型时有较短的成型周期。
- 较长使用寿命。
- 具有合理的模具制造工艺性等。

下面就有关模具的设计常识进行必要的介绍。

20.2.1　产品设计注意事项

制件设计得合理与否，事关模具能否成功开出。模具设计人员要注意的问题主要有制件的肉厚（制件的厚度）要求、脱模斜度要求、BOSS 柱处理，以及其他一些应该避免的设计误区。

1．肉厚要求

在设计制件时，应注意制件的厚度应以各处均匀为原则。决定肉厚的尺寸及形状需考虑制件的构造强度、脱模强度等因素。如图 20-15 所示。

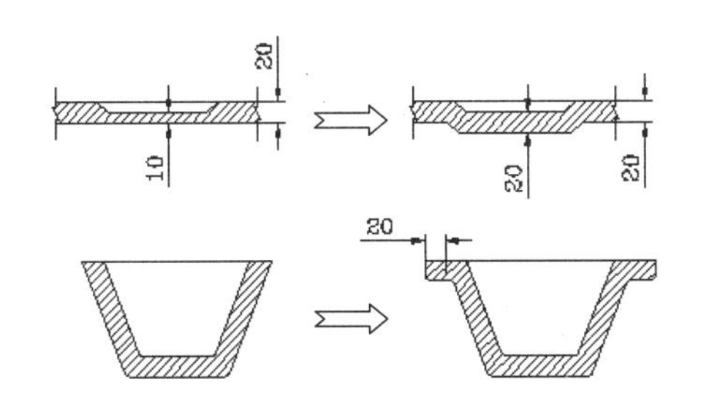

图 20-15 制件的肉厚

2. 脱模斜度要求

为了在模具开模时能够使制件顺利地取出，避免其损坏，制件设计时中应考虑增加脱模斜度。脱模角度一般取整数，如0.5、1、1.5、2等。通常，制件的外观脱模角度比较大，这便于成型后脱模，在不影响其性能的情况下，一般应取较大的脱模角度，如5°～10°。如图20-16所示。

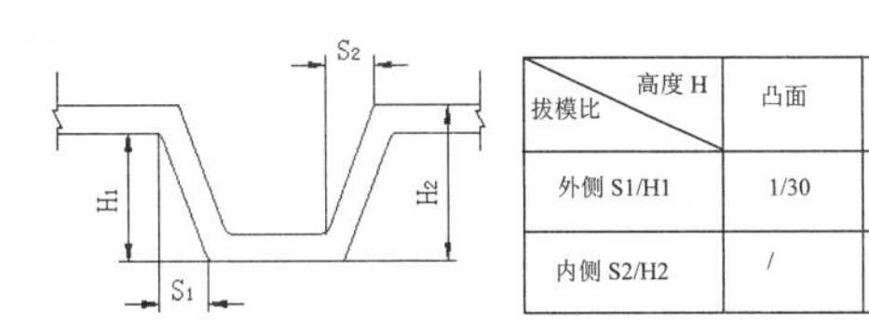

高度H / 拔模比	凸面	凹面
外侧 S1/H1	1/30	1/40
内侧 S2/H2	/	1/60

图 20-16 制件的脱模斜度要求

3. BOSS柱（支柱）处理

支柱为突出胶料壁厚，用以装配产品、隔开对象及支撑承托其他零件。空心的支柱可以用来嵌入镶件、收紧螺丝等。这些应用均要有足够强度的支持压力才不致于破裂。

为免在扭上螺丝时出现打滑的情况，支柱的出模角一般会以支柱顶部的平面为中性面，而且角度一般为0.5º～1.0º。如支柱的高度超过15.0mm的时候，为加强支柱的强度，可在支柱连上些加强筋，做结构加强之用。如支柱需要穿过PCB的时候，同样在支柱连上些加强筋，而且在加强筋的顶部设计成平台形式，此可做承托PCB之用，而平台的平面与丝筒项的平面必须要有2.0mm～3.0mm，如图20-17所示。

为了防止制件的BOSS部位出现缩水，应做防缩水结构，即【火山口】，如图20-18所示。

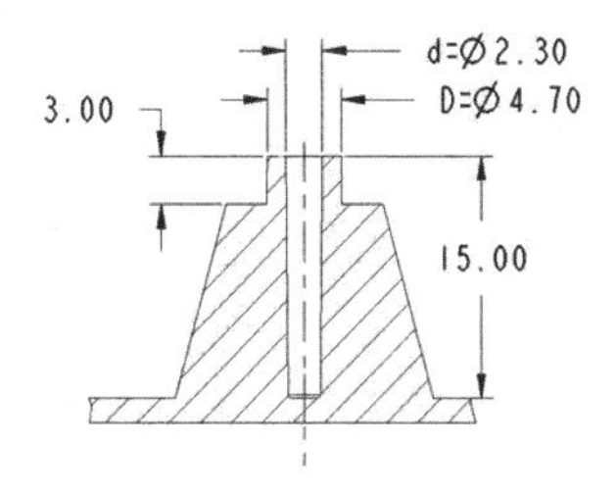

图 20-17 BOSS柱的处理

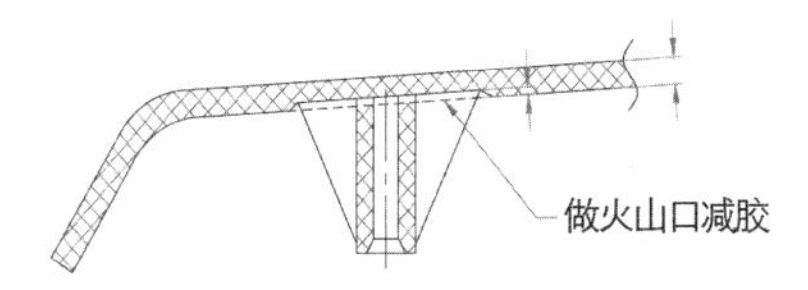

图 20-18 做火山口防缩水

20.2.2 分型面设计主要事项

一般来说，模具都由两大部分组成：动模和定模（或者公模和母模）。分型面是指两者在闭和状态时能接触的部分。在设计分型面时，除考虑制品的形状要素外，还应充分考虑其他选择因素。下面对分型面的一般设计要素做简要介绍。

（1）在模具设计中，分型面的选择原则如下：

- 不影响制品外观，尤其对外观有明确要求的制品，更应注意分型面对外观的影响。
- 有利于保证制品的精度。
- 有利于模具的加工，特别是型胚的加工。
- 有利于制品的脱模，确保在开模时使制品留于动模一侧。
- 方便金属嵌件的安装。
- 绘2D模具图时要清楚的表达开模线位置，封胶面是否有延长等。

（2）分型面的设置。

分型面的位置应设在塑件断面的最大部位，形状应以模具制造及脱模方便为原则，应尽量防止形成侧孔或侧凹，有利于产品的脱模。如图 20-19 所示，左图产品的布置能避免侧抽芯，右图的产品布置则使模具增加了侧抽芯机构。

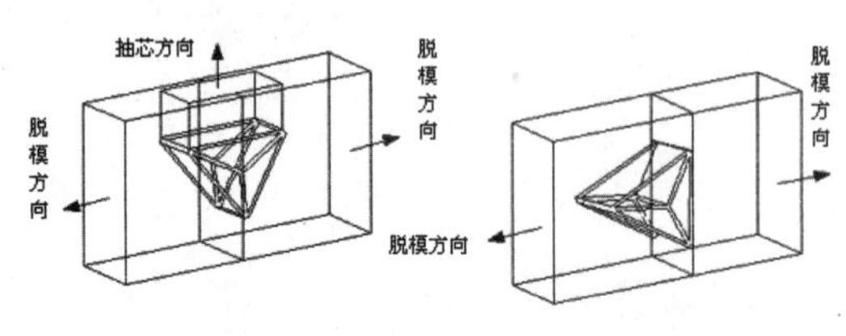

图 20-19　能否避免侧抽芯对比

1．分型面的封胶

中、小型模具有 15mm ~ 20mm 封胶面，大型模具有 25mm ~ 35mm 的封胶面，其余分型面有深 0.3mm ~ 0.5mm 的避空。大、中模具避空后应考虑压力平衡，在模架上增加垫板。（模架一般应有 0.5mm 左右的避空）如图 20-20 所示。

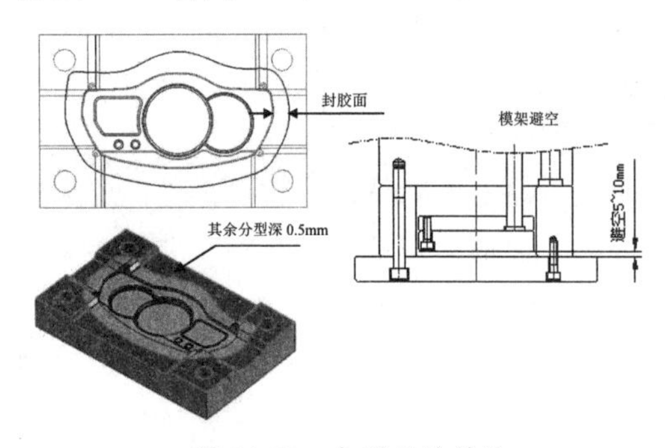

图 20-20　分型面的封胶

2．分型面的其他主要事项

分型面为大曲面或分型面高低距较大时，可考虑上下模料做虎口配合（型腔与型芯互锁，防止位移），虎口大小依模料而定。长和宽在 200mm 以下，做 15mm×8mm 高的虎口 4 个，斜度约为 10°。如长度和宽度超过 200mm 以上的模料，其虎口应做 20mm×10mm 高或以上的虎口，数量按排位而定（可做成镶块，也可原身留）。如图 20-21 所示。

在动、定模上做虎口配合（在动模的 4 个边角上的凸台特征，做定位用），以及分型面有凸台时，需做 R 角间隙处理，以便于模具的机械加工、装配与修配。如图 20-22 所示。

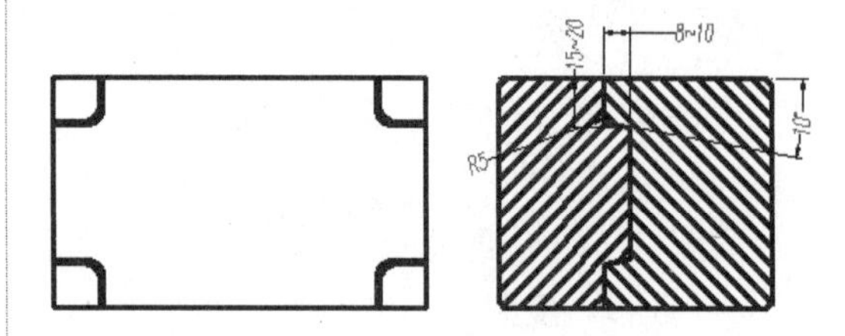

图 20-21　做虎口配合

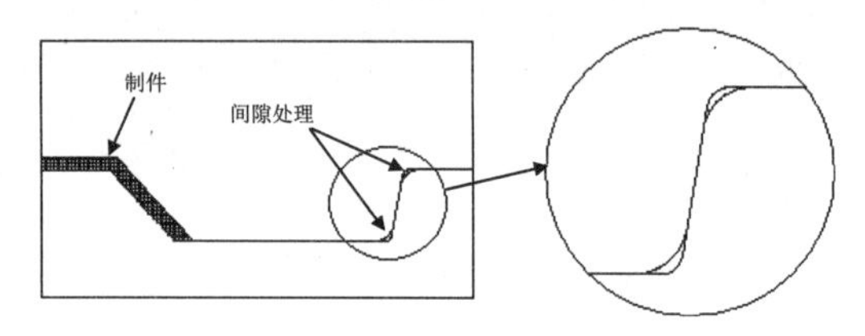

图 20-22　做 R 角间隙处理

20.2.3　模具设计注意事项

设计人员在模具设计时应注意以下重要事项：

- 模具设计开始时应多考虑几种方案，衡量每种方案的优缺点，并从中优选一种最佳设计方案。对于 T 形模，亦应认真对待。由于时间与认识上的原因，当时认为合理的设计，经过生产实践也一定会有可改进之处。
- 在交出设计方案后，要与工厂多沟通，了解加工过程及制造使用中的情况。每套模具都应有一个分析经验、总结得失的过程，这样才能不断地提高模具的设计水平。
- 设计时多参考过去所设计的类似图纸，吸取其经验与教训。
- 模具设计部门应视为一个整体，不允许设计成员各自为政；特别是在模具设计总体结构方面，一定要统一风格。

20.2.4　模具设计依据

模具设计的主要依据就是客户所提供的产品图纸及样板。设计人员必须对产品图及样板进行认真详细的分析与消化，同时在设计进程中必须逐一核查以下所有项目：

- 尺寸精度与相关尺寸的正确性。
- 脱模斜度是否合理。
- 制品壁厚及均匀性。
- 塑料种类。塑料种类影响到模具钢材的选择和缩水率的确定。
- 表面要求。
- 制品颜色。一般情况下，颜色对模具设计无直接影响，但制品壁过厚、外形较大时易产生颜色不匀，且颜色越深时制品缺陷暴露得越明显。
- 制品成型后是否有后处理。如需表面电镀的制品，且一模多腔时，必须考虑设置辅助流道将制品连在一起，待电镀工序完毕再将之分开。
- 制品的批量。制品的批量是模具设计的重要依据，客户必须提供一个范围，以决定模具腔数、大小、模具选材及寿命。
- 注塑机规格。
- 客户的其他要求。设计人员必须认真考虑及核对，以满足客户要求。

20.3　基于 Pro/E 5.0 的模具设计

Pro/E 软件采用面向对象的统一数据库和参数化造型技术，具备概念设计、基础设计和详细设计的功能，为模具的集成制造提供了优良的平台。

Pro/ENGINEER Wildfire 5.0 向用户提供了用于设计塑料模具的 Pro/MOLDESIGN 模块和用于压铸模具设计的 Pro/CASTING 模块。基于两种模块的模具设计方法相同，因此后面的章节，将以 Pro/MOLDESIGN 模块为主要内容。

20.3.1　Pro/MOLDESIGN 模块简介

Pro/MOLDESIGN 是 Pro/E 的一个选用模块，提供给使用者仿真模具设计过程所需的工具。这个模块接受实体模型来创建模具组件，且这些模具组件必然是实体零件，可以应用在许多其他的 Pro/E 模块，例如零件、装配、出图及制造等。由于系统的参数化特性，当设计模型被修改时，系统将迅速更新，并将修改反映到相关的模具组件上。

不论是压铸成型，还是塑料注射成型，都需要使用模具。而我们要做的就是在 Pro/E 中根据制品图和结构图设计出这些模具。Pro/MOLDESIGN 提供了模具设计常用的功能，允许创建、修改和分析模具元件和模具组件，并可根据设计模型中的变化对它们快速更新。它可以完成如下任务：

- 产品模型的输入与数据诊断，设置模型的收缩率。
- 对产品模型进行拔模检测与厚度检测。
- 自动创建分型线或侧面影像曲线。
- 自动创建要从中分割出型芯、型腔和嵌件的坯件。
- 创建各种分型面或分型用的几何体。
- 自动分割坯件，创建模具的各种型芯、型腔和嵌件。

- 浇注系统、冷却水道与模具标准组合的自动创建。
- 定义和模拟模具开模并检测模具元件之间的干涉。
- 型腔的自动填充与模型的流动分析。

1. Pro/MOLDESIGN 模块的工作界面

启动 Pro/E 5.0，进入主窗口。单击主窗口中【新建】按钮，将弹出【新建】对话框。在此对话框中依次选择【制造】、【模具型腔】选项，单击【确定】按钮，即可进入默认的 Pro/MOLDESIGN 的工作界面。

若用户需要自定义模板，则在【新建】对话框取消选中【使用默认模板】复选框，在随后打开的【新文件选项】对话框中选择英制或公制单位的模板。选择模板后再单击【确定】按钮确定，随即进入自定义的模具设计环境。进入 Pro/MOLDESIGN 模块工作界面的操作顺序如图 20-23 所示。

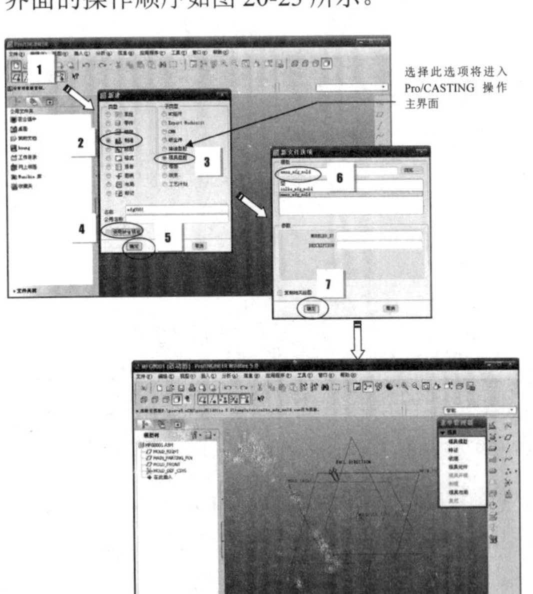

图 20-23 进入 Pro/MOLDESIGN 模块的工作界面

Pro/MOLDESIGN 模块主界面主要由【模具/铸件制造】工具图标和相对应的菜单管理器组成。一般情况下，模具菜单管理器与右侧工具栏中的命令顺序与模具设计的流程大致相同，因此模具设计的流程也就是菜单操作顺序。窗口右侧工具栏的图标与菜单管理器的命令对照图如图 20-24 所示。

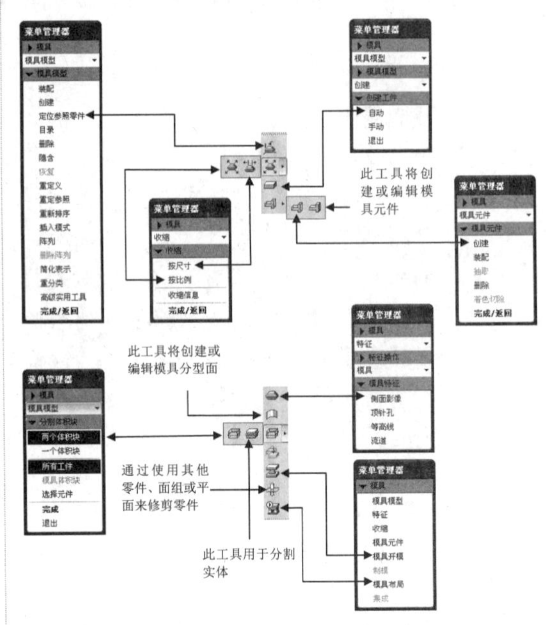

图 20-24 菜单管理器与工具栏的命令对照图

2. 工具栏命令

在 Pro/MOLDESIGN 操作界面右侧【模具/铸件制造】工具栏中各按钮命令的含义如下：

- 模具型腔布局：此命令用于在模具型腔中创建模型的位置和方向。
- 按比例收缩：将模型按一定的比例进行缩放。
- 按尺寸收缩：将模型按一定的尺寸向各空间方向进行缩放。
- 自动工件：根据自制零件的偏移或其整体尺寸或同时使用这两项来创建工件。
- 模具体积块：此命令用于创建包含模具动、定模仁的体积块，或者对体积块进行编辑。
- 模具元件：此命令用于将型腔嵌入件添加为模具元件或对其进行编辑。
- 侧面影像曲线：执行此命令可以创建自动的模具分型线。
- 分型曲面：执行此命令进入分型

面模式，可使用一般设计工具创建模具分型面。

- 体积块分割：将选择的模具体积块分割成新的体积块。
- 实体分割：分割已选取的零件，保留对原始零件实体的访问权。
- 型腔插入：通过抽取模具体积块创建模具元件，如滑块、斜顶及镶块等。
- 模具开模：定义打开模具和执行拔模检测的步骤。
- 修剪到几何：修剪零件与另一零件、面组或平面上最先或最后选取的曲面相交的部分。
- 模具布局：若【模具布局】组件已经存在，执行此命令可将窗口切换到组件模式。如果【模具布局】组件不存在，程序将新建模具设计布局。

20.3.2 Pro/MOLDESIGN 模具设计流程

采用 Pro/E Wildfire 5.0 软件建立产品的三维数据模型，并以此为基础进行分模设计及装配设计，然后对所有相关零部件进行结构优化设计、浇注系统设计、推出系统设计和冷却系统设计，直至整副模具全部设计完毕，其具体设计流程如图 20-25 所示。

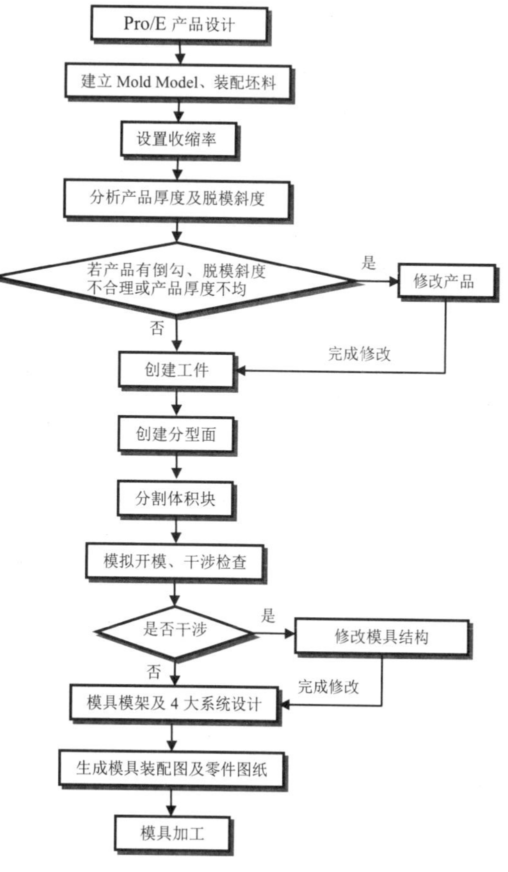

图 20-25　Pro/E 模具设计的一般流程

20.4 模型预处理

模具工程师在模具设计初期需要做很多的准备工作。例如，先要创建产品模型；然后检查模型设计得是否合理（包括拔模斜度检测与模型厚度检测），若发现因产品设计问题而不能合理开发模具，必须进行修改。下面将模具设计准备阶段中的操作及其模具术语做简要介绍。

20.4.1 拔模

在产品铸造阶段，要求模型具有拔模斜度，以便从模具中顺利取出制件。产品模型的拔模设计可在建模时进行，还可以在 Pro/MOLDSIGN 模式中将拔模特征增加到参照模型中，这不会影响到设计模型。

对模型进行拔模处理时将会使用到一些术语，下面分别介绍。

- 拔模曲面：拔模曲面是要产生拔模斜度的曲面，拔模可应用到任何规则曲面上。规则曲面是指只在一个方向上有曲率的曲面，可以是平面、圆柱面及样条曲面。
- 中性平面：当将拔模应用到拔模曲面时，其大小保持不变的平面或基准平面称为中性平面。作为拔模曲面的枢轴平面，中性平面通常选在关键设计位置。
- 中性曲线：当将拔模应用到拔模曲面时，其尺寸保持不变的边或基准曲线称为中性曲线。同中性平面相似，中性曲线也是根据关键设计参数来选择的。

- 参照平面：为角度测量建立参照的平面或基准平面称为参照平面。拔模角度从参照平面的法向算起，换言之，参照平面的曲面法向量是0°。参照平面通常是垂直于模具拉伸方向的平面。
- 拔模角度：确定应用到拔模曲面的拔模的量。拔模角度从参照平面的法向算起至最终状态的拔模表面，该角度可以是30°～-30°的任意角。输入拔模角度时 Pro/ENGINEER 会放置一个垂直于中性平面的红色箭头和沿着某一个拔模曲面指向的黄色箭头，黄色箭头显示用右手定则判定的正旋转方向。

以上列举的拔模术语在图形中的示意图如图 20-26 所示。

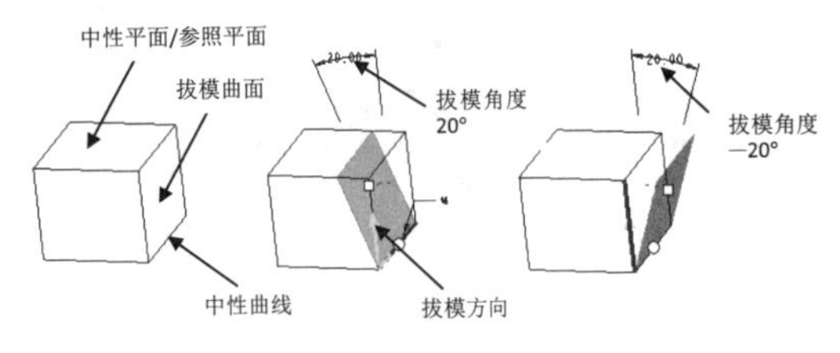

图 20-26 拔模定义

20.4.2 产品的厚度

制件的壁厚取决于产品的使用要求，太薄会造成制件的强度和刚度不足，受力后容易产生翘曲变形，成型时流动阻力大，大型复杂的零件就难以充满型腔。反之，壁厚过大，不但浪费材料，而且加长成型周期，降低生产率，还容易产生气泡、缩孔、翘曲等问题。

因此产品模型设计时确定制件壁厚应注意以下几点：

- 在满足使用要求的前提下，尽量减小壁厚。
- 零件的各部位壁厚尽量均匀，以减小内应力和变形。不均匀的壁厚会造成严重的翘曲及尺寸控制的问题。
- 承受紧固力部位必须保证压缩强度，避免过厚部位产生缩孔和凹陷。
- 成型顶出时能承受冲击力的冲击。

20.4.3 模型精度

在使用 Pro/E 进行模具设计时，参照模型、工件和模具的绝对精度要相同，这对保持几何计算的统一性非常重要。导致改变模型精度的原因有以下几点：

- 使两个尺寸差异很大的模型相交，即使用合并或切除命令。为了这两个模型能相容，它们应具有相同的绝对精度。
- 在大模型上创建非常小的特征即通风孔。
- 通过 IGES 文件或其他一些常用格式输入几何。

技术要点

若需要程序以精度提示，可将【选项】配制文件里面的 enable_absolute_accuracy 选项设置为 yes，当组件模型精度和参照模型精度有误差时，程序会弹出信息提示窗口，如图 20-27 所示。

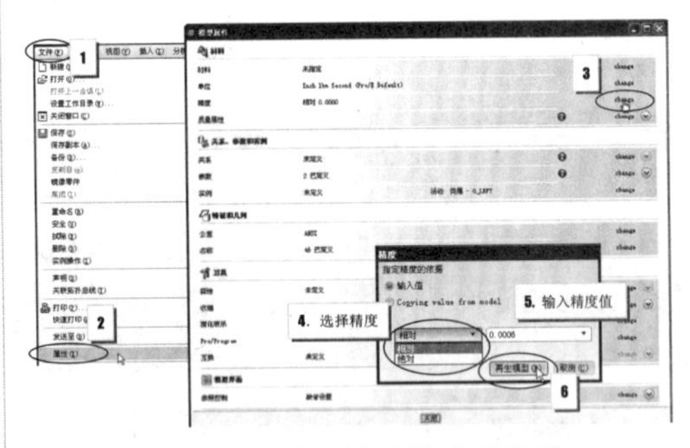

图 20-27 模型精度的设置

1. 精度类型

在 Pro/E 中有两种设置模型精度的方法，包括相对精度和绝对精度。

（1）相对精度。

相对精度是 Pro/E 中默认的精度测量方法，通过将模型中允许的最短边除以模型中尺寸计算得到，模型的中尺寸为模型边界框的对角线长度。

模型的默认相对精度为 0.0012，这意味着模型上的最小边与模型尺寸比率不能小于该值。例如，如果模型尺寸为 1000 毫米，模型最小边可以为 1.2 毫米（1.2 毫米 /1000 毫米 =0.0012），如果要创建非常小的特征可将精度增加到 0.0001，如果使用配置选项，accuracy_lower_bound 可达到 0.000001。

（2）绝对精度。

通常应尽可能使用默认的相对精度，这可以使精度适应模型的尺寸改变。但有时需要知道按绝对单位表示的精度，为此就要使用绝对精度。绝对精度是按模型的单位设置的。例如，如果将绝对精度设置为 0.001，允许的最小边则为 0.001。

当通过从外部环境中输入、输出 IGES 文件或一些其他常用格式信息时主要使用的是绝对精度。

2．设置精度

如果要从另一种 3D/2D 软件包传送文件至 Pro/E，需要将两个软件系统中的模型精度设置成相同的绝对精度，这将有助于最大程度地减小传送中的错误。

从外部环境载入其他软件包的模型文件后，在菜单栏中选择【文件】|【属性】命令，打开【模型属性】窗口，然后设置模型的精度。

20.5　模型的创建与检测

在模具设计环境下，模具设计模型是顶级的制造模型，它是在建模环境下完成设计的。用户对设计模型进行拔模检测、厚度检测和模流分析之后，才能合理地进行模具结构设计。

20.5.1　模型的创建

1．模具设计模型

设计模型属于顶级制造模型，即成型过程后的最终产品造型。此模型被检索到模具模式并包含再生整个模具所必需的全部信息。模具模型包含所有参照零件的组件工件，以及模具处理信息。如图 20-28 所示为模具的设计模型——MP3 后盖模型。

2．模具装配模型

模具装配模型基本上是一个由所有的参考零件、模块与其他标准模座元件所组成的模具组件，其装配顺序分别为参考零件、模块，最后是选择性装配标准模座元件或一般组件。

在 Pro/E 的模具标准件数据库中包含所有的标冷平板组、顶出梢、模仁梢、定位板及轴衬。被选取的组件，将被复制到当前的项目目录，所有的修改都在这个复制模型上进行。这些修改包括在 A&B 平板上创建插件定位的凹洞，以及额外的冷却水道、柱状支撑及模仁梢等。如图 20-29 所示为模具的装配模型。

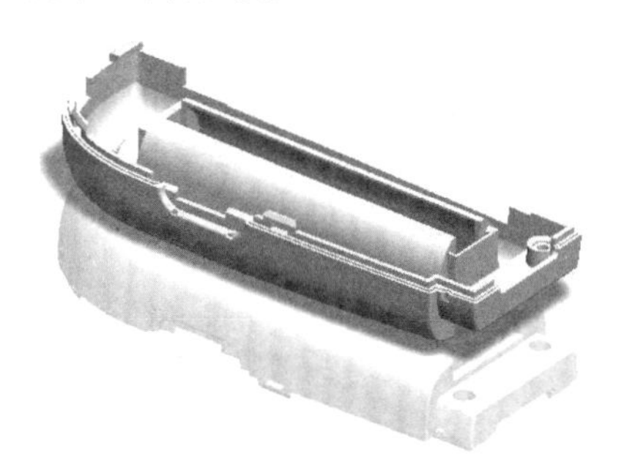

图 20-28　MP3 后盖模型

图 20-29　模具装配模型

3. 模具组件

模具组件在模具模型中属于顶级组件。它包括所有参照模型工件及模具基础元件，还包括所有组件级的模具特征模具组件，它是在创建模具设计模型时自动创建的。只要模具模型已在进程中，就可在组件模式下检索模具组件。

模具组件可以从 Pro/E 的模具模架库中加载，也可以在组件设计模式下创建。模具装配模型结构中的各个元件就是模具的组件，它包括成型零件的组成部分，以及浇注系统（如定位环和浇口套）、顶出系统（如顶杆、顶管、斜顶、滑块等）、冷却系统（如冷却管道、喷头）、排气系统等各大系统中的组成零件。如图 20-30 所示为模具成型零件。

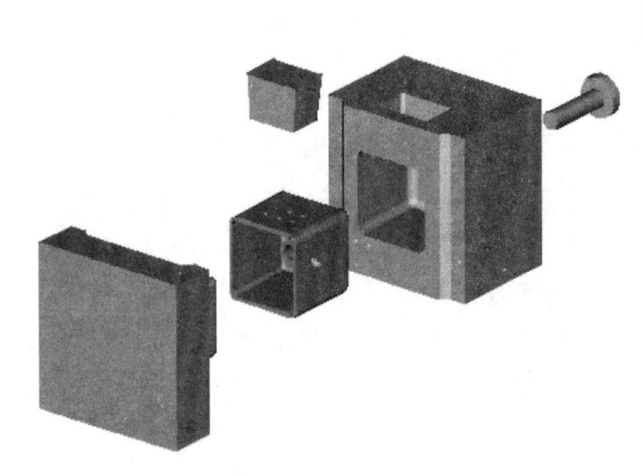

图 20-30　模具组件

20.5.2　分模产品的检测

1. 拔模检测

对模型进行拔模检测，需要指定最小拔模角、拉伸方向、平面，以及要检测单侧还是双侧。拉伸方向平面是垂直于模具打开方向的平面。

在菜单栏中选择【分析】|【模具分析】命令，程序弹出【模具分析】对话框。在此对话框的【类型】下拉列表中选择【拔模检测】选项，然后再按需要依次指定参照平面、拉伸方向、拔模方向侧及最小拔模角等参数。如图 20-31 所示。

指定拉伸方向平面和拔模检测角度后，Pro/E 计算每一曲面相对于指定方向的拔模。超出拔模检测角度的任何曲面将以洋红色显示，小于角度负值的任何曲面将以蓝色显示，处于二者之间的所有曲面以代表相应角度的彩色光谱显示。如图 20-32 所示为执行计算时程序自动弹出的彩色光谱对照表窗口。

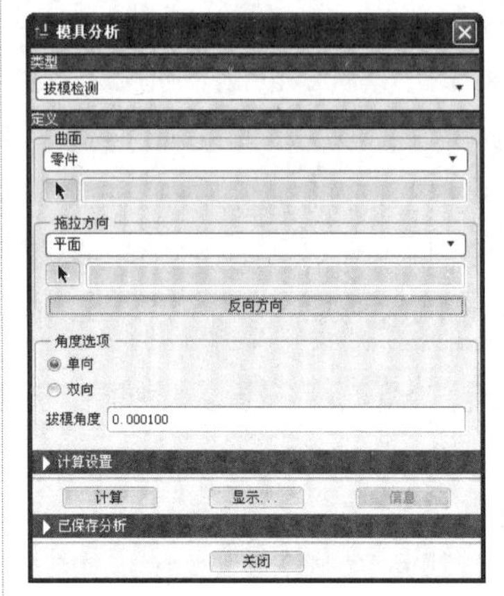

图 20-31　【拔模检测】选项

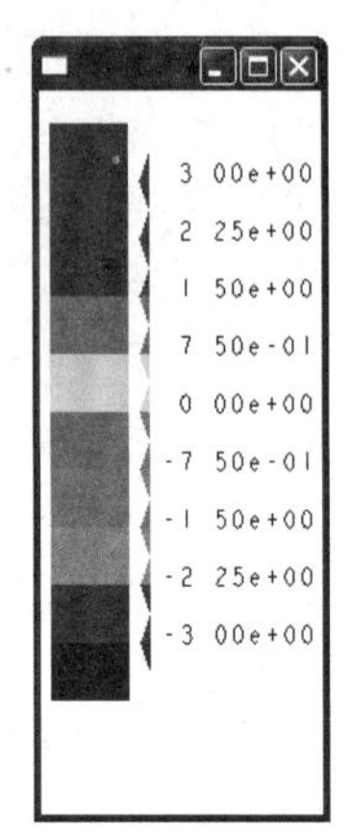

图 20-32　彩色光谱对照表

当需要设置光谱的显示时，可单击【模具分析】对话框中【计算设置】选项组下的【显示】按钮 显示... ，在随后弹出的【拔模检测 - 显示设置】对话框中进行操作，如图 20-33 所示。

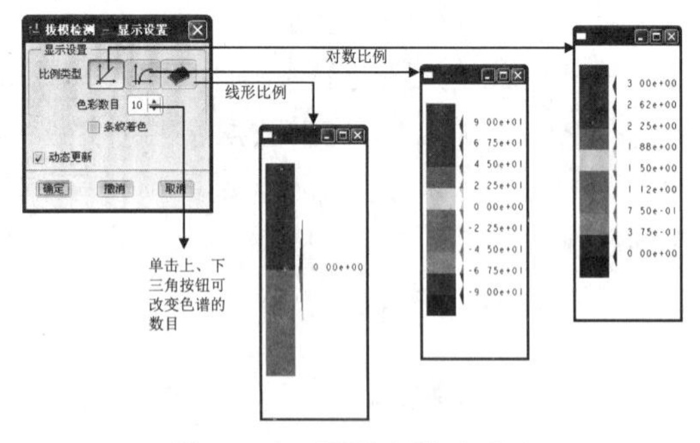

图 20-33　设置光谱的显示

2. 等高线检测（3D 水线检测）

等高线（水线）检测主要用于检测模具冷却循环系统与其他零件间的间隙情况。等高线检测可使设计人员避免冷却组件与其他模具组件的干涉，以及是否有薄壁情况出现。

在菜单栏中选择【分析】|【模具分析】命令，程序弹出【模具分析】对话框，在此对话框的【类型】下拉列表中选择【等高线】选项，然后再依次指定检测对象、水线、合理的间隙值等参数。单击【计算】按钮 计算 后，程序将等高线检测情况以不同的色谱来显示反馈。如图 20-34 所示。

图 20-34　【等高线】分析

如图 20-35 所示为模具等高线检测情况，红色部分表示小于合理间隙值，绿色则表示大于合理间隙值。

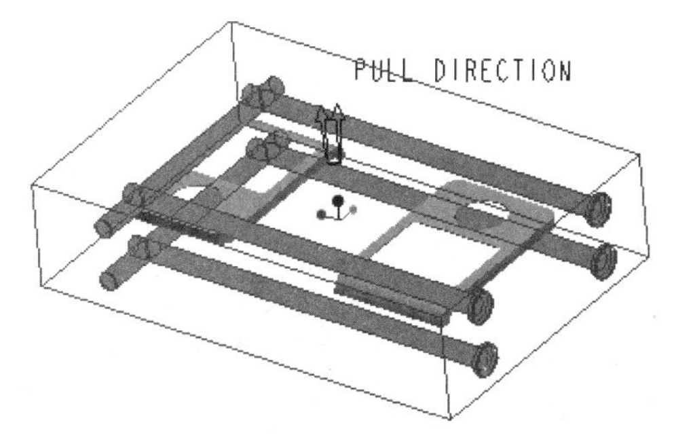

图 20-35　等高线检测结果

3. 厚度检测

用户还可使用 Pro/E 的厚度检测功能来确定零件的某些区域与设定的最小和最大厚度的比较，是厚还是薄。既可在零件中间距等量增加的平行平面检测厚度，也可在所选的指定平面检测厚度。

在菜单栏中选择【分析】|【厚度检查】命令，程序弹出【模具分析】对话框，该对话框包含两种厚度检测方式：平面和层切面。下面分别介绍。

（1）平面厚度检测。

平面厚度检测方法可以检查指定平面截面处的模型厚度，要检测所选平面的厚度，只需拾取要检测其厚度的平面，并输入最大和最小值，Pro/E 程序将创建通过每一所选的横截面，并检测这些截面的厚度。

平面厚度检测的相关选项设置如图 20-36 所示。

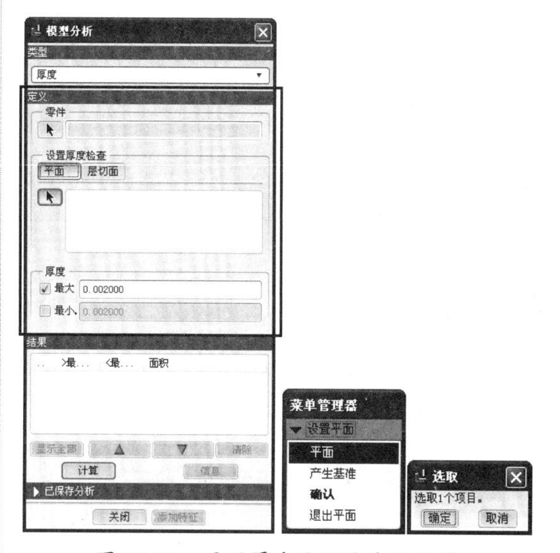

图 20-36　平面厚度检测的选项设置

当用户依次指定检测对象、检测平面，并设置最大厚度值和最小厚度值后，单击【计算】按钮 计算 ，程序执行平面厚度检测，并将检测结果显示在图形区的检测对象中，如图 20-37 所示。

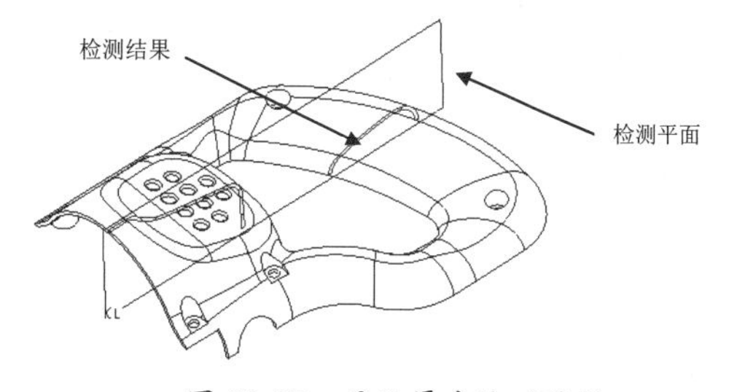

图 20-37　平面厚度检测结果

（2）层切面厚度检测。

使用层切面检测厚度，需要在模型中选取层切面的起点和终点，还需要指定一个与层切面平行的平面，最后指定层切面偏移尺寸和要检测的最小及最大厚度，程序将创建通过此零件的横截面并检测这些横截面的厚度。

层切面检测的选项设置如图 20-38 所示。用户依次指定检测对象、层切面起点和终点、层切面个数、层切面方向、层切面偏移量，以及最大厚度值和最小厚度值后，单击【计算】按钮 计算 ，程序执行厚度检测，并将检测结果显示在图形区的对象中，如图 20-39 所示。

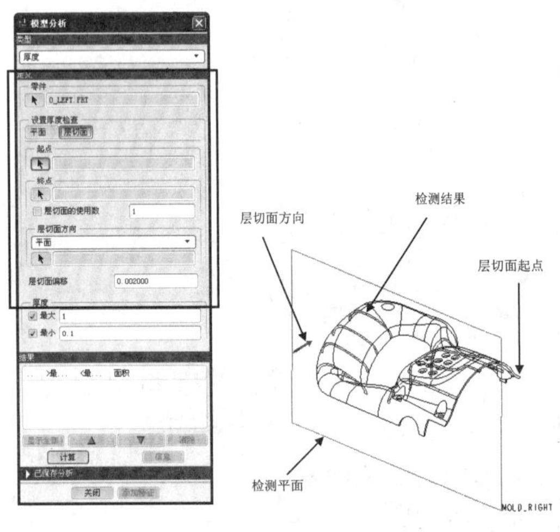

图 20-38　层切面厚度检测的选项设置　　图 20-39　层切面厚度检测

Pro/E 完成了每一横截面的厚度检测后，横截面内大于最大壁厚的任何区域都将以红色剖面线显示，小于最小壁厚的任何区域都将以蓝色显示。此外，还可以得到所有横截面的信息，以及厚度超厚与不足的横截面的数量。

20.5.3　分型面检查

分型面检查分为两种，一种是自交检查，即检查所选分型面是否发生自相交；另一种是轮廓检查，就是检查分型面是否存在间隙，检查完成后程序会在分型面上用深红色的点显示可能存在间隙的位置。当检查到分型面发生自相交或存在不必要的间隙时，则必须对分型面进行修改或重定义，否则将无法分割体积块。

1. 自交检查

在菜单栏中选择【分析】|【分型面检查】命令，在菜单管理器中将显示【零件曲面检测】子菜单，并弹出【选取】对话框，默认的检测方式为自交检测，如图 20-40 所示。

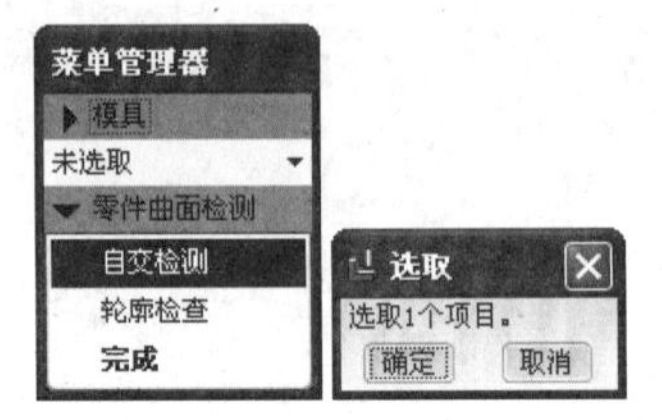

图 20-40　【零件曲面检测】子菜单

按信息提示选取要检测的分型面，信息栏中将显示自交检测结果，如图 20-41 所示。

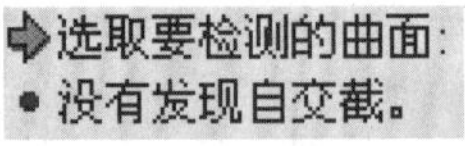

➡选取要检测的曲面:
• 没有发现自交截。

图 20-41　信息栏中的自交检测结果

2. 轮廓检查

在【零件曲面检测】菜单中选择【轮廓检测】命令，即可执行分型面的轮廓检查。若分型面中有开口环（缝隙），程序将以红色线高亮显示。例如，分型面的外轮廓为开口环，高亮显示为红色，如图 20-42 所示。

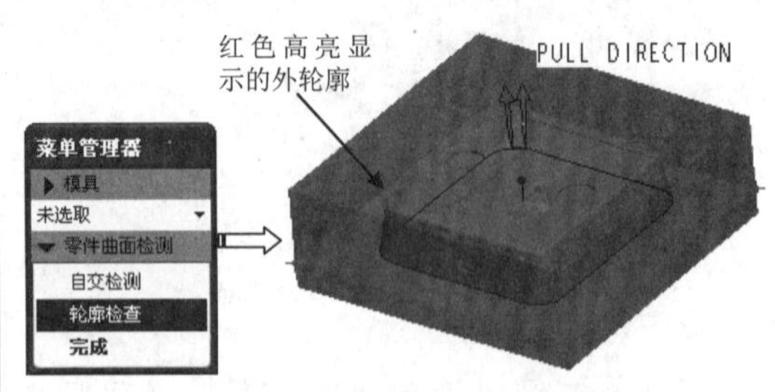

图 20-42　检查分型面外轮廓

当在【轮廓检查】子菜单中选择【下一个环】命令，程序将自动搜索分型面中其余缝隙部分，一旦检测到有缝隙，将以红色高亮显示，如图 20-43 所示，在分型面内部检测到的缝隙，必须立即进行修改处理，以免造成体积块的分割失败。

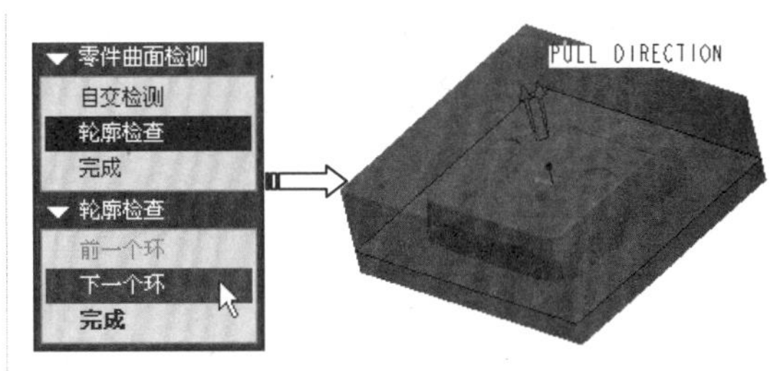

图 20-43　检查分型面的内部缝隙

20.6　模具项目案例分析

为了使读者便于理解本书的模具设计流程，特以一个典型的塑料注塑模具结构设计实例作为贯穿全书的纽带。实例的产品模型为钻机塑料外壳产品模型，如图 20-44 所示。它是电子类产品的一种，为塑料制品。相对于模具结构设计的难易程度，该产品模型较复杂，具有侧孔或倒扣特征。

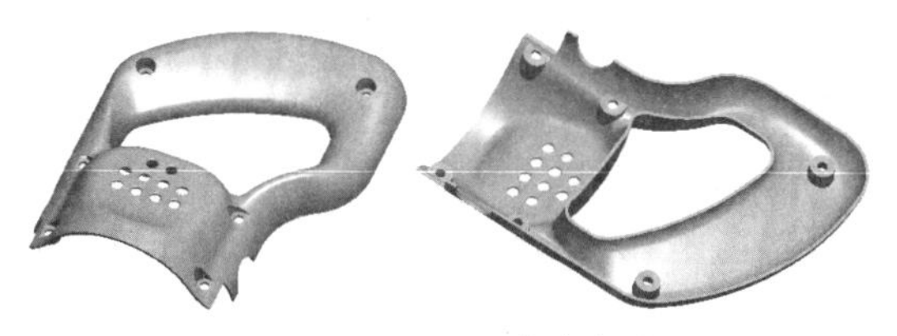

图 20-44　钻机塑料外壳模型

20.6.1　分析设计要求

钻机外壳产品的外观尺寸为长 330mm、宽 270mm、高 245mm，均匀壁厚为 2.5mm。总体设计要求如下：

- 材料：ABS。
- 缩水率：0.006 mm。
- 制件外观：光滑，无明显制件缺陷，如缩痕、气泡、翘曲等。
- 模具布局：一模 4 腔。
- 生产纲领：20000 件 / 年。

20.6.2　列出设计方案

模具设计可在 Pro/E 的零件设计模式、模具设计模式或装配模式下进行。本例的模具设计流程将在模具设计环境中完成。

1. 分型面设计

产品的分型线为最大外形轮廓，以此向 X、-X、Y、-Y 共 4 个方向进行拉伸生成模具主分型面；产品分型面可复制产品内部或外部表面；靠破孔修补在产品外侧。模具分型面如图 20-45 所示。

图 20-45　模具分型面

2. 模架设计

根据模具设计要求，模腔布局为一模四腔，因此需选用双分型面模架（三板式模）。本例模具的模架将选用 Pro/E 的 EMX 模架专家系统提供的具有国家标准的龙记标准模架，如图 20-46 所示。

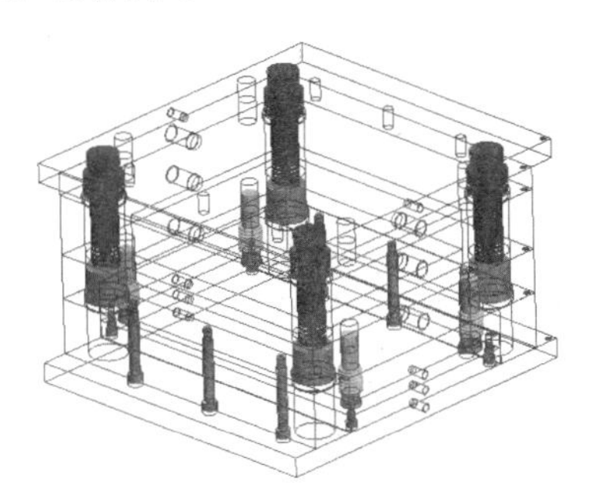

图 20-46　模具模架

3．浇注系统设计

本例模具的浇注系统如图20-47所示。

4．冷却系统设计

本例模具的冷却系统（仅分流道）如图20-48所示。

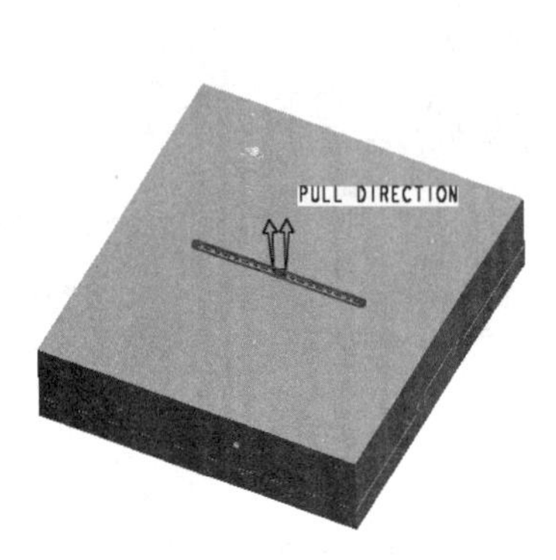

图20-47　模具浇注系统组件

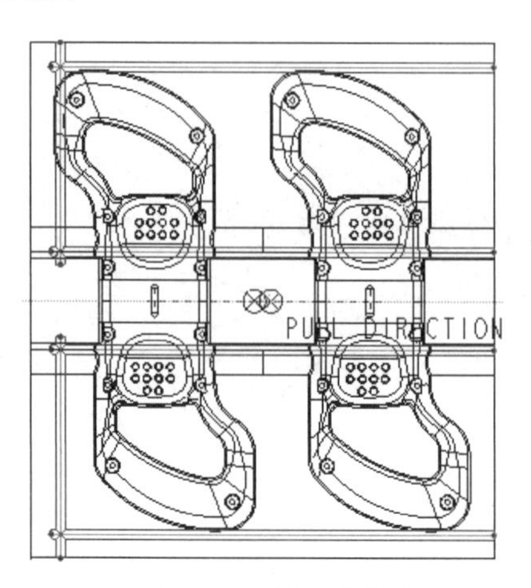

图20-48　模具冷却系统

5．顶出系统设计

钻机外壳模型中有倒扣特征，需要设计侧抽芯滑块机构才能使产品顺利脱出。产品其余部分则采用顶杆顶出。如图20-49所示。

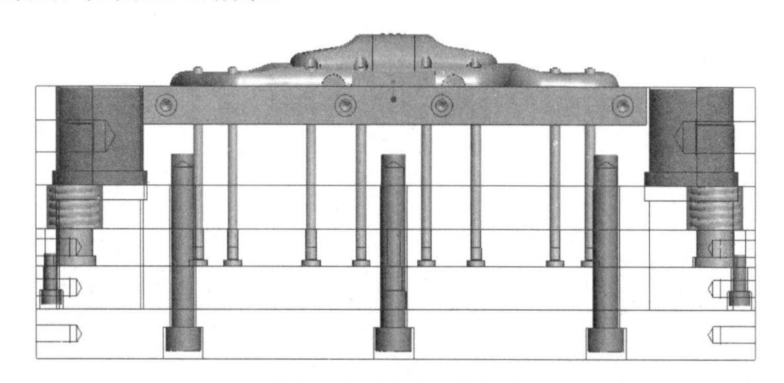

图20-49　模具顶出系统

20.6.3　设计路线的选择

钻机外壳产品的模具设计路线为：产品模型预处理→模腔布局→成型零件设计→加载模架→浇注系统设计→冷却系统设计→顶出系统设计。

20.7　课后习题

1．填空题

（1）以使用模具进行成型加工的工艺性质和使用对象为主和根据各自的产值比重的综合分类方法，将模具分为___、___、___、___、___等五大类。

（2）通常塑料模具根据生产工艺和生产产品的不同又可分为 ___、___、___、___、___、___ 和 ___ 等。

（3）一般来说，模具都由两大部分组成：___ 和 ___。

（4）合理的模具设计主要体现在以下几个方面：___、___、___、___、___、___、___。

（5）Pro/MOLDESIGN 模块接受实体模型来创建模具组件，且这些模具组件必然是实体零件，可以应用在许多其他的 Pro/E 模块，例如 ___、___、___ 及 ___ 等。

二、思考题

（1）模具分类方法很多，常使用的分类方法包括哪些？

（2）注射成型模具主要由哪几个部分构成？

（3）模具设计与制造的一般流程是什么？

（4）在模具设计中，分型面的选择原则有哪些？

（5）模具设计的依据包括哪些内容？

◇◇◇◇◇◇◇◇◇◇◇◇◇◇◇◇◇◇ 读书笔记 ◇◇◇◇◇◇◇◇◇◇◇◇◇◇◇◇◇◇◇◇

第 21 章　Plastic Advisor 塑料顾问分析

Plastic Advisors（塑料顾问）是 Pro/E 向用户提供的一套简易的模流分析系统。使用 Pro/E 的塑料顾问进行塑料填充分析，能使模具设计人员在产品设计和模具设计初期对产品进行可行性评估，同时优化模具设计。

资源二维码

百度云盘

360 云盘 访问密码 32dd

知识要点

- Pro/E 塑料顾问
- 塑料流理论基础
- 熟悉 Plastic Advisors 界面
- Plastic Advisors 基本操作
- 顾问

21.1　Pro/E 塑料顾问概述

Pro/E 的塑料顾问分析系统来自于澳大利亚的 Modlfolw 公司的 Modlfolw Plastic Advisors 系列产品中的一员，即 Moldflow Part Advisor （简称 MPA），MPA 附在 Pro/E 中免费使用，其差别是不言而喻的。

21.1.1　Plastic Advisors 的安装

Plastic Advisors 模块是伴随 Pro/E 5.0 软件一起进行安装的，也就是说在安装软件程序的过程中，只需要选择 Plastic Advisors 选项进行安装即可，如图 21-1 所示。

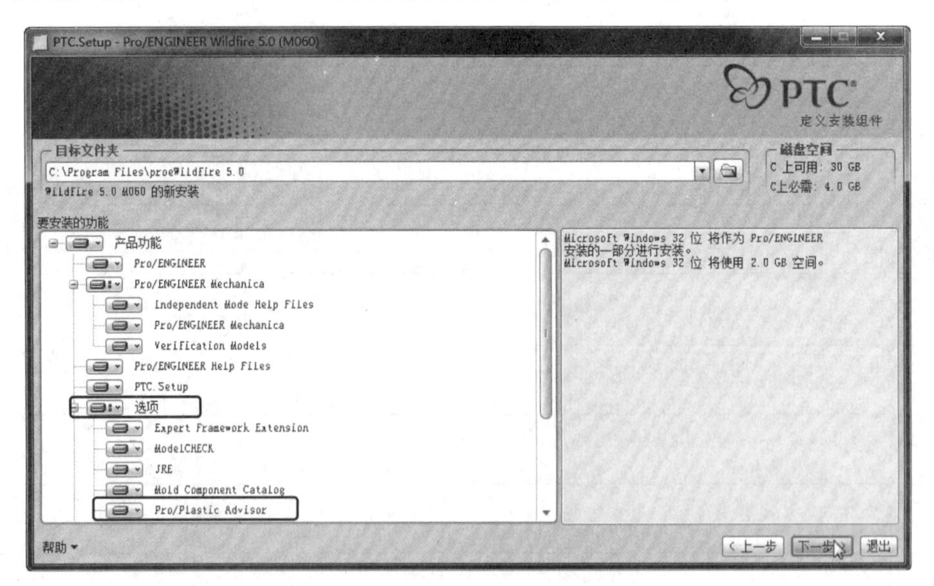

图 21-1　Plastic Advisors 的安装

安装完成后启动 Pro/E，然后进入建模环境。在菜单栏中选择【应用程序】|【Plastic Advisors】命令，就可以使用 Plastic Advisors 进行模型分析产品了。如图 21-2 所示。

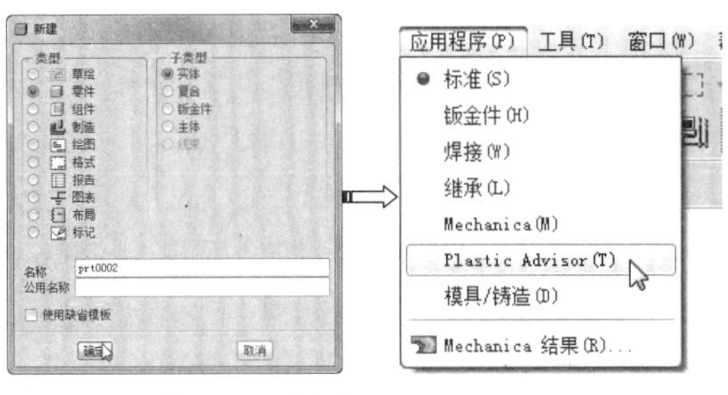

图 21-2　使用 Plastic Advisors

技术要点

Plastic Advisors 塑料顾问分析模块仅仅在零件设计模式和装配设计模式可用。也就是说，塑料顾问仅仅针对零件模型或组件模型进行分析。

21.1.2　塑料顾问分析流程

Plastic Advisors 塑料顾问分析流程如图 21-3 所示。

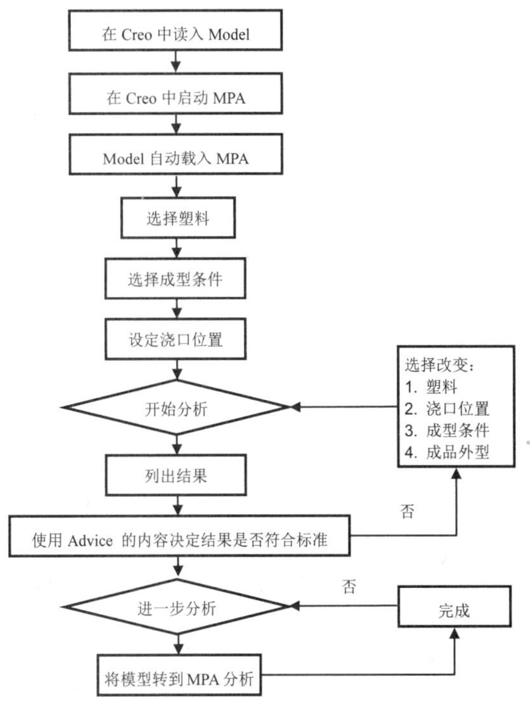

图 21-3　Plastic Advisors 的分析流程

21.1.3　分析要求

由于数值方法的限制，Plastic Advisors 的分析模型的外形最好是薄壳及表面模型组成，这样 Adviser 才可以做最准确的计算。一般的规则是，在模型中应尽量避免出现实心的圆锥形或圆柱形结构。如果出现这些结构特征，但所占模型的比例不是很大，就不需要做修改。

由上得知，唯有薄壳件 Plastic Advisors 的表达式才能精确地分析，薄壳件的定义是：

- 考虑模型局部区域的长度和宽度的平均。如图 21-4a 所示，25 和 15 的平均数是 20。
- 确认厚度小于长宽平均数的 1/4。图 21-4a 中，3 小于 20 的 1/4，所以这样的分析模型 Plastic Advisors 是可接受的。

如图 21-4 所示，b 图的模型是符合分析条件的，而 c 图是不符合的。

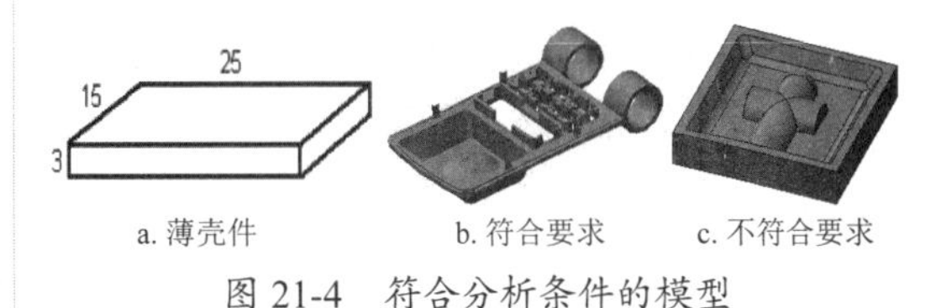

图 21-4　符合分析条件的模型

21.1.4　Plastic Advisors 的功能

Plastic Advisors 为针对 ID 工程师做外观设计时的辅助之用，主要是为针对模穴内部的塑料流动行为做分析，下面介绍 Plastic Advisors 的功能。

1. 产品设计评估

首先，设计人员可以快速评估每个薄壳射出塑件的制造可行性，产品设计概念得以在最初的阶段即加以改善。Plastic Advisors 将产品设计及模具修改所需花费的时间与金钱降至最低，并缩短产品上市时间。

2. 仿真制造过程

Plastic Advisors 对于设计人员的主要制造顾虑提供实用的建议，并能迅速地修改影响产品制造品质的设定与性质，例如薄板厚度、浇口位置、补强肋的位置及原料的选择。

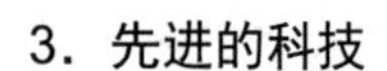

3．先进的科技

Plastic Advisors是以非牛顿、非等温的理论解析，及实际注模行为的仿真为基础，所以结果非常可靠、可信。另外，Moldflow丰富的原料数据库包括全球各大商牌七千多种原料之各项详细精确的材质特性数据，并随时更新，供设计人员充分利用。

4．软件特性

Plastic Advisors的软件特性表现如下：

- 工业界最佳CAD整合软件（Industry Best CAD integration）：MPA可以用集成CAD环境下的Moldflow菜单进行格式转换，或是接受STL档案单独使用。通过MPA使得CAD实体模型可以被真实地仿真出来。
- 实体基础（Solid Based）：Plastic Advisors是以实体为基础的，在杂乱的资料转换、网格的建立、实体模型的mid-plane各方面需要下评估。因此，即使再复杂的产品，也可以在很快的时间内完成。
- 操作极其简便（Extreme ease of use）：通过模型操作工具列、线上教学和直觉式图形使用者接口（GUI），使得Plastic Advisors操作相当简便，只需要几分钟时间就可以学会，而且不需要有分析或塑料的相关经验。
- 独特的线上顾问（Unique On-line Advisor）：线上顾问及时在塑料产品制造限制和如何控制塑料行为上提供建议。
- 充填可行性（Confidence of fill）：充填可行性帮助设计者毫不费力地检视压力、温度和充填的结果，用以控制产品的充填品质。让非专业人员也能够有效地进行仿真分析是Moldflow一个重要的策略，其显示结果若在绿色区，则代表有高度充填可行性，而红色或黄色的区域即代表必须要重新设计或选择其他的材料再重新进行仿真。
- 气孔（air traps）：气孔是由不完全充填和保压所造成的，其表面会有类似烧焦的污点，设计师可以应用Plastic Advisors显示的结果来预防气孔的发生，或设定气孔的位置。
- 熔接线和熔合线（Weld lines and Meld lines）：熔接线和熔合线在塑料产品上会导致结构上的问题和外观的缺陷，假如可以预知它们会在哪里发生，设计者可以做一些改善，再重新评估或移动这些线。
- 充填模式（fill pattern）：此模式告诉设计者产品如何充填，并帮助他们了解熔接线和气孔是如何形成及其他潜在的问题，例如过度保压、迟滞现象也可以很明显地确认出来。
- 广泛的塑料成型仿真（Process Wide plastics Simulation）：Plastic Advisor是Moldflow广泛的塑料成型仿真策略中重要的一环，它带来了各方面的知识，如产品和模具设计应用于制造上的限制，连接塑料仿真和实际机器控制，确认和控制工厂的生产参数。

21.1.5　产品结构对Plastic Advisors分析的影响

设计塑料产品时所需考虑的因素众多，包括功能与尺寸的需求、组合之公差、艺术感与美观、制造成本、环境的冲击，以及成品运送等。在此，考虑产品肉厚对于成型周期时间、收缩与翘曲、表面品质等因素的影响，以讨论热塑性塑料注射成型的加工性。

1．塑料产品的【肉厚】

塑件注射成型后，必须冷却到足够低的温度，顶出时才不会造成变形。【肉厚】较厚的塑件需要较长的冷却时间和较长的保压时间。理论上，冷却时间与【肉厚】尺寸的平方成正比，或者与圆形对象直径的 1.6 次方成正比。所以【肉厚】较厚的塑件会延长成型周期时间，降低单位时间内所射出塑件的数量，增加每个塑件的制造成本。

另外，塑料注射成型后就会发生收缩，然而，剖面或整个组件的过量收缩或不均匀收缩就会造成翘曲，以致成型品无法依照设计形状呈现，如图 21-5 所示。

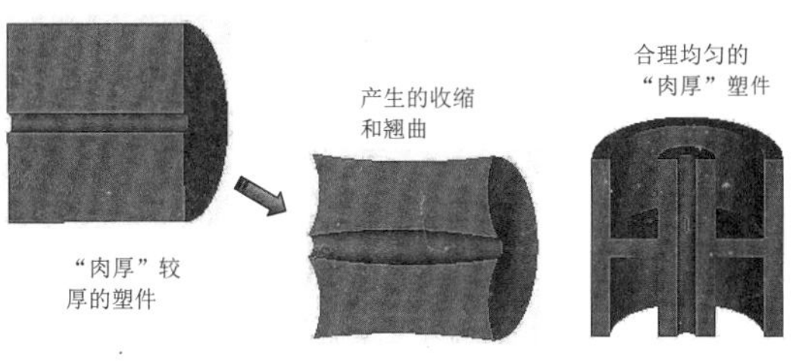

图 21-5 塑料产品的【肉厚】

塑件【肉厚】的设计原则是：使用筋可以提高塑件的刚性和强度，并且避免厚肉区的结构。塑件尺寸的设计，应将塑料的材料性质、负荷类型和使用条件之间的关系列入考虑，也应考虑组件的组合需求。如图 21-6 所示为一些塑料件的结构设计范例。

2．加强筋设计

加强筋的厚度、高度和拔模斜度是相互关连的。较粗厚的筋会在塑件的另一面造成凹痕；较薄的筋及较大的拔模斜度会造成筋的尖端充填困难。筋之各边应有 1° 的拔模角，最小不得低于 0.5° ，而且应该将筋两侧的模面精密抛光。拔模斜度使得从筋顶部到根部增加肉厚，每增加 1° 的拔模角度，将会使 10mm 高的筋根部增加 0.175mm 肉厚。因此，建议筋根部的最大厚度为塑件厚度的 0.8，通常取 0.5~0.8，如图 21-7 所示。

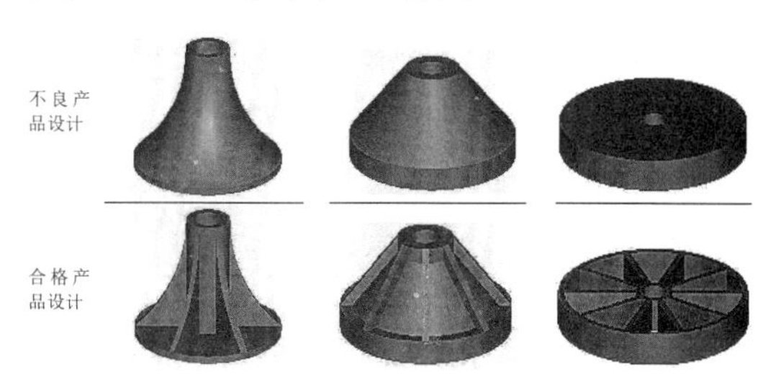

图 21-6 常见塑件结构设计

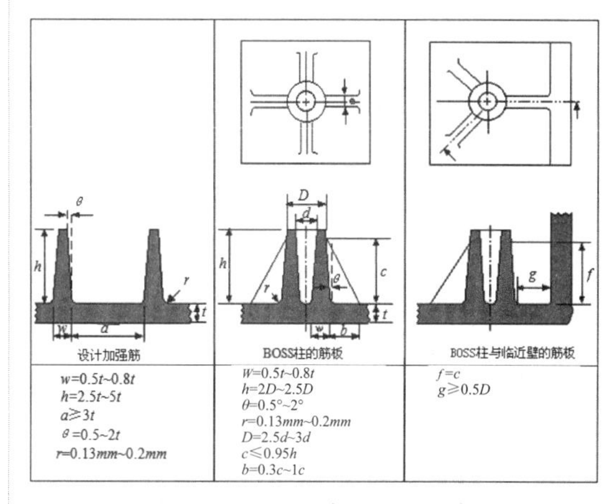

图 21-7 加强筋的设计规范

21.2 塑料料流理论基础

应用 Plastic Advisors 分析模型，必须先了解塑料流动之基础知识。塑料流动基础知识包括塑料注射成型、浇口位置、结晶性、模具类型、流道系统设计等节点。

21.2.1 塑料注射成型

塑料注射成型的整个过程由 3 个阶段组成：充填阶段、加压阶段和补偿阶段。

1．充填阶段

充填阶段塑料被射出机的螺杆挤入模穴中直到填满。当塑料进入模穴时，塑料接触模壁时会很快凝固，这会在模壁和熔料之间形成凝固层。

如图 21-8 所示，图中显示塑料波前如何随着塑料往前推挤时产生的扩张。当流动波前到达模壁并凝固时，塑料分子在凝固层中没有规则排列，一旦凝固，排列的方向性也无法改变。

红色箭头代表熔融塑料的流动方向，蓝色层代表凝固层，而绿色箭头代表熔融塑料向模具的传热方向和熔融塑料之间形成凝固层。

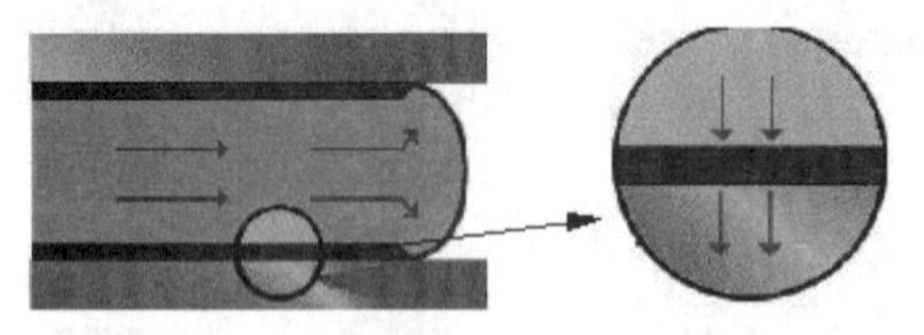

图 21-8 熔料与模壁之间形成凝固层

2. 加压阶段

在模穴充填满之后紧接着是加压阶段，虽然所有的流动路径在上一个阶段都已经充填完成，但其实边缘及角落都还有空隙存在。特别是远离浇口位置的区域，极不容易充满，此时就需要在这个阶段增加充填压力，将额外的塑料挤入模穴，使之完全充满。

如图 21-9 所示，在充填阶段末期可看到未充填的死角（左图中圆圈内），加压后熔料完全充满整个模穴（右图）。

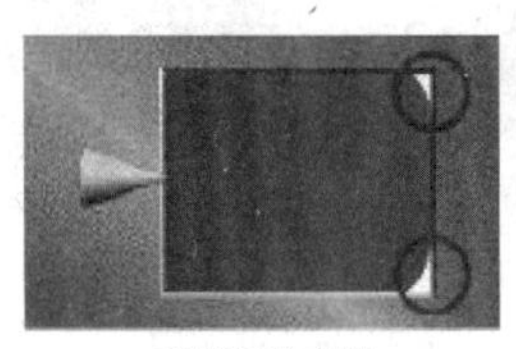

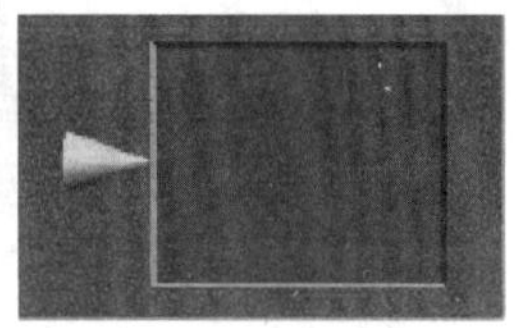

充填阶段末期　　加压阶段末期

图 21-9 充填末期与加压末期的差异

3. 补偿阶段

塑料从熔融状态冷凝固到固体时，会有大约 25% 的高收缩率，因此必须将更多的塑料射入模穴以补偿因冷却而产生的收缩，这是补偿阶段。

21.2.2 浇口位置

浇口位置即塑料射入模穴的位置。在 MPA 中因无流道系统，所以在各浇口会以相同的压力将塑料注入模穴，这个压力在射出的过程中会以指数的方式增加。

浇口位置的主要考虑因素是流动平衡，也就是各流动路径在同一时间充填满。这可以预防先充满的区域发生过保压的现象。如图 21-10 所示，若将浇口位置设在标号 1 和标号 2 处，则会在模型的右侧形成熔接线，当浇口移到标号 3 的位置时则会在右下方造成熔接线。

技术要点

在一般规则中，浇口应设在较厚区域，而不应该设在较薄的区域。

有些情况下，可以选择一个以上的浇口，再将产品均匀划分成几个区域，这样在充填时可使各区域同时充填满，并缩短注塑时间。如图 21-11 所示。

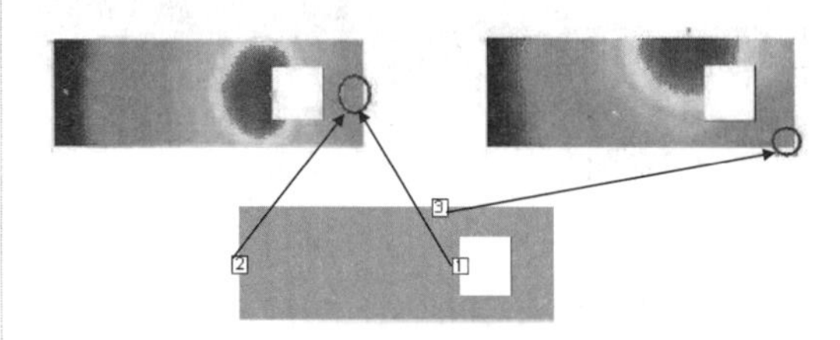

图 21-10 浇口位置的差异导致的制件缺陷

图 21-11 多浇口设定并划分区域

21.2.3 结晶性

塑料分子是由原子组成的长链。如图 21-12 所示，长分子链可以规则排列（结晶）、无规则排列（非结晶）或是部分有规则（半结晶）排列。

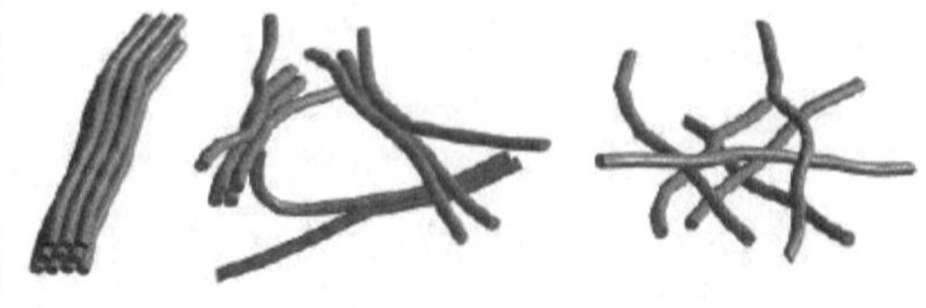

图 21-12 塑料分子结晶

1. 收缩、翘曲与结晶

如果产品在所有的区域和方向上保持收缩一致，那么它就不会产生翘曲。若产品在不同方向上收缩，就会产生翘曲，如图 21-13 所示。

通常，结晶材料比非结晶材料收缩要大。这意味着产品在不同方向上结晶，也就会在不同方向上收缩，因此会产生翘曲，如图 21-14 所示。

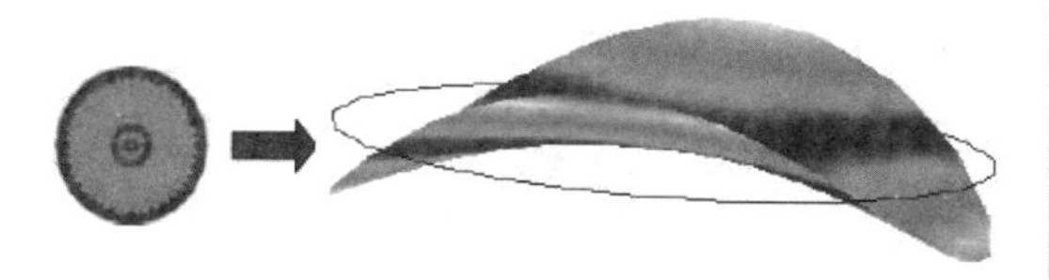

图 21-13 收缩不均产生的翘曲

图 21-14 不同方向的结晶产生的翘曲

2. 结晶的产生

半结晶材料有着结晶的倾向，但是在成型中，结晶度受熔体冷却速率的影响。熔体冷却速率越快，结晶度就越低，反之亦然。如果产品的某个区域冷却速度慢，则这一区域有高的结晶性，因此收缩也会大一些。

3. 影响熔体冷却速率的两个主要因素

影响熔体冷却速率的两个主要因素是：模温和几何尺寸。模温越高，维持高熔体温度的时间也越长，这将延迟熔体的冷却。

相对于制件的几何尺寸这个因素，产品肉厚薄的地方冷却快一点，因此收缩比较小。这是由于在注射成型中，厚的区域比薄的区域冷却慢，于是结晶度会大一点，并有大的体积收缩。另一方面，薄的区域冷却得较快，因此结晶度比较小，体积收缩也比用热力学数据（PVT）预测的要低。

21.2.4 模具类型

模具按模穴数量来分，可分为两板模和三板模。两板模是最常用的模具类型，与三板模比较，两板模具有成本低、结构简单及成型周期短的优点。

1. 单模穴两板模

许多单穴模具采用两板模的设计方式，如果成型产品只用一个浇口，不要流道，那么塑料会由竖流道直接流到型腔中。

2. 多模穴两板模

一模多穴和家族模穴可以使用两板模，但是这种结构限制进浇的位置，因为在两板模中流道和浇口也位于分模面上，这样它们才能随开模动作一起工作，如图 21-15 所示。

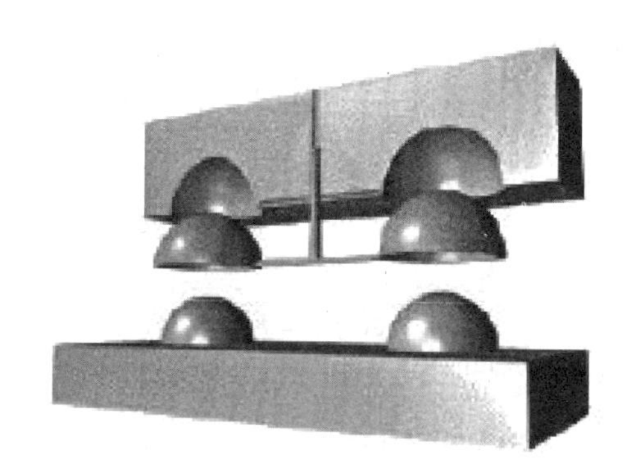

图 21-15 多模穴两板模

一模多穴的模具达到流动平衡，对设计流道是很重要的。对于一模多穴而言，使用常用的两板模结构，使各模穴的流动到达平衡比较困难，因此可用三板模或者用热流道的两板模代替。

3. 热流道两板模

热流道两板模能保证塑料以熔融状态通过竖流道、横流道、浇口，只有到了模穴时才开始冷却、凝固。当模具打开时，成品被顶出，当模具再次关闭时，流道中的塑料仍然是热的，因此可以直接充填模穴，此种模具中的流道可能由冷、热两部分组成，如图 21-16 所示。

4. 三板模

三板模的流道系统位于与主分模面平行的拨料板上，开模时拨料板顶出流道及衬套内的废料，在三板模中流道与成品将分开顶出。如图 21-17 所示。

图 21-16　热流道两板模

当整个流道系统不能与浇口放于同一平板上时，使用三板模。这是因为：

- 模具包含多穴或家族模穴。
- 一模一穴较复杂的成品需要多个进浇点。
- 进浇位置在不便于放流道的地方。
- 平衡流动要求流道设计在分模面以外的地方。

图 21-17　三板模

技术要点

【一模多穴】是指同一模具中成型多个相同产品。【家族模穴】是沿海一带对一模多件的叫法，即在同一模具中成型多个不同产品。此类产品一般为装配件。

21.2.5　流道系统设计

浇口、主流道（也叫竖流道）与分流道是用来将熔胶从喷嘴传输到每个模穴的进浇位置的工具。如图 21-18 所示为多模穴两板模的典型流道系统。

图 21-18　多模穴两板模的典型流道系统

1. 浇口设计

在设计浇口之前，应使用 Plastic Advisors 的最佳浇口位置分析工具，对每个模穴进行分析，以便找到合理的浇口位置。

对于外观要求很高的产品，浇口应设计得窄小一些，以免在外观面留下大的痕迹。

若将浇口做短一点，可避免因浇口处产生大的压力降，使浇口与流道的接触角太尖，阻碍胶体的流动。此时应在连接处做一个圆角。

2. 分流道设计

分流道的设计影响到使用材料的用量，以及产品的品质。假如每个模穴的流动不平衡，过渡保压和滞流就会引起较差的产品品质。又长又不合理的分流道设计，能引起较大的压力降，并且需要较大的注射压力。

一般来讲，应使流道尽可能短，尽可能有较小的射出重量，并提供平衡的流动。如图 21-19 所示为典型的平衡式多模穴分流道布置图。

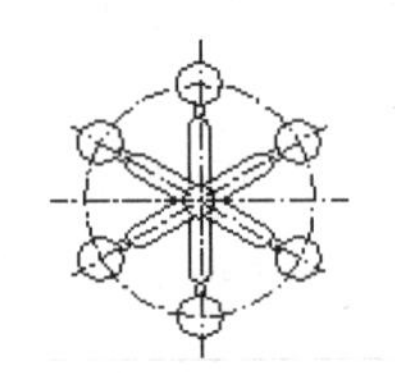

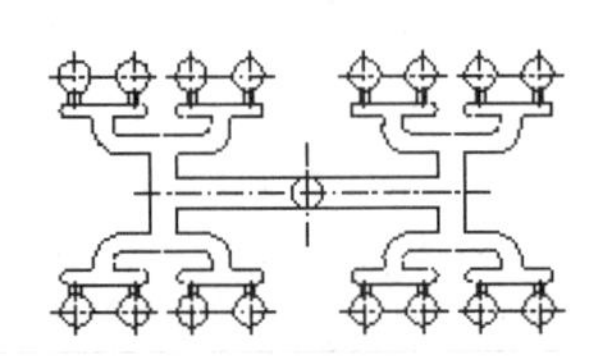

图 21-19　平衡式分流道布置

对于非平衡式流道系统，各个型腔的尺寸和形状相同，只是诸型腔距主流道的距离不同，使得浇注系统不平衡，这也使得填充不平衡，如图 21-20 所示。

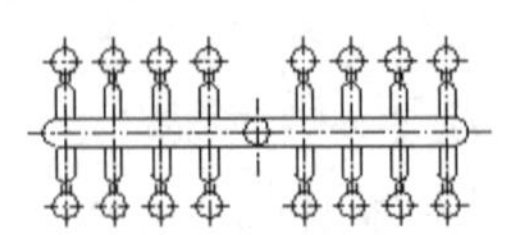

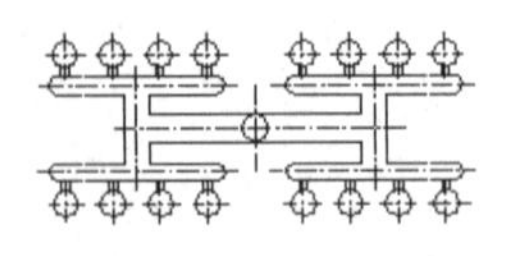

图 21-20　非平衡式分流道布置

3. 主流道

主流道是与注射喷嘴接触，延伸进入模具的部分，在单模穴的只有一个进浇位置的模具中，主流道与模穴壁相交汇。主流道的开口要尽可能小，但是必须完全充满模具。主流道上的锥角应该足够大，使它能被容易推出，但不能太大，因为冷却时间和所使用的材料会随着主流道直径的增加而变大。

21.3 熟悉 Plastic Advisors 界面

在 Pro/E 建模环境下打开产品模型，然后在菜单栏中选择【应用程序】|【Plastic Advisors】命令，弹出【选取】对话框。

若用户使用【基准点】工具在要创建浇口的位置设置基准点，可选取该基准点，进入 Plastic Advisors 应用程序；没有预先设置基准点，则直接单击【选取】对话框中的【确定】按钮确定，之后将打开 Plastic Advisors 设计界面。

Plastic Advisors 操作窗口主要由菜单栏、上工具栏、左工具栏、图形分析区域、工作标签区域和信息栏等 6 部分构成。如图 21-21 所示。

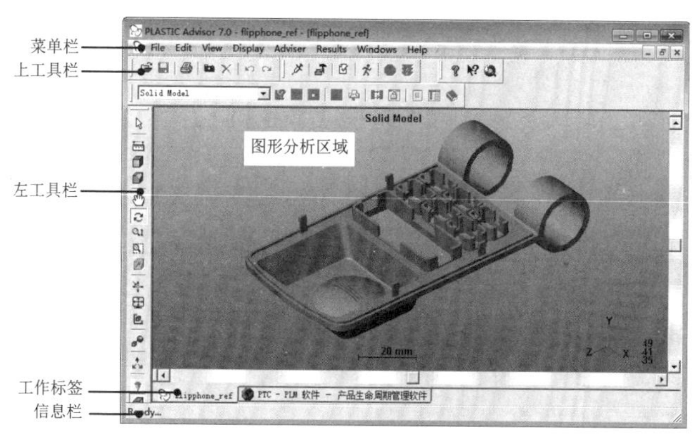

图 21-21　Plastic Advisors 界面

技术要点

在 Plastic Advisors 操作窗口中，鼠标的用法如下：按住鼠标左键可以翻转模型、按住鼠标右键可以平移模型、按住鼠标中键可以缩放模型。

21.4 Plastic Advisors 基本操作

下面介绍 Plastic Advisors 的基本操作内容，帮助大家熟悉 Plastic Advisors 的应用环境。

21.4.1 导入 / 导出的文件类型

Plastic Advisors 所支持的文件格式包含 *.stl、*.igs、*.ctm、*.stp、*.x_t、*.x_b、*.prt 等，如图 21-22 所示。

技术要点

建议以后将分析的模型在其他三维软件中用 STL 文件格式保存。在 Plastic Advisors 中打开时会缩短分析时间。

完成分析后的文件，可以保存为 Plastic Advisors 的项目文件 ADV。也可以保存为 MPI 的项目文件 UDM 或 MFL，以及图片文件 JPG、TIFF、BMP 等。

图 21-22　支持的文件类型

21.4.2　模型视图操作

在 Plastic Advisors 中，用于模型视图控制的【View Piont】工具栏如图 21-23 所示。其中包含各种视图控制命令。

图 21-23　【View Piont】工具栏

如图 21-24 所示列出了 6 个基本视图与 4 个轴侧视图类型。

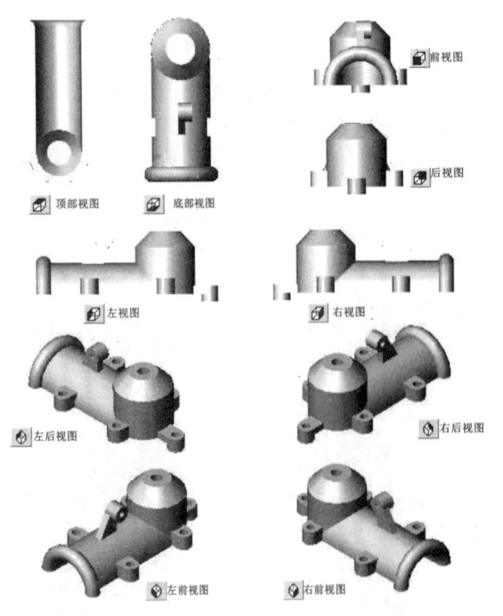

图 21-24　Plastic Advisors 视图类型

单击【View Rotation】按钮，弹出【View Rotation】对话框。可以输入值来精确旋转视图，如图 21-25 所示。

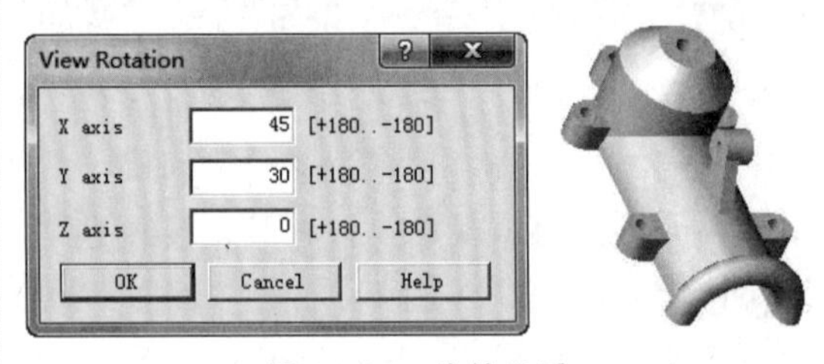

图 21-25　旋转视图

21.4.3　模型显示操作

模型显示操作工具在如图 21-26 所示的【Display】工具栏上。

图 21-26　【Display】工具栏

各工具含义如下：

- select：选择工具。单击此按钮，鼠标指针变成，用来选择模型对象。
- Measure：测量工具。单击此按钮，测量任意两点之间的距离。测量方法是，在模型上任意单击确定测量起点，则信息栏显示起点坐标为（0，0，0），按住鼠标左键不放，拖动光标至新位置并放开，得到测量信息，如图 21-27 所示。

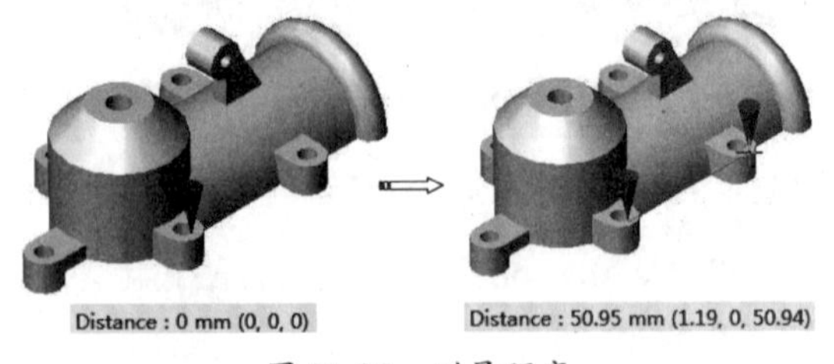

图 21-27　测量距离

- Bounding Box：边界盒体工具。这个工具显示一个最小的三维矩形空间，产品可以包含在内，如图 21-28 所示。
- Enable Clipping Plane：激活剖切

面工具。剪切平面将模型剖切，使你能看到模型的内部。使用这个功能可以在复杂的区域观察几何形状和结果。

图 21-28 边界盒体

- pan：平移工具。单击此按钮，在屏幕周围拖动鼠标来移动模型。
- Rotate：旋转工具。在屏幕周围拖动鼠标来旋转模型。
- Dynamic Zoom：动态放大工具。向上拖动鼠标会动态地放大模型，向下拖动则会缩小。
- Banding Zoom：区域放大工具。在想观察的区域的对角上单击，然后拖到你想观察的区域的对角上，所选择的区域就会填满窗口。
- Set Center：设置中心。为观察模型设置一个中心点。
- Fit to Window：将模型填满窗口，也称全屏设置工具。
- original orientation：初始方向。单击此按钮，可以返回到前视图方向。
- Plastic Attributes：制品属性。单击此按钮，弹出【Plastic Attributes】对话框。如图 21-29 所示，通过此对话框可以设置反射加亮、阴影、发亮、透明及制品颜色等属性。
- display origin：单击此按钮显示原点，如图 21-30 所示。
- injectiom Cones：注射锥。当应用【Pick Injection Location】工具创建注射锥（表示浇口注射位置）后，单击此按钮可以控制其显示。如图 21-31 所示。
- Cavities：型腔。单击此按钮可以控制模型的显示。

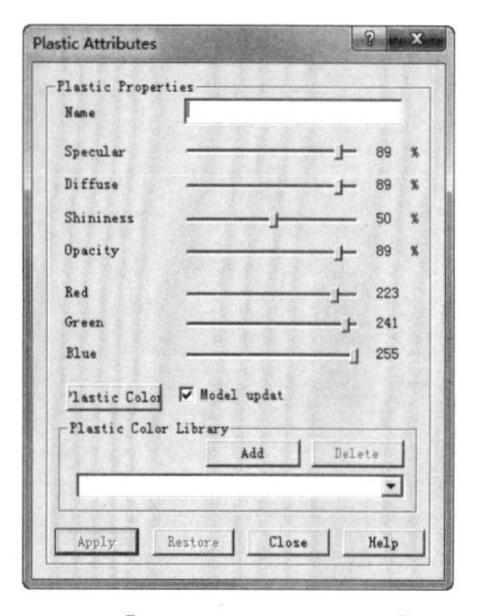

图 21-29 【Plastic Attributes】对话框

图 21-30 显示原点

图 21-31 显示注射锥

21.4.4 首选项设置

在模型分析之初，可对 Plastic Advisors 的运行环境进行参数设置。在菜单栏中选择【File】|【Preferences】命令，可以打开【Preferences】对话框，如图 21-32 所示。

通过该对话框可进行背景与颜色、单位、外部应用程序、鼠标、系统、互联网等参数设置。

- Display（显示）：设置系统背景与颜色。
- Unit（单位）：设置测量单位、材料、货币符号等。
- External Programs（外部应用程序）：设置从外部载入的应用程序。
- System（系统）：设置模型的旋转、亮度、渲染，以及视图模式、视图数量等。
- Mouse Mode（鼠标）：设置鼠标快捷键。
- Internet（互联网）：设置互联网的连接与更新等。
- Consulting（顾问）：设置邮件发送。

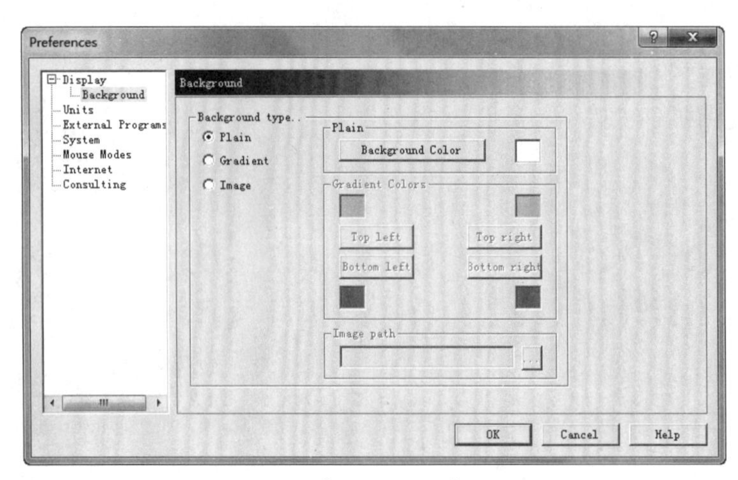

图 21-32 【Preferences】对话框

21.5 顾问

【Adviser】工具栏用于拾取浇口位置、建模、选择分析材料、分析前的检查、分析向导设定及查看建议等工作，如图 21-33 所示。

图 21-33 【Adviser】工具栏

21.5.1 拾取注射进胶位置

您可以事先按自己对产品的初步判断，在模型上设置注射进胶点。单击【Pick Injection Location】按钮，在模型上选择进浇点，如图 21-34 所示。

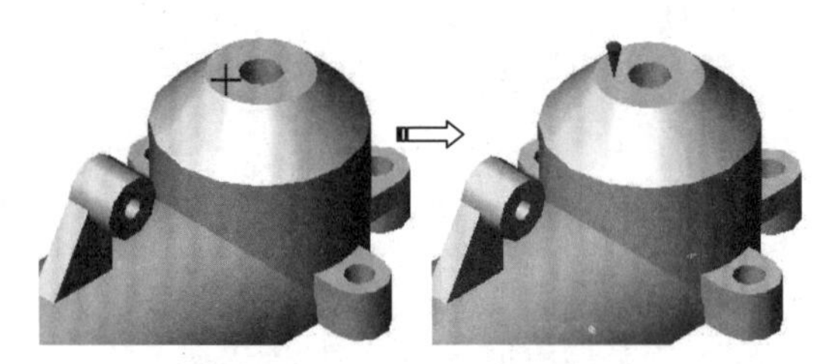

图 21-34 设置注射进胶点

技术要点

为了移动进浇位置，你可以拖动它到一个新的位置，或者选定它并右击，选择【Properties】命令，然后输入你想要移动到的确切位置。若要删除进浇点，选择黄色圆锥体，然后按 Delete 键。

创建进胶点后，需要单击模型显示工具，才可以结束当前操作。当用户不能正确判断最佳的浇口点位置时，可以先进行最佳浇口位置分析，得到分析结果后再设定进胶点，提高后续分析的精确性。

21.5.2 建模工具

建模工具主要用来创建坐标系、镜像模型和旋转模型等变换操作。此操作不能创建副本对象，仅仅是改变模型的方位。单击【Modeing Tools】按钮，弹出【Modeing Tools】对话框，如图 21-35 所示。

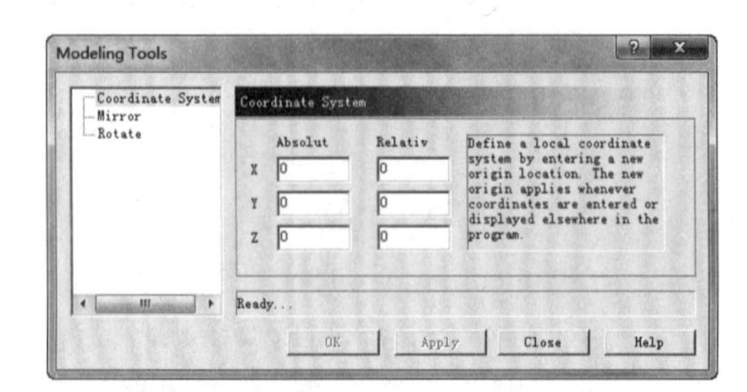

图 21-35 【Modeing Tools】对话框

对话框的左侧列表中包含 3 个操作选项：Coordinate System（坐标系）、Mirror（镜像）和 Rotate（旋转）。

1．Coordinate System（坐标系）

通过在 Absolut（绝对坐标）或 Relativ（相对坐标）的文本框内输入数值，创建参考坐标系。如图 21-36 所示为定义的相对坐标系。

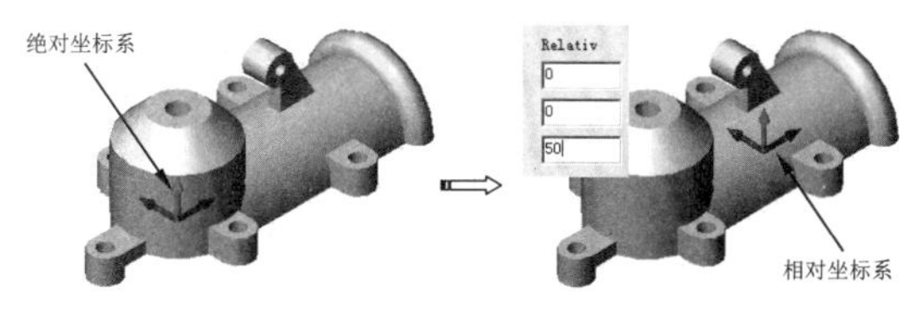

图 21-36　定义相对坐标

2．Mirror（镜像）

镜像工具通常用来做对称变换。操作步骤如下：

01 在【Modeing Tools】对话框左侧列表中选择【Mirror】选项，然后在工作区中选择要镜像变换的模型，此时对话框右侧的选项设置变为可用，如图 21-37 所示。

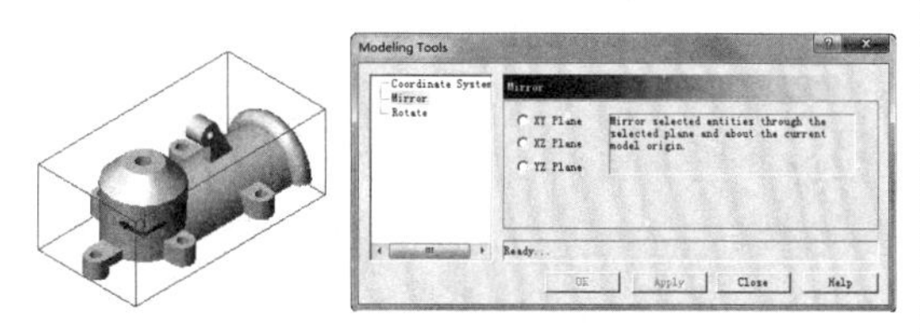

图 21-37　选择要镜像的模型

技术要点

选中模型前，镜像的选项设置呈灰显不可用状态。

02 选择【XY Plane】单选按钮，然后单击【OK】按钮，完成镜像变换操作。结果如图 21-38 所示。

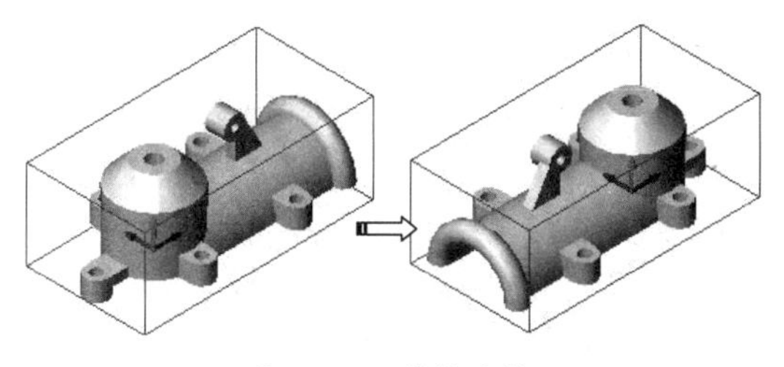

图 21-38　镜像变换

3．Rotate（旋转）

旋转变换也不能创建副本，此工具可以绕 X、Y、Z 轴旋转自定义的角度，也可以单击旋转按钮旋转正负 90°。如图 21-39 所示为绕 X 轴旋转正向 90°的结果。

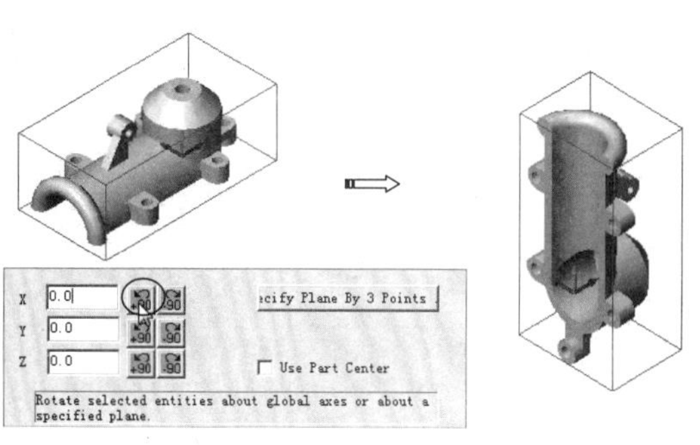

图 21-39　旋转变换

21.5.3　分析前检查

分析前检查用来检查产品质量是否符合分析要求。如果产品厚度过大或产品模型有大量尖角，会显示产品出现质量问题。如果产品符合要求，单击【Pre-Analysis Check】按钮，弹出【Pre-Analysis Check-Model】对话框，并显示没有发现错误，如图 21-40 所示。

图 21-40　分析前的检查

21.5.4　分析向导

分析向导是用来指引用户创建分析类型的导向操作。在【Advisers】工具栏中单击【Analysie Wizard】按钮，弹出【Analysie Wizard- Analysie seletion】对话框，如图 21-41 所示。

在 Plastic Advisors 程序中，共有 5 种分析类型：成型窗口分析、浇口位置分析、充填分析、冷却质量分析和缩痕分析。

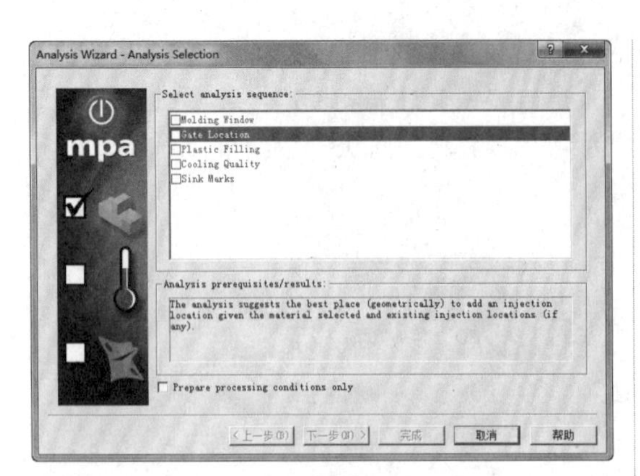

图 21-41 【Analysie Wizard- Analysie Seletion】对话框

该对话框分析序列中的选项含义如下：

- Molding Windows（模型窗口分析）：此分析可以给出最好的成型条件，运行此分析前，必须指定材料和浇口位置。
- Gate Location（浇口位置分析）：运行此分析将得到最佳的浇口位置。
- Plastic Filling（塑料填充分析）：此分析用来检测塑料填充过程中的流动状态。
- Cooling Quality（冷却质量分析）：此分析可协助确认修改造型的几何，以避免因不同的冷却方式所造成的变形。
- Sink Marks（缩痕分析）：此分析用来检测模型是否会产生缩痕及凹坑等缺陷。

21.5.5 分析结果

使用 Plastic Advisors 分析模型，关键是要会查看分析结果，以此找到解决产品产生缺陷的方法。

Plastic Advisors 每一次分析结束后，将分析结果列于【Rusults】工具栏中，例如做塑料充填分析，其结果如图 21-42 所示。

用户在该下拉列表中选择一个分析结果选项，图形分析区域中则用各种颜色来显示模型，以表达出该分析结果。充填可行性结果把模型显示为绿色、黄色、红色及半透明部分，如图 21-43 所示。

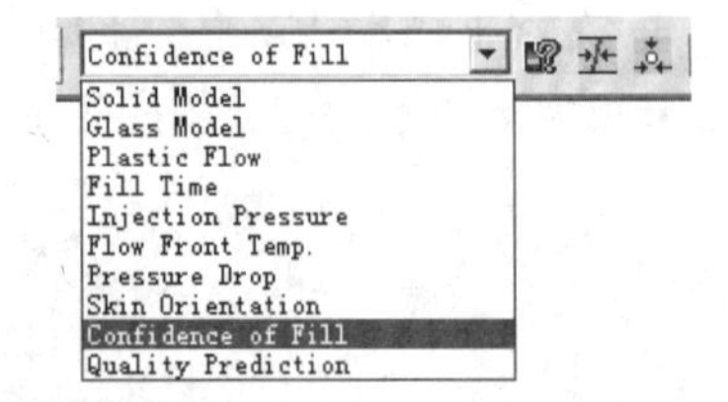

图 21-42 塑料充填分析结果下拉列表

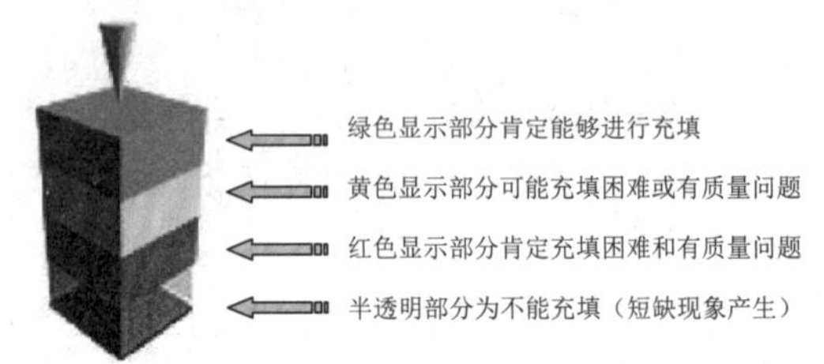

图 21-43 充填分析结果的颜色解析

在质量分析结果中，图中所示的几种颜色表示不同的质量问题。

- 绿色表示高的表面质量。
- 黄色表示表面质量可能有问题。
- 红色表示这部分有明显的表面质量问题。
- 半透明部分表示不能充填，有短缺现象。

如果质量结果有红色或黄色显示，则产品有质量问题。为了精确地找出在产品中发生了什么问题，用户可通过单击【Results】工具栏上的【Help on displayed results】按钮 ，打开相关的帮助主题来解决，如图 21-44 所示。

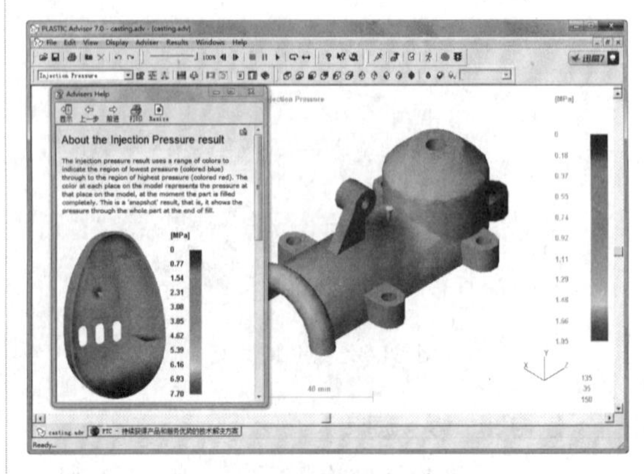

图 21-44 查看结果帮助

21.6 综合实训——名片格产品分析

◎ 引入文件：无

◎ 结果文件：实训操作 \ 结果文件 \Ch21\mingpiange.prt

◎ 视频文件：视频 \Ch21\ 名片格产品分析 . avi

模块主要分析产品中的塑料流道情况，以帮助设计师提高产品的外观质量。下面用一个名片格模型的最佳浇口位置分析和流道分析的实例来说明 Part Adviser 的实际应用。名片格产品如图 21-45 所示。

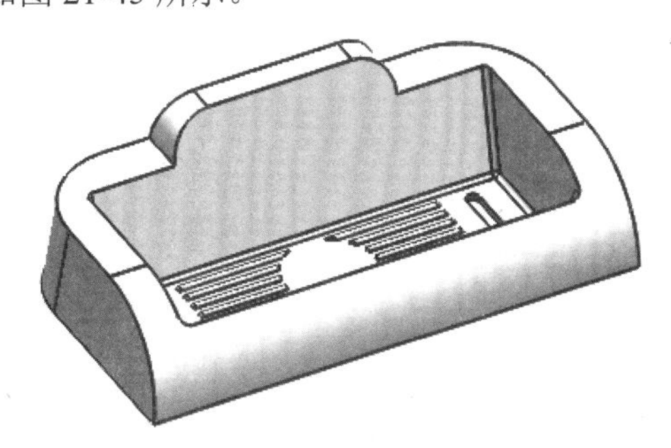

图 21-45 名片格产品

21.6.1 最佳浇口位置分析

在对模型进行最佳浇口位置分析时，需要指定分析材料、模具温度、最大注射压力等参数，使分析的结果逼近真实。

操作步骤：

01 从本例中打开名片格模型，然后设置工作目录。

02 启动 Plastic Advisor 模块，如图 21-46 所示。

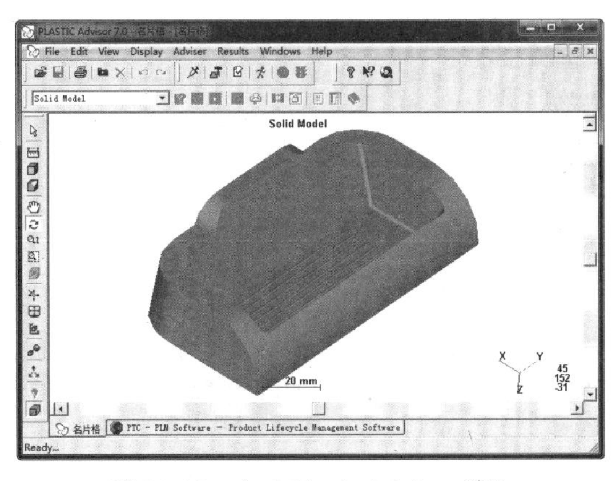

图 21-46 启动 Plastic Advisor 模块

03 在 Plastic Advisor 应用程序中，单击【Advisor】工具栏中的分析向导按钮，弹出【Analysie Wizard- Analysie Seletion】对话框。然后选择【Gate Laction】类型，并单击【下一步】按钮，如图 21-47 所示。

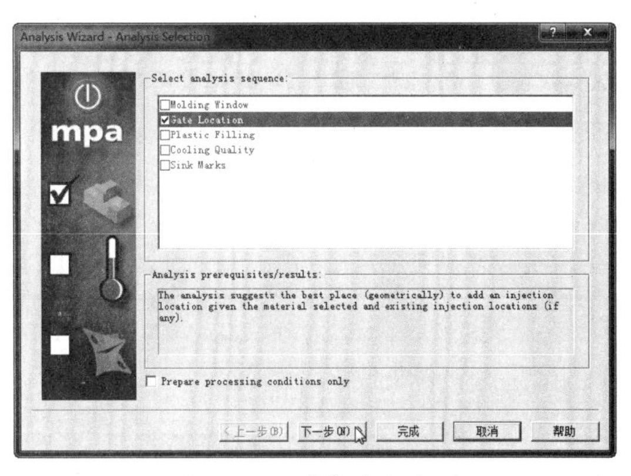

图 21-47 选择分析类型

04 随后在选择材料的对话框中选择 GE Palstcs（USA）材料供应商和 Cycolac 28818E 材料，随后单击【下一步】按钮，如图 21-48 所示。

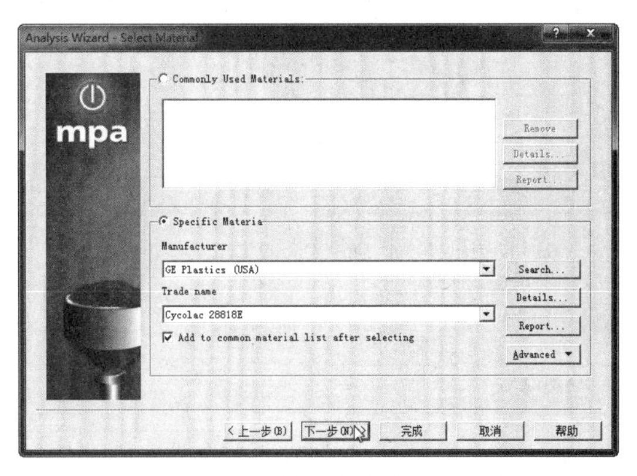

图 21-48 选择材料

05 在工艺条件的选择对话框中，保留默认的模具温度和注射压力参数，单击【完成】按钮，程序执行分析，如图 21-49 所示。

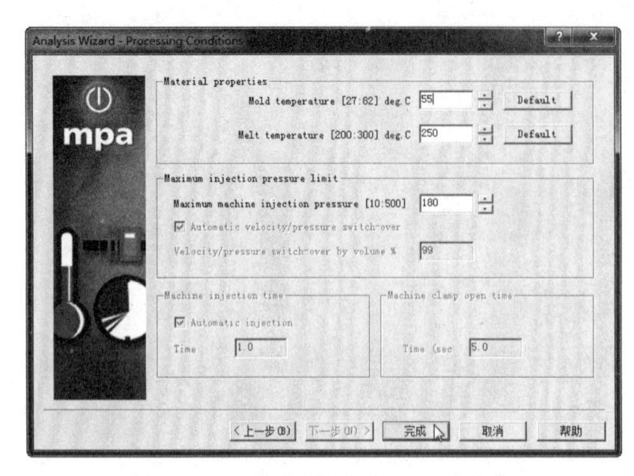

图 21-49　执行最佳浇口位置分析

06 经过一定时间的计算分析后，得出最佳浇口位置的分析结果，如图21-50所示。通过查看最佳浇口位置区域，得出模具的浇口位置在模型内部，可采用【潜伏式】浇口。

技术要点

有些时候，为了简化模具结构以提高经济效益，对于多腔模具来说，常使用【侧浇口形式】。只是在注塑阶段调整注塑压力或模具温度，即可解决产品质量问题。

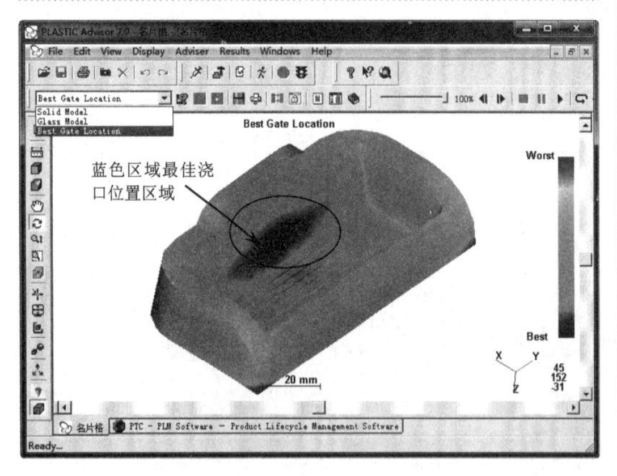

图 21-50　最佳浇口位置分析

07 将最佳浇口位置的分析结果保存。

技术要点

最佳浇口位置分析完成后，必须要保存结果，否则不能进行后续的分析。因为每个分析都是基于前一分析结果的。

21.6.2　塑料充填分析

塑料充填分析需要指定注射浇口，则工艺参数可保留先前最佳浇口位置分析时的设置。充填分析结果中包括充填时间、注射压力、波前流动温度、压力降、品质、气孔及熔接线等。

1. 执行分析

操作步骤：

01 在【顾问】分析工具栏中单击【拾取进浇位置】按钮，然后在最佳浇口位置（蓝色区域）内设置一注射浇口，如图21-51所示。

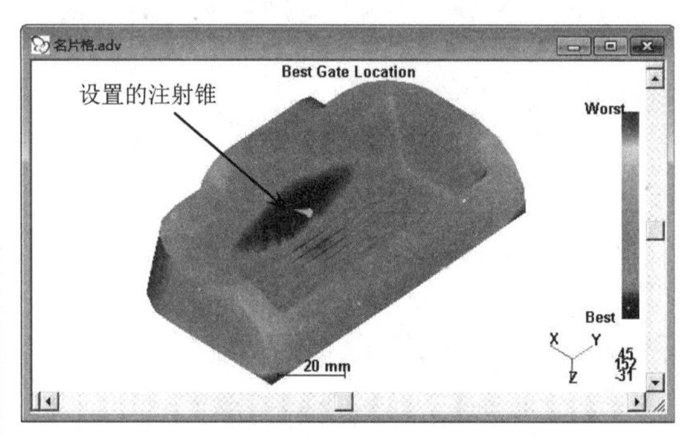

图 21-51　设置注射浇口

02 设置浇口后单击按钮并进入分析顺序选择页面，弹出【Analysie Wizard- Analysie Seletion】对话框。然后选择【Plastic Filling】类型，并单击【完成】按钮，如图21-52所示。

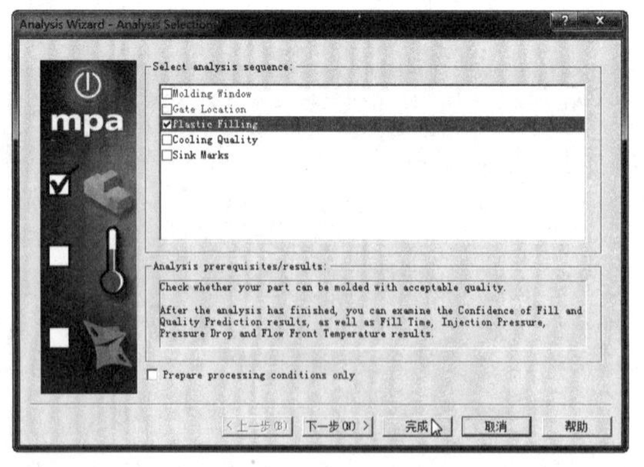

图 21-52　选择分析类型

03 随后弹出如图21-53所示的结果概要对话框。该对话框中显示了充填分析结果摘要，包括材料、注塑参数等。

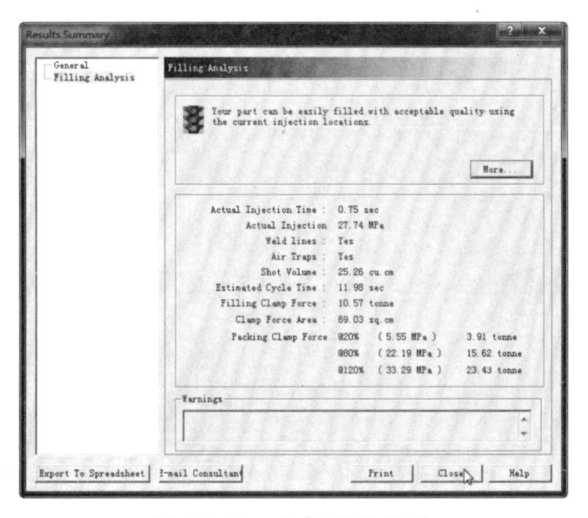

图 21-53　分析结果摘要

04 单击该对话框中的【Close】按钮，接受分析结果。最后单击菜单栏上的【SAVE】按钮，将塑料充填分析结果保存。

2. 解读分析结果

塑料充填分析完成后，可以从【结果】工具栏上的分析结果下拉列表中选择结果选项进行查看。

- 填充时间：充填时间结果用一系列颜色来表示从最先充填区域（红色）到最后充填区域（蓝色）的变化过程。名片格模型的填充时间如图 21-54 所示，总共花了 0.75 秒才完成充填过程。

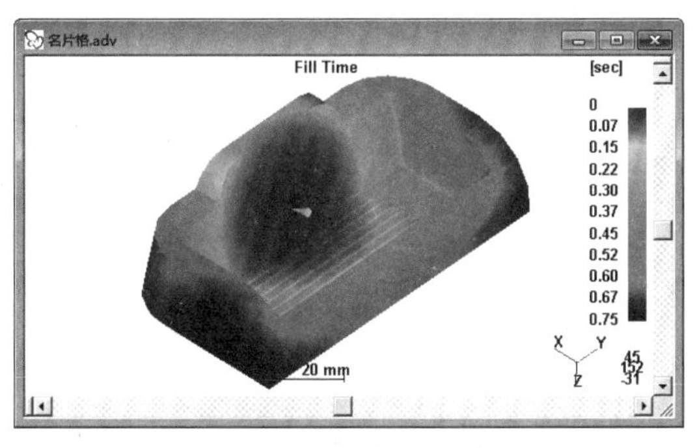

图 21-54　填充时间

技术要点

填充时间分析结果的用意是解决塑料融体在充填过程中是否能同时充填整个模具型腔的。使用充填时间有助于理解熔接线与气孔是怎样形成的。

- 注射压力：注射压力是用一系列的颜色表示压力从最小区域(用蓝色表示)升到最大区域（用红色表示）的变化过程。注射压力分析结果如图 21-56 所示。

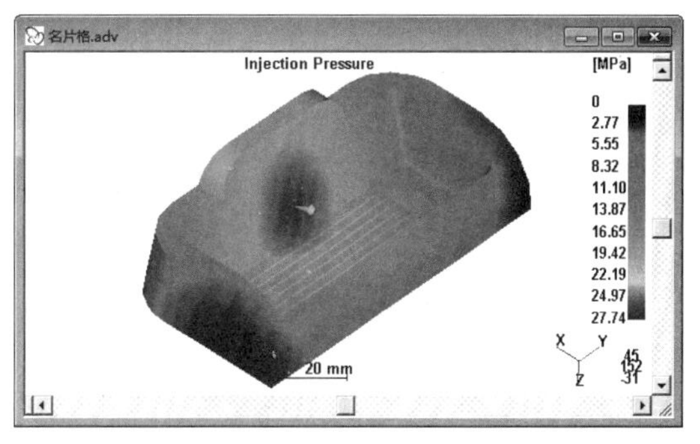

图 21-55　注射压力分析结果

技术要点

注射压力结果和压力降结果连接在一起使用，能解释得更加清晰。例如，即使产品的某一部分有可接受的压力降，但在同一区域的实际注射压力可能太高了。若注射压力过高，可导致过保压现象。

- 流动前沿温度：流动前沿温度是用一系列的颜色来表示波前温度从最小值（用蓝色表示）到最大值（用红色表示）的变化过程。流动前沿温度分析结果如图 21-56 所示。颜色代表的是每一个点充填时该点的材料温度。

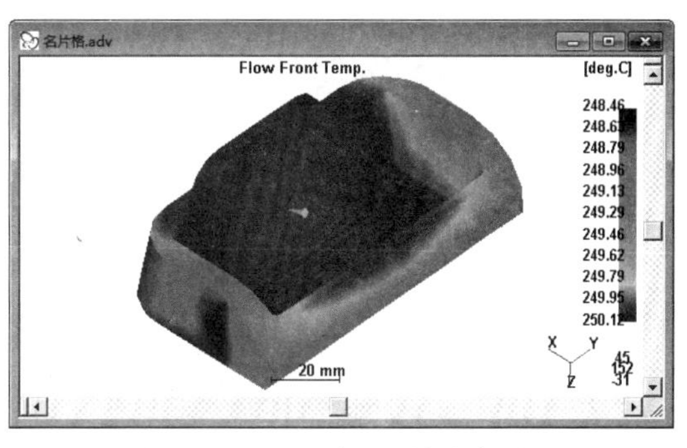

图 21-56　流动前沿温度分析结果

- 压力降：压力降是用来决定充填可行性的因素之一。假如压力降超过目标压力的 80%，充填可行性就显示为黄色，若达到了目标设定的100%，可行性就显示为红色。如图21-57所示为压力降分析结果。在模型上每一位置的颜色代表的是该位置充填瞬间从进浇点到该位置的压力降。

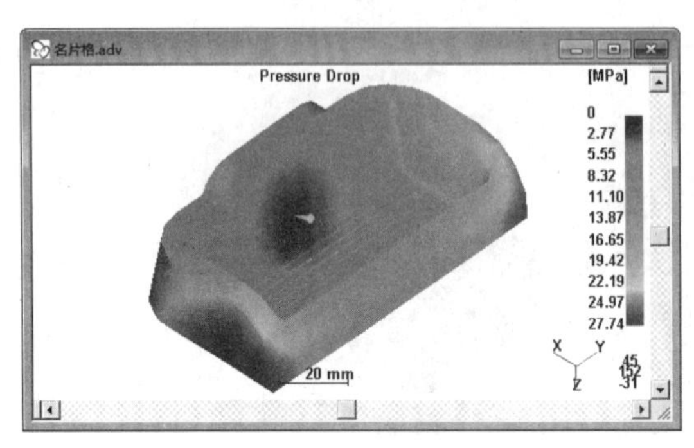

图21-57　压力降分析结果

- 表层取向：表层取向分析用于预测模型的机械特性。在表层取向的方向上，一向是冲击力较高的。当使用纤维填充聚合物时，在表层取向方向上的张力也是较高的，这是因为分析模型表面上的纤维在该方向上是一致且对齐的。表皮方位分析结果如图21-58所示。

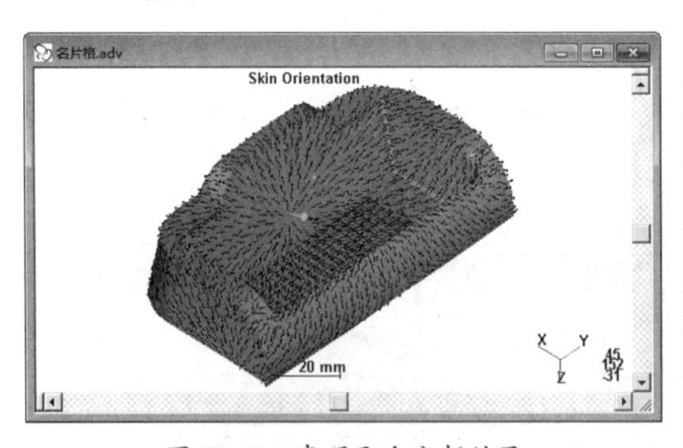

图21-58　表层取向分析结果

- 填充可靠性：填充可靠性显示了塑料充填模穴内某一区域的可能性。这个结果来源于压力和温度的结果。填充可行性结果把模型显示为绿色、黄色和红色，如图21-59所示。
- 质量预测：质量预测分析估量的是产品可能出现的质量和它的机械性能，这个结果来源于温度、压力和其他的结果。质量预测分析结果如图21-60所示。从结果中可以看出，整个模型中塑料填充的效果非常好，说明浇口位置、注塑压力、模具温度等参数很正确。

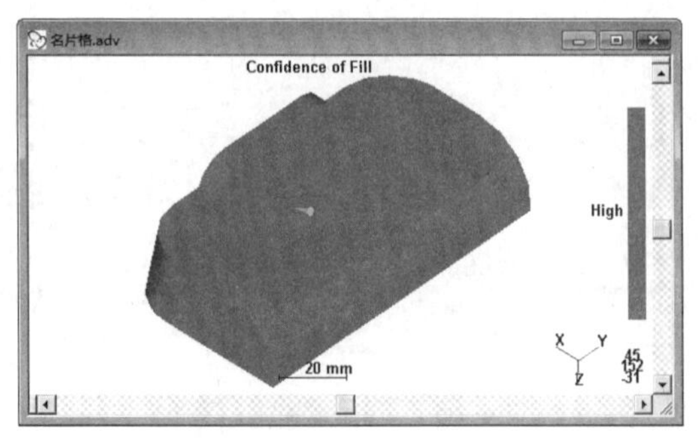

图21-59　填充可行性分析结果

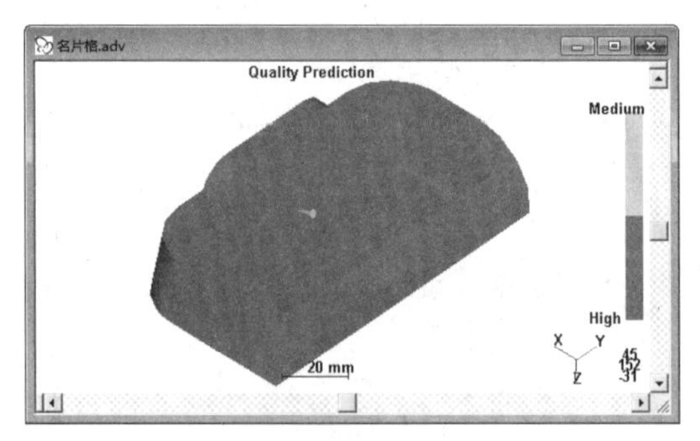

图21-60　质量预测分析结果

21.6.3　冷却质量分析

冷却质量分析将有助于构建一个良好的模具冷却系统。例如，分析得知模型某处的冷却质量高或低，可以确定冷却通道与模型表面之间的距离，以此获得高质量的产品。

1. 执行分析

操作步骤：

01 单击分析向导按钮，然后进入分析顺序选择页面，在分析序列列表框中选中【Cooling Quality】复选框，然后单击该页面的【完成】按钮，程序开始执行冷却质量分析，如图21-61所示。

02 随后弹出结果概要对话框。单击该对话框中的【Clsoe】按钮，接受分析结果，如图21-62所示。

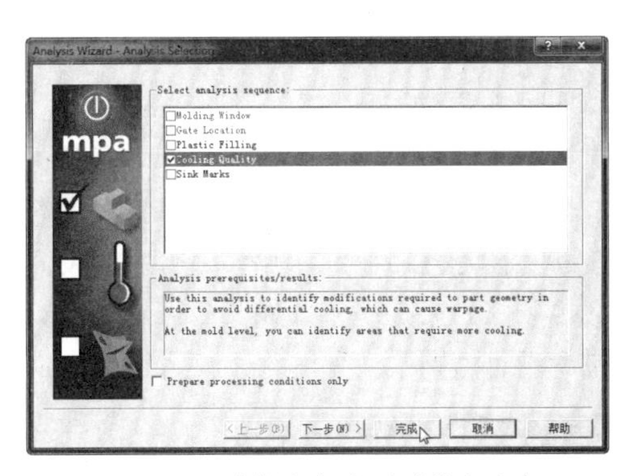

图 21-61　选择分析类型并执行分析

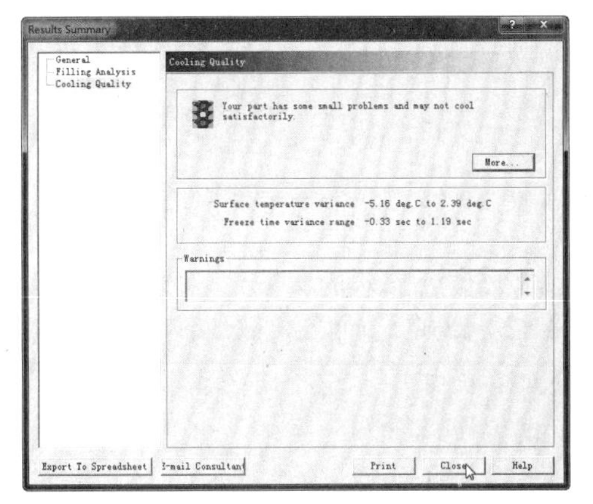

图 21-62　冷却质量分析的结果概要

03 最后单击菜单栏中的【SAVE】按钮，将冷却质量分析结果保存。

2．解读冷却分析结果

在冷却质量分析结果中，产品表面温度差异和冷却质量对产品质量有重大影响，下面介绍具体情况。

- 产品表面温度差异：冷却分析结果中的表面温度变化反映了模型上的冷却效果。当模型中有高于正常值的区域时，说明该区域需要被冷却。也就是说，在该区域应该合理设计冷却系统来冷却制品，以免产生收缩、翘曲等缺陷。产品表面温度差异的分析结果如图 21-63 所示。
- 冷却质量：冷却质量的分析结果反映了在模型中何处冷却质量高、何处低。如图 21-64 所示，图中绿色代表最高质量，黄色次之，红色最低。

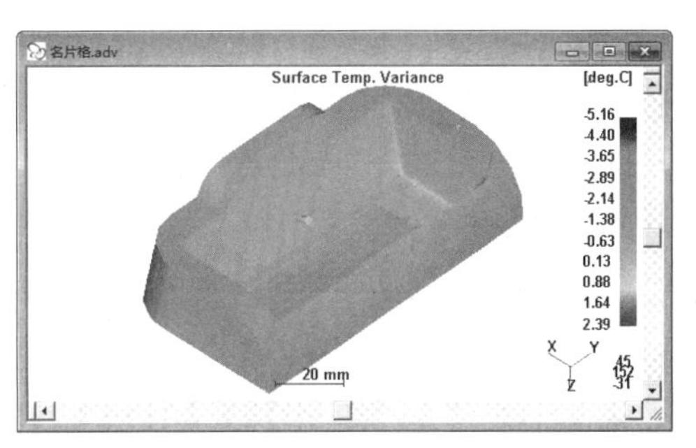

图 21-63　产品表面温度差异分析结果

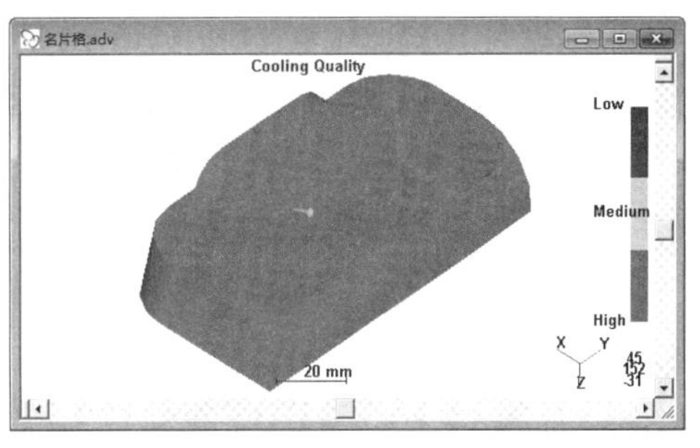

图 21-64　冷却质量分析结果

21.6.4　缩痕分析

缩痕分析结果用来表示缩痕或凹坑在模型中的位置，这是经由表面反面特征收缩引起的。典型的缩痕一般发生在造型厚实的部分，或在加强筋、毂、内部圆角处。

1．执行分析

操作步骤：

01 单击分析向导按钮，然后进入分析顺序选择页面，在分析序列下拉列表中选中【Sink Marks】复选框，再单击【完成】按钮，程序开始执行缩痕分析，如图 21-65 所示。

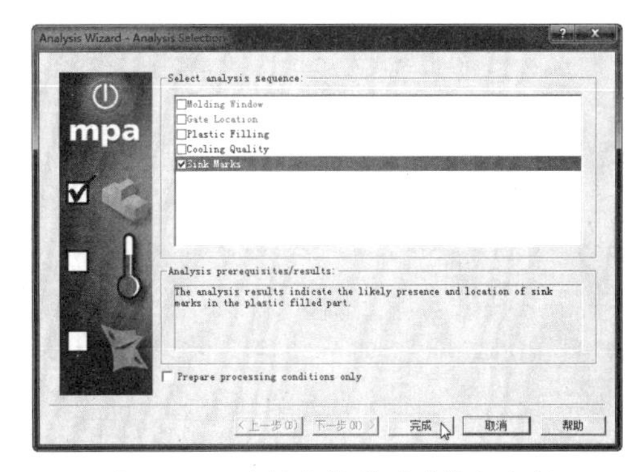

图 21-65　选择分析类型并执行分析

02 随后弹出【结果概要】对话框。单击该对话框中的【结束】按钮，接受分析结果。

03 最后单击菜单栏上的【SAVE】按钮，将缩痕分析结果保存。

2. 解读缩痕分析结果

缩痕分析完成后，选择该分析中的【缩痕估算】和【缩痕阴影】结果进行查看。

- 缩痕估算：缩痕估算分析是用来检查模型表面凹坑情况的。如图 21-66 所示，图中模型表面的凹坑主要集中在加强筋、BOSS 柱和内部圆角上，红色表示缩痕最大，蓝色为最小。

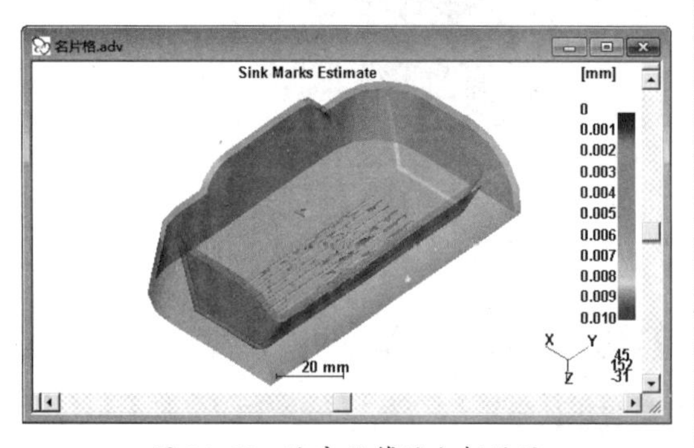

图 21-66　缩痕估算的分析结果

- 缩痕阴影：缩痕着色用半透明的色彩表示缩痕位置区域，如图 21-67 所示。

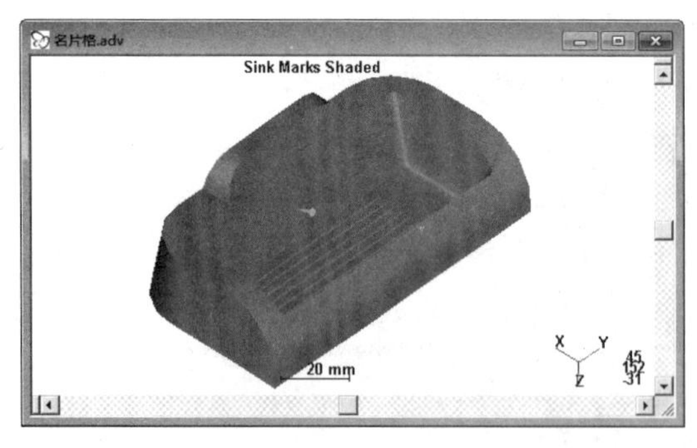

图 21-67　缩痕阴影的显示结果

21.6.5　熔接痕与气穴位置

熔接痕位置的分析结果用以显示模型中焊接线和融合线的所处位置。焊接线和融合线也是两个波流前锋会合的地方。

焊接线和融合线的区别是，当波流前锋会和时，角度值小于 45° 则形成融合线，角度值大于 45° 则形成焊接线。

在【Results】工具栏上单击熔接痕位置按钮，图形区中将显示熔接痕分布结果（图中红色条纹为熔接线），如图 21-68 所示。从结果看没有熔接痕。

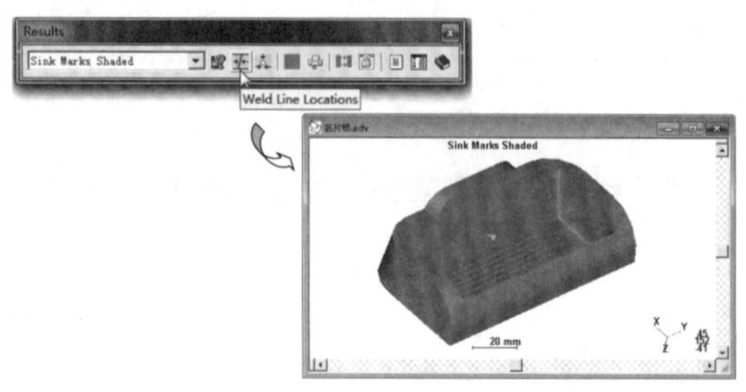

图 21-68　熔接痕位置的分析结果

气穴位置表示的区域是两股或两股以上的流体末端相遇的区域，气泡在这一区域受到压制。结果中着重指出的区域为可能产生气孔的区域。

气穴产生的原因有填充不平衡、赛马场效应和滞流等。

在【Results】工具栏上单击气穴位置按钮，图形区中将显示气穴分布结果，如图 21-69 所示。分析完成后，将所有的分析结果保存。

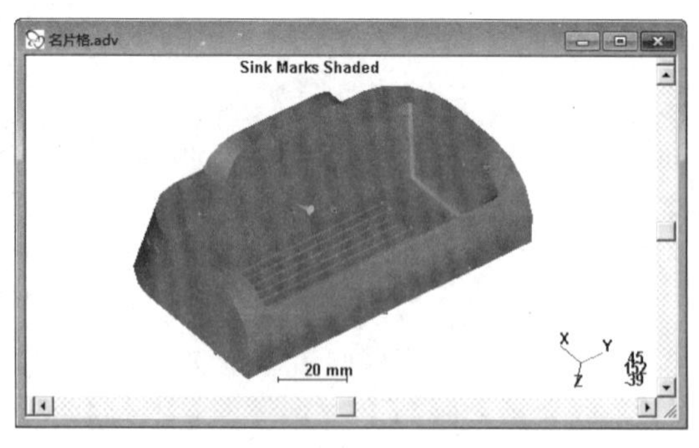

图 21-69　气穴位置

21.7　课后习题

打开练习文件 shouji.prt。利用 Pro/E 塑料顾问功能对手机面板进行分析。手机外壳模型如图 21-70 所示。

图 21-70　手机外壳

读书笔记

第 22 章 模型布局与工件设计

对参照模型进行定位和布局是模具设计非常重要的第一个步骤。它关系到整体模具的尺寸及产品出模方式。收缩率的设定是保证产品开模后与设计之初的模型尺寸保持绝对一致，创建工件就是设定毛坯的尺寸，以便进行分模。本章将把这些关系一一理顺，所介绍的内容都是以模具流程进行讲解的。

资源二维码

百度云盘

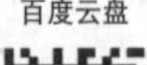

360 云盘 访问密码 32dd

知识要点

- ◆ 参照模型概述
- ◆ 模型的定位与布局
- ◆ 设置收缩率
- ◆ 创建工件

22.1 参照模型概述

参照模型是以放置到模块中的一个或多个设计模型为基础的。参照模型是实际被装配到模型中的组件。参照模型是由一个被称为合并（Merge）的单一模型所组成的。这个合并特征维护着参照模型及设计模型间的参数关系。

22.1.1 参照模型的创建方式

通常，参照模型几何以设计模型的几何为基础。参照模型和设计模型常常是不相同的。设计模型并不总是包含成型或铸造技术要求的所有必需的设计元素，也就是说，设计模型未收缩，且不包含所有必要的拔模和圆角。而参照模型通常要创建模型收缩和缺失设计元素。

有时设计模型包含需要进行后成型或后铸造加工的设计元素，在这种情况下，这些元素应在参照模型上更改。参照模型可以 3 种不同方法进行创建：

- 继承（Inherited）：参照模型继承设计模型中的所有几何和特征信息。用户可指定在不更改原始零件的情况下要在继承零件上进行修改的几何及特征数据。继承可为在不更改设计模型的情况下修改参照模型提供更大的自由度。
- 按参照合并（Merge by Reference）：Pro/E 会将设计模型几何复制到参照模型中。在此情况下，从设计模型只复制几何和层。它也将把基准平面信息从设计模型复制到参照模型。如果设计模型中存在某个层，它带有一个或多个与其相关的基准平面，会将此层、它的名称，以及与其相关的基准平面从设计模型复制到参照模型中。层的显示状态也被复制到参照模型。
- 同一模型（Same Model）：Pro/E 会将选定的设计模型用作模具或铸造参照模型。

22.1.2 设计模型、参照模型和模具模型的关系

设计模型和参照模型的关系取决于用来创建参照模型的方法。装配参照模型时，可使参照模型从设计模型继承几何和特征信息。继承可使设计模型中的几何和特征数据单向且相关地向参照模型中传递。最初，继承特征所具有的几何和数据与衍生出该特征的零件完全相同。用户

可在继承特征上标识出要修改的特征数据，而不更改原始零件。这将为在不更改设计模型的情况下修改参照模型提供更大的自由度。

也可将设计模型几何复制（按参照合并）到参照模型中，在此情况下，从设计模型只复制几何和层，可将收缩应用到参照模型，创建拔模、倒圆角和其他不影响设计模型的特征。但是，在设计模型中的所有改变将自动反映到参照模型中。

另一种方法是，可将设计模型指定为【模具】或【铸造】参照模型。在此情况下，它们是相同模型。

在所有情况下，当在【模具】或【铸造】中工作时，使用参照模型的几何可设置设计模型与模具或铸造元件之间的参数关系。由于建立了此关系，当改变设计模型时，参照模型和所有相关的模具或铸造元件都将更新以反映所做的修改。

将参照模型加载进模具模式后，窗口中所有的模型布局都称为模具模型。

Pro/E 设计模型如图 22-1 所示，模具模型如图 22-2 所示。

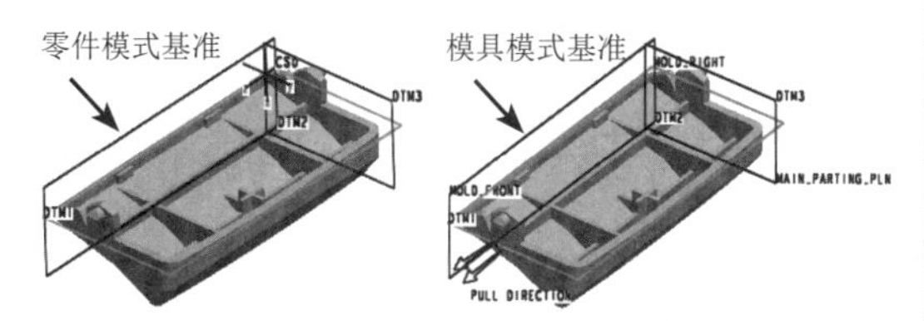

图 22-1　设计模型　　图 22-2　模具模型

如果想要或需要将额外的特征增加到参照模型，这会影响到设计模型。当创建多穴模具时，程序每个穴中都存在单独的参照模型，而且都参考到其他的设计模型。同族的将有个别的参照模型，指回它们个别的设计模型。

22.1.3　模腔数目的确定

技术和经济的因素是确定注塑模模腔数目的主要因素，将这两个主要因素具体化到设计和生产环境中后，它们即转换为具体的影响因素，这些因素包括注塑设备、模具加工设备、注塑产品的质量要求、成本及批量、模具的交货日期和现有的设计制造技术能力等。这些因素主要与生产注塑产品的用户需求和限制条件有关，是模具设计工程师在设计之前就必须掌握的信息资料。

同时，为了以最经济可靠的手段制造模具的零部件，在模具设计的早期阶段，就应考虑模具的加工方式和制造成本，如图 22-3 所示表示了在模具设计、制造和产品的生产过程中，各项成本与模具的模腔数曲函数关系。

在模具开始设计时，由于不清楚怎样对模腔的数目、注塑模程序和注塑机进行组合，会使生产的注螺产品的成本最低。因此，在进行模腔数计算和优化时，可将它们分成几个已知的基本因素，并加以综合考虑，一般可将影响模腔的基本因素确定为注塑产品的交货期、产品的技术要求和技术参数，以及注塑产品的形状尺寸及成本、注塑机等，并有下面的经验公式。

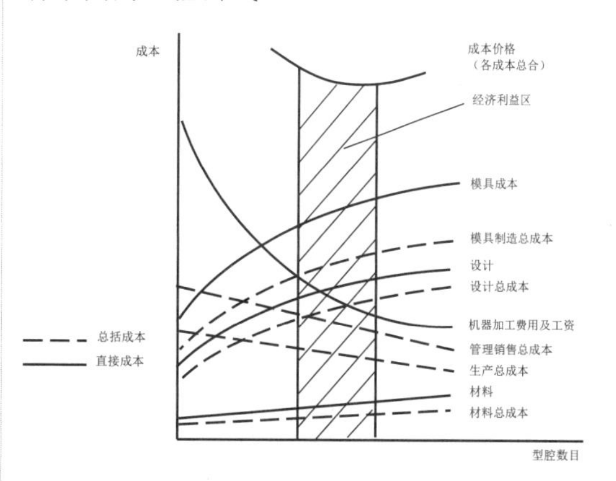

图 22-3　模腔数目对模具成本的影响

1. 由注塑产品的交货期确定模腔数目

如果对注塑产品的交货期有严格的要求时，一般按下式确定模腔数目 Ndate：

$$N_{data}=\frac{K\times 2\times S\times t_{cyc}}{3600\times t_{work}\times (t_0-t_m)} \qquad (22\text{-}1)$$

式中：K—— 故障因子，一般为 1.05（5%）；

S——一副模具所指定的生产量；

t_{cyc}——注塑成型周期，秒；

t_{work}——一副模具一年使用时间，小时；

t_0——注塑产品从定货到交货所用时间，月；

t_m——一副模具的制造时间，月。

2. 由技术参数确定模腔数目 Ntec

因为注塑生产中所要求的技术参数很多，在一般情况下选取 5 个技术参数并对各计算结果进行综合考虑，最后确定满足各项技术参数要求的模腔数 Ntec。

（1）由锁模力确定的模腔数目 Nt1。

为了保证生产质量和安全，整个注塑成型部分的投影面积与生产时的注塑压力应小于注塑机的最大锁模力。因此基于注塑机锁模力的模腔数可由下式确定：

$$N_{t1} = \frac{10 \times f \times F_c}{A \times P_{inject}} \qquad (22\text{-}2)$$

式中：f——无飞边出现的安全系数，一般取 1.2 ～ 1.5；

F_c——最大锁模力，kN；

A——注塑零件及浇注程序的投影面积，cm^2；

P_{inject}——最大注塑压力，MPa。

（2）由最小注塑量确定模腔数目 Nt2。

$$N_{t2} = 0.2V_S / V_F \qquad (22\text{-}3)$$

式中：V_S——注塑程序最大注塑量，cm^3；

V_F——注塑零件和浇注程序的体积，cm^3。

用此式决定模腔数是为了保证塑料熔体在注塑时的平稳流动，减少气体的包容，提高注塑产品的质量。

（3）由最大注塑量确定的模腔数目 Nt3。

$$N_{t3} = 0.8V_S / V_F \qquad (22\text{-}4)$$

此准则保证在注塑保压阶段有足够的塑料熔体进行补缩，减少注塑产品的缩陷，提高产品的尺寸精度。

（4）由塑化速率确定模腔数目 Nt4。

$$N_{t4} = \frac{3.6 \times t_{cyc} \times R_P}{V_F \times \mathrm{r}_M} \qquad (22\text{-}5)$$

式中：R_P——注随机塑化能力，kg/h；

ρ_M——材料的比重，kg/cm^3。

（5）由注塑机模板尺寸确定的模腔数目 Nt5。

它代表在模板内可安装的成型产品的投影面积。这排除了拆除一个导轨的情况下能增加可行安装面积的情况。

3. 按经济性确定模腔数

根据总成型加工费用最小的原则，并忽略准备时间和试生产原材料费用，仅考虑模具费用和成型加工费。模具费为 $Xm=nC_1+C_2$。

该表达式中的 C_1 为每一型腔所需承担的与型腔数有关的模具费用；C_2 为与型腔数无关的费用。成型加工费式如下：

$$X_j = N\left(\frac{yt}{60n}\right) \qquad (22\text{-}6)$$

式中：N——制品总件数；

Y——每小时注射成型加工费，元 /h；

t——成型周期。

总成型加工费为 $X=X_m+X_j$，为使总成型加工费最小，令：

$$\frac{dx}{dn} = 0 \quad 则得\ n = \sqrt{\frac{Nyt}{60C_1}} \qquad (22\text{-}7)$$

22.1.4 模腔的布置

当确定模腔数后，就应设计模腔的布局。由于注塑机料筒通常位于定模板中心轴上，因此基本上它已确定了主流道的位置。在设计模腔布局时，应遵循下列原则：

- 所有模腔在相同温度和相同时间开始充填。
- 到各模腔的流程尽可能短，并且各模腔之间应保持足够的截面积，以承受注塑压力。

- 注塑压力中心应基本位于注塑机模板的中心。
- 型腔布置和浇口位置应尽量对称，防止模具承受偏载而产生溢料现象。
- 圆形排列加工麻烦，除圆形制品和一些高精度制品外，在一般情况下常用 H 形排列和直线形排列，且尽量选用 H 形排列，因为该平衡性更好。

常用的模腔布局方案如图 22-4 所示。对于特殊要求的布局方案，程序应允许用户自己进行设计。在程序按一定模腔数设计完模腔布局后．还应对整个成型部分的压力中心进行校核计算，并提出相应的建议。

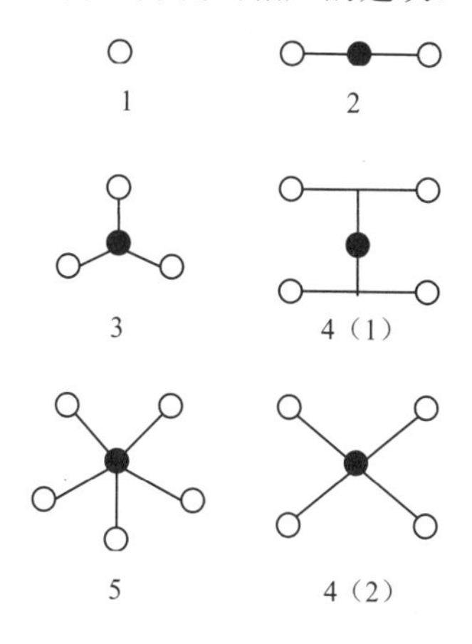

图 22-4　模腔布局

对于一模多腔或组合型腔的模具，浇注系统的平衡性是与模具型腔、流道的布局息息相关的。在进行多模腔布局设计时应注意如下几点：

1．尽可能采用平衡式排列

尽可能采用平衡式排列，以便构成平衡式浇注系统，确保塑件质量的均一和稳定。如图 22-5 所示为平衡布局。

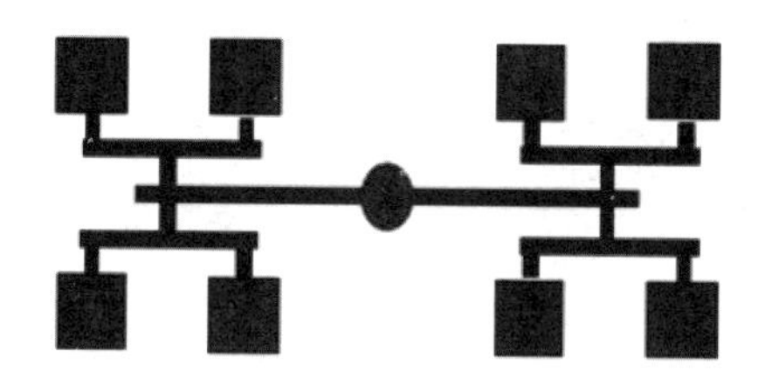

图 22-5　平衡布局

2．模腔布置和浇口开设部位应力求对称

模腔布置和浇口开设部位应力求对称，以防止模具承受偏载而产生溢料现象。如图 22-6 所示，图 a 不正确，图 b 正确。

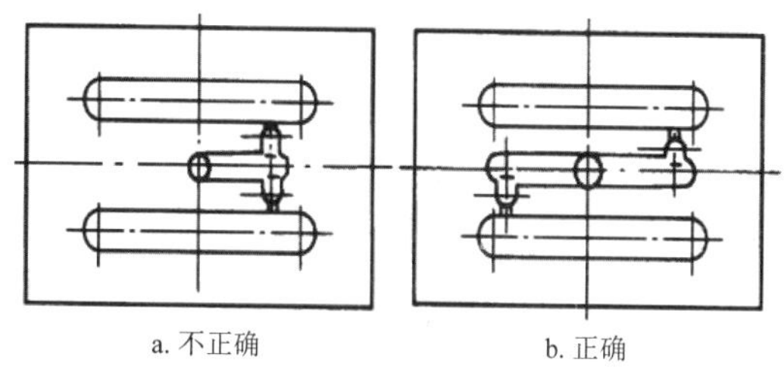

图 22-6　模腔的布局力求对称

3．尽量使模腔排列紧凑

尽量使模腔排列紧凑一些，以减小模具的外形尺寸。如图 22-7 所示，图 b 的布局优于图 a 的布局，图 b 的模板总面积小，可节省钢材，减轻模具质量。

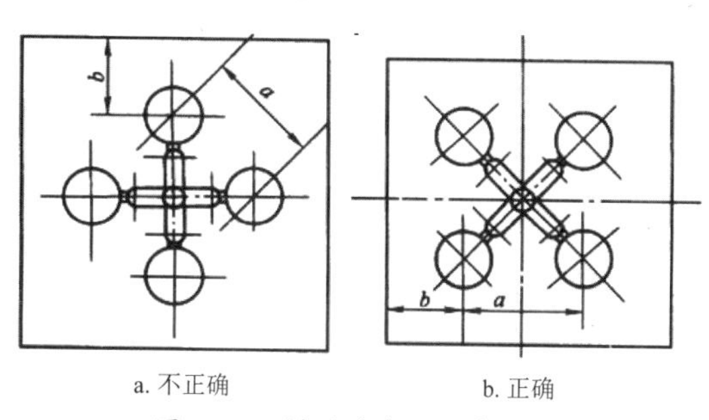

图 22-7　模腔的布局力求紧凑

4．模腔的圆形排列

模腔的圆形排列所占的模板尺寸大，虽有利于浇注系统的平衡，但加工较麻烦，除圆形制品和一些高精度制品外，在一般情况下常用直线和 H 形排列，从平衡的角度来看应尽量选择 H 形排列，如图 22-8 所示，图 b 和图 c 所示的布局比图 a 要好。

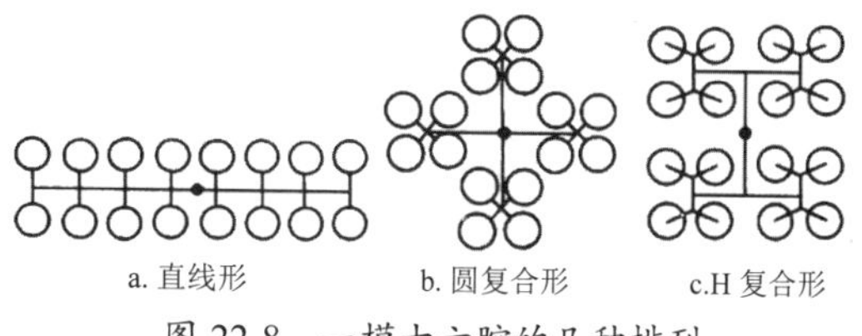

图 22-8　一模十六腔的几种排列

22.2 模型的定位与布局方式

向模具中加载参照模型首先要根据注射机的最大注射量、注射机的最大锁模力、塑件的精度要求或经济性来确定模腔数目，然后再进行加载。根据模腔数目的多少，模具可以分为单腔模具和多腔模具，在 Pro/ENGINEER Wildfire 5.0 中包含 3 种参照模型的加载方式。

22.2.1 装配方式

【装配方式】适用于单模腔模具的参照模型加载。在【模具】菜单中选择【模具模型】|【装配】|【参照模型】命令，在弹出的【打开】对话框中选择设计模型文件，单击【打开】按钮，图形窗口顶部将弹出如图 22-9 所示的装配约束操控板。同时设计模型将自动加入到模具模型中。

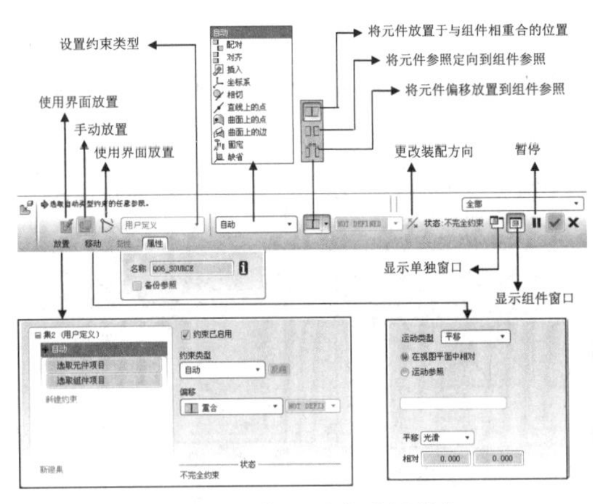

图 22-9 装配约束的操控板

在装配约束下拉列表中选择相应的约束进行装配，使【状态】由【不完全约束】变为【完全约束】后，定位操作才完成。

动手操作——以【装配方式】创建模型布局

操作步骤：

01 启动 Pro/E 5.0，新建一个命名为【mold_22-1】的模具制造文件，并进入模具设计环境。

02 设置工作目录。

03 在【模具】菜单管理器中依次选择【模具模型】|【装配】|【参照模型】命令，然后通过弹出的【打开】对话框将参照模型打开，如图 22-10 所示。

04 打开模型后，再按如图 22-11 所示的操作步骤完成模型的装配。

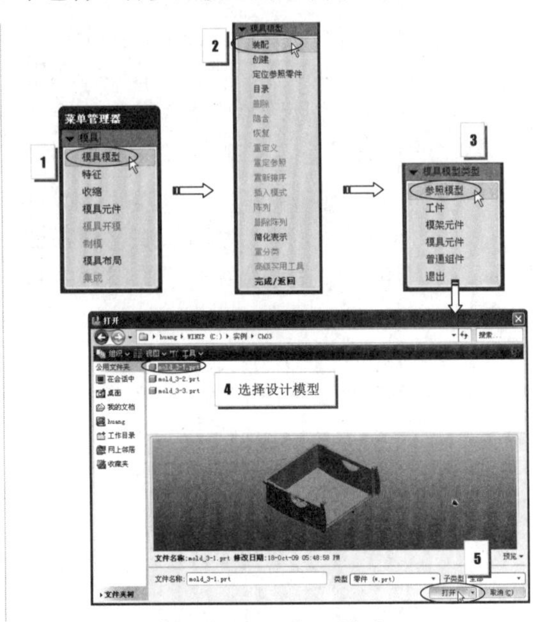

图 22-10 打开模型

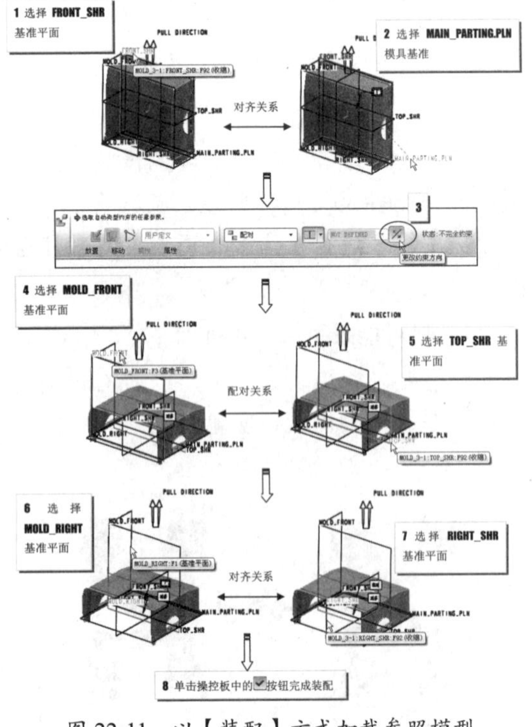

图 22-11 以【装配】方式加载参照模型

05 最后单击【保存】按钮将结果文件保存。

22.2.2　创建方式

当采用直接在模具模型中创建新的参照模型方式时，其工作模式相当于在装配模型中创建新的元件或开始新的建模过程。

在【模具】菜单中选择【模具模型】|【创建】|【参照模型】命令，程序弹出【元件创建】对话框，如图 22-12 所示。

该对话框包括两种模型的创建方法：实体和镜像。

- 实体：选择该方法可以复制其他参照模型，以及在空文件下创建实体特征。
- 镜像：选择该方法可以创建已加载模型的镜像特征。

若选择【实体】方法来创建参照模型，单击【确定】按钮确定后，再弹出【创建选项】对话框，如图 22-13 所示。

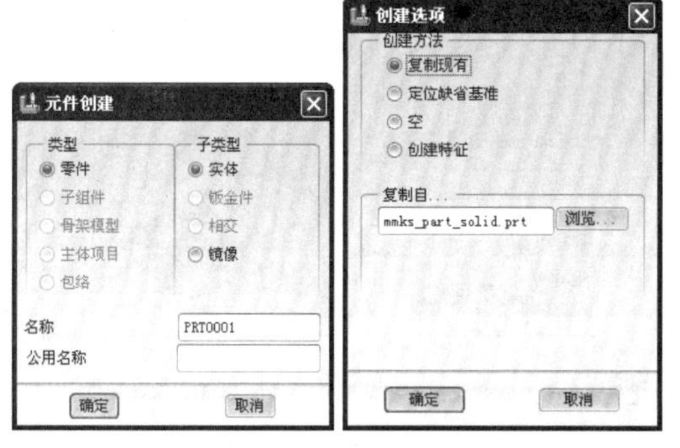

图 22-12　【元件创建】对话框　图 22-13　【创建选项】对话框

【创建选项】对话框中包含以下 4 种实体模型的创建方式：

- 复制现有：复制其他模型进入到模具环境中，且复制的现有对象与源对象之间不再有关联关系。
- 定位默认基准：使用程序默认（默认）的基准平面来定位参照模型。
- 空：创建一个空的组件文件，该组件文件未被激活。
- 创建特征：创建一个空的组件文件，该组件文件已激活。

动手操作——以【创建】方式创建模型布局

本例模型——小音响后壳如图 22-14 所示。

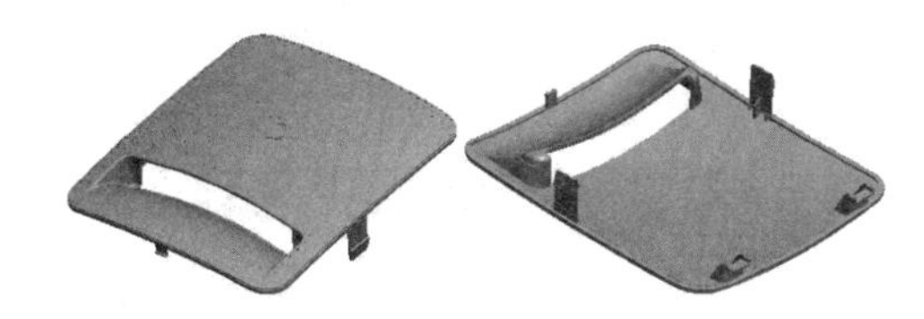

图 22-14　小音响后壳实体模型

操作步骤：

01 新建一个名为【mold_22-2】的模具制造文件，并进入模具设计环境。

02 设置工作目录。

03 在 Pro/E 模具设计模式下，按如图 22-15 所示的操作步骤，以【创建】方式来创建模型的布局。

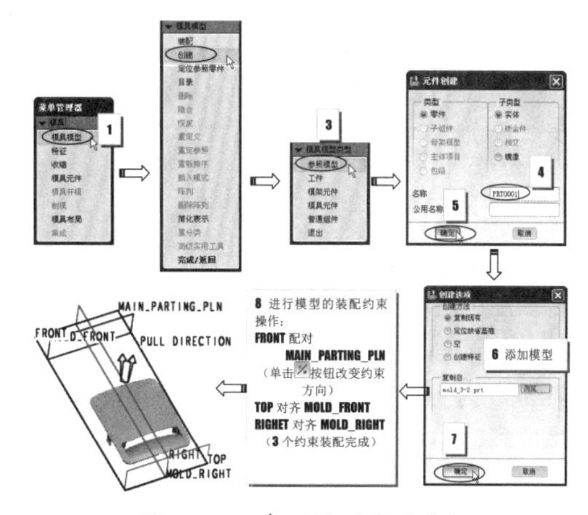

图 22-15　参照模型阵列过程

04 模型布局创建完成后，将模型布局结果文件保存。

22.2.3　定位参照零件方式

在大批量生产产品的过程中，为了提高生产效率，经常将模具的模腔布置为一模多腔。定位参照零件的方法给模具设计者提供了自动化的装配方式，它能够将参照零件以用户定义的排列方式放置在一起。此方式可在模型布局中创建、添加、删除和重新定位参照零件。

在【模具】菜单中选择【模具模型】|【创建】|【定位参照零件】命令，程序弹出【打开】

对话框和【布局】对话框（此时该对话框未被激活）。当通过【打开】对话框从系统加载参照模型后，程序再弹出【创建参照模型】对话框，如图22-16所示。

图22-16 【创建参照模型】对话框

技术要点

选择【按参照合并】或【同一模型】单选按钮，只要实际模型发生了变化，则参照模型及其所有相关的模具特征均会发生相应的变化。

动手操作——创建矩形布局

矩形布局多用于多模腔平衡流道布置和非平衡流道布置（流道的平衡布置将在本书后面章节中详细介绍），各型腔之间均保持一定的距离，以便留出空位创建流道系统。创建矩形布局的实例模型——卡扣如图22-17所示。

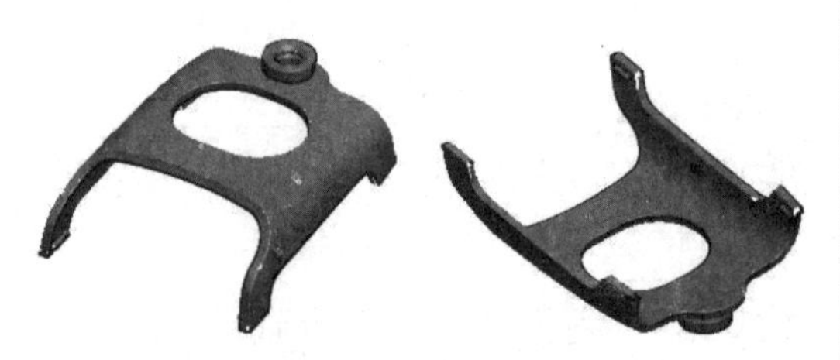

图22-17 卡扣模型

操作步骤：

01 新建名为【mold_22-3】的模具制造文件，进入模具设计环境。设置工作目录。

02 在模具设计模式下，单击【模具/铸件制造】工具栏中的【模具型腔布局】按钮，或者在【模具】菜单管理器中选择相应的命令来创建矩形布局。

03 创建矩形布局的过程如图22-18所示。

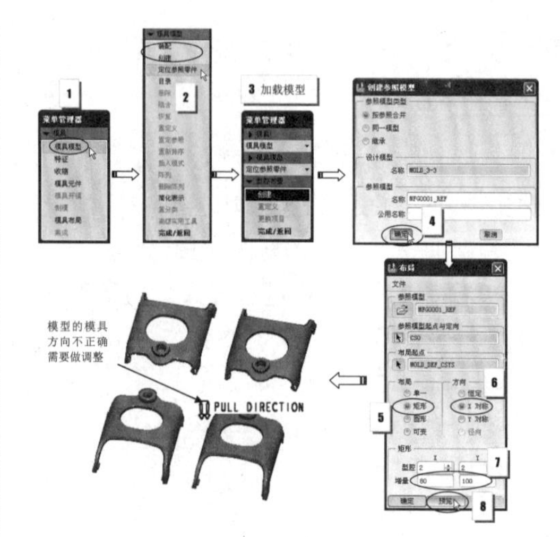

图22-18 创建矩形布局

技术要点

调整模型的布局方位时，每完成一个旋转、平移、移动到点或对齐轴操作，只需要按Ctrl键即可通过布局窗口预览调整结果。

04 预览矩形布局后，得知模具拖拉方向设计要求不相符，需要更改。操作步骤如图22-19所示。

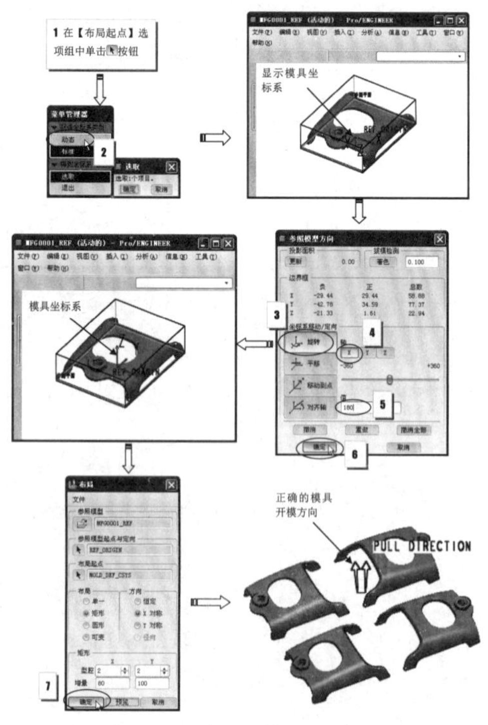

图22-19 创建矩形布局的操作过程

05 矩形布局创建完成后，将结果文件保存。

动手操作——创建圆形布局

圆形布局多用于细长产品的阵列，例如汤勺、笔杆等塑料制品。在成型相同数量成品的情况下，以圆形布局设计的模具比由矩形布局设计的模具节约材料。本例设计模型——滑动按钮如图 22-20 所示。

技术要点

针对本例的模型形状，可创建圆形的径向布局，但在创建过程中需要不断地调整模型的布局方向，这就要求操作人员必须具有较强的空间方位感。

图 22-20　滑动按钮实体模型

操作步骤：

01 新建一个名为【mold_22-4】的模具制造文件，并进入模具设计环境。

02 设置工作目录。

03 在模具设计模式下，单击【模具 / 铸件制造】工具栏中的【模具型腔布局】按钮，或者在【模具】菜单管理器中选择相应的命令来创建矩形布局。

04 创建矩形径向布局的操作过程如图 22-21 所示。

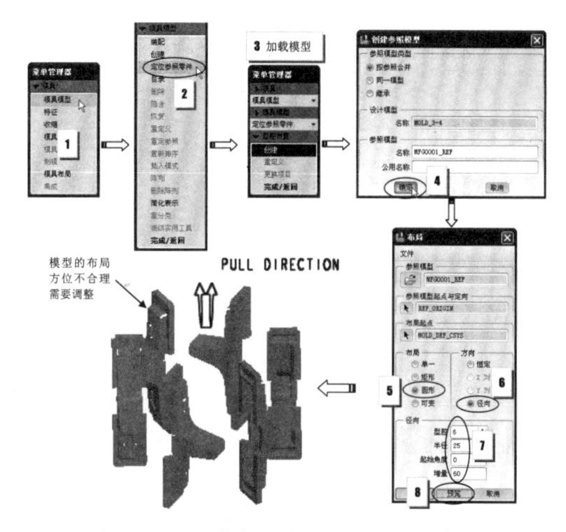

图 22-21　创建初次的圆形径向布局

05 从预览的结果看，布局方位明显不合理，这就需要对模型进行旋转、平移等操作，并完成布局。其操作过程如图 22-22 所示。

06 圆形布局创建完成后，将结果文件保存。

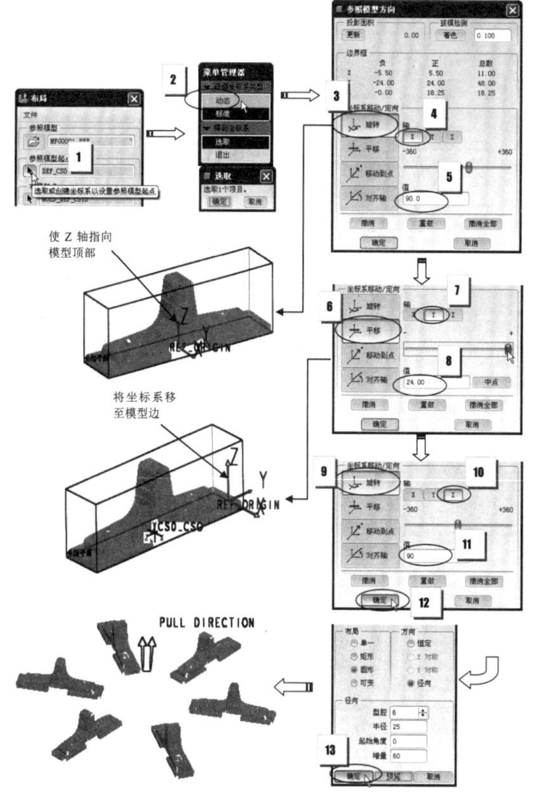

图 22-22　调整布局方位并完成布局的操作过程

动手操作——创建可变布局

可变布局主要用于模型的平衡布局。下面将通过一个实例，详细介绍可变布局的创建过程。设计模型如图 22-23 所示。

图 22-23　设计模型

操作步骤：

01 新建一个名为【mold_22-5】的模具制造文件，并进入模具设计环境。

02 然后设置工作目录。

03 在模具设计模式下，单击【模具型腔布局】按钮，然后从路径中打开实例模型，如图 22-24 所示。

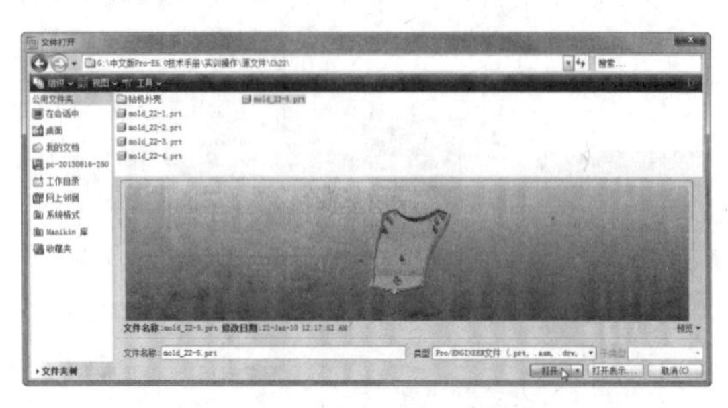

图 22-24　打开实例模型

04 再按如图 22-25 所示的步骤先创建矩形布局。

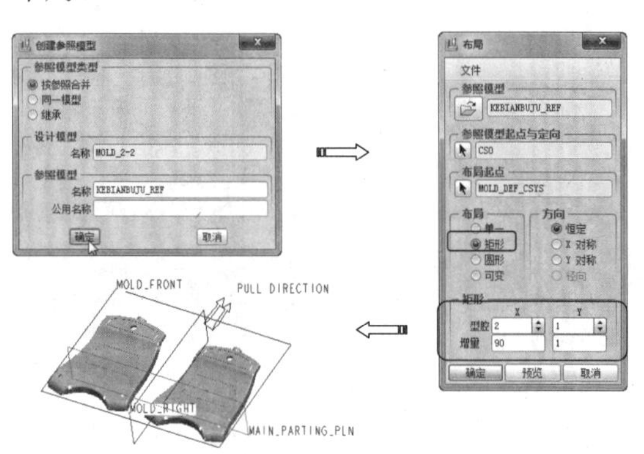

图 22-25　创建矩形布局

05 很明显，拖拉方向不符合模具设计要求，需要更改模型的定向，按如图 22-26 所示的步骤，调整拖拉方向。

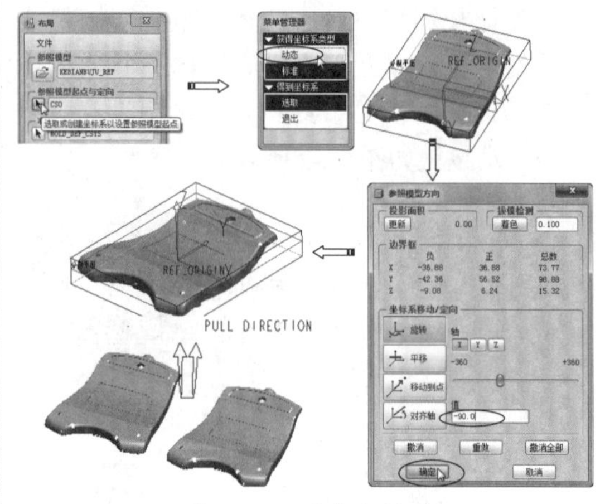

图 22-26　重定向模型

06 最后按如图 22-27 所示的操作方法，创建可变布局。

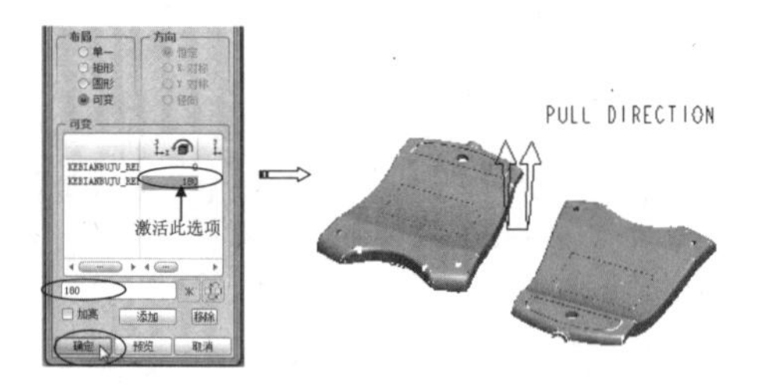

图 22-27　创建可变布局

07 最后选择【文件】|【保存】菜单命令，或单击按钮，保存结果。

22.3 设置收缩率

制品成型后的实际尺寸与理论尺寸之间有一个误差值，该值随制品种类的不同而不同。这个误差值就是产品的收缩率

当将参考模型加载到模具设计模式并在创建工件之前，必须考虑材料的收缩并按比例或按尺寸来增加参考模型的尺寸。Pro/E 向用户提供了两种设置收缩率的方法：按尺寸收缩和按比例收缩。

22.3.1 按尺寸收缩

【按尺寸收缩】就是指给模型尺寸设定一个收缩系数，参考模型将按照设定的系数进行缩放。此方法可以对模型的整体进行缩放，也可以对单独的尺寸进行缩放。

在右工具栏中单击【按尺寸收缩】按钮，程序弹出【按尺寸收缩】对话框，如图 22-28 所示。

图 22-28　【按尺寸收缩】对话框

各选项含义如下：

- 1+S 公式：使用基于零件原始几何预先计算的收缩因子。
- 1/(1-S) 公式：此公式指定基于参照零件最终几何的收缩因子。
- 更改设计零件尺寸：选中此复选框可将收缩率应用于设计模型。
- ：将选定尺寸插入表中。
- ：将选定特征的所有尺寸插入表中。
- ：单击此按钮可直接更改比例值。

22.3.2　按比例收缩

【按比例收缩】是指相对于坐标系按一定的比例对模型进行缩放。这种方法可分别指定 X、Y 和 Z 坐标的不同收缩率。若在模具设计模式下应用比例收缩，则它仅用于参考模型而不影响设计模型。

在右工具栏中单击【按比例收缩】按钮，程序弹出【按比例收缩】对话框，如图 22-29 所示。

图 22-29　【按比例收缩】对话框

22.4 创建工件

在 Pro/E 中，工件表示直接参与熔料例如顶部及底部嵌入物成型的模具元件的总体积。工件可以是模板 A、B 连同多个嵌入件的组合体（模板与镶块成整体），也可以只是一个被分成多个元件的嵌入物。工件的创建方法有装配工件、自动工件和手动工件 3 种，下面分别介绍。

22.4.1　自动工件

自动工件是根据参考模型的大小和位置来进行定义的。工件尺寸的默认值则取决于参考模型的边界。对于一模多腔布局的模型，程序将以完全包容所有参考模型来创建一个默认大小的工件。

在右工具栏中单击【自动工件】按钮，程序将会弹出【自动工件】对话框。

在图形区中选取模具坐标系作为工件原点，【自动工件】对话框中工件尺寸参数设置区域将被激活并亮显，如图 22-30 所示。

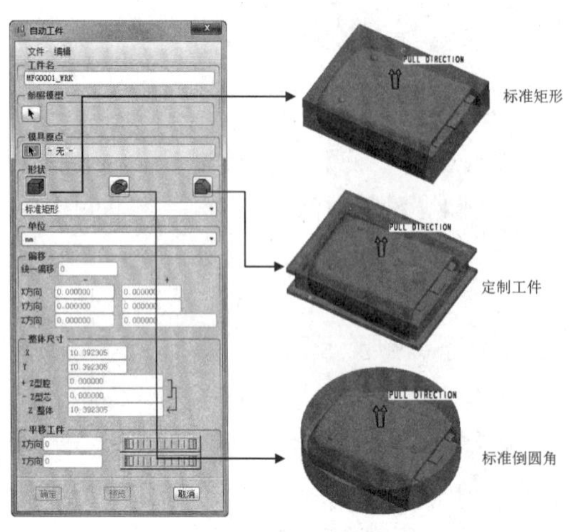

图 22-30 【自动工件】对话框

【自动工件】对话框中有 3 种工件形状：标准矩形、标准倒圆角和定制工件。

- 标准矩形：相对于模具基础分型平面和拉伸方向来定向矩形工件。
- 标准倒圆角：相对于模具基础分型平面和拉伸方向来定向圆形工件。
- 定制工件：创建一个定制尺寸的工件或从标准尺寸中选取工件。

动手操作——创建手机后盖模型工件

手机后盖模型如图 22-31 所示。模型布局为一模四腔，本例以自动工件的方法来创建手机后盖多腔模的手机后盖工件，下面介绍具体操作过程及方法介绍如下。

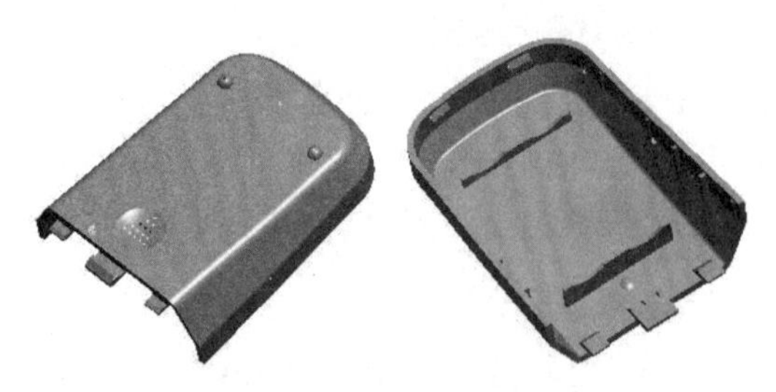

图 22-31 手机后盖模型

操作步骤：

01 打开本例的 mold_22-2.asm 模型文件。

02 按如图 22-32 所示的操作步骤完成对手机后盖参照模型的收缩率设置。

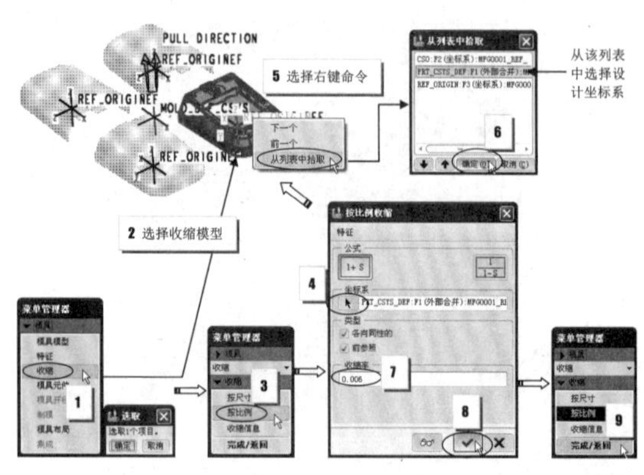

图 22-32 收缩率的设置过程

技术要点

在选取收缩参照模型的坐标系时，必须先选中其中一个坐标系，然后才执行右键菜单中的命令。

03 按如图 22-33 所示的操作完成模型自动工件的创建。

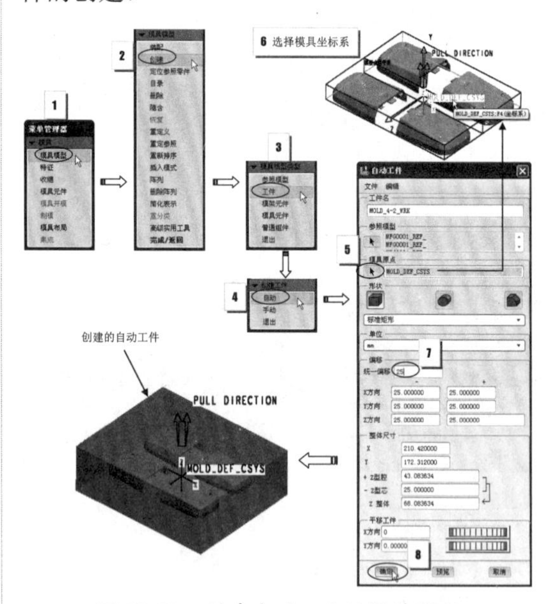

图 22-33 创建自动工件的操作过程

04 在上工具栏中单击【保存】按钮，将结果文件保存。

22.4.2 装配工件

利用装配来加载工件，必须先在零件设计模式下完成工件模型的创建，并将其保存在系统磁盘中。

在菜单管理器中选择【模具模型】|【装配】|【工件】命令，通过随后弹出的【打开】对话框将用户自定义的工件模型加载到模具设计模式下，并利用装配约束功能将工件约束到参考模型上，如图 22-34 所示。

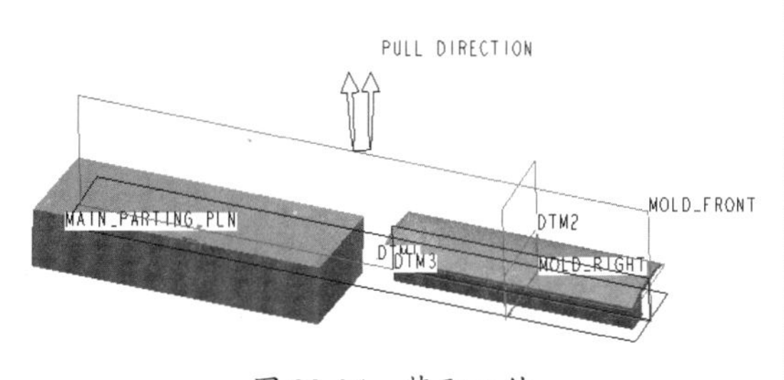

图 22-34　装配工件

动手操作——创建箱盖模型工件

在本例中，将采用装配工件的方式来创建箱盖模型的工件。创建工件之前将收缩应用于模型。要装配加载的工件已经在零件设计模式下创建完成并保存在系统磁盘中。箱盖模型如图 22-35 所示。

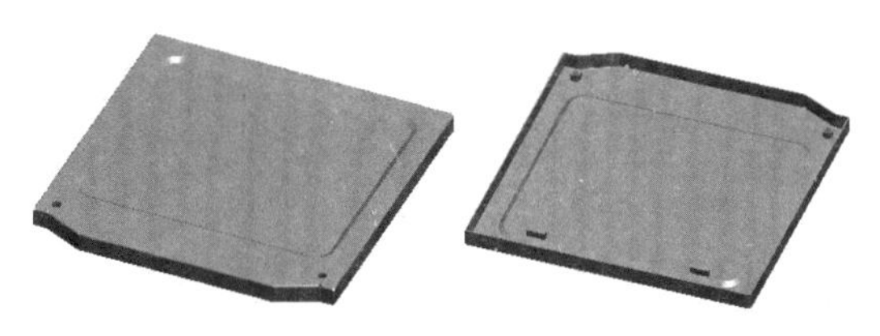

图 22-35　箱盖模型

操作步骤：

01 打开本例的 mold_22-1.asm 模型文件。

02 按如图 22-36 所示的操作步骤完成对参照模型的收缩率设置。

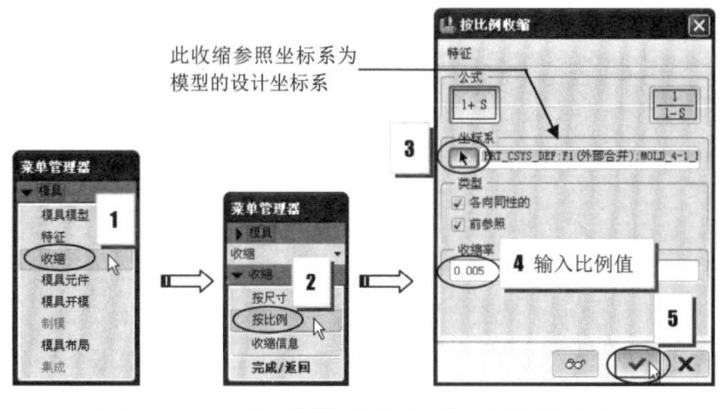

图 22-36　设置模型收缩率的操作过程

27 再按照如图 22-37 所示的操作步骤完成工件的装配。

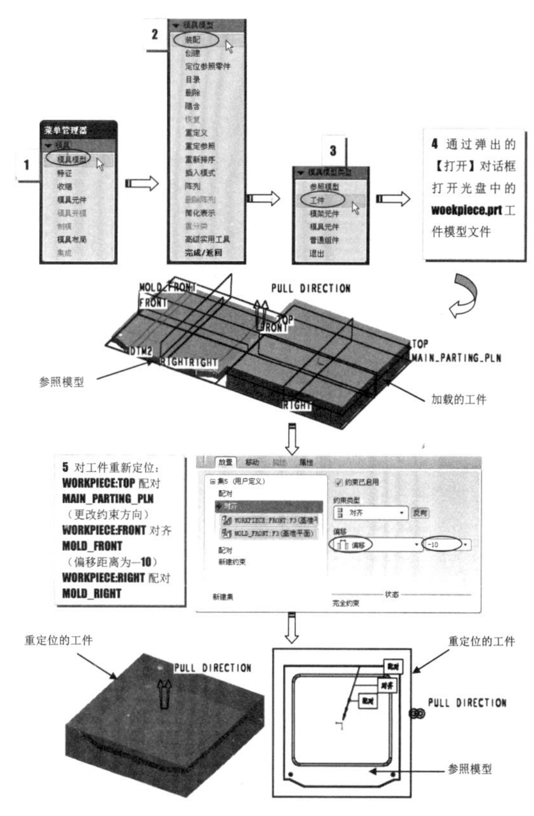

图 22-37　工件的装配操作过程

22.4.3　手动工件

用户可以通过在组件模式下手动创建工件，也可以通过复制外部特征作为工件将其加载到模具设计模式下。当产品形状不规则时，可以创建手动工件。

在菜单管理器中选择【模具模型】|【创建】|【工件】|【手动】命令，程序将弹出【元件创建】对话框。

在该对话框中输入新建元件的名称后，单击【确定】按钮 确定 ，弹出【创建选项】对话框。通过该对话框，用户可以选择其中一种选项来创建所需的工件，最后单击【确定】按钮 确定 ，或者对加载的工件进行装配定位。或者在组件模式下根据模型形状来创建工件，如图 22-38 所示。

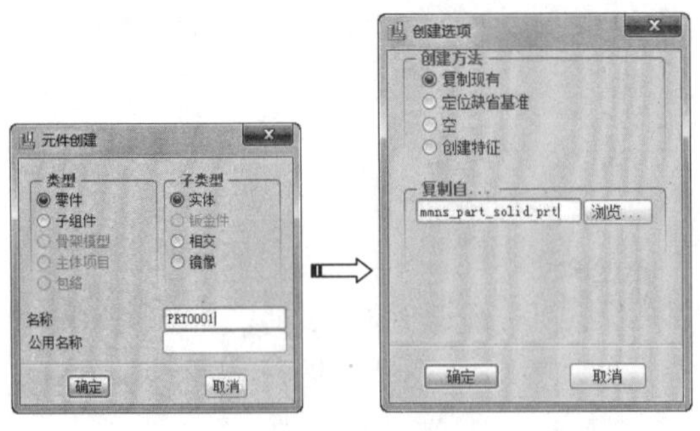

图 22-38　可以选择的元件创建选项

动手操作——创建旋钮模型工件

旋钮模型为一个小型塑件，在设计此类产品的模具时，模腔布局多为平衡式多模腔布局或圆形多模腔布局。本例中旋钮模具的布局为圆形布局，因此工件也创建为圆形工件。工件的创建方式为手动，即通过草绘环境来完成绘制过程。

旋钮模型及多模腔布局如图 22-39 所示。

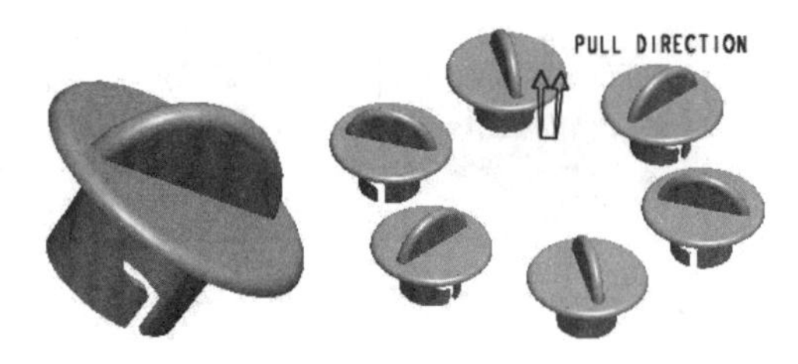

图 22-39　旋钮模型及布局效果图

操作步骤：

01 打开本例的 mold_22-3.asm 模型文件。

02 按如图 22-40 所示的操作步骤完成对旋钮参照模型的收缩率设置。

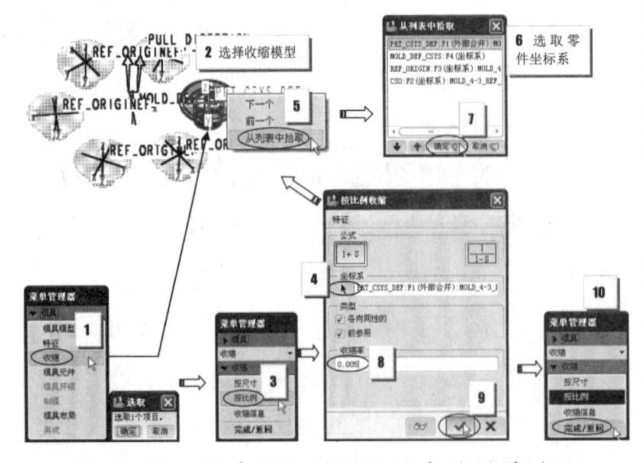

图 22-40　创建旋钮模型收缩率的操作过程

03 模型的收缩率设置完成后，再按照如图 22-41 所示的操作步骤来创建一个处于激活状态下的工件文件。

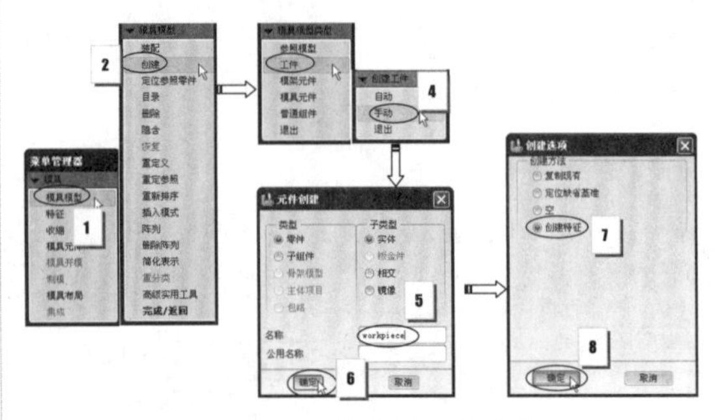

图 22-41　创建新工件文件

04 在【模具】菜单管理器中选择【实体】|【伸出项】|【拉伸】|【实体】|【完成】菜单命令，然后选择一个草绘平面进入草绘模式，如图 22-42 所示。

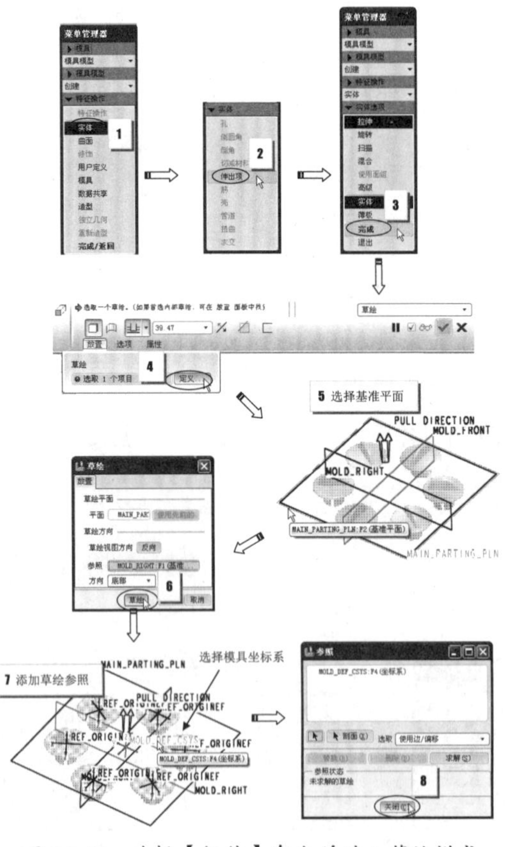

图 22-42　选择【拉伸】命令并进入草绘模式

05 按如图 22-43 所示的步骤完成工件实体特征的创建。

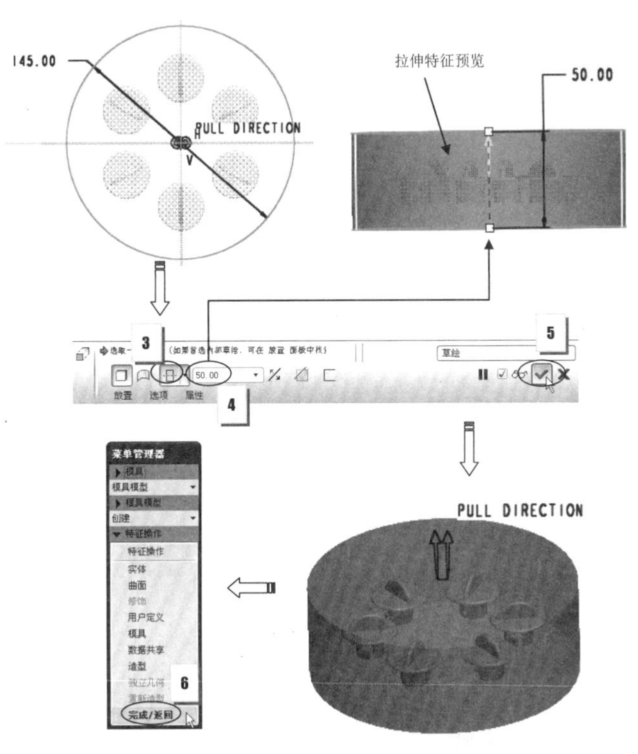

图 22-43　创建旋钮模型工件的操作过程

06 手动工件创建完成后再单击上工具栏中的【保存】按钮，将结果文件保存。

22.5 综合实训——钻机外壳

◎ **引入文件：实训操作 \ 源文件 \Ch22\ 钻机外壳 \model_left.prt**

◎ **结果文件：实训操作 \ 结果文件 \Ch22\ 钻机外壳 \mold_left.asm**

◎ **视频文件：视频 \Ch22\ 钻机外壳布局与工件设计 . avi**

本节以钻机外壳的布局与工件设置为例，详解操作步骤。

1. 定位与布局

在创建模型定位与布局的操作过程中，将以【定位参照零件】方式来完成模型的一模四腔布局。创建完成的布局效果如图 22-44 所示。

图 22-44　钻机外壳模具的一模四腔布局

操作步骤：

01 设置工作目录。新建模具文件后进入 Pro/E 模具设计模式，创建名为【钻机外壳】的工作目录。

02 设置工作目录后，将钻机外壳模型文件置于其中。

技术要点

设置工作目录是为了便于保存用户在各种设计模式下所创建的数据及信息。

03 在 Pro/E 模具设计模式下创建钻机外壳模型的矩形布局，其操作过程如图 22-45 所示。

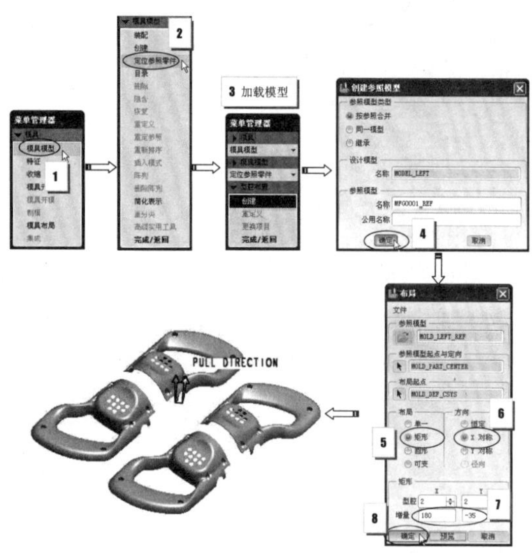

图 22-45　创建矩形布局的操作过程

2. 创建自动工件

01 按如图 22-46 所示的操作步骤来设置参照模型的收缩率。

02 产品模型的收缩率设置完成后，再按照如图 22-47 所示的操作步骤完成自动工件的创建。

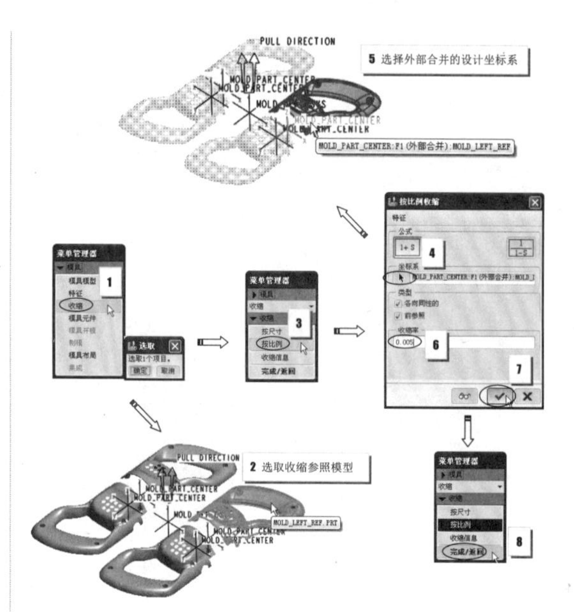

图 22-46　设置参照模型的收缩率

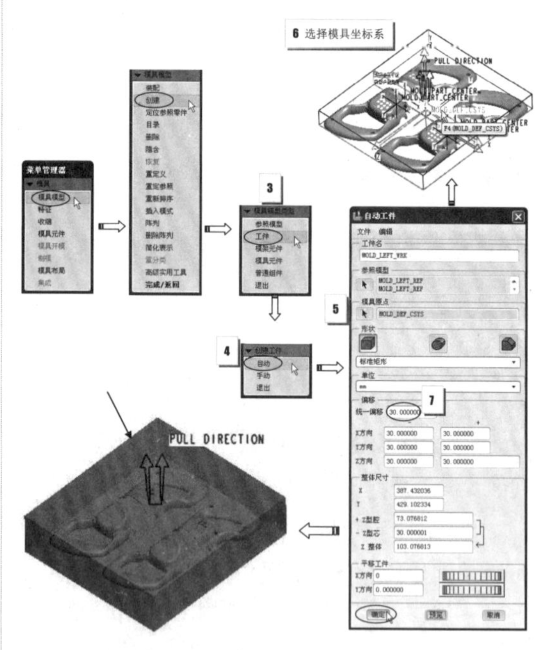

图 22-47　创建自动工件的操作过程

03 模型收缩率及自动工件的创建工作完成后，将结果数据保存在工作目录中。

22.6 思考与练习

1. 模型布局

（1）打开练习文件 22-1.prt，利用【参照模型命令】进行如图 22-48 所示的活塞杆的 2×8 布局。

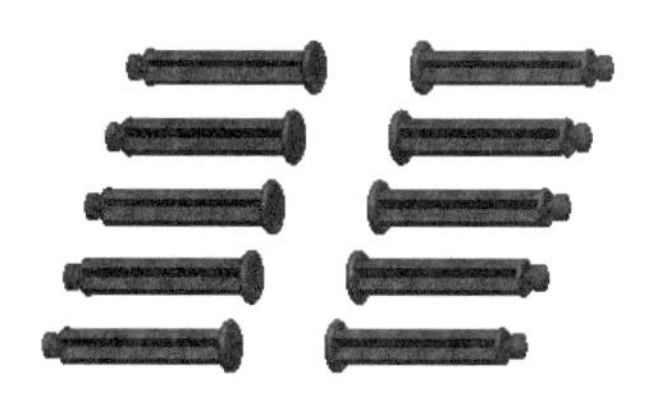

图 22-48　活塞杆

练习内容与步骤：

①加载零件。

②按照装配方式，基于初始坐标，依次添加到模型中。

（2）打开 22-2.prt，利用【定位参照模型方法】进行如图 22-49 所示喷嘴零件的参照模型布局。

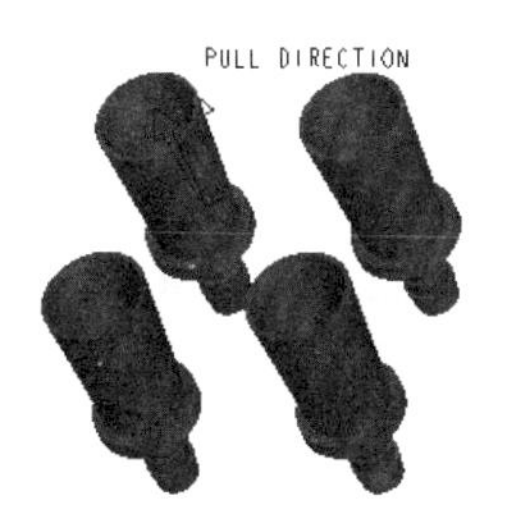

图 22-49　喷嘴

练习内容与步骤：

①加载零件。

②按照装配方式，基于初始坐标，依次添加到模型中。

（3）打开文件 22-3.prt，利用【定位参照模型方法】进行如图 22-50 所示旋钮零件的参照模型布局。

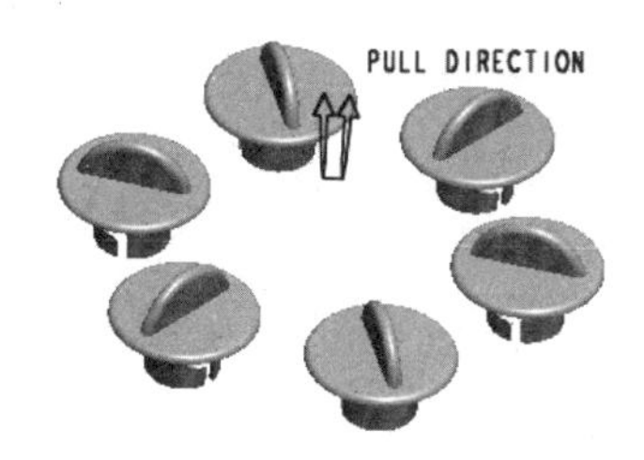

图 22-50　旋钮

2. 创建工件

（1）打开文件 exercise_1.asm，然后为参照模型设置收缩率和创建工件，键盘参照模型如图 22-51 所示。

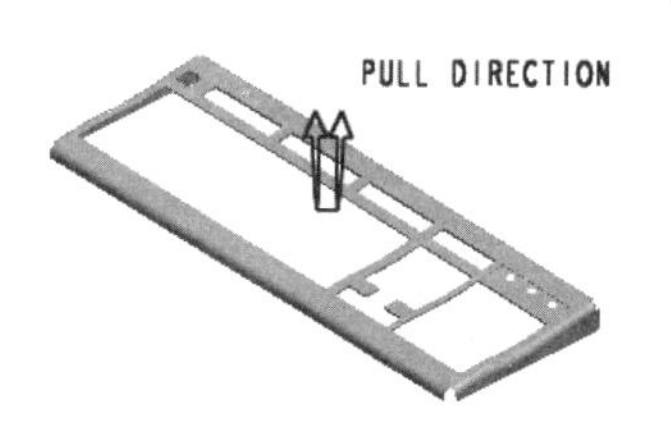

图 22-51　键盘

练习内容与步骤：

①利用【按比例】的收缩方式，将 0.005 的收缩率应用于模型中。

②使用【自动工件】方式创建键盘模型布局的工件。

③工件的尺寸为统一偏置 25mm。

（2）打开文件 exercise_2.asm，为如图 22-52 所示的线盒参照模型设置收缩率和创建工件。

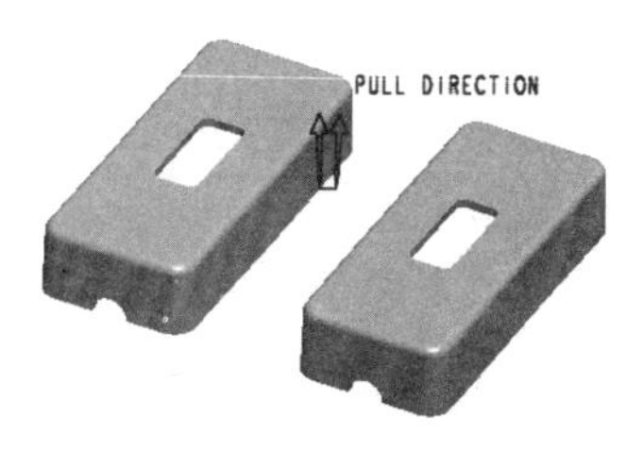

图 22-52　线盒

练习内容与步骤：

- 利用【按比例】收缩方式设置模型的收缩率为 0.006。
- 使用【手动工件】的方式，创建模型布局的工件。
- 工件的尺寸按前面介绍的方法来确定。

（3）打开文件 exercise_3.asm，为参照模型设置收缩率和创建工件，塑件外壳参照模型如图 22-53 所示。

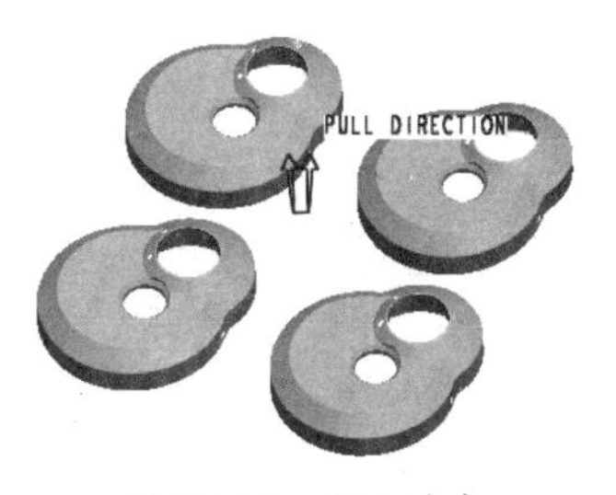

图 22-53　塑件外壳

练习内容与步骤：

- 利用【按比例】收缩方式，设置模型的收缩率。
- 使用【自动工件】方式。创建模型布局的工件。
- 工件尺寸为 -Z 方向偏置 40mm, 其余各方向偏置为 25mm。

◇◇◇◇◇◇◇◇◇◇◇◇◇◇◇◇◇◇◇ 读书笔记 ◇◇◇◇◇◇◇◇◇◇◇◇◇◇◇◇◇◇◇◇

第23章 分型面设计

本章将介绍Pro/E 5.0模具分型面的基础理论知识和设计技巧。模具分型面在模具设计流程中扮演着极为重要的角色，因为它直接关系到能否成功分出型腔和型芯零件。此外，模具分型面还涉及模具的结构，越好的分型面其模具结构应该是越简单的。

资源二维码

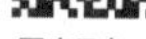

百度云盘

360云盘 访问密码 32dd

知识要点

- 分型面概述
- 基于Pro/E的分型面设计方法
- 分型面的创建
- 分型面的编辑
- 分型面的检查

23.1 分型面概述

模具上用以取出制品与浇注系统凝料的、分离型腔与型芯的接触表面称之为分型面。在制品的设计阶段，就应考虑成型时分型面的形状和位置。

23.1.1 分型面类型与形状

模具的分型面可分为4种基本类型，如图23-1所示。若选择第1种类型，制件全在动模内成型；若选择第2种类型，制件则全在定模内成型；若选第3种类型，制件则在动定模内成型；若选择第4种类型，制件则在组合镶块中成型。

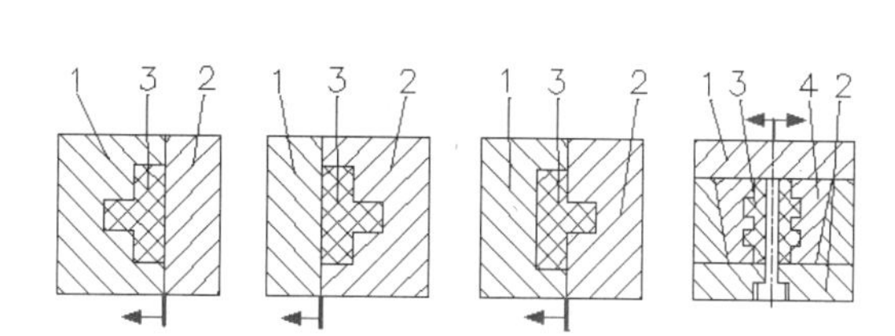

图23-1 分型面的4种基本类型

1——动模；2——定模；3——制件；4——镶块

分型面有多种形式，常见的有水平分型面、阶梯分型面、斜分型面、辅助分型面和异形分型面，如图23-2所示。分型面一般为平面，但有时为了脱模方便，也要使用曲面或阶梯面，这样虽然分型面加工复杂，但型腔的加工会较容易。

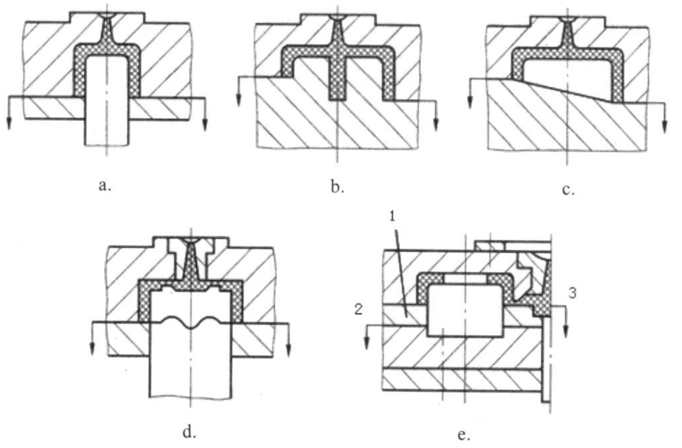

在图样上表示分型面的方法是在图形外部、分型面的延长面上画出一小段直线表示分型面的位置，并用箭头指示开模或模板的移动方向。

a. b. c. d. e.

图23-2 模具分型面的形式

1——脱模板 2——辅助分型面 3——主分型面

a. 水平分型面；b. 阶梯分型面；c. 斜分型面；d. 异形分型面；e. 成型芯的辅助分型面

23.1.2 分型面的选择原则

制品在模具中的位置直接影响到模具结构的复杂程度、模具分型面的确定、浇口的位置、制品的尺寸精度等，所以我们在进行模具设计时，首先要考虑制品在模具中的摆放位置，以便于简化模具结构，得到合格的制品。

模具的分型好坏，对于塑件质量和加工工艺性的影响是非常大的，我们在选择分型面时，一般要综合考虑下列原则，以便确定出正确合理的分型面：方便塑件脱出、模具结构简单、型腔排气顺利、保证塑件质量、不损坏塑件外观、设备利用合理。

1．应保证制件脱模方便

塑件脱模方便，不但要求选取的分型面位置不会使塑件卡在型腔里无法取出，也要求塑件在分模时制品留在动模板一侧，以便于设计脱模机构。因此，一般都是将主型芯装在动模一侧，使塑件收缩后包紧在主型芯上，这样型腔可以设置在定模一侧。如果塑件上有带孔的嵌件，或是塑件上就没有孔存在，那么我们就可以利用塑件的复杂外形对型腔的黏附力，把型腔设计在动模里，使得开模后塑件留在动模一侧，如图23-3所示，图a中有型芯，图b没有。

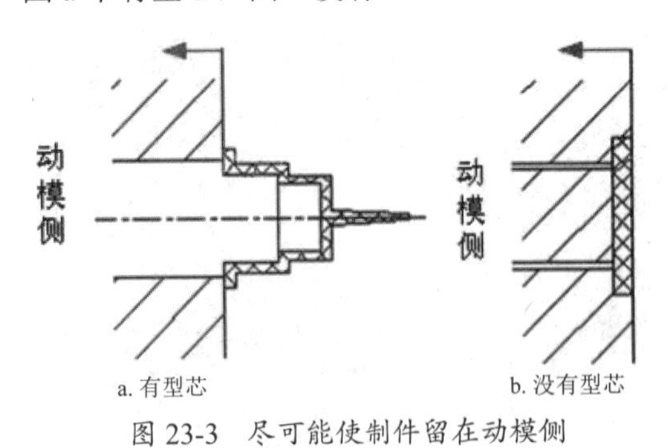

图23-3 尽可能使制件留在动模侧

2．应使模具的结构尽量简单

如图23-4所示的塑件形状比较特殊，如果按照图a的方案，将分型面设计成平面，型腔底部就不容易加工了。而按照图b所示把分型面设计为斜面，使型腔底部成为水平面，就会便于加工。而对于需要抽芯的模具，要把抽芯机构设计在动模部分，以简化模具结构。

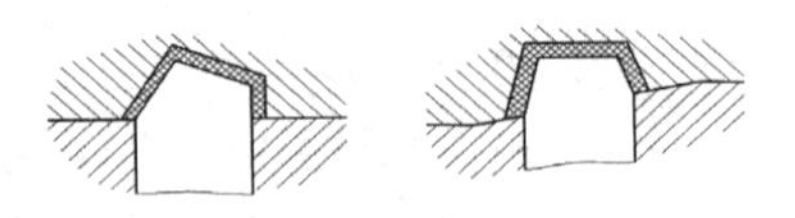

a. 不容易加工　　　b. 容易加工

图23-4 尽量使模具结构简单

3．应有利于排气

模具内气体的排除主要是靠设计在分型面上的排气槽，所以分型面应当选择在熔体流动的末端。如图23-5所示，图a的方案中，分型面距离浇口太近，容易造成排气不畅；而图b的方案则可以保证排气顺畅。

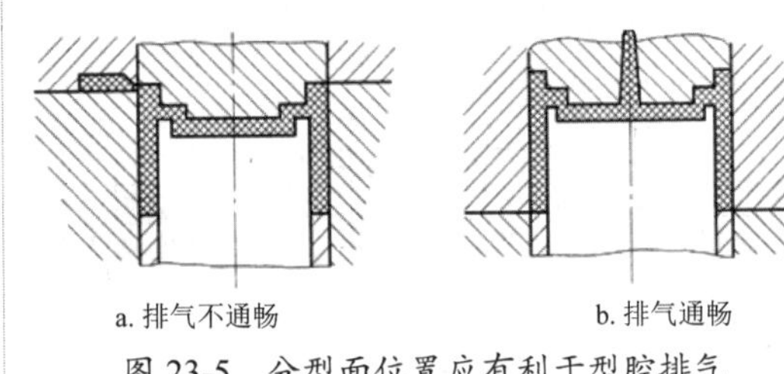

图23-5 分型面位置应有利于型腔排气

4．应保证制件尺寸精度

为保证齿轮的齿廓与孔的同轴度，将齿轮型芯与型腔都设在动模同侧。若分开设置，因导向机构的误差，便无法保证齿廓与孔的同轴度，如图23-6所示，图a中能保证制件质量，图b则不能。

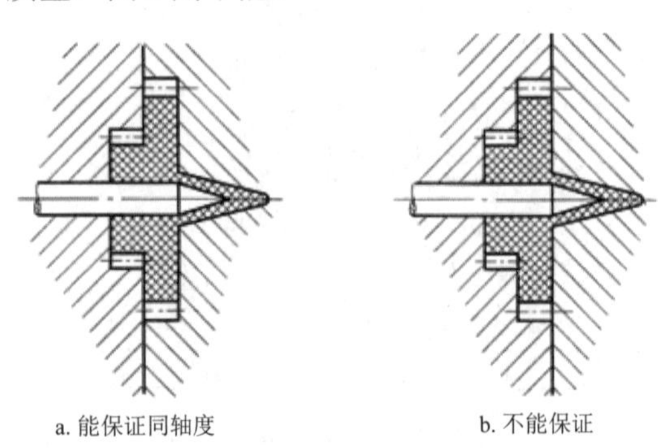

图23-6 应保证制件的同轴度

又比如图 23-7 所示的塑件，其尺寸 L 有较严格的要求，如果按照图 a 的方案设计分型面，成型后毛边会影响到尺寸 L 的精度。若改为图 b 的方案，毛边仅影响到塑件的总高度，但不会影响到尺寸 L。

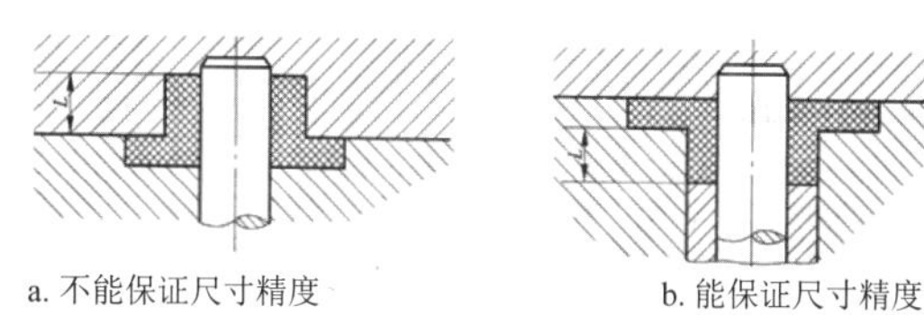

a. 不能保证尺寸精度　　b. 能保证尺寸精度

图 23-7　应保证制件尺寸精度

5. 应保证制品外观质量

动、定模相配合的分型面上稍有间隙，熔体便会在制品上产生飞边，影响制品外观质量。因此，在光滑平整的平面或圆弧曲面上，避免创建分型面，如图 23-8 所示，图 a 为正确做法，图 b 为错误做法。

6. 长型芯应置于开模方向

一般注射模的侧向抽芯都是利用模具打开时的运动来实现的。通过模具抽芯机构进行抽芯时，在有限的开模行程内，完成抽芯的距离是有限的。所以，对于互相垂直的两个方向都有孔或凹槽的塑件，应避免长距离的抽芯，如图 23-9 所示，图 a 方案不好，而图 b 方案较好。

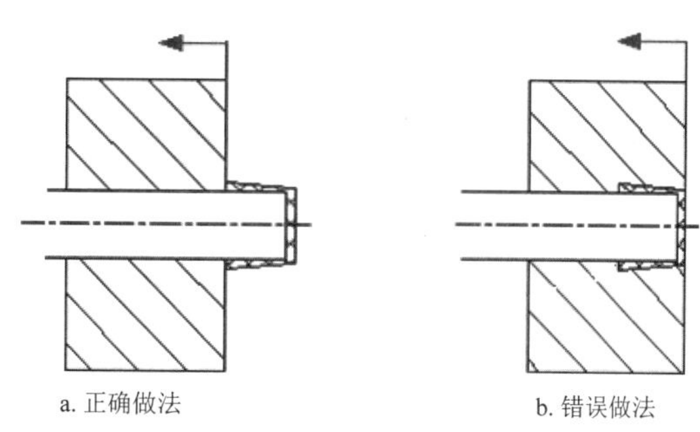

a. 正确做法　　b. 错误做法

图 23-8　应保证制品外观质量

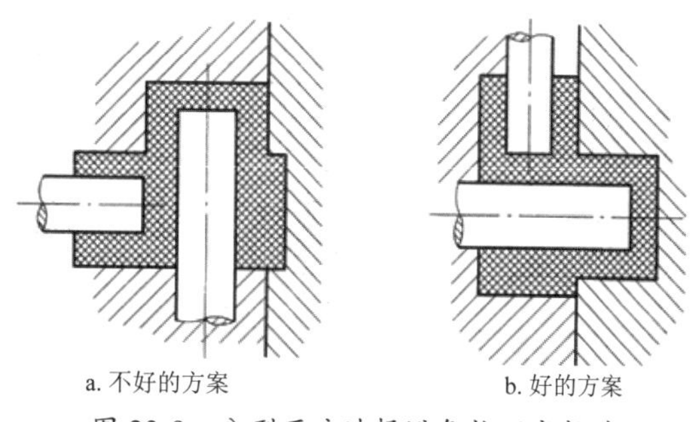

a. 不好的方案　　b. 好的方案

图 23-9　分型面应选择避免长距离抽芯

23.2 基于 Pro/E 的分型面设计方法

在 Pro/E 模具设计中，分型面是将工件或模具零件分割成模具体积块的分割面。它不仅仅局限于对动、定模或侧抽芯滑块的分割，对于模板中各组件、镶块同样可以采用分型面进行分割。为保证分型面设计成功和所设计的分型面能对工件进行分割，在设计分型面时必须满足以下两个基本条件：

- 分型面必须与欲分割的工件或模具零件完全相交以期形成分割。
- 分型面不能自身相交，否则分型面将无法生成。

Pro/E 模具设计模式下有两类曲面可以用于工件的分割：一是使用【分型面】专用模块生成的分型面特征；二是在参考模型或零件模型上使用【特征】工具栏中的【曲面】工具生成的曲面特征。由于前者得到的是一个模具组件级的曲面特征，易于操作和管理而最为常用。

从原理上讲，分型面设计方法可以分为两大类：一是采用曲面构造工具设计分型面，如复制参考零件上的曲面、草绘剖面进行拉伸、旋转，以及采用其他高级曲面工具等构造分型面；二是采用光投影技术生成分型面，如阴影分型面和裙边分型面等。

在 Pro/E 模具设计模式下，【模具】菜单管理器中分型曲面的创建选项如图 23-10 所示。【分型面】工具栏中的分型曲面创建与编辑命令如图 23-11 所示。

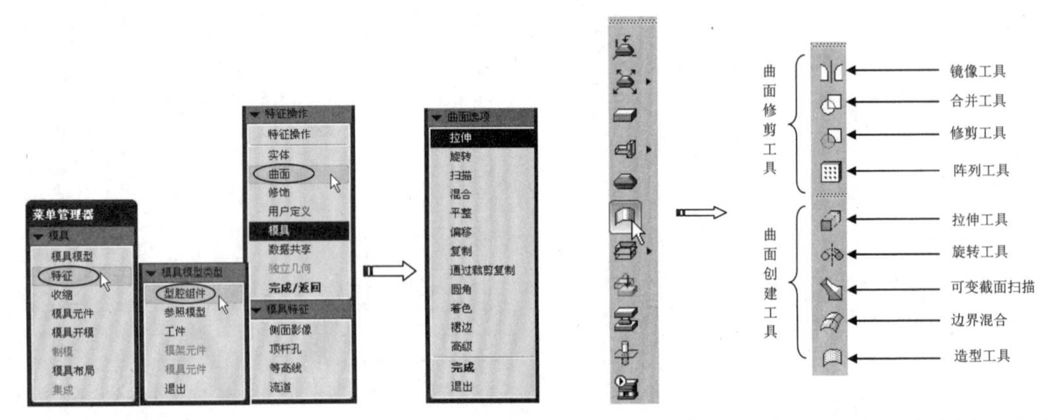

图 23-10 【模具】菜单管理器中分型曲面创建选项 图 23-11 【分型面】工具栏中曲面创建与编辑命令

如图 23-11 所示为利用分型面工具创建的模具分型面。

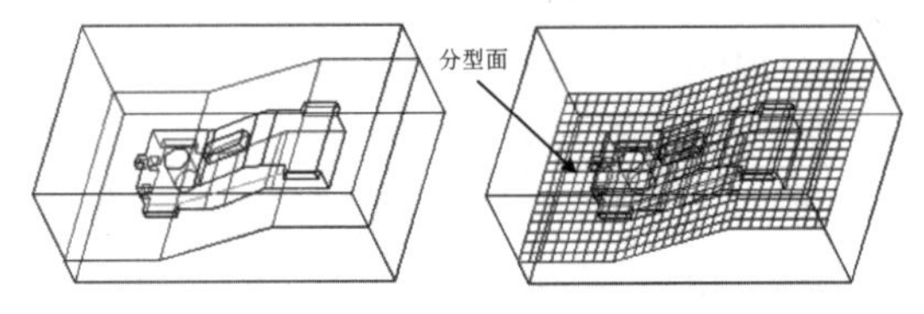

图 23-10 模具分型面

23.3 分型面的创建

分型面的设计最为复杂和耗时，是利用 Pro/E 进行模具设计的关键。分型面的创建选项有很多种，包括有拉伸分型面、旋转分型面、复制分型面、平整分型面、阴影分型面、裙边分型面等，下面分别介绍。

23.3.1 拉伸分型面

拉伸分型面是指在垂直于草绘平面的方向上，通过将草绘截面沿指定深度延伸，以此得到分型面。

在【模具/铸件制造】工具栏中单击【分型面】按钮，进入分型面设计模式，再单击【拉伸】按钮，在图形区选择草绘基准平面后即可进入草绘模式。在草绘模式下绘制分型面截面曲线，然后按指定的拉伸方向拉伸草绘曲线，得到想要的拉伸分型面。如图 23-12 所示为使用【拉伸】工具创建的拉伸分型面。

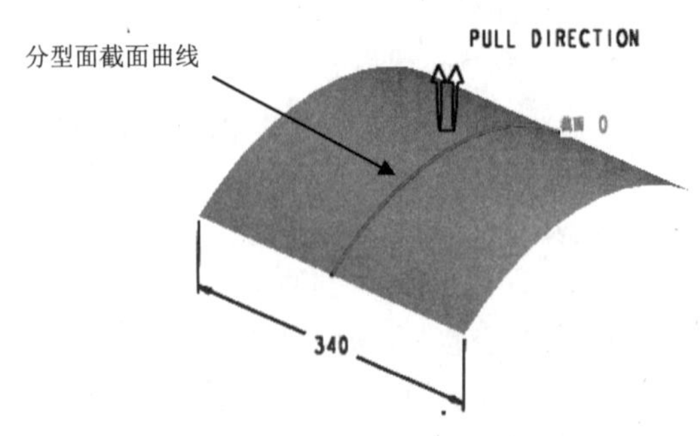

图 23-12 拉伸分型面

用户也可以在【模具】菜单管理器中依次选择【特征】|【型腔组件】|【曲面】|【新建】|【拉伸】命令（如图 23-13 所示），进入草绘模式绘制分型面截面，并创建出拉伸分型面。

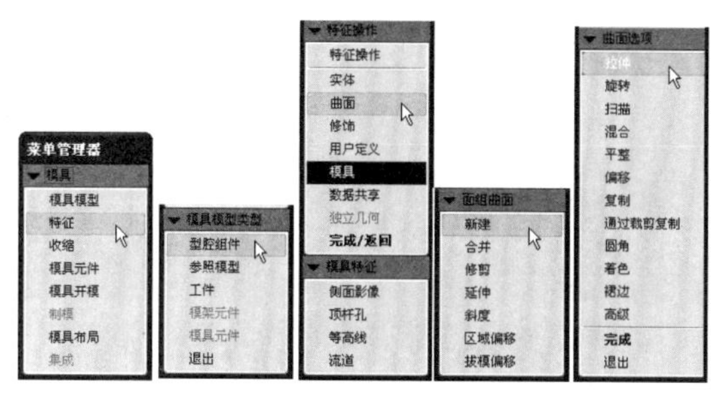

图 23-13　创建拉伸分型面所选择的菜单命令

23.3.2　旋转分型面

旋转分型面是指围绕草绘中心线，通过以指定角度旋转草绘截面来创建的分型曲面。当产品模型为旋转体特征时，可创建旋转分型面以用于切割模具镶块。

如图 23-14 所示为使用分型面设计模式下的【旋转】工具来创建的旋转分型面。

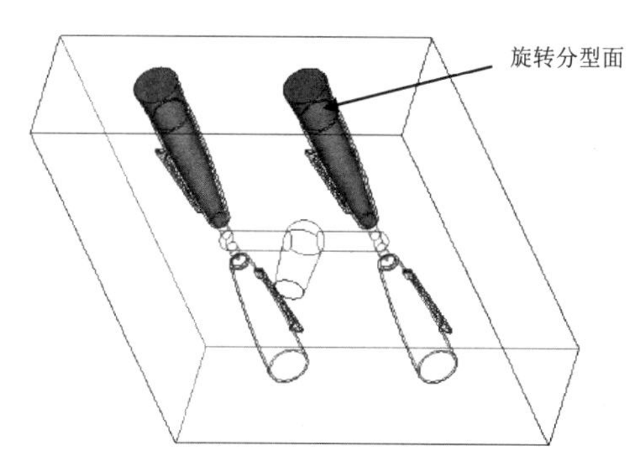

图 23-14　旋转分型面

同理，用户也可以在【模具】菜单管理器中依次选择【特征】|【型腔组件】|【曲面】|【新建】|【旋转】命令，进入草绘模式绘制分型面截面，并创建出旋转分型面。

23.3.3　平整分型面

平整分型面是通过草绘其边界来创建平面基准曲面。当产品模型底部为平面时，可创建平整分型面作为模具分型的主分型面。

创建平整分型面可以执行的命令方式如下：

- 在菜单栏中选择【编辑】|【填充】命令。
- 在【模具】菜单管理器中依次选择【特征】|【型腔组件】|【曲面】|【新建】|【平整】命令。

如图 23-15 所示为使用【平整】工具来创建的平整分型面。

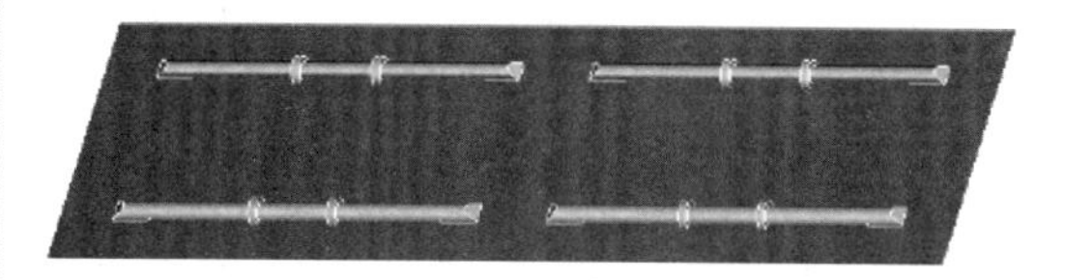

图 23-15　平整分型面

23.3.4　复制分型面

复制分型面是通过复制参照零件模型的表面而创建的曲面面组。一般情况下，是采用复制的方法来创建模具的型腔、型芯分型面。

创建复制分型面可以执行的命令方式如下：

- 在菜单栏中选择【编辑】|【复制】命令。
- 在上工具栏的【编辑】工具栏中单击【复制】按钮。
- 在【模具】菜单管理器中选择【特征】|【型腔组件】|【曲面】|【新建】|【复制】命令。

如图 23-16 所示为使用复制方法来创建的模具型芯分型面。

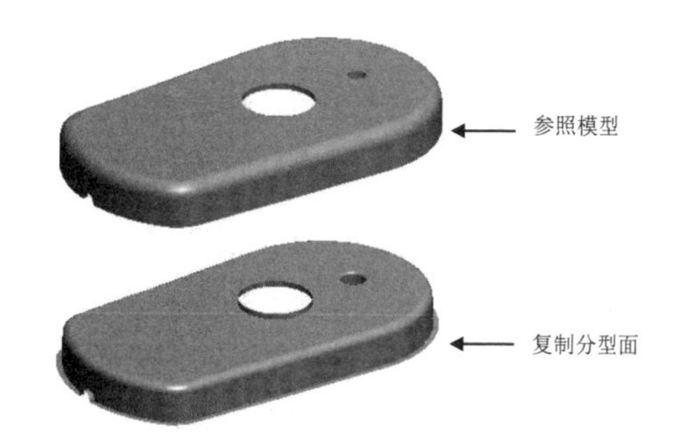

图 23-16　复制分型面

23.3.5　阴影分型面

阴影分型面是用光投影技术来创建分型曲面和元件几何的。阴影分型面是投影产品模型获得的最大面积的曲面，因此在使用【阴影】方法来创建分型面之前，必须对产品进行拔模处理。也就是说，若产品的外部有小于或等于90° 的面，则不能按照设计意图来正确创建分型面。

由阴影创建的分型曲面是一个组件特征。如果删除一组边、一个曲面或改变环的数量，程序将会正确地再生该特征。

创建阴影分型面可以执行的命令方式如下：

- 分型面设计模式下，在菜单栏中选择【编辑】|【阴影曲面】命令。
- 在【模具】菜单管理器中选择【特征】|【型腔组件】|【曲面】|【新建】|【着色】命令。

如图23-17所示为使用【阴影曲面】方法来创建的模具分型面。

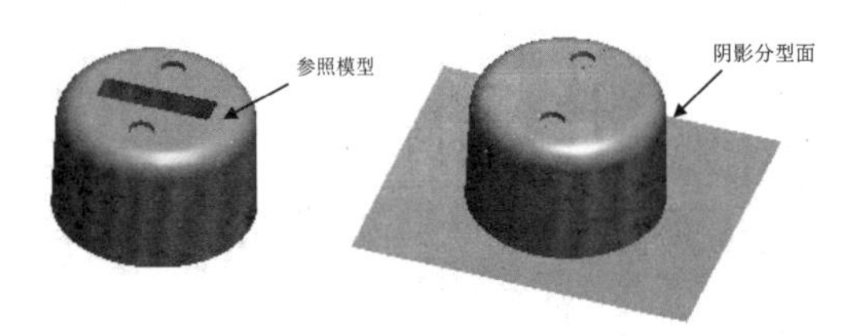

图23-17 阴影分型面

23.3.6 侧面影像曲线与裙边分型面

分割模具时可能要沿着设计模型的侧面影像曲线创建分型面。侧面影像曲线是在特定观察方向上模型的轮廓。沿侧面影像边分割模型是很好的办法，这是因为在指定观察方向上沿此边没有悬垂。

1. 侧面影像曲线

侧面影像曲线就是通常所指的分型线。它的主要用途是辅助创建分型面。从拉伸方向观察时，此曲线包括所有可见的外部和内部参照零件边。

创建侧面影像曲线可以执行的命令方式如下：

- 在【模具】菜单管理器中选择【特征】|【型腔组件】|【侧面影像】命令，如图23-18所示。

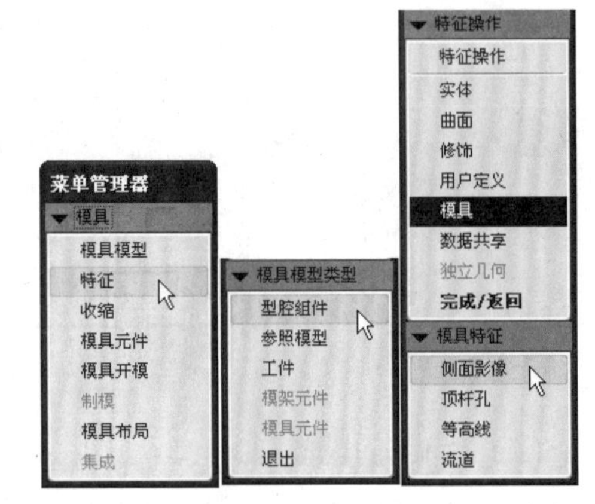

图23-18 创建侧面影像曲线所选择的菜单命令

- 在图形窗口右侧的【基准】工具栏中单击【曲线】按钮，然后在弹出的【曲线选项】菜单中选择【侧面影像】命令，如图23-19所示。

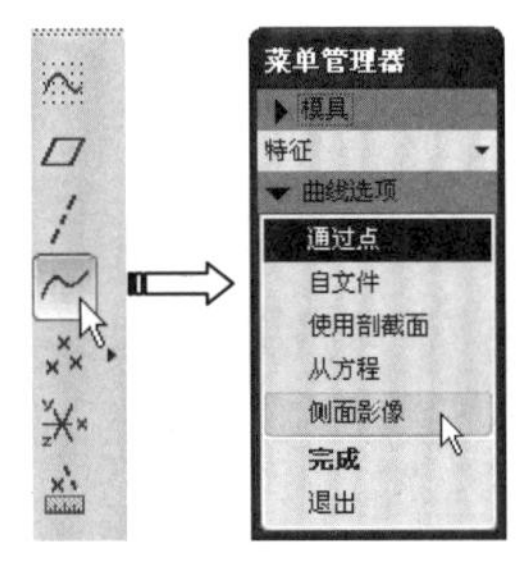

图23-19 在【曲线选项】菜单中选择命令

- 在菜单栏中选择【插入】|【侧面影像曲线】命令。

执行上述命令之一后，程序弹出【侧面影像曲线】对话框，如图23-20所示。同时，在参照模型中显示程序默认的投影方向（-Z方向）。

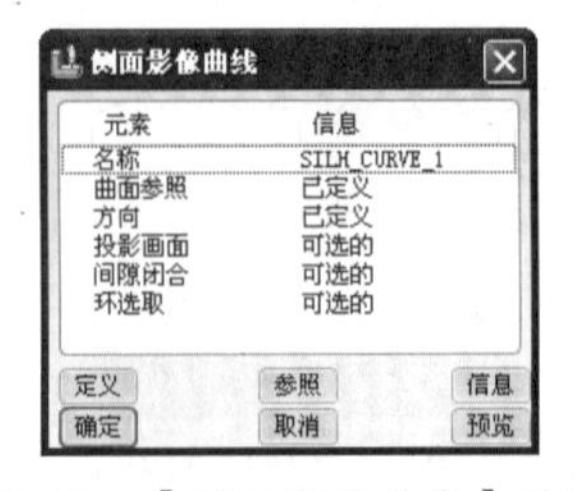

图23-20 【侧面影像曲线】对话框

在【侧面影像曲线】对话框中，用户须对所有列出的元素进行定义，否则不能正确创建曲线特征。列表中各元素含义如下：

- 名称：为侧面影像曲线指定名称。
- 曲面参照：是指创建侧面影像曲线时的参照模型。
- 方向：投影的方向。可为投影指定平面、曲线 / 边 / 轴、坐标系作为方向的参照。
- 投影画面：在创建侧面影像曲线的过程中可选的【投影画面】元素自动补偿底切，它说明用作投影画面的体积块和元件，并创建正确的分型线，它还自动从分型线中排除多余的边。
- 间隙闭合：定义此元素时，若方向参照模型中有间隙，程序会弹出信息框提示用户，对间隙处进行修改。如图 23-21 所示，Pro/E 程序检测到了参照模型中有间隙。
- 环选取：如果参照零件有垂直于拉伸方向的曲面，则程序在该曲面上方的边和下方的边都形成曲线链。开放的或封闭的两条曲线不能同时使用。因此必须使用所需的一条曲线，对于只有一个解的链没有其他可用选择。另外可选择排除整个环。

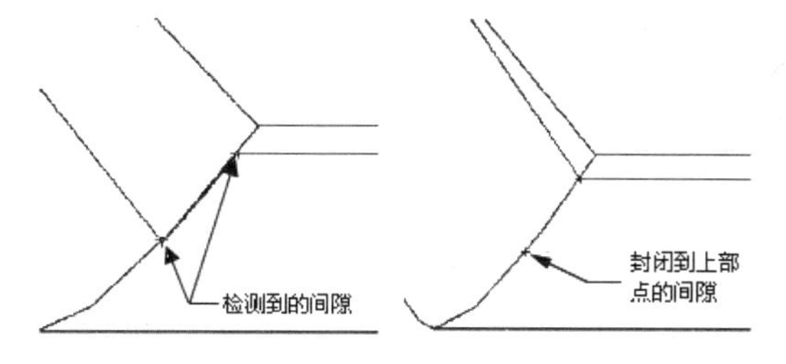

图 23-21 程序自动检测到的间隙

如图 23-22 所示为经过环选取后最终创建完成的侧面影像曲线。

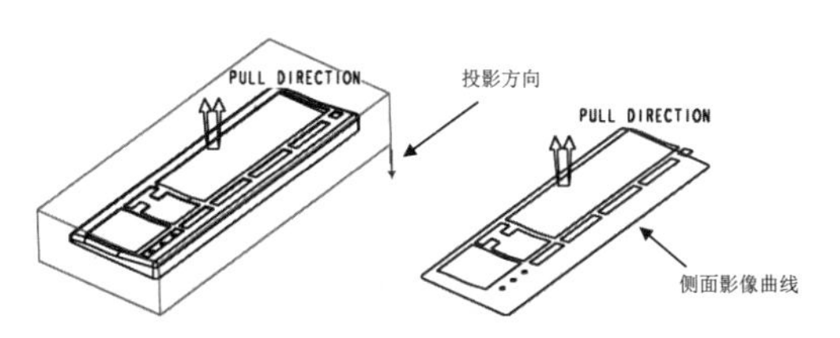

图 23-22 投影方向与侧面影像曲线

2. 裙边分型面

裙边分型面是通过拾取用侧面影像曲线创建的基准曲线并确定拖动方向来创建的分型曲面。当参照模型的侧面影像曲线创建完成后，就可以创建裙边分型面了。

创建裙边分型面可以执行的命令方式如下：

- 分型面设计模式下，在菜单栏中选择【编辑】|【裙边曲面】命令。
- 分型面设计模式下，在【模具 / 铸件制造】工具栏单击【裙边曲面】按钮。
- 在【模具】菜单管理器中选择【特征】|【型腔组件】|【曲面】|【新建】|【裙边】命令。

当执行上述其中命令之一后，程序会弹出如图 23-23 所示的【裙边曲面】和【选取】两个对话框，以及【链】菜单管理器。

图 23-23 创建裙边曲面的操作对话框及命令菜单

在【裙边曲面】对话框的元素列表中，值得一提的是【延伸】元素。若参照模型简单，则程序会正确地创建主分型面的延伸方向，如图 23-24 所示。若参照模型较复杂，则可通过打开的【延伸控制】对话框来更改延伸方向，如图 23-25 所示。

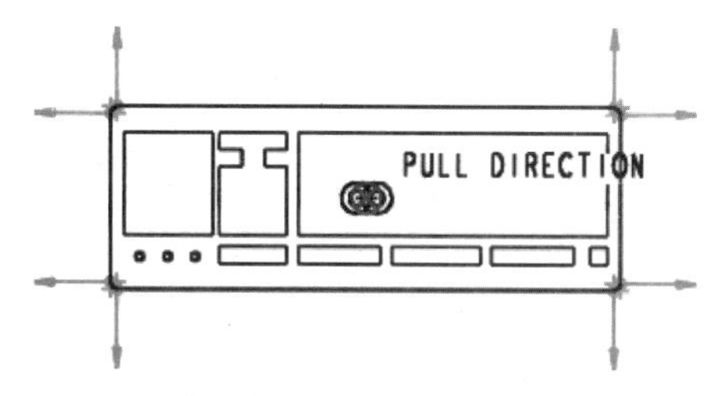

图 23-24 显示的默认延伸方向

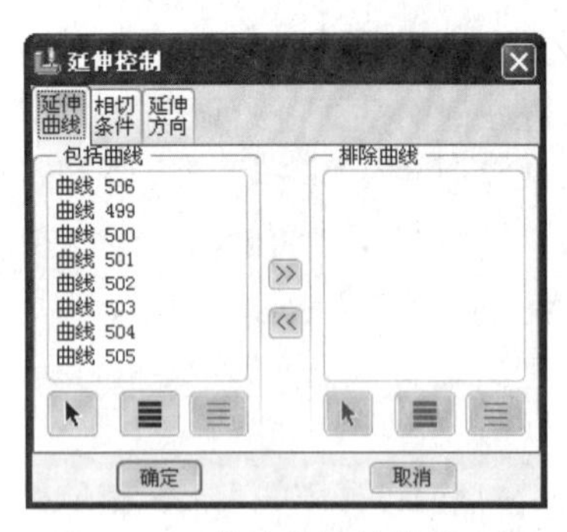

图 23-25 【延伸控制】对话框

与创建覆盖型分型面（即复制参照模型的曲面以创建一个完整曲面）的阴影曲面不同，裙边曲面特征不在参照模型上创建曲面，而是创建参照模型以外的分型面，包括破孔面和主分型面。

如图 23-26 所示，图中显示使用侧面影像曲线作为分型线创建的裙边分型面。

图 23-26 裙边分型面

23.4 分型面的编辑

在 Pro/E 中，常采用合并、修剪、延拓（延伸）等方法来编辑用户创建的多个分型面，使之成为最终满足设计需要的模具分型面。同样，在修补产品模型的靠破孔时，也可采用合并、修剪、复制等曲面编辑功能。

23.4.1 合并分型面

模具分型面是由一个或多个单个曲面特征组合而成的。要创建一个曲面面组，必须使用【合并】方法将这些曲面连接到一个面组中。在合并后的曲面中，以洋红色显示的边表明它是两个曲面的公共边。合并曲面有两种方式：

- 相交：在两个曲面相交或相互贯穿时，选择此选项，程序将创建相交边界，并询问保留区域。如图 23-27 所示。

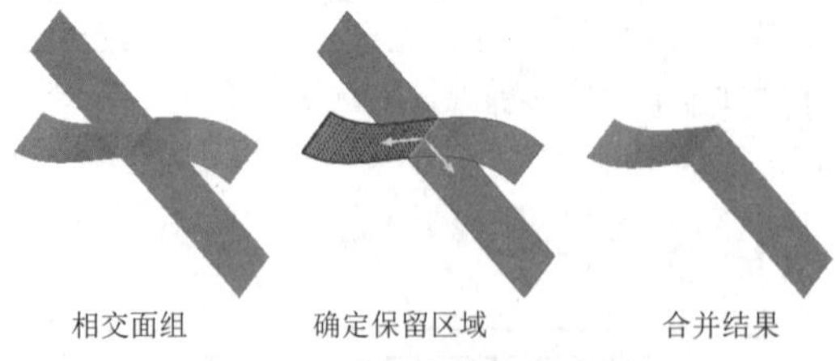

图 23-27 以【相交】方式合并曲面

- 连接：当两个相邻曲面有公共边界时，则选择此选项，程序将不计算相交，直接合并曲面。如图 23-28 所示。

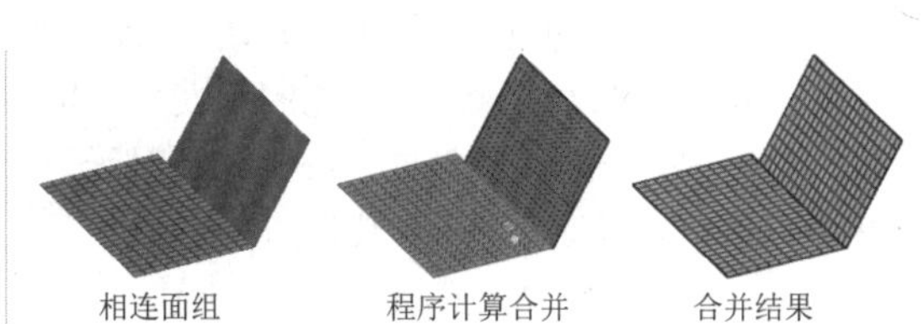

图 23-28 以【连接】方式合并曲面

创建合并分型面的方式如下：

- 在模具设计模式或者分型面设计模式下，按住 Ctrl 键选取要合并的面组，然后在菜单栏中选择【编辑】|【合并】命令。
- 在分型面设计模式下，按住 Ctrl 键选取要合并的面组，然后在【编辑特征】工具栏中单击【合并】按钮。
- 在【模具】菜单管理器中选择【特征】|【型腔组件】|【曲面】|【合并】命令，如图 23-29 所示。

技术要点

在分型面设计模式下创建面组，则不能在退出该模式后的情况下进行面组合并。

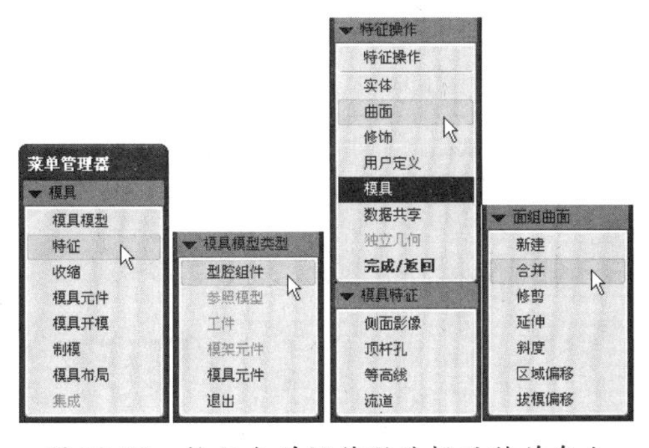

图 23-29　执行合并操作所选择的菜单命令

在执行上述命令之一后，程序会弹出如图 23-30 所示的【合并】操控板。

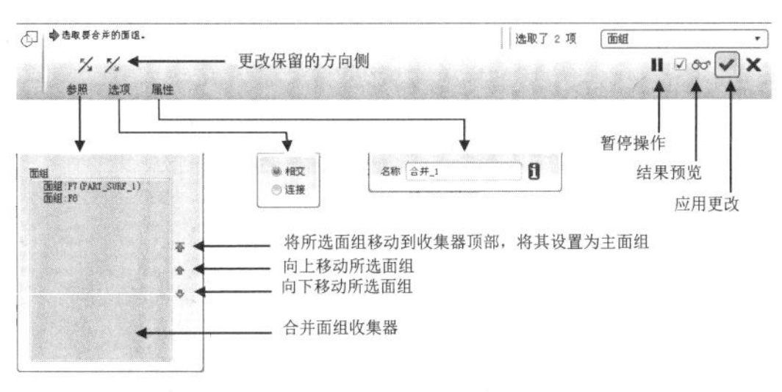

图 23-30　【合并】操控板

23.4.2　修剪分型面

除了使用【合并】工具能将曲面修剪掉以外，还可使用【修剪】工具对所选面组进行修剪。【修剪】工具可以是任意的平面、曲面或曲线链。

创建修剪分型面的方式如下：

- 在模具设计模式或者分型面设计模式下，选取要修剪的对象（单个曲面），然后在菜单栏中选择【编辑】|【修剪】命令。
- 在分型面设计模式下，选取要修剪的对象，然后在【编辑特征】工具栏中单击【修剪】按钮。
- 在【模具】菜单管理器中选择【特征】|【型腔组件】|【曲面】|【修剪】命令。

执行以上操作之一，将弹出如图 23-31 所示的【修剪】操控板。

如图 23-32 所示为使用曲面、基准平面、和曲线作为【修剪】工具来修剪曲面的示意图。

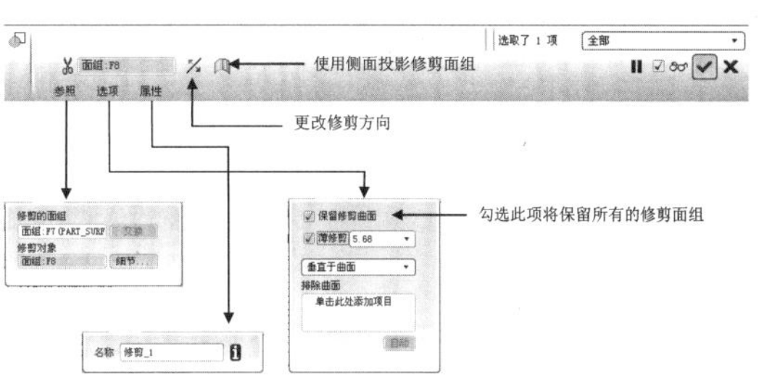

图 23-31　【修剪】操控板

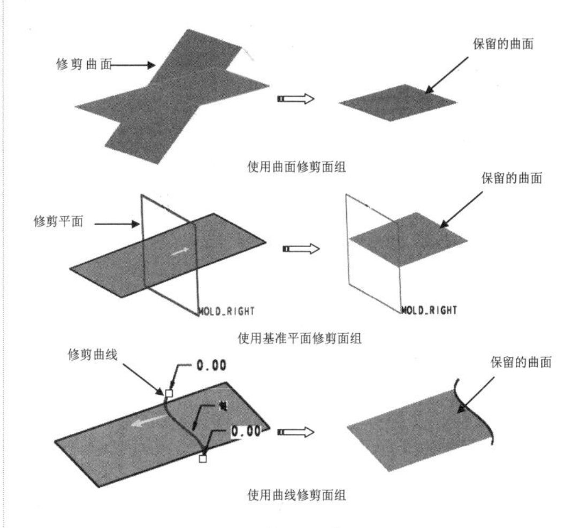

图 23-32　选择不同的【修剪】工具来修剪典型曲面

23.4.3　镜像分型面

镜像分型面是以平面或基准平面作为镜像平面来创建的复制分型面。镜像的分型面与镜像参照是相对称的。

创建镜像分型面的方式如下：

- 在模具设计模式或者分型面设计模式下，选取要镜像的对象，然后在菜单栏中选择【编辑】|【镜像】命令。
- 在分型面设计模式下，选取要镜像的对象，然后在【编辑特征】工具栏中单击【镜像】按钮。

执行以上操作之一，将弹出如图 23-32 所示的【镜像】操控板。

图 23-33　【镜像】操控板

如图 23-33 所示为使用【镜像】工具，以基准平面作为镜像平面来创建的镜像分型面。

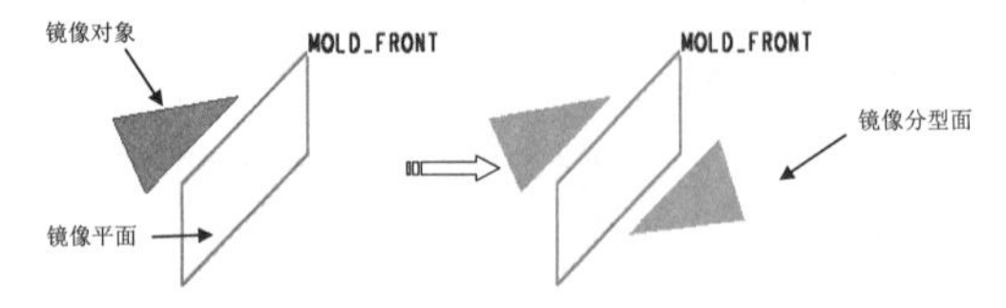

图 23-34　选择基准平面来创建镜像分型面

23.4.4　延伸分型面

在编辑分型面的所选选项中，【延伸】选项可使用户将分型面的所有或特定的边延伸指定的距离或延伸到所选参照。延伸是模具组件曲面特征，可进行重定义。

创建延伸分型面的方式如下：

- 在模具设计模式或者分型面设计模式下，在菜单栏中选择【编辑】|【延伸】命令。
- 在【模具】菜单管理器中【特征】|【型腔组件】|【曲面】|【延伸】命令。

执行以上操作之一，程序将弹出【延伸】操控板，如图 23-35 所示。

在【延伸】操控板的【选项】选项卡中包括 3 种曲面延拓方法。

- 相同：延拓特征与被延拓的曲面是同一类型，原始曲面会越过其选取的原始边界并越过指定的距离。【相同曲面】如图 23-36 所示。
- 相切：延拓特征是与原始曲面相切的直纹曲面。【相切】曲面如图 23-36 所示。
- 逼近：将曲面创建为边界混合。【逼近】曲面如图 23-36 所示。

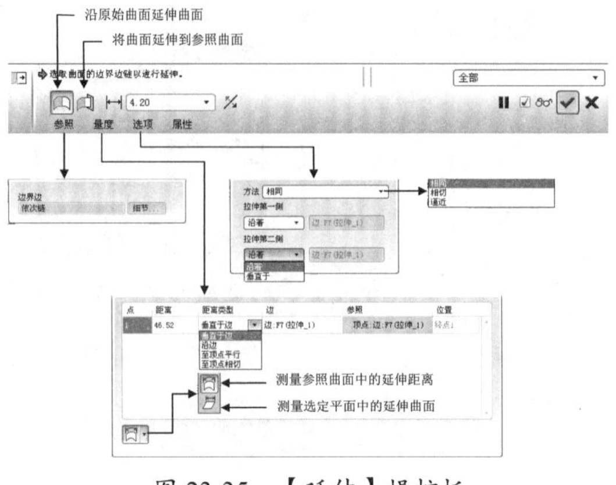

图 23-35　【延伸】操控板

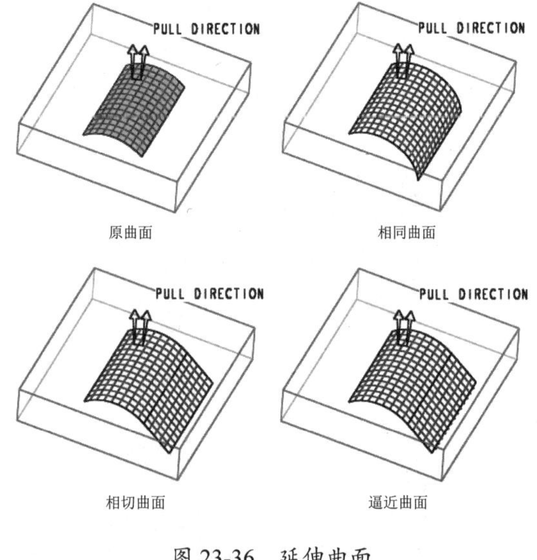

图 23-36　延伸曲面

23.5　分型面的检查

在分模设计时，常常因分型面出现重合、交叉、缝隙等问题导致分模失败。这就需要事先对分型面进行相关问题检查，及时发现问题并做出合理修改。在 Pro/E 中可使用【分型面检查】工具进行分型面检测工作。

23.5.1　自交检测

Pro/E 程序提供的自交检测功能主要是针对前面提到的设计分型面满足的两个基本条件：

- 分型面必须与欲分割的工件或模具零件完全相交以期形成分割。
- 分型面不能自身相交，否则分型面将无法生成。

例如，对如图 23-37 所示的模具分型面进行自交检测。在菜单栏中选择【分析】|【分型面检测】命令，弹出【零件曲面检测】子菜单和【选取】对话框，如图 23-38 所示。

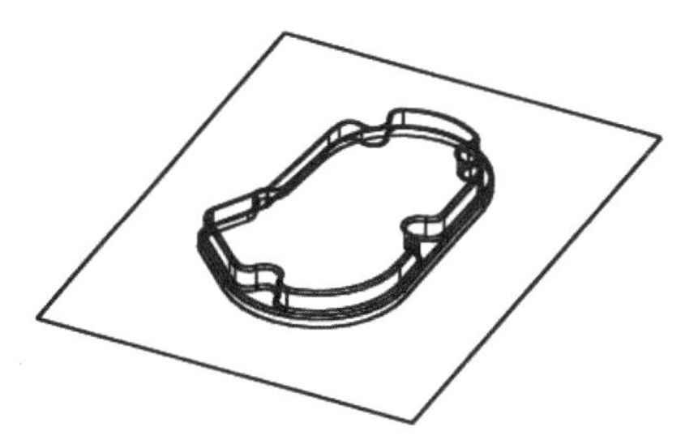

图 23-37　要检测的分型面

图 23-38　【零件曲面检测】子菜单和【选取】对话框

在该子菜单中选择【自交检测】命令，然后在图形区选取要检测的模具分型面，信息栏中显示检测结果，如图 23-39 所示。

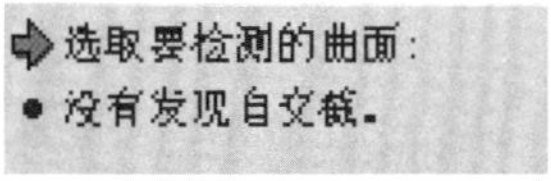

➡ 选取要检测的曲面:
● 没有发现自交截。

图 23-39　自交检测结果

技术要点

曲面设计模式中是不能进行分型面检查的。

23.5.2　轮廓检测

轮廓检测用于检测模具分型面中是否有缝隙存在，若有缝隙，分型面上将会显示红色的线和点。

例如，对自交检测中的分型面进行轮廓检测。在菜单栏中选择【分析】|【分型面检测】命令，弹出【零件曲面检测】子菜单和【选取】对话框。在【零件曲面检测】子菜单中选择【轮廓检查】命令，然后在图形区中选取要检查的模具分型面，信息栏中给出检查结果，如图 23-40 所示。同时，分型面的轮廓边显示红色的线和点，如图 23-41 所示。

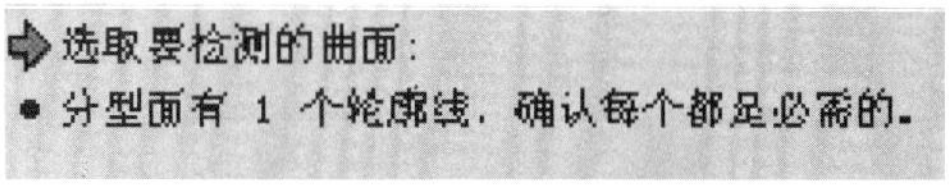

➡ 选取要检测的曲面:
● 分型面有 1 个轮廓线，确认每个都是必需的。

图 23-40　轮廓检查结果

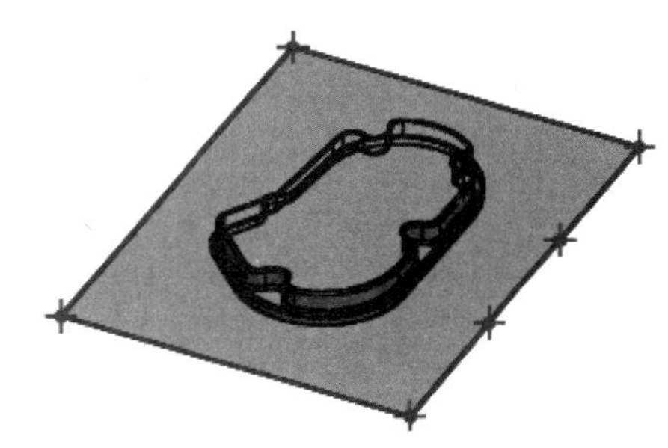

图 23-41　分型面显示轮廓检查结果

若信息栏中给出信息证明有两个或两个以上的轮廓线，则说明分型面中绝对有缝隙存在，这就需要对分型面做出合理修改。

23.6　综合实训

模具分型面主要包括主分型面（产品边缘到工件边框的分型面）、型腔或型芯分型面（产品内部或外部面）、靠破孔补面，以及拆镶件所使用的分型面。下面以几个典型实例来分别说明使用 Pro/E 中分型面工具创建模具分型面的设计方法与过程。

23.6.1 笔帽模具分型面设计

◎ **引入文件：实训操作 \ 源文件 \Ch23\mold_5-1.asm**

◎ **结果文件：实训操作 \ 结果文件 \Ch23\ 笔帽模具分型面 \ mold_5-1.asm**

◎ **视频文件：视频 \Ch23\ 笔帽模具分型面设计 . avi**

钢笔的笔帽为塑料制件，模型布局为一模四腔。笔帽模具分型面主要由主分型面、型腔侧（或型芯侧）分型面、侧抽芯镶块分型面组成。下面使用各种分型面工具来创建笔帽的模具分型面。笔帽模型与模具布局如图 23-42 所示。

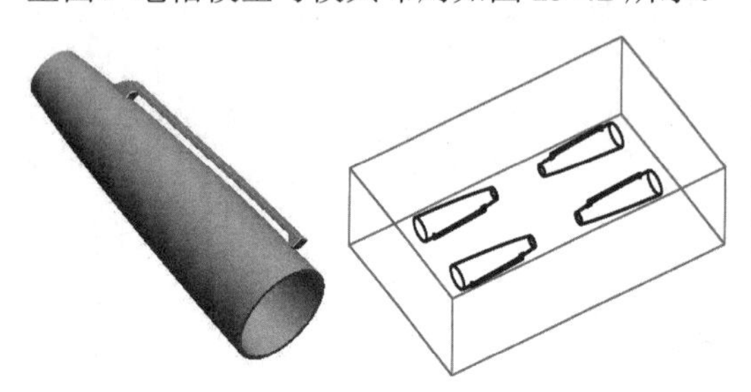

图 23-42 笔帽模型与模具布局

1. 创建主分型面

主分型面的设计可使用【填充】工具（即创建平整分型面）来完成。主分型面必须是完全覆盖工件。

操作步骤：

01 设置工作目录，并打开【mold_5-1.asm】组件文件。

02 在【模具 / 铸件制造】工具栏中单击【分型面】按钮，进入分型面设计模式。

03 在模型树窗口中单击【显示】按钮，将显示切换至【层树】窗口。在该窗口中选中【01___PRT_ALL_DTM_PLN】项目并选择右键菜单中的【隐藏】命令，将零件模型的基准平面关闭，如图 23-43 所示。设置后再切换回模型树窗口。

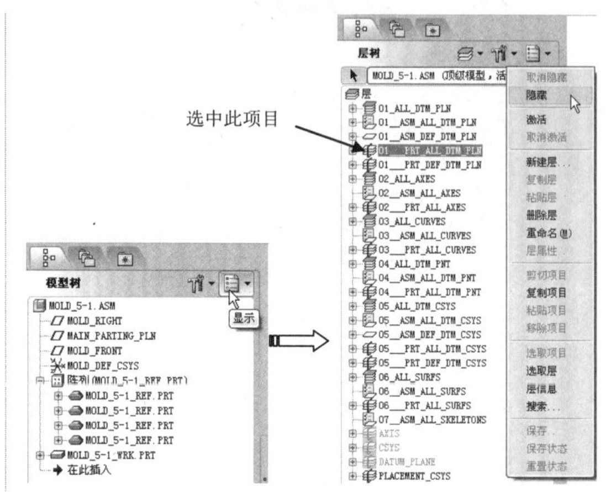

图 23-43 关闭零件模型的基准平面显示

04 在菜单栏中选择【编辑】|【填充】命令，然后按照如图 23-44 所示的操作过程完成主分型面的创建。

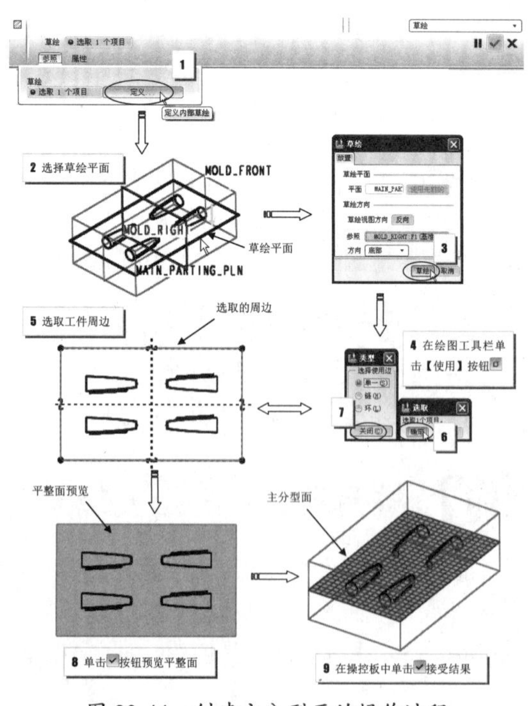

图 23-44 创建主分型面的操作过程

2. 创建型芯侧分型面

型芯侧分型面的创建可使用复制面或创建旋转面的方法来进行，由于产品模型为旋转体特征，且又没有靠破孔，因此在这里采用创建旋转曲面的方法来完成。

操作步骤：

01 进入分型面设计模式。

02 在【基础特征】工具栏中单击【旋转】按钮，程序弹出【旋转】操控板。然后按照如图 23-45 所示的操作步骤完成单个笔帽型芯侧分型面的创建。

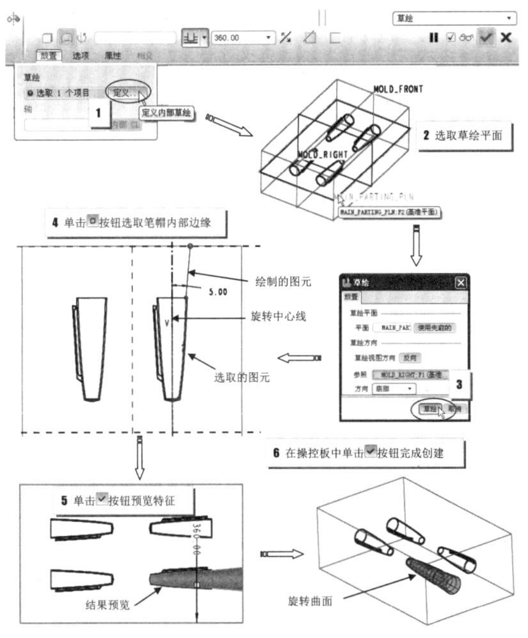

图 23-45　创建单个笔帽型芯侧分型面的操作过程

技术要点

旋转特征的旋转中心线可在草绘模式中绘制，也可在操控板运行状态下选择基准轴，以此作为旋转中心线。

同理，使用【旋转】方法创建并列的另一笔帽型芯侧分型面，结果如图 23-46 所示。

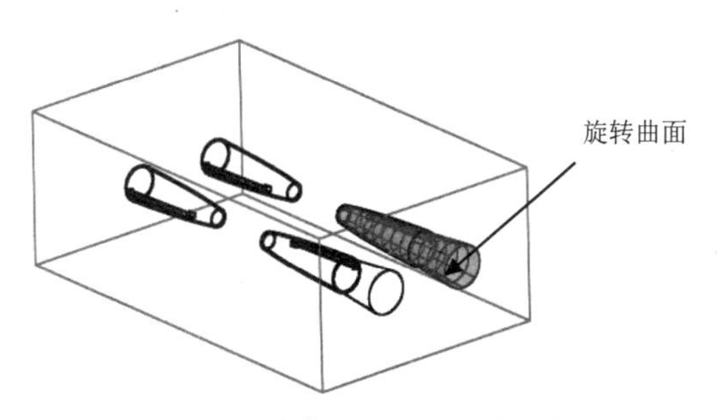

图 23-45　创建的另一侧型芯侧分型面

3. 创建侧抽芯镶块分型面

侧抽芯镶块分型面在笔帽布局的两侧，可使用【拉伸】方法来创建，创建完成后，再使用【合并】方法将此分型面与笔帽型芯侧分型面进行合并。

操作步骤：

01 在分型面设计模式中继续进行镶块分型面的创建。

02 在【基础特征】工具栏中单击【拉伸】按钮，程序弹出【拉伸】操控板。然后按照如图 23-47 所示的操作步骤完成单侧抽芯镶块分型面的创建。

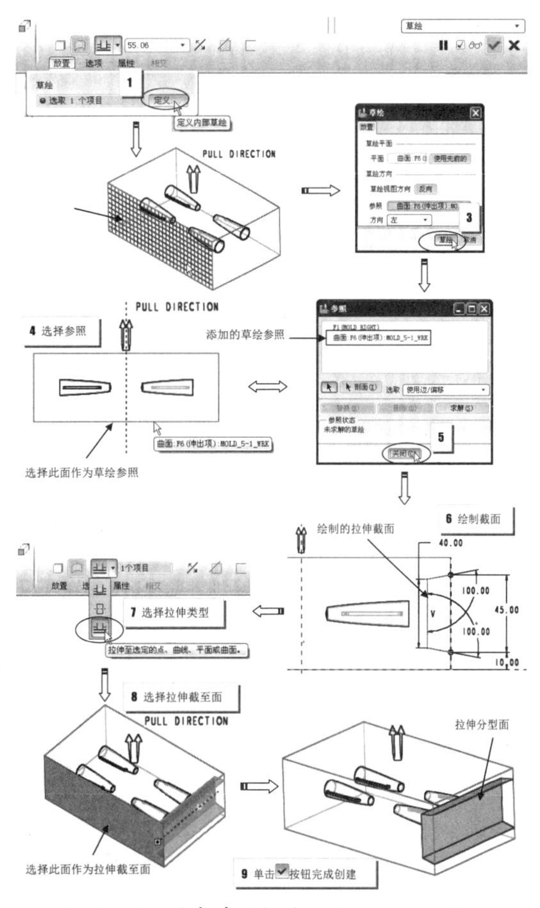

图 23-47　创建单侧抽芯镶块分型面的过程

03 在模型树窗口中选择右键快捷菜单中的命令将工件隐藏。然后使用【复制】方法创建另一侧的旋转分型面和拉伸分型面，其操作步骤如图 23-48 所示。

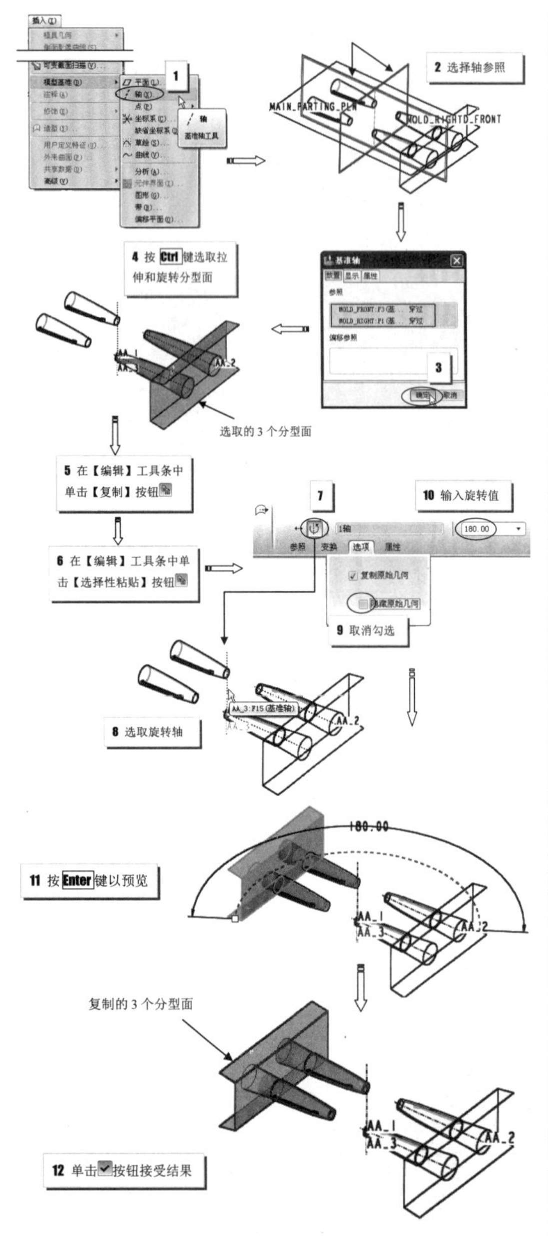

图 23-48　复制旋转、拉伸分型面的过程

04 选择【合并】方法中的【相交】选项，将拉伸分型面与旋转分型面进行合并操作，过程如图 23-49 所示。

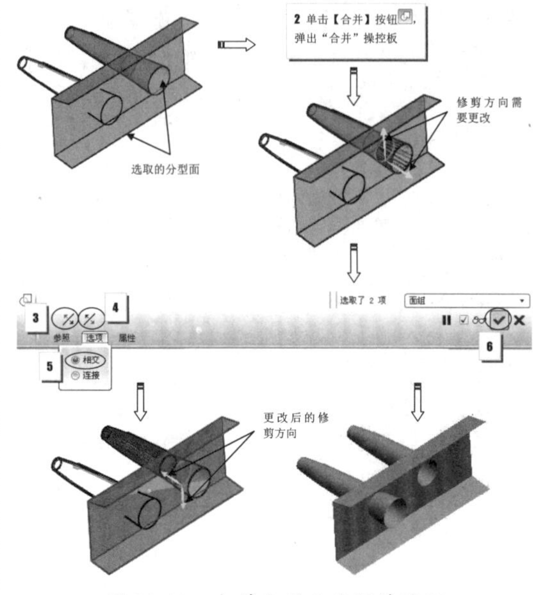

图 23-49　合并分型面的操作过程

05 同理，按此方法将其余的旋转分型面与拉伸分型面分别进行合并，完成侧抽芯镶块分型面的创建。最终合并操作完成的结果如图 23-50 所示。

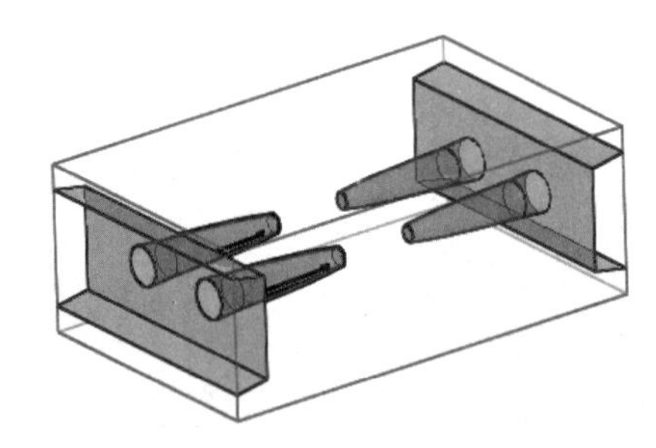

图 23-50　合并操作完成后的侧抽芯镶块分型面

06 笔帽模具分型面创建完成后，单击【保存】按钮将结果保存。

23.6.2　遥控器前盖模具分型面设计

◎ **引入文件：实训操作 \ 源文件 \Ch23\ mold_5-2.asm**

◎ **结果文件：实训操作 \ 结果文件 \Ch23\ 遥控器前盖模具分型面 \ mold_5-2.asm**

◎ **视频文件：视频 \Ch23\ 遥控器前盖模具分型面设计 .avi**

对于一模多腔的模具分型面的设计，其方法是：先创建完成单个布局模型的分型面，然后使用基准平面逐一修剪单个分型面，修剪后再进行合并，就得到了完整的模具分型面。

本例中将使用 Pro/E 的【裙边曲面】方法来创建遥控器前盖模具的分型面，遥控器前盖模型为塑料制件，表面质量要求较高，靠破孔补面应在型腔侧。创建裙边分型面之前必须创建侧面影像曲线。遥控器前盖模型与模具布局如图 23-51 所示。

图 23-51 遥控器模型及其模具布局

1. 创建侧面影像曲线

在创建侧影像曲线时，最重要的环节就是对程序自动提取的影像曲线逐一筛选，以此获得用户所需的模具分型线。

操作步骤：

01 设置工作目录。打开【mold_5-2.asm】文件。

02 在【模具 / 铸件制造】工具栏中单击【分型面】按钮，进入分型面设计模式。然后再按照如图 23-52 所示的操作步骤完成模具分型线的创建。

03 同理，照此方法来完成另一参照模型的侧面影像曲线的创建，创建过程这里就不再赘述了。

2. 创建裙边分型面

操作步骤：

01 显示工件。在【模具 / 铸件制造】工具栏上单击【裙边曲面】按钮，然后按如图 23-53 所示的操作步骤来创建单个模型分型面。

02 从【延伸控制】中可知，分型面延伸的方向中个别方向需要进行修改，修改其中一个延伸方向的操作过程如图 23-54 所示。

03 按此操作步骤完成其余延伸方向的修改，并最终完成裙边分型面的创建，如图 23-55 所示。

04 第一个裙边分型面创建完成后，退出分型面设计模式。接着重新进入分型面设计模式，按此方法创建另一参照模型的裙边分型面。

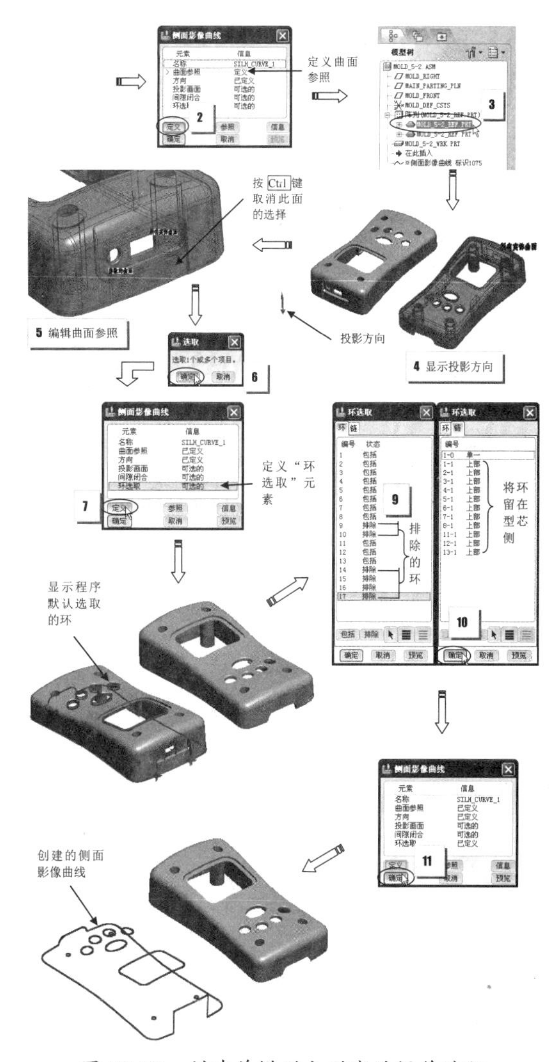

图 23-52 创建单模型分型线的操作过程

技术要点

用户要创建裙边分型面，必须将工件显示，否则【裙边】功能不能使用。也就是说，要创建裙边分型面，工件就不能【遮蔽】或【隐藏】。

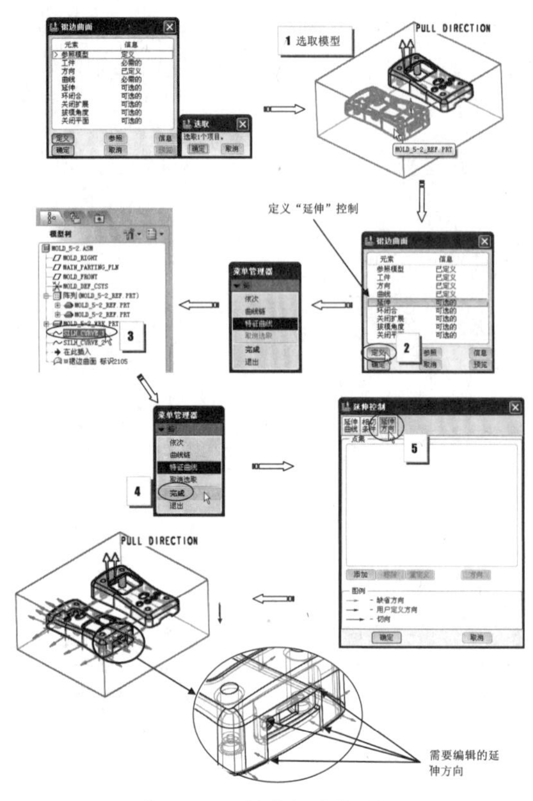

图 23-53　创建裙边分型面

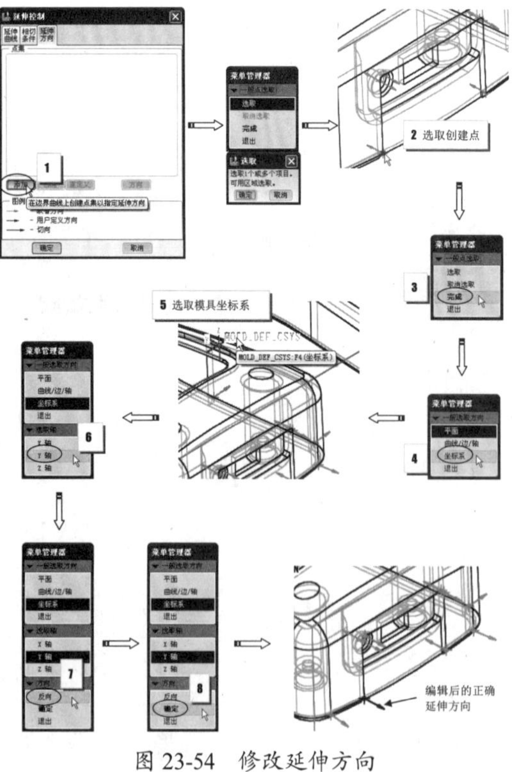

图 23-54　修改延伸方向

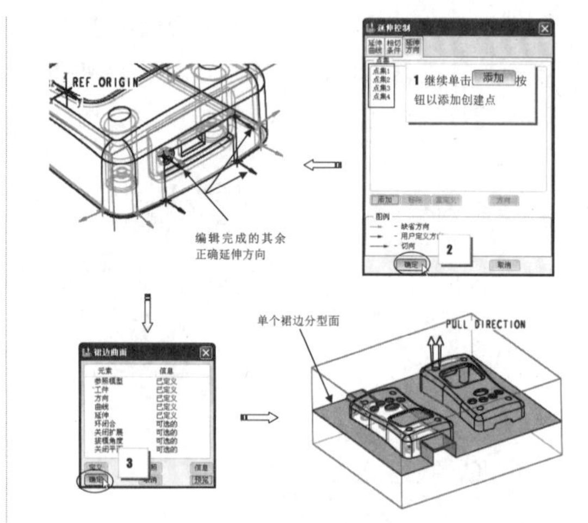

图 23-55　修改其余延伸方向并完成单个裙边分型面的创建

3．修剪裙边分型面

若模具布局中参照模型的主分型面不在同一平面内，可创建分割平面来合并裙边分型面，以达到修剪裙边分型面的效果。若在同一平面内，可直接使用基准平面来修剪裙边分型面。遥控器的主分型面均在平面内，因此不再创建另外的平面。

操作步骤：

01 在第一个裙边分型面创建完成后，使用【修剪】工具，以基准平面来修剪裙边分型面，如图 23-56 所示。

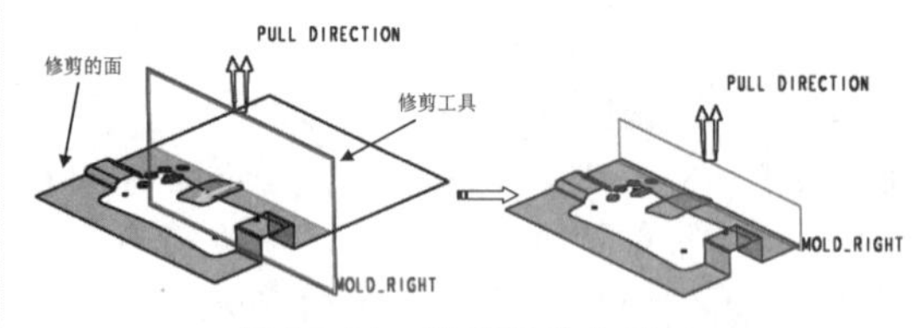

图 23-56　修剪裙边分型面

02 同理，在创建完成另一个裙边分型面后，再使用【修剪】工具对该裙边分型面进行修剪，如图 23-57 所示。

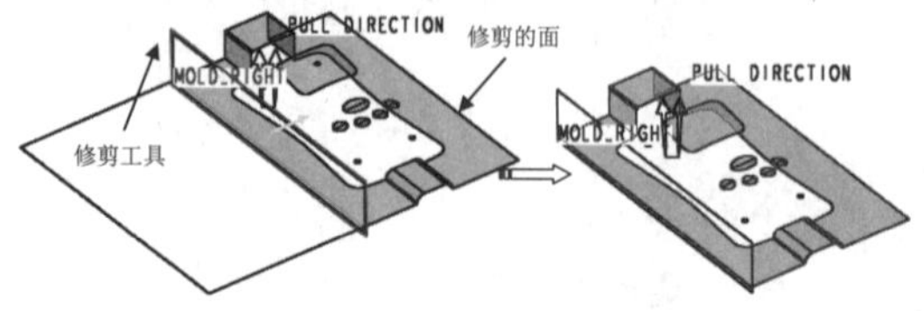

图 23-57　修剪另一裙边分型面

03 退出分型面设计模式。在图形区选中两个修剪后的裙边分型面，然后在菜单栏中选择【编辑】|【合并】命令，以【连接】的方式将裙边分型面合并。最终合并结果如图 23-58 所示。合并后的分型面即遥控器前盖模具的分型面。

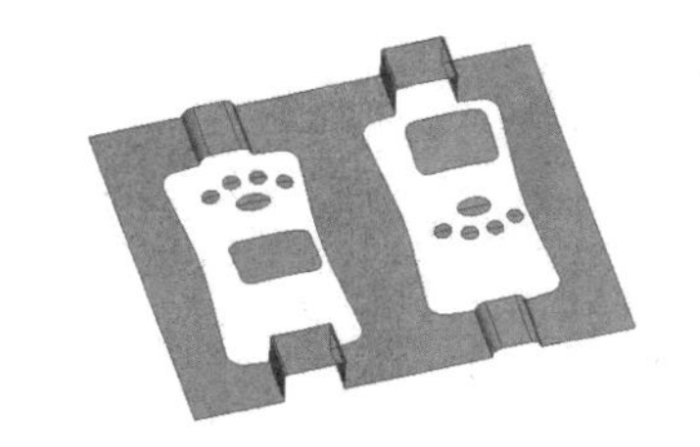

图 23-58　遥控器前盖模具的分型面

23.6.3　风扇叶模具分型面设计

◎ **引入文件：实训操作 \ 源文件 \Ch23\ mold_5-3.asm**

◎ **结果文件：实训操作 \ 结果文件 \Ch23\ 风扇叶模具分型面 \ mold_5-3.asm**

◎ **视频文件：视频 \Ch23\ 风扇叶模具分型面设计 . avi**

风扇叶模具的分型面属于组合型的分型面，即由主分型面、型芯分型面和插破分型面构成。

其中，插破分型面将使用【扫描】曲面方法来创建。风扇叶模型及模具布局如图 23-59 所示。

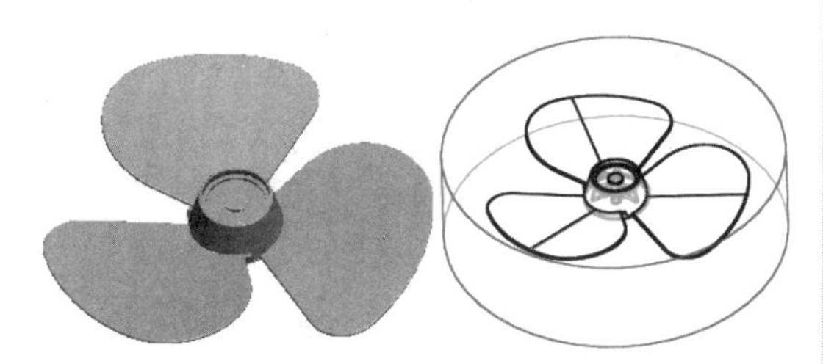

图 23-59　风扇叶模型及其模具布局

1. 创建主分型面

主分型面的作用可以用来合并其他分型面，风扇叶模具的主分型面创建在自定义的基准平面上。

操作步骤：

01 设置工作目录，打开【mold_5-3.asm】文件。

02 在菜单栏中选择【插入】|【模型基准】|【平面】命令，程序弹出【基准平面】对话框，然后按照如图 23-60 所示的操作步骤完成基准平面 ADTM1 的创建。

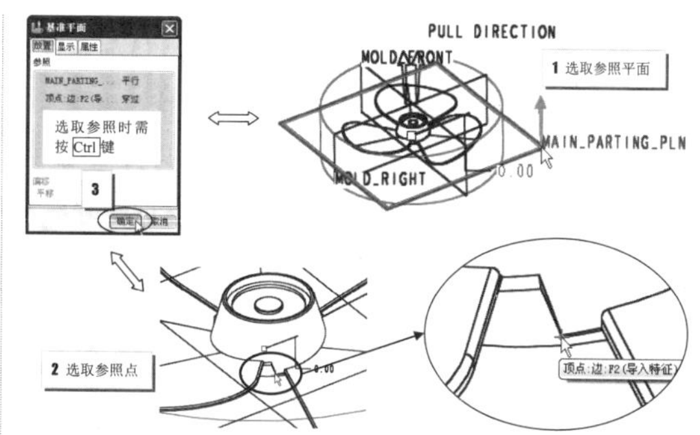

图 23-60　创建基准平面的操作过程

05 进入分型面设计模式。在菜单栏中选择【编辑】|【填充】命令，然后按照如图 23-61 所示的操作步骤完成主分型面的创建。

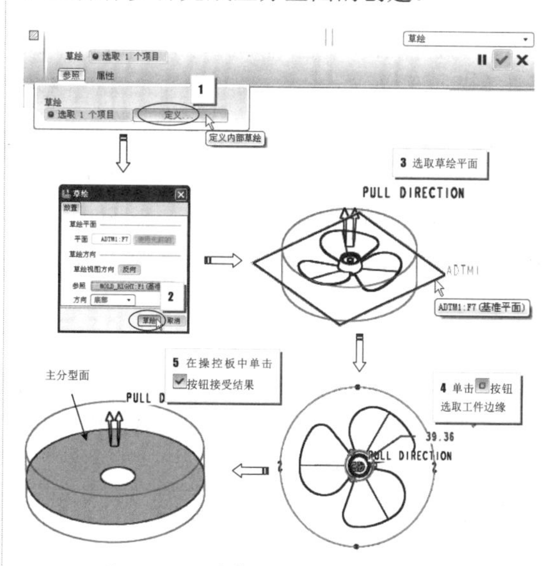

图 23-61　创建主分型面的操作过程

2. 创建型芯分型面

创建型芯分型面可使用【复制】的方法，将产品型芯侧的面进行复制、粘贴。

操作步骤：

01 隐藏工件和主分型面。

02 在图形区选择一个型芯侧的曲面后，再按照图 23-62 所示的操作步骤创建型芯分型面。

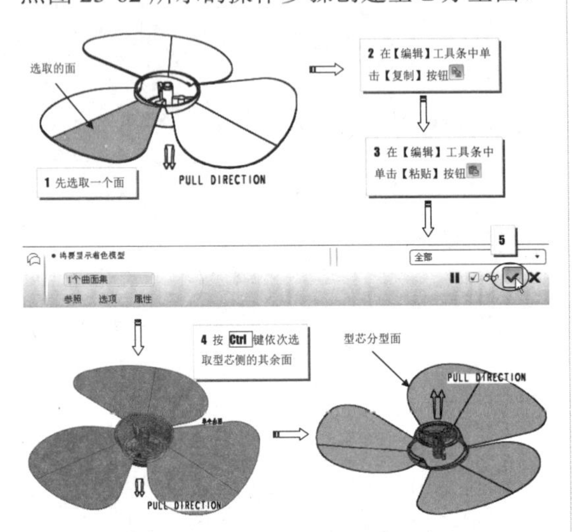

图 23-62 创建型芯分型面的操作过程

3. 创建插破分型面

按常理来讲，完全可以直接从型芯分型面的边缘向各个方向拉伸生成主分型面，但是此类产品底部为不规则的螺旋形，直接拉伸会造成型芯与型腔滑动错位，导致产品失败。因此需要做插破面，即沿着产品边缘将型芯面延伸一定距离，再向 -Z 方向靠破。

插破面的创建方法是，先创建侧面影像曲线，以此作为扫描轨迹对插破截面进行扫描。3 个叶片的插破面必须单独进行创建。

操作步骤：

01 退出分型面设计模式。

02 在【模具 / 铸件制造】工具栏上单击【侧面影像曲线】按钮，然后按如图 23-63 所示的操作步骤完成侧面影像曲线的创建。

03 隐藏参照模型 mold_5-3.prt，并进入分型面设计模式。

04 在菜单栏中选择【插入】|【扫描】|【曲面】命令，然后按照如图 23-64 所示的操作步骤创建单个叶片扫描曲面的创建。

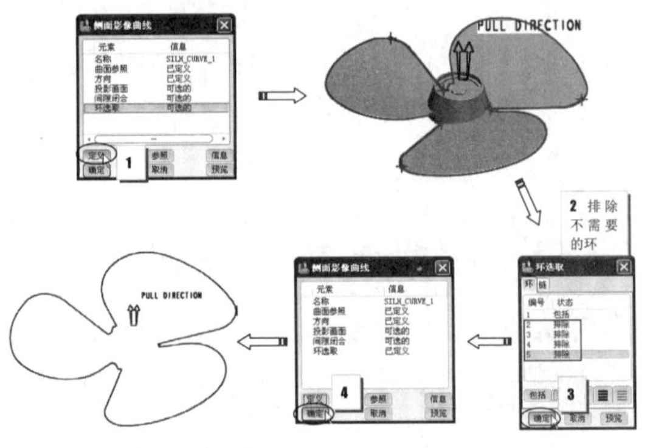

图 23-63 创建侧面影像曲线的操作过程

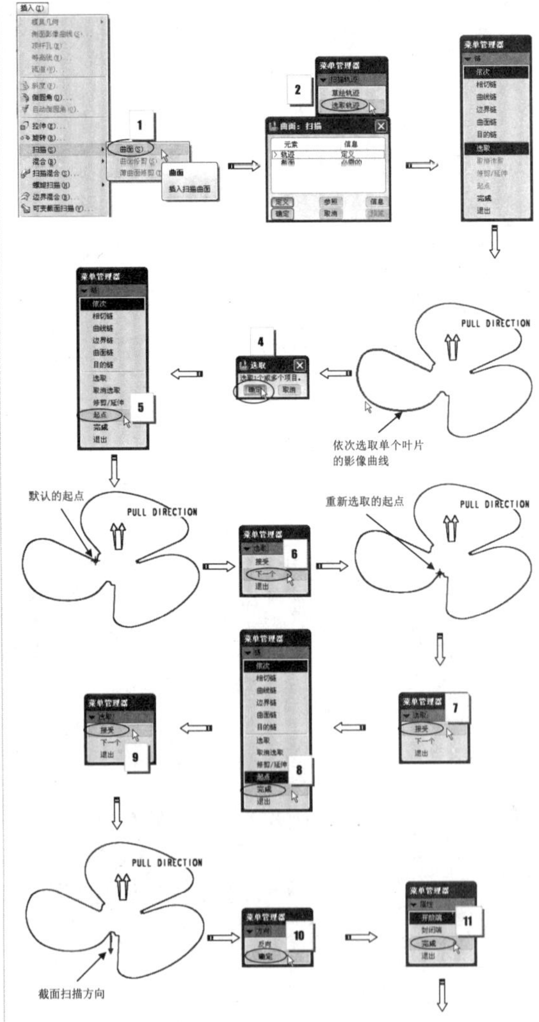

图 23-64 创建单个叶片的扫描曲面

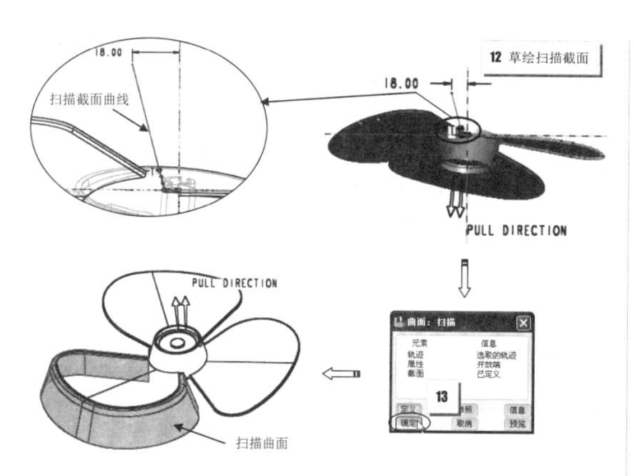

图 23-64　创建单个叶片的扫描曲面（续图）

05 扫描曲面创建后，需要将首尾端的面延伸，延伸至模型内部，便于与型芯分型面合并。创建延伸曲面需要退出分型面设计模式，操作过程如图 23-65 所示。

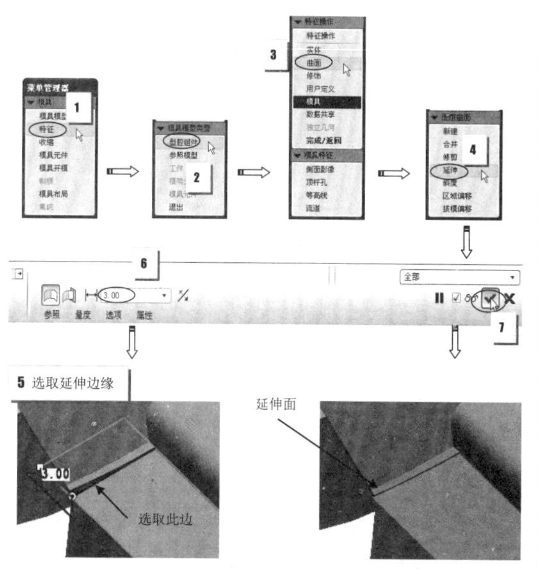

图 23-65　创建延伸面的操作过程

06 按此方法，将插破面的另一侧也进行延伸操作，结果如图 23-66 所示。

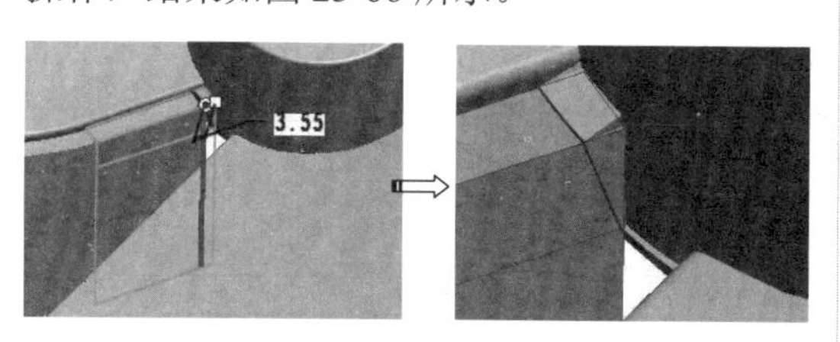

图 23-66　创建另一侧的延伸面

07 同理，将其余两个叶片的插破面创建完成。操作过程就不再赘述。

4．修剪、合并分型面

主分型面、型芯分型面和叶片插破分型面创建完成后，需要对 3 种分型面分别进行修剪与合并操作，以此获得模具分型面。

操作步骤：

01 首先修剪一个叶片的插破面。使用【修剪】工具，选取叶片插破面为要修剪的对象，以型芯分型面作为修剪工具，将插破面延伸部分修剪掉，结果如图 23-67 所示。

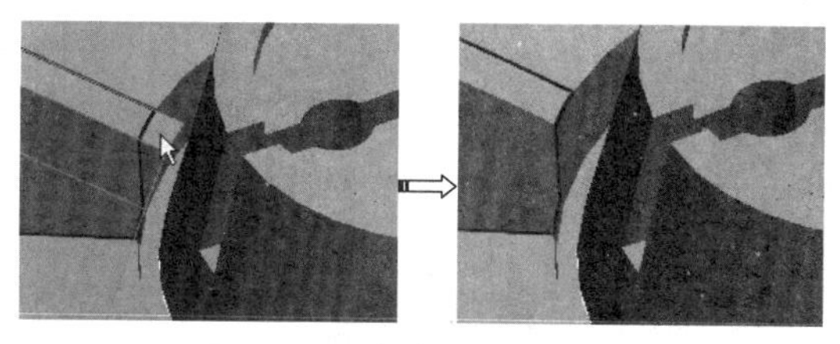

图 23-67　修剪叶片的插破面

02 同理，对其余叶片插破面的延伸部分进行修剪。

03 使用【合并】工具，以【连接】的方式将 3 个修剪后的插破面分别与型芯分型面进行合并，得到一个整体曲面。

04 将主分型面与上步骤创建的合并曲面再次进行合并，并最终获得风扇叶模具的分型面，如图 23-68 所示。

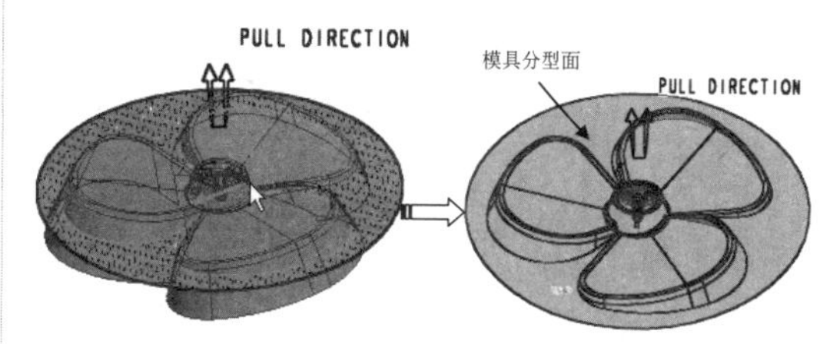

图 23-68　完成风扇叶模具分型面的创建

23.7 课后习题

1. 阴影分型面

练习模型如图 23-69 所示。然后使用【阴影曲面】方法创建模具分型面。

练习内容及步骤：

（1）使用【拔模检测】工具，检测模型边缘是否做了倒角处理。

（2）使用【阴影曲面】工具，在分型面设计模式中创建阴影分型面。

2. 裙边分型面

练习模型如图 23-70 所示。然后使用【裙边曲面】方法创建模具分型面。

（1）首先创建侧面影像曲线。

（2）在分型面设计模式下，使用【裙边曲面】工具创建模具的分型面。

3. 复制分型面

练习模型如图 23-71 所示。然后使用【复制】、【边界混合】工具创建模具的分型面。

图 23-69　练习模型 1

图 23-70　练习模型 2

图 23-71　练习模型 3

练习内容及步骤：

（1）在分型面设计模式下，首先创建主分型面。

（2）使用【复制】工具创建出型腔或型芯分型面。

（3）使用【边界混合】工具修补产品破孔。

（4）最后使用【合并】工具修剪、合并 3 个分型面，最终完成模具分型面的创建。

◇◇◇◇◇◇◇◇◇◇◇◇◇◇◇◇◇◇◇ 读书笔记 ◇◇◇◇◇◇◇◇◇◇◇◇◇◇◇◇◇◇◇◇◇

第 24 章　模具分割与抽取

成型零件包括型芯、型腔及其他小成型杆，本章将详细地介绍 Pro/E 中成型零件的设计方法与操作过程。

资源二维码

百度云盘

360 云盘 访问密码 32dd

知识要点

- ◆ 模具分割概述
- ◆ 分割模具
- ◆ 生成模具元件
- ◆ 制模
- ◆ 模具开模

24.1　模具分割概述

模具中使用模具分型面分割工件后，所得的体积块的总和称为成型零件。模具成型零件包括型腔、型芯、各种镶块、成型杆和成型环。由于成型零件与成品直接接触，它的质量关系到制件质量，因此要求有足够的强度、刚度、硬度、耐磨性，有足够的精度和适当的表面粗糙度，并保证能顺利脱模。

24.1.1　型腔与型芯

型腔（定模仁或凹模）和型芯（动模或凸模仁）部件是模具中成型产品外表的主要部件。型腔或型芯部件按结构的不同可分为整体式和组合镶拼式。

1．整体式

整体式型腔或型芯仅由一整块金属加工而成，同时也是模具中的定模部件，如图 24-1 所示的型腔。其特点是牢固、不易变形，因此对于形状简单、容易制造或形状虽然比较复杂，但对采用加工中心、数控机床、仿形机床或电加工等特殊方法加工的场合是适宜的。

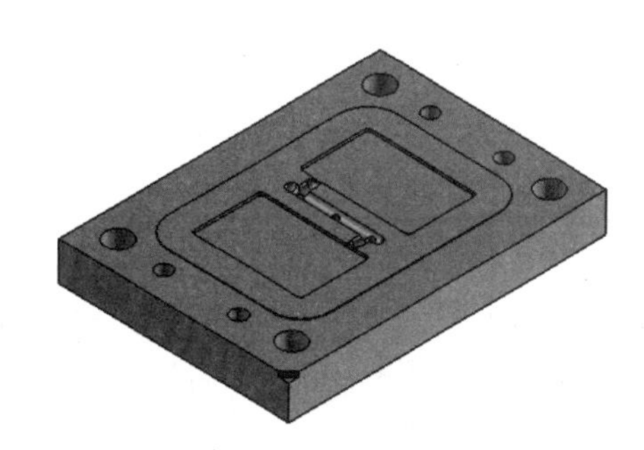

图 24-1　整体式型腔部件

近年来随着型腔加工新技术的发展和进步，许多过去必须组合加工的较复杂的型腔现在也可以进行整体加工了。

2．组合式

组合式型腔或型芯，按其组成方式的不同，又可分为整体嵌入式和局部嵌入式。

- 整体嵌入式：为了便于加工，保证型腔或型芯沿主分型面分开的两半在合模时的对中性（中心对中心），常将小型型腔对应的两半做成整体嵌入式，两嵌块外轮廓截面尺寸相同，分别嵌入相互对中的动、定模板的通孔内。为保证两通孔的对中性良好，可将动、定模配合后一道加工，当机床精度高时也可分别加工。如图 24-2 所示为整体嵌入式型腔部件。

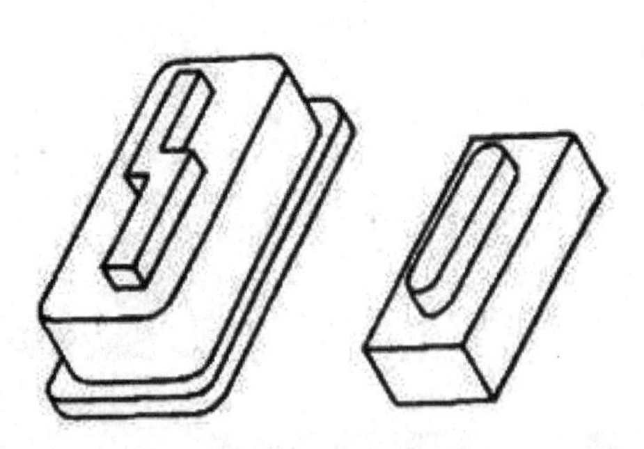

图 24-2 整体嵌入式型腔

- 局部嵌入式：为了加工方便或型腔的某一部分容易损坏，需经常更换的工件应采取局部镶嵌的办法。如图 24-3a 所示的异形型腔，先钻周围的小孔，再在小孔内镶入芯棒，车削加工出型腔大孔，加工完毕后把这些被切掉部分的芯棒取出，调换完整的芯棒镶入，便得到图示的型腔。图 b 所示的型腔内部有凸起，可将此凸起部分单独加工，再把加工好的镶块利用圆形槽镶在圆形槽内。图 c 是典型的型腔底部镶嵌。

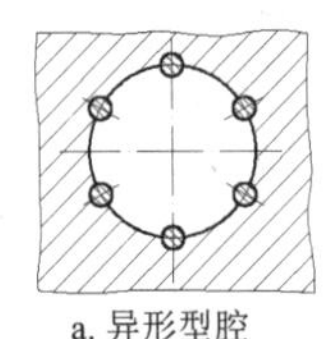

a. 异形型腔

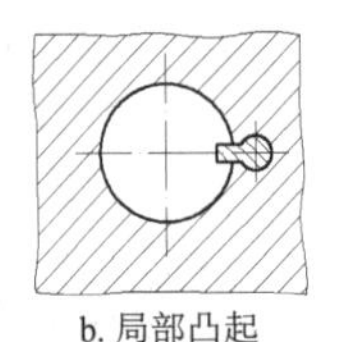

b. 局部凸起

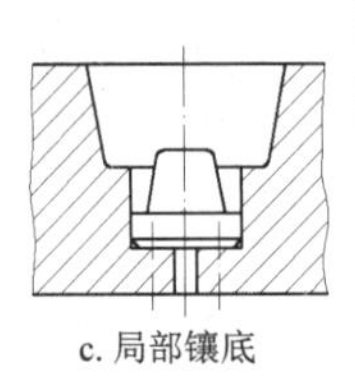

c. 局部镶底

图 24-3 局部镶嵌式型腔

24.1.2 小型芯或成型杆

成型杆往往单独制造，再镶嵌入主型芯板中，其连接方式多样。如图 24-4a 所示，采用过盈配合，从模板上压入；图 b 采用间隙配合再从成型杆尾部铆接，以防脱模时型芯被拔出；图 c 对细长的成型杆可将下部加粗或做得较短，由底部嵌入，然后用垫板固定；或图 d、图 e 用垫块或螺钉压紧，不仅增加了成型杆的刚性，便于更换，且可调整成型杆高度。

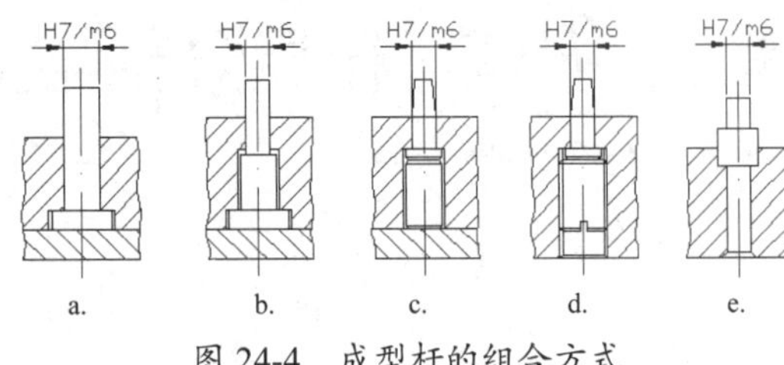

图 24-4 成型杆的组合方式

最常见的圆柱小型芯结构，如图 24-5a 所示。它采用轴肩与垫板的固定方法。定位配合部分长度为 3mm ～ 5mm，用小间隙或过渡配合。非配合长度上扩孔后，有利于排气。有多个小型芯时，则可按如图 24-5b 或 c 所示结构予以实施。型芯轴肩高度在嵌入后都必须高出模板装配平面，经研磨成同一平面后再与垫板连接。这种从模板背面压入小型芯的方法，称为反嵌法。

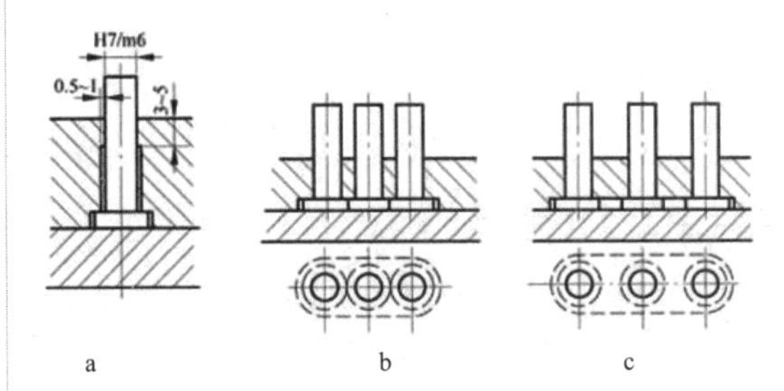

图 24-5 小型芯的组合方式

若模板较厚时，可采用如图 24-6 中的图 a 和图 b 所示的反嵌型芯结构。倘若模板较薄，则用图 c 所示的结构。

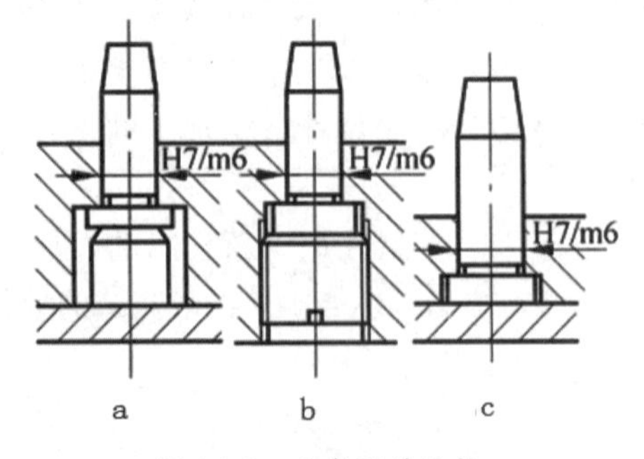

图 24-6 反嵌型芯结构

对于成型 3mm 以下盲孔的圆柱小型芯可采用正嵌法，将小型芯从型腔表面压入。结构与配合要求如图 24-7 所示。

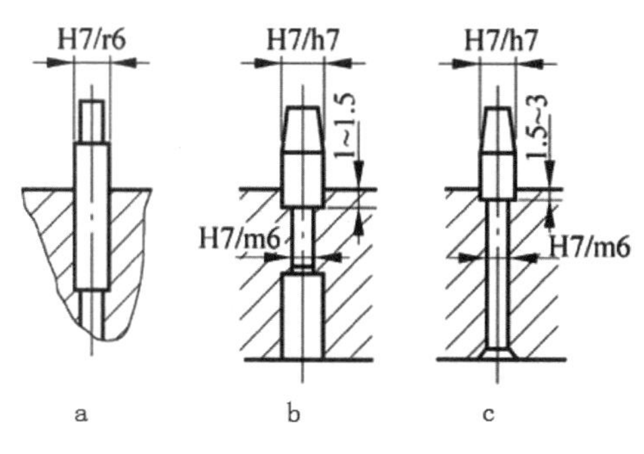

图 24-7　正嵌小型芯结构

对于非圆形的小型芯，为了制造方便，可以把它下面的一段做成圆形，并采用轴肩连接，仅上面一段做成异形的，如图 24-8a 所示。在主型芯板上加工出相配合的异形孔。但支承和轴肩部分均为圆柱体，以便于加工与装配。对径向尺寸较小的异形小型芯可用正嵌法的结构，如图 b 所示。在实际应用中，反嵌法结构的工作性能比正嵌法可靠。

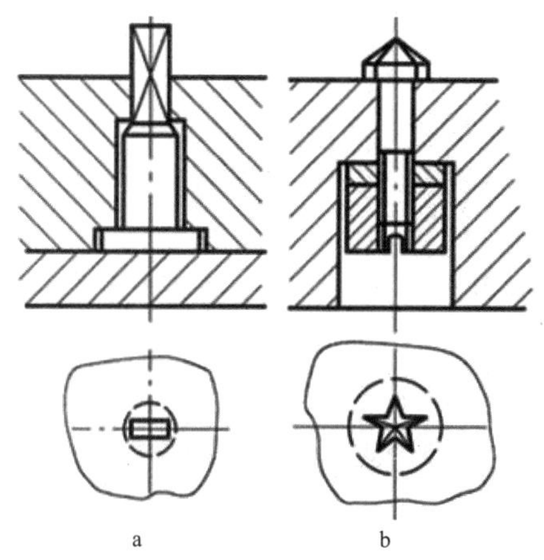

图 24-8　异形小型芯的组合方式

24.1.3　螺纹型芯和螺纹型环

螺纹型芯和螺纹型环分别用于成型塑件的内螺纹和外螺纹，还可用来固定制件内的金属螺纹嵌件。成型后制件从螺纹型芯或螺纹型环上脱卸的方式包括：强制脱卸、机动脱卸和模外手动脱卸。

其中手动脱卸螺纹要求是成型前使螺纹型芯或型环在模具内准确定位和可靠固定，不因外界振动和料流冲击而位移；开模后型芯或型环能同塑件一起方便地从模内取出，在模外用手动的方法将其从塑件上顺利地脱卸。

1. 螺纹型芯

螺纹型芯适用于成型塑件上的螺纹孔，安装金属螺母嵌件。螺纹型芯的安装方式如图 24-9 所示，均采用间隙配合，仅在定位支承方式上有区别。图 a、b、c 用于成型塑件上的螺纹孔，采用锥面、圆柱台阶面和垫板定位支承。

若用于固定金属螺纹嵌件，采用图 d 的结构难以控制嵌件旋入型芯的位置，且在成型压力作用下塑料熔体易挤入嵌件与模具之间和固定孔内并使嵌件上浮，影响嵌件轴向位置和型芯的脱卸；对细小的螺纹型芯（小于 M3），为增加刚性，采用图 e 结构，将嵌件下部嵌入模板止口，同时还可阻止料流挤入嵌件螺纹孔；当嵌件上螺纹孔为盲孔，且受料流冲击不大时，或虽为螺纹通孔，但其孔径小于 3 时，可利用普通光杆型芯代替螺纹型芯固定螺纹嵌件（图 g），从而省去了模外卸螺纹操作。

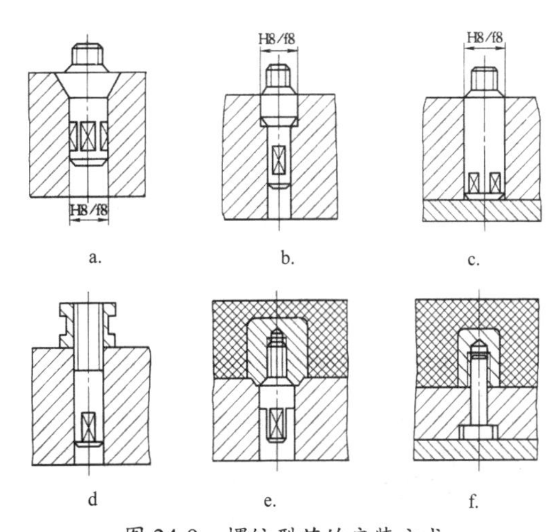

图 24-9　螺纹型芯的安装方式

上述 6 种安装方式主要用于立式注射机的下模或卧式注射机的定模，而对于上模或合模时冲击振动较大的卧式注射机模具的动模，应设置防止型芯自动脱落的结构。如图

24-10 所示，图 a ～图 d 为螺纹型芯弹性连接形式。图 a、b 型芯柄部开豁槽，借助豁口槽弹力将型芯固定，它适用于直径小于 8mm 的螺纹型芯；图 c、d 弹簧钢丝卡入型芯柄部的槽内以张紧型芯，适用于直径 8mm ～ 16mm 的螺纹型芯。

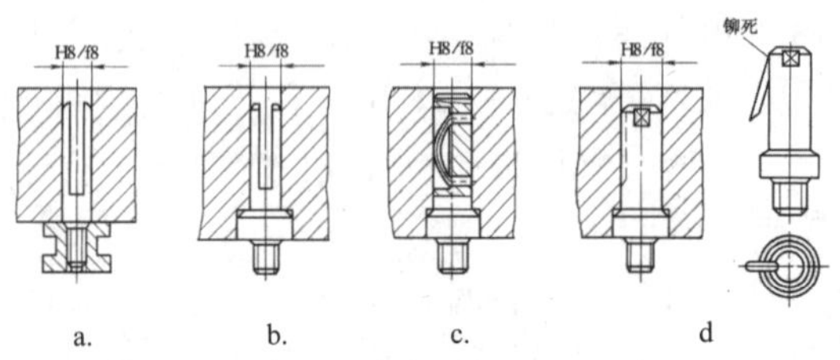

图 24-10 弹性螺纹型芯的连接方式

2. 螺纹型环

螺纹型环适用于成型塑件外螺纹或固定带有外螺纹的金属嵌件。螺纹型环也分为整体式和组合式，如图 24-11 所示。

图 a 为整体式，它与模孔呈间隙配合（H8/f8），配合段常为 3mm ～ 5mm，其余加工成锥状，再在其尾部铣出平面，便于模外利用扳手从塑件上取下。图 b 为组合式，采用两瓣拼合，销钉定位。在两瓣结合面的外侧开有楔形槽，以便于脱模后用尖劈状卸模工具取出塑件。

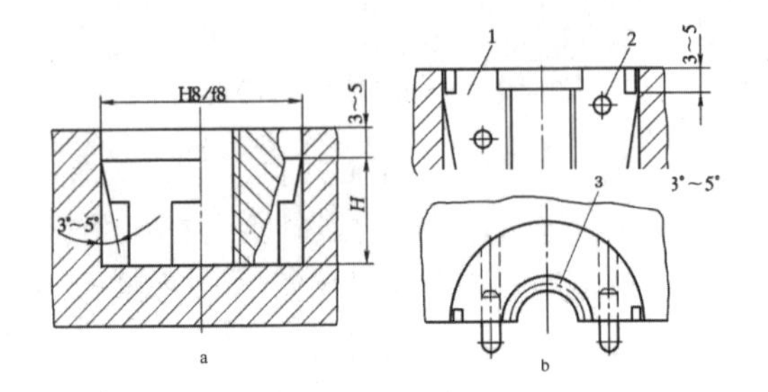

图 24-11 螺纹型环

1——螺纹型环；2——带外螺纹制件；3——螺纹嵌件

24.2 分割模具

在 Pro/E 中，使用模具分型面分割工件或现有模具体积块，获得成型零件。当指定分型曲面分割模具体积块或工件时，程序会计算材料的总体积，然后程序对分型面的一侧材料计算出工件的体积，再将其转换为模具体积。程序对分型面另一侧上的剩余体积重复此过程，因而生成了两个新的模具体积块，每个模具体积块在完成创建后都会立即命名。

技术要点

块是三维的无质量的封闭曲面面组，它们是闭合的曲面面组。因其所有的边都是双侧边，因此以洋红色显示。

在 Pro/E 模具设计模式中，单击右工具栏上的【体积块分割】按钮，程序弹出【分割体积块】菜单，如图 24-12 所示。

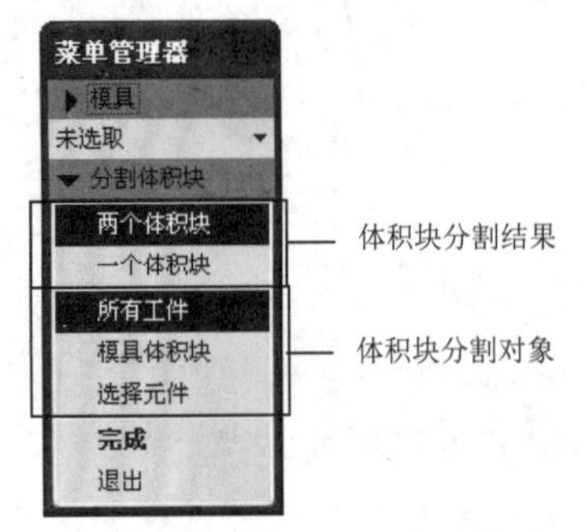

图 24-12 【分割体积块】菜单

【分割体积块】菜单中包括两种体积块分割后的结果命令、3 种可选取的分割对象，下面做简要介绍。

24.2.1 利用分型面来创建模具体积块

用分型面分割工件或现有模具体积块的最大优点之一是复制了工件或模具体积块的边界曲面。对工件或分型面进行设计更改时将不会影响分割本身。更改工件时，只要分型面与工件边界完全相交分割就不会有问题。

1. 一个体积块的分割

当用户需要创建单个模具组件特征时，可选择【一个体积块】选项。可以选取的分割对象包括【所有工件】、【模具体积块】和【选择元件】。

- 所有工件：选择此命令，模具中的所有工件都要被分割。

- 模具体积块：选择此命令，可以选择分割后的或者新建模具体积块来分割。
- 选择元件：选择此命令，可选择任意的模具组件进行分割。

由于程序使用模具分型面工件，将被分割为至少两个体积块，因此在分割时程序会告知用户将保留某个体积块，如图 24-13 所示。

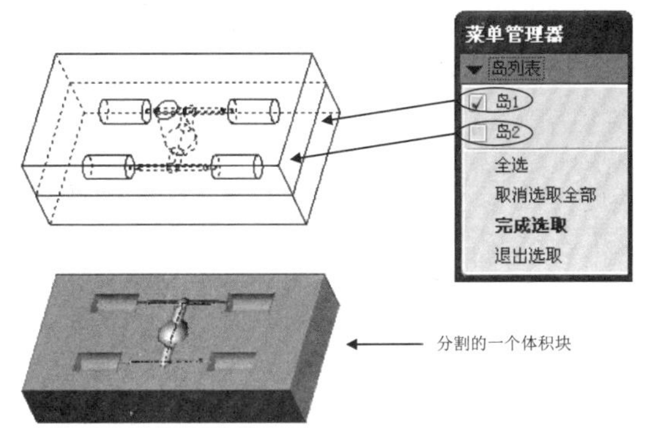

图 24-13　分割为一个体积块

2．两个体积块的分割

选择【分割体积块】菜单中的【两个体积块】命令，Pro/E 将把分割完成的体积块定义为芯与腔。

如图 24-14 所示为选择【两个体积块】命令，并利用模具分型面分割工件后得到的型腔体积块与型芯体积块。

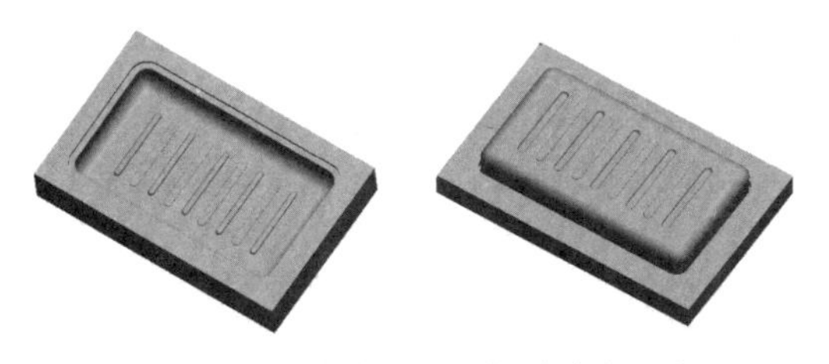

图 24-14　分割的型腔与型芯体积块

24.2.2　直接创建模具体积块

直接创建模具体积块是参照【参照模型】来进行材料的添加或减去的，使体积块与参照模型相适应，并设定模具体积块的拔模角。用户可以通过采用【聚合体积块】、【草绘体积块】和【滑块】3 种方法来创建模具体积块。

在【模具 / 铸件制造】工具栏中单击【模具体积块】按钮，进入模具体积块设计模式。

1．聚合体积块

【聚合体积块】是通过复制设计模型的曲面和参考边所创建的体积块。进入模具体积块设计模式后，在菜单栏中选择【编辑】|【收集体积块】命令，弹出【聚合体积块】菜单，如图 24-15 所示。

技术要点

只有当创建体积块或重定义体积块时，【收集体积块】菜单命令才被激活。

图 24-15　【聚合体积块】子菜单

【聚合体积块】菜单的【聚合步骤】子菜单中，用户可以从 4 个命令中选择单项或多项：

- 选取：从参照零件中选取曲面或特征。
- 排除：从体积块定义中排除边或曲面环。
- 填充：在体积块上填充内部轮廓线或曲面上的孔。
- 封闭：通过选取顶平面和邻接边关闭聚合体积块。

2．草绘体积块

【草绘体积块】是通过【拉伸】、【旋转】、【扫描】等实体创建工具，进入草绘模式绘制截面而创建的体积块。

当需要延伸聚合体积块或者排除某个区域时，可使用实体特征创建工具。例如，为了使模具加工方便，可将成型部分与外侧的边框分割开。如图 24-16 所示。

图 24-16　型芯部件的成型部分与边框的分割

3. 滑块体积块

当产品具有侧孔或侧凹特征时，需要做滑块，这样才能保证产品能顺利地从模具中取出。

在模具体积块设计模式下，在菜单栏中选择【插入】|【滑块】命令，或者在模具设计模式下，在【模具】菜单管理器中依次选择【特征】|【工件】|【滑块】命令，如图 24-17 所示。

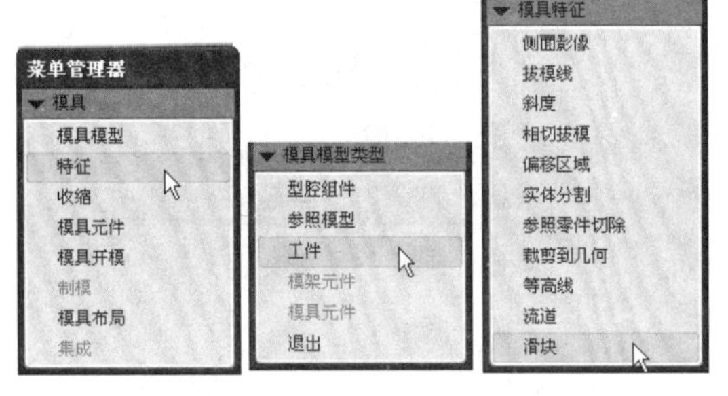

图 24-17　创建滑块体积块的菜单命令

随后程序将弹出【滑块体积块】对话框，如图 24-18 所示。

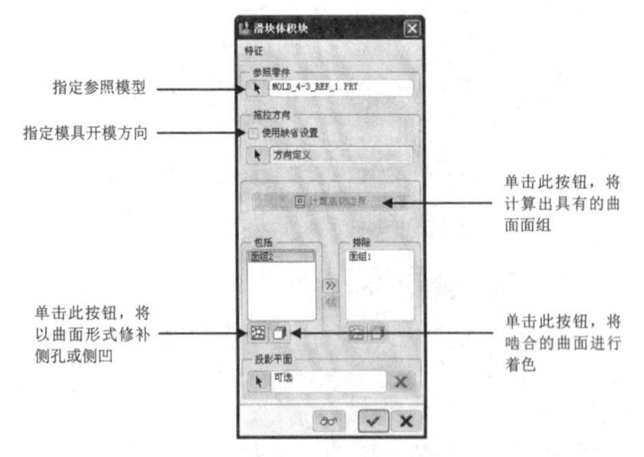

图 24-18　【滑块体积块】对话框

滑块创建过程由下列步骤组成：

（1）程序基于给定的【拖动方向】执行几何分析，以标识出黑色体积块。黑色体积块是参照零件中的底切，也就是将在模具开模期间生成捕捉材料的区域（除非创建了滑块）。它们被定义为参照零件区域，从【拖动方向】及其相反方向上射出的光线都照射不到该区域。

（2）当程序标识并显示所有的黑色体积块时，请选取要包括进单个滑块的体积块或体积块组。

（3）指定投影平面。程序将所选的黑色体积块沿着与投影平面垂直的方向延伸，直至投影平面。这是最后的滑块几何。

24.2.3　实体分割

在手动分模时，常使用【实体分割】工具将产品从工件中减除，再使用分型面分开余下的体积块，就可得到型腔或型芯。

在【模具 / 铸件制造】工具栏中单击【实体分割】按钮，或者在【模具】菜单管理器中依次选择【特征】|【工件】|【实体分割】命令，将弹出【实体分割选项】对话框，如图 24-19 所示。

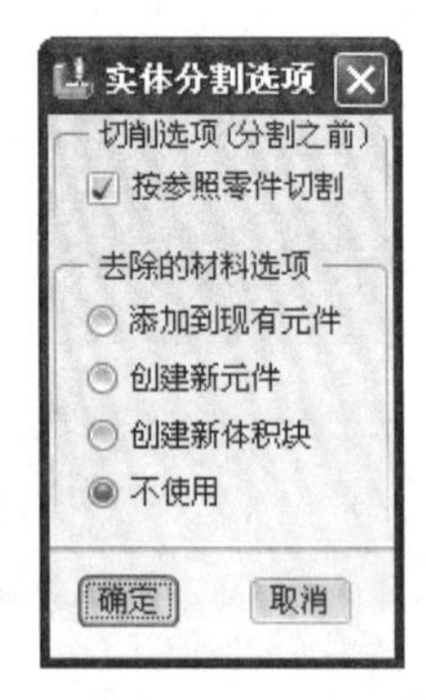

图 24-19　【实体分割选项】对话框

对话框中各选项含义如下：

- 按参照零件切割：选中此复选框，将从实体中修剪参照模型。
- 添加到现有元件：将面组添加到现有元件，作为【抽取】特征。用户可以选择任意曲面作为分型面来分割实体，并将其分类。
- 创建新元件：将去除的材料创建为模具元件，并重新命名。

- 创建新体积块：将去除的材料创建为新体积块，并重新命名。

24.2.4　修剪到几何

【修剪到几何】工具主要用于模具组件的修剪，如顶杆、镶块等。修剪工具可以是零件、曲面或平面等。

在【模具/铸件制造】工具栏中单击【修剪到几何】按钮，或者在【模具】菜单管理器中依次选择【特征】|【工件】|【裁剪到几何】命令，程序将弹出【裁剪到几何】对话框，如图 24-20 所示。

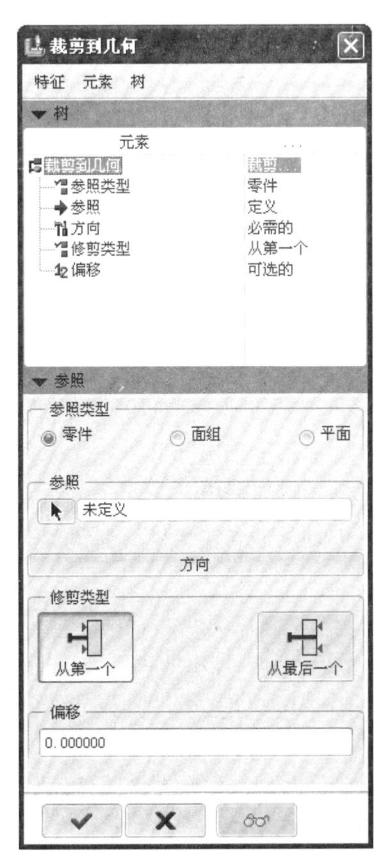

图 24-20　【裁剪到几何】对话框

在此对话框中，包含如下选项：

- 【树】列表：列出了特征的元素。使用树来选取要重定义的元素。
- 参照类型：选中要用作参照的对象类型选项。在【零件】模式中，【零件】选项不可用。
- 参照：选取修剪时要用于参照的对象。
- 修剪类型：单击【从第一个】按钮，在与第一个参照几何相交之后修剪几何。单击【从最后一个】按钮，在与最后一个参照几何相交之后修剪几何。仅在将【零件】用作参照时，【修剪类型】选项才可用。
- 偏移：输入正值或负值，定义自边界曲面的偏移。

24.2.5　编辑模具体积块

初次创建模具体积块后，可使用【拔模与倒圆角】、【偏移】、【连接】等工具对体积块进行编辑、修改。

1. 拔模与倒圆角

用户还可以向模具体积块添加拔模和倒圆角特征。因此，可以在将其提取为模具元件前来定制体积块，如图 24-21 所示。在组件模式中创建模具体积块，或者自动分割模具体积块的同时，也可创建拔模与倒圆角特征。

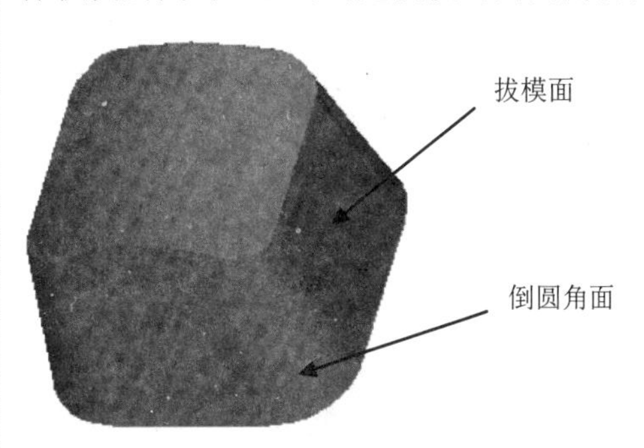

图 24-21　创建拔模与倒圆角特征

2. 偏移

使用【偏移区域】功能，可以偏移现有体积块中的曲面，以扩大体积块的特定区域。创建偏移特征时可以选择要偏移的曲面及其偏移方式。曲面的偏移有两种方法：

- 垂直于曲面：以垂直于选定曲面的方向偏移体积块的边。
- 平移：以与选定曲面平行的方向偏移体积块的边。

如图 24-22 所示为偏移的体积块。

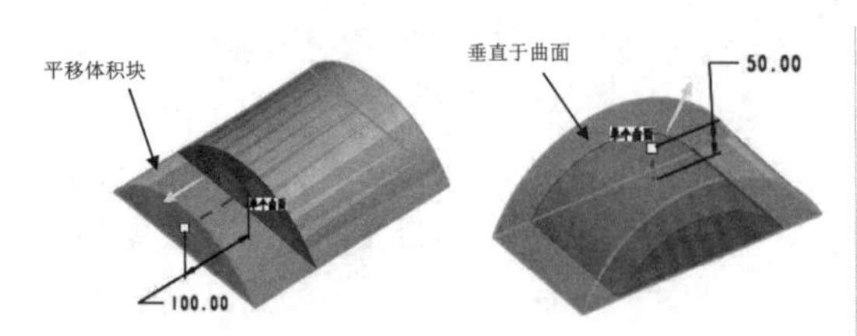

图 24-22　偏移体积块

3. 连接

有时，在创建模具时多个模具体积块会因共同的成型要求，而连接成一个体积块。那么就可使用【连接】工具。

创建模具体积块后，在菜单栏中选择【编辑】|【连接】命令，成型弹出【搜索工具】对话框，如图 24-23 所示。

通过此对话框，用户可以在【项目】列表中选择要连接的体积块，然后单击 >> 按钮，将体积块添加到右侧列表中，再单击对话框中的【关闭】按钮 关闭，即可将该体积块添加为连接体积块之一。同理，继续在项目列表中选择要连接的体积块，再次单击对话框中的【关闭】按钮 关闭，完成两个体积块的连接。若要连接其他的体积块，则继续添加体积块即可。

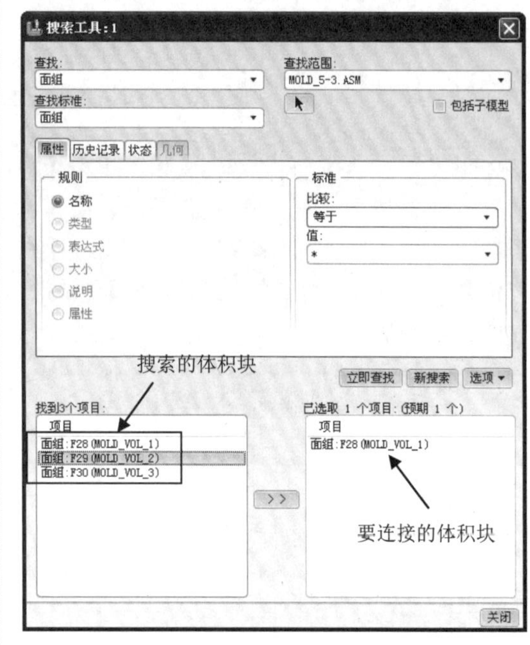

图 24-23　【搜索工具】对话框

24.3 生成模具元件

前面已经说明，模具体积块仅仅是三维曲面，而不是实体特征，因此分割完成模具体积块后，还需要将体积块通过填充实体材料，将其转变为具有实体特征的模具元件。

在【模具/铸件制造】工具栏中单击【模具元件】按钮，或者在【模具】菜单管理器中选择【模具元件】命令，将弹出【模具元件】菜单，如图 24-24 所示。

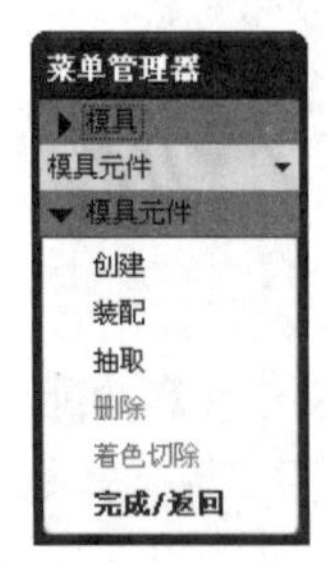

图 24-24　【模具元件】菜单

模具元件的生成方式包括 3 种：创建、装配和抽取。

1. 创建

用户可以在组件设计模式下，创建模具的元件。例如，手动分模时，进入组件设计模式中可以采用复制曲面、延伸曲面，创建拉伸、旋转特征，并使用曲面修剪实体等操作，就可以得到模具的型腔、型芯、滑块、小成型杆等成型零部件。

进入组件设计模式创建模具元件的操作方式如图 24-25 所示。

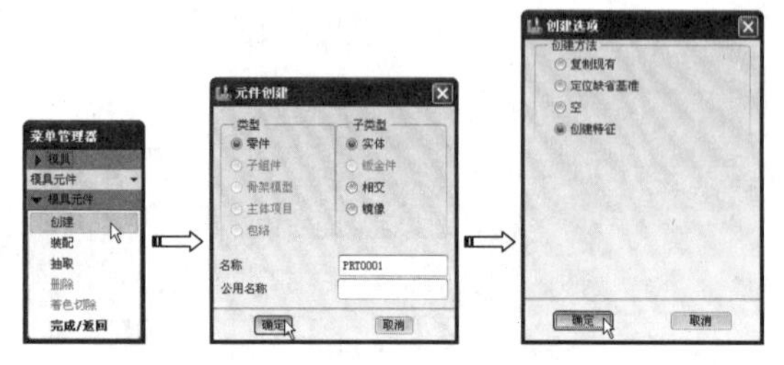

图 24-25　创建模具元件所选择的命令

2. 装配

用户可以在零件设计模式中创建模具的组件模型，然后通过装配方式将模型装配到模具设计模式中，成为可以制模的模具元件。

3. 抽取

在模具设计模式中，成型填充模具体积块这一过程是通过执行抽取操作来完成的。

在【模具】菜单管理器中依次选择【模具元件】|【抽取】命令，或者在【模具/铸件制造】工具栏中单击【型腔插入】按钮，程序将弹出【创建模具元件】对话框，如图 24-26 所示。

技术要点

只有当创建模具体积块后，【抽取】菜单命令才被激活，以及【型腔插入】按钮亮显。

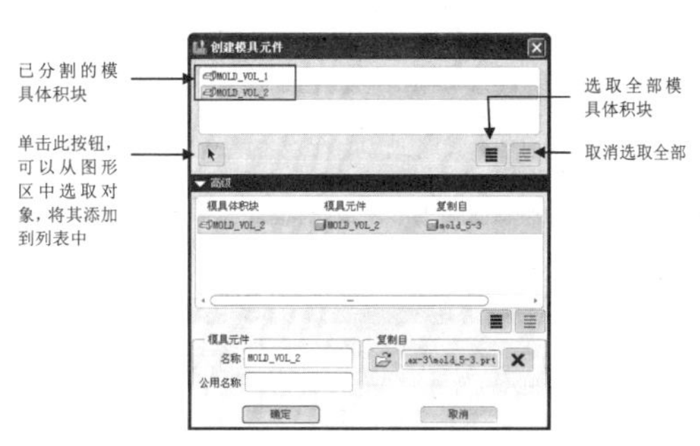

图 24-26　【创建模具元件】对话框

当前的模具体积块列于对话框的顶部，可单个选取或同时选取这些体积块以创建相关联的模具元件。所选的模具体积块出现在对话框的【高级】选项组中，用户可在此为抽取的模具元件指定名称并可选取起始参照零件。

24.4 制模

在 Pro/E 中，当模具的所有组件都设计完成时，可以通过浇注系统的组件来模拟填充模具型腔，从而创建铸模（制模），如图 24-27 所示分别是定模（型腔）、动模（型芯）、参照零件和浇注系统。

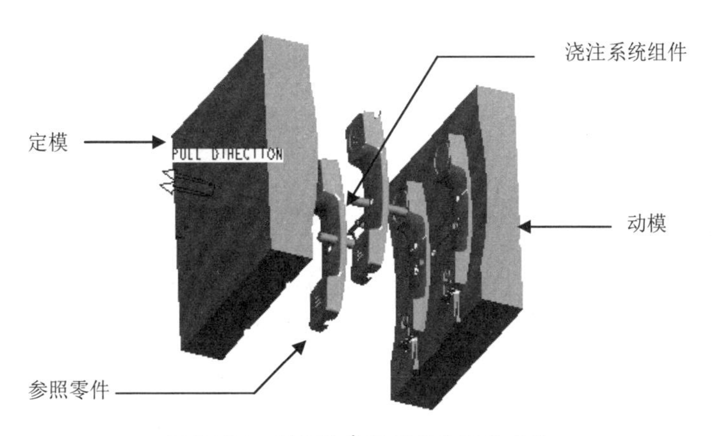

图 24-27　制模的参照零件与浇注系统

铸模可以用于检查前面设计的完整性和正确性，如果出现不能生成铸模文件的现象，极有可能是先前的模具设计有差错或者参照零件有几何交错的现象。此外，铸模可以用于计算质量属性、检测合适的拔模，因为它有完整的流道系统，可以较准确地模拟产品注塑过程，所以可用于塑料顾问的模流分析。

24.5 模具开模

在模具体积块定义并抽取完成之后，模具元件仍然处于闭合状态。为了检查设计的适用性，可以模拟模具打开过程。

在【模具】菜单管理器中选择【模具开模】|【定义间距】|【定义移动】命令，程序将弹出【选取】对话框，在图形区中选择模具元件，单击其中的【确定】按钮，然后在图形区中选择一个基准以确定打开的方向，再输入移动距离，就能移动模具元件，如图24-28所示为打开的模具元件。

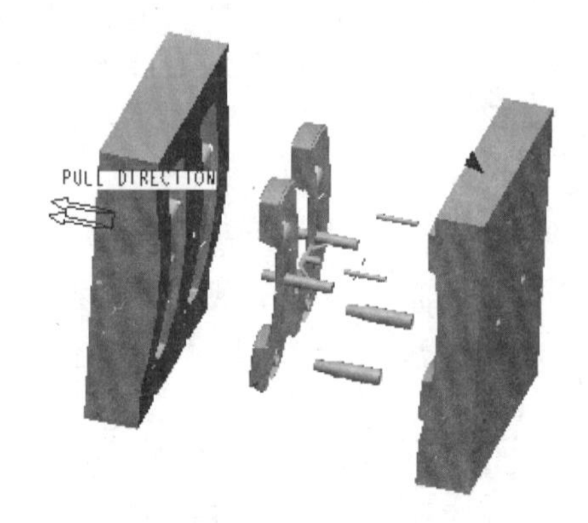

图24-28　模具开模

24.6 综合实训

本章主要介绍了通过使用Pro/E各种模具体积块的创建方法，以及模具元件的生成方式来完成模具成型零件的分割。下面以几个典型的案例来说明模具体积块的分割与抽取过程。

24.6.1　电动机外壳模具分割与抽取

◎ **引入文件：实训操作\源文件\Ch24\电动机外壳\mold_6-1.asm**

◎ **结果文件：实训操作\结果文件\Ch24\电动机外壳\mold_6-1.asm**

◎ **视频文件：视频\Ch24\电动机外壳模具分割与抽取.avi**

电动机外壳模型的结构比较简单，没有复杂的分型面。在使用分型面来分割模具体积块之前，模具分型面（包括切割出型腔、型芯的分型面和小成型杆分型面）已创建完成。电动机外壳模型如图24-29所示。下面来介绍型腔、型芯和小成型杆的分割与抽取方法及操作过程。

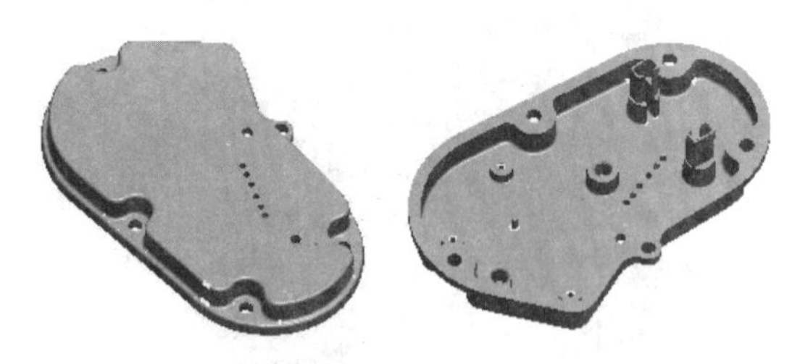

图24-29　电动机外壳模型

1．分割出型腔、型芯和小成型杆体积块

型腔、型芯体积块是用分型面将工件分割后的两个体积块，在分割过程中对体积块重命名，并着色，以查看分割效果。

操作步骤：

01 设置工作目录，打开【mold_6-1.asm】组件文件。

02 在【模具/铸件制造】工具栏中单击【体积块分割】按钮，然后按如图24-30所示的操作步骤完成型腔体积块和型芯体积块的分割。

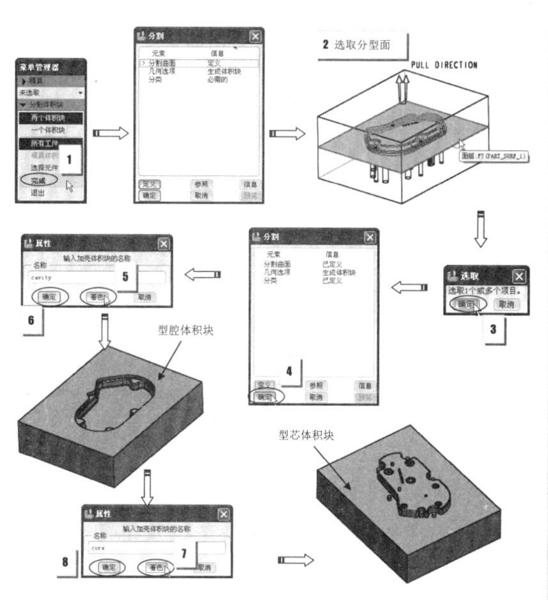

图 24-30　分割型腔、型芯体积块的操作过程

03 完成型腔、型芯体积块的分割以后，再按相同的步骤在型芯体积块中分割出小成型杆体积块（由于小成型杆分型面由 3 部分组成，因此分 3 次完成分割）。操作过程如图 24-31 所示。

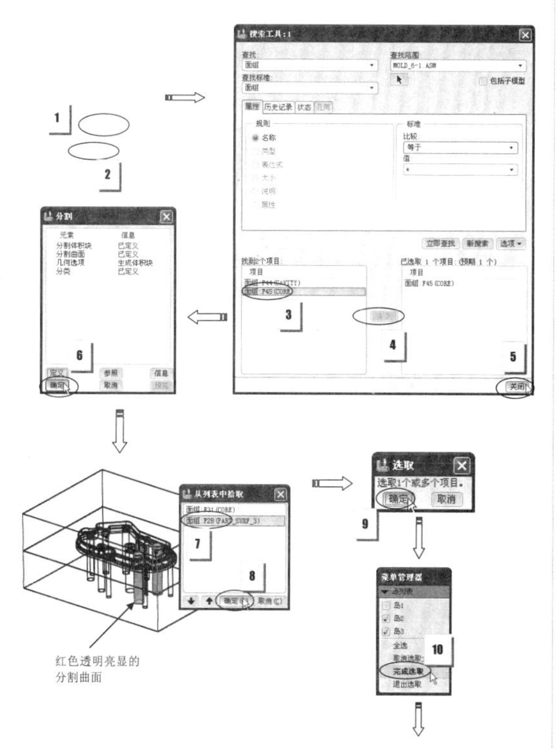

图 24-31　分割小成型杆的操作过程

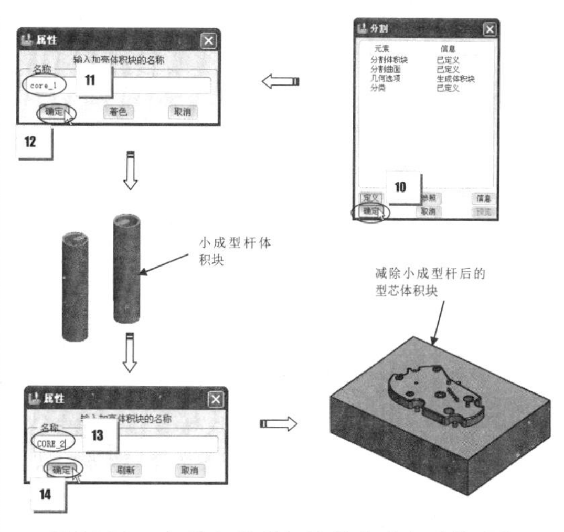

图 24-31　分割小成型杆的操作过程（续图）

04 同理，继续分割操作，完成其余小成型杆体积块的创建。分割完成的其余小成型杆如图 24-32 所示。

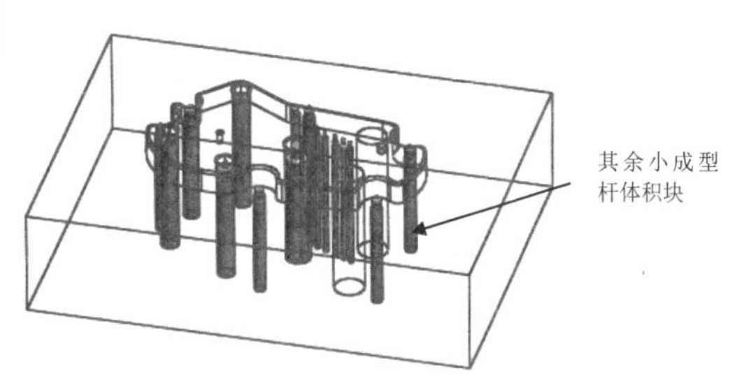

图 24-32　分割完成的其余小成型杆

技术要点

【分割体积块】时，总是选择前一分割操作余留的型芯体积块，如图 24-33 所示。另外，在选择【岛】时，不要全部选取。例如在操作步骤 03 中，不能选择预留的型芯体积块部分（岛 1）。

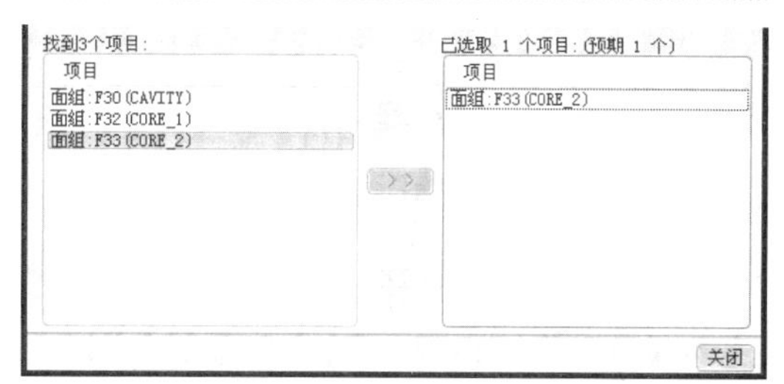

图 24-33　分割体积块的定义

2. 抽取模具元件

模具体积块全部分割出来后，即可进行模具元件的抽取操作。

操作步骤：

01 在【模具】菜单管理器中依次选择抽取模具元件所需的命令，然后按照如图24-34所示的操作步骤，完成模具元件的抽取。

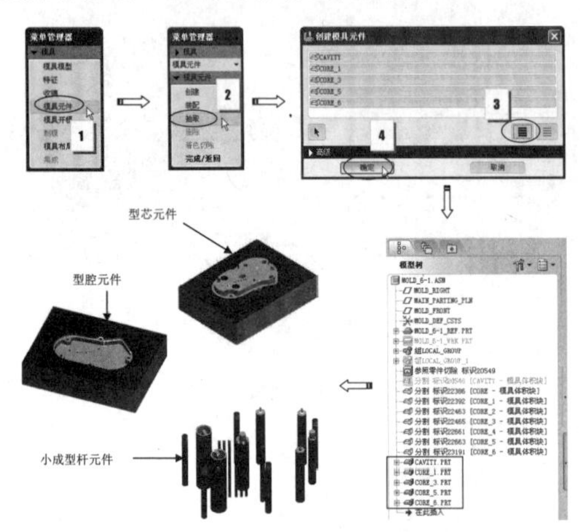

图24-34 抽取模具元件的操作过程

02 为了后续操作的方便，在模型树中除参照模型与模具元件外，将其余隐藏。

3. 制模

在【模具】菜单管理器中依次选择【制模】|【创建】命令，程序弹出铸模名称文本框，输入名称后，单击【接受】按钮，完成铸模零件的创建。如图24-35所示。

4. 开模

定义模具元件在Z方向上的间距，完成开模动作。如图24-36所示。模具开模动作定义完成后，在【文件】工具栏中单击【保存】按钮，保存结果文件。

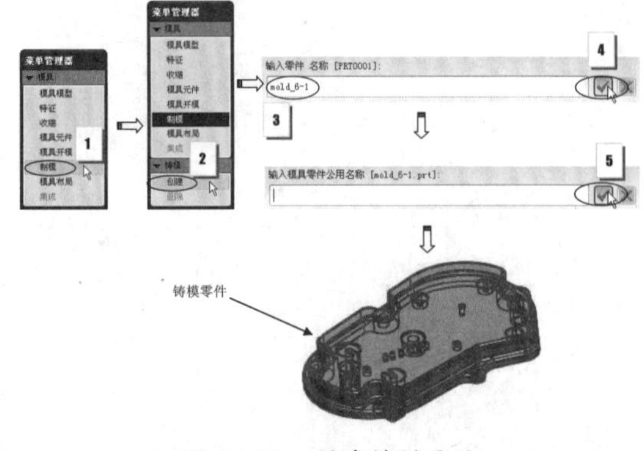

图24-35 创建铸模零件

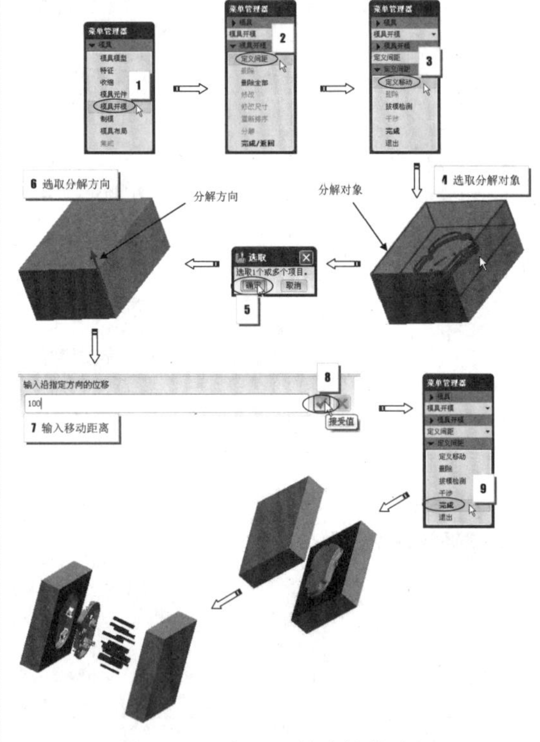

图24-36 定义开模的操作过程

24.6.2 菜篮模具分割与抽取

◎ **引入文件：实训操作\源文件\Ch24\菜篮\mold_6-2.asm**

◎ **结果文件：实训操作\结果文件\Ch24\菜篮\mold_6-2.asm**

◎ **视频文件：视频\Ch24\菜篮模具分割与抽取.avi**

菜篮模具的模具体积块（包括型芯的芯与边框体积块）将采用直接创建体积块的方法来完成。直接创建型芯体积块以后，将其作为分型面来分割工件，以此获得型腔体积块。菜篮模型如图24-37所示。

图 24-37　菜篮模型

1．创建型芯的芯体积块

型芯的芯将在体积块设计模式中使用【聚合】的方法来创建。

操作步骤：

01 设置工作目录。打开【mold_6-2.asm】文件。

02 在【模具 / 铸件制造】工具栏中单击【模具体积块】按钮，进入体积块设计模式。并在模型树中将工件暂时隐藏。

03 然后按如图 24-38 所示的操作步骤完成聚合体积块的创建。

04 退出体积块设计模式。在模型树中选中刚才创建的聚合体积块并选择右键菜单中的【重命名】命令，重新为体积块命名为【CORE-1】。如图 24-39 所示。

2．创建型芯边框体积块

操作步骤：

01 单击【模具体积块】按钮，重新进入体积块设计模式。

02 在【基础特征】工具栏上单击【拉伸】按钮，然后按如图 24-40 所示的操作步骤完成边框体积块的创建。

03 边框添体积块创建完成后，退出体积块设计模式。退出体积块设计模式后，重命名体积块为【CORE-2】。

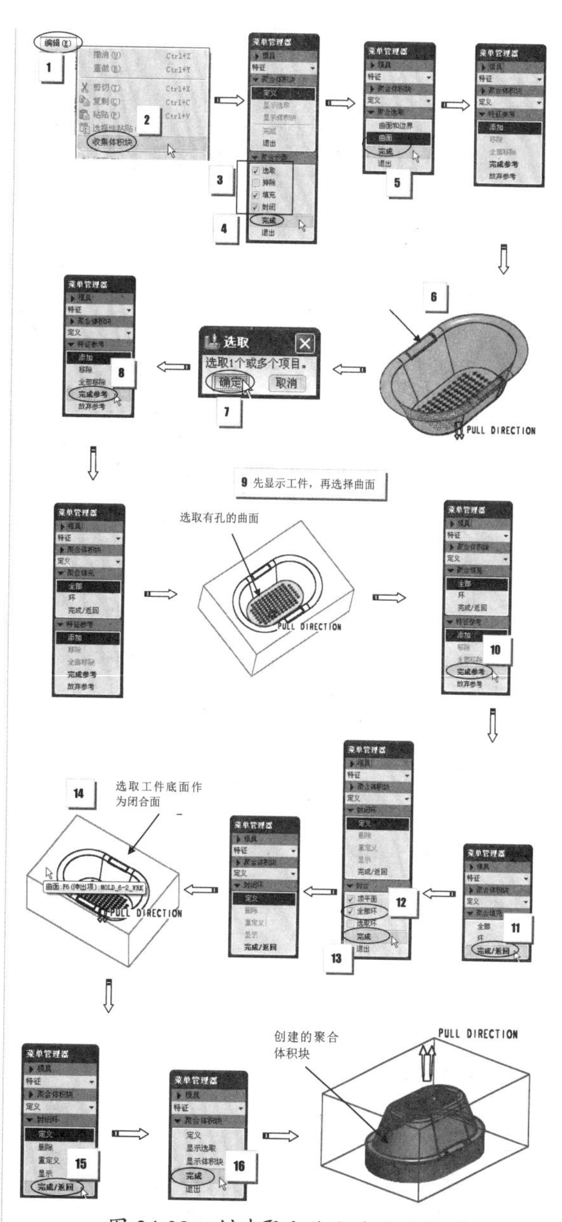

图 24-38　创建聚和体积块的过程

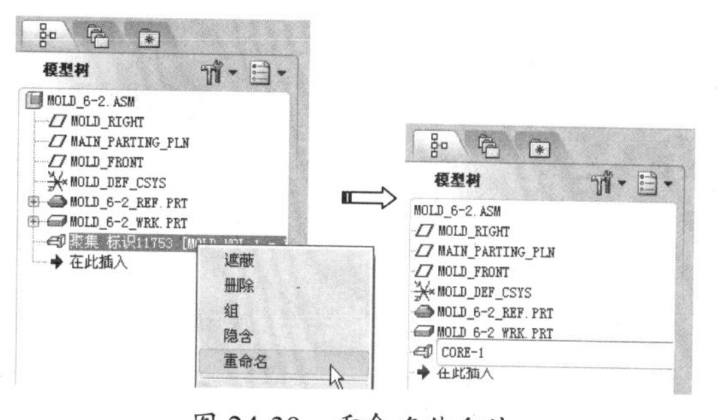

图 24-39　重命名体积块

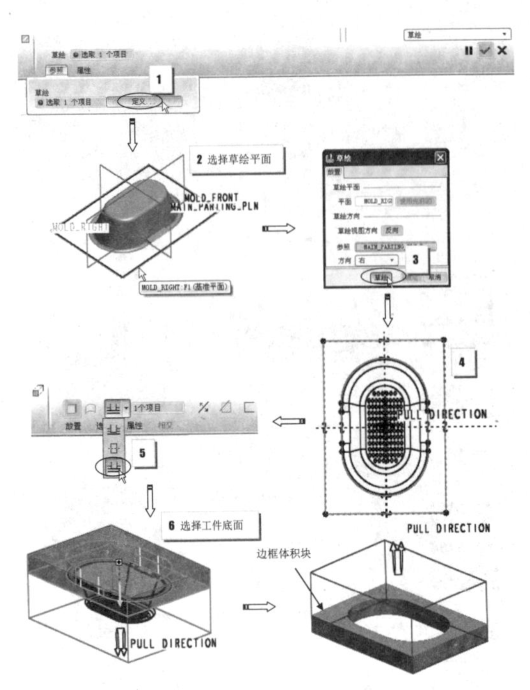

图 24-40 创建边框体积块的操作过程

3. 创建型腔体积块

型腔体积块的分割将分两次来完成。第一此用 CORE-1 来分割工件，第二次用 CORE-2 来分割第一次获得的体积块。

操作步骤：

01 在【模具 / 铸件制造】工具栏上单击【体积块分割】按钮，然后按如图 24-41 所示的操作步骤完成第一次分割操作。

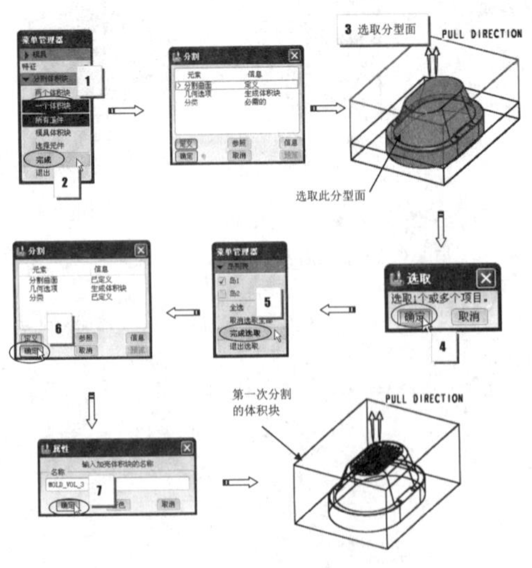

图 24-41 第一次分割工件的操作过程

02 第二次分割时，选取第一次分割工件所获得的体积块作为分割对象，分割结果将得到型腔体积块。操作步骤如图 24-42 所示。

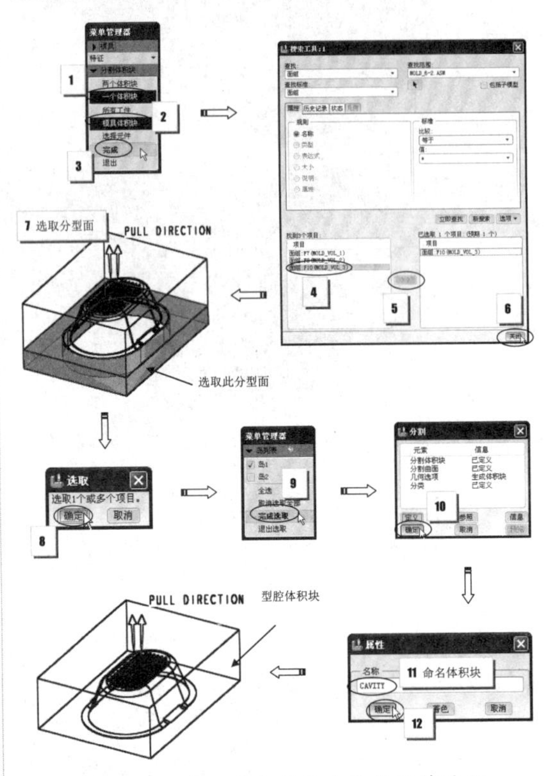

图 24-42 第二次分割体积块的操作过程

4. 抽取模具元件

在【模具】菜单管理器中依次选择【模具元件】|【抽取】命令，程序弹出【模具抽取】对话框，在列表中选择前 3 个体积块作为要抽取的对象，单击【确定】按钮后，分别为 3 个元件重新命名为【CAVITY_1】、【CORE-1】、【CORE-2】，并最终完成 3 个模具元件的创建，如图 24-43 所示。

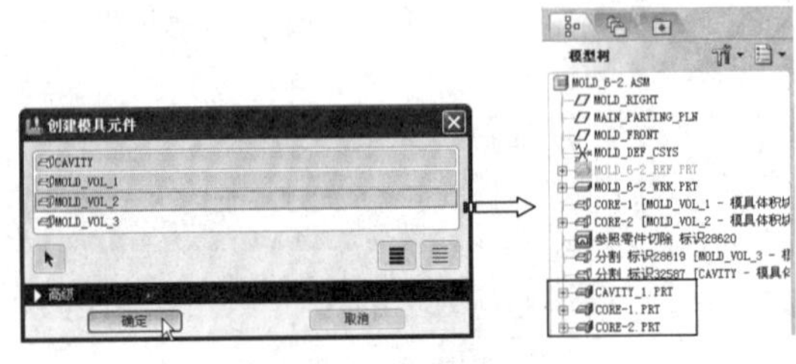

图 24-43 抽取模具元件

5. 制模与开模

利用【模具】菜单管理器中的【制模】工具，创建名为【cailan】的铸模零件。然后再使用【开模】工具定义模具开模，如图 24-44 所示。

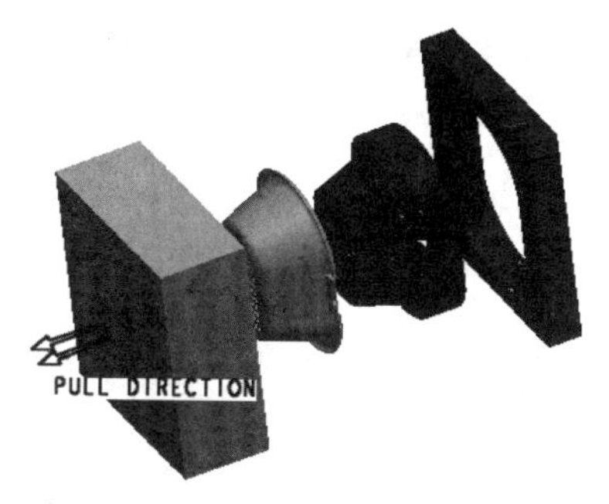

图 24-44　定义的模具开模

24.6.3 手机面板模具分割与抽取

◎ **引入文件：实训操作 \ 源文件 \Ch24\ 手机面板 \ mold_6-3.asm**

◎ **结果文件：实训操作 \ 结果文件 \Ch24\ 手机面板 \ mold_6-3.asm**

◎ **视频文件：视频 \Ch24\ 手机面板模具分割与抽取 . avi**

在本例中，将使用【铸模法】来直接创建型腔、型芯元件，也就是复制型腔区域内的曲面，实体化后将其做成型腔元件；接着再复制参照模型上的所有曲面，并将复制曲面实体化生成一个临时的模具元件，最后再使用铸模功能创建出铸模零件，此零件即型芯。

手机面板的模具元件创建操作将分作 3 个部分来完成。一是创建型腔元件；二是创建手机模型元件；最后【制模】创建出型芯部件。手机面板模型如图 24-45 所示。

1. 创建型腔元件

型腔元件是在模具元件设计模式中进行的。主要使用【复制】、【粘贴】等工具。

操作步骤：

01 设置工作目录，并打开【mold_6-3.asm】文件。

02 在【模具 / 铸件制造】工具栏上单击【模具元件】按钮，或者按如图 24-46 所示的步骤进入元件创建模式。

03 进入元件创建模式后，再按照如图 24-47 所示的操作步骤完成型腔复制曲面的创建。

图 24-45　手机面板模型

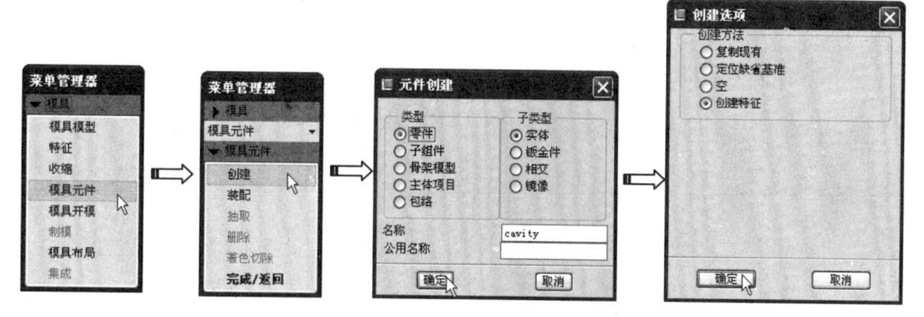

图 24-46　进入元件设计模式执行的命令

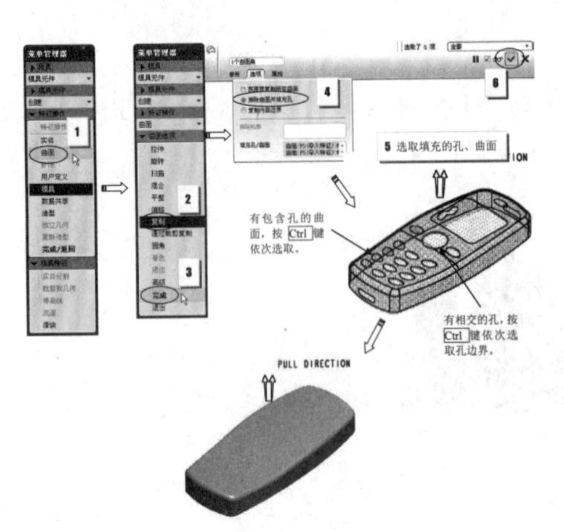

图 24-47　创建型腔复制曲面的过程

04 选择【特征】菜单中的【完成】命令，暂时退出元件设计模式。图形区中仅显示工件和刚才创建的复制曲面，然后在模型树中激活 CAVITY.prt 元件，如图 24-48 所示。

图 24-48　激活元件

05 创建 X-Y 平面上的延伸曲面。在图形区中按住 Shift 键，依次选取复制曲面其中一侧的边界，然后按如图 24-49 所示的操作步骤完成单侧延伸曲面的创建。

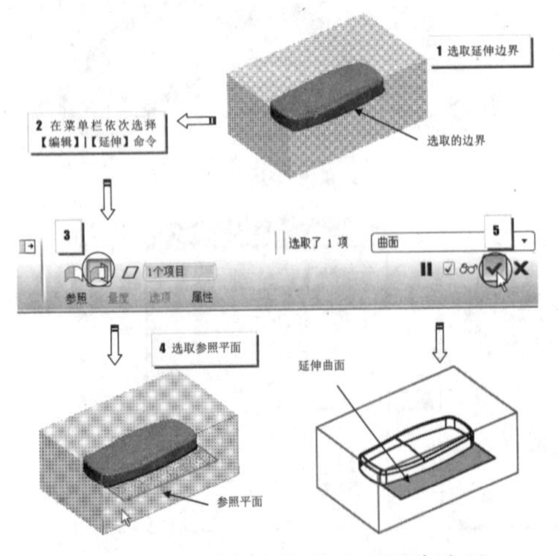

图 24-49　创建延伸曲面的操作过程

06 继续选取复制曲面第二侧方向上的边界以进行延伸，结果如图 24-50 所示。

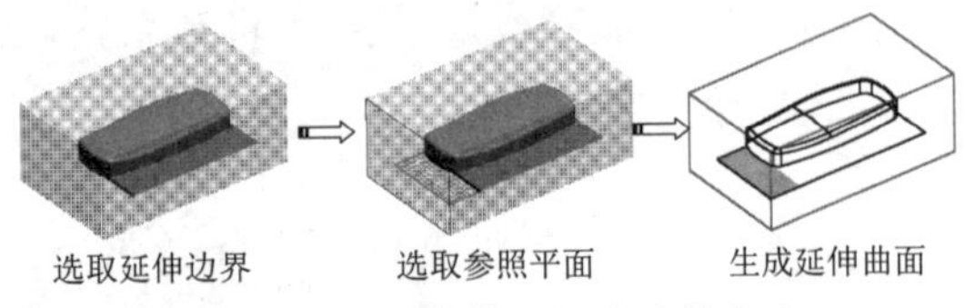

图 24-50　创建第二侧的延伸曲面

07 同理，以此方法完成另两侧延伸曲面的创建，创建完成的延伸曲面如图 24-51 所示。

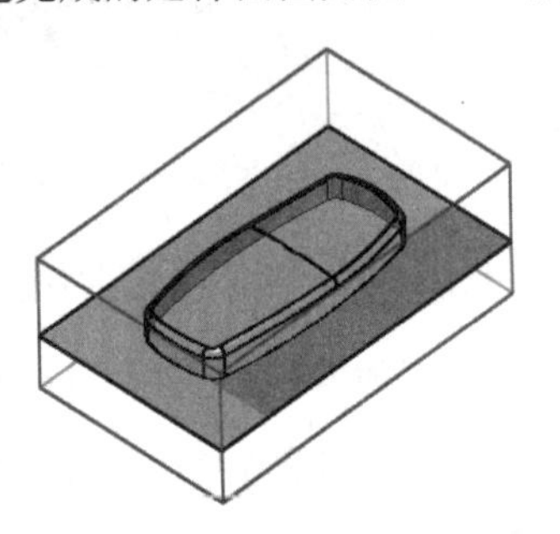
图 24-51　创建完成的延伸曲面

技术要点

延伸边界时，若按住 Ctrl 键选取，则菜单栏中的【编辑】|【延伸】命令不可用，只能在【模具】菜单管理器的【特征】菜单中选择【延伸】命令。若按住 Shift 键选取则两种命令方式都能使用。

08 创建 Z 方向上的延伸曲面。按以上创建延伸曲面的方法，从 X-Y 平面的延伸曲面边界依次创建出 Z 方向上的延伸曲面，结果如图 24-52 所示。

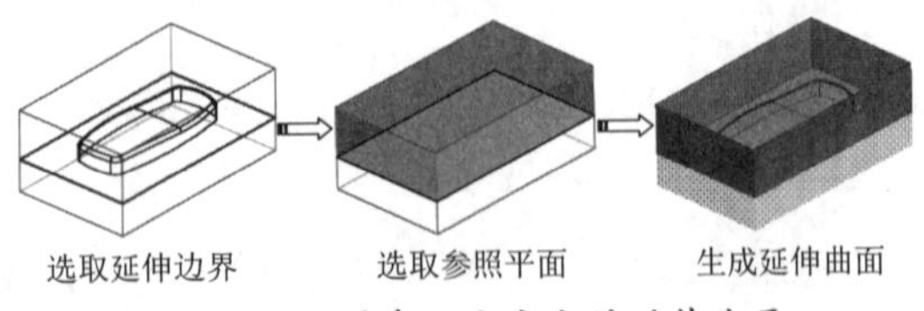

图 24-52　创建 Z 方向上的延伸曲面

09 按如图 24-53 所示的步骤，先创建一个基准平面，然后使用【填充】工具创建填充（平整）曲面。

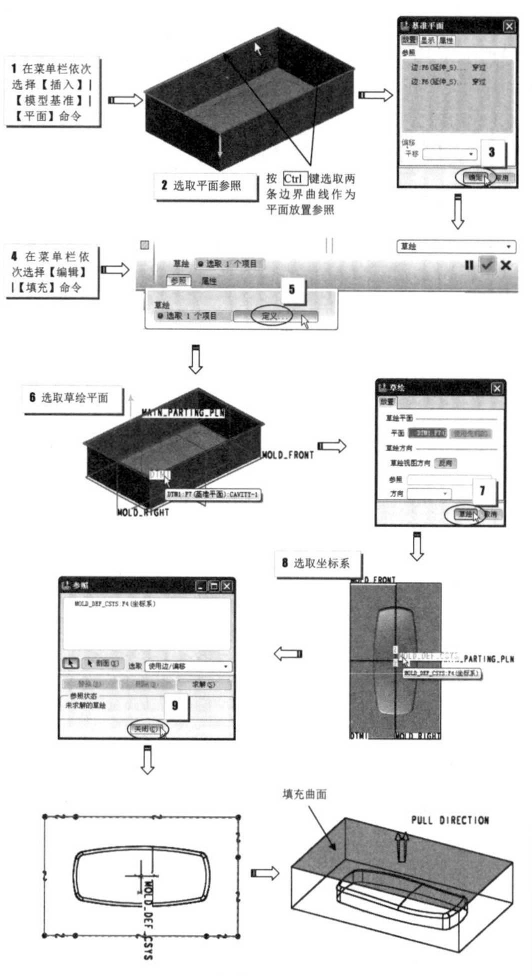

图 24-53　创建填充曲面的操作过程

10 使用【合并】工具将填充曲面与复制曲面、延伸曲面进行合并。然后在菜单栏中选择【编辑】|【实体化】命令，使合并的曲面转换为实体特征。最后选择【修改零件】子菜单中的【完成】命令，完成型腔元件的创建。如图 24-54 所示。

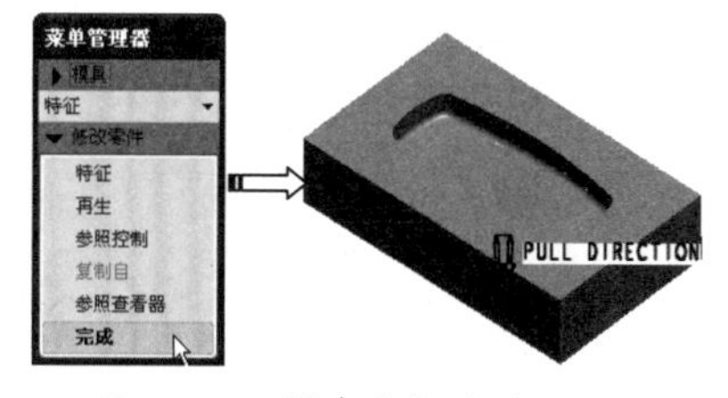

图 24-54　创建完成的型腔元件

2. 创建手机模型元件

手机模型元件的创建过程是：新建名为【mold】的元件→进入元件设计模式→复制手机模型上所有的面→合并复制的面→退出元件设计模式。鉴于手机模型元件的创建过程与型腔元件类似，这里不做重复叙述。创建的手机模型元件如图 24-55 所示。

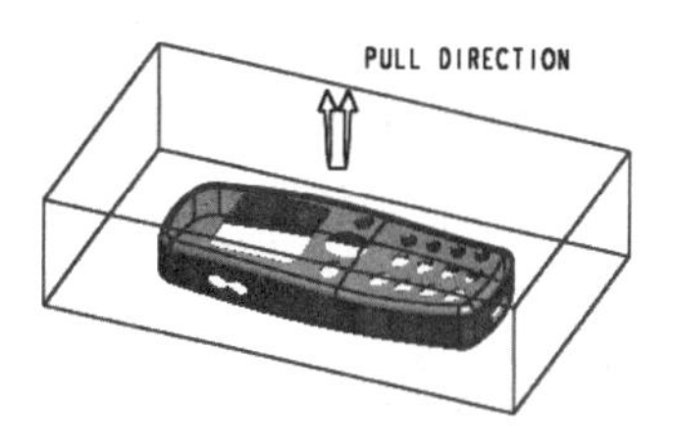

图 24-55　手机模型元件

技术要点

完全复制模型的表面并合并为一个整体曲面后，成型会自动将封闭曲面实体化。

3. 创建型芯零件

在【模具】菜单管理器中依次选择【制模】|【创建】命令，将铸模零件命名为【core】后，即可创建出型芯零件。如图 24-56 所示。

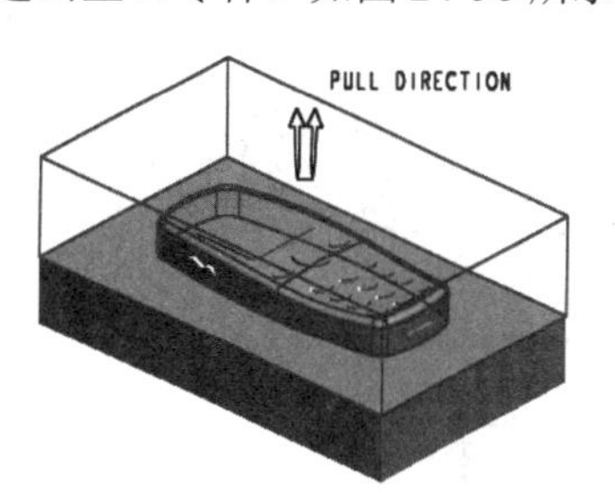

图 24-56　创建的型芯零件

4. 定义模具开模

使用【模具开模】工具，定义手机面板模具的开模状态，如图 24-57 所示。

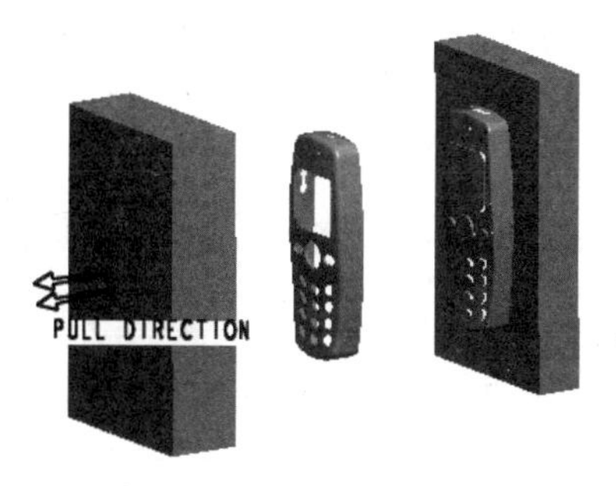

图 24-57　定义的模具开模

24.7 课后习题

1. 分型面分割模具体积块

练习模型如图 24-58 所示。本练习使用【分型面分割模具体积块】的方法创建模具成型零件。

练习内容与步骤：

（1）使用【体积块分割】工具，分割出型腔与型芯体积块。

（2）抽取模具元件。

（3）创建铸模零件。

（4）定义模具开模。

2. 直接创建模具体积块

练习模型如图 24-59 所示。本练习使用【直接创建模具体积块】方法来创建模具成型零件。

练习内容与步骤：

（1）进入体积块设计模式，利用【聚合】方法创建型芯体积块的芯。

（2）再次进入体积块设计模式。同样使用【聚合】方法创建边框体积块。

（3）利用【体积块分割】方法，分割出型腔体积块。

（4）抽取模具元件。

（5）定义模具开模。

3. 铸模法

练习模型如图 24-60 所示。然后使用【铸模法】创建模具成型零件。

图 24-58　练习模型 1

图 24-59　练习模型 2

图 24-60　练习模型 3

练习内容与步骤：

（1）在元件设计模式下，创建型腔元件。

（2）在元件设计模式下，创建参照模型元件。

（3）利用【制模】工具创建型芯零件。

（4）定义模具开模。

◇◇◇◇◇◇◇◇◇◇◇◇◇◇◇◇◇◇ 读书笔记 ◇◇◇◇◇◇◇◇◇◇◇◇◇◇◇◇◇◇◇◇

第 25 章　模具模架设计

EMX 是 Pro/E 的一个专业插件，属于 Creo Moldshop 套件的一部分，用于设计和细化模架。在 MOLDESIGN 模块中建好模具组件后，可以导入这个模具建立与之相应的标准模座及滑块、顶杆等辅助元件，并可进一步进行开模仿真及开模检查。设计结束时自动生成 2D 工程图及 BOM 表。

资源二维码

百度云盘

360 云盘 访问密码 32dd

知识要点

- 模架基础
- 模具标准件
- Pro/E 模架设计专家——EMX
- 基于 EMX 5.0 的模架设计方法

25.1 模架基础

模架是型腔与型芯的装夹、分离及闭合的机构。为了便于机械化操作以提高生产效率，模架由结构、类型和尺寸均标准化、系列化并具有一定互换性的零件成套组合而成，标准模架分为两大类：中小型模架和大型模架。

25.1.1 中小型模架

按国家标准规定，中小型模架的尺寸为 B×L ≤ 500mm×900mm。模具中小型模架的结构形式可按如下特征分类：结构特征、导柱和导套的安装形式，以及动、定模板座的尺寸和模架动模座结构。

1．按结构分类

中小型模架按结构特征来分，也分为基本型和派生型。其中基本型包括 A1 ～ A4 的 4 个品种。

- A1 型：定模采用两块模板，动模采用一块模板，设置顶杆顶出机构，适用于单分型面成型模具。中小型模架的基本型 A1 品种如图 25-1 所示。
- A2 型：定模和动模均采用两块模板，设置顶杆顶出机构。适用于直接浇口，采用斜导柱侧抽芯的成型模具。中小型模架的基本型 A2 品种如图 25-2 所示。

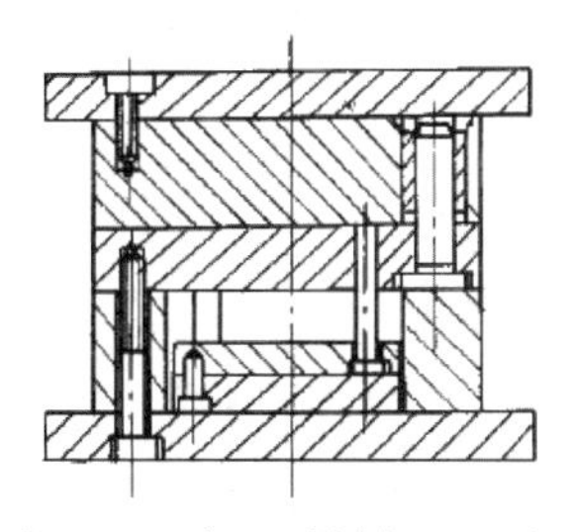

图 25-1　中小型模架 A1 型

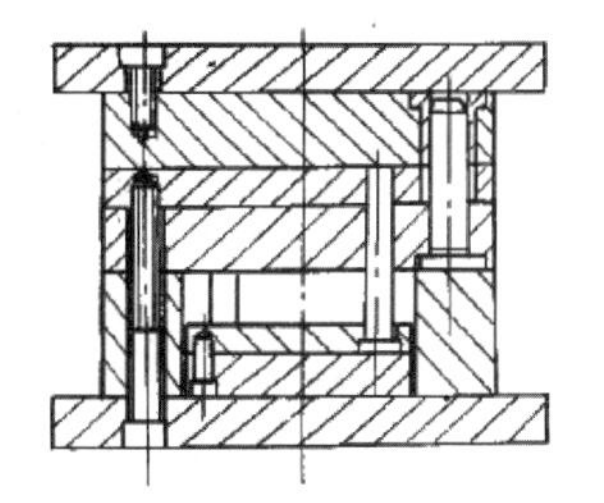

图 25-2　中小型模架 A2 型

- A3 型：定模采用两块模板，动模采用一块模板，设置推件板推出机构。适用于薄壁壳体类塑料制品的成型，以及脱模力大、制品表面不允许留有推出痕迹的成型模具。

中小型模架的基本型 A3 品种如图 25-3 所示。

- A4 型：此型模架均采用两块模板，设置推件板推出机构，适用范围与 A3 型基本相同。中小型模架的基本型 A4 品种如图 25-4 所示。

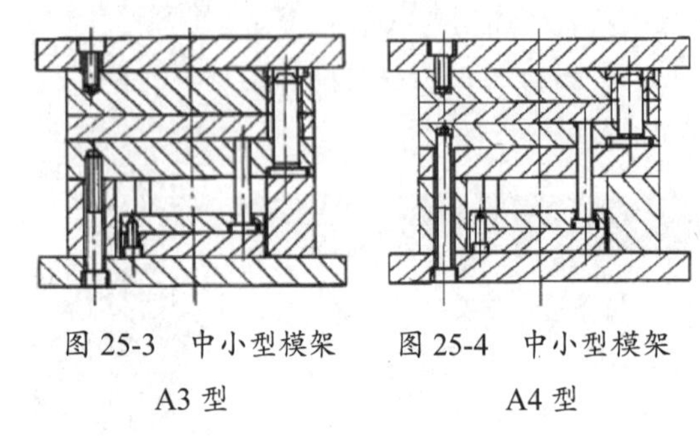

图 25-3 中小型模架 A3 型　　图 25-4 中小型模架 A4 型

除基本型模架外，中小型模架的派生型总共有 P1 ～ P9 的 9 个品种。

- P1 ～ P4 型：模架由基本型模架 A1 ～ A4 型对应派生而成。结构形式的差别在于去掉了 A1 ～ A4 型定模座板上的固定螺钉，使定模一侧增加了一个分型面，成为双分型面成型模具，多用于点浇口。其他特点和用途同 A1 ～ A4。派生型模架 P1 ～ P4 型如图 25-5 所示。

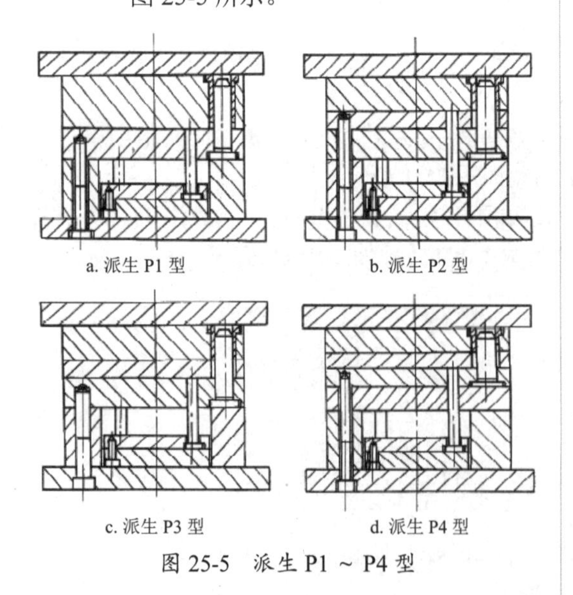

图 25-5 派生 P1 ~ P4 型

- P5 型：模架的动、定模各由一块模板组合而成，如图 25-6 所示。主要适用于直接浇口简单整体型腔结构的成型模具。

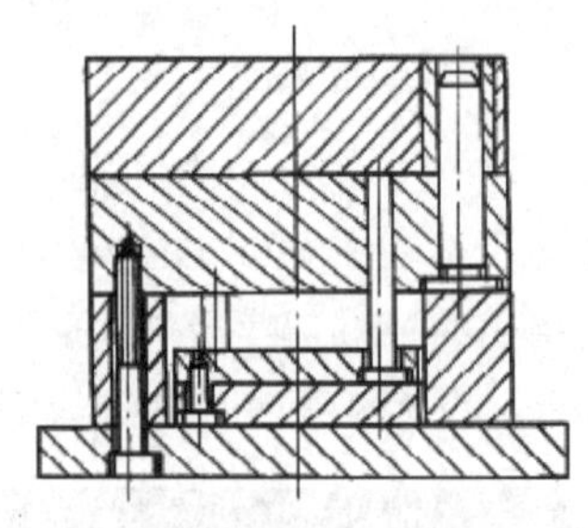

图 25-6 派生 P5 型

- P6 ～ P9 型：P6 与 P7、P8 与 P9 是相互对应的结构，如图 25-7 所示。P7 和 P9 相对于 P6 和 P8 只是去掉了定模座板上的固定螺钉。P6 ～ P9 型模架均适用于复杂结构的注射成型模，如定距分型自动脱落浇口的注射模等。

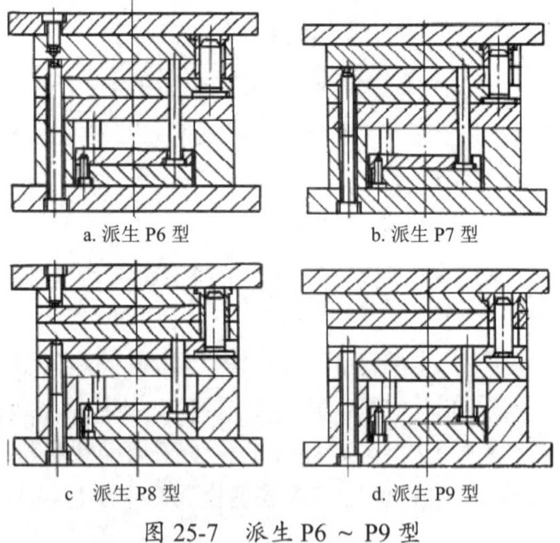

图 25-7 派生 P6 ~ P9 型

2. 按导柱和导套的安装形式分类

中小型模架根据导柱和导套的安装形式不同可分正装（代号取 Z）和反装（代号取 F）两种。序号 1、2、3 分别表示为采用带头导柱、有肩导柱、有肩定位导柱。

- Z1 型：采用带头导柱的正装模，如图 25-8a 所示。

- Z2 型：采用有肩导柱的正装模，如图 25-8b 所示。
- Z3 型：采用有肩导柱定位的正装模，如图 25-8c 所示。
- F1 型：采用带头导柱的反装模，如图 25-9a 所示。
- F2 型：采用有肩导柱的反装模，如图 25-9b 所示。
- F3 型：采用有肩定位导柱的反装模，如图 25-9c 所示。

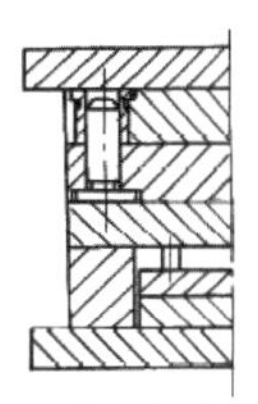
a.Z1 型正装模

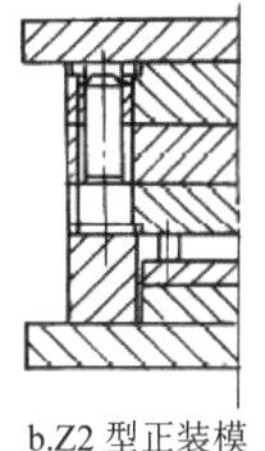
b.Z2 型正装模

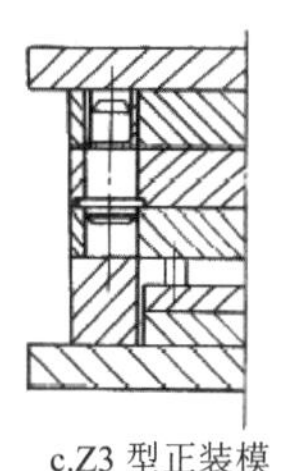
c.Z3 型正装模

图 25-8　正装的中小型模架

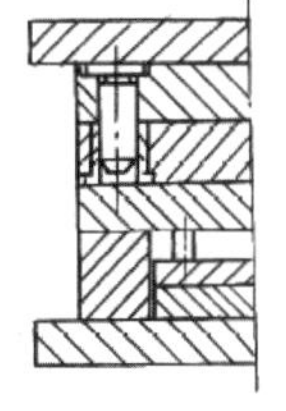
a.F1 型反装模

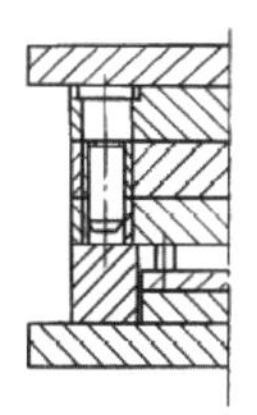
b.F2 型反装模

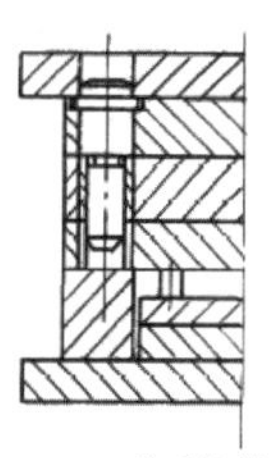
c.F3 型反装模

图 25-9　反装的中小型模架

3. 按动、定模板座的尺寸分类

中小型模架按动、定模座板的尺寸可分为有肩工字模和无肩直身模两种。

- 工字模：上、下模座板尺寸大于其余模板的尺寸，形似一个【工】字，如图 25-10 所示。
- 直身模：上、下模座板尺寸等于其余模板的尺寸，如图 25-11 所示。

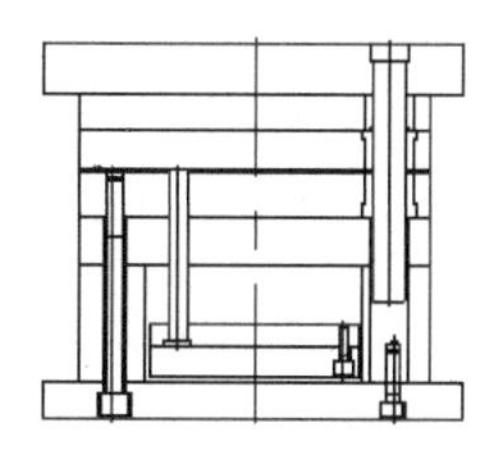
图 25-10　工字模

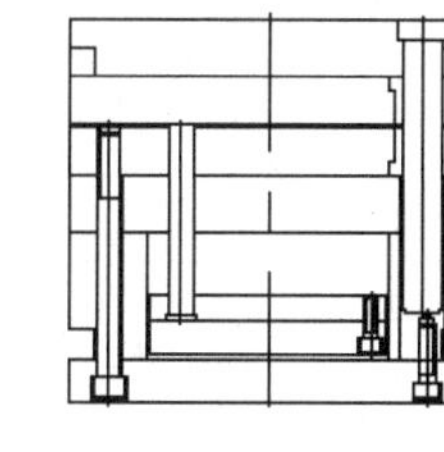
图 25-11　直身模

4. 按模架动模座结构分类

中小型模架的动模座结构以 V 表示，分 V1、V2 和 V3 型 3 种，国家标准中规定，基本型和派生型模架动模座均采用 V1 型结构。

- V1 型：模架动模座结构 V1 型如图 25-12 所示。
- V2 型：模架动模座结构 V2 型如图 25-13 所示。
- V3 型：模架动模座结构 V3 型如图 25-14 所示。

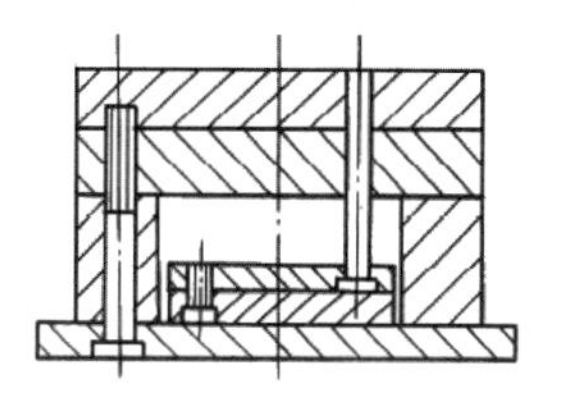
图 25-12　V1 型动模座

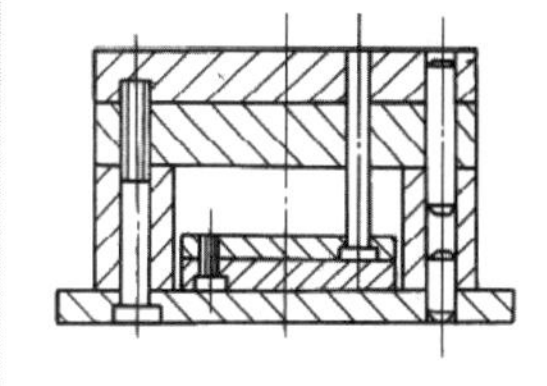
图 25-13　V2 型动模座

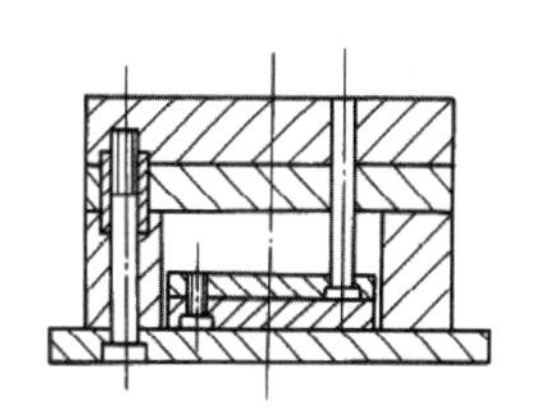
图 25-14　V3 型动模座

25.1.2　大型模架

根据国家标准，大型模架的尺寸 B×L 为 630mm×630mm ～ 1250mm×2000mm。大型模架按其结构来分，可分为基本型模架和派生型模架两类。

1. 基本型模架

大型模架的基本型结构分为 A 型和 B 型两个品种。

- A 型：由定模二模板、动模一模板组成，设置顶杆顶出机构，如图 25-15 所示。
- B 型：由定模二模板、动模二模板组成，设置顶杆顶出机构，如图 25-16 所示。

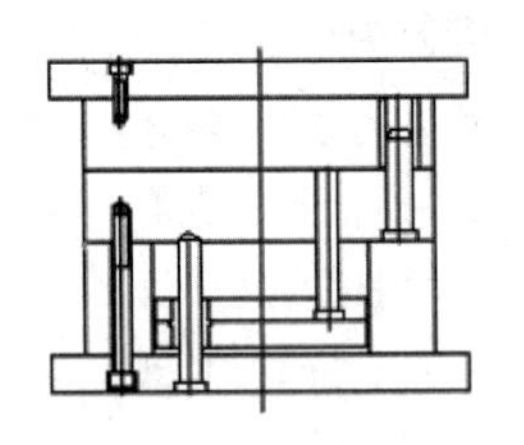
图 25-15　A 型模架

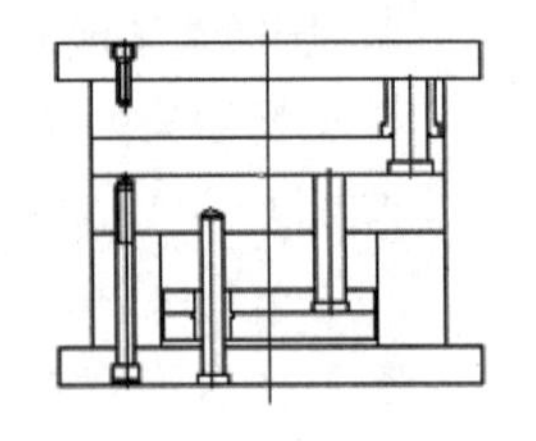
图 25-16　B 型模架

2. 派生型模架

大型模架的派生型结包括 P1 ～ P4 的 4 个品种。

- P1 型由定模二模板、动模二模板组成，用于点浇口的双分型面结构，如图 25-17 所示。
- P2 型由定模二模板、动模三模板组成，设置推件板推出机构，如图 25-18 所示。

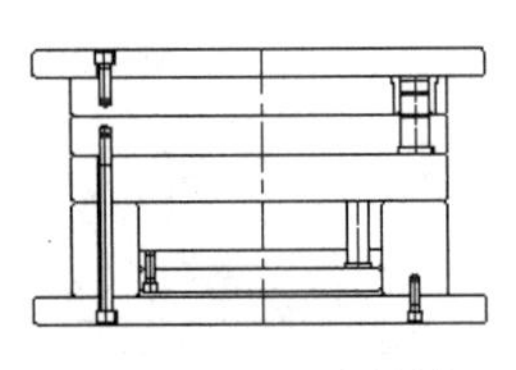
图 25-17　P1 型模架

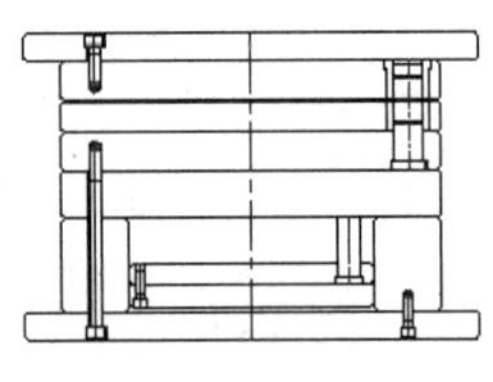
图 25-18　P2 型模架

- P3 型由定模二模板、动模一模板组成，用于点浇口的双分型面结构，如图 25-19 所示。
- P4 型由定模二模板、动模二模板组成，设置推件板推出机构，如图 25-20 所示。

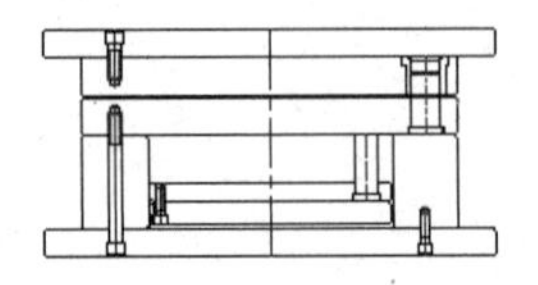
图 25-19　P3 型模架

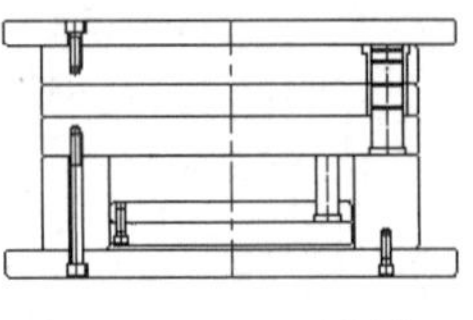
图 25-20　P4 型模架

25.1.3　大型模架的尺寸组合

模架的尺寸组合主要是依据模具的主要结构类型及延伸类型的品种，以及模板的长度和宽度来进行的。

塑料注射模大型模架国家标准规定，大型模架的周界尺寸范围为 630mm×630mm ～ 1250mm×2000mm，适用于大型热塑性塑料注射模。

模架品种有 A 型、B 型组成的基本型和由 P1 ～ P4 组成的派生型，共 6 个品种。大型模架组合用的零件，除全部采纳 GB/T 4169.1 ～ 4169.23—2006 塑料注射模零件外，超出该标准零件尺寸系列范围的，则按照 GB/T 2822—2005（标准尺寸），结合我国模具设计采用的尺寸，并参照国外先进企业标准，建立了和大型模架相配合使用的专用零件标准。

大型模架以模板每一宽度尺寸为系列主参数，各配有一组尺寸要素，组成 24 个尺寸系列。按照同品种、同系列采用的模板厚度 A、B 和支承块高度 C 划分为每一系列的规格数，供设计和制造者选用。

如表 25-1 所示为 GB/T 12555—2006 塑料注射模大型模架的全部尺寸组合系列。

表 25-1　塑料注射模大型模架标准的尺寸组合

序号	系列 B×L	L/mm	编号数	导柱 φ/mm	模板 A、B 尺寸 /mm	支承块高度 C/mm
1	600×L	600，700，800，900，1000	01 ～ 64	50	70，80，100，110，120，130，140，150，160，180，200	120，130，150 180
2	650×L	650，700，800，900，1000	01 ～ 64	50	0，80，100，110，120，130，140，150，160，180，200，220	125，130，150 180
3	700×L	700，800，900，1000，1250	01 ～ 64	60	70，80，90，100，110，120，130，140，150，160，180，200，220，250	150，180，200，250

续表

序号	系列 B×L	L/mm	编号数	导柱 φ/mm	模板 A、B 尺寸 /mm	支承块高度 C/mm
4	800×L	800，900，1000，1250	01 ～ 64	70	80，90，100，110，120，130，140，150，160，180，200，220，250，280，300	150，180，200，250
5	900×L	900，1000，1250，1600	01 ～ 64	70	90，100，110，120，130，140，150，160，180，200，220，250，280，300，350	180，200，250，300
6	1000×L	1000，1250，1600	01 ～ 64	80	100，110，120，130，140，150，160，180，200，220，250，280，300，350，400	180，200，250，300
7	1250×L	1250，1600，2000	01 ～ 64	80	100，110，120，130，140，150，160，180，200，220，250，280，300，350，400	180，200，250，300

25.1.2　中小型模架的尺寸组合

塑料注射模中小型模架国家标准规定，中小型模架的周界尺寸范围为 B×L ≤ 500mm×900mm，并规定模架的结构型式为品种型号，即基本型 A1 ～ A4 的 4 个品种，派生型 P1 ～ P9 的 9 个品种，共 13 个品种。由于定模和动模座板分有肩和无肩两种形式，故又增加了 13 个品种，共计 26 个模架品种。中小型模架全部采用 GB/T 4169.1 ～ 4169.11 塑料注射模零件组合而成。

从表 25-2 中可见，在序号 1 中宽度 B 为 100mm 的模板，有 3 种长度 L（100mm、125mm、160mm）与其相组合，因模板厚度 A、B 和支承块高度 C 的变化，共形成 64 种规格，以编号 01 ～ 64 表示。

表 25-2　塑料注射模中小型标准模架的尺寸组合

序号	系列 B×L	L/mm	编号数	导柱 φ/mm	模板 A、B 尺寸 /mm	支承块高度 C/mm
1	15×L	150，180，200，230，250	01 ～ 64	16	20，25，30，35，40，45，50，60，70，80	50，60，70
2	180×L	200，250，315	01 ～ 49	20	20，25，30，35，40，45，50，60，70，80	60，70，80
3	200×L	200，230，250，300，350，400	01 ～ 49	20	25，30，35，40，45，50，60，70，80，90，100	60，70，80
4	230×L	230，250，270，300，350，400	01 ～ 64	20	25，30，35，40，45，50，60，70，80，90，100	70，80，90
5	250×L	250，270，300，350，400，450，500	01 ～ 49	25	30，35，40，45，50，60，70，80，90，100，110，120	70，80，90

续表

序号	系列B×L	L/mm	编号数	导柱 φ/mm	模板A、B尺寸/mm	支承块高度C/mm
6	270×L	270，300，350，400，450，500	01～36	25	30，35，40，45，50，60，70，80，90，100，110，120	70，80，90
7	300×L	300，350，400，450，500，550，600	01～36	30	35，40，45，50，60，70，80，90，100，110，120，130	80，90，100
8	350×L	350，400，450，500，550，600	01～64	30/35	40，45，50，60，70，80，90，100，110，120，130	90，100，110
9	400×L	400，450，500，550，600，700	01～49	35	40，45，50，60，70，80，90，100，110，120，130，140，150	100，110，120，130
10	450×L	450，500，550，600，700	01～64	40	45，50，60，70，80，90，100，110，120，130，140，150，160，180	100，110，120，130
11	500×L	500，550，600，700，800	01～49	40	50，60，70，80，90，100，110，120，130，140，150，160，180	100，110，120，130
12	550×L	550，600，700，800，900	01～64	50	70，80，90，100，110，120，130，140，150，160，180，200	110，120，130，150

25.1.3 模架的选用

在模具设计中，应正确选用标准模架，以节省制模时间和保证模具质量。选用标准模架简化了模具的设计和制造，缩短了模具生产周期，方便了维修，而且模架精度和动作可靠性容易得到保证，因而使模具的价格整体下降。目前标准模架已被行业广泛采用。

1. 模架的选用

标准模架的选用过程包括以下几个方面：

- 根据制品图样及技术要求，分析、计算、确定制品类型、尺寸范围（型腔投影面积的周界尺寸）、壁厚、孔形及孔位、尺寸精度及表面性能要求、材料性能等，以便制定制品成型工艺、确定浇口位置、制品重量及模具的型腔数目，并选定注射机的型号及规格。选定的注射机应满足制品注射量和注射压力的要求。
- 确定模具分型面、浇口结构形式、脱模和抽芯方式与结构，根据模具结构类型和尺寸组合系列来选定所需的标准模架。
- 核算所选定的模架在注射机上的安装尺寸要素及型腔的力学性能，保证注射机和模具能相互协调。

2. 模架规格

模架规格的确定往往取决于模仁（包括型腔和型芯）大小。模架模板厚度与模仁尺寸之间的关系，如图25-21所示。

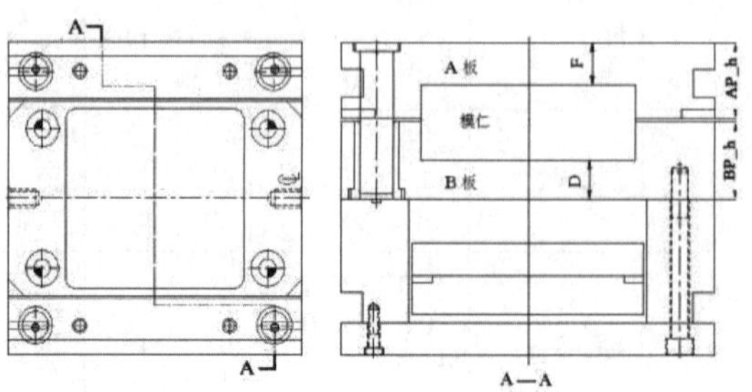

图25-21　模板厚度与模仁尺寸的关系

模架模板与模仁宽度之间的尺寸关系，如图 25-22 所示。

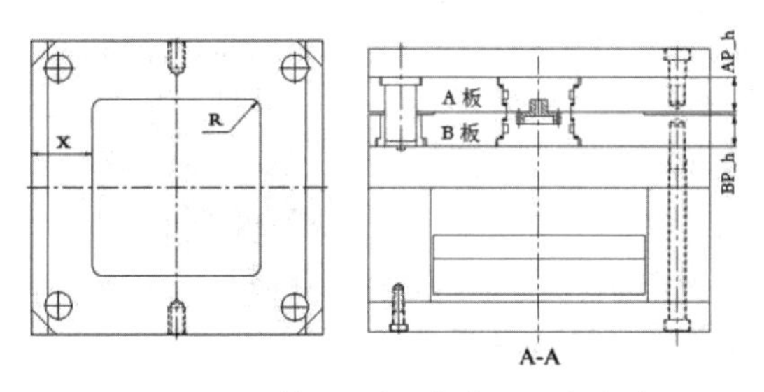

图 25-22 模板与模仁宽度的尺寸关系

如表 25-3 所示，表中给出了模仁尺寸与模架规格的对应关系。

表 25-3 模仁尺寸与模架规格的对应关系

<table>
<tr><th rowspan="2">模仁尺寸</th><th colspan="4">模架规格选择参考</th></tr>
<tr><th>R</th><th>X（最小值）</th><th>F（最小值）</th><th>D（最小值）</th></tr>
<tr><td>2020 ～ 2330</td><td rowspan="2">8</td><td rowspan="2">40</td><td>25</td><td>30</td></tr>
<tr><td>2525 ～ 2740</td><td>30</td><td>35</td></tr>
<tr><td>3030 ～ 3045</td><td rowspan="2">13</td><td rowspan="2">50</td><td rowspan="2">30</td><td rowspan="2">40</td></tr>
<tr><td>3550 ～ 3060</td></tr>
<tr><td>3555 ～ 4570</td><td>16</td><td>55</td><td>35</td><td>50</td></tr>
<tr><td>5050 ～ 6080</td><td>20</td><td>65</td><td>40</td><td>60</td></tr>
<tr><td>7070 ～ 1000</td><td>25</td><td>75</td><td>45</td><td>80</td></tr>
</table>

模仁尺寸与模架 A、B 板厚度最小取值关系，如表 25-4 所示。

表 25-4 模仁尺寸与模架 A、B 板厚度取值关系

<table>
<tr><th rowspan="3">模仁尺寸</th><th colspan="3">A、B 板最小厚度</th></tr>
<tr><th colspan="2">无支撑板</th><th rowspan="2">有支撑板 (AP_h/ BP_h)</th></tr>
<tr><th>AP_h</th><th>BP_h</th></tr>
<tr><td>2020 ～ 2330</td><td>50</td><td>60</td><td>25</td></tr>
<tr><td>2525 ～ 2550</td><td>60</td><td>70</td><td>30</td></tr>
<tr><td>3535 ～ 3060</td><td>70</td><td>80</td><td rowspan="2">35</td></tr>
<tr><td>3555 ～ 4070</td><td rowspan="2">80</td><td rowspan="2">90</td></tr>
<tr><td>4545 ～ 5070</td><td>50</td></tr>
<tr><td>5555 ～ 6080</td><td>100</td><td>110</td><td>60</td></tr>
<tr><td>7070 ～ 1000</td><td>120</td><td>130</td><td>70</td></tr>
</table>

25.2 模具标准件

为提高模具的生产质量、缩短生产周期，模具零件及技术条件均制定了国家标准，如 GB/T 12556—2006（塑料注射模模架技术条件）。一副完整的模具，由成型零件、支承与固定零件、抽芯零件、导向零件、定位与限位零件、推出零件、冷却与加热零件，以及模架 8 个部分的零部件组成。

25.2.1 支承与固定零件

支承与固定零件包括模板、支承柱。

模板主要用于塑料注射模具中的各种板类零件（不包括推板及支承块），可根据不同模具结构选用。当模板厚度要求和型腔厚度相同时，可取适当厚度模板改制或组合使用。另外，塑料注射模架技术条件标准也可用于热固性塑料压胶模、挤胶模、金属压铸模的模板，甚至可供改制成大的型芯、镶块使用。模板、垫块、推板的组合平面尺寸配置（参考件）图如图 25-23 所示。

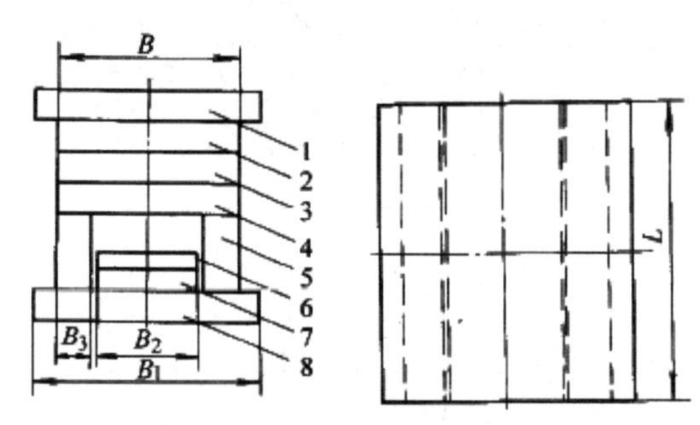

图 25-23 模板、垫块、推板的组合平面尺寸配置

1——定模固定板；2——定模板；3——动模板；4——支承板；5——垫块；6——推杆固定板；7——推板；8——动模固定板

支承柱的作用为：在支承板较薄的情况下，可增强支承板的功能，在支承板与动模板之间合理布置支承柱，以分担注射时支承板所受的压力，改善其受力状况，增强模具刚性，同时，还可减小支承板的厚度，减轻模具重量。支承柱的装配方法采用螺钉定位，平行度易保证，也可将孔加工成螺孔，再用螺钉连接。d=32mm、L=63mm 的支承柱如图 25-24 所示。

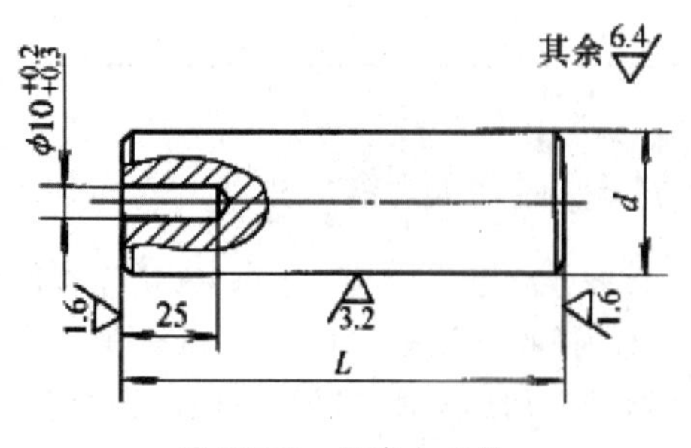

图 25-24 标准支承柱

25.2.2 导向零件

导向零件包括导柱和导套。

导柱功能为：与导套配合使用，使模具在工作时的开模和闭合时，起导向作用，使定模和动模相对处于正确位置，同时承受由于在塑料注射时，注射机运动误差所引起的侧压力，以保证塑件精度。带头导柱是常用结构，分两段。近头段为在模板中的安装段，标准采用 H7/k6 配合；另一段为滑动部分，其与导套的配合为 H7/f7。有肩导柱适用于批量大的中、大型精密模具，导柱大端与导套的外径尺寸相同，固定导柱与导套的两孔可同时加工，同心度好，其与模板孔的配合为 H7/f7。

（1）导柱包括带头导柱和有肩导柱。

- d=12mm、L=100mm、L1=25mm 的带头导柱如图 25-25 所示。

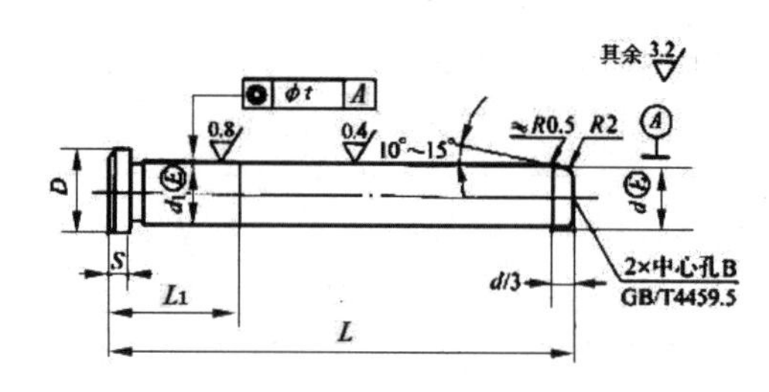

图 25-25 标准带头导柱

- d=12mm、L=100mm、L1=25mm 的有肩导柱如图 25-26 所示。

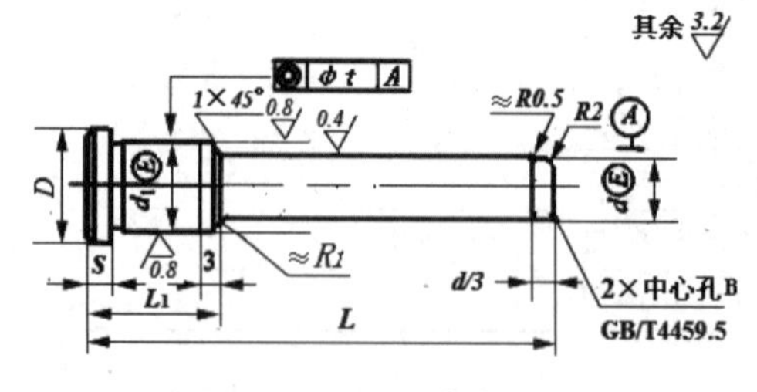

图 25-26 标准有肩导柱

（2）导套主要用于厚模板中，可缩短模板的镗孔深度，在浮动模板中使用较多。导套包括标准带头导套和标准直导套。

- d=12mm、L=40mm 的标准带头导套如图 25-27 所示。

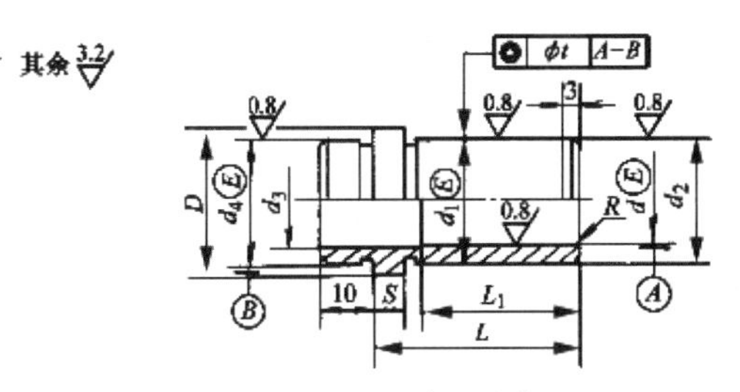

图 25-27　标准带头导套

- d=12mm、L=32mm 的直导套如图 25-28 所示。

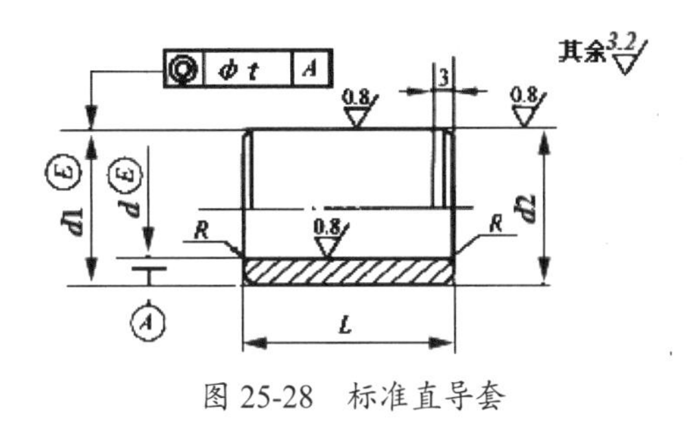

图 25-28　标准直导套

25.2.3　定位与限位零件

定位与限位零件包括限位钉及圆锥定位件。

限位钉用于支承推出机构，并用以调节推出距离，防止推出机构复位时受导物障碍的零件。d=8mm 的限位钉如图 25-29 所示。

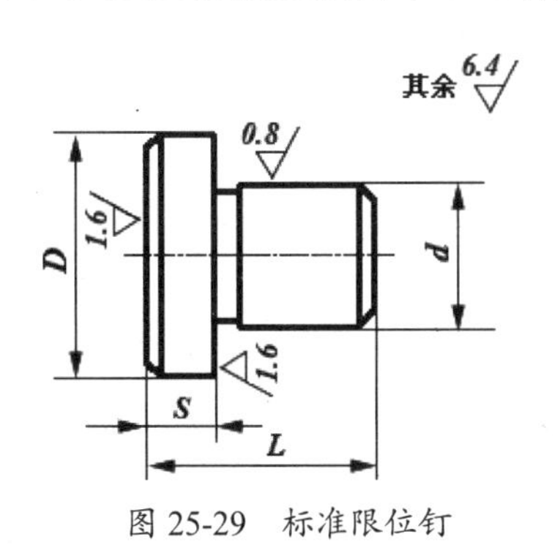

图 25-29　标准限位钉

圆锥定位件主要用于动模、定模之间需要精确定位的场合，例如在注射成型薄壁制品塑件时，为保证壁厚均匀，需要用该标准零件进行精确定位。对同轴度要求高的塑件，而且其型腔分别设在动模和定模上时，也需要采用此标准零件来进行精密定位，同时，还具有增强模具刚度的效果。d=6mm 的圆锥定位件如图 25-30 所示。

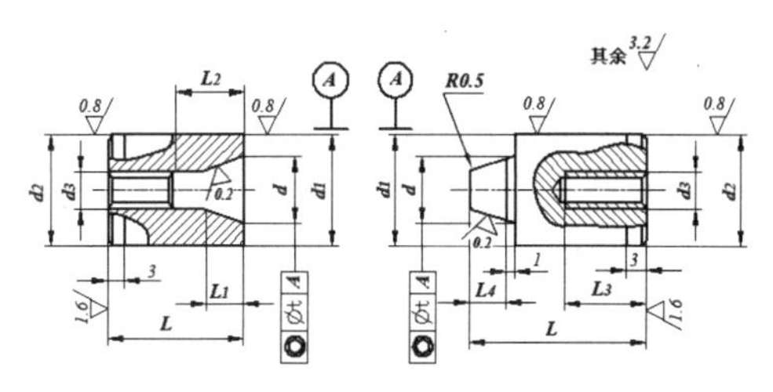

图 25-30　圆锥定位件

25.2.4　推出零件

推出零件中包括推杆（顶杆）、推板和推块。

（1）推杆为直杆式，它可改制成拉杆或直接用作回程杆，也可作为推管的芯杆使用等。d=6mm、L=100mm 的标准推杆如图 25-31 所示。

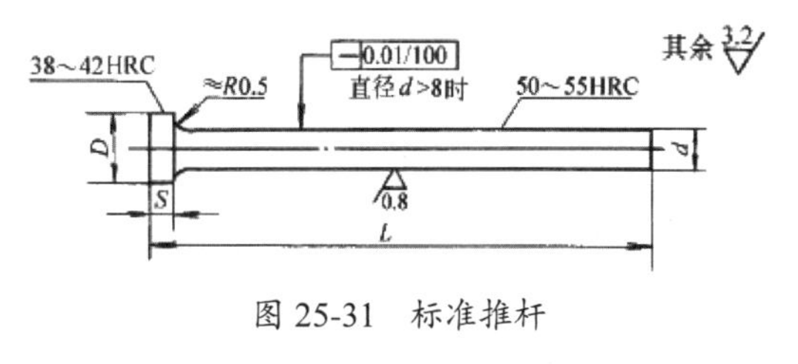

图 25-31　标准推杆

（2）推块用途决定于推（顶）件的距离和调节模具的高度。

（3）推板用于支承推出复位（杆）零件，传递机床推出力，也可用作推杆固定板和热固性塑料压胶模、挤胶模和金属压铸模中的推板。

25.3　Pro/E 模架设计专家——EMX

模架设计专家（EMX）提供了一个理想的模架设计解决方案。EMX 是 Pro/E 中一个基于知识库的模架装配和细化工具，它增强了现有 Pro/E 模具工具的功能。此软件基于过程并且易于学习，它使模具制造者能在熟悉的 2D 环境中工作，同时利用 3D 的强大功能和优点。

25.3.1 EMX 的设计功能

PTC 为模具设计人员开发的这套工具，能简化模具设计过程，提高生产率。能大大缩短模具设计人员花费在创建、定制和细化模架部件，以及注塑模具和压铸模具所需的模具组件上的时间。

EMX 提供了智能、自动化模架和模具组件。组件就位后，系统会自动完成相邻板材和组件上的余隙切口，以及钻孔和螺纹孔的操作。该过程把模具设计人员从耗时的、重复性的模具细化工作中解放出来。另外，该工具还简化了复杂的设计工作，并通过一个全新的用户界面，从根本上缩短了学习进程。

EMX 中的模具设计功能可以让设计人员:

- 轻松设计、定制和细化模架部件和组件。
- 自动完成诸如余隙切口、螺纹孔、组件安装、顶杆修饰等工作。
- 由于组件和部件可以被自动放置在模架中，所以在自动放置之前，设计人员可以轻松地实时选择和预览 3D 组件和部件。
- 可以从 15 个以上的模架和组件供应商预先定制组件和部件，因此没有必要建立模型库。
- 自动创建部件和组件图形，其中包括带有圆圈标注和孔类图表的物料清单。
- 自动检验整个模具的开启顺序，其中包括滑块、提钩和顶杆等的动作。

25.3.2 EMX 设计流程

一般来说，模具设计有一定的程序及方法，而 EMX 就是综合模具设计工程师的经验编写出来的。EMX 设计流程如图 25-32 所示。

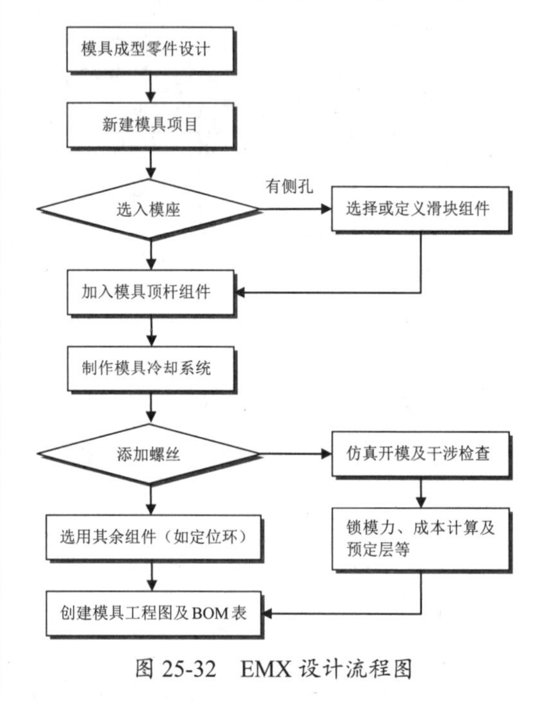

图 25-32　EMX 设计流程图

25.4 基于 EMX 5.0 的模架设计方法

在 Pro/E 中，将 EMX 与 Pro/MOLDDESIGN 结合使用可创建作为常规组件或制造模型的模架。下面将对 EMX 5.0 的模架及模具标准件创建功能及操作流程进行详细介绍。

25.4.1 新建 EMX 项目

【项目】是 EMX 模架的顶级组件。所有的模架模板及模标准件都将在【项目】顶级组件中创建。用户在进行新的模架设计时，必须定义一些将用于所有模架元件的参数和组织数据。EMX 的项目可以在 Pro/E 的任何模式下进行创建。

在菜单栏中选择【EMX 5.0】|【项目】|【新建】命令，或者在【工程特征】工具栏上单击【新建】按钮，EMX 程序弹出【项目】对话框，如图 25-33 所示。

通过【项目】对话框，用户可以定义新项目的名称、名称的前缀和后缀、用户姓名、单位、模板目录等参数。完成定义后单击【接受】按钮，即可进入模架组件设计模式。如图 25-34 所示为模架设计模式中的基准平面与基准坐标系。

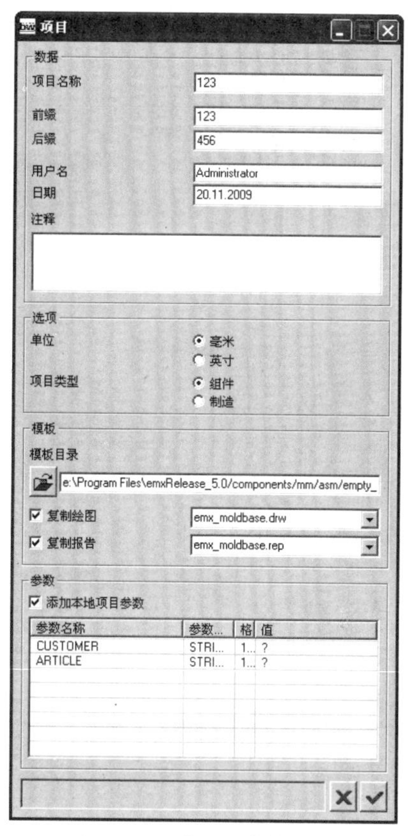

图 25-33 【项目】对话框

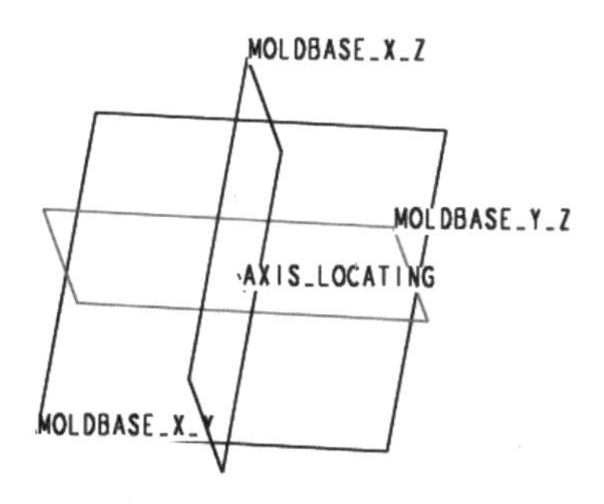

图 25-34 模架设计模式中的基准平面与基准坐标系

25.4.2 模具元件分类

定义了模架新建项目后，用户可以先定义模具模架，再加载模具成型零件，或者先加载模具成型零件，再定义模架。

加载模具成型零件，可通过【工程特征】工具栏中的【装配】工具来进行。在装配成型零件时，装配约束选择【默认】方式。

为了在后续模具模架及模具标准件设计时便于操作，需要对成型零件进行分类，这是一个准备项目的过程。例如，将【型腔】元件分类为【插入定模】，将【型芯】元件分类为【插入动模】，将【铸模零件】分类为【模型】等。

在菜单栏中【EMX5.0】→【项目】→【分类】命令，或者在【工程特征】工具栏上单击【分类】按钮，程序弹出【分类】对话框，如图 25-35 所示。

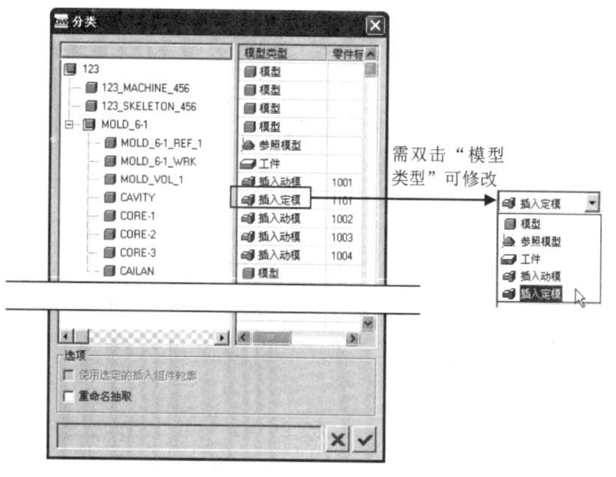

图 25-35 【分类】对话框

25.4.3 定义模架组件

模具的模架包括动模（上模）座板、定模（下模）座板、动模板、定模板、支承板、垫板等。模架选择的关键是确定型腔模板的周界尺寸和厚度，模板的周界尺寸和厚度的大小计算需要参考塑料模具设计手册，在这里不作详细阐述。

模架选择的步骤可分为以下几步：

（1）确定模架组合方式。根据制品成型所需的结构来确定模架的结构组合方式。

（2）确定型腔壁厚。通过查取有关资料或有关壁厚公式计算来得到型腔壁厚尺寸。

（3）计算型腔模板周界限。

（4）计算模板周界尺寸。

（5）确定模板壁厚。

（6）选择模架尺寸。

（7）检验所选模架的合适性。

在 EMX 5.0 版本中，模架库中有韩国、美国、日本及欧洲国家的模架设计标准。因韩国设计制造的模架（futaba）与国内大部分厂家选用的模架类似，所以将韩国标准模架作为重点来进行介绍。

1. 载入 EMX 组件

在菜单栏中选择【EMX 5.0】|【模架】|【组件定义】命令，或者在【工程特征】工具栏上单击【组件定义】按钮，程序弹出【模架定义】对话框，如图 25-36 所示。

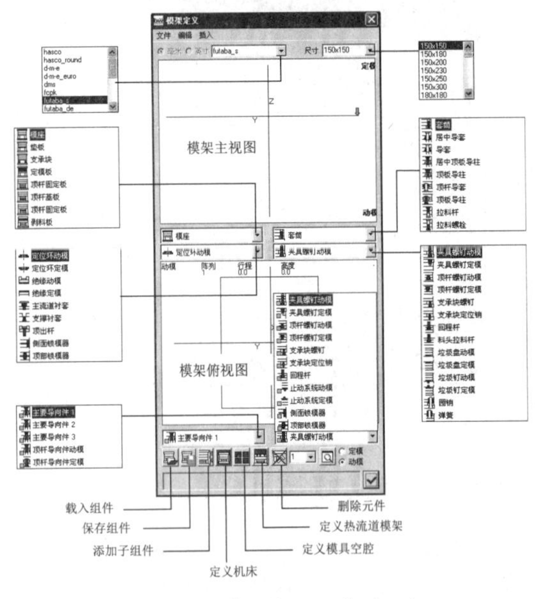

图 25-36 【模架定义】对话框

在对话框下方的工具栏中单击【从文件载入组件定义】按钮，弹出【载入 EMX 组件】对话框。在该对话框的【供应商】下拉列表中选择供应商后，下方【保存的组件】列表框中显示可供选择的模架类型。如图 25-37 所示。

选择一个模架类型后，在【保存的组件】列表框中双击选中的模架类型，可在【模架定义】对话框中显示该模架的主视图与俯视图。单击【接受】按钮，程序自动载入该类型模架组件至模架设计模式中，如图 25-38 所示。

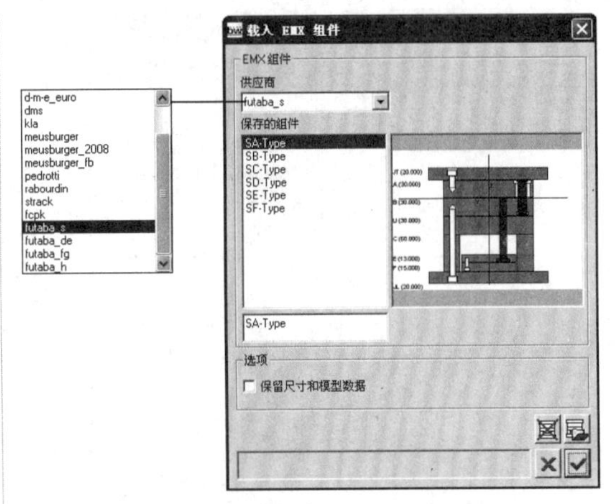

图 25-37 【载入 EMX 组件】对话框

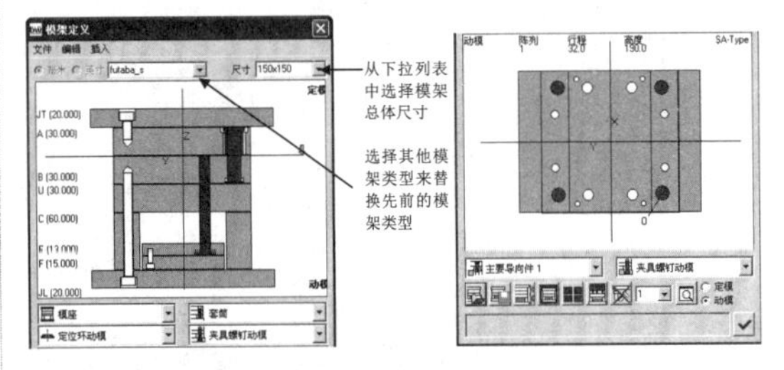

图 25-38 显示模架的主视图与俯视图

2. 编辑模架组件

模架模板的相关参数（包括模板厚度、长度、BOM 数据和材料等）是按国际标准的模架规格来定义的，而模板的参数往往取决于用户创建的成型零件尺寸、厂家经济效益等因素，这就要求用户按需求重新定义。

可以通过两种途径来重定义模板参数：

- 在【模板模架组件】列表框中选择要编辑的模板后，单击模架主视图中显示的模板符号，即可弹出【板】对话框进行参数编辑。如图 25-39 所示。
- 在模架主视图中右击要编辑的模板，选择相应命令，也会弹出【板】对话框。待编辑的模板则呈红色显示。

3. 定义型腔切口

模架装配至模架设计环境以后，在模架中的动、定模板上需要切除一定的空间用以安放成型镶块。

在【模架定义】对话框中单击【打开型

腔对话框】按钮，则弹出【型腔】对话框，如图 25-40 所示。通过该对话框，可定义型腔切口的尺寸、阵列及切口类型。

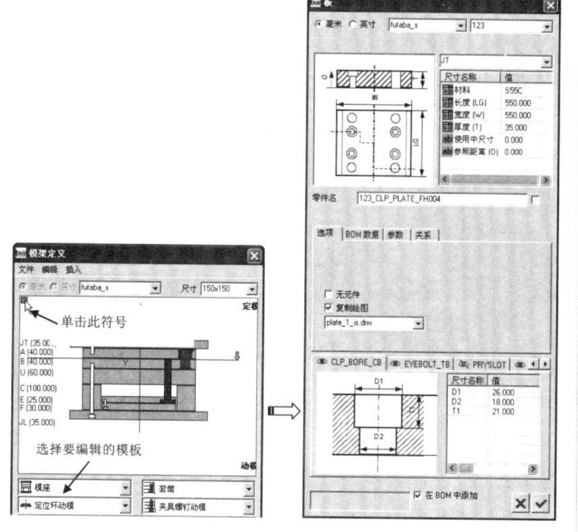

图 25-39　编辑模板参数的命令途径

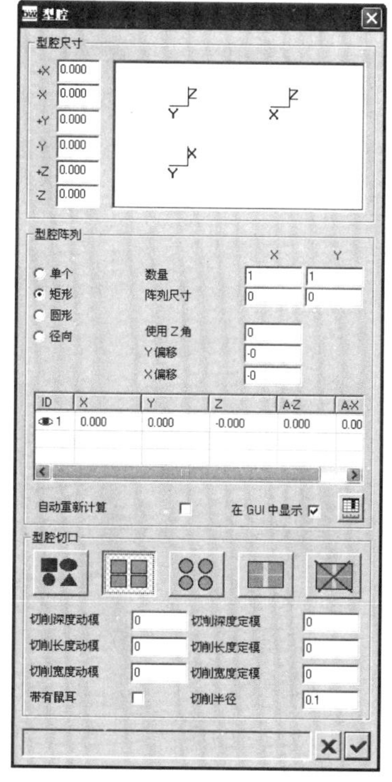

图 25-40　【型腔】对话框

4．装配 / 拆解元件

载入的模架中，没有导向元件、螺钉、止动系统、定位销、顶杆等模具元件，用户可以在菜单栏中选择【EMX 5.0】|【模架】|【元件状态】命令，或者在【工程特征】工具栏单击【元件状态】按钮，弹出【元件状态】对话框，如图 25-41 所示。通过该对话框，选中要装配或卸载的元件复选框，来定义元件在模架设计模式中的显示状态。

图 25-41　【元件状态】对话框

25.4.4　元件（模具标准件）

根据模具制造的需要，用户可以向模具添加所需的螺钉、销钉、导柱、导套、顶杆、冷却系统、浇注系统、顶出系统等标准件，还可以对加载的模具标准件进行重定义。

1．定义元件

使用 EMX 的元件定义功能，用户可以向元件添加属性，EMX 会为新元件创建一个参照组，元件信息在此参照组中作为参数存储。所有切口和元件本身将作为此参照组的子项装配。

（1）定义导向元件。

导向元件包括导柱和导套。在【工程特征】工具栏中单击【定义导向元件】按钮，程序弹出【导向件】对话框，如图 25-42 所示。标准导柱和导套如图 25-43 所示。

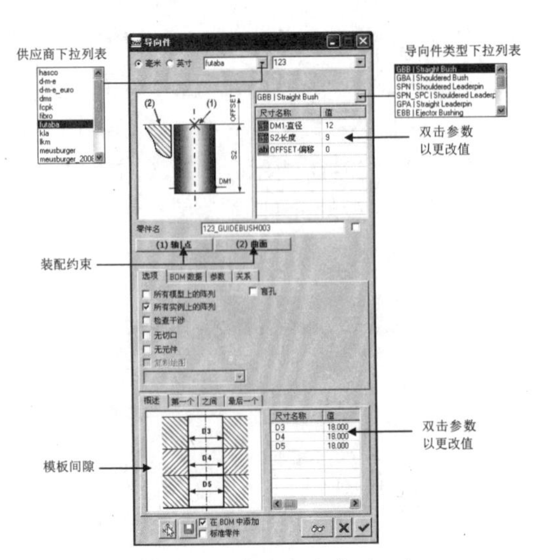

图 25-42 【导向件】对话框

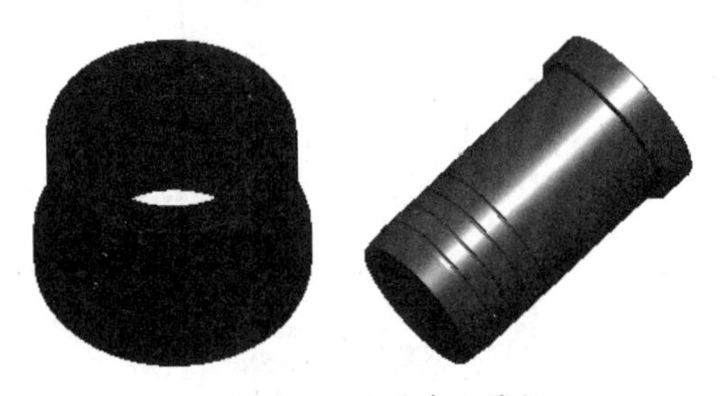

图 25-43 标准导套和导柱

（2）定义定位环与浇口套。

定位环和浇口套是注射机喷嘴与模具接触部位起固定作用的元件，同时也是浇注系统组件。在【工程特征】工具栏中单击【定位环】按钮或者单击【主流道衬套】按钮，程序弹出【定位环】窗口或【主流道衬套】窗口。用户可在弹出的窗口中设置相关的尺寸、BOM 等参数。标准定位环与浇口套的结构如图 25-44 所示。

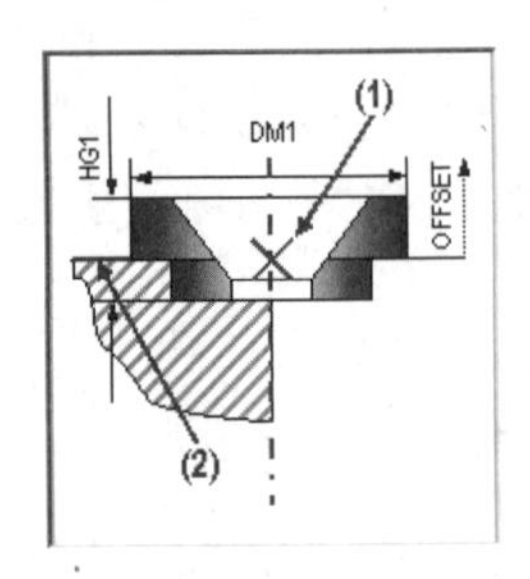

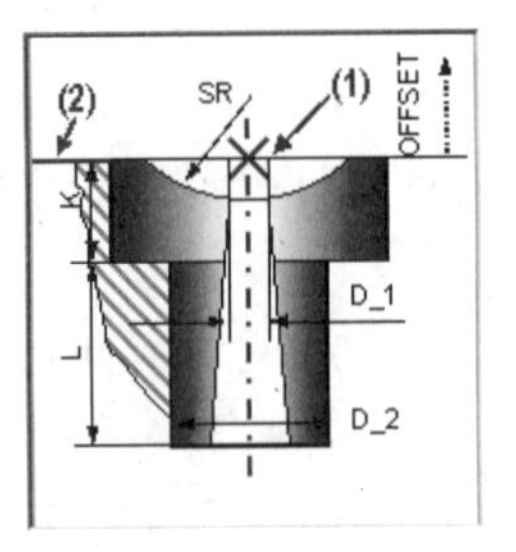

图 25-44 标准定位环和浇口套

（3）定义垃圾钉、垃圾盘。

垃圾钉、垃圾盘位于推件固定板与下模座板之间，起止动作用。在【工程特征】工具栏中单击【垃圾钉】按钮或者单击【垃圾盘】按钮，程序弹出【垃圾钉】窗口或【垃圾盘】窗口。用户可在弹出的窗口中设置相关的尺寸、BOM 等参数。典型的垃圾钉与垃圾盘如图 25-45 所示。

图 25-45 垃圾钉和垃圾盘

（4）定义螺钉。

当成型零件作为镶块嵌入到模板中时，需要添加螺钉以固定镶块。在【工程特征】工具栏中单击【定义螺钉】按钮，程序弹出【螺钉】窗口。用户可在弹出的窗口中设置相关的尺寸、BOM 等参数。典型的螺钉及其结构图如图 25-46 所示。

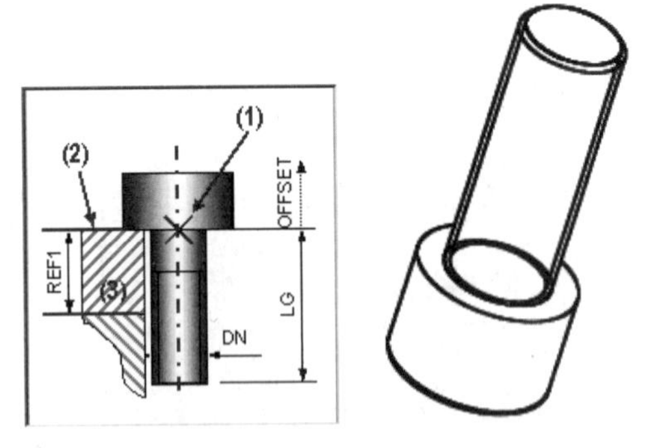

图 25-46 螺钉及其结构图

（5）定义销钉。

定位销起连接固定作用，主要用于模具模板装配时，防止模板错位而引起装配误差。在【工程特征】工具栏中单击【定义定位销】按钮，程序弹出【定位销】窗口。用户可在弹出的窗口中设置相关的尺寸、BOM 等参数。典型的定位销及其结构图如图 25-47 所示。

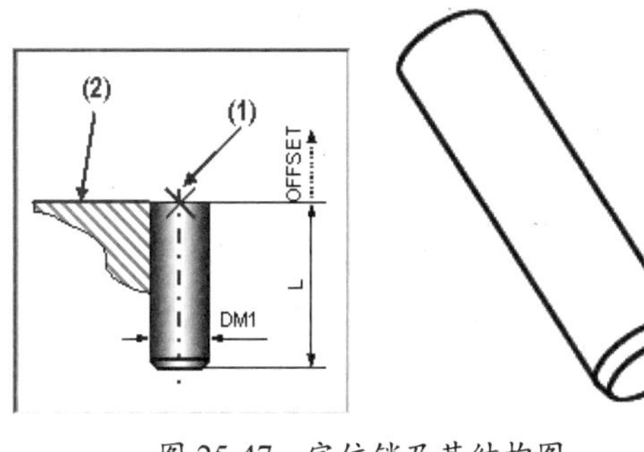

图 25-47 定位销及其结构图

（6）定义顶杆。

顶杆主要用于成型后的产品顶出，顶杆有时也可以作为成型制品的一部分（如小成型杆）。在【工程特征】工具栏中单击【定义顶杆】按钮，程序弹出【顶杆】窗口。通过该窗口，可以定义 4 种顶杆类型（直顶杆、扁顶杆、有托顶杆和顶管），如图 25-48 所示。

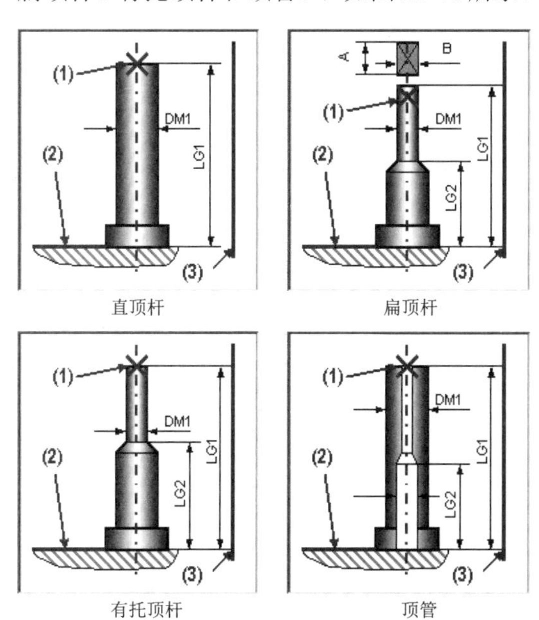

图 25-48 顶杆的 4 种类型

（7）定义冷却元件。

冷却元件属于冷却系统中的模具元件，主要用于模具成型时冷却制品。

（8）定义滑块。

滑块用于制件侧向脱模，属于顶出系统组成零件。在【工程特征】工具栏中单击【定义滑块】按钮，程序弹出【滑块】窗口。通过该窗口，用户可以定义 3 种类型的滑块，如【单面锁定滑块】、【拖拉式滑块】和【双面锁定滑块】，如图 25-50 所示。

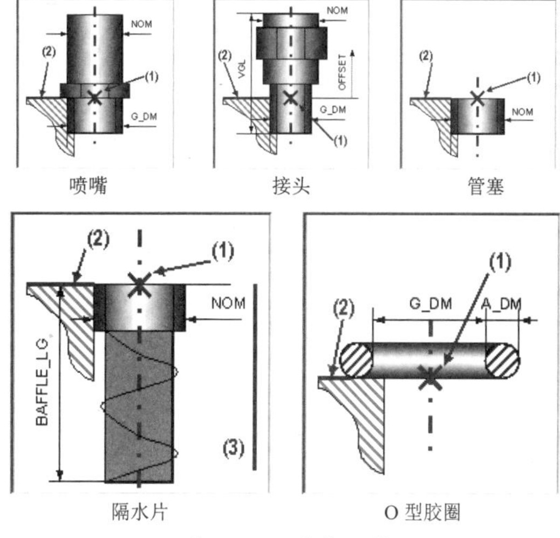

图 25-49 冷却元件

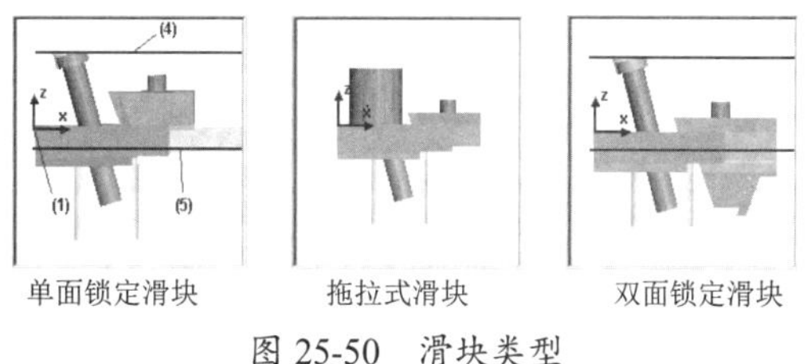

图 25-50 滑块类型

（9）定义斜顶机构。

当制件内部有倒扣特征时，需要做斜顶机构以便成型后顺利推出制件。在【工程特征】工具栏中单击【定义斜顶机构】按钮，程序弹出【斜顶机构】窗口。通过该窗口，用户可以定义两种类型的滑块：【圆形型芯斜顶】和【矩形型芯斜顶】，如图 25-51 所示。

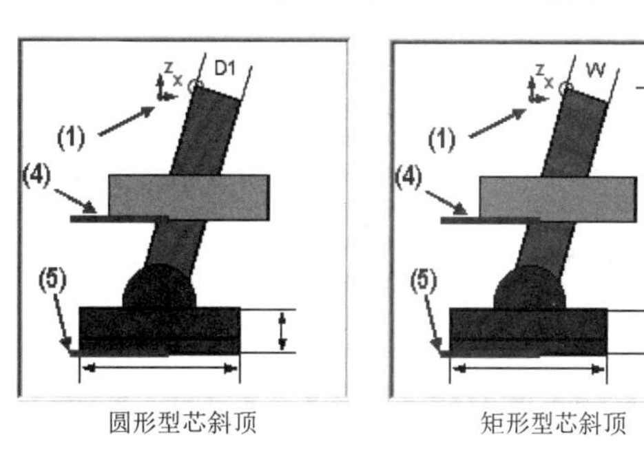

图 25-51 斜顶类型

2. 修改元件

EMX 元件的修改可以通过【修改】工具来完成。修改操作是在某个元件的元件定义对话框中进行的。

例如要修改一个导向元件，在【工程特征】工具栏中单击【修改导向元件】按钮，程序弹出【选取】对话框，并在信息栏中提示用户需要选择参照组的坐标系或点。用户只需在图形区中选择某个导向元件的放置点，程序随即自动弹出【导向件】窗口，然后在该窗口中重定义各项参数。

3. 删除元件

对模架设计模式中加载的模具模架元件，用户最好不要直接在模型树中将其删除，因为这种删除方法会使删除的元件保留在系统内存中。

因此，EMX 提供了模架元件的删除工具。例如要删除一组同类型的螺钉，在【工程特征】工具栏中单击【删除螺钉】按钮，程序弹出【选取】对话框，并在信息栏中提示用户需要选择参照组的坐标系或点。用户只需在图形区中选择要删除的螺钉放置点，程序自动将其从模架中删除。

25.4.5 材料清单

材料清单是模具设计师在设计完成模具以后制作的一组模具材料报表（BOM 表）。该报表是材料采购人员采购模具加工材料时的重要依据，如模具材料类型、板料尺寸、材料厂家等。

在【工程特征】工具栏中单击【材料清单】按钮，程序弹出【材料清单】对话框，如图 25-52 所示。

在模型树窗口中选择要编辑的 BOM 条目，图形区中该条目代表的元件将高亮显示。若用户不需要将某些条目输出，可以在右边的【模型】列表中选择它，使其前面的符号变为。

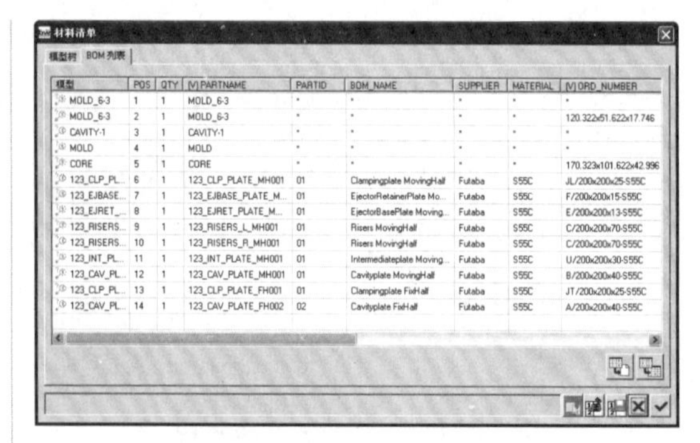

图 25-52 【材料清单】对话框

在【模型】列表中右击某一条目，选择相应命令，程序将弹出【编辑 BOM 条目】对话框，如图 25-53 所示。用户可在该对话框中双击项目对应的【值】以进行编辑。

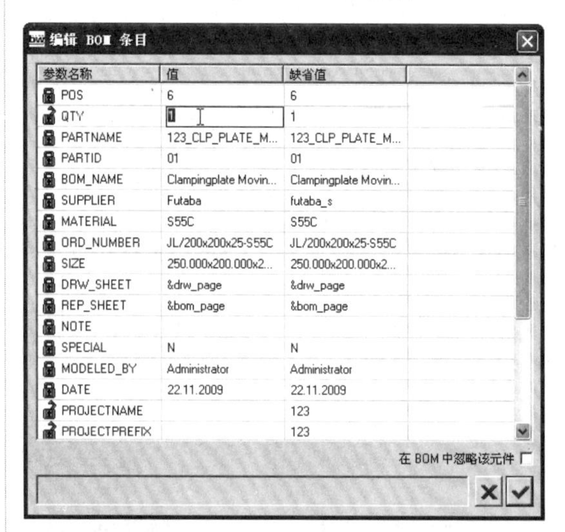

图 25-53 【编辑 BOM 条目】对话框

技术要点

若要编辑某一参数值，必须先单击前面的锁符号，使其由变为后，在【值】列表中双击参数值，方可进行编辑。

25.4.6 模架开模模拟

EMX 向用户提供了基于模具开模状态模拟工具——【模架开模模拟】。此工具还可以执行模具组件之间的干涉检查，以便用户及时找出原因，并加以解决。

在【工程特征】工具栏中单击【模架开

模模拟】按钮，程序弹出【模架开模模拟】对话框，如图 25-54 所示。

在此对话框中，各选项含义如下：

- 开模总计：这是注射成型机模座移动的距离。
- 布距宽度：此值用于增大模架开模、创建动画影片的帧，以及运行干涉检查。
- 不检查干涉：选择此单选按钮，开模模拟时无任何干涉检查。
- 检查参照模型干涉：检查参照模型和所有其他模型之间的干涉。
- 检查所有模干涉：进行全局干涉检查。此干涉检查的时间要比其他两个选项时间长。
- 【模拟组】树：在树中选择一行，以在图形窗口中加亮显示所有元件，并在右边列表框中显示这些元件。
- 忽略螺钉检查：因为螺钉通常会与它们所旋入的元件有干涉。为了避免错误的干涉检查结果，一般应选中此复选框。
- 【结果步距】列表框：在此列表框中选择其中一项，可以高亮显示模架运行到该值时的干涉结果。
- 【运行开模模拟】按钮：单击此按钮，将弹出【动画】对话框，如图 25-55 所示。通过该对话框，用户可以播放动画、调节动画速度，并可捕获瞬时动画效果。

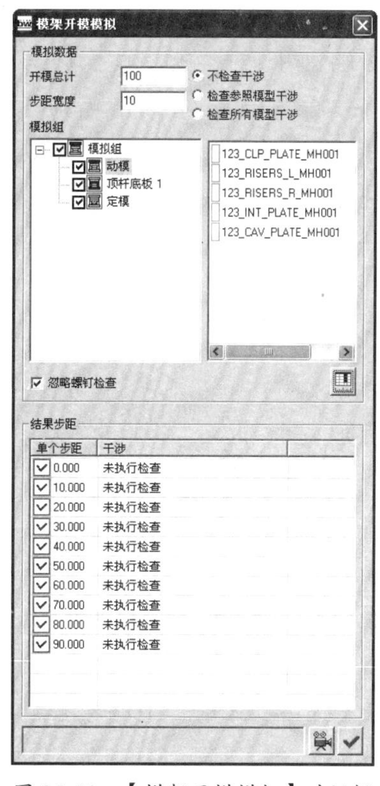

图 25-54　【模架开模模拟】对话框

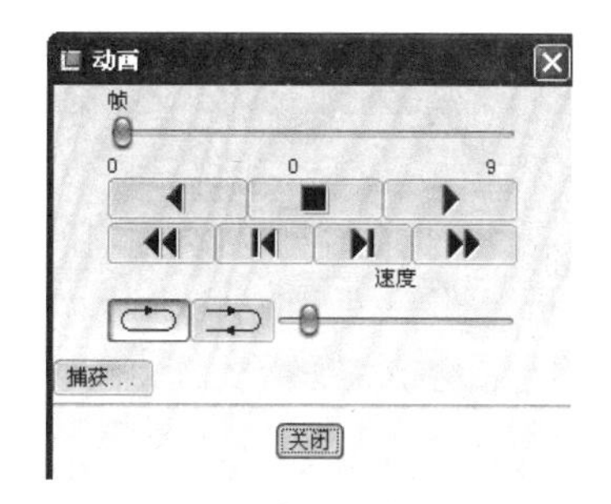

图 25-55　【动画】对话框

25.5　综合实训

在模具模架的设计过程中，设计者需要考虑的是模架采用何种结构、模架尺寸如何选择，以及模具标准件的添加等问题。下面以几个典型实例来说明不同产品模型载入不同模架结构的设计方法。

25.5.1　键盘模具的模架设计

◎ **引入文件：实训操作 \ 源文件 \Ch25\ 键盘模具 \ ex7-1.asm**

◎ **结果文件：实训操作 \ 结果文件 \Ch25\ 键盘模具 \jianpan_moldbase.asm**

◎ **视频文件：视频 \Ch25\ 键盘模具模架设计 .avi**

键盘模型的长宽比例较大，其成型零件总体尺寸长度、宽度、厚度分别为540mm×240mm×105mm，由此确定模架规格为400×700。模架进胶方式为多点侧面进胶，因此模架类型可选择为二板模（futaba_s的SC_Type类型）。键盘模型及成型零件如图25-56所示。

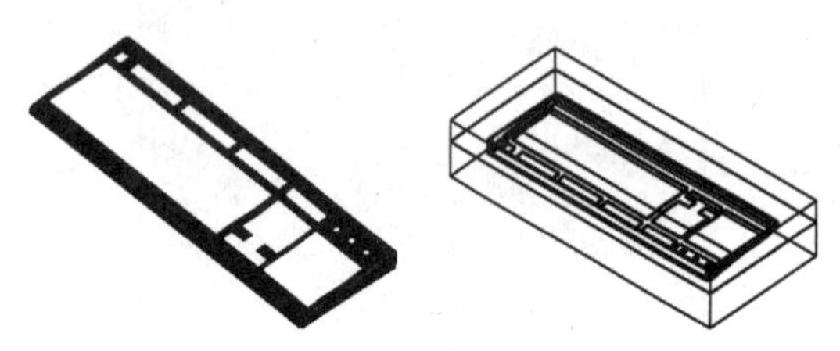

图 25-56　键盘模型与成型零件

键盘模具的模架设计过程将分4个阶段进行：新建模架项目、装配模型、零件分类和定义模架组件。

1. 新建模架项目

操作步骤：

01 启动Pro/E，然后设置工作目录。

02 在基本环境下，单击【工程特征】工具栏中的【新建】按钮，程序弹出【项目】对话框。在对话框中按如图25-57所示设置参数，然后单击【保存修改并关闭对话框】按钮，完成新模架项目的创建。创建的项目如图25-58所示。

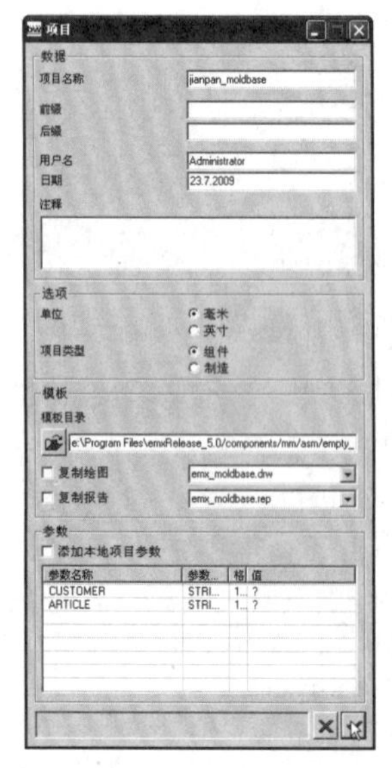

图 25-57　【项目】对话框

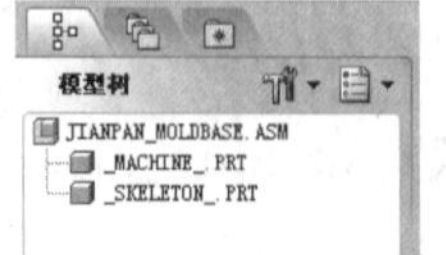

图 25-58　创建模架项目

2. 装配成型零件

操作步骤：

01 在【基础特征】工具栏中单击【装配】按钮，程序弹出【打开】对话框。通过该对话框选择本例中的jianpan.asm文件。

02 然后按照如图25-59所示的操作步骤完成模具成型零件的装配。

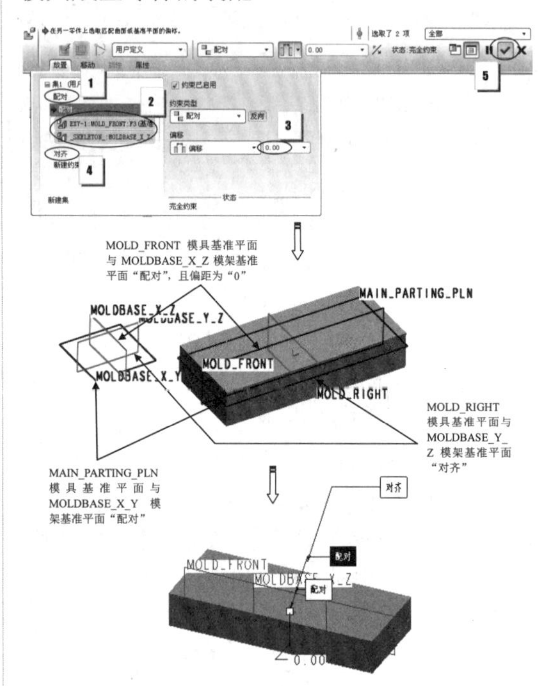

图 25-59　装配模具成型零件的过程

> **技术要点**
>
> 创建模型时，应使成型镶块的长边在模架设计坐标系CAVITY_MOLDBASE的X轴方向上。否则与模架的方位不匹配。此外，型腔元件始终在模架设计坐标系+Z方向上，因为模架组件是依据模架设计坐标系来装配的。

3. 为模具成型零件分类

在菜单栏中选择【EMX 5.0】|【项目】|【分类】命令，或者在【工程特征】工具栏中单击【分类】按钮，程序弹出【分类】对话框。在该对话框中为装配的成型零件进行如图25-60所示的分类操作。

4. 定义模架组件

操作步骤：

01 在【工程特征】工具栏中单击【组件定义】按钮，弹出【模架定义】对话框。

02 然后按照如图 25-61 所示的操作步骤完成模架组件的载入。

图 25-60 为成型零件分类

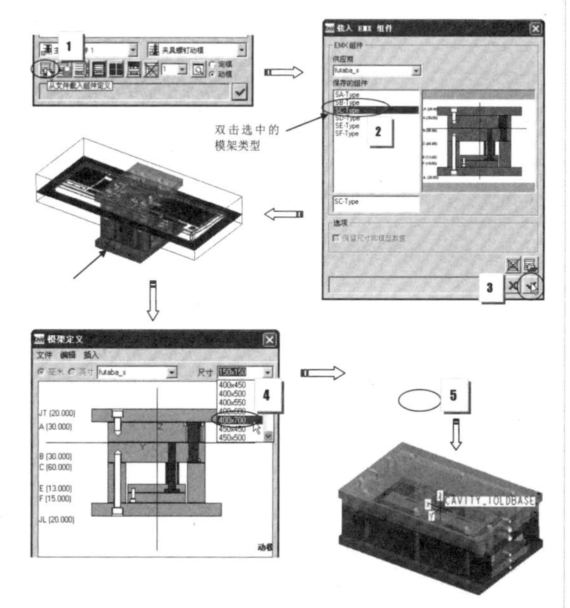

图 25-61 定义模架组件

03 在【模架定义】对话框的模架主视图中依次选择 A 板和 B 板进行编辑，如图 25-62 所示。

04 按如图 25-63 所示的操作步骤创建 A 板、B 板中的型腔切口。

05 在【工程特征】工具栏上单击【元件状态】按钮，程序弹出【元件状态】对话框。在该对话框中单击【选择所有元件类型】按钮，接着再单击【保存修改并关闭对话框】按钮，将模具标准件螺钉、销钉等添加至模架中，如图 25-64 所示。

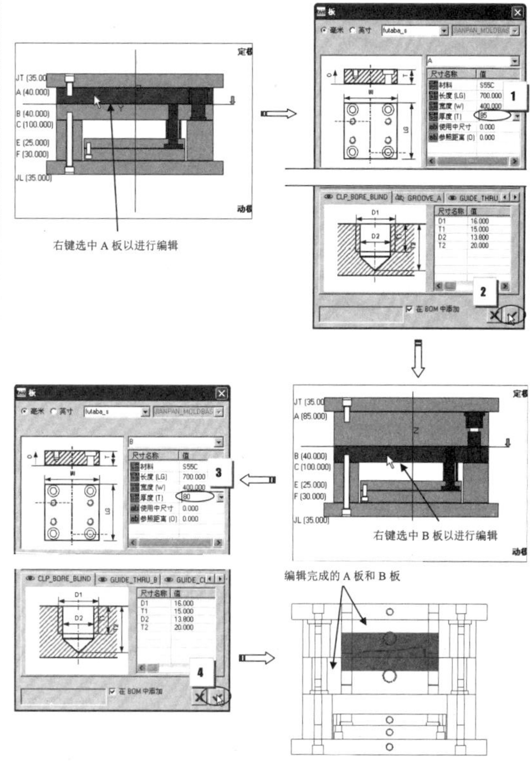

图 25-62 编辑 A 板和 B 板

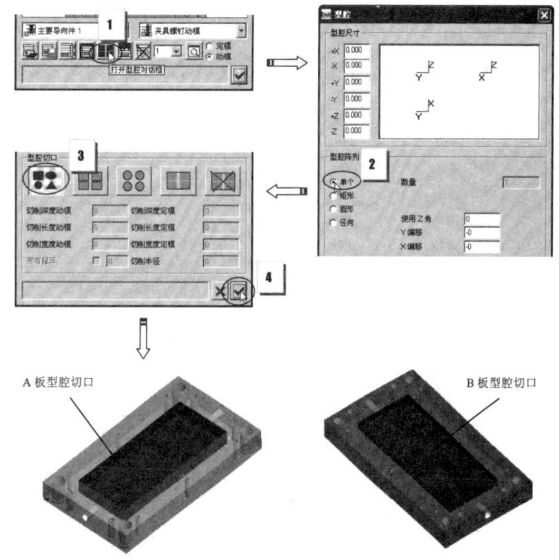

图 25-63 创建 A 板、B 板中的型腔切口

06 在【文件】工具栏上单击【保存】按钮，将本例模架设计的结果保存。

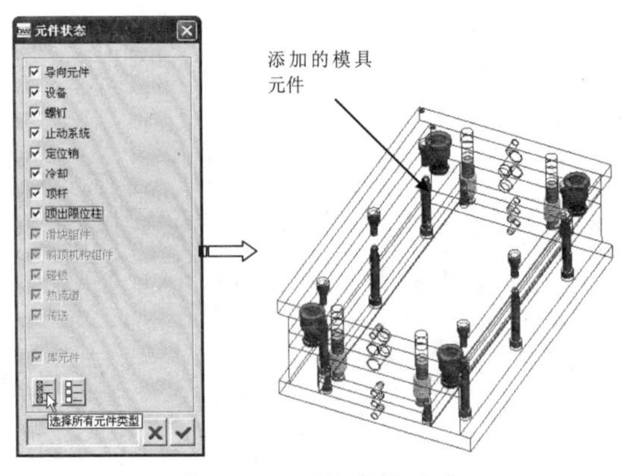

图 25-64　添加模具元件

25.5.2　盒盖模具的模架设计

◎ **引入文件：实训操作 \ 源文件 \Ch25\ 盒盖模具 \ ex7-2.asm**

◎ **结果文件：实训操作 \ 结果文件 \Ch25\ 盒盖模具 \hegai_moldbase.asm**

◎ **视频文件：视频 \Ch25\ 盒盖模具模架设计 . avi**

在本例中，将采用多次装配模型的方式来创建一模多腔布局的模具模架。此多腔模设计方式对比模腔布局时多腔模设计，其优势在于模腔与模腔之间可任意修改间隙距离、减少模具分型面设计步骤。另外，当成型镶块的原材料比模板材料价格高时，减少成型镶块用料可提高经济效益。

盒盖模型及成型零件如图 25-65 所示。盒盖模具的模架设计也包括 4 个部分：新建模架项目、装配成型零件、成型零件分类和定义模架组件。

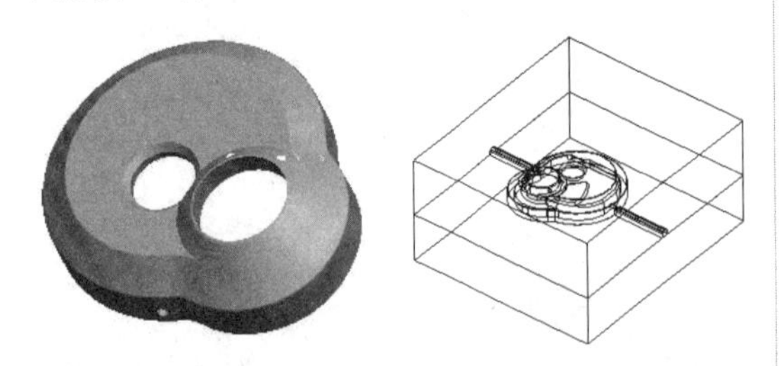
图 25-65　盒盖模型与成型零件

1. 新建模架项目

操作步骤：

01 启动 Pro/E，然后设置工作目录。

02 在基本环境下，单击【工程特征】工具栏中的【新建】按钮，程序弹出【项目】对话框。在对话框中按如图 25-66 所示设置相关参数，然后单击【保存修改并关闭对话框】按钮，完成新模架项目的创建。

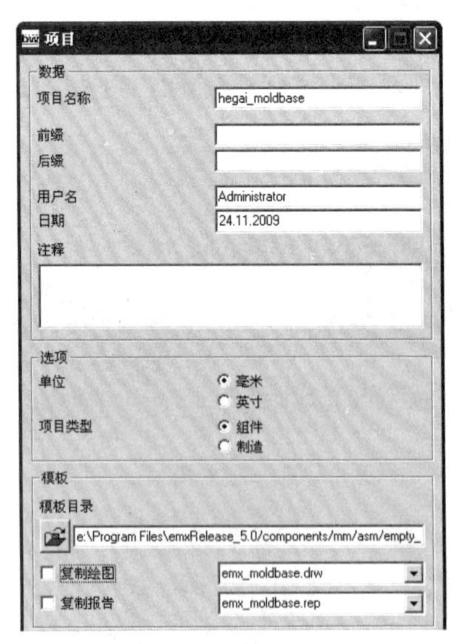

图 25-66　创建新项目

2. 装配成型零件

01 在【基础特征】工具栏中单击【装配】按钮，程序弹出【打开】对话框。通过该对话框选择本例中的 hegai.asm 文件。

02 然后按照如图 25-67 所示的操作步骤完成第一个模具成型零件的装配。

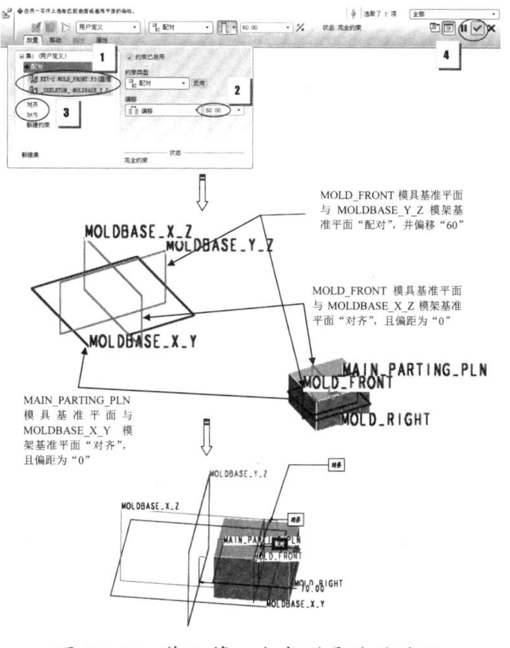

图 25-67　装配第一个成型零件的过程

03 再按照如图 25-68 所示的操作步骤完成第二个成型零件的装配。

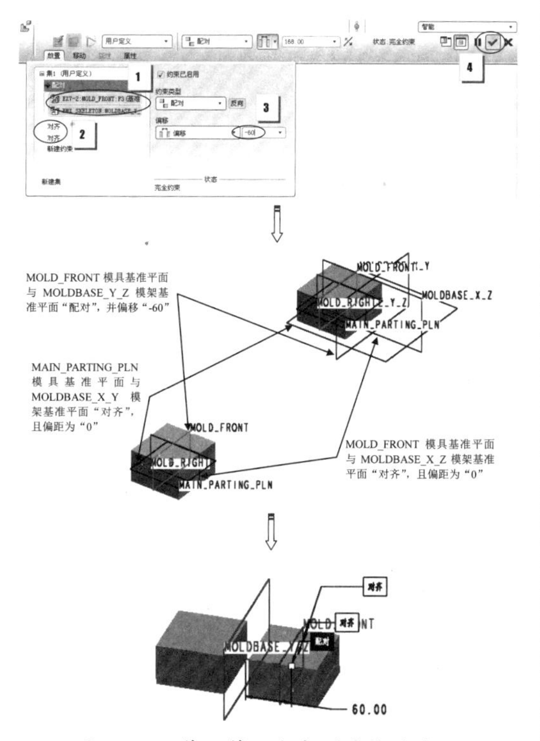

图 25-68　装配第二个成型零件的过程

3. 为模具成型零件分类

在菜单栏中选择【EMX 5.0】|【项目】|【分类】命令，或者在【工程特征】工具栏中单击【分类】按钮，程序弹出【分类】对话框。在该对话框中将两个装配模型中的 MOLD_VOL_2（型腔部件）设置为【插入定模】，如图 25-69 所示。

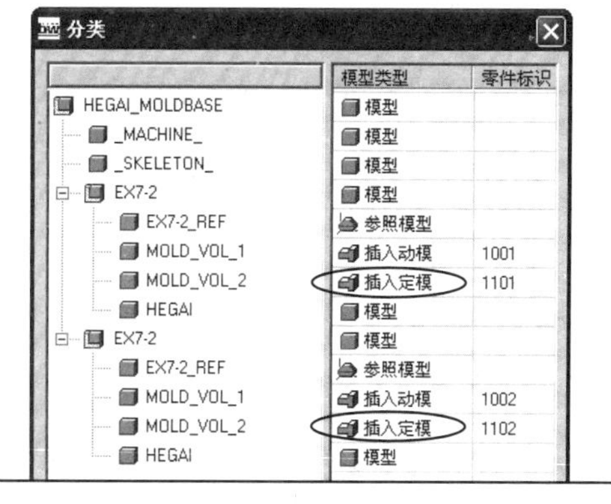

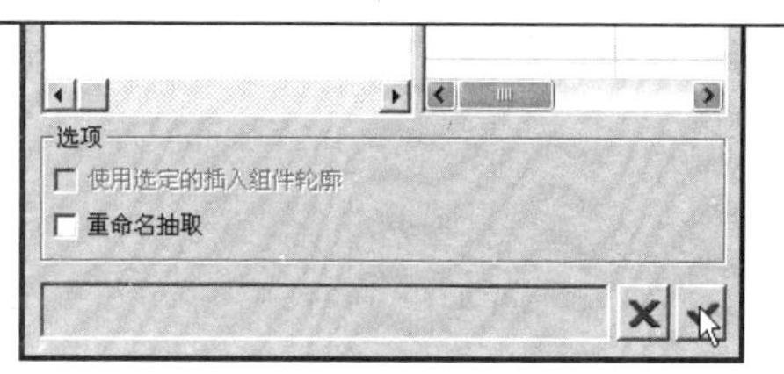

图 25-69　为成型零件分类

4. 定义模架组件

装配两个成型零件模型以后，使用【距离】测量工具，测量布局中模型的总长度、总宽度和总高度，实测值为 210mm×95mm×52mm。鉴于模具的进胶方式为顶部（大圆形孔处）多点进胶，因此模架的类型应选择为三板模（futaba_fg 的 FC_Type 型），即双分型面模架，且模架规格确定为 200mm×300mm。

01 在【工程特征】工具栏中单击【组件定义】按钮，弹出【模架定义】对话框。

02 然后按照如图 25-70 所示的操作步骤完成模架组件的载入。

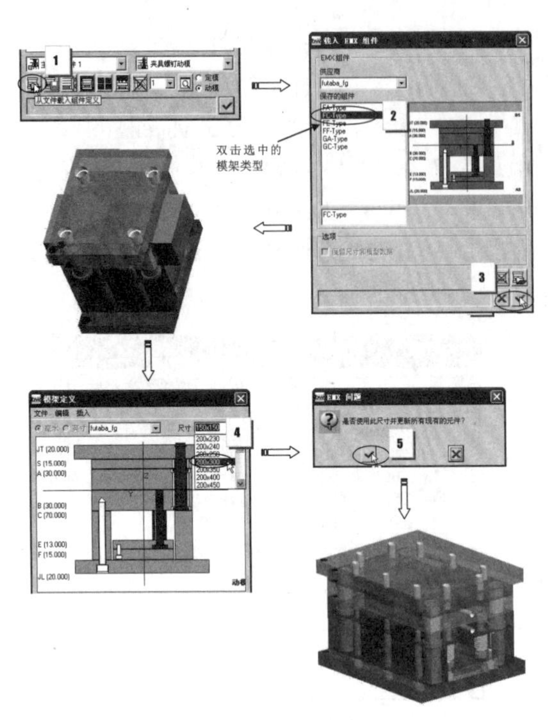

图 25-70　加载模架的过程

03 在【模架定义】对话框的模架主视图中选择A板进行编辑，参数设置如图25-71所示。

04 在【模架定义】对话框的模架主视图中选择B板进行编辑，参数设置如图25-72所示。

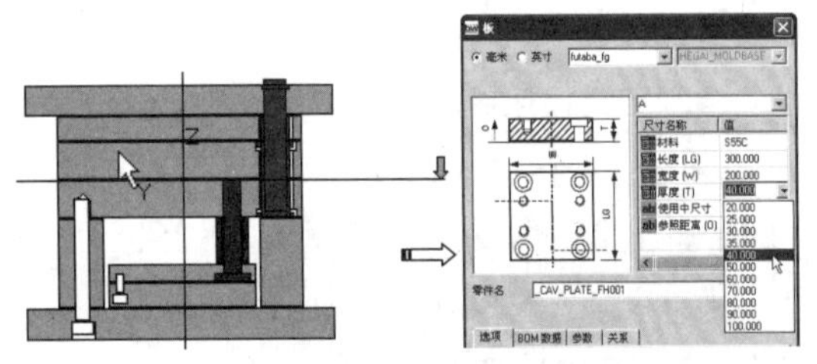

图 25-71　编辑A板

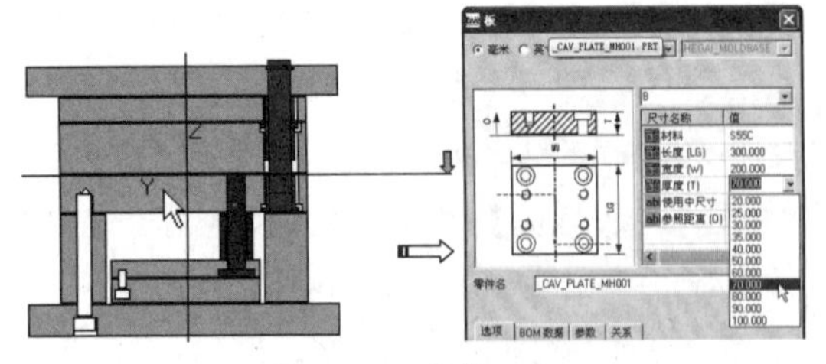

图 25-72　编辑B板

05 按如图25-73所示的操作步骤创建A板、B板中的型腔切口。

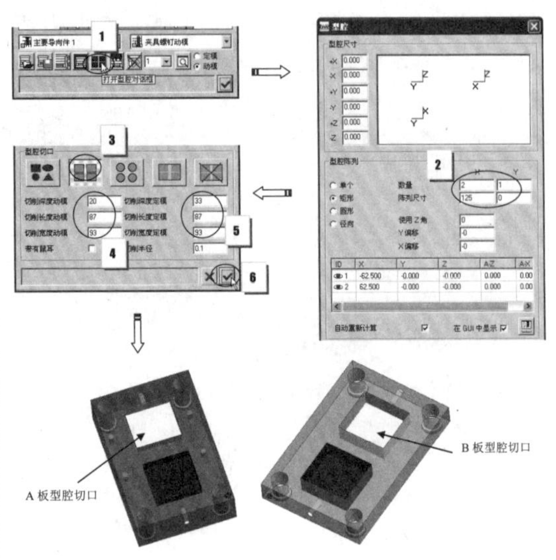

图 25-73　创建A、B板中的型腔切口

06 在【模架定义】对话框中单击【关闭】按钮，完成模架组件的定义。

07 在【工程特征】工具栏上单击【元件状态】按钮，程序弹出【元件状态】对话框。在该对话框单击【选择所有元件类型】按钮，接着再单击【保存修改并关闭对话框】按钮，将模具标准件螺钉、销钉等添加至模架中，如图25-74所示。

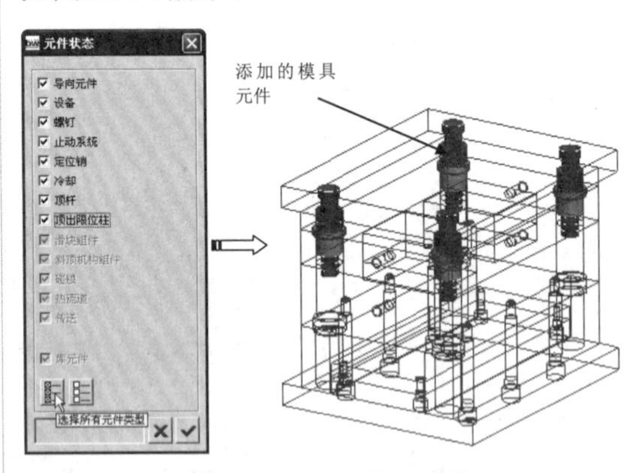

图 25-74　添加模具元件

08 在【文件】工具栏上单击【保存】按钮，将本例模架设计的结果保存。

25.6 课后习题

1. 二板模架结构

练习模型如图 25-75 所示。本练习将选用二板模架结构来设计模具的模架。

练习内容与步骤：

（1）创建模架新项目。

（2）加载练习模型。

（3）为参照模型进行模具分类。

（4）加载 futaba_s 的 SC_Type 型模架。

2. 二板模结构

练习模型如图 25-76 所示。本练习将选用二板模结构来设计模具的模架。

练习内容与步骤：

（1）创建模架新项目。

（2）加载练习模型。

（3）为参照模型进行模具分类。

（4）加载 futaba_s 的 SC_Type 型模架。

3. 二板模结构

模型如图 25-77 所示。本练习将设计模具的模架为二板模。

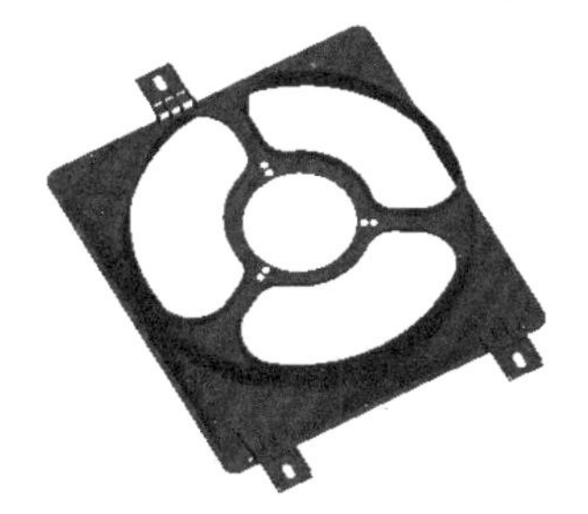

图 25-75　排风扇面罩

图 25-76　练习模型

图 25-77　练习模型

练习内容与步骤：

（1）创建模架新项目。

（2）加载练习模型。

（3）为参照模型进行模具分类。

（4）加载 futaba_s 的 SC_Type 型模架。

◇◇◇◇◇◇◇◇◇◇◇◇◇◇◇◇◇◇◇ 读书笔记 ◇◇◇◇◇◇◇◇◇◇◇◇◇◇◇◇◇◇◇

第26章 模具系统与机构设计

一副完整的模具，包含多个相关的辅助系统，它们帮助产品完成注塑、充填、保压、冷却、脱离模具的整个制造流程。这些辅助系统包括浇注系统、冷却系统、排气系统和顶出系统。本章将详细介绍 Pro/E 5.0 的模具 3 大系统和侧向分型机构的设计。

资源二维码

百度云盘

360 云盘 访问密码 32dd

知识要点

- 模具的系统与机构设计基础
- Pro/E 浇注系统设计
- Pro/E 冷却系统设计
- EMX 5.0 脱模机构设计（顶出系统）
- EMX 侧向与抽芯机构设计

26.1 模具的系统与机构设计基础

一副完整的模具除前面介绍的模具模架、成型零件外，还应包括浇注系统、冷却系统和顶出系统。在学习本章知识之前，读者应掌握一些与模具的几大系统设计相关的基础知识。这包括各大系统的结构、功能及实际应用等。

26.1.1 浇注系统

浇注系统设计的注射模具设计是最重要的问题之一。浇注系统是引导融熔体进入模腔的流道通道系统，它的位置与尺寸决定了成型时注射压力的损失、热量散失、摩擦损耗的大小和熔体填充速度等。它的设计合理与否，将直接影响着模具的整体结构及其工艺操作的难易。

当熔融料通过浇注系统流入模具型腔时，其流动过程大致如下：流体首先进入主流道，而后进入分流道，最后通过浇口进入模具型腔。无论是用于哪一种注射成型机的模具，其浇注系统都由主流道、分流道、浇口和冷料穴4部分组成。角式注射机的浇注系统（图a）和卧式注射机的浇注系统（图b）如图26-1所示。

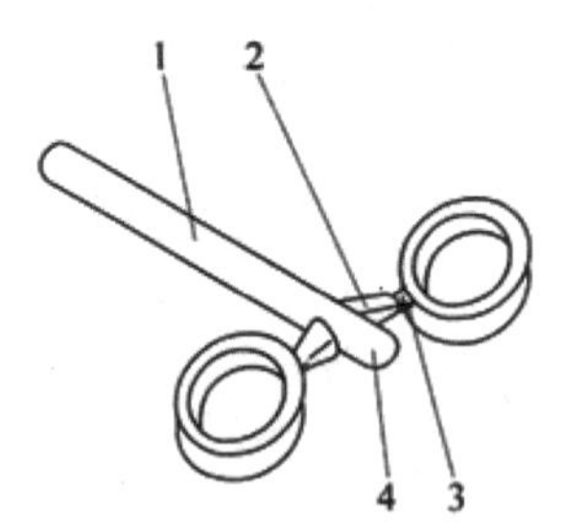

a. 角式注射机用模具的浇注系统

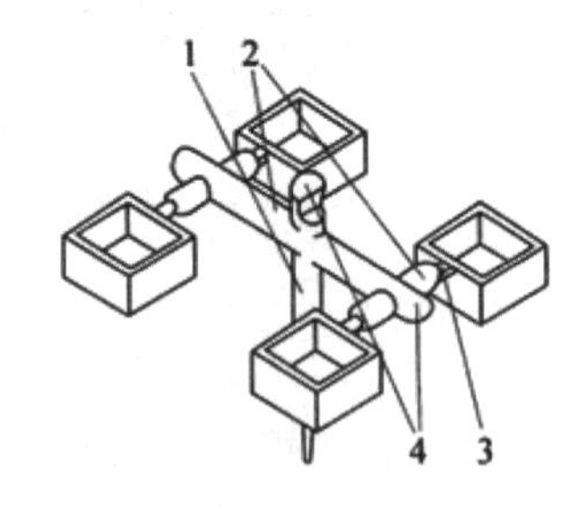

b. 卧（立）式注射机用模具的浇注系统

图 26-1　浇注系统示意图

1——主流道；2——分流道；3——浇口；4——冷料穴。

1. 主流道

主流道可以理解成从注射喷嘴开始到分流道为止的熔融塑料流动通道，与注塑机的喷嘴在同一轴线上。主流道形状为圆锥形，以便于熔体的流动和开模时主流道凝料的顺利拔出。主流道的尺寸直接影响到熔体的流动速度和充模时间，由于主流道要与高温塑料熔体及注射机喷嘴反复接触，所以在模具中主流道部分常设计成可拆卸更换的浇口套，如图26-2所示。

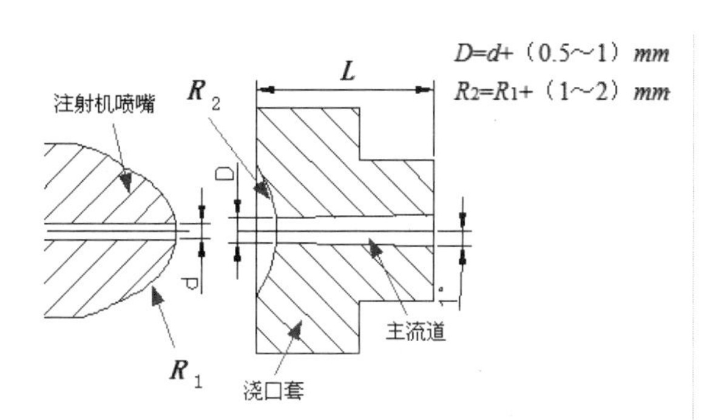

图 26-2　注射机喷嘴与主流道

主流道浇口套分普通型和延伸型，下面分别介绍。

- 普通型浇口套适用于二板模。普通型浇口套分为 A、B 类型，其结构如图 26-3 所示。

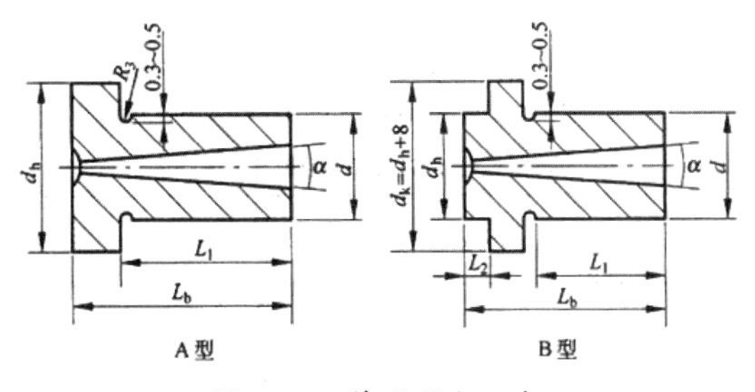

图 26-3　普通型浇口套

- 延伸型浇口套：为了缩短熔体流动流程，以便降低压力损失、缩短充模时间，需要使用延伸型浇口套。延伸型浇口套多适用于二板模、三板模，结构如图 26-4 所示。

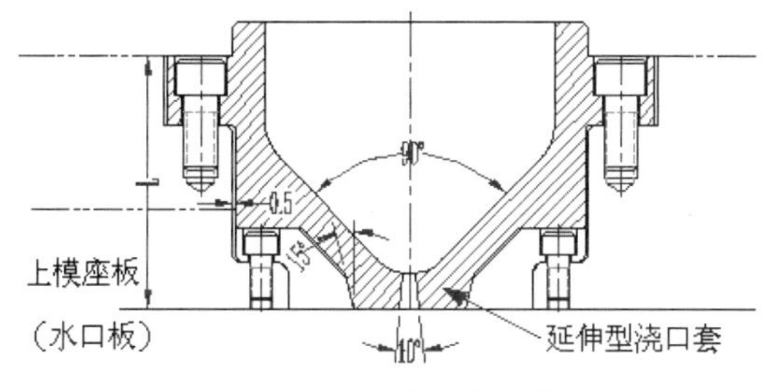

图 26-4　延伸型浇口套

在浇口套与注射机之间还应安装定位环，使注射机喷嘴与浇口套准确定位。常见的定位环结构如图 26-5 所示。

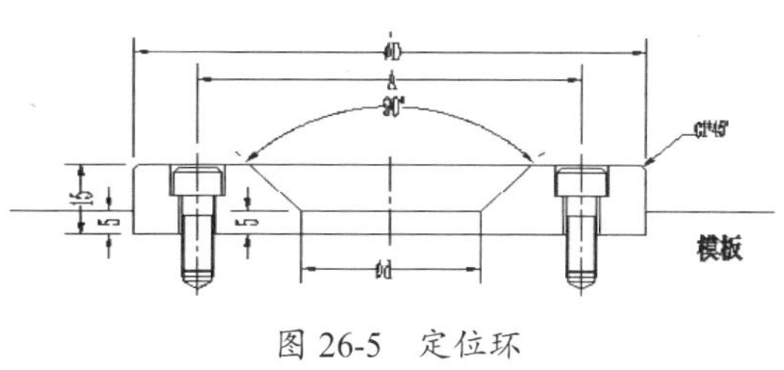

图 26-5　定位环

2．分流道

分流道可以理解成从主流道末端开始到浇口为止的塑料熔体流动通道。在多模腔模具中必须设计分流道，而单模腔模具可省去分流道。

（1）分流道的截面形状。

常用的流道截面形状有圆形、梯形、U 形和六角形等。在分流道设计中要减小在流道内的压力损失，则希望流道的截面面积大；要减小传热损失，又希望流道的表面积小，因此可用流道的截面面积与周长的比值来表示流道的效率，该比值愈大，则流道的效率就愈高。各种流道截面形状如图 26-6 所示。

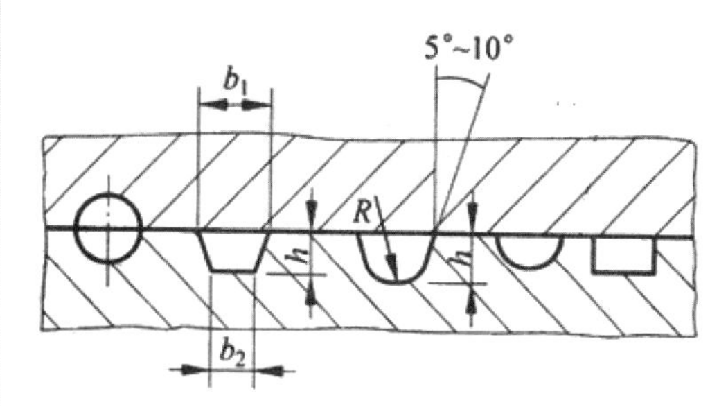

图 26-6　分流道截面形状

其中圆形具有最大体积和最小表面积的特点，分流道的截面形状应以圆形截面为最佳，还有【U】形截面较常用。

（2）分流道设计的注意事项。

分流道设计时需注意以下事项：

- 在设计分流道时应考虑尽量减小流道内的压力损失和尽可能避免熔体温度的降低，同时还要考虑减小流道的容积。
- 塑料熔体在流道中流动时，会在流道管壁形成凝固层。该凝固层起着绝热的作用，使熔体能在流道中心畅通。因此分流道中心最好能与浇口的中心位于同一直线上。

- 在一模多腔的模具中，分流道的设计面临如何使塑料熔体对所有型腔同时填充的问题。如果所有型腔体积形状相同，分流道最好采用等截面和等距离；反之，则必须在流速相等的条件下采用不等截面来达到流量不等并同时填充的效果，还要改变流道长度来调节阻力大小，保证型腔同时填充。

（3）分流道的布局设计。

分流道的布置形式取决于型腔的布局，设计时的原则是：排列紧凑，模板尺寸小，流动距离短，锁模力平衡。

实际生产用到的多腔模具中，各个型腔为相同制件的情况最常见，其分流道分布和浇注系统平衡有如下两种方式：

- 流动支路平衡：指从主流道到达各个模具型腔的分流道和浇口，其长度、截面形状和尺寸完全相同，如图26-7所示。只要各个流动支路加工得相对误差很小，就能保证各个模具型腔同时充型并压力相同。

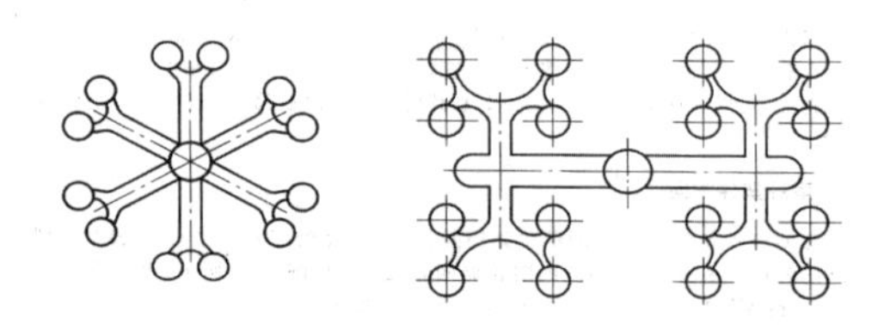

图 26-7　流动支路平衡

- 熔体压降平衡：这种情况多见于型腔数量非常多的时候，在模具的整个尺寸上已经无法平均分布得下，不能采用流动支路平衡的方法。这时，各个模具型腔的分流道截面形状和大小可以相同，但长度不同，进入各个模具型腔的浇口截面大小也因此不同，如图26-8所示。只有通过对各个模具型腔浇口截面大小的调节，使熔体从主流道流经不同长度的分流道，并经过大小不一的各个模具型腔浇口产生相同的压力降，以达到各个模具型腔的同时充满的效果。

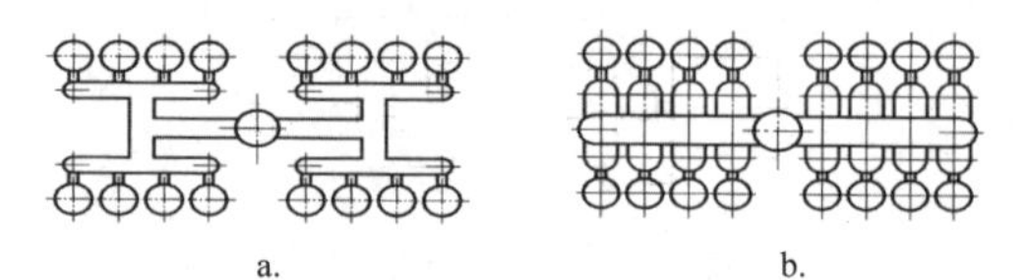

a.　　b.

图 26-8　熔体压降平衡

3. 浇口（入水）

浇口是连接模腔与流道之间一段细短的通道。浇口的形状、位置和尺寸对制品的质量影响很大。

- 直接浇口：也称大浇口。此类浇口多用于热敏感性及高黏度塑料，以及具有厚截面和品质要求较高的成品。具有成品精度高、品质佳、充填性好、压力损失少，不需要加工流道。缺点是去除制品中的毛边废料较困难，且会在制品上留有较大痕迹。直接浇口形状如图26-9所示。

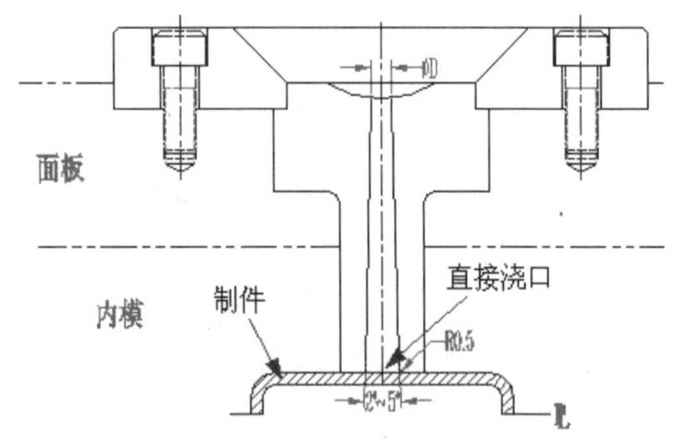

图 26-9　直接浇口

- 侧浇口：侧浇口应用广泛，适用于众多注塑制品的成型，尤其是对一模多腔的模具更为方便，需引起重视的是，侧浇口深度尺寸的微小变化可使塑料熔体的流量发生较大改变，所以侧浇口的尺寸精度对生产效率有很大的影响。典型的侧浇口如图26-10所示。另外，由于侧浇口尺寸一般较小，同时正对着一个宽度与厚度较大的型腔，高速流动的熔融塑料通过浇口时会受到很高的剪切应力，产生喷射和蛇形流等熔体破裂现象，在制品表面留下明显的喷痕和气纹，为解决此缺陷并减少成型难度，对于外观要求较高的制品，可采用护耳式侧浇口，其形状如图 26-11 所示。

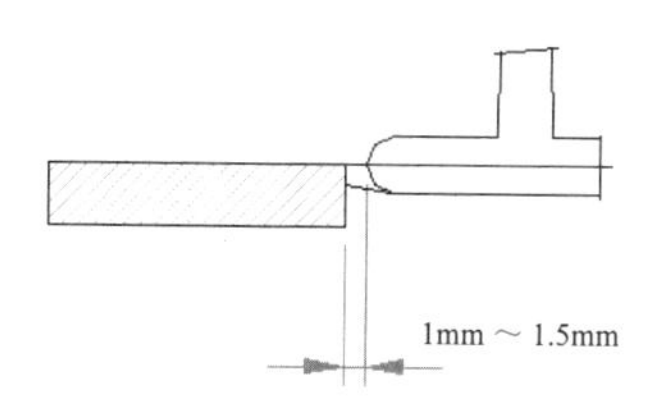

图 26-10　侧浇口

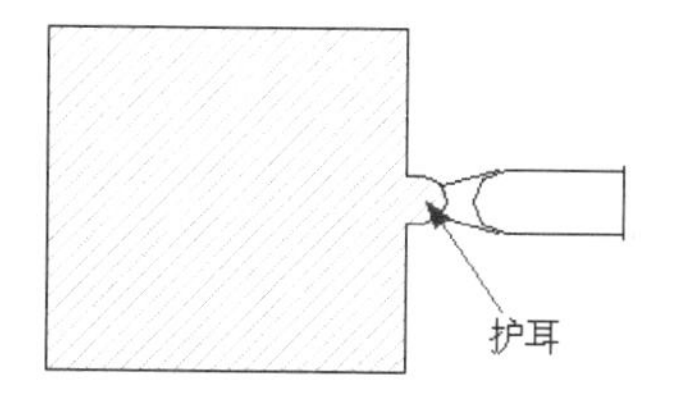

图 26-11　护耳式侧浇口

- 重叠浇口：重叠浇口适用于除硬质 PVC 外的所有模塑材料。优点是不会在制品上留下残痕，对于平面形状的制件有防止喷射的作用。缺点是加工困难，切除及修饰浇口工作量大，压力损失大。其形状如图 26-12 所示。

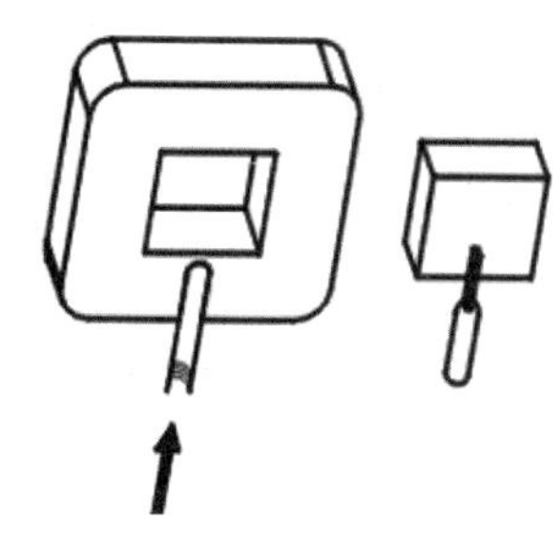

图 26-12　重叠浇口

- 薄片浇口：薄片浇口适用于大型薄膜制件如板、片，以及容易因充填材料（玻璃纤维）流动配向的制件等。优点是能提供大的流动面积，充填时间快且充填均匀翘曲现象小、成型品质佳等，缺点是不易清除。其形状如图 26-13 所示。

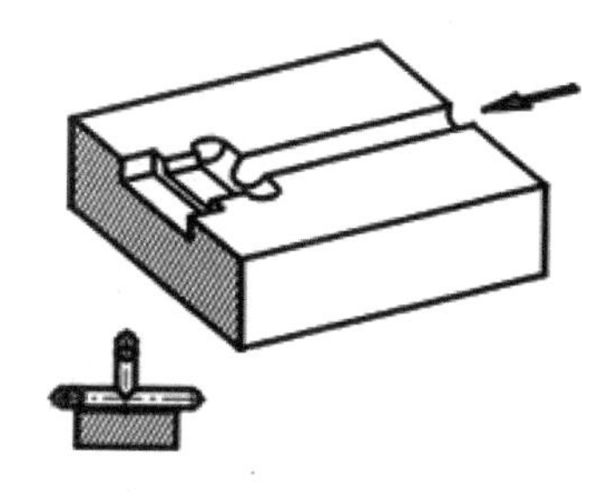

图 26-13　薄片浇口

- 扇形浇口：扇形浇口适用于大型的薄壁制件。其优点是塑料进入模穴后横向分配较平均且充填均匀，能减少熔接线及其他制品缺陷。缺点是浇口残痕较大，不易清除，制品需进行整修。其形状如图 26-14 所示。

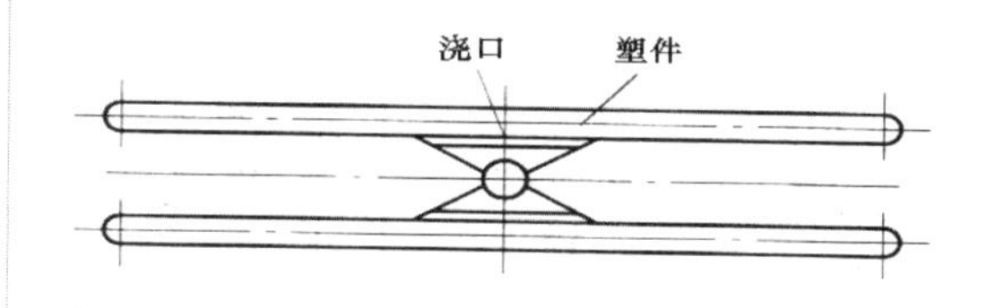

图 26-14　扇形浇口

- 耳形浇口（凸片浇口）：耳形浇口适用于平面之薄壁制件，以及硬质 PVC、PC 等。优点是可防止喷射，能均匀地充填型腔。缺点是浇口残痕较大，压力损失较大。其形状如图 26-15 所示。

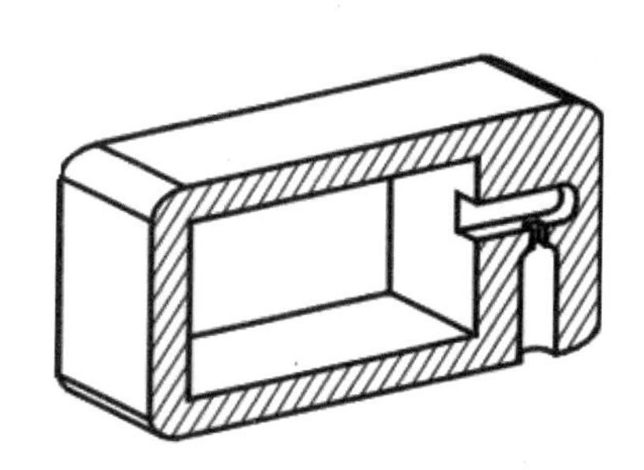

图 26-15　耳形浇口

- 点浇口：点浇口用于细水口模具，浇口附近残余应力小，在成型制品上几乎看不出浇口痕迹，开模时浇口会被自动切断，对设置浇口位置限制较小。因此，对于大型制品多点进料和为避免制品成型时变形而采用的多点进料，以及一模多腔且分型面处不允许有进浇口（不允许采用侧浇口）的制品非常适合。该类浇口应用广泛，但需要增加分型面以便凝料脱模。如图 26-16 所示，图 a 所示为单点浇口，图 b 为双点浇口，图 c 所示为四点浇口。

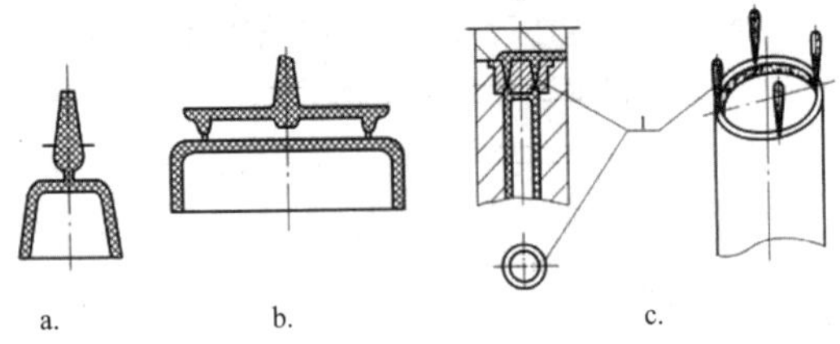

图 26-16　点浇口

- 盘形浇口：圆盘形浇口使塑料在制品整个截面均匀扩散，同时填充型腔，适用于单型腔筒形制品。圆盘形浇口如图 26-17 所示。
- 环形浇口：环形浇口用于成型周期较长、截面较薄的筒形制品，填充效果均匀。环形浇口如图 26-18 所示。

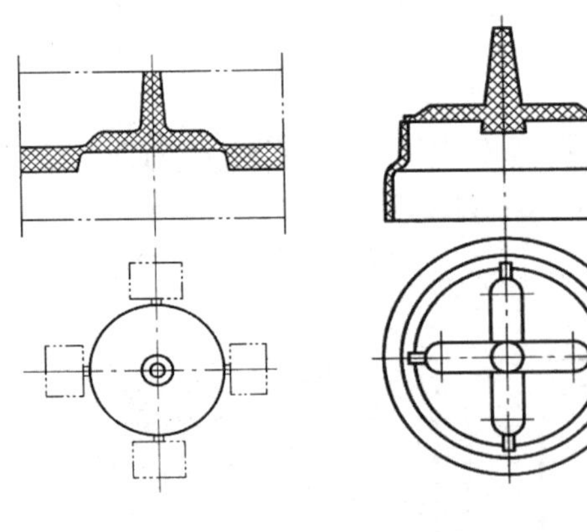

图 26-17　盘形浇口　　图 26-18　环形浇口

- 潜伏式浇口（或弧形浇口）：潜伏式浇口与针点式浇口的适用范围、优缺点都相同。潜伏式浇口相当于把点浇口折弯潜入，但加工困难，压力损失大，顶出也困难。其形状如图 26-19 所示。

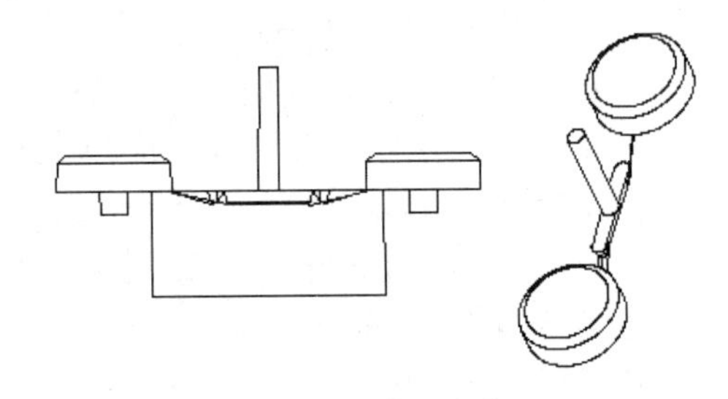

图 26-19　潜伏式浇口

4．冷料穴

冷料穴又名冷料井，位于主流道和分流道末端用来储存先锋冷料，防止冷料流入型腔而影响制品质量，保证注塑质量，通常长为 6mm ～ 8mm。冷料穴分两种，一种是专门收集、储存冷料，另一种是除储存冷料外，还兼有拉出流道凝料的功用。

- 仅储存冷料的冷料穴：根据需要，冷料穴不仅可以创建在主流道末端，而且还可创建在各分流道转向位置上，甚至在模腔的底端开设冷料穴，冷料穴的长度通常为流道直径 d 的 1.5 ～ 2 倍，如图 26-20 所示。
- 底部有打料杆的冷料穴：兼有拉料作用的冷料穴的底部装有一根 Z 形头的打料杆，称为钩形打料杆。如图 26-21 所示，钩形打料杆固定在动模一侧的推板上，打料杆头部的侧凹能将主流道凝料钩住。

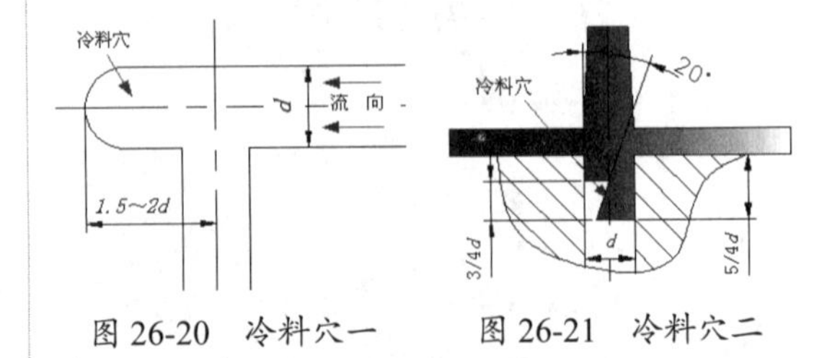

图 26-20　冷料穴一　　图 26-21　冷料穴二

5．浇注系统设计注意事项

浇注系统设计得正确与否，直接影响着制品的质量及注射成型过程。在设计浇注系统时应注意考虑以下事项：

- 为了减少制件上熔接痕迹的数量，在流程不太大时，如果没有特殊要求，尽量减少浇口数量，如图 26-22 所示。

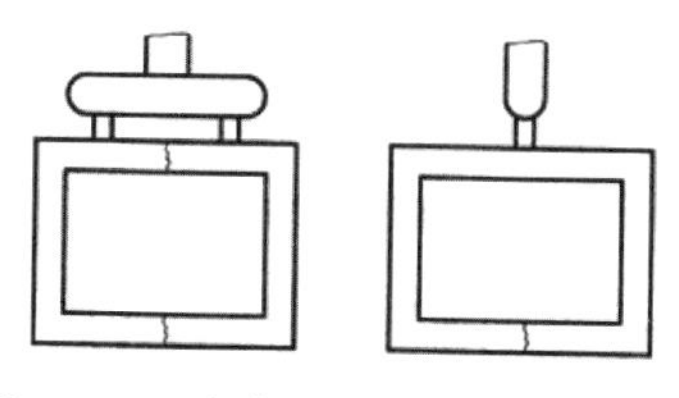

图 26-22　减少浇口以减少熔接痕迹

- 对于圆环形制件，为了减少熔接痕迹，浇口最好开在制品的切线方向，如图 26-23 中图 a 所示。图 b 是采用扇形浇口，此时当浇口去除后将留下较大痕迹。对于大型圆环制件，可以采用图 c、d 所示的浇口形式。

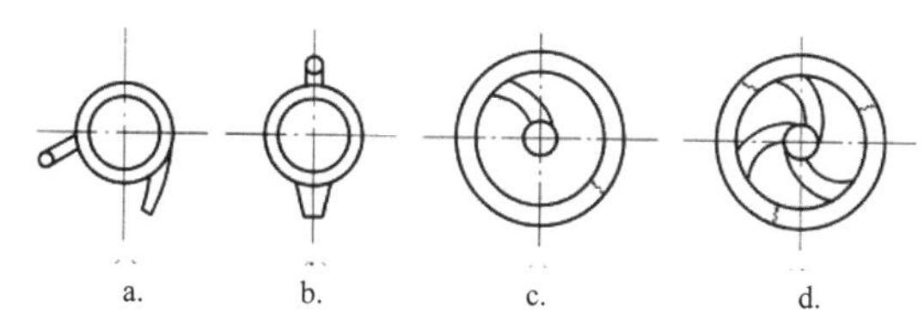

图 26-23　环形制件的浇口开设

- 对于有细长型芯的圆筒形制件，应避免偏心进料以防止型芯弯曲变形，如图 26-24 所示。图 a 浇口位置不合理；图 b 采用两侧对称进料，虽可以防止型芯弯曲，但增加了熔接痕迹，并且容易造成顶部排气不顺；图 c 采用顶部中心进料，效果最好。

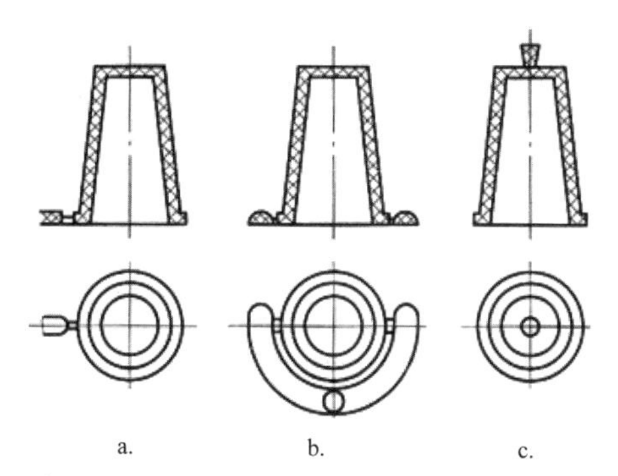

图 26-24　合理选择浇口位置防止型芯变形

- 在保证塑料良好充型的前提下，应使熔融料流程最短，料流变向最少，以减少流动带来的温度和压力损失，并减轻由此而产生的制件变形。如图 26-25 所示，图 a 为只采用中间一个浇口，此时物料流动距离长，各冷却层温差较大，制件会发生翘曲，而用图 b 的 5 个浇口时，情况将大为改观。

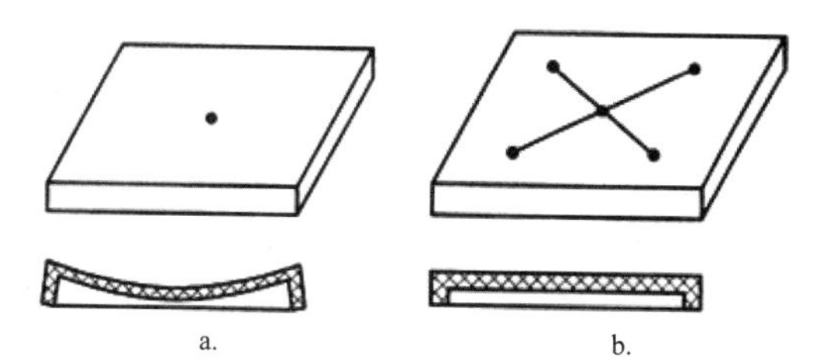

图 26-25　合理选择浇口位置防止型芯变形

6. 冷料穴与拉料杆的配合使用

立式和卧式注射机用注射模的主流道在定模一侧，模具打开时，为了将主流道凝料能够拉向动模一侧，并在顶出行程中将它脱出模具，在动模一侧应当设计拉料杆。冷料穴与拉料杆的配合包括以下两种类型：

- 冷料穴与 Z 字形拉料杆匹配：冷料穴底部安装一个头部为 Z 字形的圆杆，动、定模打开时，借助头部的 Z 形结构将主流道凝料拉出，如图 26-26 所示。Z 形拉料杆安在顶出元件（顶杆或顶管）的固定板上，与顶出元件同步运动。

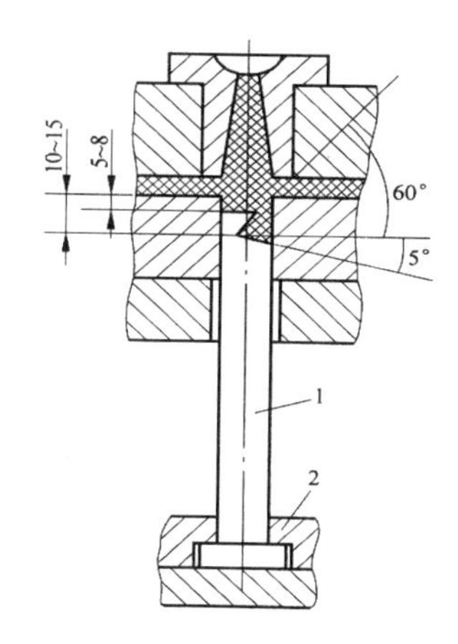

图 26-26　Z 字形拉料杆形式

1——拉料杆；2——顶杆固定板

- 锥形或圆环槽形冷料穴与推料杆的配合：将冷料穴设计为带有锥度或圆环槽，当动、定模打开时，冷料本身可将主流道凝料拉向动模一侧，冷料穴下面的圆杆在顶出行程中将凝料推出模具。如图26-27所示为锥形冷料穴和圆环槽形冷料穴与拉料杆配合使用的情形。

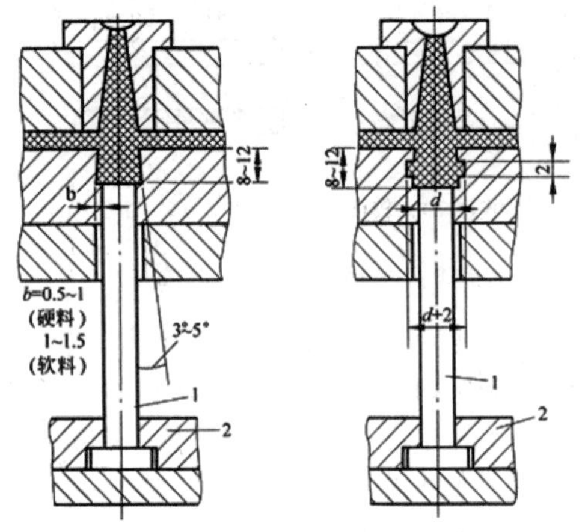

图 26-27 锥形与圆环形冷料穴与拉料杆的配合

1——拉料杆；2——顶杆固定板

26.1.2 冷却系统

冷却系统也称为热交换系统，当成型材料熔体注射到模腔成型后，冷却系统使成型制件快速降温并冷凝，其经济意义在于缩短成型周期、提高生产效率。

冷却系统的设计时常受到模穴（模具内腔）的几何形状、分模线、滑块及顶杆的限制，因此不能死板地按标准分布来进行设计，冷却系统的设计必须要保证冷却迅速和冷却均匀。如图26-28所示为模具中常见的冷却系统。

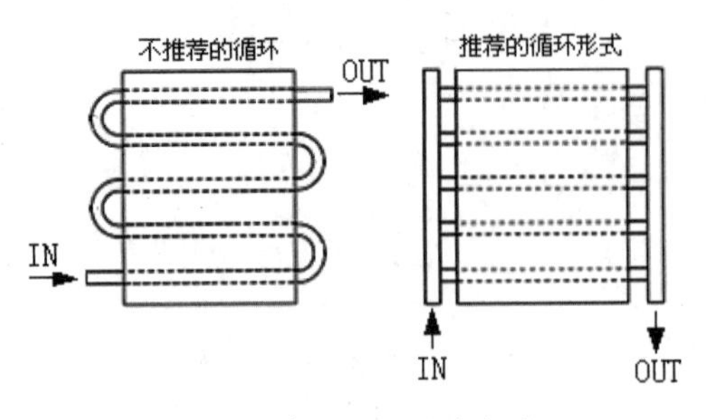

图 26-28 常见模具的冷却系统

1. 冷却系统设计注意事项

冷却介质有冷却水和压缩空气，常用冷却水冷却。这是因为水的比热容大，成本低，且低于室温的水也容易获得。用水冷却即在模具型腔周围或型腔内开设冷却水道，利用循环水将热量带走，维持模具温度在一定范围内。设计人员在设计模具冷却系统时应遵循以下原则与事项：

- 冷却系统设计的优先原则：在设计模具时，冷却系统的布置应先于顶出系统的推出机构，不要在推出机构设计完毕后才去考虑是否有足够的空间来布置冷却回路。应尽早地将冷却方式和冷却回路的位置确定下来，并与推出机构协调，以便获得较优秀的冷却效果。
- 普通模具与精密模具的冷却差异：普通模具与精密模具在冷却方式上应有差异。对于生产大批量制品的普通模具，可采用快冷以获得较短的循环注射周期。所谓快冷，就是使冷却管道靠近模腔布置，采用较低的模具温度。
- 冷却水路设置要使冷却效果均匀：冷却水路离热集中区较远，达不到好的冷却效果，如图26-29中图a所示。冷却水路的设置应尽量分布在热量较多处，远离热量较少处，如图b所示。

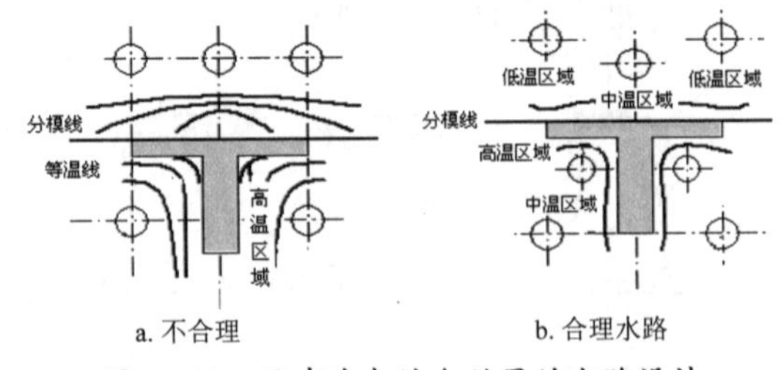

图 26-29 具有冷却均匀效果的水路设计

- 冷却水道的孔壁至型腔表面的距离：此距离应尽可能相等，一般取15mm~25mm，如图26-30所示。
- 冷却水道数量尽可能多，而且要便于加工：一般水道直径选用6.0、8.0、

10.0，两平行水道间距取 40mm ～ 60mm，如图 26-31 所示。

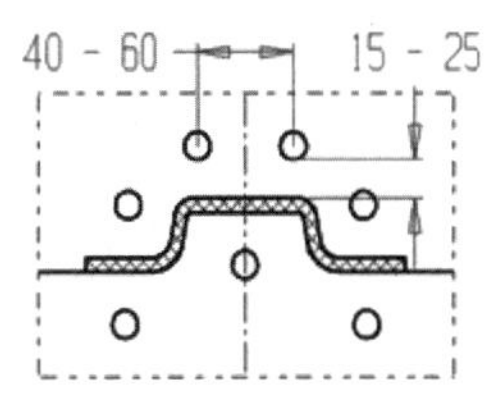

图 26-30　冷却水孔至型腔的距离

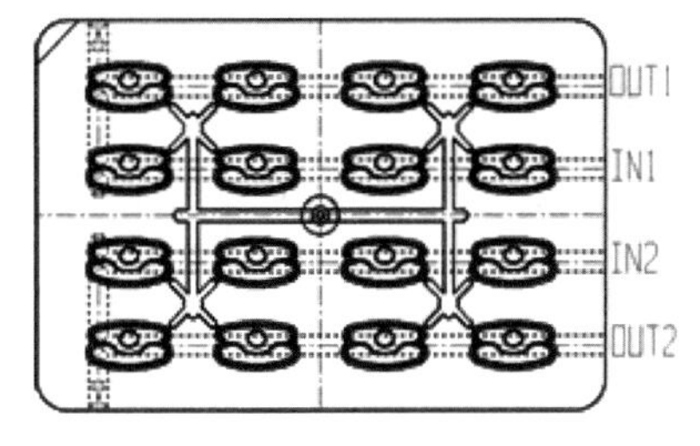

图 26-31　便于加工的冷却水道

- 【O】形胶圈：冷却水管（运水）穿过两块模板时必须做【O】形密封胶圈防漏，如图 26-32 所示。

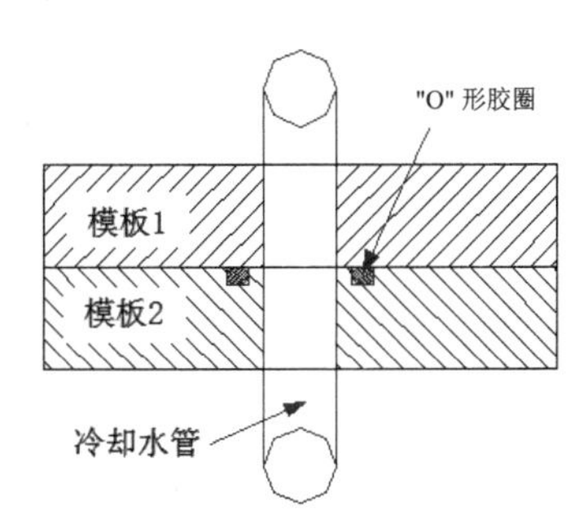

图 26-32　安装【O】形胶圈

- 冷却水管装配：模具安装到注塑机上后，冷却水管的出入水口不要正对着注塑机拉杆，以免安装水管困难。冷却水管的出入水口最好装在注塑机背后，即操作员的另一侧，以免影响操作。对于自动成型模具（卧式注射机），出入水口最好不要设置在模具顶端，以免给机械操作员带来不便，因出入水口装于模具顶端，拆装冷却管道时，冷却液易流入型腔，如图 26-33 所示。

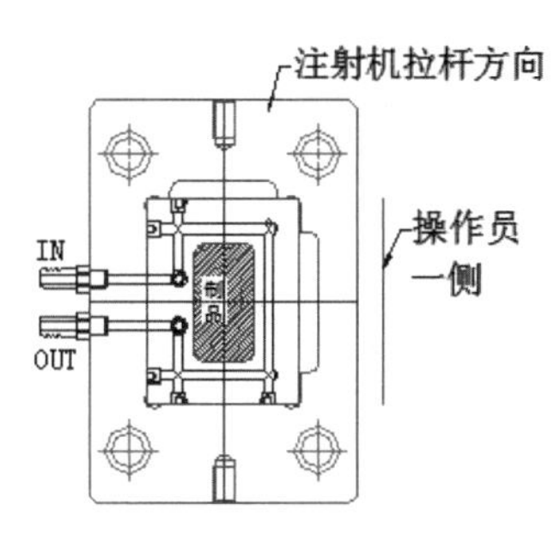

图 26-33　冷却水管的装配

2. 常见冷却水路结构形式

常见的冷却水路形状有圆形直管、方形直管、圆形弯管、方形弯管，常见结构形式有喷水式、挡板形式和热管形式，如图 26-34 所示。

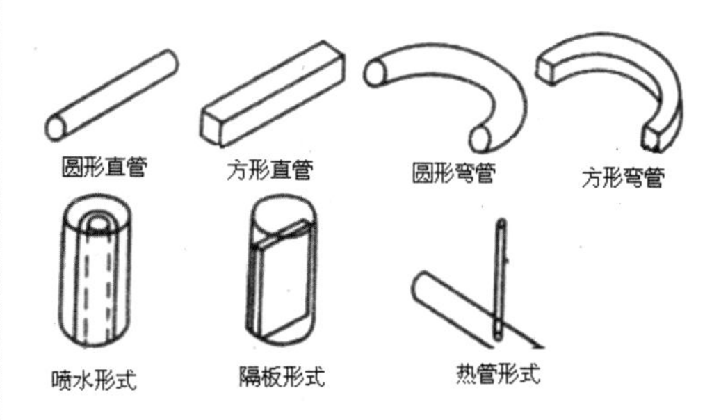

图 26-34　常见冷却水管的结构形式

模具冷却水路的排布与冷却形式有很多种，下面对较为常见的几种形式进行简要介绍。

- 采用模板循环水路直接冷却形式：对于模板来说，可采用循环水路直接冷却形式来排布。如图 26-35 所示为模板的冷却水路排布。

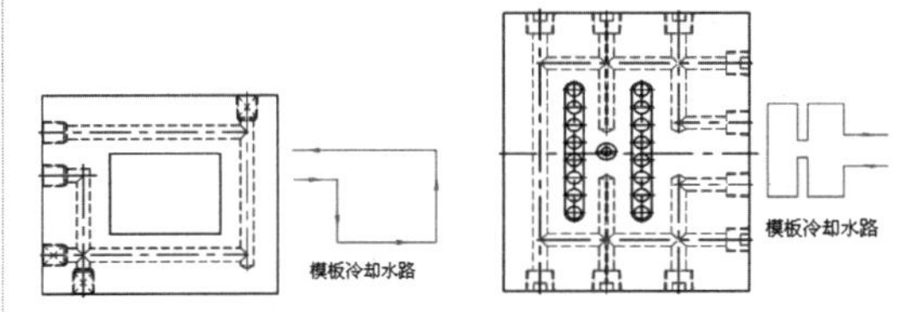

图 26-35　模板循环水路

- 采用成型零件循环水路直接冷却形式：对于中等高度的型芯可采用斜交叉管道构成的冷却回路，如图 26-36 所示。

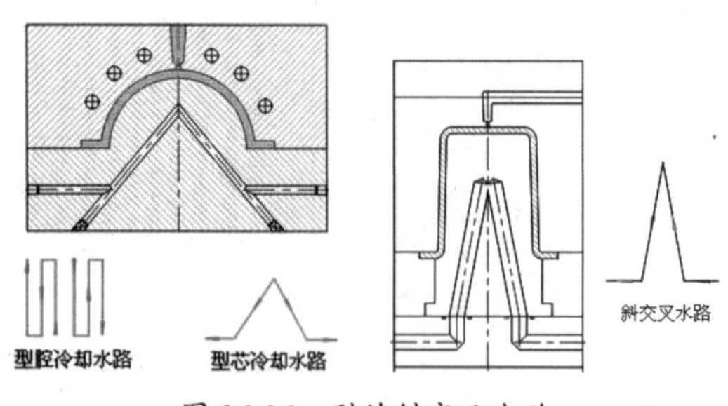

图 26-36　型芯斜交叉水路

- 采用隔水板的冷却形式：常见隔水板串联的冷却水路如图 26-37a 所示，在多型芯上采用并联的冷却水路，如图 26-37b 所示。

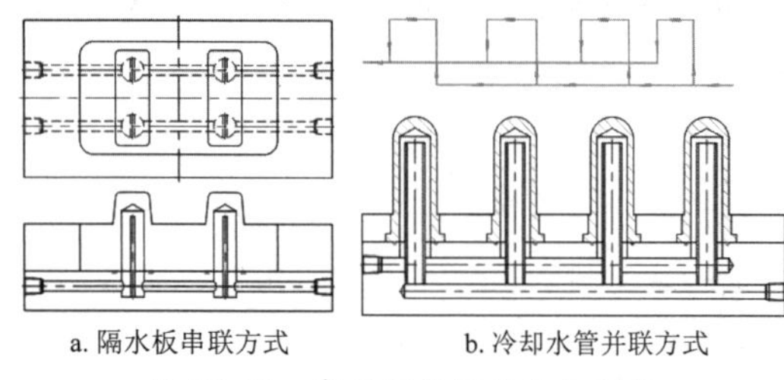

图 26-37　常见隔水板的冷却形式

- 采用模仁与模板联合的冷却形式：采用模仁与模板联合的冷却水路有 4 种情况（如图 26-38 所示）：型芯或型腔镶块上，用螺旋槽冷却方式（图 a）；深腔型腔或型芯的双螺旋冷却水路（图 b）；型芯设计在下固定板上，采用隔水板方式（图 c）；型芯设计在下固定板上，可采用喷水管方式（图 d）。

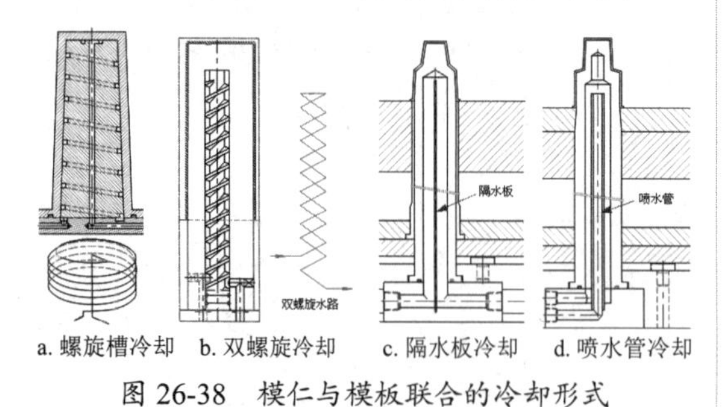

图 26-38　模仁与模板联合的冷却形式

26.1.3　脱模机构设计

成型模具必须有一套准确、可靠的脱模机构，以便在每个循环中将制件从型腔内或型芯上自动脱出模具外，脱出制件的机构称为脱模机构或顶出机构（也称模具顶出系统）。常见的典型脱模机构如图 26-39 所示。

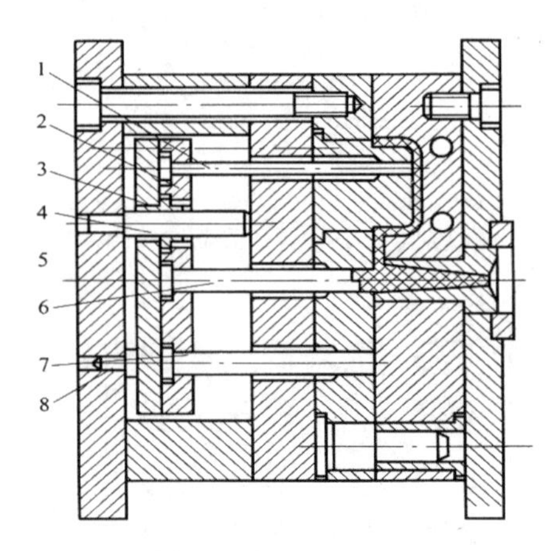

图 26-39　推杆推出机构

1——推杆；2——推杆固定板；3——推板导套；4——推板导柱
5——推杆垫板；6——拉料杆；7——复位杆；8——支承钉

1. 顶杆脱模机构

顶杆是推出机构中最简单的一种脱模形式。由于顶杆有加工、安装方便，以及维修容易、使用寿命长、脱模效果好等特点，因此在生产中广泛使用。下面对几种顶杆的顶出形式进行简要介绍。

- 直顶杆顶出：直顶杆是几种顶杆部件应用最为广泛的一种。直顶杆可成为模具成型镶块的一部分，即小成型杆。
- 扁顶杆：扁顶杆常用于制品中加强筋位置的顶出。
- 有托顶杆：有托顶杆用于制品中 BOSS 柱位位置的顶出，由于顶出部位较小，则顶杆直径也相对较小，多次顶出后，顶杆可能会变形，所以采用有托的顶杆，使其刚性与强度增加。

2. 推管脱模机构

推管脱模机构常用于圆筒形薄壁塑件的脱模，它的特点是脱模力分布均匀，型腔和型芯都在动模一侧，可保证较好的外圆与内孔的同轴度。推管在推出位置与型芯应有 8~10mm 的配合长度，推管壁厚要在 1.5mm 以上。推管脱模机构有如下结构形式：

- 如图 26-40 所示，型芯固定在模具底板上。该结构简单可靠，但推管和型芯较长，适用于脱模力较小的中小模具。
- 如图 26-41 所示，推管用推杆推拉。该结构的推管和型芯较短，但因脱模行程都在动模板内，使得动模板过于厚重。

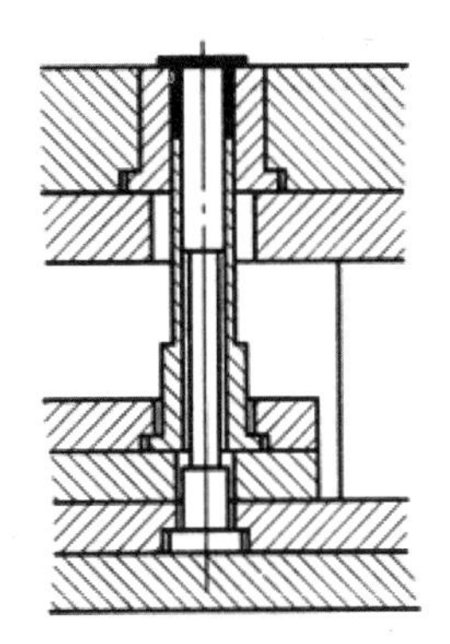

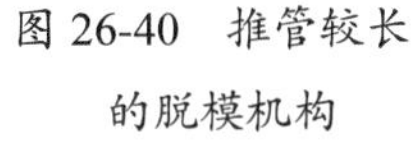
图 26-40　推管较长的脱模机构

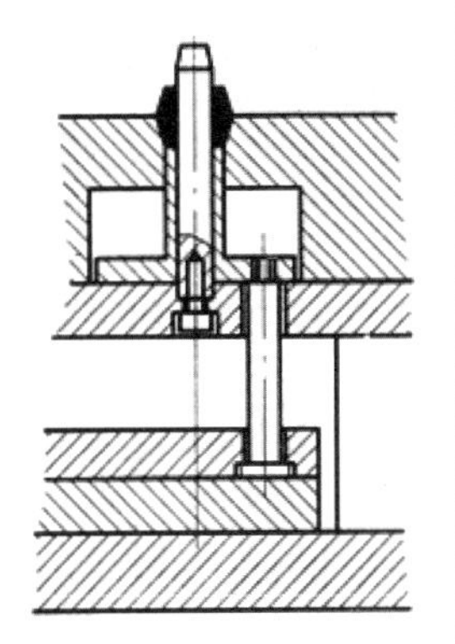
图 26-41　推管较短的脱模机构

3．推板脱模机构

推板推出机构是利用推件板在分型面处从壳体塑件的整个周边推出，推出力大而且均匀。对侧壁脱模阻力较大的薄壁箱体或圆筒形制品，推出后在外观上几乎没有痕迹，如图 26-42 所示。在设计推板推出机构时，要注意以下 3 点：

- 为了保证推件板在推出塑件后能留在模具上，导柱要有足够的长度。也可以将推杆与推件板以螺纹连接。
- 在推件板推出机构中，为了减小推件板与型芯的摩擦，推件板与型芯之间要留有 0.2mm 左右的间隙，并用锥面配合，以防该处溢料。
- 对于大型深腔塑料容器，特别是采用软质塑料时，如果利用推件板脱模，塑件与型芯间容易形成真空，造成脱模困难，甚至使塑件变形，此时则要设计真空腔引气装置。

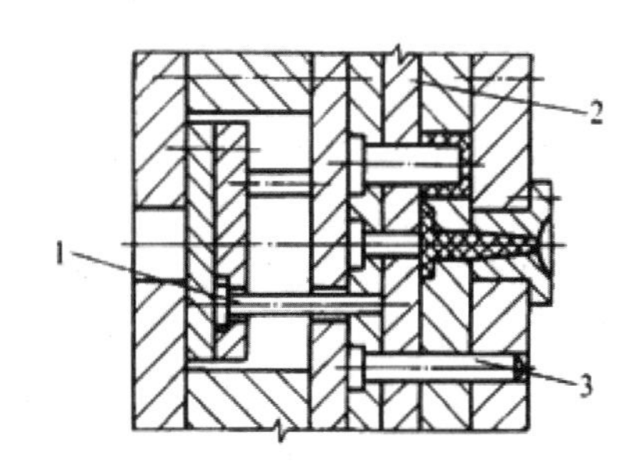

图 26-42　推板脱模机构

1——推杆；2——推件板；3——导柱

4．斜顶机构

斜顶是侧向抽芯滑块和顶杆部件相结合的一种制品顶出部件。它的工作原理是在顶出过程中，斜顶在顶出制品的同时因受制品压力而横向移动，从而使制品脱离成型部分（根据力的分解原理）。

当制件有小侧孔或小侧凹且又适合做斜顶时，需做斜顶部件以顶出制件。下面介绍几种常见斜顶的固定方式和顶出方式。

常见的斜顶固定方式有滑槽式、定位销滑动式和定位销滑动、滑槽式，如图 26-43 所示。

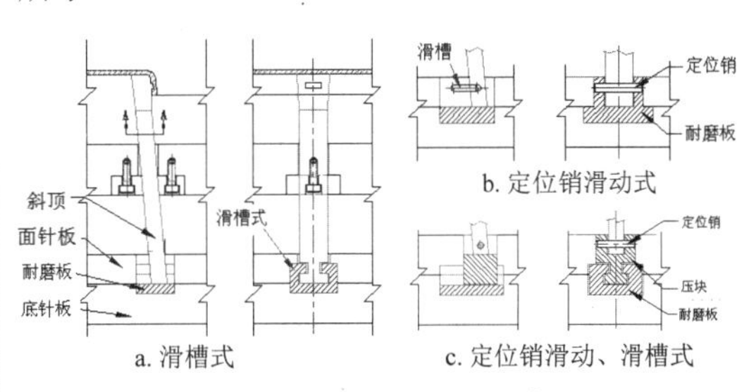

图 26-43　斜顶固定方式

常见的斜顶顶出方式如图 26-44 所示。

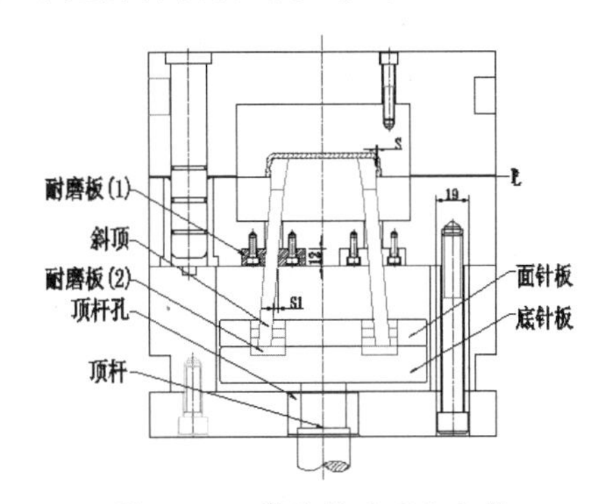

图 26-44　常见斜顶顶出方式

26.1.4 侧向分型与抽芯机构设计

由于某些特殊要求，在塑件无法避免其侧壁内外表面出现凸凹形状时，模具就需要采取特殊的手段对所成型的制品进行脱模。因为这些侧孔、侧凹或凸台与开模方向不一致，所以在脱模之前必须先抽出侧向成型零件，否则将不能脱模。这种带有侧向成型零件移动的机构称为侧向分型与抽芯机构。如图26-45所示是一些典型的需要侧向分型与抽芯机构的制品形状。

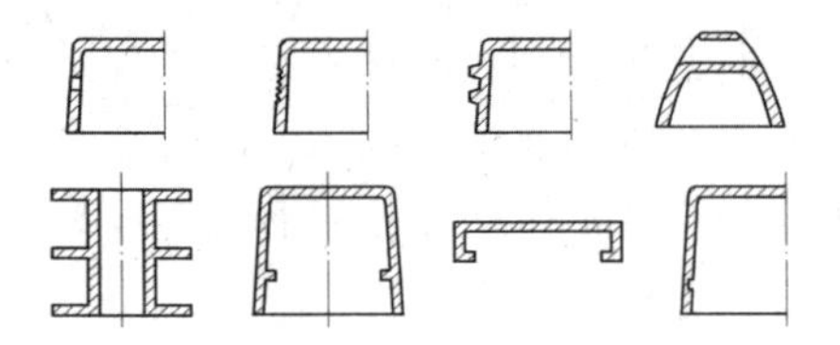

图 26-45 需要侧向分型与抽芯机构的制品形状

1. 侧向分型与抽芯方式

侧向分型与抽芯机构按其驱动方式分为3种：手动、机械驱动、液压驱动。其中机械驱动主要是指利用注射机的开模运动或推出塑件时的作用力，通过斜导柱等机构使之转化为侧向分型与抽芯动作。由于这种方法操作简便，生产效率高，易于实现自动化，且不需要单独的动力装置，所以在注射模具中应用最为广泛。

2. 斜导柱分型与抽芯机构

斜导柱分型与抽芯机构是应用最多的一种机械驱动的侧分型与抽芯机构形式，它是利用斜导柱等零件把开模力传递给侧型芯，使之产生侧向移动来完成抽芯动作的。它不仅可以向外侧抽芯，还可以向内侧抽芯。

如图26-46所示为一个典型的斜导柱分型与抽芯机构，斜导柱3固定在定模板2上，滑块8在动模板7的导滑槽内可以移动，侧型芯5用销钉4固定在滑块8上。在开模时，开模力通过斜导柱作用于滑块，迫使滑块在动模板的导滑槽内向左移动，完成抽芯动作，然后推管6把塑件推出型腔。其中楔紧块1的作用是防止侧型芯及滑块在充模过程中因模腔压力作用而产生移动。限位挡块9、螺钉10及弹簧是滑块在抽芯后的定位装置，保证合模时斜导柱能够准确地进入滑块的斜孔。

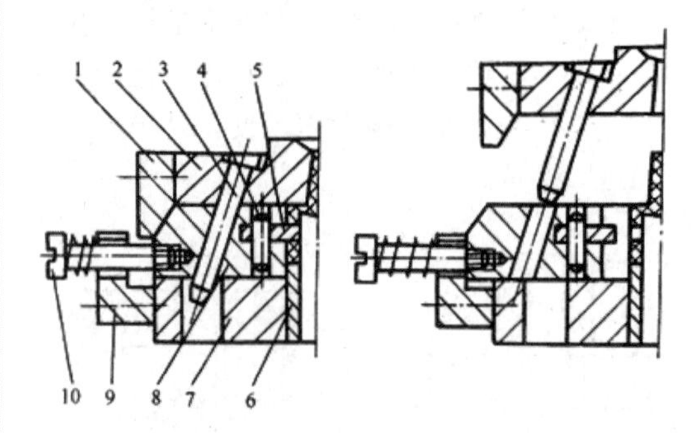

图 26-46 典型斜导柱分型与抽芯机构工作原理

1——楔紧块；2——定模板；3——斜导柱；4——销钉；
5——侧型芯；6——推管；7——动模板；8——滑块；
9——限位挡块；10——螺钉

3. 斜滑块分型与抽芯机构

如果塑件上的侧凹较浅（即所需的抽芯距较小），但侧凹的成型部分面积较大时，可采用斜滑块分型抽芯机构。斜滑块分型抽芯机构与斜导柱分型抽芯机构相比具有结构简单、安全可靠、制造容易等优点，因此也得到了较为广泛的应用。

如图26-47所示为塑料绕线轮的模具，该塑件的外侧是深度较浅但面积较大的侧凹面，所以斜滑块2设计成了瓣合式凹模镶块；开模时，推杆3推动斜滑块2沿导滑槽移动，同时斜滑块互相分离，塑件也因此被放开且脱离动模型芯5；限位螺钉6的作用是防止斜滑块从锥形模套1中脱出。

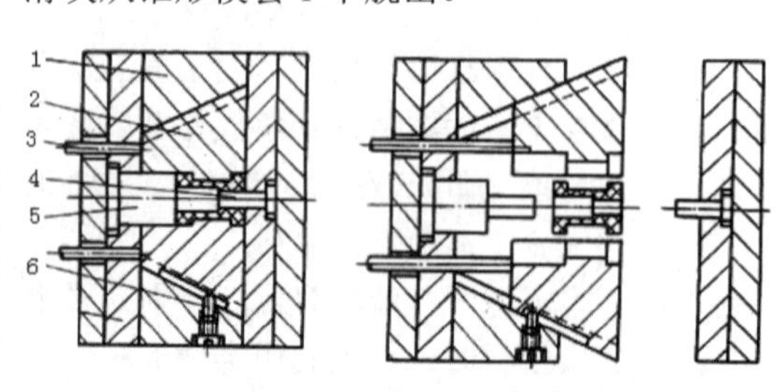

图 26-47 斜导柱在动模、滑块在定模的侧抽芯机构

1——锥形模套；2——斜滑块；3——推杆；4——定模芯；
5——动模芯；6——限位螺钉

4．齿轮齿条抽芯机构

齿轮齿条抽芯机构是利用斜导柱等侧向抽芯的机构，它仅适用于抽芯距较短的制件，当塑件上侧向抽芯抽距大于 80mm 时，往往采用齿轮齿条抽芯或液压抽芯等机构，如图 26-48 所示是这种机构的示意图。

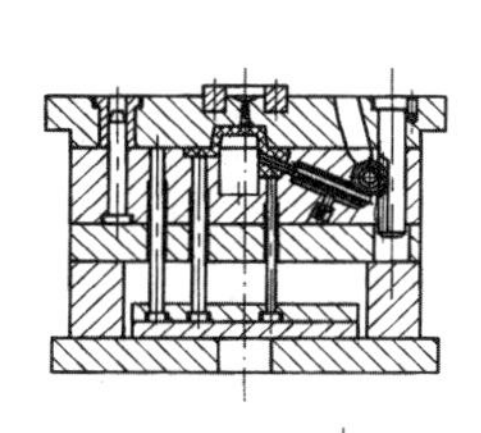
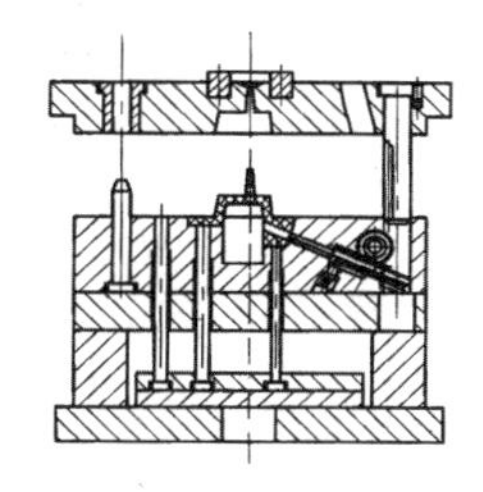
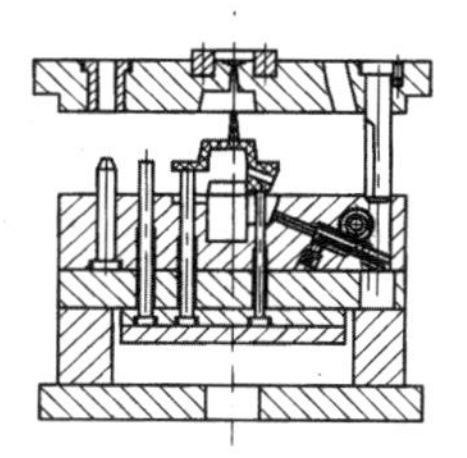

图 26-48　齿轮齿条抽芯机构

26.2　Pro/E 浇注系统设计

浇注系统在 Pro/E 中由组件级的模具特征构成，接下来介绍如何通过 UDF（自定义）特征来定制和加快创建浇注系统。流道特征的创建既可以在成型零件设计阶段中（模具设计模式）完成，也可以在模具模架设计模式中进行。

26.2.1　在模具设计模式中创建流道特征

使用流道特征可以快速地创建流道（包括主流道和分流道）。在模具设计模式中，创建流道组件特征的方式如下：

- 在【模具】菜单管理器中依次选择【特征】|【型腔组件】|【模具】|【流道】命令，如图 26-49 所示；
- 在菜单栏中选择【插入】|【流道】命令。

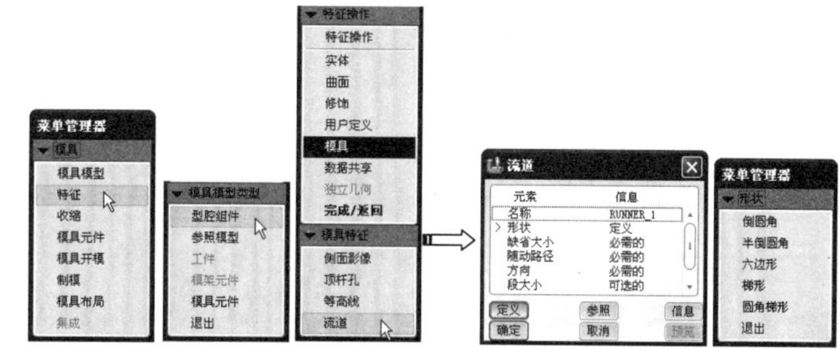

图 26-49　创建流道组件特征执行的菜单命令

Pro/E 提供了 5 种形状的流道截面特征，如图 26-50 所示。从料流及填充效果来看，使用圆形和梯形的流道最佳。

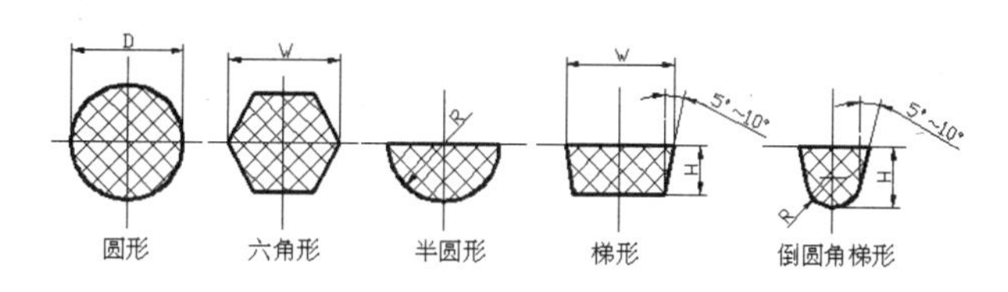

图 26-50　5 种形状的流道截面

26.2.2　在模架设计模式中创建流道特征

在模架设计模式中创建流道特征时，若同时在型腔和型芯中创建流道特征，需从模型树中单独打开要创建流道特征的装配模型（成型零件），在打开的新窗口中完成创建操作，如图 26-51 所示。

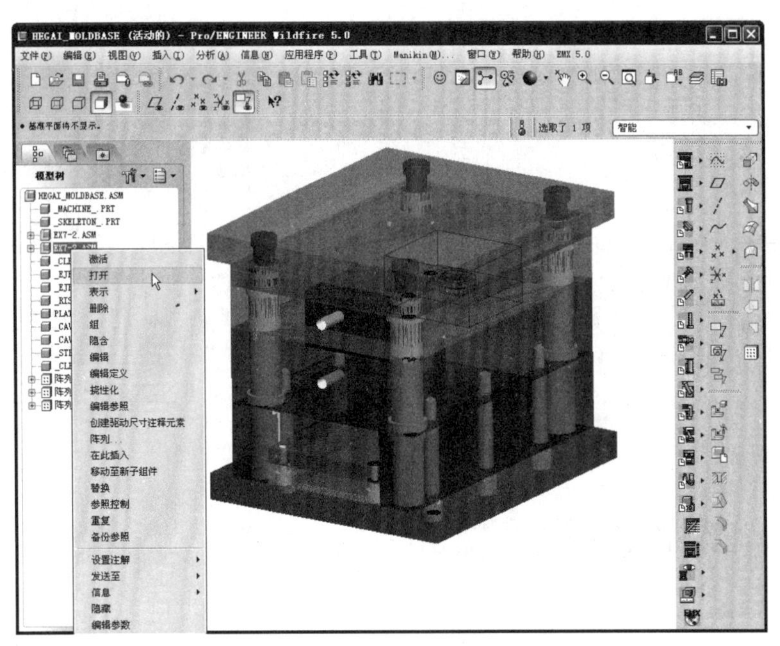

图 26-51　打开装配模型来创建流道特征

若仅创建在型腔或是型芯元件上，则从模型树单独打开该模具元件，同样可以在新窗口中创建流道特征，如图 26-52 所示。

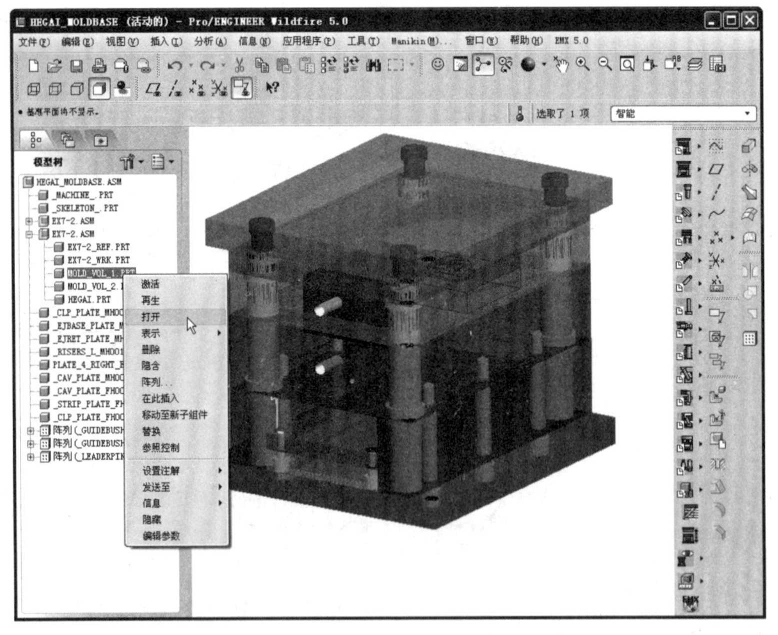

图 26-52　打开模具元件来创建流道特征

技术要点

打开模具元件（型腔或型芯元件）进入新窗口中后，需要在菜单栏中选择【应用程序】|【模具/铸造】命令，然后才可以选择【插入】|【流道】命令来创建元件的流道特征。

26.2.3　浇注系统组件

使用 EMX 创建模具模架后，单击【组件定义】按钮，通过弹出的【模架定义】对话框来加载所需的定位环和浇口套（主流道衬套），如图 26-53 所示。

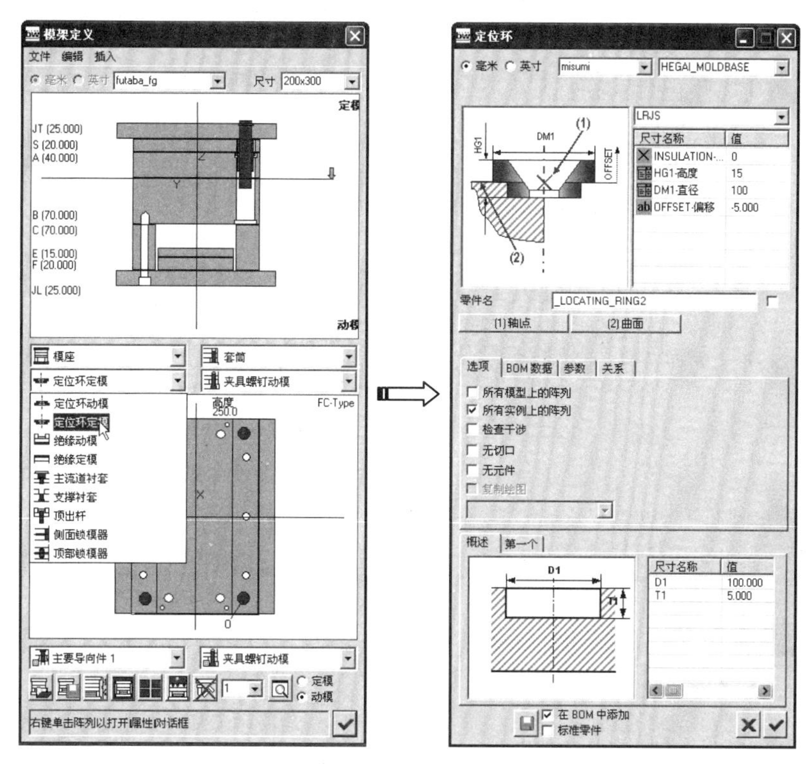

图 26-53　在 EMX 中加载浇注系统组件

26.3　Pro/E 冷却系统设计

在 Pro/E 中，模具的冷却系统设计包括成型零件中的冷却水路设计和动、定模板的冷却水路设计。

26.3.1　成型零件的冷却水路设计

成型零件（主要指型腔和型芯）冷却水路的设计是在模具设计模式中完成的。通过指定回路的直径，绘制冷却水线回路的路径和指定末端条件，便可以利用冷却水线特征快速地创建所需要的冷却水线回路。冷却水线回路系统可以视为标准的组件特征，利用一些建构特征所使用的一般工具，如拉伸剪切、孔等来创建。

在菜单栏中选择【插入】|【等高线】命令，程序将提示用户输入冷却水线通道的直径，并弹出【等高线】对话框，如图 26-54 所示。

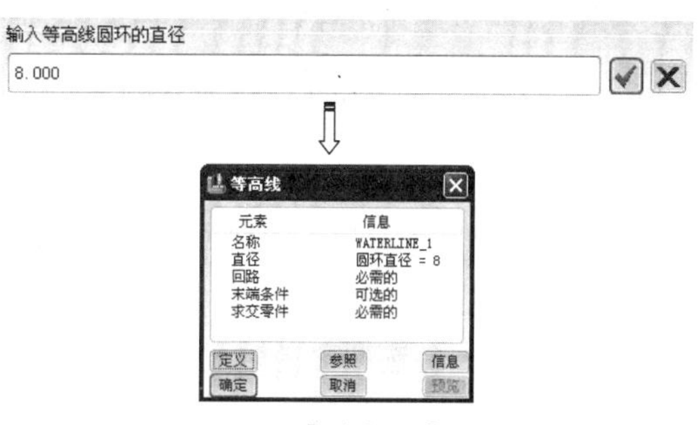

图 26-54　【等高线】对话框

该对话框中各元素的含义如下：

- 直径：该元素定义了冷却水线通道的直径。
- 回路：回路元素定义了冷却水路的轨迹，此轨迹仅为直线。
- 末端条件：此元素定义了水管末端的形状。包括【盲孔】、【通过】和【通过 w/ 沉孔】3 种类型。
- 求交零件：此元素定义与水线组件特征相交的零件，例如指定型腔元件、型芯元件或型腔 / 型芯元件作为相交对象。

如图 26-55 所示为在型腔元件中定义的冷却水线特征。

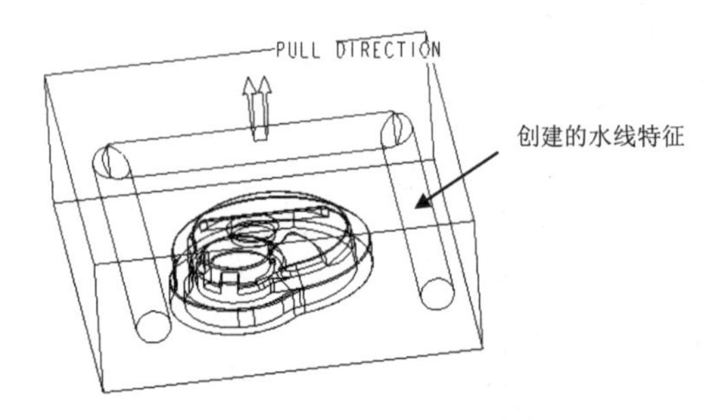

图 26-55　冷却水线特征

26.3.2　动、定模板的冷却水路设计

模具动、定模板中冷却水路的设计需在 EMX 的帮助下完成。在模架设计模式中，模板冷却水路轨迹的设计视模具结构的难易程度可通过两种方式进行。

1. 通过装配水线曲线方式

当模具中没有复杂的侧向分型机构且型腔较浅时，可以通过 EMX 提供的标准水线曲线进行装配。此种方式快速、准确，是简单模具冷却系统设计的首选。

在菜单栏中选择【EMX 5.0】|【冷却】|【装配水线曲线】命令，程序弹出【水线】对话框，如图 26-56 所示。

该对话框中各选项含义如下：

- 装配模型：选择此单选按钮，装配的水线将作为模型特征。当水线作为模型装配时，仅有一种预定义的水线，如图 26-57 所示。

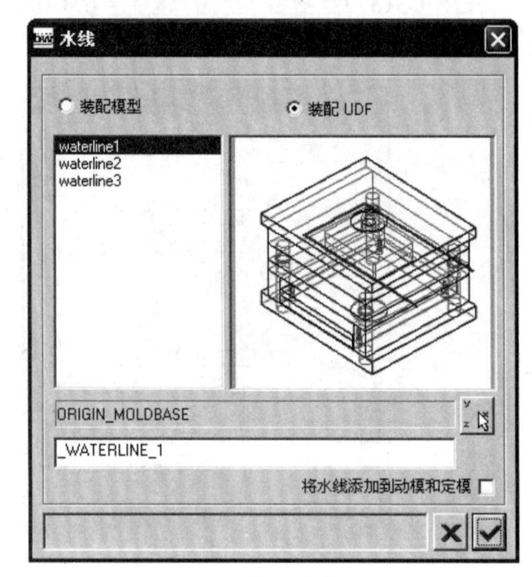

图 26-56　【水线】对话框

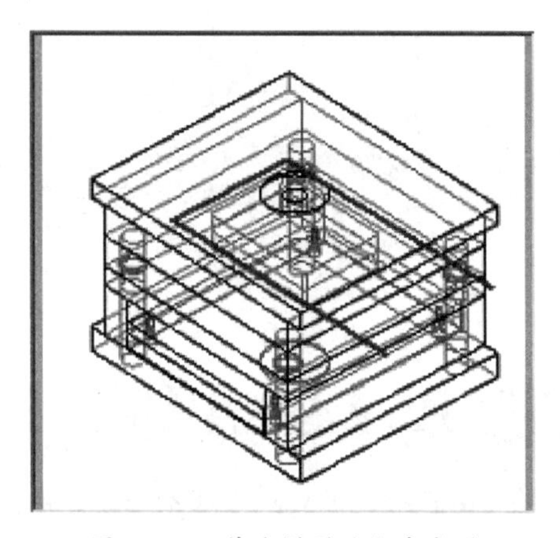

图 26-57　作为模型的水线类型

- 装配 UDF：选择此单选按钮，装配的水线将作为曲线特征。以 UDF 装配时，有 3 种类型可供选择（其中一种水线类型同上），另外两种类型如图 26-58 所示。
- 【选择坐标系】按钮：单击此按钮，需选择模架坐标系作为水线曲线装配时的参照坐标系。
- 将水线添加到动模和定模：取消选中此复选框，水线将默认装配到定模板中，选中此复选框，则同时装配到动模和定模中。

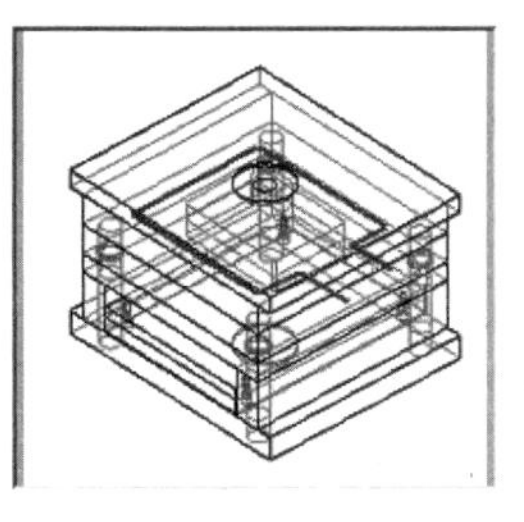
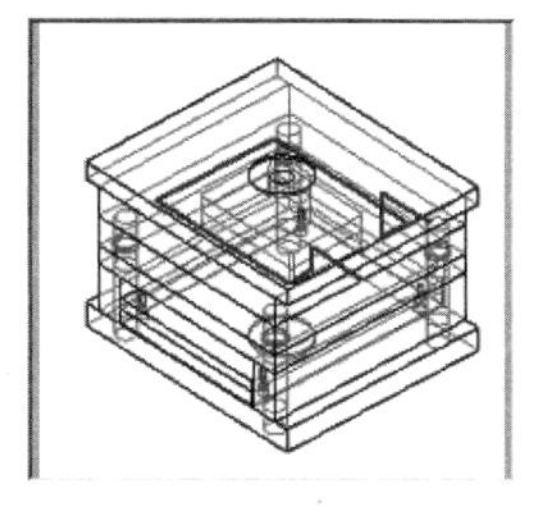

图 26-58　作为 UDF 装配时的水线类型

2. 通过草绘方式

当模具型腔较深且具有复杂的模具结构时，需要用户自定义水线曲线轨迹。水线曲线的绘制是在单独打开动、定模板的新窗口下使用【草绘】工具完成的。如图 26-59 所示为在草绘模式中绘制的水线曲线。

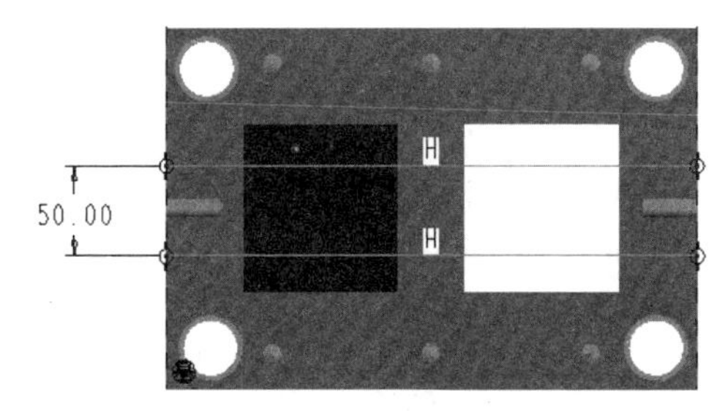

图 26-59　草绘水线曲线

3. 加载冷却元件

冷却水线曲线创建完成后，通过定义冷却元件功能，将冷却通道组件加载进模板中。在【工程特征】工具栏中单击【定义冷却元件】按钮，程序弹出【冷却元件】对话框。在该对话框的冷却元件类型下拉列表中选择【HOLE ｜ 盲孔】类型，则显示冷却通道特征的参数定义选项，如图 26-60 所示。

通过【选项】选项卡中的参数设置，可以定义冷却通道的阵列、开口端与末口端形状、有无干涉等。

冷却通道特征的深度定义有 3 种方式：

- 使用模型厚度：即通道长度与模板长度相等。
- 输入值：通过冷却通道的长度值来确定其长度，这种方式可以不先创建水线曲线。
- 使用曲线长度：冷却通道的长度将与所选参照曲线相等。

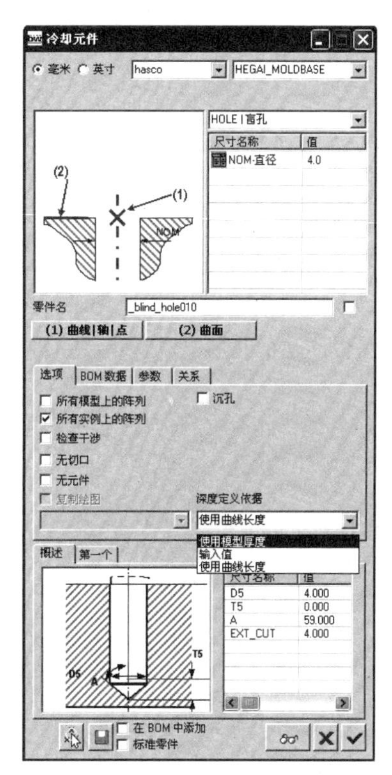

图 26-60　冷却通道的参数设置

26.4 EMX 脱模机构设计

脱模机构中的顶杆与斜顶机构设计主要是由 EMX 标准件装配完成的。在顶杆部件加载到模架中以后，需要在型芯零件及动模模板中创建顶杆孔，以便顶杆做推出运动。

26.4.1　在成型零件中创建顶杆孔

顶杆孔特征是一个仅在模具模式中才有的特殊孔特征。它与标准孔特征类似，不同之处在于当指定孔的直径时，要在与此孔相交的每个板中指定不同的直径，而且该孔以指定的直径和深度被自动加工成沉孔。

在【模具】菜单管理器中依次选择【特征】|【型腔组件】|【模具】|【顶杆孔】命令，或者在菜单栏中选择【插入】|【顶杆孔】命令，程序弹出【顶杆孔：直】对话框与【位置】菜单管理器，如图26-61所示。

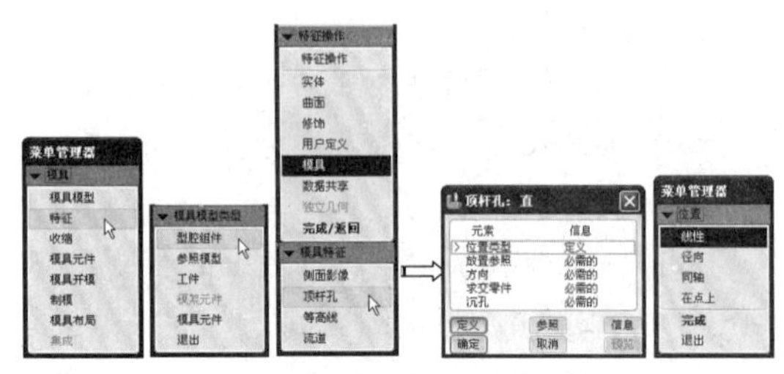

图26-61　创建顶杆孔执行的菜单命令

顶杆孔有与标准孔相同的放置选项：线性、径向、同轴和在点上。如果已将顶杆装配到了模具中，则使用【同轴】选项可迅速完成孔的放置。此外，如果在模型中孔应被放置处有数个基准点，则可在同一孔特征内同时在每个点上放置孔。如图26-62所示为在型芯元件中创建的顶杆孔。

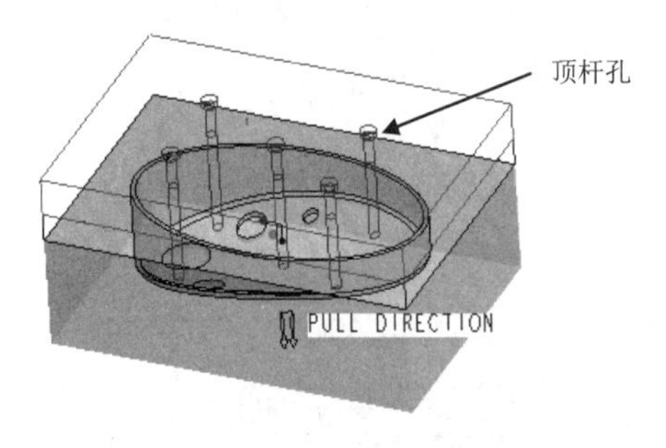

图26-62　顶杆孔

技术要点

孔特征是一种特殊的孔特征，它与普通孔特征类似，不同的是顶针孔特征需要指定与其相交的元件。顶针孔特征并不适合在尚未产生模具元件前使用。

26.4.2　加载顶杆

利用EMX提供的顶杆标准件，可将选定的顶杆加载到模具模架中。顶杆的加载需要确定几个组件约束，并设置是否在模板中创建切口，以及是否修剪其头部形状等。

1. 顶杆的加载

在菜单栏中选择【EMX 5.0】|【顶杆】|【定义】命令，或者在【工程特征】工具栏上单击【定义顶杆】按钮，程序弹出【顶杆】对话框，如图26-63所示。

顶杆部件的加载必须完成3个约束操作：点、曲面和方向曲面。

- 点：放置顶杆的位置点，也是顶杆的一个轴点。此点用户可以预置。
- 曲面：顶杆头的放置参照曲面。
- 方向曲面：即顶杆放置的方向参考曲面。

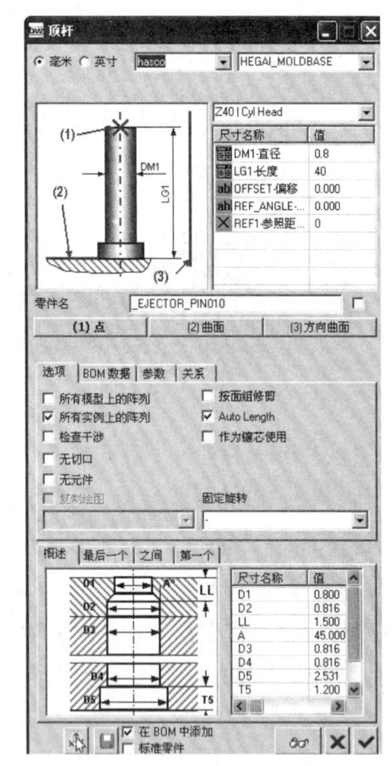

图26-63　【顶杆】对话框

在设置顶杆参数并完成3个组件约束操作后，即可将顶杆部件加载进模具中。

2. 顶杆的修剪

动模部分模板中的顶杆孔及顶杆头部形状都是在加载顶杆部件时完成创建的。在【顶杆】对话框的【选项】选项卡中，可以设置相关选项，完成顶杆的修剪。该选项卡中各选项含义如下：

- 所有模型上的阵列：选中此复选框，顶杆将以模具模型的形式进行阵列。
- 按面组修剪：选中此复选框，将按用户选取的面组修剪顶杆头部。
- 所有实例上的阵列：选中此复选框，将在所有模具布局中创建顶杆阵列。
- Auto Length：自动长度。选中此复选框，顶杆长度为自由长度。
- 检查干涉：用于检查顶杆与其他运动部件之间的干涉。
- 作为镶芯使用：选中此复选框可以使顶杆作为成型镶块的一部分。
- 无切口：该选项控制在模板中是否生成切口特征，即顶杆孔特征。
- 无元件：该选项控制是否保留顶杆部件。

26.4.3　加载斜顶机构

斜顶机构用于产品内部倒扣特征位置的脱模。EMX 提供了圆形和方形两种斜顶机构标准件，如图 26-64 所示。

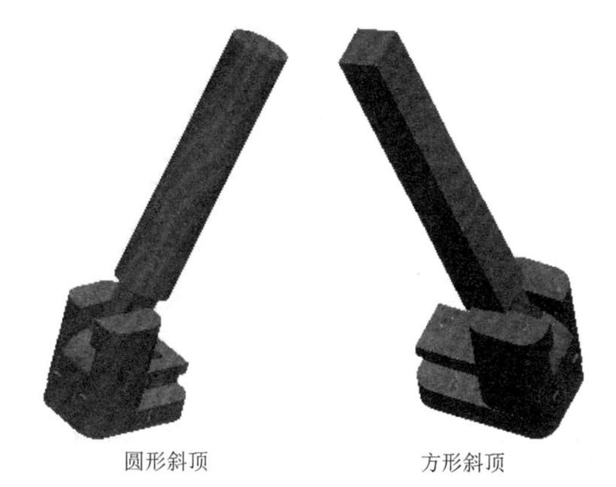

图 26-64　EMX 斜顶机构

在菜单栏中选择【EMX 5.0】|【斜顶机构】|【定义】命令，或者在【工程特征】工具栏上单击【定义斜顶机构】按钮，程序弹出【斜顶机构】对话框。通过此对话框，用户可以定义斜顶机构的形状与各项尺寸参数，加载斜顶机构需要确定 3 个组件约束：坐标系、平面导向件和平面限位器，如图 26-65 所示。

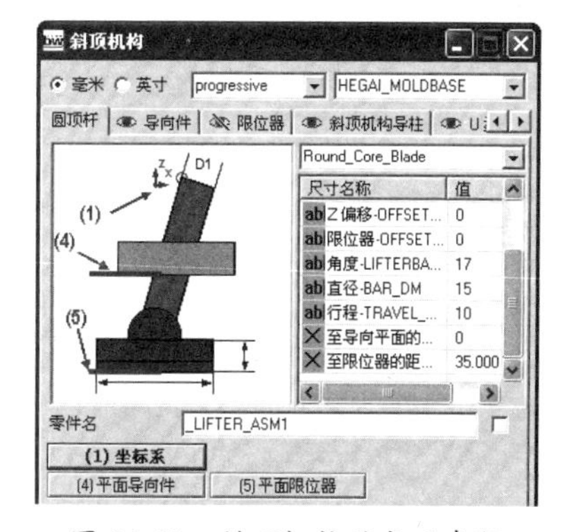

图 26-65　斜顶机构的各项参数

- 坐标系：必须选择模架坐标系。
- 平面导向件：导向件底面与支承块顶面为同一平面。
- 平面限位器：平面限位器也是斜顶滑板底面所在平面，该平面为推件固定板底面。

26.5　EMX 侧向与抽芯机构设计

EMX 向用户提供了用于制件侧向分型的抽芯机构——滑块机构。在菜单栏中选择【EMX 5.0】|【滑块】|【定义】命令，或者在【工程特征】工具栏上单击【定义滑块】按钮，程序弹出【滑块】窗口，如图 26-66 所示。

通过此窗口，用户需要确定 3 个组件约束才可加载滑块标准件。

- 坐标系：选择模架坐标系作为组件约束。
- 平面斜导柱：选择与斜导柱顶端对齐的平面作为组件约束。该平面应为上模座板底面。
- 分割平面：可选择模具主分型面作为组件约束。

除了可以在参数列表中逐一设置滑块组件的主要尺寸外，用户还可通过单击窗口下方的【显示详细图形】按钮，并在弹出的【元件详细信息】对话框中选择单个组件来设置详细的尺寸，如图 26-67 所示。

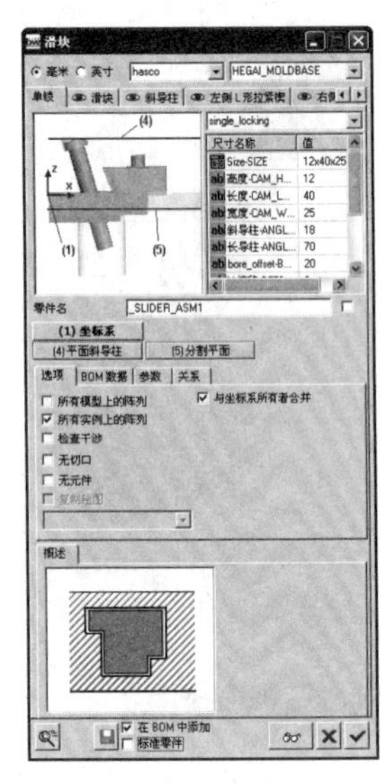

图 26-66 【滑块】对话框

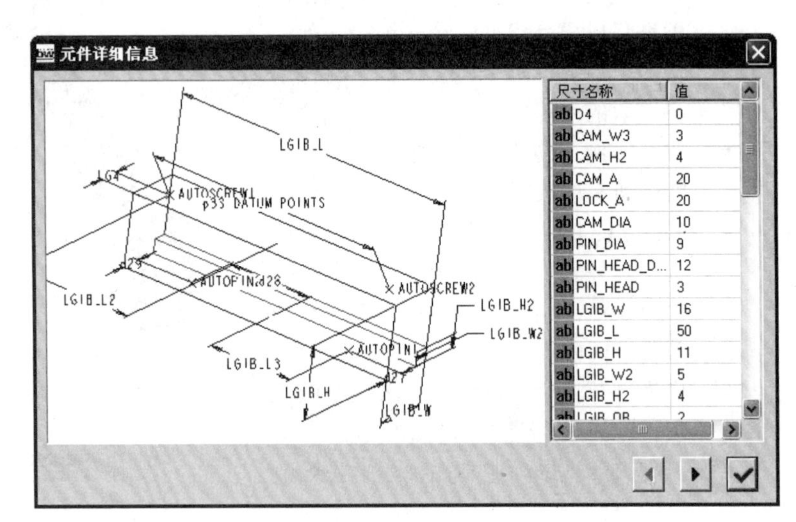

图 26-67 【元件详细信息】对话框

技术要点

在【元件详细信息】对话框中单击▶按钮，可以显示滑块结构的下一组件。

26.6 综合实训

产品的形状决定了模具为何种结构。一副完整的模具至少包括浇注系统（定位环、浇口套及流道）、冷却系统（冷却水路及喷嘴、接头、O 型圈等）和顶出系统（顶杆）。当产品中具有侧凹、倒扣等形状特征时，还应设计侧向脱模机构和斜顶机构等。

下面以两个系统与机构设计实例来说明其设计方法。

26.6.1 连接座模具的系统与机构设计

◎ **引入文件：实训操作 \ 源文件 \Ch26\ 连接座模具 \ ljz_moldbase.asm**

◎ **结果文件：实训操作 \ 结果文件 \Ch26\ 连接座模具 \ljz_moldbase.asm**

◎ **视频文件：视频 \Ch26\ 连接座模具的系统与机构设计 . avi**

连接座模具的模腔布局为一模四腔。产品模型中无特殊的结构特征，因此模具结构较为简单。连接座模型如图 26-68 所示。

图 26-68 连接座模型

连接座模具的系统与机构设计包括浇注系统设计、冷却系统设计和顶出机构设计。

1．浇注系统设计

模具的浇口形式为顶部多点进胶，模型布局为一模四腔，因此模架结构为三板模。整个分流道由 3 级构成。主分流道和二级分流道分布在型腔侧，三级分流道分布在型芯侧。

操作步骤：

01 启动 Pro/E 5.0，然后设置工作目录。

02 打开 ljz_moldbase.asm 文件，然后按如图 26-69 所示的步骤完成主分流道创建。

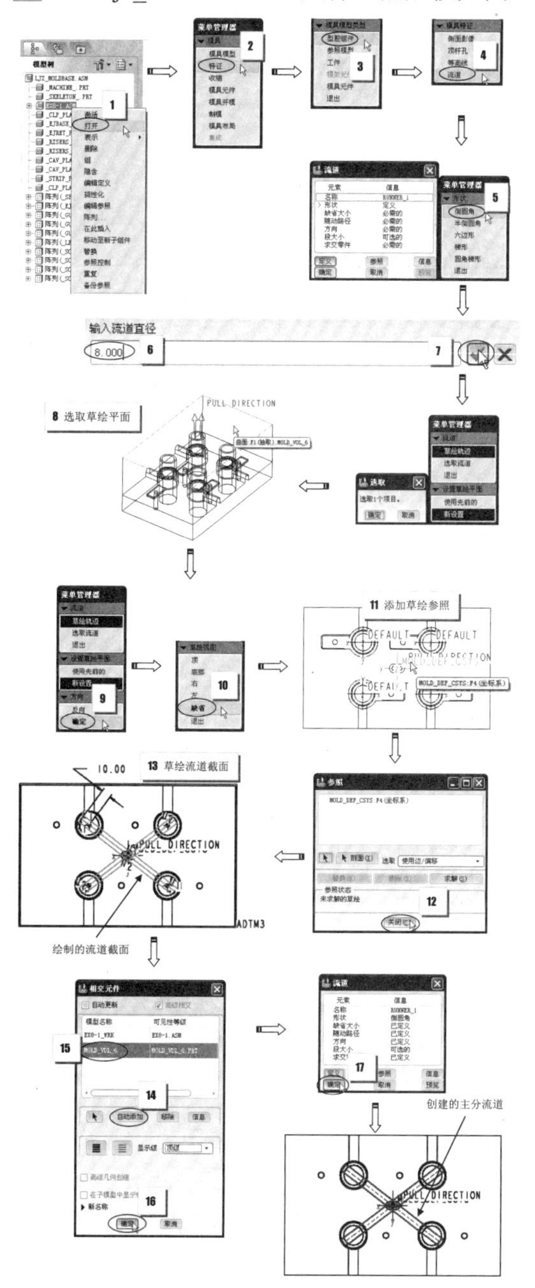

图 26-69　创建主分流道的操作过程

03 在新窗口的模型树中将 MOLD_VOL_6.PRT（型腔元件）打开，在打开的窗口中按如图 26-70 所示的操作新建两个基准平面，以用于二级分流道的创建。同样，两个基准平面的创建方法相同，这里仅介绍其中一个基准平面的创建过程。

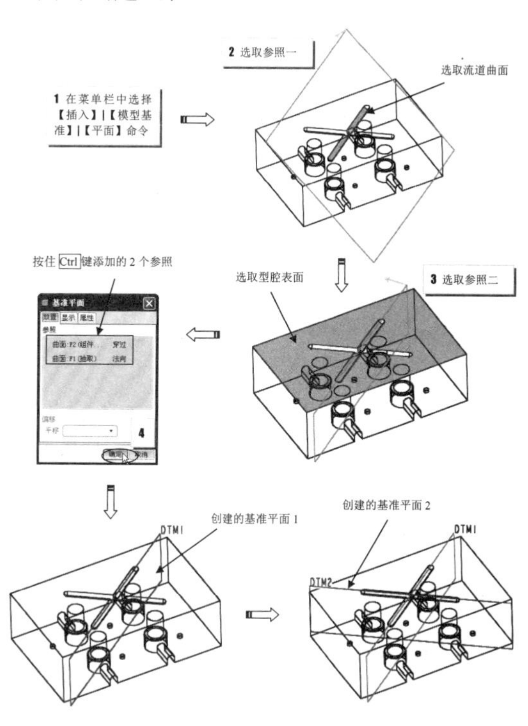

图 26-70　新建基准平面

04 按如图 26-71 所示的操作在型腔元件上创建二级分流道，二级分流道共 4 个，且形状、大小均相同，因此仅创建其中一个，其余按此方法创建即可。

05 关闭型腔元件窗口。按图 26-71 中创建主分流道的操作步骤来创建三级分流道。三级分流道的草绘平面为型芯顶面，流道截面如图 26-72 所示。交截元件为 MOLD_VOL_1.

PRT（小型芯元件）。

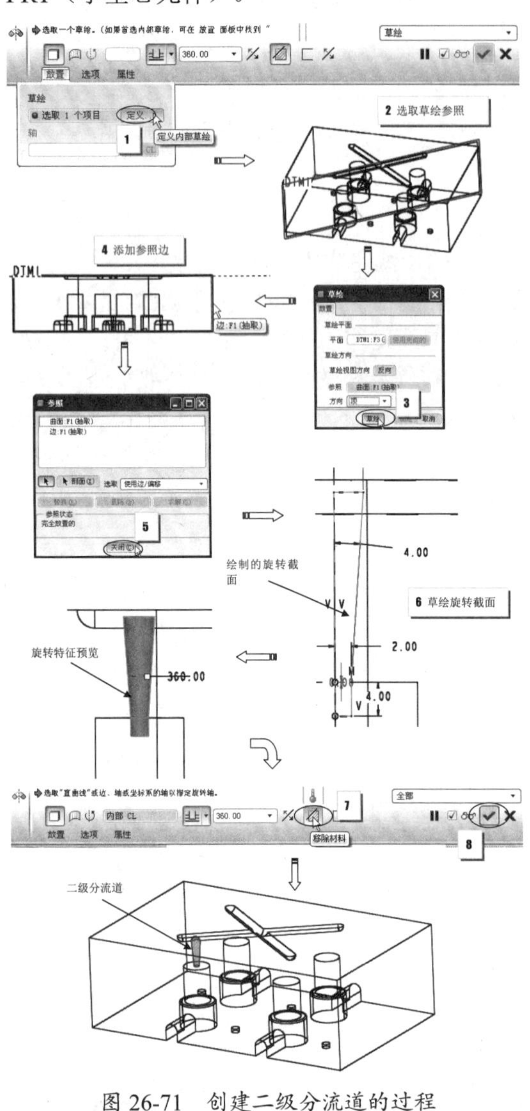

图 26-71 创建二级分流道的过程

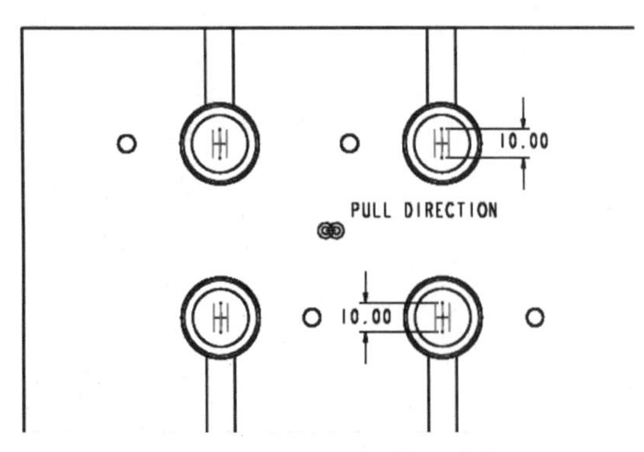

图 26-72 绘制的三级分流道截面

06 同理，以创建分流道的步骤及方法来创建梯形浇口。梯形浇口的宽度为2.5，流道深度为1，流道侧角度为13，流道拐角半径为0.5。创建梯形浇口的草绘平面仍然为小型芯顶面，求交零件为小型芯。绘制的浇口截面如图26-73所示。创建完成的梯形浇口如图26-74所示。

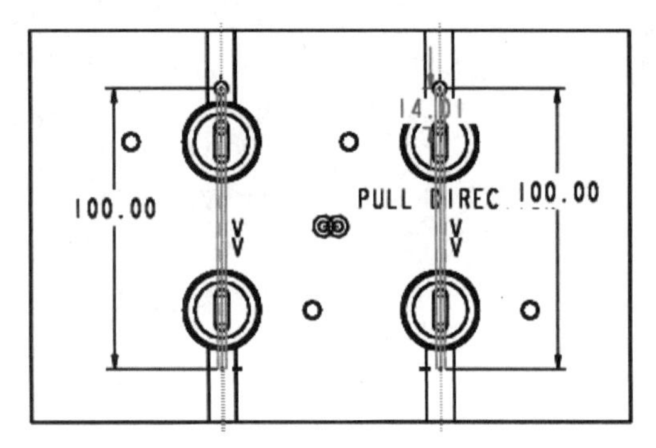

图 26-73 绘制的浇口截面

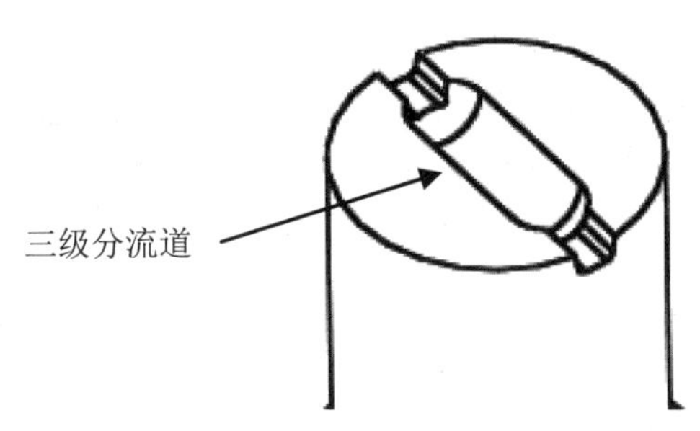

图 26-74 创建的三级分流道和梯形浇口

07 单独打开型腔元件，然后在新窗口中使用【旋转】工具，以DTM1基准平面为草绘平面，创建型腔元件中的冷料穴特征。创建完成的冷料穴如图26-75所示。

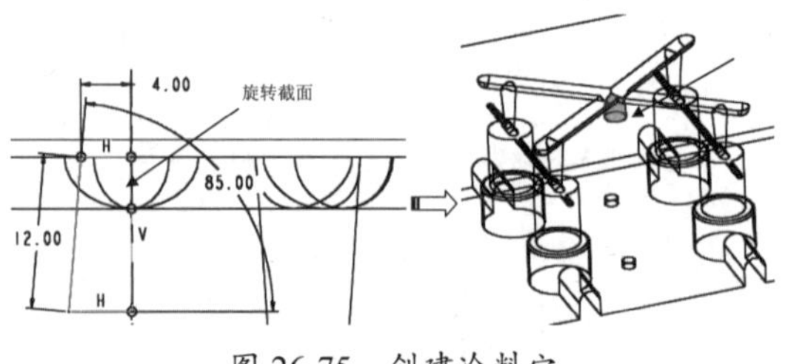

图 26-75 创建冷料穴

08 关闭【EX26-1.asm】窗口。在【工程特征】工具栏上单击【组件定义】按钮，程序弹出【模架定义】对话框。然后按如图26-76所示的步骤完成定位环的加载。

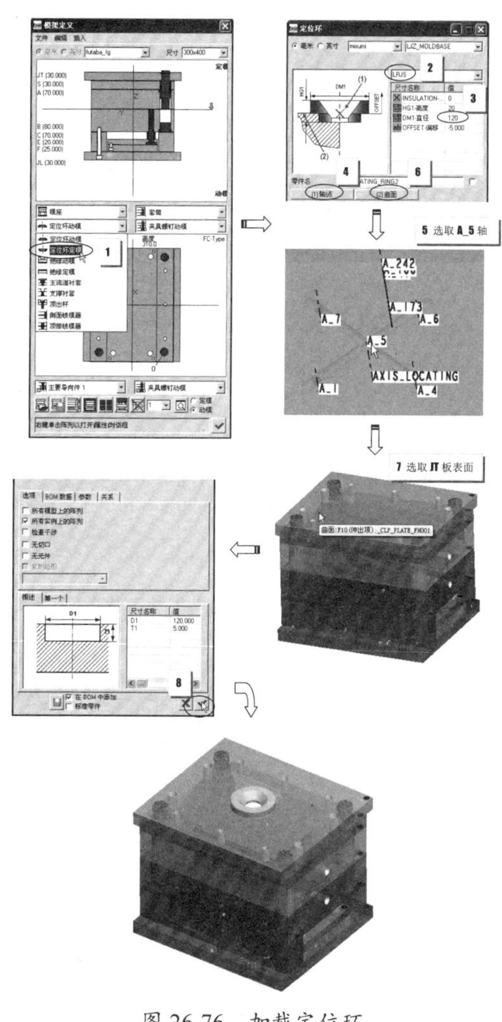

图 26-76　加载定位环

09 浇口套的加载方法与定位环的加载方法相同。都需要确定【轴点】和【曲面】两个组件约束。浇口套的尺寸参数及加载的结果如图 26-77 所示。

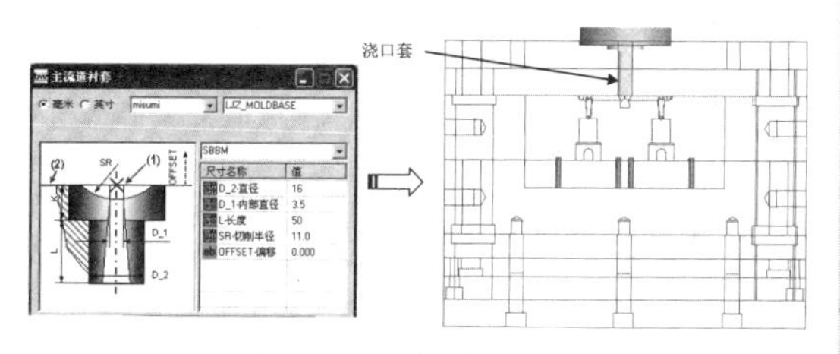

图 26-77　加载浇口套

2. 创建冷却系统

本例模具的冷却系统将分为成型零件冷却水路设计和模板冷却水路设计。

操作步骤：

01 在模架设计模式的模型树中，单独打开【EX8-1.asm】装配模型，进入模具设计模式。

02 在菜单栏中选择【插入】|【模型基准】|【平面】命令，然后分别在型腔侧和型芯侧创建新基准平面，如图 26-78 所示。

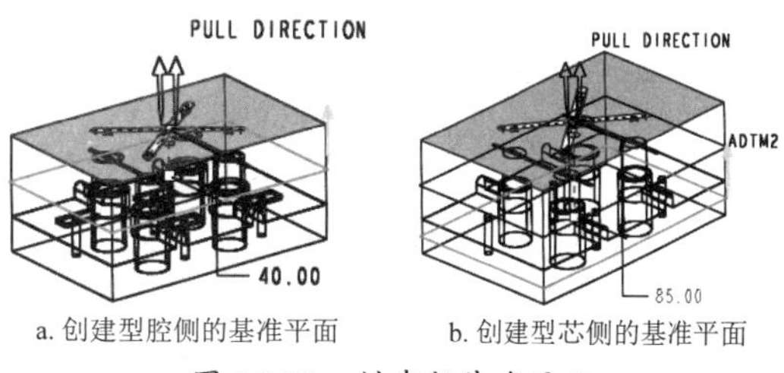

a. 创建型腔侧的基准平面　b. 创建型芯侧的基准平面

图 26-78　创建新基准平面

03 按照如图 26-79 所示的操作步骤完成型芯元件中冷却水路的创建。

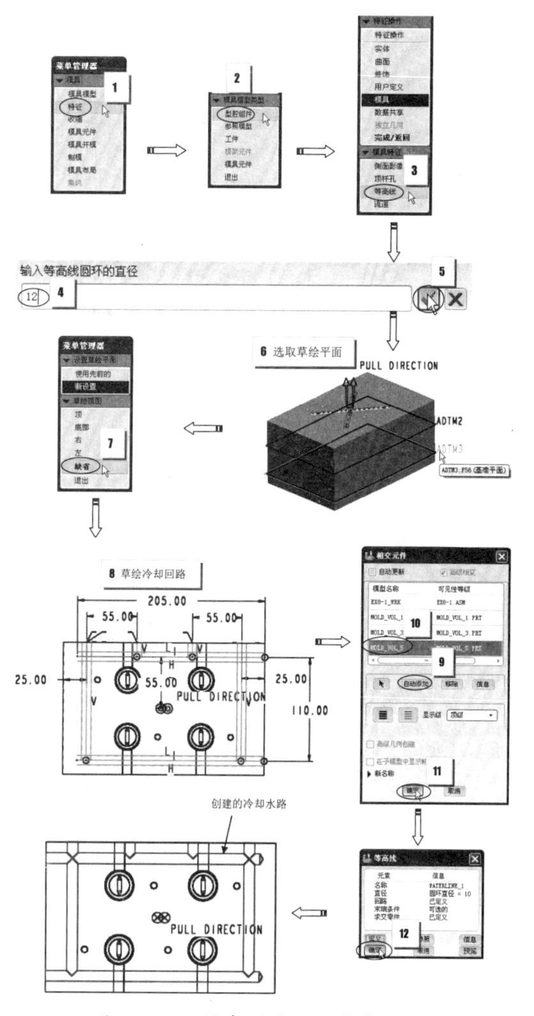

图 26-79　创建型芯侧的冷却水路

04 同理，按同样的方法在型腔侧创建出与型芯侧相同的另外水路，创建完成的结果如图 26-80 所示。

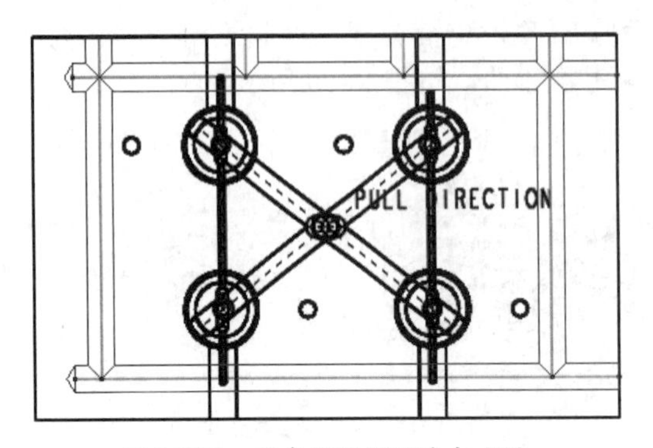

图 26-80 创建型腔侧的冷却水路

05 关闭模具设计模式窗口，返回模架设计模式窗口中。在菜单栏中选择【EMX 5.0】|【冷却】|【定义】命令，程序弹出【冷却元件】窗口。然后按如图 26-81 所示的步骤完成定模板中冷却水路的创建。

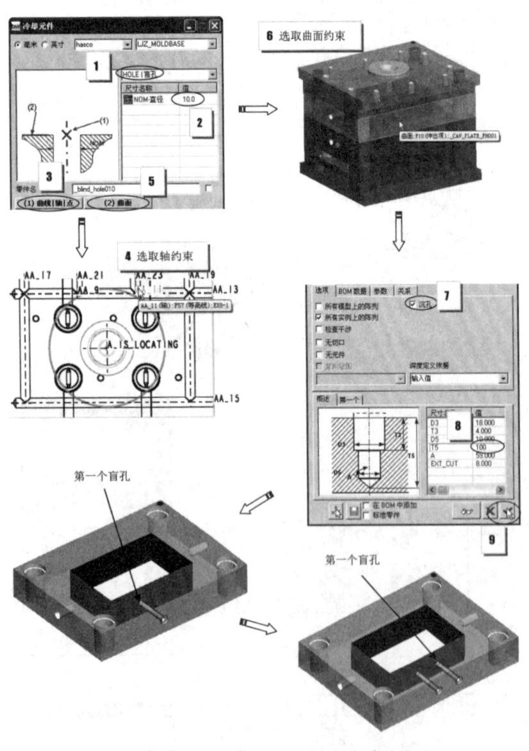

图 26-81 创建定模板的冷却水路

06 同理，按此方法完成动模板中冷却水路的创建。

3．创建顶出机构

由于连接座为深腔零件，其成型后的顶出必须使用推板形式，否则会导致制件在推出过程中发生变形。

操作步骤：

01 在模型树中打开【EX8-1.asm】文件，在新窗口中隐藏除型芯元件外的其余元件。

02 使用【基准平面】工具新建一个基准平面，如图 26-82 所示。

03 新建一个命名为【tuiban】的元件文件。然后在元件组件设计模式下以刚才创建的基准平面为草绘平面，创建一个【拉伸】实体特征，其拉伸截面如图 26-83 所示。

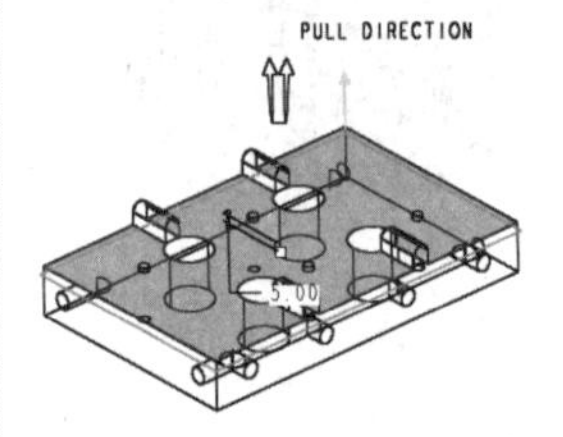

图 26-82 新建基准平面

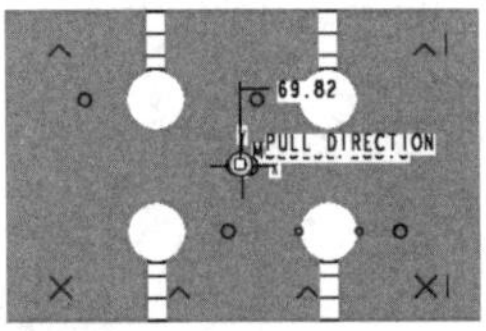

图 26-83 创建填充分型曲面

04 创建的拉伸特征高度为 5，结果如图 26-84 所示。此拉伸实体特征即为推板。

图 26-84 创建的拉伸实体特征（推板）

技术要点

在创建了推板元件后，从模型树中独立打开型芯元件，然后使用【拉伸】工具在型芯元件中创建一个减材料实体特征，此特征形状与推板特征相同。

05 关闭新窗口返回到模架设计模式中。使用【基准点】工具绘制如图 26-85 所示的 8 个基准点。

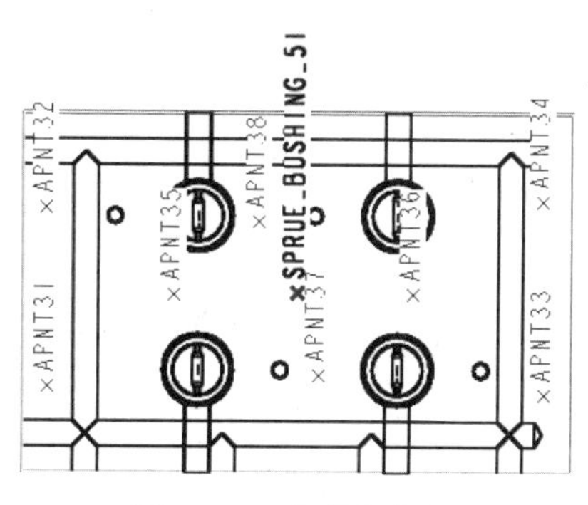

图 26-85　绘制基准点

06 在菜单栏中选择【EMX 5.0】|【顶杆】|【定义】命令，弹出【顶杆】对话框。然后按如图 26-86 所示的操作步骤完成顶杆标准件的加载。

07 最后单击【文件】工具栏中的【保存】按钮，保存本例操作的数据。

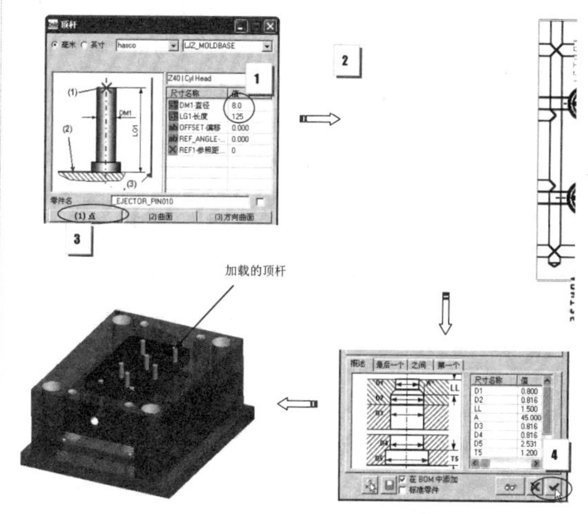

图 26-86　加载顶杆

26.6.2　电器盒盖模具系统与机构设计

◎ **引入文件：实训操作 \ 源文件 \Ch26\ 电器盒盖模具 \ hegai_moldbase.asm**

◎ **结果文件：实训操作 \ 结果文件 \Ch26\ 电器盒盖模具 \ hegai_moldbase.asm**

◎ **视频文件：视频 \Ch26\ 电器盒盖模具系统与机构设计 . avi**

电器盒盖模具为单模腔模具，进胶方式为中心侧面进胶，模架结构为典型的二板模。

电器盒盖模型及载入的模架如图 26-87 所示。模具的系统与机构设计包括浇注系统设计、冷却系统设计和顶出系统设计。

图 26-87　电器盒盖模型与模架

1. 模具浇注系统设计

从产品模型可以看出，中间的破孔可以作为进胶位置，分流道设计为 S 形，浇口形状为扇形。鉴于浇注系统的设计与前例类似，因此本例将操作过程简化了。

操作步骤：

01 启动 Pro/E 5.0，然后设置工作目录。

02 打开【hegai_moldbase.asm】装配文件。在【工程特征】工具栏中单击【组件定义】按钮，程序弹出【模架定义】对话框。通过该对话框将如图 26-88 所示设置的定位环标准件加载到模具中。

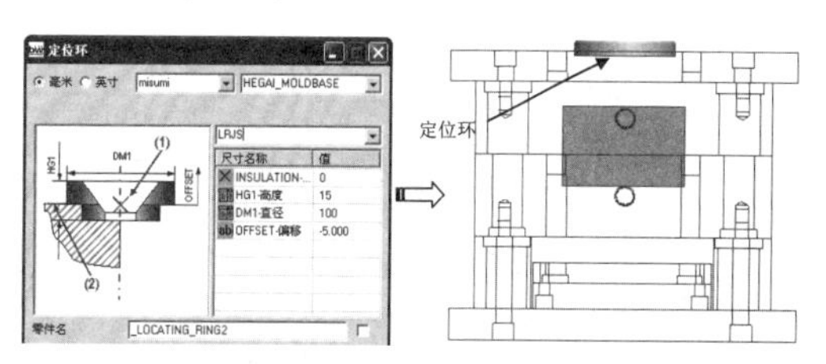

图 26-88　加载定位环标准件

03 同理，再通过【模架定义】对话框，将设置的主流道衬套加载到模具中，如图 26-89 所示。

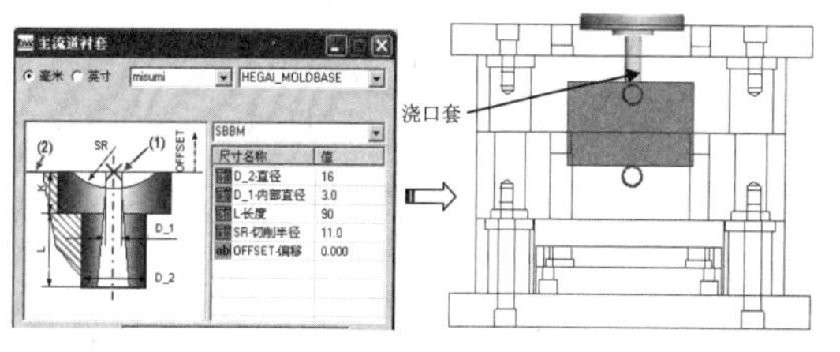

图 26-89　加载主流道衬套标准件

04 在模型树中打开【EX8-2.asm】装配模型。在新窗口中创建型芯 S 形分流道。分流道截面形状为【倒圆角】，流道直径为 6，随动路径及创建完成的分流道如图 26-90 所示。

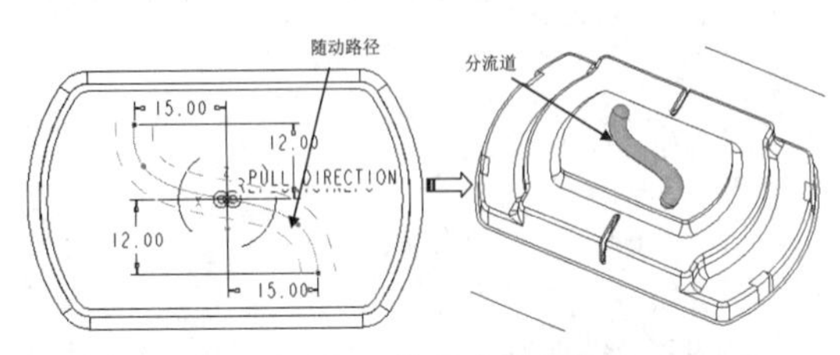

图 26-90　创建型芯分流道

2. 模具冷却系统设计

电器盒盖模具的冷却水路将创建在动、定模板中。

操作步骤：

01 在模型树中打开定模板模型。然后在新的窗口中创建如图 26-91 所示的两个基准平面 DTM4 和 DTM5。

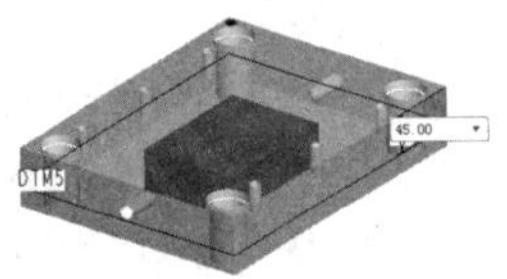

图 26-91　创建两个基准平面

02 使用【草绘】工具在 DTM4 基准平面上创建如图 26-92 所示的曲线。

03 使用【草绘】工具在 DTM5 基准平面上创建如图 26-93 所示的曲线。

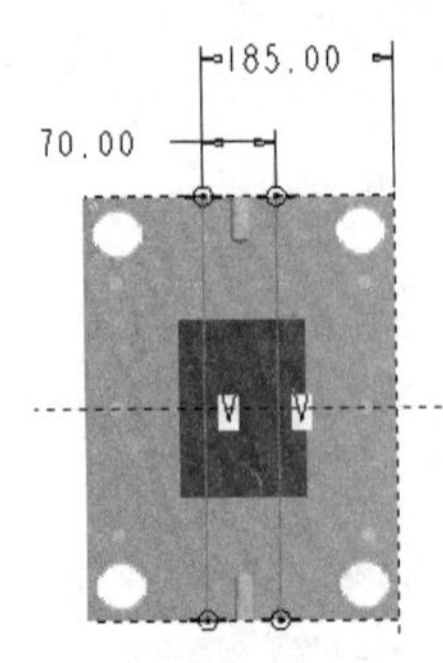

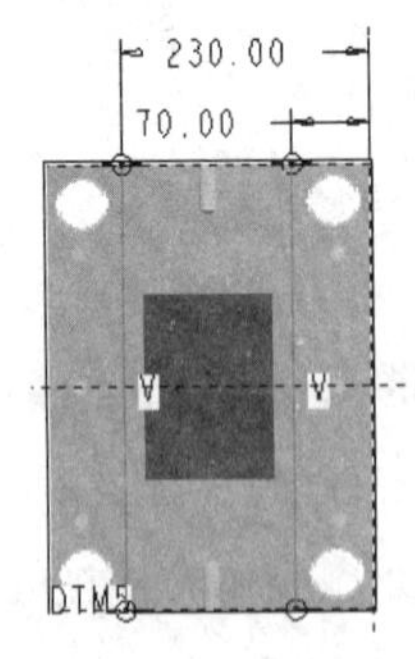

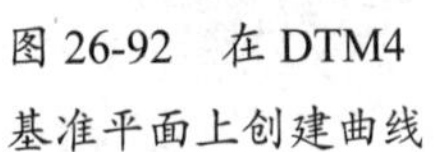

图 26-92　在 DTM4 基准平面上创建曲线

图 26-93　在 DTM5 基准平面上创建曲线

04 关闭新窗口。在模型树中打开动模板。并在新的窗口中创建如图 26-94 所示的基准平面。

05 在新基准平面上创建如图 26-95 所示的曲线。

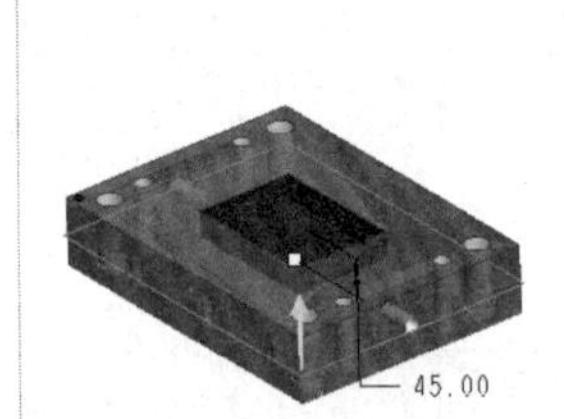

图 26-94　创建新基准平面

图 26-95　在新平面上创建曲线

06 使用 EMX 的【定义冷却元件】工具，在动、定模板中创建直径为 10 的冷却通道，如图 26-96 所示。

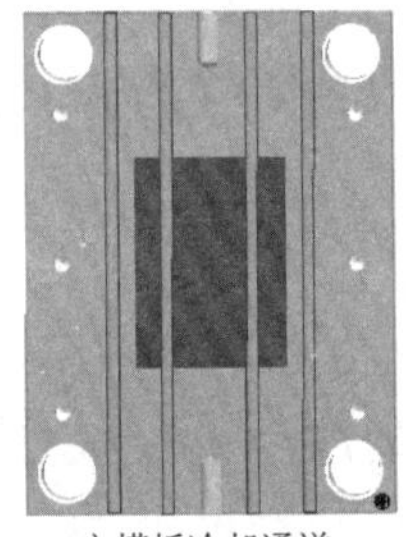

定模板冷却通道　　动模板冷却通道

图 26-96　创建模板冷却通道

3. 创建顶出机构

电器盒盖模具的顶出机构设计仅包括顶杆部件的加载。

操作步骤：

01 在【工程特征】工具栏中单击【定义顶杆】按钮，弹出【顶杆】对话框。

02 然后按照如图 26-97 所示的操作步骤完成顶杆部件的载入。

4. 创建滑块机构

产品内侧有 4 个倒扣且向外，因此只能做抽芯机构。若倒扣向内，可以做斜顶顶出。在加载滑块标准件之前，需要从型芯元件中切割出倒扣特征。

操作步骤：

01 在模型树中打开【EX8-2.asm】模型。在新窗口中单击【分型面】按钮，进入分型面设计模式。

02 在分型面设计模式中复制产品中 4 个倒扣特征的面，并将复制曲面进行延伸，结果如图 26-98 所示。

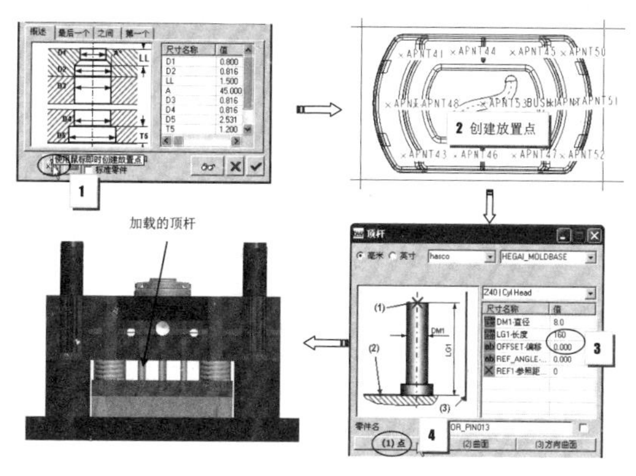

图 26-97　加载顶杆的过程

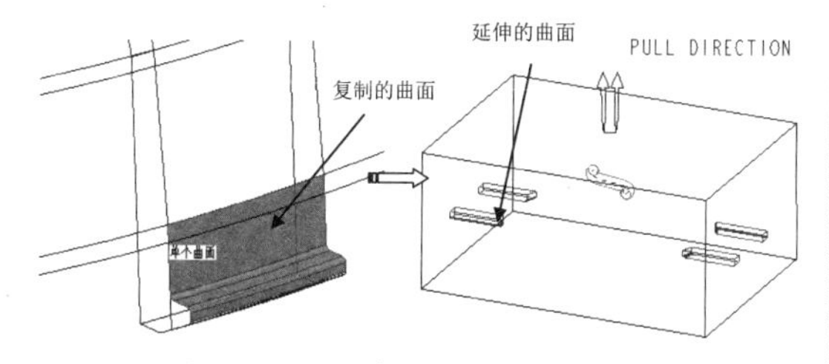

图 26-98　创建复制、延伸分型面

03 使用【填充】工具创建 4 个平整曲面，以封闭延伸曲面。平整曲面创建完成后退出分型面设计模式，就得到抽芯分型面。

04 在【工程特征】工具栏中单击【实体分割】按钮，然后按如图 26-99 所示的操作步骤创建抽芯元件。

05 关闭新窗口，返回到模架设计模式中。在【工程特征】工具栏上单击【动模】按钮，图形区仅显示动模部分。

06 在【基准特征】工具栏单击【坐标系】，在型芯表面上创建一个参考坐标系，创建过程如图 26-100 所示。

07 同理，在另一侧创建第两个参考坐标系，且 +X 轴方向与第一个坐标系的 +X 相反。

技术要点

滑块标准件的加载需要确定参考坐标系，且坐标系的 +X 轴必须指向滑块滑动方向，+Z 轴与模具开模方向相同。

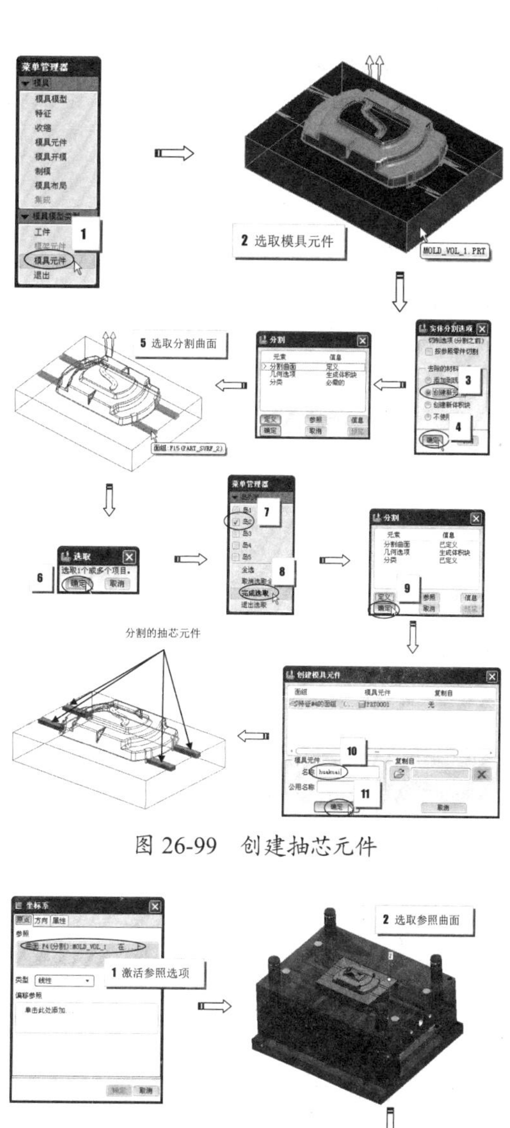

图 26-99　创建抽芯元件

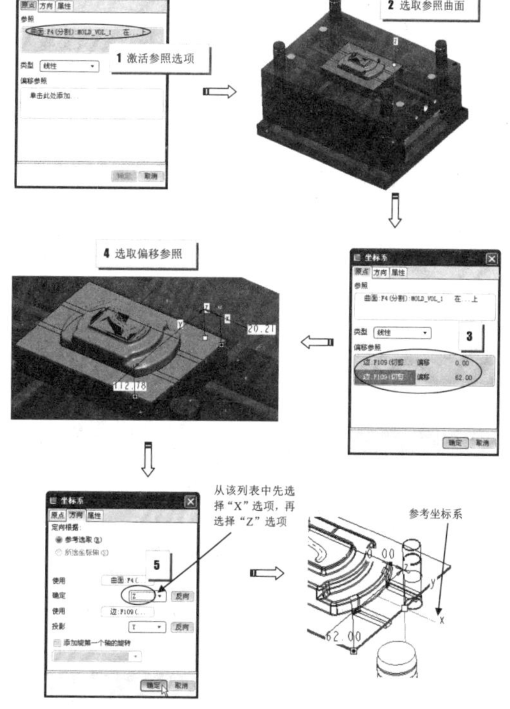

图 26-100　创建参考坐标系

08 在【工程特征】工具栏上单击【定义滑块】按钮，弹出【滑块】对话框。然后按如图26-101所示的操作步骤完成模具一侧的滑块标准件的加载。

09 同理，按此方法加载另一侧的滑块标准件。至此，本例模具各大系统的设计就完成了。

10 最后单击【文件】工具栏中的【保存】按钮，保存本例操作的数据。

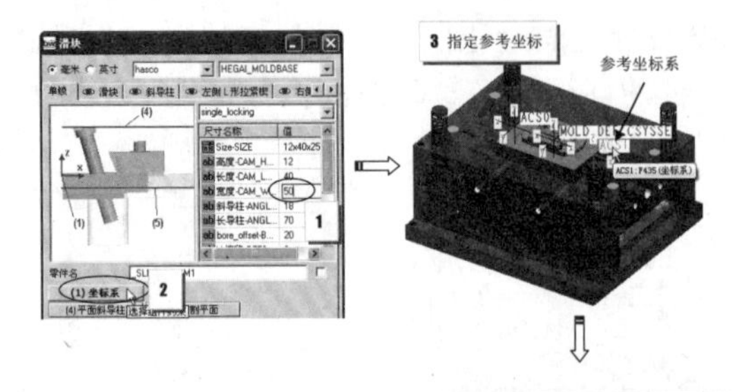

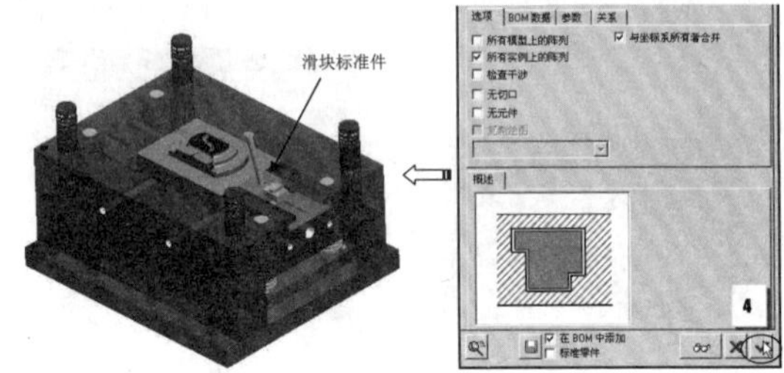

图 26-101　加载滑块标准件

26.7 课后系统

1. 练习一

打开 ybmz_moldbase.asm 装配文件，本练习的模型如图 26-102 所示。

练习内容与步骤：

（1）创建模具的浇注系统。

（2）创建模具的冷却系统。

（3）创建模具的顶出系统。

2. 练习二

打开文件 sjk_moldbase.asm 文件，本练习模型如图 26-103 所示。

练习内容与步骤：

（1）创建模具的浇注系统。

（2）创建模具的冷却系统。

（3）创建模具的顶出系统。

图 26-102　练习模型 1

图 26-103　练习模型 2

3. 练习三

打开 zbz.asm 文件，本练习的产品模型如图 26-104 所示。

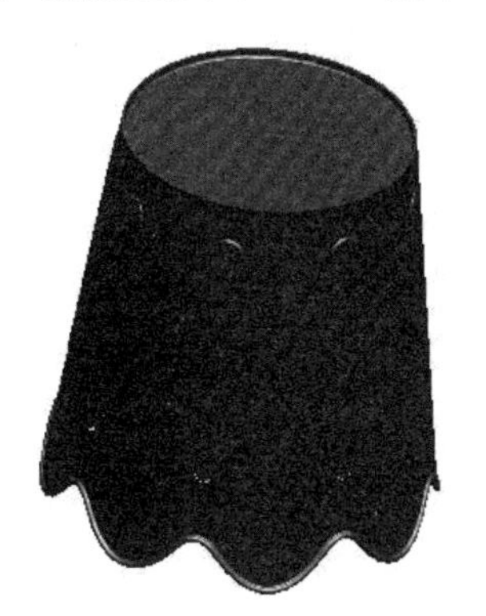

图 26-104　练习模型 3

练习内容与步骤：

（1）创建模具的浇注系统。

（2）创建模具的冷却系统。

（3）创建模具的顶出系统。

◇◇◇◇◇◇◇◇◇◇◇◇◇◇◇◇◇◇ **读书笔记** ◇◇◇◇◇◇◇◇◇◇◇◇◇◇◇◇◇◇◇◇

第 27 章 数控加工

数控加工相对于传统的加工方式，有着不可比拟的优点，特别是满足了现代工业高速发展所需要柔性化制造的需要。Pro/E 为用户提供了大量的数控加工方式，可以极为方便地对需要加工的零件进行自动编程。

资源二维码

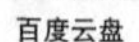

百度云盘

360 云盘 访问密码 32dd

知识要点

- 数控技术应用
- NC 数控加工的准备内容
- 体积块铣削
- 轮廓铣削
- 端面铣削加工
- 曲面铣削加工
- 钻削加工

27.1 数控技术应用

本节所介绍的数控技术包括数控加工原理、加工工艺、数控编程基础等实质性内容。

27.1.1 了解数控加工原理

当操作工人使用机床加工零件时，通常都需要对机床的各种动作进行控制，一是控制动作的先后次序，二是控制机床各运动部件的位移量。采用普通机床加工时，这种开车、停车、走刀、换向、主轴变速和开关切削液等操作都是由人工直接控制的。

采用自动机床和仿形机床加工时，上述操作和运动参数则是通过设计好的凸轮、靠模和挡块等装置以模拟量的形式来控制的，它们虽能加工比较复杂的零件，且有一定的灵活性和通用性，但是零件的加工精度受凸轮、靠模制造精度的影响，且工序准备时间也很长。数控加工的一般工作原理如图 27-1 所示。

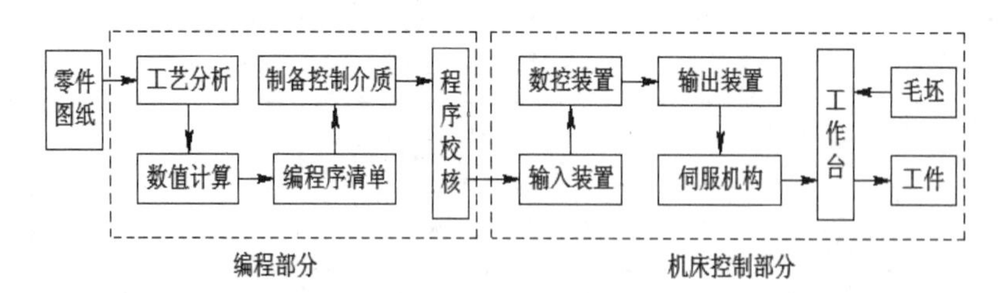

图 27-1 数控加工原理图

机床上的刀具和工件间的相对运动，称为表面成型运动，简称成型运动或切削运动。数控加工是指数控机床按照数控程序所确定的轨迹（称为数控刀轨）进行表面成型运动，从而加工出产品的表面形状。如图 27-2 和图 27-3 所示分别为一个平面轮廓加工和一个曲面加工的切削示意图。

数控刀轨是由一系列简单的线段连接而成的折线，折线上的节点称为刀位点。刀具的中心点沿着刀轨依次经过每一个刀位点，从而切削出工件的形状。

刀具从一个刀位点移动到下一个刀位点的运动称为数控机床的插补运动。由于数控机床一般只能以直线或圆弧这两种简单的运动形式完成插补运动，因此数控刀轨只能是由许多直线段和圆弧段将刀位点连接而成的折线。

数控编程的任务是计算出数控刀轨，并以程序的形式输出到数控机床，其核心内容就是计算出数控刀轨上的刀位点。

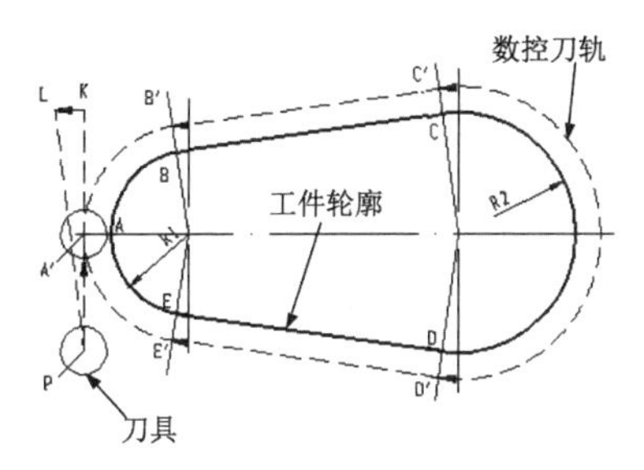

图 27-2　平面轮廓加工

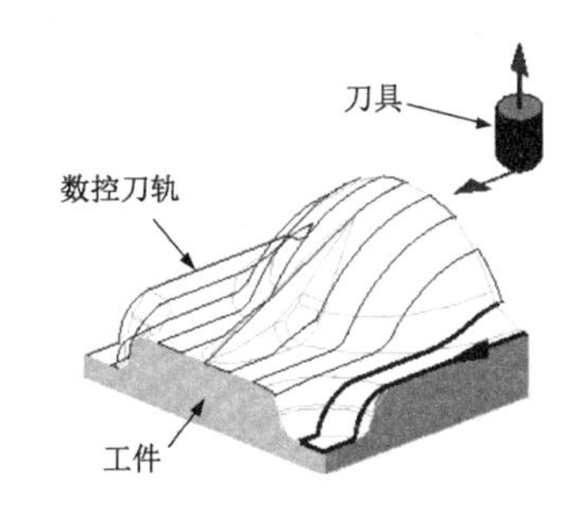

图 27-3　曲面加工

在数控加工误差中，与数控编程直接相关的有以下两个主要部分：

- 刀轨的插补误差。由于数控刀轨只能由直线和圆弧组成，因此只能近似地拟合理想的加工轨迹，如图 27-4 所示。

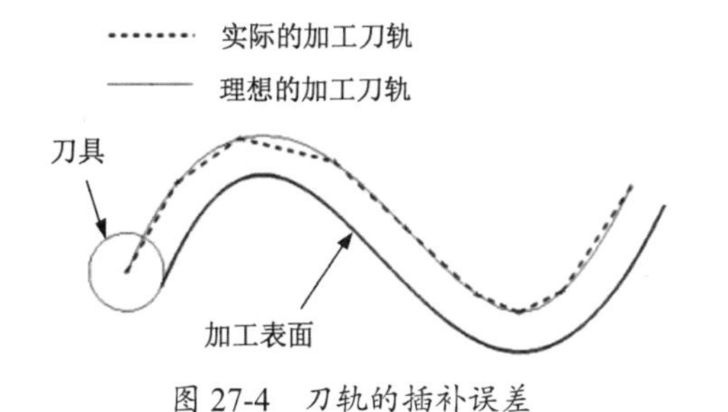

图 27-4　刀轨的插补误差

- 残余高度。在曲面加工中，相邻两条数控刀轨之间会留下未切削区域，如图 27-5 所示，由此造成的加工误差称为残余高度，它主要影响加工表面的粗糙度。

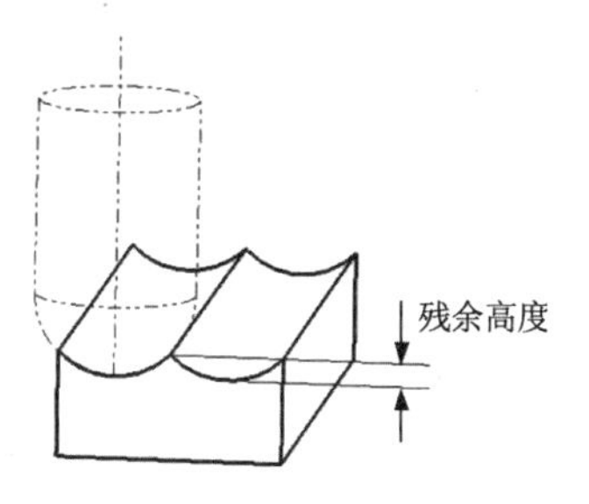

图 27-5　残余高度

总的来说，数控加工有如下特点：

- 自动化程度高，具有很高的生产效率。除手工装夹毛坯外，其余全部加工过程都可由数控机床自动完成。若配合自动装卸手段，则是无人控制工厂的基本组成环节。数控加工减轻了操作者的劳动强度，改善了劳动条件；省去了画线、多次装夹定位、检测等工序及其辅助操作，有效地提高了生产效率。
- 对加工对象的适应性强。改变加工对象时，除了更换刀具和解决毛坯装夹方式外，只需重新编程即可，不需要做其他任何复杂的调整，从而缩短了生产准备周期。加工精度高，质量稳定。加工尺寸精度在 0.005mm ~ 0.01 mm，不受零件复杂程度的影响。由于大部分操作都由机器自动完成，因而消除了人为误差，提高了批量零件尺寸的一致性，同时精密控制的机床上还采用了位置检测装置，更加提高了数控加工的精度。

易于建立与计算机间的通信联络，容易实现群控。由于机床采用数字信息控制，易于与计算机辅助设计系统连接，形成 CAD/CAM 一体化系统，并建立起各机床之间的联系，容易实现群控。

27.1.2 数控加工术语

初学者学习数控编程技术之前，需要了解一些数控加工术语。

1. 坐标联动加工

坐标联动加工是指数控机床的几个坐标轴能够同时进行移动，从而获得平面直线、平面圆弧、空间直线和空间螺旋线等复杂加工轨迹的能力。如图 27-6 所示为坐标联动加工示例。

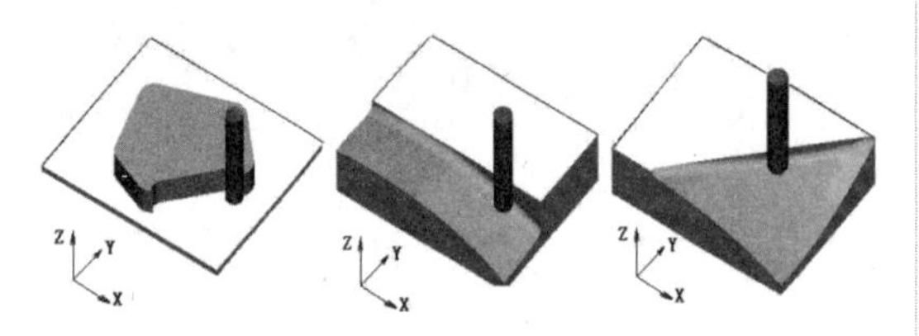

图 27-6 坐标联动加工

2. 脉冲当量、进给速度与速度修调

单位脉冲作用下工作台移动的距离称为脉冲当量。

手动操作时数控坐标轴的移动通常是采用按键触发或采用手摇脉冲发生器（手轮方式）产生脉冲的，采用倍频技术可以使触发一次的移动量分别为 0.001mm、0.01mm、0.1mm、1mm 等多种控制方式，相当于触发一次分别产生 1、10、100、1000 个脉冲。

3. 插补与刀补

数控加工直线或圆弧轨迹时，程序中只提供线段的两端点坐标等基本数据，为了控制刀具相对于工件走在这些轨迹上，就必须在组成轨迹的直线段或曲线段的起点和终点之间，按一定的算法进行数据点的密化工作，以填补确定一些中间点，如图 27-7 所示，各轴就以趋近这些点为目标实施配合移动，称为插补。这种计算插补点的运算称为插补运算。

刀补是指数控加工中的刀具半径补偿和刀具长度补偿功能。

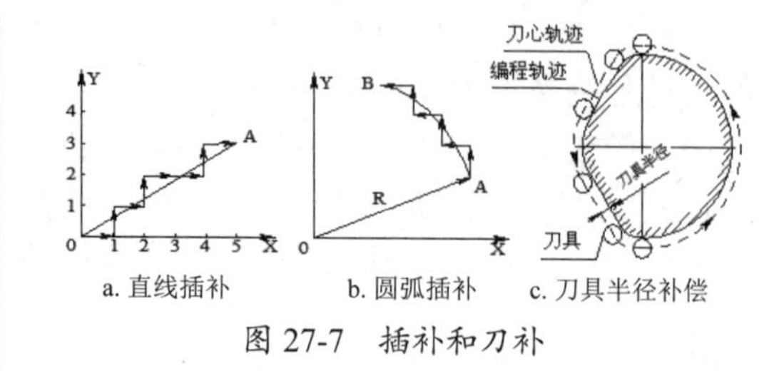

图 27-7 插补和刀补

27.1.3 工序的划分

根据数控加工的特点，加工工序的划分一般可按下列方法进行。

1. 以同一把刀具加工的内容划分工序

有些零件虽然能在一次安装加工出很多待加工面，但考虑到程序太长，会受到某些限制，如控制系统的限制（主要是内存容量）、机床连续工作时间的限制（如一道工序在一个班内不能结束）等。此外，程序太长会增加出错率，造成查错与检索困难。因此程序不能太长，一道工序的内容不能太多。

2. 以加工部分划分工序

对于加工内容很多的零件，可按其结构特点将加工部位分成几个部分，如内形、外形、曲面或平面等。

3. 以粗、精加工划分工序

对于易发生加工变形的零件，由于粗加工后可能发生较大的变形而需要进行校形，因此一般来说凡是要进行粗、精加工的工件都要将工序分开。

综上所述，在划分工序时，一定要视零件的结构与工艺性、机床的功能、零件数控加工内容的多少、安装次数及本单位生产组织状况灵活掌握。零件宜采用工序集中的原则还是采用工序分散的原则，也要根据实际需要和生产条件确定，要力求合理。

加工顺序的安排应根据零件的结构和毛坯状况，以及定位安装与夹进的需要来考虑，重点是工件的刚性不被破坏。顺序安排一般应按下列原则进行：

- 上道工序的加工不能影响下道工序的定位与夹紧，中间穿插有通用机床加工工序的也要综合考虑。
- 先进行内型腔加工工序，后进行外型腔加工工序。
- 在同一次安装中进行的多道工序，应先安排对工件刚性破坏小的工序。
- 以相同定位、夹紧方式或同一把刀具加工的工序，最好连接进行，以减少重复定位次数、换刀次数与挪动压板次数。

27.1.4　加工刀具的选择

选择刀具应根据机床的加工能力、工件材料的性能、加工工序、切削用量，以及其他相关因素正确选用刀具及刀柄。

选择刀具时还要考虑安装调整的方便程度、刚性、耐用度和精度。在满足加工要求的前提下，刀具的悬伸长度尽可能地短，以提高刀具系统的刚性。

下面对部分常用的铣刀做简要的说明，供读者参考。

1. 圆柱铣刀

圆柱铣刀主要用于卧式铣床加工平面，一般为整体式，如图 27-8 所示。该铣刀材料为高速钢，主切削刃分布在圆柱上，无副切削刃。该铣刀有粗齿和细齿之分。粗齿铣刀，齿数少，刀齿强度大，容屑空间大，重磨次数多，适用于粗加工；细齿铣刀，齿数多，工作较平稳，适用于精加工。圆柱铣刀直径 d 的取值范围为 50 ～ 100mm，齿数 Z 的个数为 6 ～ 14 个，螺旋角 β 的角度范围为 30° ～ 45° 。当螺旋角 β 的角度为 0° 时，螺旋刀齿变为直刀齿，目前生产上应用少。

2. 面铣刀

面铣刀主要用于立式铣床上加工平面、台阶面等。面铣刀的主切削刃分布在铣刀的圆柱面或圆锥面上，副切削刃分布在铣刀的端面上。面铣刀按结构可以分为整体式面铣刀、硬质合金整体焊接式面铣刀、硬质合金机夹焊接式面铣刀、硬质合金可转位式面铣刀等形式。如图 27-9 所示是硬质合金整体焊接式面铣刀。该铣刀是由硬质合金刀片与合金钢刀体经焊接而成的，其结构紧凑，切削效率高，制造较方便。刀齿损坏后，很难修复，所以该铣刀应用不多。

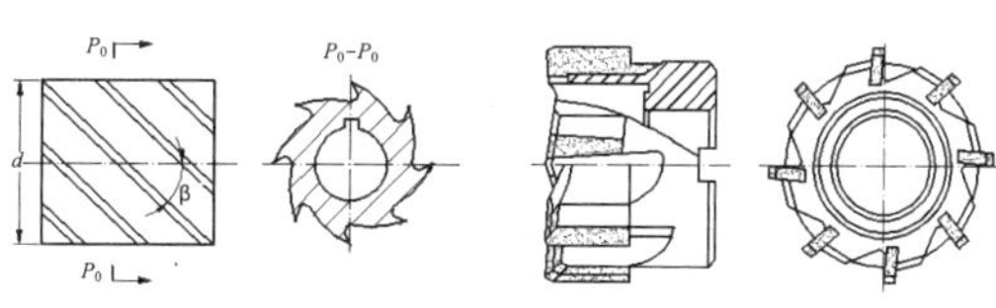

图 27-8　圆柱铣刀　　图 27-9　面铣刀

3. 立铣刀

立铣刀主要用于立式铣床上加工凹槽、台阶面、成型面（利用靠模）等。如图 27-10 所示为高速钢立铣刀。该立铣刀的主切削刃分布在铣刀的圆柱面上，副切削刃分布在铣刀的端面上，且端面中心有顶尖孔，因此，铣削时一般不能沿铣刀轴向做进给运动，只能沿铣刀径向做进给运动。该立铣刀有粗齿和细齿之分，粗齿齿数 3 ～ 6 个，适用于粗加工；细齿齿数 5 ～ 10 个，适用于半精加工。该立铣刀的直径范围是 φ2 ～ φ80mm。柄部有直柄、莫氏锥柄、7:24 锥柄等多种形式。该立铣刀应用较广，但切削效率较低。

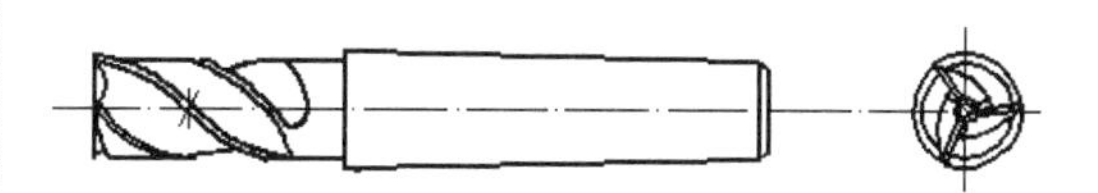

图 27-10　立铣刀

4. 键槽铣刀

键槽铣刀主要用于立式铣床上加工圆头封闭键槽等，如图 27-11 所示。该铣刀外形似立铣刀，端面无顶尖孔，端面刀齿从外圆开至轴心，且螺旋角较小，增强了端面刀齿强度。端面刀齿上的切削刃为主切削刃，圆柱面上的切削刃为副切削刃。加工键槽时，每次先沿铣刀轴向进给较小的量，然后再沿径向进给，这样反复多次，就可完成键槽的加工。

由于该铣刀的磨损是在端面和靠近端面的外圆部分，所以修磨时只要修磨端面切削刃，这样，铣刀直径可保持不变，使加工键槽精度较高，铣刀寿命较长。键槽铣刀的直径范围为 $\varphi 2 \sim \varphi 63$mm。

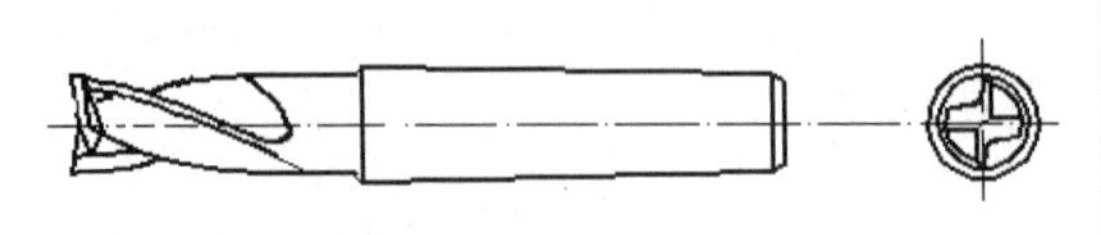

图 27-11　键槽铣刀

5. 三面刃铣刀

三面刃铣刀主要用于卧式铣床上加工槽、台阶面等。三面刃铣刀的主切削刃分布在铣刀的圆柱面上，副切削刃分布在两端面上。该铣刀按刀齿结构可分为直齿、错齿和镶齿 3 种形式。如图 27-12 所示是直齿三面刃铣刀。该铣刀结构简单，制造方便，但副切削刃前角为零度，切削条件较差。该铣刀直径范围是 50 ～ 200mm，宽度为 4 ～ 40mm。

6. 角度铣刀

角度铣刀主要用于卧式铣床上加工各种角度槽、斜面等。角度铣刀的材料一般是高速钢。角度铣刀根据本身外形不同，可分为单刃铣刀、不对称双角铣刀和对称双角铣刀 3 种。如图 27-13 所示是单角铣刀。圆锥面上切削刃是主切削刃，端面上的切削刃是副切削刃。该铣刀直径范围是 40 ～ 100mm。

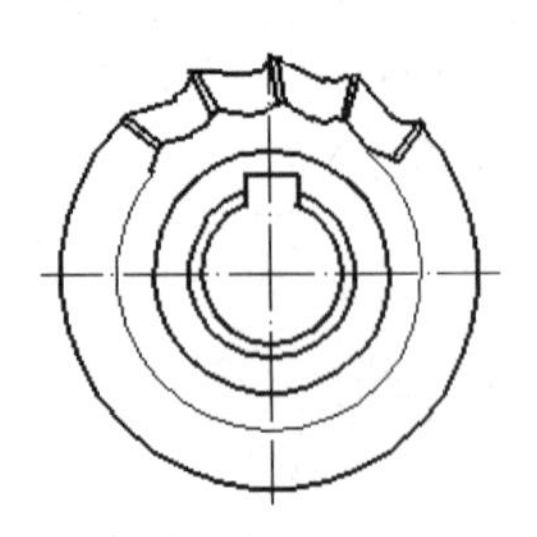

图 27-12　三面刃铣刀

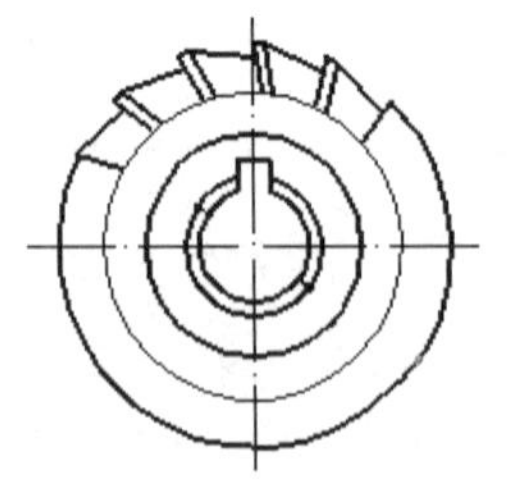

图 27-13　角度铣刀

7. 模具铣刀

模具铣刀主要用于立式铣床上加工模具型腔、三维成型表面等。模具铣刀按工作部分形状不同，可分为圆柱形球头铣刀、圆锥形球头铣刀和圆锥形立铣刀 3 种形式。

如图 27-14 所示是圆柱形球头铣刀，如图 27-15 所示是圆锥形球头铣刀。在该两种铣刀的圆柱面、圆锥面和球面上的切削刃均为主切削刃，铣削时不仅能沿铣刀轴向做进给运动，也能沿铣刀径向做进给运动，而且球头与工件接触往往为一点，这样，该铣刀在数控铣床的控制下，就能加工出各种复杂的成型表面，所以该铣刀用途独特，很有发展前途。

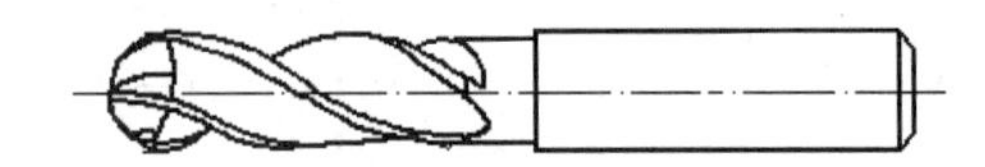

图 27-14　圆柱形球头铣刀

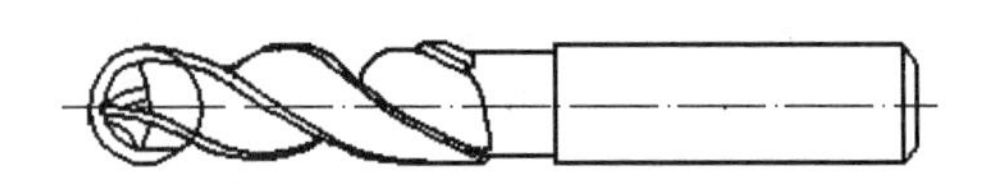

图 27-15　圆锥形球头铣刀

如图 27-16 所示，圆锥形立铣刀其作用与立铣刀基本相同，只是该铣刀可以利用本身的圆锥体，方便地加工出模具型腔的出模角。

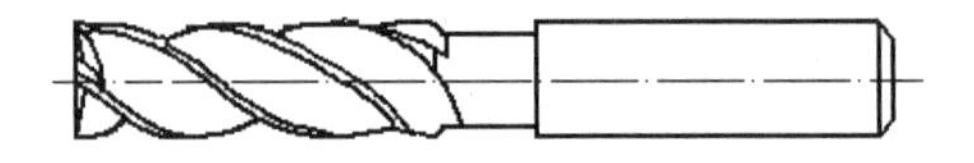

图 27-16　圆锥形立铣刀

加工中心上用的立铣刀主要有 3 种形式：球头刀（$R=D/2$）、端铣刀（$R=0$）和 R 刀（$R<D/2$）（俗称【牛鼻刀】或【圆鼻刀】），其中 D 为刀具的直径、R 为刀角半径。某些刀具还可能带有一定的锥度 A。

数控加工时选择刀具应注意以下几点：

- 刀具尺寸。选取刀具时，要使刀具的尺寸与被加工工件的表面尺寸相适应。刀具直径的选用主要取决于设备的规格和工件的加工尺寸，还需要考虑刀具所需功率应在机床功率范围之内。
- 刀具形状的选择应符合铣削面。在生产中，平面零件周边轮廓的加工，常采用立铣刀；铣削平面时，应选端铣刀或面铣刀；加工凸台、凹槽时，选择高速钢立铣刀；加工毛坯表面或粗加工孔时，可选取镶硬质合金刀片的玉米铣刀；对一些立体型面和变斜角轮廓外形的加工，常采用球头铣刀、环形铣刀、锥形铣刀和盘形铣刀。如图 27-17 所示为常见符合铣削面的铣刀刀具。

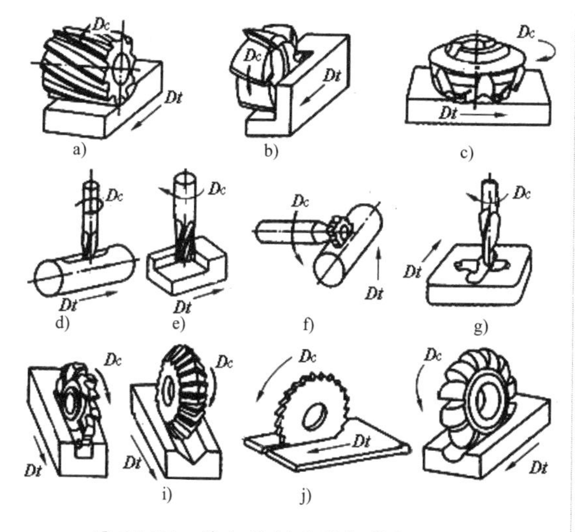

图 27-17　符合铣削面的各类加工刀具

- 选择刀具应符合精度要求。平面铣削应选用不重磨硬质合金端铣刀或立铣刀，可转为面铣刀。一般采用二次走刀，第一次走刀最好用端铣刀粗铣，沿工件表面连续走刀。选好每次走刀的宽度和铣刀的直径，使接痕不影响精铣精度。因此，加工余量大又不均匀时，铣刀直径要选小一些。精加工时，铣刀直径要选大一些，最好能够包容加工面的整个宽度。表面要求高时，还可以选择使用具有修光效果的刀片。

技术要点

在实际工作中，平面的精加工，一般用可转位密齿面铣刀，可以达到理想的表面加工质量，甚至可以实现以铣代磨，如图 27-18 所示。

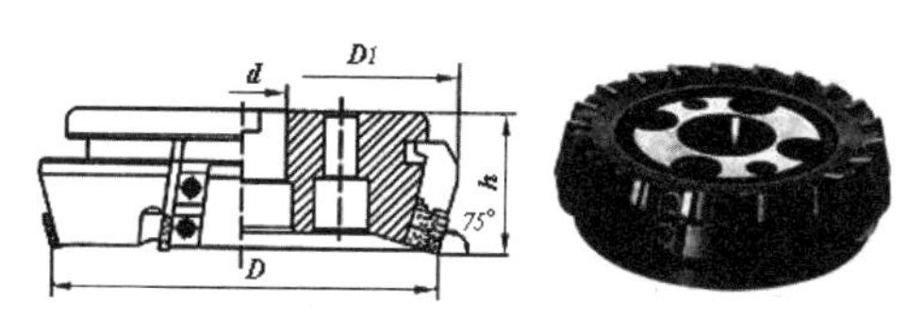

图 27-18　可转位密齿面铣刀

- 选择刀具时应考虑减少残留高度。加工空间曲面和变斜角轮廓外形时，由于球头刀具的球面端部切削速度为零，而且在走刀时，每两行刀位之间，加工表面不可能重叠，总存在没有被加工去除的部分。每两行刀位之间的距离越大，没有被加工去除的部分就越多，其残余高度就越高，加工出来的表面与理论表面的误差就越大，表面质量也就越差。加工精度要求越高，走刀步长和切削行距越小，编程效率越低。
- 刀具的选择应符合强度加工。镶硬质合金刀片的端铣刀和立铣刀主要用于加工凸台、凹槽和箱口面，如图 27-19 所示。

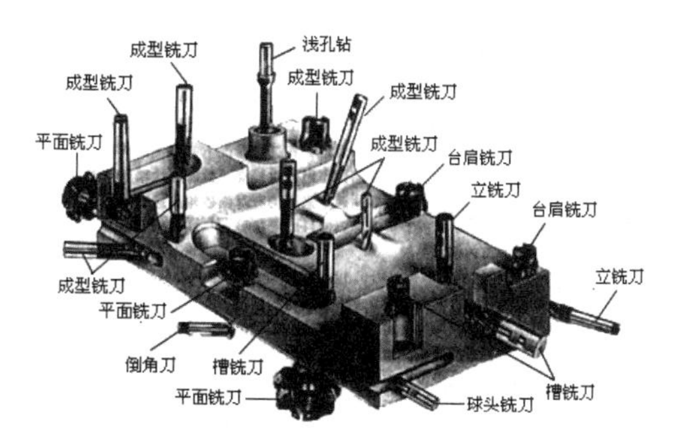

图 27-19　端铣刀和立铣刀的铣削范围

- 为了提高槽宽的加工精度，减少铣刀的种类，加工时应采用直径比槽宽小的铣刀，先铣槽的中间部分，然后再利用刀具半径补偿（或称直径补偿）功能对槽的两边进行铣加工。

技术要点

对于要求较高的细小部位的加工，可使用整体式硬质合金刀，它可以取得较高的加工精度，但是注意刀具悬升不能太大，否则刀具不但让刀量大，易磨损，而且会有折断的危险。

27.1.5 初学Pro/E加工

为了让大家能更好地学习Pro/E加工，下面对NC加工的内容及NC界面做简要介绍。

1．设计模型

代表着成品的Pro/E设计模型是所有制造操作的基础。在设计模型上选择特征、曲面和边作为每一刀具路径的参考。通过参考设计模型的几何，可以在设计模型与工件间设置关联链接。由于有了这种链接，在更改设计模型时，所有关联的加工操作都会被更新以反映所做的更改。

零件、装配和钣金件可以用作设计模型。如图27-20所示表示的是一个参考模型的示例，其中：1为要进行钻孔加工的孔，2为要进行铣削的平面。

2．工件

工件表示制造加工的原料，即毛坯。如图27-21所示的工件是通过NC建模得到的毛坯，NC也可以采用不同方式生成工件。其中，1为移除的孔——不是铸件的一部分，2为因考虑材料移除而增大的尺寸，3为因考虑材料移除而减小的尺寸。

使用工件的主要优点如下：

- 在创建NC序列时，自动定义加工范围。
- 可以在NC-check中使用，进行材料去除动态模拟和过切检测。
- 通过捕获去除的材料来管理进程中的文档。
- 工件可以代表任何形式的原料。如棒料或铸件；工件的建立方式比较灵活，可以通过复制参考模型、修改尺寸或删除|隐含特征等操作方式生成。

图27-20 设计模型

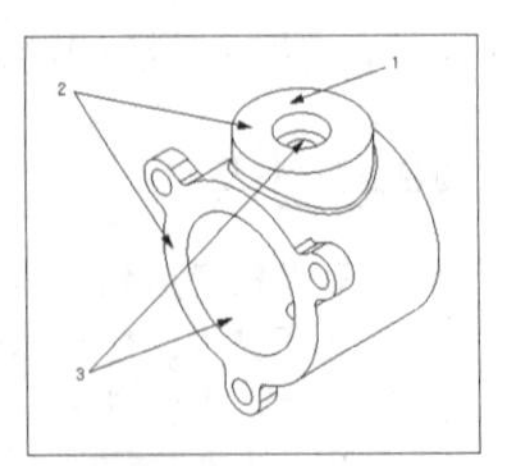

图27-21 工件

技术要点

如果拥有Pro/assembly许可，也可以通过参考设计模型的几何，直接在【制造】模式中创建工件。

3．制造模型

常规的制造模型由一个参考模型和一个装配在一起的工件组成。在后期的NC-check命令中可实现工件执行材料去除模拟。一般情况下，加工的最终结果工件几何应与设计模型的几何特征保持一致。如图27-22显示了一个参考零件与工件装配的制造模型。

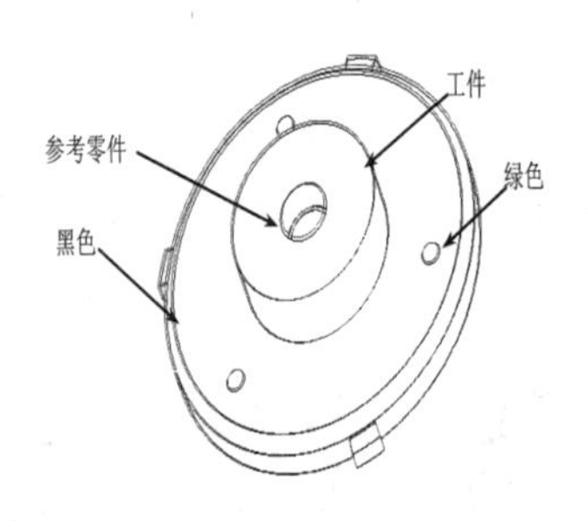

图27-22 制造模型

当一个加工模型创建后，通常包括4个单独的文件：

- 设计模型——扩展名为.prt。
- 工件——扩展名为.prt。
- 加工组合——扩展名为.asm。
- 加工工艺文件——扩展名为.asm。

4．零件与装配加工

在NC制造的先前版本中，可创建两种单独类型的制造模型：

- 零件加工：制造模型包含一个参考零件和一个工件（也是零件）。
- 装配加工：系统不做有关制造模型配置的假设。制造模型可以是任何复杂级别的装配。

目前，所有NC制造均基于【装配】加工。但是，如果有在先前版本中创建的、继承的【零件】加工模型，则可检索和使用它们。某些加工方法与【零件】加工中的方法略有不同。这些不同之处在文档的相应部分加以注解。

【零件】与【装配】加工的主要差异在于，在【零件】加工中，制造过程的所有组成部分（操作、机床或 NC 序列）是属于工件的零件特征，而在【装配】加工中，它们是属于制造装配的装配特征。

5. NC 制造用户界面

NC 制造用户界面是基于功能区的，该用户界面中包含多个选项卡，每个选项卡中都含有按逻辑顺序组织的多组常用命令。NC 制造用户界面简洁，概念清晰，符合工程人员的设计思想与习惯，如图 27-23 所示。

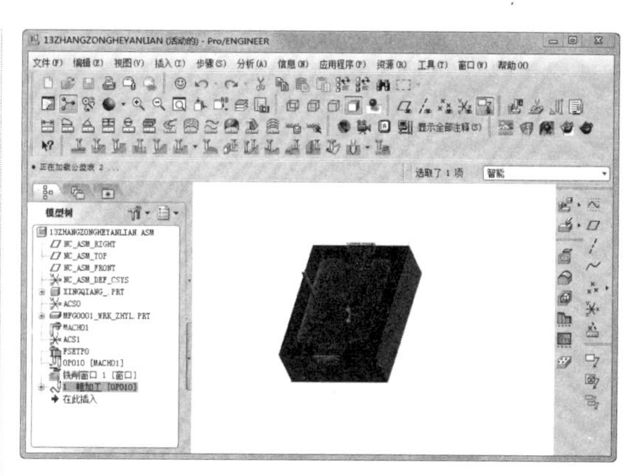

图 27-23　NC 制造用户界面

27.2 NC 数控加工的准备内容

下面详解 NC 加工模块的具体介绍和准备工作中所涉及的功能命令的用法。

27.2.1 参考模型

Pro/E 中总共提供了 3 种加工模型的装配方式：组装参考模型、继承参考模型和合并参考模型。本小节主要介绍组装参考模型。

【组装参考模型】装配方式可以装配单个模型，也可以同时装配多个模型。

在【模具】选项卡的【参考模型和工件】组中选择【参考模型】|【装配参考模型】命令，然后通过【打开】对话框加载参考模型，图形窗口顶部将弹出如图 27-24 所示的装配约束操控板。同时设计模型将自动加入到模具模型中。

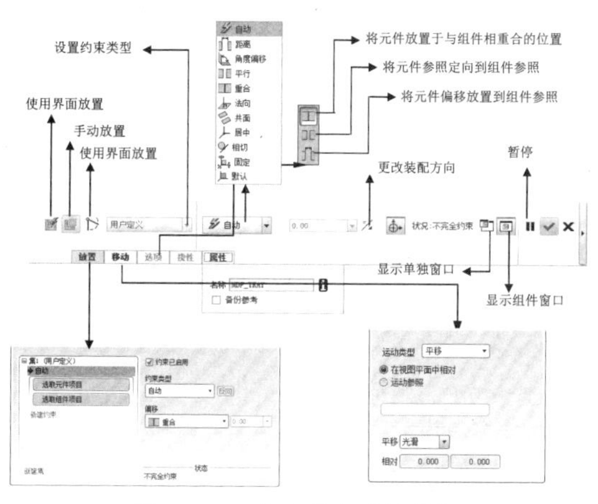

图 27-24　装配约束的操控板

在装配约束下拉列表中选择相应的约束进行装配，使【状态】由【不完全约束】变为【完全约束】后，定位操作才完成。

【继承参考模型】和【合并参考模型】两种方式的装配过程与【组装参考模型】是相同的，不同的是装配后的结果。其中：

- 合并参考模型：将设计零件几何复制到参考零件中。它也将把基准平面信息从设计模型复制到参考模型。如果设计模型中存在某个层，它带有一个或多个与其关联的基准平面，会将此层、它的名称，以及与其关联的基准平面从设计模型复制到参考模型中。层的显示状况也被复制到参考模型。
- 继承参考模型：参考零件继承设计零件中的所有几何和特征信息。

27.2.2 自动工件

在 Pro/E 中，工件表示直接参与熔料例如顶部及底部嵌入物成型的模具元件的总体积，在加工制造中常称【毛坯】。

自动工件是根据参考模型的大小和位置来进行定义的。工件尺寸的默认值则取决于参考模型的边界。对于一模多腔布局的模型，程序将以完全包容所有参考模型来创建一个默认大小的工件。

在右工具栏中单击【自动工件】按钮，程序弹出【创建自动工件】操控板，如图 27-25 所示。

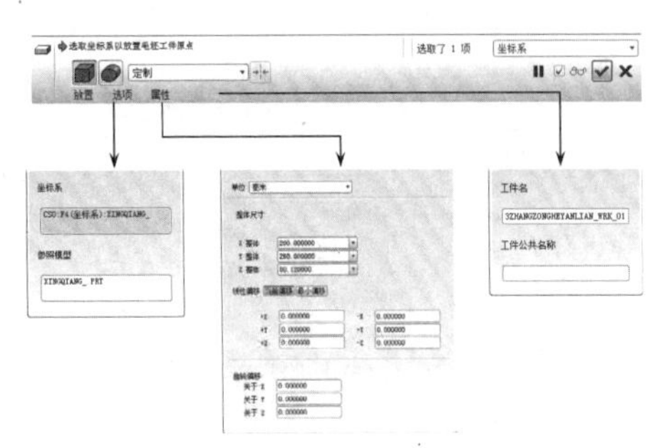

图 27-25 【创建自动工件】操控板

【自动工件】对话框中有两种工件形状：矩形工件、圆形工件。

- 矩形工件：相对于参考模型来定义矩形工件。
- 圆形工件：相对于 NC 加工坐标系来定义圆形工件。

操控板中有两种工件尺寸的定义方式：包络和定制。

- 包络：此方式是创建完全包容参考模型、没有偏置的工件（或偏置距离为 0），如图 27-26 所示。
- 定制：此方式用于创建偏置一定距离的毛坯工件，如图 27-27 所示。

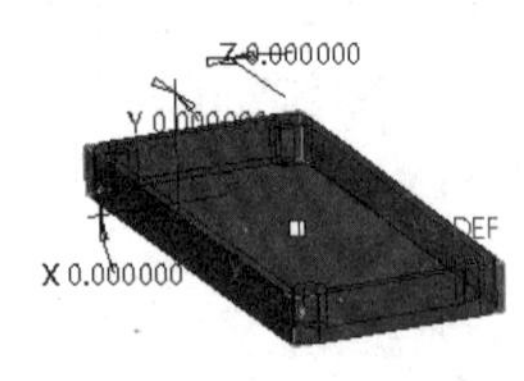

图 27-26 包络

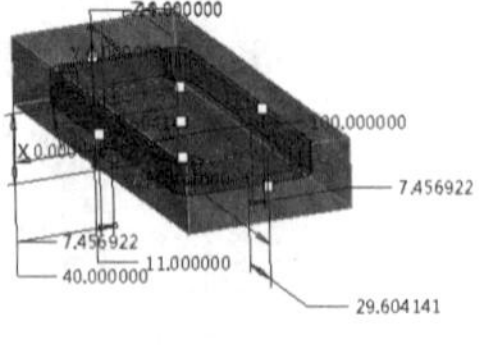

图 27-27 自定义

技术要点

注意创建工件时选择的坐标系是【产品】坐标系，而非 NC 加工坐标系。

工件尺寸的偏移有 3 种方法：整体尺寸、线性偏移和旋转偏移。

3. 整体尺寸

这种方法可以使工件的尺寸为整数。一般情况下，Pro/E 自动计算了参考模型的整体尺寸，并将尺寸显示在【整体尺寸】选项组的各个文本框中，如图 27-28 所示。

整体尺寸

X 整体	190.791719
Y 整体	85.086156
Z 整体	18.000000

图 27-28 自动计算的参考模型尺寸

要创建某方向的尺寸，在不删除模型尺寸的情况下，修改模型尺寸的整数即可。例如，要创建工件边框到参考模型的距离为 20 的 X 方向的工件，直接修改【190.791719】中的【190】即可，修改结果为【230.791719】。如图 27-29 所示。

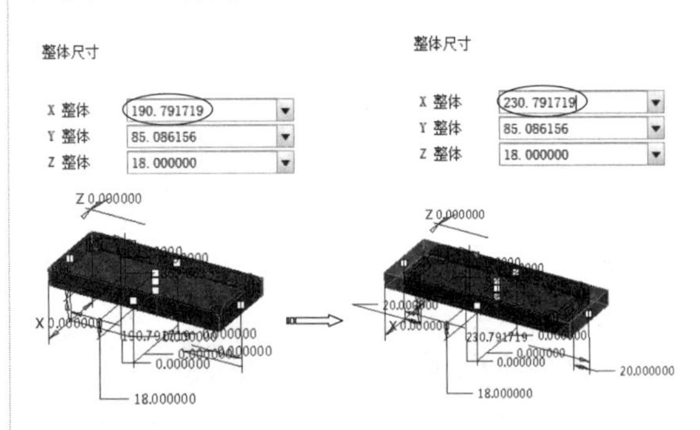

图 27-29 修改 X 方向的整体尺寸

技术要点

同理，您还可以修改其他方向的整体尺寸。但是除非是特殊情况，一般选择【统一偏移】方法来创建自动工件。

4. 线性偏移

线性偏移方法适用于在参考模型的某侧定义偏移量。比如在参考模型顶面要增加一定的毛坯余量，粗加工、半精加工及精加工后可以满足顶平面的加工要求。

如图 27-30 所示的零件，顶平面要保留 5mm 的加工余量，在 +Z 方向侧输入偏移量 5 即可。

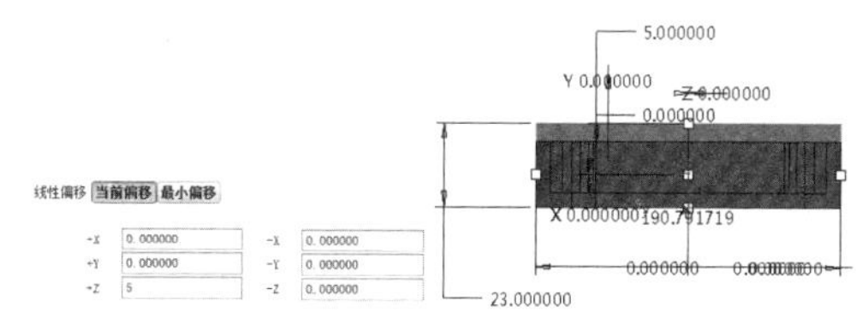

图 27-30　线性偏移

技术要点

如果要在原有的基础之上再定义新的偏移量，可以单击【最小偏移】按钮，原来输入的数值将变为 0。注意，仅仅是数字变为 0，工件的尺寸却没有变化。

5．旋转偏移

【旋转偏移】方法是创建偏移量与旋转角度一致的工件。【关于 X（或 Y\Z）】表示绕 X（或 Y\Z）轴旋转。

如图 27-31 所示，在【关于 Z】文本框内输入 30，表示将要创建绕 Z 轴旋转 30°。

技术要点

设置了角度后，若是重新输入 0，那么工件的尺寸是不会发生变化的，也就是说此时的工件比旋转前的工件尺寸大，如图 27-32 所示。

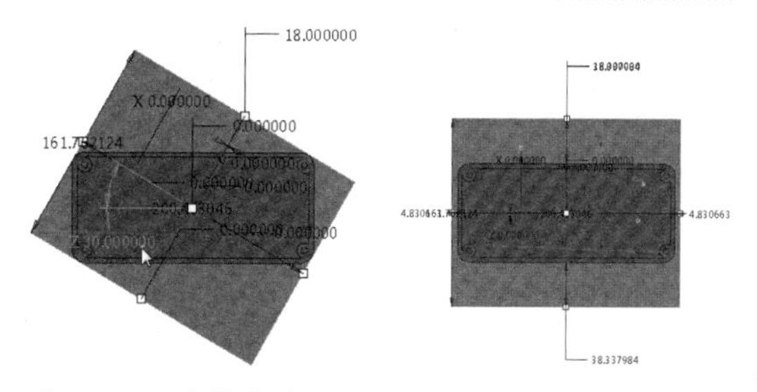

图 27-31　旋转偏移　图 27-32　重新输入旋转偏移

27.2.3　其他工件创建方法

其他几种工件的创建方法包括组装工件、继承工件、合并工件和创建工件。

1．组装工件

【组装工件】方法与前面组装参考模型的装配原理相同，目的是利用装配约束关系把保存在磁盘中的毛坯模型装配到 NC 加工环境中，如图 27-33 所示。

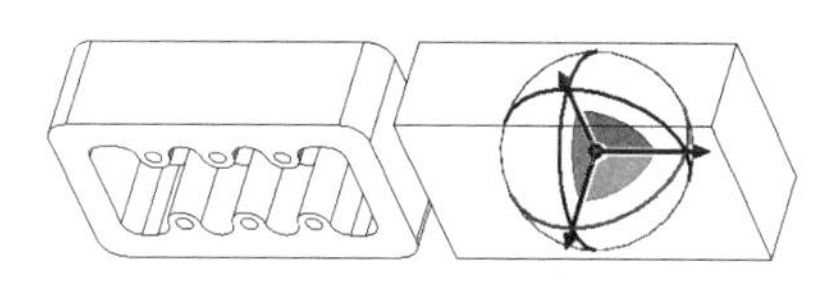

图 27-33　装配工件

2．继承工件

如果使用【继承工件】，将要选择工件则必须从中继承特征的设计模型。同样，也需要装配到加工环境中。

装配后将继承设计模型的全部参数，如图 27-34 所示。

3．合并工件

这种创建工件的方法与继承工件类似，也是从外部环境中装配设计模型，然后和加工环境中的参考坐标系合并，如图 27-35 所示。

图 27-34　继承工件　图 27-35　合并工件

4．新工件

新工件是利用【特征类】菜单管理器来创建实体、曲面模型的，如图 27-36 所示。

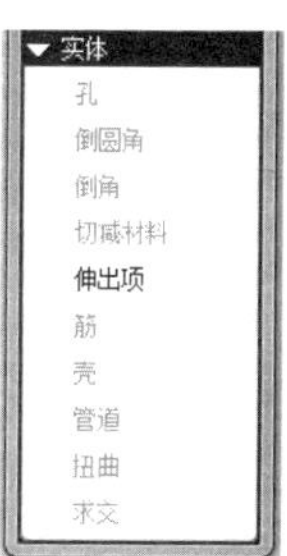

图 27-36　【特征类】菜单管理器

【创建工件】方法其实很有用。因为大多数参考模型都是不规则的模型。例如一副模具，由于毛坯工件材料的价格远比模架高，为了节约成本，需要使工件形状与参考模型的形状相同或近似。

这就需要手动创建毛坯工件，参照建模环境下的拉伸、旋转、扫描等基本实体造型工具来完成创建。

27.2.4 NC操作的创建方法

NC操作设置主要包括机床、刀具、夹具、加工零点、退刀设置点等操作设置和轮廓铣削加工序列定义。其中，对于机床、刀具、夹具等操作设置，既可以在NC序列定义之前预先建立其数据库，也可以在后续的NC序列定义过程中进行设置。其数据库预先定义主要包括工作机床设置、刀具设置和操作参数设置，具体设置过程如下：

在菜单栏中选择【步骤】|【操作设置】命令，在打开的【操作设置】的对话框中单击按钮可以对工作机床进行设置，如图27-37所示。操作设置可以对机床参数、坯件材料、加工零点、退刀设置点等参数进行设置。

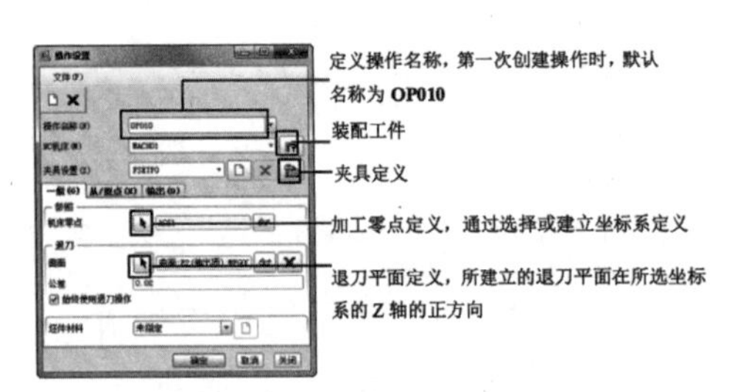

图27-37 轮廓铣削的操作设置

单击【机床】按钮，在弹出的【机床设置】对话框中对各类铣削加工设置机床参数，如图27-38所示。

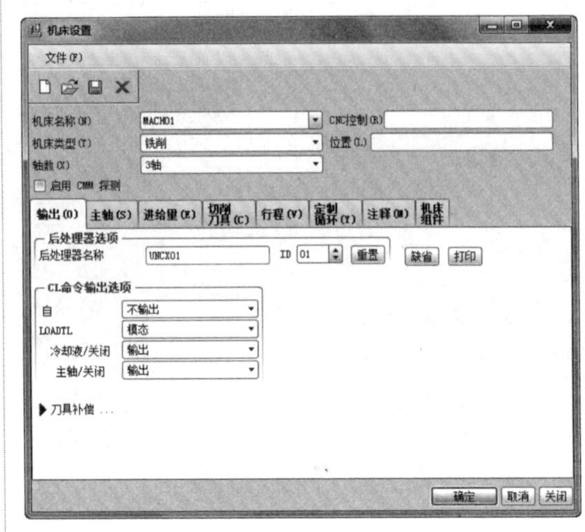

图27-38 机床参数设置

刀具的设置操作，既可在【机床设置】对话框的【切削刀具】选项卡中单击【打开切削刀具设置对话框】按钮，也可在【制造设置】菜单中选择【刀具】命令，在弹出的【刀具设定】对话框中对体积块铣削加工相关的各项参数进行设置，如图27-39所示。

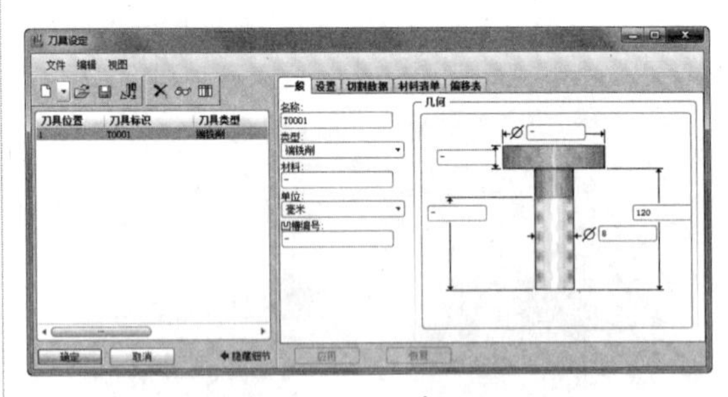

图27-39 刀具参数设置

27.3 体积块铣削

体积块铣削是指根据加工几何资料（铣削体积块或铣削窗口），并配合适当的刀具几何数据、加工数据及制造参数设置，以等高分层的方式产生刀具路径数据，将加工几何范围内的工件材料去除。

体积块铣削加工法是在等高面上切除待加工材料，其实质是一种二维半的分层处理加工方法。对于加工几何体表面与坐标轴正交的加工零件，一般只需要三坐标数控铣床的两坐标联动

（即两轴半联动）就可以加工出来。在分层加工过程中，走刀轨迹可被限制在二维平面中，易于优化刀具轨迹，大大减少了空走刀现象。

27.3.1　体积块铣削的铣削过程

体积块铣削加工的基本过程是，刀具自上而下逐层地切除余量，在某一层加工结束之后，刀具被抬至安全平面，然后从安全平面快速落刀，从下一层的起始切削位置开始新一层的切削，如此反复，直至零件的加工区域被全部加工结束，如图 27-40 所示。

图 27-40　体积块铣削加工原理图

在体积块铣削加工过程中，要依据零件加工要求来确定其工艺路线分析，并选择相应的刀具、夹具及坐标系参数。因此，刀具的选择、坐标系的选择和工件工艺路线的分析，是体积块铣削加工的关键。

27.3.2　确定加工范围

要进行数控加工，必须确定加工范围，即明确需要加工的区域。在 Pro/E 中，可由 MFG 几何特征来构建其加工区域，MFG 几何特征由铣削窗口、铣削曲面、铣削体积块等特征组成。而对于体积块铣削加工，一般采用铣削体积块来确定其加工范围。

要创建体积块，可在工具栏中单击【铣削体积块】工具按钮，再单击工具栏中的基础特征按钮，如拉伸、旋转、可变截面扫描等成型方式来创建一个封闭的空间几何体，创建的体积块如图 27-41 所示。

图 27-41　生成的体积块

技术要点

对于复杂的内腔零件的体积块铣削，为了方便迅速地建立体积块，用户可以采用首先建立整个模型零件，然后采用修剪方式修剪参考模型，最终建立体积块加工的对象。

27.3.3　体积块铣削加工过程仿真

完成刀具路径规划后，可生成相应的刀具路径，生成 CL 数据。Pro/NC 可进行演示轨迹、NC 检测及过切检测，以便查看和修改，生成满意的刀具路径。

在【NC 序列】菜单管理器的【播放路径】子菜单中选择【屏幕演示】命令，可观测刀具的行走路线。其演示实例如图 27-42 所示。

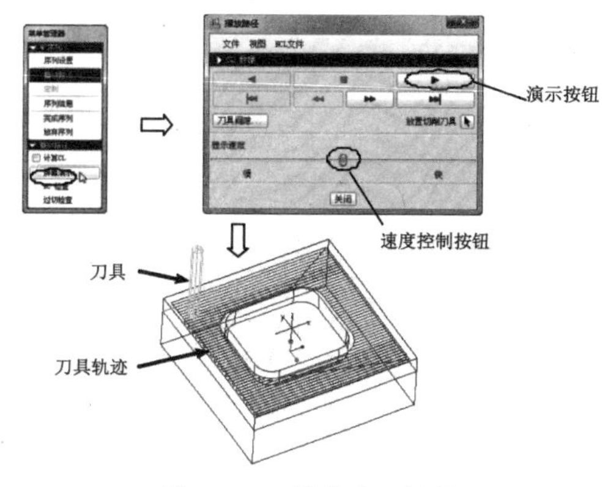

图 27-42　屏幕演示操作

在【演示轨迹】子菜单中选择【过切检测】命令，可对工件材料去除进行动态模拟，观察刀具切割工件的实际运行情况，如图 27-43 所示。

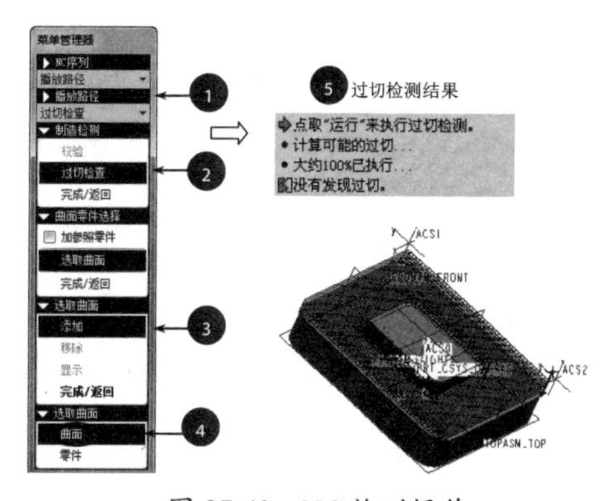

图 27-43　NC 检测操作

动手操作——衬箱零件模具铣削加工

衬箱是箱体类中常见的构件，下面我们来练习使用体积块铣削方法加工衬箱，衬箱的基本外形如图 27-44 所示。

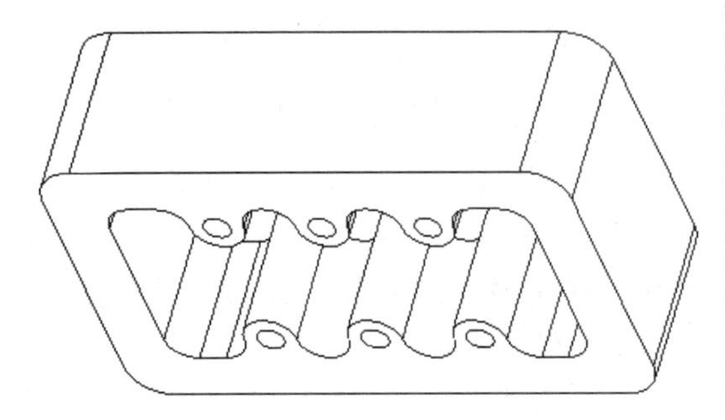

图 27-44　衬箱零件

操作步骤：

01 单击【新建】按钮，在打开的【新建】对话框中选择【制造】模块，在子类型中选择【NC 组件】子类型，设定创建的加工文件名称为 linebox，使用公制单位的默认模板【mmns_mfg_nc】。最后单击【确定】按钮进入 NC 加工环境，如图 27-45 所示。

图 27-45　新建加工文件

02 装配参照模型。单击【装配参照模型】按钮，从本例素材文件夹中选择参照模型【linebox.prt】，以【坐标系】方式的装配模式，选择零件坐标系和 NC 坐标系。具体操作步骤如图 27-46 所示。

技术要点

如果零件坐标系的 Z 轴与 NC 坐标系的 Z 轴不重合，那么就以【坐标系】方式进行装配。选取的参考就是 NC 坐标系和零件坐标系，选取后两者会自动重合。

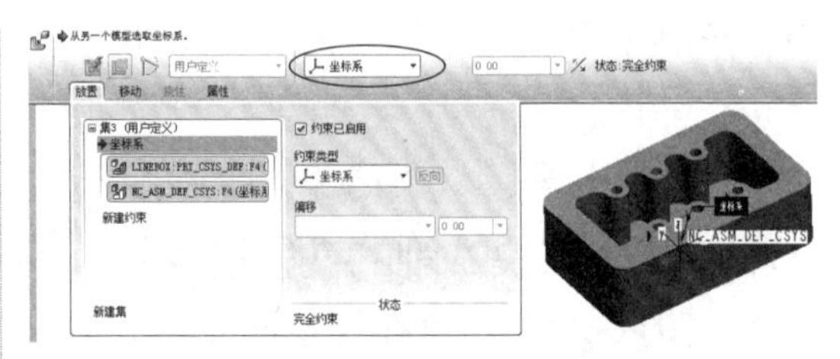

图 27-46　装配参照零件

03 创建工件。单击【自动工件】按钮，打开工件操控板。然后创建【包络】的自动工件，如图 27-47 所示。

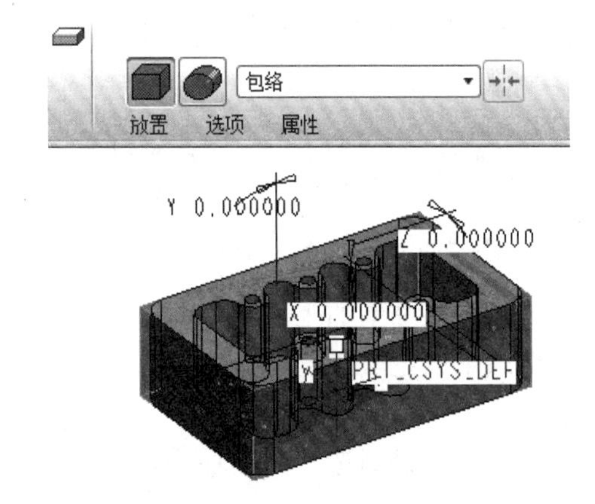

图 27-47　创建包络工件

04 创建体积块的横截面。在右工具栏中单击【铣削体积块】按钮，然后单击【拉伸】按钮。

05 按如图 27-16 所示的操作步骤，选择上顶平面作为绘图平面，选择 RIGHTM_RIGHT 平面作为右基准平面。使用【通过边创建图元】工具选取工件的边作为草图，如图 27-48 所示。最后单击【应用】按钮退出草图绘制。

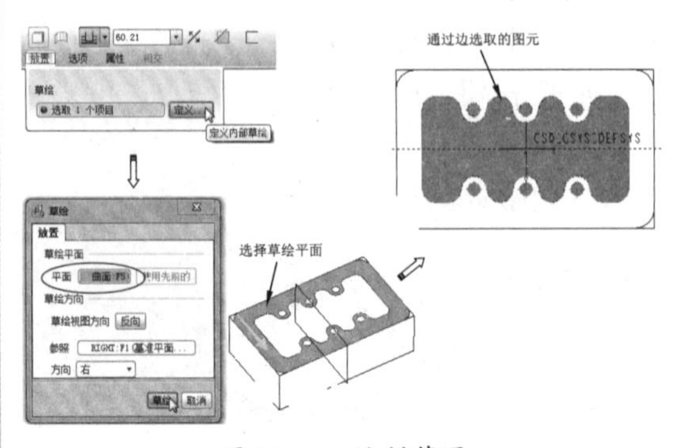

图 27-48　绘制草图

06 退出草绘环境，在【拉伸】操控板中选择拉伸方式为 ，创建的拉伸体积块如图 27-49 所示。

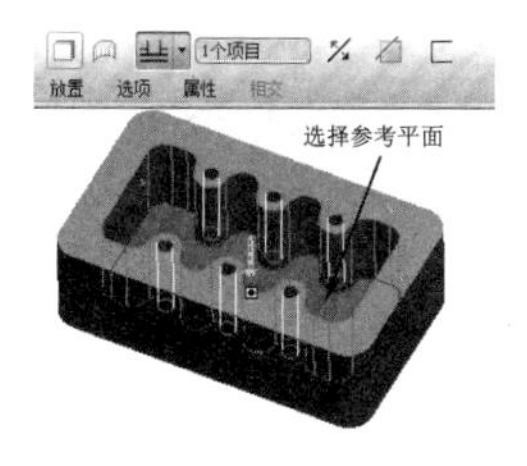

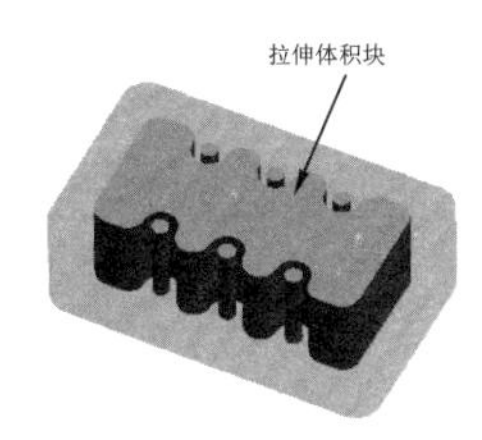

图 27-49 创建体积块

技术要点

因为内腔要加工的部分比较简单，因此采用拉伸方式建立体积块作为加工对象。用户可以尝试多种方式建立体积块。

07 建立新操作，设置机床参数。在菜单栏中选择【步骤】|【操作】命令，打开【操作设置】对话框。

08 设置加工零点。单击【加工零点选择】按钮 ，按照如图 27-50 所示的操作步骤，参照零件坐标原点为 ASC0，系统将默认该坐标系原点为加工零点。

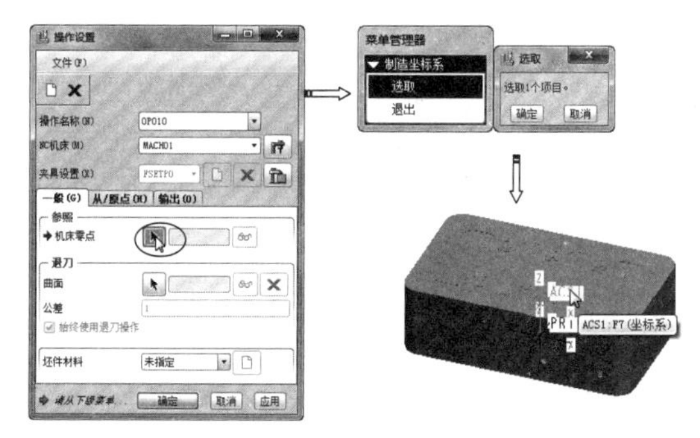

图 27-50 设定加工零点

技术要点

在默认情况下，机床零点为 NC 坐标系的原点。

09 设置退刀曲面。在【退刀设置】对话框中单击【编辑操作退刀】按钮，退出【退刀设置】对话框。选择工件顶部平面作为参照，设置退刀曲面与工件顶平面的距离为 20mm，如图 27-51 所示。

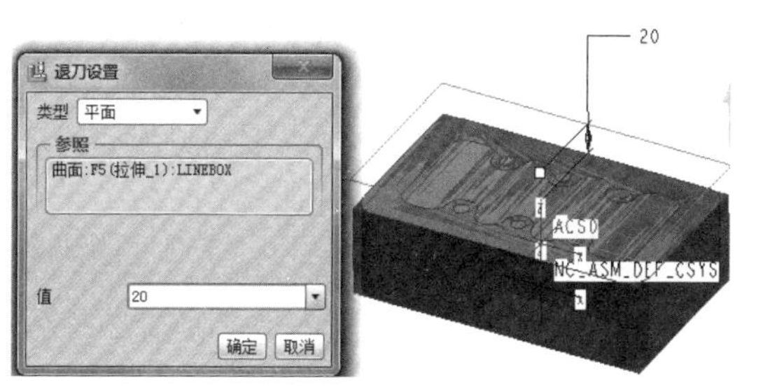

图 27-51 设置退刀曲面

10 单击【操作设置】对话框中的【确定】按钮，关闭对话框。

11 定义体积块铣削工序。选择【步骤】命令，在【序列设置】菜单管理器中，同时选中【刀具】、【参数】、【体积】复选框，最后选择【完成】命令。操作步骤如图 27-52 所示。

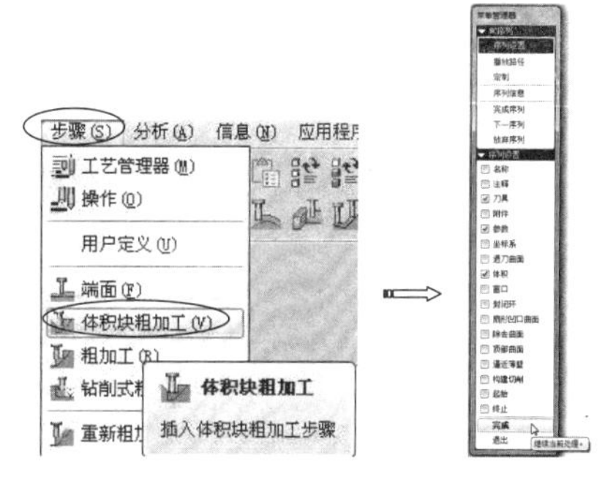

图 27-52 设定序列

12 设置刀具参数。按如图 27-53 所示的步骤操作，在【刀具设置】对话框中，设置刀具参数。设置后单击【应用】按钮将刀具添加到左侧列表中。单击【确定】按钮关闭对话框。

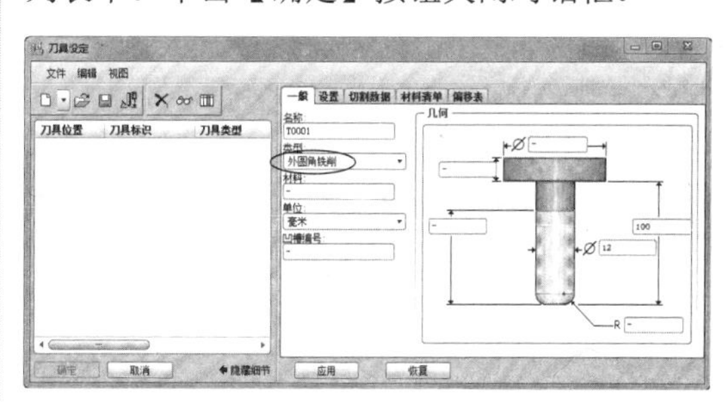

图 27-53 设定刀具参数

技术要点

也可在设置机床时设置加工刀具。设置后在设定序列时就不再选中【刀具】复选框了。

13 设置制造参数。在【编辑序列参数】对话框中设置制造参数，如图27-54所示。其中允许未加工毛坯（加工预留量）为1，步长深度决定了刀具路径的密度，进给速度和主轴转速会影响加工质量和切削效率，【安全距离】设定为20，【主轴转速】设为5000r/min。

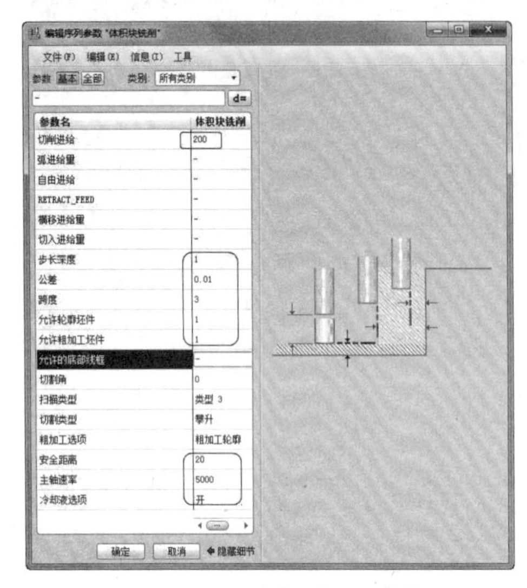

图27-54 设定切削加工参数

14 选择铣削体积块。为了选择方便可以将铣削体积块的其他实体隐藏，单独显示铣削体积块。具体操作步骤如图27-55所示。

15 演示轨迹。全部设置完毕后，选择【屏幕演示】功能，检测刀具路径的合理性，具体步骤按照图27-56所示进行操作。

16 NC检测。对加工过程进行模拟仿真。将参照模型（零件）显示，选择参照模型作为检测对象，对其进行NC检测。操作步骤如图27-57所示。

图27-55 选择铣削体积块

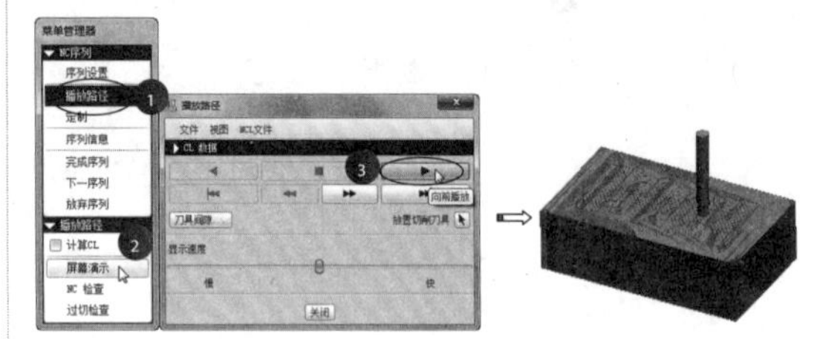

图27-56 演示轨迹

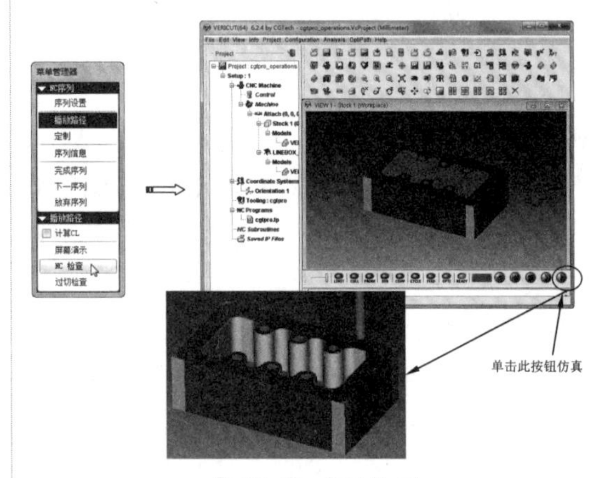

图27-57 NC检测

17 选择【文件】|【保存】命令，将弹出【另存为】对话框，将该文件保存。

27.4 轮廓铣削

轮廓铣削加工（Profile Milling）是数控铣削加工方法的一种，可以加工垂直轮廓面，也可以加工倾斜度不大的轮廓斜面，通常作为零件轮廓的精加工使用，也可用于其粗加工。轮廓铣削加工如图27-58所示，要求加工轮廓曲面必须形成连续的刀具轨迹，并采用等高线方式沿着加工轮廓曲面进行分层加工。

要进行轮廓加工，必须设定需加工的曲面轮廓。加工轮廓的设定可以在两种情况下进行。一是在加工工序的设定过程中，直接对零件的加工轮廓曲面进行选择，可以选择任意个曲面作为加工轮廓，也可以选取零件的整个外轮廓作为加工轮廓。若模型比较复杂，则其轮廓曲面的选择则会变得困难，可根据加工工序规划，提前设定每一个工序要加工的区域，即通过 Milling Surface 方式来构建相应的加工曲面。

选取后，可采用着色的方法加以显示，以保证选取的曲面是正确的，其选取实例如图 27-59 所示。

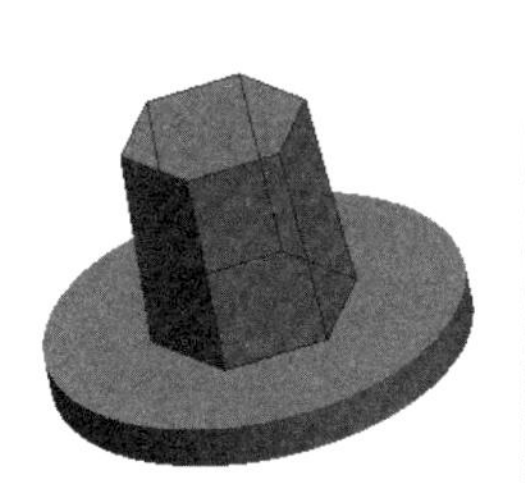

图 27-58　轮廓铣削刀具轨迹　　图 27-59　加工曲面的选取

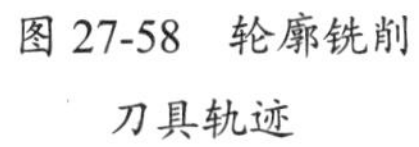

动手操作——对称凹边底座零件铣削加工

平面凸轮零件是一种常用的零件，如图 27-60 所示的对称凹边底座零件作为一种平面凸轮零件，其轮廓是由两对对称的圆弧组成的。在凸轮运行时，平面凸轮的圆弧面的廓形对机械运动影响较大，因此必须使圆弧面的加工精度达到较高才能满足生产需要。下面将采用轮廓铣削加工方式对圆弧三边形凸轮进行加工仿真。

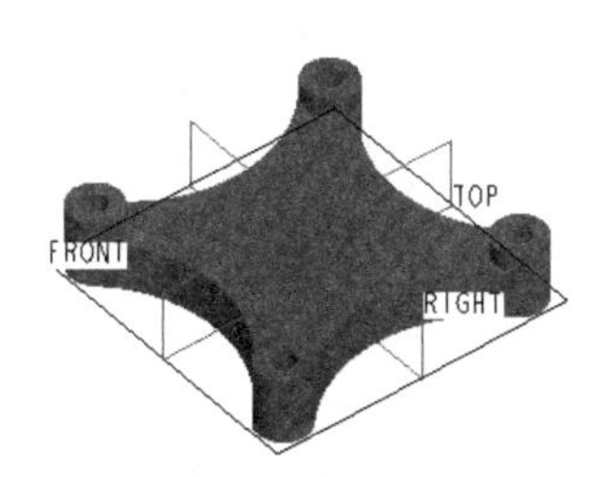

图 27-60　对称凹边底座

首先，建立客户化作业环境。为了加快作业流程，建立标准作业环境。选择【文件】|【设置工作目录】命令，在弹出的对话框中选择合适文件位置，设置工作目录。

操作步骤：

01 单击【新建】按钮，新建名为【aobiandizuo】的 NC 制造文件。

02 装配参照模型。单击【装配参照模型】按钮，打开 aobiandizuo.prt 参照模型，选择【坐标系】的装配模式，完成装配，如图 27-61 所示。

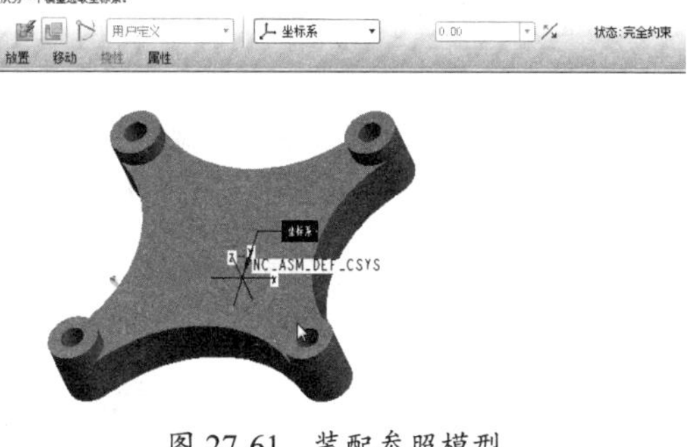

图 27-61　装配参照模型

技术要点

在装配参考模型过程中，用户一定要使装配后参考模型的 Z 轴正方向正对着刀具进给的方向和初始位置。

03 创建工件。单击【新工件】按钮，在弹出的消息输入窗口中输入零件名称 workpiece1，如图 27-62 所示。

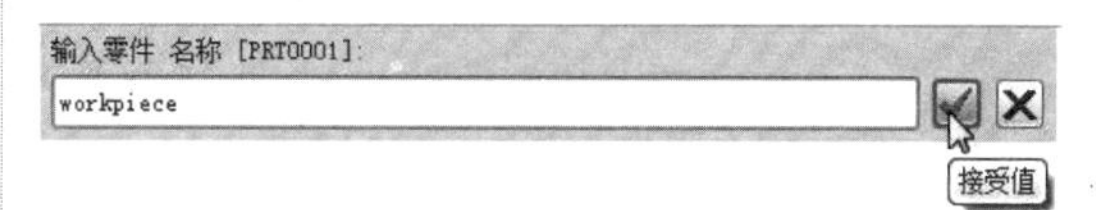

图 27-62　输入工件名称

技术要点

在 Pro/E 的 NC 模块中，其参照模型、工件、加工机床等的名称必须使用英文标识，中文等其他方式都不是合法的字符。

04 在弹出的菜单管理器中依次选择【实体】|【伸出项】|【完成】命令，打开【拉伸】操控板。然后选择 NC_ASM_TOP 作为草图平面，进入草图环境还要选择 NC 坐标系为新的草绘参照，如图 27-63 所示。

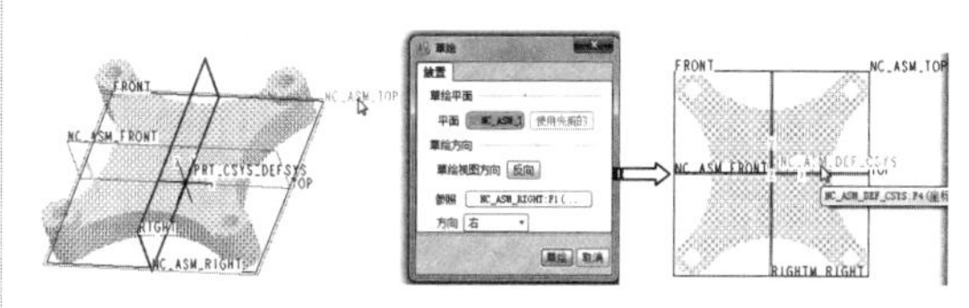

图 27-63　选择草图平面及草绘参照

技术要点

当您选择了非 3 个标准的基准平面作为草绘平面时，通常会提示您再选择一个标准参照。若不知道选择何参照时，最好的方法就是选择坐标系。

05 使用偏移工具完成草图轮廓的绘制，最后单击【应用】按钮退出草图绘制。在【拉伸】操控板中设置拉伸深度为 30，创建的工件如图 27-64 所示。

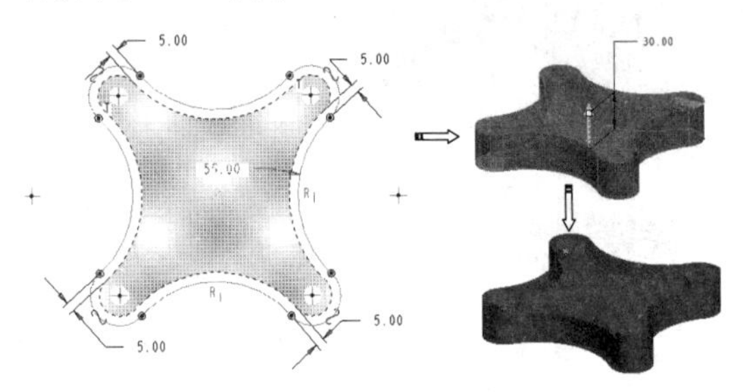

图 27-64　装配工件

06 建立新操作，设置机床参数。在菜单栏中选择【步骤】|【操作】命令，打开【操作设置】对话框，选择默认的 3 轴机床，选择 NC 坐标系作为参考来创建机床零点。单击【确定】按钮完成机床设置，如图 27-65 所示。

技术要点

退刀平面将在后续的【铣削窗口】操控板中来设置。

图 27-65　设定机床参数

07 在右工具栏中单击【铣削窗口】按钮，打开铣削窗口操控板。在【放置】选项卡中激活【窗口平面】收集器，然后选择工件上表面作为参考平面，如图 27-66 所示。

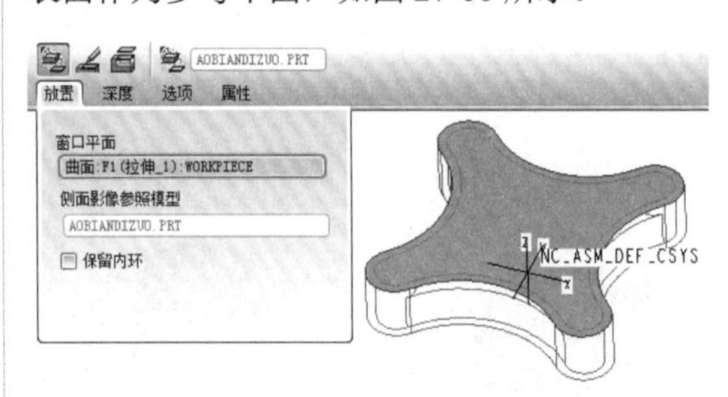

图 27-66　选择窗口平面

08 在操控板的【深度】选项卡中，选中【指定深度】复选框，然后输入安全高度 20，最后单击【应用】按钮完成设置，如图 27-67 所示。

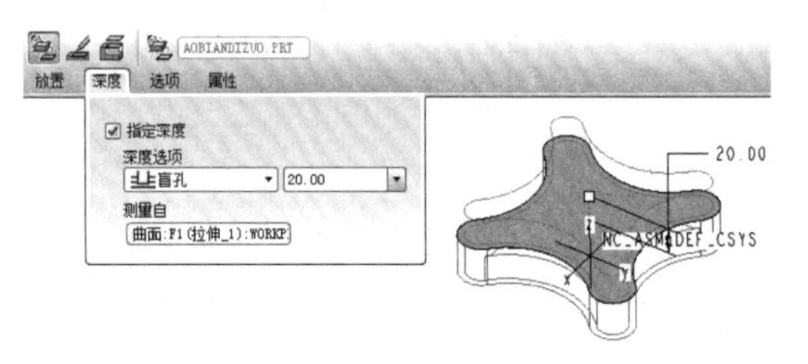

图 27-67　设置安全高度

09 定义轮廓铣削工序。在【NC 铣削】工具栏中单击【轮廓铣削】按钮，弹出【NC 序列】菜单管理器，在【序列设置】子菜单中同时选中【工具】、【参数】、【铣削曲面】复选框，最后选择【完成】命令。

10 设置刀具参数。在【刀具设置】对话框中，设置刀具参数。设置后单击【应用】按钮将刀具添加到左侧列表中。单击【确定】关闭对话框，如图 27-68 所示。

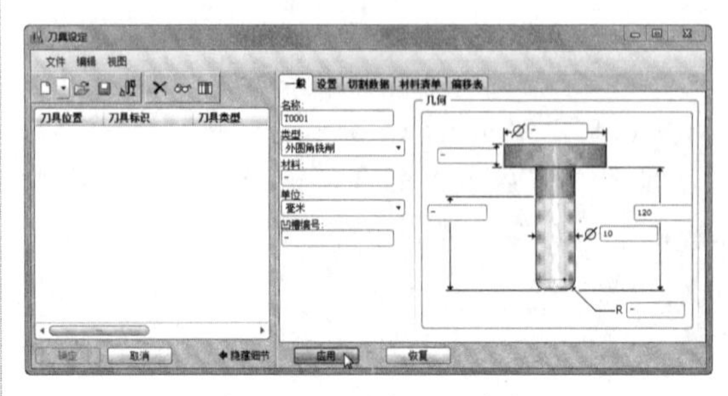

图 27-68　设定刀具参数

技术要点

以上刀具选用为外圆角铣削，刀具中心的半径应小于加工曲面的最小曲率半径。

11 设置切削参数。在【编辑序列参数【轮廓铣削】】对话框中设置制造参数，如图 27-69 所示。其中【允许轮廓坯件】（加工预留量）为 0.3，【步长深度】为 2.5，它也决定了刀具路径的密度，进给速度和主轴转速则会影响加工质量和切削效率。

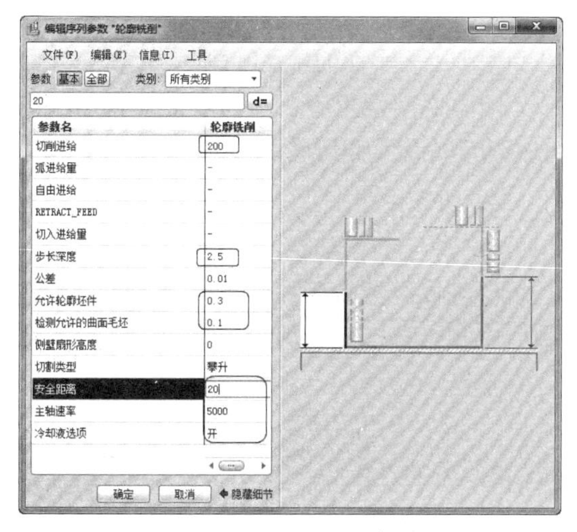

图 27-69　设定切削参数

12 选择加工曲面。为了选择方便将工件隐藏，选择的加工曲面如图 27-70 所示。

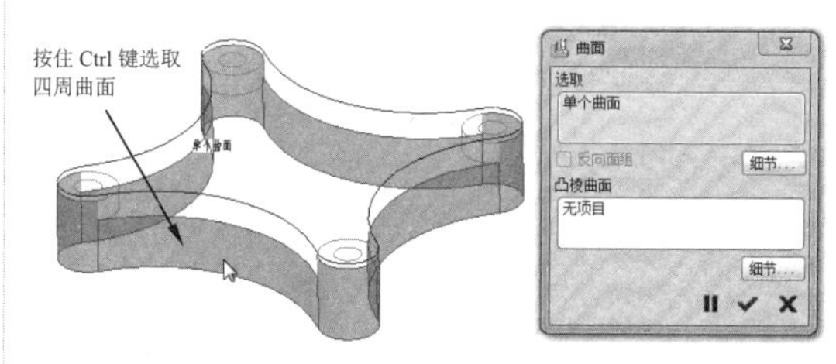

图 27-70　选择加工曲面

技术要点

选用多个曲面时，可以按住 Ctrl 键，同时用鼠标左键选择各个加工曲面。

13 演示轨迹。全部设置完毕后，在菜单管理器中选择【演示轨迹】命令，检测刀具路径的合理性，如图 27-71 所示。

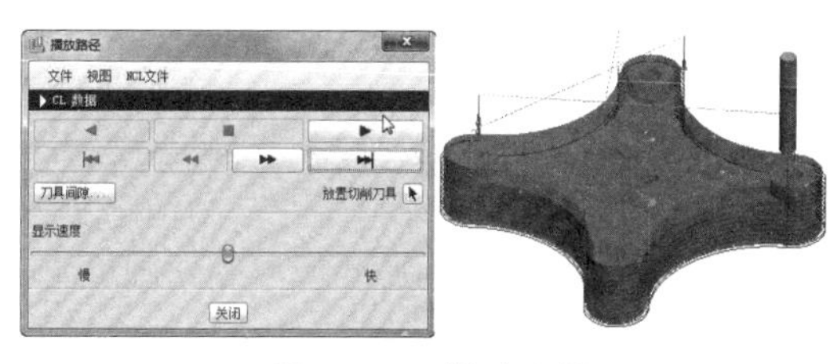

图 27-71　播放路径

14 选择【文件】|【保存文件】命令，将该文件保存。

27.5　端面铣削加工

端面铣削（Face Milling），又称端面铣削，是数控铣削加工方法的一种，可用来对大面积平面或平面度要求较高的平面（如平板、凸台面、平底槽、型腔与型芯的分型面）进行加工，但不适用于曲面加工。端面铣削的加工原理如图 27-72 所示，其刀具轴线垂直于切削层平面，并在水平切削层上创建刀具轨迹来去除工件平面上的材料余量。

图 27-72　端面铣削加工原理图

27.5.1　端面铣削的特点

端面铣削的特点有以下几点：

- 交互非常简单，原因是用户只需选择所有要加工的面并指定要从各个面的顶部去除的余量。

- 当区域互相靠近且高度相同时，它们就可以一起进行加工，这样就因消除了某些进刀和退刀运动而节省了时间。合并区域还能生成最有效的刀轨，原因是刀具在切削区域之间移动不太远。
- 【面铣】提供了一种描述需要从所选面的顶部去除的余量的快速简单方法。余量是自下向顶而非自顶向下的方式进行建模的。
- 使用【面铣】可以轻松地加工实体上的平面，例如通常在铸件上发现的固定凸垫。
- 创建区域时，系统将面所在的实体识别为部件几何体。如果将实体选为部件，那么您就可以使用干涉检查来避免干涉此部件。
- 对于要加工的各个面，您可以使用不同的切削模式，包括在其中使用【教导模式】来驱动刀具的手动切削模式。
- 刀具将完全切过固定凸垫，并在抬刀前完全清除此部件。

端面铣削是通过选择面区域来指定加工范围的一种操作，主要用于加工区域为面且表面余量一致的零件。端面铣削可以实现平面的粗加工和精加工，尤其是加工平面面积较大时，使用端面铣削方法能够提高其加工效率和加工质量。

技术要点

【端面】（Face）选项允许用平端铣削或半径端铣削对工件进行表面加工。可选取平行于退刀平面的一个平面曲面、多个共面曲面或铣削窗口。所选表面（孔、槽）中的所有内部轮廓将被自动排除。系统将根据选取的曲面生成相应的刀具路径。

27.5.2 工艺分析

平面面铣削操作是从模板创建的，并且需要几何体、刀具和参数来生成刀轨。为了生成刀轨，Pro/E NC 程序需要将面几何体作为输入信息。对于每个所选面，处理器会跟踪几何体，确定要加工的区域，并在不过切部件的情况下切削这些区域。

1. 适用对象

端面铣削适用于侧壁垂直底面或顶面为面的工件加工，如型芯和型腔的的基准面、台阶面、底面、轮廓外形等。通常粗加工用面铣，精加工也用面铣。

端面铣削加工的工件侧壁可以是不垂直的，也就是说面铣可以加工斜面，如复杂型芯和型腔上多个面的精加工。

端面铣削常用于多个面底面的精加工，也可用于粗加工和侧壁的精加工。

2. 机床设置

对于端面铣削加工，由于加工面为平面，且采用等高分层铣削加工方式，其加工方式实质上是一种二维半的分层加工方法，采用两轴半联动功能的三轴数控铣床即可满足其要求。

3. 加工刀具

端面铣削加工主要针对大面积的平面或平面度要求高的平面，刀具可选择盘铣刀或大直径端铣刀。对于加工余量大又不均匀的平面，进行粗加工时，其铣刀直径应较小，以减少切削转矩；对于精加工，其铣刀直径应较大，最好能包容整个待加工面。

动手操作——三角铣槽端面的精加工

三角铣槽是机械结构中的常见零件，如图 27-73 所示，其顶平面可采用端面铣削加工方法进行加工。

图 27-73　三角铣槽的实体造型

操作步骤：

01 新建数控加工文件。

02 装配参照模型。选择参照模型【triangle.prt】，以默认的装配模式进行装配，如图 27-74 所示。

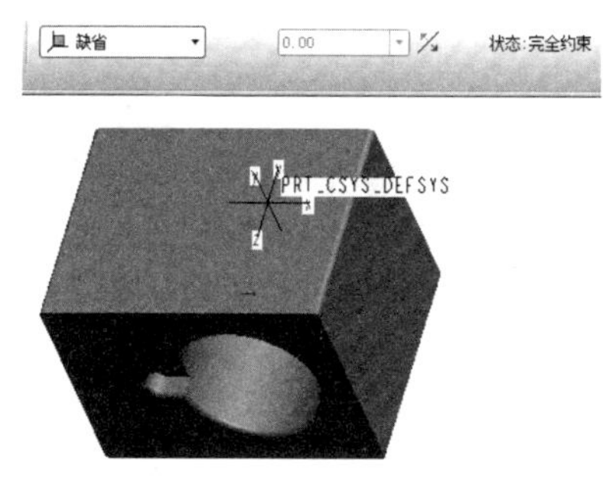

图 27-74　装配参照零件

03 创建手动工件。利用菜单管理器中的【拉伸】命令，选择模型上表面作为草图平面，绘制草图。并创建拉伸深度为 5 的拉伸实体（工件），如图 27-75 所示。

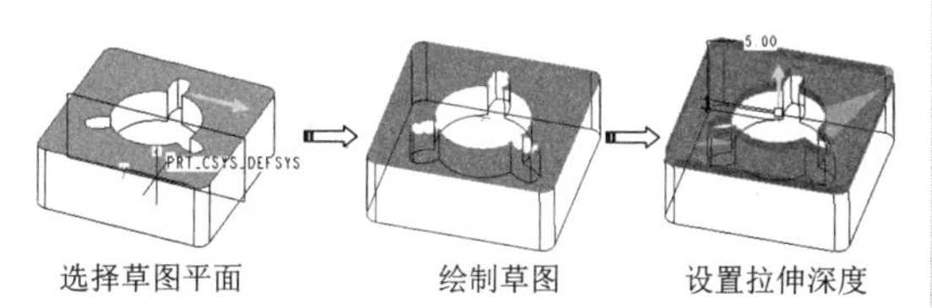

图 27-75　创建手动工件

04 建立新操作，设置机床参数。在菜单栏中选择【步骤】|【操作】命令，打开【操作设置】对话框，选择默认的 3 轴机床，选择 NC 坐标系作为参考来创建机床零点。单击【确定】按钮完成机床设置，如图 27-76 所示。

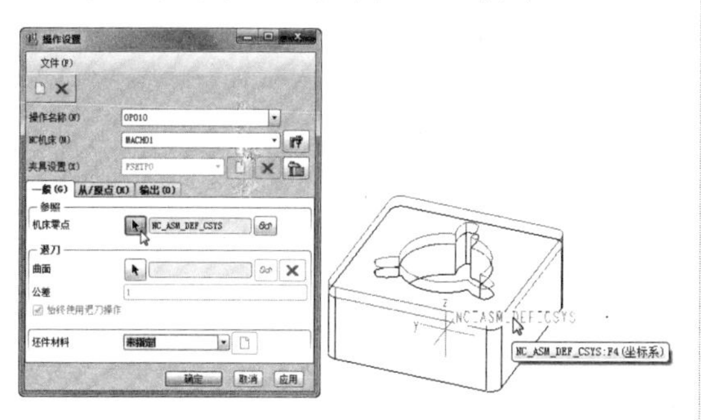

图 27-76　设定机床和机床零点

05 设置退刀曲面。在【操作设置】对话框中，按如图 27-77 所示的操作步骤，选择工件上表面作为参照，设置退刀曲面与工件上表面的距离为 20mm。

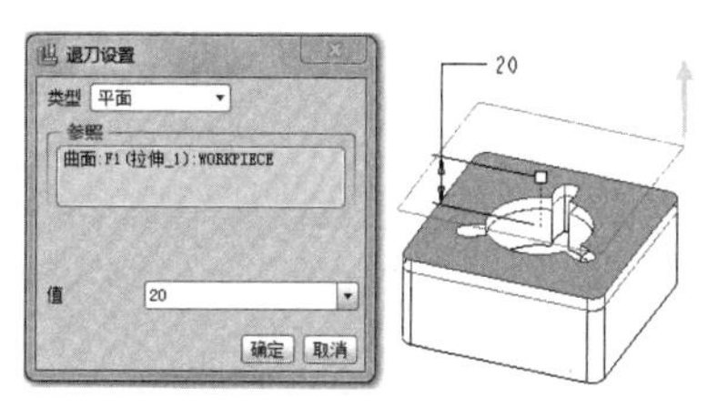

图 27-77　设定退刀平面

06 定义端面铣削工序。单击【端面铣削】按钮，弹出【NC 序列】菜单管理器。在【序列设置】子菜单中，同时选中【刀具】、【参数】、【加工几何】复选框，最后选择【完成】命令。

07 随后在弹出的【刀具设定】对话框中，设置端铣削刀具参数，如图 27-78 所示。

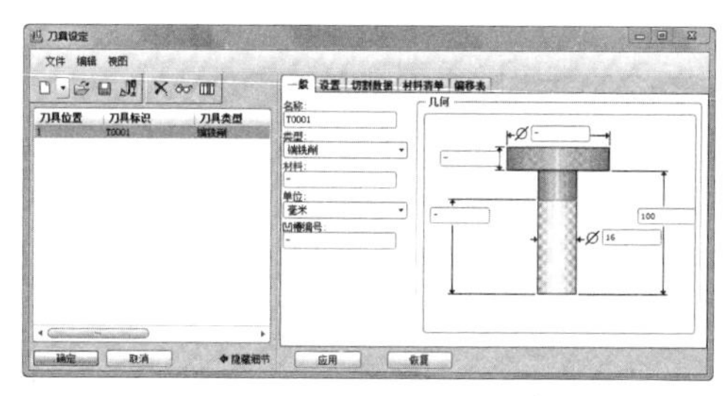

图 27-78　设定刀具参数

08 设置制造参数。在【编辑序列参数“端面铣削”】对话框中设置制造参数，如图 27-79 所示。其中，【步长深度】、【跨度】、【进给速度】和【主轴转速】是必选参数。

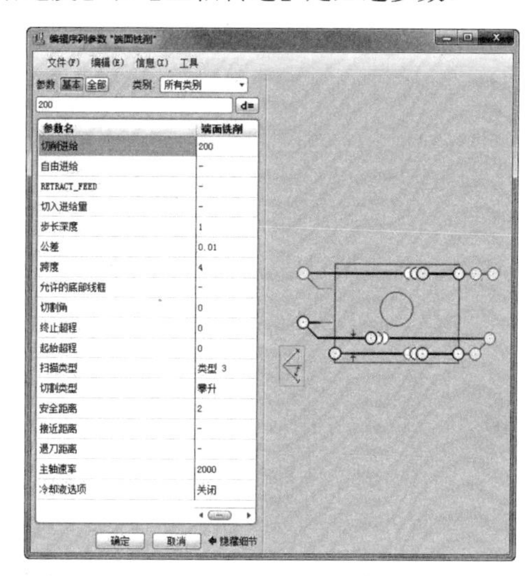

图 27-79　设定制造参数

09 选择加工平面。选择零件上表面作为加工平面，如图 27-80 所示。

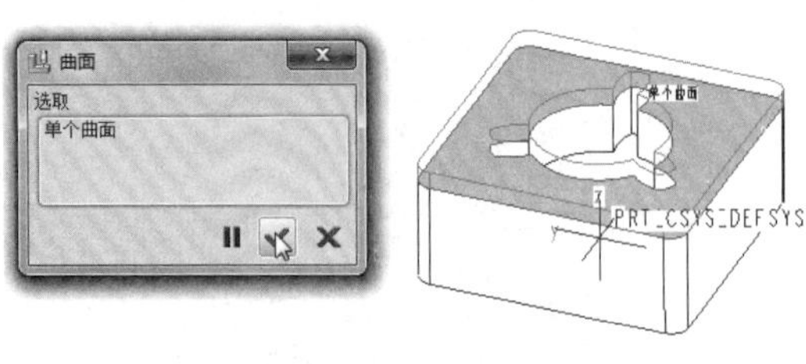

图 27-80　选择加工平面

10 演示轨迹。全部设置完毕后，选择【演示轨迹】命令，检测刀具路径的合理性，按照如图 27-81 所示具体步骤进行操作。

11 最后将结果文件保存。

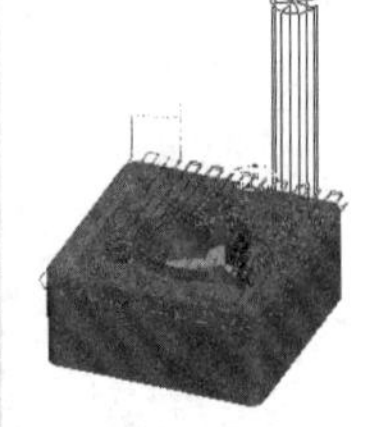

图 27-81　演示轨迹

27.6 曲面铣削加工

曲面铣削操作与体积块铣削、平面铣削等加工方法的操作方式大体相同，其主要步骤有：加工方法设置、确定加工范围、加工过程仿真和刀具轨迹验证等。

27.6.1 曲面铣削的功能和应用

曲面铣削（Profile Milling）是指根据加工几何特征（铣削曲面），并配合适当的刀具几何数据、加工参数，对工件的各种曲面进行加工操作。曲面铣削是数控加工中比较高级的内容。在机械加工中经常会遇见各种曲面的加工空间曲面轮廓零件。这类零件的加工为空间曲面（如图 27-82 所示），如模具、叶片、螺旋桨等。加工空间曲面轮廓零件不能展开的平面时，铣刀与加工面始终为点接触，一般采用球头在三轴数控铣床上加工。当曲面较复杂、通道较狭窄、会伤及相邻表面及需要刀具摆动时，要采用四坐标或五坐标铣床加工。

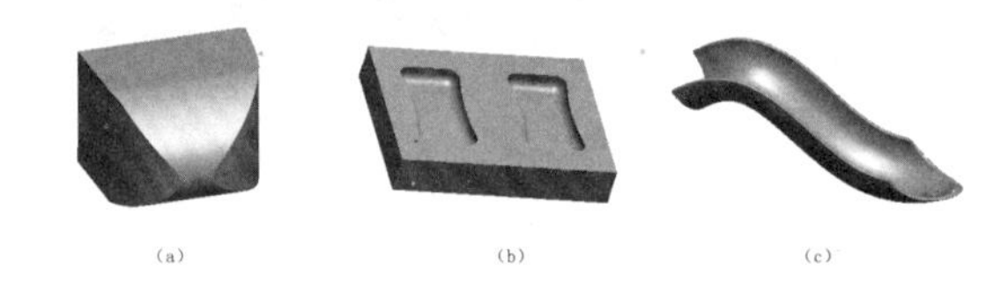

图 27-82　空间曲面轮廓零件

对曲面加工来说，可以借助其提供的非常灵活的走刀选项来实现对不同曲面特征的加工并满足加工精度要求。Pro/E NC 的曲面铣削中有 4 种定义刀具路径的方法：直切、从曲面等高线、切削线、投影切削。

曲面铣削是一种对曲面加工有效的加工方法，主要用于各种复杂曲面的半精加工和精加工，也可以用于规则零件轮廓的半精加工和精加工。下列为曲面铣削的一些典型应用：

- 加工空间曲面零件内外表面。
- 水平或倾斜曲面。
- 适当设置曲面铣削的加工参数，也可以完成平面铣削、轮廓铣削、体积块铣削等加工方法。

27.6.2 工艺分析

所有的机械零件都是由不同的曲面组成的，曲面又分为一般曲面和复杂曲面， 一般曲面的加工在普通机床上容易实现，复杂曲面的加工在普通机床上不易实现。Pro /ENGINEER 提供了曲面加工的方法，其生成的刀具路径可以在平面内互相平行，也可以平行于被加工平面的轮廓。

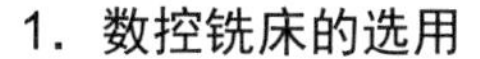

1. 数控铣床的选用

数控机床的选择，要根据加工零件尺寸、零件的精度要求、曲面的几何形状和零件的批次等要求来选择。

对于各种复杂的曲线、曲面、叶轮、模具，一般采用多坐标联动的卧式加工中心进行加工等。变斜角类曲面：加工曲面与水平方向夹角连续变化，最好采用 4 轴或 5 轴数控铣床摆角加工。空间曲面：一般采用三轴铣床加工。当较为复杂时，采用 4 轴或 5 轴的数控机床。

2. 刀具的选择

刀具的有效直径和类型的选择，需要根据铣削作业的经济性，综合考虑刀具特定的工作条件、加工材料的硬度、机床的功率和刚性等因素决定。

通常对于空间曲面、模具型腔或凸模成型表面进行铣削加工时，使用高速钢材料的球头铣刀或端面铣刀。

3. 加工工艺参数选择

控铣削加工工艺参数可以参考表 27-1 所示。

表 27-1　数控铣削加工工艺参数参考

工件材料		铸铁		铝		钢	
刀具直径 /mm	刀槽数	转速 /（r/min）	进给速度 /（mm/min）	转速 /（r/min）	进给速度 /（mm/min）	转速 /（r/min）	进给速度 /（mm/min）
		切削速度 /（m/min）	每齿进给量 /（mm/ 齿）	切削速度 /（m/min）	每齿进给量 /（mm/ 齿）	切削速度 /（m/min）	每齿进给量 /（mm/ 齿）
8	2	1100	115	5000	500	1000	100
		28	0.05	126	0.05	25	0.05
10	2	900	110	4100	490	820	82
		28	0.06	129	0.06	26	0.05
12	2	770	105	3450	470	690	84
		29	0.07	130	0.07	26	0.07
14	2	660	100	3000	440	600	80
		29	0.07	132	0.07	26	0.07
16	2	600	94	2650	420	530	76
		30	0.08	133	0.08	27	0.07

注：高速钢立铣刀进行粗铣加工

使用曲面铣削对水平曲面或倾斜曲面进行加工，所选曲面必须允许连续的刀具路径。因此对于曲面铣削加工来说，其参数主要包括曲面定义、切削参数和刀具轨迹规划参数。加工参数的确定也是工艺分析的重要内容。

动手操作——内腔曲面铣削加工

本例将结合一种矿泉水瓶吹塑模具数控加工程序的编制，介绍其复杂曲面的高速加工策略，以及 Pro/E 软件的制造几何形状在数控加工编程中的应用。矿泉水瓶是日常生活中常见的构件，用于生产矿泉水瓶的吹塑模的型腔基本外形和结构如图 27-82 所示。

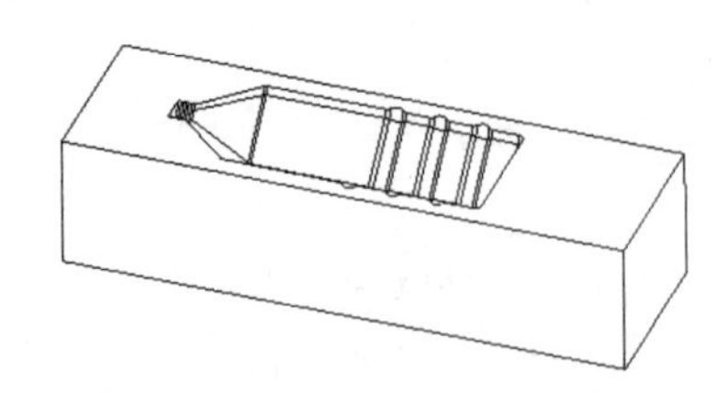
图 27-82　矿泉水瓶吹塑模具型腔模型

由上图可以看出，由于该模具型腔结构较复杂，型面上有 3 条截面为半圆形、沿型面的扫略轨迹为【L】形的脊面，在铣削过程中，刀具与工件的接触点随着加工表面的曲面斜率和刀具有效半径的变化而变化，因此应将整个型面进行分区，根据各部分曲面的特点采用不同的走刀策略，设置不同的工序来分别加工。本例以【L】型脊面的精加工为例，说明曲面铣削在数控中的应用。

（1）脊面的精加工。

以【拷贝】方式建立包含脊面上所有表面的铣削曲面，并以该铣削曲面为加工对象。采用【切削线】（Along Cut Line）刀具路线建立一个曲面铣削工序（Surface Milling），并将建立的铣削曲面的左侧轮廓线和右侧轮廓线分别定义为【始切削线】（Start Cut Line）和【终切削线】（End Cut Line）。采用 6mm 立铣刀，切削参数为 :v_f=2500mm/min；a_e=0.108mm；n=12000r/ min；曲面留痕高（Scallop Height）= 0.003mm；留余量为 0。

（2）脊面之间【S】形面的精加工。

采用【切削线】方式建立曲面铣削工序，将其左侧轮廓线和右侧轮廓线分别定义为【始切削线】和【终切削线】。刀具及切削参数与脊面的精加工完全相同。

操作步骤：

01 新建 NC 加工文件。

02 自动装配参照模型。以【坐标系】装配方式装配【cupm.prt】模型。

03 自动装配工件。选择【插入】|【工件】|【装配】命令，选择素材文件夹中的【cupworkpiece.prt】工件文件作为参照模型，以【坐标系】装配方式装配到NC加工环境中，如图27-83所示。

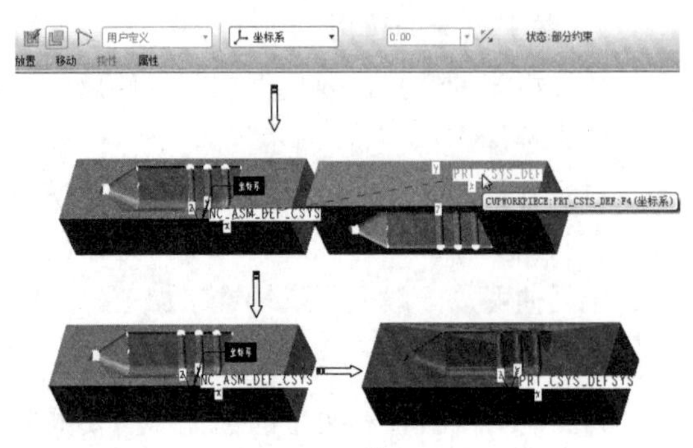

图 27-83　装配工件

04 创建铣削曲面。首先隐藏工件，在工具栏中单击【铣削曲面】按钮，选择一个曲面，并依次单击【复制】按钮和【粘贴】按钮，打开【复制】操控板。然后按住 Ctrl 键选取型腔内的其他曲面，如图 27-84 所示。最后单击操控板中的【应用】按钮完成铣削曲面的创建。

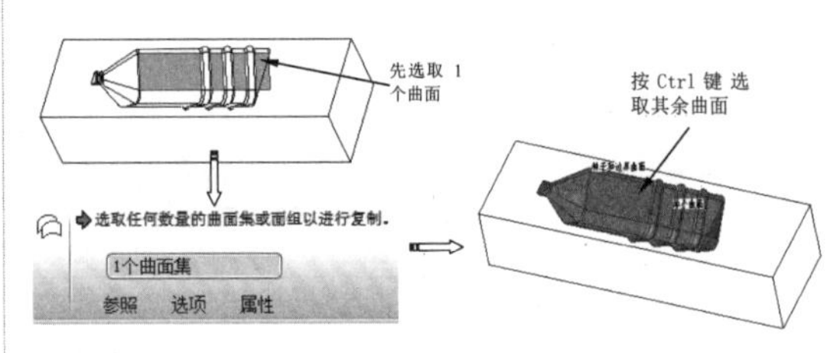

图 27-84　铣削曲面的创建

技术要点

如果所选曲面非常多，逐一选取会花费大量时间。最好的方法是：按住 Shift 键选取一个边界曲面，使所有的曲面都自动包含在第一个曲面（种子面）和边界曲面之内，放开 Shift 键，将自动选取所有包含的曲面，如图 27-85 所示。

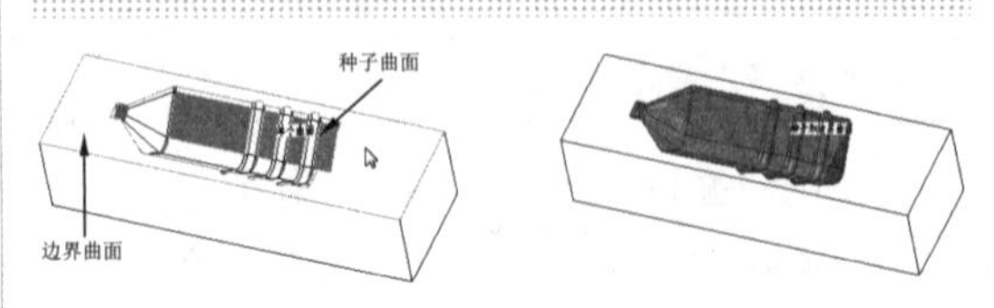

图 27-85　曲面的快速选取方法

05 建立新操作，设置机床参数。在菜单栏中选择【步骤】|【操作】命令，打开【操作设置】对话框，选择默认的 3 轴机床，选择 NC 坐标系作为参考来创建机床零点。

06 设置退刀曲面。在【操作设置】对话框中单击【编辑操作退刀】按钮，然后选择工件上表面作为参照，设置退刀曲面与工件上表面的距离为 20mm，如图 27-86 所示。

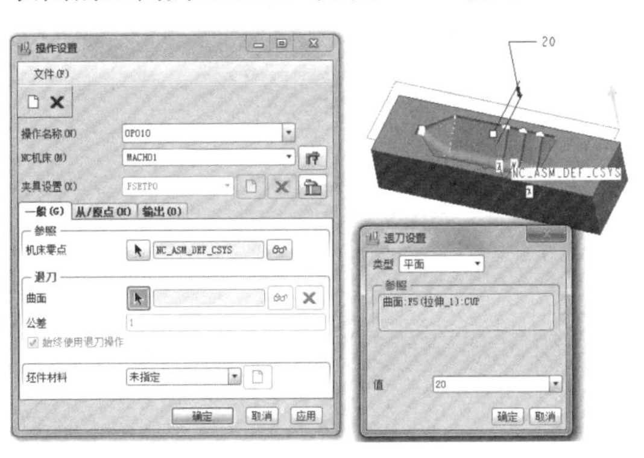

图 27-86　设定退刀平面

07 定义曲面铣削工序。单击【曲面铣削】按钮，弹出【NC 序列】菜单管理器，在【序列设置】子菜单中，同时选中【刀具】、【参数】、【曲面】、【定义切削】复选框，最后选择【完成】命令。

08 随后在弹出的【刀具设定】对话框中，设置曲面铣削刀具的参数，如图 27-87 所示。

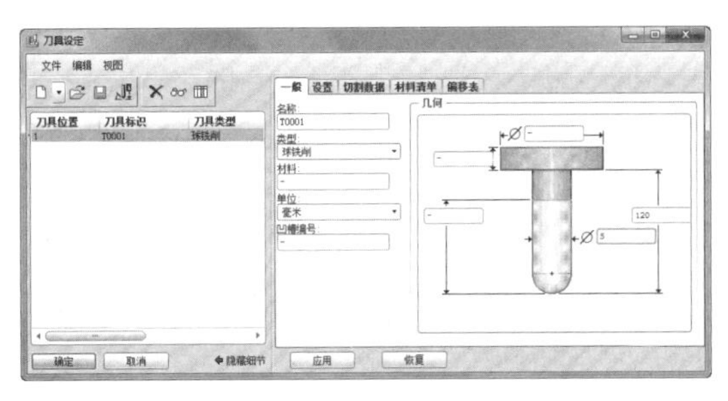

图 27-87　设定刀具参数

09 设置制造参数。在【编辑序列参数"曲面铣削"】对话框中设置制造参数，如图 27-88 所示。其中，【步长深度】、【跨度】、【进给速度】和【主轴转速】是必选参数。

10 在【NC 序列】菜单管理器中，选择如图 27-89 所示的命令，然后选择切削曲面。

11 再在菜单管理器中执行系列命令，弹出【切削定义】对话框。然后设置切削类型和切削方法。并添加第一条切削线，如图 27-90 所示。

技术要点

设置切削线也就是设置切削边界。只不过对于对称的产品，仅选择两条外侧边界即可。切削区域将包含在切削线内。

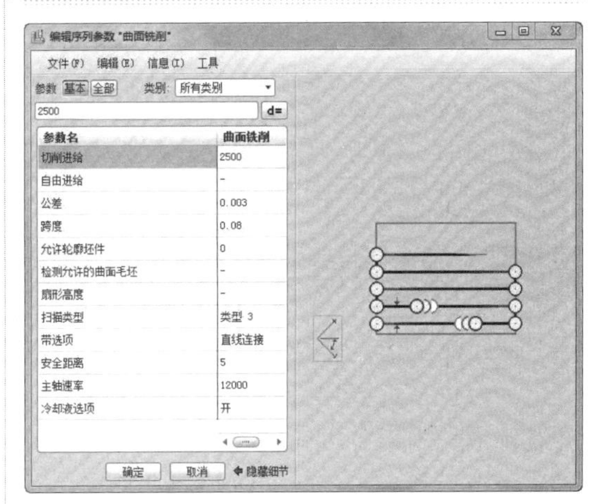

图 27-88　设定制造参数

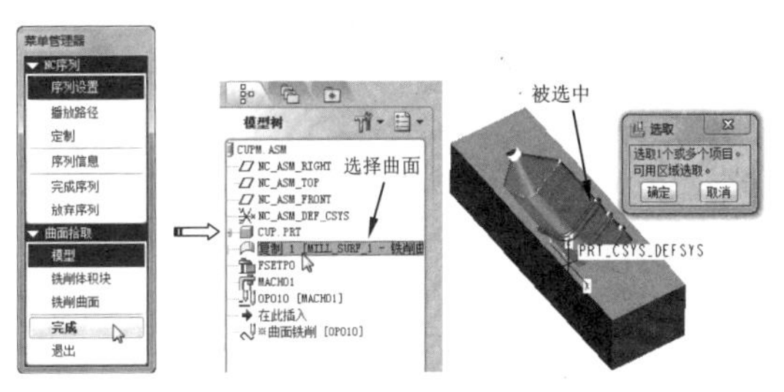

图 27-89　选择切削曲面

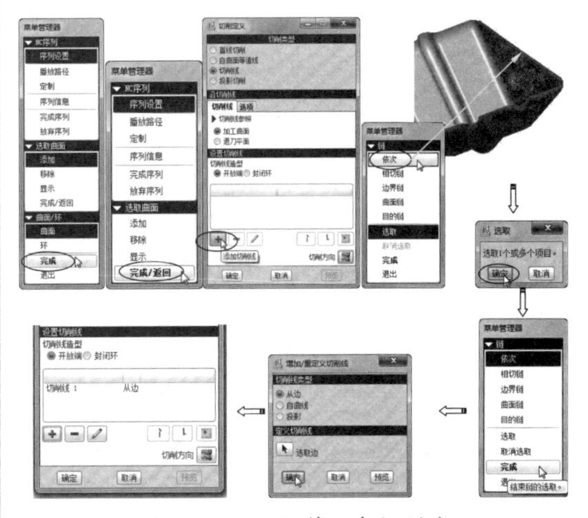

图 27-90　添加第一条切削线

12 执行相同的操作，添加第二条切削线，如图 27-91 所示。

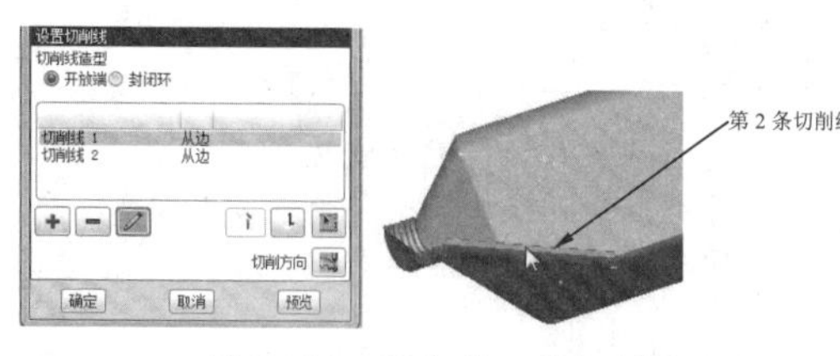

图 27-91　添加第二条切削线

13 演示轨迹。全部设置完毕后，选择【演示轨迹】功能，检测刀具路径的合理性，具体按照图 27-92 所示步骤进行操作。

14 最后将结果文件保存。

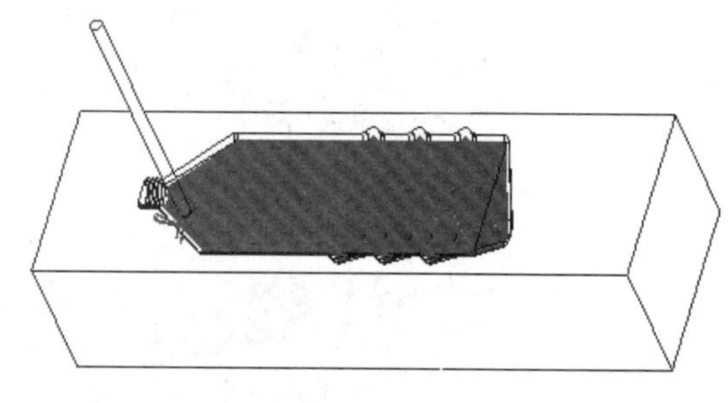

图 27-92　演示轨迹

27.7　钻削加工

钻孔铣削是机械加工中最主要的加工工艺之一，也是机械加工耗时最多的工序。钻孔铣削加工用于各类孔系零件的加工，既可以采用钻刀加工出深径比较小的孔，也可采用深孔钻刀加工较大孔深和直径比的深孔。钻孔铣削的加工原理如图 27-93 所示，其刀具轴线对齐加工孔轴线，在旋转的同时进行进给切削加工。

图 27-93　钻孔铣削加工原理图

27.7.1　工艺设计

对于钻孔铣削加工，其加工方式可由单轴加工实现，可采用数控车床、数控铣床、加工中心等实现钻削的数控加工。

钻孔铣削加工刀具主要为麻花钻和深孔钻等，麻花钻是应用最广的孔加工刀具，由于有两条螺旋形的沟槽，形似麻花而得名，主要有高速钢钻头、普通硬质合金钻头和整体硬质合金钻头，且整体硬质合金钻头优于前两者，能够大幅度减少钻削加工所需的工时，从而降低孔加工成本。深孔钻常用的刀具有扁钻、枪钻、BTA 深孔钻、喷射钻等。

27.7.2　参数设置

在 Pro/ E 的钻孔铣削加工序列定义的过程中，当进行参数设置时，系统默认提供钻孔铣削加工常用的一些参数，必选参数以淡黄色高亮显示，供设计人员方便快捷地设置相应参数值。钻孔铣削的主要参数有：

- CUT_FEED：加工过程中的切削进给速度，通常单位是 mm/min。
- 扫描类型：加工过程中的刀具路径规划方式。有下面几种主要类型：
  - 类型 1：先沿 X 向进行走刀，Y 向进行偏移。
  - TYPE_SPIRAL：从离原点最近的点开始进行顺时针遍历走刀。
  - 类型一方向：先沿 Y 向进行遍历走刀，X 向进行偏移。
  - 选出顺序：刀具按照加工孔被拣选的顺序进行遍历走刀。
- 最短：走刀时用时最短的路径。

- 安全距离：在退刀之前完全退离工件所需要的距离，单位为 mm。
- SPINDLE_SPEED：设置主轴的旋转速度，通常单位为 r/mm。

动手操作——折流板孔加工

传统的弓形折流板的加工方法是先由钳工画出管孔的位置线，用样冲在需要钻孔的位置打点，在摇臂钻床上用比较小的钻头钻出一个浅孔，检验孔距合格后再钻孔。以上钻孔方式操作耗时，由于定位精度主要靠人工，误差较大，不易达到较好的效果。而且换热器的折流板毛坯一般采用薄钢板，周边经火焰或者等离子切割，多件电焊较多，不平度较大。

本例采用在数控机床上钻孔方式，这样钻孔方式可以保证孔的中心距及位置精度。如图 27-94 所示为折流板由毛坯到成品的加工过程。

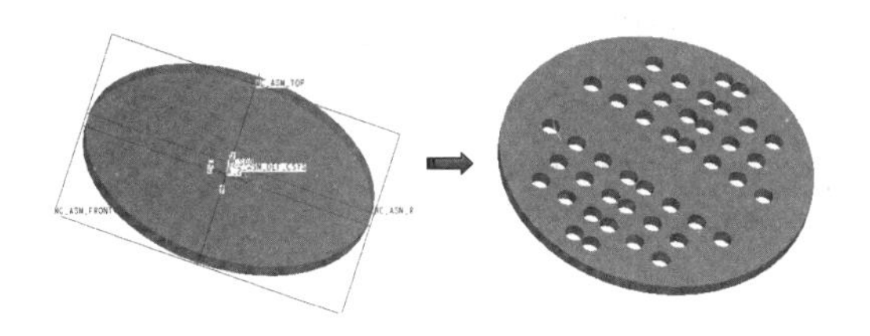

图 27-94　折流板由毛坯到成品的加工过程

数控钻铣床具有较高的加工精度，重复定位精度小于等于 0.01mm，即便是分开钻孔，也可以保证管板和折流板上相应的孔能够对齐。由于孔径较大，所以本例采用先用小钻头钻孔，再用大钻头扩孔的方式。

1. 钻削小孔

操作步骤：

01 新建 NC 加工文件。

02 装配参照模型。选择参照模型【zheliuban.prt】以默认的装配模式，如图 27-95 所示。

03 创建工件。单击【创建自动工件】按钮，然后创建圆形包络工件，如图 27-96 所示。

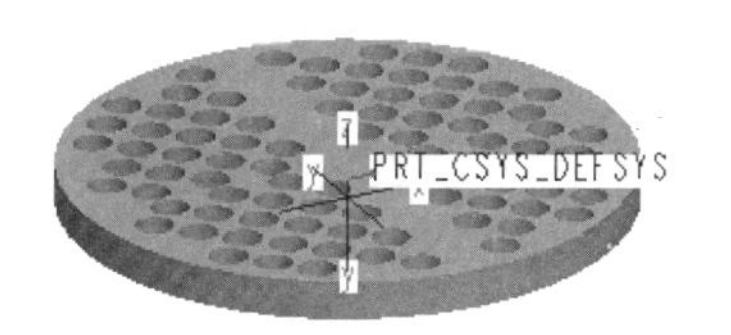

图 27-95　装配参照零件

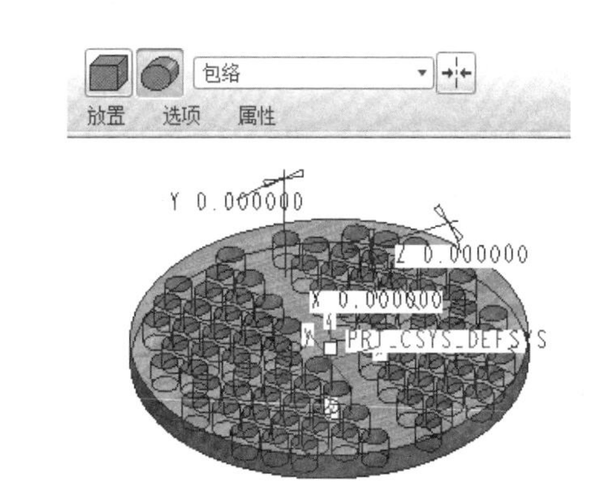

图 27-96　自动工件的创建

04 建立新操作，设置机床参数。在菜单栏中选择【步骤】|【操作】命令，打开【操作设置】对话框，选择默认的 3 轴机床，选择 NC 坐标系作为参考来创建机床零点。

05 设置退刀曲面。在【操作设置】对话框中单击【编辑操作退刀】按钮，然后选择工件上表面作为参照，设置退刀曲面与工件上表面的距离为 5mm，如图 27-97 所示。

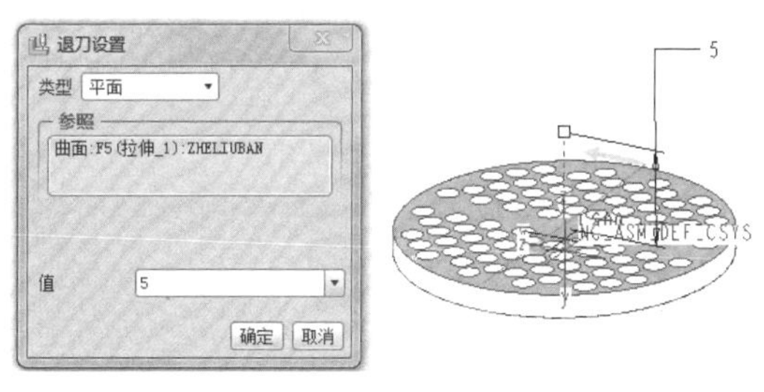

图 27-97　设定退刀平面

06 定义钻孔铣削工序。在菜单栏中选择【步骤】|【钻孔】|【断屑】命令，弹出如图 27-98 所示的【NC 序列】菜单管理器，在【序列设置】子菜单中，同时选中【刀具】、【参数】、【孔】复选框，最后选择【完成】命令。

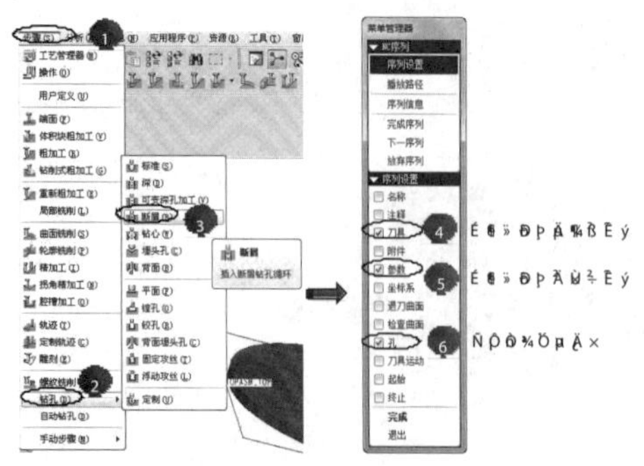

图 27-98　设定钻孔铣削 NC 序列

07 设置刀具参数。如图 27-99 所示的操作步骤，在【刀具设定】对话框中，设置刀具参数。刀具的尺寸和形状要与参照模型的切削部分相对应。

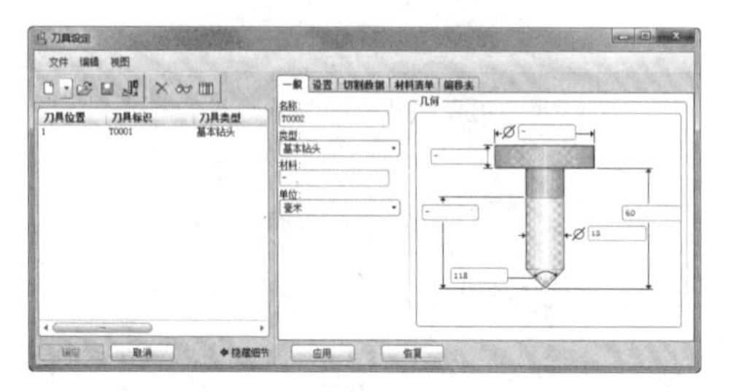

图 27-99　设定刀具参数

技术要点

首先选择直径较小的钻头，然后选择直径较大的钻头进行扩孔。这样既可以提高加工效率，又可以延长刀具的寿命。

08 设置制造参数。在【编辑序列参数“孔加工”】对话框中设置制造参数，如图 27-100 所示。其中【进给速度】、【安全距离】和【主轴转速】是其必选项。

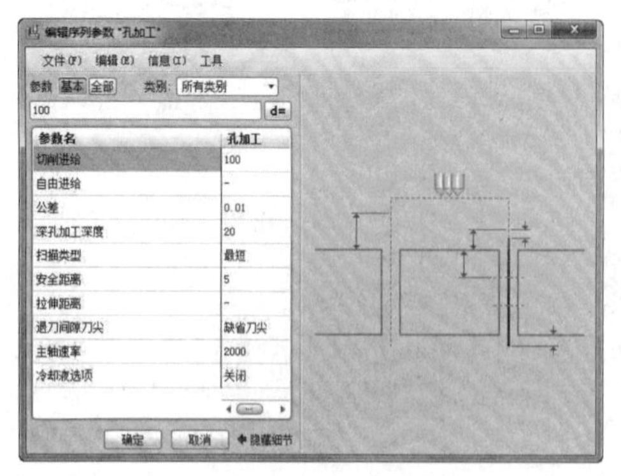

图 27-100　设定制造参数

09 选择加工孔。为了选择方便可以将工件隐藏，单独显示参考模型，来选择加工孔。具体操作步骤如图 27-101 所示。

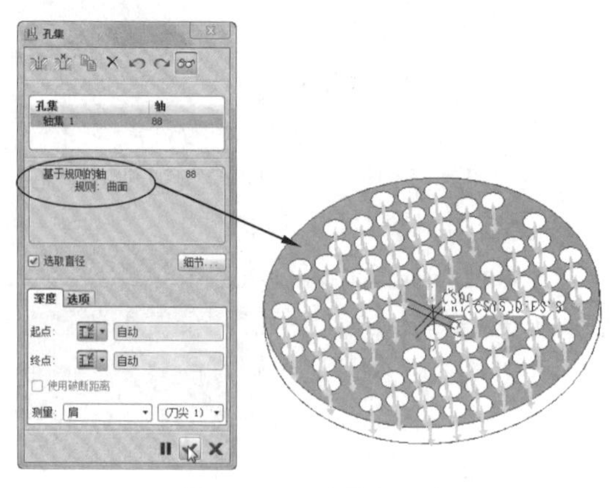

图 27-101　选择加工孔

10 演示轨迹。全部设置完毕后，选用【演示轨迹】功能，检测刀具路径的合理性，具体按照如图 27-102 所示步骤进行操作。

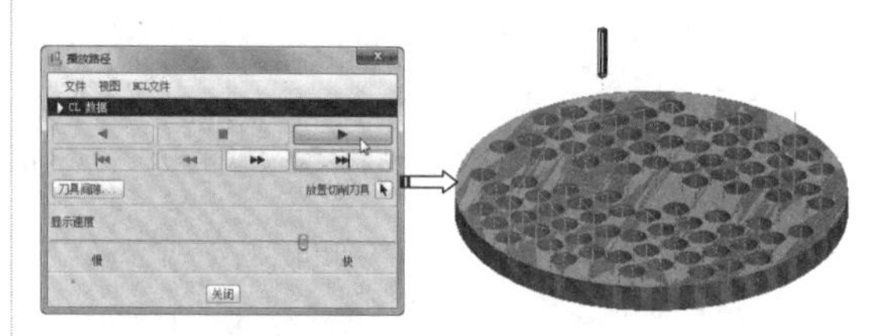

图 27-102　演示轨迹

2．扩孔

扩孔的加工操作与短屑钻孔是相同的，不同的是切削参数与刀具。

设置的扩孔加工刀具参数如图 27-103 所示。

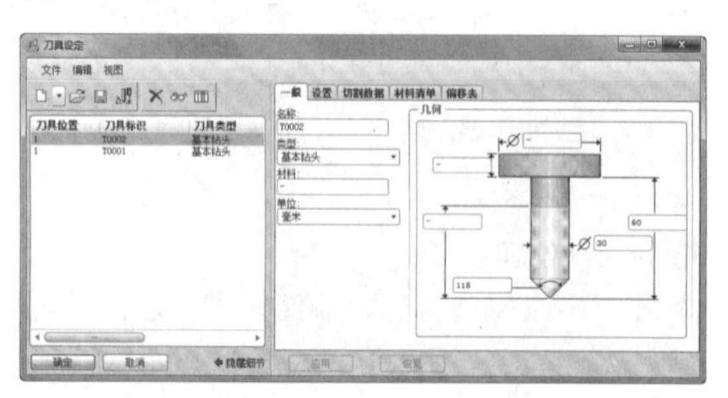

图 27-103　扩孔加工的刀具设定

01 设置的切削参数如图 27-104 所示。

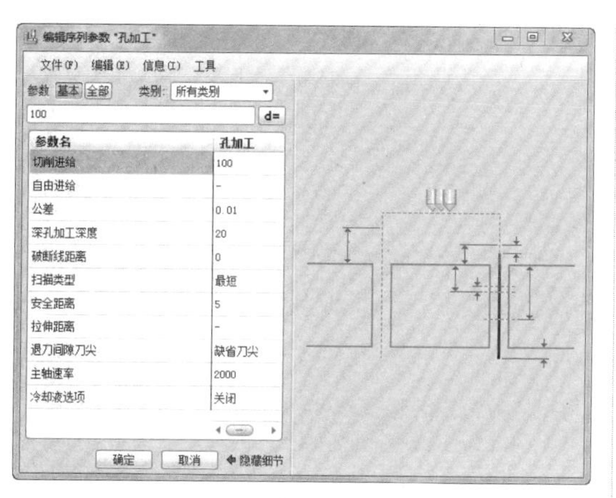

图 27-104 设定切削参数

02 演示轨迹。全部设置完毕后，选择【演示轨迹】功能，检测刀具路径的合理性。如图 27-105 所示。

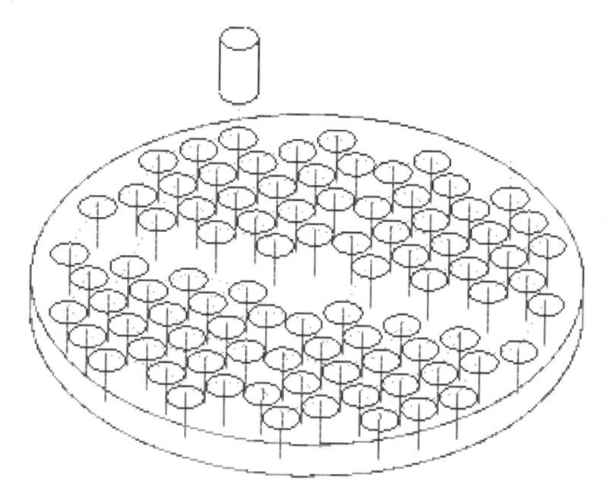

图 27-105 演示轨迹

03 最后将 NC 加工的文件保存。

27.8 课后习题

如图 27-106 所示的零件在实际生产中应用较广，本操作使用体积块粗加工方式，对模型进行 NC 操作练习。

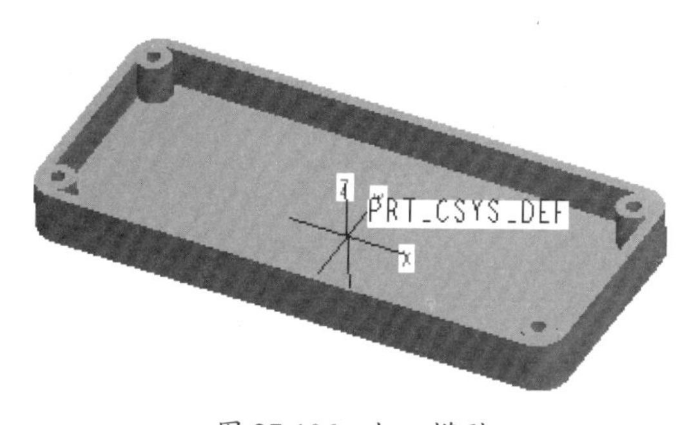

图 27-106 加工模型

读书笔记

第28章　钣金设计

使用 Pro/E 软件进行钣金设计是由各个法兰壁开始的，在各个法兰壁上完成其他的特征，进而完成钣金零件的设计，因此，各个法兰壁在 Pro/E 钣金设计中占有重要地位，是使用该模块的基础。

百度云盘

360 云盘 访问密码 32dd

知识要点

- 钣金成型基础
- 分离的钣金基准壁
- 钣金次要壁的创建
- 转换钣金件

28.1 钣金成型基础

Pro/E 的钣金设计功能十分强大，在钣金设计行业中应用范围非常广泛。了解与掌握钣金成型的基础理论知识，有助于我们对钣金结构设计的认知。下面介绍钣金工艺的基本知识。

28.1.1 钣金加工概述

钣金是指厚度均一的金属薄板，通过一些加工工艺将其加工成符合应用要求的零件，在实际工程中用途比较广泛，其加工工艺以冲压为主，因此广泛应用于冲模设计中。在市场上，钣金零件占全部金属制品的 90%以上，在国民经济和军事诸方面所占有的位置是极其重要的。钣金零件具有劳动生产率和材料利用率高、重量轻等优点。在轻工十大产品中，金属件基本都是钣金冲压产品。

如图 28-1 所示为日常生活中常见的计算机机箱钣金件。

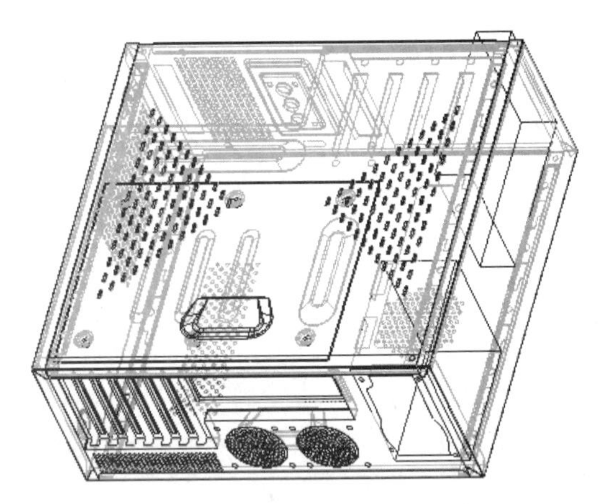

图 28-1　计算机机箱钣金件

1. 钣金设计要点

在一般情况下，钣金设计有以下几个设计要点：

- 钣金设计首先要注意钣金的厚度与设计尺寸的关系问题，例如要求的尺寸长度是包括钣金厚度在内，还是没有包括钣金厚度。
- 要考虑钣金制造的工艺、加工制造是否容易、是否会增加制造的成本、是否会降低生产效率等问题。
- 钣金件的相互连接方式、钣金和塑料件的连接固定方式及钣金和其他零件的固定与连接方式都是设计考虑的重点，钣金件的连接方式主要有螺钉、铆接、电焊等，并要考虑维修拆装的难易程度和配合的公差问题。

- 钣金的强度设计是钣金设计的重点，强度的设计将直接影响产品寿命和耐用性，有时为了增加钣金的强度而增加一些冲压凸起。
- 钣金组装优先顺序和安装空间需要从组装合理化和组装便利化的方面来考虑。

2. 钣金的加工方法

在通常情况下，镀金加工有以下3种方法：

- 冲裁加工：即钣金的落料，是按照钣金件的展开轮廓，从钣金卷板或平板上冲裁出坯料，以便进一步地加工。
- 折弯加工和卷曲加工：折弯加工是指将板料通过折弯机折成一定角度；卷曲加工与折弯加工相似，是将平板卷成具有一定半径的弧形。
- 冲压加工：冲压加工是指用事先加工好的凸模和凹模，利用金属的延展性加工出各种凹凸的形状。

28.1.2 Pro/E中的钣金设计方法

在Pro/E中进行钣金设计的方法和特点，包括怎么进入钣金设计模式，以及在钣金模式下进行设计的主要方法和流程。通过对各个命令的介绍，让读者更加了解钣金模式下的设计环境。

在进行钣金设计之前必须先进入钣金设计模式，在Pro/E中进入钣金设计模式主要有两种方法：创建钣金设计文件和创建钣金组件。

1. 创建钣金设计文件

该方法是进入钣金设计模式最常用和最基本的方法，具体操作步骤如下：

在启动Pro/E之后，在工具栏中单击【新建】按钮，打开【新建】对话框，选择【零件】类型和【钣金件】子类型，如图28-2所示。然后在【新文件选项】对话框中选择公制模板，最后单击【应用】按钮即可进行钣金设计模式，如图28-3所示。

图28-2 【新建】对话框　图28-3 选择公制模板

> **技术要点**
>
> 在【新建】对话框中不选中【使用默认模板】复选框，才能弹出【新文件选项】对话框来，如果选中了【使用默认模板】复选框，将直接进入到工作界面中。

2. 创建钣金组件

如果需要为装配件制作一个外壳，在装配模式下同样可以创建钣金件。

在装配模式下，在菜单栏中选择【插入】|【元件】|【创建】命令，系统弹出如图28-4所示的【元件创建】对话框。

在【子类型】选项组中选中【钣金件】单选按钮，在【名称】文本框中输入钣金文件的名称后，单击【应用】按钮。在随后弹出的【创建选项】对话框中要求用户选择创建方法。在该对话框中完成设置后，单击【应用】按钮即可完成钣金组件文件的创建，如图28-5所示。

图28-4 【元件创建】对话框

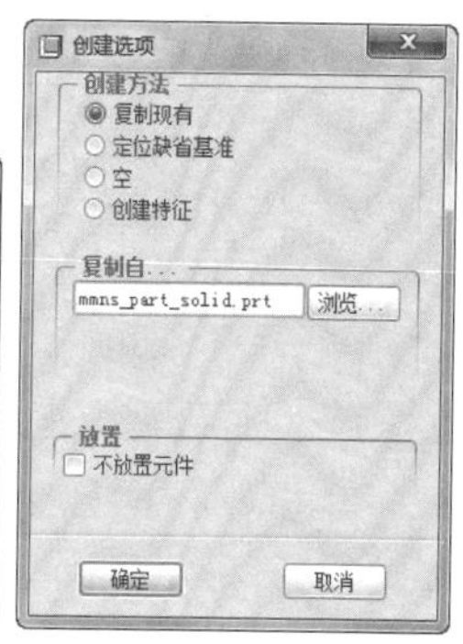

图28-5 选择创建方法

28.1.3 钣金设计环境

在进行钣金设计之前，必须先了解钣金设计环境，只有这样才能更熟练和有效地进行钣金设计。创建或打开钣金文件后，Pro/E 的钣金设计界面如图 28-6 所示。下面将对其中的主要功能进行介绍。

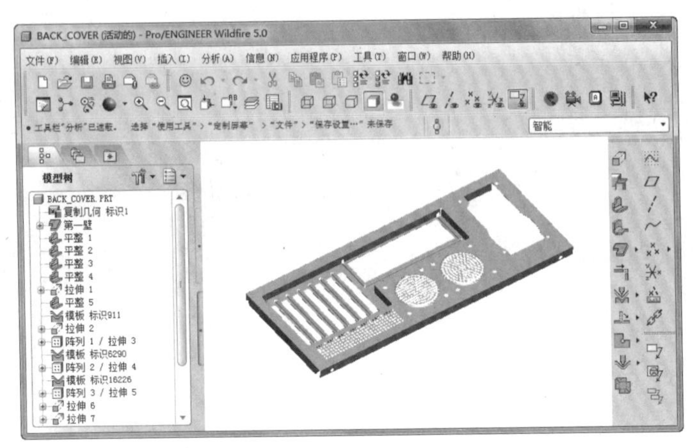

图 28-6 钣金设计界面

28.2 分离的钣金基本壁

创建钣金特征可以使用钣金工具栏内的工具按钮来完成。下面就来介绍常见的、分离的法兰壁特征，包括：平整壁、拉伸壁、选择壁、混合壁和偏移壁这 5 种壁的创建方法。

技术要点

所谓"分离的"壁，实质是主壁特征的创建。是可以作为独立特征出现的。而后面的次要壁则是建立在分离壁上的，不能以单独特征出现。

28.2.1 平整壁特征

分离的平整壁就是钣金的平面部分及一块等厚度的薄壁。平整壁是通过草绘封闭的轮廓，然后再定义它的厚度而生成的。第一次创建的平整壁是法兰壁。其余类型的钣金壁则在此基础之上继续创建。

单击【平整】按钮，弹出【平整】操控板，如图 28-7 所示。

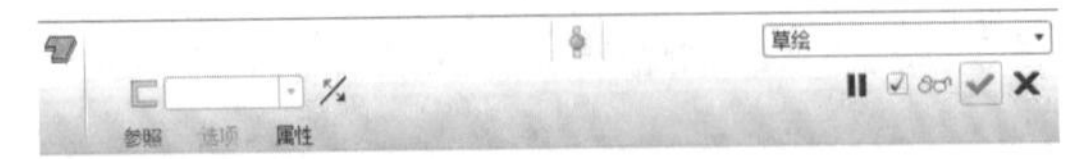

图 28-7 【平整】操控板

动手操作——创建平整壁

操作步骤

01 启动 Pro/E 5.0 后，创建一个名为【pingzhengbi】的钣金文件，并选择【direct_part_solid_mmns】公制模板。

02 单击【平整】按钮，弹出【平整】操控板。在操控板的【参照】选项卡中单击【定义】按钮，弹出【草绘】对话框。

03 选择 TOP 基准面作为草绘平面，进入草绘模式，如图 28-8 所示。

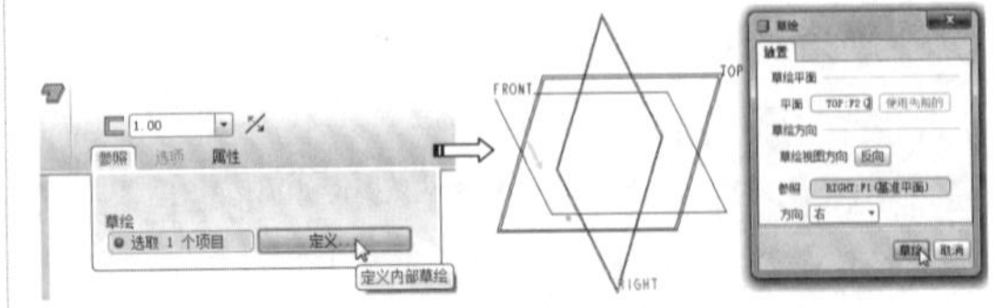

图 28-8 选择草绘基准面

04 在草绘模式中绘制如图 28-9 所示的图形，完成后单击【应用】按钮退出草绘模式。

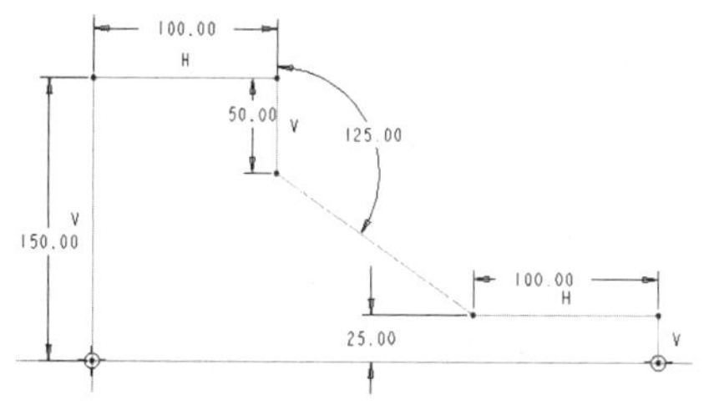

图 28-9　绘制图形

技术要点

扭曲的附加边只能是直边，弧形或其他不规则形状的边不能作为扭曲的附加边。

05 在【平整】操控板中输入厚度值 1.5，然后单击【应用】按钮，完成平整壁的创建，结果如图 28-10 所示。

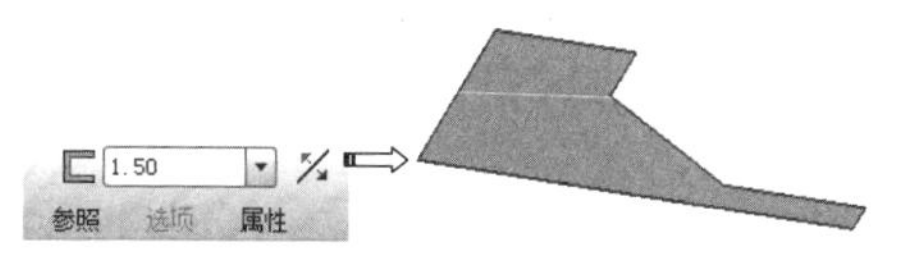

图 28-10　创建平整壁

技术要点

输入厚度的数字要根据实际情况而定，以免造成长、宽、高的极度不协调。如果厚度过厚，在创建后续特征时会因为厚度生成很多逻辑错误，用户应根据实际情况来确定厚度。

28.2.2　拉伸壁特征

拉伸壁是草绘壁的侧截面，并使其拉伸出一定长度。它可以是第一壁（设计中的第一个平整壁），也可以是从属于主要壁的后续壁。

技术要点

仅当创建第一壁厚后，其他壁特征命令才变为可用。

单击【拉伸】按钮，弹出【拉伸】操控板，如图 28-11 所示。

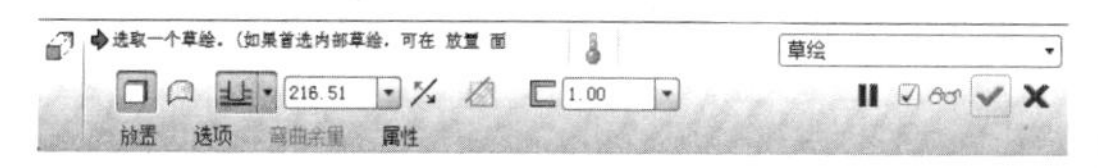

图 28-11　【拉伸】操控板

动手操作——创建拉伸壁

操作步骤：

01 启动 Pro/E 后，创建一个名为【lashenbi】的钣金文件，并选择【direct_part_solid_mmns】公制模板。

02 单击【拉伸】按钮，弹出【拉伸】操控板。在操控板的【放置】选项卡中单击【定义】按钮，打开【草绘】对话框，然后选择 TOP 基准面作为草绘平面，如图 28-12 所示。

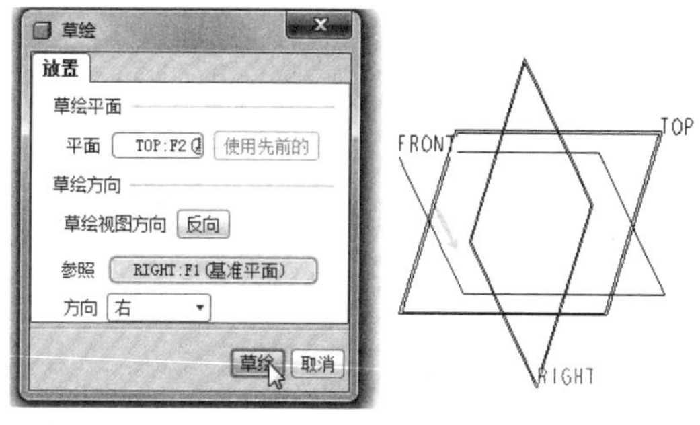

图 28-12　选择草绘平面

03 进入草绘模式，绘制如图 28-13 的草图。

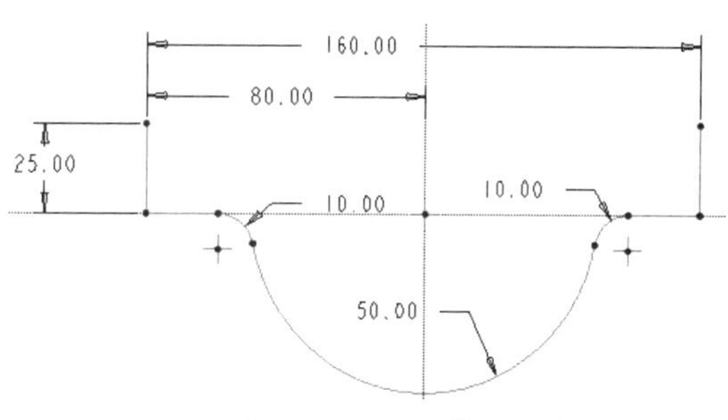

图 28-13　绘制草图

04 在【拉伸】操控板中输入拉伸深度值 100 及厚度值 3.0，然后直接单击【应用】按钮，如图 28-14 所示，完成拉伸壁的创建，如图 28-15 所示。

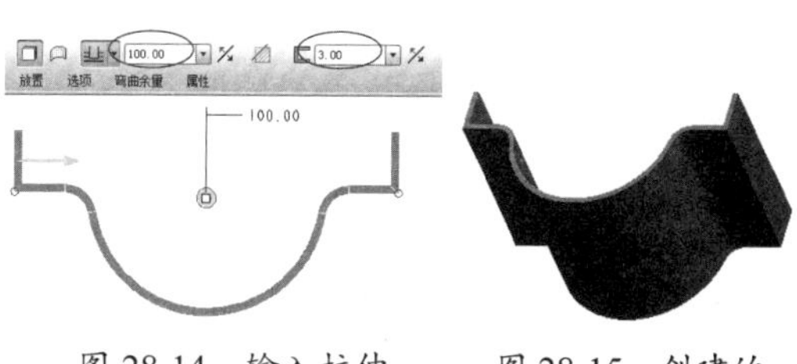

图 28-14　输入拉伸深度值、厚度值　　图 28-15　创建的拉伸壁

28.2.3 旋转壁特征

旋转壁是将截面沿旋转中心线旋转一定的角度而产生的特征。在创建旋转壁时，首先要草绘剖面，然后将其围绕草绘的中心线，指定角度和壁厚，最终生成旋转壁。需要注意的是，在截面中必须绘制一条中心线作为旋转轴，才能生成旋转特征。

单击【旋转】按钮，弹出【分离壁：旋转】对话框和【属性】菜单管理器，如图28-16所示。

图 28-16 【分离壁：旋转】对话框和【属性】菜单管理器

【属性】菜单管理器中的【单侧】与【双侧】的含义如下：

- 单侧：仅在草绘平面的一侧创建旋转壁，如图 28-17 所示。
- 双侧，同时在草绘平面的两侧创建旋转壁，如图 28-18 所示。

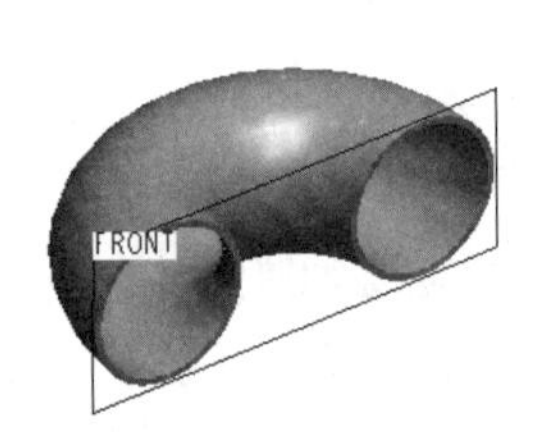

图 28-17 在草绘平面单侧

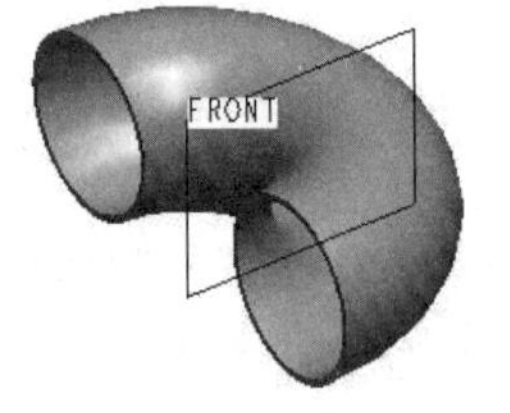

图 28-18 在草绘平面双侧

动手操作——创建旋转壁

操作步骤：

01 启动 Pro/E 后，创建一个名为【xuanzhuanbi】的钣金文件，并选择【direct_part_solid_mmns】公制模板。

02 单击【旋转】按钮，弹出【分离壁：旋转】对话框和【属性】菜单管理器。

03 在【属性】菜单管理器的子菜单中依次选择如图 28-19 所示的命令，然后选择 FRONT 基准面作为草绘平面，进入草绘模式中。

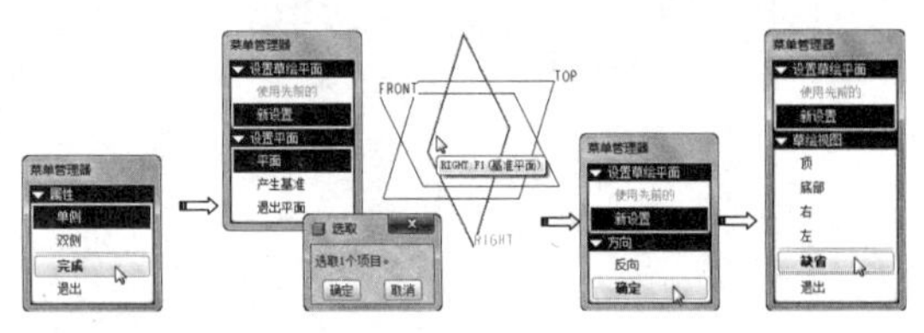

图 28-19 选择草绘基准平面

04 在草绘模式中绘制如图28-20所示的草图，完成后退出草绘模式。然后确定加厚方向，如图 28-21 所示。

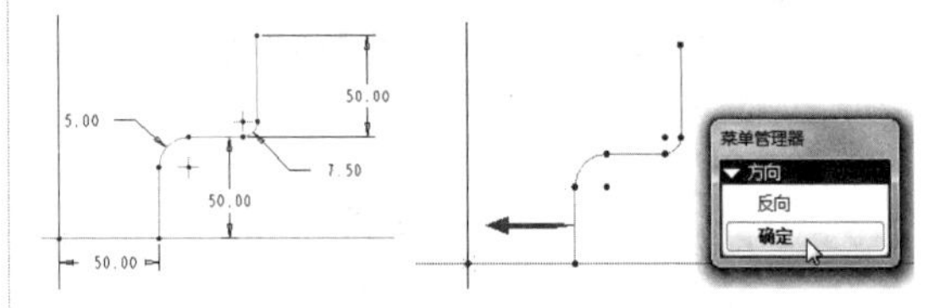

图 28-20 绘制草图　　图 28-21 确定加厚方向

05 在弹出的【REV TO】菜单管理器中选择【270】|【完成】命令，接着在【第一壁：旋转】对话框中选择【厚度】元素，并单击【定义】按钮，如图 28-22 所示。

图 28-22 设定旋转角度和定义厚度元素

06 在图形区上方的文本框内输入新的厚度3，再单击【应用】按钮关闭文本框，如图 28-23 所示。

图 28-23 设置旋转壁厚度

07 最后单击【第一壁：旋转】对话框中的【应用】按钮，完成旋转壁的创建，如图28-24所示。

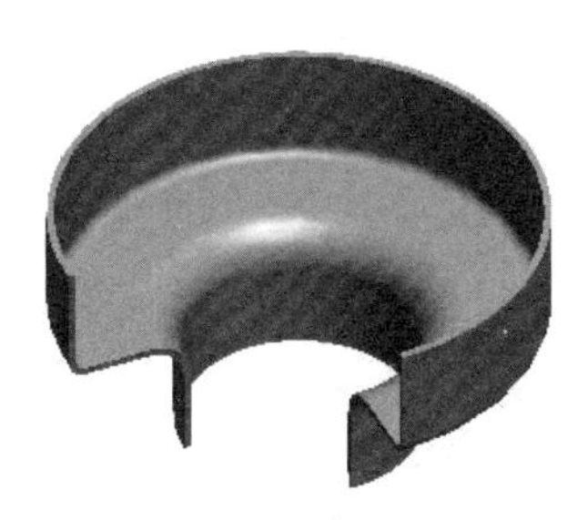

图 28-24 创建的旋转壁

28.2.4 混合壁特征

混合壁是通过连接至少两个截面而生成的壁。在创建混合壁时，首先要绘制多个截面，指定壁厚。截面形成与连接的方式决定了混合壁特征的基本形状。

单击【混合】按钮，弹出【混合选项】菜单管理器，如图 28-25 所示。

图 28-25 【混合选项】菜单管理器

此菜单管理器中的命令与前面章节中所介绍的【混合】命令中的含义是相同的，这里不再重复讲解了。下面介绍混合壁的创建过程。

动手操作——创建混合壁

操作步骤：

01 启动 Pro/E 后，创建一个名为【hunhebi】的钣金文件，并选择【direct_part_solid_mmns】公制模板。

02 单击【混合】按钮，弹出【混合选项】菜单管理器。

03 依次选取【平行】|【规则截面】|【草绘截面】|【完成】命令，系统弹出图 28-26 所示的【属性】菜单管理器和【分离壁: 混合，平行，规则截面】对话框。

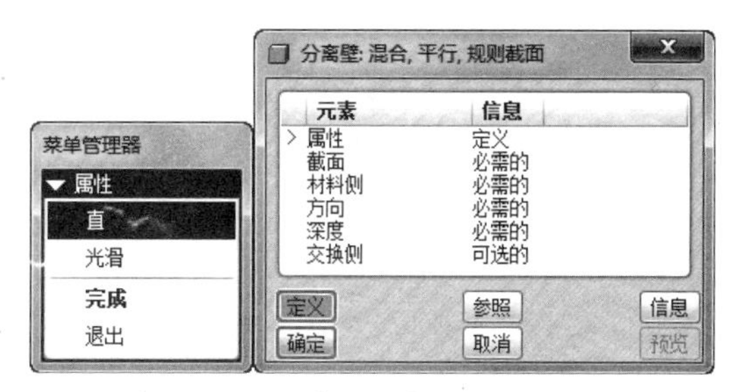

图 28-26 【属性】菜单管理器

04 选择【直】|【完成】命令，弹出如图 28-27 所示的【设置草绘平面】菜单管理器和【选取】对话框。

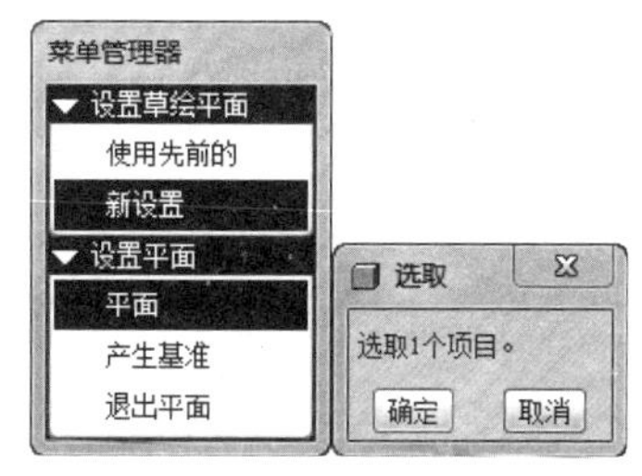

图 28-27 【设置草绘平面】菜单

技术要点

在【属性】菜单管理器中，【直】表示用直线段连接不同界面的顶点，截面的边用平面连接；【光滑】表示用光滑曲面连接不同截面的顶点，截面的边用样条曲面连接。

05 选择 TOP 基准面作为草绘平面，然后依次选择如图 28-28 所示的菜单命令，进入草绘模式中。

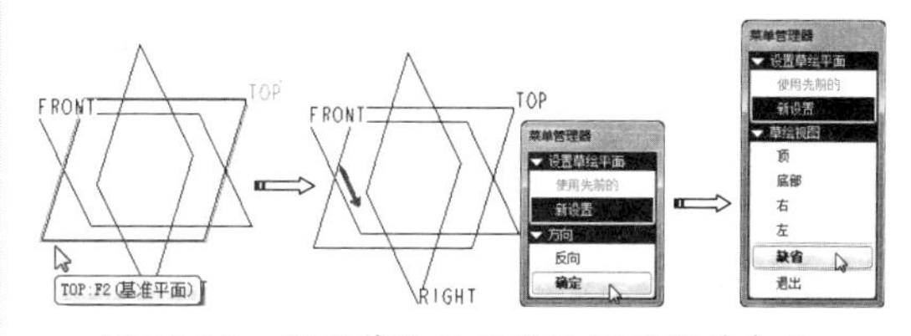

图 28-28 指定草绘平面所选择的菜单命令

06 进入草绘模式后首先绘制如图 28-29 所示的矩形截面。然后在空白绘图区域内右击，弹出一个快捷菜单，在快捷菜单中选择【切换截面】命令。

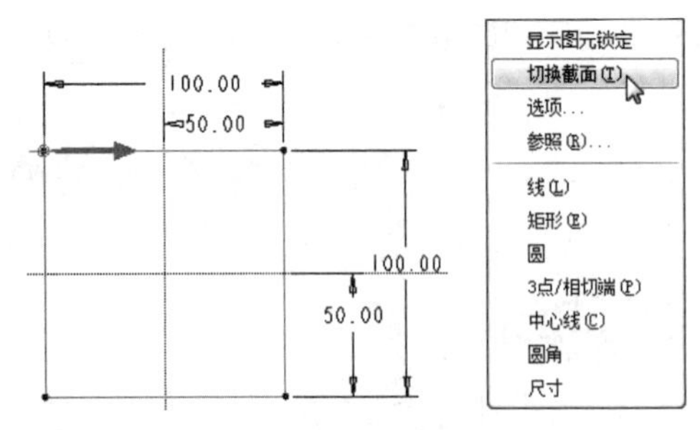

图 28-29　绘制第一个截面并切换截面

07 接着绘制如图 28-30 所示的圆形截面，作为混合的第二截面。退出草绘模式。确定钣金加厚方向，如图 28-31 所示。

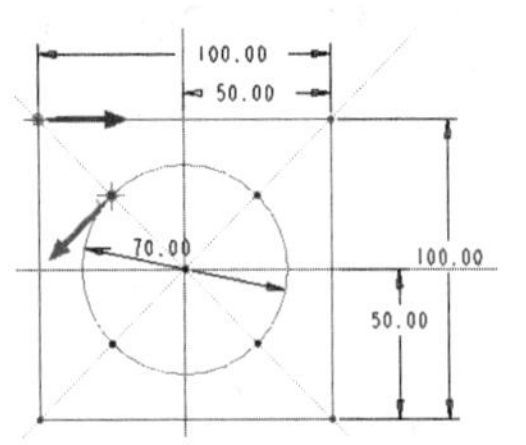

图 28-30　绘制第二个截面图

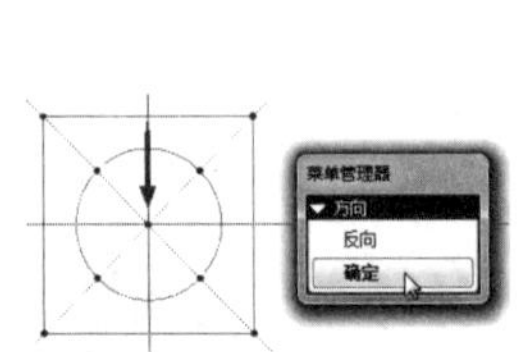

图 28-31　钣金加厚方向

技术要点

若要继续绘制截面，重复上两步步骤切换截面，并绘制下一个特征截面，如此反复，可以绘制多个混合特征截面，若要重新回到第一个特征截面，在绘制窗口中右击，选择【切换剖面】命令即可。

08 在图形区上方的文本框中输入钣金厚度值 2.5，如图 28-32 所示。单击【接受值】按钮 。此刻会弹出【深度】菜单管理器，提示选择深度类型，这里保留默认选择，选择【完成】命令。

09 然后再在上方的文本框中输入截面 2 至截面 1 的深度值 100，单击【接受值】按钮，如图 28-33 所示

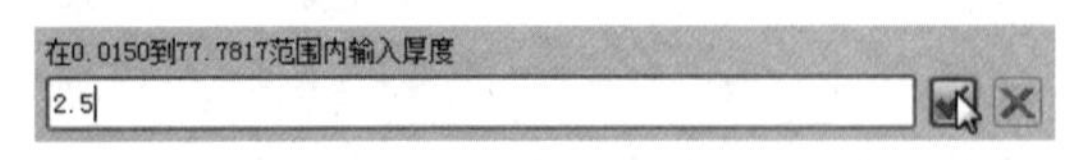

图 28-32　输入钣金厚度值

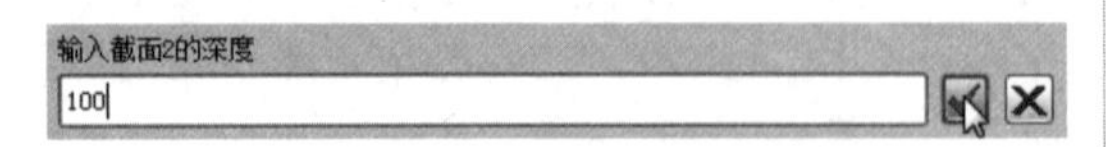

图 28-33　输入截面深度值

10 在【第一壁：混合，平行，规则截面】对话框中，单击【应用】按钮，完成混合壁的创建，如图 28-34 所示。

图 28-34　创建混合壁

28.2.5　偏移壁特征

偏移壁是将现有面组或是其他曲面偏移特定的距离而产生薄壁特征，首先要选择偏移的面组或实体曲面，接着指定一个移动距离，然后系统将自动生成一个偏移壁，并且壁厚与原来的壁厚相同。

单击【偏移】按钮，弹出【第一壁：偏移】对话框，如图 28-35 所示。

图 28-35　【第一壁：偏移】对话框

下面介绍偏移壁的创建方法。

操作步骤：

01 启动 Pro/E 后，打开本例的素材源文件——拉伸壁特征，如图 28-36 所示。

02 单击【偏移】按钮，弹出【第一壁：偏移】对话框和【选取】对话框。在拉伸壁上选择一个曲面，如图 28-37 所示。

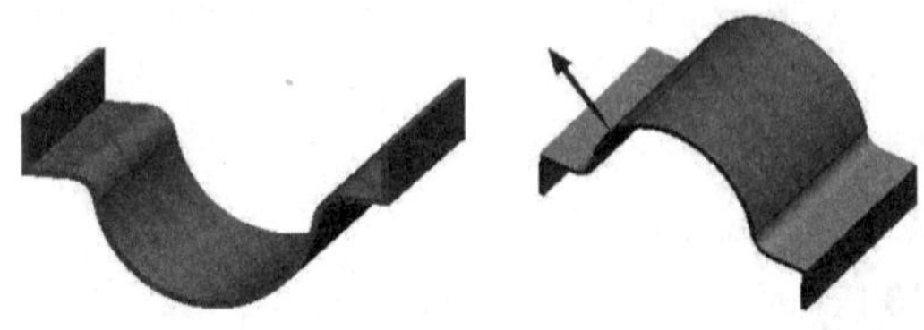

图 28-36　打开的拉伸壁　图 28-37　选择偏移曲面

03 在图形区上方弹出的文本框内输入偏移值 15，然后单击【应用】按钮✔，如图 28-38 所示。

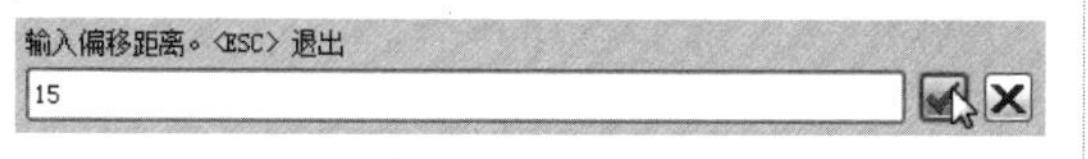

图 28-38　设定偏移距离

04 确定材料加厚的方向后（默认方向），单击【分离壁：偏移】对话框中的【应用】按钮，完成偏移壁的创建，如图 28-39 所示。

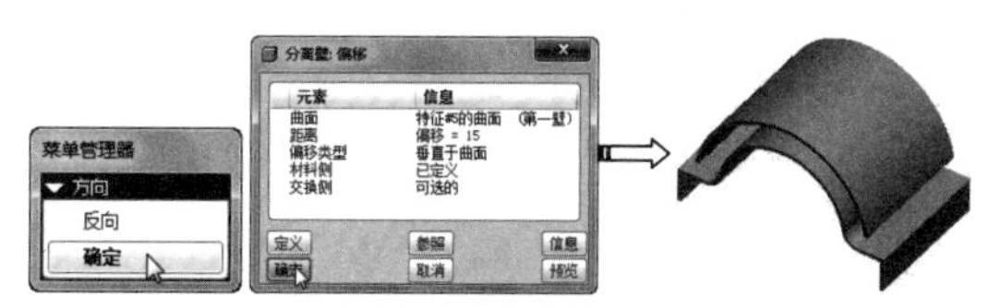

图 28-39　完成偏移壁的创建

28.3　钣金次要壁

钣金次要壁的创建主要是在第一壁的基础上进行的，创建第一壁的方法可以用来创建次要壁，经过次要壁对第一步的修饰和扩展，可以建立更加复杂的壁，它们之间是相互连接的。本节主要介绍的次要壁特征有：创建平整壁、法兰壁、延伸壁、扭转壁等。

28.3.1　创建次要平整壁

次要平整壁是以第一壁的一条边作为依附边，通过绘制轮廓，创建出所需形状的次要平整壁，它们之间是相互连接的。这个命令只能用直线边作为依附边。

单击【平整】按钮，弹出平整操控板，如图 28-40 所示。

图 28-40　平整操控板

如图 28-41 所示为常见的几种次要平整壁的形状。

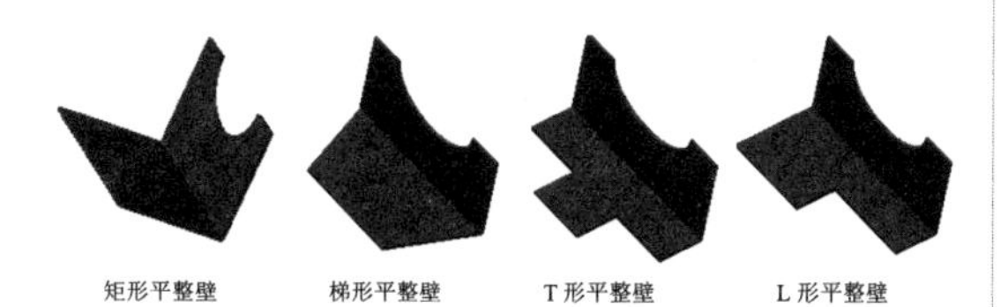

图 28-41　平整壁的几种形状

动手操作——创建次要平整壁

操作步骤：

01 新建名为【ciyaopingzhengbi】的钣金文件。

02 利用【拉伸】或【平整】工具，创建第一壁。第一壁草图与壁厚度参数设置如图 28-42 所示。

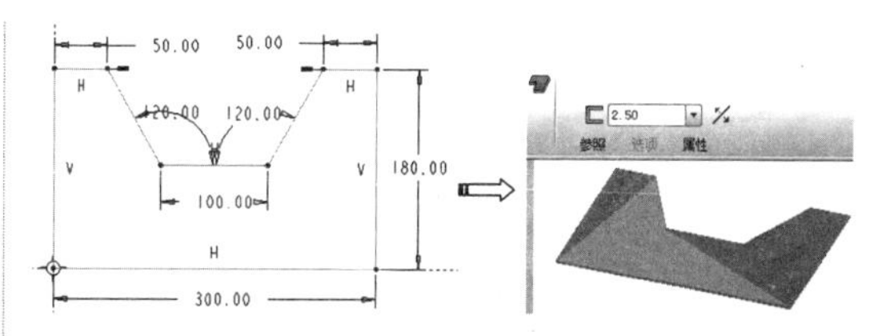

图 28-42　绘制第一壁的草图并设置厚度

03 单击【平整】按钮，弹出【平整】操控板。在【放置】选项卡中激活【放置参照】收集器，然后选择第一壁的一条边作为放置参照，如图 28-43 所示。

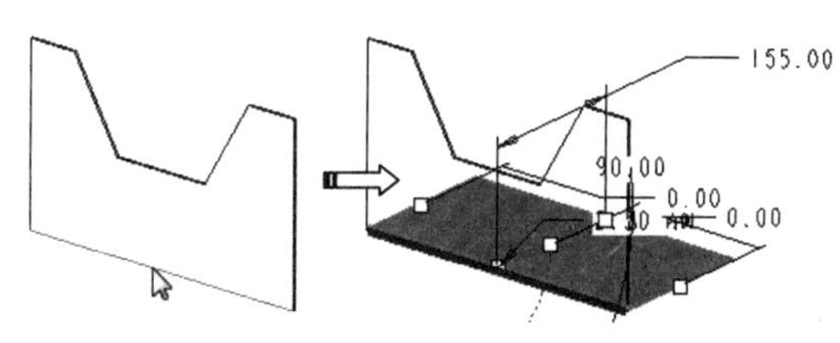

图 28-43　选择参照边

04 在操控板中选择次要平整壁的形状——T 形，然后双击图形中的尺寸进行编辑，如图 28-44 所示。

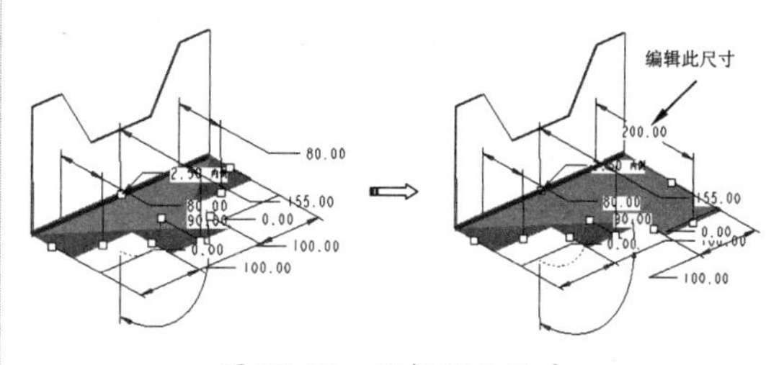

图 28-44　编辑形状尺寸

技术要点

您还可以在【形状】选项卡中单击【草绘】按钮，进入草绘模式中编辑次要平整壁的形状为任意形状。

05 在【平整】操控板中输入角度值60，单击【标注折弯类型为外部曲面】按钮，单击【应用】按钮，完成次要平整壁的创建，如图28-45所示。

图28-45　设置壁折弯选项

06 最后单击【应用】按钮，完成二次次要平整壁的创建，如图28-46所示。

图28-46　创建的平整壁

28.3.2　创建法兰壁

法兰壁主要用于创建常见的折边和替代简单的扫描壁，使用这个命令能加快设计速度，减少单击烦琐菜单的次数。

单击【法兰壁】按钮，弹出【法兰壁】操控板，如图28-47所示。

图28-47　【法兰壁】操控板

在操控板中，可以选择的法兰壁有如图28-48所示的几种形状。

技术要点

在弧形边上创建法兰壁是要受限制的，有几种形状的法兰壁不能在弧形边上创建，【弧形】、【S形】和【鸭形】都不能在弧形边上创建。

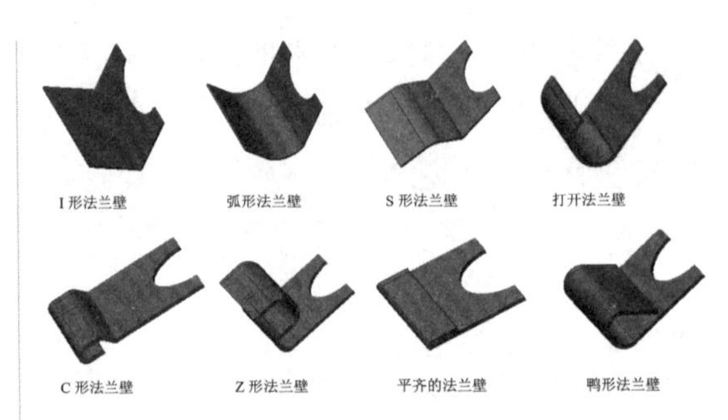

图28-48　法兰壁的几种形状

动手操作——创建法兰壁

操作步骤：

01 新建名为【falanbi】的钣金文件。

02 首先创建一个钣金零件，其结果如图28-49所示。

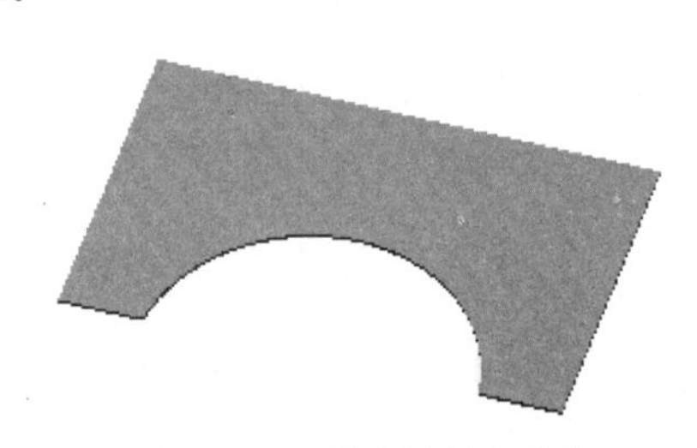

图28-49　创建的钣金零件

03 单击【法兰壁】按钮，弹出【法兰壁】操控板。接着在第一壁上选择一条放置参照边，随后显示法兰壁的预览，如图28-50所示。

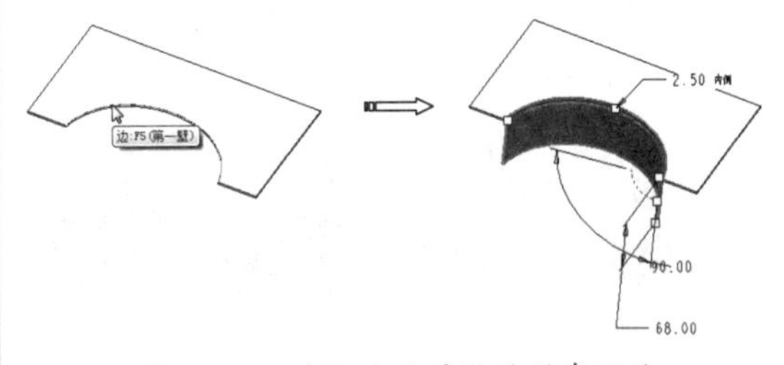

图28-50　选取法兰壁的放置参照边

技术要点

如果需要选取多条编辑作为放置参照，那么就需要按住Shift键进行选择。

04 双击预览图形中的尺寸进行编辑，确定凸缘的外形，如图28-51所示。

05 最后单击【应用】按钮，完成法兰壁的创建，结果如图28-52所示。

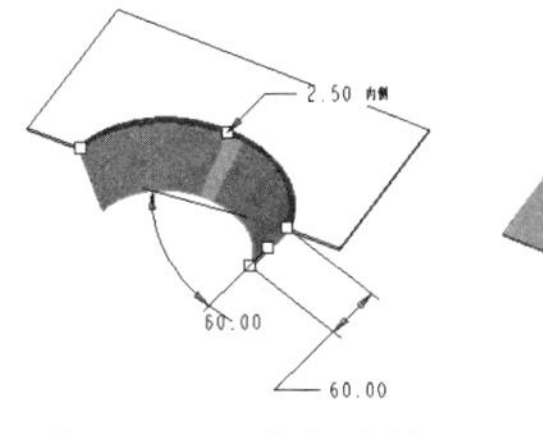

图 28-51　确定凸缘的外形尺寸

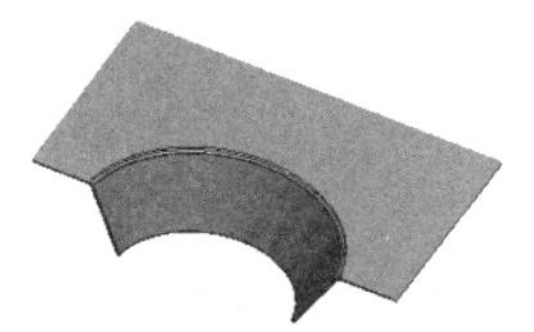
图 28-52　创建法兰壁

28.3.3　创建扭转壁

扭转壁是钣金的螺旋或螺线部分，扭转壁就是将壁沿中线扭转一个角度，类似于将壁的端点反向转动一个相对小的指定角度。可将扭转连接到现有平整壁的直边上。

由于扭转壁可更改钣金零件的平面，所以通常用作两钣金件区域之间的过渡。它可以是矩形，也可以是梯形。

在菜单栏中选择【插入】|【钣金件壁】|【扭转】命令，系统弹出如图 28-53 的【扭转】对话框、【特征参考】菜单管理器和【选取】对话框。

图 28-53　执行【扭转】命令弹出的对话框及菜单

动手操作——创建扭转壁

操作步骤：

01 新建名为【niuzhuanbi】的钣金文件。然后创建一个平整壁，其大致形状如图 28-54 所示。

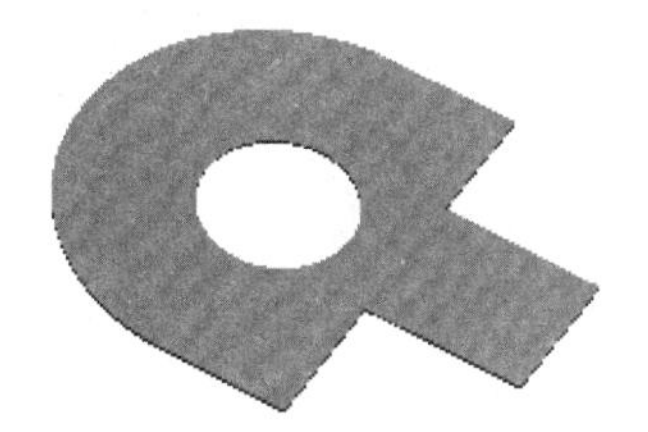
图 28-54　创建一个平整壁

02 执行【扭转】命令，系统弹出【扭转】对话框、【特征参照】菜单管理器和【选取】对话框。

03 选取如图 28-55 所示的依附边线，系统将弹出如图 28-56 所示的【扭曲轴点】菜单管理器和【选取】对话框。

图 28-55　选择依附边

图 28-56　【扭曲轴点】菜单和【选择】对话框

04 在【扭曲轴点】菜单管理器中选择【使用中点】选项，系统将弹出如图 28-57 所示的【输入起始宽度】对话框，在文本框中输入起始宽度值 40，单击【接受值】按钮，系统再弹出如图 28-58 所示的【输入终止宽度】对话框，在文本框中输入终止宽度值 50，单击【接受值】按钮，再弹出如图 28-59 所示的【输入扭曲长度】对话框，并在文本框中输入扭曲长度值 80，单击【接受值】按钮，系统将弹出如图 28-60 所示的【输入扭曲角】对话框，在文本框中输入扭曲角度 60，单击【接受值】按钮，系统将弹出如图 28-61 所示的【输入扭曲发展长度】对话框，在文本框中输入扭曲发展长度值 100，单击【接受值】按钮完成扭曲设置。

图 28-57　输入起始宽度

图 28-58　输入终止宽度

图 28-59　输入扭曲长度

输入扭曲角（当面对附属边时为反时针方向）
60

图 28-60　输入扭曲角

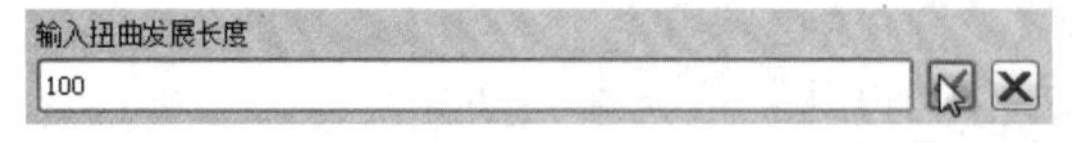

图 28-61　输入扭曲发展长度

05 单击【扭转】对话框中的【应用】按钮，完成扭转壁特征的创建，其结果如图 28-62 所示。

图 28-62　创建的扭转壁

28.3.4　创建延伸壁

延伸壁也叫延拓壁，就是将已有的平板壁延伸到某一指定的位置或指定的距离，不需要绘制任何的截面线。延伸壁不能作为第一壁来创建，它只能用于建立额外壁特征。

在菜单栏中选择【插入】|【钣金件壁】|【延伸】命令，或者在右工具栏单击【延伸】按钮，弹出【壁选项：延伸】对话框和【选取】对话框，如图 28-63 所示。

图 28-63　【壁选项：延伸】对话框和【选取】对话框

从对话框中可以看出，要创建延伸壁，必须完成【边】元素和【距离】元素的定义。下面讲解延伸壁的创建方法。

技术要点

使用【延伸壁】命令只能延伸单条边，并且仅仅是直边才能延伸。弧形或其他不规则形状边都不能延伸。

动手操作——创建延伸壁

操作步骤：

01 新建名为【yanshenbi】的钣金文件。创建一个拉伸壁，其大致形状如图 28-64 所示。

02 执行【延伸】命令，打开【壁选项：延伸】对话框。然后在拉伸壁上选择一条边线，作为要延伸的边线，如图 28-65 所示。

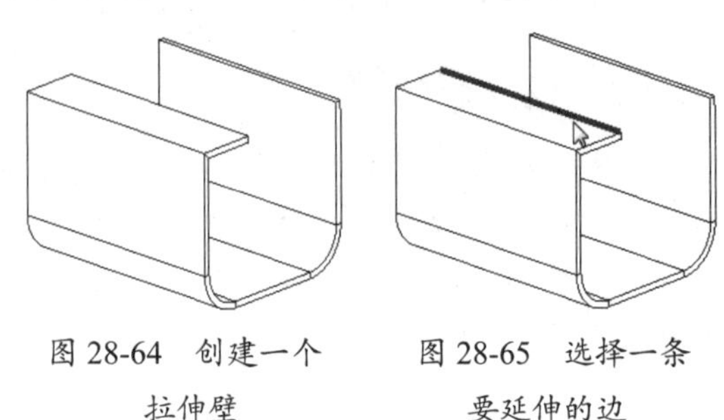

图 28-64　创建一个拉伸壁　　图 28-65　选择一条要延伸的边

03 随后弹出【延拓距离】菜单管理器和【选取】对话框。保留默认选项，选择如图 28-66 所示的平面作为延伸距离的参照平面。

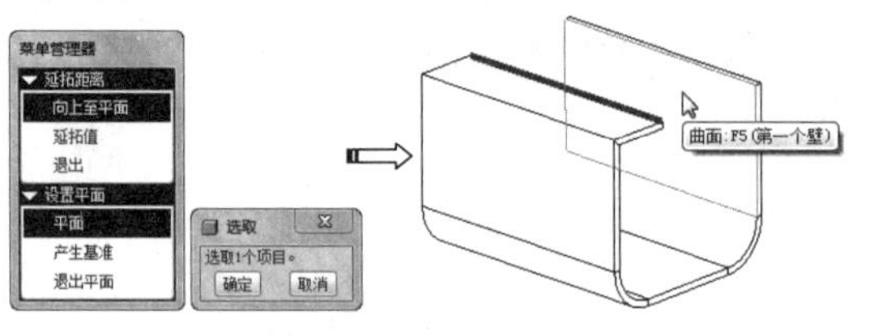

图 28-66　选择延伸距离的参照平面

04 在【壁选项: 延伸】对话框中单【确定】按钮，完成延伸壁的创建，如图 28-67 所示。

图 28-67　创建的延伸壁

28.4 将实体转换成钣金

转换特征是将实体零件转换为钣金件，可以用钣金行业特征对现有的实体设计进行修改。在设计过程中，可将这种转换用作快捷方式。为实现钣金件设计意图，可以反复使用现有的实体设计，可以在一次转换特征中包括多种特征，将零件转换为钣金件后，就与其他钣金件一样了。

转换钣金是在建模环境下进行的。下面以一个实例来说明转换过程。

动手操作——将实体转换成钣金件

操作步骤：

01 启动 Pro/E，新建名为【zhuanhuanbanjin】的零件文件。利用【拉伸】命令在 TOP 基准面上创建一个拉伸实体，拉伸深度为 50，其大致形状如图 28-68 所示。

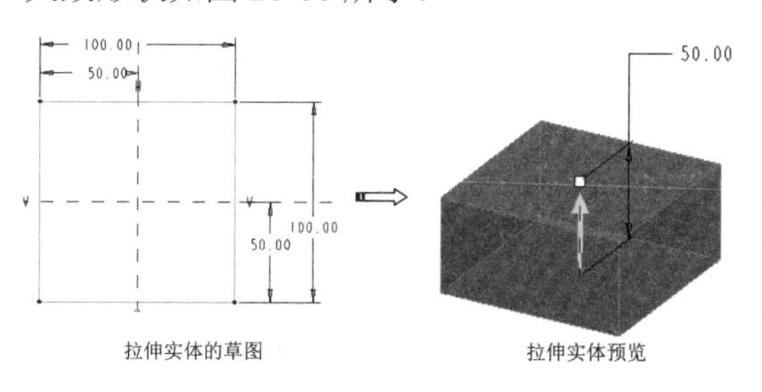

图 28-68　创建拉伸实体

02 再利用【拔模】工具对拉伸实体进行拔模，如图 28-69 所示。

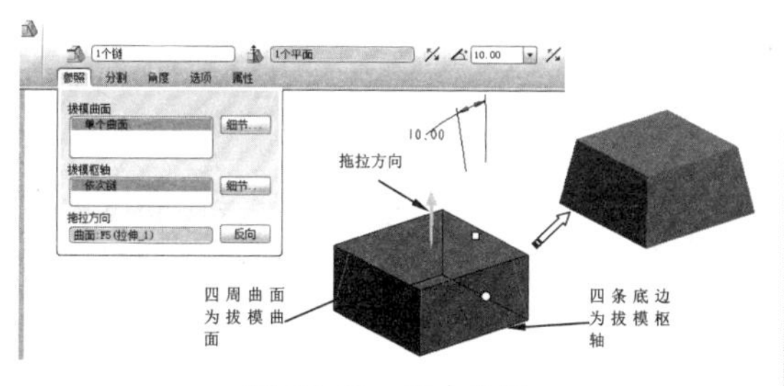

图 28-69　创建拔模

03 在菜单栏中选择【应用程序】|【钣金件】命令，弹出【钣金件转换】菜单管理器。

04 在【钣金件转换】菜单管理器中选择【壳】命令，然后选择实体特征上表面作为要抽取的参照面，如图 28-70 所示。

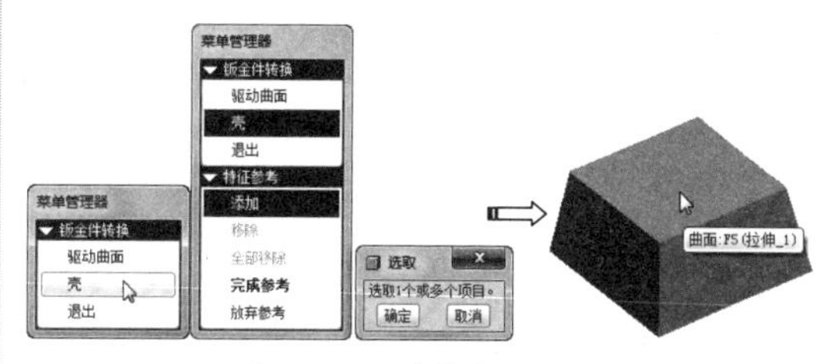

图 28-70　选择抽取曲面

05 单击【选取】对话框中的【确定】按钮，然后在【特征参考】子菜单中选择【完成参考】命令，此刻提示需要在图形区上方弹出的文本框内输入壳的厚度 2.5，输入后再单击【确定】按钮，完成钣金件的转换。如图 28-71 所示。

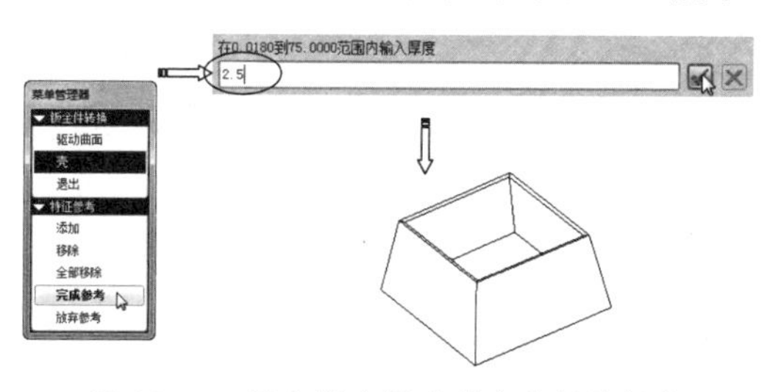

图 28-71　设定钣金厚度并完成转换操作

28.5 综合实训——计算机机箱侧板钣金设计

本节我们学习计算机机箱钣金设计实例，目的是为了让大家熟练运用 Pro/E 钣金设计功能设计较为复杂的钣金产品。下面详解其设计过程与软件应用技巧。

◎ **引入文件：无**

◎ **结果文件：实训操作 \ 结果文件 \Ch28\jixiangceban.prt**

◎ **视频文件：视频 \Ch28\ 电机机箱侧板钣金件设计 .avi**

计算机机箱侧板仅仅是机箱的其中一块钣金件，其结构设计应用了 Pro/E 的基本壁、次要壁、凸模成型、拉伸切除等工具，如图 28-72 所示。

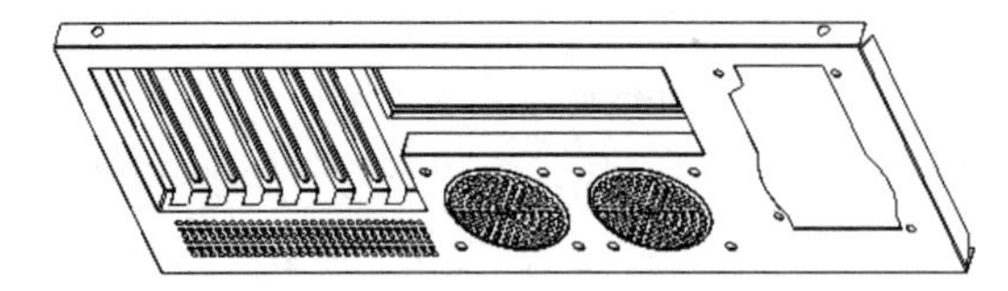

图 28-72　机箱侧板钣金件

操作步骤：

01 启动软件，并创建一个名为【jixiangceban】的钣金文件，并选择【direct_part_solid_mmns】公制模板。

02 在钣金设计环境中，单击【平整】按钮，打开【平整】操控板。选择 TOP 基准平面作为草绘平面，进入草绘模式中，绘制如图 28-73 所示的草图。

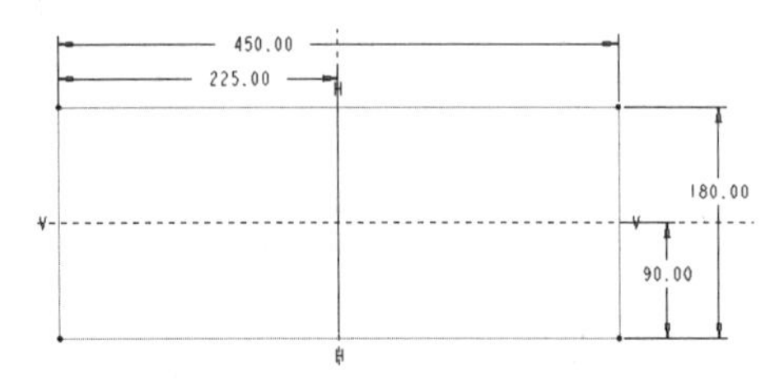

图 28-73　绘制第一壁草图

03 退出草绘模式后，在操控板中输入厚度值 0.5，创建的第一壁如图 28-74 所示。

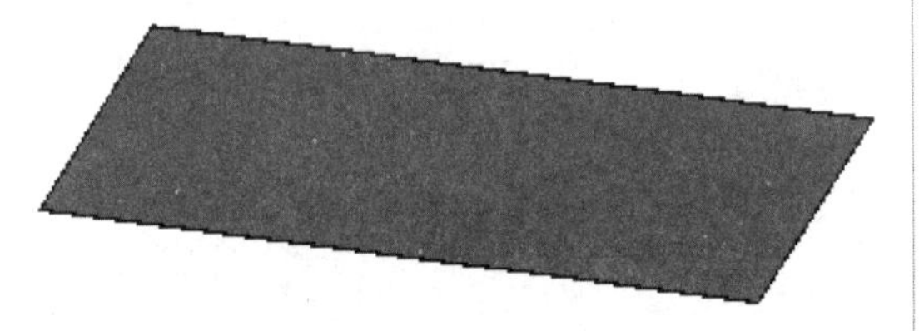

图 28-74　创建的第一壁

04 下面创建次要平整壁，在第一壁的边缘上创建 4 个次要平整壁。下面创建第 1 个次要平整壁。单击【平整】按钮，打开【平整】操控板。然后选择第一壁上的一条长边作为放置参照，如图 28-75 所示。

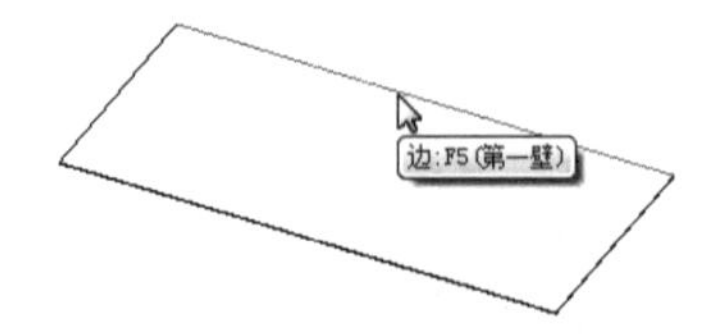

图 28-75　选择放置参照

05 在【形状】选项卡中选中【高度尺寸不包括厚度】单选按钮，并双击高度尺寸和折弯半径进行修改，如图 28-76 所示。

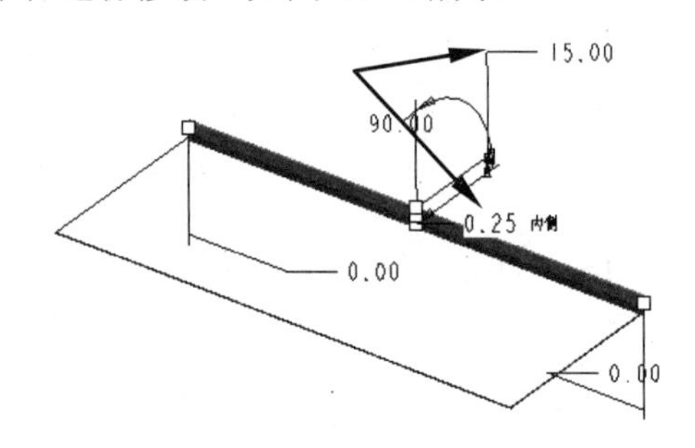

图 28-76　设置折弯参数

技术要点

参数可以在图形区的预览模型上双击进行修改，也可以在【形状】选项卡的示例图上双击尺寸进行修改，如图 28-77 所示。

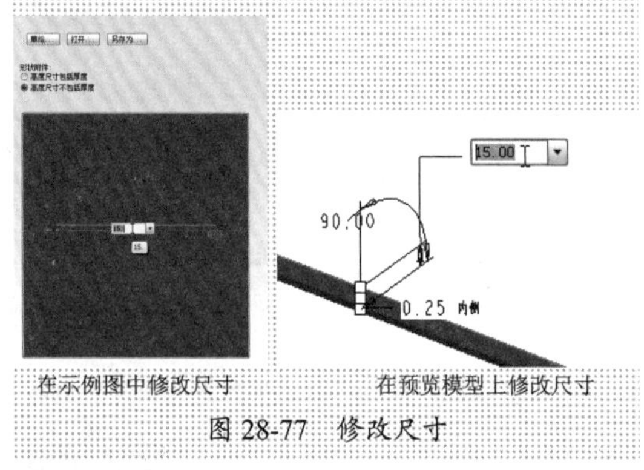

图 28-77　修改尺寸

06 单击【应用】按钮完成次要平整壁的创建。同理，对称的另一侧也创建相等尺寸的次要平整壁，结果如图 28-78 所示。

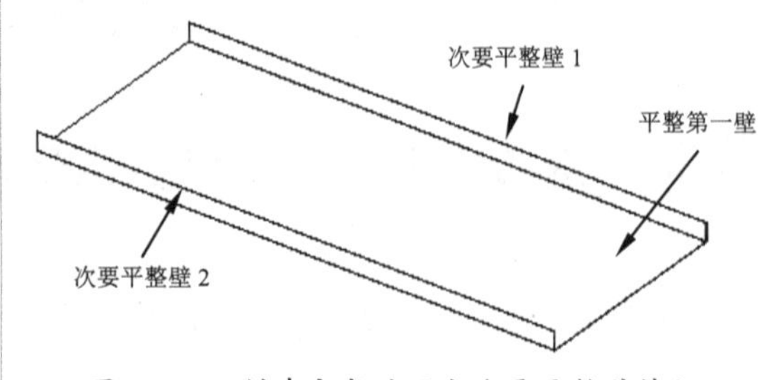

图 28-78　创建完成的两个次要平整壁特征

07 继续在第一壁的另外两侧创建次要平整壁，设置相同的高度尺寸和折弯半径尺寸，如图 28-79 所示。

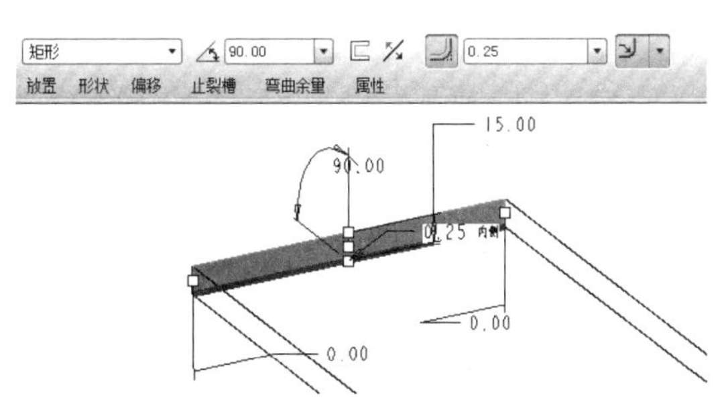

图 28-79　修改高度尺寸和折弯半径尺寸

08 在【形状】选项卡中单击【草绘】按钮，以此进入草绘模式修改平整壁形状，如图 28-80 所示。

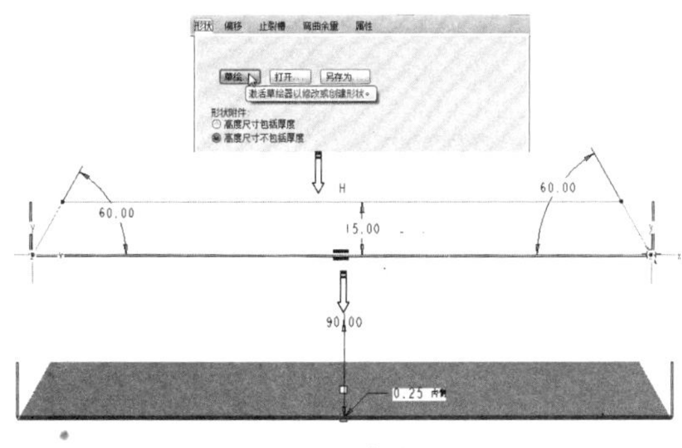

图 28-80　修改形状

09 最后在操控板中单击【应用】按钮，完成次要平整壁的创建。同理，在对称的另一侧也创建相等尺寸的次要平整壁，如图 28-81 所示。

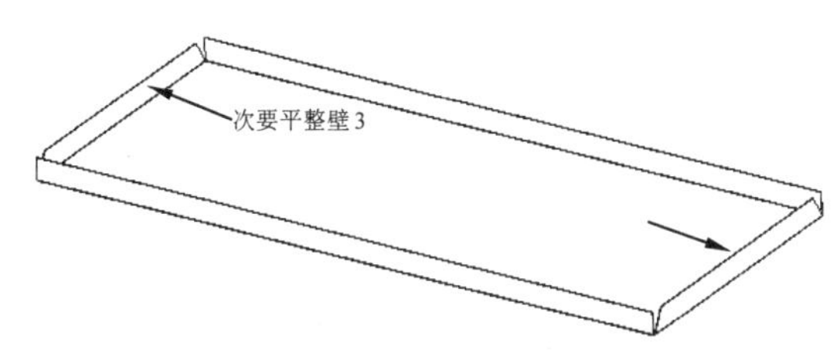

图 28-81　创建另一侧的次要壁特征

10 利用【拉伸】工具，以 FRONT 基准平面为草绘平面，创建出如图 28-82 所示的 4 个孔。

11 再使用【拉伸】工具，在第一壁上创建如图 28-83 所示的拉伸切除特征。

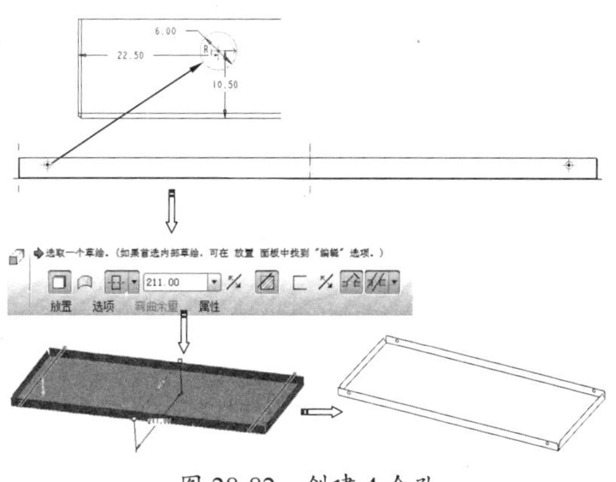

图 28-82　创建 4 个孔

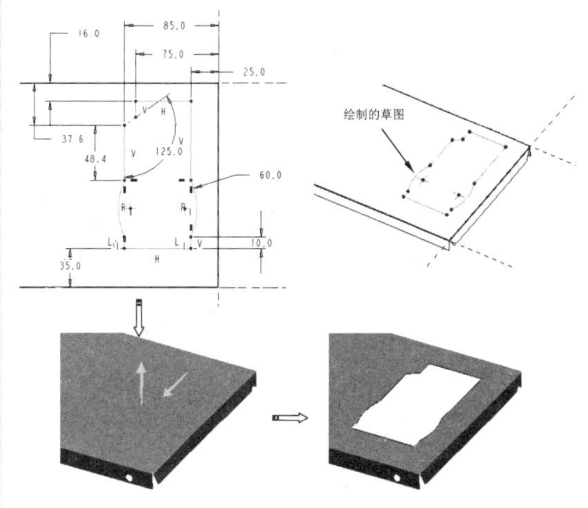

图 28-83　创建拉伸切除特征

12 同理，再利用【拉伸】工具，在第一壁上创建如图 28-84 所示的小孔。

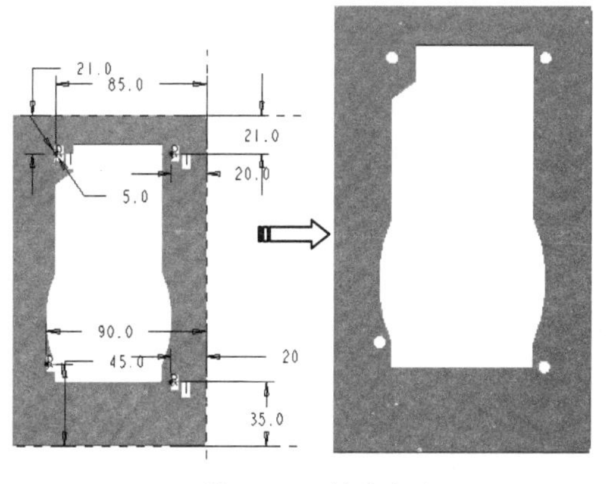

图 28-84　创建小孔

13 单击【平整】按钮，选择拉伸切除特征的一条边，创建如图 28-85 所示的次要平整壁。

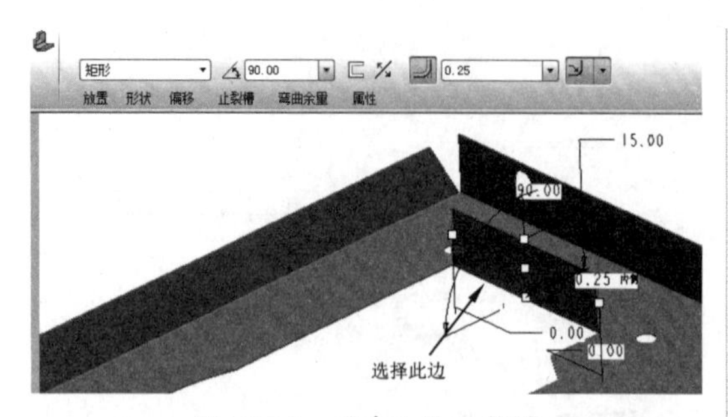

图 28-85　创建次要平整壁

14 接下来创建凹模特征。在右工具栏中单击【凹模工具】按钮，弹出【选项】菜单管理器。然后选择【参照】|【完成】命令，再弹出【打开】对话框。通过此对话框打开本例素材文件 case-1，如图 28-86 所示。

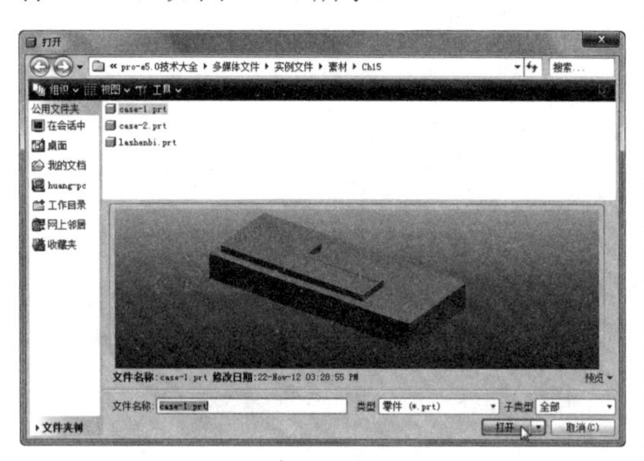

图 28-86　选择参照

15 接着弹出【模板】装配对话框和【模板】定义对话框，如图 28-87 所示。

图 28-87　【模板】装配和【模板】定义对话框

16 在【模板】装配对话框中创建 3 组装配约束，如图 28-88 所示。

17 创建约束并放置凹模零件后，在【模型】定义对话框中定义【边界平面】元素和【种子曲面】元素，如图 28-89 所示。

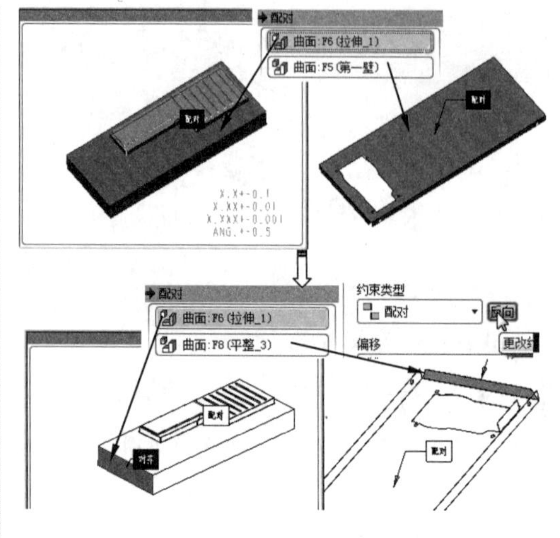

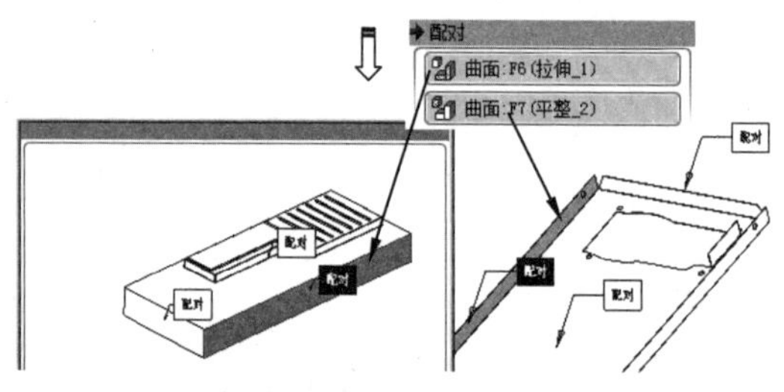

图 28-88　创建 3 组约束

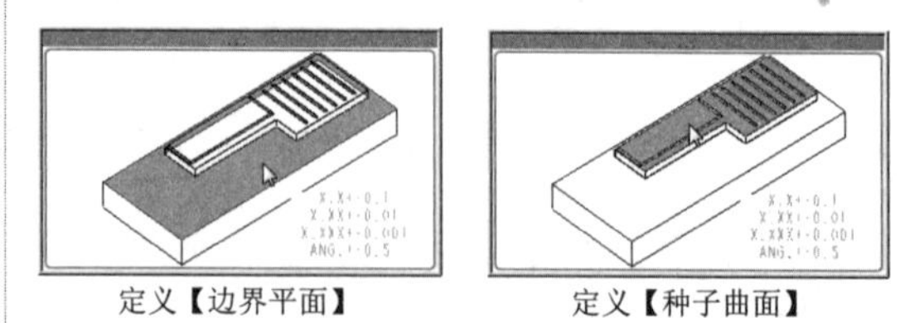

定义【边界平面】　　定义【种子曲面】

图 28-89　定义元素

18 最后单击【确定】按钮，创建凹模成型特征，如图 28-90 所示。

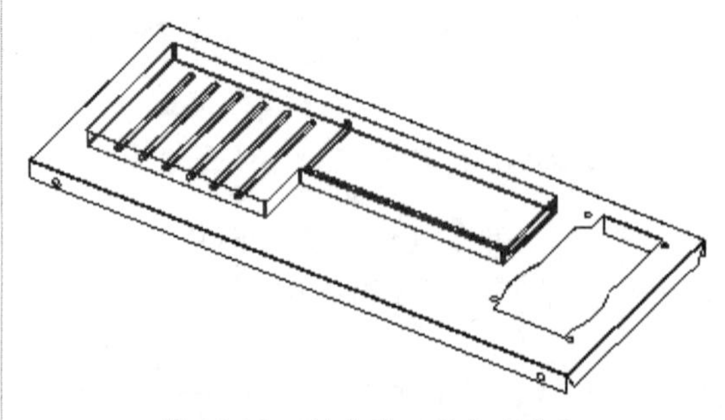

图 28-90　创建的凹模成型特征

19 利用【拉伸】命令，创建如图 28-91 所示的拉伸切除特征（模型树中编号为 4）。

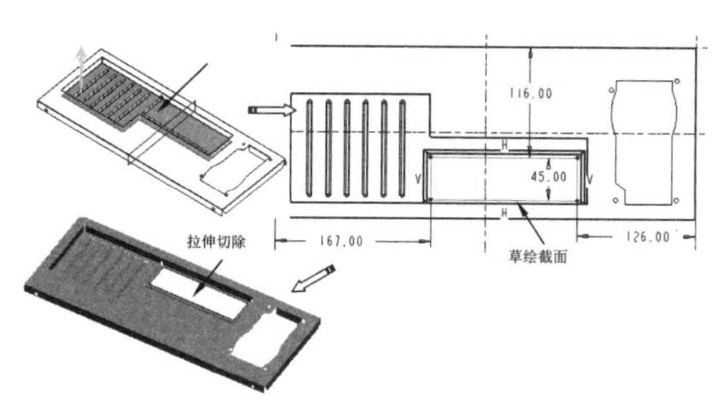

图 28-91　创建拉伸切除特征 4

20 同样，以相同的草绘平面，再创建出如图 28-92 所示的拉伸切除特征（模型树中编号为 5）。

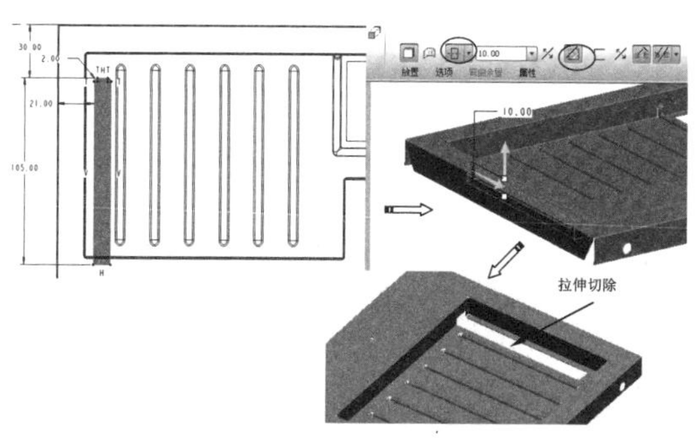

图 28-92　创建拉伸切除特征 5

21 在菜单栏中选择【编辑】|【阵列】命令，弹出【阵列】操控板。利用尺寸驱动方式，选择上步创建的拉伸特征 5 作为阵列参考，选择标注为 21 尺寸作为驱动尺寸，并创建出 7 个阵列对象，如图 28-93 所示。

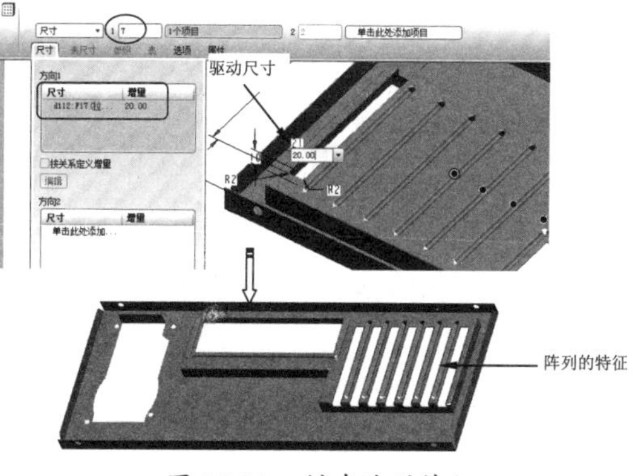

图 28-93　创建阵列特征

22 利用【拉伸】工具，创建如图 28-94 所示的小圆孔。

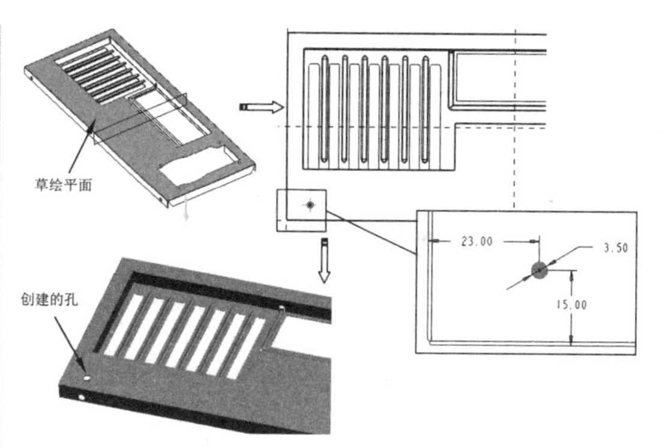

图 28-94　创建小圆孔

23 再利用【阵列】工具，将此孔进行阵列，结果如图 28-95 所示。

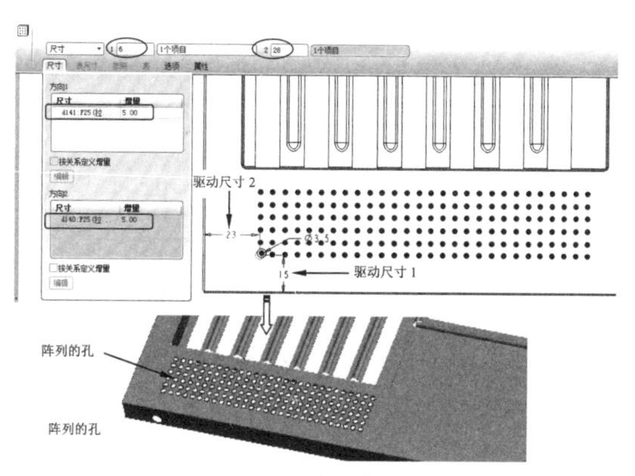

图 28-95　创建圆孔的阵列

24 利用【拉伸】工具，创建如图 28-96 所示的拉伸切除特征 7（直径为 3.5 的小圆孔）。

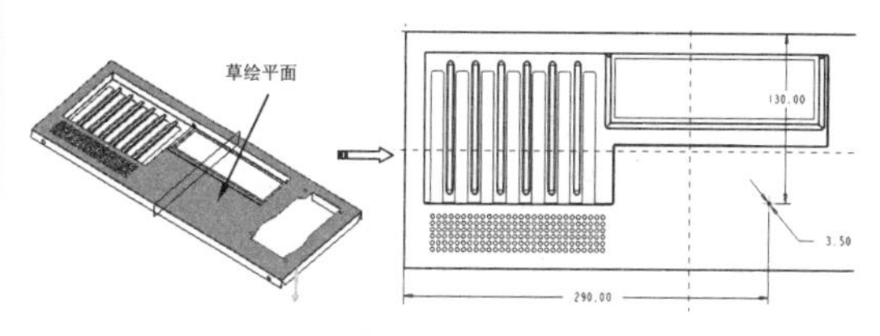

图 28-96　创建小圆孔（拉伸特征 7）

25 利用【阵列】命令，以【填充】方式对小圆孔（拉伸特征 7）进行圆形填充阵列，且操作步骤与结构如图 28-97 所示。

26 使用【拉伸】工具，在填充阵列特征的周边创建如图 28-98 所示的 4 个大孔。

27 接下来再创建一个凹模特征（在填充阵列位置）。单击【凹模工具】按钮，弹出【选项】菜单管理器。然后选择【参照】|【完成】

命令，再弹出【打开】对话框。通过此对话框打开本例素材文件case-2，如图28-99所示。

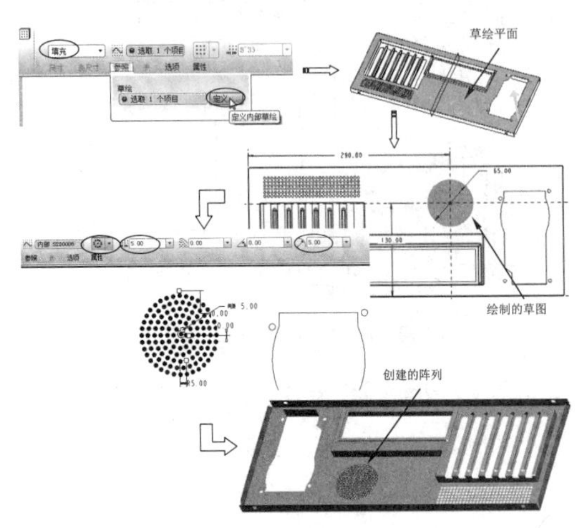

图28-97　创建圆孔的填充阵列

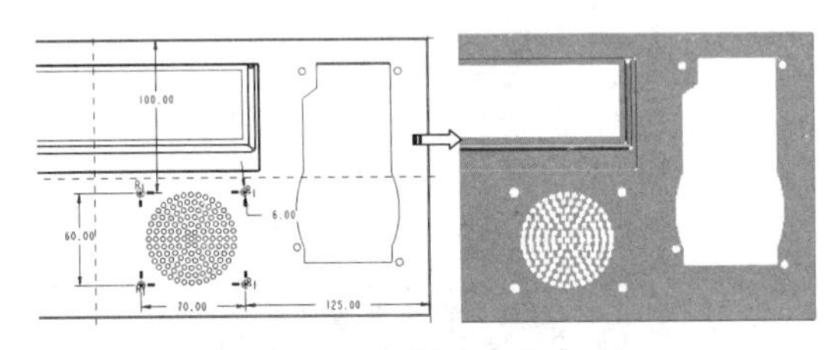

图28-98　创建4个大孔

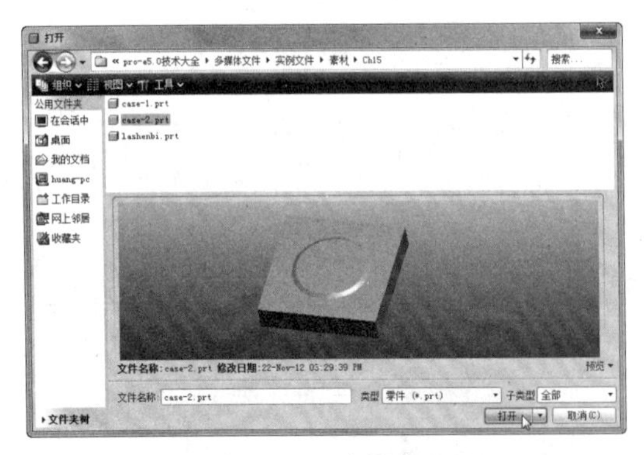

图28-99　选择参照

28 接着弹出【模板】装配对话框和【模板】定义对话框，如图28-100所示。

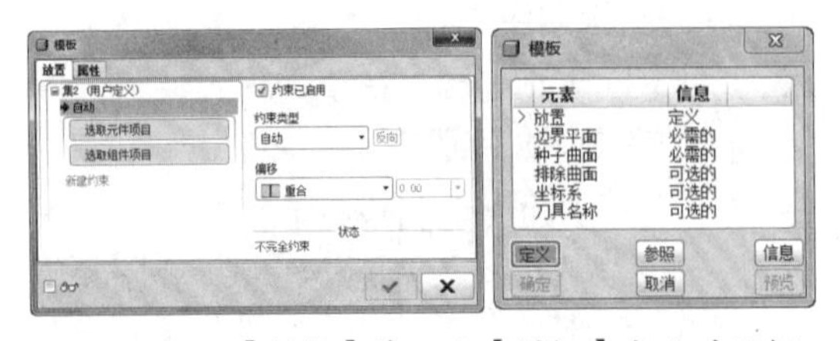

图28-100　【模板】装配和【模板】定义对话框

29 在【模板】装配对话框中创建3组装配约束，如图28-101所示。

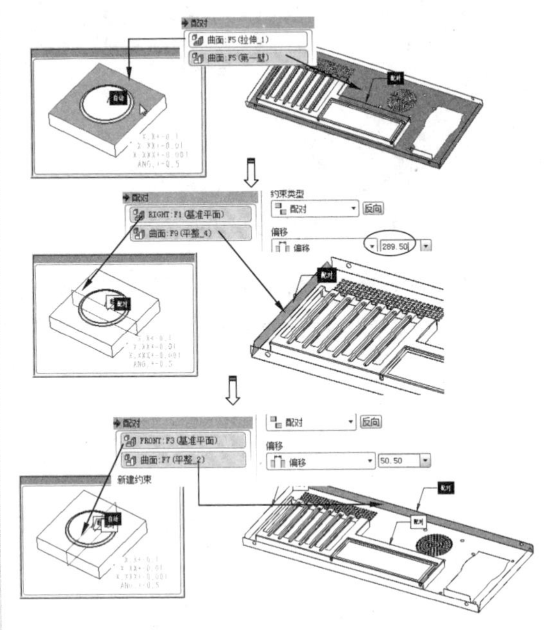

图28-101　创建3组约束

30 创建约束并放置凹模零件后，在【模型】定义对话框中定义【边界平面】元素和【种子曲面】元素，如图28-102所示。

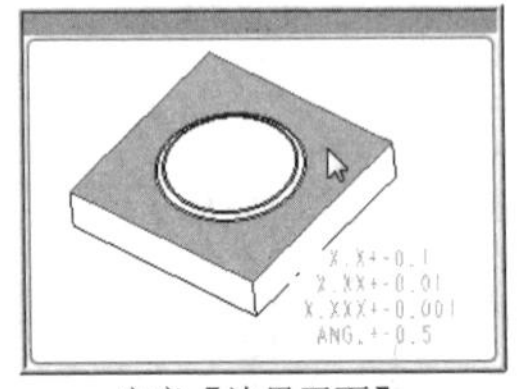

定义【边界平面】

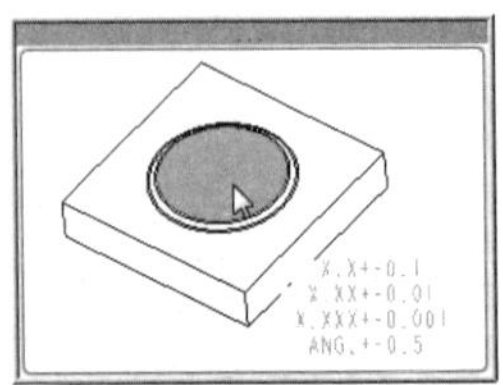

定义【种子曲面】

图28-102　定义元素

31 最后单击【确定】按钮，创建凹模成型特征，如图28-103所示。

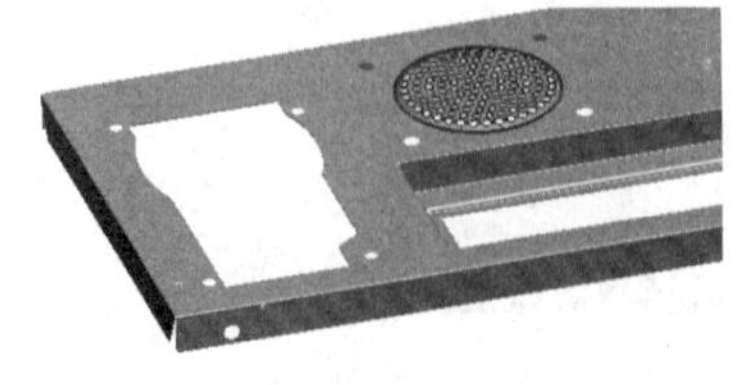

图28-103　创建的凹模成型特征

32 单击【平面】按钮，打开【基准平面】对话框。然后选择RIGHT基准平面作为参考，创建如图28-104所示的基准平面。

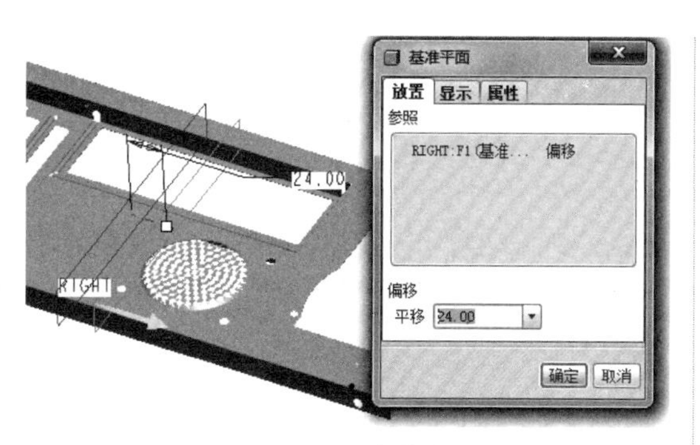

图 28-104　创建基准平面

33 在模型树中将填充阵列特征、4 个圆孔特征和凹模成型特征创建为一个组，如图 28-105 所示。

34 选中组，然后在菜单栏中选择【编辑】|【镜像】命令，以前面创建的基准平面 DTM10 作为镜像平面，创建出如图 28-106 所示的镜像特征。

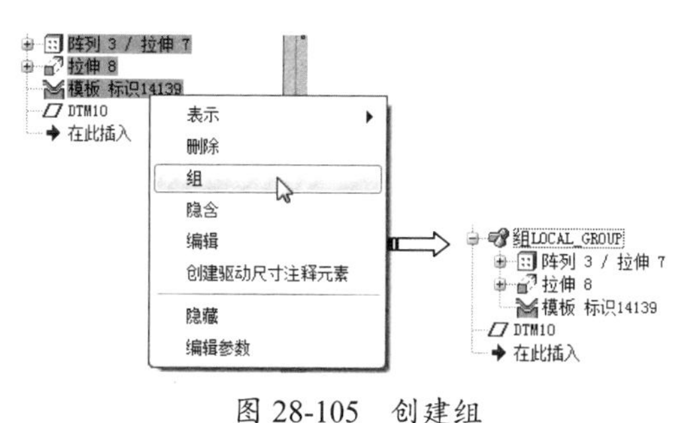

图 28-105　创建组

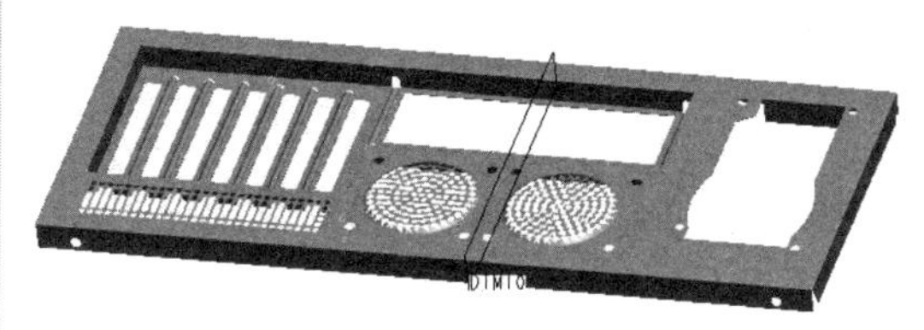

图 28-106　创建镜像特征

35 至此，完成了计算机机箱侧板钣金件的设计过程。

28.6　课后习题

1．折弯练习

利用如图 28-107 所示左图的钣金件，折弯成右图的形状。

2．展平练习

利用如图 28-108 所示左图的折弯钣金件，展平成右图。

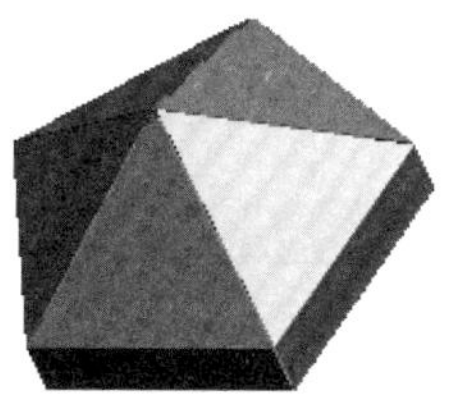

图 28-107　折弯钣金

图 28-108　展平钣金

3．钣金设计

利用基础壁、次要壁、成型等命令，创建如图 28-109 所示的钣金件。

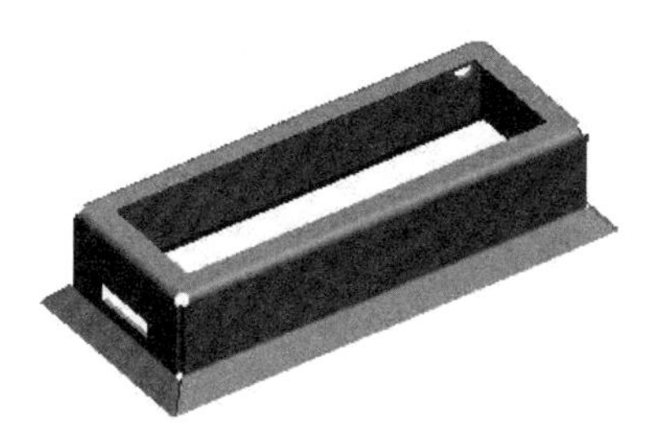

图 28-109　钣金件

读书笔记